国家重点图书出版规划项目

20世纪中国知名科学家学术成就概览

总主编　钱伟长

本卷主编　汝信

哲学卷

第二分册

科学出版社

北京

内 容 简 介

国家重点图书出版规划项目《20世纪中国知名科学家学术成就概览》，以纪传文体记述中国20世纪在各学术专业领域取得突出成就的数千位华人科学技术和人文社会科学专家学者，展示他们的求学经历、学术成就、治学方略和价值观念，彰显他们为促进中国和世界科技发展、经济和社会进步所做出的贡献。

全书按学科分别结集卷册，并于卷首简要回顾学科发展简史，卷末另附学科发展大事记。这与传文两相映照，从而反映出中国各学术专业领域的百年发展脉络。

书中着力勾画出这些知名专家学者的研究路径和学术生涯，力求对学界同行的学术探索有所镜鉴，对青年学生的学术成长有所启迪。

《20世纪中国知名科学家学术成就概览·哲学卷》记述了百余位哲学家，分别见于三个分册。其中，第二分册收录了57位哲学家。

图书在版编目（CIP）数据

20世纪中国知名科学家学术成就概览·哲学卷·第二分册/钱伟长总主编；汝信本卷主编. —北京：科学出版社，2014.12

国家重点图书出版规划项目·国家出版基金项目

ISBN 978-7-03-042444-0

Ⅰ.①2… Ⅱ.①钱… ②汝… Ⅲ.①哲学家-列传-中国-20世纪 ②哲学-发展-成就-中国-20世纪 Ⅳ.①K826.1 ②N12

中国版本图书馆 CIP 数据核字（2014）第 261717 号

责任编辑：梁 琪/责任校对：郭瑞芝 刘亚琦
责任印制：肖 兴/封面设计：黄华斌

科 学 出 版 社 出版
北京东黄城根北街 16 号
邮政编码：100717
http://www.sciencep.com

中国科学院印刷厂 印刷

科学出版社发行 各地新华书店经销

*

2014 年 12 月第 一 版　开本：889×1194　1/16
2014 年 12 月第一次印刷　印张：48 1/4
字数：889 000

定价：229.00 元
（如有印装质量问题，我社负责调换）

《20世纪中国知名科学家学术成就概览》哲学卷编辑委员会

主　编　汝　信

副主编　杨春贵　方克立　谢地坤

编　委　（按姓氏汉语拼音排序）

陈先达　陈晏清　方克立　方立天
黄心川　李锦全　李鹏程　刘放桐
楼宇烈　汝　信　孙小礼　陶德麟
谢地坤　邢贲思　杨春贵　姚介厚
叶秀山　曾繁仁　张家龙　赵敦华

《20世纪中国知名科学家学术成就概览》

总　序

　　记得早在21世纪的新世纪之初，中国科学院、中国工程院和中国社会科学院的一些老同志给我写信，邀我来牵头一起编一套书，书名就叫《20世纪中国知名科学家学术成就概览》（以下简称《概览》）。主要目的就是以此来记录近代中国科技历史、铭记新中国科技成就，同时也使之成为科技创新的基础人文平台，传承老一辈科技工作者爱国奉献、不断创新、追求卓越的精神，并以此激励后人。中国是一个高速发展中的大国，世界上的影响力不断增强，编写出版这样一套史料性文献，可以总结中华民族对人类科技、文化、经济与社会所做出的巨大成就与贡献，从而最广泛地凝聚民族精神与所有炎黄子孙的"中华魂"，让中国的科技工作者能团结奋进，为共建和谐的祖国多做贡献，更可以激发年轻一代奋发图强，积极投身祖国"科教兴国"战略的伟大实践中。

　　在党和政府的高度重视和长期大力支持下，酝酿已久的《概览》项目终于被列为国家重点图书出版规划项目，并由科学出版社承担实施。

　　《概览》总体工程包括纸书出版、资料数据库与光盘、网络传播三大部分。全套纸书计划由数学、力学、天文学、物理学、化学、地学、生物学、农学、医学、机械与运载工程、信息与电子工程、化工冶金与材料工程、能源与矿业工程、环境与轻纺工程、土木水利与建筑工程，以及哲学、法学、考古学、历史学、经济学、管理学和索引等卷组成。

　　《概览》纸书预计收录数千名海内外知名华人科学技术和人文社会科学专家学者，展示他们的求学经历、学术成就、治学方略、价值观念，彰显他们为促进中国和世界科技发展、经济和社会进步所做出的贡献，秉承他们在百年内忧外患中坚韧不拔、追求真理的科学精神和执著、赤诚的爱国传统，激励后人见贤思齐、知耻后勇，在新世纪的大繁荣、大发展时期，为中华民族的伟大复兴和全人类的知识创新而奋发有为。

　　在搜集整理和研究利用已有各类学术人物传记资料的基础上，《概览》以突出对学术成就的归纳和总结为主要特色。在整理传主所取得的学术成就的基础上，分析并总结他们所以取得这些学术成就的情境和他们得以取得这些学术成就的路径，如实评介这些学术成就对学术发展的承前启后的贡献和影响，以及这些学术成就给人类社会所带来的改变。从知识发生、发展的脉络上揭示他们创造、创新的过程，从而给当前的教育界在培养创新型人才方面，以及给年轻科技工作者自我成长方面有诸多启示。同时，《概览》还力求剖析这些海内外知名华人科学技术和人文社会科学专家学者之所以成才成家的内外促因，提供他们对当前科技和学术后继人才培养的独到见解，试图得出在科学史和方法论方面具有普遍性意义的结论，进而对后学诸生的个人成长和科技人才培育体系的优化完善有所裨益。

在世纪转型的战略机遇期，编写出版《概览》图书，可以荟萃知名专家学者宝贵的治学思想、学术轨迹和具有整体性的科技史料，为科研、教学、生产建设、科研管理和人才培养等提供一个精要的蓝本。

他们的英名和成就将光耀中华，垂范青史。

钱伟长

2009年1月9日

《20世纪中国知名科学家学术成就概览·哲学卷》
前　　言

　　《20世纪中国知名科学家学术成就概览·哲学卷》经本卷编委会和哲学界诸位同仁的共同努力和辛勤劳作，即将与读者见面了。本书以20世纪中国哲学研究领域内工作的知名学者个人传略的形式，从一个侧面展示这一历史时期内中国哲学研究的风貌和取得的成就。

　　哲学是理论形态的世界观，又是方法论。它是人们从总体上把握世界的智慧，是关于自然、社会和人类思维及其发展的最一般规律的学问。人们自觉或不自觉地在一定世界观的影响和指引下形成对外部世界的看法，它关系到人在参与社会生活中对待生活的根本态度，决定人生道路的方向和目标，树立人在生活中追求的理想和价值。因此，哲学的语言虽然比较抽象，却有现实的内容，包括人们的自然观、人生观、价值观、历史观等，与社会生活有着紧密的联系。根据马克思主义观点，哲学属于社会意识形态，是社会上层建筑中最高、最抽象的理论思想形式。哲学既适应于并归根到底决定于社会经济基础，又反过来为经济基础服务，对整个社会的发展能起巨大的反作用。正因为哲学作为特定社会的意识形态的性质，所以它不能不受该社会所处的时代的各种条件的制约；同时，哲学以其对时代面临的重大问题的深入思考和探究，透过现象揭示本质，往往能预见历史前进的趋向，为社会发展提供思想动力。所以说，哲学是时代精神的精华。

　　中华民族是富有哲学智慧的民族。中国哲学源远流长，早在先秦时期，哲学就达到高度繁荣，以后历经两千多年的创新和发展，形成了富有中国特色的哲学传统，成为中华文明中的宝贵精神财富。但是，从19世纪中叶起，中国社会开始发生巨变。延续千百年的封建专制统治已走向末路，在帝国主义列强的侵略下，中华民族到了生死存亡的危急关头。为了救亡图存，当时一些先进的中国人开始向西方国家寻找真理，出现了各种新思潮。到了20世纪，无论中国还是整个世界都发生了翻天覆地的变化，这些都在中国的哲学思想的发展中得到反映。就中国来说，从辛亥革命、五四运动到中国革命的胜利和新中国的诞生，从中国社会主义建设的成功和经历的曲折道路到改革开放后中华民族的振兴和繁荣发展，都对中国的哲学带来巨大而深刻的变化，推动了哲学的发展。如今，随着中国特色社会主义建设的胜利进行，中国的哲学也进入了它的最好的发展时期。在马克思主义的指导下，我们正创造着有中国特色的现代哲学新文化，它植根于中国的土壤，批判地继承和发展优秀的哲学传统，又以博大的胸怀和宽广的眼界，充分吸收和借鉴世界哲学的一切优秀成果。收入本卷的那些学者的传略，正是中国哲学在20世纪走过的历程的一个缩影。

关于本卷的内容，有必要说明以下几点：

（一）按《20世纪中国知名科学家学术成就概览》全书的体例，本卷所选的人物范围仅限于专门从事哲学研究和教学工作的学者。就哲学而论，我国党和国家的历代领导人对马克思主义哲学的发展和传播，尤其是对马克思主义哲学的中国化及其在实践中的运用都做出了极其重大的贡献。这是有待于认真研究的重要课题，非本书所能承担，建议以后作专门论述。

（二）我国有些著名学者学识渊博，著作等身，在诸多学科研究中均有重要贡献，按《20世纪中国知名科学家学术成就概览》全书规定，原则上一位学者只收入其主要研究领域的学科卷，不重复收入其他学科卷（例如，已收入史学卷的学者不再收入哲学卷），但对其学术贡献和成就应作较全面的阐述。因此，对某些哲学研究方面有贡献但未收入本卷的学者，可查阅可能收入的其他学科卷。

（三）本卷入选的学者名单是经哲学卷编委会集体讨论后投票决定的，编委们来自各研究单位和高等院校、出版部门，在决定名单时尽可能考虑全面，但因哲学分支学科多，涉及面广，入选学者名单挂一漏万，恐在所难免，疏漏之处，容后修订补充。有一些入选学者，因一时难以物色到合适的撰稿人，还有个别学者目前尚不拟发表本人传略，为尊重其个人意愿，只得暂付阙如，留待以后补充。

为有助于读者更全面地了解20世纪中国哲学研究概况，本卷编委会特委托中国社会科学院哲学研究所所长谢地坤负责组织有关研究人员编写"20世纪中国哲学学科发展史"全面叙述哲学各分支学科发展史，以及"20世纪中国哲学大事记"，分别置于本卷卷首和卷末，供读者参考。

在本卷策划和组织编写过程中，编委们和哲学界许多同仁做了大量工作，他们参与讨论、设计并担任撰稿、审稿及编辑加工，特别是科学出版社的领导和编辑们为本卷的出版花费了许多精力，在本卷出版之际，谨向他们表示衷心感谢和敬意。

2014年3月26日

目 录

《20世纪中国知名科学家学术成就概览》总序 …………………… 钱伟长（ i ）
《20世纪中国知名科学家学术成就概览·哲学卷》前言 …………… 汝 信（iii）
20世纪中国哲学学科发展史 ………………………………………………（ 1 ）
20世纪中国知名哲学家 ……………………………………………………（ 97 ）
 艾思奇 ……………………………………………………………………（ 99 ）
 庞景仁 ……………………………………………………………………（109）
 熊 伟 ……………………………………………………………………（117）
 周辅成 ……………………………………………………………………（126）
 任 华 ……………………………………………………………………（138）
 王 明 ……………………………………………………………………（147）
 王 森 ……………………………………………………………………（156）
 杨一之 ……………………………………………………………………（171）
 李 奇 ……………………………………………………………………（182）
 江天骥 ……………………………………………………………………（194）
 齐良骥 ……………………………………………………………………（203）
 葛 力 ……………………………………………………………………（217）
 王玖兴 ……………………………………………………………………（229）
 任继愈 ……………………………………………………………………（238）
 石 峻 ……………………………………………………………………（248）
 王方名 ……………………………………………………………………（254）
 苗力田 ……………………………………………………………………（266）
 胡 绳 ……………………………………………………………………（280）
 巫白慧 ……………………………………………………………………（294）
 赵璧如 ……………………………………………………………………（305）
 管士滨 ……………………………………………………………………（318）
 刘 嵘 ……………………………………………………………………（323）
 陈修斋 ……………………………………………………………………（331）
 张江明 ……………………………………………………………………（346）
 张世英 ……………………………………………………………………（357）

汪子嵩	（369）
罗克汀	（382）
黄枬森	（390）
周礼全	（406）
王太庆	（418）
韩树英	（429）
汪澍白	（442）
蒋孔阳	（450）
朱伯崑	（462）
萧萐父	（472）
萧　前	（484）
齐振海	（494）
夏基松	（500）
黄顺基	（511）
尹大贻	（521）
查汝强	（527）
李锦全	（537）
钟宇人	（548）
涂纪亮	（565）
杨祖陶	（578）
汤一介	（592）
罗国杰	（607）
卿希泰	（618）
黄心川	（629）
庞　朴	（638）
王锐生	（648）
庄福龄	（658）
崔自铎	（672）
周来祥	（686）
龚育之	（698）
刘纲纪	（709）
唐凯麟	（717）

20世纪中国哲学大事记 ……………………………………………… （728）

20世纪中国哲学学科发展史

引　言

　　哲学是一门既古老又年轻的学科，它是在人类文明发展到一定程度上必然发生的一种以理论形态表现出的文化自觉，是关于自然、社会和思维及其发展最一般规律的学问。除此之外，哲学还包含着信仰信念、知行关系、道德伦理、审美思维和社会实践等诸多内容，所以，哲学也是教人如何在这个世界上安身立命的学问。

　　哲学的起源最早可以追寻到人类的史前时代，那时人们关心的主要是生死、灵魂、自然现象等问题。如果说这些关心还是不自觉、蒙昧的，那么，在人类进入文明时代后，伴随着认识能力的提高和认识范围的扩大，这些关心和思考开始摆脱原始的狭隘和愚昧，逐步发展为对世界的本原和存在形式、人的本质及人的思维和认识能力、精神与物质的关系、人类社会发展的一般规律等问题的考察和探讨。随着这种考察和探讨的知识化、系统化，就形成了哲学这门既有深刻理论思维、又有强烈实践动机的学问。同时还因为任何一门哲学都不是从天上掉下来的，都是一定时代的产物，虽然哲学的阐述方式通常都比较曲折和深奥，与经济活动、法律制度、行政管理、日常生活等表现出一定的独立性，但归根到底，哲学是以其思想的深邃和理论的凝练之特长来集中地表达时代内容，所以，哲学是时代精神的精华。随着人类文明的持续演进，哲学研究的内容和方法在不断丰富，哲学研究的对象、主题和范式在不断变化，每一个时代的哲学既是对前人智慧的总结，也是结合时代的内容予以突破和创新。正是在这个意义上说，哲学是人类智慧的总结和体现，它不仅要为人类社会的存在提供理论支撑，而且还力图从总体观念上为人类社会的今后发展指明方向。

　　中华民族有着悠久而灿烂的文明史，中国古代有着丰富的哲学思想和学说，过去常常被称为"道"、"道学"、"玄学"、"理学"等。一般而言，中国哲学的形成和最初的繁盛发生于春秋战国的诸子百家时期。西汉时开始的"罢黜百家，独尊儒术"，使得儒学两千多年来在中国占据特殊地位。佛学的传入和道家文化的产生发展，丰富了中国文化的内涵，儒释道三家的观点呼应、彼此论辩又互相吸收，为后来的魏晋玄学、宋明理学的产生创造了条件。中国传统哲学研究中的一些主题，如天人之际、名实之辩、知行关系、形神关系、古今变通等问题的探讨及成果，在世界哲学史上占有不可或缺的地位。

但是，我们今天所说的"哲学"，并不是指我们传统的哲学思想及其学说，而是专指我们在20世纪之初受西方哲学的影响，按照西方学科体制建立的现代哲学学科。中国本无"哲学"这个名词，19世纪的日本学者西周取汉字"哲"、"学"二字翻译西文"philosophia"，用以表达西方哲学学说。中国晚清的学者黄遵宪将这一术语介绍到中国后，经过康有为、梁启超等人的应用，逐步得到中国学术界的认可，此后，"哲学"二字就作为专门表述这门学科的名词沿用至今。这方面最具有标志性意义的事件，是1912年北京大学正式建立"哲学门"，1913年南京民国政府正式将中国哲学史和西洋哲学史明确规定为中国大学哲学系的课程设置，从此，哲学作为一门学科置入现代中国的大学体系之中，并由此产生了一批职业哲学家，一些既有国学功底、又在西方留学的名家开始担任大学的哲学教授，如胡适、张君劢、张颐、金岳霖、冯友兰、贺麟等。与此同时，李大钊、陈独秀、瞿秋白等人则努力从事马克思主义的宣传，传播辩证唯物主义和历史唯物主义的基本原理，受到青年知识分子的欢迎。此后的数十年，虽然风云变幻，但中国哲学工作者筚路蓝缕、殚精竭虑，经过数代人的努力奋斗，以自己的创造性的劳动推动了中国哲学事业的进步，我们的文化开始自觉与不自觉地融入世界文化之林。

特别是"文化大革命"结束以后，哲学界开展的关于真理标准的大讨论，不仅促进了全社会的思想解放，为改革开放的政策奠定了思想理论基础，推动了全中国经济和社会的大发展，同时也给哲学学科本身带来了巨大而深刻的变化。可以说，中国哲学界在最近30多年间获得了新的生命力，进入了一个新的发展时期。现在，不论是就哲学学科的从业人数、专业杂志和业已出版的著作、译著和论文及其影响来说，还是从哲学观念的更新、哲学研究对象的转换、哲学研究范式的进步来看，都是近半个世纪以来发展最富有成果的时期。哲学作为一门统摄社会科学和自然科学的基础性学科，一方面既有推动理论建设的任务，另一方面又关涉世界观、人生观、历史观、价值观，担当着提高全民族的思想理论水平、道德修养的重任，对现当代中国人已经并正在发挥日益重要的影响。相信再经过若干年的奋斗，中国哲学一定会在世界哲学图景中写出浓墨重彩的一章。由此来看，20世纪是哲学作为一门独立的学科在中国发生、发展的最关键的一百年，这个世纪的哲学家们所作的贡献值得我们专门记载。

由于哲学研究对象及其广泛，有关哲学学科的内容及其领域的讨论自古以来就众说纷纭，极不统一，从古代的亚里士多德，到近代的黑格尔，再到现代的克罗齐，对哲学研究的对象、内容、范围都有不同的阐述。我国哲学界对此也没有一致看法，新中国成立以后，我们对哲学的研究对象和范围也是时有争议。这种状况影响了对这个学科的二级学科的划分，不同主管部门对此都是按照自己的理解予以界定。最近几年，国务院学位委员会、教育部和国家社会科学基金对哲学一级学科下面的二级学科的划分也都不一样。我们参考上述部门对哲学学科的划分，并根据哲学界对这一学科的理解，着重对马克思主义哲学、中国哲学史、西方哲学、东方哲学、逻辑学、伦理学、美学、科学技术哲学、宗教学等9个二级学科在20世纪近百年的发展历程予以专门介绍，仅供有关方面参考。

一、马克思主义哲学研究

马克思主义哲学作为科学的世界观和方法论产生于19世纪40年代，它是马克思主义的理论基础和重要组成部分，随着马克思主义在中国的传入和传播而被介绍到中国来。马克思主义哲学在中国传播和发展的历史头绪纷繁，要全面、系统地反映马克思主义哲学在20世纪中国的发展史，需要密切联系中国革命和建设的实践，在对马克思主义哲学与各种非马克思主义和反马克思主义的哲学思潮做斗争的历史进程的考察中，阐明毛泽东哲学思想、中国特色社会主义理论的形成和发展过程，明确马克思主义哲学中国化的理论成果在马克思主义哲学史上的重要地位。20世纪中国马克思主义哲学的发展与整个社会的变革紧密相关，具体来说，可以分为四个阶段，即：第一个阶段是马克思主义哲学在中国的最初译介和传播，约从19世纪末20世纪初到新文化运动；第二个阶段是从中国共产党成立到新中国成立，为马克思主义及其哲学与中国革命实践相结合并最终指导新民主主义革命取得胜利的时期；第三个阶段是新中国成立后的近30年，大体上是从1949年到1976年，是马克思主义哲学取得空前威信及普及、发展到"文化大革命"遭到扭曲的阶段；第四个阶段是自中国改革开放以来的繁荣和发展。

（一）马克思主义哲学的最初译介和传播（1900～1921）

1899年，《大同书》面世后，中国开始了本国学者介绍、传播马克思主义及其哲学的历史。这一时期，马克思主义在中国传播的主要内容，侧重点在唯物史观方面，主要介绍的是阶级斗争和社会革命理论，辩证唯物主义则较少涉及。其中，维新派代表人物梁启超是第一位在中国人自己撰写的著作中提到马克思名字的人。1902年9月，梁启超在《新民丛报》第18号上发表的《进化论革命者颉德之学说》

一文中，对马克思做了简要介绍。1903年出版的日本学者福井准造著、赵必振翻译的《近世社会主义》一书是在中国较为系统地介绍马克思、恩格斯生平及其社会主义学说的著作。当时，已有学者初步认识到马克思主义所倡导的是历史唯物论，马君武曾于1903年指出："马克司者，以唯物论解历史学之人也。"1907年，世界社出版的《近世六十名人》一书中，刊登了马克思1875年在英国伦敦拍摄的肖像，这是中国最早见到的马克思的肖像。至五四运动爆发前，中国的志士仁人还对马克思主义著作进行了早期介绍和译述。

1917年，俄国十月革命的胜利，引起中国先进分子对马克思列宁主义的热烈向往，特别是五四运动爆发之后，马克思主义学说在中国的传播成为新文化运动的主流，马克思主义著作的翻译出版、马克思主义及其哲学思想的宣传、介绍呈现出繁荣景象。当时，陈独秀、李达、毛泽东、蔡和森等人都曾以十月革命的胜利为客观依据，热情讴歌马克思列宁主义是颠扑不破的真理，为扩大马克思列宁主义在中国的传播做出了重要贡献。第一个认识到马克思列宁主义的真理性及其改造社会巨大威力的是革命先驱者李大钊，他是中国倡导唯物史观第一人，连续发表了《法俄革命之比较观》、《庶民的胜利》、《布尔什维克主义的胜利》等文章，热情讴歌马克思主义，其《我的马克思主义观》一文是第一篇系统阐述马克思主义唯物史观基本理论的著作。当时《新青年》杂志发挥了巨大作用，《晨报》、《国民》也积极刊发马克思主义文章。1919年5月，陈博贤翻译的河上肇的《马克思的唯物史观》一文出版，这是中国介绍唯物史观的重要文章。1920年8月，陈望道翻译出版《共产党宣言》，掀起翻译马克思主义著作的高潮。

五四时期还出现了三次大论争，即关于问题与主义的论争、关于社会主义问题的论争、关于无政府主义的论争。关于问题与主义的论争由胡适于1919年7月发起，他发表了《多研究些问题，少谈些主义》一文，向马克思主义发起攻击，李大钊等人进行了反驳，并于1920年3月在北京大学组织了"以研究马克斯派的著述为目的"的马克思学说研究会，扩大马克思主义在中国的影响。这一争论一直延续到1921年7月在南京召开的少年中国学会会员大会上。关于社会主义问题的论争开始于1920年11月，研究系的张东荪、梁启超等人借英国哲学家罗素来华演讲的机会，抛出了反对社会主义的观点，受到李大钊、李达等人的反驳。关于无政府主义的论争，其实质是中国要不要走社会主义道路的论争，通过论争，马克思主义唯物史观的基本原理更充分地展现在中国人民面前。经过三次论争，不但宣传了马克思主义基本原理，也促进了马克思主义更为广泛和深入的传播，为马克思主义中国化奠定了初步基础。

中国早期马克思主义者的成长，是马克思主义及其哲学思想在五四时期广泛传播的一个重要体现。在这一过程中，毛泽东实现了世界观的根本转变，在观念形态上以高度浓缩的形式反映了中国近代社会发展的历史进程，为以后创立毛泽东思想奠定了思想基础。

（二）马克思主义哲学的广泛传播与毛泽东哲学思想的创立（1921～1949）

1. 中国共产党的创立和大革命时期（1921～1927）

1921年中国共产党成立后，马克思主义很快在中国广泛传播开来，在短短几年内，马克思主义的唯物史观已在中国革命中取得指导地位。李大钊、陈独秀、瞿秋白、李达在这一过程中做出了重要贡献。1912年，北京大学创设哲学门，1914年开始招生，1919年更名为"哲学系"，是中国最早的哲学科系，也是马克思主义哲学介绍引进和学习研究的基地。当时，陈独秀和李大钊率先在哲学系开设了历史唯物主义的课程。1920年，哲学系的学生邓中夏、刘仁静和罗章龙等发起成立了马克思学说研究会，并进而成为了北京共产主义小组的成员。瞿秋白的《社会科学概论》和李达的《现代社会学》是当时中国马克思主义哲学的代表作。瞿秋白在其著作中比较全面地介绍了辩证唯物主义和历史唯物主义，成为中国把辩证唯物主义和历史唯物主义作为一个整体进行宣传的第一人。

在中国共产党的创立和大革命时期，中国思想界发生了三次影响较大的论战：科学与人生观的论战、批判国家主义、批判戴季陶主义。马克思主义者参与了这三次论战，在科学与人生观的论战中，陈独秀、瞿秋白批判了张君劢的唯意志论、胡适的实用主义和丁文江的马赫主义，为科学解决人生观问题指出了正确的方向。在大革命时期，中国的马克思主义者批判了国家主义和戴季陶主义，扩大了马克思主义的阵地和影响。毛泽东写出了《中国社会各阶级的分析》和《湖南农民运动考察报告》，是当时马克思主义理论与中国实际相结合的最重要的理论成果，也标志着毛泽东哲学思想的萌芽。

2. 土地革命战争时期（1927～1937）

土地革命战争时期，中国共产党人和广大进步的哲学社会科学工作者，广泛深入地宣传、研究和普及马克思主义哲学，并努力将马克思列宁主义普遍原理同中国革命具体实践相结合。1927年以后，马克思主义的经典著作和苏联等国哲学家著作大量翻译出版，至 1932 年，马克思主义哲学的重要经典著作都有了较完整的中译本，使马克思主义哲学在中国的传播进入一个新阶段。此时，阐述和介绍唯物辩证法的哲学书籍占有较大比重。1930 年 5 月，中国社会科学家联盟成立，为马克思主义哲学在中国的传播做出了杰出贡献。其中不得不提的是，艾思奇《大众哲学》的出版和马克思主义哲学的大众化运动。哲学的大众化是 20 世纪 30 年代中国哲学工作者提出的一个口号，艾思奇首先尝试了将马克思主义哲学进行大众化传播。从 1934 年 11 月至 1935 年 7 月，艾思奇在《读书生活》上先后发表了 24 篇哲学讲话；1936 年 1 月，这 24 篇哲学讲话结集出版，1936 年印行第四版的时候，艾思奇将其定名为《大众哲学》。《大众哲学》全书共 4 章 24 节，十几万字，主要从本体论、认识论、方法论和辩证法等方面阐述了辩证唯物论。《大众哲学》的阐述方式，贴近大众生活实际，主要是通过日常谈话的体裁，通俗易懂的语言讲述哲学问题，将哲学糅合在喜闻乐见的普通故事里，更便于为大众所理解和掌握，也通过这种方式扩大了马克思主义哲学在中国的传播范围。《大众哲学》结合普通大众所关心的实际问题宣传马克思主义哲学，是马克思主义哲学大众化的最成功范例之一。

20 世纪 30 年代后期，是中国化的马克思主义哲学体系的形成时期。这一时期，艾思奇的《大众哲学》、李达的《社会学大纲》、毛泽东的《实践论》和《矛盾论》，代表了中国马克思主义哲学家对马克思主义哲学体系的阐释与建构，他们力图将马克思主义哲学主要内容与中国哲学传统有机结合起来，从而赋予马克思主义哲学以鲜明的中国性格，这成为马克思主义哲学中国化运动的十分重要的内容。1937 年 5 月，李达的《社会学大纲》一书出版，它集当时在中国传播马克思主义哲学的著作、教材之大成，从唯物论、辩证法、认识论、唯物史观等方面，比较系统、全面地阐述了马克思主义哲学，构建了一个完整的马克思主义哲学的教材体系，系统地阐述了马克思主义哲学的辩证唯物主义和历史唯物主义的范畴和原理，发挥了马克思主义哲学的一些重要观点，被毛泽东誉为"中国人自己写的第一本马克思主义哲学教科书"。

30 年代中后期，中国革命逐步地由国内战争转向抗日民族解放战争，毛泽东创造性地运用马克思列宁主义，结合本国实际，于 1937 年写出了《实践论》和《矛盾论》（合称"两论"），用中国的语言和思维形式通俗系统而又深刻地阐明了辩证唯物主义的认识论和对立统一的规律学说，并在许多方面进行了理论上的创造和发挥，丰富和发展了马克思主义哲学。"两论"是毛泽东哲学思想形成和系统化的主要标志，在马克思主义哲学史和中国现代哲学史上占有极其重要的地位。而"两论"的写作同当时中国哲学、思想理论战线上发生的论战和研究成果又有着一定的联系。

当时发生的主要论战有：中国社会性质问题的论争、唯物辩证法问题的论争、关于"哲学到何处去"等问题的论争、辩证法和形式逻辑的论争。特别是始于1935年的关于"哲学到何处去"等问题的论争作为马克思主义哲学与假马克思主义哲学的论争，影响甚为深远，它在1936年达到高潮。

3. 抗日战争时期（1937～1945）

这是马克思主义哲学中国化的重要时期。之所以提出马克思主义（哲学）中国化问题，这与当时的国内外形势紧密相关，1937年以后，国内盛行文化民族主义思潮，学术界、思想界十分强调中国化和民族性问题，以现代新儒家为代表的文化保守主义得到空前发展。1938年4月，艾思奇在《哲学的现状与任务》中最早提出马克思主义哲学中国化问题，1938年10月，毛泽东在中共六届六中全会的政治报告《论新阶段》中最早阐述了马克思主义中国化。1938年至1939年，毛泽东在延安组织了一个哲学小组，共有6人参加，除毛泽东外，还有艾思奇、何思敬、何培源、杨超、陈伯达。1938年10月，毛泽东在党的六届六中全会的报告中，强调要系统地而不是零碎地，实际地而不是空洞地学习马克思列宁主义理论，号召全党开展一个学习竞赛。1939年，在毛泽东的积极倡导和推动下，新哲学会在延安成立，由艾思奇、何思敬主持，1940年6月21日，毛泽东出席该会第一届年会并讲话。新哲学会在学习和宣传马克思主义哲学方面做出了巨大贡献。

在这一阶段，毛泽东哲学思想在多方面展开，丰富和发展了马克思主义哲学。具体表现在：深刻揭示了抗日战争的发展规律，论述了战争中人的自觉能动性和客观物质条件的辩证关系，阐述了战争与政治、战争与革命以及人民战争战略战术的辩证法，论述了兵民是胜利之本，人民群众是战争力量的源泉，从而形成了军事辩证法的科学体系；在抗日民族统一战线问题上，制定了既联合又斗争的政治策略原则，正确地解决各种矛盾，丰富和发展了统一战线的辩证法；深刻阐明了辩证唯物主义的思想路线，指出实事求是和主观主义是两条根本对立的思想路线，强调调查研究是克服主观主义，达到实事求是的根本方法；揭示了中国革命发展的基本规律，阐明了文化与政治、经济的辩证关系，民主革命和社会主义革命的关系，创立了新民主主义革命的理论，丰富了历史唯物主义；阐明了文艺要为人民大众，首先要为工农兵服务，强调生活实践是文艺创作的唯一源泉，文艺工作者要深入生活，学习马克思列宁主义和学习社会，深化了马克思主义的美学理论；论述了共产主义的道德核心和原则，阐明了道德评价问题上的动机和效果以及道德的批判和继承的辩证关系，为马克思主义的伦理思想增加了新内容；把马克思主义哲学具体化为党的工作方法和领导方法，坚持了世界观和方法论的一致性；抗日战争时期以毛泽东为代表的中国共产党人把马克思列宁主义普遍原理和中国革命具体实践进一步结合，从世界观方法论的高度上系统地总结了中国革命的独创性经验，从而使毛泽东哲学思想得到多方面展开。

4. 解放战争时期（1945～1949）

抗日战争结束后，中国革命进入了新的历史时期，和平与战争、民主与独裁的斗争成为国内形势的主要特点。在此背景下，马克思主义哲学得到出色运用，毛泽东的哲学思想得到丰富和发展。1945年8月13日，毛泽东在延安干部会议上作了《抗日战争胜利后的时局和我们的方针》的演讲，运用历史唯物主义的阶级分析方法，分析了新时期的阶级关系、国共两党的关系。1946年8月，毛泽东在《和美国记者安娜·路易斯·斯特朗的谈话》中，明确提出"一切反动派都是纸老虎"的科学论断，含有深刻的哲理。1947年12月，在《目前形势和我们的任务》中，阐明了党在人民解放战争时期的政治纲领、经济纲领，提出了十大军事原则，丰富和发展了历史唯物主义和军事辩证法。在1949年的《论人民民主专政》中，创立了具有中国革命特色的人民民主专政理论，发展了马克思主义的国家学说，阐明了中国革命胜利的历史必然性，宣告了唯心史观的破产和唯物史观的胜利。

在这一时期，中国共产党非常重视马克思主义理论特别是马克思主义哲学的学习、研究和传播。1946年3月和4月，张如心发表了一系列文章阐述了介绍了毛泽东对马克思主义哲学的运用和发展。1946年5月1日，为纪念马克思诞辰，《北方文化》特辟专栏，刊发介绍马克思生平和学说及其在中国的运用和发展的文章。1946年年底，梅林著、罗稷南译的《马克思传》出版，受到读者热烈欢迎。中国学者还撰写了大量马克思主义哲学论著，如1946年，侯外庐、罗克汀的《新哲学教程》是一部重要的马克思主义哲学教科书；胡绳的《思想方法论》、沈志远的《近代辩证法史》也于同年出版；1947年，博古编译的《辩证唯物论与历史唯物论基本问题》（共四册）出版发行，成为重要的参考读物；1948年，吴恩裕著的《唯物史观精义》出版，阐述了马克思唯物史观的基本内涵；1949年，胡明主编的《新哲学社会学解释词典》出版，是一本学习新哲学的重要工具书。同时，一些外国学者撰写的马克思主义哲学著作也翻译出版，有罗森塔尔的《辩证认识论》、《唯物辩证法》，米丁的《论群众哲学》，列昂诺夫的《马列主义论科学的预见》等，对促进马克思主义哲学的学习和宣传起到了良好作用。

新中国成立前夕，全国各地的哲学工作者发起组织中国新哲学研究会（简称中国哲学会）。1949年7月8日，在北平召开发起人会议，讨论了筹备会组织章程和暂行草案，推选出李达、艾思奇、何思敬、金岳霖、张东荪、汤用彤、郑昕、何干之、马特、胡绳、夏康农等11人为筹备会常务委员会委员，并推选李达为主席，艾思奇、郑昕为副主席，胡绳、马仲扬为秘书。同年秋冬，中国新哲学研究会在北京每周组织一次部分哲学工作者的讨论会，学习讨论马克思主义哲学，宣传马克思主义哲学的基本理论，开展对各种唯心论和形而上学思想的批判，并努力改造世界观，探讨改进教学和研究方法。这对于马克思主义哲学的学习和宣传起到了重要作用，为新中国成立后马克思主义哲学的发展提供了良好基础。

（三）马克思主义哲学的应用和曲折历程（1949～1977）

1. 新民主主义向社会主义转变时期（1949～1957）

这是马克思列宁主义哲学进一步传播和发展的时期，在中国现代哲学史上做出了重大贡献，也存在一些失误。新中国的成立改变了马克思主义哲学在中国的社会地位，它从革命人民的哲学上升为国家的指导哲学思想，不仅成为各大学最热门的学科之一，而且变成了全社会推崇的对象。此时，毛泽东不仅自己继续研究哲学，而且多次号召广大干部、群众学习哲学，这样，全国各地出现了学习和宣传马克思主义哲学的热潮，使马克思主义哲学的地位空前提高。这一方面推进了马克思主义哲学在中国的传播和发展，另一方面由于片面强调了哲学的意识形态性而忽视了它的科学性和学术性，也使学科建设受到削弱。

各地的哲学理论学习，一般都是以社会发展史作为第一步学习的主要内容，通过学习社会发展史去掌握历史唯物主义的基本原理。1949年下半年，艾思奇在全国总工会干部学校等单位宣讲"历史唯物论、社会发展史"，他的《历史唯物论、社会发展史讲义》于1950年在中央人民广播电台播讲，其《社会发展简史》成为各单位学习马克思主义哲学的教材。各高等院校都开设了包括辩证唯物主义与历史唯物主义的政治课，各地还以举办工人培训班等形式对工人中的积极分子进行社会发展史、历史唯物主义的教育。

1955年之后，在中国的哲学专业理论工作者队伍的组织方面以及中国的马克思主义哲学的整个研究工作方面，进入了一个新阶段。1954年12月，中国科学院院务会议决定成立哲学研究所筹备委员会，1955年11月，哲学研究所正式成立，是中国最高的哲学研究机构，所长为潘梓年。1955年3月，《哲学研究》出版创刊号，当时成立的"《哲学研究》编辑委员会"中，潘梓年为召集人，成员有李达、艾思奇、杨献珍、冯定、胡绳等,这个编辑委员会实际上成为哲学界学术上的核心。1956年3月,马克思主义哲学学科有了正式的科研规划;1956年,多所大学成立哲学系(武汉大学哲学系得以恢复、中国人民大学哲学系和复旦大学哲学系相继成立)。1958年中山大学恢复哲学系,东北人民大学(今吉林大学)成立哲学系,1962年南开大学恢复哲学系。1950年成立人民出版社,1953年成立中共中央编译局,使马列主义著作和其他学术著作的翻译、编辑出版工作有了专门的机构,《斯大林全集》、《列宁全集》、《马克思恩格斯全集》相继编译出版。

新中国成立初期,许多哲学工作者包括李达、艾思奇、杨献珍、冯定等,对马克思主义哲学的研究和宣传做了大量工作。1957年3月,艾思奇的《辩证唯物主义讲课提纲》由人民出版社出版,成为新中国成立初期很有影响的一本哲学原理教科书,对大学哲学原理教科书的改革起到了重大作用。杨献珍的《什么是唯物主义》一书是他1955年给中央党校普通班学员上课时的讲稿,是一本关于马克思主义认识论的著作。冯定的《平凡的真理》由中国青年出版社于1955年10月出版,是既带有通俗化、群众化的特点,又具有完备体系和精辟阐述的学术著作。中国学术界呈现出的这种新活力,促使广大理论工作者对一些重大哲学理论问题展开了热烈的讨论,如关于中国民族资产阶级问题、关于经济基础和上层建筑问题、关于真理问题、关于美学问题等。

在这一时期,中国共产党将马克思主义的唯物辩证法出色地运用于中国社会历史性转变的工作,制定了过渡时期总路线;运用对立统一规律科学提出了社会主义社会基本矛盾的理论;在开展对资产阶级唯心主义思想和反对实际工作中的唯心主义和形而上学的斗争中,积累了宝贵经验,开创了马克思主义哲学和毛泽东哲学思想在历史上的新篇章。

2. 全面开展社会主义建设时期(1957~1966)

1957~1966年是中国开始全面建设社会主义的10年。10年间,社会主义建设经历了曲折的发展过程,作为这一过程在理论上的反映的中国马克思主义哲学,也经历了曲折的发展过程。毛泽东和党中央在领导社会主义建设的过程中,特别是在总结经验教训的过程中,发展了马克思主义认识论、辩证法和历史唯物主义,为马列主义、毛泽东思想宝库增添了新的内容;但是,也产生了一些"左"的偏差和错误观点,需要我们进行实事求是的总结和评价。

在辩证法方面,1957年,毛泽东在《关于正确处理人民内部矛盾的问题》一文中,提出了区分两类不同性质的矛盾和用不同方法处理的观点,这是毛泽东辩证法的一个重要思想。1959年12月至1960年2月，在读《苏联政治经济学》（教科书）的谈话中，毛泽东提出和详细论证了部分质变原理。1965年，毛泽东在李达著的《马克思主义哲学大纲》一书上写的一个批语中，提出了辩证法规律一元化的思想。在认识论方面，主要探讨了由"大跃进"和人民公社化运动中脱离实际、片面夸大人的主观能动性的失误引发的思考，开始重提实事求是、大兴调查研究之风，开始思考自由与必然的关系，并在《人的正确思想是从哪里来的？》一文中提出物质可以变精神，精神可以变物质的新概括。在历史唯物主义方面，中国共产党对知识分子的阶级属性和地位作用问题、科学及其在社会主义现代化建设中的作用问题等进行了重新思考。

在马克思主义哲学的宣传教育方面，党中央、毛泽东多次提出广大干部群众多读书的建议，并继续进行马克思主义经典著作的翻译工作，在1957年至1966年，出版了许多重要的哲学著作，仅《马克思恩格斯全集》就出版了20卷，约1000万字。广大哲学工作者也取得了一定成果，其中，1961年，艾思奇主编的《辩证唯物主义历史唯物主义》教科书正式出版，这是新中国成立后第一本中国人自己编写的马克思主义哲学教科书。尽管这一时期出版的哲学教科书都是以苏联20世纪30年代初的哲学体系作为理论框架的，但也不同程度地吸收了中国传统哲学的精华，特别是添加了毛泽东对马克思主义哲学的理论贡献，从而对苏联的哲学体系有所突破、有所发展，开始显现出鲜明的中国特色。1965年，李达主编的《唯物辩证法大纲（上册）》在陶德麟的辅助下完成，概括地论述了马克思主义哲学的产生、发展和辩证唯物主义的基本原理及毛泽东对它的主要贡献，紧密联系当时思想战线的实际，批判了各种错误思潮，同时结合我国社会主义革命和建设的实际，从方法论上论述了学习和运用马克思主义哲学的重要意义，是一部优秀的马克思主义哲学专著。

在这一时期，我国哲学界对马克思主义哲学及哲学各个分支学科的一些基础理论问题进行了讨论，如关于主观能动性和客观规律性问题的争论、关于思维与存在同一性的争论、关于"一分为二"与"合二为一"问题的讨论、关于生产力问题的讨论、关于划分阶级的标准问题的讨论、关于中国哲学史问题的讨论、关于道德问题的讨论、关于逻辑问题的讨论等，对于促进马克思主义哲学的发展产生了一定的推动作用。但是这一时期"左"的思想已开始抬头，并日益严重。在这些讨论中，也都充分暴露出来。

3. "文化大革命"时期（1966～1976）

"文化大革命"是我们国家历史上的一个非常时期。正如《关于建国以来党的若干历史问题的决议》指出,"文化大革命"是一场由领导者错误发动,被反革命集团利用,给党、国家和各族人民带来严重灾难的内乱。林彪、江青两个反革命集团为了给他们制造和加剧这场内乱寻找哲学根据,对马克思主义哲学的基本理论进行了全面的歪曲和篡改,最突出的表现是三个方面。第一,宣扬唯心论的先验论,反对马克思主义的实践论。他们鼓吹天才论、"顶峰"论、"绝对权威"论,鼓吹"大树特树",制造个人迷信,以利用这种迷信造成的狂热性去实现他们的政治目的。他们把唯物论和辩证法对立起来,借口反对形而上学而否定客观第一、主观第二的唯物论,主观第一、理论至上、精神万能一类的东西充斥了他们控制的报纸和刊物,从根本上否定、毁坏了中国共产党的实事求是的思想路线。第二,鼓吹"斗争哲学",全面篡改马克思主义的对立统一学说。在对立面的同一和斗争这两个方面中,他们只讲斗争,不讲同一,宣扬"一切矛盾着的对立面都是对着干"、"斗争就是政策";宣扬"斗则进,不斗则退",认为只有斗争才是事物前进发展的动力,一切对于斗争的限制都是对于事物发展的限制,主张无限制的斗争、不停顿的"革命",为他们挑起"全面内战"、煽动"打倒一切"制造舆论。第三,宣扬上层建筑决定论,全面篡改马克思主义的历史唯物论。他们批判所谓"唯生产力论",否定生产力在社会发展中起决定作用的原理,叫喊"八亿人民主要是抓上层建筑";他们把阶级斗争理论同生产力在社会发展中起决定作用的原理割裂开来,反对从社会物质生产的状况、从社会物质生活的矛盾和运动去说明阶级的产生消灭,说明阶级关系的变动,说明阶级斗争的根源和历史作用等,而是单从上层建筑方面去说明这一切,鼓吹唯心论的阶级斗争观,为他们蓄意制造"阶级斗争"提供哲学根据。他们的所谓上层建筑决定一切,核心是"领导权"决定一切。权力意志决定论是他们的整个世界观的核心。

对于林彪、江青两个反革命集团宣扬的哲学观点及这些哲学观点所支持的极"左"思潮,许多干部、群众和理论工作者有过不同程度、不同形式的抵制。林彪反革命集团覆灭后,对他们的唯心主义先验论和唯心主义历史观进行过初步的批判。"文化大革命"结束后,广大理论工作者在哲学上拨乱反正,对林彪、江青反革命集团散布的哲学观点进行了系统的清理和批判,并以此为契机,推进了马克思主义哲学的研究和发展。

(四)新时期马克思主义哲学的繁荣发展(1976~2000)

1976年以后,特别是1978年以来,伴随着社会主义改革开放的进程,中国的马克思主义哲学逐步摆脱"左"的束缚,走向活跃,思想僵化的局面被打破。实践是检验真理的唯一标准的大讨论之后,尘封已久的学术园地重新获得了生机和活力。

这一阶段，马克思主义哲学的发展主要在两个方面全面展开，一是中国共产党人对马克思主义哲学形态的创新和发展，二是学术领域对马克思主义哲学基础理论研究的深化。关于真理标准问题的大讨论成为马克思主义哲学重新走向繁荣的标志性事件。1978年5月11日，《光明日报》发表由胡福明执笔、其他同志参与修改补充的《实践是检验真理的唯一标准》一文引起了全国性大讨论，冲破了"两个凡是"对理论界的思想禁锢。此前，邓小平已有几次重要谈话，批评"两个凡是"，成为真理标准问题讨论的先导。1978年12月13日，邓小平在《解放思想，实事求是，团结一致向前看》的讲话中，明确支持关于真理标准问题的讨论，从理论和实践的结合上阐明了只有解放思想、冲破禁区，才能回到实事求是的思想路线上来。这为十一届三中全会的召开做了理论准备。1978年年底，党的十一届三中全会的召开对于实现历史性的伟大转变具有深远的历史意义。它从根本上冲破了长期"左"倾错误的严重束缚，重新确立了以实事求是为核心的思想路线。1986年邓小平提出发展是硬道理，发展成为当代中国马克思主义哲学的主题。

邓小平哲学思想是改革开放后马克思主义哲学发展的最重大成果，以邓小平哲学思想为标志，马克思主义哲学的发展在中国进入了一个新阶段。对毛泽东哲学思想的研究也逐渐活跃起来，1981年10月，在桂林召开了全国毛泽东哲学思想学术讨论会；1983年12月，在长沙举行纪念毛泽东诞辰九十周年全国毛泽东哲学思想学术讨论会；1986年10月，在四川成都举行了第三次全国毛泽东哲学思想学术讨论会，并在中国马克思主义哲学史学会的倡议下，成立了全国性的毛泽东哲学思想研究会；1987年8月，在北京召开全国毛泽东哲学思想第四次学术讨论会，会议提出"毛泽东哲学思想的研究要面向现代化、面向未来、面向世界"的口号。

马克思主义哲学史的研究和宣传，长期没有引起哲学界的重视，更没有把它当作一门学科来研究。十一届三中全会后，我国开始对马克思主义哲学史进行专门地、系统地、深入地研究。20世纪80年代，马克思主义哲学史学科发展进入一个黄金时代。1979年1月，在教育部组织下，全国第一次马克思主义哲学史研讨会在桂林召开，会议就编写马克思主义哲学史教材的指导思想、基本内容和基本方法进行了广泛的研究和讨论。同年10月，全国马克思主义哲学史研究会创立（厦门会议），这标志着我国的马克思主义哲学史学科正式成立。1980年10月22日～11月4日，由教育部主持的《马克思主义哲学原理》（辩证唯物主义部分）和《马克思主义哲学发展史》教材审稿会议在昆明召开。此后，研究成果相继出版，其中高等学校的文科教材，有一卷本的《马克思主义哲学史稿》，三卷本的《马克思主义哲学史》等；工具书有《中国大百科全书·哲学》中的马克思主义哲学史部分；资料书有三卷本的《马克思主义哲学史教学资料选编》。其中,1981年10月,由中山大学哲学系作为主编单位、人民出版社出版的《马克思主义哲学史稿》是我国第一本马克思主义哲学史的新编教材,这部教材由全国主要重点大学的专家参加,历时4年完成,凝结了中国老一代马克思主义哲学史学者的集体智慧。由黄枬森、庄福龄、林利主编的《马克思主义哲学史》(8卷本)作为国家"六五"和"七五"哲学社会科学规划重点项目,全面、详细、系统地阐述了马克思主义哲学萌芽、创立、发展和演变的历史,共计410万字,作者几乎囊括了我国马克思主义哲学史教学和科研工作第一线的全部专家学者。这部著作的出版,对于推动马克思主义哲学在中国的进一步传播产生了重要影响,代表了当时马克思主义哲学史学界的整体水平。

在马克思主义哲学基础理论的研究方面取得了许多重要的成果,如黄枬森的马克思主义哲学体系研究,陶德麟等人的认识论研究,邢贲思的关于真理标准问题讨论,汝信的关于人道主义和异化问题研究,陈先达、王锐生等人的唯物史观研究,萧前、夏甄陶、杨春贵的唯物主义辩证法研究、陈晏清的社会发展理论的研究等。在这一阶段,马克思主义哲学工作者对一些重要哲学问题展开了讨论。讨论的主要问题有:

(1)关于真理标准问题和实践唯物主义的讨论。关于真理标准问题的讨论是"两个凡是"和"实践是检验真理的唯一标准"两种思想的交锋,它的首要意义是冲破教条主义和个人崇拜的思想束缚,恢复和确立解放思想、实事求是的思想路线,因而成为中国改革开放的先导。同时随着讨论的深入在学术层面上关于实践标准本身的一些理论问题的研究也有所深化。关于实践唯物主义问题的讨论是直接由马克思主义哲学体系改革的讨论引发的,它同真理标准问题的讨论也有明显的联系。这场讨论的积极意义也是在于确立实践观点在马克思主义哲学中的地位。1988年年初,在天津召开的国家社科规划重点课题"马克思主义哲学原理体系改革"的课题组扩大会议上,关于实践唯物主义的问题作为哲学体系改革的一个总体性问题,各种观点进行了初步的对话和讨论。同年9月,在北京召开的全国实践唯物主义讨论会,则把这一研究大大深化了。

(2)关于人道主义和异化问题的讨论。这次讨论由对"文化大革命"的历史反思发端,以1983年纪念马克思逝世一百周年学术讨论会为契机而达到高潮,全国共出版讨论文集20余种,发表文章近千篇,1984年年初,胡乔木发表《关于人道主义和异化问题》,讨论进入尾声。比较有代表性的文章有:邢贲思的《怎样识别人道主义》、汝信的《人道主义就是修正主义吗?》和王若水的《人是马克思的出发点》。经过讨论,全盘否定人道主义的观点被否定,但在如何评价上发生了分歧,一种观点认为人道主义是马克思主义的重要内容，马克思主义即是现代的科学的人道主义；另一种观点认为马克思主义包括作为伦理原则的人道主义，却否定了作为历史观的人道主义，因为这种人道主义是唯心史观的。这场关于人道主义和异化问题的争论平息之后，在"哲学现代化"和"哲学体系改革"的旗帜下，对人的哲学研究再度兴起，20世纪80年代末，提出了建立一门相对独立的"人学"学科的任务。

（3）哲学教科书改革。随着教学和研究的深入开展，改造和完善马克思主义哲学教科书体系的问题被提了出来，许多哲学工作者做了有益的探索，并取得了一定的成果。1981年和1983年，萧前、李秀林、汪永祥主编的《辩证唯物主义原理》和《历史唯物主义原理》先后出版。这两部教科书是"文化大革命"刚刚结束之后这一特殊历史时期的产物，在实现哲学理论的拨乱反正、恢复正常的哲学教育方面发挥了特殊的历史作用，是哲学教科书改革的开始。1985年高清海主编的《马克思主义哲学基础》出版。该书力图把世界观、认识论、方法论统一起来，打破苏联教科书的"两个主义"（辩证唯物主义、历史唯物主义）和"四大块"（唯物论、辩证法、认识论、历史观）的各个部分相互分离的框架结构，是哲学教科书体系改革的重要尝试。这部教科书从体系上进行改革的改革精神和改革方向大大地鼓舞了哲学界。80年代中期以后，哲学教科书体系改革形成热潮，1985年国家教委设立了"马克思主义哲学原理体系改革"的重点课题，翌年又被提升为国家哲学社会科学规划的重点课题，由全国高校马克思主义哲学专业博士点共同承担，课题组由萧前、黄枬森主持。课题的最终成果《马克思主义哲学原理》（由萧前任主编，黄枬森、陈晏清任副主编）于1994年由中国人民大学出版社出版。该书明确了实践是整个哲学体系的核心范畴，实践的观点不仅是认识论的首要的、基本的观点，而且是整个马克思主义哲学的首要的、基本的观点，对马克思主义哲学的实践论和主体性思想作了较为深入的发掘和阐述。这部教科书表达的一些马克思主义哲学的基本观念、基本原则，不仅把这一个重要时期中国哲学改革发展的许多重要成果以教科书的形式肯定了下来，而且为哲学的进一步发展做了重要的开拓。这对于帮助人们摆脱前苏联教科书哲学的束缚具有积极的作用。

（4）关于价值问题的讨论。价值论问题的提出为马克思主义哲学研究开辟了新领域，弥补了学科建设的空缺，特别是对建立社会主义市场经济体制、追求社会效益和经济效益具有重要的指导意义。1980～1984年，是价值问题研究的起始阶段，此时学界将价值问题引入认识论，提出价值范畴是认识论要研究的重要议题。1985～1986年，重点研究了价值与真理的关系。1986年5月20～24日，在杭州召开了认识与价值问题的专题学术讨论会，使价值问题的研究进入一个新阶段。

20世纪90年代以来，随着国际上发生的东欧剧变和中国改革开放的深化，中国马克思主义哲学研究的内外部条件发生了重大而深刻的变化。1992年邓小平的南方谈话重新强调坚持改革开放并进一步明确了市场化取向的经济体制改革的方向。中国社会加快进入了由社会主义市场经济的发展所推动的社会转型时期。在这种大背景下，中国的马克思主义哲学研究适应这种变化，研究工作以中国社会转型过程中提出的哲学问题为中心，实现了从体系意识到问题意识的范式转换，其中最重要的表现就是领域哲学的兴起。即通过对自然、社会、人、历史、文化、经济、政治、法律、道德、宗教、艺术、教育、管理，甚至日常生活等人类生活某个领域或侧面的关注，而形成了自然哲学、社会哲学、人的哲学、历史哲学、文化哲学、经济哲学、政治哲学、法哲学、道德哲学、宗教哲学、艺术哲学、教育哲学、管理哲学、日常生活哲学等。其中，社会哲学、人的哲学、文化哲学是影响比较大的几个领域。

社会哲学研究是由改革开放后中国社会巨大发展、变迁所催生的。发展是当今时代的重要主题，随着发展进程的加速，发展中所产生的各种矛盾也逐渐暴露出来，90年代以来社会发展理论的研究一直是人们关注的热点之一。在此基础上，社会哲学应运而生。其中，陈晏清的《当代中国社会哲学》是比较早的著作之一，而他主编的"社会哲学研究丛书"（共10本）于1998年、1999年由山西教育出版社出版，成为当时最具系统性的社会哲学著作，初步奠定了我国社会哲学研究的规模。

人的哲学也就是"人学"，孕育于80年代初关于人道主义的讨论，90年代以后逐渐发展为一个相对独立的研究领域。许多学者系统整理和研究了马克思主义经典作家关于人学的论述，推出了一批重要著作，这一时期人学研究的关注点主要集中在人的主体性上，并致力于构建中国的人学理论体系。

文化哲学研究是90年代中国哲学界最具影响力的研究领域之一。文化哲学研究的内容包括对文化的界定、文化的结构、文化的功能、文化哲学的对象、文化哲学的主题、文化哲学的建构原则、传统文化及其批判、文化转型、文化体制等众多问题。2000年10月，中国社会科学院文化研究中心成立，主要从事对策性研究，而哲学界则力图通过基础理论研究来引导和促进当代中国的文化变革。

二、中国哲学史研究

20世纪初期，在西学东渐和社会转型的背景下，中国的教育体制和学术格局发生了巨大变化。"中国哲学史"学科依照西方学术体系的划分标准应运而生。在其后的发展过程中，由于"中国哲学"的固有传统、话语体系、问题意识都来源于传统的经学、史学和子学，导致了在中国哲学的主体性和西方"哲学"范式之间始终存在着张力。20世纪是作为一门学科的"中国哲学"在"转型"与"重建"中形成和发展的时期，也是作为一种思想文化传统的"中国哲学"在"继承"和"创新"中脱离古典形态走向现代化和世界化进程的历史时期。

（一）20世纪初至20世纪20年代：准备时期与学科初创时期

1. 清末民初时期：西学东渐与传统经学的解体

中国传统哲学主要是在注解和诠释经学的基础上发展和推进的。20世纪初，学者仍然依托经学来阐发思想，但时代的变化使此时的经学具备了启蒙性质。康有为举起"今文经学"的旗帜，先后著成《新学伪经考》和《孔子改制考》，以"托古改制"的名义改造儒学，为戊戌变法确立理论根据。他认为人性由人欲、仁义和智组成，反对传统的性善论，并根据《春秋公羊传》提出新的"三世说"——据乱世、升平世和太平世，表达了人类社会是不断进化的观点。他的《大同书》表达了新的乌托邦理想。这些思想均受到西学影响，但又体现出文化和政治保守主义倾向。章太炎主编《民报》，提出俱分进化论思想，出版了《訄书》、《儒术真论》等著作。他提倡"古文经学"，认为六经皆史，《春秋》为史官之书，其贡献在于"攘夷狄，扞种姓"。这与公羊派的"为汉制法"和"托古改制"不同。尽管两人经学主张不同，但都为他们的政治主张服务，前者主张渐进的改良，后者主张激烈的革命。

孙中山吸收了西方的进化论思想，认为"世界万物皆由进化而成"，物质是世界的本源，民生是社会进化的重心，社会进化是历史的中心，提出了民生史观的思想。他扩充和改造了传统哲学中的知行关系，提出了对认识论卓有贡献的"知难行易说"，认为"行"（包括道德修养、革命实践和科学实验）是认识的唯一来源，"知"分为"偶能然"与"知其当然与所以然"两个阶段，这些研究为中国的革命和建设提供了思想指导。

这一阶段的中国哲学史研究尚未从传统的学术思想史中分化出来，尚未突破所谓"国学"的框架。蔡元培的《中国伦理学史》是采用西方学术观点和方法整理传统伦理思想的著作，反映了中国哲学史的一个侧面。其他著作如章太炎的《诸子学略说》、《国故论衡》等，梁启超的《先秦政治思想史》、《清代学术概论》、《中国近三百年学术史》等也蕴含了丰富的中国哲学史素材。由于这些学者的话语体系、研究方法和思维方式都不同程度地受到西学影响，这些论著客观上为中国哲学史学科的形成奠定了基础。

2. 五四运动与科玄论战时期：中西文化的碰撞和现代中国哲学的孕育

民族危机促使有识之士寻求救国之路，认真解答中国的历史走向和如何对待传统文化问题。一方面，他们大力译介西方学术思想，斯宾塞的社会达尔文主义、孔德的实证主义、尼采和叔本华的唯意志论、柏格森的生命哲学、马克思的历史唯物论、实用主义、马赫主义等思潮被传播到中国。另一方面，他们审视和反思传统文化的优劣与国家兴衰之关系。这样在20世纪初期逐渐形成了"提倡科学，反对迷信；提倡民主，反对独裁；提倡白话文，反对文言文"的文化革新和文化启蒙运动。1915年9月15日《青年杂志》在上海创刊，1916年9月迁往北京，改名为《新青年》，成为新文化运动的主要阵地。《新青年》由陈独秀任主编，李大钊、胡适为编辑和主要撰稿人，他们倡导新思想、新文化、新道德，"所谓新者就是外来之西洋文化，所谓旧者就是中国固有之文化"，明确主张以西方文化来取代传统文化。

新文化运动时期，学界围绕中国文化在世界文化中的地位和价值问题产生了论战。《东方杂志》主编杜亚泉从1916年开始发表文章来阐发和弘扬中国固有的文明，认为东西方文明"乃性质之异，而非程度之差"，中国文明可以救西洋之弊。1918年，梁启超所著《欧游心影录》认为欧洲物质文明高度发展带来了许多灾难，解决西方世界的社会危机需要依靠中国的古老文明。1919年，章士钊开始宣扬中西文化"调和论"。梁漱溟于1921年出版了《东西文化及其哲学》，认为西方文化的路已经走到了尽头，紧接着"便是中国文化复兴成为世界文化的时代"。对此，新文化派起而应战。胡适阐述了中西文化的对立与全盘西化的主张，指出"全盘西化"的基本含义是指"充分世界化和充分现代化"，认为将来中国和印度一定会走科学化与民主化的道路。李大钊、瞿秋白等人开始运用马克思主义理论参与论战。李大钊从唯物史观角度分析了新文化必然取代旧文化而不是与之调和的客观必然性。瞿秋白认为西方文化已经发展到帝国主义阶段，而东方文化还停滞于封建的宗法社会阶段，只有无产阶级革命才能使文化得到真正发展。论战文章大多发表在《新青年》、《新潮》、《民锋》、《每周评论》等杂志上。

随着民主、科学观念的深入人心，学界还出现了科玄论战。1923年2月，张君劢发表讲演，认为科学在解决人生观问题方面无能为力。4月，丁文江发表《玄学与科学》一文表示反对。其后双方各发表文章进行辩论。张君劢强调人生观是主观的、直觉的、综合的、自由意志的、单一的，科学是客观的、论理的、分析的、因果律的、统一的。林宰平、张东荪、瞿菊农等人发表文章批评科学派，而基本赞同丁文江的有胡适、唐钺、王星拱。梁启超主张双方"各有偏宕之处"，认为人生大部分问题是可以而必要用科学解决的，但小部分和最重要的部分是超科学的，情感是生活的原动力，"爱"和"美"是神圣不受约束的。科学派吴稚晖公开提出"漆黑一团"的宇宙观及"人欲横流"的人生观；胡适提出了所谓"自然主义人生观"。陈独秀和瞿秋白也发表文章，运用马克思主义理论对双方的观点都进行了一定批判。此后，论战文章被结集为《科学与人生观》出版，由陈独秀和胡适作序；泰东书局也出版了论文集《人生观之论战》，由张君劢作序，序言实质上代表了科学派、早期马克思主义者和玄学派对论战的总结。

3. 中国哲学学科的初步建立

（1）哲学系及中国哲学史专业的建立

1912年，京师大学堂更名为北京大学，严复任首任校长，设中国哲学门，取代了以前的经学科。1914年，中国哲学门开始招收学生，标志着中国现代大学哲学教育的开启。1917年，胡适继任陈黻宸讲授"中国哲学史"课程，出版了《中国哲学史大纲》等教材。1919年，中国哲学门改名哲学系。这意味着经学时代的终结和"哲学"学科正式成为中国现代大学教育体系中的一个门类。

1910～1920年，中国大学中出现了第一批哲学系。武昌私立中华大学于1915年设立中国哲学门，这是在中国南方最早出现的现代大学哲学系。接下来，南开大学哲学系于1919年，东南大学哲学系（今南京大学哲学系前身）于1920年，武昌高等师范学校教育哲学系（今武汉大学哲学系前身）于1922年，中山大学哲学系于1924年，清华大学哲学系于1926年，相继设立。自20年代起中国才有了近代大学标准意义上的哲学系，才开始出版哲学专业刊物。这对于20世纪中国哲学的开展具有重大意义。

（2）中国哲学史著作及教材的出版

20世纪初至20世纪30年代，由中国学者自己撰写的哲学教材开始问世。这推进了现代哲学教育制度的完善，反映了中国哲学研究的新开展。1916年，谢无量撰《中国哲学史》一书出版，为中国哲学史学科的创建与形成做出了历史性贡献。他把中国哲学史分为上古、中古和近世三个阶段，吸收了近代哲学观念，将哲学区分为形而上学、认识论、伦理学三部分，提出了具有中国思想特色的阴阳论、人性论、修养论等内容，对中国哲学史做了较为完整的梳理。他尝试运用现代哲学观念来解释中国哲学中的阴阳、道等范畴，具备了初步的中西比较意识。

1919年，胡适所著《中国哲学史大纲》上卷出版。书中对哲学和哲学史做了明确的界定，凡研究人生切要问题的学问叫做哲学，哲学史的目的在于"明变"、"求因"、"评判"。他将史料区分为"原料"和"副料",并用"校勘"、"训诂"等方法审查史料真伪,把史料考辨和对思想家的学说体系、学术流派、社会条件等的分析结合起来,是运用近代学术方法写成的哲学史著作。胡适还宣传实用主义和功利主义,把科学实验的方法运用到哲学史研究领域,重视逻辑分析和历史考证,代表了科学主义思潮。这些努力对于转变传统经学的诠释方法起了很大作用。

1923年,陆懋德所作《东周哲学史》一书认为中国哲学史研究应以"无所谓中西,但取其长而求其是"为宗旨,对胡适以西方式的逻辑方法整理中国哲学的做法提出批评,认为那样会抹杀中国哲学的特点,使中国哲学史学科失去独立性。1929年钟泰撰写的《中国哲学史》一书就是运用中国传统话语体系,以同情了解的态度论述诸子思想的著作,但此书已经有了明确的方法论意识,他认为"中西学术,各有系统,强为比附,转失本真",其研究对于西方哲学观念和方法不予采纳,使中国哲学的话语方式与近代学术隔绝,不符合时代潮流和理论的发展趋势。

(二) 20世纪30至40年代:重建时期和学科奠基时期

20世纪30年代初,日本加快侵华步伐并最终演变为中日战争,民族危机空前严重。一批爱国学者力图回答共同的时代课题,深入反思传统文化并建立了各自的哲学体系,取得重要成果。1935年4月,中国哲学会成立并举行第一届年会,"中国哲学界才开始有自创哲学理论自创哲学系统的尝试"。年会宣读了一批哲学家的新著,实质上成为20世纪中国哲学划时代的界碑。

1. 主要思想体系简介

这一时期,一些具有深厚学养的学者在吸收和借鉴西方哲学思想和方法的基础上对传统哲学加以改造,重新进行阐释,建构了现代中国哲学的新体系,以梁漱溟的文化哲学、熊十力的"新唯识论"、冯友兰的"新理学"、贺麟的"新心学"和金岳霖的新道学和知识论为重要代表。

梁漱溟(1893~1988)早在20年代就发表了《唯识述义》、《印度哲学概论》和《东西文化及其哲学》,后来又出版了《中国文化要义》。他认为整个宇宙是人的生活、意欲不断得到满足的过程,人类文化可以划分为西洋、印度和中国三种类型,"文化是人类生活的样法","中国文化是以意欲自为调和、持中为其根本精神的",与意欲向前的西方文化和意欲反身向后要求的印度文化路向不同,三种路向的文化是世界文化发展的三个阶段。中国文化以孔子为代表,以儒家学说为根本,以伦理为本位,是人类文化的理想归宿。

熊十力（1885~1968）先后出版了《新唯识论》文言文本和语体文本。新唯识论的主旨是"体用不二"、"翕辟成变"。"体用不二"是说世界是即本体即现象的整体或实体，"夫体之为名，待用而彰，无用即体不立，无体即用不成。体者，一真绝待之称，用者，万变无穷之目。""体"是整个宇宙的整体，或者说表征一切万象的实体，它是无待的大全，既是现象的根源，也是现象整体自身。"吾所云用，原依本体之流行而说，如澈悟真性流行，是为即体成用，即用呈体，则体用，虽不妨分说，而实际上，毕竟不可分。"翕辟是实体的两种功能，"翕"是摄聚成物的能力，"辟"是主动刚健的运化能力。这两种能力遍布于一切物体之中，相互作用，从而构成了事物的运动变化。

冯友兰（1895~1990）在这一时期先后出版了贞元六书：《新理学》、《新世训》、《新事论》、《新原人》、《新原道》、《新知言》，创立了新理学思想体系。冯友兰把世界划分为"实际"与"真际"两个层面，"有实者必有真，但有真者不必有实"。"理"和"大全"组成的本体界称为真际，由具体事物组成的现象界为实际。真际在逻辑上是先于实际的，是实际的根据和主宰。"理"是指决定某种事物之所以为某种事物的原因或根据，也是这种事物的共相。"气"是使理得以实现、使事物成为实际事物的材料，是"无极"。理是"极"，大全是众理的全体，也称为"太极"。

贺麟（1902~1992）先后发表了《近代唯心论简释》和《儒家思想的新开展》，出版了《当代中国哲学》和《文化与人生》。贺麟哲学的出发点是"心"，"此心乃经验的统摄者、行为的主宰者、知识的组织者、价值的评价者。自然与人生之可以理解，之所以有意义、条理与价值，皆出于此'心即理也'之心。"可见，他试图把西方哲学中的知识系统之心和中国哲学的道德行为与评价之心结合起来。在哲学方法论上，他提出了直觉和理智互补的观点。他认为儒家思想包含三方面：格物穷理、寻求智慧的理学；磨炼意志、规范行为的礼教；陶养性灵、美化生活的诗教。新儒家思想的开展将循艺术化、宗教化、哲学化的途径迈进。

金岳霖（1895~1984）的思想主要体现在《论道》和《知识论》两书中。《论道》提出以"道"、"式"、"能"为基本范畴的本体论学说体系。认为"道是哲学上最上的概念或最高的境界"，万事万物都是"道"的表现形式。"道是式——能"。"能"是构成事物的质料因、动力因；"式"是构成事物的形式因，"式"与"能"相结合形成事物的过程和规律就是"道"。"居式由能，莫不为道"。他的《知识论》认为外界事物呈现在认识者面前的是"所与"，认识者从所与的殊相中抽象出共相以形成"意念"，用意念和概念去摹状和规范所与的结果就是"经验"。事实是所与和意念的结合，意念接受所与形成事实的过程遵循归纳原则，这些思想构建了比较完整的知识论体系。

此外，一批传统知识分子在这段时期也做出了突出成就。虽然他们并未有明确的"哲学"学科研究范式。如马一浮、钱穆、汤用彤、方东美、张君劢、蒙文通、张东荪等人。

马一浮在20世纪20年代中期前主儒佛并重，之后完全归宗儒学，他的"六艺赅摄一切学术"论就是把儒学作为中国文化乃至世界文化的高峰，古代的和西方的一切学术都可统摄于六艺。他的思想体现出以佛证儒的特点，主要包括理气一元、知行合一、性修不二、理事双融、体用一源等内容。

钱穆自谓著述以文化传统、民族性和历史实证为原则，坚持以儒学为中心的传统文化立场，提出了以中国文化为本的本位主义和儒学是中国文化主要骨干的儒学主干论。其著作成书者约80多种，主要有《王守仁》、《国学概论》、《先秦诸子系年》、《中国近三百年学术史》、《中国思想史》、《宋明理学概述》、《朱子新学案》等。

方东美早年的代表作有《生命情调与美感》、《生命悲剧二重奏》、《科学哲学与人生》、《哲学三慧》，他依据生命哲学和周易"生生之德"的观念，提出"机体主义"的生命观，中国哲学把宇宙视为生命流行的境界，它以"生命为中心"，沉淀了中国人的生命精神。儒、道、佛汇合融通形成了中国文化的"共命慧"，主张从各家的思想会通处把握中国文化的价值，以宗教精神和哲学智慧应对现代世界的高度物质化，"拯救"现代人类。

张君劢于1936年出版《明日之中国文化》，提出："以精神自由为基础之民族文化，乃吾族今后政治学术艺术方向之总原则"。次年出版的《民族复兴之学术基础》一书把民族主义作为立国的基本原则；他早年与张东荪等召开"国家社会党"筹建会，宣传"国家社会主义"，哲学上受生命哲学的影响。他撰写了《新儒家哲学发展史》，系统梳理宋明理学的发展史，是推动儒学复兴活动的重要著作。张东荪是尝试创建现代新哲学体系的学者之一。他融合了康德哲学、新实在论、实用主义、新创化论、柏格森哲学等学说，初步建构了一套哲学体系，主要内容包括"主客交互作用"的认识论、"架构主义"和"层创进化"的宇宙观和"主智的"、"创造的"、"化欲的"人生观。

2. 中国哲学学科的发展

30年代，冯友兰出版了两卷本《中国哲学史》。他认为，中国哲学没有形式上的系统而有实质上的系统。受西方新实在论的影响，他运用所接受的西方近现代历史观和逻辑方法来分析中国固有的哲学范畴，梳理中国哲学的历史发展和精神义理，力图重构中国哲学实际内蕴的思想体系。这样既适应了"哲学"学科创建的时代需要，又没有失去中国哲学的主体性和特殊性。该书所确立的中国哲学史教科书体系的基本架构，诸如历史线索、基本派别、代表人物、核心观念、基本论断等具有"典范"意义，现在仍被学术界沿袭，是中国哲学史学科的奠基之作。

汤用彤撰写的《汉魏两晋南北朝佛教史》一书体现了现代哲学观念与研究方法，不但为中国佛教哲学史研究奠定了基础，也对一般中国哲学史的研究产生了深远影响。

张岱年的《中国哲学大纲》提出，以"中国哲学问题史"来建构中国哲学史学科，其方法是"审其基本倾向"、"析其辞命意谓"、"察其条理系统"、"辨其发展源流"，他将中国传统哲学的问题分为宇宙论、人生论、致知论、修养论、政治论五个部分。其中宇宙论复分为本根论和大化论，人生论复分为天人关系论、人性论、人生理想论和人生问题论，致知论复分为知论和方法论。他将中国哲学的特点归纳为"一天人"、"同真善"，其哲学史研究做到了形式系统和实质系统、民族性和现代性的统一，产生了很大影响。后来90年代方立天出版的《中国古代哲学问题发展史》便是对这部著作的继承和发展。

李石岑所著《中国哲学十讲》一书首次尝试运用辩证唯物主义与历史唯物主义方法论对中国哲学进行阐述和评价。范寿康所著《中国哲学史通论》一书认为各种学派、学说的产生都与当时的社会历史背景息息相关，并用较大篇幅介绍了历史唯物论思想，把它称为是"解释历史上所应采用的新观点"。这类著作还有赵纪彬的《中国哲学史纲要》，郭沫若的《十批判书》，蒋维乔和杨大膺的《中国哲学史纲要》上、中、下卷（1934～1935）。对中国哲学史学科建设贡献最大的代表作是由侯外庐、杜国庠、赵纪彬等人合著的《中国思想通史》五卷本。《中国思想通史》从20世纪40年代开始撰写和出版，在内容上以哲学思想为基本线索，以唯物史观为主要的研究方法，分析了产生各种思想的社会经济背景。自1937年起，侯外庐先后出版了《中国近世思想学说史》、《中国古代社会史论》、《中国封建社会史论》等著作。

（三）20世纪50～70年代：分化与转型时期

1949年以后，港台地区和内地学界的中国哲学史研究处于不同的社会环境中，呈现出两地分化现象。内地学者受到马克思主义哲学的强势影响，港台学者则致力于传统哲学的现代化。

1. 内地：马克思主义思想指导下的中国哲学史研究

这一时期开展了一系列的社会运动，包括思想改造运动和对胡适、梁漱溟等人的政治批判等。学界普遍学习马克思主义的哲学史观与方法论，力图用历史唯物主义立场、观点和方法来指导并研究中国哲学史。受社会形势影响，一些著名学者开始批判自己的哲学。

学界开展了多次热烈的学术讨论会。1957年，北京大学哲学系召开了中国哲学史座谈会，这是一次名家荟萃、老中青学者参与、气氛活跃、畅所欲言又向全社会广泛传播的学术会议，会议讨论了中国哲学的遗产继承问题、中国哲学史的特点、如何对待唯心主义、中国哲学史研究的范围及方法等重要问题，是一次具有启蒙意义的对话平台。会后，重要报刊发表相关报道，编辑出版了《中国哲学史问题讨论专辑》，收录了45人撰写的55篇文章，均表达了摆脱教条主义束缚的愿望。此外还举办了许多专题性研讨会，如关于《周易》和老子、孔子、庄子、董仲舒思想的讨论会等。冯友兰、金景芳、蔡尚思关于孔子思想的研究，任继愈关于汉唐佛教哲学的研究，关锋关于以庄子为核心的先秦哲学的研究，受到学界的广泛关注。

冯友兰所著《中国哲学史新编》是这一时期研究成果的主要代表。书中认为"哲学史的一般规律，是唯物主义和唯心主义、辩证法观和形而上学观这些对立面的斗争和转化"，并把这一规律运用于中国哲学史研究中，是按照历史唯物主义的基本立场和诠释模式来进行的。

任继愈主编的《中国哲学史》四卷本按照社会发展的历史阶段分篇叙述，按照历史与逻辑相一致的原则，注意社会经济发展、阶级斗争和思想斗争的关系。作为全国高等学校教材，此部著作产生了广泛而深刻的影响，直到90年代，人民出版社仍在继续重印。60年代任继愈就已经提出少数民族哲学思想的研究问题，70年代在《中国哲学史》基础上改写成为《中国哲学史简编》，印数很大，对于中国哲学的宣传、普及起了积极作用。

侯外庐等人主编的《中国思想通史》五卷共六册的出版是新中国成立以后前30年中国哲学研究的重大成果，揭示了哲学和政治、经济、文化的密切联系，是新中国成立以后第一部马克思主义的中国思想通史，在很长的时间里，成为研究思想史、哲学史的权威著作。之后又出版了《宋明理学史》两卷本，有助于人们了解哲学的时代背景和社会根源，成为20世纪中国思想史研究领域最有影响的马克思主义学派之一。

杨荣国的《中国古代思想史》于1954年出版，1962年出版了《简明中国思想史》，1972年出版了《简明中国哲学史》，对中国哲学的研究与宣传起到了正面作用。石峻、任继愈和朱伯崑合著的《中国近代思想史讲授提纲》是第一部"中国近代哲学史"。洪谦、朱伯崑等6人合撰的《哲学史简编》不但包括西方哲学史和马克思主义哲学史，而且对中国哲学从先秦至近代的发展也做了简明论述。

在学术史料的整理方面取得重要成绩。中国科学院哲学研究所中国哲学史组和北京大学哲学系中国哲学史教研室合编了《中国历代哲学文选》，于1962年由中华书局出版。该套资料分为四个分册：先秦分册（上、下）、两汉隋唐分册（上、下）、宋元明分册、清代近代分册。1973年，中华书局将该套资料更名为《中国哲学史资料简编》重新印行。中国社会科学院哲学研究所中国哲学教研室以冯友兰牵头，以中国哲学史研究室为中心，协调组织中国哲学史的优秀专家，如顾颉刚、侯外庐、郭沫若等参与其中，编著了《中国哲学史资料选辑》，内容包括史料的选编、点校、注释和先秦部分的白话翻译等。40年代的许多研究成果，经过重新整理和修订后陆续出版或再版，为新的研究提供了文献基础。

2. 港台：当代中国哲学研究的新进展

20世纪后半期，港台地区的中国哲学研究主要体现在现代新儒学研究的推进上，以唐君毅、牟宗三和徐复观为代表，后以杜维明、成中英等为代表，其研究是重新诠释宋明新儒家心性之学的现代价值，力图借助西方哲学思想和研究方法把儒学现代化。

唐君毅（1909～1978）的著作丰富，所著《中国哲学原论》可以看作一部中国哲学范畴史或问题史，采用了"即哲学史以言哲学，本哲学之言哲学史"的方法，对中国哲学史上的一些基本范畴和重要问题的发生、演变、义理、旨趣，进行了系统的考察研究。他还写作了大量"评论中西文化、重建人文精神人文学术，以疏通当前时代之社会政治问题的一般性论文"。代表作《生命存在与心灵境界》表达了心通九境的思想。

牟宗三（1909～1995）主要著有《才性与玄理》、《中国哲学的特质》、《心体与性体》、《佛性与般若》上下等。他主要通过吸收和改造康德哲学来重构陆王心学，用"道德的形上学"来概括儒家的精神，认为通过"智的直觉"，世界可以呈现为一个真、善统一的形上实体。他提出了"良知坎陷"说、"识心之知"，力图把知识系统纳入到儒学中来。此外，他还提出了儒家的三期发展说（先秦、宋明和当代）和儒家的三统说（道统、学统和政统）。

徐复观（1903～1982）在香港创办的政治学术理论刊物《民主评论》致力于宣扬新儒家的学说，是20世纪50至60年代港台地区现代新儒家的主要舆论阵地。他力图揭示历史上个人主义与专制政体、道德与政治的对立和冲突，认为中国文化在道德精神和艺术精神方面体现了独特的人文精神。主要代表作有《中国人性论史

(先秦篇)》、《两汉思想史》、《学术与政治（甲、乙集）》、《徐复观杂文》六集、《中国艺术精神》、《中国思想史论集》及续集等。

此外，刘述先所著《朱子哲学思想的发展与完成》，劳思光所著《新编中国哲学史》在港台地区也有较大影响。

道家研究以陈鼓应和杨汝舟为代表。陈鼓应主张中国文化"道家主干"说，曾主编《道家文化研究》集刊，其思想主要集中在《老庄新论》一书中。杨汝舟创立老庄学会、国际道家学会，首倡"当代新道家"，主要代表作有《道家起源及其发展》、《道家思想与西方哲学》等。

（四）20 世纪 80 年代至 20 世纪末：多元化研究时期

"文化大革命"结束以后，思想禁区被打破，西方思潮和研究方法被引进和运用，研究局面不断活跃起来，呈现多元化趋势。1979 年，中国哲学史学会正式成立。下属的二级学会有冯友兰哲学专业委员会、现代哲学专业委员会、中医哲学专业委员会、张岱年哲学专业委员会、朱熹哲学专业委员会等。此外还成立了中国少数民族哲学及社会思想史学会。80 年代成立了全国性儒学研究组织中国孔子基金会和中华孔子学会，在这些学会的推动下，中国哲学史界先后围绕"哲学史方法论"、"范畴研究"、"文化哲学研究"、"现代新儒家研究"、"新出土简帛文献研究"以及中国传统哲学的思维方式与价值观念、中国哲学合法性等问题展开热烈讨论和深入研究。中国哲学的通史、断代史、专史研究、学派研究、人物研究、专书研究、思潮研究、比较研究等以及资料整理、辞书编纂等方面都有大量成果问世，取得了令国内外学界瞩目的成绩。

70 年代在美国成立的"国际中国哲学会"，其宗旨就是推动中国哲学的现代化和世界化。1998 年"国际儒学联合会"在北京成立，这是一个面向世界的儒学研究中心。1998 年北京大学举办了一次世界性的国际汉学会议，同年在北京创办了《世界汉学》杂志。70 年代末到 80 年代初，启动了由国家支持的学者出国访学计划，使学者能够通过较长时间在国外访问研究来了解国外同行的研究成果和研究方式，加强学术交流，中国哲学的研究越来越受到关注，呈现世界化的趋势。

1. 研究主题的多样性

中国哲学研究方法论的反思。"文化大革命"结束后，学者对"唯物主义与唯心主义"、"辩证法与形而上学"、"哲学基本问题"等教条主义框架下做的削足适履的研究早已不满。中国哲学史研究新局面的开展以方法论的探讨为契机。1979 年，全国中国哲学史学会成立大会在山西太原举行。其间，与会代表围绕"中国哲学史方法论"问题展开热烈讨论，会后出版了《中国哲学史方法论讨论集》。此后不久，张岱年出版了《中国哲学史方法论发凡》，围绕中国哲学史方法论问题进行了系统研究。该书是一部关于中国哲学史方法论的系统专著，对哲学与哲学史、哲学思想的阶级分析方法、理论分析方法、历史与逻辑相统一的方法、批判继承法、史料整理方法等，都提出了自己的见解。刘文英认为应将中国传统哲学的汉学的方法和宋学的方法、马克思主义哲学的历史方法与逻辑方法，以及语义分析方法、结构分析方法、解释学方法与比较方法等加以整合。此外，还有陈修斋、萧萐父合编的论文集《哲学史方法论研究》。还有学者针对 50 年代冯友兰提出的哲学史"抽象继承法"进行了重新评价。

1983 年 11 月，首届全国中国思想史学术讨论会在西安举行。来自全国 87 个单位的学者提交论文 60 多篇，会议重要议题之一是哲学史和思想史的关系问题。《哲学研究》配合这次讨论发表了一组文章。汤一介、张岂之、周继旨、李锦全等阐发了己见。会议大致形成了一个认识：哲学史、思想史、文化史，是研究范围由小到大的三个相互联系的概念和领域。会议对于中国哲学研究的"纯化"和"泛化"问题进行了反思，具有积极意义。这种方法论反思还体现范畴研究、文化哲学研究、思潮研究、合法性讨论等很多方面。

中国哲学史范畴研究取得重要成果。汤一介发表的《论中国传统哲学范畴体系的诸问题》引起学界的普遍关注。1983 年 11 月在西安举行了全国性的"中国哲学范畴讨论会"。会后出版了论文集《中国哲学范畴集》。

80 年代的"文化热"思潮推动了中国哲学研究的视野拓展和多元化发展趋势。学者围绕传统文化的内涵、基本精神及其评价问题、传统文化与现代化、民族性与时代性关系、中西哲学与文化比较等方面展开研讨。关于文化的理论形态，大多数学者坚持儒家核心说，另有道家主干说、儒释道三位一体说、儒道互补说等。关于传统文化的基本精神，主要有人文精神、和谐意识、伦理本位以及整体思维等。中西文明对话广泛涉及生态、性别、人权、宗教、普世伦理等诸多领域。在传统文化与现代化的关系方面，有"全盘西化论"、"儒学复兴论"、"西体中用论"、"返本开新说"，还有"创造性建设"、"创造性的转换"、"宏观继承"、"批判的继承与创造的发展"等提法，以张岱年的综合创新论影响最大。

现代新儒学研究的推进。1986 年 11 月，"现代新儒学思潮研究"被确立为国家社会科学基金"七五"规划重点课题，1992 年被列为"八五"规划重点课题。方克立和李锦全主持的课题组先后出版了《现代新儒家学案》3 册，"现代新儒学研究丛书"（共 24 种），《现代新儒学研究论集》2 卷，课题组主要成员 20 余人遍布国内重点科研院校。方克立还主编了"现代新儒学辑要丛书"（共 15 册），黄克剑编著出版了《当代新儒家八大家集》。

新出土简帛文献的研究取得显著成绩。1993 年在湖北省荆门市出土了郭店楚简，其中有《老子》甲、乙、丙三组、《太一生水》等道家著作，《缁衣》、《五行》、《成之闻之》等儒家著作。大多数学者认同其年代介于孔子与孟子之间。1998 年文物出版社出版了包含照片和释文的《郭店楚墓竹简》。1994 年，上海博物馆又从香港和海外收集到 1200 余枚战国竹简，其中有不少儒家典籍的残篇，包括《周易》、《孔子诗论》、《情性论》、《缁衣》等 80 余种。此外，20 世纪 70 年代出土的山东临沂银雀山汉简、湖南长沙马王堆汉简与帛书、河北定州八角廊汉简。这些文献对于了解、把握先秦哲学的演化、变迁，提供了重要的原始资料，其中，关于孔门七十子、战国儒道等诸子百家的资料弥足珍贵，如《孔子诗论》就记载了不见于世传的孔子言论和一些不见于《诗经》的古诗。学者从文献考证、理论思考、思想源流的追溯、学派关系的辨析等方面开展研究，已经出版专著数十部。通过对出土文献的考察，关于先秦思想某些侧面的理解显得更为丰富，学派之间关系的复杂性也得到了详细探讨。

以《周易》为代表的经学研究。1984 年，在武汉大学举办了"中国周易学术讨论会"，与会的 200 余名学者来自十几个国家和地区。周易研究肇源于 80 年代的"文化热"思潮，在 90 年代形成高潮，成立了一级学会"中国周易学会"，创办了核心期刊《周易研究》，此外还成立了"国际易学联合会"。除去周易与预测学、命相、风水等非学术研究内容来看，取得的重要成果有朱伯崑的《易学哲学史》，该书把经学作为中国哲学思维发展的本来途径，开辟了哲学史与经学史研究结合的新途径。此外，礼学、四书学的研究逐步成为热点。

关于儒家与宗教的关系，任继愈率先提出了"儒教是宗教"的命题，李申秉承师说并出版《中国儒教史》加以论证。

关于道家与道教研究包括：老子、庄子、列子、文子、稷下道家、战国与汉代黄老道家及《淮南子》的文本诠释与哲学解读，竹简本、帛书本与传世本《老子》、《文子》研究，马王堆帛书《黄帝四经》研究等，尤其是关于道家形上学、自然哲学、修养论与政治哲学的研究不断深化。道教各教派、道教全史及断代史或著名人物的系统研究逐步展开。魏晋玄学、全真道教等引起人们的普遍关注，学者还从学科交叉和实际应用的层面上展开研究。1996 年由中国道教协会，中国社会科学院道家道教研究中心和华夏出版社共同发起编修的《中华道藏》，被列为"十五国家重点出版规划项目"。

对于佛教研究，1982年由任继愈担任负责人的《中华大藏经》出版工程启动，于1994年年底编纂完成，共收经籍1939种，分106册。这一时期，有关中国佛教及其重要流派（如唯识、天台、华严、禅、三论、净土等）的通史或断代史研究、有关佛教重要思想人物的研究、佛教经典及诠释史、佛教哲学理论与组织制度、中印佛学比较、佛教中国化过程、佛教人生哲学与伦理学、佛学与中国文化及现代生活世界的关系研究都取得了相关成果。

关于宋明理学研究，学者广泛论及宋明理学的范畴、哲学体系、理论特色、学术人物与学术群体、地域、派别、师承谱系和学术流变等，此外还从历史角度探讨宋元明学术与理学的关系，宋学与汉学和清学的关系，以及宋明理学与社会政事、教育师道的关系，理学的民间化及其与书院史、乡约的关系，宋明理学与佛家、道家、经史文学、科学、商业、社会、政治、法律等的相互联系多重视角展开研究，宋明理学在朝鲜、日本、越南等东亚国家或地区的影响及当地朱子学、阳明学及其后学的复杂性等，都已成为重要的考察对象。

中国哲学合法性也是研究热点之一。"哲学"学科的设立源于了解西方学术和引进西方教育体制的考虑，但中国古代的义理之学与西方哲学所讨论的问题及论述方式并不相同。因此，合法性问题与"哲学观"密不可分。围绕此主题，国内已经主办过多次专题讨论会，发表相关论文逾百篇。论题涉及：中国哲学有没有不同于西方哲学的哲学问题，中国哲学与西方哲学的论述方式的不同有何意义？如何了解中国哲学的形态和特性？如何理解和处理哲学史写作与中国传统思想的原生态之间的关系？全球化与后殖民主义话语背景下的中国哲学、中国思想文化的主体性等，进而延伸至对什么是"中国哲学"，什么是"哲学"的追问。多数学者认为"哲学"一词不应当是西方传统的特殊意义上的专有概念，而应当是世界多元文化中富有包容性的普遍概念。

研究性大型学术文化丛书的编写出版。儒佛道藏等经典的资料整理工作深入展开，重要哲学家的全集、资料长编、年谱、学案等陆续整理出版。张岱年主编了《国学丛书》，匡亚明主编了《中国思想家评传丛书》。北京大学哲学系中国哲学教研室整理出《中国哲学史教学参考资料（上、下）》，方克立等人整理出《中国哲学史论文索引》，辛冠洁、蒙登进等主编的《中国古代著名哲学家评传》及续编、《中国近代著名哲学家评传》等，这些均产生了广泛影响。李宗桂主编的《大思想家与中国文化》丛书，是国家"八五"、"九五"重点出版图书，人民出版社出版了《中国大哲学家研究系列》。贵州人民出版社推出"中国历代名著全译丛书"（50种），被列为中国古籍整理出版十年规划和"八五"计划重点书目。此外。学界还编写一些辞书，除《中国大百科全书·哲学》外，其他还有《哲学百科小辞典》、《中外哲学人物辞典》、《中国哲学大辞典》、《20世纪中国哲学著作大辞典》、《二十世纪中国哲学》、《东西方哲学大辞典》。一些专业集刊成为发表高质量成果的主要发表园地，如1979年创刊《中国哲学》、《道家文化研究》等。

2. 学科发展的新进展

1978年中国恢复了研究生招考制度，1980年中国颁布了学位制度，这为中国哲学学科奠定了良好的发展基础，提供了牢固的制度保证。学位制度对促进青年学人接受系统专业的训练，迅速进入学科前沿具有重要作用。博士学位论文注意收集研究资料和学术文献，注重开辟新的研究课题，重视学术规范，强调专深研究，促进了研究的专业化的发展，由学位论文改写的专著已经成为研究成果的重要组成部分，专著数量大大增加。冯友兰、张岱年、朱伯崑、汤一介、侯外庐、任继愈、王明、石峻、冯契、孙叔平、萧萐父等对中国哲学队伍的成长作出了重要贡献。

冯友兰重新撰成的7册《中国哲学史新编》是他独立完成的第三部中国哲学通史。《中国哲学史新编》运用唯物史观，联系每一时代的政治、经济背景来讲哲学史，一直写到现代，写了蔡元培、胡适之、陈独秀、梁漱溟、金岳霖等。20世纪40年代末期他用英文写作的《中国哲学简史》也翻译出版。冯友兰还出版了中国哲学史史料学的奠基之作《中国哲学史史料初稿》，张岱年先后推出了《中国哲学发微》、《中国哲学史史料学》、《中国哲学史方法论发凡》、《玄儒评林》、《中国古典哲学范畴要论》等著作，刘建国出版了《中国哲学史史料学概论》，侯外庐主编了《中国近代哲学史》和《宋明理学史》上下卷。任继愈主编的《中国哲学发展史》7卷本，是一部大型的中国哲学通史性著作，把中国哲学史看作中华民族的认识史，注重中国哲学发展的轮廓和轨迹的描述与分析，着眼于中国哲学逻辑的发展过程，由他主编的《中国佛教史》和《中国道教史》也影响广泛。冯契撰写的3卷本《中国古代哲学的逻辑发展》和《中国近代哲学的革命进程》体现了"哲学是哲学史的总结，哲学史是哲学的展开"的观点，对其哲学史研究方法和中国古代哲学思维历史发展的逻辑演变做了论证。冯契主编的《中国历代哲学文选》上下册，石峻主编的《英汉对照中国哲学名著选读》，王明的《道家和道教思想研究》，李泽厚的《中国古代思想史论》、《中国近代思想史论》和《中国现代思想史论》，孙叔平的《中国哲学史稿》上下册，萧萐父和李锦全主编的《中国哲学史》上下册等都为中国哲学史研究做出了贡献。

三、西方哲学研究

在明末清初以来"西学东渐"的整个进程中,西方文化对中国的影响,经由器物之变到制度之变最终进入观念文化、哲学层面,大致经历了三个历史时期:明末清初的中西文化的碰撞、清末民初的中西对话和从五四运动至今的中西文化融合。在第一次西学东渐时期,西方哲学只是西学在中国的传播的一小部分,中西融合的成果也十分有限。尽管如此,中国人开始接触了西方以逻辑为核心的理性思维。在第二次西学东渐时期,先进的思想家无论是洋务派、维新派,还是革命派都以启蒙反对封建专制主义和弥补中国文化的先天缺陷,梁启超和严复等人是推动这次浪潮的杰出代表。第三次西学东渐的高潮发生于五四运动至20世纪40年代的中西哲学之融合和马克思主义在中国由传播走向胜利的年代。这个时期的中西哲学和文化的会通融合达到前所未有的高度,尝试用西方理性分析方法去探索和研究中国的哲学问题,取得的成果既深刻又富有创造性。

回顾西学东渐的百年历史,中国的知识分子始终是怀着强烈的文化自觉意识,有针对性和选择性地将西方哲学引进来,西方哲学不仅被中国人以自己的思维方式、价值旨趣、学术立场和表达方式所影响和改造,而且西方哲学也影响和改造着中国的传统哲学,这对于推进马、中、西哲学的对话融通与开拓中国哲学发展繁荣的新局面具有至关重要的意义。

(一)从戊戌维新运动到五四新文化运动之前的启蒙介绍时期

在维新变法和辛亥革命起义的推动下,在逐步兴起的思想解放运动的浪潮中,从译书机构的创立、近代期刊和报纸的出现、新型学堂的建立到留学风潮的兴起,从物质条件到人才培养,从资料的搜集到论著的发表都为西方哲学全面东渐做好了准备,以启蒙为宗旨西方哲学开始进入中国。

从19世纪末开始,立足社会变革的现实需要,以严复、梁启超、王国维、蔡元培、马君武等为主要代表的一批哲学社会科学翻译家第一次把科学方法论和西方社会科学理论介绍到中国,主要特点是宣传维新,改良政治,反对传统风俗习惯,推动了我国资产阶级民主革命的发展,在中国近代翻译史上开创了新纪元。其中传播进化论的作品,包括严复的《天演论》,实际上是对原著的改写与再创作。严复的这部译著鲜明而突出地介绍了达尔文的进化论,阐明了时代的一个中心问题:中国如能顺应"天演"的规律进行维新变法,就会由弱变强,否则将亡国而被淘汰。除此还有梁启超的《天演论初祖达尔文之学说及传略》等。这一时期，专题性的研究文章屈指可数，例如在20世纪初到20世纪20年代，关于康德、黑格尔哲学的专题文章只有三篇。以影响而论，微乎其微，直到20年代，中国人还普遍地不知道国外有黑格尔；以学术价值而论，这些文章虽或多或少地有一些中肯的见解，但与此同时，或失之偏颇，或不乏纰缪，或以中国哲学、佛学去牵强附会西方哲学，真伪间杂，泥沙俱下。由于语言上的障碍，科学文化背景方面的差异，加之中国传统思想的束缚，在旧中国对西方哲学史的研究走着非常曲折的道路。值得一提的是，在这些思想家介绍、翻译和传播西方哲学的过程中，已有明显的"中学为体、西学为用"的主体意识。

总体来说，在19世纪90年代至20世纪初的维新运动—辛亥革命时期，西方哲学传入中国是适应中国社会走出封建社会，迈向现代化的需要发生的，是与中国社会的进步事业连在一起的。在这一阶段，西方近代哲学的主要思潮，如经验论哲学和大陆理性主义哲学等，都已经传播与介绍到中国。但这一阶段中国知识分子的觉醒主要是政治制度的变革，对西方哲学的传播与研究尚处在浅层次的阶段上，整个中国学术界对西方哲学的理解还比较肤浅，虽有一定的积极意义，但作用终究有限。这种局面，直到五四运动时才有了改变。

（二）五四运动至20世纪40年代，引介与自创并举期

从五四运动开始，各种西方哲学思想和思潮纷纷引进，特别是大力引进了马克思主义哲学思想，形成了中西哲学之融合的西学东渐的第三次高潮。五四运动提倡科学与民主以克服封建文化传统的阻力，使得引进西方哲学成为向西方学习的主要内容。这个时期是中华民族生死存亡的年代，广大知识分子通过大量刊载西方各种哲学派别的原著节选或文章，把西方哲学引进来，使得这个时期的中西文化，尤其在西方哲学上达到前所未有的会通融合。因而，从20年代开始，专题性的研究文章明显增多，已不局限于对个别思想家的介绍，涌现出许多对某一历史阶段或某一思想学派的整体性研究，从古希腊哲学到德国古典哲学，特别是包括马克思主义哲学在内的现代西方哲学流派研究均有涉猎，突出了对科学知识的追求和人的个性解放的高扬。至20世纪40年代末，关于培根、笛卡儿哲学的文章各有10余篇，关于亚里士多德、斯宾诺莎、休谟、卢梭哲学的文章各有10余篇，关于柏拉图哲学的文章有30余篇，关于康德、黑格尔哲学的文章各有70余篇。康德、黑格尔、罗素等人的一些著作陆续被翻译过来，这些都促进了中国人对西方哲学的深入了解。

1. 来华讲学的西方哲学家及活动

第一，杜威来华及其影响。实用主义是现代西方哲学中的一个重要流派，早在新文化运动之前，实用主义已在中国传播，只是在思想界并没有掀起大的波澜。1919年5月杜威应邀来到中国讲学，他在中国共住了2年2个月，演讲遍布十几个省市，胡适陪同并翻译。杜威全面地在中国传播了西方文化与哲学，特别是系统地阐明了实用主义哲学、政治学、教育学与伦理学的观点，受到当时中国知识界一部分人的欢迎，反映了他们对西方科学、民主等价值理想与伦理精神的追求。

第二，罗素来华及其分析哲学的传播。罗素是一位具有世界性影响的著名哲学家。1920年9月，罗素应邀抵达上海，开始了他在中国8个多月的讲学活动。演讲报告不仅系统地阐明了由罗素开创的分析哲学理论与学说，还通俗地介绍了当时欧洲的一些新兴的科学理论，如爱因斯坦的相对论与各种社会思潮。其中最重要的是在北京的五大系列讲座，即："哲学问题"、"心的分析"、"物的分析"、"数学逻辑"与"社会结构学"，演讲内容强调了科学方法即逻辑分析法在哲学领域中的运用。

第三，杜里舒来华及其生机哲学的传播。在杜威和罗素离开中国后不久，1922年10月德国的生机哲学家杜里舒来华讲学。演说的内容除了宣传康德哲学之外，主要是系统介绍和论述他的生机论哲学体系。

无论在讲学时间还是在影响范围方面，杜威、罗素、杜里舒等西方哲学家的思想在20世纪中国哲学发展史上都是值得深入思考的。

2. 现代西方哲学的深入翻译传播

五四运动以来，中国开始仿照西方的大学模式在大学里建立哲学系，哲学作为一门学科或专业置入大学体系之中，大批留学生学成回国从事教学研究工作，使得西方哲学的传播进入了中国高等学府的课堂。从这个时期起，中国开始产生了职业哲学家，一批既有国学功底、又在西方留学的名家开始担任大学的哲学教授，如胡适、张君劢、张颐、金岳霖、冯友兰、贺麟、牟宗三等。20年代国内大学陆续建立了哲学系，最早是1912年北京大学哲学门的创立，陆续开设了西洋哲学史课程。这一时期纷纷创办哲学专业刊物与成立哲学学术团体，大量出版西方哲学理论著作。1927年《哲学评论》创刊，这是中国第一本专门性质的哲学刊物；1935年4月中国哲学会成立，开始有组织地从事哲学理论和中西哲学史的研究；1941年，中国哲学会西洋哲学名著编译委员会成立，国内对西方哲学的翻译有了更多的出版机会。西方哲学理论著作翻译有了较大的发展，主要集中于西方有影响的哲学家的经典著作上，翻译了罗素、杜威、柏格森、杜里舒、康德、尼采等哲学家的主要著作。

(1) 英法近代哲学翻译传播

20世纪30年代是中国大规模地引进现代西方哲学的重要时期。哲学界认为，现代西方文明是由崇尚"理性、自由"的近代西方主体性哲学发展而来的，不了解近代西方文明的兴起及其在观念上的变化，难以真正把握现代西方文明及其在哲学上提出的种种学说。这一时期研究者提出了既要学习西方近代的主体性哲学，又要避免这种哲学所带来的形而上学抽象性的主张。在这种历史要求的推动下，翻译介绍英法资产阶级革命时期的哲学被提上议事日程。相继出版了刘伯明的《近代西洋哲学史大纲》，英国木尔兹的《十九世纪欧洲思想史》，德国韦柏的《西洋哲学史》，全增嘏的《西洋哲学小史》等一批介绍与翻译英法近代哲学史著作。

(2) 关于黑格尔哲学的翻译传播

对于黑格尔哲学的翻译与传播，在中国比在西方英语世界国家及日本要晚得多。20世纪初，梁启超、马君武曾对黑格尔思想做过零星介绍，但一直未见黑格尔哲学原著的中译本。30年代情况发生了较大的变化，中译本开始出版，张颐与贺麟都是翻译和传播黑格尔哲学的先驱。张颐撰写的《黑氏伦理研究》是中国学者早期研究黑格尔的重要成果。此稿于1925年由商务印书馆正式出版。贺麟重视翻译工作，他一方面自己深入地探讨，同时在学术讨论中注意收集改进意见。他对康德、黑格尔哲学，尤其是黑格尔原著的翻译介绍做出了巨大的贡献。

(3) 现代西方哲学的翻译和研究

30年代以后，对现代西方哲学的翻译进入了全面吸收和整理时期，比较注重学习现代西方哲学的具体性和现实性。进入40年代，维也纳学派的学说由洪谦全面地传播到中国，1945年5月由商务印书馆出版了题名为《维也纳学派哲学》的著作。

总体来看，从五四运动至20世纪40年代，是西方哲学在中国传播的第二个阶段。这个阶段的特点是既介绍与引进西方哲学，又立足于中国哲学的"自创"，呈现出中西哲学融合的趋势。这一时期对西方哲学著作翻译的深度和广度都是空前的，西方哲学东渐的繁荣也促进了西方哲学的研究向学术化的趋势发展，对西方哲学的学理性研究开始加强，与海外的学术交流不断增加。所以，这个时期对西方哲学的学习和研究是全方位的，对西方哲学的主要领域均有涉及。同时，一些中国哲学家结合中国的文化特点和社会现实，开始创立与建构自己的哲学思想体系，力图开创一条新哲学、新文化的思路，使得中国哲学呈现出前所未有的希望。这一时期哲学思想非常活跃，呈现出多种哲学流派与风格。马克思主义哲学也是在这个时期传入中国的，正是马克思主义与中国的具体实践相结合才使得社会主义革命在中国获得全面胜利。客观地说，这个时期所选择的哲学发展道路是正确的。

（三）新中国成立到改革开放前西方哲学发展滞缓的 30 年

新中国成立后，尤其是在 1957 年之后，中国的西方哲学研究走了曲折发展的道路。对于西方哲学研究采取简单批判和否定的态度，这直接影响了中国哲学吸收和借鉴世界哲学的优秀成果，也直接影响了中国哲学自身的发展。后来由于"左"的错误的影响和"文化大革命"的发生，西方哲学研究处于停滞或半停滞状态。当时研究关注的对象主要是德国古典哲学，以及古希腊哲学、法国唯物主义哲学，尤其是黑格尔哲学和费尔巴哈哲学，原因在于它们构成马克思主义哲学的理论来源。同时，翻译、宣传和学习马克思主义的出版物占绝对多数。

1. 新中国成立初期的西方哲学翻译和研究（1949～1955）

新中国成立以后，中国与西方世界处于尖锐的政治对立之中。在此背景下，哲学作为意识形态的组成部分和思想理论的集中概括，为无产阶级政治和马克思主义理论需求服务。政府和文化教育管理部门加强了西方哲学工作的统一领导，号召和组织西方哲学研究工作者参加思想改造运动，系统学习马克思主义哲学，批判西方哲学中的唯心主义理论，普及辩证唯物主义和历史唯物主义知识。与新中国成立前相比外国哲学翻译发生了很大变化，译自苏联的读物居主流地位。同时，其他国家批判西方哲学流派的著作也相继在中国翻译出版。

2. 有组织、有计划地翻译哲学社会科学著作和进行哲学研究（1956～1966）

新中国成立初期，西方哲学研究的工作重点在于创建科研机构、搜集资料等基础性工作。中国科学院哲学研究所成立了以贺麟为组长的西方哲学史研究组，创办了《哲学研究》和《哲学译丛》，《红旗》杂志社创办《学习译丛》、上海创办《译文》杂志，着重翻译西方哲学界探讨马克思主义原理和评论西方哲学的论文。1963 年，商务印书馆广泛征求中国科学院哲学社会科学学部各研究所和各综合大学的教师、研究人员的建议，拟订了《翻译和出版外国哲学社会科学重要著作十年规划（1963—1972）》。把 16～19 世纪上半叶西方资本主义国家的重要学术著作，特别是马克思主义三个来源即德国古典哲学、英国政治经济学和法国空想社会主义三个方面的著作定为规划重点，力争提前译好出齐。1956～1966 年是踏踏实实进行哲学社会科学理论翻译的 10 年，尽管这其间由于政治运动受到了冲击，但总的来说，出版社都认真执行了规划，经学者的共同努力，翻译成果十分显著，翻译西方哲学著作达 129 种之多。

这一时期，比较重视德国古典哲学和法国唯物主义哲学研究。同时，为了给大学哲学系提供教学资料，60 年代初，北京大学的任华受教育部委托，参加全国高校统编教材工作，任《西方哲学史》一书主编。在 60 年代商务印书馆出版了中国社会科学院哲学研究所西方哲学史组编的《现代外国资产阶级哲学资料选辑》和北京大学哲学系外国哲学史教研室编译的《西方古典哲学原著选辑》，在相当一段时间里成为中国学者了解西方哲学的重要资料来源，为开展西方古典哲学研究奠定了基础。至于马克思主义产生以后的现代西方哲学，都被简单归结为与马克思主义哲学根本对立的反动哲学，对它们的研究就更加困难了。尽管北京大学哲学系集中了全国研究现代西方哲学的著名专家，但却无法开设现代西方哲学课程。当时全国各哲学系中只有复旦大学较系统地开设了这门课程，但不得不用"现代外国资产阶级哲学批判"的名义。

3. 空白期（1967～1976）

到了"文化大革命"，对西方古典哲学的研究范围步步收缩。起初，有的专家不得不弃撰著而退求翻译；后来连翻译也难以为继了。从 1967 年到 1976 年，以"批判资料"、"资产阶级哲学论著选集"为名有选择地翻译一些西方哲学著作。这个时期，有关西方哲学的研究基本是空白。据统计，到 1974 年前后，只有 6 种出版。所以，"文化大革命"结束后，研究西方哲学的学者们要求拨乱反正的呼声相当高。

在此期间，由于政治与意识形态的原因，中国哲学界中断了与西方哲学的交往。这时候，只有少许的德国古典哲学，如黑格尔的哲学思想，由于被视为马克思主义哲学的理论来源容许在大学讲授之外，其他任何西方哲学思想与学派的研究均遭到忽视，更没有得到应有的重视。

（四）改革开放以来西方哲学翻译研究的繁荣时期

1978 年改革开放序幕拉开，在此背景下，西方哲学翻译和研究进入繁荣期，介绍与传播西学新知又成为学术界的亮点，中国迎来了西方哲学研究的高潮。1978 年在安徽芜湖召开的西方哲学史研究会，为西方哲学史的研究奠定了良好的政治基础和学术氛围。芜湖会议在当代中国西方哲学研究史上具有里程碑的意义，它是中国西方哲学研究解放思想，打破教条主义束缚，走上健康发展道路的一个重要标志。

会议在强调德国古典哲学是马克思主义的直接理论来源之一的同时提出要全面系统地研究西方哲学史，批评了在西方哲学史中简单"贴标签"和"扣帽子"的作风。从此西方哲学史的研究步入了一个新的阶段。其特点可以概括为：由浅入深、由泛到专、由普及介绍到比较研究和重点研究的发展阶段。为了更好地开展原来几乎是空白的现代西方哲学研究，1979年11月17日在山西太原召开了全国西方哲学讨论会，会议不仅肯定了学习和研究现代西方哲学的意义，还为这方面的研究制定了规划，并在各主要单位和人员之间进行适当分工。

值得指出的是：在改革开放的大背景和高校哲学系广大教师的建议下，国家教育部正式确定现代西方哲学为大学哲学专业的主干课程之一，并委托北京大学、复旦大学和南京大学等多家单位于1979～1980年分别在保定、上海和南京举办现代西方哲学教师讲习班；还指定由复旦大学和南京大学牵头编写现代西方哲学教材，为课程的开设做了重要准备。

1. 20世纪80年代初期的拨乱反正后的起步阶段

从20世纪80年代起，随着中国西哲界对西方哲学的基本理论和哲学史观的认识逐步深入，西方哲学的研究和教学发生了深刻变化。首要的成就是恢复和开展西方哲学的科研教学工作，1977年中国社会科学院成立后，哲学研究所恢复西方哲学史研究室和现代外国哲学研究室的工作，《哲学研究》和《哲学译丛》复刊，北京大学、中国人民大学、复旦大学、武汉大学等高校也重建西方哲学史研究室，开设西方哲学史和现代西方哲学课程。芜湖会议后，"中华外国哲学史学会"和"中国现代外国哲学学会"相继成立，每年召开一次或数次全国性的专题研讨会，推动了西方哲学领域的学术研究走向理论化、专业化和学科化。

80年代初期，西方哲学史研究虽然还处于拨乱反正后的起步阶段，但一些重要工作已开始进行。就马克思主义以前的西方哲学史说，"文化大革命"以前各大学哲学系这方面的教学和研究有时虽受干扰，但一直没有中断，各校都有较完整的讲义，对一些重要哲学家的研究也已有较好基础。"文化大革命"结束以后，不仅恢复了教学，而且大都有条件进一步推出正式的教材或专著。现代西方哲学的教学和研究由于原有基础较薄弱，不得不从编译资料和初步的介绍开始。中国社会科学院哲学研究所现代外国哲学组编译的四辑《当代美国资产阶级哲学资料》、北京大学外国哲学研究所编译的《外国哲学资料》当时应用得最广。杜任之主编的《现代西方著名哲学家述评》论述较为全面，增进了学界对现代西方哲学的了解。在60年代初，复旦大学全增嘏就曾开设"现代西方资产阶级哲学"课程，后由刘放桐继续担任，并有相对完整的讲义，因此在 1981 年得以出版《现代西方哲学》教材，这是新中国成立后中国学者编写的第一部较系统的现代西方哲学教材，在国内该学科尚无其他较系统的教材可供参考的情况下，它满足了广大读者的需要，特别是高校开设本学科课程的需要，由此受到较大欢迎。此书于 1990 年和 2000 年分别出版了修订本和新编本，共发行了约 30 万册，对现代西方哲学知识的普及起了较好的促进作用。

在人才培养方面，从 20 世纪 80 年代初我国开始派出一批中青年学者以访问学者身份到欧美进修访问学习，其后又派出本科生或研究生到国外攻读硕士或博士学位，这些措施为培养专业的西方哲学教学与科研人才做出了积极贡献。这一时期，西方哲学研究者积极参与国际的学术交流和合作，1983 年我国首次派代表团出席国际哲学团体联合会在加拿大蒙特利尔召开的第 17 届世界哲学大会，受到国际哲学界的重视，其后相继参加每 5 年召开一次的世界哲学大会。1988 年，中英合作的暑期哲学学院成立，90 年代后澳美加入暑期学习班，培养了一批批西方哲学研究的专门人才。

2. 20 世纪 80 年代中期开启的相对繁荣时期

80 年代中期起，中国的西方哲学的教学和研究进入了一个相对繁荣的时期。这首先表现在高校本学科的教学更加完善，教材建设形成高潮。1983 年，复旦大学的全增嘏和武汉大学的陈修斋、杨祖陶率先分别出版了《西方哲学史》和《欧洲哲学史稿》；1985 年，南开大学冒从虎等的《欧洲哲学通史》接连问世。这三部教材都曾被教育部评为优秀教材。同年，南京大学夏基松的《现代西方哲学教程》出版，由于其表述清晰，曾被不少学校采用，并与刘放桐的《现代西方哲学》一并获得国家教委优秀教材奖一等奖。在 80 年代后半期，现代西方哲学教材如雨后春笋般出现。尽管它们不见得都有明显的创新，但编者们至少对现代西方哲学做过较为系统和全面的梳理，而这也意味着现代西方哲学的教学和研究的队伍空前壮大了，为在这方面做出有价值的成果创造了有利条件。

20 世纪 80 年代，西方哲学在以人物、思想、学派和断代史的研究方面都取得了丰硕的成果。最引人注目的成果是由汝信、王树人、余丽嫦主编的 10 卷本《西方著名哲学家评传》和《西方著名哲学家传略》率先出版。为中国的西方哲学研究搭建了一个平台，为以后开展更深入、更系统的研究提供了一个参照系。这是当时中国学习和研究西方哲学所完成的最重大工程，参与这两套大型著作写作的有全国各单位的上百位学者。直至今天，不少学者和研究生仍然把这两套书当作学习西方哲学的入门读物和参考书。除此之外，对西方哲学的研究得到了全面恢复，大批高质量研究成果面世。不仅接续了此前百来年的积累,而且以从未有过的广度、深度和速度对西方哲学展开了全方位研究。西方哲学的每一历史时期、各个学派、众多人物以及思想的专门史研究不断深入。1982年,洪谦主编的《逻辑经验主义》由商务印书馆出版。这一时期发表论文和出版著作数量是西方哲学东渐一百年成果总数的十倍之多。从20世纪80年代中后期开始,对现代西方哲学的现象学和存在主义的研究受到重视,形成了当时所谓西学研究中的"显学"。从90年代中期开始,随着后现代主义思潮在西方的崛起,我国学界也开始了追踪研究。这些热点既是学术研究有了一定深度的体现,又是当时社会群体的心态反映。

3. 20世纪90年代繁荣以来的相对冷清阶段

这一时期,随着许多大学里增设哲学系或哲学专业以及国内外大批博士毕业生参与工作,从事西方哲学的教学和研究的人员继续有所增长,他们的研究水平更是普遍得到了提高,尽管研究成果的出版相对困难,研究论文的发表和专著出版受到了较多限制,但总的数量还是稳中有升,这种形势更有利于西方哲学这门学科研究的深入。因为80年代初期所谓的"尼采热"、"弗洛伊德热"和"萨特热"等仍带有许多盲目接受西方社会思潮的不成熟因素,甚至还有对西方社会思潮的某种曲解。进入90年代后,这种盲目崇拜的"热度"在逐渐减退,代之以更深层次的学术研究。90年代之后,西方哲学的研究进入了一个泛专结合、以专为主的阶段。普及性介绍还在继续进行(例如赵敦华的《西方哲学史简史》和《现代西方哲学新编》,张汝伦的《现代西方哲学十五讲》在青年读者中都很受欢迎),但研究者们的主要注意力大多集中于专题研究和比较研究,研究深度明显得到加强。研究领域包括西方哲学史(古希腊哲学、中世纪哲学、近代经验论与唯理论、德国古典哲学)和现代外国哲学(现代西方哲学和俄罗斯哲学)。现代西方哲学主要围绕分析哲学和欧洲大陆哲学两大流派。俄罗斯哲学的研究包括苏联哲学和当今的俄罗斯哲学。

这个时期西方哲学研究的工作成效主要表现在几个"结合"上。

第一,是由西方哲学研究的特点所决定的翻译与研究相结合。翻译西方哲学原著是为西方哲学研究提供第一手资料,因而翻译是西方哲学研究的前提条件和基础;反过来,在此基础上展开的研究对翻译的质量和数量会提出新要求,尤其是在概念的把握和提炼、语句的表述和文风等方面,哲学著作都必须坚持自己的严谨性、精确性、规范性等特点。这一时期西方哲学著作的翻译是"文化大革命"前的数十倍,商务印书馆、人民出版社、生活·读书·新知三联书店和全国各地的地方出版社出版了大量的西方哲学著作。这些年,除了翻译一些单本的经典著作外,还出版了一些重要哲学家的全集或选集。

此外,对西方哲学界比较有名的哲学通史、国别哲学史和断代史著作的翻译也受到重视,其中,有些已经出版,有些正在翻译或出版中。这种大规模地翻译西方哲学著作是前所未有的,它对我们借鉴西方学者的研究成果,认识和把握西方哲学的本质及其内在发展脉络,更好地开展西方哲学的研究具有重要的基础意义。

第二,是与多年来在西方哲学专题研究方面所取得的进步相关联的,通史研究与专题研究相结合。20世纪80年代和90年代,在宽松的学术环境下,我们对西方哲学的各个历史时期的主要流派、人物及其代表性著作都有一定程度的涉猎,尤其是对德国古典哲学、希腊哲学、经验论和唯理论哲学、现象学和存在主义、分析哲学和语言哲学、西方马克思主义哲学等,进行了比较深入的研究,出现了一大批具有较高学术价值的专著。在古希腊哲学方面80年代之后主要围绕着苏格拉底、巴门尼德、柏拉图和亚里士多德等哲学家的观点及其哲学属性等问题进行研究。特别需要提出的是汪子嵩、范明生、陈村富、姚介厚诸学者历经27年艰苦卓绝的努力完成的4卷本《希腊哲学史》,全书近500万字,是迄今为止全世界第二部多卷本希腊哲学史著作。这部著作是以中国学术视野对绵延一千多年的古希腊哲学进行断代史研究的鸿篇巨制,对于加强希腊哲学史的教学与研究、加强西方哲学史学科建设具有重要意义,同时也是中国学术研究走向世界、可与国际一流水平进行对话的优秀成果。与此同时,我们对现代西方哲学,不管是欧洲大陆哲学,还是英美分析哲学,以及新近出现的后现代哲学,都以前所未有的重视程度加强了研究,几乎与现代西方哲学的变化发展保持同步。

从90年代后期开始,作为通史意义上的西方哲学史研究著作蓬勃涌现。其中在2005年,由叶秀山、王树人主持的中国社会科学院重点课题《西方哲学史》(共分8卷11册,近600万字)全部完稿并出版,实现了学界的夙愿。这是一部具有精神内涵的"哲学史",这部著作着力突出了"中国学术特色",并结合对国外学术界最新研究成果的理解,重视对哲学原著的阅读、理解和研究。复旦大学刘放桐、俞吾金主编的10卷本《西方哲学通史》(近600万字)是国家社会科学基金和教育部重点课题,从2005年起陆续出版了9卷。除了以经典原著为基础外,这套书力图打破国内外原有哲学通史的框架,并加大现代部分,将其与马克思主义哲学结合起来。这些著作虽出版于21世纪,但主要研究工作是在20世纪开始和进行的。

第三,西方哲学的研究与马克思主义哲学研究相结合。马克思的哲学产生在西方,以西方哲学、特别是德国古典哲学为重要理论来源。马克思主义哲学与现代西方哲学处于同一历史时代,具有共同的科学和文化背景,因此,尽管两者作为不同性质的哲学存在原则区别，但共同的时代背景又使两者必然存在重要的共同之处。因此现代西方哲学研究必须与马克思主义哲学研究结合起来。中国是一个把马克思主义当作一切事业的指导思想的社会主义国家，西方哲学研究以往遇到的困难和遭受的挫折，根本原因在于未能如实理解西方哲学与马克思主义哲学的关系，以及正确处理两者的关系。因此在新时期研究西方哲学要更加注意与研究马克思主义哲学结合起来。北京大学的朱德生、复旦大学的刘放桐在这方面做了较多的工作。刘放桐在1997年发表的《西方哲学的近现代转型与马克思主义哲学和当代中国哲学的发展道路》中提出：西方哲学从近代到现代的转化标志着西方哲学进入到了一个新的发展阶段，马克思主义哲学与现代西方哲学存在着原则区别，但在超越近代哲学的一系列局限性上有着重要的共同之处。与此同时，中国社会科学院的谢地坤、北京大学的赵敦华等西方哲学功底深厚的专家提出，中国的西方哲学研究承担着沟通马克思主义哲学与西方哲学的任务。为此，中国的西方哲学研究应在马克思主义指导下，进一步拓展马克思主义哲学的视野，既把马克思主义哲学放在西方古典哲学背景中来理解，也放在与现当代西方哲学、特别是西方马克思主义哲学的对话中来考察，使马克思主义哲学与西方哲学保持沟通与张力。许多马克思主义哲学家、特别是中青年专家也非常重视对西方哲学、尤其是现代西方哲学的研究，由此开阔了他们的眼界，提出许多有创意的观点。在一批中青年马克思主义哲学家的论著中，可以看到在坚持马克思主义原则立场的同时善于吸取西方哲学的积极成果。以往国内马克思主义研究中很少有人涉及文化哲学和价值哲学，而在现代西方哲学中有大量这方面的研究，近些年来一些马克思主义哲学家借鉴国外研究的成果，加强了这方面的研究。在马克思主义理论研究和建设工程重点教材《马克思主义哲学》一书中就设立了"文化在社会发展中的作用"和"价值和价值观"的专章。总的来说，关于这两种哲学的比较研究中的许多具体观点在哲学界尚有争议，但对于这种比较研究本身的重要性则是绝大多数人都认可的。值得一提的是：在全国高校哲学学科教学指导委员会的赞许下，2000年7月在上海举行马克思主义哲学和现代西方哲学对话会，高校的这两个学科的主要专家大都参加了这次会议，并就这两种哲学的比较研究的一些重要问题取得共识。

第四，西方哲学的研究与中国传统哲学研究相结合。西方哲学的研究不只是为了还原西方哲学的本来面貌，更是要将其改造成符合中国人需要的中国化的西方哲学，主动地把西学研究与中国的文化、国情、现实结合起来，把中国视野和世界眼光有机地统一起来。在面对西方哲学这个异质文化的时候，学界经历了从最初的近似崇拜的接受、到新中国成立以后的意识形态的批判，再到如今的辨证看待及其相互融通的过程，体现了我们以主动的方式审视西方哲学的过程。在对待西方哲学与中国传统哲学之间的关系问题上，既不能"言必称希腊"、要求全盘西化，也不能一味地推崇所谓的"国学"而食古不化。其实这两种立场都是缺乏文化自信的表现，都可以归入文化保守主义的阵营。相反，应提倡以一种开放的文化批判主义的态度实现西方哲学与中国传统哲学的结合。对此，前辈们是有深刻认识的。王国维在20世纪初就提出"学无中西"的观念。李大钊则明确地说，东西文化各有所长，缺一不可，世界文明的今后发展将是两者互相融通，合为一体。冯友兰、金岳霖、熊十力、贺麟等，都是克服了这种非此即彼的两极模式，尝试用所把握的西方理性思维去探索、研究中国哲学问题，力图开创一条新哲学、新文化的理路，从而使得中国哲学呈现出前所未有的希望。

自西方工业革命以来各种文化的相互碰撞和交融已然成为不可回避的趋势，没有必要在全盘西化和食古不化的两极之间做出非此即彼的选择，与其摇摆不定，莫衷一是，不如主动地尝试将中华文明与西方文明结合在一起，敢于吸收世界上一切先进文化，并适应中国的和时代的要求，化为己有，使中国文化与世界文化接轨，把进入中国的西方哲学看作是中国文化建设的组成部分，对自己的文化自觉地加以批判和改造，走文化交流和融通的道路。这既是对外来文化的理论自觉，也是中华民族复兴的文化软实力的诉求。

四、东方哲学研究

东方哲学中的"东方"主要指中国、印度、日本、韩国、伊朗（波斯）等国家，也包括越南等东南亚国家和古埃及等西亚北非国家。虽然东方哲学内部自古以来相互影响、交流不断，但与"西方哲学"拥有较为统一的概念体系和历史传统相比，东方哲学并不成为一个哲学整体，而是东方国家（文化）各自独立的思想学说的统称。

在中国，现代意义上的东方哲学研究发端于20世纪初，而其从一开始就与中国特殊的社会政治、学术环境以及研究特色等相适应，即将"中国哲学"独立出去，主要关注印度、日本、韩国以及伊斯兰国家的哲学。所以，一般谈及中国的东方哲学研究主要指有关印度哲学、日本哲学、韩国哲学和伊斯兰哲学的研究。

新中国成立时，我国只在北京大学等一二所大学哲学系设置若干东方哲学专业（如印度哲学、日本哲学、伊斯兰哲学），在有限的范围内进行一些基础研究。1958年，北京大学哲学系创办东方哲学教研室，开设印度、日本、伊斯兰哲学史等课程。

"文化大革命"期间,东方哲学与其他学科一样,教学、研究工作陷于中断,直到70年代末才重新开展起来。1984年,中国社会科学院哲学研究所成立了东方哲学研究室。1985年,北京大学哲学系恢复东方哲学教研室。其后,中国社会科学院南亚研究所和世界宗教研究所以及四川大学哲学系、山东大学哲学研究中心、延边大学朝鲜问题研究所等学术机构相继把东方哲学中的一个或几个分支列为研究对象。20世纪90年代,由于哲学各二级学科的重新整合,上述大学的东方哲学被合并到外国哲学或者宗教学之中,高校不再设置专门的东方哲学研究室,而至今仍保留的中国社会科学院哲学研究所东方哲学研究室成了国内唯一的东方哲学研究基地。

由于东方哲学内部各分支相对独立,下文将按照印度哲学、日本哲学、韩国哲学、伊斯兰哲学来分别叙述东方哲学在20世纪中国的研究发展历程。

(一)印度哲学

印度哲学历史悠久、思想深邃,一直以来是东方哲学的主体。但在20世纪之前,无论是中国还是日本等国,由于佛教的兴盛,都把印度哲学作为研究佛教的辅助学科来对待。到1917年,梁漱溟在蔡元培的积极支持下在北京大学首开印度哲学课程,这既标志着我国正式开始了对印度哲学的学术研究,也标志着东方哲学研究在中国的兴起。

梁漱溟在1918年出版了专著《印度哲学概论》,继而又出版了《东西文化及其哲学》。其后,有关印度哲学尤其是印度佛教学的著述不断产生,如黄忏华著《印度哲学史纲》、熊十力著《新唯识论》。汤用彤擅长佛学与印度哲学,出版多部论著,其主要的印度哲学研究著作为《印度哲学史略》。

总体而言,20世纪前半叶中国的印度哲学研究仍然还是以印度佛学为主,印度佛学研究在支那内学院和汉藏教理院的推动下取得了辉煌的成就。但中国学者对佛教以外的印度其他宗教哲学思想的研究,起步却较晚,成果也寥寥。而且由于政治上的原因,20世纪50~70年代是印度哲学研究的低谷时期,成果极少。直到70年代末80年代初,印度哲学才真正迎来了开展全面研究的春天,涌现出一批优秀的专著、译著和数量可观的学术论文。

吕澂的《印度佛学说源流略讲》是第一本系统论述印度佛教史的著作,该书依据汉、藏、梵、巴利等文献,对印度佛学的传译、典籍、师说、宗派、思想渊源等都作了全面系统的解说,开启了中国印度佛学研究的新时代。黄心川的《印度近代哲学家辨喜研究》则发端了中国学者研究印度近现代哲学。

20世纪80年代,徐梵澄的《五十奥义书》和张保胜的《薄伽梵歌》是翻译印度哲学梵文原典的代表作。徐梵澄多年潜心研究和翻译奥义书，1957年曾在印度出版了汉译本《伊莎奥义》和《由谁奥义》，1984年是中国第一次出版汉译奥义书，具有里程碑意义。张保胜则根据北京民族图书馆收藏的《薄伽梵歌》梵文写本（第182号）进行翻译，同时参照了提拉克、奥罗宾多和拉达克里希南三位印度近代哲学家校勘的梵本，极具学术价值。

80年代有关印度哲学的论著颇丰，主要有季羡林的《中印文化关系史论文集》和金克木的《印度文化论集》，两书中收录的印度哲学论文是两位学者致力于印度哲学研究的经典作品。方广锠的《印度文化概论》一书对印度公元13世纪以前的文化及印度文化在古代世界的传播做了概要论述，重点探讨了印度的宗教哲学。黄心川的《印度哲学史》，将梵文文献与汉传印度哲学史料作对比，全面论述了印度哲学的发展状况，在重点研究古印度认识论的基础上，涵盖了印度哲学的所有部分，系统论述了印度整个古代和中世纪的哲学史。黄心川的《印度近现代哲学》，是《印度哲学史》的续编，论述了从19世纪初到20世纪中叶的印度主要哲学家和思想潮流。杨曾文的《佛教的起源》一书以汉译佛经《四阿含》为原始资料，考察了印度原始佛教和部派佛教的情况。

同时期，中国学者还翻译了不少国外有关印度哲学研究的专著，如黄宝生、郭良鋆译，印度学者恰托巴底亚耶著《印度哲学》；李荣熙译，英国学者查尔斯·埃利奥特著《印度教与佛教史纲》；王世安译，英国学者渥德尔著《印度佛教史》；以及张建木从藏文翻译的多罗那他著《印度佛教史》；杨曾文、姚长寿从日文翻译的佐佐木教悟著《印度佛教史概说》等。

此外，80年代还有一系列学术论文发表，如高杨的《论早期胜论派的学说》比较了胜论派的主要经典《胜论经》与玄奘译的《胜宗十句义论》的异同。巫白慧的《印度古代辩证思维》考察了印度的逻辑学说。宫静的《谈汉文佛经中的印度哲学史料》分类介绍了汉译佛典中记载的印度哲学资料。80年代中国印度哲学研究呈现欣欣向荣之景。

继80年代的丰硕成果之后，印度哲学研究在90年代向着更加深广的领域发展。其中，巫白慧的《印度哲学与佛教》，是一本用英文撰写的论文集，主要介绍了奥义书哲学、佛教哲学以及种姓制思想的起源等。姚卫群的《印度哲学》一书立足当时国际印度学界的最新研究成果，对印度哲学进行了比较全面的叙述。朱明忠的《奥罗宾多·高士》系统而全面地论述了印度现当代哲学家奥罗宾多的哲学思想。巫寿康使用数理逻辑的新方法来探讨因明学，撰写了《〈因明正理门论〉研究》一书。由宫静标点的汤用彤的《汉文佛经中的印度哲学史料》也于1994年出版。三卷本的

《虞愚文集》收集了虞愚一生最主要的有关因明学的著作和论文。宫静的《拉达克里希南》一书详细论述了印度哲学家拉达克里希南的神秘主义的直觉论等思想。江亦丽的《商羯罗》，是中国第一部全面研究商羯罗生平及思想的论著。

巫白慧翻译并作详细注解的印度吠檀多哲学的重要经典——乔荼波陀的《圣教论》先刊载于《东方哲学与文化》，后在商务印书馆出版，是90年代印度哲学界的一大喜事。巫白慧依据印度梵文专家月顶论师的精校本，使用中国古典"七言"形式，并借用了一些佛经用语，在翻译的过程中还做了大量注释，具有很高的学术价值。同时发表的孙晶的《圣教论研究》一文基于巫白慧的译本，从文献、历史、哲学等角度考察了《圣教论》在吠檀多哲学史上的发展变迁及其所处的地位，以及对商羯罗的影响等，是对汉译《圣教论》的一次重要解读。此外，朱明忠、姜敏翻译了印度学者拉尔的《印度现代哲学》，为中国学者了解印度现代哲学提供了良好的参考。

90年代有关印度哲学的学术论文以深入的专题研究为主。巫白慧的《因明学研究概述》详细回顾了因明学自7世纪传入西藏后在中国的研究发展状况。江亦丽的《中世纪信爱运动的大师——罗摩奴阇》与孙晶的《印度中世纪罗摩奴阇思想研究》两篇论文对罗摩奴阇所热心的"信爱"运动进行了评介，同时将其思想与商羯罗思想作了比较研究。此外，孙晶的《商羯罗基本哲学思想述评》和《商羯罗与〈示教千则〉》、江亦丽的《商羯罗对近现代印度哲学家的影响》等论文都是对印度吠檀多派思想家商羯罗的研究。姚卫群的《钵颠伽利与〈瑜伽经〉》则详细介绍了瑜伽派的根本经典《瑜伽经》的思想。

一个世纪以来，我国的印度哲学研究虽然与西方、日本学界有一定的差距，但是我国印度哲学研究的发展比较全面，研究成果涉及各个领域，包括梵文文献的翻译、哲学史的研究、正统派哲学和佛教哲学的比较研究、专题问题的探讨等。此外，北京大学、中国社会科学院等学术机构坚持培养印度哲学与梵文研究的人才，使濒临绝境的人才状况得到了有效改善，给即将成为"绝学"的印度哲学研究注入了新的希望。

（二）日本哲学

日本哲学深受中国儒家哲学的影响，近代以前的日本传统哲学可以说是中国传统儒家哲学的延伸和演变，近代以后的日本哲学则在欧美文化的强烈影响下成为东方哲学的先驱，对中国哲学的近代化和哲学学科的建立产生了诸多影响。然而，20世纪50年代以前，中国对日本哲学的研究较为零散，不成体系，成果也很少。1958

年北京大学成立东方哲学教研室，把日本哲学规定为开拓性学科之一，标志着日本哲学在中国全面、系统的研究的开始。

朱谦之和刘及辰是国内日本哲学、日本思想史研究的开拓者、奠基者。朱谦之在20世纪50~60年代相继出版了《日本的朱子学》、《日本的古学及阳明学》和《日本哲学史》三本专著。其中，《日本哲学史》一书整理出了日本古代神话传说中的哲学萌芽、佛教哲学、儒学与国学、独立学派、启蒙哲学、明治唯物论、西田哲学、日本马克思主义哲学这一日本哲学基本发展线索。此外，朱谦之还编著了两本日本哲学资料集。与朱谦之着重日本哲学史研究不同的是，刘及辰选择了现代日本最重要的哲学家西田几多郎的哲学研究作为起点，出版了《西田哲学》，并发表了多篇论文。《西田哲学》一书是非日本学者出版的第一部有关西田哲学的论著，以马克思主义哲学观分析了西田哲学中具有独创性特征的哲学范畴。

同时期我国学者也翻译了不少日本著名哲学家的经典作品，如群力翻译了福泽谕吉的《劝学篇》，何倩翻译了西田几多郎的《善的研究》，马采翻译了幸德秋水的《社会主义神髓》等。这一时期还出现了一系列有关日本哲学家安藤昌益的专题研究，如朱谦之发表了《安藤昌益——十八世纪日本反封建思想的先驱者》，黄心川发表了《安藤昌益与〈自然真营道〉》、马采发表了《十八世纪日本杰出农民思想家安藤昌益》等。

70年代，日本哲学研究处于停止状态。80年代以后，日本哲学研究中心开始从以朱谦之为代表的北京大学转移到以刘及辰为代表的中华全国日本哲学会。这一时期，刘及辰在前述西田哲学研究的基础上，对近代日本哲学展开了全面研究，陆续发表了有关日本哲学家西周、福泽谕吉、中江兆民、幸德秋水等的研究论文，继而又对昭和前期以西田几多郎为代表的京都学派哲学进行了系统研究。

80年代中后期的日本哲学研究成果丰硕，出版了多部专著：铃木正、卞崇道等著《日本近代十大哲学家》，王守华、卞崇道著《日本哲学史教程》，金熙德著《日本近代哲学史纲》，王家骅著《中日儒学比较》，崔世广著《近代启蒙思想与近代化——中日近代启蒙思想比较》等。其中，《日本哲学史教程》是日本哲学通史，在继承前人研究成果的基础上，论述了日本哲学思想的总体特征和一些具体的哲学问题。《日本近代哲学史纲》把日本近代哲学置于时代环境之中，对其历史根源、理论来源及其发展、演变以及各流派的不同历史地位和社会影响都展开了较为深入的论述。

这一时期还出现了有关马克思主义哲学在日本的传播与展开的研究高潮。除了召开一系列研讨会以探讨日本的马克思主义哲学状况外，1983年《东方哲学研究》

还编辑了"纪念马克思逝世一百周年专号"刊发了贾纯的《马克思主义哲学在日本战前的传播与发展》，华国学、张锡哲的《马克思主义哲学在日本的一个新进展》，李培新的《河上肇在日本马克思主义哲学史上的地位和作用》等一系列论文。与此同时，安藤昌益、西周等哲学家的专题研究依旧是热门话题。王守华在1985年9月日本出版的《安藤昌益全集》第一卷《月报》上发表了《中国的安藤昌益研究的发展》，在1985年的《中国哲学年鉴》上发表了《安藤昌益哲学思想研究近况》，在《东方文化集刊》（第1集）发表了《安藤昌益研究资料索引》等文章，全面介绍了我国关于安藤昌益研究的历程与成果。米庆余的《日本反封建思想家安藤昌益》，李梁的《试论安藤昌益的自然哲学及其社会思想》等一些文章重点评述了安藤昌益的唯物论哲学、辩证法思想及其社会哲学。此外，王守华的《西周哲学的性质及在日本哲学史上的地位》、赵乃章的《论西周哲学思想的成就》、崔新京的《论西周的哲学思想》是有关西周哲学研究的代表论文。

20世纪90年代，中国对日本哲学的研究偏重于对日本儒学的研究。作为日本儒学鼎盛时期的江户时代儒学，即朱子学、阳明学和古学派的研究吸引了绝大多数中国学者的注意。其中，刘及辰著《京都学派哲学》以马克思主义为指导，分析了京都学派哲学的基本性质、形成、演变及其社会会功能，论述了西田几多郎、田边元、三木清和户坂润的哲学思想。王家骅的《儒家思想与日本的现代化》一书以儒学为切入点研究日本思想史，以实证材料证明儒学对日本政治、法律、道德、宗教、文学、史学及当代社会的影响，是当时日本哲学研究领域的代表性成果。90年代出版的日本哲学研究著作还有方昌杰的《日本近代哲学思想史稿》、李威周的《中日哲学思想交流与比较》、卞崇道和加藤尚武编《当代日本哲学家》、李甦平的《圣人与武士——中日传统文化与现代化比较》。此外，这一时期发表在《日本学刊》、《日本研究》、《东方哲学研究》、《外国问题研究》等各类杂志上的日本哲学研究论文，每年多达30余篇。

半个多世纪以来，日本哲学的研究领域不断得到扩展，气象不断更新。90年代以来，更有一些中国思想文化研究者开始涉足日本思想史研究领域，如葛兆光、陈来、汪晖等都发表了重要论著。随着中日两国交往的日益深入，日本哲学、日本思想史在中国思想界的影响逐渐增强。

（三）韩国哲学

中国对朝鲜半岛的认识可以追溯至南北朝，唐宋以来两国交往频繁，互通历史、文学、地理、制度、外交等领域的有无。但事实上，1979年以前中国对韩国哲学的专门研究很少，除了崔凤翼于 1957 年在《哲学研究》发表了《十六世纪朝鲜卓越的唯物主义者徐敬德的哲学思想》一文之外，中国的韩国哲学研究基本上是空白。

1979 年 10 月，延边大学成立了朝鲜问题研究所朝鲜哲学研究室，标志着我国正式建立了韩国哲学这一学科，并配备了专职研究人员。该所还先后创办了《东方哲学研究》、《朝鲜研究丛书》、《朝鲜学研究》等刊物，促进了韩国哲学研究的发展。

80 年代，韩国哲学研究取得了长足的进步，尤其是朝鲜儒学、阳明学、汉学、实学、佛教、道教等方面的成果显著，共计发表论文 100 多篇。其中代表性论文有朱红星《试论元晓的佛教哲学——"一心说"》、李洪淳《儒学在朝鲜和日本的传播及其影响比较》、朱七星《论朴趾源的哲学思想》、张立文《李退溪哲学逻辑结构探析》等。此外，朱红星、李洪淳、朱七星参与撰写的《中国大百科全书·哲学》中韩国哲学史条目（33 条）也是当时韩国哲学研究的重要成果。

1989 年以后，韩国哲学研究的队伍空前壮大，成绩斐然，迎来了韩国哲学研究的繁荣时期。朱红星、李洪淳、朱七星撰写的《朝鲜哲学思想史》，是中国第一部有关韩国哲学的通史，对中国的韩国哲学研究具有开拓性的意义。张立文的《退溪节要》和《李退溪思想研究》，大大推动了中国对韩国退溪学的研究。朱七星、许能洙编写的《中国、朝鲜、日本传统哲学比较研究》是第一部系统论述中国、朝鲜、日本传统哲学并作纵横比较的哲学专著。李甦平的《中国、日本、朝鲜实学比较》一书，通过中、日、韩实学的比较研究，表明中韩哲学的多元性。

这一时期还频繁召开有关韩国哲学的国际学术会议。例如，1989 年 8 月，延边大学召开了第一届朝鲜学国际学术讨论会，同年 10 月在北京召开了第十一届退溪学国际研讨会，1992 年 8 月在延边大学召开了第三届朝鲜学国界学术讨论会，同年 8 月在北京召开了第四届朝鲜学国际学术讨论会等。在这些国际学术会议上，中国学者发表了 50 多篇有关韩国哲学的学术论文。此外，90 年代在《朝鲜学研究》、《朝鲜研究丛书》、《东方哲学研究》以及韩国的《栗谷学》、《退溪学研究》、《退溪学报》、《茶山学报》等国内外学术刊物上发表的韩国哲学学术论文多达上百篇。

一直以来，中国学术界对韩国哲学的研究以韩国性理学为主要内容，并重视对实学的研究，还对中韩、中韩日哲学进行了广泛的比较研究，取得了在中韩学术界都受到高度评价的研究成果。但是，韩国哲学与东方哲学其他分支相比较，还是一个十分薄弱的研究空间，有待于在新的世纪展开更为深广的研究。

（四）伊斯兰哲学

伊斯兰哲学以《古兰经》和"圣训"为主要思想渊源，以伊斯兰教的基本信仰为前提，广泛吸纳古希腊等其他宗教哲学思想和自然科学成果，在探讨伊斯兰教教义问题的基础上，尝试协调信念与理性、宗教与哲学、神与人等之间的各种关系。

回族学者马坚是 20 世纪中国伊斯兰哲学研究的奠基者。除了最具影响的《古兰经》全译本外，马坚早在 20 世纪 30 年代就开始着手翻译埃及学者穆罕默德·阿布笃的《回教哲学》（又名《回教一神论大纲》），该书是作者的授课讲稿，后根据学生笔记整理润色而成，阐述了伊斯兰教只信仰独一无偶的真主的一神论学说。其后，马坚翻译了荷兰学者第·博雅的《回教哲学史》，该书简明扼要地介绍了伊斯兰哲学的全貌，是迄今为止有关伊斯兰哲学史最为全面系统的译著。

20 世纪 50 年代至 70 年代末，中国的伊斯兰哲学研究处于半停滞状态，研究代表人物依旧是马坚。除了上文已经提到的《回教哲学史》改名《伊斯兰哲学史》再版之外，马坚还在《历史教学》上发表了《伊斯兰哲学对于中世纪时期欧洲经院哲学的影响》一文，讨论了伊斯兰哲学的价值、伊斯兰哲学之于世界哲学的关系等重要理论问题。马坚于 1979 年翻译出版的美国东方学家希提的《阿拉伯通史》中也涉及了不少伊斯兰哲学的内容。

80 年代，中国的伊斯兰哲学研究进入了一个崭新的发展阶段，越来越多的回、汉等各民族学者投入到伊斯兰哲学的学习与研究工作之中，涌现出一大批优秀的学术成果。据不完全统计，中国学者在《哲学研究》、《文史哲》、《哲学译丛》等 14 种哲学类期刊上发表的有关伊斯兰哲学的翻译、介绍或研究性论文近 70 篇。此外，还有阎瑞松翻译的德国学者赫伯特·戈特沙尔克的《震撼世界的伊斯兰教》等一些优秀译著。总的来说，20 世纪 70~80 年代的中国伊斯兰哲学研究主要关注铿迭、法拉比、伊本·西拿、伊本·路世德、伊本·赫勒敦等阿拉伯伊斯兰哲学家的个人思想，并对阿拉伯哲学与伊斯兰哲学的关系问题展开了深入持久的讨论。

进入 90 年代，伊斯兰哲学研究更加蓬勃发展，研究队伍不断扩大，除了专业工作者以外，其他社会人士也纷纷加入到伊斯兰哲学研究的行列。在国内近 40 种刊物上发表上百篇学术论文，并出版 10 余部专著。杨启辰主编的《〈古兰经〉哲学思想》一书，对《古兰经》所蕴含的包括宗教信仰、历史观、认识论、人生观在内的哲理提出了比较系统的见解。蔡德贵的《阿拉伯哲学史》，是第一部由中国学者撰写的阿拉伯伊斯兰哲学通史，作者收集了大量阿拉伯文原著资料，系统介绍并评述了自古代以来到近现代以前的伊斯兰哲学的基本情况。秦惠彬的《伊斯兰哲学百问》，采用 123 道问答题的方式介绍了伊斯兰哲学的主要流派、代表人物的生平思想等基本内容。沙宗平的《伊斯兰哲学史》与《伊斯兰哲学》，简明系统地介绍了伊斯兰教哲学的形成、演变及其在近现代的发展状况。金宜久的《伊斯兰教的苏非神秘主义》是中国第一部系统论述苏非主义的通俗读物，简要介绍了苏非主义的起源、历史沿革、教理主张、教团组织形式、重要代表人物及其著作等。陈中耀的《阿拉伯哲学》追溯了阿拉伯伊斯兰哲学从兴旺到衰落的历史，并设专章探讨真主与世界、人与外部世界、人际关系与人类社会等问题。李振中、王家瑛主编的《阿拉伯哲学史》详细介绍了阿拉伯伊斯兰哲学的发生、发展、演变及其在中国的情况。蔡德贵、仲跻昆主编的《阿拉伯近现代哲学》阐述了世纪之交原教旨主义思潮等近代以来的阿拉伯伊斯兰哲学，对了解阿拉伯伊斯兰文化在当今世界的地位与意义具有重要价值。

这一时期的伊斯兰哲学研究已经逐渐开始从原先零散的介绍进入到系统的研究，注意对阿拉伯伊斯兰哲学史的线索加以全面梳理，对各个时期、各个流派的哲学思想加以综合评析。

90 年代还出现了一批重要的译著，主要有：秦惠彬翻译的日本学者井筒俊彦著《伊斯兰思想历程——凯拉姆·神秘主义·哲学》，陈中耀翻译的美籍阿拉伯学者马吉德·法赫里著《伊斯兰哲学史》，张文建、王培文翻译的伊拉克学者穆萨·穆萨威著《阿拉伯哲学——从铿迭到伊本·鲁西德》。

总的来说，20 世纪中国的伊斯兰哲学研究取得了令人瞩目的成就，既有对伊斯兰哲学的总体研究，又有对《古兰经》哲学、伊斯兰哲学家个人思想学说的专题研究，同时还关注近现代及当代阿拉伯伊斯兰世界的哲学发展、伊斯兰哲学与中国传统文化的比较研究等。伊斯兰哲学研究在东方哲学诸分支中独具特色。

五、逻辑学研究

逻辑学是研究思维形式及其规律的科学，其主要内容包括概念、判断、推理和论证等，其中推理的有效性问题是逻辑学研究的核心问题。

逻辑思想的发源地主要有三个：古代中国、古印度和古希腊。早在公元前 5 世纪前后，古代中国、古印度和古希腊就产生了各具特色的逻辑学说。中国的名辩、印度的因明和西方的逻辑，三大逻辑源流各自独树一帜、自成体系，在世界逻辑史上鼎足而立、交相辉映。但是，秦汉之后，中国的名辩之学渐趋沉寂，没有大的创造性发展；公元 10 世纪之后，随着佛教在印度的衰落，因明也随之沉寂，几近消亡。只有古希腊的逻辑自亚里士多德创立之后，历经中世纪、文艺复兴和近现代科学革命，两千余年始终连绵不绝，获得了极为巨大的发展。今天，现代逻辑已经超越了西方的范围，在全世界范围内得到了非常广泛的传播，成为了全人类的共同财富。

根据联合国教科文组织发布的科学分类，逻辑学是与数学、天文学和天体物理学、地球科学和空间科学、物理学、化学、生命科学等并列的七大基础学科之一。它正广泛地渗透到其他科学技术领域，在自然科学技术、人文社会科学和思维科学发展的进程中不断地革新其内容，并开拓新的研究领域，日益彰显其重要的理论意义和应用价值。

中国的逻辑学研究始于19世纪末、20世纪初的逻辑学第二次传入中国。20世纪的中国逻辑学，其基本历程可分为三个阶段：第一阶段，19世纪末至20世纪40年代，西方逻辑学传入中国，并得到初步发展；第二阶段，20世纪50年代到70年代，中国逻辑的曲折发展时期；第三阶段，20世纪80年代至20世纪末，中国逻辑学教学和科研的繁荣发展阶段。

（一）逻辑学的二次传入与初步发展

19世纪末20世纪初，伴随着西学东渐，逻辑学第二次传入中国，由此开始了逻辑学在中国传播和发展的新历程。

1. 思想层面的深刻警醒

19世纪末，中华民族正处于内忧外患之中。特别是1894年，中国在甲午战争中被日本战败后，中华民族处于空前的危机之中。这一时期，一大批仁人志士探求救亡图存之道，在此背景下，与明末清初的西学东渐不同，这一次更多的是主动地向西方学习，以期实现强国之梦。在这股向西方学习的热潮中，人们的认识在不断地深化发展，由器物层面的学习，到制度、文化层面的探究，最终深入到思想、方法层面的追寻。其中，严复、王国维、胡茂如、梁启超等人独具慧眼，以其远见卓识向国人昭示了挽救危亡的根本之法就是向西方学习其思想层面最为基本的方法——逻辑学。

严复在《穆勒名学》中引用培根的话说："是学（逻辑学）为一切法之法，一切学之学。"胡茂如在《论理学·序》中大声疾呼论理学之"输入尤为当务之急"。梁启超则在《墨经校释》中满怀感慨地说："欧洲之逻辑，创自亚里士多德，后墨子可百岁，然代有增损改作，日益光大，至今治百学者咸利赖之。《墨经》则秦汉以降，漫漫长夜，兹学既绝，则学者徒以空疏玄渺肤廓模棱破碎之说相高，而智识界之榛塞穷饿，乃极于今日。吁，可悲已。"王国维在《奏定经学科大学文学科大学章程书后》中慷慨陈词："今日所急者，在授世界最进步之学问之大略，使知研究方法。"其研究方法主要指的就是逻辑学。

2. 翻译、普及的高度自觉

光绪年间，清廷授意由总揽清税务司大权的赫德组织，总税务司司译、传教士迪谨·艾约瑟执笔，翻译了一套内容广泛的西学启蒙读物，共有16种，包括天文、地理、化学、动物、植物等学科。其中第13种为《辩学启蒙》，1896年出版，这是一本由英国逻辑学家耶方斯于1876年出版的逻辑入门读物。20世纪初，中国开始系统引进外国逻辑学著作和逻辑学教科书。著名的有严复翻译的S.密尔《穆勒名学》、S.耶方斯《名学浅说》，田吴炤翻译的十时弥《论理学纲要》，王国维翻译的S.耶方斯《辩学》等。这些著作在中国逻辑学发展的起步阶段起到了重要的推动作用，在当时产生了巨大的影响，许多学者纷纷学习研究。这一时期，学者们不仅翻译、普及逻辑，还亲自编撰逻辑学普及读物，积极推进逻辑学在我国的传播。例如王延直在多次讲授的基础上，十易其稿，完成《普通应用论理学》。而且他非常明确地表达要利用逻辑来提高国民素质："吾国人欲程度增高，必自政、学两届始；而欲增高程度，又必自服从真理始；欲服从真理，又必自推求真理始；欲推求真理，又必自研究论理学始。"其他较有影响的有张子和的《新论理学》、屠孝实的《名学纲要》和章士钊的《逻辑指要》等。

3. 国民教育的大力推广

由于清末民初一批有识之士如梁启超、严复、王国维、胡适等人的深刻警醒和大声疾呼，人们已经普遍认识到了逻辑之于中国的重要性，因此，从民国伊始，提高国民的逻辑素质就受到了前所未有（直至今日也未有）的重视。这主要体现在如下几个方面：

（1）国民政府对逻辑素质教育非常重视，多次颁布法令规定大学、私立大学、高等师范学校、师范学校直至高级中学都开设逻辑学课程。

特别值得一提的是1935年6月21日国民政府教育部颁布《教育部公布修正中学规程》。其中第二十五条规定，高级中学之教学科目必须包括"论理"（即逻辑学）等课程。民国时期河南省教育厅编辑处出版的《河南教育月刊》第三卷第六期上刊登了《高级中学论理课程标准》，其中对教学目标、时间支配（于高中第三学年第二学期讲授，每周两小时）、教材大纲和实施方法概要等进行了明确、细致的规定和说明。

（2）逻辑学者们身体力行，编写了很多高质量的逻辑教材。据不完全统计，从1919年至1949年的30年间，共出版逻辑著作约80余种，其中有近20种是师范或中学教材，有些教材名噪一时。如朱兆萃的《论理学 ABC》连续发行了 9 次，王振瑄编写的作为高级中学师范教科书的《论理学》在 5 个月内就重印过 5 次。屠孝实编著的《名学纲要》是中国 20 年代最早的大学教材，其中还包含作者独立的研究成果。吴俊生编写的作为东南大学附中教学用书的《新高中论理学概论》也影响很大。沈有乾编写的作为师范学校教学用书的《论理学》和作为高中教学用书的《高中论理学》还在书中渗透了当时最新的数理逻辑的一些技术。

4. 研究工作的初步展开

19 世纪末，逻辑学的现代形式——数理逻辑诞生了。1920 年，罗素来华讲学，他在北京大学做了包括数理逻辑在内的五大演讲。这促进了数理逻辑在中国的传播。如商务印书馆出版了傅种孙、张邦铭译的《罗素算理哲学》等。1927 年，商务印书馆出版了汪奠基的著作《逻辑与数学逻辑论》，1937 年商务印书馆又出版了汪奠基的著作《现代逻辑》。对中国数理逻辑传播和发展起重要影响的还有金岳霖。1925 年，他从欧洲回国，在清华大学和北京大学讲授数理逻辑。从 30 年代开始，以沈有鼎等为代表的学者，在数理逻辑研究方面也取得了一些突破性进展。

这一时期，中国古代的名辩学研究得到了全面展开，以梁启超、章太炎、胡适等人为代表。梁启超对名辩学和西方逻辑学进行了许多开创性的比较研究，提出若干有深远影响的见解。章太炎在《原名》中比较系统地阐述了他的逻辑研究成果。胡适有两项学术成果是中西逻辑比较研究的力作，这两项成果就是他在美国哥伦比亚大学哲学系攻读博士学位时所撰写的论文《先秦名学史》和在此基础上扩充改写的《中国哲学史大纲》。

同期，因明研究复苏并逐步兴起。19 世纪末杨文会从日本觅集一些因明著作带回中国，并在金陵刻经处刻印发行，为因明研究提供了难得的研究资料。此后，由于欧阳渐等人的开创性工作，因明研究得以复兴。章太炎、吕徵、熊十力、陈大齐、虞愚等在因明研究方面均用力甚勤，他们在因明研究方面都取得了重要成果。

（二）逻辑学的曲折发展时期

新中国成立初期，中国的教育模式全面采用苏联的模式，高中和初等师范的逻辑学课程基本取消了。中国大学的普通逻辑教学全面学习苏联，以苏联的教材为范本。这一时期引进的有影响的苏联教材有斯特罗果维契的《逻辑》，高尔斯基、塔瓦涅茨的《逻辑》，高尔斯基的《逻辑学》以及一些苏联中等学校的教材，如维诺格拉道夫、库兹明的《逻辑学》。中国还聘请一些苏联专家来华讲授逻辑学。大部分教材和苏联专家的面授，内容只包括传统形式逻辑和古典归纳逻辑。由于这一时期深受苏联哲学界的影响，把辩证逻辑看作高等数学，把形式逻辑看作初等数学，并且十分盲目的排斥现代逻辑思想。这使得原本和国际逻辑前沿已经接轨的中国逻辑学研究出现了停滞甚至倒退。

受苏联逻辑学大讨论的影响，中国自20世纪50年代后期到60年代初期也开展了一次逻辑问题大讨论。讨论内容包括形式逻辑的对象、性质和作用问题，形式逻辑的客观基础问题，形式正确性和内容真实性的关系问题，什么是辩证逻辑及其和形式逻辑及辩证法的关系问题等。

1956年中国编制科技发展远景规划，其中包括数理逻辑发展规划。同年春节期间，毛泽东对金岳霖说，数理逻辑很重要。这样，1956～1957年报刊上发表了一批介绍数理逻辑的文章。其中，最重要的是胡世华的《数理逻辑的基本特征与科学意义》。由此数理逻辑的科研、学术交流、科研队伍的建设工作在中国顺利开展。这期间中国数理逻辑事业得到了快速的发展并取得了一些创新性成果。

在传统逻辑教学与研究领域，国内的学者出版了许多有重要影响的著作，这些书都对逻辑学在国内的发展起到了重要的推动作用。

新中国成立后到"文化大革命"前，中国有许多学者参与归纳逻辑的研究，他们关注的基本是古典归纳逻辑，讨论的是古典归纳逻辑的一些基本概念、归纳推理的结构、归纳推理的科学性质、归纳逻辑的历史发展等问题。

这一时期中国逻辑史研究也取得比较重要的进展。一是形成了一个有规模的、素质较高的科研队伍。二是在构建中国逻辑史学科方面有良好开端，开始创建完整的中国逻辑史学科。如汪奠基在20世纪60年代写成《中国逻辑思想简史》一书，受到较好评价。

这一时期还出现了不同的辩证逻辑学派。

1966～1976年，逻辑学的发展几乎停滞。改革开放以后，中国的逻辑教学和研究进入到一个新的时期。

（三）逻辑学的繁荣发展时期

改革开放以来的30年，是我国逻辑学研究取得长足发展的30年。

"文化大革命"结束以后，特别是1978年改革开放以来，我国逻辑学研究步入大发展时期。逻辑学研究的队伍被重新组织起来，并有一批又一批新生力量逐步加入进来。1978年、1979年由中国社会科学院哲学研究所等单位先后发起并召开了第一、二次全国逻辑讨论会，并在第二次全国逻辑讨论会上成立了中国逻辑学会。在这两次大会上，针对我国逻辑教学和研究水平远远落后于国际水平的实际状况，有些学者提出了逻辑教学与研究现代化的主张。此后进一步发展为中国逻辑学会提出的"全面实现我国逻辑教学和研究的现代化，与国际逻辑教学和研究水平全面接轨"的发展目标。围绕这个发展目标，我国广大逻辑工作者进行了不懈的努力。作为我国逻辑事业发展的主要组织者，中国逻辑学会及其下属的 12 个专业委员会坚持"理论与应用相结合"、"提高与普及相结合"的方针，开展了丰富多彩的学术活动，有力地推动了多层次逻辑教学与研究的发展。

1. 数理逻辑、哲学逻辑和逻辑哲学

我国数学界与计算机学界活跃着一支数理逻辑基础研究队伍，他们在老一代数理逻辑学家的带领下在逻辑演算与四论研究中取得了丰硕成果，有些成果获得了国家自然科学奖和何梁何利科学与技术进步奖。另有一批数学出身的学者加入到哲学社会科学界逻辑学研究队伍中来，也在逻辑基础研究上做出了许多独特贡献。

这些成果主要包括：创制了不用联结词符号和量词符号的一阶逻辑系统，对括号作了独到处理，使得括号能兼具联结词符号的作用也有替代量词符号的作用，这是继卢卡西维茨以后又一新的逻辑符号和记法系统。由于公理集合论中布尔值模型的应用、模糊数学中非布尔值逻辑的出现以及计算机科学中多值线路的探讨等，使得多值逻辑的研究有了更多的具体背景和客观需要。对于多值逻辑的一个方面——多值模型论，有的学者做了初步考察，把二值模型中一些基本结构推广到格值模型论中。在模型论方面，一些学者通过合作，为其中某些方法及其结论在其他数学分支中寻找新的应用事例做了一些尝试，并开创了格值模型论并将其发展为比较完整的理论体系。"t 可计算与 t 难于计算的实数"、"具有强蕴涵词的弗晰集合结构"、"弗晰集合论与布尔值集合论之间的联系"等成果，在国际会议上作了宣读。有的学者提出了计算模型间的相似性和计算时间与存储空间之间的对称性两个重要概念。还有学者证明了在一个固定计算类型下的所有合理的计算模型都是相似的。

90 年代之后，哲学逻辑与逻辑哲学逐步成为我国逻辑学界的主攻方向，发表了大量系统介绍国外研究进展的著作与文章，也出现了不少独立研究的成果。例如，将亨金的嵌入定理从经典逻辑推广到模态逻辑，并用超积方法证明了这个定理；首创一种"嫁接"方法，建立了一种新型模态逻辑语义框架即"嫁接框架"，从而得到刘易斯的 S_1 系统完全性的一个全新证明。

认知逻辑一直是国内逻辑学界的一个研究热点。有学者从语法角度构造了一种多主体的认知逻辑系统，据此讨论了少数服从多数的原则，给出该系统能推出的一

系列重要定理及其与直觉主义逻辑的联系。为刻画规范命题所体现的主观认识和客观事实二重性，构造了所谓的二重逻辑演算系统，这个系统不同于一般的认知逻辑系统，具有描述"认定"、"相信"、"知道"等语词共性的模态算子 B 及其相应的一组公理，颇有新意。有学者系统地探讨了理性的认知主体在自省能力、观察能力、记忆力、修正策略诸方面存在的多样性，说明如何在认知逻辑中表达主体的这种多样性，以建立能够表达主体的个体变化的动态认知逻辑。通过分析交流、学习的一些具体场景，进一步考察了不同类型主体在交往中交流、获取信息的特点及其逻辑处理方法。

近年来，道义悖论逐渐受到越来越多的非经典逻辑学者的关注。有专著对道义逻辑的发展历程作了介绍，并指出道义悖论从不同侧面、不同程度上揭示了绝对道义命题逻辑存在的问题。基于弗协调模态逻辑的研究，建构了弗协调真值模态逻辑系统，由以容忍道义二难，部分地避免道义悖论问题。

我国在时态逻辑方面也取得了一些国际领先的创新性成果。在异常型哲学逻辑方面，弗协调逻辑（亦称亚相容逻辑、次协调逻辑）的研究在 20 世纪 80 年代后逐渐兴起，与国际大趋势相一致，我国弗协调逻辑也取得一系列成果。相干逻辑方面我国学者尝试构造一种具有更精细结构的谓词逻辑。在条件句逻辑研究方面，我国学者构建了若干条件句系统。

有学者在总结逻辑系统的各种语义学的一般特征的基础上，建立了适合绝大多数命题逻辑的邻域语义学，开辟了一个新的研究领域，将各种逻辑中许多类型的问题、结果和方法，在邻域语义学中作统一处理，得出更多的一般性结果。又将这些结果应用到具体逻辑系统（直觉主义逻辑、相干逻辑、模态谓词逻辑等）中，建立它们的框架并讨论它们的完全性问题等。

我国在逻辑悖论研究方面成果丰硕。特别是有学者发现了"所有非-Z 类的类的悖论"，这一悖论具有很强的概括力，概括了沈有鼎的"所有有根类的类的悖论"、罗素悖论和科里悖论等。

2. 归纳逻辑

20 世纪 80 年代之前，归纳逻辑的研究在我国几乎是空白。从 1981 年开始，情况有所变化，有的学者发表论文，探讨归纳推理的类型、正确进行归纳推理的条件问题，有的学者评介了国外归纳逻辑。在非演绎的回溯推理、穆勒五法的推广、现代科学技术中的新归纳方法、各种类型的类比等方面，都有不少学者在探究。

1983 年，北京市逻辑学会专门讨论了归纳问题，着重就归纳在逻辑中的地位、归纳推理与归纳方法与认知过程的关系等问题展开了讨论。1984年，在大连召开了全国归纳与概率逻辑讨论会。80年代末，除了继续介绍国外归纳逻辑研究进展之外，还对归纳法的具体模式进行了考察，探讨了归纳逻辑的发展方向，如概率论在归纳逻辑中的作用及发展趋势，用模糊数学的方法来探讨类比和归纳，模态逻辑的归纳演算，条件化的归纳逻辑等。

80年代后期，出版了一批有关归纳逻辑的专著和论文。有的专著介绍了归纳逻辑的一些基本理论和新进展，其研究重点在介绍、分析归纳逻辑的基本理论和新进展，介绍、评述了凯恩斯和莱欣巴哈等逻辑学家关于概率逻辑的思想，继续研究探讨归纳逻辑和演绎逻辑的关系，探讨归纳在认识过程中的作用。1988年至1989年间，归纳逻辑的研究有一个重要特点是在应用方面有所开拓。由于专家系统、知识工程与智能计算机研究的需要，经专家建议，在国家社会科学基金项目中建立了归纳逻辑与人工智能课题。90年代之后，又有一批较有分量的归纳逻辑学术论文陆续发表，出版了归纳逻辑与概率逻辑的两部专著，使我国归纳逻辑的研究无论从广度还是从深度上都大大地超过了以往的研究。

现代归纳逻辑从20世纪80年代初传入我国，我国学者在改进著名的归纳逻辑体系、归纳与人工智能结合、归纳逻辑哲学问题研究等方面有不少成果。有学者对卡尔纳普的 λ 系统进行修正，建立了一个 θ 系统。我国学者还建立了一个概率演算的语法系统 I。

归纳逻辑的学者与计算机学者合作将科恩的相关变量法、伯克斯的归纳概率理论、凯恩斯的统计推理等进行改造，写成算法，在计算机上实现。这些工作大部分有论文发表。

中国学者对各种归纳悖论的研究也取得了一些成果。

3. 应用逻辑与逻辑应用

20世纪90年代以来，我国逻辑学界出现了一股应用逻辑著作热，随之出现了对应用逻辑的本质和特征的探讨。进入新世纪，又有许多学者引入和评介了国外应用逻辑方面的前沿成果。

作为理论研究的应用逻辑，并非一般意义上的逻辑应用。有学者指出，应用逻辑是现代逻辑中一类大的学科群体，在哲学逻辑、非经典逻辑的概念提出之前，应用逻辑基本上涵盖了哲学逻辑和非经典逻辑的范围。应用逻辑是研究某一特殊的、或者是某一具体学科领域的推理理论，它是相对于纯逻辑是研究最一般的推理理论而言的。有学者指出，一般而言，只要是运用了逻辑原理的，都可视为逻辑应用，但只有将逻辑原理系统而非零散地应用于某一学科或领域，并且在应用中构建起逻辑系统，特别是形式系统或系统的应用方法论的才能称之为应用逻辑。

如何正确理解演绎逻辑与所谓非形式逻辑的关系也是讨论的热点问题。有学者认为，批判性思维与非形式逻辑密不可分，甚至可以交互使用。有学者通过分析批判性思维与形式逻辑、非形式逻辑的相互关联指出，批判性思维的逻辑既离不开非形式逻辑，也离不开形式逻辑，两者共同构成了批判性思维的逻辑基础。有学者明确指出，非形式逻辑是研究论证的科学，论证概念是包括非形式逻辑在内的论辩理论的核心。将论证理解为语义学概念还是语用学（辩证的）概念是非形式逻辑和经典逻辑的分水岭。近年来，非形式逻辑学家和人工智能专家开展了颇有成效的合作。我国学者在这方面也进行了有益的探索。

1979年成立逻辑与语言研究会以来，我国语言逻辑学者陆续发表了一些论文和专著。1994年，出版了关于《正确思维和有效交际的理论》的专著，这部专著把逻辑理解为正确思维和有效交际的理论，以现代逻辑、现代语言学和指号学为基础理论，重新体现了亚里士多德的逻辑构想，把逻辑、语法和修辞三者统一起来，形成了一个广义的逻辑理论。在问句逻辑方面，有学者建立了关于"抑或问题"和"哪个（哪些个）问题"的形式系统，深化了对问题的逻辑探讨。

4. 辩证逻辑

1980年，第一届全国辩证逻辑讨论会召开，会上成立了辩证逻辑专业委员会。1981年出版了我国第一部辩证逻辑的专著。至今公开出版的各类辩证逻辑著作达50多部，论文逾百篇。在新的历史时期，辩证逻辑也出现了多角度、多层面的研究。由于研究方法不同，对辩证逻辑的一些基本问题产生了许多不同的观点，形成了三大不同的研究方向：范畴理论方向、科学方法论方向和形式化方向。

5. 中西逻辑思想史与因明

(1) 中国逻辑史

20世纪80年代后期，中国逻辑史研究课题被列为国家社科基金"六五"重点项目。1989年出版了由中国逻辑史学者集体编写的五卷本中国逻辑史资料选与五卷本中国逻辑史专著，对20世纪中国逻辑史研究做了全面系统的总结，比较全面地阐述了中国古代逻辑思想的发端和发展的历史以及西方逻辑传入中国以后的发展史，这在中国逻辑史的研究史上是空前的。80年代以来，中国逻辑史的对象有所纯化，基本上是挖掘、整理和阐述中国历史上有关传统逻辑的理论和学说；对秦以后逻辑思想的研究明显加强，否定了长达一千多年来所谓秦后名辩学"遂亡绝"的传统观点。之后，又有一批专著与教材争相付梓。

90年代以来，中国逻辑史研究开始走向深入。许多学者更多关注对中国古代固有的名辩学的研究，而不是一般意义上的中国古代逻辑或外来逻辑在中国的传播和发展。

90年代末开始，中国逻辑史研究的另一个热点是对中国近、现、当代的逻辑进行研究。对梁启超、胡适、金岳霖、冯友兰、沈有鼎、殷海光等人在逻辑学研究上的贡献，都有文章加以论述。

（2）西方逻辑史

我国的数理逻辑史研究工作始于20世纪80年代，首先有学者概述了数理逻辑的主要分支，包括逻辑演算、递归论、模型论、公理集合论和证明论初步建成的发展史，简明地勾画出数理逻辑理论、观念、方法发展的线索，对一些重要观念、理论等做了深入阐述和评论。80年代也有学者考察了现代模态逻辑自建立至20世纪60年代的历史，指出了模态逻辑在以往发展中呈现的几个发展方向，包括用公理方法或自然推理方法构造出若干新模态系统；为避免严格蕴涵悖论修改严格蕴涵而建立的新模态命题演算；建立模态谓词逻辑；关于模态语义学的研究，建立代数语义学、关系语义学；非标准模态逻辑的研究等。此外，出版了几部关于西方逻辑史的论著。90年代，出版了第一部全面系统论述数理逻辑发展的专著，对数理逻辑初创、奠基和发展的不同时期的逻辑思想及成就做了详细论述。

西方逻辑史研究不断在深度和广度上扩展，其深度表现为专题研究的开展，例如研究了亚里士多德的三段论、斯多葛的推理规则、多值逻辑的历史、专名理论、塔尔斯基的语义理论等。并在其中注重应用现代逻辑方法。广度表现在不仅研究西方逻辑史而且进行逻辑比较研究，不仅个人从事研究，而且建立学术联系，增进学术交流。西方逻辑史研究的一个重要方面是对其中重要人物逻辑思想的研究和评析。在这方面出版了多部著作和论文，包括对亚里士多德、弗雷格、哥德尔、莱布尼茨、蒯因、克里普克等逻辑学家逻辑思想的介绍和研究。

（3）因明研究

中国在因明发展史上具有重要地位。1981年第一部因明专著问世，1982年出版了一部全面反映我国近30年来因明研究成果的汇集，是1949后的第一部因明论文集。也是在1982年，逻辑学者指出，因明是世界优秀的文化遗产，也是中国的优秀文化遗产，因此，抢救和弘扬因明是汉藏各族学者的共同责任。

从因明的体系来说，印度因明先后传入中国内地和藏区，逐渐形成汉传因明和藏传因明。最初学者们主要关注汉传因明，就《因明正理门论》、《因明入正理论》中的推理性质和逻辑进行研究。近年来对藏传因明以及汉藏因明比较研究发展很快，出版了几部专著。除了汉文文献，另有藏文专著出版。汉藏学者正携起手来，共同推动汉藏因明的学术交流，当前特别要挖掘藏传因明在哲学和逻辑学领域的理论价值，推动我国因明研究的发展，保持我国在国际因明研究领域的领先地位。

纵观20世纪中国逻辑学发展史，通过几代逻辑工作者的不懈努力，我国逻辑学研究取得了历史性进步，初步改变了与国际逻辑学发展前沿长期脱节的状况，实现了逻辑研究的现代化，与国际逻辑研究水平初步接轨。中国逻辑学界已经拥有一批具有现代逻辑素养的逻辑学博士和硕士；有一批具有丰硕成果的中青年学术带头人和骨干；有一批出国深造留学归国的逻辑学者；有一批已经达到国际逻辑研究水平的成果；有一批能进行国际逻辑学术交流的学者。同样不可否认的是，我国逻辑学研究的整体水平仍然不高，在很多方面仍存在问题。例如，与国际逻辑学研究前沿相比，我们总体上仍处于学习跟进阶段。现代逻辑的基础地位是逻辑学界的共识，但在实际学习和研究中，对现代逻辑的掌握、应用以及深入探讨仍需进一步提高。

中国逻辑学会在新时期提出了"全面实现我国逻辑教学与研究的现代化，与国际逻辑教学与研究的水平全面接轨；实行'理论研究与应用研究相结合'和'提高与普及相结合'；弘扬'团结、民主、严谨、创新'的学风"的三条方针，目前中国逻辑学者正在遵循这三条方针，为振兴中国的逻辑事业努力奋斗。

六、伦理学研究

中国伦理思想源远流长，中华民族是一个特别强调人伦关系以及个体道德修养的民族。形成于先秦时期的儒家文化是中国传统文化的核心，儒家伦理思想成为影响传统伦理规范的主要思想，自汉代"罢黜百家、独尊儒术"使儒家文化初步定型以来，儒家伦理思想成为维系社会秩序、调节人伦关系的主要规范。但是，从学科发展史的角度来看，真正拥有学理化、系统化的伦理学学科，严格说来是20世纪初期的事情，刘师培的《伦理教科书》标志着独立性、系统化的伦理学学科在中国的形成。

新中国成立后，中国伦理学得到了更大发展。从1960年中国人民大学组建伦理学教研室到1979年这一教研室重新恢复，从1982年罗国杰主编新中国第一部伦理学教科书的问世到1995年中国社会科学院应用伦理学研究中心的成立，中国伦理学发展的每一步都与中国社会发展不同阶段所面临的主要问题息息相关。中国的伦理学产生于社会生活实践，在时代背景下不断探索理论创新、追求学术进步，一方面增强了学科本身的活力和魅力，另一方面也彰显了伦理学学科的实践价值。

20世纪中国伦理学的发展可以分为五个阶段：20世纪初至"五四"运动前是中国伦理学的萌芽与形成时期；五四运动至新中国成立前是中国马克思主义伦理学的孕育与形成时期；新中国成立到"文化大革命"结束是新中国伦理学的曲折发展时期；改革开放以来至市场经济体制的建立是中国伦理学逐渐走向成熟的时期；1992年以来是中国伦理学的蓬勃发展时期。

（一）中国伦理学的萌芽与形成时期（1900～1919）

19世纪末20世纪初，经历了甲午战争的中华民族，面临空前的民族危机和社会危机，在这一具体历史条件下，救亡图存成为近代启蒙运动的真正动力和起点。当时，中国社会中的知识分子开始对传统信条进行深刻的反思。以失败而告终的维新运动对传统道德观念形成了有力冲击，带来了新的思想解放，主要表现为借鉴西方伦理学说代替"内圣外王"的传统儒家伦理，通过中西兼备的政治理论学说和伦理道德体系拯救民族危机、重塑国民素质；五四运动前，资产阶级改良派与革命派围绕着救亡图存道路、中西道德论争等问题展开了一系列的讨论，孙中山在对中华民族人格与国格分析的基础上，提出了"替众人服务"和"天下为公"的新的高尚道德价值观。这些讨论和探索表明，相当一部分有识之士已认识到伦理道德问题的重要性，西方伦理思想的引进推动了中国自己的系统化、理论化伦理学科的形成。1900年至五四运动前成为中国伦理学萌芽与形成的重要阶段。

作为运用近代科学方法进行研究、具有学科形态的伦理学出现在20世纪初的中国，以刘师培、蔡元培、严复、杨昌济等人为代表。刘师培借鉴西方伦理学说对中国传统伦理思想进行了整理和改造，在中国伦理思想史上作出了独特的贡献。1906年，他编著的《伦理教科书》从身心关系和个人与社会的关系入手，对个人伦理、家庭伦理、社会伦理、国家伦理等方面进行了阐述，形成了带有鲜明中国自身特色的近代伦理学体系，标志着独立、系统化的伦理学学科在中国的形成。1909年，蔡元培翻译德国伦理学家包尔生的《伦理学体系》，并以《伦理学原理》为名出版，这种集功利主义与义务论为一身的实践道德哲学体系在中国产生了很大的影响，曾作为伦理学教材使用。其他还有杜亚泉的《伦理标准说》、蔡元培编著的《中学修身教科书》、谢蒙的《伦理学精义》等，它们成为中国伦理学学科形成时期的重要著作和论文。

蔡元培的伦理思想建立在思想自由和兼容并包的基础上，具有重要的理论意义和现实价值，尤其对新文化运动产生了积极影响。1910年他出版的《中国伦理学史》一书，是中国第一部中国伦理思想史学术论著，对中国几千年的伦理思想进行了概括和论述，初步建立了中国伦理思想史的学科框架，标志着中国伦理学史这一学科的建立。1914年，北京大学哲学门在招生之初就开设了伦理学课程。

辛亥革命推翻了延续两千多年的封建帝制，革命党人试图用西方的资产阶级社会政治观念重新审视封建的伦理道德观，将其看作是"伪道德"，这从某种程度上对一些旧的伦理道德产生了一定的冲击作用。但是这一时期的新旧道德交替并不彻底，此时兴起的国粹主义以"保种"、"爱国"为口号来宣传民族主义，至五四运动时期却成为反对马克思主义在中国传播的主要思潮；而复古主义派别则固守中国封建主义的文化传统，也成为维护封建国粹的重要力量。1915年，陈独秀在上海创办《青年杂志》（第2期改名为《新青年》），标志着新文化运动的兴起。不久，以陈独秀、李大钊等人为主力的《新青年》与杜亚泉任主编的《东方杂志》展开了一场关于东西方文化的论战。1917年，俄国十月革命爆发，马克思列宁主义传入中国，中国的先进知识分子开始用无产阶级的宇宙观来思考中国道德和命运。这为下一步马克思主义伦理学在中国的孕育提供了契机。

（二）中国马克思主义伦理学的孕育与形成时期（1919～1949）

马克思列宁主义为中国一部分先进知识分子所接受，人们开始为建立一种超越于封建主义和资本主义道德之上的新道德而不断探索。新文化运动的旗手们完全继承了资产阶级革命派的彻底否定传统道德的伦理激进主义，批判和反对传统道德成为新文化运动的重要主题之一。

在东西方论战方兴未艾的情况下，新文化运动内部开始发生分化。1921年梁漱溟出版了《东西方文化及其哲学》一书，公开倡导"新孔学"，这成为下一步的科学与人生观的论战序曲。1923年2月，张君劢在清华大学做"人生观"的演讲，宣扬"人生观不受科学支配"的观点。4月，丁文江在《努力周刊》上发表《玄学与科学》一文，打着科学的招牌向张君劢发起进攻，开始了"科学与人生观"（也称科学与玄学）的论战。不管是科学派还是玄学派，他们的最终目的是企图用主观唯心主义、不可知论和历史唯心主义来对抗马克思主义哲学。中国共产党人对这次论战的双方都进行了批判，进一步宣传了马克思主义伦理思想。与此同时，李大钊与胡适之间还展开了"问题与主义"的论战。1919年7月，胡适发表《多研究些问题，少谈些主义》一文，宣扬资产阶级的改良主义，反对马克思主义在中国的传播；同年8月，李大钊发表《再论问题与主义》一文，对胡适的反对社会主义和革命的言论进行有力的回击。此后，中国伦理学界基本上形成了马克思主义、现代新儒家、自由主义的西化派三种思潮同时并存的格局。

20世纪30～40年代，三大伦理思潮在中国内忧外患、民族存亡的关键时期，都自觉地将民族危机与文化危机、伦理危机结合起来进行思考，以实现振奋民族精神、增强民族自信心之目的。现代新儒家逐渐形成了以熊十力的"新唯识论"、冯友兰的"新理学"、贺麟的"新心学"等为主要代表的新儒学思想体系，系统地提出了伦理本位主义和复兴儒家伦理学说的主张，其中贺麟的《儒家思想的新开展》一文对于20世纪40年代前后的新儒学运动起到一定的导向作用。自由主义西化派以胡适为代表，认为中国的问题就是文化问题，他们一方面对中国传统文化进行批判，反对旧道德、反对旧传统，主张"文艺复兴"；另一方面，大量引入和翻译西方伦理学资料，主张用西方个人至上的本位主义取代中国传统道德文化。在中国传统道德文化面临转型的关键时期，中国共产党人用马克思主义对中国社会道德进行创造性的重建，对现代新儒家和自由主义西化派都进行了有的放矢的批判，提出并构建了符合中国国情的毛泽东伦理思想。1937年7月，刘少奇发表了《论共产党员的修养》，对"慎独"这一概念进行了马克思主义的阐释；1939年、1944年毛泽东先后发表了《纪念白求恩》和《为人民服务》，这些都成为马克思主义伦理学的重要著作。毛泽东伦理思想强调道德的阶级性，集体主义是无产阶级道德的核心，其宗旨是全心全意为人民服务。这一社会主义道德观在新中国成立后成为构建良好社会道德风气的主流价值观。

这一时期，随着中西方伦理思想的交流与融合趋势逐步向深度和广度层面拓展，中国伦理学在专业研究方面取得重大进展，主要表现为张东荪的《道德哲学》和黄建中的《比较伦理学》的出版。前者主要按快乐论与功利论、克己论与直觉论、厌世主义与自立论、同情论与进化论、完全论与自我实现论，以及综合论分述了古希腊以来的各个学派的伦理思想；后者是中国第一部比较伦理学著作。而在中国伦理学史研究方面代表性成果主要有：杜儒的《中国伦理学史》、谢扶雅的《中国伦理思想述要》、陈安化的《中国先哲之伦理思想》、方乐天的《中国伦理政治大纲》等。

（三）新中国伦理学的萌芽时期（1949～1976）

中华人民共和国成立后，马克思主义作为意识形态的主导地位得以确立，以共产主义道德为核心的马克思主义伦理学在中国占据了主流伦理学的地位，从此，中国伦理学的发展也进入了一个新的阶段。

新中国成立初期，马克思主义伦理学的学科理论体系处于探索阶段。1952年6

月至 9 月，中国按照"苏联模式"的高等教育体系大规模调整了全国高等学校的院系设置，大力发展理工科，人文社会科学一度不被重视，哲学系失去了存在空间，伦理学学科被取缔。这一时期的伦理学研究主要体现在部分学者对共产主义道德的论述上。1950 年 1 月，杨甫在《中国青年》第 30 期发表《人民的新道德观》一文，对新中国成立后人民的新道德观进行了论述。吴江的《共产主义道德问题》、江陵的《论共产主义道德教育》、周原冰的《培养青年的共产主义道德》等，阐明了什么是共产主义道德、共产主义道德的作用，以及培养共产主义道德的方法等问题，为日后马克思主义伦理学的学科理论体系的真正建立奠定了理论基础。

从学术研究角度来看，新中国成立之初至"文化大革命"前，冯友兰、张岱年、周辅成、李奇、周原冰、冯定、罗国杰、许启贤等哲学家和伦理学家在伦理学许多方面都进行了探讨，标志着伦理学研究或者更准确地说是道德科学研究也曾得到一定程度的发展，出现过短暂的繁荣。1956 年，张岱年用马克思主义唯物史观写出《中国伦理思想发展规律的初步研究》一书，树立了用马克思主义的唯物史观研究中国古代伦理文化的范例，为构建马克思主义的中国伦理思想史学科奠定了基础。1958 年，李奇撰写了《个人利益和个人主义》一文，提出了如何看待个人主义和个人利益的问题。1960 年 11 月 14 日，李奇在《人民日报》上发表《建议开展伦理学的研究工作》，呼吁重视马克思主义伦理学的发展。后来，李奇又在《光明日报》、《文汇报》、《新建设》、《哲学研究》等报刊上发表了大量文章，系统阐发伦理学的一系列基本原理。在这一时期，李奇还在当时的中国科学院哲学研究所历史唯物主义研究室内建立了中国第一个伦理学研究小组，并和北京大学周辅成等一起成为中国第一批伦理学专业研究生导师。1964 年秋，新中国第一批伦理学研究生刘启林、石毓彬等进入了哲学研究所的这个伦理学研究小组。与此同时，1960 年，由罗国杰负责筹建的伦理学教研室在中国人民大学成立，这是新中国成立后中国第一个伦理学教研室。1961 年，该教研室编写了《马克思主义伦理学教学大纲》和《马克思主义伦理学讲义》，从而为新中国的伦理学学科建设奠定了基础。同年，冯友兰在《新建设》第 4 期上发表《关于伦理学的基本问题》之后，"关于伦理学的基本问题究竟是什么"就成为伦理学研究中争论的热点问题。1964 年，周辅成的《西方伦理学名著选辑》（上卷）出版，对资产阶级人性论、人道主义进行了介绍评析。总体而言，此时中国的伦理学研究范围比较广泛，也触及到不少基本的学科基础理论问题，但由于研究中的政治意识相当程度上冲淡了客观、公正而自由的学术讨论，其主要目的是为共产主义道德的宣传和教育服务。

"文化大革命"使伦理学研究遭受严重挫折，学术探讨完全被政治斗争所取代，不仅造成伦理学研究的停顿与扭曲，而且造成了整个社会的道德混乱、诚信缺失和道德危机，也中断了刚刚开始的教学和科研工作。

（四）新中国伦理学的形成时期（1976~1992）

"文化大革命"结束后，特别是十一届三中全会以来，新中国的伦理学学科建设和科研工作逐步恢复。1978年，中国人民大学首先恢复了伦理学课程，北京大学正式成立了伦理学教研室，开始招收硕士研究生；1979年，中国人民大学恢复并组建了伦理学教研室；之后，华东师范大学和中国社会科学院哲学研究所相继成立伦理学教研室和伦理学研究室；1980年，东南大学也开设了伦理学课程；同年6月，李奇领导筹建的中国伦理学会在江苏无锡成立，李奇任第一届会长；1982年10月，中国伦理学会和天津社会科学院合办的会刊《伦理学与精神文明》（1985年更名为《道德与文明》）开始发行，是国内伦理学界最为重要的学术期刊；1985年，李奇主持了中国第一版《中国大百科全书·哲学》中伦理学分卷的编写工作。这些都为改革开放后中国伦理学学科的建设和发展做出了重要贡献，为恢复伦理学的研究和展开伦理学的学术交流提供了广阔的平台。

在伦理学原理方面，学者们围绕伦理学的研究对象、基本问题、研究方法、道德的本质、伦理学的规范体系等问题进行研讨，逐步建立了马克思主义伦理学体系，为伦理学理论研究工作的顺利开展奠定了基础。1979年，李奇的《道德科学初学集》出版，对于人们掌握马克思主义伦理学的基本理论，澄清"四人帮"的反动道德观产生了重要影响，是当时重要的马克思主义伦理学著作。1982年，罗国杰主编的中国第一部伦理学教科书《马克思主义伦理学》出版；此后，周原冰撰写的《共产主义道德通论》和李奇主编的《道德学说》分别于1986年和1989年出版。这三本著作运用马克思主义的基本原理，系统阐述了有中国特色的马克思主义伦理学的基本原理，提出了一个以唯物史观为指导、以道德现象为对象和以利益与道德关系为基本问题、以集体主义为核心的道德规范体系。该体系得到了全国多数伦理学工作者的认同，其基本架构主导了中国伦理学的学科理论体系。与此同时，其他一些伦理学教科书也纷纷出版面世，包括唐凯麟主编的《简明马克思主义伦理学原理》，张善城编著的《伦理学基础》、魏英敏、金可溪合著的《伦理学简明教程》等。随后，罗国杰又编著了《伦理学教程》、《伦理学》等，对马克思主义伦理学的许多重大理论问题作出了新的分析和概括，全面提升了马克思主义伦理学的理论水平，使中国的马克思主义伦理学发展到了一个新的阶段。

改革开放后，中国伦理学史的研究作为伦理学研究的一个重要分支也渐趋活跃。

陈瑛、温克勤、唐凯麟、徐少锦、刘启林等编著的《中国伦理思想史》是新中国成立以来第一部用马克思主义的世界观和方法论撰写的中国伦理学通史；沈善洪、王凤贤合著的《中国伦理学说史》对中国伦理学史上的一些理论问题提出了创建，并有所突破，产生了重要而积极的影响；朱贻庭主编的《中国传统伦理思想史》、张锡勤等编著的《中国伦理思想通史》，均在马克思主义的指导下对中华民族数千年的伦理思想进行了全面、深刻、科学的研究，作出了各自独创性的贡献。在断代史和专题史方面，中国学者也出版了一批具有重要学术价值的著作。例如，朱伯崑的《先秦伦理学概论》、张锡勤等编著的《中国近现代伦理思想史》、张岱年的《中国伦理思想研究》等。

在外国伦理思想史研究方面，章海山的《西方伦理思想史》是新中国成立后30多年来学术界第一部关于西方伦理思想史方面的著作，对西方伦理思想的阶段和派别划分、一般规律的挖掘等作出了可贵的探索；1985~1988年，罗国杰、宋希仁合作编著的《西方伦理思想史》对欧洲古希腊时期到德国古典哲学时期的道德思想的演变历程进行了全面阐述；黄伟合的《欧洲传统伦理思想史》则对欧洲传统伦理思想作了简明扼要的梳理。在断代伦理思想史方面，石毓彬、杨远合著的《二十世纪西方伦理学》是研究现代西方伦理思想史的第一本专著；万俊人的《现代西方伦理学史》全面、系统地介绍了自19世纪中叶以来，现代西方伦理学各种思潮和流派的发展脉络，至今仍是这一领域最重要的学术成果之一。此外，宋惠昌的《马克思恩格斯的伦理学》和章海山的《马克思主义伦理思想的发展历程》是研究马克思主义伦理思想的两本重要著作，尤其后者是中国第一部系统研究马克思主义伦理思想发展史的专著，揭示了马克思主义伦理思想的动态发展过程，具有开创性价值。陈瑛、廖申白主编的《现代伦理学》介绍和评述了中国、苏联、东方（包括日本、印度和阿拉伯）、现代西方（西欧、美国）等国家和地区第二次世界大战以来的伦理学派别、思潮和重要学者。王中田的《当代日本伦理学》则专门介绍、评述了当代日本的伦理思想。

应用伦理学在20世纪80年代逐渐兴起。其中，生命伦理学是在中国发展较早、也相对成熟的学科。1980年，《医学与哲学》杂志在大连创刊；1988年，《中国医学伦理学》杂志在西安问世。这些杂志围绕试管婴儿、器官移植等现代医学技术开展了一系列医学伦理和生命伦理学的讨论和研究。到了80年代下半叶，一些关于医学与生命伦理学、科技伦理学的著作也相继出版。其中邱仁宗的《生命伦理学》是这一领域的奠基性著作。作为中国第一部全面系统地论述生命伦理的学术专著，该书对性别选择、人工授精、代理母亲、无性生殖、重组DNA、基因工程、器官移植、安乐死等问题作了深入的研究与论证,向国内伦理学界介绍了西方诸国在生命伦理学研究方面所取得的重大成果。另外,刘湘溶的《生态伦理学》、唐凯麟与龙肖合著的《超越危机的选择——人口道德》等也都是中国当代应用伦理学研究的重要著作,对中国应用伦理学的发展作出了一定的贡献。

伦理学的发展是通过对那些具有重大现实意义和理论意义的问题的讨论和争论来实现的。这一时期,伦理学研究主要围绕如下几个重要的热点问题展开了讨论:(1) 80 年代初,由"潘晓来信"引发的关于人生观和人性问题的讨论;(2) 关于社会主义道德和共产主义道德有无时代性以及二者关系的讨论;(3) 对民族虚无主义和全盘西化思潮的批判;(4) 如何认识社会主义和共产主义的道德本质及其道德原则;(5) 市场经济与道德关系的讨论等。

总之,这一时期,伦理学学科逐步形成了伦理学原理、中外伦理思想史等研究方向,并开始招收硕士生和博士生,学术研究队伍不断壮大,为伦理学今后的繁荣和勃兴奠定了基础。但从整体上看,这一阶段的伦理学研究主要集中在马克思主义伦理学,而且与反思"文化大革命"、拨乱反正,以及社会主义精神文明建设紧密联系在一起。

(五) 新中国伦理学的发展时期 (1992～2000)

1992 年,中国确立了社会主义市场经济体制,不断深入的改革开放和进一步的思想解放,使中国的现代化建设进入了一个新的时期,也推动了中国的伦理学研究。这一时期的伦理学研究主动适应时代和社会发展的要求,不断更新理论体系,确立了五大研究方向:伦理学原理、中国伦理思想史、西方伦理思想史、比较伦理学和应用伦理学。特别值得一提的是,应用伦理学研究后来居上,成为新时期伦理学发展的重要支柱。

1993 年,湖南师范大学成为继中国人民大学之后中国第二所具有伦理学专业博士学位授予权的高校。1999 年 12 月,中国人民大学伦理学与道德建设研究中心正式组建,2000 年被确定为教育部百所人文社会科学重点研究基地;同年,东南大学获得伦理学博士学位授予权。这些为推动中国伦理学专业教学和研究工作的发展奠定了坚实的基础。

这一时期,中国的伦理学得到了真正的发展和繁荣。无论是伦理学原理,还是中西伦理学史研究,都取得了突飞猛进的发展。伦理学研究的领域不仅持续扩大,而且在思想性和学术性方面都有了极大的提高。

在伦理学原理研究方面,自 20 世纪 90 年代初开始,随着国外一批伦理学文献及其研究成果陆续被引进，呈现出马克思主义话语体系和西方伦理学话语体系并存的局面。一方面，马克思主义伦理学研究的体系化、系统化趋势日益明显，出现了唐凯麟编著的《伦理学教程》、魏英敏主编的《新伦理学教程》等重要成果；另一方面，学者们借鉴中西方伦理学资源，在伦理学学科体系方面大胆创新，取得了突出成就。如何怀宏的《良心论》通过创造性地转化中国传统的良心理论，阐释了一种具有中国特色的"底线伦理学"。万俊人的《伦理学新论——走向现代伦理》以西方近现代伦理文明为参照，以中国伦理精神的内在发展逻辑为基础，初步构建了一个"人学价值论伦理学体系"。

在中国伦理思想史研究方面，樊浩的"中国伦理精神三部曲"（《中国伦理的精神》、《中国伦理精神的历史建构》、《中国伦理精神的现代建构》）以"伦理精神"为核心概念，分别从逻辑、历史、现实三个维度，系统地梳理中国伦理学史的发展历程，探讨如何实现中国伦理的现代转化，建构体现中国文明对人类独特贡献的伦理精神与伦理道德体系的问题。陈少峰的《中国伦理学史》以"德性伦理学和社会伦理学为基本主线"，详细梳理了中国传统伦理思想的演进脉络。

在国外伦理思想研究方面，比较有代表性的成果有包利民的《生命与逻各斯——希腊伦理思想史论》，该书是西方古典伦理思想研究中的一部力作，以独特的视角勾勒了希腊伦理思想发展的脉络。这一时期，中国伦理学者还推出了一系列西方伦理学的经典译著，比较有代表性的是中国社会科学出版社出版的罗国杰等主编的"外国伦理学名著译丛"，特别是罗尔斯和麦金泰尔相关著作的翻译出版，为推进中国伦理学研究水平的快速上升提供了重要的思想资源。

中国伦理学在20世纪90年代的发展以应用伦理学的繁荣为核心。1995年10月，中国社会科学院应用伦理学研究中心成立，是国内成立最早的应用伦理学研究机构之一，在应用伦理学基础理论、政治伦理、经济伦理、环境伦理、生命伦理、科技伦理、媒体伦理和婚姻家庭与性伦理等领域开展了一系列学术研究和交流活动，取得了丰硕成果，逐渐形成了一支在中国应用伦理学研究领域具有重要地位的学术团队；同年，复旦大学应用伦理学研究中心也正式成立。1999年11月，北京大学依托哲学系建成应用伦理学研究中心。此后，国内多家高校和科研院所都相继筹建了类似的学术研究机构。这标志着应用伦理学的研究已经成为中国伦理学科发展的一个重要趋向。在学术研究方面，无论是关于应用伦理学的基础理论研究，还是各专业领域的具体研究，都取得了丰硕的研究成果，其中以环境伦理学和经济伦理学研究最为突出。这一时期的环境伦理学研究主要围绕人类中心主义和非人类中心主义、自然的内在价值与权利展开讨论，对提高人们的环境意识作出了重要贡献。经济伦理学研究则主要围绕经济与伦理的关系、经济人与"看不见的手"的伦理含义、公平与效率的关系、分配正义、产权伦理、企业的社会责任等问题展开。其他领域，如教育伦理学、性伦理学、网络伦理、政治伦理等也受到学者们的广泛关注。陈瑛、丸本征雄主编的《应用伦理学的发轫》是国内出版的第一本应用伦理学论文集。

与此同时，一些学术活动也应运而生，如1994年召开的首届全国环境伦理学讨论会、1997年由中国社会科学院哲学研究所等单位联合召开的北京国际企业伦理研讨会、2000年6月由中国社会科学院应用伦理学研究中心、东南大学哲学与科学系、南京师范大学经济法政学院和无锡轻工业大学联合主办的"第一次全国应用伦理学讨论会"等，对推动中国应用伦理学的繁荣发展作出了重要贡献。

随着中国伦理学学科体系的逐渐完善，中国伦理学界的学者也积极融入到国际伦理学研究界，国际学术交流日益频繁，其中比较重要的有"中日实践伦理学讨论会"，该讨论会始于1987年，由中国社会科学院哲学研究所和日本法人伦理研究所共同举办。另外还有"中韩伦理学国际学术研讨会"，该研讨会始于1993年，由中国伦理学会与韩国国民伦理学会共同举办，每年一次，每隔一年分别在中国和韩国召开。

伦理学学科不断完善和发展的动力源于生活，它关注的是社会道德生活的实际，20世纪中国伦理学的发展充分说明了这一点，应用伦理学在90年代的繁荣更是最为直接的例证。随着学科体系的不断完善，研究领域的不断深入，学科队伍的逐渐壮大，学术交流的日益广泛，中国伦理学在新的世纪必将逐渐发展为极具中国特色的崭新学科。

七、美　学　研　究

20世纪中国美学既是中国古代美学史的延续，又突破了古代史阶段。这主要是因为百年中国美学的思想来源既有自己的历史传统，又大量吸收了西方美学和西方文化的新观点、新方法。美学在中国，其诞生主要是20世纪初的西学东渐，其发展主要是中西学术文化与美学思想碰撞交融的成果。西方美学史上的各种美学观点、思潮都在20世纪中国美学研究中留下了自己的足迹，中国现代美学最大的理论特点是融合中西美学，马克思主义美学则是重要的理论立足点。以学科发展为视角，20世纪中国美学的百年历程大体可以分为四个时期：20世纪初至20世纪20年代末的美学启蒙及其学科创建时期；20世纪20年代末至40年代末的中国现代美学奠基期；20世纪50年代到80年代中期以讨论为特征的美学争鸣期，以及20世纪90年代以来的中国现代美学反思与发展并存期。总体来看，20世纪中国美学的一个最突出的特点便是与一百年来时代风云的变幻处于息息相关的联系之中。

（一）20世纪初到20年代末的美学启蒙及其学科创建时期

20世纪中国美学的创立是与中国启蒙思想相伴随的。面对落后挨打的衰弱国势和救亡图存的社会变革理想，王国维、梁启超、蔡元培等启蒙美学家强调向西方学习先进技术的同时，还必须对广大民众进行思想启蒙。在他们看来，美学承担着改造与拯救国人的麻木的精神状态和僵化的思维方式的使命。20世纪初，王国维把美学从西方介绍到中国，但并不照搬，而是加以传播和发挥，把中国传统哲学与西方美学思想加以融会贯通，实现了中国美学理论从自发到自觉状态的转型，中国人开始有意识地建设美学学科，开启了中国美学学科建设的历史。这样，伴随着"五四"新文化运动，美学被纳入现代化的思想文化启蒙的轨道，尤其是蔡元培对于美学学科的研究与介绍，与当时救亡图存的社会实践紧密结合。为此，中国美学承担起思想解放与文化启蒙的历史任务，美学的功能发生了明显的转向。

美学在中国以学科的形式出现是中国文化走向现代化的结果。现代化率先在西方崛起，并向全球扩张，把全球各文化都带入一个世界整体。清末民初，在走向现代化进行学术体系变革的过程中，中国大多借助日本经验移植西方学术体系以建立现代学术体系。因此，美学体系的引入与美学学科的名称翻译深受日本的影响。日本学人中江肇民用汉语"美学"一词创译了Aesthetics，传入中国后，王国维使"美学"成为定译并被中国学人普遍接受，继而成为这一学科的正式名称进入中国的教育体制和学术体系。这一时期，中国不同层次院校的美学课程设置与建系活动、美学专业研究队伍和学术团体的创建发展标志着中国美学学科的初步形成。

1. 美学学科的初步建立与美学教学工作的展开

随着大学学科分立的制度建设，美学研究也逐渐作为一门独立学科发展起来。1904年清政府颁布的"癸卯学制"，张之洞等组织制定了《奏定大学堂章程》，首次针对建筑专业的学生设置了"美学"课，规定"美学"为工科"建筑学门"的24门主课之一，这是"美学"正式进入中国大学课堂之始。1906年年初，王国维在《奏定经学科文学科大学章程书后》中对课程体系提出了新的思考，建议在经学科、理学科、中国文学科和外国文学科里都列出美学科目。到1918年，多数美术学校都把"美学"作为基础理论课开设，而在1920年，当时国立六所高等师范学校都开设了美学课，在1920年以后，"美学"课已经成为综合性大学文科课程结构中不可缺少的一门重要课程，美学教育也受到了相应的重视。从教育体系的现实方面看，在 20 世纪 20~30 年代美学课程被纳入到当时的教育体系当中，对美学学科的建设具有重要意义。中国的国立综合性大学，如北京大学、清华大学、中山大学、武汉大学等纷纷响应教育部的《教育部公布大学规程》，在文科的"哲学门"、"文学门"开设"美学"课程。最早设立美学课程的大学是北京大学，1912 年哲学门成立的时候就开设"美学"、"西方美术史"、"美学名著研究"等课程。

在美学学科建设和美学教育的普及上蔡元培做出了重要的历史贡献，被公认为中国现代学术史和教育史上提倡美学研究和美育的"唯一的中坚人物"。1901 年，蔡元培在《哲学总论》一文中首次引入"美育"概念。1903 年，蔡元培译的《哲学要领》一书最早介绍了"美学"的词源及其原初意义。1912 年，时任教育总长的蔡元培将新式教育方针归纳为体智德美四个方面，这是有史以来第一次把美育提高到国家教育方针的地位。1917 年，蔡元培提出"以美育代宗教"的思想，使美育在教育体系中占有基础地位，让"美"成为现代中国人的人生境界。蔡元培还亲自投身于美学的研究和教学中，1921 年，蔡元培在北京大学哲学系亲自讲授美学，为美学学科建设和美学专业人才培养做出重大贡献。

20 世纪初期，经过王国维、蔡元培以及诸多学者的努力，国人对西方美学的了解逐渐丰富和深入，中国美学学科已逐渐具有学科体系的雏形。到 20 世纪 20 年代，美学不仅成为了高等学校的重要课程，而且成为以哲学专业为主的普及课程，美学由最初从西方照搬渐渐过渡到对美学学科本质的把握与建设，这都对美学学科在中国获得稳固的地位起到了积极作用。

2. 美学教材的编撰与出版

在美学学科创立初始阶段，美学的传播过程受西方美学的影响强烈，模仿色彩浓厚，中国近代美学原创性的成果不多，在某种程度上甚至可以称其为"翻译美学"。1902 年，王国维翻译出版桑木严翼的《哲学概论》，论述了作为哲学学科的"美学"。1915 年，徐大纯在《东方杂志》上发表的《述美学》一文最早有意识地进行美学学科建构，这是国人集中译介的关于西方美学发展史的最翔实文字，是较早论述美学学科定位的重要论文。1916 年，蔡元培以德国哲学家历希脱尔的《哲学大纲》为摹本，参照包尔生与冯德的《哲学入门》，并融合了自己的观点，补充编译了《哲学大纲》，将"美学"列入"价值论"领域。尽管蔡元培最终没有完成《美学通论》的写作，但在他已经写出的两章和《哲学大纲》、《哲学纲要》中美学的部分，我们还是能够看到一个比较完整的美学体系。除了王国维、蔡元培等，这一时期尚有不少知识分子对西方美学进行译介、传播，为美学教材的编定奠定了理论基础。1917年，萧公弼在《存心》杂志上发表了一系列的美学论文，这是站在国际美学前沿借助中国传统美学思想对美学进行的深入阐释。

从美学的体系建构的角度而言，20世纪20～30年代中国出版的美学概论类著作具有代表性的是，1923年商务印书馆出版了吕澂的《美学概论》，这是中国第一部美学概论。《美学概论》由绪说和五章内容组成，是吕澂在上海美术学校和专科师范学校讲授美学课程的讲稿。1927年，上海民智书局出版了陈望道的《美学概论》，这是一部系统的美学专著，曾被一些艺术学校选用为教材。在这部著作中，陈望道比较自觉地运用马克思主义的观点来研究美学的一些重大问题。尽管这种研究是初步的，也未能标举马克思的旗号，但他的贡献在中国马克思主义美学史上是开拓性的。同年，商务印书馆出版了范寿康的《美学概论》，这是作者在上海学艺大学教授美学的讲稿。范寿康认为，艺术的本质就是表现，从而否定艺术美与自然美的区分。这些著作都从各自不同的角度构建中国现代美学学科体系，是在中国本土出现的首批"美学原理体系"。

3. 专业研究团体与期刊的创立

20世纪初期，由于中西文化的交流，以及王国维、蔡元培等美学家的倡导，美学已经在思想界、教育界、文艺界引起了广泛的重视。1919年冬，由上海专科师范校长吴梦飞及教师刘质平、丰子恺等在上海发起成立"中华美育会"，会员中有刘海粟、吕澂、姜丹书、萧蜕、胡怀琛等，这是中国第一个美学学术团体，它的成立是中国美学发展史上的一个里程碑。1920年4月20日，中国第一本美育学术刊物《美育》杂志创刊，主张"美"是人生的一种积极的目的，美育是新时代必须做的一件事。专业性学术团体与期刊的创立是中国美学学科体制化最重要的标志，它标志着20世纪的美学研究从此步入规范化、独立化的轨道。同时，中华美育会的成立为美学、美育工作者搭建了个开展学术活动的平台，活跃了学术气氛，增进了国内外美学界的学术交流，中国美学界出现了繁荣局面。

这一时期，由于启蒙美学家的美学启蒙、倡导和影响，以及他们对西方美学的引进、译介和传播，在20世纪20年代，中国迎来了美学研究的第一次热潮，"美学"学科在中国的传播与发展已经具备一定的基础，从得到教育体系的认可到最终落实进课堂，从自发地选择到认识的自觉，从美学学科知识的翻译、介绍到专业教材的翻译与编写，美学和美育得到了相当程度的普及，出版了一批有关美学的学术著作，构建起初具规模的美学理论体系。

（二）20 年代末到新中国成立的中国现代美学奠基期

20 世纪 20 年代末至 40 年代末，对西方哲学与美学的大量翻译为中国美学体系建构准备了理论资源。而有民族特色的中国现代美学理论体系的确立，应以中国传统美学资源为根基，融汇西方美学思想和方法，汲取和发展马克思主义美学的核心内核。中国美学家在这三个方面均做出了努力。

1. 西方美学原著的引进

在 20 世纪初，西方美学大多是通过日本美学家的著作转译过来的，从 30 年代开始，则主要从西方美学原著翻译，主要翻译出版的美学著作有：沈起予 1931 年译法国埃尔克维兹的《艺术科学论》，陈介伯 1933 年译德国叔本华的《文学的艺术》，梵澄 1935 年译德国尼采的《启示艺术家与文学者的灵魂》，蔡慕晖 1937 年译法国格罗塞的《艺术的起源》，关琪桐 1941 年译德国康德的《优美感与崇高感》，周扬 1942 年译俄国车尔尼雪夫斯基的《生活与美学》，傅东华 1931 年译德国克罗齐的《美学原理》，沈起予 1949 年译法国泰勒的《艺术哲学》等。西方哲学与美学的大量翻译与初步介绍，为中国现代美学体系的建构提供了理论参考与借鉴资源。

2. 中国现代美学理论体系的初步确立

20 世纪 30～40 年代，研究中国古典美学的人数不多，代表人物是宗白华、朱光潜和邓以蛰，他们致力于中国古典美学的现代转型，为中国现代美学学科建设奠定了坚实的基础。朱光潜通过对西方近现代美学思想研究，建构了中国现代美学史上第一个具有自身特色的以美感经验论为核心的审美心理学体系。这一时期，宗白华关于中国古典美学研究的重要论文有《中国艺术的精神》、《中国艺术境界的诞生》等文章，他在中西哲学比较研究的基础上，以中国传统美学为根基，西方现代哲学为参照，创造性地诠释了中国传统哲学的宇宙观念和生命意识，初步建立起了他的生命美学观，并由此出发构建起中国艺术境界论，为中国传统美学的现代转换提供了范导性尝试。邓以蛰对中国美学的贡献主要体现在对中国画和中国书法的研究。由于受当时以救亡图存为主题的历史条件影响，以救亡图存的革命运动为内涵的马克思主义的美学观逐渐占据了主导地位，而致力于中国古典美学转型的理论始终没有成为 20 世纪中国美学的主流，一直处在话语权力的边缘。

1949 年中华人民共和国成立，马克思主义成为中国意识形态的指导思想，中国的知识分子自觉学习马克思主义，并试图用马克思主义的观点清理西方的美学思想，建立新的美学体系。马克思主义经典作家的著作、苏联以及西方研究马克思主义的重要著作基本都翻译出版。同时,继续翻译出版西方美学名著,尤其是黑格尔的《美学》三卷、康德的《批判力批判》上册,分别由朱光潜、宗白华翻译。需要指出的是,新中国成立后,尤其是在1957年之后,学术界展开关于美学问题的热烈讨论,中国的美学研究得到了进一步发展。

这一时期,苏联马克思主义美学思想的译介、传播和中国马克思主义美学的诞生、形成为中国现代美学的构建奠定了理论基石,并对20世纪后期中国美学研究的发展产生了重要的影响。中国马克思主义美学诞生的理论渊源,主要是苏联马克思主义文艺美学的思想与模式。鲁迅、瞿秋白、冯雪峰、周扬等人对卢那察尔斯基、普列汉诺夫、车尔尼雪夫斯基、列宁等人的文艺、美学思想的译介、传播与运用,为中国马克思主义美学的诞生做出了重要贡献。影响最大的是1942年毛泽东发表的《在延安文艺座谈会上的讲话》,标志着中国马克思主义美学的正式诞生。《在延安文艺座谈会上的讲话》作为无产阶级文艺运动的纲领性的文献,将马克思列宁主义与中国革命和文艺的具体实践紧密结合起来,为无产阶级文艺指明了方向,在相当长的历史时期内影响着中国文艺的创作、审美实践及其理论批评,为中国马克思主义美学的形成和发展奠定了坚实的基础。1946年蔡仪的《新美学》出版,此书从唯物主义认识论出发,考察了美学的基本问题,论述了美、美感、艺术与认识的关系,认为美是客观的,美即典型,客观的美是美的存在,美感是对美的认识,艺术就是美的创造。《新美学》标志着中国学者用马克思主义的立场、观点、方法对前人学术思想进行批判继承的基础上构建美学体系的开端。

(三) 新中国成立到 80 年代中期以讨论为特征的美学争鸣期

1956年,学术文化形势发生了变化,中共中央总结了过去领导科学文化工作的经验教训,通过讨论"十大关系",把"百花齐放,百家争鸣"作为科学和文化的重要方针确定下来,文学艺术界和学术界出现了一派繁荣景象,美学问题的大讨论就是在这个方针的引导下以抵制唯心主义美学观为开端的。另外受当时苏联美学问题讨论的影响,启发了中国学术界对一些美学问题做进一步的思考。

1. 20 世纪 50 年代中期至 1964 年的美学大讨论

20世纪50年代至1964年的"美学大讨论"是中国20世纪乃至整个中国美学史上极为重大的事件。这次大讨论的根本问题是,美的本质问题,即美是什么。论争的焦点是如何回答美学中的哲学基本问题,主要产生了以吕荧、高尔泰为代表的主观论美学；以蔡仪为代表的绝对客观论美学；以朱光潜为代表的主客观统一论美学；以李泽厚为代表的客观性与社会性统一论美学四大学派。无论哪一派的论争者，都争当唯物论者，即"美学大讨论"是以批判唯心主义为开端的。

以吕荧为代表的一派主张美是主观的。在大讨论前期，吕荧提出"美是人的一种观念，是物在人的主观中的反映"，随后又提出"美是人的社会意识"。为此，许多人不同意其观点而提出批评。蔡仪在批评中指出，"美的观念"的说法不符合现实生活的实际，也不符合马克思主义反映论的原则。蔡仪坚持美是客观的、美即典型的主张，坚定地捍卫其新美学的唯物主义认识论、反映论立场，与《新美学》的批判者展开了激烈的论证，对先前的美学观点做了进一步的阐释与补充。他指出，"物的形象是不依赖于鉴赏者的人而存在的"，"客观现实事物的美的根源在于客观事物本身，事物的美的形象关系于它作为客观事物的实在性质"。以朱光潜为代表的一派主张主观与客观统一论，他认为，客观事物本身没有美学意义上的美，只有美的条件，美必须是客观方面某些事物、性质和形态反映于人的意识的结果。它们交织在一起，成为完整形象的那种特质，才称得上是美。李泽厚认为美是客观的，但又离不开人类社会，美是客观的社会属性。客观性不是物的自然性，而是物的社会性，是客观存在社会生活之中的属性。社会生活本身是客观的，作为社会生活属性的美，既是社会的又是客观的，是统一的存在，否认其中任何一方面都是错误的。

1956年开始的美学大讨论，是新中国成立以来全国范围的一次美学普及教育，美学研究者和美学教育工作者的队伍不断扩大。1960年，北京大学哲学系成立了美学教研室，设置了美学专业，并开始招收研究生。1962年，高等教育部召开全国高等学校文科教材会议，决定在大专院校逐步开设美学课，组织编写美学教材。其中朱光潜负责编写的《西方美学史》上下卷于1963年、1964年相继出版。在大讨论期间，美学论著与国外译著也陆续出版，具有代表性的论著有，朱光潜的《美学批判论文集》，蔡仪的《唯心主义美学批判集》，吕荧的《美学书怀》，汝信和杨宇的《西方美学史论丛》等。这场美学问题大讨论虽然过分囿于哲学命题，而忽视了美学自身的品格，过多地强调政治意识形态，制约了真正学术性的发挥，后因"文化大革命"的爆发而中断。但却激发了更多人的美学兴趣，加强了美学学术研究，期间发表美学论文的数量之大，讨论时间之长，在中国美学史上是空前的，有力促进了中国现代美学的繁荣与发展。

2. "文化大革命"期间的美学停滞期

在这一历史阶段，中国现代美学作为"封、资、修"被彻底批判，中国现代美学的发展处于停滞状态，但依然存在一定的关于美学的"潜思考"与"潜写作"。

3. 20世纪70年代末至80年代初的美学热潮的"深化期"

"文化大革命"后的中国，学术研究由停滞转而复苏，美学更是走在前面，于80年代初期形成了新中国成立后的第二次热潮，美学由高雅的殿堂走入广大民众之中。此次美学热潮的特点是，一方面对中国美学史的梳理研究；另一方面美学论证的广泛深入。中国美学出现了替代"反映论"的实践美学的转向，这既是20世纪50～60年代"美学大讨论"的学术积累的结果，又是对"文化大革命"荒原的人性解放和思想解放的深层契合。

1979年，中国社会科学院哲学研究所美学研究室编《美学》（俗称《大美学》）创刊，并由上海文艺出版社出版。1980年6月由中国社会科学院哲学研究所美学研究室筹备的第一次中国美学会议在昆明召开，历时8天。昆明会议通过了《中华全国美学学会简章》、《中华全国美学学会工作计划纲要》，成立了"中华全国美学学会"，并选出了第一届理事会，首任会长由朱光潜担任，此后由王朝闻、汝信担任第二、第三任会长。会上，中国美学史的研究被列为会议重要议题。这样，中国美学史如何撰写成为一个新的值得探索的问题。中华书局于1980年、1981年出版了由北京大学哲学系美学教研室编选的《中国美学史资料选编》上、下册。1984年由李泽厚、刘纲纪主编的《中国美学史》第一卷出版，1985年叶朗的《中国美学史大纲》出版，1987年敏泽的《中国美学史》三卷本出版。除了美学史类，还有一批论著性专著发表。

在此次美学热潮中，关于共同美的论争、关于马克思《1844年经济学哲学手稿》的论争、"主体性"问题及其大讨论、关于人性论和人道主义的论争等问题广泛而深入地展开。这一时期的论争形成了中国美学研究的重大成果，即以马克思的实践观点来建构美学本体论的共识。实践美学是这一时期哲学美学的最高水平，充分地显示了哲学美学的学术特征，展现了在较宽松的社会文化环境下学者较为自觉、独立进行美学思考的成果。《美学四讲》就是李泽厚实践论美学思想体系的集中体现和具体展开。此外，刘纲纪的马克思主义实践本体论美学思想体系，蒋孔阳的实践创造论美学思想体系，都"合"到马克思主义实践美学上。

（四）90年代以来的中国现代美学反思与发展并存期

进入20世纪90年代，随着社会主义市场经济体制的转型，以及西方现代主义、后现代主义文化思潮的传入与影响，大量国际性学术交流、外国美学名著的系统译介，以都市为根基的大众审美文化开始质疑实践美学的话语权，使得实践美学话语丧失了80年代独有的政治和文化批判功能。如何解决现实中人的生存问题，美学必须重新思考。正是这种时代语境使新一代年轻学者纷纷致力于反实践美学与超越实践美学，生命化美学的出现成为20世纪90年代中后期令人瞩目的思潮，生命美学、体验美学、超越美学、生存美学、否定美学、和合美学等纷纷出现。以"生存论本体"的明确建构彰显生命化美学的主题，整个美学的转型开始了，由原来的过多地关注美的本质而转向更为根本的涉及美学存在的合理化的美的本体问题。1991年潘知常在《生命美学》中批判"美是人的本质力量的对象化"这一实践美学命题所导致的20世纪80年代后期中国当代美学研究的徘徊不前，并系统呈现了生命美学的思想。在1993年北京美学年会上，杨春时提出了"超越实践美学，建立超越美学"的新见解，这是中国当代美学的新气象。在海德格尔思想启发下，生命化美学思潮都以生存作为美学的逻辑起点，以生命取代实践，并将生命设置为美学的基石，因此被称为"后实践美学"。中国美学研究出现了"后实践美学"和实践美学之间的争辩。实际上，"后实践美学"与实践美学之间的争论是对实践论美学的反思，他们之间的论争与反思，对活跃和推进中国美学的研究与建设具有十分重要的意义，尽管双方均存在着批判有余而建构不足的理论缺陷。

同是20世纪90年代，中国学者提出了生态美学理论，曾繁仁、徐恒醇、陈望衡、刘成纪等开启了这一领域，并出版了《生态存在论美学论稿》、《生态美学》等专著。从生态美学产生的逻辑与动因而言，曾繁仁提出，生态美学是中西交流对话的产物。这意味着生态美学不但与世界主流思想相应合，也与中国发展带来的生态形势相关联，生态美学具有世界性与本土性双重维度。如果说，实践美学与后实践美学的对立是在人的社会整体性与个体自由性上的对立，从而都是一种以人为中心的美学，由人的审美活动而生出社会美、自然美、艺术美等美学领域和美学体系；那么，生态美学则是一种强调人与自然和谐相处的美学，生态需要人去敬畏、体察与关爱。因此，生态美学代表的是一种美学整体观念的转变。

1995年，"国际美学美育会议"在深圳召开，这是中国内地举办的第一次国际美学研讨会，这意味着美学研究的国际化与全球化时代的到来。在全球化时代着眼于人类发展的现状与未来，中国现代美学的发展已呈现出多种不同的发展趋势，这种多元化的走向不同于实践美学的单一主导趋势，从而展现出中国美学研究的"多极而共生"的健康走势。

反省整个20世纪美学研究者的思考与观点，摆脱现有美学研究模式中的习惯思维方式，以新的勇气提出新的美学思想，以新的美学思想去确定新世纪的美学研究的对象已势在必行。首要的是构建具有中国特色、中国气派与中国风格的美学理论体系，从王国维引进西方人本主义美学创立中国美学开始，到朱光潜在译介和立足西方美学的基础上提出主客观统一说，李泽厚也是以西方美学理论为基点创立实践美学。所以，21世纪的美学研究就必须冲出这一桎梏，中国现代美学的研究理论思维视野必须更加开阔，理论创新意识必须日益增强，必须以中国精神与中国方式去做新的美学研究。构建具有中国特色的美学体系必须从新时代的生活实际出发，以中国传统美学思想为根基，整合西方美学，才能建构起对本民族文化具有独特解释力的中国美学体系。

八、科学技术哲学研究

科学技术哲学属于哲学二级学科，其研究领域涵盖与科学技术相关的哲学、社会学、政治学、伦理学等议题。从思想来源上说，科技哲学是庞杂的，既包括德国古典哲学、马克思主义，也包括逻辑实证主义、大陆哲学。从学科属性上说，科技哲学是跨学科的，除哲学外大量借用伦理学、社会学、历史学、人类学等学科资源。从方法论上说，科技哲学是多元的，既从事先验反思、文化批判，也采取案例分析、计量学、经验描述等多种研究形式。

科技哲学的前身是自然辩证法，后者长期发挥着意识形态功能，这是由中国的特殊国情决定的。长期以来，自然辩证法是高校理工农医硕士研究生的政治必修课。在20世纪科技哲学的历史演进中，这一学术与政治之间的张力如影相随，它深刻影响着科技哲学研究者的学术水平、专业化程度以及教学模式。随着时间的推移，特别是进入新世纪，我国的科技哲学研究正沿着纯学术道路大踏步前进。

对科学技术的哲学反思有着悠久的历史。早在古希腊，思想家们业已开始探讨世界的始基、知识的本性等问题。近代科学革命以后，科学真正成为严肃的哲学主题。当时，由近代科学营造的新世界图景吸引了笛卡儿、莱布尼茨、康德等哲学家的浓厚兴趣，也促使他们不断思索其中隐藏的矛盾与冲突。19世纪之后，随着科学技术的建制化以及"大科学"、"后学院科学"、"产业科学"的兴起，原先纯粹的哲学问题逐渐衍生为伦理学、社会学、经济学、政治学问题。如今，人们愈发意识到，理解科学技术本身尽管十分重要，但理解科学技术与生活世界之间的互动关系更加重要。

（一）两大学术来源

从思想谱系上看，我国的科学技术哲学主要有两大思想来源：马克思主义与英美科学哲学。

1. 马克思主义

作为科学技术哲学的前身，自然辩证法是马克思主义的重要组成部分。"自然辩证法"这一名称来自恩格斯未完成的手稿，该手稿于1925年在苏联出版。1932年，杜畏之《自然辩证法》中文全译本出版。此前，该手稿的一些内容已经以论文的形式翻译进来。恩格斯的自然辩证法属于德国古典哲学传统。它反对机械自然观，坚持动态的、有机的、辩证的自然观。与20世纪英美科学哲学不同，自然辩证法注重思辩，带有强烈的黑格尔印迹和形而上学色彩。此外，《自然辩证法》内容丰富，涉及科学史、进化论、科学方法论以及具体的科学理论等。新中国成立以后，这部著作成为我国自然辩证法学科的基石和典范。

2. 英美科学哲学

肇始于维也纳学派的英美科学哲学是我国科技哲学研究的另一大思想来源。20世纪20年代，杜威与罗素来华讲学，带来了西方最新的科学观念与哲学观念，对中国知识界产生了极大影响。1945年，洪谦的《维也纳学派》由商务印书馆出版。改革开放之后，这一西学传统得到了强有力复兴，逻辑实证主义、批判理性主义、历史主义等被大规模介绍进来。与德国古典哲学不同，英美科学哲学反对形而上学思辩，注重语言和逻辑分析，坚持经验主义和实证原则。它的研究主题包括科学划界、经验证实、观察、知识合理性、实在论等。

如果说自然辩证法传统带有浓郁的政治色彩的话，科学哲学传统则充满学术自觉意识。这两种截然不同的学术来源使得我国的科技哲学长期徘徊于学术与政治之间，并且将科技哲学从业者分化为截然不同的阵营。20世纪90年代以后，自然辩证法的影响日趋衰落，英美科学哲学则停滞不前。此时，我国科技哲学研究者开始积极寻求新的学术资源，包括科学论（science studies）、认知科学、现象学、女性主义、伦理学、后现代主义等，这已经远远超越了自然辩证法和英美科学哲学的涵盖范围。

（二）1949年以前的奠基阶段

1. 西方科学与哲学的传播

清末民初，中国知识界怀着救亡图存和改造文化的雄心，开始大规模引入西方的科学思想、哲学思想和政治思想。五四运动前后,"民主"与"科学"成为知识界的旗帜,科学理论、科学方法和科学精神随之广为传播。早在 1905 年,严复便翻译出版了《穆勒名学》,成为译介西方科学精神和科学方法的先行者。1915 年,中国科学社宣告成立,主要发起人为任鸿隽、秉志、周仁、胡明复、赵元任等,任鸿隽为首任社长。这是近代中国第一个民间学术团体,其宗旨是"提倡科学,鼓吹实业,审定名词,传播知识"。与此同时,由中国科学社主办的《科学》杂志开始发行。这是中国近现代思想史上具有里程碑意义的事件,为科学知识和科学精神的传播做出了不可磨灭的贡献。1918 年,北京大学开设"科学概论",是近代中国最早的科学哲学课程。1920 年北京大学教授王星拱的《科学概论》上卷《科学方法论》出版,这是近代中国第一部科学哲学著作。1919~1921 年,杜威和罗素相继来华讲学,使得中国知识分子有机会直接接触西方最新的科学与哲学成果,极大地推动了科技哲学在中国的传播。

1923 年,科学与人生观论战爆发,亦可称为科玄论战。这场论战为学者们反思科学精神与科学方法的意义与限度提供了机遇。1923 年 2 月,张君劢在清华大学作《人生观》的讲演,认为科学不足以解决人生观问题,因而是有限度的。同年 4 月,丁文江在《努力周刊》上发表《玄学与科学》作为回应,论战由此拉开序幕。先后介入其中的包括梁启超、胡适、张东荪等哲学家,丁文江、任鸿隽、王星拱等科学家,还有陈独秀、瞿秋白等政治活动家。这场论战涉及论题极为广泛,参与者就科学精神、科学方法以及科学与人生展开了全方位的探讨,大大深化了人们对西方科学技术的理解,标志着启蒙运动进入了自我反思阶段。

科玄论战并未放慢西方科学和哲学的传播步伐。翻译方面,先后涌现出许多科学哲学和科学方法论著作,涉及罗素、怀特海、汤姆生、彭加勒、卡尔纳普、普朗克、爱因斯坦等。此外,研究性成果也相继问世,尽管数量不多,但对后来的科技哲学建设起到了关键作用。其中,特别值得一提的是洪谦的《维也纳学派》和金岳霖的《知识论》。它们是国际一流水平的著作,为改革开放之后英美科学哲学的大规模引入奠定了基础。

2.《自然辩证法》的传播

作为马克思主义的重要组成部分,自然辩证法在 20 年代末 30 年代初开始进入中国。1928 年,陆一远翻译的《马克思主义人种由来说》出版,这是《自然辩证法》的最早译文。1930 年出版了《从猿到人》,该书收录了恩格斯的两篇文章。同年,《自然辩证法》导言全译本问世,题目是《辩证唯物论的宇宙观与现代自然科学之发展》。1932年，杜畏之翻译的《自然辩证法》全译本出版，为自然辩证法在中国的传播发挥了重要作用。与此同时，与自然辩证法密切相关的《反杜林论》、《费尔巴哈的提纲》以及《唯物主义与经验批判主义》等文本也被一一介绍进来。

在组织方面，1936年由艾思奇等发起，我国第一个自然辩证法研究团体——上海自然科学研究会成立，参与者包括孙克定、于光远等人。1938年，高士其、董纯才等延安自然科学家组建自然辩证法座谈会，这是我国第一个《自然辩证法》读书小组。1940年，陕甘宁边区自然科学研究会在延安成立。该研究会组织了一个自然辩证法研究小组，由延安自然科学院院长徐特立指导，研究会干事于光远主持。这些译介和研读工作为新中国成立以后自然辩证法的全面建制做了重要准备。

应当明确的是，与西方科学哲学思潮植根于我国主流知识界不同，自然辩证法从一开始就与革命工作息息相关。

（三）自然辩证法建制阶段（1949～1977）

新中国成立以后，马克思主义被确立为指导思想，自然辩证法随之得到了蓬勃发展。与此形成鲜明对照的是，此前引入的西方科学哲学在政治大环境中丧失了生存土壤，翻译和研究工作长期中断，除江天骥的《逻辑经验主义的认识论》外乏善可陈。

50年代，于光远任中共中央宣传部科学处处长，负责制定科学发展政策和科学家政策，《自然辩证法》成为指导性文献。1955年，于光远主持的《自然辩证法》新译本由人民出版社出版，艾思奇在《人民日报》发表《以辩证唯物主义武装自然科学——介绍恩格斯的〈自然辩证法〉》。与此同时，大学开始设立自然辩证法课程。1953年北京大学哲学系开始招收自然辩证法研究生，1955年开设"自然与自然发展史"课程。

对于自然辩证法学科来说，1956年是关键的一年。当时，国务院组织制定全国十二年（1956～1967）科学发展远景规划。自然辩证法研究规划作为哲学社会科学研究规划的一部分，由于光远主持。规划草案提出："在哲学和自然科学之间是存在着这样一门科学，正像在哲学和社会科学之间存在着一门历史唯物主义一样。这门科学，我们暂定名为'自然辩证法'，因为它是直接继承着恩格斯在《自然辩证法》一书中曾进行过的研究。"在规划指导下，当时实行了两项措施：第一，1956年6月在中国科学院哲学研究所成立自然辩证法研究组，于光远任组长，这是新中国第一个自然辩证法研究机构；第二，1956年10月创办《自然辩证法研究通讯》，由自然辩证法研究组主办，这是新中国第一份自然辩证法专业刊物。这两项措施使得自然辩证法步入建制化轨道。

此后，自然辩证法大规模进入大学，各高校纷纷设立自然辩证法教学和研究机构。1958年，中央党校开设自然辩证法研究班，并集体撰写《自然辩证法提纲》，这是我国第一部自然辩证法总论性著作。1961年，中国人民大学开始招收自然辩证法专业三年制研究生。1962年，中国科学院哲学研究所与北京大学哲学系联合招收自然辩证法专业四年制研究生，导师为于光远和龚育之。1958年之后，上海、广东、北京等地陆续成立自然辩证法研究会。在研究方面，科学方法论、科学认识论得到了快速发展。1962年，龚育之在《人民日报》发表《对自然辩证法研究的一点意见》，强调资料整理和资料翻译的重要性。此后，普朗克、爱因斯坦、波尔、薛定谔、波姆等科学家的翻译著作相继问世。

1966年以后，由于受到"文化大革命"的冲击，自然辩证法事业长期陷入停滞。

（四）20世纪70年代末至90年代初科技哲学的快速发展期

1977年以后，中国科技哲学进入快速发展期。除恢复和发展自然辩证法传统外，随着西方思潮的大规模涌入，中断已久的英美科学哲学得到了前所未有的振兴，科学学、技术哲学、科学社会学等一系列新兴研究路线大大开阔了科技哲学研究者的眼界。科技哲学学科逐渐淡化意识形态色彩，朝着学术化和国际化方向推进。

1977年，国家制定了新的八年科学发展规划，"自然辩证法与科学技术史研究"被列为规划重点项目之一。《一九七八——一九八五年自然辩证法发展规划纲要（草案）》共拟定了九个主要项目，包括马克思主义经典著作研究、深入批判"四人帮"、编写自然辩证法综合性著作、科学方法论、科学技术史、自然科学中的哲学问题、总结运用自然辩证法解决实际问题的经验、科技教学中的哲学问题研究以及译介国外文献等。1978年，邓小平批准成立中国自然辩证法研究会（筹备会）。1979年，《自然辩证法通讯》创刊，由中国科学院主办，于光远任主编，李宝恒任副主编，1981年由范岱年接任。1981年，中国自然辩证法研究会成立大会暨首届学术年会在北京召开，于光远被推选为理事长，周培源、卢嘉锡、李昌、钱三强、钱学森、钟林为副理事长。1985年，中国自然辩证法研究会创办《自然辩证法研究》杂志。

1981年，教育部正式确定自然辩证法作为全国理工农医科研究生的政治必修课，大部分招收研究生的理工农医科高校都设立了自然辩证法教研室。同时，自然辩证法硕士和博士点纷纷建立起来，培养了一大批研究和教学人才。1978年，由孙小礼主持、多个单位共同参与的《自然辩证法讲义》的编写工作正式展开，1979年年底首印 10 万册，至 1989 年共发行 35 万册。这些举措为自然辩证法学科提供了强有力的体制保障。

80 年代初，于光远把"自然辩证法"比喻为"大口袋"。这使得自然辩证法能够广泛吸收多学科的成果，并为接受新思潮创造了有利条件。从 70 年代末到 90 年代初，我国自然辩证法研究主要围绕以下几个方向展开。

第一，科学方法论。除继续研究各门自然科学的方法外，大规模引入控制论、系统论、信息论、耗散结构、突变论、协同学。这方面的代表性著作包括陈昌曙的《自然科学的发展与认识论》、魏宏森的《系统科学方法论导论》、林定夷的《科学研究方法概论》等。

第二，科学学与科学社会学。改革开放以后，科学技术开始参与经济建设，科技政策与社会学研究受到国家和学界的重视。于光远、龚育之、钱学森、钱三强等人多次呼吁建立具有中国特色的科学学体系。1982 年，中国科学学与科技政策研究会宣告成立。国外科学学和科学社会学经典著作陆续翻译过来，其中包括贝尔纳的《科学的社会功能》、普赖斯的《小科学，大科学》等。80 年代初，《自然辩证法通讯》杂志社组织召开了第一届全国科学社会学会议，翻译出版了默顿的《十七世纪英格兰的科学、技术和社会》。《科学与哲学》杂志推出科学社会学专辑，选译了默顿《科学社会学》的若干文章。这些译介工作大大拓展了自然辩证法的研究范围，社会学成为科技哲学学科的重要支柱。

第三，科学哲学。新中国成立以后长期中断的西方科学哲学得到了大发展，国内科学哲学研究被公认为"哲学领域的前沿学科"。石里克、卡尔纳普、波普尔、库恩、拉卡托斯、劳丹、费耶阿本德等哲学家的经典著作的中译本相继问世。《自然科学哲学问题》与《科学与哲学》杂志译介了大批科学哲学文章。同时，国内学者发表了一系列研究性著作，如江天骥的《当代西方科学哲学》、舒炜光与邱仁宗主编的《当代西方科学哲学家述评》。这个时期，我国科技哲学学科逐渐在学术话语、研究方式上与国际科学哲学界接轨。1987 年，中国自然辩证法研究会加入国际科学哲学与科学史联合会科学哲学分会，查汝强当选为分会执行委员。1980 年起，全国科学哲学学术议会每两年举办一次，几乎未曾中断。

第四，自然科学中的哲学问题研究。70 年代末以后，自然辩证法延续着自然科学中的哲学问题研究路线，这一时期的成果包括：胡文耕的《分子生物学中的哲学问题》、傅世侠主编的《科学前沿的哲学探索》、中国社会科学院哲学研究所自然辩证法研究室编著的《现代自然科学的哲学问题》、洪定国的《物理学理论的结构与拓展》、郑毓信的《数学哲学新论》等。此外，技术哲学、环境哲学等也开始起步，相关著作包括：远德玉与陈昌曙合著的《论技术》、余谋昌的《当代社会与环境科学》。

特别值得一提的是，1976~1979年，由许良英、赵中立、范岱年、张宣三及李宝恒等编译的三卷本《爱因斯坦文集》由商务印书馆出版。这部约130万字的大型文集在我国科技哲学界产生了深远影响。

1990年10月，国务院发布了新的学科目录，将"自然辩证法"更名为"科学技术哲学（自然辩证法）"。对于科技哲学学科而言，这是具有历史意义的标志性事件。自此，科技哲学真正成为一门综合性的、跨学科的哲学二级学科。

（五）90年代以后的趋势

90年代以后，我国科学技术哲学出现了一些新趋势。80年代末90年代初，邓小平提出科学技术是第一生产力。1995年，中央提出科教兴国战略。这一系列举措使得科学技术与社会（STS）成为科技哲学的显学。同时，随着西方后现代主义、女性主义、后殖民主义和环境伦理学的涌入，对科学技术的批判性反思成为热门话题。此外，在西方科学哲学停滞不前的情况下，我国学者积极寻求新的学术资源，包括现象学、社会建构论、自然主义、认知科学等，技术哲学、工程哲学、伦理学等新兴领域也越来越受重视。

第一，STS研究。西方"科学、技术与社会"兴起于20世纪70年代。90年代以后，我国出现STS研究热潮。1992年，"中美STS讲习会"邀请美国学者米切姆、卡特克里夫等人来华讲学，这标志着STS正式进入中国。与此同时，国外STS文献翻译与国内学者的STS研究工作逐渐铺开。1992年，中国社会科学院哲学研究所自然辩证法研究室编译的《国外自然科学哲学问题》翻译了6篇STS论文。1994年，魏宏森发表《科技与社会（STS）——一门新兴的学科》，殷登祥发表《试论STS的对象、内容与意义》。另外，北京大学、清华大学、中国社会科学院、中国科协等高等教育和研究机构先后成立了STS研究部门，如1986年北京大学成立科学与社会研究中心，1993年清华大学成立科技与社会研究所，1993年中国社会科学院成立STS研究中心。多种形式的STS讨论会也全面铺开，如全国科技与社会研讨会。这一时期，在国家宏观政策以及西方思潮的联合推动下，STS成为我国科技哲学学科的显学。

第二，科学知识社会学（SSK）与科学技术论。20世纪70年代初，SSK在西方异军突起。90年代末，刘华杰等人率先将SSK引入国内，并发表《科学元勘中SSK学派的历史与方法论述评》等文章。随后，布鲁尔、拉图尔、科林斯、皮克林等人的著作被大量引进。进入21世纪，这一领域拓展为科学技术论，诸如科学的社会建构、技术的社会塑造、实验室研究、行动者网络理论、科学人类学均为国内学者不断涉及。这一领域与 STS 有重合之处，但带有强烈的认识论批判旨趣。

第三，大陆科技哲学。90 年代前后，现象学、解释学等现代大陆哲学传入中国，我国科技哲学研究者开始积极吸收相关资源。胡塞尔、海德格尔、伽达默尔、哈贝马斯等哲学家关于科学技术的反思为我国科技哲学输送了新鲜血液。早在 1993 年，宋祖良就出版了《海德格尔论新时代的技术》，这是一部较早介绍现象学科技哲学的著作。新世纪以来，大陆科技哲学研究得到了快速发展，并多次举办全国现象学科技哲学学术会议。

第四，自然主义与认知科学哲学。随着认知科学的迅猛发展，认识论的自然化成为国际哲学界的前沿。90 年代末期以后，国内大批科学哲学和分析哲学研究者转向了自然主义、物理主义、心理学、神经科学等。北京大学、清华大学、浙江大学、中山大学等高校纷纷成立认知科学研究机构，并多次召开全国性的认知科学哲学研讨会，如全国认知科学研讨会、心灵与机器研讨会。借用认知科学的研究成果来补充甚至替换哲学思辨，成为部分科学哲学和分析哲学研究的指导思想。

第五，其他进展。除上述趋势外，技术哲学、工程哲学、环境伦理学等也吸引了部分学者的兴趣。在技术哲学方面，陈昌曙出版了《技术哲学引论》，是国内较早的技术哲学专著。在工程哲学方面，李伯聪出版了《工程哲学引论》。此外，随着新兴技术的出现，如遗传工程，相关的伦理学研究越来越受重视。

（六）结语

纵览 20 世纪中国科技哲学学科发展史，它经历了一个学术与政治之间的否定之否定的辩证过程，这是由中国特殊的历史条件决定的。如今，作为严格的哲学二级学科，科技哲学因为历史原因在学术积累和学术训练上落后于其他学科。科技哲学学科在研究领域上过于分散，在研究方法上过于多元，在队伍建设上过于膨胀。但另一方面，科技哲学的优势在于，它始终能够面对科学技术本身，具有强烈的问题意识和现实意识。鉴于科学技术在当代社会发展中的重要性，我国科技哲学学科在 21 世纪将大有可为。

九、宗教学研究

宗教是人类的一种社会、历史和文化现象，也是一种社会意识、心理和行为。一般由共同信仰、道德规范、仪礼、教团组织等要素构成，有其自身发生、发展和演变的过程。宗教观念和行为受到社会历史条件的制约，同时也对特定历史时期的社会生活、政治结构、文化风尚和道德伦理发生影响。宗教学在世界学术史上是一门新兴学科，一般认为从英国学者缪勒 1870 年正式提出宗教科学的概念以来才正式成立。

20 世纪中国宗教学的发展与中国的政治环境、社会需要及西方宗教学理论在中国的传播密切相关。从 20 世纪初学者开始探讨"宗教是什么"、"中国有无宗教"，到 20 世纪末宗教史学、比较宗教学、宗教类型学、宗教人类学、宗教现象学、宗教社会学、宗教心理学等分支学科的出现及其专业化、系统化的良性发展，宗教学逐渐成为有理论、有方法、有体系的独立学科和 20 世纪中国人文科学的重要组成部分。

（一）20 世纪初至 1949 年：西学东渐与宗教学的兴起

1949 年以前，国内相继出现的一系列社会动荡引起了思想界的强烈回应与争鸣。宗教内部出现了回应社会变动的文化革新和学术活动。与此同时，西学东渐也给思想界提供了新的研究方法和研究视域。随着中国社会格局的历史性变迁和西方思潮的引进与传播，现代科学的研究方法如考古学、人类学、语言学和神话学等被用来研究宗教义理、宗教现象，逐渐兴起了现代意义上的宗教学术研究。

1. 宗教学的兴起

20 世纪初，先进的中国人意识到变革社会需要根除"君权神授"等封建思想，开始关注宗教问题的理论认识和历史研究。严复把中国人对天命的崇信和对鬼神的迷信视为社会"进步之阻力"，认识到批判传统宗教的必要性，应该发展科学、兴办教育、开展启蒙教育，清除"宗教之流毒"。孙中山认为应该消除与封建专制制度紧密相连的传统宗教观，如"神权、君权"等。章炳麟著《无神论》来批判宗教，他利用近代自然科学和哲学，试图从理论层面证明宗教有神论和宗教教义的自相矛盾。胡适认为自然科学、特别是达尔文进化论已经打倒了宗教。他否定了基督教的基本教义，并认为佛教传入中国是中国文化史上的一大不幸；李大钊认为宗教信仰具有排他性和阶级压迫的功能，宗教宣扬的博爱是要无产阶级放弃反抗资产阶级的斗争。

中国学界开始讨论"中国有无宗教"问题。夏曾佑在《中国古代史》中把各种有神论观念、原始信仰、民间崇拜等统称为"中国古代的宗教"。梁启超在《中国古代学术思想变迁史》中提出"中国无宗教"的观点，认为中国文化传统中佛教来自印度的外来宗教；道教以民俗为特色，宗教性不典型；儒家以人为本，与宗教相去甚远。蔡元培认为宗教与科学是对立的,科学理性的发展必将导致宗教信仰衰败,认为"中国历来在历史上与宗教没有什么深切的关系,也未尝感到非有宗教不可。"他先后发表《以美育代宗教说》、《关于宗教问题的谈话》,提出以美育代宗教的观点。陈独秀也有中国是"非宗教国"之论。五四时期学者大多把宗教视为外来之物加以贬低。梁漱溟曾坚持中国人乃世界上唯一对宗教兴趣不大的民族,是一个"非宗教的民族"。上述讨论涉及"儒教是否为宗教"的问题。梁启超率先坚持"儒教非教说"。20世纪末期,学者对这一问题又重新进行了讨论。

启蒙思潮的推进客观上要求学术界认真思考"宗教是什么"的问题。20世纪上半期,关于宗教基本理论的论著有简又文编《新宗教观》、汪秉刚著《宗教大纲》、黄景仁译《宗教概论》、张钦士编《国内近十年来宗教思潮》、谢颂羔著《宗教学ABC》、林超真译《宗教、哲学、社会主义》、邓毅译《唯物论与宗教》、钱亦石著《通俗宗教轮》、刘剑横著《唯物的宗教观》、蔡任渔著《几个宗教问题》、虚心著《宗教通论》、林伊文译《宗教本质讲演录》、慕奥译《什么是宗教》、王一鸣译《现代宗教论》、徐宗泽著《宗教研究概论》、陈金镛著《中国的宗教观》、赵景松译《宗教与近代思想》、大同著《宗教学》等。这些著作对宗教学学科的形成起到了重要作用。

2. 宗教史学的开创及发展

随着启蒙思潮的发展,一些学者开始着眼于对宗教的典籍、教理、发展演变进行哲学的分析和历史的研究,开创了以佛教史、道教史为中心的宗教史学。

佛教史方面以梁启超、陈寅恪、陈垣、汤用彤为代表。梁启超写了一系列有关中国佛教的论著,集为《佛学研究十八篇》,其中对《四十二章经》、《理惑论》做了辨伪,对《大乘起信论》做了考证,把中国佛学和佛教史的研究推进到新水平。陈寅恪通晓梵文、突厥文、西夏文等多种文字,对一些重要的佛教经典的传译与意蕴进行了研究,对佛、道与历代政治的关系以及佛教传入对中国文化和思想的影响等问题做了历史考证。陈垣写了一系列宗教史的专著,多为历史考证之作,涉及基督教、伊斯兰教、犹太教、袄教、摩尼教、佛教、道教等。他的《释氏疑年录》和《中国佛教史籍概论》是佛学研究的工具书。他的宗教史著作如《明季滇黔佛教考》和《南宋初河北新道教考》曲折地表达了自己的爱国情操和民族气节。汤用彤的《汉魏两晋南北朝佛教史》和《隋唐佛教史》是对汉唐阶段的中国佛教发展的系统把握,在佛教学术研究史上具有开创性。

道教史研究方面的主要著作有:许地山的《道教史》(上册)、《道教源流考》;

陈垣的《南宋初河北新道教考》、傅勤家的《道教史概论》、《中国道教史》等。这一时期的道藏研究取得了很大成就。20年代出版了线装涵芬楼本《道藏》，1923年至1926年又重印了明版《道藏》。刘师培的《读道藏记》、翁独健编的《道藏子目引得》、陈国符的《道藏源流考》、汤用彤的《读道藏札记》、傅勤家的《道藏源流续考》是研究道藏的重要成果。这一阶段关于道教学研究论文有200多篇，专著10多部。

伊斯兰教研究成果也主要集中在历史方面，如马以愚的《中国回教史鉴》、傅统先的《中国回教史》、白寿彝的《中国伊斯兰史纲要》、《中国回教小史》、金吉堂的《中国回教史研究》，马邻翼的《伊斯兰教概论》等。译著有马坚译的《回教哲学》、纳忠译的《伊斯兰教》、王静斋译的《伟嘎业》。

3. 宗教内部的文化革新和学术活动

民国初期，一批著名佛僧和居士企图重振佛教，建立具有现代意义的佛学体系和现代形式的宗教组织与宗教教育系统。杨文会设立金陵刻经处，出版发行大量佛经，创办了佛学研究会和佛教学堂"祇洹精舍"，对近代佛教的传播产生了重要影响。1936年，中国佛教协会成立佛教研究所。佛学院和研究机构提高了出家僧侣的文化素质，培养了佛学研究人才如太虚、圆瑛、欧阳渐、吕澂等。吕澂是欧阳渐的弟子和助手，他在佛教典籍上的辨伪和释义、佛教因明、中印佛教比较和西藏佛教等方面有突出贡献。20世纪上半叶全国的佛教出版物达数百种，其中著名者有民国元年的《佛学丛报》和《海潮音》月刊。

道教方面的活动以内丹人物蒋维乔和陈撄宁为代表。蒋维乔出版了《因是子静坐法》及续篇，研究内丹静坐之法和佛教止观静坐修行书。他还组织了静坐法研究团体，并翻译了一些日本静坐法的书籍。陈撄宁把近代科学精神引入道教养生术（内丹学），回避传统道教的术数、祀神、符之类迷信成分，力图把内丹养生术与医学科学结合起来。

伊斯兰教内部产生了文化复兴运动。民国初年，北京先后成立了"清真学会"和"清真学社"。1925年，上海成立"中国回教学会"；1931年，南京成立"中国回教青年会"；山西、甘肃、青海、广西等地也成立了伊斯兰宗教组织。它们致力于经典的翻译、研究、宣传和出版事业。20年代出版了《古兰经》汉译本和一些阐述伊斯兰教教义和教史的书，涌现了一批学者如王宽、王静斋、白寿彝等，至40年代末，研究伊斯兰教的刊物先后发行不下百余种。

基督教在近代中国的传播受到抵制，民国时期，新旧两派都采取了新的传教策略。1919 年，罗马教皇批准中国教团重新进行"天主教中国化"运动。新教推行所谓"本色化"运动，其主要内容是寻找基督教与儒学的共同点。教会主要通过开办各种文化福利事业来争取中国人的信仰，利用"庚子赔款"在中国开办教育事业是其著名活动之一。据 1914 年统计，天主教会和基督教新教开办各类学校分别为 8034 所和 4100 所，培养的学生人数分别达到 13.2 万人和 11.3 万人，为我国基督教学术研究奠定了初步基础。

（二）1949 年至 1976 年：宗教研究在曲折中前进

1949 年，我国建立了社会主义制度。政治经济制度的变革也反映到宗教领域中来。教会中的帝国主义势力被清除后，天主教实行独立自主、自办教会的政策；基督教实行"自治、自养、自传"的方针。佛教、道教和伊斯兰教也经过了社会主义改造。宗教真正地成为个人信仰的私事。不信教群众和信仰不同宗教或教派的宗教徒在爱国主义旗帜下团结一致，相互尊重。

上述宗教状况和我国实行的宗教信仰自由政策分不开。政策规定，每个公民既有信仰宗教的自由，也有不信仰宗教的自由；有信仰这种宗教的自由，也有信仰那种宗教的自由；在同一宗教里，有信仰这个教派的自由，也有信仰那个教派的自由；有过去不信教而现在信教的自由，也有过去信教而现在不信教的自由。宗教信仰自由政策的实质，就是要使宗教信仰问题成为公民个人自由选择的问题和私事。社会主义国家政权既不推行某种宗教，也不禁止某种宗教。当然也不允许宗教干涉国家行政、司法、学校教育或社会公共教育。

实行宗教信仰自由政策根源于宗教自身的特点和社会条件：其一，在新社会中，宗教仍然具有长期性、复杂性、民族性、国际性和群众性特点。虽然宗教存在的阶级根源已经基本消失，但社会根源和人的认识、心理根源都还存在。其二，宗教具有同社会主义社会相协调的条件。把国家建设成为富强、民主、文明的社会主义现代化国家，是全国各族人民包括各宗教徒的共同愿望。广大教徒热爱祖国，遵纪守法，拥护社会主义制度；宗教提倡的某些思想和行为规范以及与宗教有关的有积极意义的传统道德和文化，都可以适应社会主义的要求。

这段时期的主要工作是对马克思主义宗教观的介绍和诠释。在宣传方面，开展马克思主义无神论的宣传教育、把宗教看作是唯心主义的世界观，其本质和作用是麻醉人民。在学术研究方面，1963 年毛泽东在宗教研究问题上进行了批示，强调研究者必须接受马克思主义历史唯物论的思想指导，研究工作与宣传无神论紧密相连。侯外庐主编的《中国思想通史》体现了这种指导思想，该书从唯物史观角度考察魏晋南北朝隋唐佛教的特殊功能和哲学观念,重视阶级分析和思想批判。另外,任继愈的中国哲学史研究等也体现了这一点,他注重对佛教哲学的宏观把握,讨论了佛教各宗派的哲学思想以及佛经翻译问题,并应用马克思主义理论分析各佛教宗派的经济基础(寺院经济)和阶级实质。

这一时期,道教最为显著的成果是王明的《太平经合校》、《抱朴子内篇校释》和陈国符的《道教源流考》。伊斯兰教研究比较薄弱,发表文章约有百余篇。在穆斯林较多省份的历史和调查资料汇编里有伊斯兰教的资料。著作有曹启文的《新疆宗教势力演变述要》,方思一的《伊斯兰教史话》。论文有白寿彝的《中国穆斯林的历史传统》,黄心川的《沙俄侵略新疆与伊斯兰教》等。基督教方面出版了一些译著:《基督教的起源》、《十字军东征》、《论原始基督教史》、《圣经是怎样一部书》等。佛教研究状况是:1950年,中国佛教协会创办了刊物《现代佛学》。1964年停刊,这段时期公开发表的佛学论文主要刊登在这个刊物上。1955年,一些学者为英文版《佛教百科全书》撰写有关中国佛教的条目,后来以《中国佛教》为名出版。吕澂在南京开办佛教班,并出版了《印度佛学源流略讲》和《中国佛学源流略讲》。

这一时期出现了关于有神论、宗教、迷信三者之间关系的讨论,无神论研究受到重视。早在五四运动,有识之士就提倡科学,反对封建迷信,提倡无神论,随后的革命时期,中国共产党承担宣传无神论的思想任务,新中国成立以后破除迷信活动有了更大规模。1954年,国家宗教局内部发行《更广泛地开展科学无神论的宣传》的小册子。1959~1964年,牙含章发表的文章引起游骧、刘俊望等人的回应,由此产生宗教是否为迷信、马列主义宗教观与资产阶级宗教学的区别何在的讨论。讨论文章以《无神论与宗教问题》为题结集出版。1963年,毛泽东批示要重视和开展宗教研究,批判神学。在毛泽东批示精神指引下,在中国科学院设立了世界宗教研究所。1979年,任继愈发表文章认为"马克思主义宗教学的本质就是科学无神论",宣传无神论对于社会主义建设具有重要意义。

20世纪80年代后,中国无神论研究进入了一个新阶段,建立了第一个全国性的学术研究团体——中国无神论学会,召开多次全国性的会议,研究成果丰硕,先后出版无神论专著与论文集等多达一二十种,发表论文400余篇。1978年12月,中国无神论学术讨论会在南京举行,会后编成《中国无神论思想论文集》,于1980年2月由江苏人民出版社出版。1980年10月,在武汉举行中国无神论学术会议,会后编成《中国无神论文集》,由湖北人民出版社于1982年6月出版。1982年7月,南京大学学报编辑部出版一部《无神论论文集》,收入该学报《丛书》。1983年3月,中国无神论学会第三次年会暨学术讨论会在厦门大学举行,会议着重讨论

《中国无神论史》和《宗教学概论》的编写问题，讨论文章收入南京学报编辑部印行的《无神论与宗教研究论集》。1987年2月，由中国无神论学会编，四川大学出版社出版《无神论与宗教研究论丛》，书后附有杨光文辑录无神论研究论文索引（1930—1985）。南京大学王友三1977年12月编印有《中国无神论资料选注与浅释》全4册，后分别在1983年和1988年由中华书局出版。他还编著《中国无神论史纲》、论文结集《中国无神论史论集》。此外还有牙含章、王友三主编的《中国无神论史研究》论文集。《中国无神论史》被列为国家"六五"社科重点项目，参加撰写的学者达30余位。1999年，还创办了《科学与无神论》杂志。

（三）1976年至20世纪末：宗教学学术研究的多元化发展

1979年2月召开了全国宗教学研究规划会议，罗竹风在报告中提出宗教发展有其自身规律，要破除"左"倾思想，准确把握马克思主义宗教理论。随后，80年代早期学界出现了关于如何理解马克思"宗教是人民的鸦片"之论断的争论，一方认为它概括了宗教的本质，说明了宗教的作用。另一方认为不能把这一论述看作马克思对宗教的定义或关于宗教的基本观点。论战有助于思想解放和全面理解宗教的社会功能。

1. 思想解放与多元化研究方法

1976年以来，在解放思想、繁荣学术的环境之下，学者对宗教的起源、本质、发展和功能等方面进行研究，对宗教学的定义、方法、范畴和研究领域提出己见。学者的研究工作有不同层面，如："客观性描述"和"主观性评价"、"描述性研究"与"规范性研究"、"狭义宗教学"与"广义宗教学"等。

学术界在对宗教本质的认识上和对宗教定义的研讨中，逐渐形成了以下代表性观点，吕大吉的宗教"四要素"说：宗教观念、宗教体验、宗教行为、宗教组织；牟钟鉴的宗教"四层次"说：宗教信仰、宗教理论、宗教实体、宗教文化；王雷泉的宗教"三层次"说：精神层面、社会层面、文化层面；段德智的"三要素"说：宗教意识、宗教行为和宗教制度。

这段时期涌现了许多宗教学基本理论著作，其中最有代表性的是吕大吉主编的《宗教学通论》，提出了宗教四要素说，宗教本质可以从三个层面理解，对宗教学的框架和体系建构产生重要影响。

2. 宗教学科的新发展

1978年，世界宗教研究所恢复研究工作，南京大学成立了宗教研究所。这两家研究所还创办了宗教学刊物，并开始招生。1979年成立了中国宗教学会，分散在全国不同部门的宗教学者自此有了明确的学术联络渠道。80年代以后，一些大学与地方社会科学院等单位也开始设立宗教学专业和创办宗教研究所。1995年，北京大学率先成立宗教学系。

1982年，中共中央推出了《关于我国社会主义时期宗教问题的基本观点和基本政策》。学者开始从多个方面分析社会主义时期宗教长期存在的原因，探讨宗教与社会主义相协调的问题，如宗教在社会主义时期的积极和消极作用、宗教与社会主义意识形态是否冲突以及如何双向协调等问题。代表作有罗竹风主编的《中国社会主义时期的宗教》，戴康生、彭耀著《社会主义与中国宗教》等。在研究马克思主义宗教理论中，学界开始侧重研究宗教的社会功能，逐渐把社会学的研究方法引进宗教学研究，如社会调查、问卷搜集、地区抽样、实地观察、统计分析等，形成了"宗教社会学"分支学科。

80年代后期，受"文化研究"思潮的影响，宗教学界形成了"宗教是文化"的观点。1985年，赵复三提出"一个民族的宗教是构成其民族文化的重要内容"。此后，学者比较重视从文明、文化的角度认识宗教，开始研究宗教与各种文化形态的关系，形成了"宗教文化学"研究领域。

3. 学术成果简介

佛教：任继愈主编的多卷本《中国佛教史》在观点论证和资料考订上取得重要成就。除了成果较多的汉魏两晋和隋唐的断代史之外，其他年代的断代史都有问世。世纪之交还出现了一批研究20世纪中国佛教史的著作。佛教哲学理论研究以方立天、赖永海、姚卫群等人为代表。方立天的《佛教哲学》以哲学问题为纲，对佛教哲学思想做了高度概括，认为缘起论是其理论基石，神秘直觉是其认识基础，善恶、净染、真假是其中心观念，追求解脱是其根本目的，并对佛教哲学的思维模式、总体特征和发展规律做了论证。

道教：在道教通史、断代史、专题史、人物史、地方史、教派史等道教史方面得到进一步的拓展性研究。在道教思想研究方面，道教与文化、儒释道三教关系、道德伦理思想、道教哲学、道教美学、神仙思想等方面的研究得到加强。道教经典研究主要包括《道藏》、《太平经》、《老子（道德经）》注以及其他经典的研究。此外，在道教礼仪和丹术的研究方面取得一定进展。任继愈主编的《中国道教史》和卿希泰主编的《中国道教史》是影响最大的通史著作。卿希泰的《中国道教思想史纲》两卷本，饶宗颐的《老子想尔注校笺》，王明的《周易参同契考证》，陈国符的

《道藏源流续考》等最具影响。

基督教：基督教历史研究包括中国基督教通史、断代史、全球传播史和区域发展史、修会和差会历史研究、基督宗教思想史研究等，涵盖了景教、也里可温教、天主教、中国近现代基督教等领域。基督教神学研究包括教义神学、信理神学、系统神学、宗教哲学等。基督教经典和重要文献研究、基督教现状研究和文化研究等。其中，取得较大研究进展的领域包括：以马丁·路德为重点的宗教改革家的思想；基督教理性主义思潮、浪漫主义神学以及启蒙运动宗教观；西方思辨哲学在基督教神学中的意义与地位；神学多元化发展的梳理。

伊斯兰教：在伊斯兰教史方面，金宜久主编的《伊斯兰教史》、李兴华等合著的《中国伊斯兰教史》影响较大。其他著作围绕着中国伊斯兰的分期问题、传入中国的时间、方式和路线问题展开。在伊斯兰哲学和教义研究方面，学者围绕宇宙发生论、认主学、属性论、伦理纲常、忠诚观等构建了教理体系，体现了主变和亲儒的特征。此外还有很多著作涉及伊斯兰教与政治经济文化法律等社会层面的关系，如教派门宦、寺院古迹、科技文化等，也有伊斯兰的资料整理与编纂、经著学说、教法研究等。另外还有世界伊斯兰教史、伊斯兰法学、苏非主义研究、当代伊斯兰教的复兴运动等。

其他宗教研究：自明末利玛窦提出"儒教非教"论以来，儒教是否为教的争论一直未得以解决。梁启超率先坚持"儒教非教说"。70年代以前多数学者认为"儒教是教化之教，不是宗教之教"。1978年年底，任继愈提出了"儒教是宗教"的观点并在《论儒教的形成》、《儒家与儒教》、《儒教的再评价》、《朱熹与宗教》等论文中做出论证。李申继承师说，认为"教化之教就是宗教之教"，并在所著两卷本《中国儒教史》和《中国儒教论》中做出论证。何光沪也从政教合一的角度阐明了儒教是国家宗教的观点。在中国宗教史研究上牟钟鉴和张践的《中国宗教通史》首次把宗法性传统宗教列入其中，对其内容和作用做了概括。中国民间宗教研究，这一研究与道教研究和民俗学联系密切，学者主要围绕白莲教、天理教、轩辕教、八卦教、黄崖教、天地会、红枪会等展开研究。犹太教研究侧重于历史、文本、教义教理教派、律法、礼仪等方面，也有对中国犹太人和犹太教的研究。20世纪20～30年代翻译了《希伯来宗教史》、《以色列宗教进化史》，袁定安著《犹太教概论》影响较大。90年代推出了两套丛书，"犹太文化丛书"和"汉译犹太文化名著丛书"。印度宗教的研究包括印度教、耆那教、锡克教、印度佛教等。汤用彤、季羡林、徐梵澄、金克木、巫白慧、黄心川等对印度宗教进行了深入的研究。摩尼教在中国学术界的研究始自20世纪初。陈垣的《摩尼教入中国考》颇有影响。此外，罗振玉、蒋斧、王国维、许地山、愚公谷、刘风五，方豪、牟润孙、苏北海等从文献、历史、民族关系等方面做了探讨。50年代以后，随着考古发掘和文献收集的进展，摩尼教的研究更为深入和系统。

主要参考文献

马克思主义哲学研究部分

中山大学哲学系.1981.马克思主义哲学史稿.北京：人民出版社.

黄枬森，庄福龄，林利.1996.马克思主义哲学史.北京：北京出版社.

聂锦芳.1999.中国马克思主义哲学研究的回顾和前瞻.学术月刊，(3)：29-35.

安启念.2006.马克思主义哲学中国化研究.北京：中国人民大学出版社.

杨学功.2009.学术回顾与反思：马克思主义哲学研究30年.中共天津市委党校学报.

中国哲学史研究部分

方克立，王其水.1995.二十世纪中国哲学（第二卷）：人物志.北京：华夏出版社.

方克立.1996.二十世纪中国哲学研究的回顾和展望.中国社会科学院研究生院学报，(5)：1-7.

冯友兰.1999.中国现代哲学史.广州：广东人民出版社.

周桂钿.2000.中国哲学研究一百年.东南学术，(4)：51-57.

刘文英.2001.中国哲学史百年述评与展望.中国哲学史，(1)：29-38.

蒙培元.2001.20世纪中国哲学的回顾与展望.泉州师范学院学报，(3)：1-10，15.

张岱年.2001.二十世纪中国哲学史研究概况.南通师范学院学报，(4)：1-2.

李宗桂.2002.二十世纪中国哲学研究的审视和新世纪的展望.学术界，(1)：254-268，(2)：256-267.

陈来.2008.中国哲学研究三十年回顾（1978～2007）.天津社会科学，(1)：15-19，58.

张立文，段海宝.2008.中国哲学三十年来的回顾与展望.社会科学战线，(3)：1-11.

秦平，郭齐勇.2008.中国哲学研究30年的反思.哲学研究，(9)：60-65.

中国社会科学院科研局.2009.人文社会科学100学科发展报告.北京：社会科学文献出版社.

李翔海.2009-1-6.30年来中国哲学的研究.光明日报.

李维武.2009.现代大学哲学系的出现与20世纪上半叶中国哲学的开展.学术月刊，(11)：38-48.

郭齐勇.2011.当代中国哲学研究（1949—2009）.北京：中国社会科学出版社.

西方哲学研究部分

刘放桐.1996.西方哲学的近现代转型与马克思主义哲学和当代中国哲学的发展道路（论纲）.天津社会科学，(3)：10-16.

叶秀山，王树人.2005.西方哲学史·学术版.南京：江苏凤凰出版集团.

黄见德.2007.西方哲学的传入与研究.福州：福建人民出版社.

黄见德，汤一介.2007.20世纪西方哲学东渐史.北京：首都师范大学出版社.

谢地坤.2008.西方哲学研究30年（1978—2008）的反思.安徽师范大学学报（人文社会科学版），(4)：

373-378.

谢地坤.2012.再论西学东渐与现代中国哲学.哲学动态,(2): 5-13.

东方哲学研究部分

卞崇道.1990.日本哲学研究四十年//中国日本学年鉴.北京:科学技术文献出版社.
卞崇道.1992.90年代中国的日本哲学研究刍议.日本学刊,(5):127-139.
朱七星.1995.中国的韩国哲学研究概况及其特点.当代韩国,(2):34-37.
孙晶.1996.中国的印度哲学研究.哲学动态,(6):40-43.
奥伦.1999.备受瞩目的东方哲学研究.哲学动态,(11):6-9.
钱黎勤.2002.中国阿拉伯哲学研究概述.宁夏社会科学,(增刊).

逻辑学研究部分

林夏水,张尚水.1983.数理逻辑在中国.自然科学史研究,(2):175-182.
郭湛波.1997.近五十年中国思想史.济南:山东人民出版社.
张家龙.1997-11-15.中国逻辑学研究取得重要进展.人民日报.
赵总宽.1999.逻辑学百年.北京:北京出版社.
宋文坚.2005.逻辑学的传入与研究.福州:福建人民出版社.
孙中原.2006.中国逻辑研究.北京:商务印书馆.
陈波.2009.逻辑学读本.北京:中国人民大学出版社.
夏素敏,张家龙.2009.改革开放以来中国逻辑学研究的发展.社会科学战线,(1):21-30.

伦理学研究部分

唐凯麟,王泽应.1998.20世纪中国伦理思潮问题.长沙:湖南教育出版社.
王小锡等.2009.中国伦理学60年.上海:上海人民出版社.
王泽应.2008.20世纪中国马克思主义伦理思想研究.北京:人民出版社.

美学研究部分

北京大学哲学系美学教研室.1980.中国美学史资料选编(上下册).北京:中华书局.
陈望衡.2005.中国美学史.北京:人民出版社.
中国社会科学院科研局.2009.人文社会科学100学科发展报告.北京:社会科学文献出版社.
刘悦笛,李修建.2011.当代中国美学研究.北京:中国社会科学出版社.

科学技术哲学研究部分

吴国盛.2001.中国科学技术哲学的回顾与展望.自然辩证法通讯,(6):80-84.
胡军.2002.分析哲学在中国.北京:首都师范大学出版社.
任元彪.2002.20世纪中国科学技术哲学简述.自然辩证法研究,(4):19-22.

林德宏.2004.科技哲学十五讲.北京：北京大学出版社.

龚育之.2005.自然辩证法在中国.北京：北京大学出版社.

孟庆伟等.2006.科学技术哲学.哈尔滨：哈尔滨工业大学出版社.

范岱年.2006.科学哲学和科学史研究.北京：科学出版社.

吴国盛.2008.中国科学技术哲学三十年.天津社会科学.2008，(1)：20-26.

段伟文.2008.从追逐科学到反思科技：近30年中国科技哲学之理路述略.江海学刊，(5)：52-57.

刘大椿.2011.科学技术哲学概论.北京：中国人民大学出版社.

宗教学研究部分

中国大百科全书编委会.1988.中国大百科全书·宗教.北京：中国大百科全书出版社.

吕大吉.2002.中国现代宗教学术研究一百年的回顾与展望.江苏社会科学，(3)：77-84.

何光沪.2003-3-18.中国宗教学百年回顾.中国社会科学院院报.

卓新平.2008.改革开放三十年来的宗教学研究.中国宗教，(10)：39-40.

卓新平.2009.20世纪中国社会科学·宗教学卷.广州：广东教育出版社.

中国社会科学院科研局.2009.人文社会科学100学科发展报告.北京：社会科学文献出版社.

陈卫平，吴广成.2009.从"险学"到"显学"——新中国宗教学研究六十年.河北学刊，(6)：7-13.

《20世纪中国知名科学家学术成就概览·哲学卷》
学科发展史和大事记编写组[*]

---

[*] 《20世纪中国知名科学家学术成就概览·哲学卷》的学科发展史和大事记，经哲学卷编委会研究决定，在中国社会科学院哲学研究所的支持下成立了专门的编写组进行撰写，编写组组长为谢地坤。各部分撰写者：序言部分和统稿为谢地坤，马克思主义哲学研究部分为马新晶、李俊文，中国哲学史研究部分为周广友，西方哲学研究部分为李俊文，东方哲学研究部分为何欢欢，逻辑学研究部分为杜国平、路寻、张家龙，伦理学研究部分为马新晶、冯瑞梅，美学研究部分为李俊文，科学技术哲学研究部分为孟强、路寻，宗教学研究部分为周广友。在撰写过程中，编委召开了会议进行审议和讨论。在撰写和修改过程中得到了中国社会科学院哲学研究所各研究室和专家的支持和帮助。

20世纪
中国知名哲学家

艾思奇

艾思奇(1910~1966)，云南腾冲人。哲学家。早年留学日本。1935~1936年任上海《读书生活》杂志编辑。1937年到延安，历任抗日军事政治大学主任教员、中央研究院文化思想研究室主任、中央文委秘书长、《解放日报》副总编辑。新中国成立后，任中国共产党中央高级党校哲学教研室主任、副校长，中国哲学会副会长，中国科学院哲学社会科学学部委员等。艾思奇长期从事马克思主义哲学研究、宣传和教育工作，十分注意把马克思主义哲学通俗化和群众化。他在1934年发表的《大众哲学》，曾经对广大群众特别是青年起过启蒙作用。在第二次国内革命战争时期"唯物辩证法"的论战中，他坚持马克思主义哲学，批判张东荪的新康德主义和托派叶青反马克思主义的哲学思想。抗日战争时期，他对蒋介石的唯生论与力行哲学作了深刻的批判。新中国成立后，他大力宣传毛泽东哲学思想，系统地阐明了辩证唯物主义和历史唯物主义的许多原理，对形形色色的唯心主义和形而上学进行了批判，对马克思主义的理论工作做出了显著贡献。艾思奇的主要哲学著作有《大众哲学》、《哲学与生活》、《实践与理论》、《历史唯物论·社会发展史》、《辩证唯物主义纲要》，主编有《辩证唯物主义历史唯物主义》等书。

一、主要经历和学术思想

1910年，艾思奇出生于云南省腾冲县和顺乡水碓村。他的父亲李曰垓（字子畅）是同盟会会员，参加过辛亥革命，曾担任蔡锷的护国军秘书长，参与了讨袁斗争。他的大哥李生庄是中共早期党员。受父兄民主革命和哲学思想的熏陶，青少年时期的艾思奇就有远大理想，在政治上和理论上比同龄人成熟早。1925年他考入云南省立一中后，受进步教员楚图南和共产党员李国柱等人的影响，积极参加进步学生运动。他曾参加共产党的外围组织"青年努力会"，为《滇潮》写稿；在《民众日报》、《市政日报》等进步报刊上发表过文章；他还曾和另一位同学一起创办过工人夜校，为工人及其子弟补习文化。1927年和1930年他曾两次赴日本留学，在学习冶金系采矿专业之余，广泛涉猎各种文化知识。他还参加了中共东京支部组织的

"社会主义学习小组"。17岁至20岁期间，他研读了许多马克思主义经典著作，思想上有了更进一步的明显变化。在第二次留学日本回昆明时，他对友人说："我总想从哲学中找出一种宇宙和人生的科学真理，但都觉得说不清楚，很玄妙。最后读到马克思、恩格斯的著作，才感到豁然开朗，对整个的宇宙和世界的发生和发展有了一个比较明确的认识和合理的解释。"（《艾思奇年谱》）这说明，当他还是一个20岁的青年时，就开始对马克思主义有了一定的信仰。

艾思奇的革命活动和哲学生涯主要可分为三个时期，即上海时期、延安时期和北京时期。1932年他到上海，这是他一生中第一个重大转折。正是在上海，他参加了共产党领导的革命工作，开始从事马克思主义的宣传活动。1933年，经杜国庠、许涤新介绍，他加入了社会科学家联盟（简称"社联"）。他曾先后在《申报》读书指导部和李公朴任主编的进步杂志《读书生活》工作，是左翼文化战线的一名积极战士。1935年，经周扬、周立波介绍，他参加了中国共产党。同年年底，"全国救国会"和"文化界救亡协会"成立，他参与其中并积极工作。艾思奇青少年时代在昆明和日本就读了不少哲学书籍，到上海后，他一面继续学习马克思主义哲学，一面从事哲学的写作。从1933年发表《抽象作用与辩证法》起，到1937年离开上海去延安，短短4年里他写了大量哲学、文学和自然科学理论方面的文章，后来分别收在《大众哲学》（初名《哲学讲话》）、《新哲学论集》和《哲学与生活》等集子里。他还为《青年自学丛书》撰写了《思想方法论》，和郑易里一起合译了苏联米丁等人写的《新哲学大纲》。他当时写的论述各种哲学潮流的文章，颇为引人注目。在《二十二年来之中国哲学思潮》一文中，艾思奇指出，虽然封建哲学和外来输入型的各种哲学流行一时，但前者已是强弩之末，后者则是没落资产阶级的"挣扎的梦呓"。他认为，能够决定中国未来的只有马克思主义哲学，虽然它现在还很弱小，却有着无限生命力，因为它不仅理论上正确，而且和创造未来的先进阶级的命运联系在一起。可见，艾思奇把马克思主义哲学作为学习和研究的对象不是偶然的，是他比较了当时各种哲学思潮之后所做出的自觉选择。这一时期，艾思奇除撰文对资产阶级和封建阶级的哲学进行批判外，还对叶青进行了揭露和批判。叶青曾是中共早期党员，1927年被捕后叛变，当了国民党的中央宣传部副部长和代部长。30年代初到上海后，他写了不少用马克思主义词句伪装起来的文章，带有很大的欺骗性。撕下叶青的假马克思主义画皮，对于捍卫马克思主义具有重要意义，艾思奇参加了这一斗争，并发挥了重要作用。还在中学学习和日本留学期间，艾思奇就对自然科学和文艺有浓厚的兴趣。在上海时期，他在从事哲学写作的同时，继续对自然科学进行学习和研究。1936年，他发起成立"自然科学研究会"，参加者有章汉夫、于光远、孙克定、钱保功等20多人，定期对自然科学问题进行讨论。他还写了不少科普文章，如《现代自然科学的危机》、《由爬虫类说到人类》以及《生死问题和返老还童》等，深受青年读者的欢迎。他还发表过不少文化和文学方面的文章，特别是阐明文艺永久性的难题，受到了文艺理论界的赞赏。

1935年由一系列通俗哲学论文结集出版的《大众哲学》，是这一时期艾思奇的代表作。写《大众哲学》，不是艾思奇一时的心血来潮，而是有很强的现实针对性的。他是要通过对马克思主义哲学的通俗表述，来解决青年当中存在的困惑。当时的历史背景是，日本帝国主义占领了东北三省，国民党反动派对内镇压革命，对外屈从日本帝国主义，民族危机空前严重。广大青年对国家的前途十分担心，并对蒋介石国民党的反动统治感到非常愤怒和失望，他们头脑中有不少疑问希望得到解答。回答种种疑问，不能就事论事，而是应当更深刻地给人们提供一种世界观方法论的指导，使他们通过自己的思考和理解，得出"中国向何处去"的结论。当时人们最需要的是一把开启思想之锁的钥匙，而《大众哲学》正是这样一把钥匙。《大众哲学》并没有写多少深奥的道理，它所讲的都只是平凡的真理，但因为它有针对性地回答了人们头脑中存在的问题，使不少在黑暗中徘徊、在痛苦中思索的年轻人，看到了光明，看到了希望，因而引起了很大的反响。不少青年正是在《大众哲学》的影响下，参加革命，奔赴延安的。哲学只有体现时代精神才能真正赢得广大群众，而《大众哲学》正是一部体现当时时代精神的著作，所以才会产生如此巨大的震撼力和影响力。从现在的观点看，《大众哲学》还有某些不够完善的地方，但是它所体现的哲学和人民群众相结合、理论和实际相结合的精神，永远值得我们学习，永远值得我们尊敬。

从上海到延安，是艾思奇一生中又一个重大转折。正是在延安，他成为一个更成熟的无产阶级革命家和马克思主义哲学家。延安的环境和上海完全不同。白色恐怖下的上海政治空气十分沉闷，而延安则充满革命朝气，到处呈现出欣欣向荣的景象。到了延安，27岁的青年艾思奇仿佛看到了理想社会的雏形，胸襟和眼界都更加开阔了。在上海时期，艾思奇虽然读过不少马列的书，但没有亲眼目睹过伟大的工农红军及其统帅们如何指导反侵略、反压迫的实践斗争。到延安后，他不但能读到毛泽东的著作，听到毛泽东的报告，而且与毛泽东和红军将领们有不少直接的接触，如教学、交谈、一起参加"新哲学会"的活动等。在毛泽东倡议下于1938年9月成立的延安"新哲学会"，由艾思奇、何思敬主持会务工作。毛泽东不仅参加学会的一些活动，还对学会的工作给予了指导。毛泽东对艾思奇在上海的哲学活动一直很关注，也很重视，他高度评价《大众哲学》，把它称作"通俗而有价值的著作"。他还对《哲学与生活》做过摘录，艾思奇到延安后，他和艾思奇通信，就该书交换过意见。毛泽东充分肯定了艾思奇在哲学上的成就，并从艾思奇的著作中吸取了不少有创见的思想，融进了他的哲学著作。正是在毛泽东的提议下，党中央把艾思奇和周扬、周立波、李初梨、何干之等一批文化名人一起，从上海调到延安，并委以重任。那时，正是毛泽东思想从总结中国革命的两次胜利和两次失败中走向成熟和多方面展示的时期，艾思奇从中受到了很大教育，政治上和思想上有了较大提高。可以说，到延安以后，他才懂得了毛泽东思想，懂得了毛泽东思想是无数革命先烈用生命和鲜血所换来的党和人民集体智慧的结晶；深信只有用马克思主义的普遍原理和中国革命的具体实际相结合的毛泽东思想来指导革命，才能改变中国的命运。从此，艾思奇成了毛泽东思想坚定的信奉者和积极的宣传者，直到生命的最后。

艾思奇在延安整整 10 年，直到 1947 年国民党军队进犯时撤离至晋察冀边区。在延安他先是在中国人民抗日军事政治大学（简称"抗大"）、陕北公学教哲学并负责边区文协的工作，后来到马列学院（后改名中央研究院）、中共中央宣传部和《解放日报》等单位担任领导工作。尽管工作担子很重，但他除了在抗大、陕北公学、马列学院等校讲了许多哲学课，为培养一大批理论水平较高的干部做出贡献外，还写了不少文章和著作。在整风运动前，他所写的作品中影响较大的是一组批判国民党反动文化政策和反动哲学的文章。艾思奇在《当前文化运动的任务》一文中指出，要战胜日本帝国主义，必须建筑全民族团结的精神堡垒。抗战是全民的抗战，只要不违反抗日的立场，就应该使中国的言论思想界和文艺界有合法的自由权。企图用独断统制的方法来钳制自由，只能导致抗日队伍的分裂和抗日战争的失败。这是一篇声讨国民党反动派的文化专制主义的檄文，在根据地内外引起了相当大的反响。在《抗战以来几种重要思想评述》一文中，艾思奇重点批评了三种有影响的国民党反动哲学：以陈立夫为代表的唯生论，以蒋介石为代表的力行哲学和以阎锡山为代表的"中"的哲学。他指出，这三种哲学不是个别人的哲学，而是大地主大资产阶级的反动哲学，早在抗战之前，它们就已经产生，目的是为了对抗革命，对抗马克思主义。它们中有的（像唯生论、力行哲学）打着孙中山的旗号，以孙中山哲学的继承者自居，实际上在政治上背叛了孙中山的三民主义，在哲学上则完全陷入了唯心主义和神秘主义。孙中山的哲学有唯物主义因素，而唯生论、力行主义，也包括"中"的哲学，连一点唯物主义的气味都没有，它们的出现完全是适应大地主、大资产阶级反对革命、反对马克思主义的需要。这些文章连同他稍后发表的《〈中国之命运〉——极端唯心论的愚民哲学》一道，成了中国共产党从政治上、哲学上揭露国民党反动派的重要思想武器。这一时期，艾思奇发表的《哲学的现状与任务》，也是一篇很有影响的文章。该文提出，要开展一个哲学研究的中国化、现实化的运动。艾思奇不仅是中国马克思主义哲学通俗化、大众化的先驱，而且在推动马克思主义哲学和中国的实际相结合方面，也发挥了积极的作用。为了配合干部学哲学，艾思奇还撰写了哲学《研究提纲》，编辑了《哲学选辑》，和吴黎平一起编写了《科学历史观教程》。此外，他还从德文原文翻译了马克思恩格斯的《关于历史唯物主义的信》和海涅的长篇叙事诗《德国——一个冬天的童话》，并写过一些文艺评论方面的文章。

回顾艾思奇在延安的活动，不能不着重谈到他在整风运动中的表现。延安整风是毛泽东同志亲自发动的，目的是总结第二次国内革命战争的经验，批判危害革命的主观主义特别是以王明为代表的教条主义，使全党在毛泽东思想的基础上达到新的团结，迎接抗日战争的胜利。延安整风要分清的首先是思想路线的是非，要使全党认识到，教条主义的实质是主观背离客观、理论脱离实际，它所奉行的是一条违反马克思主义的唯心主义思想路线，正是这条思想路线的猖獗，几乎断送了中国革命，教条主义是党的大敌，革命的大敌。艾思奇响应毛泽东的号召，积极投入整风运动，并充分发挥了他作为一个哲学家的作用。当时，他在中央研究院工作，在参与该院整风领导的同时，有针对性地写了不少文章。他发表的《谈主观主义及其来源》、《不要误解实事求是》、《"有的放矢"及其他》和《怎样改造了我们的学习》等文章，从哲学的层面上对主观主义特别是教条主义进行批评，收到了较好的效果。其中，《"有的放矢"及其他》一文的内容尤为深刻，后来这组文章结集出版，就以本篇篇名为书名。文章一开头，艾思奇首先分析了理论和实际的关系，他指出，理论和实际的结合，不只是要以中国的事例来解释理论原则，而且必须是以理论原则为指南，来解决中国革命问题。不能解决革命问题的理论，即使用极其丰富的例子来说明，仍然是死教条，而死教条是产生不了活理论的。他引用毛泽东关于"矢"和"的"关系的论述，指出"矢"的作用是为了射"的"，没有"的"，也就没有"矢"可言。教条主义恰恰就不懂得这个道理，以为没有"的"，"矢"照样还是"矢"，脱离了实际的理论，依旧是理论。他讲到，中国民间有关于五通神的传说，谁要是得罪了这个神灵，它就会捣乱，就会把你手里握有的金子变成粪土。艾思奇说，有人把理论当做真金子，常洋洋得意，以为掌握了这些财宝，却不知什么时候，这些人的手里就只有一把毫无用处的粪土，这不是因为得罪了五通神，而是因为违背了实际精神。艾思奇用生动的笔法把教条主义的本质和危害揭露得淋漓尽致。在整风运动中，艾思奇受毛泽东委托，还主编了《马克思、恩格斯、列宁、斯大林思想方法论》一书，为参加整风的干部提供了有力的理论武器。1942年5月，毛泽东亲自主持的延安文艺座谈会召开,艾思奇参加了这一具有历史意义的重要会议。

艾思奇在延安革命熔炉里,通过整风的洗礼和工作、学习、战斗,在政治和理论上更加趋于成熟,这就为他新中国成立后在思想理论战线发挥更重要的作用,创造了更好的条件。

新中国成立后,艾思奇以极大的热情投入马克思主义哲学的传播和普及工作之中。那时一大批青年知识分子新参加革命,不少旧机构的人员被留用,干部队伍虽然扩大了,但政治思想情况却复杂得多了。从根据地来的和在白区坚持斗争的干部,虽在政治上经过一定的锻炼,但不少人对马克思主义理论也缺乏系统的学习。因此,当时摆在全党面前的一项重要而迫切的任务,就是组织广大干部学习马克思主义。在这场学习运动中,艾思奇站在最前列,他急党和国家之所急,自觉地把普及马克思主义哲学的任务担当了起来。由于历史唯物主义在马克思主义中具有特殊的重要性,也由于不少干部长期受错误观点的影响,历史观上存在不少问题,因此,艾思奇按照当时党中央的部署,就选择从唯物史观入手,从讲述社会发展史开始,帮助广大干部树立马克思主义的基本观点。马克思主义博大精深,内容十分丰富,不可能在几次讲演中完全讲清楚,所以艾思奇强调,这种普及教育的目的是帮助广大工农群众、干部和知识分子树立正确的立场、观点和方法,作为他们解决实际问题的指导。因此,他在讲授社会发展史时,删繁就简,突出重点,着重帮助广大干部树立起若干个马克思主义基本观点,这就是:劳动创造人类世界的观点,人民群众是推动历史发展的根本动力的观点,阶级斗争的观点,马克思主义关于国家和无产阶级专政的观点等。他说,掌握了这些基本观点,许多不了解和想不通的问题往往能够迎刃而解。事实证明,这种少而求精、学以致用的学习方法,对于初学马克思主义的人来说非常有效。那时艾思奇在马列学院任职,行政工作、教学任务都很繁重,但是他不辞辛劳,总是尽量挤出时间,从北京西郊赶赴全城各处甚至外地作报告,为推动马克思主义的学习,尽了自己最大的努力。当时听过他报告的人很多,都从中获得很大教益,对他循循善诱、诲人不倦的执著精神和朴实无华、深入浅出的讲演风格,至今记忆犹新。艾思奇的讲演稿后来正式出版,书名为《历史唯物主义·社会发展史》,深受广大读者欢迎。在中央人民广播电台播讲社会发展史,听众达上百万人,这是新中国的首次电化教育。

为了贯彻党的团结和教育知识分子的政策,艾思奇做了不少有益的工作。知识分子是国家的宝贵财富,但他们中有的人来自旧社会,保留了不少旧意识,对新中国成立后的新环境还有某些不适应。只有帮助他们学习马克思主义,自觉地改造世界观,他们才能更好地参加到新中国的建设行列中来。这项工作很艰巨,因为他们中不少人是资深教授，受过中国传统文化和西方文化很深的影响，在多年的教学和研究中形成了自己一套思想体系，要使他们放弃多年笃信的观点来接受马克思主义，其困难程度可想而知。但是艾思奇没有畏缩，勇敢地承担起这项任务。他多次应邀到北京大学，又三进清华园，为许多比他年长的著名学者讲课。他的工作收到了良好的效果，不少老学者经过了知识分子学习运动后，从非马克思主义立场转到马克思主义立场上来。

在北京的18年，艾思奇一直在中央党校（曾名马列学院、中共中央高级党校）工作，先后担任哲学教研室主任和副校长。中央党校是培养党的高中级干部和理论骨干的单位，党中央对它十分重视，抽调了一批政治上强、既有丰富实际工作经验又有较高理论水平的同志担任领导和教学骨干，艾思奇就是其中之一。中央党校曾办过不少班次，有的是只有几个月的短期轮训班，有的是较长期限的培训班，一度还办过四年制的培养高层理论人才的"秀才班"。在所有这些班次中，艾思奇都任过课，他主讲的课程是辩证唯物主义历史唯物主义。他讲过马克思主义哲学所有的基本原理，从哲学高度总结和阐述党的历史经验，从哲学角度论述过如何学习和研究历史、党史、政治经济学等。此外，他还讲过马克思主义经典著作、哲学史、自然辩证法、逻辑学等课，充分显示了他在哲学上的多方面素养。在多年讲课的基础上，他形成过几部哲学讲稿，其中以《辩证唯物主义讲课提纲》最有影响。如果说《大众哲学》是一本通俗的哲学读物，那么，《辩证唯物主义讲课提纲》则是更为深刻的哲学论著。当时是全面向苏联学习的时期，苏联派来了许多专家，也包括哲学专家。20世纪50年代初，在当时的马列学院，学员就既听苏联专家讲课，又听中国专家讲课，两相比较，有着明显的不同效果。苏联专家讲的虽也是马克思主义哲学观点，从中可以学到一些理论知识，但听他们的课解决不了中国的实际问题。听艾思奇的课，读艾思奇的书就不同，他教给学员的不只是若干概念和一些哲学知识，而且是密切结合中国实际，提供了一种观察问题、分析问题的正确方法。艾思奇把在延安时期形成的有的放矢、理论联系实际的良好学风一直带到北京，贯彻到社会发展史的讲演中，也贯彻到中央党校的哲学教学中。他还在延安时就讲过，学习、研究马克思主义哲学的目的，"并不在读通几种艰难的书本，而在打通一切艰难的实际"。这是对待马列主义、毛泽东思想的科学精神，艾思奇教给学员的正是这样一种科学精神。

在担任中央党校的教学和领导工作的同时，艾思奇还撰写了大量理论和学术文章，其数量之多，内容之广泛，超过以往任何时期。他的文章除发表在《人民日报》、《学习》杂志和稍后出版的《红旗》杂志等党报党刊上外，还发表在《哲学研究》、《新建设》等学术刊物上。《学习》杂志是新中国成立前夕由中共中央宣传部创办的理论刊物，对全党和全体干部学习马克思主义理论发挥了重要作用。当时一批活跃在思想理论战线上的同志，如胡绳、冯定、许立群、于光远、王惠德等都是该刊的撰稿人，艾思奇也是其中之一，而且是最积极的一个。在《学习》杂志创刊后的前三期，艾思奇接连发表了《从头学起》、《再评关于社会发展问题的若干非历史观点》和《学习马列主义的国家学说》等文章，在该刊的第六期，他又发表了《反驳唯心论》一文。这些文章以及他写的别的一些文章，对于人们理解马克思主义，分清马克思主义和非马克思主义的界限，澄清头脑中的糊涂观念，很有帮助。艾思奇这一时期写的文章一个鲜明的特点就是，大力宣传马列主义特别是毛泽东思想，批评妨碍马列主义、毛泽东思想传播的各种错误观点，为新中国的建设扫清思想障碍。由于《毛泽东选集》的出版，《实践论》、《矛盾论》得以正式发表，这两篇文章和毛泽东的另外两篇重要哲学论文《关于正确处理人民内部矛盾的问题》和《关于人的正确思想是从哪里来的？》发表后，艾思奇做了大量工作，他在报刊上发表了不少文章，在党校内外做了一系列讲演，为研究和宣传毛泽东哲学思想恪尽了自己的职责。

这里还应特别提到他在60年代主编的《辩证唯物主义历史唯物主义》教科书，这本书体现了中国化、大众化、现实化的特点，是中国第一本完整系统的哲学教科书，教育了一代大学生和干部。

艾思奇的实事求是精神不仅体现在他的治学上，而且也体现在他对待实际问题的态度上。最突出的是他在"大跃进"时的一段经历。那时上上下下头脑发热，高指标竞相攀比，浮夸风愈演愈烈。艾思奇在"大跃进"初期虽也写过热情讴歌的文章，但1959年他下放河南接触到实际情况后，看法有了很大改变，他对"五风"的猖獗十分吃惊，于是就给时任省委第一书记的吴芝圃写信，指出："根据实际情况看，过高的生产指标并不能真正调动农民的积极性"。他的这一观点刊登于《中州评论》的《破迷信，立科学，无往而不胜》中，他指出："作为科学的共产主义者是不应该仅仅凭着空想和热情来指导行动的。"后来在发表于《红旗》杂志的《有限与无限的辩证法》等文章中都一再强调实事求是，尊重群众，我们的头脑既要热又要冷，既要有干劲，又要讲科学。回到中央党校后，在一次交流经验座谈会上他深有所感地谈到，下面的"五风"这么严重，如果不纠正，"农民就要打扁担"，充分表现出一个共产党员的坚强党性和一个马克思主义哲学家的科学良知。

出于对马克思主义理论建设的关心，新中国成立后几次重要的哲学讨论如"过渡时期的经济基础和上层建筑"、"思维和存在有没有同一性"、"一分为二和合二而一"等，艾思奇都参加了。别人对艾思奇的观点和艾思奇对别人的观点，都既有赞成的，也有反对的，这在理论讨论中原本是很正常的事。如果在一种比较健康的政治氛围和学术环境中，各种不同的学术观点完全可以平等讨论，求同存异。可惜在新中国成立后的一段时间内，出现了"左"的错误，在文、史、哲、经各领域中，许多学术理论上的是非被上纲为政治上的是非。这种错误不少人犯过，艾思奇部分地也犯过，如对"合二而一"论的批评。这种错误打上了那个时代特有的烙印。对这段历史进行反思是必要的，但反思的目的是为了总结历史经验，使党的理论建设走向更加健康的发展道路。

在几十年的革命和学术生涯中，艾思奇不是没有过闪失和过错，但这是一个无产阶级革命家和马克思主义哲学家在革命征途上和探求真理过程中的闪失和过错。艾思奇一生襟怀坦荡，光明磊落，为了坚持马克思主义哲学的实践性、科学性，坚定地走中国化、大众化、现实化的哲学道路，他呕心沥血，笔耕不辍。1966年3月，他终因积劳成疾去世，年仅56岁。

二、艾思奇主要论著

艾思奇.1935.大众哲学.读书生活出版社.
艾思奇.1936.思想方法论.生活书店.
艾思奇.1950.历史唯物论·社会发展史.北京：生活·读书·新知三联书店.
艾思奇.1956.社会历史首先是生产者的历史.北京：生活·读书·新知三联书店.
艾思奇.1956.辩证唯物主义讲课提纲.北京：中共中央高级党校出版社.
艾思奇.1956.什么是唯物论，什么是唯心论.北京：中国青年出版社.
艾思奇.1960.关于学习毛主席著作问题.中国人民政治协商会议全国委员会学习委员会1960年印.
艾思奇.1960.唯物辩证法的范畴简论.上海：上海人民出版社.
艾思奇.1978.辩证唯物主义 历史唯物主义.北京：人民出版社.
艾思奇.1978.有的放矢及其他.北京：生活·读书·新知三联书店.
艾思奇.1980.哲学与生活.昆明：云南人民出版社.
艾思奇.1981.艾思奇文集（2卷）.北京：人民出版社.
吴黎平，艾思奇.1983.唯物史观.北京：人民出版社.
艾思奇.1999.艾思奇讲稿选.艾思奇哲学思想研究项目组1999年印.
艾思奇.2006.艾思奇全书（8卷）.北京：人民出版社.

主要参考文献

胡乔木.1985.中国大百科全书·哲学.北京：中国大百科全书出版社.
艾思奇.2006.艾思奇全书（8卷）.北京：人民出版社.

撰写者

邢贲思（1929～），中央党校原副校长，《求是》杂志原总编辑。1953～1955年至马列学院一部学习时，曾听过艾思奇讲授的多门课程。1960～1961年，曾参与艾思奇主编的《辩证唯物主义历史唯物主义》教科书编写。2005年应艾思奇夫人王丹一邀请，担任《艾思奇全书》（8卷约600余万字）编委会主任。

庞景仁

庞景仁（1910~1985），黑龙江宁安人。哲学家、翻译家，中国西方哲学研究的先驱者之一。中国人民大学哲学系教授，中华全国外国哲学史学会顾问。1936年毕业于北京大学哲学系，随后留学和执教于瑞士和法国，1942年获法国巴黎大学哲学博士学位。曾先后担任过巴黎大学、瑞士伯利恒学院、弗赖堡大学的助教和讲师。抗战胜利后1946年回国任南开大学教授，1956年转至中国人民大学任教授。他对17世纪法国哲学有很深的研究，1942年在法国出版了《马勒伯朗士的"神"的观念和朱熹的"理"的观念》一书，是中国最早进行比较哲学研究的学者之一。翻译有康德的《未来形而上学导论》、伽森狄的《对笛卡儿〈沉思〉的诘难》、莱布尼茨的《致雷蒙的信：论中国哲学》、马勒伯朗士的《一个基督教哲学家和一个中国哲学家的对话——论上帝的存在和本性》、笛卡儿的《第一哲学沉思集》和詹姆士的《彻底经验主义论文集》等。

一、成长经历

庞景仁1910年10月18日出生，1936年北京大学哲学系毕业后赴法国留学，就读于巴黎第一大学（索邦大学）哲学系，以《马勒伯朗士的"神"的观念和朱熹的"理"的观念》一文而于1942年获得哲学博士学位。这本书1942年由巴黎让·弗兰哲学书局出版发行，是中国人研究马勒伯朗士哲学的第一本著作，也是迄今为止将马勒伯朗士哲学和朱熹哲学进行比较研究的唯一著作。该书以附录的形式将朱熹的著作翻译成法文，让西方人能更准确地了解朱熹哲学，是东学西渐的宝贵资料。因此，庞景仁作为我国研究法国哲学的先驱以及比较哲学的先驱，是当之无愧的。1986年，在商务印书馆前总编辑高崧的建议下，庞景仁的学生冯俊从法文将庞景仁这本书翻译过来，贺麟还专门为该书写了"中译本序"，直到2005年商务印书馆终于将它出版，而此时庞景仁已经逝世了20年。这本书从最初法文版到中文版的问世，70多年过去了，但仍不失其学术价值。

庞景仁在20世纪60年代初开始翻译西方哲学的著作，代表作有康德的《未来形而上学导论》，伽森狄的《对笛卡儿〈沉思〉的诘难》，詹姆士的《彻底的经验主义》，笛卡儿的《第一哲学沉思集》，这些著作分别是从德文、法文和英文翻译过来的，意义准确，用词讲究，语言通俗易懂，将深奥的哲学原著变成普通的哲学学生就能阅读的读物，体现了译者深厚的学术功底和语言功底，可以说是中国哲学界的上乘之作。另外，他翻译的莱布尼茨的《致雷蒙的信：论中国哲学》，马勒伯朗士的《一个基督教哲学家和一个中国哲学家的对话——论上帝的存在和本性》，为我们研究17～18世纪的欧洲哲学和中西哲学的比较留下了宝贵的资料。

庞景仁在80年代初参与了国内当时关于康德和黑格尔哲学的讨论，发表了有关康德哲学的论文。这些都成为研究庞景仁个人的学术成就的宝贵资料。

庞景仁一辈子在政治上都处于逆境，30年代初作为北京大学学生共产党组织的负责人而被国民党拘禁，出狱后找党，因党组织转入地下而未能找到。找到一个叫"马列主义读书会"的组织，参加了三个月的活动，发现不是真正的共产党而自行离开。新中国成立后的1953年他向组织上说出了这段谁都不知道的历史，因而被定性为"反革命"，结果是因为这段历史问题他又被送进牢狱。1956年从牢里出来，他带着历史问题的帽子，但是他从没有怨艾，从不叫委屈，甚至从不向人提起。只管努力工作，只管正直做人。在当时政治气氛很浓的中国人民大学工作，他还能当上大外语教研室的副主任，如果不是不计名利地努力工作，是很难想像的。他满腹经纶，一身学问，到哲学系之后，没有上讲台的机会，他也泰然处之，独自翻译，同样干出成就来。到1978年中国人民大学复校之后，他才开始给硕士生开一些选修课讲授康德的《未来形而上学导论》。他是国务院学位办批准的最早的博士生导师之一，1984年他开始招收中国人民大学西方哲学专业的第一批博士生，冯俊和另外一位同学成为他的开山弟子，但他授业不到半年，1985年逝世了，这两位学生也变成了他的关门弟子，是他招收的唯一一届博士生。可以说在培养学生方面，庞景仁的才能没有机会得到很好的发挥。

庞景仁晚年一直要求重新加入共产党或恢复党籍，但是直到他死时都未能如愿。当时这也成为中国人民大学哲学系外国哲学教研室党支部非常遗憾的一件事。可以说庞景仁的一生是寂寞的，没有高台领奖，没有花团锦簇，没有桃李芬芳。但是，在他去世近30年后的今天，中国大学哲学系的学生们还是无人不读他译的康德的《未来形而上学导论》，笛卡儿的《第一哲学沉思集》。

庞景仁早年在北京大学哲学系就读期间（1932～1936）就对西方哲学和中西比较有着强烈的兴趣，据贺麟回忆，大约是在1935年夏天，他就翻译了一篇关于叔本华哲学的论文，亲自从北京城内跑到香山，向当时正在香山避暑的贺麟讨教，贺麟给予了较高的评价。在 30 年代初，贺麟也曾写过一篇《朱熹与黑格尔太极学说之比较观》（载于 1930 年天津《大公报》文学副刊），这可能对庞景仁后来进一步将朱熹哲学和马勒伯朗士哲学进行比较有所启发。

庞景仁 1942～1946 年在巴黎大学和瑞士的弗赖堡大学曾做过 3～4 年的哲学讲师。王玖兴就是受庞景仁的推荐去瑞士弗赖堡大学留学的。庞景仁 1946 年回国时把自己的大女儿留在了瑞士，交给一位主教抚养。

二、主要研究领域和学术成就

庞景仁是我国比较哲学方面的先驱。《马勒伯朗士的"神"的观念和朱熹的"理"的观念》一书是 20 世纪 30 年代末至 40 年代初庞景仁在巴黎第一大学撰写的博士论文，法兰西学院哲学院士、曾任法国哲学协会副会长的法国里尔大学文学院教授亨利·古耶曾为该书作序，给予了较高的评价。庞景仁 40 多年前用法文写下的这部著作成为现在进行中西哲学比较研究的一个范例，全书围绕三个主要问题进行了论述。

1. 比较的文化背景

该书从中法文化的交流史来说明这个比较的缘起。

马勒伯朗士是 17 世纪末～18 世纪初法国哲学家、笛卡儿哲学的继承者之一。马勒伯朗士最著名的著作有《真理的探求》、《关于形而上学和宗教的对话录》等。

在清朝康熙年间，外国基督教传教士在中国展开了持续多年的"中国礼俗"之争，表面上是关于祭祖、祭孔等宗教仪式的争论，而问题的实质则关系到当时的官方哲学即朱熹哲学到底是有神论还是无神论。争论的一方是来中国较早的耶稣会士，一方是来中国较晚的巴黎国外传教会，前者认为中国官方哲学是有神论，"理"就是上帝、天主；后者认为中国官方哲学是无神论，并按照罗马教皇的敕令，禁止中国的天主教徒参加祭祖、祭天等活动。康熙皇帝知道这个情况之后，下令将那些不懂中国思想而胡乱干扰中国"礼俗"的传教士们逮捕，监禁并驱逐出境。

有一位名叫阿尔蒂斯·德·利阿纳（中国名字叫梁宏仁）的国外传教会的传教士，在中国居住多年，并参加了同耶稣会士的这场争论。他在康熙皇帝下令逮捕他们之前就返回巴黎。他和马勒伯朗士是好朋友，向马勒伯朗士介绍了中国的官方哲学，并多次恳求他写一部小册子来批驳中国哲学、特别是"理"这一概念的无神论的错误，来帮助他们在中国的传教事业。应他恳求，马勒伯朗士写了《一个基督教哲学家和一个中国哲学家的对话——论上帝的存在和本性》（以下简称《对话》）一书，于 1708 年出版。该书认为：中国的"理"的概念是和马勒伯朗士的"神"的概念是很类似的，应该剥去"理"的全部无神论的外壳，使它和"神"的概念相一致。该书出版后立即遭到耶稣会士的批评，他们认为《对话》一书中的"理"和中国人本来的"理"是不一致的，理解上有偏差。但耶稣会士们，尽管他们反对国外传教会派，认为中国人是有神论，也没有很好地理解朱熹的哲学。"两个反对者事实上犯了正相反对的错误，耶稣会士们对中国哲学充满着神学的崇拜，相信中国人有一个纯粹的神的观念，而孔夫子是他们的先知。然而传教士们喜欢相信，中国的书只包含着无神论和迷信"（《马勒伯朗士的"神"的观念和朱熹的"理"的观念》）。因而，使西方人弄懂在那个时期中国的官方哲学——朱熹哲学，给他们展示出"理"的概念的含义，指出马勒伯朗士以及西方传教士们的错误，就是庞景仁这一篇博士论文的写作目的。把马勒伯朗士的哲学和朱熹的哲学进行比较就是在上述文化背景下进行的。

为了更好地反驳马勒伯朗士和西方传教士，庞景仁的博士论文也模仿马勒伯朗士《对话》一书，采用对话体的形式写成。论文假定对话者生活在 18 世纪，一方是马勒伯朗士哲学家菲拉莱特，一方是朱熹哲学家金道。为了使比较更有说服力，使西方人特别是法国人更加明了这一比较的意义，把朱熹的哲学思想特别是朱熹的原文展现在他们面前是非常有必要的。在欧洲，"朱熹的著作已经有过两种翻译，勒鲁·勒瓦尔在 1894 年将《朱子全书》第 49 卷的一半翻译成法文，布鲁斯 1923 年将同一版本的 42~48 卷译成英文。布鲁斯翻译的寥寥 7 卷只是论述了朱熹的心理学，而勒瓦尔对解释中国语文的把握不大，不得不删去了 49 卷的第四章和头三章的很多段落的句子。尽管这样，我们仍然可以在他的翻译中发现大量的句子和语词的意思和中文原著相反"，庞景仁在博士论文中提到："正是这个理由使我发现了重新翻译第 49 卷的必要性。它是朱熹著作的形而上学部分"。这部分译文作为附录成为这本书的后半部分。庞景仁所做的这项工作是极为重要的，它是我们研究东学西传的一份珍贵历史资料。与此同时，庞景仁还对朱熹的原著作了比较翔实的注解，为的是让法国学者较为正确地理解朱熹哲学，从这些注释之中也可以窥见他对朱熹哲学理解的新意。

2. 范畴的比较

庞景仁把对马勒伯朗士哲学和朱熹哲学这两种哲学的比较归结为"神"和"理"这两个范畴的比较。他认为：马勒伯朗士和朱熹这两位哲学家，他们的思想在时间和空间上相距甚远,然而却接近一个共同的目标:前者力图调和笛卡儿主义和奥古斯丁主义,后者是想建立一个道学、佛学、儒学的大杂烩的体系,他们分别把自己的思想集中在一个概念的周围:一个是"理",一个"神"。并且他还认为,朱熹本来意义上的"理"的概念,相比马勒伯朗士的《对话》一书中的那位中国哲学家所说的"理"的概念而言,其实与马勒伯朗士本人的"神"的概念更相似。"神"和"理"是这两位哲学家的中心范畴,比较、剖析这两个哲学范畴就可以看出这两种哲学的同与异。

按照马勒伯朗士的学说,神是永恒的,无限广大的,是客观世界的创造者。"我们确实依靠神,如果和他分开了我们将什么也不知道,什么也不是。首先,我们被神创造,并被神连续地创造出来,如果神有一瞬间停止了他的意志,我们马上就会堕入虚无之中。其次,神是我们一切运动的真正原因和动力。因为,如果我们能够摆动我们的手臂,那正是神帮助我们摆动它,既然心灵和形体中间没有任何直接的联系,如果没有上帝的帮助,我们甚至不能动弹我们的手指。再者,神是我们的光明,没有神我们什么也不能认识。因为一切存在物的观念都在神之中,并且正是在神之中我们才能看到一切事物"。因此,神是我们的原因,我们的动力,我们的光明。不仅如此,神"还是我们认识的对象。我们对数学、物理学、天文学和形而上学,最初一切科学,一切真理和规律的研究,都只是以发现神的本质和方法为止的"。最后,"神也是我们生活的最高目的"。因为,我们只能希望一切都是幸福的,而幸福只存在于神之中。所以,我们的目的是看到神,和神联结在一起。

而朱熹的"理"和马勒伯朗士的"神"有许多共同点。如,"理"也是无限的、永恒的、广大的,无处不在,并且是无限完善的,是纯粹的善。理永远是一,一个整体。但它有着不同的功能,由于它的功能不同,我们往往用不同的名字来表示它。当它是至高无上的权威,世界的创造者和保持者时,它叫作"天"。它不仅创造世界而且保持世界,即不断地把世界重新创造出来。当它是一切事物的原因和作为宇宙的根源时,它叫作"太极"。"太极"是一种原始的和永恒的力量,它的运动是永恒的,时盛时衰,太极的运动创造气,阴阳二气实际上是一种气的两端,实际上只有一种气。然而,阴阳就像一切物质事物一样,也不能自己运动,如果它们运动,那是因为在它们之外有另外一个存在物移动它们,它是终极因,最初的动力,这就是"太极"……如果我们能看、听、说和行动,这是因为太极使我们看、听、说和行动。这就和马勒伯朗士认为神是世界上唯一的真正原因,一切自然的原因只是偶因的观点很相似。当理创造了事物并存在于事物之中,作为事物存在的理由、形式和本性的时候,它就叫作"性"。它创造了人并作为人的本性存在于人之中时,它叫作

"心"。这和马勒伯朗士的存在于神中并作为事物的原型、存在的理由和本性"观念"差不多。并且理也是我们"知"的机能的来源，它和来源于气的"觉"的机能相结合，才能进行认识活动。最后，理也是伦理学的本源，当它作为纯粹的道德规律起作用时，朱熹把它叫作"道"，它是仁、义、理、智，也就是"最高的善"，因而"理"也就像马勒伯朗士的"神"一样是人类生活的最高目的。

3. 比较的结论

马勒伯朗士的"神"的观念和朱熹的"理"的观念，也就是马勒伯朗士的哲学和朱熹的哲学，它们有许多相似之处，然而也存在着许多差异，譬如：①对"形体"一词它们有着不同的定义。在马勒伯朗士哲学中，形体和广延是等义词，是神根据一个在它之中的观念创造出来的广延。而在朱熹哲学中，"形体是一个气和理的复合体。气是天创造的，是形体的广延；而理，是天本身，作为本性存在于形体之中"。并且在马勒伯朗士哲学中只有一种物质，而在朱熹哲学中是金、木、水、火、土五种物质组合成全部广延。②"心灵"，在马勒伯朗士看来，它是被创造的，正是和神结合在一起它才能看到一切事物。在朱熹看来，心就是理本身，它通过自身就可以看到一切事物。③"形体的观念"，在马勒伯朗士那里，它在神中，我们是在神之中看到一切事物。而在朱熹那里，它（性）就是理本身，它们存在于形体之中，构成形体的本性，我们能直接见到形体等。

然而，庞景仁认为，两种哲学主要的区别在于：这两种哲学的基础完全不同。马勒伯朗士的哲学是建立在宗教的基础上，甚至他本人"既是神甫又是一个哲学家"；而朱熹的哲学是建立在道德的基础上。前者的学说是一种神中心论，而后者虽然以理为中心，但它相信的不是一种宗教，而是"一种纯粹的和独立的道德，这种道德自孔夫子直到我们的时代，深深地渗透到所有的中国人心中"。善、仁就是朱熹哲学的真正基础和最高点。

但是，朱熹哲学中的"理"、"天"也有人格神的意思。帝，天主，指挥和命令我们，决定我们的命运，奖善罚恶。我们要遵从天意而不能冒犯它和对它说谎。因而天就是至高无上的人格。如果否认在朱熹哲学中有这种人格，那不准确；但如果把这种人格就说成是像一个活生生，有头有手，穿衣戴帽的人，那也不准确。这就为那个关于中国哲学到底是有神论还是无神论的争论作出了解答。

纵观全书，可以看出，在半个多世纪前，庞景仁能对中法两国在时间和空间上相隔如此遥远的两种哲学进行比较研究，以事实为哲学史和文化史上的一桩"公案"作出了结论，这是非常难能可贵的。这正像该书的"序"中所说的："这多亏他对朱熹的体系和他的先辈们有着深入的认识，同样也多亏他对法国哲学有着极好的修养"。并且他在进行比较的过程中，注重比较的文化背景，注重范畴的比较研究，这些作法都是值得我们在进行中西文化、中西哲学比较时借鉴的。

但是，该书也表现出理论深度上的欠缺，只是停留在找出共同点和差异点的水平上，而没有深入的理论分析，并没有从比较中找出人类理论思维的规律和经验教训，指出它的哲学启示。

三、教书育人治学的启示

庞景仁一辈子痴迷于学术，对事业不懈地追求，以苦为乐，给各位弟子和学界则留下了宝贵的精神遗产。这些遗产是什么呢？体现为两个方面，一方面是他见之于文字的译作、著作，他培养出来的学生、弟子；另一方面是他的精神、学风和为人给后学的学术启示和精神滋养。讨论庞景仁对西方哲学的翻译、研究和教学，可以得到以下几点体悟：

第一，学好外语是学习西方哲学的基本功，翻译是研究西方哲学的基础。庞景仁的外语水平高，他在国外生活了10年，法语是他在国外使用的语言，相当于第二母语。法语、德语、英语他都有译作，另外他还学习了梵文和日文。20世纪50年代初他在中央军委做高级翻译，后来在中国人民大学外语教研室教授外语。因此，说他是语言专家，毫不为过。这一点，许多庞景仁门下弟子外语都感到不及老师，一门、两门用起来都未必得心应手，更谈不上掌握四门、五门外语。庞景仁的翻译是非常讲究语言美的，得益于他对汉语的高超的驾驭，得益于他的国学功底。庞景仁的翻译常常是反复锤炼、炉火纯青，人们读起来觉得多一字少一字都不妥。他的学生冯俊和翻译家王太庆聊到庞景仁时，王太庆对庞景仁的翻译也是赞赏有加。庞景仁给后学的启示是如果外语不精、原著不熟，没有自己亲自翻译过原典的训练和经历，就不具备研究西方哲学的基础。

第二，对教学高度重视。庞景仁对指导学生非常的认真，他认为，给博士生指定的参考书，导师必须自己认真读过，他经常去北京图书馆查阅相关书籍和参考材料，认真做读书笔记，住在医院病房里还写信指导研究生读些什么书、怎样读书。庞景仁对教学、对指导学生认真负责、一丝不苟的精神令学生感动，至今难忘。

第三，搞研究就要出精品、出上品。庞景仁不轻易写东西，立言和立命一样谨慎。庞景仁为数不多的文章，文风平实，从不哗众取宠，探讨的是学科主干上的核心问题，在主流，入主流，不猎奇，不搞边缘化。从他翻译的书也可以看出他们的研究取向，研究的是主要哲学家的主要著作，如笛卡儿、康德、威廉·詹姆士等大家的主要著作。庞景仁的研究风格启示后学，研究要以多读、多思为基础，要以对原著的研读为基础，应该抓住大哲学家提出的主要问题，出精品，出上品，宁缺毋滥。

第四，庞景仁一辈子把做学问看作是自己的宿命，历经磨难，毫不懈怠。无论是在干校劳动，还是重病在身，都没有丢过学问，把学问看作是命根子。庞景仁有严重的高血压和心脏病，常年的血压在180～220毫米汞柱之间，心脏装上了起搏器，但仍然坚持翻译和研究。其实，在招收博士生的前夕，他在日内瓦联合国总部担任高级翻译的大儿子和儿媳已经帮他办好了定居瑞士的手续，让他到瑞士治病养病，他婉言拒绝了。他要留下来指导博士生，十分珍惜一辈子得来不易的可以自由地教学的机会。他生病住在医院里还帮魏金声校改萨特《影像论》一书的译本。

四、庞景仁主要论著

伽森狄.1963.对笛卡儿《沉思》的诘难（汉译世界名著）.庞景仁译.北京：商务印书馆.

庞景仁等.1974.哲学名词解释（上下册）.北京：人民出版社.

康德.1978.任何一种能够作为科学出现的未来形而上学导论（汉译世界名著）.庞景仁译.北京：商务印书馆.

保罗·萨特.1986.影像论.魏金声译，庞景仁校.北京：中国人民大学出版社.

笛卡儿.1986.第一哲学沉思集，反驳与答辩.庞景仁译.北京：商务印书馆.

威廉·詹姆士.1987.彻底的经验主义.庞景仁译.上海：上海人民出版社.

庞景仁.2005.马勒伯朗士的"神"的观念与朱熹的"理"的观念.冯俊译.北京：商务印书馆.

撰写者

冯俊（1958～），湖北英山人。全国政协委员，中国浦东干部学院常务副院长，中国人民大学原副校长、哲学院原院长，二级教授、博士生导师，曾是庞景仁的博士生。

熊 伟

熊伟（1911～1994），祖籍贵州贵阳。1927～1933年在北京大学读预科和就读哲学系。1933年赴德国弗赖堡大学留学，并师从海德格尔。1939年获得博士学位，1941年回国。先后任中央大学教授，同济大学文学院院长，南京大学教授、哲学系系主任，北京大学哲学系教授，北京大学外国哲学研究所副所长。著作被收集在《自由的真谛》一书中，翻译海德格尔著作《形而上学导论》、《形而上学是什么》、《存在与时间》（部分）等，并主编了《存在主义哲学资料选辑》、《现象学与海德格尔》。

一、简　历

熊伟祖籍贵州，1911年生于昆明。昆明乃其父熊铁崖宦游之所。熊铁崖光绪三十年（1904年）中三甲三十九名进士，后官费留学日本，与杨度等组织宪政讲习会，任会长。并于1907年联名100多人上书请开国会，建议院。曾同蔡锷等从游于梁启超。梁启超有《致籍亮俦、陈幼苏、熊铁崖、刘希陶书》。回国后历任天津知县、云南知府等。1912年6月10日，财政总长熊希龄因"熊范舆留学东瀛，专习财政，学有根柢，富于经验，堪以派往云南调查财政。"1913年6月因云南省议会弹劾，辞去云南都督府秘书长、云南省国税厅筹备处处长职务。1915年起任中国银行贵州省分行主任、省署秘书长。1920年熊伟9岁，熊铁崖在家中遭政变军人杀害。在熊铁崖被害当晚，年仅9岁的熊伟从睡梦中被惊起，被刺刀威胁，命悬一线，几乎丧命。这个经历给了他极大的冲击。他自述"这个九死一生刀下留命的体会萦绕我一生，总觉得天下事没有什么了不起，动辄发抖，大可不必。"也是他对海德格尔"在到死中去"有独特共鸣的起源。

熊伟幼年家中延请两位塾师，教授家中十几个小孩。他父亲去世后，家中无力再请塾师，1921年投考中学，进入省立一中，属全班年龄最小者，而成绩优异。1925年他中学结业，其兄劝其学哲学。1926年熊伟赴北京投考北京大学，落第。进入私立学校弘达学院补习一年，1927年再考入北京大学预科。据熊伟所撰《我在北大哲学系的三十年》称，当时高等学校设两年制预科，主要招收旧制中学的毕业生。

数年后才有大量的高中毕业生，直接投考大学本科。熊伟 1929～1933 年在北京大学哲学系专习哲学。在德国哲学方面，跟随当时哲学系系主任的张颐学习了德国哲学、康德哲学、黑格尔哲学等课程。在《恩师张颐》中，熊伟回忆，在他升入北大哲学系第一年，张颐开"西洋哲学史"，第二年开"德国哲学"，第三年开"康德哲学"，第四年开"黑格尔哲学"，这成为张颐逐年排课的顺序。在张颐影响下，熊伟立志学德国哲学。他跟寡母提到要到德国留学，他母亲即将房产典当，得三千大洋，做他留学费用。但这笔钱远远不够在德国读博士的用度，张颐听说后，联系主持中华教育文化基金董事会的胡适，由基金会提供留德费用，这样熊伟得以到德国学习。据熊伟所著《恩师张颐》，1935 年熊伟在德国弗赖堡大学学习，开始将《纯粹理性批判》译文寄回国内。但胡适审阅后，认为不令人满意，便决定取消其留德费用。1936 年熊伟回国，任教于贵州省立高级女中，担任文明史和外文课程。据黄凤祝《说不可说——写在熊伟先生百年诞辰》，熊伟能够再续前缘，回到德国读博士，和他在弗赖堡同窗一年的陆懿有很大关系。陆懿 1934 年在弗赖堡大学学习，应于此时和熊伟相识。1935 年陆懿开始在波恩大学攻读博士学位，主修汉学，副修法语和语言学。1936 年波恩大学的汉语教师王光祈病逝，陆懿接替了他的位置。1937 年陆懿得到柏林外国语学校的教职，决定辞去在波恩的教职。熊伟即从贵州写信申请波恩的教职。在求职信中他写道："我经常期望着能够回到德国继续学业。如果我能够在波恩大学教书，就可以实现我的愿望。" 1937 年 4 月波恩大学汉学系卡勒（Kahle）写信给普鲁士科学教育部，为熊伟申请教职，为期一年。1937 年熊伟被波恩大学聘任为东方学系教师，返回德国，在波恩大学一面教学，一面在罗特哈克门下报名参加博士学位考试，论文题目即为"论不可言说"。1938 年陆懿获得博士学位回国，熊伟又接替了陆懿在柏林的教职。1939 年熊伟毕业论文通过，获得博士学位，交由波恩 Koellen 出版社出版。

在弗赖堡的三年是熊伟人生至关重要的三年，在《熊伟自传》中他称这三年"顿觉人生洞开"，犹如长睡大梦，午夜却有一刻觉醒，别的都混沌，"只此一觉很清楚"。在弗赖堡熊伟受到海德格尔的启迪，就如这一刻的觉醒，"此一觉才是真正的我自己，真正的我。"

1941 年熊伟有感于当时中日战争的形势和中国在国际上的形象，写了一篇文章《在人性的保护之下》。当时中日战争进入相持阶段，举世皆认为中国极弱，不堪一击，而日本打了三年多却仍然没有攻克，这在德国人以及欧洲人心中感觉十分不可思议。另外当时德国热卖（实则强迫发行）的希特勒的《我的奋斗》，书中将中国划为第三等民族，既不能创造也不能承受文化，可以说和文化完全不相干的民族。熊伟的文章则弘扬中国文化，认为中国的生存就是"依靠自己对人类文化的丰富贡献，依靠东方精神所着重的道德力量。"所以，"中国的生存不仅是任何人都摧毁不了的，而且是比西方人更坚强有力的。""中国走的是道德的道路，人性的道路。"他着重提出，"东方的精神力量是比西方的物质力量更强大的力量。所以东方的道路是健康的，西方的道路是病态的。历史要有健康发展，世界要不堕入毁灭深渊，都只有指望以人为重的东方精神力量，光明从东方来。"(《关于〈在人性的保护之下〉这篇文章的一些说明》) 这篇文章发表在中国驻德使馆所办的德文宣传刊物《新中国》(1941年4月刊)。这篇文章在德国引起关注，同时也引起官方的注意。两个秘密警察部官员通过时任驻德武官的桂永清跟熊伟面谈，有冷嘲热讽之言语和表达。后国民政府和德国断交，撤销驻德使馆。桂永清认为使馆撤后恐于熊伟不利，让他不要再留在德国。熊伟自认触犯纳粹当局，有潜在危险，"当机立断就突然回国了"。

回国后，熊伟历任中央大学教授，同济大学文学院院长，南京大学教授，北京大学教授。1952年院系调整时，熊伟时任南京大学哲学系系主任。调整后进入北京大学哲学系，任教授。在此后二三十年的时间中，熊伟很难再全力研究海德格尔和德国哲学。朱德生写过一篇《戴着口罩掏垃圾箱——纪念熊伟教授逝世五周年》来描述熊伟乃至当时所有研究现代西方哲学的教授们的处境。朱德生1951年进入南京大学哲学系，当时熊伟是系主任。院系调整后和熊伟一起进入北京大学哲学系，1956年在北大马克思主义哲学研究生班毕业后留系任教。所以朱德生对熊伟当时的状况能够感同身受。他说："在粉碎'四人帮'以前，他似乎真的不再研究存在主义了。偶尔因为教学或政治运动的需要，要他批判存在主义时，他上纲上线比青年人都狠，什么'死亡哲学'、'帝国主义的哲学'等，别的内容似乎就没有了。这样的文章和这样的报告，我既看过、也听过。但我既没有看懂，也没有听懂。因此我也曾产生过怀疑，是不是熊伟自己也有些不甚了了。但是，连续不断的所谓学术批判，使我很快明白了，既然他是专攻存在主义的，领导上要他批判存在主义时，如果上纲上线不比别人狠一点，一定会被人指责为还没有从存在主义的反动立场上转变过来。熊伟十分清楚地知道，与其授人以柄，不如自己批判得狠一点。所谓上纲上线高一点，批判得狠一点，说穿了恰恰便是空一点。"熊伟的在自我批判中形容自己的工作的"名言"是"戴着口罩掏垃圾箱"，朱德生说当时人们都相信，"现代西方的各种非马克思主义的哲学，都是资产阶级腐朽没落思想的表现。这些腐朽没落的思想犹如一堆发臭了的垃圾，仍然要去研究它，岂不是戴了口罩掏垃圾箱吗！"但朱德生从中领会到当时研究西方哲学的教授、专家处境之尴尬和苦涩。

到北京大学之后，熊伟在"文化大革命"结束前的几十年间，都很少有机会在课堂上讲授海德格尔，也似乎不再做这方面的研究。他主要被用作德语翻译——口头翻译和笔译。如在中共八大做同声翻译，后来给北京大学历史系的德国专家做翻译。笔译方面则应中央编译局的邀请，根据德文原作重新校订了马克思、恩格斯经典著作《神圣家族》和《德国农民战争》。

"文化大革命"结束后，高校恢复高考招生，北京大学外国哲学研究所（简称"北大外哲所"）于1978年正式恢复系级建制，招收了第一届研究生。当时的所长是洪谦，副所长是熊伟。这时候的熊伟才真正开始了学术的春天，教学、研究、培养研究生。据王炜《北大外哲所四十年，尊师琐忆》一文回忆，北大外哲所洪谦和熊伟所代表的现代西方哲学的两大主流学派——洪谦的分析哲学和熊伟的现象学尤其是海德格尔研究——在我国的传播、研究不但遂成风气蔚为壮观，且产生了深远影响。据熊伟的弟子王炜回忆，"再次有机会带研究生，先生已经年逾古稀，这时他曾认真地对学生说：'过去，也许我是独善其身多了些，而少兼善天下。今后似应在这方面更多努力才是。'自那时起，先生几乎把他的全部精力都投在了他的学生身上。"熊伟以古稀之年又培养了一批有才学有影响的哲学人才和文化名人。

上过熊伟的课的人，皆称其上课形式活泼，不拘一格，风趣幽默。甚至是信马由缰，说到哪里算哪里。有这样的说法，熊伟讲"回到事情本身去"，"他是这么开始的：课上突然大喊'抓住门外那个人！'大家一惊，都转头去看小会议室关着的门，一丝风都没有，大家错愕间，熊先生大笑：'门外有人吗？哈哈哈哈'。"不过，熊伟又是极认真之人。对于学生的请教，无论是否本系本校，都极认真地答复，甚至几经查找和思考，登门答复。为写一篇论文，以年届80之高龄，从北京大学坐公共汽车到故宫查找资料。他在病床上修改自己的译著，决不轻忽，随意发表。熊伟带动了国内现象学、存在主义、解释学的研究，尤其是海德格尔哲学，从他初次在国内介绍时候的鲜有人知，到他去世时候几成"显学"，熊伟功不可没。

熊伟参加了若干重要的国际学术交流活动，这是重开国门之后，获知西方哲学研究现状以及展示中国文化的重要机遇。熊伟参加了1982年5月在芝加哥举办的北美海德格尔协会第16届年会，并宣读了题为《恬然于不居所成》的论文。指出海德格尔早年在熊伟参加的课上说中文之难，几乎不可学，而海德格尔晚年同萧师毅一同阅读和翻译老子《道德经》，海德格尔的恬然于不居所成和老子的功成不居有相互发明之效。海德格尔作为一个哲学家，"总是充满诗意地运思并充满诗意地讲话"，他1972年写的长诗中有两句"运思的人越稀少，写诗的人越寂寞。"熊伟认为，"老子与海德格尔，时间上相隔两千年，空间上相去两万里。但这并不妨碍运思的人以垂暮之年还不得不来翻译那难得不可能学的中文，以求打破写诗的人的寂寞。"会后熊伟即被推选为北美海德格尔协会名誉会员。

1987年又受联邦德国洪堡基金会邀请访问三个月，正值第14届全德哲学大会在吉森开会，熊伟在宗教哲学、神话学与美学专题讨论会中作报告《在中国思想方式中的海德格尔哲学》。文章将中国传统思想和海德格尔思想对照，海德格尔与庄子"天地与我并生，而万物与我为一"有共同的洞见，在《形而上学导论》中，他说"莽莽苍苍，万物与我们合而为一。本真的阐释必须把不再形诸文字但却被说到了的那些义理展示出来。本真的义理要到科学解释发现不了，又超越了科学禁区而被谴责为非科学的之处去找。"文中还以海德格尔的基础存在论历史观来看待马克思主义的历史观，认为马克思主义在中国并非仅仅是一个历史学堆砌事件，而是"在流传下来的时运中调整其可能性开启向前也。而在此开启中已出现近半个世纪尤其近10年来中国新历史……"。文章还认为马克思的自由观念同海德格尔的自由观念是一致的。比梅尔在读了这个讲稿后，复信说"你从马克思主义观点把古代中国智慧与现代思潮和海德格尔结合起来甚为成功。我总对你之深入海德格尔思想印象甚深。也许古代中国传统比现代欧洲思想还更接近海德格尔一些。"讲稿还寄给了旅居美国的陈康——熊伟和陈康在德国留学时是同学，陈康复信称"吾兄会通马海为中国共产革命建立哲学基础，钦甚佩甚。"吉森会议结束后，熊伟随之参加了在海德格尔出生地梅斯基尔希举办的海德格尔诞辰纪念会，并遇到海德格尔的长子耶格尔·海德格尔和次子赫尔曼·海德格尔。熊伟又向其询问海德格尔和萧师毅合译《道德经》8章的稿件现况，惜赫尔曼·海德格尔对此事不甚了了，甚至称其父未执笔译老子，也没有遗稿留存下来。熊伟再到波鸿大学访珀格勒尔，又谈此事，而珀格勒尔则肯定海德格尔亲笔译了老子。

1989年熊伟参加在波恩召开的海德格尔诞辰百周年纪念会，做了题为《海德格尔在中国共鸣情况》的报告。并赠精裱单条给大会，即老子第15章"孰能浊以静之徐清，孰能安以动之徐生"。海德格尔曾将老子的这两句话挂在他书房的墙上。

熊伟晚年面对病魔和死神，也透出一种他在中国文化和海德格尔哲学中读出的"大无畏"精神。他说，"我在世乃由天命抛入时间之流中，方此一瞬，我自不知何自来与何所往，双向看去，皆为空无"。熊伟临终前将多年出国节省下来的美金、马克、港币都交给王炜，嘱其赞助年轻学子。王炜后来将这项资金做了"熊伟青年学术基金"的底金。

1994年熊伟病逝，享年83岁。

二、主要研究领域和学术成就

熊伟作为海德格尔20世纪30年代的亲炙弟子,对于海德格尔思想有自己独到而深刻的见解。如熊伟的弟子王庆节所言:"先生谈海德格尔,言必称老庄,这里面固然有先生个人的性情在,但也是和先生的那份深切的中国文化关怀分不开的。"对海德格尔晚年和台湾的萧师毅一起翻译《道德经》一事,熊伟予以深切的关注。他自己写了《道家与海德格尔》一文,叙述海德格尔同萧师毅来往以及译《老子》8章事,且在探访海德格尔故居以及同海德格尔遗稿整理人交流中,反复求证此事,追查海德格尔所译《道德经》手稿下落。手稿尚未被发现,此事也终不能落实,熊伟又在海德格尔著作中发现多处提到甚至摘引大段的老庄著作原文,在他看来这种现象并非偶然,也非巧合。海德格尔对道家思想特别关注,其内在的根据是非常渊深的。熊伟指出,海德格尔和道家思想的共鸣,"其明显的特点不是为个别论点寻找根据,而是将中西世界融入观察的通道。""这就是说,海德格尔反映古今中外人类思潮的脉搏,故难不道及。"

在《道家与海德格尔》一文中,熊伟指出海德格尔的1962年题为《流传的语言与技术的语言》的演讲中,征引了《庄子·逍遥游》中重要的一大段话:"惠子谓庄子曰:'吾有大树,人谓之樗。其大本拥肿而不中绳墨,其小枝卷曲而不中规矩。立之途,匠者不顾。今子之言,大而无用,众所同去也。'庄子曰:'子独不见狸狌乎?卑身而伏,以候敖者;东西跳梁,不辟高下;中于机辟,死于罔罟。今夫斄牛,其大若垂天之云。此能为大矣,而不能执鼠。今子有大树,患其无用,何不树之于无何有之乡,广莫之野,彷徨乎无为其侧,逍遥乎寝卧其下。不夭斤斧,物无害者,无所可用,安所困苦哉!'"又点到《庄子·山木》中的两处:"庄子行于山中,见大木,枝叶盛茂。伐木者止其旁而不取也。问其故,曰:'无所可用。'庄子曰:'此木以不材得终其天年。'""一上一下,以和为量,浮游乎万物之祖。物物而不物于物,则胡可得而累邪!"这些引文中的道家思想和海德格尔思想有巨大共鸣,熊伟指出,海德格尔提出"流传语言与技术时代之失调导致吾人达于不可说之境,亦即技术尽量发挥物之有用,适以唤醒吾人从无用方面去体会物之意义。"熊伟认为,海德格尔研究《道德经》以及道家思想的经历对海德格尔的思想有深远影响。在他讨论技术和艺术的演讲中,就直陈,"吾人必须用更新与更远大的目光以视万物;若仅赖迄今诸多论证以视上帝,则不如'道'之远大了。"海德格尔直接用"Tao"来说"道"。在熊伟看来,海德格尔发扬了"道","看见并重放了老子'无名'的光辉。"

熊伟还用庖丁解牛时对他的刀具的使用和占有来说明海德格尔在《存在与时间》中所提出的对用具的操作和打交道,正是这种打交道的娴熟,才是人居栖的方式。存在也是以这种方式澄明自身,人居于这种澄明的方式中。相应于老子所说的道,"万物恃之以生而不辞,功成而不有",海德格尔有一首诗,熊伟的译文如下:

> 凡属贫者,安其贫于至乐。
> 其无言的遗言,
> 浩然保持于记忆中,
> 把真理道出:澄明,
> 恬然于不居所成。

除了道家思想,熊伟还将海德格尔和中国其他思想传统融贯起来。他讲海德格尔的"在到死中去",必讲中国传统颂扬的"视死如归"和"大无畏"精神。他理解的《存在与时间》中的我在以及我在世,是"不存在则已,一存在就是天地与我并生,万物与我为一"。而在世界中,他又强调"万物皆备于我矣",且"反身而诚,乐莫大焉",这也和陆象山说的"宇宙即吾心,吾心即宇宙"是相通的。(《"在"的澄明——谈谈海德格尔的〈存在与时间〉》。熊伟从开始对海德格尔的领会就是和中国思想、观念密不可分地联系在一起。他的毕业论文《论不可言说》以及同一时期所写的论文《说,可说;不可说,不说》中,都包含了对中国传统的理气分殊,西方的形式-质料的关系和语言的思考。

熊伟对于海德格尔关于"自由"的思想也极为重视,而对自由的思考也和他对马克思主义的理解结合在一起。对这种集马克思主义和海德格尔为一体的自由观见于各处熊伟谈论自由的文章和报告。在《"在"的澄明——谈谈海德格尔的〈存在与时间〉》所述尤其清晰。他提出,"在者之无蔽,用通俗的话说,就是客观世界展现出来,当然其中的规律与规律性也展现出来。而此在向无蔽的在者开放,那就是说,至少是适应在者吧。而在'我在世'的存在中,此在不是对在者的适应,包括对规律性的适应,还能有什么别的适应呢?而此在还是自由地开放、对待、适应,这就是说,是由在中的这个自己去适应,这就是说,由最高程度的主观能动性去适应,这才是真正的自由。"又进一步说,"尤其重要的是有此在由自己去主动地适应在者,当然包括适应其规律性,所以自由地开放、对待、适应,这也就是通俗所说的主观能动性的契机。"因此,对待死就要自由地"在到死中去",视死如归。这才是真自由,"而不是世俗常见的肉包子打狗有去无回一往无前那样号称的自由。那恰恰不是自由。"他认为,近百年的历史中"马克思主义无论在人类物质发展中还是在人类思想的发展中都起了此在在存在中自由地开放、对待、适应在者整体之去蔽的结果。

近百年的人类历史特别是近半个多世纪尤其是近七八年的中国历史，也是靠在者整体去蔽中出现的马克思主义指引出来的。"熊伟称引《共产党宣言》中所说"每个人的自由发展是一切人自由发展的条件"。有了马克思主义，每个人就可以真正自由地，而不是"肉包子打狗式地"前行，"为共产主义事业而大无畏地视死如归在到死中去。"

对海德格尔和纳粹关系的理解。熊伟对海德格尔思想很推崇，却没有无视海德格尔曾加入纳粹党，并为纳粹服务的历史。他专门著文介绍了拜尔《四个批判》中对海德格尔纳粹行径的揭发。1933年5月海德格尔加入纳粹党，纳粹党人称"国社主义认为海德格尔是当代人的思想的精神领袖。"1933年6月海德格尔发表演讲，称"德国民族的未来"都"系于元首一身"。1933年11月以弗赖堡大学校长身份下令"对犹太学生和马克思主义学生都不许再给任何优惠待遇。"并和他的老师犹太人胡塞尔绝交，甚至在胡塞尔去世时也完全不予理睬。海德格尔在晚年曾接受《明镜》杂志采访，就人们对他和纳粹关系的疑惑进行解释。指出他在1934年夏季学期讲《逻辑学》，宣告他脱离纳粹："所有当时能够听课的人都听到了，这是一次和纳粹主义的分手。"熊伟恰恰在那个时候在海德格尔的课堂上，但他并未听出海德格尔有和纳粹分手的迹象。海德格尔在战争最后一年被征劳役，不在500个免除战时劳役的科学家、艺术家之列，他被送到莱茵河对岸去挖战壕，被排在完全无用的人中第一名。而在德国被占领后，占领军也禁止海德格尔授课。所以从1944～1951年海德格尔都被禁止教学。熊伟就海德格尔和纳粹的关系认为，海德格尔在纳粹上台前就是著名的哲学家，他不需要趋炎附势，依靠纳粹抬高身价。所以，海德格尔之参加纳粹并非人格卑劣、道德沦丧，是他的出身和思想意识造成了他反共、反马克思主义、甚至反民主。即源于他"在的命运"。但海德格尔的纳粹党立场并不影响他思想的伟大，因为他的思想早于纳粹而形成，而后一以贯之，所以纳粹党的覆灭不能导致他的覆灭。他也贯彻了自己"敬天命"、"畏大人"、"死而无憾"的精神面对现实困境。熊伟认为海德格尔转向后，对"物"的思考也和马克思有异曲同工之处：也是要求人从"物"的奴役与重压下解放出来。他译了海德格尔1972年写的一首诗，以昭显此理：

> 算计的人越急，
> 社会越无度。
> 运思的人越稀少，
> 写诗的人越寂寞。
> 心中有数的人越走投无路，
> 越感到有救的暗示之辽远。

熊伟观海德格尔不是贩卖哲学知识的智术师，而更像一个诗人，满堂吟咏，形成一股奇异的风格。海德格尔之思、之行、之教，在熊伟看来，只能用一句话来解释——"海德格尔是一个哲学家"。海德格尔这种启发人深思而非兜售知识的教学、指导学生的方式，也影响了熊伟日后的教学思想。

三、熊伟主要论著

海德格尔.1996.形而上学导论.熊伟,王庆节译.北京:商务印书馆.
熊伟.1997.自由的真谛——熊伟文选.北京:中央编译出版社.
熊伟.1997.存在主义哲学资料选辑.北京:商务印书馆.
熊伟.2004.熊译海德格尔.上海:同济大学出版社.

主要参考文献

熊伟.1997.自由的真谛——熊伟文选.北京:中央编译出版社.（文中所引熊伟先生论文、自传等内容皆出自此文集）
朱德生.2000.戴着口罩掏垃圾箱——纪念熊伟教授逝世五周年.安徽师范大学学报（人文社会科学版），(3).
王炜.2004.北大外哲所四十年，尊师琐忆.http://wenku.baidu.com/view/7b192eb069dc5022aaea00e6.html. 2013-11-18.
黄凤祝.2011.说不可说——写在熊伟先生百年诞辰.http://blog.sina.com.cn/s/blog_9075d01a0100yp7j.html. 2011-10-07.

撰写者

朱清华（1972~），2002~2006年就读于北京大学哲学系，获哲学博士学位。现为首都师范大学哲学系副教授。研究领域为西方哲学。著有《回到源初的生存现象——海德格尔前期对亚里士多德的存在论诠释》，并有译著多部。

周辅成

周辅成（1911～2009），重庆江津人。哲学家，伦理学家，中国伦理学及西方伦理学史学科的开拓者和奠基人。1929年入清华大学哲学系，1933年毕业并考入清华大学国学研究院，师从吴宓等教授，攻读西方哲学和西方伦理学。1936年研究生毕业后，先后受聘于四川大学、南京金陵大学，任副教授、教授；后又受聘于中山大学、武汉大学哲学系教授席位。1952年调入北京大学哲学系，任教授。1980年组建北京大学哲学系伦理学教研室并担任主任。创建中国伦理学会并任副会长、名誉会长、顾问。1987年退休后，仍笔耕不断，教研不辍，先后远赴印度、法国等国和港台地区讲学。他的学术思想经历了一个从传统理想主义的自然主义到社会主义的人道主义的重要转变，"以人为本"、"人民正义"成为他毕生的学术宗旨和根本理念。在哲学上坚持以人性论为立足点，主张以人为本的人道主义；在伦理学上，强调以人民为本，主张以正义为中心的人民伦理学；在人生哲学上，强调价值追求，主张理想主义的人格独立；在文化哲学上，强调人民传统，主张积极发挥传统文化的生命活力。作为哲学家和伦理学家，一生追求真理，坚贞而宽厚，仁慈而正义，是中国传统伦理学和伦理学家"知行合一"、"学命一体"的典范。

一、跨越世纪的道德人生

1911年6月20日，周辅成出生于四川江津县（现属重庆）的李市镇。祖父是一位家道中落的地主，父亲于成都政法学校毕业后，先后在县城和重庆市谋职，从乡村到了城市，这让周辅成有机会到重庆巴县中学读书，并通过舅父接触到新思想。1929年他以优异的成绩考入清华大学哲学系，1933年毕业后考入清华大学国学研究院，拜吴宓等教授为师，攻读西方哲学和西方伦理学。

在清华大学读书期间，周辅成就开始研究东西方哲学史和伦理学。1932年，年仅21岁的周辅成发表第一篇伦理学研究论文《伦理学上的自然主义与理想主义》，标志着其早期思想的"理想主义的自然主义"信念的形成。同年还发表了《歌德与斯宾诺莎》、《康德的审美哲学》。1934年发表《克鲁泡特金的人格》，展现了其理想主义的人格立场。

1936年研究生毕业后，几经辗转回到成都，与唐君毅、牟宗三合编《理想与文化》期刊。1940年，发表第一本哲学专著《哲学大纲》，1942年发表长篇论文《论莎士比亚的人格》，将其"理想主义的自然主义"立场系统化。此后，先后在四川大学、南京金陵大学作副教授、教授，后来受聘中山大学、武汉大学哲学系的教授席位。

1952年北京大学哲学系，整理中国哲学遗产，发表《冯桂芬的思想》、《郑观应的思想》、《陈炽的思想》、《荀子的认识论》等专文，出版《戴震》和《论董仲舒思想》两部研究中国哲学史的专著，并提出"必须重视祖国哲学遗产的特点和价值"的重要观点。

1958年后，周辅成基于自己的理想和兴趣以及客观情势，又"回头来搞西方哲学，特别是西方伦理学。"由于中断多年，没有人手，周辅成凭一己之力，编辑出版了《西方伦理学名著选辑》（上、下卷）和《从文艺复兴至19世纪西方政治家思想家哲学家关于人性论人道主义言论选辑》，这几部著作为中国现当代伦理学学科及其教研体系的重建和人道主义问题的探究做出了奠基性的学术贡献，为中国伦理学学科的建设作了最基本的、也是最重要的学术准备。同时，发表了《亚里斯多德的伦理学》、《希腊伦理思想的来源与发展线索》等重要文章；培养出那个时代第一个受过伦理学基础教育的研究生章海山。

"文化大革命"结束后，周辅成创建了北京大学哲学系伦理学教研室，并担任教研室主任达7年之久；同时，率领弟子编写出版《西方著名伦理学家评传》，完整地建立了我国西方伦理学教研体系和规范。接着，又参与创建中国伦理学会，担任名誉会长和顾问。1987年，从北京大学哲学系退休。1996年，85岁高龄的周辅成撰写了《中国伦理学建设的回顾与展望》长文，明确提出了"建设有中国特色的新伦理学"的构想。1997年出版哲学、伦理学代表作《论人和人的解放》。2009年5月22日逝世，享年98岁。

1949年以后的周辅成的学术经历和思想发展，先后经历了50年代的马克思主义学习与研究，50年代后期的中国哲学史学习和研究，60年代的西方人性论与人道主义学习与研究，确立了自己哲学、伦理学的新信仰"社会主义的人道主义"。经历了80年代的人道主义讨论，90年代的伦理学学科建设，新世纪的人格人物评价几个阶段，周辅成的"社会主义的人道主义"理论逐步得到完善和系统化，建构起了包括人性论与人道主义、正义中心的人民伦理学、理想主义人格伦、传统文化活力论的思想体系。

周辅成的一生是伦理学的学术人生、道德人生。这不仅体现在他一生都在致力于伦理学的研究，并创建中国特色的人民立场的伦理学；同时也体现在自己的生命和生活中实践自己所提出和倡导的道德原则。他终身信奉人道主义，在生活中处处以人为本；他坚信人民是真正的道德主体，力倡人民伦理学，在生活中与百姓打成一片，以布衣自居；他坚信人格的高尚应该体现在理想主义的价值追求中，而在生活中则从不放弃理想，超越而乐观。北京大学哲学系在讣告中这样评价周辅成：作为哲学家和伦理学家，始终秉持学术与思想互成、教学与研究相长、教学与育人统一的学术教研风格，一生追求真理，坚贞而宽厚，仁慈而正义，是中国传统伦理学和伦理学家"知行合一"、"学命一体"的典范。

二、主要研究领域和学术成就

1. 人性论与人道主义

周辅成伦理学思想的哲学基础是人道主义。人性、人道主义问题，或者说关于人和人的解放的理论，始终是周辅成哲学思考和伦理学思考的立足点和出发点。1966年周辅成编著了奠定中国现代人性论、人道主义讨论基础的《文艺复兴至十九世纪西方政治思想家哲学家关于人性论人道主义言论选辑》，并撰写了长篇序言"近代哲学家、政治思想家的人性论与人道主义"。1982年，周辅成又撰写了他关于人性论与人道主义思考的标志性论文《论人和人的解放》。

周辅成认为，"人性论，往往是中外历代学者的社会历史观点的根本原则，也是他们的世界观的一部分。他们解释人类生活的历史和社会现象，总是以人性作为最后依据，把人性看成是人类社会发展的最后决定力量。"而"人道主义，则是从上述人性论推演出的一种理论。""人性论"是确立人之为人的本质，而"人道主义"则寻求人的解放，所以，"历史上的人道主义……从它的第一次诞生开始，它就是进步的思潮"。

尽管"人"或"人性"、"人道"或"人的解放"这些问题，是很古老的哲学和伦理学问题，但是，近代资产阶级人性论，其内容的丰富和对社会、文化的影响，都远远超过古代的人性论和人道主义。因此，一般谈人性论，重点也是谈资产阶级的人性论。

（1）资产阶级的人性论与人道主义

根据近代社会发展的历史，资产阶级人性论与人道主义的历史，可分为三个阶段：①文艺复兴时期的人性论与人道主义。在人性论方面以"人兽之分"代替封建时代"天（上帝）人之分"，并用以说明人性。认为要了解人的价值，不应该与上帝比较，而应该与禽兽比较；区别是在于人有理性，而禽兽则没有理性。这样，人的尊严便可显出。从这种人性论推演出一种人道主义。他们把人的一切现实要求归结为人的自由与人的幸福的要求，主张任何人，都是以人的自由与幸福为人生目的与行为的指南。②17～18 世纪英法革命时期的人性论与人道主义。这一阶段所讲的人性，已经超过仅作人兽之别的阶段，他们力求为人有天赋权利作证。而在以天赋权利为中心的人性论基础上，发展出了以自然法、自然契约为根据，以自由、平等、博爱为口号的新的资产阶级人道主义。③19 世纪至 20 世纪的人性论与人道主义。这一阶段的人性论与人道主义者们，把人性的根本内容看成是博爱。人道主义的根本主张"人类自由与人类幸福"，也是被放在博爱的口号下来求其实现的。在他们看来，无博爱即无自由、平等可言，博爱是人道的中心，也是人性的内容。

对于整个近代资产阶级人性论与人道主义，周辅成认为，"这种人性论，最重要的成就，是打垮了从中世纪基督教传来的人类原罪说。（也纠正了古代城邦主义的、命运主义的人性论。）"在近代资产阶级看来，人的解放，就是一切诉诸人性，让天赋的权利（包括个人自由、个人尊严、个人幸福等）得到充分发挥，在人性或人权受到摧残的地方，主张恢复人性，取得人权。在个人生活中，在社会生活中，总是强调个人自由、个人幸福、个人尊严。作为政治主张，则强调权利或自然权利（或天赋人权）；认为人权是先天具有的，是神圣的。"这种思想或人论观点，是曾经起过进步作用的。尤其是近代初期，它首先在文学艺术中取得辉煌成就，其次在哲学和其他学术领域中取得丰富成果，最后在政治上，在荷兰，英国革命中得到胜利。"

当然，这种人性论与人道主义的缺陷也是十分明显的。这种抽象的人性论与人道主义，"根本不是人民的本性"，因为"劳动人民求的解放，是集体的解放，阶级的解放，所得利益平均分配，这和资产阶级的解放——在个人自由，个人解放之名下，所求的利益根据个人财产多少而作不平等分配——不大相同。"在求解放的运动中，劳动人民发展出较系统的阶级论，用以代替资产阶级抽象的人性论，并把推动历史发展的动力放在劳动人民身上。这些思想经过批判、继承、发展，成为了社会主义思想的重要来源和组成部分。

（2）社会主义的人性论与人道主义

周辅成认为，在 19 世纪中后期，伴随社会主义运动的发展，许多社会主义者都以人道主义作为他们的根本信条。到了 20 世纪，社会主义的人性论和人道主义更为壮大。社会主义社会讲人性论、人道主义，根本的是要将人道主义的个人解放与社会主义的阶级解放结合起来，将人性论与阶级论统一起来。"坚持'先是社会解放，然后是个人解放'这一观点，才是比较合理的"。这便是其"社会主义的人道主义"立场。这一立场是其后半生建构人民立场的中国特色伦理学的重要理论基础。

在周辅成看来，从人类发展来说，求解放是人类进入文明社会后必不可免的社会现象。从人性论出发，是建立在个人主义基础上的求个人自由和幸福的解放；从阶级论出发，是建立在社会主义基础上求阶级解放。"社会主义认为人或人性要复归，就是指一切有劳动力的劳动者（或生产者）的本来状态要复归。这是一种表达阶级论或阶级解放论的理论的形式，最终是要求劳动人民的阶级解放。"换言之，社会主义首先强调的是劳动人民作为阶级的解放。当然，强调"阶级论"并不意味着要抛弃"人性论"，只不过，社会主义讲人性论和人道主义，是不能脱离开劳动人民的整体解放的阶级论立场的。

社会主义讲人性论、人道主义，也必须充分研究现代西方新的人性论、人道主义思想。周辅成认为，西方新的"人论"、"人学"，是为"人"争人格独立、人的尊严与自由的理论，是想为"人"作一个综合的、完整的探讨的壮举。如存在主义，大声疾呼要讲"完整的人文主义"，要天道合乎人道。这些新的人学思想，给我们提供了关于人性、人道的整体的视野。对于社会主义的人道主义来说，"我们对于西方的人论，特别是当代的人论的态度，第一，是研究，第二，还是研究，第三，才是批判。"

对人性论与人道主义的历史和现实的研究，使得周辅成将自己理论思考的着力点放在了争取人的解放（包括"社会解放"和"个人解放"）上，他将这一努力目标称为"立人极"的"健全的人道主义"。这种追求人的解放的"健全的人道主义"，是通过"人民立场的伦理学"而实现的。

2. 人民立场的伦理学

作为伦理学家，周辅成不仅是我国伦理学学科特别是我国西方伦理学史学科的奠基人，更重要的是他提出了一套体系完整的"人民立场的伦理学"。

（1）人民立场是伦理学上的路线问题

对"人民性"的强调，是周辅成一以贯之的哲学立场和伦理学立场。1934年，还在清华大学的周辅成，在赞赏克鲁泡特金的人格时，就将其人格中的"人民性"作为一个重要内容。50年代他在研究冯桂芬、戴震等中国历史上的思想家时，进一步强化了这样一种"人民性"的评价。这样一种一以贯之的"人民立场"，到了20世纪80年代升华和体系化为"人民立场的伦理学"。1983年，周辅成第一次明确提出伦理学上的"路线斗争"问题。他指出，"伦理学史上的两条路线斗争，就是以人民道德为中心而展开的斗争。一是真正代表人民要求或利益的伦理思想；一是反对或曲解人民道德的思想。"这一立场在1993年再次得到强调："伦理学，就是要区分人民的道德伦理学和老爷的道德伦理学。"

周辅成强调，重视人民的道德斗争，并不是不用讲道德的本质。在伦理学研究和道德实践中，是要分别利己与自我牺牲、动机与结果，要分别良心义务与社会功用。但是，"我们还有更根本的问题，即维持和发展人民的道德，这才是辨别两条路线的标准"。人民道德，是将社会利益、老百姓的利益放在第一位的；人民道德所要反对的，是那些"反人民的伦理学理论，以及歪曲人民道德的各种伪理论。"因此，虽然在理论研究中，人们也可以用道德本质上的争论来划分，也可以用道德起源上的争论来划分，还可以用道德标准或道德理想或价值之争来分；但是，这样的划分尽管在理论上很容易，实践起来却不能解决任何问题。而伦理学本是一门实践科学，伦理原理如果不能实践，或者在实践中甚至得到相反的结果，那就不能称其为原理。周辅成认为，这就是要将人民立场问题放在第一位，将其他道德问题上的争论放在第二位的原因。

（2）人民伦理学是人民的道德行为之学

基于对伦理学上的两条路线斗争的把握和对人民的信念，周辅成坚决主张"人民立场的伦理学"，这种伦理学以人民的道德生活为研究对象，是人民实践的理论之学。"伦理学就是一般人民的道德行为之学。""一部令人满意的、脚踏实地稳稳当当的、毫不浮夸的伦理学，总应该是以普普通通的、过惯道德生活的人民的道德作为出发点，以至是最终点。"这就是说，站在人民的立场，伦理学应该关注普通人民的道德生活。因为人民的生活本身就是道德的。

人民伦理学既然是涉及人民实践的理论之学，因此，其内容就必然是立足于人民的道德实践的，而不能将一个不能实践的规则作为道德的规范或原则。即使是英雄行为，那也只能是合情合理的，是从人们的日常行为出发的。周辅成说："讲伦理学或研究道德生活的人，对他所提倡的道德规则或标准，首先是应该想着自己做到，然后求人做到。连自己也做不到，便不要强求人做到。""利他"、"自我牺牲"、"毫不利己，专门利人"，当然是好的道德行为，是应该提倡，但也不能随时挂在嘴边。"一种道德理想，自己做不到而要求别人做到，这不是道德教育，更不是伦理学，只能是自上而下的政治命令。"人民伦理学不是这样一种超越于人民道德实践之上的抽象的伦理学，它完全从人民的道德实践中概括出它的道德原则，这个原则就是"正义"或者说"公正"。

(3) 人民伦理学是仁义合一的正义之学

周辅成通过对古代道德观念开端的考察，强调"正义"或者说"公正"，作为最基本的道德原则，具有十分古老的历史渊源。古今中外，并不是先有礼与法，而后有道德上的"义"或"义道"，实际上是先有人民或社会公认的道义，而后有一定的礼法或法典。"正义的出现，应该说是和善恶观念或道德观念，同时出现的，其作用也是相同的。这是人民的呼声，是人民对道德的要求，因此，我们可以说正义是属于人民的道德。"

周辅成认为，用"正义"这个概念来了解过去的道德史、伦理学史，就可以真正把握到伦理学的本质，看到人民在历史上如何为正义感作辩护，统治阶级又如何利用这个概念来为自己的非正义行动作辩护。"人类经过几千年，尽管可以对道德或正义作种种不同的解释，以用来为他们的阶级利益、阶级道德生活与理想作辩护，但只要企图维持一个有秩序的社会生活（包括道德生活），那么，有些曾被利用过的概念或生活方式，仍然会留存下去……我们可以而且应当分别不同阶级的不同道德与正义，但我们决不能想像未来任何社会，它可以不要道德与正义。"很显然，在周辅成看来，道德，作为人民的道德，最为根本的原则就是正义，这不仅古代如此，现代如此，未来也如此。

因此，作为中国特色的新伦理学，人民伦理学必须将正义作为自己的核心立场。"21世纪的新伦理学，首先不是把仁或爱（或利他、自我牺牲等）讲清楚，而是要先把公正或义（或正义、公道等）讲清楚。""仁义是合一的，个人与社会是合一的，内心与外界也是合一的。""所以，新世纪伦理学，不能只是爱人之学、利他之学，还应当成为'社会公正'之学，重正义感，培养正义感，发展人类互相间的休戚相关，以正义感来推进社会公正的发展。"他甚至强调："爱而不公正，比没有爱更为可怕！可恨！"

至于以"义"或"公正"为中心的伦理学如何展开，周辅成认为，应该是仁义并举。义与仁，经过千百年的道德经验，是密切不可分的。"应该牢记住：仁义是合一的，个人与社会是合一的，内心与外界也是合一的"。一个人能有正义感或公道观，他就同时必有仁爱之心、休戚相关之心、否则他在人与人交往之间，不会有公道的念头。这一点，在个人，就是爱人之心；在社会，就是互助互爱。个人道德和社会道德，本来一致。个人修养，离开社会道德，决不能成为道德，也许不会做坏事，但不一定会做好事，做公正事，做真正的道德行为。因此，个人修身必须在实际的社会道德中去锻炼：只有经过这种锻炼，才会有真正的正义感。换言之，个人的正义感、道德感，不会从天而降。你必须先对人好，然后别人才能对你好，你必须先爱人，先爱人民，别人或人民才会爱你。你有正义感，人家见你受不平待遇，才能为你抱不平。

(4) 人民立场的伦理学要追求社会公正

正义尽管是最古老的道德原则，但在实践上，正义也是通过对非正义的斗争实现的。在实际生活中，站在鼓吹公正原则前列的，多半是受不公正待遇的善良人民，特别是劳动人民；而凡是进步的理论家，都是不同程度上同情劳动人民。"人民自有他的道德观、正义观，自有他们心中所崇拜的有德之人。所以，社会公正之学，首先要求每个人（特别是作为仆人的统治者）要承认他人或人民都有意志、有自由，不能以自己的意志，强加于人或人民。"事实上，古今中外的大学者、大哲人、有作为的政治家、社会活动家，无不为社会公正及为实现社会公正的社会责任而绞尽脑汁。

社会公正不仅是人们永不懈怠的历史追求，也是现实社会中的理性的必然存在。"只要人类不希望自己灭亡"，这就是"社会公正"必然存在的根据。这个必然性是建立在现实性与普遍性之上的。"人人需要公正，比每日需要吃饭还更迫切。"当然，说社会有公正存在，并不是说社会已经是公正的社会了；而是说，人类，只要人类存在，只要人类还希望存在，就不可能不强调公正，就不可能不存在公正。"恐怕只有在人类丧失理性的时候，在残酷地进行战争或残酷地进行压迫剥削的时候，才会失掉公正原则，凭借武力、权力、财力横行世界。"

3. 理想主义的自然主义人格论

哲学上的人道主义立场和伦理学上的人民正义立场，反映到人生实践和人生思考中，便是周辅成独特的以理想主义的自然主义人格论为核心的人生哲学。在人生哲学上，周辅成高扬理想主义的大旗。他明确地说："自然主义在人生理想论上，简直是混淆黑白。不仅中国的传统思想不许其存在，西洋思想上，亦迄无他们的永久地位。虽然它在西洋随时都出现；但只是在人类思想彷徨无依的时候乃有，人类思想稍一安定，人类又必信价值自有其绝对标准了……这派肯定有绝对标准者可以以理想主义（idealism）一名总称之。"同时，周辅成又公开表态，"我自己是一位理想主义者。"这一立场是周辅成在20岁出头时的宣示，也是他晚年的坚守。在晚年评价唐君毅的人格和哲学思想时，他说："唐先生自始至终未忘理想的重要，未忘理想是一种真实存在。他的一生、全部著作，都充满了追求理想、实现理想的向上精神。"并以"新理想主义"来概括唐君毅思想。在评价吴宓的人格理想时，他又说："人，不仅是一个只求生存的人，而且更是一个追求理想的人。""人除开现实世界，还各自有一理想世界"。很显然,理想主义是周辅成人生哲学的底色,他评价他人的人生境界、人生理想和高尚人格,其实也是在自道自己的人生境界、人生理想和人格追求。

但是,周辅成坚持的理想主义又不是绝对的、抽象的理想主义,而是立足于现实主义的理想主义。这里,最大的现实就是劳动人民的普遍人性和劳动人民自己的道德生活。这也是其哲学上的人道主义和伦理学上的人民立场的必然要求。

周辅成特别喜欢莎士比亚,因为莎士比亚的人格来源于真实自得的平民生活。"莎翁人格来源是:第一,他是平民……第二,他是真实的平民……第三,他是自得的平民……他懂得生活,懂得人类存在的地位,所以能客观,能宽容,能对人类没有一点真正的恨与耻笑。"周辅成特地用"平民性"来标定莎士比亚的人格基础,因为平民性是普遍人性的基础。另一方面,莎士比亚戏剧中彰显出的人格形象,平易、深厚而且丰满、富饶,如同自然世界的四季时序,可以抚慰人的心灵。春时,"在他的人格的感召下,有如人在树荫下,一望四野碧绿的田畴,你会自然而然地产生梦幻、产生自然爱,充满人间生活的喜悦,配以热情,夹以幽默;如此,整个宇宙都像在欢迎你,欢迎你将有更丰富的生活。""夏日天空清朗,偶见薄薄浮云。远远传来断续的蛙鸣,不禁使我们心弦颤动。夜间明月下,再来一线萤火奔流,我们便不免梦幻丛生。""秋天来了,就像我们出了峡口,任我们的生命如何奔放,到此也要稳打桨,慢慢摇了。""冬天的雪,风一来,人类的什么情感、欲望都显得收缩了。生活没有昔日的活跃,差不多凝固起来,慢慢摇了。"所以,我们读莎士比亚的各期作品,宛如看一场电影。如果从头读至尾,便像我们重新作了一个人。因为他对各个时期各种人都能从人的立场去了解,所以景色虽有四种,但每种都是一样地使我们接近到真实的人生。"我们站在莎士比亚侧边,总觉他是一位亲人,一个慈母,他不像父亲那般责我们的过失,却像母亲一样原谅我们的缺点,还要亲切慰问一声'你这样怕过得不舒服罢'?"

周辅成通过评价一系列他喜欢的人物,多侧面地展示了他所理解的理想主义的自然主义之人格精神。在评价克鲁泡特金的"伟大人格"时,特别强调了他的"爱与牺牲"、"真诚与坦白"、"谦虚与人道"、"知行合一"。在评价熊十力的人格时,特别强调了他的"真诚"、"独立思考"和"人民立场"。在评价唐君毅的人格时,特别强调了"唐先生的哲学中有人,唐先生的人中有哲学"的性情人生,在评价许思园的人格时,特别强调了他的"天真"和"对人类的爱"。在评价吴宓的人格时,特别赞赏了他的"大丈夫精神"与"苦乐自得"。总的说来,周辅成所追求的人格和人生境界,是东西方理想主义的一种结合,同时又是立足于对普遍的自然人性的最大尊重，核心是对理想的追求、对正义的坚守和对人类的爱。"在理想生活中应重义，表现为热情与理想的完善；在实际生活中，可重利，表现为考虑与满意，但不能代替理想。用通俗话说：在思想、文艺、道德、爱情等生活中，必用理想作标准，力求高超；在衣食、名位、事务、婚姻等生活中，当以实际之所得，视为满足。"

4. 人民传统与传统文化的活力

周辅成对人道主义、人民立场、人格等的讨论，除了对普遍人性的最大尊重，同时还是对文化传统的最大领受。"因人类之求其理想与实现其理想，均在于文化之中；人类之沐浴于文化，正如花鸟之浴于春风。我们人类如果离开文化，则如一人没有理想，无理想，则纯然为动物学所描写之动物，而世间所谓的任何价值也就都无价值了。"

周辅成认为，文化是人类求生存、求发展、求实现理想的创造力量。文化既是人的理想目标，又是借以表现人类人格的载体。个人人格要依赖文化，文化又要依赖每一个人的人格。所以，我们对文化，除重视其成果外，更应重视其活动力，即人的精神力量、创造活动力。"个人的文化努力是神圣的，民族文化也当然是神圣的。每个人、每个民族，不但对自己的文化应当格外尊重，甚至对他人、他民族，也应当格外尊重。"

就此而言，中国的民族文化，其根本存在处，不在有形的地方，而在于这个民族之殷勤地为理想而努力的活动力本身上。周辅成认为，这种活动力最主要的载体，便是人民。中国文化的生命，在乡间人民身上更表现得充分。"我们几千年来文化之所寄托，都是在于乡民的生命上。"我们几千年文化的意义，都深植于农民生活之内心。"重传统精神，重人民精神，重历史哲学，在近代西方已成为社会一切问题的根本问题。在他们看来，这个'本'不立，不随时放在心中，就会出现错乱。"周辅成强调，认识到这一点，便是认识到文化传统的根本。我们应该"以民为本，以平民的尊严为本，用以论民族文化传统。"人民才是民族文化的真正主人。

周辅成强调，在民族传统问题上讲本与末，就是想提醒大家：既要看到各民族传统的异，也要看到其同。这个"同"，就是指各民族共有的，作为人民或平民的传统。由于有此基础，所以我们既要宣传自己长处，也要放开心胸，看到并吸收别人的长处。这样，我们才能在民族主义与国际主义之间找到一条通道。所以，周辅成讲文化传统的人民性，是立足于世界眼光的。

谈及中国文化传统，就不能回避儒学传统。对于儒学传统，周辅成强调："要看到儒学本身还有朝野之别。"在周辅成看来，先秦诸子，虽然皆出自"王官"，但在"百家争鸣"的社会条件下，还是能为人民说一些公道话，以至自愿列入平民中。孔子本人就是明显的例子。宋代的新儒家，也不是凭空出现的，而是在举国人民抗金的潮流中产生的。也可说是"在朝"、"在野"儒家精诚团结的产物。它背后有人民的支持,有勇气、有智慧。强调儒学的朝野之分,目的是反对伪儒家,传承真儒家。"我们不反对真正的儒家,而且还尊敬他们。只反对一些依赖权势或'愚而自用'的伪儒家——或者只是'口说一套,而行动又是一套'的冒牌儒家。"其实,不只是对儒学传统如此,对所有的理论,周辅成都是这一态度。

三、周辅成主要论著

周辅成.1932.伦理学上的自然主义与理想主义//周辅成.周辅成文集(卷一).北京:北京大学出版社.

周辅成.1941.哲学大纲.中正书局.

周辅成.1942.莎士比亚的人格//周辅成.周辅成文集(卷一).北京:北京大学出版社.

周辅成.1962.亚里斯多德的伦理学//周辅成.周辅成文集(卷二).北京:北京大学出版社.

周辅成.1964.西方伦理学名著选辑(上、下卷).北京:商务印书馆.

周辅成.1966.从文艺复兴到十九世纪西方政治思想家哲学家关于人性论人道主义言论选辑.北京:商务印书馆.

周辅成.1966.近代哲学家、政治思想家的人性论与人道主义//周辅成.周辅成文集(卷二).北京:北京大学出版社.

周辅成.1982.论人和人的解放//周辅成.周辅成文集(卷二).北京:北京大学出版社.

周辅成.1983.开展西方伦理思想史研究的几点意见//周辅成.周辅成文集(卷二).北京:北京大学出版社.

周辅成.1985.西方著名伦理学家评传.上海:上海人民出版社.

周辅成.1989.孔子的伦理思想//周辅成.周辅成文集(卷二).北京:北京大学出版社.

周辅成.1989.唐君毅的新理想主义哲学//周辅成.周辅成文集(卷二).北京:北京大学出版社.

周辅成.1993.论社会公正//周辅成.周辅成文集(卷二).北京:北京大学出版社.

周辅成.1994.论中外道德观念的开端//周辅成.周辅成文集(卷二).北京:北京大学出版社.

周辅成.1994.我所经历的20世纪//周辅成.周辅成文集(卷二).北京:北京大学出版社.

周辅成.1996.中国伦理学建设的回顾与展望//周辅成.周辅成文集(卷二).北京:北京大学出版社.

周辅成.1997.论人和人的解放.上海:华东师范大学出版社.

周辅成.2006.健全的人道主义哲学——唐君毅哲学体系简评//周辅成.周辅成文集(卷二).北京:北京大学出版社.

周辅成.2011.周辅成文集(卷一、卷二).北京:北京大学出版社.

周辅成.2012.问道者——周辅成文存.北京:中信出版社.

主要参考文献

龙希成.2006.周辅成伦理思想摄义.邯郸学院学报,(4):14-19.

孙鼎国.2006.周辅成先生人学思想管窥.邯郸学院学报,(4):8-13.

陶涛.2010-9-16.周辅成的伦理学人生l.中国社会科学报,第16版.

周辅成.2011.周辅成文集(卷一、卷二).北京:北京大学出版社.

赵越胜.2011.燃灯者.长沙:湖南文艺出版社.

撰写者

何仁富(1966～),出生于四川省平昌县,清华大学哲学博士(在读),英国考文垂大学高级访问学者,浙江传媒学院教授,生命学与生命教育研究所所长。主要从事尼采、唐君毅及生命学与生命教育研究,出版《善恶彼岸的道德哲学》、《价值重估与哲学转向》、《生命与道德》等著作。

任 华

任华（1911～1998），字西岩，贵州安顺人。西方哲学史专家，新中国成立前后西方哲学史学科建设和教学的主要奠基人之一。享受国务院颁发的政府特殊津贴，曾任北京市哲学学会会长等职。1931～1935年在清华大学哲学系学习，1935～1937年师从金岳霖以论文《信念之分析》获哲学硕士学位，后赴美留学，入哈佛大学攻读博士学位，在美国实用主义哲学家刘易斯的指导下完成博士论文《当代哲学中现象主义的三种形态》，并于1946年获博士学位。回国后，1947年起任清华大学哲学系副教授、教授，讲授西方哲学史。1952年全国院系调整，任北京大学哲学系教授，讲授西方哲学史，组织北京大学西方哲学教研室《西方古典哲学原著选辑》全6卷的编撰工作，并负责其中古希腊罗马部分的研究、翻译和编撰工作，与洪谦一起主编了《哲学史简编》一书，1958年起任北京大学哲学系西方哲学教研室主任，1972年把《哲学史简编》修订为《欧洲哲学史简编》，影响很大，并于1977年出版《欧洲哲学史》。任华的主要研究领域有古希腊罗马哲学、18世纪法国哲学、现代西方实用主义哲学和现象学等。1976年以后他双目失明，身体多病，学术生命被迫过早地中止了。

一、成长经历

1. 家学传承

任华1911年7月13日出生，其父任可澄（1878～1945），是梁启超的得意弟子，是清末民国时期教育家、史学家、学者、政治家、书法家，他早年在贵州创办新式学堂，是近代贵州教育史上的重要人物，后与蔡锷、唐继尧一起推翻帝制，参加护国运动，晚年潜心修地方志，做出很大贡献。他光绪二十九年（1903）中举，次年丁忧回籍，先后开办师范传习所、创办优级师范、筹办贵州通省中学堂。后在贵阳组织宪政预备会，是贵州宪政派的领袖，并创办宪群法政学堂。武昌起义后，贵州宣布独立，设立枢密院，任可澄任副院长。袁世凯复辟帝制，蔡锷抵达昆明，与唐继尧、任可澄等决定推翻帝制，拥护共和，宣布云南独立，出兵讨袁。任可澄撰拟电文并通电全国，电文中有句云："成则为少康一旅之兴夏，败则为田横五百壮士之殉节。"任可澄后历任云南省省长、北洋政府教育总长等职，但任职都不长，晚年致力于修地方志。他是一位饱学之士，对经史百家之说无不尽览而悟其要，于诗文及金石、考古之学无不造诣深而见解独到。并且在教学从政的同时写出不少著作。主事续修《贵州通志》，为贵州历史170多年的缺记作了补白，倡导主编《黔南丛书》为抢救贵州文化典籍做出了贡献，为贵州文物考古的纠错鉴定付出了心血。他主持修订《贵州通志》，负责总纂，历时30年。全书共110卷，分订105册，约700多万字，其中19个专志中的《前事志》，册页字数均占总数三分之一，均系他一手撰写，叙史自殷商到清末上下2000多年。其中对悬而未决的重大问题，他都详加考订后写成专章或加上按语。如《鬼方考》、《牂牁江考正》、《土民总话》、《贵州考》书成之后，被评说是民国期间各省编写通志最有成效的巨著。任可澄在总纂民国《贵州通志》的过程中，又编印《黔南丛书》，征集贵州前人的著作，范围广博，包括学术论文，诗词歌赋，旅游杂记等。经过不懈努力，他陆续编印出版正集六卷，别集一卷，每集都是10册，内容包括贵州经学著作、舆地纪行、风土考证、诗词、史实杂记见闻、音韵等，有的部分他作了跋语。

有着深厚的中国传统文化修养的父亲给了任华和他的兄弟姐妹极佳的国学教育，而家中极其丰富的藏书更扩大了孩子们的视野。这样的书香门第人才辈出。大哥任泰是哈佛博士，研究中西文学语言，一生致力于将中国古诗词翻译为英文，以弘扬中华文化，新中国成立前曾任贵州大学教务长、文理学院院长等职；弟弟任岷也很有文采，善写剧本，在曲艺领域取得卓越成绩，曾任中国曲协理事、中华曲艺学会常务理事、西南曲联主席等职；妹妹任奉仪从事电影服装；其他兄弟学业也都不错。任华是第四子，母亲在他出生不久就去世了。任华出生后又不幸染了天花，造成眼睛深度近视，看书时书本贴着鼻子才能看到。但他天性聪颖，意志顽强，记忆力极好，看过的书几乎都能背。受父亲"唯有读书高"的家训影响，小时候从早到晚泡在父亲藏书丰富的书房里苦读，藤椅都坐坏好几把，书房里总有他的脚印或"坐印"，亲戚朋友们以他这样一位厚学而骄傲，公认他"学富五车"。1921年随家来到北京，在京津几所学校读中学。他饱学中国经史子集，尤其喜欢读线装书，不仅有很高的古诗词文功底，还喜欢钻研金石考古和戏曲，中国传统文化学养极深。他本来想学文史，后来受同乡熊伟的影响一起去听金岳霖的课，大受启发而学哲学，后来还成为金岳霖的高足。在清华求学期间，他除了哲学主课之外，选修旁听了很多文史课程，如陈寅恪的魏晋南北朝和唐史，朱自清的陶渊明诗，俞平伯的唐宋词，闻一多的杜甫诗，钱穆的秦汉史，杨树达的汉史等。据任华之子任兆琳回忆，爷爷任可澄亲口说任华的国学修养超过自己，任华经常早起吟唱古体诗词，并能背诵很多古文，甚至在晚年双目失明的情况之下还能背诵南北朝诗人鲍照的《芜城赋》、宋代词人李清照的《声声慢》、清代文学家汪忠的《哀盐船文》以及近代国学大师王国维的《颐和园词》等。任华自己也写过不少诗，然而留下的诗作甚少，写的很多旧体诗也遗失了。他在不到30岁时曾给任可澄60岁大寿写过一首长诗，大胆尝试突破七言为九言的绝句，深得任可澄的赞赏，可惜这首长诗也没有保留下来。现在留存的只有这样一首诗，是任华1969年12月为爱人去世两周年所作："两年老去谁存问，顾景无俦我自怜。音响常劳思虑转，梦魂不到枕衾边。鼓盆放杖真达者，落叶哀蝉亦枉然。幸有红书四卷在，好凭激壮为元元。"

对于任华深厚的国学底蕴，胡适曾在《胡适日记》中赞赏到："……同坐的杨联陞、吴保安、任华，都是此间最深于中国文学历史的人……此间人颇多，少年人之中颇多可与大谈中国文史之学的。"朱德生的评价是任华"也可以说是中国哲学出身的"，"国学基础非常好，完全可以和中国哲学教研室的教授媲美"。张世英在回忆中说："特别令我钦佩的是，他无论谈吐或写文章，都显得中国古典方面的功底很深，他熟读过很多古书，能出口成章"。据张翼星说，宗白华在一次谈论中引用了《诗经》中的一段话，有一个字念错了，任华当即予以纠正，给他留下了深刻的印象，足以见任华的博学。周一良曾说，20世纪50年代，教研室为编辑西方古典哲学原著选辑，翻译、任务较重，虽然各位老专家外语水平都较高，但常常发生看懂了说不出来的情况，对此任华总能找到一个合适的词来，这都有赖于他在中国传统文化上的造诣。正是因为对中国传统文化的热爱，据任兆琳说，父亲任华中、晚年的时候，经常在家里着中式衣服，看线装书。

2. 卓越的外语能力

朱德生曾谈到任华是北京大学西方哲学教研室里知识面较宽的，除了佩服他的家学渊源之外，所服膺的另一点就是他掌握多门外语的能力，认为"他简直是个语言天才"。任华对于英语、德语、法语、古希腊语、拉丁语和俄语样样精通，尤其是英语和古希腊语。据任兆琳回忆，一次一位老朋友去家里，看到父亲拿着一本俄文原著阅读，老朋友感叹道，想不到你还能看，我早就把俄文交还给先生了！任华的英文不仅书写十分漂亮，到晚年还一张口就滔滔不绝。而因为他古希腊语和拉丁语的基础好，在北大哲学系翻译西方哲学史各种资料的任务中，是翻译的台柱之一（另外两个是方书春和王太庆），也是一把手，由于对中西文语言的精通，他下笔很快，深得同仁们的钦佩，也因此成为古希腊罗马哲学翻译、研究和书稿撰写的主要负责人。而因为他的学问好被周一良誉为 40 年代的"哈佛三杰"（与 20 年代著名的陈寅恪、吴宓、汤用彤对比，与杨联陞、吴保安齐名）。而朱德生在学问上深深佩服任华之余，也指出任华胆子比较小，从来不主动说要写一篇文章什么的，都是别人催促之下才动笔，但是同样下笔很快。

二、主要研究领域和学术成就

1. 西方哲学史学科建立和教学的奠基人

1946 年回国以后，随即被清华大学哲学系聘为副教授、教授，专门讲西方哲学史和知识论。作为金岳霖的学生，任华不仅有很好的数理逻辑基础，他知识面还很宽，能从古代哲学一直讲到现代哲学，而能胜任这样研究和教学任务的教授在当时也不多见。多年的教学和研究为他日后建立"西方哲学史"这门学科奠定了很好的基础。1952 年院系调整之后，一直任教于北京大学哲学系。这时候，开始真正系统地把西方哲学史当作一门独立的学科来建设，于是任华和洪谦成了新中国成立后西方哲学史专著的第一批主要编撰者。而因为所参考的中文资料不多，实际上任华和洪谦他们不仅要把对西方哲学理论本身的概念、命题、观点都要准确地理解，更要用恰当的中文很好地表达出来，也正是在这个过程中显示了任华的中西文功底的扎实，在研究和教学上都有一定的优势。50 年代中期出版的《哲学史简编》成为正式出版的由中国人自己撰写的一部西方哲学史专著。1958 年任教研室主任之后，任华系统地讲授这门课，深得学生欢迎，从此以后这门西方哲学史课程成为北大哲学系本科生教育的主干课程之一，至今仍然如此，甚至是研究生、博士生入学考试的必考课程。在 1972 年，任华又和汪子嵩、张世英一起在改写的基础上出版了《欧洲哲学史简编》，去除了原作中中国哲学史和马克思主义哲学史的部分。这是一本才 200 多页的小册子，但是今天人们对它的评价仍然很高，认为就学术水平而言，仍然是同类著作的精品。1977 年任华还编写出版了《欧洲哲学史》。

任华讲课深受学生欢迎。北京大学的一位学生回忆，20 世纪 50 年代时任华讲中世纪和近代西方哲学，他虽然通晓多种外语，上课时却身着棉布做的大褂子。他有深度近视，看讲稿时鼻子几乎抵到纸上。他旁征博引，谈吐诙谐，常用有趣的故事打比喻，比喻中包含着深刻的哲学道理。他培养的研究生有的现在已在国内外成为知名学者或学科带头人。丁纪栋，又名丁子江，美国普渡大学博士，加利福尼亚州立大学哲学系教授，是中美文化交流学者。丁子江曾在任华指导下完成有关罗素的硕士论文。杨炳章，哈佛大学博士，现为中国人民大学教授。陈村富，现为浙江大学哲学系教授，为4卷本的《希腊哲学史》主编之一。孙月才，上海社会科学院哲学研究所研究员，著有《西方文化精神史论》。辽宁大学的陶银骠、中山大学的胡景钊至今也都不忘任华的教导。

2. 对古希腊罗马哲学和18世纪法国哲学研究的贡献

众所周知，院系调整后的北京大学哲学系的西方哲学专家们不能做专业的研究和教学，他们所能做的工作就是翻译大量的西方哲学经典著作。西方哲学中的古代部分即古希腊罗马哲学，资料非常匮乏，当时几乎没有任何的中文资料可供参考，因此不仅需要翻译编撰者精通古希腊语、拉丁语和其他现代西方语言，也要有深厚的中文功底，于是任华作为当时资料翻译的三个台柱之一，凭借着掌握多门语言的能力和哲学理论功底，承担起6卷本《西方古典哲学原著选辑》（2013年这套凝聚了三代哲学家心血的丛书之《中世纪哲学》上下两卷也出版了，至此这套丛书共8卷）的组织工作，并特别承担其中古希腊罗马哲学的研究、翻译和撰写工作，后辈学者评价该书"表述严谨准确，思路清晰明白"。《西方古典哲学原著选辑》已成为经典，至今仍是国内西方哲学专业学生的必读书，具有极大的参考价值。而没有任华及其他哲学前辈所做的这些开创性的工作，很难想象近年来古希腊罗马哲学研究在国内的快速发展。1960年，中央组织全国统编教材，在中央党校成立了"全国统编教材办公室"，调集优秀教师编写文史哲教材，任继愈任《中国哲学史》教科书主编，任华被任命为《西方哲学史》教材的主编，执笔该书中的古希腊哲学和18世纪法国唯物论哲学，后者填补了国内的研究空白。这套教材从古代一直讲到现在，可惜编成后"文化大革命"就开始了，以后也没有正式出版。任华在60年代赴成都讲学，题为"现代英美资产阶级中的实证主义流派"，留下约16万字录音稿，回京后着手润色整理成书，几经修改准备出版，但也因"文化大革命"而作罢，留下了终身遗憾。

3. 对于美国实用主义和欧洲实证主义哲学的研究

任华的博士论文《当代哲学中现象主义的三种形态》，就是从现象学（也就是广义的实证主义）的角度分析了罗素的结构论、艾耶尔的语言学和逻辑实证主义，并对其导师刘易斯的认识论进行了辩护。任华在论文中明确表示，他比较赞成现象主义的第三种形态即逻辑实证主义与实用主义的现象主义，他把这种形态的现象主义特意起了一个专门的名称，叫做"认识论的现象主义"。他强调，这种现象主义与实在论是可以调和的。他认为刘易斯的哲学——概念的实用主义是美国实用主义与欧洲逻辑实证主义相结合的产物，它发展了美国的实用主义，并认为刘易斯的哲学与实在论相近，即与承认客观对象的存在的观点相近。任华认为，实用主义哲学已经看到，一般唯物主义之所以能坚持客观世界的实在性、在先性或第一性，恰恰就在于唯物主义是"意识"到了这种实在性、在先性或第一性，这种意识被实用主义称之为经验基础上的反省，没有这种意识，唯物主义者也说不出什么实在性、在先性或第一性，因此，在实用主义看来，唯物主义没有意识到这种自身逻辑的矛盾，他们把反思基础上的经验和客观事实的对立当成了一种和意识无关的直接给定的"事实"，因此，他肯定实用主义哲学揭示了唯物主义在"经验"这一观点上的缺陷。在为美国实用主义哲学家杜威的《经验与自然》一书中译本所作的长序中，他肯定实用主义"为保卫人的价值而限制知识"口号的积极意义，认为要恢复"价值"在人类世界中应有的地位，必须反对理智主义。然而在那个特定的年代，任华关于实用主义的思想并没有更多地发挥，甚至反过来自己还不得不对此作批评，宣布其为彻头彻尾的反理性主义、反科学。

三、生　活

新中国成立后到"文化大革命"前后近20年时间，各种"运动"搞得大家战战兢兢，大多数知识分子在业务上的发展都不很顺畅。当时的学术环境就是一阵子一个风向，研究时断时续，既不敢写书，也没有心境写书，甚至写好的都无法出版，要不就写一些学术性不强的应时文章，任华也是如此。作为"反动学术权威"，任华能讲好西方哲学史这门课已经很不容易了。任华既没有20～30年代海归的学术空间，后来也没有个人的运气。他的儿子任兆琳认为，如果不是外部环境和眼疾的困扰，父亲在哲学、文史和戏曲等多个领域都会著书立说。不过，在事业上虽然不能大展宏图，但是作为北京大学二级教授，又没有什么大的政治问题，任华这样的高级知识分子的薪酬还很不错，这些年也有过幸福愉快的家庭生活。妻子陈谦是陈宝琛的侄孙女，1947年成婚。陈谦端庄贤淑、精明能干，有学问，而且她勤于家务，善于烹饪，家庭很幸福。他们育有一儿一女。据他的儿子任兆琳回忆，他和姐姐的青少年时期还是享受到家庭的很多温暖的。父亲特别重视他们的课外阅读，强调知识面的宽广，对他后来喜欢音乐和科学影响很大。

任华是很有生活情趣、爱好十分广泛、性格十分达观的一个人，是那个时代传统的有修养的世家子弟的典型代表。他特别喜欢藏书，而且涉猎极广，哲学、文史、地理、自然科学无不在他的关注之列，他最喜欢五道口的外文书店和琉璃厂的旧书店，家里的线装书大部分就是从那里买的，比如二十四史就有同文版和百衲本两套，家里满屋的书分类排架装柜很是气派。他还喜欢考古，所藏的这方面专著的杂志很多，很欣赏郭沫若的才能。他经常去欣赏戏曲、美食、电影，带家人去听京剧和昆曲，也熟悉戏曲理论。他所在的清华剧社偶尔也会请俞振飞等昆曲名家指导"牡丹亭""长生殿"等的唱段，家里还买来了当时流行的电唱机。他能唱很多段京剧且很有韵味，会拉胡琴，学校年终联欢的时候，任华总要给师生们露一手。也正是他的影响，儿子唱京剧拉京胡都很在行。任华爱交友也好客，在儿子任兆琳的记忆中，与父亲交往的朋友很多，有北京大学的同事任继愈、张岱年、邓以蛰、周一良、王岷源、王宪均、熊伟、洪谦、汪子嵩、黄枬森、张世英、邢其毅、齐良骥、杨周翰、吴达元、梁思庄、廖增祺、任永康等，中国科学院的胡世华、秦元勋、唐稚松和中国人民大学的苗力田等人也经常往来。这些现在听来都是大名鼎鼎的人常常在家里畅聊，各位先生风度气质不同，专业方向也不尽相同，但他们有相同的志趣，他们在畅聊中互相学习，交换信息，及时了解文化发展的时事动态，真正是谈笑有鸿儒，往来无白丁。任华还是一个美食家，周末的时候要么在家里做一桌好菜，要么就是大家下下馆子，品品佳肴改善改善，他会领着家人到中关园的员工食堂、中国科学院的福利楼餐厅、长征食堂、海顺居酒楼吃饭，还会进城到西单鸿宾楼或和平门全聚德烤鸭店，或找有贵州风味的四川饭店，抑或到丰泽园、美味斋等饭店，还经常去西餐厅吃饭，绝不含糊，很有品位。他还喜欢时尚家居或家具，社会上流行的家具，也很快会被任华买回来，因此他们家里总是布置得很得体，很得来客的赞美。

然而，1967年也就是"文化大革命"初期，任华年仅50岁的妻子陈谦患癌症过早地离开了他，给了任华极大的打击。与"文化大革命"中被下放的其他人相比较，因为他眼睛高度近视，加之本性谦和实在，没有被送去江西鲤鱼洲劳改，而是被要求集中学习，被儿子戏称为终身眼疾带来的唯一的"好处"，所以总体上"文化大革命"对他的冲击相对要小些。但是随之儿子和女儿也下乡或进工厂了，也不在他身边，视力更差，后来发展到2800多度。1976年在一次视力检查后视网膜脱落，造成双目失明，且身体不好，生活不能自理。失明之后，儿女承担了照顾父亲的重任。不仅出嫁的女儿长期在家照顾，儿子为了照顾父亲，放弃了不少追求，近40岁仍然没有成家，孝顺至极，把父亲照顾得无微不至，使老人幸福地走完人生。任兆琳后来也上了大学，现已从高校退休。任华双目失明20多年，其生活的艰难困苦可想而知，但是他始终保持哲人的坚定和从容，始终心系国家大事，天使般孝顺的儿女给了他极大的慰藉，也算是任华晚年坎坷的人生中最值得骄傲的事情了。任华在1998年8月19日走完人生道路，享年87岁。

四、总　　结

从年龄和阅历上看，20世纪50～60年代本应该是任华学术研究的黄金时段，但是处于极"左"思潮的大陆，西方哲学是被禁止研究的学科，任华空有满腹才华，竟没有太多的施展空间。周一良认为，如果把40年代的"三杰"和20年代的"三杰"比较一下，那么，任华就比较接近汤用彤。但汤用彤回国以后，不仅教了西方哲学，而且还开创了中国佛教史的研究，他还曾主持北大校务，做了很多工作。而任华，回国以后就受到社会环境的制约，从事业务的时间不多，除了教学、搞翻译、带研究生、发表一些文章，并与同仁合著《哲学史简编》、《欧洲哲学史简编》、《欧洲哲学史》三本书先后出版外，其他著作都未能出版，可以说最有创造力的黄金时间都白白地浪费掉了。1978年以后，一些精力充沛的学者迸发第二次青春写了不少的书和文章，做出了很大贡献，然而这时的任华已经双目失明，疾病缠身了，只得被迫中止了学术的研究。但同仁对他的评价都很高，大家公认作为研究西方哲学的专业人士来说，任华受过最完整的素质和知识训练——他有深厚的中国传统文史哲基础，是逻辑大师的高足，现代美国实用主义大师的博士，懂英法德拉希俄多种外语，西方的古代现代哲学都有深入研究，的确是知识结构最合理的一个人才。"任华先生真正的哲学功力很少人能比得上"（熊伟语），"只可惜，和他的学问相比而言，他留给世人的东西还不够多"（张世英语）。任华由于对逻辑的兴趣入了哲学门，他赞赏清华大学哲学系重逻辑和自然科学的特点，他个人对于数理逻辑和自然科学有极大的兴趣，一直注重对自然科学最新知识的吸收。晚年时曾对儿子说过，如果不是因为时移世易，他也可能按照清华大学的传统自成哲学体系。

任华十分低调，且为人正直、真诚，很善良，淡泊名利，据说"文化大革命"时出版界要将他收入各种名人录他都婉言谢绝了。周一良说他憨厚笃实，毫无心机，处事非常随和。其子任兆琳说从没有听父亲议论过谁不好。但不意味着任华是没有原则的人，遇到大是大非问题他绝不含糊。他曾经问父亲，为什么不留在美国？父亲立刻郑重回答："是中国人嘛，一般都是要回国服务的嘛。"朴素的语言也道出了他们那一代知识分子的心声。他们学贯中西，但爱国，自强不息，善于学习，注意中西比较，一生思考的问题就是如何传承中华文化并很好地学习西方。

五、任华主要论著

任华.1937.信念之分析（硕士论文）.清华大学图书馆.（内部资料）

Ren H. 1946. Three Types of Phenomenalism in Contemporary Philosophy（《当代哲学中现象主义的三种形态》，博士论文）. 哈佛大学. (内部资料)

任华. 1955. 批判为帝国主义反动势力服务的语义哲学. 哲学研究, (2).

林尔哈特. 1956. 美国实用主义. 任华译. 北京：人民出版社.

梅尔维里. 1956. 美国的人格主义是帝国主义反动势力的哲学. 任华译. 上海：上海人民出版社.

任华. 1956-7-25. 近代欧洲唯物论的鼻祖——佛·培根. 人民日报.

任华. 1956-8-22. 罗素. 光明日报.

洪谦, 任华, 汪子嵩等. 1957. 哲学史简编. 北京：人民出版社.

卡里斯托夫. 1957. 古希腊. 任华译. 北京：生活·读书·新知三联书店.

茄罗蒂. 1958. 马克思列宁主义认识论问题. 任华译. 北京：生活·读书·新知三联书店.

任华. 1959-2-22. 评罗素的"心的分析". 光明日报.

任华. 1960. 《经验与自然》序言//杜威. 经验与自然. 傅统先译. 北京：商务印书馆.

任华. 1960. 现代资产阶级的新实在论哲学. 红旗, (16).

任华. 1962. 现代资产阶级的逻辑实证主义哲学. 红旗, (14).

任华. 1963-1-17. 法国启蒙运动者卢梭的资产阶级民主思想. 人民日报.

任华. 1965-11-16. 十八世纪法国唯物论的形而上学. 人民日报.

汪子嵩, 张世英, 任华. 1972. 欧洲哲学史简编. 北京：人民出版社.

北京大学编写组. 1977. 欧洲哲学史. 北京：商务印书馆.

主要参考文献

谭裘麒. 2001. 任华与西方哲学史研究//中国当代社科精华·哲学卷. 哈尔滨：黑龙江教育出版社.

赵敦华, 李中华, 杨立华. 2012. 北京大学哲学系史稿（1912～2012）. 北京：北京大学印刷厂. (内部资料)

朱德生. 2012. 朱德生先生访谈录："西哲教研室，我的真正的大学"//何醒. 北京大学哲学系1952年. 北京：商务印书馆：225, 227.

任兆琳. 2013. 回忆我的父亲（未出版稿）.

撰写者

吕纯山（1974～），讲师，2002～2010年求学于北京大学哲学系，获博士学位，研究古希腊哲学。（这篇传记的完成得到任华之子任兆琳的大力支持）

王　明

王明（1911～1992），浙江温州乐清人。中国哲学思想史家和道教史家，在道教经书的整理和研究方面卓有成就，是公认的研究道教早期经典文献的专家。一生为人正直，治学严谨，学术研究成果主要在三个方面：一是对《太平经》的文本整理和研究；二是对道教史与中国科技史的研究；三是对道教史与中国思想史的研究。这三个方面的研究成果，奠定了他作为 20 世纪中国道教研究领域最优秀拓荒者的学术地位。

一、人生历程

王明，字则诚，别号九思，浙江省温州市乐清县人。1911 年 10 月 10 日，即辛亥革命发起之日，王明诞降于乐清县铧锹村。父王国彦，以务农为业。母林氏，性贤淑，因病早逝。他幼失慈怙，家境贫寒。7 岁就读于村塾，13 岁入本县虹桥镇高级小学。1926 年考入温州第十中学，后转至省城杭州高级中学。在校发愤苦读，晚间常焚膏继晷，自学不辍。1932 年中学毕业，以优异成绩考入北京大学中文系。在此著名学府，他曾聆听马裕藻、郑奠、罗庸等讲授的中国经学史、文学史、文学批评和文字音韵学等课程。还选修了钱穆讲授的中国古代史。北京大学文学院院长胡适讲授的中国文学史和思想史，对王明也有较大影响。这些著名学者的面传心授，使王明扎下深厚的国学功底。在大学就读期间，他已先后发表《黄梨洲的文学主张》（《晨报》副刊）、《欧阳修的治学精神》、《墨子的伦理学》（天津《益世报》）、《落后的宋氏族》（《食货半月刊》）等学术文章。1937 年他撰写的毕业论文《先秦儒学字义考》，得到胡适好评。这年正值抗日战争爆发，王明遂回家乡从事救亡宣传。

1939 年，王明远赴云南昆明，考入西南联大的文科研究所。该研究所创办于当年暑期，所长是傅斯年，导师有汤用彤、唐兰、陈寅恪等。王明是该所的首届研究生，与十多位同学合住在昆明青云街靛花巷三号楼上一间大屋。在这里他曾听过陈寅恪讲授的隋唐史、俞嘉锡的目录学、黄节讲授的三国曹氏父子诗、顾随讲授的词选等课程。还常去隔壁的陈寅恪住处请教。1941 年，在汤用彤指导下，王明开始研读《道藏》，编纂《太平经合校》，并撰写了长篇论文《太平经合校·导言》，获得哲学硕士学位。随后分配到中央研究院历史语言研究所（简称"史语所"），任助理研究员，走上了研究中国哲学思想和道教历史、文献的学术之路。

1942年，史语所从昆明迁到四川南溪县李庄镇板栗坳，租用张姓村民的两座老式平房。当时史语所下设历史、考古、语言及人类学等研究组。傅斯年任所长，陈寅恪、李济、李方桂、吴定良分别任研究组主任，研究员有董作宾、岑仲勉、陈槃、劳干等学者，人才济济。山坳中秋日桂子飘香，冬令茶花盛开，一派田园风光。学者们在这里闭门研究，在菜油灯下著述，有许多颇具水平的研究成果。王明在《历史语言所研究集刊》上发表的重要论文《周易参同契考证》，就是在这里写成的。1944年春，王明回乡省亲，因乐清沦陷，日寇轰炸，道路不通，遂滞留家乡，参与创办乐清师范学校。次年接任校长职务，从事教学工作。

抗战胜利后，史语所迁回南京，王明于1947年返所，继续学术研究。陆续发表了《论太平经钞甲部之伪》、《老子河上公章句考》、《黄庭经考》等重要论文，引起学术界的重视。同时还在一些报刊上发表了《元气说》、《论种民》、《儒释道三教论报应》、《论老子与道教》、《曹操论》等文章。

1949年，中央研究院随国民党当局迁往台湾地区。中华人民共和国成立后，在北京设中国科学院，王明到中国科学院考古研究所工作，担任学术秘书。1950年被选送华北人民革命大学研究部，进修马克思主义哲学、中共党史等课程。这次思想改造对王明影响很大，在他后来的学术研究中，都力图应用学到的马列主义观点分析问题。1957年，王明调入哲学研究所任副研究员，研究中国思想史。先后发表《论董仲舒的思想方法》、《汉代哲学思想中关于原始物质的理论》、《试论阴符经及其唯物主义思想》、《清初市民阶级的思想家唐甄》等论文。1959年以后还参与了《中国哲学史资料选辑》、《中国大同思想资料》的编辑工作。1960年，《太平经合校》由中华书局出版。

1966年"文化大革命"开始后，学术研究完全停顿，王明随研究所集体下放到河南信阳明港"劳动锻炼"。在"文化大革命"期间艰苦的环境中，他仍不忘学术研究，私下完成了《抱朴子内篇》的校释工作。1977年中国社会科学院成立，科研工作渐趋正轨。王明晚年又焕发学术青春，出任哲学研究所学术委员、中国哲学史研究室主任、研究员，中国哲学史学会副会长，国务院古籍整理出版规划小组成员。《抱朴子内篇校释》、《无能子校注》、《道家与道教思想研究》等著作相继出版，《太平经合校》亦再版。王明还应聘为中国社会科学院研究生院教授、博士生导师，培养了两届博士生和硕士生。

1988年，王明身患尿毒症，在病中仍著述不辍，撰写学术论文10余篇，抄改书稿20余万字，结集成《道教与传统文化研究》一书。然而未及此书出版，病魔已夺去他的生命。1992年3月13日，王明与世长辞，享年81岁。他的一生，为人正直，性情严谨，不慕名利，不欺暗室，操行堪为师表。其治学勤苦认真，倡导发言有据，立论平实的学风，反对浮华媚世，无根虚谈之学。"文章千古事，得失寸心知"；"板凳要坐十年冷，文章不着一句空"，是王明治学的座右铭，终身以此自励，亦常以之教诲学生。其求学、治学、教学的人生旅程，平凡而又充实。正所谓：

> 平生经两世，为学止一身。
>
> 斯人唯谨慎，寄语要认真。

二、主要研究领域和学术成就

1.《太平经》研究

王明在研究中国哲学思想史和道教史，尤其在道教经书的整理和研究方面卓有成就，是公认的道教典籍文献研究专家。

道教是中国固有的传统宗教，与儒学、佛教合称三教，在中国传统思想文化中占有重要地位。在道教形成和发展的漫长历史中，积累了大量的经典文书。仅现存明代编修的《正统道藏》中，就收入道书1470余种，5480多卷。这些典籍内容丰富，对研究中国古代哲学、宗教、科技和文化史，都具有珍贵的史料价值。自魏晋以来，历代道门学者对道书的整理和研究都极为重视。清末学者刘师培，曾在道观中研读《道藏》，撰写《读道藏记》，开启教外学者研习道教经书之风气。近代学者陈寅恪、陈垣、汤用彤、蒙文通、胡适等人，都曾对道教的历史和经典有所研究。国外汉学家对道教的研究在近代也大有进展，尤其以日本和法国学者对道教文献的研究成果最多。

在道教文献研究中存在的首要难题是：现存《道藏》中收入的典籍，大多成书年代不明，不知其作者是谁。而且《道藏》经书分类混乱，篇章残缺，文字讹脱甚多，难以卒读。加之人们对道教历史、教义、方术和科仪制度知之较少，更增加研究的困难。因此对道书加以考订和整理校释，成为道教学术研究中的基础工作。王明正是在这一领域中用力最勤的拓荒者。他对道教典籍，特别是《太平经》一书的整理和研究，奠定了自己在学术上超前启后的卓越地位。

《道藏》中收入的《太平经》，是汉代原始道教的重要经典。内容主要讲奉天地，顺五行，澄清乱世，使天下太平的政治思想；亦有兴国广嗣，教人养生成仙之术，而多巫觋杂语。这部反映汉代巫师术士思想的"神书",曾被汉末黄巾起义军首领张角用来传播太平道,对原始道教组织的形成影响很大。因此它是研究早期道教历史最重要的文献资料。大约南北朝时期定型的《太平经》传世版本,原本有一百七十卷,分为甲乙丙丁戊己庚辛壬癸十部。但现存的《道藏》本《太平经》仅残存经文五十七卷,另有唐末道士闾丘方远节录的《太平经钞》十卷,以及佚名氏撰写的《太平经圣君秘旨》一卷、《太平经复文序》一篇。此外,在其他古籍道典中引述《太平经》的佚文资料也有不少。近代中国学者对这些残存资料的文本和内容,最早加以考订和研究的成果,有汤用彤1935年发表的论文《读太平经书所见》。王明在西南联大文科研究所攻读研究生期间,从1941年开始在汤用彤指导下研读整理《太平经》,此后数十年不断整理研究,编成《太平经合校》一书,并撰写有关论文数篇。

《太平经合校》一书,主要依据《道藏》所收《太平经》和《太平经钞》这两种残缺的版本,并参考其他20多种文献中引述的《太平经》文字,采用"并、附、补、存"四种体例,将这些残缺资料整编成大致上完整可读的文本。这种独创的校补体例,在古籍整理中前所未有,但取得了成功。王明在晚年总结自己治学经验时说:"《太平经合校》这部书,分量繁重,情况复杂,所花时间不少。这书的合校工作,不是一般以一个完整本子对另一个完整本子两两对勘,而是以节抄本《太平经钞》来校补残缺不全的《太平经》书。因为情况特殊,《太平经合校》也特地采取并、附、补、存四例来编订……这个编订的办法,我认为比较客观而周到。"

这里所说的"并、附、补、存"体例,就是以《道藏》所收《太平经》残本为底本,将《太平经钞》等其他典籍中所见与底本相同的经文并入底本(并);将其他典籍中所见与底本有差异的经文,附录于底本相关段落之后(附);将其他典籍中所见底本脱落的《太平经》佚文,补入底本相关章节中(补);将其他经书中所见疑似《太平经》的佚文,附存于底本相关章节之后(存)。这样就能整合来自多个资料的《太平经》残篇佚文,辑补成相对完整可读的文本。王明开创的这个古籍整理体例,不仅对整理《太平经》是有效的,而且适用于整理其他残佚的古代经典。例如近代敦煌发现的许多古佚道经残卷,都可用此体例加以整理合校,大致恢复其原本样貌。

王明整理研究《太平经》的另一成果是考订其成书年代。早在汤用彤的论文中,已经考订《太平经》为汉代古籍。但近代日本有些道教学者,仍认为此书晚出于南北朝时期。他们的证据是现存《太平经钞》的甲部,杂有汉代以后问世的文献。为此,王明在20世纪40年代撰写《论太平经钞甲部之伪》一文,指出《太平经》甲部的原文早已亡佚,现存的《太平经钞》甲部,系后人用《灵书紫文》等南北朝道书所补的伪书。这一详密的考证，为判定《太平经》系汉代道书解决了关键的疑点。在1982年撰写的《论太平经的成书年代和作者》一文中，王明重申了《太平经钞甲部》是伪书的观点，并进一步从该书中常用名词术语、地理名称、汉代社会风尚和思想观念等诸多方面，详细论证了现存《太平经》残本大体可信为汉代方士著作。其书不是出于一人一时之手，而是一本集体编写的道书。综合王明及其他中外学者的意见，可知《太平经》的成书经历了相当长的年代，最早可追溯到西汉末，最终定型为现存文本已是南北朝末年了。要确定该书中哪些内容问世较早，哪些是后人添加窜改，仍需更深入细致的研究。

《太平经合校》虽对原书作了校补，但较经文原本一百七十卷还缺损甚多。特别是现存《道藏》本没有一个完整的目录，使人难以了解《道藏》旧本残缺部分的内容。近代发现的敦煌遗书中，有南北朝末抄写的《太平部卷第二》残本一件（S.4226号），其内容正是《太平经》十部，一百七十卷，三百六十六篇的完整目录。该目录前后还有序跋，概述《太平经》传世源流、经文要旨和修习传授之科仪。这一抄本的发现，可以补足《道藏》本的缺陷，引起许多国内外道教学者的重视。王明在20世纪60年代初《太平经合校》出版后，才见到敦煌抄本的缩微胶片。1965年他撰写了《太平经目录考》一文，对敦煌抄本详细考校，订正其篇目抄写的错漏。对这篇目录的研究，还更进一步证明了现存《太平经钞》甲部系伪书的结论，并发现《太平经钞》癸部才是原本《太平经》甲部的真正抄文，而原本《太平经》癸部已全部佚失。王明的这篇研究，较日本学者（如吉岗义丰等人）的同类研究更为细致。

对《太平经》的思想内容，王明也有研究，发表了《太平经合校·前言》、《论太平经的思想》、《从墨子到太平经的思想演变》等论文。这些文章主要以马克思主义哲学的观点分析《太平经》的思想内容。认为《太平经》的哲学和社会政治思想都很复杂。在政治上有维护封建统治阶级利益的言论，也有揭露豪门贵族黑暗统治，反对残酷剥削，主张富者周穷救急，贫者劳动互助的言论。在哲学上有天人感应论和善恶报应论的宗教神学思想，也有朴素的唯物主义和辩证法思想。全书的重点是调和社会矛盾，幻想致国太平，具有改良主义的性质。这些论证，显然带有我国改革开放之前学术研究的特点。相比之下，王明关于墨子与《太平经》在宗教思想方面的相似性的比较研究，颇有些新意。

总而言之，王明对《太平经》的整理和研究，用力最勤。其《太平经合校》一书，是公认的迄今最好的版本，创造了道教古籍整理的典范。近年来国内外研究《太平经》的学者越来越多，他们对该书思想内容的诠释和分析方法或有不同，但所用文本无不以《太平经合校》为准，对该书年代的考订也无大异议。近年来还有些学者用考古发现的汉代镇墓文和解注文与《太平经》的文本对比研究，更加证实了最初的《太平经》系汉代民间术士著作的结论。

2. 道教史与科技史的研究

在中国传统的儒释道三教中，道教与古代科学技术的发展关系最为密切。在《道藏》中有许多关于炼丹、气功、医药、占卜类著作，这些典籍对研究中国古代化学、冶炼、天文、气象、医药和人体科学，都具有珍贵的史料价值。英国近代汉学家李约瑟在其巨著《中国科技史》中，就特别注意利用《道藏》中的文献资料。但是在这方面同样遇到的难题是：《道藏》中的许多典籍时代和作者不明，文字讹谬，如果不作考订疏理，就不能用于精确的科技断代史研究。因此对道教典籍整理，就成为研究中国古代科技发展史的重要课题。在这一领域贡献最多的中国大陆近代学者，首推王明和天津大学的陈国符。

早在20世纪40年代，王明撰写的《周易参同契考证》一文，就对汉代方士魏伯阳的炼丹术著作《周易参同契》（以下简称《参同契》）作了开创性的研究。对《参同契》的年代、作者、内容，以及《参同契》与汉代象数易学的关系、金丹思想的来源，《参同契》的文本流变等问题，都作了详细考证和论述。指出《参同契》是一部结合黄老学、象数易学和炼丹术的著作，其主要内容是讲述外丹烧炼的原理。对《参同契》是内丹修炼著作的传统观点，王明在此文中提出了质疑和批评。这篇功力扎实的论文，引起当时学术界的重视。李约瑟在抗战期间到四川乡间的史语所讲学时，曾同王明讨论《参同契》的成书年代问题，两人并保持了一段时间的通信。

王明始终重视对中国科技史的研究。20世纪50年代在中国科学院考古研究所工作期间，他曾研究过中国古代造纸术，在《考古学报》上发表了《蔡伦与中国造纸术的发明》、《简和帛》、《隋唐时代的造纸》等论文。他还准备编写《中国造纸史略》，后因工作调动而停顿。到哲学研究所工作后，王明开始着手整理晋朝道教学者葛洪的名著《抱朴子内篇》。这是他在《太平经》之外，用功夫最多的一项工作，历时约20年，于1978年出版了《抱朴子内篇校释》一书。该书以清人孙星衍的平津馆校刊本为底本，参校十余种前人校刊本和古本，并加标点和注释，附录有关资料。初版印行后，王明得悉辽宁省图书馆藏有南宋绍兴中浙江临安刊本《抱朴子内篇》，系海内外孤本。遂又托友人代为校录异文，补入中华书局1985年出版的《抱朴子内篇校释》（增订版）。新版中还增补了日本田中庆太郎氏所藏《抱朴子内篇》的敦煌残写本。这是迄今整理《抱朴子内篇》最精的校注本。

葛洪的《抱朴子内篇》是研究中国道教史和科技史的重要资料。正如王明在《抱朴子内篇校释序言》、《论葛洪》、《太平经和抱朴子在文化史上的价值》等文章中指出的：这部书一方面宣扬了魏晋神仙道教的系统理论，论证神仙可成，劝人勤学仙道，富有宗教哲学的内容；另一方面，该书中记录了许多金丹、仙药方诀和修炼方术，论述了炼丹实验和药物服食的方法，因此又是研究中国古代化学、医药学和器物制造技术的重要资料，富有科学技术的内容。葛洪具有宗教思想家和科学家的双重质量，研究他的生平和著作，在文化史上的价值无疑是重要的。《抱朴子内篇校释》出版后，为研究中国道教史、思想史、科技史的学者提供了一部重要的史料。

除葛洪之外，南朝茅山道士陶弘景也是道教史上多才多艺的学者。王明对他的生平和著作也有深入研究。《论陶弘景》一文对陶弘景在医学、药物学、天文历算、地理学、铸造术、炼丹术等方面的贡献，以及其文学、艺术、经学造诣、在道教史上的地位等，都做全面的评述。王明晚年还准备撰写《陶弘景年谱》、《陶隐居集校注》。前者只完成初稿，后者未及完成他便已去世。

1979 年，王明应邀参加在瑞士召开的第三次国际道教学术会议，在会上宣读论文《中国道家到道教的演变和若干科技的关系》。这篇短文总结了他多年研究道教史和科技史关系的心得。对道教炼丹术、养生术对中国古代化学、医药卫生学的贡献有客观的评价。应该指出的是，在 20 世纪 50 年代至 80 年代，对宗教与科学关系问题的研究，还存在着意识形态上的教条主义观点。片面强调宗教对科学发展的负面影响，而不承认宗教也曾促进科学发展的历史事实。这种所谓的马克思主义观点对王明虽然也有影响，但在具体的学术研究中，王明对历史上道教与科技关系的研究和评价还是客观和实事求是的。

3. 道教史与思想史的研究

王明是整理道教典籍的专家，也是中国思想史、特别是道教思想史研究的专家。在 20 世纪 80 年代以前，国内学术界对中国古代思想史的研究，重点在先秦诸子百家、汉代黄老学、儒家经学、魏晋玄学、南北朝隋唐佛学、宋明理学等方面。大抵以研究儒家思想为主，道家和佛教哲学次之，而对道教哲学思想的研究则较为薄弱。这是因为中国学者历来受儒家影响，重视对所谓的"大传统"，即反映上层精英意识的正统思想文化的研究，而对接近下层民众信仰的道教，则贬低为巫术迷信，不屑一顾。特别在 1949 年以后，宗教被看作毒害人民的精神鸦片，对宗教哲学和修持方术的研究几乎成为学术禁区。对佛教的研究还有一些，而道教研究则几乎无人问津。另一方面，前人对道教典籍整理研究的成果不多，学术界对道教的历史、教义、方术和仪式普遍缺乏了解，也是造成道教研究不兴的一个原因。

在那个时代，王明是国内学术界研究道教思想史的极少数拓荒者之一。他的治学特点，是将道教古籍的文本整理与其思想内容的研究结合起来，考据学的方法与唯物论的分析方法并用。他的研究方法并不新奇，但因涉及的领域是少有人开垦的荒地，因此也取得一些独特的成果。除上述《太平经》和《抱朴子》、《参同契》等道书的研究外，较为重要的研究成果还有如下几方面。

《老子河上公章句》是一部注解《老子》的重要著作，被道教奉为经典，在学术史上有较大影响。关于该书的作者、年代和思想内容，历来有不同看法。王明的《老子河上公章句考》对该书作了详细研究，得出该书是东汉黄老学者伪托河上公而作的结论。认为《河上公章句》的思想内容兼有治国与养生两方面，而以道教养生思想为主。文中还论述了汉代道家黄老学从西汉初期以"经术政教之道"为主，演变为东汉时期以"自然长生之道"为主的历史过程。这些观点都得到学术界的公认。

《黄庭经》是魏晋神仙道教的一部重要经典，主要讲述道教上清派存神养生术的法诀。历史上曾有许多著名学者（如王羲之）及道教徒诵读、传写和注解此经。对此经的年代和版本也有不同意见。王明的《黄庭经考》一文，考定《黄庭经》约出于魏晋之际，西晋天师道祭酒所得文本为《黄庭内景经》，东晋初又有《黄庭外景经》出现。经文所述积精存神的养生术渊源于秦汉医学，是中医学说与神仙道教思想结合的产物。隋唐时代出现的各种《黄庭经》异本和注解，也与中医脏腑学说有关，系黄庭学之衍变。论文还对王羲之"写经换鹅"的传说作详细考证。这是近代学者研究《黄庭经》的一篇力作。

《阴符经》是一短篇道经，其天人相盗、五行无常胜的思想颇有特色。历史上研究和注解此经的著名学者（如朱熹）和道士也不少，仅收入《道藏》中的注本就有近30种。关于此经的作者和年代，自北宋以来也争论不休。王明《试论阴符经及其唯物主义思想》一文，对《阴符经》的作者和年代也作了详密考证，认为该书约出于公元6世纪，系北朝末某位隐士所作。在对经文思想的论述中，王明认为《阴符经》的作者在"人与自然法则的关系"问题上，发展了道家的学说，具有唯物主义倾向。这篇论文的考证部分，至今仍有参考价值。

无能子是唐末一位隐士，他的著作虽收入《道藏》，但没人作过研究。王明认为无能子的哲学思想具有中世纪的特色，社会政治观点反映了唐末阶级斗争的一个侧面，在唐代哲学思想史上有着相当重要的地位。因此他整理研究该著作，出版了《无能子校注》一书，并撰写论文《论无能子的哲学思想》。文中论述了唐末农民起义和社会批判思潮出现的背景，对无能子用道家思想批判封建等级制度和统治学说，以及其唯物主义的自然观，都有较高评价。

王明研究道教和中国哲学的成果还有许多，总的看来，他的研究以扎实的学术功力见长，发言有据，立论平实。但因受时代限制，思想分析的方法较为单一。今天习读他的著作和文章，主要看他选取和整理史料的方法。其细密的训诂、考证，谨慎认真的治学态度，将长久有益于后学。

三、王明主要论著

王明.1959.中国大同思想资料.北京：中华书局.

王明.1960.太平经合校.北京：中华书局.

王明.1960.中国哲学史资料选.北京：中华书局.

王明.1964.中国哲学史.北京：人民出版社.

王明.1978.抱朴子内篇校释.北京：中华书局.

王明.1981.无能子校注.北京：中华书局.

王明.1984.道家和道教思想研究.北京：中国社会科学出版社.

王明.1995.道教与传统文化研究.北京：中国社会科学出版社.

王明.2007.王明集.北京：中国社会科学出版社.

撰写者

王卡（1956~），哲学博士。现任中国社会科学院世界宗教研究所道教室主任，研究员、博士生导师。著有《道教经史论丛》、《敦煌道教文献研究》等论著。

王 森

王森（1912～1991），河北安新人。藏学家、因明学家、宗教学家、民族史学家和古文字学家。1935年毕业于北京大学哲学系，1936年夏到清华大学哲学系任助教，1937年后在私立中国大学和私立中国佛学院任教。抗日战争胜利后，1946年到北京大学东方语文系任讲员、讲师。1952年全国高校院系调整时，调到中央民族学院研究部任副教授。1958年调任中国科学院哲学社会科学学部民族研究所副研究员。1978年后任中国社会科学院民族研究所副研究员、研究员、少数民族历史室主任、民族研究所学术委员。1978年10月兼任中国社会科学院研究生院民族系、宗教系教授。曾任中国民族史学会理事和顾问、中国藏学研究中心学术顾问。1980年起兼任中国社会科学院世界宗教研究所研究员、中国佛教文化研究所特约研究员和中国南亚学会理事等职。主要研究工作包括印度哲学、因明特别是藏传因明、西藏佛教和藏族史等。他所著的《藏传因明》填补了中国逻辑史的空白，不仅具有宝贵的资料价值，而且具有重要的学术价值。他所著的《西藏佛教发展史略》一书，在中国西藏佛教史研究中具有开拓性的意义，基本奠定了中国藏传佛教史研究的基础，是新中国成立以来在研究藏传佛教方面影响较大的一部重要著述。2006年5月，该书被评为首届中国藏学研究珠峰奖汉文专著类一等奖。王森于2006年获得首届中国藏学研究的荣誉奖。

一、简 历

王森原名瑞陞，字森田，抗日战争时期在私立中国佛学院兼课时曾用过"子农"这个名字。1912年1月11日他出生于河北省安新县，在本县上小学。1925年到1929年他在保定西关育德中学读书。1928年母亲病逝，家庭出了变故，父亲便不再让他升学，要他跟一位远房伯父读私塾，或是去天津学做买卖。王森坚决不同意，一心要升学。亲戚们见他自幼好学、成绩突出，都帮他讲情，又因他是家中的独子，父亲的态度才逐渐软下来，勉强同意供他去上学。1930年春，他到了北京，考入河北省立第十七中学高中二年级（该校位于北京地安门外）。母亲的过世，父亲对自己升学态度的恶化，使王森的心情有些消沉，因此他高中时便开始读《庄子》、《老子》一类的书。1931年暑假，他试考北京大学哲学系被录取。当时他征得十七中校方同意，继续在该校读完高三。这样，1931年至1932年王森同时就读于北京大学哲学系一年级和十七中高中三年级，直到高中毕业，接着继续读完大学。

王森在北京大学哲学系时，原想读先秦诸子方面的专业，但当时北京大学在这方面开的课不多，于是就改学印度哲学，其中包括佛家哲学。他听汤用彤的课最多。汤用彤是一位学识渊博、专业精深的哲学家和佛教史学家。这个专业的选择影响到王森之后的一生。1935年从北京大学毕业，一时找不到适当的职业，汤用彤就收他做了助手。他为汤用彤从南北朝时期的八部正史等古籍中摘录有关中国佛教史的资料。

1936年8月，经汤用彤介绍，王森到清华大学哲学系任助教，讲授因明和印度六派哲学。教学中，他曾参阅苏联科学院院士、佛教学者谢尔巴茨基根据法称的《正理滴论》和法上的注疏撰写的《佛家逻辑》一书，发现谢尔巴茨基的译文和论述与玄奘译传的陈那《正理门论》及商羯罗主的《因明入正理论》在逻辑性质方面有差异。王森认为这是一个值得进一步探索的问题。但是，要索解它必须精读法称的原著，而当时法称的著作无汉译本，只有梵文本和藏文本。由此，他认定非学好梵文、藏文不可。当时北京大学恰好开有一个梵文班，由梵文学家李华德授课。于是王森在教课之余，每周从城外清华大学骑车赶往城内沙滩北京大学去听梵文课，并受汤用彤之托，为李华德讲解《肇论》全书。这样，王森和李华德在专业和梵文方面就有更多机会交流，为他日后进一步提高梵文水平打下了良好的基础。

1937年七七事变后，清华大学南迁。王森因父亲年迈多病，蛰居北平。不久，日伪成立伪北大文学院，请王森去教课，他坚决拒绝了。尽管当时王森并没有固定职业，生活十分艰难，但他宁愿到薪金微薄的私立院校任教，也不去待遇优厚的日伪主管的学校任职，表现了一个爱国知识分子爱憎分明的高尚品质。

王森为解决一家生计问题，曾担任过家庭教师，给周叔迦做过佛典辑佚工作（从日本古代著述中辑录出已失传的中国唐代僧人注疏的佚文）。经周叔迦介绍，王森还到他任理事的北海菩提学会学过藏文，教过梵文，并为该会做过汉、藏文本佛典对勘工作。周叔迦还介绍他到私立中国佛学院兼课，讲解《因明入正理论》、《中论》及《瑜伽师地论·真实义品》等佛教典籍。

1940年，王森为了检验自学的水平并探索法称的因明学说，从苏联《佛教文库》中梵文原文汉译了法称的《正理滴论》。另外，王森还从英文汉译了《胜论经》、《三自性论》等著作。1941年，他应私立中国大学哲学系系主任童禧文之邀到该大学做兼课讲师，讲授印度哲学、中国佛教史、逻辑、因明等课程。

抗战期间，王森除了以教书糊口之外，所有业余时间都用于自修梵文、藏文和研读印度哲学及佛家哲学典籍。他对读梵、藏、汉文本的佛教及其他教派的典籍，对读梵、英文本《正理经》、《胜论经》、《数论颂》等。当时，他无力买书，主要靠借书抄读。对佛家哲学中占重要地位的典籍，他都并排会录梵、藏、汉三种文本或梵、英两种文本，互为对照，逐字对勘，弄清字形、字义、文法结构，不但用以提高自己的梵、藏文阅读能力，而且可以深入理解词句的涵义以及摸清文章的思想脉络。当时用梵、藏、汉文并排会录互校的方式作过的典籍有《瑜伽师地论·真实义品》、《戒品》、《中论颂》、《辨中边论颂》、《唯识二十论》、《唯识三十颂》、《现观庄严论》、《因明入正理论》及《正理滴论》等，其中有些书还作了梵、藏、汉文逐字对照的索引，如《俱舍论颂》、《正理滴论》等。在这种对读互校的过细工作中，王森加深了对书籍的理解和记忆，收获较大。

王森在研究工作中，有时要参考日人著述，为此他自学了日文，并翻译过一部日人著的《梵文文法》。在阅读日本古人因明著述时，他辑录了我国唐人因明注疏佚文约10万余字。

抗战胜利后，王森到北京大学东方语文系任讲员、讲师，开设藏语文课，并继续研究梵藏文本的因明著述。1947年，王森与印度国际大学研究部主任师觉月合作，用藏文本和汉文本校勘梵文贝叶写本《俱舍论颂》。1948年年底，他们的合作顺利完成，双方都很满意。与此同时，王森还指导了两位从印度国际大学派来北京大学的进修生，为他们讲授了《中论颂》和《辨中边论颂》。

新中国成立后，1949年至1951年王森继续在北京大学东方语言系执教，开设藏语课。由于教学需要，也由于班上两位同学将随解放军入藏的需要，王森从英文本翻译了两部藏文文法：H.B.汉纳的《藏文文言口语文法》和查理斯·贝尔的《藏语口语文法》。

1950年，王森翻译了苏联科学院院士谢尔巴茨基写的《佛家涅槃论》一文，连载于《现代佛学》第1至6期，后因病未译完。次年，王森翻译了罗睺罗所著《西藏现存之梵文贝叶经》及《再到西藏寻访梵文贝叶经》的文章，连载于《现代佛学》第一卷第10期及第二卷第4、5期。罗睺罗为印度学者，曾在20世纪30年代四度入藏寻访梵文贝叶写经。他将寻访经过写成上述两文，记有他找到的梵文贝叶写经的目录。仅在罗文中所列出的梵文贝叶写经就有184种，其中不乏重要的因明典籍，如法称的《量评释论》及其各种注疏、《现观庄严论》、《俱舍论》等。王森从英文翻译这两篇文章，意在唤醒国人对西藏地区所有此类举世仅存的珍贵古籍的高度关注和重视保护。

从1935年到1951年，王森是以教学为主，也做了大量的研究工作，主要研究了印度和西藏的古典著作，特别是因明的典籍。

1952年全国高校院系调整时，王森调到中央民族学院研究部任副教授，从此开始了他以科研为主兼做教学工作的阶段。在教学方面，他为中央民族学院民族语言系先后开设过喇嘛教问题、西藏古代史、西藏中世史以及为古藏文研究班讲解藏文本《因明入正理论》等课程。王森还指导过苏联、印度和蒙古人民共和国派来北京大学及中央民族学院的4名研究生，他们主要是来学西藏史、土观《宗派源流》、藏文本《因明入正理论》、大乘佛教瑜伽行派的佛家哲学典籍汉译本的。

这一阶段的科研工作大部分是应兄弟单位委托或协作的项目，以及上级领导部门给民族研究所布置下来的任务。这些项目一般在时间上要求都很紧迫。1956年11月，王森应邀参加了印度政府举办的释迦牟尼涅槃2500周年纪念活动，赴印之前赶写了《玄奘法师所传之因明》一文。同年，中国科学院哲学研究所应匈牙利科学院之请，准备合作进行西藏因明学研究。年末，哲学研究所领导函请中央民族学院院部及王森本人同意兼任这一工作，并希望王森考虑一个初步计划。次年春，王森撰写了《关于因明的一篇资料》供哲学研究所领导了解情况和制订合作计划时参考，同时开始研读有关文献，如萨班所著《正理藏论》等。

1957年，王森受中国佛教协会的委托，为锡兰（现斯里兰卡）政府出版的《佛教百科全书》撰写若干条目。他写的《现观庄严论》一书释文，由中国佛教协会找人译为英文后，刊于锡兰《佛教百科全书》第一分册。

1958年，王森调任中国科学院民族研究所副研究员，主要从事民族史和西藏佛教史的研究。为了更深入了解西藏的社会和历史及为所内撰写藏族简史搜集资料，王森于年底亲赴拉萨进行考察、调研。

1960年，王森参加了中印边界西段的藏、汉文资料搜集和研究工作。

1961年冬，王森应民族文化宫图书馆的请求，为其鉴定了特藏的梵文贝叶写经250余种，并编写了目录。同时，还参加了《辞海》藏族史类的条目拟订、释文编写等工作，这一工作一直断断续续到1973年才完成。

1963年，民族研究所受中央统战部委托撰写西藏佛教史，王森承担了这一任务。1965年，受中国佛教协会访日代表团团长赵朴初委托，王森进行了《因明入正理论》多种梵、藏、汉文版本会勘工作，工作基本完成。

1973年，王森参加了《中国历史地图集》第五至八册的修订及编稿工作，亲自主持了部分图幅的最后修订工作。同年，还主持编写了《历史大辞典》西藏史条目，并亲自编写了若干条释文。

20世纪80年代初,中国社会科学院院长胡乔木宣布老年科研人员可以不再参加集体研究项目,可搞自己的专题研究。1982年,王森高兴地辞去所有兼职(宗教研究所的兼职,因正带着研究生,未辞),专心从事因明方面的研究。他说,藏族哲学史和藏传因明是中国哲学史的空白,而研究藏族哲学史及藏传因明,最低限度要研究清楚所谓"五大部",即《量评释论》、《俱舍论》、《现观庄严论》、《中论》、《戒经》,还要研究西藏佛教史。他认为,搞清楚《量评释论》就可以为研究藏族哲学史打下基础。《量评释论》是法称的重要因明著作,近二三十年国外对法称的研究很重视,印度、日本、联邦德国、匈牙利、奥地利都有人在研究,还开过世界法称研究学术会议(中国无人出席),但是他们的进展都不快。当时法称的主要著作《量评释论》、《量抉择论》都还没有完整的译本。王森说,自己个人的条件不能说很好,但总还有一些基础,虽已年届古稀,有老年病,但是仍想做这一研究工作,一者想解决自己心里存在多年的问题,再者更重要的是,希望自己开一个头,把我国西藏保持资料最多的法称著作及其注疏的研究传下去,填补中国哲学史的空白,在世界学术界争得一个席位。

作为准备,王森翻译了《七句义论》、《因真实论》等无任何外文译本的梵文小书,又陆续通读了陈那《集量论》两种藏文本、法称《量评释论》的梵文本和藏文本。王森在阅读法称的《量抉择论》之后,用新借到的该书的梵文贝叶经写本的复制本对读互校。他说他已找到解决"问题"的线索,终因天不假时,未能完成。

王森十分关心我国藏族和藏学的研究工作,对当时我国这方面研究还远远落后于实际需要,也远远落后于世界水平,他十分忧心,多次呼吁有关方面设立专门的机构来从事这项工作。他指出,藏族研究,特别是藏族历史的研究,不只是一个学术问题,今天已成为国际斗争中的一个政治问题。我们在国际上默不作声的状态,不能再继续下去了!要使我国成为藏学的世界权威,就必须在藏学研究方面做到资料确凿、研究深入,也就是要在学术水平方面超过外人。王森在藏文资料保护、整理、翻译,工具书编纂,藏文及梵文研究人才培养以及发挥资深学者作用方面都提出了很多具体建议。

王森除了短期访问过印度之外,没有到过其他国家,但是他在藏传佛教、藏传因明研究方面的成就同样受到国际同行的重视和赞扬。1984年秋,他在接待欧洲一位梵、藏学家时,应客人的要求,指出客人从藏文回译成梵文的著作中的错误有20多处。客人当即表示十分感谢,并希望王森能接受访欧的邀请,王森以年老、体弱多病而谢绝。王森病逝后,维也纳大学藏学佛学系系主任、国际藏学研究会理事、国际因明学会主席恩斯特·斯坦克尔奈发来唁电,说:"他的清澈明朗而且仁慈可亲的学者风范,给我极深的印象,我们都会十分感激由他开始努力做的保持重要文化和学术宝库的业绩。"

二、主要研究领域和学术成就

1. 对藏传佛教的研究

(1)《西藏佛教发展史略》

1963年,中央统战部指示中国科学院民族研究所撰写一部关于西藏佛教方面的书以及有关宗喀巴的文章,供上级领导在制定民族、宗教政策时参考,并且提出了要阐述的几个重点问题,要求史料真实可靠,文字简明扼要,能够说明问题。王森分工撰写佛教史部分,时间下限到明末清初。王森接到任务后,首先写了《宗喀巴年谱》和《宗喀巴传论》。关于西藏佛教史,他按统战部的具体要求,采取专题式论述,分十个问题来写,取名《关于西藏佛教史的十篇资料》,于1964年5月完稿。1965年,民族研究所铅印了大约300本,拟分发各单位征求意见,但由于"文化大革命"的影响,这批书稿被搁置起来。直到1973年,民族研究所才把王森的《关于西藏佛教史的十篇资料》、《宗喀巴传论》、《宗喀巴年谱》分送有关单位和个人征求意见。1983年,民族研究所看到书稿已被分送一空,还不断有来函或来人索取,不少人写文章已公开引用,有些教学单位还指定为必读参考书,于是决定向中国社会科学出版社推荐出版。1987年6月,该书以《西藏佛教发展史略》的书名出版,至今已陆续出了四版,印刷了五次。

《西藏佛教发展史略》约28万字,以历史的先后为序,分门别派、全面系统地阐述了西藏佛教的兴起、发展和演化的沿革,将西藏佛教史分为十个专题,构成十篇文章。各篇之间内容连贯,前后一致,既突出了若干重点,又照顾到西藏佛教的各个方面。书中两个附录《宗喀巴传论》和《宗喀巴年谱》是王森1963年年初为撰写该书准备的专题研究。

有关学者认为,同以前国内外出版的西藏佛教史比较,该书具有如下特点:

①广泛地搜集史料,力求史实的真实。王森除了遍读汉文史籍、方志、笔记和浏览外文史料之外,还着重研读藏籍,书中引用的藏籍就有十几种。总之,王森撰写此书时,十分重视史源,追求历史的客观真相。

②认真梳理史料,探幽抉微,能于细微处揭示历史真实。例如,对元朝任命萨迦派领袖管辖的卫藏十三万户的考证和研究。元朝设宣政院管辖全国佛教事务和藏

族地区的军政事务，并在藏族聚居地区设立了万户府作为地方行政机构管理当地事务。《元史》记载有十一个万户府，王森从大量藏文资料中查证为十三个万户，《元史》失载的两个万户为拉维洛和拉维绛。王森根据藏文资料查证了这两个万户的驻地及其变迁情况，从而证实元朝确曾任命萨迦派领袖管辖过卫藏十三个万户府。

③以历史唯物主义观点统驭真实史料，将藏传佛教这一历史发展的产物放在藏族地区的社会历史进程中进行系统、深入、细致的研究，从而得出科学的结论。如在西藏佛教史上占有重要地位的宗喀巴宗教改革，王森突破了传统的只从宗喀巴进行宗教改革本身去寻求黄教形成的思想方法，而从社会的政治、经济、文化发展方面去考察改革的起因、背景、方法和结果，得出结论，见地甚深，在当时同行中实不多见。

该书公开出版前后，已有多篇书评予以肯定，说它是"国人第一部系统而又谨严的研究西藏佛教的专著，对我国藏学研究影响极大"，"这部专著在我国西藏佛教研究中具有开拓性的意义，起到了填补空白和承前启后的作用。有关专家认为该书'是解放后在西藏学领域最有分量的著作'"，"成为藏学研究工作者案头必备的权威读本"。该书2006年5月被评为首届中国藏学研究珠峰奖汉文专著一等奖。中国藏学研究珠峰奖是经中央政府批准设立的国家级奖项，它还授予15位对我国当代藏学事业发展作出杰出贡献、在国内外具有较大影响、德高望重的老一辈藏学家首届中国藏学研究荣誉奖。王森作为"著名藏学家、宗教学家和古文字学家，研究藏传因明的开创者之一，历史语言学派的重要传人"荣膺首届中国藏学研究荣誉奖。

此书已由熟谙藏学的资深翻译家陈观胜、李培茱翻译成英文，英文译文分章节在《中国藏学》杂志英文版上发表。

(2)《释明代梵藏汉文〈法被图〉》

王森晚年撰写的《释明代梵藏汉文〈法被图〉》一文，是应湖北省考古文物工作者的请求，为其出土的《法被图》上的文字疑难问题所作的考证和诠释。《法被图》全名为《佛顶尊胜除业真言灭恶趣王普觉佛会劝持南谟阿弥陀佛离苦得乐法被之图》，是明末佛教文物，出土于湖北广济县的墓葬之中。该文物图文并茂，有梵、藏、汉三种文字，从照片上看不太清晰。王森拿着放大镜一个字一个字地辨认、抄录，花了近半年时间，查证了大量梵、藏、汉文有关资料，解读了三种文字的经文，终于揭开《法被图》的秘密，为文物上的每个图案写出详尽而通俗易懂的说明，对梵、藏经文逐字对译和诠释，对汉字经文也作出了解释，为以后出土类似文物的考证工作提供了借鉴。

2. 对藏族史的研究

王森研究藏族历史与研究藏传佛教是同步进行的。他在《西藏佛教发展史略》等著述中，对藏族古代史有许多重要的创见和精辟的论述。如对吐蕃王朝崩溃后至元朝统一中国 400 余年间西藏历史的研究，由于汉文史料阙如，藏文史料也十分零散，因此在国内外都是空白。王森根据多种藏文史料中的零星记载，经过精细考证、周密思考、认真分析，勾勒出这 400 余年的西藏历史的轮廓，着墨虽然不多，但已为同行认可。

王森在《西藏佛教发展史略》中考证了十三万户府的地理位置并绘制了元代乌斯藏十三万户图（为新版《中国历史地图集》所采用），此外还详细分析了十三万户同各教派的关系及其势力的消长。这样就使我们对元代朝廷在西藏地区实行的管辖及管理的具体措施有了比较切实的了解，对《元史》所载宣政院衙门职官的设置及《元史·百官志》所列西藏地方各级行政机构有了具体的实在的认识，使西藏的很多地名都可以得到史籍的证实。藏学家王尧说："可以说自王森先生的《十篇资料》传布以来，对西藏地方的历史、地理研究都开始了一个崭新的局面。"

20 世纪 70 年代中期，王森曾参加《中国历史地图集》的修订工作。《中国历史地图集》是中国历史地图的空前巨著，堪称世界权威学术著作，是数以百计的历史、地理、考古、制图的专家经过 30 多年的努力才完成的。王森参加了该地图集第五至第八册青藏地区图幅的修订编稿工作，亲自主持了其中元代、明代西藏地区图幅的最后修订工作。为了做好这一工作，王森除详细搜集史料、认真考据分析之外，还不顾年迈用大比例尺的西藏地形图来进行研究，在透明纸上仔细描出山岳、河流，查明当时西藏边界的范围及地方官府的地理位置，并为该地图集写了《唐、宋、元西藏地区地图边界说明》，用大量确凿的史料严谨地说明了西藏边界线的位置。

王森不是坐在象牙塔内不关心现实的学者，他用自己的西藏史研究成果对维护祖国统一和民族团结作出了贡献。1960～1961 年，他参加了中印边界西段的藏、汉文史料收集和研究工作，根据清朝驻藏大臣孟保的奏疏和其他藏文史料，断定印度方面提出的所谓西藏和拉达克的划界条约是私约而不是国际条约。这一论断上报后受到时任国务院总理周恩来的重视，指示再详查史料，精密论证。事后，王森又写了详细报告并口头回答了外交部有关领导提出的问题，还写了一篇《拉达克近三百年史》上报，之后应有关方面委托，又撰写了西藏和拉达克之间历次战争、双方进军路线、决战胜负情况等资料。上述研究工作的意义，毋庸多加评论。

3. 对因明和藏传因明的研究

在长期的历史发展中，因明在我国形成了汉传因明和藏传因明两大系统。我国研究汉传因明的学者不乏其人，而从事藏传因明的研究则必须通晓藏文、古藏文、梵文，由于文字的艰难，研究的学者为数不多，尤其是新中国成立前，更是屈指可数。

王森从年轻时就立志研究因明和藏传因明。为此他从北京大学毕业后，在教学之余一直以惊人的毅力学习梵文、藏文、古藏文、日文。王森对因明和藏传因明的研究成果大致可归纳为下列几点：

（1）翻译和校勘因明的经典著作

梵文因明典籍是印度有纸以前用手写在贝多罗树叶（称为贝叶）上的古体梵文书籍和经论，至今已时隔千余年，常有残页缺页，或缺字漏字，翻译成藏文等文字后，也有不同的版本。王森利用他的语言、哲学、历史知识的有利条件，从20世纪30年代起陆续对十几部因明经典进行梵、藏、汉文本并排抄录，互为对校，从字形、字义、文法方面对勘推敲，进行研读，有些重要因明典籍没有汉译本，他又从梵文译成汉文。比较重要的有下列几本书：

①法称著《正理滴论》（梵译汉）。此书是研究因明特别是藏传因明不可或缺的基本典籍，之前一直无汉译本。王森于1940年从梵文原文参酌藏译本译成汉文，42年后，1982年发表在《世界宗教研究》第一期。王森翻译此书时曾作了梵、藏、汉文的会录互校，并分别作了梵藏和藏梵文的逐字索引（未发表）。

②佛教梵文读本。20世纪40年代初，王森在教梵文时，采用过手写梵、藏、汉三种文本会录互校的重要典籍作为教材授课。1943年，私立佛学院将他手写的梵、藏、汉三种文字会录互校的《心经》、《弥陀经》（读本第一册）和《瑜伽师地论·真实义品》（第二册）影印成梵文读本。其中《真实义品》就曾被菩提学会梵文班作为讲义授课。

③《俱舍论颂》（梵、藏、汉文逐字索引）。1947年，印度国际大学研究部主任师觉月到北京大学任客座教授。他随身带来梵文贝叶经写本《俱舍论颂》的照相本，要求北大校方请人用该书的藏文本和汉文本同他合作进行校勘。当时王森担任了这一工作。在每一次共同讨论前，王森都预先用另一梵文本（果克雷教授的校勘本，其中也有错误）、藏文本及真谛译汉文本、玄奘译汉文本四种本子对读互校，写出每个字的梵、藏、汉文索引。他们在校勘中也订正了梵文贝叶经写本的错误。1948年年底师觉月离京返印时，据说二人校勘的正本被遗失，但王森所作的索引一直保存

在他手中（未发表）。

④《因明入正理论》会勘。1965年，中国佛教协会准备派一代表团访问日本，时任中国佛教协会领导赵朴初计划携带三部书去作学术交流，其中之一是把《因明入正理论》的梵文本、两种藏译本和玄奘的汉译本进行会勘，加详细的校注并冠以长篇引言出版。这本书委托王森撰写。《因明入正理论》的三种文字都有不同版本，字句译例各异，校勘难度很大，王森用了近半年时间进行了会勘。梵文本用了五个版本，包括外国人做的校刊本和注疏本，用其中四个版本仔细校勘了日本人宇井伯寿的校订本，得出了梵文校勘定本。藏文第一本用了四个版本进行校勘，也包括外人校刊本，重点是改正误译和补译脱落部分；藏文第二本用五个版本，重点是订正误谬，以藏文一本校正本作为藏文的校勘定本。汉文本用八个版本（包括因明大疏明灯抄牒文和因明大疏抄牒文），校勘后得出汉文校勘定本。最后，梵、藏、汉文本类校主要以汉文《正理门论》，藏文《集量论》和梵本、藏本《正理滴论》类校有关字句。

王森刚完成梵、藏、汉文本的会勘工作，校注和引言尚未整理好时，中国佛教协会就通知计划改变，不再出书。不久"文化大革命"开始，工作即停了下来。

⑤胜者寂日造《七句义论》（梵译汉）。1982年，王森发现民族文化宫所藏梵文贝叶经写本《七句义论》（稍残）有一定校勘价值，遂与日本人宇井伯寿所用梵文印本进行了校勘，并转写成罗马化校订本（可补宇井伯寿所用梵文印本的一些缺漏）。王森并将此书翻译成汉文，译文发表于《燕园论学集》。校订本未曾发表。

⑥吉答利造《因真实论》（梵译汉）。吉答利是10世纪东印度人，做过印僧学者阿底峡的师傅，曾受封为班底达，世称大班底达。藏族史学家称他为兼习唯识的中观派人，有不少著作，关于因明的著述有三部，其藏译本均收在《丹珠尔》因明部中，有梵文原本流传至今者仅《因真实论》一书。该书以《因明入正理论》为蓝本，论式则采用法称之说。王森据梵文本参酌藏译本将它译为汉文，供研习因明、阅读《入论》者参考。

(2) 撰写《藏传因明》

王森几十年来除了翻译因明论典、校勘辑佚因明典籍之外，还对藏传因明进行了开拓性的研究。其中已公开发表的有关论著主要有：《关于因明的一篇资料》、《现观庄严论》、《因明》、《藏传因明》。

这些论著中，《关于因明的一篇资料》和《因明》都论述了藏传因明问题，但是详细深入的论述应首推收在《中国逻辑史》唐明卷（获国家社会科学基金优秀成果奖）中的《藏传因明》一文。此文堪称王森晚年的力作。

《藏传因明》共分三节。

第一节,藏传因明的渊源。重点介绍流传于藏地的印度因明典籍。王森指出,"藏传因明和汉传因明一样,同是以翻译梵文因明典籍为起点,不过藏人传译梵文因明,时代较汉人传译为晚","相隔约130余年。在这期间,印度因明学风已经不再是玄奘在印时佛教学者以传习陈那因明著作为主的风气,而是变为以传习法称著作为主的风气","藏传因明典籍绝大部分与法称有关"。

第二节,藏人译传讲授因明史略。王森详尽地介绍了西藏桑耶寺建寺前后开始翻译印度因明典籍以来,因明在西藏译传讲授的情况,介绍了藏传因明的主要学者以及他们的主要著作,展示了藏传因明的发展及其在学术史上的贡献。

王森按照前弘、后弘期的分期来阐述因明在藏地的发展,特别介绍了阿里地区、桑朴寺、萨迦寺,以及黄教对因明的译传、讲授、著述。他认为前后弘时期"共约300年间,西藏翻译因明著作近80种,有名译师约25人,藏人在因明方面翻译的数量之大、译出因明书籍在学术史上地位之高,远非汉族译经者能比","这样规模的译品,从13世纪初佛教在印度覆灭之后,就成为保存东方逻辑史资料的珍贵文献,这是古藏人对东方学术史的一大贡献"。著名译经师及其后学"多有对印人重要著述依据师说作注疏或写专著的,其数量之大,何止几百部!这既是对佛家因明的贡献,也成为西藏学术的一个重要组成部分"。

第三节,藏传因明的特点。王森认为"汉传因明传承陈那因明的理论,以大、小二论为依据,以能立、能破为重点,以三支论式,宗、因、喻和三十三过为主要内容,至于现、比二量,则摆在次要地位。藏传因明则以传授法称著述及其后学注疏为主,以《量评释论》、《量抉择论》等为依据,认识论和论式并重"。他在文中分析了汉藏两传关于因明论式的异同,以及陈那、法称量论之相异,指出,"法称在逻辑原理方面,完全接受了陈那的因三相学说,而在逻辑和客观事物之间的关系方面有不同的看法。在论式方面,对三支比量也有所更改"。王森着重指出,"外境实有义则为陈那所峻拒,而为法称所采用,这一点遂成为陈那量论与法称量论彼此不同的由来,也成为汉传因明与藏传因明彼此相异的根源"。

王森在分析藏传因明的特点时,特别介绍和论述了藏族学者在因明方面新开创的一种论式——应成论式。王森指出,应成论式,它是藏文和梵文的意译,作为因明的术语,它的含义是用对方所承认的理由,能够肯定正确地引出或证明他所不承认的主张。

王森说,"在藏传因明中,法狮子首先让他的初学弟子们使用因明论式进行辩论,用这种相互辩难的方法来明确所学经论术语的正确含义,以训练思想的条理和对概念的正确运用，进而培养清晰敏捷的头脑"。以后不久就出现了应成论式，在辩论中一直沿用这种论式。直到今日，藏人学因明都要学习应成论式。

在蒙藏寺院里，学僧在学经辩论中，在考取格西的辩论中，都必须运用因明这一门精熟学问，所以因明的讲授、传承、著述一直不衰，也颇为国际学人所重视。

王森在《藏传因明》一文中的见解引起了学界的重视。张岱年、羊涤生在评价《中国逻辑史》这套书时指出："《中国逻辑史》最有新意的部分是唐明卷中藏传因明部分和整个现代卷。""藏传因明虽比汉传因明传入较晚，但其译著之丰，注释之完备，讲传之盛远胜于中原，而且延续至今从未中断，有着极为丰富的历史资料，很为国内外学术界所关注。但过去的中国逻辑史著作，对这一部分由于文字艰涩等原因，一般均付之阙如，很少发掘，实为一大空白。现由著名藏传因明专家王森教授亲自撰写，填补了这一空白。因而不仅具有宝贵的资料价值，而且具有重要的学术价值，必将引起国内外学者的重视。"温公颐、曾祥云在《〈中国逻辑史〉五卷本评介》一文中也指出："'五卷本'第一次在中国逻辑史著作中公布了藏传因明的史料和研究成果，介绍了因明传入我国西藏的历史及其发展过程，对我国藏传因明中的主要代表人物、主要著作、主要贡献以及藏传因明的主要特点，做了较详尽的探讨，这不仅为'五卷本'增添了引人注目的新意和价值，而且为我国的逻辑史研究增加了新的篇章，填补了一项空白。"

（3）研究陈那、法称因明学说

王森从20世纪30年代起，在研究因明时就关注并探索陈那、法称认识论和逻辑学说的异同。王森指出，法称在《量评释论》这部重要著作中"对陈那之说多所修正"，"如关于现量的学说，关于比量的学说，关于二喻及喻依可废，关于遮诠的学说等"。

"陈那因三相后二相所确立的'能别'与'因'之间的'不相离性'，这一由遮诠所表示的抽象关系，法称把它修正为用表诠所显示的'能遍'与'所遍'的比较具体的关系。这一修正不仅对后来佛家因明，而且对正理论、胜论等派都发生过深远影响"。

"法称又提出正因应分为自性、果、不可得三种。这就和陈那摒弃《瑜伽》、《集论》等佛家内部在因明关于因的分类，以及破斥正理论、数论等派之分因为'有前'、'有余'、'平等'三类的精神有明显不同"。

"法称三支比量之具体排列，喻（存体废依）为第一，因为第二，宗为第三；并称宗言可省，则又与陈那三支比量不仅形式上，而且在精神上都不相同。法称使三支论式与形式逻辑的三段论法在形式上更为接近"。

在论述陈那、法称在认识论方面的异同时，王森指出，"法称和陈那在哲学的一个基本问题上的根本不同点表现在现量，特别是在五根现量学说上。在他们对现量所下的定义，结合他们所讲能量、所量、量果的文字看，陈那以唯识义为主，主张识外无境，故以识中相分为所量，见分为能量，自证为量果；法称以经部义为主，主张境在识外，故以外境为所量，以识中所带境相为能量，以自证为量果"。

王森认为，应下更多力量把一些问题的细节搞得更清楚，把论证的依据搞得更确切更充分一些。为此，他晚年辞掉了职务，自选了一个课题，即"陈那、法称认识论和逻辑学说异同的研究"。他认为这是一项重要的工作，可为研究藏族哲学史打下基础。他不顾体弱多病，又陆续通读了陈那《集量论》两种藏文本、法称《量评释论》的梵文本和藏文本，还阅读了《量抉择论》的藏文本，并用新借到的该书的梵文贝叶经的复制本对读互校。他说在研究这些典籍之后，已找到解决"问题"的线索。他打算先写一篇论文，文章也已有个轮廓，其次再翻译注释《量抉择论》，如果天假以年拟再重译《量评释论》和《集量论》。然而王森《量抉择论》的对勘工作因病只完成了一部分。在他去医院急救的当天，这些梵、藏文书籍还摆在他的书桌上，他对勘的稿子仍散发着墨香。第二天，王森带着极大的遗憾离世了。

三、教 书 育 人

王森的毕生精力相当部分是用在教书育人、指导学生的学业上。他大学毕业后一直在高校或研究所工作，对培养年轻人十分重视，对晚辈的解惑答疑也十分热心。由于王森学识渊博，特别是在藏学研究方面有很高造诣，因此登门拜访的人很多，还有通过书信求教的。王森不管相识与否都一视同仁给予热情接待、认真答复，直至来人满意为止，对一些不能直接解答的问题他总是允诺日后查找资料再答复。1986年，王森患了严重的肺炎，出院后身体一直不佳，经常咳嗽气短，在这种情况下也绝不拒绝来访者。直到逝世的前几天，仍为上门请教的人解惑答疑。

1978年，中国社会科学院成立了研究生院，王森受聘为该院民族系、宗教系教授，他相继指导了藏族史和宗教学专业的几位研究生，现在这些学生都成了本专业领域的专家学者。民族研究所研究员祝启源是第一位在王森门下受业的研究生，其专著曾获首届中国藏学研究珠峰奖二等奖。据祝启源回忆，王森当年反复向他指明，从事藏族历史研究，要有深厚而扎实的基础知识，要注意知识的积累、勤于思考、循序渐进。王森对学生总是循循善诱，以启迪为主，上课要求学生先提问题，然后给予解答。王森认为提不出问题的学生不是好学生，至少是不会思考的学生。王森总是以平等的态度对待学生，既是严师又是父兄，他总是强调，做学问如同做人一样，一定要老老实实，来不得半点花架子，投机取巧、钻营则更要不得，要讲文德、道德文章。对研究工作，王森力主从专题研究入手。只有把专题研究做深做通，才有可能揭示历史发展的规律，所以他主张先搞断代史，再写藏族通史。他常激励学生奋发向上，在学业上向国际同学科水平看齐，努力使自己的研究成果在其中占有一席之地，为国争光。

王森对培养研究生不分国内国外都一视同仁。1957年，印度国际大学研究部派了几个研究生到北京大学学习，其中之一的吉利天向王森学习大乘佛教瑜伽行派的佛家哲学，具体地说就是要学无著和世亲哲学著述的汉译本。吉利天当时汉语程度较差，达不到阅读佛书的水平，但他的梵文很好。王森因人施教，根据他这一特点，首先选择了有梵文本又有汉译本的几部书，如《瑜伽师地论·真实义品》、《唯识二十论》和《唯识三十颂》梵汉本对照进行讲解，同时要求他在课外做好梵汉文对照的佛教术语索引，使他既能读懂课文，又能了解汉译文的文法结构和佛家术语的涵义。最后，王森给吉利天逐字逐句地讲解了难度较大的《成唯识论》的汉文本（此书无梵文本），对书中重要论点都作了逻辑上的分析。吉利天经过13个月的刻苦学习，整理成《成唯识论》的英语草稿，为回国后从事佛家哲学研究工作打下了良好的基础。吉利天后来获得了博士学位。1980年他托人带给王森一本他写的书，书的扉页上写着感谢两个人，一个是师觉月，一个是王森田（王森字森田）。

王森先后为我国以及印度、苏联、蒙古国等培养了8名研究生，他们都已成才。王森晚年尤其关注培养搞藏学研究的人才，特别是会梵文、藏文又懂一些专业知识，能够独立校勘翻译贝叶经的年轻人。1978年4月，他在世界宗教所规划讨论会上强烈呼吁尽早成立专门研究藏族和藏学的机构，抓专业研究工作，抓培养藏学研究的人才。他认为，要使我国在西藏问题上成为世界权威，就必须在学术水平方面超过外国，就必须培养出一批既懂梵文、藏文又能够校勘、翻译、研究贝叶经的人才。1989年在北京召开的藏汉因明学术交流会上，王森又提出培养人才的问题，他说我们中国有自己的因明传统，梵文、藏文的因明典籍都很多，但能够翻译和研究的人相对很少。他还说："因明研究者应该通晓佛经，这样的人才不是短期能够培养出来的，希望有关单位要舍得花财力，下工夫培养人才。"

四、王森主要论著

子农（笔名）.1943.佛教梵文读本（1～2册）.中国佛教学院.
（苏）谢尔巴茨基.1950.佛家涅槃论.子农译.现代佛学，(1), (2), (3), (4), (5), (6).

罗睺罗.1950.西藏现存之梵文贝叶经.子农译.现代佛学,(10).

罗睺罗.1951.再到西藏寻访梵文贝叶经.子农译.现代佛学,(4),(5).

王森.1959.关于因明的一篇资料//中国科学院哲学所.哲学资料汇编(第一辑)(内部资料).

王森.1982.正理滴论(译著).世界宗教研究,(1).

王森.1984.七句义论(译著)//燕园论学集.北京:北京大学出版社.

王森.1987.西藏佛教发展史略.北京:中国社会科学出版社.

王森.1988.因明//中国大百科全书·宗教.北京:中国大百科全书出版社.

王森.1989.藏传因明//中国逻辑史编辑委员会.中国逻辑史(唐明卷).兰州:甘肃人民出版社.

王森.1989.释明代梵藏汉文《法被图》//藏学研究论丛(第一辑).拉萨:西藏人民出版社.

王森.2008.因真实论(译著).因明,(1).

王森.2009.藏传因明.北京:中华书局.

主要参考文献

祝启源.1991.音容宛在 风范犹存——缅怀恩师王森先生.民族研究动态,(2).

王尧.1991.书卷纵横崇明德 山河带砺灿晚霞——评王森先生《西藏佛教发展史略》.中国藏学,(2).

刘培育.2007.藏学家王森先生//学问人生——中国社会科学院名家谈.北京:高等教育出版社.

撰写者

刘培育(1940~),中国社会科学院研究员、博士生导师,中国社会科学院老专家协会副会长,中国逻辑和语言函授大学董事长。

王湛(1932~),对外经济贸易大学教授,王森之女。

杨一之

杨一之（1912～1989），四川潼南人。哲学家、翻译家和诗人。1936年欧洲留学归来后任教于北平大学。1956年进入中国科学院哲学研究所任研究员。曾任中华全国外国哲学史学会顾问、《黑格尔全集》编译委员会委员、首批西方哲学专业的博士生导师。杨一之精通德语、法语、英语，长期致力于德国古典哲学的翻译和研究，其代表译著为黑格尔的《逻辑学》。黑格尔的《逻辑学》是黑格尔哲学的集大成之作，素称晦涩艰深。杨一之的汉译本辞简义赅、准确典雅，成为汉语哲学翻译的典范，对中国的黑格尔研究具有重要的意义。他还翻译了马克思的《福格特先生》一书，很好地再现了原书的风格。杨一之早年就翻译了普朗克的《物理认识之途径》，此外他还审校了叔本华的《作为意志和表象的世界》，参与审校了马克思的《德意志意识形态》、克劳塞维茨的《战争论》等书的汉译本。在康德研究方面，杨一之在关于先验感性论和先验逻辑的建立及其意义的解释、关于物自体三重含义的辨析、关于二律背反和黑格尔的关系等问题方面，提出了独到的观点。在黑格尔研究中，杨一之坚持从德文原著出发，在掌握了大量的二手研究文献的基础上，提出了一些重要学术观点，在20世纪80年代对破除苏联教条主义，正本清源，从而回归学术研究的本位，有重大意义。

一、生平：从参加革命到回归书斋

杨一之，1912年4月11日出生于四川省潼南县双江镇。潼南杨家是一个大家族，政商学各界人才辈出。杨一之幼承庭训，4岁诵诗经，6岁熟读唐诗，其祖母诗人陶九香教以平仄音韵，12岁时他即能做律诗。1928年他毕业于北京汇文中学，在中学期间打下了良好的法语和英语基础。1928年至1929年就读于上海震旦大学特修班，1929年他赴法国留学，入巴黎大学法科学习。

青年时期的杨一之思想激进，上课读书之外，他还研读了大量马克思、恩格斯等人的著作，积极参加工人运动。1930年5月他加入法国共产党中国语言组，参加了一系列革命活动，并被选为国际海员码头工人罢工委员会执行委员，因此遭到法国当局驱逐。1931年10月转往德国留学，同时转入德国共产党中国语言组，担任"民族自卫会"执行委员，仍然积极参加国际工人运动。先后在汉堡大学、法兰克福大学、维也纳大学、柏林大学研读哲学，兼学自然科学。当时法国共产党中国语言组的书记是何奚畏，杨一之还结识了成仿吾、廖承志、杜任之等，与胡兰畦、董向樵友善。1932年后杨一之还参加了受德国共产党领导的"留德华侨反帝同盟"，从事反帝抗日活动。这个组织的成员还有张升铭、王炳南、江隆基、许德瑗、朱伯康等人。他们发行《反帝》月刊，用以团结同志，揭露法西斯的侵略和政府的不抵抗政策。1933年后杨一之对组织失去信心，于1934年5月退出了党组织。

1934年6月至9月，杨一之短期游历了伦敦。访问了在此的王礼锡、胡秋原，谈到德国局势，他认为纳粹德国未来一定会走向战争，第二次世界大战势所难免，给胡秋原留下了深刻的印象。杨一之此时虽然反对斯大林主义，离开了党组织，但还信仰马克思主义。他和王礼锡、胡秋原、胡兰畦以及德国独立共产党领导人汉斯·瑞曼等人组织讨论会，多次交换对国际形势的意见。

1936年3月，杨一之在柏林参加反帝同盟活动，被希特勒政府逮捕。他在狱中进行了不屈不挠的斗争，严格保守了党的秘密。德国政府没找到证据，提出如签字声明未受虐待、财物无损、出狱后不再反对纳粹主义就可以释放。杨一之一一加以驳斥，拒绝签字。经友人营救，10日后才被释放。1936年6月回国。

杨一之在欧洲留学前后近7年。到德国柏林大学后，他的兴趣逐步集中于德国古典哲学。此时纳粹运动如野火蔓延，德意志举国若狂，柏林的大学生运动首当其冲。杨一之不满这种氛围，1933年春转到法兰克福大学，听霍克海默的课。他在此还参加过欢迎卢卡奇的座谈会。杨一之本有在此攻读博士学位的打算，但是由于霍克海默是犹太人，受到纳粹的迫害，很快离开了法兰克福大学，杨一之也随即离开转往维也纳大学。在维也纳大学，杨一之除了听过维也纳学派领袖石里克的课外，主要参与第二国际理论家阿德勒的课程。1934年春，在阿德勒的课上，杨一之承担了相应的题目，受到肯定，有在此完成学业的计划。然而适逢维也纳政治风云变幻，外有德、意的武装干预，内有工人武装起义，大学停课数日，阿德勒被解职，杨一之也离开了维也纳大学。1934年秋，杨一之回到柏林大学，本想在黑格尔哲学权威哈特曼指导下完成学业。他参加了黑格尔的讨论课，并积极准备博士论文的写作。不料1936年初春，他又被纳粹政府逮捕。经此波折，杨一之中断学业回国。

杨一之少年成名，天分极高。在欧洲的游学，使他有机会接触当时各种最新的知识，饱读各个领域的书籍。德国大学的教育使他非常重视逻辑学、数学和物理学的学习。1934年他就翻译了德国物理学家普朗克（因提出量子假说，1918年获得诺贝尔物理学奖）的《物理认识之途径》，该书1935年由商务印书馆收入万有文库出版。杨一之有传统士大夫以天下为己任、经世济用的气概，关心世界局势和民族的前途，这促使他在政治、军事、社会学等方面掌握了丰富的知识，对欧洲的文化有深入的了解。除了马克思主义和社会主义思想家的大量著作外，他很早就读到过韦伯和斯宾格勒的著作，并有独到的评论。1934年后，杨一之发表了不少政论，比较著名的有《论民族意识》、《群众论》、《白郎秉政后的法国》、《西班牙与将来的地中海》、《歼灭战在今日》、《苏联的党狱》等（收入《理性的追求——杨一之著述选粹》）。他感慨于人们对中国传统社会的无知、而生硬地以西欧社会发展的理论来比附中国社会。时至今日，这种状况并未根本改变，人们对传统的理解甚至更加隔膜。由于眼界和识见，他很早就对苏联教条化的马克思主义不以为然。1930年李达翻译了苏联的《辩证法唯物论教程》，曾征询杨一之的意见。杨一之当即指出，该书以非辩证法的方式讲解辩证法，在哲学方面还存在不少知识性的错误。针对1937年斯大林在党内的"清洗"，杨一之指出，这种时时迫害和清算的结果，是没有一个人敢用自己的头脑去思索，没有一个人敢独创地做一点事。今日读来，仍然发人深省。

1936年归国后，杨一之任教于北平大学，讲授哲学。随着抗日战争爆发，1939年他辗转到重庆任教于复旦大学。期间，他曾在1938年短期投于冯玉祥幕下，有从军的意向。他向冯玉祥讲解国际形势，曾奉命联系冯系旧部。他建议冯玉祥以副委员长名义巡视河南，乘便扣押宋哲元，夺其兵柄，然后北上威胁平津，与八路军合作。建议未被采纳，杨一之就离开了冯玉祥。其后他曾在李济深任主任委员的战地党政委员会任职。1946年抗战胜利，杨一之回到上海，在同济大学哲学系任教授、系主任。他参加了教授联谊会，被推举为常务理事，积极开展反内战、反饥饿、反迫害斗争。他支持学生反对国民党反动统治的活动，参加了外围的政治斗争。1949年上海解放前夕，国民党特务对爱国民主人士及进步学生进行突击大逮捕，一夜之间被捕者达300余人。杨一之也同时被捕，囚禁在达仁中学内。经夫人和好友营救，他后来被释放，逃过了惨祸。

新中国成立后，1952年院系调整，杨一之调到复旦大学。1953年调任中国国际贸易促进会专员，实际工作是为国家领导人起草文件，兼做翻译工作，接待欧洲共产党领导人。在亚太和平工作会议期间，因劳累过度而病倒。1956年，中国科学院哲学研究所初成立，杨一之即调入任研究员。

自1936年回国后，杨一之虽然也参加了一些政治活动，但其主要的精力是在学术上。杨一之进入哲学所就是要以哲学为业，希望在西方哲学的研究中开拓一片自己天地。然而此时西方哲学的研究环境发生了极大的变化。学者的工作主要是政治学习、思想改造。当时苏联垄断了马克思主义的解释权，马克思的著作不是从德语而是从俄语翻译，苏联的意识形态的主管者的言论也成为西方哲学研究中的金科玉律，而这些言论多是非学术的。中国学术现代化的进程可谓一波三折。从晚清以来，中国社会发生了巨大的变化，传统学术土崩瓦解，现代学术逐步建立。经过康有为、严复、章太炎、梁启超、王国维、蔡元培等人的初步介绍时期，到20~30年代，一些留学生从欧美学成归国，在古希腊哲学、英国哲学、德国古典哲学等领域发表了原创性的著作，西方哲学研究取得发展。杨一之这一代学者本来是可以后来居上，在学术上作出更多创造性的成果的。30~40年代时，他们站在世界哲学发展的前沿，洞悉当时哲学的状况。在学术上，他们更有使研究古希腊、德国哲学的西方学者非读中国人的作品不可的自信和雄心。然而严肃的学术研究在当时很难进行下去，翻译和注释要更加安全和可行。

1950年，杨一之应邀翻译了法国人加桑诺伐所著的《数学的辩证法》，已经完稿交付出版社，但后来该译稿丢失。1956年至1957年，哲学研究所召开了两次马克思著作翻译的会议。由于《福格特先生》的翻译无人承担，就交给了杨一之。福格特是一个冒充自由派的文人，曾炮制一书，造谣诽谤马克思。《福格特先生》是马克思的辩诬之作。马克思不仅是思想家，而且是文学家。他在1848年革命之后的宏大历史背景中，分析欧洲的复杂的政治关系，借此揭露福格特的卑鄙角色。该书的翻译，除文字要准确外，还必须呈现原文的格调与风神。为翻译此书，杨一之耗费了不少的心力。然而，他的翻译未能收入马恩全集。几经周折后，1961年以单行本在人民出版社出版。

杨一之30年代就有翻译黑格尔《逻辑学》的想法。抗日战争期间颠沛流离的环境，自然也不可能做这件事。新中国成立后，杨一之开始着手翻译此书。1961年后，他全力从事此事，至1966年终于出版了上卷第一版。在"文化大革命"期间，他克服重重困难，勉力翻译此书的下卷。他身体衰弱，经常咯血，一年数次。他的书房也被占据，正是在这种不安宁的环境中，杨一之在夫人冯静的照顾下，又完成了《逻辑学》下卷20万字的译稿，校改了全部的清样，然而由此他也罹患了高血压和冠心病。1976年《逻辑学》上下卷终于出齐，该书可以说这是杨一之的生命之作。

80年代后，随着改革开放，学术研究逐步恢复。杨一之在古稀之年，也焕发了学术的青春。他写了几篇重要的论文和书评，出席各种学术会议。1981年他被遴选为第一批西方哲学专业的博士生导师，开始招收康德哲学和黑格尔哲学方向的博士生。他应邀到各地的高校和研究机构讲学。"文化大革命"期间，他曾写好了《黑格尔逻辑学研究》的书稿，可惜手稿因故被毁。这时他又想把这部酝酿多年的书写出来，但是这部书最终并未完成。1989年11月21日杨一之在北京病逝，享年77岁。

二、主要研究领域和学术成就

杨一之精通德语、法语和英语，除对德国古典哲学的精深研究外，他对法国现代哲学和古希腊哲学都有深厚的知识。除了广博的哲学史基础、对欧洲文化和历史的了解外，他对现代的逻辑学和自然科学都下过一番工夫。也正因此，他才能在德国古典哲学的研究和翻译中取得如此高的成就。下面主要介绍他在康德和黑格尔哲学的研究和翻译中的贡献。

1. 康德哲学研究

康德哲学以其先验分析的方法、主体构成的理论、理性形式是知识和道德可能性的条件的学说影响了现代哲学的主流。康德理论的综合性和多维性为哲学家们提供了诸多解释和阐发的资源。康德哲学产生还标志着有自己特色的德国哲学的产生。如果不局限于从康德到费希特、谢林、黑格尔的逻辑演进观点，我们将会看到，这些哲学家们事实上提供了互相竞争的解释模型，共同形成了德国古典哲学的高峰。毋庸置疑，康德哲学具有开创性的意义，费希特、谢林和黑格尔是在和康德的对话中形成自己的哲学的。因此，理解康德哲学是研究德国古典哲学的基础。

由于历史原因，杨一之生前公开发表的康德哲学方面的论著很少。60年代，杨一之曾给自己当时的研究生王树人和几位旁听者讲解康德哲学。讲稿后经王树人整理打印，曾分送哲学界的同好。杨一之逝世后收入商务印书馆出版的《康德黑格尔哲学讲稿》。根据此书，可以看到杨一之的康德哲学研究是十分深入的，至今仍有重要的借鉴意义。

首先，杨一之对康德哲学有全面的把握。他坚持在整体的视野中解释康德的具体思想。康德的思想具有综合性和彻底性的特点，其理论的表述虽然有许多不同的形式，但其基本的思路、方法和核心的观点一以贯之。也正因此，需要全面地掌握文本，比较异同，互相发明，从而恰当理解康德的理论。杨一之对康德的三大批判有系统的研究，因此对《纯粹理性批判》解释全面而准确。他精通德语，可以自如地阅读康德的原著，很早就研读过康德前批判时期的著作，并分析这些思想和康德的成熟思想之间的关系，这使他的研究注意了康德前后期之间的发展变化，这在60年代是非常可贵的。

其次，在康德研究中，他重视文本分析和概念辨析。当时，中国的康德研究为意识形态的套话所笼罩，对康德的理解满足于独断的大而化之的宣言，既无文本基础，也无思想的深入分析。杨一之的著述中当然也必须有这些套话，但是他还继承了德国的学术传统，重视文本和概念的辨析，在可能的范围内，发表自己的观点，取得了重要的成果。在康德那里，认识是能力，也是一种活动，认识是在主体在认识活动中先天形式构成的结果。这种观点使康德的论述具有多个不同的层次，而区分这些不同的层次，对其关键概念做出精确的辨析是理解前提。例如，分析直观、感性和感觉的关系时，他指出感性是指直观的能力或作用，而感觉是它的结果，但有些场合的直观本身也是直观的结果。对于康德所谓的经验、对象等概念的多义性的他都详加辨析。又如，物自体理论是康德哲学的标志性学说，然而由于这个理论是内在于康德哲学整体的结构性学说，大批判式的一言以蔽之在文本和义理上都无法说通。杨一之则指出，康德的物自体有三重意义：其一，在我们主体之外，与感官相对的作为现象的基础的东西；其二，作为认识的界限，它规定了知性概念运用不能超出现象或经验；其三，作为意志、自由等精神实体意义的物自体。他认为康德划分物自体和现象，很重要的目的就在于解决自由与必然的矛盾。在康德看来，作为主体的人，有服从因果必然性的一面，又有意志自由，不受因果必然性约束的一面。前一方面表现为主体之现象，后一方面表现为主体之本体。（《康德黑格尔哲学讲稿》）这些分析还未尽完善，但这种结合文本的概念辨析对于真正的康德研究却有方法论的指导意义。

第三，《纯粹理性批判》同时是一部康德对柏拉图、亚里士多德、休谟、洛克、莱布尼茨等伟大哲学家进行批判的著作。严肃的哲学史研究需要在区别对照中说明康德思想的特殊性和价值。康德对上帝存在的本体论证明的批判在哲学史上影响重大，杨一之不仅分析了康德的批判，而且结合哲学史上安瑟尔谟、笛卡儿、莱布尼茨等哲学家的上帝存在证明，说明康德批判的意义何在，对比了康德和黑格尔的异同。这种对康德的批判的分析堪称哲学史研究的范例。

2. 黑格尔哲学著作的翻译

翻译在哲学研究中占有重要的地位。在西方，随着研究的深入，经典著作的译本往往几十年就会更新换代。对于汉语的西方哲学研究来说，翻译是研究的重要环节，学者们希望通过翻译促进研究的进展。

黑格尔的《逻辑学》共两卷三册，出版于1812年至1816年。早在1801年，黑格尔就试图创建一个哲学体系。但是当时他在逻辑学和形而上学领域的积累还不够，许多问题困扰着他，替代哲学体系出版的是《精神现象学》。《逻辑学》一书的出版延续了四年，1812年出版了第一卷"客观逻辑"的第一册"存在论"，1813年出版了第一卷的第二册"本质论"，第二卷"主观逻辑"至1816年秋方才出版。黑格尔在写作中构思的不断变化也是造成这种拖延局面的原因。《逻辑学》是黑格尔全部哲学体系的概念基础，标志着黑格尔自己独创的哲学体系的诞生。它从绝对知识开始，用概念的方式考察绝对知识本身。它说明了体系的内容，体系的各部分间的关系和概念在具体科学中的发展。该书素称晦涩难译，其原因是多方面的。首先，黑格尔把哲学史上重要的哲学概念按照自己的理解放置到逻辑发展环节中，因此，好的翻译需要建立一个西方哲学概念的统一体系。其次，黑格尔哲学思辨性强，整个体系互相照应，他用一个词常兼用多个义项，甚至是相反的义项，译者需要对黑格尔的思辨哲学有深入研究，又要能以同样多义的汉语来表达其思想，因此需要很高的汉语素养。此外，黑格尔是百科全书式的思想家，具有非常丰富的人文和自然科学的知识，这些知识在今天看来或许难免有错误，但要想正确地翻译《逻辑学》，却必须具备这些知识。优良的汉语基础，广博的逻辑学、数学、物理学、化学知识，加上多年对黑格尔的研究，使杨一之具备这些条件，成为翻译的不二人选。杨一之的译文辞简义赅、准确典雅，成为汉语哲学翻译的经典。

下面我们从翻译原则和译名选择说明杨一之的贡献。

20世纪20～30年代，《逻辑学》的英译本和法译本相继出版，但是这些译本存在不少重大的问题。除译者对黑格尔哲学缺乏研究、生造名词、误导读者外，他们往往以几个名词翻译黑格尔的同一个术语，又往往把黑格尔的同一个术语翻译为同一个名词。有鉴于此，杨一之自己确立了这样的翻译原则："一是一名一译，保持一贯，不图行文方便而改动译名，避免读者误解；二是黑格尔所引证他人的文句，除少数过时的数学书无法找到外，都曾取原本对勘，因此校正了黑格尔引用康德的误文；三是不增损原文，采用直译，但力求使耐心的读者能够读通。"（《理性的追求——杨一之著述选粹》）由于贯彻了这样严格的翻译原则，使中译本后来居上，超过了英法译本。哲学经典著作的翻译不可能绝对完美，杨一之的译文难免有需要改进的地方，但这是一个在研究的基础上、用规范的汉语翻译的一个优秀译本。杨一之确定的翻译原则是他在翻译实践中总结提炼出来的，应该被后来的译者重视。

在西方哲学著作的翻译中，一个最为困难也最为重要的是确定合适的译名。哲学思维必须采用语言的方式，而如何把外语的哲学概念翻译为汉语是翻译工作的第一步。哲学术语的翻译一方面要求我们对西方哲学史上的概念的原意有深入的了解，另一方面又需要在汉语中找到合适的名词。译名的确定是中国百年来西方哲学研究者和翻译家共同努力、不断探索的结果。在早期，许多译名或采自中国固有的哲学术语，或来自汉译佛经，或直接借用日文译名。由于译者理解不同，黑格尔的一个哲学术语往往有多个不同的汉译。杨一之认为，对于人名、地名等专有名词可以统一起来，对于哲学术语则不能硬性地强求统一。例如，德语的"Sein"，有人翻译成"存在"，但杨一之坚持翻译为"有"。他认为，将"Sein"翻译为"存在"，则"Existence"就难以处理。在黑格尔的"有论"中，"有""无"是一对很重要的范畴，"无"（nichts）翻译为虚无或空无都不合适，因为黑格尔还用了"nichtig"和"leer"。按照汉语习惯，用有和无对照，比较通畅，而存在和无就很难联系起来。此外，中国自老子至魏晋玄学以来，有和无的范畴，久为大家熟知。所以"Sein"在其他人的著作里可以译为存在，在《逻辑学》中译作"有"，没有什么不妥。又如，"Schein"一般译为"假象"，这在康德的著作中，当然是对的。但是对黑格尔就不然。杨一之将之译为"映象"，因为黑格尔说，"Schein"一是非本质的、二是无本质的、三是与反思是一回事，这里都没有假的意思。再如，杨一之译"Wirklichkeit"作"现实"，以往有译为"实在"的。"Wirklichkeit"和拉丁词源的"Realität"本为同义词，译为"实在"未尝不可。但是黑格尔还有所谓"Reale Wirklichkeit"的用法，因此只能译为"现实"，使二者有所区别。杨一之这些译名的选择，有的已经被大家采纳，有的还在讨论中，他的观点值得大家重视。

3. 黑格尔哲学的研究

80年代后，杨一之曾有写一部《黑格尔哲学逻辑学》的计划，可惜未能完成。幸好他曾赴福建、四川等地的高等院校讲学，对黑格尔哲学的主要问题做了比较系统的评述，留有录音，在他逝世后被整理出版。我们重读杨一之的《康德黑格尔哲学讲稿》和一些论文，可以看出他的研究在当时具有正本清源的意义。

杨一之熟悉黑格尔哲学研究的重要二手文献，对黑格尔著作有全面的把握，这使他的研究具有国际的视野、全盘的观点。杨一之在国外读书时就阅读了大量的解读黑格尔哲学的专著，熟悉海姆、罗森克朗茨、哈特曼、科耶夫、克罗纳等人的著作，在自己的研究中借鉴了他们的研究成果。他是《逻辑学》的译者，对黑格尔的主要著作都有很深入的研读，他的研究坚持从原文出发，因此得以提出了一系列重要的观点。

黑格尔的哲学和康德的哲学一样是无疑是启蒙运动的精华。但是关于黑格尔思想的评价问题，长期以来存在很大的争议。卢卡奇认为黑格尔是马克思的先驱者，这是一种极端的观点。与此对应是东欧的一些学者抓住黑格尔的一些字句，认为黑格尔的成熟时期，特别在晚年，是革命的敌人。在这两种极端观点之间，大多数人认为，黑格尔早期向往革命，晚期逐步保守，成为御用哲学家。杨一之则指出黑格尔的革命倾向，贯穿了其一生而未改变。马克思在《黑格尔法哲学批判》中称其"奴颜婢膝"，杨一之指出，这仅仅是马克思对黑格尔某个观点的评价，而非对其整体思想的评价。相反，马克思承认黑格尔的法哲学是最系统和最科学的著作，宣告了德国资产阶级即将取得政权。杨一之指出，黑格尔坚决主张废除长子继承权，而希特勒上台后却公然在立法上恢复长子继承权。由此可见，黑格尔即便在晚年也坚持反封建的革命立场。

在中国古代和古希腊思想中蕴藏了丰富的辩证法思想的萌芽。真正彻底、系统地运用辩证法到各个领域的，黑格尔是第一人。由于黑格尔的探索，我们对自然、逻辑、历史、宗教的认识有了很大的变化。那么，黑格尔的辩证法的有什么特点呢？杨一之从古希腊的"芝诺悖论"谈起，联系《庄子·天下篇》所说的"尺捶之木，日取其半，万世不竭"进行了分析。黑格尔讲的辩证法认为事物在矛盾中发展，在不断地变化运动中。而古代辩证法却用无限分割的办法使运动变得不可能，黑格尔认为这是坏的无限造成的恶果。在德国唯心论的历史中，黑格尔欣赏康德提出的理性自身必然出现二律背反的观点。康德的先验逻辑对形式逻辑进行了改造，不采用二分法而采用三分法，并认为第三个范畴是前两个范畴的结合。杨一之还对比了费希特正反合的命题和黑格尔思想的差别，论述了黑格尔对谢林同一原则的批评，由此指出，黑格尔的辩证法和前人的区别。黑格尔的创见在于指出辩证法的否定的结果不是消解为无，而是有其积极意义的。黑格尔把扬弃的观点提高为核心的范畴，把前人看到的对立面之间的共存改造为精神自身的对立面之间的运动变化发展。

黑格尔对形式逻辑和数学方法有很严厉的批评，但是杨一之指出，黑格尔并未否认形式逻辑有其适用的范围。黑格尔把形式逻辑视为认识发展中的一个必然阶段，但是在思辨中形式逻辑是不够用的。黑格尔主张概念本身的发展，由此反对斯宾诺莎和沃尔夫把数学方法运用于哲学。杨一之追踪数理逻辑的最新发展，联系罗素、康托尔、哥德尔等人的工作，说明黑格尔关于数学方法不能代替哲学方法的意义。

黑格尔在《逻辑学》的开端就讲有和无，但是有是什么，无是什么，两者如何统一？这是一个非常基本而又长期未被说清楚的问题。杨一之认为，黑格尔的有无统一，就是主客统一。"有"就是客体、客观、认识的对象。"无"即是主观的认识活动。黑格尔要在开端就把近代分裂的主客观统一起来，因此强调"有""无"的统一。首先，黑格尔说，"有"是空洞的，绝对抽象的，"无"也是空洞的，绝对抽象的，所以这两个东西应该是同一的。既然这两个东西完全统一，都是绝对空洞的、抽象的，最直接的。似乎两者可以用同一个名词。但是两者并不是同一个东西。其次，黑格尔认为肯定是以"有"为基础的，否定是以"无"为基础的。肯定和否定不同，两者不能等同，"有"和"无"也不能等同。第三，黑格尔认为"一切规定都是否定"，意即我们认识一个事物，总得对它有所规定，那就是否定作用。可见，认识活动是一种否定的活动。否定是以"无"为基础的，"无"应当是一种认识活动。这样，"有"和"无"的统一在第一步就贯彻了他的主客观统一的宗旨。《精神现象学》的终点是绝对知识，从意识到绝对知识后人类的认识活动达到了客观的程度，绝对知识的对象就是"纯有"，即《逻辑学》的开头。杨一之的这种分析可谓别开生面，假设加以系统的诠释，有可能形成一个羽翼丰满的理论说明。

三、作为诗人的杨一之

杨一之少年即有诗才，在其传奇的一生中写下了大量的诗篇。杨一之逝世后，家属曾有出版其诗文的打算，后未果。这里收录其中的三首，以见其行止风范。1933年，杨一之在欧洲从事工人运动曾写下这首诗：

《二十一岁除夕奉怀秀峰、安世、庶凡诸兄》

词源流泻贯长庚，挥尘成风四座惊。

箕敛几曾轻稿项，揭竿即可胜秦兵。

不俟推埋私恩怨，但结编氓共死生。

我自髫年附骥尾，欲飞弱水渡逢瀛。

（秀峰讲中国农民问题，颇动一时视听）。

1949年，杨一之在上海被捕，写下了这首诗：

丁丑四月，余被拘达仁中学，同系者三百余人，各学生相竞索诗，口占以谢。

绿树红墙正好春，岂因尺武自羁人。

无言桃李成芳径，起蛰龙蛇谁可训。

1989年11月中，杨一之的好友杨熙龄去世，他很悲痛，写诗志哀。诗成两天后即去世。这首悼念友人的诗成为绝笔。

天啬臻中寿，嗟君不世才。

冥心探奇矣，抵掌何雄哉。

析辩惊沧海，著书轶讲台。

我伤知己逝，萧瑟北风来。

四、杨一之主要论著

（德）普朗克.1935.物理认识之途径.杨一之译.上海：商务印书馆.

（德）马克思.1961.福格特先生.杨一之译.北京：人民出版社.

（德）黑格尔.1966.逻辑学.杨一之译.北京：商务印书馆.

（德）肖尔兹.1977.简明逻辑史.杨一之译.北京：商务印书馆.

杨一之.1996.康德黑格尔哲学讲稿.北京：商务印书馆.

杨一之.2000.理性的追求——杨一之著述选粹.北京：社会科学文献出版社.

主要参考文献

张慎.1997.黑格尔传.石家庄：河北人民出版社.

朱伯康.2000.怀念老友杨一之教授//理性的追求——杨一之著述选粹.北京：社会科学文献出版社.

王树人.2000.读一之老师文集有感//理性的追求——杨一之著述选粹.北京：社会科学文献出版社.

韩水法.2013.斗酒纵横天下事——杨一之先生百年纪念.读书，（3）.

撰写者

梁议众（1978~），哲学博士，中国社会科学院哲学研究所博士后，杨一之再传弟子。（本文写作得到了张慎的指导，其后又请韩水法、王齐审阅并根据他们的意见做了修改，在资料搜集方面还得到李永洪的帮助，谨致谢意。）

李 奇

李奇（1913~2009），原名李子让，笔名李之畦，河北饶阳人。伦理学家，马克思主义伦理学的奠基者之一。1935年考入北平师范大学教育系，同年参加了"一二九"学生抗日救亡运动，1937年肄业，到山西太原参加了中国共产党领导的八路军三五九旅，做地方扩军工作。早在20世纪60年代初期，她就强烈呼吁开展伦理学的研究。她在当时的中国科学院哲学研究所设立了新中国第一个伦理学研究小组，并作为第一批研究生导师指导了中国第一批伦理学专业研究生；她领导筹建了中国伦理学会并担任第一任会长；她组织创办了中国第一个伦理学杂志《伦理学与精神文明》；她参与主持编写了中国第一版《中国大百科全书·哲学》。早在20世纪50年代中期，当伦理学在中国举步维艰之时，李奇就开始致力于马克思主义伦理学的研究，先后在《新建设》、《光明日报》、《文汇报》等报刊上发表了一些重要论文，比较全面系统地探讨了马克思主义伦理学的基本原理。20世纪80年代，她又先后出版了《道德与社会生活》、《道德学说》等著作，构筑了一套完整的科学的马克思主义伦理学学说体系，使原本比较零散的道德观念、道德理论得到了系统化、理论化的总结。2006年，她入选中国社会科学院首批荣誉学部委员。

一、成 长 经 历

1913年10月6日，李奇出生于河北省饶阳县南韩合村一个破落的地主家庭。由于父母比较开明，李奇小时候没有缠足，而且被送入学校读书。然而，父亲的早逝使得李奇和母亲、姐姐饱受族人的欺凌，她们被关在宗祠里，李奇也被逼迫退学。后来几经努力才保住了上学的权利。这种屈辱的经历使李奇深切感受到了封建制度对于妇女的歧视和压迫，她从心底里痛恨封建制度，渴望妇女解放。

李奇的青年时代恰值中华民族苦难之际，也是中国人民反帝、反封建斗争的浪潮高涨时期。这一时期，李奇积极参加各种抗日救亡运动，阅读进步书刊，接触和学习革命理论。1934年8月，李奇从河北省立保定第二女子师范学校毕业；1935年9月考入北平师范大学教育系。就在李奇进入大学的那一年，北平数千大中学生在中国共产党的领导下开展了"一二九"抗日救亡示威游行活动，李奇积极参加了这一大规模的学生爱国运动，并于同年12月底光荣地加入了中国共产党。加入中国共产党之后，李奇以更大的热情投身到了革命事业之中。

1936年春，李奇担任北平地下党组织交通员，后来到北平西城区学委工作。1937年七七事变后，李奇出于对祖国命运的深深担忧，毅然放弃了学业，投笔从戎，于同年9月参加了中国共产党领导的八路军，在一二〇师三五九旅从事地方扩军工作。1938年12月，李奇被派去延安马列学院学习，1940年5月毕业。在延安学习的一年半时间里，李奇如饥似渴地阅读和学习马克思主义理论，聆听了艾思奇、王学文、吴黎平等老一辈马克思主义学者的讲课，以及刘少奇、陈云、李维汉等党中央领导人关于党员思想修养、党的统一战线理论、党的建设的讲话。这些为她以后的科学研究工作奠定了坚实的理论基础，使她在以后的伦理学研究工作中能够始终坚持马克思主义的坚定立场，把马克思主义贯彻落实于伦理学的研究之中。这一时期的学习也使她深刻理解了作为共产党员应当具有怎样的道德品质，进一步明确了共产党员应当成为怎样的人。从延安马列学院毕业之后，李奇担任了党中央出版部编审工作，其间参与审校《列宁选集》等马克思主义经典著作，获益良多。1941年夏，到延安中学担任教育科长及从事教学工作。1945年9月，担任辽吉省省立中学校长。1949年8月，任吉林市委宣传部部长及市委常委。

由于常年从事党的理论宣传和教育，李奇十分重视也十分热爱理论学习和理论工作。她向党组织汇报了自己的这一想法。新中国成立以后，受组织委派，李奇于1955年5月来到北京，在中国科学院哲学社会科学学部任职，参与哲学研究所的创建工作。从此李奇主要从事行政管理和科学研究工作，实现了从一个革命者向学者的华丽转身。

20世纪50年代末，由于伦理学摘掉了"资产阶级伪科学"的帽子，同时也由于中国社会主义现代化建设过程中出现了许多问题亟待伦理学的解答，中国伦理学终于开始焕发出生机。这时的李奇对伦理学表现出了浓厚的兴趣。她开始阅读大量的古籍文献和哲学史、思想史著作，以及中西伦理学著作，坚持以马克思主义指导伦理学研究，努力探索中国马克思主义伦理学的发展道路。1961年11月14日，《人民日报》刊载了李奇撰写的《建议开展伦理学的研究工作》一文，通过这篇文章，李奇强烈呼吁党和国家重视伦理学科的发展。而在1958年至1964年之间，李奇先后在《光明日报》、《新建设》、《文汇报》等报刊上发表多篇研究论文，对伦理学中的基本理论问题进行阐发。这些研究成果成为中国马克思主义伦理学的重要理论基础。

20世纪60~70年代的"文化大革命"使得伦理学几乎"花果飘零";改革开放以后,中国的伦理学又勃发了蓬勃生机。李奇一方面继续从事理论研究,相继出版了《道德与社会生活》、《道德学说》等著作,而且参与主持编写了第一版《中国大百科全书·哲学》;另一方面她也积极地为中国伦理学领域的学术交流与合作搭建平台。1980年李奇领导筹建了中国伦理学会,并被推举为第一任会长;1982年李奇主持创办了中国第一个伦理学杂志——《伦理学与精神文明》(现《道德与文明》),并担任第一任主编。

1985年,李奇离休。离休后的李奇对于伦理学仍然热情不减,笔耕不辍,先后在《哲学研究》、《哲学动态》、《道德与文明》、《孔子研究》等刊物上发表多篇学术论文,《道德学说》一书也是在她离休之后主持编写完成的。

由于李奇在新中国马克思主义伦理学的发展方面所做的突出贡献,2006年,她入选中国社会科学院首批荣誉学部委员。

2009年11月17日,李奇因病医治无效,在北京逝世,飨年96岁。

二、主要研究领域和学术成就

李奇早年的革命和学习经历使她在40余年的伦理学研究生涯中,始终自觉地坚持马克思主义的基本立场、观点和方法,以之为指导,努力探索马克思主义伦理学的基本理论,构筑中国马克思主义伦理学的学说体系,成为新中国马克思主义伦理学的重要奠基者之一。

1. 指明了唯物史观是马克思主义伦理学科学性的理论基石

李奇认为,伦理学是马克思主义的重要组成部分,是进行思想、理论斗争的重要阵地;如果马克思主义道德理论不占领,封建阶级、资产阶级的道德思想就会去占领,共产主义道德和无产阶级的道德风尚就无法建立。因此,李奇从一开始就致力于马克思主义伦理学的研究。

人类自古以来形成了许多道德学说,李奇之所以在众多的道德学说中选择了马克思主义伦理学,是因为她认为马克思主义实现了对伦理学的革命变革,使伦理学建立在了正确的理论基础之上,从而由各种假说和臆测连缀而成的道德哲学变成为真正的道德科学。这突出表现在马克思主义伦理学的出发点、研究方法、基本原则的变革等方面。马克思主义伦理学不是从"神"出发,也不是从人的"自然本性"出发,而是从人类社会或者社会化的人类出发,对道德问题进行研究。马克思主义伦理学不是用形而上学的自然科学方法，而是以唯物史观为指导，从社会现实生活中探求道德的本质、起源以及发展规律。马克思主义伦理学不是从抽象的概念、范畴，而是从现实社会生活探讨个人利益与社会利益的关系，指出二者是辩证统一的。以此为基础，马克思主义伦理学者看到了人是个体和社会集体、社会意识和社会存在的矛盾统一，因此，他们并不从抽象的概念、范畴，而是从现实社会生活中探讨个人利益和社会利益的关系，揭示了集体主义是马克思主义伦理学的基本原则。可见，唯物史观是马克思主义伦理学科学性的坚强基石。

李奇在坚持唯物史观是马克思主义伦理学科学性的理论基石的同时，十分注意对错误思想和错误观点进行批判。1983年，在《人道主义不能成为科学历史观的基础》一文中，李奇指出：人道主义重视人的尊严、人的欲望和权利、人的个性，是一种十分重要的伦理原则和道德概念，我们可以以之对社会生活中的某些事物进行道德评价。但是，作为一种理论体系，人道主义以抽象的人和人性作为出发点和归宿，以是否符合人类天性或满足人性的需求作为衡量社会历史的尺度，仍然是一种唯心主义的历史观，是不科学的。依据它，不但不能对现实社会生活中的实际问题做出理论解释，而且根本不能提出任何解决实际问题的办法。要解决现实问题，归根结底还是需要从经济科学和物质生产领域寻找答案。

1990年，针对社会生活中"人本主义"思想的回潮，"人性自私"论、"人的主体"论、"人的需要"论、"个人本位"论的活跃，李奇发表了《论道德科学的理论依据》，指出：这种思潮表现于伦理学领域，就是以"人的需要"作为研究道德问题的出发点和理论依据；其实质就是从抽象的自然人出发，把人的需要当作人的本性（本质），从而取代马克思的"人的本质是一切社会关系的总和"的论断。其实，人的需要从来都不是抽象的，而是具体的，是由社会物质生活条件决定的。此外，（有需要的）人是道德实践活动的主体，并不就意味着道德准则和规范必须符合人的需要；事实上，个人在道德实践活动中的主体性主要表现在"个人的理性统率和调整自己的需要和欲望的程度上"。这与集体主义的道德原则是相一致的。

由此，李奇坚定地坚持唯物史观是马克思主义伦理学坚实的理论基础，它使马克思主义伦理学区别于以往的一切伦理学，而成为科学的理论。任何试图将伦理学建立在其他历史观上的道德学说都是不科学的。

2. 坚持以唯物史观为指导，构筑科学伦理学的理论根基

1958～1964年，初涉伦理学领域的李奇潜心理论研究，在唯物史观的指导之下，先后发表了《个人利益与个人主义》、《动机和效果的辩证关系》、《道德的起源

及其社会作用》、《论无产阶级道德原则和"功利主义"》、《论物质生活与道德的关系》、《关于道德的继承性和阶级性》、《两种对立阶级道德之间的辩证关系》等文章，结合社会现实以及人们思想观念中存在的问题，对马克思主义伦理学的基本理论进行了深入细致的梳理。

她厘清了个人利益和个人主义的关系。指出个人利益和个人主义是两个不同的概念。个人利益是人的社会生活需要，是任何社会都不能缺少的；个人主义则是资产阶级的道德学说，反映的是资产阶级的利益观。个人主义把"人"看做孤立的、抽象的生物个体，其本性是利己的、趋乐避苦的；人生的最高目的就是追求人的感觉和理性为自己提出来的快乐；个人利益高于社会集体利益，个人利益高于一切。马克思主义并不一般地反对个人利益，而是从唯物史观出发，认为个人总是生活在一定的社会关系之中，人们的个人利益相互联系。在社会主义制度下，个人利益与社会集体利益是矛盾的统一。个人利益不再凌驾于社会集体利益之上，而是与社会集体利益相结合、相一致。而且，个人利益应以劳动为基础，其"中心内容是劳动创造社会财富，而不是占有金钱或私有财产和个人享受"。因此，我们不能把个人利益当作个人主义来加以反对和抹杀，但也不能片面强调个人利益，助长个人主义。

她指出道德评价应坚持动机和效果相统一的原则。动机和效果是辩证统一的关系。二者互相依存，互相转化。然而，动机是主观的，效果是客观的，从主观动机向客观效果的转化需要许多环节，因此二者之间难免发生不一致的情况。或者好心办了坏事，或者"歪打正着"。因此，我们不能片面地根据动机或效果简单地做出判断，而是应当通过实践过程及其效果来检验动机的真实情况，然后把动机和效果统一起来对行为作出结论。这样既可以真正地区分善和恶，又可以辨别是"好心做坏了事"，还是"歪打正着"。

她阐明了道德的起源及其社会作用。道德既不是由"上帝"或"神"创造的，也不是从人的"天性"中引申出来的，而是从人类的社会物质生活条件中产生的。但是它并不是完全从经济基础那里直接反映出来，而是通过经济关系表现为利益关系反映出来。其本质是由经济基础决定的一种社会意识形态，它以道德准则和规范通过人的自觉意识，借助社会舆论的支持来调整人与人、个人与社会集体之间的关系。道德观念一旦产生，又可以对经济基础或社会物质生活实践起促进或阻碍的反作用。共产主义道德作为无产阶级阶级斗争的精神武器，对于腐朽的资产阶级思想产生了巨大的摧毁作用，对于革命阶级起到了团结和鼓舞的作用。

她明辨了集体主义与"功利主义"之间的关系。调节利益关系是道德的重要功能。因此，道德不可能超出功利主义，它不是这一阶级的功利主义，就是那一阶级的功利主义。但是，功利主义作为一个伦理学派，主张人是自私自利的，社会是个人的集合，个人利益高于社会集体利益，社会集体利益必须服从个人利益，其本质是个人主义的。在社会主义社会里，个人利益和集体利益根本一致，集体利益代表广大人民群众的根本利益。因此，在个人利益和社会集体利益关系的处理上，我们坚持"一切问题从社会集体利益出发；个人利益服从集体利益，局部利益服从整体利益，暂时利益服从长远利益"。具体到道德实践领域，就应该坚持全心全意为人民服务。这就把被功利主义所颠倒了的关系又纠正了过来。

她分析了道德与物质生活的关系。物质生活条件不是"个人的消费生活条件"、"单纯的消费生活的物质条件"，而是指物质资料的生产方式，归根结底，是一定社会的经济基础。由经济基础所决定的道德总是服务于一定的经济基础或阶级利益。但是道德不会随着社会物质生活条件的变化而自发地变革，而是必须经过阶级斗争和思想斗争才能逐步实现。在社会主义过渡时期，资产阶级和其他剥削阶级的道德观念、道德习惯还在一定范围长期存在，它们是不会自动消灭的，因此，进行共产主义道德建设，不仅要努力发展生产力，而且要加强共产主义理论和道德观的宣传教育，自觉提高自身的道德修养。

她正确阐述了道德的阶级性和继承性问题。针对当时学术界发出的一些错误声音，例如拥护资产阶级、封建地主阶级的道德永恒论，以及否认被统治阶级道德的存在、否认在一般情况下存在两种对立阶级道德的斗争的理论，李奇用历史唯物主义的观点和原则对道德的继承性和阶级性问题进行了分析。李奇认为，阶级社会里，道德具有阶级性，但是不同阶级的道德之间也会相互影响、相互渗透；个人也可能改变道德观念，向对立阶级的道德观念转化。尽管如此，我们也不能否定道德的阶级性，而是需要对其进行具体的阶级的分析。符合社会发展要求、代表人民群众利益的道德传统，应当继承；至于剥削阶级的道德，也可以抽取其中的优秀成分，加工改造成新道德的组成部分；腐朽、反动的成分则予以摒弃。可见，道德的继承性和道德的阶级性是统一的，道德的阶级性并不妨碍道德的继承性。

她指明了两种对立阶级道德之间的辩证关系。李奇认为，两种对立阶级道德之间存在着斗争，当对立阶级之间的斗争加剧时，他们的道德就成为各自进行斗争的有力思想武器。由于道德具有相对独立性，并不随着相应阶级的消灭而消亡，所以在社会主义社会里，两种对立道德观念的斗争依然存在。对立阶级的道德也具有统一性。对立阶级的道德以对方作为自己存在的前提，双方共存于一个统一体中；在特定的历史时期，旧的、落后的道德观念与新的、进步的道德观念共同存在。在社会主义过渡时期，资产阶级道德如果在某些地方势力增强，占领了人们的头脑，人们就会自觉不自觉地站到资产阶级的队伍中去。因此，在仍然存在阶级、阶级斗争的社会主义社会，必须加强对人们的社会主义道德教育，同时加强对资产阶级思想意识和道德原则的丑恶本质的揭露与批判。唯有如此，人们才能够形成科学的共产主义道德观。

在李奇的上述论述中，辩证唯物主义的历史观贯穿始终。在科学的世界观、历史观的指导之下，李奇对马克思主义伦理学的基本问题做了详细的阐述，这为新中国马克思主义伦理学奠定了坚实的理论基础。

3. 运用马克思主义基本方法深入分析道德与社会生活的关系

改革开放以后，中国共产党在指导思想上完成了拨乱反正的任务，开始了全面开创社会主义现代化建设的新局面。然而，"文化大革命"使人们的是非善恶美丑标准混淆，加之社会生活中损人利己、损公肥私、一切向钱看、追求享乐的不良社会风气开始滋生，使得加强社会主义道德建设、澄清人们的错误认识、促进社会风气好转，显得极为迫切。1982年，党的十二大召开。会议提出，在加强社会主义物质文明建设的同时，应大力加强以共产主义思想为核心的社会主义精神文明建设。并指出这是社会主义建设的一个重要战略方针，能否坚持这一战略方针，关系到社会主义的兴衰成败。

在这一时代背景下，李奇深感作为一个伦理学工作者肩负的使命。她认为，共产主义道德渗透于社会生活的方方面面，转化为人们的道德意识、道德感情、道德实践和道德习惯，进而形成社会主义社会的新风尚。只有正确地认识道德与社会生活其他各方面的关系，才能更好地进行社会主义精神文明建设。于是，李奇继续以马克思主义的方法论为指导，于1984年出版了《道德与社会生活》一书，从道德与利益、道德与产品分配、道德与政治、道德与法律、道德与宗教、道德与文艺、道德与教育、道德与科学、道德与婚姻家庭、道德与人生观等十个方面对道德与社会生活的关系进行了系统的阐述。其主要观点有：

道德的根源是社会经济关系，而经济关系首先就表现为利益，"所以道德实际上是一定的社会经济关系表现的利益所决定的"。利益问题是道德准则的中心内容。道德最重要的社会作用就是在不同的利益之间进行调节。

产品的分配方式直接影响着人们的消费水平，进而影响着人们对社会生活的感知，从而形成不同的道德观念。但是，消费生活并不对道德形成起决定作用，起决定作用的仍然是社会的经济关系。不能因为当前的消费水平低而放弃对共产主义道德的追求。社会主义社会实行的"各尽所能，按劳分配"原则是与社会主义社会的经济基础相适应的。因为公有制的建立和剥削阶级的消灭，使人们成为生产资料的主人，劳动成为人们自觉的需要，"各尽所能"，为社会做贡献，也就成为可能。所以，它与社会主义道德是一致的。

政治与道德不是决定与被决定的关系，但是二者相互作用、相互影响。政治影响道德规范的具体内容，有助于强化统治阶级的道德，政治斗争也会促使人们形成相应的道德观念；道德则可以影响政治斗争的成败。在社会主义社会里，无产阶级专政同共产主义道德的相互影响和作用也得到了充分的表现。一方面，对敌人的专政保障了人民的权利，为人民伸张了正义，激发了人们的道德责任感；建立和发展社会主义民主，促进了人与人之间的团结友爱，增强了人们的"主人翁"意识。另一方面，共产主义道德准则和实践使得人们懂得尊重他人的权利，具有较强的义务感，这保障了社会主义民主的实现；社会主义国家工作人员的道德品质和作风极大地影响着党和国家的威信。因此，进行社会主义现代化建设，还必须在道德领域做更多的工作。

道德与法律相互联系、相互作用。符合统治阶级利益的道德规范可以转化为法律；随着国家的消亡，法律又会以道德的形式表现出来。道德和法律的内容相互重叠、相互渗透，反映着某些共同的社会要求。道德提高人们遵守法律的自觉性，法律则凭借其强制力保障道德作用的发挥。因此，在进行社会道德建设的同时，必须注意加强社会主义法制建设，充分发挥社会主义法律和共产主义道德在指明和保证社会主义社会制度和性质、维护和保障社会主义社会秩序和社会纪律、提高广大人民政治觉悟和思想品德等方面的重要作用。

道德和宗教都是由社会经济关系决定的、具有相对独立性的特殊的社会意识形态；都为一定的经济基础服务，都具有维护社会秩序的作用。但是，切不可把二者完全等同，而是应当看到二者之间的差别。社会主义社会里，宗教依然存在，倡导共产主义道德，更是必须认清它与宗教的关系，避免陷入以宗教代替共产主义的错误。对于宗教信仰者，应该给以充分的尊重，并给以正确的引导，使之在社会主义道德建设过程中发挥积极作用。

道德和文艺相互渗透、相互影响、相互为用。文艺以道德为主要表现内容，它越是能够深刻地揭示道德关系的本质，解释道德生活，就越是好的作品。文艺创作者的道德素养、价值观念以及社会的道德风尚都会对文艺作品的倾向性和风格产生直接影响。反过来，文艺作品的好坏又会决定着它对于广大人民群众道德品质、道德情操的形成是起积极的促进作用，还是起消极的阻碍作用。因此，在进行道德建设的同时，也必须加强对文艺领域的监督和引导，"有计划、有目的、有组织地使两者紧密结合起来",发挥它们"在培育人们的高尚品德和改善社会道德风尚方面的社会作用"。

道德教育不仅是一门课程,也是一种活动,它需要把道德理想、道德准则和规范贯穿其中。社会道德风尚是教育的外部环境,其好坏直接影响教育的效果。反过来,教育是人们的道德意识、道德观念、道德习惯形成的重要手段。改革开放以后,西方的思想意识和生活方式大量侵入,如果不加以警惕和防范,就会使共产主义道德受到攻击。因此,在发展物质文明的同时,我们必须重视思想政治工作和对人们进行共产主义道德教育,实现道德和教育之间的良性互动。

科学是一种革命的精神力量,它的每一次飞跃,都会引起人们道德观念的进步;高尚的道德则可以推动科学的发展,且有助于科学研究的成功。但是科学与道德之间也存在矛盾:科学在许多社会生活领域的应用有可能助长道德的败坏;落后道德阻碍科学的发展。如何克服二者之间的矛盾?李奇认为只有建立起生产资料公有制和一切为了提高人们的物质生活和精神生活的社会主义制度,科学和道德的矛盾才能彻底消除,道德和科学的相互促进作用才能充分发展。因为共产主义道德以求"真"为科学态度,人们能够自觉地以共产主义道德对科学的研究和应用进行制约,从而真正实现道德与科学的相互促进。

婚姻家庭道德是社会道德在家庭生活领域的具体体现。它同样受社会经济关系的决定,随着社会经济关系的变化而变化,同时保持着自身的相对独立性。因此,虽然社会主义婚姻家庭道德强调爱情在婚姻中的基础作用,强调家庭成员之间的平等、互助、尊重和信任,但是,封建的和资本主义等建立在私有制基础之上的婚姻家庭道德,如包办婚姻、金钱婚姻等,影响仍然存在。因此,加强社会主义道德建设,必须重视婚姻家庭道德建设。

道德与人生观的关系也十分紧密。一方面,人生观决定道德观,一个人有什么样的人生观,就会有什么样的道德观念和道德实践。另一方面,社会的道德意识和道德风尚影响着人生观的形成。在社会主义社会,共产主义道德和共产主义人生观完全一致,二者可以相互促进。但是,错误人生观的根除、科学人生观的形成都不是一蹴而就的,它需要我们不断加强共产主义人生观的宣传和教育,与错误思想意识作坚决的斗争,帮助人们形成科学的人生观。

可见,李奇认为道德并非一个孤立的领域,而是与社会生活的方方面面存在着广泛的联系。进行社会主义道德建设,就必须正视这些关系,并努力创设条件消除消极影响,发挥其积极促进作用。

4. 从历史发展的角度探讨马克思主义道德学说产生的历史过程

20 世纪 80 年代末，离休后的李奇仍然积极从事伦理学研究，她主持编写了《道德学说》一书。在该书中，李奇把马克思主义伦理学放在道德学说的历史发展过程中加以考察，系统阐述了道德学说的一般理论以及古今中外的道德学说，"从有关道德的几个基本理论问题的历史发展中，探讨道德理论如何逐步走向科学化的过程"，以及"马克思主义创始人怎样在前人科学成就的基础上，奠定道德理论的科学基础并建立起无产阶级的道德学说的思想体系"。她的这一研究，不仅进一步加深了人们对于马克思主义道德学说科学性的认识，而且丰富了伦理学的学说体系。

李奇指出，"道德学说是关于道德准则、规范和道德实践活动的理论观点和学术主张"。道德学说以道德为研究对象。虽然不同学派的道德学说有所不同，但是其主要内容也具有共同性，都要涉及诸如道德的起源和本质、道德准则和规范、道德评价和道德选择、道德范畴和道德概念的含义、道德实践及个人道德意识的形成和修养、人生价值和道德理想等问题。道德学说作为哲学学科的分支，以一定的哲学世界观、历史观为理论基础。世界观、历史观不同，建基于其上的道德学说也就不同。道德学说的研究方法也由世界观决定。马克思主义道德学说作为一种科学的理论，以唯物史观为理论基础，研究方法主要包括：辩证的历史唯物主义的思想路线和方法；阶级分析的方法；从实际出发和调查研究的方法；价值分析的方法。这些方法不是割裂的，而是应该结合起来加以运用。

道德产生于原始社会，但是道德作为一种系统的理论学说，则形成于奴隶社会，至今已经过了多种历史形态。在道德学说发展的历史过程中，社会物质生活条件的变化对于道德体系的变化起着根本的决定性作用。马克思主义道德学说是道德学说历史发展过程中的一个重要环节，它的形成离不开特定的时代背景。19 世纪 40 年代，英、法等西欧发达资本主义国家已经步入成熟期，资产阶级和工人阶级的矛盾激化，无产阶级反抗资产阶级的斗争十分激烈，社会主义和共产主义思潮萌生。空想社会主义、人本主义、人道主义等社会思潮在当时的欧洲十分盛行，他们揭示了道德的主体是人而不是神，在一定程度上感觉到了道德与社会物质生活条件的联系，只是对于这一问题他们都没有予以科学地解答。马克思和恩格斯在批判、吸收前人成果的基础上，创造性地将道德学说建立在唯物史观的理论基础之上，使马克思主义伦理学成为科学的道德学说。这样，李奇以唯物史观为指导解释了马克思主义伦理学产生的历史过程，并再次表明，马克思主义伦理学"是当代最科学、最进步的道德理论"。

李奇还对道德的进步与共产主义道德、意志自由与道德评价、道德意识的形成与个人的道德修养、道德学说的重要范畴等问题进行了论述。她指出：道德的历史作用是评价道德进步性的标准——推动人类社会发展、促进人类进步的道德是进步的道德；阻碍社会发展和人类进步的是落后的、反动的道德。道德责任和道德价值以人的意志自由为基础，只有对于那些出自于行为者的自由选择的行为，才能根据动机与效果相结合的原则进行道德评价。道德意识的形成就是道德认识的过程，它包括道德教育和道德修养两个方面。道德教育使人们获得道德知识，养成道德习惯，并掌握一定的修养方法；道德修养使人们自觉地学习道德知识，并时常省察自己的言行，纠正自己的错误。善与恶、正义与不义、幸福与不幸、义务与良心、荣誉与耻辱是道德学说的重要范畴。这些范畴都不是抽象的，其内容都由社会经济关系所决定，并反映个人和社会的关系。这些范畴在调整社会关系中发挥的作用，都是道德体系的社会作用的具体表现。如果脱离了现实的道德要求，它们就只能成为"空洞的、抽象的、甚至错误的东西"。李奇的这些论述是对她以前研究在内容上的丰富和补充，同时也进一步完善了马克思主义伦理学体系。

　　统观李奇的伦理学说，可以发现，马克思主义的唯物史观始终贯穿其中。这反映了李奇对马克思主义这一真理和科学的自觉捍卫。虽然李奇的某些论述不乏时代局限，但是，她对马克思主义伦理学的研究在新中国马克思主义伦理学的发展史上是开拓性的，对于我们现在和今后的伦理学研究具有方法论上的指导意义，同时也为正确地审视和评价当今社会五花八门的伦理思潮提供了科学的视角。

三、李奇主要论著

李奇.1958-3-30.谈谈个人利益与个人主义.光明日报.

李奇.1962.动机和效果的辩证关系.新建设，(5).

李奇.1962-10-5.论无产阶级道德原则和"功利主义".光明日报.

李奇.1962.道德的起源及其社会作用.中央人民广播电台10月播讲.

李奇.1962.马克思主义对伦理学的革命变革.新建设，(12).

李奇.1963-5-21.论物质生活与道德的关系.文汇报.

李奇.1963.关于道德的继承性和阶级性.新建设，(11).

李奇.1964.两种对立阶级道德之间的辩证关系.新建设，(5)，(6).

李奇.1982.论道德要求.哲学研究，(7)：3-9.

李奇.1983.人道主义不能成为科学历史观的基础.哲学研究，(11)：5-10.

李奇.1984.道德与社会生活.上海：上海人民出版社.

李奇.1984.社会主义人道主义是一项伦理原则.道德与文明，(2).

李奇.1985.社会主义商品经济和道德.道德与文明,(6).
李奇.1988.孔子的"仁"与"礼"及其对伦理学的贡献.孔子研究,(4).
李奇.1989.道德学说.北京:中国社会科学出版社.
李奇.1989.孔丘的自我意识与道德主体观念.中国哲学史研究,(4).
李奇.1990.论孝与忠的社会基础.孔子研究,(4).
李奇.1990.论道德科学的立论依据.道德与文明,(4).
李奇.1995.关于道德建设中的几个理论问题.哲学研究,(6):3-7.
李奇.1995.积极恢复和完善社会主义道德体系.道德与文明,(5).

主要参考文献

李奇.1979.道德科学初学集.上海:上海人民出版社.
李奇.1984.道德与社会生活.上海:上海人民出版社.
李奇.1989.道德学说.北京:中国社会科学出版社.

撰写者

鲁芳（1973～），湖南桃源人，长沙理工大学马克思主义学院教授，曾就读于中国社会科学院哲学所伦理学专业，师从李奇弟子陈瑛，获哲学博士学位。

江天骥

江天骥（1915~2006），广东廉江人。哲学家，现代西方哲学、逻辑学研究的开拓者和奠基人之一。长期执教于武汉大学哲学系，任教授、博士生导师。曾任中国逻辑学会副会长、中国西方逻辑史研究会会长、湖北省现代外国哲学研究会会长、《国际科学哲学杂志》编委、《中国大百科全书·哲学》编委和主要撰稿人之一，中国社会科学院马列、宗教、哲学规划小组成员和国务院学位委员会第一届哲学评议组成员。在哲学的多个领域都有深厚的造诣和独到的见解，谙熟现代西方哲学，尤其在逻辑学、语言哲学、科学哲学、英美分析哲学和文化哲学等领域的研究与引介方面贡献卓著。出版专著、译著近20部，发表中英文论文80余篇。代表作有《当代西方科学哲学》、《归纳逻辑导论》、《逻辑经验主义认识论》等。哲学上坚持实在论的立场。哲学研究上主张准确客观地把握西方哲学理论，在此基础上去理清它与其他文化的关系。

一、成 长 经 历

江天骥于1915年5月7日出生于广东省廉江县南䂞村，兄妹六人，他排行老二，有一个哥哥和两个妹妹、两个弟弟。他的父亲叫江璠，母亲叫赖淑英，祖宗三代都是科举中人，因而他的家族是当地较有名望的乡绅。然而，他的父亲这一支较为破落，只有田产约租30石。他的父亲颇懂新学，在县城的中等学校教书。由于身体原因，在江天骥初中毕业的1929年，他的父亲辞去教职。这样他家的经济情况便较为困难。当然，这也促使了江天骥努力读书，奋发上进，以期改变自己的命运。

江天骥1922年至1926年就读于广东廉江南䂞村小学，小学毕业后入廉江县初级中学读书，在这里他开始受到当时新文化、新思想的影响，接触到进步刊物《民铎》，阅读了胡适、陈独秀等人的作品。初中毕业后，由于家庭经济困难的原因，考入广东省立第一中学（后改名为广东省立广雅中学）高中师范科，在高中的三年，江天骥受到了在他自己看来比较满意的教育。他也勤奋读书，积极思考，除了学好规定的课程外，他还大量阅读各类书籍，并翻译、撰写文章在报刊上发表，成了当时学校的名人。值得提及的是，在他读高中期间，适逢"九一八"事件爆发，他积极参加抗日宣传。1932年在他17岁时考入中山大学外文系，但因家境原因，他半工半读，仍然担任自1932年8月就开始的广州市立第七十一小学教员。这时在写作方面，他也非常努力，在报刊上发表了多篇作品，并以左翼作者身份自居。在此期间，他还兼修了德语、法语，并阅读了一些马克思主义德文原著如《共产党宣言》等进步书籍。他在这段时间的作品中有同情劳苦大众的内容和倾向，因此受到广东省国民党当局的怀疑，并于1933年8月作为"共党嫌疑分子"被捕，先拘留8个多月，后在其举人出身并担任过地方法院院长、国民党广东省政府官员的二伯父的斡旋下得到从轻处罚，被送往国民党第一集团军集中营关押了三年多。在狱中，江天骥主要通过学习外文和阅读哲学著作来消磨漫长、难熬的岁月。由于在被捕和狱中受到拷打和折磨，1937年江天骥出狱时身体极差，在广州医治了一段时间后就回到了廉江县乡间修养。身体状况有好转后，分别于1938年2月至7月、1938年9月至1939年8月在广东梅县市立中学、廉江县良垌中学担任教员。这段入狱经历，对江天骥影响非常大，据他本人后来回忆，甚至改变了他的性格。

1939年11月从中山大学转学至在昆明的西南联大师范学院英文系二年级，后转入文学院外文系。在西南联大期间，他选修了金岳霖、贺麟和洪谦等教授的逻辑学和哲学课程，在二年级暑期翻译了《费希特的生平及其哲学》，由贺麟推荐于1940年在重庆独立出版社出版，同时有译文在当时的学术刊物《学原》上发表。1942年3月，还有三个月就要大学毕业的江天骥应征入伍，先后在"中国空军美国志愿援华航空队"（后改为美国空军第十四航空队）（俗称"飞虎队"）、"国民空军第五路司令部"担任翻译，并于1942年7月与同时入伍的其他译员一起被迫集体加入国民党。在担任译员工作期间，由于江天骥英文基础扎实，工作效率较高，他有大量的时间用来读书，读的书主要是外文书（当时他英文、法文、德文的著作都能流畅阅读），内容主要是哲学、文学方面的书。当然，这些书主要是从西南联大图书馆借的。1944年9月随同空军军官一百余人到达美国，为在这里受训军官担任口译和课堂编译工作。在任翻译员的同时，他于1944年12月进入美国科罗拉多大学波尔德（Boulder）研究生院攻读哲学硕士学位，于1947年7月毕业并获得学位。1947年7月江天骥随军回国到南京，在国民党空军总司令部从事翻译工作，并于1948年1月被西北大学聘为副教授，但因故未履职。1948年8月，他辞去空军司令部翻译工作，在贺麟的举荐下，被聘为武汉大学哲学系副教授。1949年暑假期间加入中国民主同盟。1952年院系调整，武汉大学哲学系合并到北京大学哲学系，江天骥到北京大学工作。1956年李达重建武汉大学哲学系，礼聘江天骥回武大任教，

1956年8月他回到珞珈山，此后一直在武汉大学哲学系工作至1998年退休。退休后仍然坚持哲学的研究，尤其是文化哲学的研究，直到2006年10月因病逝世。

江天骥在中外学术刊物上发表中英文论文80余篇，内容涵盖逻辑学、科学哲学、语言哲学、文化哲学以及德国古典哲学等诸多领域。出版专著、译著、编著20余本，其中与牛顿·史密斯合编的《波普在中国》一书以英文、意大利文出版，没有中文版。他创建武汉大学美国哲学研究室并主办内部学刊《美国哲学动态》，在20世纪70～80年代产生了重大影响。他所领导的武汉大学现代外国哲学学科为全国第一批博士点，1988年被批准为全国重点学科。江天骥的学术影响不止限于国内。据一个统计，20世纪90年代前中国大陆科学哲学学者在国外顶级杂志上发表论文的，只有两位学者，其中一位便是江天骥。1980～1981年江天骥任美国马里兰大学科学史和科学哲学委员会兼职教授，1980年在该校科学史和科学哲学委员会（即研究中心）工作和讲学。1981年春在耶鲁大学哲学系和政治学系任访问研究员；1983年4月起应邀在南斯拉夫杜布罗夫尼克国际大学校际研究生中心、贝尔格莱德大学哲学研究所从事科学哲学的讲学活动和学术交流；同年6月应邀赴美参加英语国家哲学和心理学学会第九届年会，在会上作"中国对身心问题的一种看法"的学术报告。会后访问了哈佛大学、麻省理工学院、波士顿大学等美国名校哲学系，同美国哲学家库恩、普特南、柯恩、瓦托夫斯基、范·弗拉森和爱米丽·罗蒂等进行了专门的学术交流，受到美国同行的欢迎和重视。1987年一家法文杂志将江天骥与钱学森并列为中国科学实在论的代表人物。

江天骥曾任武汉大学哲学系副系主任、美国哲学研究室主任、《国际科学哲学杂志》编委。1980年8月晋升为教授，1981年担任博士生导师并开始招收博士生，成为改革开放后中国第一批博士生导师。他还长期兼任湖北省逻辑学会理事、湖北省现代外国哲学研究会会长。江天骥曾任中国逻辑学会副会长、中国西方逻辑史研究会会长，北京大学外国哲学研究所兼职教授，《中国大百科全书·哲学》编委和主要撰稿人之一，中国社会科学院马列、宗教、哲学规划小组成员和国务院学位委员会第一届哲学评议组成员。

江天骥还是一位优秀的教师，自1948年以来一直在高校从事教学与研究工作，培养了硕士生和博士生近60位。

二、主要研究领域和学术成就

江天骥治学严谨，学识渊博，在哲学的多个领域都有深厚的造诣和独到的见解，谙熟现代西方哲学，尤其在逻辑学、语言哲学、科学哲学和文化哲学等领域贡献卓著。他的哲学研究不仅在中国具有广泛的影响，而且也受到国外学者的高度评价。他曾在多个学术组织中任过重要职务，曾被聘为《英国科学哲学》杂志的编委。他主张要从两个不同的层次去研究西方哲学。第一，把哲学作为文化的一部分和一个社会的精神生活产物来研究，需要了解它和文化其余部分的相互联系以及它怎样受社会生活决定并影响社会生活。第二，把哲学作为人类一种认识形式来研究，这才出现"真"或"假"的问题。这两个层次虽然不同，但无论是哪一个层次重要的是准确地陈述一个哲学理论的内容和主张。只有这样才能揭示它同其他文化领域、同社会生活的相互联系，才能明辨它的"真内容"和"假内容"，否则就是背离马克思主义实事求是的原则。

1. 研究、评介西方现代逻辑，推动了中国逻辑现代化，是中国研究现代逻辑的主要开创者之一

江天骥在逻辑学特别是归纳逻辑、逻辑哲学、西方逻辑史、哲学逻辑等方面具有很高的造诣，长期从事逻辑学的教学与研究。新中国成立后，当时中国的逻辑学研究特别是现代逻辑的研究水平相对较低，不少从事逻辑学教学与研究的学者对现代逻辑知之甚少，更缺少现代逻辑的眼光。江天骥不仅熟谙现代逻辑，而且密切关注国际逻辑学研究的新动态，随时全面地掌握西方逻辑学研究的前沿领域。1956年周谷城在《新建设》2月号上发表《形式逻辑与辩证法》一文，引起在20世纪50～60年代我国哲学界一场声势浩大、持续多年的逻辑大论战。江天骥是这次论战的核心人物之一，积极参与几乎每个论题的讨论，译介了大量苏联和东欧国家有关逻辑论争的资料，撰写了大量论战性文章。毛泽东对这场逻辑论战也给予了高度关注，于1957年4月11日将周谷城、金岳霖、冯友兰、王方名、黄顺基、郑昕、贺麟、胡绳、费孝通等请到中南海颐年堂谈逻辑问题。这场论战被戏称为"楚汉之争"，江天骥、周谷城、王方名和马特被戏称为"四大名旦"。在这场论战中，江天骥从现代逻辑发展的视角探讨了形式逻辑和辩证逻辑的一系列理论问题，这一视角和高度在当时学者中并不多见。学者张燕京认为，"江天骥以较宽阔的学术视野，以较精深的现代逻辑理论修养，科学地解决了形式逻辑理论中存在的一系列问题，给当时的论战注入了清新的现代学术气息，对推进我国逻辑现代化进程起到了积极的作用。"(《江天骥逻辑思想研究》)1957年、1960年江天骥出版了《逻辑问题论丛》和《逻辑问题研究》两本专著，收集了他在那段时间的各大报刊发表的论文，系统地论述了他对现代形式逻辑、传统逻辑和辩证逻辑等的看法。"文化大革命"期间，他也受到

了冲击与迫害，但主要是因他在"飞虎队"的经历。不过，因江天骥研究逻辑学而远离意识形态，因此受到的冲击相对较小。在"文化大革命"期间，他尽管仍坚持研究，但很难有多少成果。"文化大革命"后，1979年中国逻辑学会成立，他当选为副会长并组织成立了西方逻辑史研究会，主编了《西方逻辑史研究》一书。20世纪80年代，他又撰写出版了我国第一部系统介绍现代归纳逻辑的专著《归纳逻辑导论》。

关于逻辑，江天骥主张或赞同如下观点：

形式逻辑有狭义和广义之分。狭义形式逻辑指演绎逻辑，主要包括名词逻辑和命题逻辑。广义形式逻辑指除演绎逻辑外，还包括归纳逻辑和科学方法论，甚至辩证法。

逻辑形式和逻辑规律具有客观基础。逻辑形式和逻辑规律归根结底是对客观世界的反映。

逻辑在认识中具有重要的作用。逻辑不仅可以从确实可靠的知识出发推出新的知识，揭露各个知识之间的关系，而且还可以从真假未定的判断出发，推论出新的判断，如假说演绎法。

2. 站在国际学术前沿，引领中国当代西方科学哲学研究

西方科学哲学肇始于古希腊，但真正成为哲学研究的一个专门领域却是19世纪末20世纪初的事，而且随着20世纪科学的发展与长足进步，20世纪20年代后科学哲学成为西方特别是英美哲学研究的核心领域。江天骥是中国最早系统研究西方科学哲学的学者之一，也是最早系统地将西方科学哲学介绍给中国学界的学者，是中国当代西方科学哲学研究的领军人和奠基者。早在1950年代他出版了《逻辑经验主义的认识论》一书，客观系统地介绍了逻辑经验主义的基本哲学观，肯定了逻辑经验主义的合理因素并批评了其不足。书中肯定了石里克承认意识之外的存在并主张世界的真实统一性的观点，并因此被海外学者看作现代中国科学实在论的代表人物之一。20世纪80年代根据研究生课的讲稿写成《当代西方科学哲学》一书，系统地评述了20世纪最有代表性的科学哲学流派或思想，并通过历史的考察与分析，指出了科学哲学未来发展的方向与趋势。在80年代和此后，他编译、出版多本论著介绍、评述、研究西方科学哲学。例如：主编了《科学哲学名著选读》（1988）、《科学哲学和科学方法论》（1990）、《波普在中国》（1992），翻译了《从逻辑的观点看》（1987）等著作。还撰写大量论文发表在中外文重要学术期刊，与国内外同行进行学术交流，如在国际权威科学哲学期刊《英国科学哲学杂志》发表了《科学合理性：形式的还是非形式的》，论证了科学合理性有形式的也有非形式的因素。逻辑经验主

义和波普学派的纯形式合理性观点和库恩等人的单纯非形式合理性观点都是片面的。英国哲学家拉维茨（Jerry Ravefz）评论说："这篇文章既总结了过去的争论，又指明了未来的研究方向，因此对于科学合理性研究的发展是一个非常重要的贡献。"

关于科学哲学，江天骥的主要观点可以简述如下：

科学哲学作为一门哲学学科"不是单纯的认识论和归纳逻辑，象逻辑经验主义者所强调的；也不是单纯的认识论和科学合理性理论，像波普学学派和拉卡托斯学派所强调的；更不是和科学史、科学心理学与科学社会学糅合在一起的学科，像库恩和法伊尔阿本德所强调的；而是包括上述三方面问题的一门哲学学科，它不仅是方法论和合理性理论，也是认识论最重要部分"。

科学哲学中诸流派的观点具有片面的深刻性。"逻辑经验主义者仅仅注意科学知识的结构，使科学哲学完全脱离科学实践和科学内容，成为单纯的元'科学'，有很大的片面性，会歪曲科学知识的性质。波普和拉卡托斯及其学派仅仅注意科学知识的发展，并且试图提出规范的规则，作为知识发展的唯一合理的标准，这是不符合科学历史与科学实践的。他们轻视逻辑分析，也有片面性。库恩和法伊尔阿本德没有把科学哲学和科学心理学与科学社会学严格区别开来，使科学哲学失去了作为专门学科的资格，使科学哲学与经验科学毫无区别，这是令人难以赞同的。"

如何评价西方科学哲学家所提出的各种各样科学模型？在江天骥看来，判断一个科学模型是否合适，起码的要求是"它不能够蕴涵有违反那些公认为科学所具有的特性的结论；而且它最好能够说明科学的这些特性：①是合理的；②是发展的；③是客观的；④可容许作出实在论的即唯物论的解释"。（《当代西方科学哲学》）据此标准，他认为，西方科学哲学家所提出的各种各样的科学模型，是实际科学的"抽象"和"理想化"，只突现了科学的某些特征。

关于统一科学问题，他明确反对方法的统一性和本体论的统一性，主张多元主义方法论，支持某些科学理论之间的不可通约性主张，同一科学中的理论存在不可通约性，不同科学之间的理论更会有不可通约性。

3. 语言哲学研究独树一帜，引领并促进国内分析哲学的研究

20世纪初，有西方哲学家声称20世纪是哲学的语言哲学转向。传统本体论、认识论研究转变为语言哲学的研究，试图通过语言的分析、研究为认识论特别是科学的发展寻求可靠的基础。江天骥早在美国攻读研究生时，就极具眼光地对语言哲学进行了认真的学习与研究。1983年他在全国率先为研究生开设了语言哲学课程，讲授英美语言哲学和符号学。1982年发表《分析哲学的发展》一文，总结了分析哲

学的发展并指出了分析哲学发展的方向与趋势:"放弃纯语言研究的立场;用内涵逻辑来补充外延逻辑;放弃狭隘的经验论立场并承认事实模态、客观必然性和客观真理"。与此同时,他还对大陆解释学进行过深入的研究。他承担了国家"七五"重点课题"语言哲学—分析哲学与解释学比较研究"。1988年组织了大陆语言哲学郑州讨论会,并在会上作了"意义、理解和解释"的学术报告,强调分析哲学与解释学将越来越相互趋近。同年10月,江天骥应邀出席香港"分析哲学学术讨论会",作了题为"分析哲学发展中的转折点"的长篇报告,认为分析哲学发展的转折点是同解释学、辩证法开始认真的对话与合流。

4. 密切关注现代西方哲学研究的新动向,积极参与文化哲学的研究与对话

江天骥从事西方哲学教学与研究的一个突出特点就是密切关注现代西方哲学研究的新动向,高屋建瓴地把握住西方哲学研究的主流思想和观点,及时评述、引介到中国学界。20世纪80年代末90年代初,江天骥广泛汲取西方哲学结构主义、解释学、维特根斯坦哲学、后现代主义(Derrida)和后结构主义(Foucault)的思想,在80余岁高龄的时候,紧跟西方哲学研究前沿,进行了自己哲学研究的转向,开启了文化哲学和中西文化比较评价的研究。先后在国内外重要学术期刊发表了一系列有关文化哲学的论文,如 *Problem of Relativision*(1991)、《从语言分析到文化批评——当代西方哲学的新方向》(1995)、《科学主义和人本主义的关系问题》(1996)、《文化评价的问题》(1996)、《主体性与西方文化》(2001)、《从意识哲学到文化哲学》(2001)等。

当然这一时期关于文化哲学的研究也得益于他长期对大陆哲学的关注与研究,得益于他对德国古典哲学的精深研究和兼容并包的学术胸怀。早在美国期间就对法兰克福学派、杜威的实用主义和自由主义进行了深入的研究,出版或发表过有关德国古典哲学研究的译著、论著或论文。1981年主编《法兰克福学派——批判的社会理论》,全面介绍、评述法兰克福学派并第一次把法兰克福学派主要代表人物——马尔库赛的哲学引介进国内。

关于文化哲学,江天骥的观点可概述如下:

关于相对主义问题,江天骥主张较弱形式的相对主义,在他看来,"相对主义是不可驳倒的,只能够使它受到约束"。

关于知识和行动的关系问题,江天骥认同维特根斯坦《论确定性》一书的观点,认为维特根斯坦通过两个知识概念解决了西方哲学的危机,"他以通过共同体的语言

和行动而非通过个人的理智直觉或感觉经验所获得的大量不可置疑的知识驳倒了怀疑论，恢复自然的实在论和科学及常识的地位"。

关于文化评价，江天骥同意尼采的观点，以文化对人类的价值来评价、衡量不同领域或文化传统的高下或优劣。"（一）没有普遍历史：一元论的、直线式的进化史。普遍历史观点实质上是欧洲中心主义或文化帝国主义：以西方文化或科学为标准衡量其他文化的合理性和价值。（二）文化必定相对于民族、社会或人群、历史传统等。评价任何文化标准应是它使社会安居乐业，能抵御天灾人祸、抗击外来侵略，以便生存发展的能力，而不是任何由外面输加的标准。（三）狭隘的、固定不变的理性主义已经过去了。人类学者提出的宽容原则意味着任何能使一个社会或人群独立存活的文化都包括在扩大的合理性模式之中。"

三、江天骥主要论著

江天骥. 1940. 费希特的生平和哲学. 重庆出版社.

江天骥. 1957. 逻辑问题论丛. 武汉：湖北人民出版社.

江天骥. 1958. 逻辑经验主义的认识论. 上海：上海人民出版社.

江天骥. 1959. 狄德罗哲学选集. 北京：商务印书馆.

江天骥. 1981. 批判的社会理论：法兰克福学派述评. 上海：上海人民出版社.

江天骥. 1981. 拉摩的侄儿. 北京：商务印书馆.

江天骥. 1984. 当代西方科学哲学. 北京. 中国社会科学出版社.

江天骥. 1984. 西方逻辑史研究. 北京：人民出版社.

江天骥. 1985. Scientific Rationlity: Formal or Informal. BJPS.

江天骥. 1987. 归纳逻辑导论. 长沙：湖南人民出版社.

江天骥. 1990. 科学哲学和科学方法论. 北京：华夏出版社.

江天骥, Newton-smith. 1992. 波普在中国（英文）. London：Routledge.

江天骥. 1995. 从语言分析到文化批评——当代西方哲学的新方向. 哲学研究，(11)：19-30.

江天骥. 1996. 科学主义和人本主义的关系问题. 哲学研究，(11)：51-59.

江天骥. 1996. 文化的评价问题. 自然辩证法通讯，(3)：30-37.

江天骥. 1997. 科学——是压力集团抑或研究工具. 自然辩证法通讯，(3)：5-6.

江天骥. 2001. 从意识哲学到文化哲学. 哲学研究，(1)：55-60.

江天骥. 2002. 知识、真理、行动主义与萨特新人道主义——人是创造世界之力量. 江海学刊，(3)：19-20.

主要参考文献

江天骥. 2006. 江天骥自述. 哲学评论. 武汉：武汉大学出版社.

江天骥. 1984. 当代西方科学哲学. 北京：中国社会科学出版社.

桂起权. 2008. 江天骥先生为我指明科学哲学之路. 哲学在线，Http://isbrt.ruc.edu.cn/pol04/news/p_news/interview/200804/3427.html，2008-9-11.

撰写者

陈祖亮（1966～），副研究员，1997～2001年在江天骥指导下研究文化哲学，获哲学博士学位。

齐良骥

齐良骥（1915~1990），原名振功，字良绩，祖上为世居北京的蒙古族旗人。西方哲学史家，康德哲学专家。长期任教于北京大学哲学系，为中国的西方哲学研究与学术传承尽毕生精力，并在哲学基础理论研究中做出了卓越贡献。在中国改革开放初期，齐良骥是哲学理论界最早在自身的学术研究中力倡科学民主与学术自由的思想家之一，对于引导青年学子的思想启蒙和推动学术研究的思想解放起到了积极作用。其重要专著《康德的知识学》以对康德哲学的精辟解析、严谨考证和独到见地，成为中国学界康德研究的巅峰之作，亦代表着中国哲学家与世界哲学界比肩对话的水平。齐良骥温润如玉的性格与人品亦为学界佳传，温良谦恭的为人处世风格，炽热如火的内心学术追求，成就了他外柔内刚的特性，也代表了20世纪中晚期中国知识分子的通达睿智与高尚情操。

一、简　　历

1915年7月13日，齐良骥出生于一个蒙古族官宦之家，父亲齐之融，母亲白婉如。自其祖父辈便已无心做官，转而崇尚读书求学，因而，齐良骥实际是成长于书香门第。

齐良骥1927年至1933年就读于北京师大附中，在那里完成了初中和高中学业。1933年考入北京大学哲学系，当时的老师有蓝公武、汤用彤等前辈。那时的老师还有年长齐良骥10岁刚从德国留学归来的郑昕，他初上讲台面对四个一年级学生（还有牟宗三等）讲授的逻辑学、认识论、哲学概论等课程，都将康德的先验逻辑通达融贯其中，此后又专门开设了康德哲学课。齐良骥后来回顾说，郑昕讲康德的热诚令他萦怀难忘，他有关康德认识论的毕业论文就是在郑昕的指导下撰写的，自此确立以康德哲学为主修方向。

1937年，日本帝国主义对中国大举入侵。正赶上是年大学毕业的齐良骥出于纯真的爱国情操，宁可赋闲在家，也拒绝接受沦陷区的任何就职邀请。至1940年农历腊月初八，齐良骥毅然离别家人故土，孤身一人辗转奔赴大后方，在四川内江暂以出纳员为职谋生。一介文弱书生，愿与国家民族共存亡的气节，在亲朋同仁中受到敬重。之后不久，他受邀进入西南联大（昆明）任教。在此又遇到在哲学课堂上轮番讲授康德三大批判的郑昕，于是又以极大的兴趣成为旁听生，并在闲时常去登门请教、切磋。

1941年夏，齐良骥在昆明与从北京追随而来的傅琰女士成婚。傅琰是满族人，与齐良骥青梅竹马，虽遇战乱而不改初衷，终成美好姻缘。自此两人心心相印，一生相濡以沫，先后育有三个女儿。

1941~1946年，齐良骥在昆明西南联大哲学系担任助教、研究助教。抗战胜利后，西南联大完成了历史使命，北京大学重回北平，齐良骥继续在哲学系任教，并于同年取得赴牛津大学研习资格，但由于身体欠佳未能成行。1951年被评为副教授，因患严重肺结核卧床休养，至1954年肺病痊愈恢复工作。

从1958年到1971年，齐良骥尽管身体羸弱，仍坚持教学科研工作。其间，他也未能幸免下放劳动和"四清"、"五七"干校等政治运动。一向自律甚严的他，不仅保持着惯常的严肃审慎的教学态度，而且面对繁重的体力劳动，也始终默默坚持。与此同时，他以对学术的虔敬之心一丝不苟地讲授着西方哲学的专业课程，主要有：西方哲学史、辩证法发展史、哲学概述、哲学问题、新托马斯主义批判、康德的形式逻辑、休谟与康德、康德哲学、亚里士多德《形而上学》、西方哲学原著选读、英文哲学名著选读、哲学专业英语等。此外，他还参加了作为我国高校教学基础建设的一些重要教材的编写，主要包括：1957年和1962年的《西方哲学史讲义》"德国古典哲学"部分（北大校印本）；1961年的《新托马斯主义批判》第一至六章（北大校印本）；1971年的《马列主义哲学发展史》第一部分第三章（北大校印本）；1977年的《欧洲哲学史》第五章1~3节、5~7节（商务印书馆）。

1978年改革开放以后，中国高校恢复了研究生教育，齐良骥作为中国极为稀少的研究康德哲学的专家教授，成为第一批研究生导师之一。此后10余年间，他为我国西方哲学界培养出不少康德研究的学术骨干力量。

在改革开放的春天，齐良骥也迎来了他学术生涯中最重要的时期。1978年10月，他满怀欣喜出席了第一届全国西方哲学研讨会。1981年9月，他在北京人民大会堂召开的"纪念康德《纯粹理性批判》出版200周年和黑格尔逝世150周年学术讨论会"上作了主题发言。这是一个对于推进哲学社会科学研究具有里程碑意义的、极为重要的会议，也是新中国成立以来中国的外国哲学研究者与国际最高级别康德专家和黑格尔专家（国际康德学会主席冯克、国际黑格尔协会主席柏耶尔、国际黑格尔联合会主席亨利希等）的直接对话和面对面交流。这次会议引起了国内外学术界的热烈反响，也给齐良骥带来了崇高的荣誉。此后，齐良骥受到各地邀请，在国内多地巡回讲学和参加学术活动，并在西北地区外国哲学研讨会（1981年10月）、湖北大学国际哲学讨论会（1988年3～4月）上作专题学术报告。他还多次在中央党校为研究生系统讲授康德的《纯粹理性批判》、《任何一种能够作为科学出现的未来形而上学导论》以及"康德认识论研究"课程（1983～1989）。

20世纪80年代，齐良骥发表了有关康德研究的几篇重要专论：《康德的〈纯粹理性批判〉的启蒙思想》、《〈纯粹理性批判〉论人的两种特性》、《康德论哲学》、《康德哲学中范畴的起源问题》，他还为《西方著名哲学家评传》和《中国大百科全书·哲学》撰写了有关康德的学术传记和词条。

甚为遗憾的是，在生命的最后一年春天，齐良骥接到国际康德学会主席 G·冯克的邀请函，请他出席在德国召开的"第七届国际康德大会"，并作"感性在康德知识学中的意义"的主题报告。这是一次亲临康德故乡、与国际同仁交流的难得机会，但是齐良骥最终未能获得国内批准而痛失良机。

齐良骥在北京大学哲学系工作了近半个世纪，曾任中华全国外国哲学史学会第一届常务理事，南京工学院名誉教授，湖北大学哲学研究所《德国哲学》杂志编委，高等学校重点学科点建设规划（1989～1993）中北京大学哲学学科外国哲学史专业"学术带头人"等，为康德哲学研究在中国的发展贡献了毕生力量。1990年12月30日，齐良骥因病辞世。他的代表性著作《康德的知识学》是集其学术研究之精粹的力作，虽未能全部完成，但成稿的第一部分仍以其深刻严谨独树一帜而具有不可替代的价值，故在其身后由商务印书馆以原书名刊行问世。

齐良骥一生从教，门墙桃李、师友同仁一致赞叹他是"一位纯善高洁的学者、老师和亲人"。镌刻在墓盖上的铭文形象地总结了他的一生："一位康德式的哲人，一位伊壁鸠鲁式的福人，永远活在人间。"

二、主要研究领域和学术成就

1. 矢志不渝，砥砺前行，承前启后推动中国康德研究达半个世纪

康德是18～19世纪德国古典哲学的开山之人，由他所开启的德国古典哲学既是对近代启蒙运动的理论总结与升华，也是人类走向现代社会的思想先声。康德哲学博大精深，涵盖了本体论、认识论、伦理学、逻辑学、美学等哲学的各个分支领域，也几乎涵盖了哲学研究所涉及的宇宙、自然、社会、人生等所有的问题。从一定的意义上说，康德研究就是对于哲学本身的研究。

齐良骥作为北京大学的哲学教授，一生的学术探索专注于康德研究，无论是战争年代的烽火还是政治运动的风浪，都未能阻止他深厚的理论兴趣和对于哲学基本问题的思考。自 1933 年成为北京大学哲学系的学生，到 1990 年辞世，大半个世纪以来，他的人生脚步基本上没有离开北京大学，没有离开哲学，更没有离开康德研究。几十年矢志不渝，献身于一个专业方向，使他在学术传承的历史上成为不可或缺的一个重要环节。

中国的康德研究，始于 20 世纪初的西学东渐潮流。当时中国知识界出现了一批革新求变的志士仁人，他们希望通过学习西方的先进思想唤醒民心，进而冲破封建桎梏，重振国力，最早的康德研究就是从这个时候开始的。康有为、梁启超、严复、章太炎、王国维、蔡元培等改革维新的先驱者们，都曾以极为崇敬的态度向国人介绍康德哲学。梁启超 1903 年开始在《新民丛报》上发表的连载论文《近世第一大哲康德之学说》可谓代表之作。他们虽然多是经由日本辗转了解康德思想，并借助佛学加以领会，很难达到真正的学术研究；但可贵的是抓住了康德启蒙思想之精要，并借此为变法维新鼓与呼。梁启超在文中说："东海西海有圣人，此心同，此理同"，"康德者，非德国人，而世界之人也；非十八世纪之人，而百世之人也"。

1920 年以后，一些从西方留学归来的学者陆续翻译出版了康德原著，并发表了一些研究论文，如瞿菊农、张君劢、张东荪、张铭鼎、范寿康、虞山、范扬、朱经农、彭相基等。30 年代中期到 40 年代中期，又有周辅成、郑昕、熊伟、贺麟、关琪桐、牟宗三、齐良骥、洪谦等学者的研究论文陆续发表。郑昕从德国留学归来后，于 1933 年在北大开课教授康德哲学，使学术性的探讨在大学里逐步展开，研究局面遂开始改观。

从 1903 年到 1949 年近半个世纪，中国的康德哲学研究论文加上翻译介绍的文字只有百余篇。

新中国成立以后直到改革开放之前，研究西方哲学的人屈指可数，而研究德国古典哲学的人中又大多在专攻黑格尔的辩证法。康德的先验哲学由于曾被马克思主义经典作家批评为折中主义和不可知论，便极少有人涉足。作为德国古典哲学开山祖的康德，在意识形态偏见的遮蔽之下长期处于受冷落状况。选择康德作为研究对象不仅需要独到的学术眼光和洞见，更需要忠实于理论本身的勇气和甘愿坐冷板凳的淡定。

齐良骥研究康德哲学最初的授业之师是郑昕。20 多年的师生、同事情谊，加上对康德哲学的共同志趣，使他们的学术道路有诸多相像之处。比如，二人都是得康德哲学之要旨，以精确诠释康德原著为主，积几十年教学心得而著述，且都仅留下一部传世之作（郑昕的专著是《康德学述》）。但是他们生活的时代毕竟有差异，学生站在先生的人梯之上，承继其师又超越其师。具体来说，郑昕最早在中国系统开设康德课程，成为30年代到50年代中国康德研究的旗帜，他的教学活动基本上属于介绍、传播性质。由于受其德国老师的影响，他对于康德哲学三大批判的讲解还带有新康德主义的明显痕迹。而齐良骥从40年代开始从事康德哲学研究，自50年代以后便接替郑昕成为北大哲学系康德研究的领军者。20世纪60~70年代虽然政治运动不断，他的学术研究并未止步。1978年恢复高考制度以后，他在国内率先招收专攻康德哲学的研究生。整个80年代是他学术活动最为辉煌的时期，带出一批又一批学生，发表了多篇重要研究论文，并留下最后的遗著。齐良骥的教学活动所显示的，是研究基础上的推陈出新。由于他不仅熟悉西方哲学史，同时又有着中国传统文化和中国哲学的深厚功底，对于马克思主义哲学也有清晰的了解，因此他的研究视角十分开阔，能够从容地在中西思想、文化之间做比较，在历史和多文化的时空中纵横捭阖、深入浅出，将晦涩繁冗深奥的康德哲学娓娓道来，使初登哲学之门的青年学生们都能有所领悟。相比于前辈学者，齐良骥有着更多、更波折的社会生活经历，经得多、见得多、想得多，他对于时代变迁、世态炎凉的体悟和对于社会现实、人生百态的沉思，都融贯在康德哲学研究的运思之中，使他的学术研究充满着人性的气息。在对经典文本梳理、推敲的基础上，他不仅讲授康德原著，还对概念、范畴、观点、例证进行深入分析、考证、辨析，以至纠正一些前人在翻译和理解上的讹误，更不时联系实际提出自己的独到见解。

对比他们二人的专著，郑昕是把自己消化、理解的康德哲学灌输给学生，因此他并没有依照康德原著的顺序讲解，而是谈了三个问题。第一个问题谈什么是哲学，以康德对现象和物自体的划分开讲，批评旧形而上学超越人的认识能力去追求知识，结果产生先验的幻象，陷入二律背反的矛盾境地。第二个问题谈什么是知识，是对康德知识论的展开，从先天综合判断到时空、范畴，以及知识的基本原则，论证经验对象是如何可能的。第三个问题谈什么是真理，从康德哲学说开去，讲到哲学史上的真理问题，主要是对真理与实在关系的辨析。全书呈现的是郑昕"用自己的语言表现出来的"康德哲学思想，其深厚的哲学功力和对康德哲学精髓的了如指掌，成就了该书的历史地位，"堪称我国认真介绍康德哲学的第一部专著"（齐良骥语）。

齐良骥则严格按照康德原著的思路和文本，做精准的阐述。他以清新的文笔，逐字逐句解析康德的专用概念和思考的路向，把康德本人的思想表达得淋漓尽致，澄明透彻。凡遇到哲思深奥的难点或易发歧义的表述，齐良骥都会做进一步的阐发，或引经据典反复论证，或前后比较凿实含义，或举例说明通俗解释，绝不敷衍。在这样步步为营、稳扎稳打的读原著、讲原著的基础上，再引导学生用自己的头脑去消化、理解、思索、探究康德哲学的真谛。齐良骥的《康德的知识学》就是这样一部纯净、厚重、可以传世的学术专著。难怪有学生在网上说："我读过很多当代学者关于康德的书。但是，我认为当代中国学者中可能只有一个人是真正读懂了康德并做出接近其原义的诠释，此即已故的齐良骥先生。可惜他的书《康德的知识学》还未写完就去世了。"

在近半个世纪的时光中，北京大学哲学系无疑是中国康德哲学研究的中心，而始终支撑这一学术方向的就是齐良骥。

2. 潜心探究，水滴石穿，为莘莘学子铺石引路，学术成果广受瞩目

下面就以《康德的知识学》为蓝本，对齐良骥的研究成果及其特点作一综合评述。

其一，"知识学"清晰体现了对康德哲学总体把握上的一条新思路。

按照哲学史界通常的用法，"先验唯心主义"是康德哲学的专用称谓，这一称谓也体现了对于康德哲学的一个基本界定，即唯心主义的"先验论"。但在唯物、唯心两条路线斗争的思维框架下，这一称谓在国人的理解中带有明显的贬义。还有一个称谓"批判哲学"是带有积极含义的，但这个称谓只标示了康德哲学的一种特征，难以涵盖康德哲学的全部建树。齐良骥以"知识学"命名康德的哲学基本理论，是有其特定含义的。他强调康德哲学的精髓是为科学知识存在的合法性作哲学理论上的论证，强调科学知识是人类理性建构的成果，也就是强调了康德哲学推动科学进步历史潮流的总趋势。

在齐良骥看来，康德所接受并继承的是文艺复兴以来自然科学蓬勃兴起、精神自由思想解放的新气息，他清楚地知道，只有将科学从旧形而上学中解放出来，才能将古希腊的形而上学逻辑改造成为科学论证所需要的先验逻辑。因此他探究的重点，不是构成知识的具体事实问题，而是知识本身的问题，"知识学就是对知识本身进行基本的、原理方面的考察"。（《康德的知识学》）这种对于知识本身的考察，其实质是对把握事实、明辨事实的思维形式、也就是科学知识之所以能够成立的先天逻辑条件的论证。康德最终把它归之于人的理性能力。

将康德哲学称为"知识学"，突出了它在理论上具有突破性的创新意义，同时也将康德高深莫测的先验理论与科学、思维、社会的现实发展联系起来，充分体现了

哲学对于现实生活的指导意义。

其二，对于康德时空观的准确解读与评价。

齐良骥在《康德的知识学》第一编中用了大部分篇幅来论证时空观的问题，因为"不管从科学的普遍性来看，还是从自由的实在性以及与此相关的本体、理知世界的存在来看，空间、时间问题都是首当其冲的拦路虎，几条线都牵连在这一点上，重要矛盾都集中于空间时间的性质。这个看来不过是自然哲学的问题，实际上却是创建批判哲学的关键。"

时空观历来是一个众说纷纭的难题。康德把时间空间归结为认识的先天形式，通过论证时间空间"先验的观念性"和"经验的实在性"，突破了莱布尼茨和牛顿的绝对时空观，使时间空间摆脱了"从属于实体的现象"或"独立自存的'非物'"的尴尬处境；同时又吸取了他们二者观点中的积极因素，即时间空间必须具备科学知识所要求的普遍必然性，同时又必须与人的经验相关联。康德的先验时空观对以往的各种观点作了一次总的清理，分析了它们的利弊得失，最终把时间空间定位为人类感性认识的表象形式，这一观点达到了当时哲学认识论的顶峰。

齐良骥对康德时空观的重要贡献作了如下归纳："康德的空间时间观点之前无古人之处在于完全不以任何客观存在物的特定的规定性作为空间时间表象的产生的直接的客观基础，对于外来的感觉材料本身，空间时间表象纯是加到上面去的。这是彻底的主观性，又是全人类的主观性。当然，这也正是人在知识方面的主体性的表现。"（《康德的知识学》）这一表述不但强调了作为感性直观纯形式的时间空间的先天性（它们不来自任何客观存在物），强调了时间空间加工外来感性材料、构成经验对象的作用，而且明确指出，时间空间的这种彻底的、全人类的主观性，就是人类主体性的表现。齐良骥的著述对康德时空观的详尽考证、阐述和准确评价，厘清了过去一些不准确的理解，回应了国内外学者对于康德的某些质疑（例如：康德在不同时期以"不能重叠的对应物"来论证先验空间的存在，是否前后有矛盾；对空间的形而上学表述与先验表述是否陷入了互为前提的"循环论证"等），是相关研究论著中可信度极高的文本。

其三，先验演绎的独特贡献：由"统一性的综合活动"而展开的对于知性功能、先天认识能力的阐述。

齐良骥很早就意识到康德哲学最重要的贡献是在先验逻辑这一部分，"先验逻辑是要说明形成知识（关于客体的知识）的根本活动。这种活动必定是以一定概念为根据的按照一定方式赋予表象以统一性的综合活动。"他预言康德这一想法如能提出确当的有说服力的论据，"将是知识学的一项重要发展"。齐良骥着力论证的就是康德已经实现了这一创造性工作。他以一般逻辑为对照，指出先验逻辑的独特作用在于它的知性的统一性功能，而这一功能是通过范畴（知性的纯概念）来实现的。按照一般人的理解，概念、范畴的统一性只是体现为它们是既定知识中的网结、框架，如果没有统一性，通过感官得到的零散材料就无法形成系统的知识。那么统一性是从哪里来的呢？"统一性的根源是知性的纯概念。知性的纯概念，由于是统一性的根源，所以它的作用是赋予综合以特定的统一性，也即以其特定的统一性来支配、控制综合。"这里，齐良骥已经把统一性的特定作用强调为"支配、控制综合"，也就是一种原动力，一种动态的能量。为此，齐良骥特别提出他的译文中的一个重要改动："'叫做知性纯概念'的是'统一性'呢，还是'功能'，这是一个对康德理解上的问题。""按照 Smith，似乎康德的范畴不是功能或作用，而据我看，康德的范畴恰恰不能离开知性的功能或作用来理解。""正是知性纯概念的这种按照一定规则支配、控制综合的功能，为关于客体的知识的形式以及判断的形式打下基础。"齐良骥之所以如此坚持范畴是一种主动发挥作用的功能，其用意就是要突出先天认识能力在构成知识中的主导作用，这是对人的主体性的高度肯定。

其四，对范畴表中三分辩证法的新评价。

齐良骥认为，康德对于三分法而不是二分法的爱好，同样包含着丰富的辩证法思想，这是康德哲学很值得深思的一个特点。"康德由于着重阐述思想的综合作用而得出层层新意。在贯彻分析的同时，更重视综合，探讨综合，有意识地运用综合。他的体系就是一个细致分析过的伟大的综合。因此，他实际上提供了不少辩证法思想。"（《康德的知识学》）

这一评价超越了以往所有的研究，成为齐良骥著述的又一个亮点。他认为，康德是有意识地利用三个要素观点来考虑问题，而从历史的眼光看，这的确产生了重大影响。"他的哲学体系不是从希腊开始的理论与实践的两大部分，而是理论、实践、鉴赏三个部分；人的意识活动包含着认识、情感、欲望三种能力；而认识能力又是知性、判断力、理性三个阶段；与此相应的是合规律性、合目的性、最终目的三种原则，人的活动体现于自然、艺术、自由三个不同的方面；实际的认识活动能力是感性、想像力、知性，而知识的形成又是通过空间、时间、范型、范畴三种先天的形式等。他喜欢三个要素并不是为了追求形式上完满的偶然现象，这是与他把综合活动看成理性（广义的）的一种最重要的活动分不开的。"（《康德的知识学》）

其五，挖掘康德"新生论"中的深刻含义。

关于范畴的来源问题，康德坚持"新生论"（或曰"种的预成论"），反对自生论和个体的预成论。齐良骥著述在对于这一观点的来龙去脉进行深入挖掘的基础上，给予高度评价。

齐良骥指出，早在 1755 年，康德《一般自然史与天体理论》一书中提出的"物质本质上具有运动能力"、"宇宙是由于自身的必然性发展和形成的"观点，与新生论就有姻缘关系。在当时生物学和其他自然科学发展水平相当局限的历史条件下，康德比照生物学提出哲学上的新生论尤其难能可贵。"他极力强调自然界中每一个体有机物内在的能动性和创造活动，这种内在的能动性和创造活动完全合乎理性，是理性的要求，实际上，联系到康德对理性的根本观点，主动和创造正是理性的本质。"（《康德的知识学》）

康德在后来的《判断力批判》中又一再强调了这一观点，他将自己关于纯概念来源的观点称为"纯理性的新生论体系"，还说范畴是"自我思想出来的第一原则"，这是明确将范畴的来源归于知性本身，再次肯定了知性的主动性和创造性。

齐良骥又特别提出，在 1790 年的一篇文章中，"康德站在新生论的立场，对于人类主体认识活动的根基提出更明确的进一步说法。他主张人在认识活动和行为实践两个方面的根基都是天赋的"，而这种所谓"天赋"与神完全无关，"作为根基的人类认识的主动性是属于人类的本性或本然……人是认识的主体，人是主动者、创造者。"（《康德的知识学》）由范畴的主动构造功能到进而充分肯定人的主体性，这才是康德哲学的要旨。

其六，第七章第 21 节中典型的严谨考证以及与权威康德学者的论辩。

《康德的知识学》一书共有七章，其中第七章所占篇幅最大，在全书 472 页正文中占了 105 页；而第七章中的第 21 节"因果性"就独占 72 页，篇幅超过其他各章整章的文字，可见这一节的分量之重。通篇深思熟虑、一气呵成、势如破竹。

在第七章第 21 节中，除了对康德哲学难点"第二类推"详尽、清晰的解读，还有不少极具说服力的考证与论辩。这里试举几例。

例一：这部著作中有关康德与黑格尔的比较文字不多，第 21 节中的一小段言简意赅，令人不得不信服。"康德阐述范畴与范畴之间的必然的内在联系时，他所采用的方法的可靠性超过了黑格尔。黑格尔的范畴推演靠的是纯思辨……而康德却着重依靠'经验的标准'，以自然科学为根据。范畴的作用显示于经验对象，范畴与范畴的内在联系不是抽象的、思辨的，而是具体的、实际的……康德知识学随处都有走向唯心论的可能性，又随处都在依靠科学。德国唯心论的发展是对前者的大踏步实现，对后者的背离。"（《康德的知识学》）

例二：康德著作早期编辑者 E. Adickes 认为，康德对"第二类推"的论证是由 6 个证明拼合起来的，这一看法得到权威康德学者 N. K. Smith 和 H. J. Paton 的认可。齐良骥说："我不同意这个说法。"他针对"第二类推"的前16个自然段一段一段加以分析，说明它们并非各自独立的不同的证明，而是同一个论证的不同步骤，应该把它们看成一个整体。"总之，在我看来任何把'第二类推'的整个论证分割为6个或是几个不同证明的做法，只能表明作者本人习惯于支离琐屑的分析，而对于整体性的综合思维则显得无能为力。"（《康德的知识学》）这一昂然宣布表达了一位中国学者的学术底气和思维力度。

例三：对康德思想发展"过渡时期"的全面深入的新考证。齐良骥著述以大量笔墨来考证康德在建立批判哲学之前12年"过渡时期"的情况，有其深刻寓意。这个实现关键性转折的过渡时期从什么时候开始，涉及方方面面的复杂问题，比如休谟对于康德的影响问题，齐良骥对这个问题的考证颇具独到见解："我认为1769年正是康德思想发展的'过渡时期'的开始，这一年他开始走上正确地批判理性的道路。《就职论文》总结了光明的1769年新的收获，是'过渡时期'开始的标志。"（《康德的知识学》）齐良骥列举了8条有力证据来说明休谟对康德的影响是贯穿整个过渡时期的，因此休谟打出的惊醒独断论迷梦的"火星"对于康德创立批判哲学并非仅是一种"提醒"，而是促使他"回想"起以前曾经思而未决的问题。从新思想的漫长孕育期，可以更清楚地了解其历史的、时代的背景，以便对批判哲学的实质有更准确的把握。齐良骥指出，近代自然科学发展对因果必然性的依赖，引出了人的意志自由与科学规律必然性之间矛盾的重大时代问题，康德哲学的使命就是要摆正科学的位置，使科学服务于人性的根本目的。这是"人类理性的一次空前重要的自觉"。（《康德的知识学》）这样一种以研究为基础的学术性考证在我国西方哲学史研究中颇为罕见，也是许多国外权威的康德学者望其项背而未能企及的，足见齐良骥多年磨一剑的深厚功力。

其七，对一些关键语词、概念的辨析与纠错。

《康德的知识学》也是对康德哲学专用词语的一次认真梳理。无论是外国人的注释还是中国人的领会，无论是权威意见还是所谓常识性理解，齐良骥都本着科学求真的态度，不迷信，不盲从，经过严格考证和深入探究，厘清康德原意，纠正了一些以往理解中的讹误。

例如：齐良骥著述中多处将前人所译的"自发性"改译为"主动性"，是基于对康德思想的心领神会。如果说"自发性"更接近一种客观描述，那么"主动性"则具有明显的褒义倾向，带有积极的、能动的意味。

又如：关于德文"Ding an sich"的翻译，以往多译为"自在之物"、"物自体"，齐良骥认为这些译法容易使人想到"物体"（Koerper），所以特译为"物自身"。

再如：关于用"蓝色眼镜"来解释康德的时空理论。过去，从权威的哲学家到一般的学习者，都喜欢运用和接受"蓝色眼镜"这个例子，来说明时间空间作为人主观上的感性形式，对于经验对象的影响。齐良骥认为，这个例子"不能表明先天的空间时间在认识上的主观上的（尽管是接受性的）关键的决定性"，也就是说，有色眼镜仅仅改变了对象的颜色，而时间空间所改变的是经验对象的根本性质。因此这个例子"只能是肤浅的了解"，"甚至是引入歧途的"。（《康德的知识学》）

其八，齐良骥著作中大量引用的《纯粹理性批判》原文都是他本人的新译文。

这些译文十分考究，不仅意思更加准确，而且表达通俗顺畅，在诸多译文版本中独树一帜。

3. 哲思缜密，谨言慎行，坚守学术精神以康德理论精髓促人启蒙

齐良骥一生谨言慎行，在追求精神财富上锲而不舍，在物质生活条件上随遇而安。他以学术研究为终生旨趣，无论社会地位高低，无论环境待遇变迁，无论政治风云突变，他始终沉浸于科学的、理性的、充满哲学睿智的思想海洋中，始终坚守在培育精神之花、理论之果的园地中。他集一生研究康德哲学的心得，于晚年获得了思想的升华，在对康德的总体评价上提出大胆的新见解，强调康德是启蒙思想家，突出了康德哲学的革命意义与时代精神。这一评价打破了单纯以唯物、唯心作为褒贬尺度的形而上学僵化思想，树立了具有强烈历史感和现实感的哲学史研究新观念，也树立了重考据、重史料分析、批评商讨、求真务实的学风榜样。下面以齐良骥的两份长篇论文为例，做一简要评述。

《康德的〈纯粹理性批判〉的启蒙思想》一文是为纪念《纯粹理性批判》出版200周年而作。全文共分为三个部分，第一部分谈什么是启蒙，第二部分谈作为启蒙思想的灵魂的理性的作用，第三部分是对旧形而上学体系的深入批判。

齐良骥坚定地主张，《纯粹理性批判》是一部启蒙之作，康德哲学的主体是德国启蒙思想的重要代表。他赞同海涅的说法，由于这部书的出现，"德国开始了一次精神革命"，其"震撼世界的"思想，是"砍掉了自然神论头颅的大刀"。关于什么是启蒙，文章抓住了康德一句极为经典的回答："启蒙运动是人之脱离由于其自身过失所致的未成年状态。"未成年状态就是指智上的愚蒙，自身过失不是没有理智，而是缺少决心和勇气去运用自己的理智。换句话说，启蒙就是唤醒人们运用自己理智的觉悟，打破宗教神学和统治阶级对于人民的精神钳制。这样一句哲理化的表述，实质上喷发着强烈的革命怒火。自齐良骥80年代初发掘康德启蒙思想之真谛，这已经成为对于启蒙的权威释义，至今仍在发挥着思想启蒙的作用。

在第二部分，文章从两个方面考察了理性的作用。其一，理性在认识中以自我的综合统一功能提供了知识的普遍性与必然性，为科学知识奠定了基于人性的基础，以先验论强调了人在认识中以法官的身份审问自然的主观能动性。其二，通过论证认识的限度，强调了现象与物自身的对立，也就是思想与存在的尖锐对立。理性的能动作用，加上思维与存在的彻底对立，正是为马克思主义实践的、能动的真理观所做的积极准备。

文章的第三部分高度评价了康德批判沃尔夫旧形而上学体系的贡献，认为这一批判是系统的、有力的，"就是批判经院哲学在德国的最后表现"，类似一系列启蒙思想家对神学所做的批判工作。文章还特别指出："科学与自由是启蒙思想的两面大旗。康德对科学与自由都坚信不渝。"正如齐良骥一再强调的："批判哲学的两大任务：一是用哲学论证科学，保卫科学，一是建立科学的哲学或形而上学，论证自由。"（《康德的知识学》）哲学要为人类知识的基础作论证，同时哲学又体现着自由理性的追求，是人类精神自由的最高体现。

在《〈纯粹理性批判〉论人的两种特性》一文中，齐良骥对康德哲学中的自由问题作了专门论述。他指出，自由首先是思想自由，"自由是由于自身对自身的决定"。如果没有自由，也就谈不到理性，所以自由是与人的理性密切相关的。

康德通过区分人的两种特性来说明自由的理论根据。人有经验的特性，在现象界中，人遵循着经验的规律与其他现象联系在一起，成为整个自然界因果锁链中的一环。人在经验的特性之外，又有理智的特性，唯独人由于他自己的活动和内在的规定性，还可以从实践方面来认识自己。现象界、经验界是被因果律完全支配着的，那里已经没有自由存在的余地，人如果有自由，只能存在于本体界中。所以，人既是感觉世界的现象，人本身也是物自身；经验的特性属于作为现象的人，理智的特性属于作为物自身的人。尽管人的理性必定会表现为经验的特性，但是经验的特性却不能说明人的活动的原因，只有理性才有创始一系列事件的能力。"思辨理性只能解释某一活动的出现。实践理性却是产生那一活动的原因。"正由于实践理性不在自然界的因果链条中，不为任何时间上在先的根据所决定，所以人才有自由。"每个人在道德实践中，了无障碍、透彻清灵地意识到作为理性的绝对自主的自我的存在。实践理性自身是同一的、唯一的、不变的，根本不在时间之中的，它作为能动的主宰君临于人们所有时间、所有环境的所有行为之中，统摄一切经验活动。"

人由于自身理智的特性而拥有了行动的自由，实践理性的特点就是要对经验世界施加影响，使经验世界最大限度地合乎实践理性的要求。在道德世界里，由于道德而获得幸福是必然的。在康德看来，道德的目的就是增进现实世界上人的幸福，"人道的利益是至高无上的利益。"

齐良骥总结说，虽然思辨性成了德国古典唯心主义哲学与现实的离心力，但这只是一种保护色，"思辨性之中蕴藏着现实性才是德国古典哲学的特色。""康德在道德方面阐发了人的实践理性的更重要的能动作用：遵照理性自身的理想和规律改造现实世界，在现实世界中实现我们的职责，增进人类此时此地的世界上的善。康德的与认识问题相联系的对自由和道德问题的探索，是资产阶级启蒙时期对人类理性的能动作用又一次深入的挖掘。"

三、齐良骥主要论著

齐良骥.1947.上帝存在的本体学论证的意义.哲学评论，10（3）.

齐良骥.1956.什么是经验论.光明日报，哲学专刊.

齐良骥.1957.康德唯心主义的认识论及其形而上学思想方法批判.北京：人民出版社.

齐良骥.1957.苏格拉底.光明日报，哲学专刊.

伊壁鸠鲁.1957.伊壁鸠鲁（部分）.齐良骥译//古希腊罗马哲学.北京：生活·读书·新知三联书店.

齐良骥.1958.关于哲学遗产继承的问题.新建设.

霍金斯.1958.十六—十八世纪西欧各国哲学.齐良骥译.北京：生活·读书·新知三联书店.

康德.1960.纯粹理性批判.齐良骥译//十八世纪末—十九世纪初德国哲学.北京：商务印书馆.

（奥）哥斯塔夫·威特尔.1965.辩证唯物主义.第二部第三章.齐良骥译.北京：商务印书馆.

齐良骥.1979.新托马斯主义者雅·马利旦的哲学思想批判//外国哲学论文集.济南：山东人民出版社.

齐良骥.1981.康德的《纯粹理性批判》的启蒙思想.哲学研究，(3)，(4).

伊壁鸠鲁等.1981.伊壁鸠鲁，斯多葛派，爱留根纳，霍布斯.齐良骥译//西方哲学原著选读（上册）.北京：商务印书馆.

齐良骥.1982.《纯粹理性批判》论人的两种特性.哲学研究，(1).

齐良骥.1984.康德.西方著名哲学家评传.第6卷.济南：山东人民出版社.

齐良骥.1987.康德论哲学.哲学研究，(1)，(2).

齐良骥.1987.康德//中国大百科全书·哲学.北京：中国大百科全书出版社.

齐良骥.1988.康德哲学中范畴的起源问题.德国哲学，5辑.

齐良骥.2000.康德的知识学.北京：商务印书馆.

主要参考文献

齐良骥.1981.康德的《纯粹理性批判》的启蒙思想.哲学研究，(3)，(4).

齐良骥.1982.《纯粹理性批判》论人的两种特性.哲学研究，(1).

齐良骥.1988.康德哲学中范畴的起源问题.德国哲学，5辑.

韩水法.2001.微斯人，吾谁与归.读书，(7).

杨河，邓安庆. 2002. 康德黑格尔哲学在中国. 北京：首都师范大学出版社.

撰写者

丁东红（1948～），教授，1978～1981年在齐良骥指导下研究康德哲学，获哲学硕士学位。

葛 力

葛力（1915～1998），曾用名葛世勇，笔名力野，北京顺义人。当代哲学家，主要从事于外国哲学的教学和研究。他在外国哲学特别是18世纪法国唯物主义和现代外国哲学研究领域建树颇丰。其中专著《十八世纪法国唯物主义》和译著《西方哲学史》，在国内学术界具有广泛影响。曾兼任中华全国外国哲学史学会顾问、全国现代外国哲学学会理事、中国西方逻辑史学会顾问等。

一、成 长 经 历

葛力于1915年7月22日出生在河北省顺义县（现北京市顺义区）一个农民家庭。1922年6月至1928年就读于农村初级小学，学业成绩平平；升入高级小学后，茅塞顿开，年年考试名列前茅；毕业后，考入通州第十师范。入学后，即1931年，日本制造"九一八"事变，侵占中国东北，葛力积极投入抗日救国运动，并在学生运动大潮中，逼迫对爱国学生采取高压手段的校长下台。他终遭学校当局愤恨，被宣布"自动退学"，取消了学籍。但是，他不仅不气馁，反而更加坚强，索性将原名"葛世勇"改为"葛力"，借"革力"的谐音，矢志永作革命的力量；后插班进入北京私立镜湖中学，毕业后于1935年考入燕京大学哲学系。这一年冬天，他积极参加了名垂千古的"一二九"运动，在游行中站在敢死队第一排；后来还加入了"中华民族解放先锋队"和"左联"。1936年，他曾积极掩护共产党学生领袖黄华（当时叫王汝梅），使其免遭国民党反动当局的逮捕和迫害。在"一二九"运动的大潮中，除去参加游行和集体活动外，他还负责汉字拉丁化工作，并从事革命文艺，主要是诗歌、散文和小说的创作。课余，他和其他中华民族解放先锋队队员一起学习马克思主义的哲学著作，如英文版的《费尔巴哈和德国古典哲学的终结》，从中汲取了丰富的精神营养，据以初步建立了革命的世界观。

葛力是由文学踏入哲学的门槛的。他在中学时代就喜欢文学，之所以于1935年考入燕京大学哲学系，专攻哲学，目的是要使自己的习作深邃，富于哲学神韵。大学期间他倾心于文学生活，成为燕园一名文学青年作家，参与创办进步刊物《青年作家》，以"力野"为笔名发表内容进步的文学作品，后来课业繁忙，才不得不放弃文学，专心致志学习哲学。1939 年葛力获学士学位，1941 年获燕京大学硕士学位。大学本科和硕士研究生期间，他研究中国哲学，本科的毕业论文题目是《王阳明的哲学思想》，硕士论文的题目是《两汉以前天的观念》，利用 K·曼汉姆《知识社会学》中的一些思想来分析中国哲学中的概念，试图开辟一条新途径。

硕士毕业后，葛力留校任语言研究助教。由于北平被日军占领，燕京大学迁往成都。葛力坚拒为日伪政权服务，化装成商人，带着夫人和刚出生不久的长子逃离北平，一路几乎步行，经河北、河南，后将妻子儿子留在湖北老河口市，自己只身前往成都任教。1943~1948 年，先后在成都光华大学、成都华西大学和成都燕京大学任讲师，讲授逻辑学、伦理学和哲学概论。在成都任教期间，曾加入成都各大学教授联谊会，反对国民党，拥护共产党，并以联谊会成员的身份发表过一些声明，揭露国民党当局操纵的倒行逆施活动的阴谋。他还抵制校方笼络，坚持作燕京大学进步学生团体导师，为学生们开展革命活动提供"合法"的条件。为此，遭到校方忌恨，1946 年燕京大学在北京复校时被解聘。抗战胜利后，到南京工作，任国立编译馆译审，及南京金陵女子大学兼职副教授。葛力于 1948 年借助于庚子赔款项目，到美国洛杉矶市南加利福尼亚大学留学。考虑到贫困祖国的需要，自己不能以科学救国，他立意用科学方法救国，剔除封建主义文化中一些陈腐的旧观念，启迪人们采取科学的新思维方式。于是，他以极大的毅力旁听数学课、攻读物理书，同时精读《唯物主义和经验批判主义》、《自然辩证法》和《反杜林论》。1953 年，以辩证唯物主义观点，写出题为《现代物理学中的认识论涵义》的论文，获得南加利福尼亚大学哲学博士学位。留美期间，因美当局阻挠，不能于新中国成立后立即回国，他曾积极参加留美科学工作者协会洛杉矶分会的工作，力促中国留学生早日学成回国，为建设社会主义祖国做贡献。为此他并为同学们讲述时事和辩证唯物主义，被学生称为"共产党代表"。经过千方百计的努力，葛力于 1953 年年底回到祖国。考虑到他的革命经历和本人意愿，于 1954 年 6 月分配到中共中央党校（当时叫马列学院）工作。1980 年他被聘为中共中央党校建立正规职称制以来的首批教授，1989 年离职休养。

二、主要研究领域和学术成就

葛力一生钟爱哲学，其在哲学领域的建树，主要是基于对西方哲学的真知灼见，做了三件非常有意义的事情。

1. 界定哲学体系内涵

哲学究竟是什么？源于对哲学及其体系建构的独到见解，葛力认为，"哲学反映时代精神，是人类在实践中进行思维而形成的概念和命题的体系。没有时代浪潮的激荡和生活实践活动的际遇，就不可能产生真正的哲学。"人类在现实生活中遇到种种问题，诸如人与自然、人与社会以及人与人之交往，和自我分裂为经验的特征和理性的品格，等等问题，需要予以解决。在试图解决的过程中，产生了各种知识和论证，归结为原则上最高度、最抽象的概括，加之对人类思维本身进行剖析，就构成了哲学。哲学具有普遍性，探索寄寓自然、社会、人与人之间的交往以及自我和思维中的一般规律，是用语言符号表达的理论体系，是历史条件和社会文化凝结的产物。

葛力认为，哲学是一个复杂的体系，除去本体论、认识论、伦理学和美学以外，还应该包括政治哲学、经济哲学、科学哲学、语言哲学和人生哲学等。把复杂的丰富的哲学体系归并为哲学的某一方面，如认识论，不是完整的哲学，而是单打一的哲学体系，势必驱使本质上真正的哲学陷入狭隘的低谷。特别针对当代西方哲学贬低本体论研究的倾向，他提出尤其不应该让认识论鲸吞本体论。他用公式来表达认识论和本体论的关系：如以 O 代表本体论，E 代表认识论，用（1）$O=f(E)$ 和（2）$O \propto 1/E$ 来表示二者的关系，即 E 变，O 亦变，当 E 为无穷大时，O 则为零。也就是说，如果认识论根本不涉及本体论或否定本体论，侵占了本体论在哲学领域中应有的地盘，那么本体论势必龟缩为零，哲学随之流于唯心主义。这种用数理公式的方式表达哲学内部两大领域之间的辩证关系，既简洁又清晰，不失为一种积极的尝试。该公式清楚地表明，在哲学领域中，本体论起先导作用，是认识论的基础；本体论和认识论相偕并进，在严格的意义上彼此相互推进。然而，"认识论能够发挥智慧之光，照亮本体论的思路，拓展本体论的疆域……本体论本身就有认识论的参与，夹杂着认识论的思维，可以明确地说，没有单纯自在的本体论，本体论是凭借认识论而向前推进的"。为了进一步维护唯物主义的本体论地位，他考察了物质和意识的关系，认为"物质是主导的，意识是派生的。"不满意"物质是第一性的和意识是第二性的"的提法，以避免与洛克使用的第一性质和第二性质的概念相混淆。

他主张，哲学体系内部的各领域应当结合起来，特别是认识论和伦理学应当结合起来。他通过对莱布尼茨的唯心主义认识论的研究而形成了这一观念。他认为，在莱布尼茨的唯心主义认识论的体系中蕴含着实践的观点。莱布尼茨一方面热衷于思辨的探索，另一方面又驻足于现实世界，积极为人类谋福利，突出的结果是认识论和伦理学融为一体。莱布尼茨为此受到马克思的钦佩。据此，葛力指出，"一个哲学体系应该包括认识论与伦理学的紧密联系，使人对客观事物的认识导向人自己的主观目的，即首先由人及物，尔后又由物及人，在二者之间打开一条广阔的道路；没有建立起认识论和伦理学的应有的关系，即没有建立起人类认识之真和人类生活结合起来，一个哲学体系就不能算是完备的。"对认识论注入伦理因素，是导向高尚文化的重要理论，对当前社会的政治生活和经济活动、学术研究等，无疑具有特殊的现实意义。

虽然长期研究西方哲学，但他始终认为，马克思主义的辩证唯物主义是迄今为止哲学发展的最高形态，我们必须奉之为圭臬。然而坚持辩证唯物主义的原则，至少需要具备三个条件：一是采用明白清晰的语言文字，作出明确的理论表达；二是在生活实践中应用这个原则指导自己的行动，体现出言行一致的精神，否则只是徒托空言，所作所为背叛理论上的承诺；三是以客观实际为基础，以圆满的效果为准绳。所谓效果，主要是长远的效果，无急功近利之嫌。唯物主义经历了一个发展过程，在达到辩证唯物主义之前，曾经历过朴素唯物主义和机械唯物主义阶段。在这一发展过程中，狄德罗的唯物主义是一个特殊的唯物主义形态，"既有机械论思想，又包含辩证法因素，可以称为错综的唯物主义，在哲学思想发展过程中，具有由机械唯物主义转向辩证唯物主义的过渡性的意义，也可以叫做过渡性的唯物主义。"

在研究西方哲学史的过程中，葛力很注意方法论。他强调，要贯彻历史与逻辑统一的方法，关注在历史发展中各个哲学思想家之间的内在的逻辑联系，如卢梭思想与孟德斯鸠体系的联系。他提出并注意应用"意识结构"的概念，认为"一个哲学家的认识论思想是多维的，往往既有经验主义的成分，也有理性主义因素；有时表面上反对本体论，却又于暗中偷运一些本体论的观念，这就需要考虑肯定他的意识结构的复杂性。"

葛力对哲学发展的前景持乐观态度，他认为，哲学思维是人类天然的能力，这种能力只能随着物质文明和精神文明的发展而发展，永放光芒，不会泯灭。因此，哲学问题也不会消融、一扫而光。他从杜威哲学现已渗透于劳丹和夏佩尔的思想中的现象中断定，哲学中涉及自然、社会、人生以及人和价值问题，会重新以显要的姿态冲入西方哲学。他的这一论断已为近年来当代西方哲学发展的事实所证实。

2. 探索哲学思维轨迹

葛力认为，研究哲学必须熟悉哲学史。通过哲学史的探索，不仅可以提高自己的思维能力，而且可以了解前人思考哲学问题的方式，为自己进行哲学研究提供丰富的资料。因此，他把自己的研究兴趣主要放在西方近代哲学史上，特别是认识论思想，并取得了令人注目的成绩。

1970年庐山会议以后，中共中央提出开展学习运动，提高识别真假马克思主义的能力。由于20世纪30年代的中文原译本质量不高，根据中央的要求，葛力接受了重译梯利所著《西方哲学史》一书的任务，以后又在1995年完成增补修订版。他的译文可谓"信雅达"的范例，使此书经久不衰、历年来多次重印，成为西方哲学史教科书中最受广泛欢迎的著作之一，这是他对中国哲学界的重要贡献之一。

在哲学史的研究中，葛力认为，对待历史上的哲学体系要采取正确的态度。历史上的哲学体系是以文字为载体的文本，对待这种文本的理解和解释，必然会因哲学史研究者的经验、学识和旨趣而有差异，这就需要采取唯物主义的、实事求是的态度，复归某种哲学体系之所以产生的文化条件，如实地揭示其本质的内容。他主张要全面地考察一个哲学家的思想，指出，"研究认识论，必须把一个哲学家的有关思想同培育他的历史、文化联系起来，在发掘思维内容的同时，特别要探索他的思维方式。思维方式毋宁说是纲目、是脉络，贯穿于全部内容之中。"他还有意识地把历史上的哲学同现代外国哲学相联系，从而揭示出现代西方一些重要哲学思潮的历史渊源。他指出，当代西方分析哲学萌芽于培根和笛卡儿。"就分析哲学而论，培根是英国经验主义者当中做出首创工作的哲学家。他注意语词与思维的关系，意识到语词含混，思维无由清晰，自然有碍于哲学的发展……他着力对待语词，把语言和哲学联系起来，为思考哲学问题开辟了新的途径。"笛卡儿追求知识的确定性，认为数学中的算术和几何的确定性比其他科学优越，数学是效力强大的认识工具，是一切科学的源泉，应该把它的职权扩展到一切课题。笛卡儿的这一原则和方法，对当代西方分析哲学的产生起了很大的影响。

在研究西方哲学史过程中，他对18世纪法国哲学、特别是18世纪法国唯物主义，倾注了绝大部分精力。他的主要学术成就也表现在这一方面。1958年，他写作出版了《十八世纪法国唯物主义哲学》一书，是我国第一部系统研究18世纪法国唯物主义哲学的学术著作。"文化大革命"结束后，他再度搜集资料，参阅了60多本中外著作，深入钻研，反复琢磨，重新建构，于1982年写成并出版了《十八世纪法国唯物主义》一书。后来，他的研究扩展到整个18世纪法国哲学，除去4个法国唯物主义者外，还探索了让·梅利叶、孟德斯鸠、伏尔泰、卢梭、孔狄亚克、摩莱里和马布里等人的哲学思想，于1991年，写作出版了《十八世纪法国哲学》一书，使得我国对18世纪法国哲学的研究达到了全面系统的新水平。

他曾经说过，他之所以钟爱18世纪法国唯物主义，一个重要原因是，他认为法国唯物主义继承和发展了英国唯物主义，是德国古典哲学的酵母，也是马克思主义的一种来源。18世纪法国唯物主义与马克思主义的联系表现在两方面，一方面是通过德国古典哲学的中介和马克思主义哲学相联系，另一方面是通过空想社会主义的中介而和科学社会主义相联系。他高扬18世纪法国哲学，是因为在他看来，应该研究人，使哲学直接或间接富有解决人的问题的意义。而18世纪法国哲学浸透政治哲学、社会哲学和人生哲学的意蕴，重视立项和自由，充分肯定人的价值，提高了人的地位，在审视人的问题的历史上谱写了光彩夺目的篇章，引导人们奋勇向前，为实现人真正作为人的美好意境做出了重要贡献。葛力曾经说过，他深受法国哲学那种挣脱专制主义的桎梏、寻求思想解放的革命精神的鼓舞。他认为，深入探讨和理解追求民主自由、鼓吹思想解放的18世纪法国哲学，对改革开放的现代中国具有特别的意义。

如果以人类怀具启蒙思想，摆脱传统和权威的统治，充分发挥个人能动性为线索来通览哲学史，他认为，迄今为止人类经历了四次启蒙时代。其中18世纪是理性的世纪，是启蒙时代，它的反思精神集中体现于18世纪法国启蒙运动中，这个运动触动了整个西方世界，显示了人类的觉醒，促进了人类从政治、经济和文化方面重新考虑问题，把历史的进程扭转到一个新的方向。在历史的发展中这可以说是第三个启蒙时代。在这之前，曾经出现两个启蒙时代，第一个启蒙时代是公元前5世纪古希腊时期，代表人物是智者学派的普罗泰格拉，他注重个人的地位，公然提出"人是万物的尺度"的格言。第二个启蒙时代是文艺复兴时代，这个时代肯定了人的理性、分辨能力的创造性，使人的地位进一步提高。从19世纪马克思主义诞生起到目前为止，随着人类面临的问题，诸如人口问题、生态平衡问题、"温室效应"问题以及各国内部阶级和阶层的矛盾问题层出不穷，人类的反思精神、启蒙思想，特别是有关改善人的生存和促进发展的思想屡屡出现，形成各种思想体系。这可以说是全球性的新的启蒙时代——第四个启蒙时代。

葛力认为，研究哲学史，需要对历史上哲学家的思想做细致的分析，进行全面的考察，切忌偏执片面的武断。本着这一原则，他对西方一些著名哲学家进行了深入研究，做出了重要评价，形成了独到的认识。例如，他认为，爱尔维修把判断归结为感觉，特别突出地表露了机械反映论的思想，但是，爱尔维修的认识论思想中还有另一方面，他注意到人的主观旨趣，在一定程度上体现了理性思维的作用。就是说，除去理性思维作用以外，还有作为非理性思维的感情因素与之相结合而起到形成判断的作用，突破了判断仅仅具有生理上意义的感觉界限。当代哲学家哈贝马斯提出的知识与旨趣的问题，可以上溯到爱尔维修的认识论思想，特别是其中包含的萦绕人的认识活动的利益问题的看法。再如，葛力认为，笛卡儿是一个具有开拓性、创造性的哲学家，他所探索的一些问题，"诸如认识的出发点、知识的确定性、科学与形而上学的关系、意义的内涵、天赋能力和直觉，以及知识的效用性等问题，都很重要，富有启迪性，构成显赫的线索，扩展后人的视野，诱导他们，以此为参照框架继续前进，进行研究。"又如，葛力指出，休谟在理性思维方面表现出明显的怀疑主义，但是，另一方面，他着眼于现实生活，又坚持肯定需要有所信仰，包括关于外部物质世界存在的信仰。他在理性思维和现实主义的双重关系中摇摆，要求哲学家成为哲学家，又必须做一个世俗的人。他在矛盾中前进，终于落脚于现实生活上。

葛力主张，探索一个哲学家的哲学思想，除关注其具体内容外，还应该绕到这种具体内容背后，摸清蕴寓其中的思维模式。他认为，拉美特利提出的"人是机器"的命题，继承和发展了笛卡儿关于动物是机器的思想，开创了近代西方研究人的问题的先河。拉美特利功勋卓著，不仅在于以人为中心拓展了哲学研究的领域，而且在于提供了一种思维模式，即"人是××"的模式。思维模式是激发思维以至行为的概念框架。有了这种思维模式做基础，由此便可揣想人的各种特征，做出有关人的种种论断，从而为建立、充实人学研究提供了重要条件。18世纪法国唯物主义者当中，除去拉美特利以外，狄德罗和爱尔维修也关注人的研究。可以设想，马克思有关人的审视，是以拉美特利、狄德罗和爱尔维修等人为前导的，是对他们的思想的改造和发挥。葛力进而指出，我国长期泛滥"左"的思潮，除去政治因素外，其主要症结所在是"以×为主"的思维模式作祟，要防止"左"的危害，必须有意识地清除"左"之所以形成的思维模式。

葛力注意全面准确地评价、表述一个哲学家的思想，纠正了长期以来哲学史界对一些西方哲学家的片面的认识。例如，他认为，孟德斯鸠并不是一个一味强调自然因素、地理环境的决定论者，因为孟德斯鸠肯定人受多种事物支配，诸如宗教、法律、施政和准则、先例、网络和习惯等。这些事物构成一般的精神，即文化。气候与之并列，只作为一种因素对人施予影响，未能占有独特的地位。再如，葛力认为，哲学史家由于没有注意卢梭哲学思想的发展变化，于是产生见仁见智的分歧意见。有人认为，卢梭是个人主义者、自由主义者；也有人认为，卢梭很注重人的社会性，强调人在社会中表现自己的存在，依赖社会而保持自己的存在。这两种意见针锋相对，不容调和。葛力认为，如果掌握发展的原则，从发展的角度看问题，可以消解二者之间的矛盾。在卢梭的《政治经济学》和《人类不平等的起源和基础》

中，确实可以嗅到个人主义、自由主义甚至无政府主义的气味，而卢梭的《社会契约论》却表露出另外一种图景。在那里，卢梭高擎集体主义旗帜，宣扬激进的民主主义，把个人与社会融合在一起，使个人在社会中实现自己的存在，享有自由和平等。借鉴关于卢梭哲学思想的研究，葛力概括制订了一个一般的研究原则：任何一个哲学家的意识结构都是复杂的、多层次的，在一生中坚持一以贯之的思想是罕见的，必须运用发展的原则来审视其全部哲学思想，才能避免偏执一端、挂一漏万的错误。

葛力认为，在研究历史上的哲学体系时，应该公正地对待其中的论点。例如，在观念的起源问题上，洛克和孔狄亚克曾发生意见分歧。洛克主张，反省和感觉一样能够发挥作用；而孔狄亚克却趋于极端，排除反省，把一切认识活动还原为感觉，建立起一元化的感觉主义的认识论。苏联权威学者肯定孔狄亚克的观点，认为他克服了洛克趋向唯心主义的不彻底性。对此，葛力不予苟同，他充分承认洛克有关反省的思想，认为其中体现的人的主观能动性的观点是有积极意义的。

葛力还迈进德国古典哲学的领域进行了较为深入的研究，特别对有关认识论的问题，提出了一些独到的见解。他认为，黑格尔关于主体与客体统一的思想，既含有唯心主义的因素，也涵括合理的成分，其合理之处在于肯定人类认识要重建自己的客体，不可能只凭感觉经验，直接把握自在的东西。对这一思想加以改造和拓展，可以使之消融于唯物主义的体系中。但是，黑格尔夸大了人的主观精神，竟然使思想创造客体，断言人类所认识的内容原来无非是思想内容，这就陷入唯心主义的泥沼了。关于费尔巴哈，他认为其认识论比较复杂，融合理性主义、经验主义和感觉主义为一体，还透露了黑格尔认识论思想中的合理成分，注意到人的主体性的作用。费尔巴哈的认识论倡导通过集体协作而获得知识，要求知识产生实际效果，构成一种特殊类型的认识论，即人本主义的认识论。

3. 评价现代西方哲学走势

除去西方哲学史外，葛力关注最多的领域是现代西方哲学。葛力主张，对待现代西方哲学要采取严肃的态度，必须在哲学和逻辑的水平上进行分析、批判，充分体现以实求实的精神。要以马克思主义哲学为指导，在掌握充足材料的基础上，通过缜密的研究，对当代西方哲学的一个学派及其代表人物的思想作出正确的评价。

在现代西方哲学中，他研究最早也最多的是实用主义，是我国为数不多的研究实用主义哲学的专家。他认为，实用主义是一个学派的总称，其中各个代表人物固然有共同的倾向，如紧密联系知识与价值，着眼于生活、行动和效果，但在细节上彼此的意见却不相同。例如，实用主义的创始人皮尔士的观点就和实用主义的主要代表人物詹姆士的观点不相同。皮尔士具有实在论倾向，自然不完全同意詹姆士的唯心主义的经验主义，尤其强烈反对詹姆士的"有用即真理"的提法。皮尔士认为詹姆士等人扭曲了自己原初的思想，遂改称自己的实用主义为"实效主义"（Pragmaticism）。这种实效主义主张在科学领域需要进行细致的基础研究，丝毫没有表露急功近利的倾向。在认识论上，它断言没有关于任何客体的绝对初始的认识，即从纯粹感情开始的认识，而认为认识是通过连续的过程而产生的，在连续的过程中存在所谓的"已经形成的认识"，这种认识能够起到背景知识的作用，足以影响人的认识活动。这种思想有启发性，可以说是"观察负载着理论"的观点的雏形。

在实用主义哲学家中，葛力研究较多的另一人物是杜威。他认为，杜威是实用主义者当中影响较大、所处地位仅次于皮尔士的人物，继承和发展了皮尔士的认识论思想。皮尔士承认认识活动肇始于观察、经验，与此同时又肯定认识的起点是需要抚慰焦躁不安的心境，解决当前亟待解决的问题。杜威断定人在实践活动中，主体和客体的相互作用，主体在对待客体上遭到理解的困难，乃产生问题的情境。这种问题的情境显然同皮尔士所提出的问题相对应，两人的思想如出一辙。杜威把知识规定为"可保证的论断性"，强调真理的易变性、前进性，也可以从皮尔士的易误主义的概念中发现它的渊源。通过"可保证的论断性"的概念的指引，排除肯定在认识的过程中必然能够获取终极的绝对真理的思想，可以使人不断前进，扩大视野，推动认识向前发展。这是可以接受的、可资借鉴的有益的见解。

葛力对当代西方哲学的"语言学的转向"倾向也非常关心。他认为，这种转向表明对意义问题的探讨突出起来。但长期以来，逻辑实证主义者殚精竭虑企图解决这个问题，却未能获得满意的结果。他们的失败是由于过分执扭在经验证实上面而造成的。葛力大胆设想，将意义分为两种，即可证实的意义和规范的意义。前者需要由经验来检验，而后者则不需要，而且也不可能达到这个目标。具有规范意义的命题是形而上学命题，只承担导向的任务。这类命题具有启发性，能够使人洞见客观事物隐秘的关系，从而创造新概念、新理论。两种意义的概念的引入，扩展了意义的疆界，使得人类的认识可以在实践的基础上获得比较广阔的思维空间，深入窥探事物的本质。

关于当代西方哲学中出现的所谓后现代主义，葛力持与之相抗衡的态度，认为其实质上是否定本体论、认识论。他坚持本体论、认识论在哲学中的重要地位，目的在于维护唯物主义，弘扬马克思主义认识论。

葛力在分析当代西方哲学时，提出了一个重要的概念："意识的结构"。他说，

"分析一个哲学体系和一个哲学家的世界观时，在一般的情况下，也不妨以意识为对象，区分开其中的层次……称之为意识的结构"，"多层次的意识结构包含多种因素的思想内容，这些层次具有主次之分，犹如在层次方面上下有别一样。"他认为，把握一个思想家的思想，要注意分析其思想内部各种因素的关系、层次或结构，以及这种结构的重组和变化，从而把握该思想家思想的特点和哲学思想发展的逻辑。葛力的这一概念，不仅已经应用到了他的有关著作当中，而且对于深刻剖析当代思想家的思想也具有现实意义。

三、治学与做人

葛力遵循刻意求真的治学之道：第一，多方探索，充分占有材料；第二，独立思考，尽力发现问题；第三，突出一点，作出详细论证；第四，谦虚谨慎，力求表达准确；第五，闻过则喜，认真纠正失误；第六，学以致用，期求实际效果。

作为教师，他讲授过多种课程。新中国成立前，在大学任教期间，曾经讲授逻辑学、伦理学和哲学概论。在中共中央党校期间，曾经开设三大发现与马克思主义、自然辩证法、英国经验主义分析、大陆理性主义述评、18世纪法国唯物主义、黑格尔认识论研究、费尔巴哈认识论研究、西方马克思主义的基本结构、现代外国哲学认识论、西方政治思想概论、马克思主义认识论研究、马克思主义经典著作等课程。为提高研究生的英语和专业水平，还特别用英语讲授《专业英语和欧洲哲学史研究》。

生活中的葛力有着鲜明的特点，与他长期研究哲学史，深受他所崇拜的哲学家的影响，有着密切的关系。在18世纪法国哲学家中，他最推崇的是狄德罗。他认为，高扬唯物主义，把它提到接近辩证唯物主义的水平，应当归功于狄德罗的辩证法思想。狄德罗不只是一个具有深刻思想的哲学家，而且在自己的一生的生活工作和实践中，显示出一种崇高的人品，用自己的行动确证自己的哲学信念。除狄德罗外，伏尔泰在葛力的心目中也有崇高的地位。他认为，伏尔泰宣扬洛克的唯物主义的经验主义，扫荡了当时流行于封建的法国社会的思辨哲学的乌烟瘴气。伏尔泰不仅是一个哲学家，而且是一个自觉的社会活动家，一向刚正不阿，不屈不挠，为追求真理而奋斗。伏尔泰使哲学思维和行动相结合，努力清理法国文化传统的污渍，极力吹拂新鲜的清风，鼓舞有识之士一起发扬进取向上的革命精神，不愧为启蒙运动的一代宗师。葛力的家人有一段回忆文字，这里照录如下，有助于进一步了解他的为人：他喜欢思考，喜欢那种甚至把日常生活中的事物都纳入哲学范畴的思辨式的睿智的思考；他勤奋好学，总觉得时间不够用，与他同龄的学界老友早已封笔，可他80岁高龄却还有著作问世，真正做到了活到老，学到老，做学问到老；他治学严谨，不仅严格对待自己的著作，而且也反对学术界的浮躁和粗制滥造，对于现实出版界经常出现的校对印刷错误的现象嗤之以鼻，不止一次地说过，应该向一些发达国家学习，他们工作严谨，如果出现这类书籍就像中国出现错版邮票一样稀罕；他乐于助人，以能用自己的所学、所长帮助别人为乐事，如果来访者对所提问题仍有疑惑，他会内疚以致寝食不安，然后千方百计寻找正确答案，直至对方满意；他固执执著，为达既定目标不遗余力，尤其专注于教书育人治学论道。晚年为了恢复写作能力他不惜以身试药，一天吞服几十粒，试图使自己的疾病早日得到逆转和康复；他朴实宽厚，不记恨任何人，哪怕是伤害过自己的人，尤其愿意呵护年轻人，特别是对自己的学生，能够原谅他们的稚嫩和不足，但绝不在人品和学业上降低要求；他不善自理，但这并不妨碍他热爱生活，对于生活赋予的一切都特别珍惜和满足……他是一个哲学家、教师，具有常人的博学、勤勉、诲人不倦、献身学术研究的奋斗精神和踏踏实实做人、认认真真做事的个人品德，他又是一个普通而世俗的人，一个循规蹈矩一年四季按着钟表严格作息的书生，一个以教书育人读书写作为最大乐趣的尊尊长者。也许他留给后人的成果并不丰厚，但是，"他作学问犹如做人，是忠诚可敬的。"

特别值得一提的是，作为哲学家，他对政治事务具有深刻的洞察力和鲜明的立场。20世纪70年代，他罹患心脏病，遂下决心积极锻炼身体，对家人说："我一定要活到那一天，亲眼看见'四人帮'倒台。"其嫉恶如仇的义愤之声让后人至今感怀不已。后来他有机会为当时主管中央党校工作的胡耀邦逐字逐句讲述美国记者维特克根据江青谈话所写的英文版《江青同志》一书，深为胡耀邦的高风亮节和人格魅力所折服。他对改革开放衷心拥护，也常为时弊而忧愁，体现了一个学者的良心。

1998年6月3日，葛力因肝癌病逝于北京，留下事业未竟的遗憾和未能实现目睹世纪更新的愿望。《光明日报》发表讣告，公布了"中国共产党的优秀党员，著名哲学家，中共中央党校教授葛力同志"因病逝世的消息。葛力非常从容地面对死亡，在遗嘱中表示不搞仪式、不留骨灰，把彻底唯物主义的哲学贯彻到生命的最后一刻直至永远。

四、葛力主要论著

(美)哈利·威尔斯.1953.实用主义——帝国主义的哲学.葛力等译.北京：生活·读书·新知三联书店.
亚里士多德.1959.雅典政制.日知,力野译.北京：商务印书馆.

葛力.1958.十八世纪法国唯物主义哲学.上海：上海人民出版社.
（美）梯利.1975.西方哲学史（上）.葛力译.北京：商务印书馆.
（美）梯利.1979.西方哲学史（下）.葛力译.北京：商务印书馆.
葛力.1982.十八世纪法国唯物主义.上海：上海人民出版社.
葛力.1984.现代外国哲学.山西：山西人民出版社.
葛力.1990.现代西方哲学辞典.北京：求实出版社.
葛力.1991.十八世纪法国哲学.北京：社会科学文献出版社.
（美）梯利，伍德.1995.西方哲学史.葛力译.北京：商务印书馆.
葛力.1997.西方哲学认识论.北京：中共中央党校出版社.
葛力.1999.葛力哲学文选.北京：中共中央党校出版社.

主要参考文献

黄宪起.1991.葛力传略.晋阳学刊，(3)：104-111，2.
葛力.1994.走在哲学的道路上.广西：广西人民出版社.
张峰.1999.葛力哲学文选（序）.北京：中共中央党校出版社.
葛惟鏻.2008.葛力之憾——父亲十年祭.学习时报.

撰写者

葛惟昆（1942~），北京市人，香港科技大学荣休教授，清华大学物理系教授，葛力之长子。
葛惟鏻（1946~），北京市人，高级工程师，葛力之次子。

王玖兴

王玖兴（1916～2003），江苏赣榆人。西方哲学史专家，西方哲学典籍翻译家。中国社会科学院哲学研究所研究员、博士生导师。1980年当选中华全国外国哲学史学会第一届常务理事，后长期担任顾问。1988年当选为国际辩证哲学学会荣誉会员及理事。曾任第一届国务院学术委员会委员，《中国大百科全书·哲学》"外国哲学史组"副主编。

一、成 长 经 历

1916年1月24日，王玖兴出生在江苏省赣榆县一个农民家庭，他在兄弟九人中排行第九。王玖兴自幼聪颖好学，早年曾在家乡小学就读，并有在私塾诵读四书五经和古代诗词文赋的经历，打下了坚实的汉语言基础。1932年，王玖兴以优异成绩考取江苏省立东海师范学校。在校的3年时间中，王玖兴不仅成绩名列前茅，而且他沉静好学、博闻强记的特点也给大家留下了深刻印象。他的试卷字迹工整、文笔流畅，常常在学校的橱窗里展出。1935年，在江苏省师范院校毕业会考中，王玖兴一举夺得个人总分第一名的骄人成绩，东海师范学校也获得了团体成绩第一名。为此，当时的江苏省教育厅特批准在校内建亭以示表彰，纪念亭取名为"知止"，语出《论语》"知止于至善"。

从东海师范学校毕业后，王玖兴在家乡的师范学校和小学任教。按照当时的规定，国立师范学校毕业生至少要为小学教育服务3年。1937年，王玖兴考取中央大学心理学系。不久，七七事变爆发，中央大学决定西迁，王玖兴遂转考入武汉大学哲学教育系学习。1941年毕业后，他先后在西北师范学院教育系和国立女子师范学院教育系任教。其间，王玖兴接触到了冯友兰的两卷本《中国哲学史》，感觉古书里面竟然"头头是道"。后来冯友兰到重庆做公开哲学演讲，王玖兴每次必到场聆听，觉得冯友兰的演讲"生动活泼，深入浅出，真是引人入胜"，会后王玖兴向冯友兰请教，得到了冯友兰的鼓励。

1944 年，王玖兴毅然辞去师范学院的工作，考取清华大学研究生，师从冯友兰学习中国哲学。当时正值抗日战争期间，北京大学、清华大学、南开大学三所大学迁至云南昆明，合并为"西南联大"，哲学系的师资也相应做出整合。抗战期间，昆明物价居高不下，生活艰难，很多学生都需要在课余打零工以补贴生活费用，王玖兴亦不例外。在艰苦的求学环境中，他充分利用当时昆明之为中国学术中心的独特条件，尽情徜徉在知识的海洋之中，不仅聆听清华哲学系金岳霖、冯友兰、沈有鼎、王宪钧诸位先生的课，还听了汤用彤、陈康、贺麟、郑昕和洪谦等先生的课。后来王玖兴回忆这段在西南联大求学的日子时曾经说过，当时"国内大师云集、各抒己见、异彩纷呈"，自己在学业上收获非常大。在西南联大期间，王玖兴还与同窗好友王太庆、周礼全、陈修斋组织了"哲学问题讨论会"，他在会上发表读书报告 3 次，内容从柏拉图到黑格尔，在西方哲学领域的研究潜力已初现端倪。

1946 年，王玖兴从清华大学毕业后留校任教，讲授"哲学概论"和"知识论"。通常教师讲授"哲学概论"往往会从某种哲学思潮、流派和哲学家的思想介绍入手，王玖兴却将哲学作为一个整体，从"什么是哲学"讲起，兼论哲学的诞生、分化、发展和哲学的各个分支等各方面内容，使之成为一门真正的哲学导论课。

1948 年，王玖兴通过官费留学考试前往欧洲学习。作为冯友兰的弟子，王玖兴抱着"他山之石，可以攻玉"的想法，准备到国外深入学习西方哲学的方法，利用西方哲学善于分析、长于思辨的优点来反观中国哲学，以使长于直观和感悟的中国哲学的精华发扬光大。王玖兴在武汉大学的老师、中国最早的黑格尔专家张颐建议他到德国留学，但是当时第二次世界大战刚刚结束，德国一片断瓦残垣，不是求学的理想之地，于是王玖兴转道法国来到德法双语的瑞士弗赖堡大学，参加了弗赖堡大学文学院的德国古典哲学研究班。王玖兴一边学习，一边在弗赖堡大学东方学院兼职教授中文和中国哲学，直到回国。1956 年，在顺利通过各项考试后，王玖兴以《特拉迈尔书目测验研究》为题的论文获得硕士学位。在瑞士生活期间，存在哲学正在欧洲盛行。当时海德格尔虽已退休，但雅斯贝尔斯正活跃在欧洲大学的讲堂上。王玖兴在内心里一直对研究中国哲学情有独钟，但他凭借着对哲学的热爱和学术的敏感开始接触存在哲学，并且认为，比起其他西方哲学流派，存在哲学与中国哲学的精神更为靠近。1949 年的春季学期，王玖兴抽空到巴塞尔大学聆听雅斯贝尔斯的课程；同年秋至次年冬，他又在弗赖堡大学聆听了海德格尔的课程。这些宝贵的求学经历为他日后从事西方哲学研究和西方哲学典籍的翻译打下了坚实的基础，并最终促使他改变初衷，走上了西方哲学研究的道路。

在沉浸于哲学思辨的同时，王玖兴始终关注中国共产党领导的革命斗争事业，向往刚刚成立的新中国。早在国民党统治时期，作为清华大学的教员，王玖兴就曾自愿参加过一个支援学生反饥饿、反迫害运动的群众组织"讲助会"。从1950年2月起，王玖兴利用自己精通德、英、法三国语言的优势，为刚刚成立不久的中国驻瑞士大使馆做了大量资料整理和翻译工作。1957年6月，受周恩来关于知识分子的讲话精神的鼓舞，王玖兴携家眷返回北京。这时，国内的"反右"运动刚刚开始。王玖兴接受了他的老师冯友兰和金岳霖的建议，没有接受北京大学的聘书，而是到中国科学院哲学研究所工作。他跟那个时代的许多知识分子一样，经历了大大小小的政治运动，承受了抄家和下放劳动之苦，但他始终保持心灵的平静和对未来的乐观态度，在哲学研究所这个学术家园，锲而不舍地从事西方哲学的研究和哲学典籍的翻译及资料整理工作，一直到1987年退休。

退休后，王玖兴除了继续承担培养研究生的工作外，仍然心系德国古典哲学翻译，笔耕不辍。后来他被查出患有白血病，身体渐渐虚弱。在患病的日子里，王玖兴始终保持着清醒的头脑和学者的尊严，充分展现了他乐观豁达、睿智坚强的哲人风范。2003年王玖兴在北京辞世，终年87岁。

二、主要研究领域和学术成就

1. 译著生涯

20世纪50年代，对于像王玖兴这样的"海归"来说，虽然在工资和住房条件上能够享受到相对优厚的待遇，但是在工作安排上却有点"特殊化"。考虑到王玖兴成长于旧社会，又长期在资本主义国家生活过，缺乏彻底的思想改造，当时部门领导对他的要求是，利用其外语能力，主要从事文献翻译和资料整理工作；在西方哲学研究方面，当以研究和翻译作为马克思主义理论来源的德国古典哲学为主。王玖兴淡泊名利，且有一种"不患人之不己知"的心胸，虽然哲学界一直有"重著述、轻翻译"的风气，但他并不计较，而是听从组织的安排，踏踏实实地做起翻译工作来了。

（1）翻译德国古典哲学著作

凡是翻译过哲学典籍的人都有体会，这绝不是一件简单的工作。除了必须具备过硬的中外文功底之外，还要有对哲学著作本身以及对整个西方文化传统的深入了解和领会。这不是在不同语言之间进行的一次单纯转化，而是中西哲学思想在智慧层面上的一次沟通，甚至是一场交锋。中西哲学从概念体系到思维方式都存在着很大的差异，很多西方哲学的概念在传统中国哲学中并无直接的对应，这就需要译者基于对中西思想文化之异同的理解和体会进行新的表述。如何克服中西思维方式和概念体系之间的差异，把西方哲学的问题和理路移植到中文语境之中，既要忠实地传达出原著的主旨，又要兼顾到汉语表达，以使国人阅读起来不至于像在读天书，这的确是一个不小的挑战。王玖兴具备了翻译哲学典籍的全部条件：他小时候受过传统私塾教育，读研究生时又师从冯友兰打下了坚实的中国哲学基础，更有在国外留学和聆听大师讲课的宝贵经历，其语言和哲学功底在哲学界有口皆碑，因此翻译起来得心应手。

王玖兴最早是与贺麟一起合作翻译黑格尔的《精神现象学》。该书上卷于1962年出版，下卷的出版则到了1979年。《精神现象学》是黑格尔逻辑学和整个哲学体系的导言，它包含了后来的《哲学全书》中"精神哲学"的轮廓。关于"现象学"的思路早在康德那里就已经提出。康德把现象学的主要任务设定为划分"感性"和"理性"之间的界限，限制经验知识的范围，通过把知识限定在现象界而使对"物自体"的认识悬搁起来。1804年，费希特在提出建立"知识学"的构想时也指出，"知识学"作为真理和理性的学说，还应以一种"现象学、现象学说或假象学说"作为补充。费希特认为，"知识学"要证明的就是"意识"、"自我"是一切事实的本源，而这个"自我"又应该经历一个"道成肉身"的客观化过程，揭示这个过程就是现象学的任务。费希特在"本质"与"现象"相统一的前提下，提出了现象学要走一条由"本质"到"现象"的"下降"的路线。黑格尔把"本质"与"现象"统一的观点吸收进他的《精神现象学》中，只是，黑格尔走的是一条从"现象"到"本质"的"上升"的道路，最终达到"绝对知识"的境界。因此，《精神现象学》的翻译不仅关系到汉语学界对黑格尔哲学体系的理解，《精神现象学》所提出的问题和解题思路还直接关系到对于德国古典哲学发展脉络的整体把握。对于这么一部重点之作，确实需要王玖兴和贺麟两位德国古典哲学的资深专家来合力完成。据知情人回忆，王玖兴与贺麟都是严谨求实的学者，事关学术问题他们从不顾及彼此的面子，二人常常会为一个词、一句话的翻译"争吵"，有时甚至各执己见，互不相让。正是因为付出了如此艰苦的努力，《精神现象学》的中译本获得了1982年哲学研究所年度科研成果奖一等奖。这部译作在对原著理解的深入通透以及汉语表达的精炼准确方面一直受到学术界的高度称赞，至今仍无以超越。

在完成了《精神现象学》的翻译之后，1986年，王玖兴又独自完成了费希特《全部知识学基础》一书的翻译。《全部知识学基础》是费希特在耶拿大学讲授的课程，这本书在出版之际即以内容新颖、分析深刻而赢得了众多青年学子的热烈欢迎，但同时，它的内容艰深、语言表述独特在当时的德国也已是共识了，因此翻译这样一部晦涩之作的难度可想而知。根据费希特,"知识学"就是"科学论",也就是"科学之科学"的意思。费希特以及黑格尔都认为,当时的哲学尚未上升为一门自明的科学,它只是对知识之爱。只有当哲学成为一门自明的命题体系、成为一门真正的"知识"的时候,哲学才能实现古希腊哲学"爱智"的伟大渴望。"知识学"是费希特哲学体系的基石,因而《全部知识学基础》就是研究费希特的必读书,同时也是理解德国古典哲学从康德到黑格尔的思想演变的重要环节之一。王玖兴诸事追求完美,他本着"十年磨一剑"的态度对待翻译工作,在遣词造句方面几近精雕细刻的程度,因此凡读过《全部知识学基础》一书的学界同仁都有体会,王玖兴的翻译越是在晦涩难解之处,越见功夫。他能够将德文、汉语的表述特点融汇并蓄,做到信、达、雅兼具,其语言造诣之深厚不能不令人叹服。《全部知识学基础》于1997年获得第2届中国社会科学院优秀科研成果奖。

王玖兴退休后,当年与他同在西南联大读书的翻译家王太庆提议,两人合译康德的《纯粹理性批判》。《纯粹理性批判》是康德"批判哲学"的开端,正是在这部著作中,康德完成了形而上学中的"哥白尼式革命"。当时国内只有胡仁源和蓝公武的译本,胡仁源的译文出自德文,但学界普遍反映较难读;蓝公武的译文主要根据康蒲·斯密的英译本译出,英译本质量虽高,但如此转译令人不爽,且蓝译为文言文,不符合当今读者的阅读需求。王玖兴退休后受夫人多病的拖累,本人身体亦欠佳,但他仍毅然承担了翻译《纯粹理性批判》的重任,不仅自己从事翻译,还要负责全书的统稿工作,工作进展缓慢,终因力不从心而未能全部完成,留给学界一大遗憾。1986年,王玖兴曾将《纯粹理性批判》"第二版序言"的译文发表,因为"第二版序言"是康德在《纯粹理性批判》首版后面对各种批评和讨论所做出的回应,它早已超出"序言"的范围而成为康德批判哲学的纲领。2002年,哲学研究所青年读书小组在阅读《纯粹理性批判》的时候,曾经拿着王玖兴的译文,对照德文、法文、英文本认真研读,无不为王玖兴对康德哲学理解之透彻和语言传译之精到赞不绝口,并为他的译作不能面世而感到遗憾。不过,这部未竟之作的价值得到了学界的充分认可。目前哲学研究所正请相关专家对该译稿进行整理和补充,不久将由商务印书馆出版。

(2) 现代西方哲学著作的翻译介绍

除了从事德国古典哲学典籍的翻译之外,王玖兴还把关注的视角投向了现代西方哲学。这方面,他很有见地地选择了匈牙利哲学家卢卡奇。卢卡奇是马克思主义者,也是国际上黑格尔哲学研究界有影响的人物之一。他对黑格尔青年时期思想的看法与当时苏联学界的观点不尽相同。早在20世纪60年代,王玖兴就翻译了卢卡奇《青年黑格尔》一书的部分章节。这本书根据重要的历史和哲学材料阐明了青年黑格尔在图宾根时期的思想发展过程，以一种新的视角重新诠释了黑格尔与谢林绝交的历史。卢卡奇在书中着重分析了黑格尔在《精神现象学》中提出的"异化"概念，指出"异化"在主体方面表现为人与"自我意识"的虚假同一，在客体方面则与"对象性"等同。不管人们是否同意卢卡奇的意见，这部书的翻译在当时增进了学界对国际黑格尔研究的了解，开拓了人们的视野。

进入20世纪80年代，王玖兴主持翻译了卢卡奇的名著《理性的毁灭》。这是一部从马克思主义哲学的视角出发撰写的德国近现代非理性主义思潮的发展史，也是卢卡奇思想的里程碑。全书从批判谢林晚年倡导的"天启哲学"和"理智直观"入手，一直追溯到了法西斯主义，提出非理性主义流派在法西斯的官方意识形态中达到了顶峰。全书材料丰富，洋洋洒洒近60余万字。卢卡奇分析了非理性主义的社会阶级根源和哲学理论基础，从一个侧面揭示了现代西方哲学自黑格尔以后的发展线索。

除了卢卡奇，王玖兴还致力于翻译介绍存在主义哲学家雅斯贝尔斯的著作。他根据雅斯贝尔斯的思想主旨，提出把 Sein 译作"存在"，Dasein 译作"实存"，而 Existenz 则译作"生存"。这一套译名后来成为存在主义哲学热潮当中比较有代表性的译法之一。

2. 研究与交流

王玖兴学贯中西。从他远渡重洋开始留学生涯的那一刻起，他就抱定了学习西方哲学以促进和弘扬中国哲学的远大目标。站在今天的立场来看，这一抱负是具有远见卓识的。可惜由于各种原因所致，他未能自如地从事他所喜爱的学术研究。他生前发表的论文数量不多，而且在当时撰写论文免不了要用"唯物、唯心"的标尺对古代各派思想加以衡量。但是，透过这些带有鲜明时代烙印的论文，我们仍然常常能够感觉到，他的思想中始终萌生着自由勃发的朝气，一种试图冲破思想禁锢的力量。

1962年，时值古希腊哲学家赫拉克利特诞生2500年之际，王玖兴撰写了长篇论文《关于赫拉克利特的辩证法》，以纪念这位"古希腊伟大的唯物主义辩证法论者"。在这个时代特征鲜明的题目下，王玖兴展现了他深厚的哲学修养和思想力度。在文章中，王玖兴不仅对赫拉克利特残篇进行了深入细致的分析，还从黑格尔辩证法出发对西方早期辩证法思想进行了批判。他还将赫拉克利特哲学与老子哲学进行了比较，指出赫拉克利特和老子均有物极必反、相反相成的思想，他们都提出了运动发展的"规律"——在老子是为"道",在赫拉克利特则为"逻各斯"。王玖兴透过这些相似点看出了二者的差别:赫拉克利特的"逻各斯"只是运动的规律,而老子的"道"则既是万物运动的规律,也是万物的本原。

1980年,王玖兴撰写了一篇评介弗赖堡教授约瑟夫·鲍亨斯基的文章,读来耐人寻味。

鲍亨斯基出生在波兰,一生绝大多数时间都活跃在弗赖堡大学。鲍亨斯基既是逻辑学教授,也是"新托马斯主义"的代表人物之一,天主教多米尼克教团的神父,还是一位积极参与社会活动的"明星教授"。鲍亨斯基没有形成完整的思想体系,他致力于把哲学的、逻辑的和天主教神学的立场调和起来,通过广泛评论当代各家学说的方法表达自己的观点,希望在新的历史条件下为"上帝存在"做出证明。

根据王玖兴的文章,鲍亨斯基认为哲学与神学都是讨论上帝问题的学问,其差别只是在于,上帝在神学里是"开宗明义",而在哲学里则是"归根结底"。哲学只能把"上帝"作为"本原",但是对于"上帝"的内在生活却无法进一步展开,关于后者必须有赖于"启示和信仰"。作为"新托马斯主义者",鲍亨斯基反对"本体论"的证明方法,主张所有关于上帝存在的证明都应"建立在经验的基础上"。他还调动逻辑学来强化关于"上帝存在"的证明。虽然经验是变动不居的,但是鲍亨斯基坚信,必定存在着一个"总的驱动力"来推动事物的发展变化,而这个"驱动力"就是"上帝"。

鲍亨斯基生活的时代,无神论存在哲学已经有所影响,因此他关于"上帝存在"的证明必须接受来自萨特等哲学家的挑战。面对"为什么恰恰实际存在着这样一个世界,或者为什么根本上会实际存在着一个世界"这样的问题,鲍亨斯基认为答案只有两种:一是以"荒谬"为存在根基的"被抛说",二是"必定有一个上帝"的信念。萨特认为,人是"被抛"在这个世界上涌现出来,然后人才给自己下定义,因为人是"自由者"。在不断生成的过程中,人没有任何模本可以参照,个体作为"自由者"能够从"无"中被"创造"出来,而这种可能性的实现恰恰是因为"上帝不存在"。对此鲍亨斯基并不认同,相反,他认为说"世界万物的存在是荒谬的"说法本身就是荒谬的、不合逻辑的,因为哲学和科学都应该以"世界是有理性的"这一点为前提,否则逻辑和理性将被置于无用之地。

王玖兴在弗赖堡求学期间就已经注意到这位"精力充沛,勤奋好学,博览群书"的逻辑学教授了。选择这样的词汇来描写这位逻辑学教授,表明王玖兴对鲍亨斯基本人并无恶感。当文章的结尾处用"资产阶级的立场"为这位博学的弗赖堡教授"盖棺论定"时,并不意味着王玖兴对鲍亨斯基的绝对排斥,可以看出,他对鲍亨斯基关于理性主义、"世界是有理性的"的观点都是赞同的。

1986年，王玖兴为《存在主义哲学》一书贡献了"雅斯贝尔斯"一章。在这篇长文中，王玖兴从一手资料出发，翔实而全面地介绍了雅斯贝尔斯的哲学本体论、方法论、人生哲学以及关于历史和社会的学说，不仅让我们了解了雅斯贝尔斯的哲学观，而且还使我们第一次体悟到这位德国哲学家对哲学的希望和苦恼，他为科学、哲学与宗教的划界而做出的努力。在这篇文章中，王玖兴还大胆地从另一个角度探讨了对"思维与存在的关系"这一基本的哲学问题的理解。

改革开放后，与国外的学术交流逐渐恢复，王玖兴有机会多次随哲学研究所代表团出国进行学术访问和交流。1979年，王玖兴和哲学所代表团前往前南斯拉夫，参加在贝尔格莱德举行的第13届国际黑格尔大会。这是中国学者首次参加国际黑格尔大会。会上王玖兴用德文做了"黑格尔关于'本质性或反思规定'论述的'合理内核'——兼评克罗齐对黑格尔歪曲"的大会发言，从马克思主义的立场出发对克罗齐进行了批判。在以后的日子里，他又多次随团访问德国，参加国际会议，并把《莱布尼茨思想与中国传统文化》、《德国哲学在中国》、《费希特哲学与法国大革命》、《德国古典哲学在中国》的论文带到会议上，让国外学者听到了中国学者对德国古典哲学的研究心得。

从1978年恢复研究生考试以来，王玖兴就承担了为中国社会科学院研究生院培养硕士生和博士生的任务，这项工作在他退休后仍然没有停止。此外，王玖兴还承担过为复旦大学哲学系培养博士生的工作。王玖兴带的学生数量不多，除去一些实际的客观原因外，他的高标准和严要求恐怕也要考虑在内。据知情者回忆，"文化大革命"末期，北京曾有一些青年找到王玖兴，向其请教学习西方哲学的入门途径。王玖兴当时回答说，先掌握两门外语再说。这个要求即使在今天看来仍然是一个相当高的要求，更何况在那个封闭的且充斥着"读书无用论"的年代了。王玖兴指导的研究生虽数量有限，但大都成才，成为各个单位的业务骨干。

2003年王玖兴不幸病逝后，德国哲学家、费希特专家劳特曾经撰文，饱含深情地回忆了两人1980年在德国美茵茨火车站初次相遇以及1984年劳特访问北京在王玖兴家做客时的情景。劳特教授称赞王玖兴是"在一切都被颠倒的日子里继续承载了人类的文明"，这是对王玖兴读书和写作生涯所给予的中肯评价。

三、王玖兴主要论著

Wang J X. 1955. Experimental Beitrag zur Revision und Anpassung des Bücheskatalogtes. Freiburg：Universität Freiburg.

王玖兴.1962.关于赫拉克利特的辩证法//赫拉克利特哲学思想.北京：商务印书馆.

黑格尔.1962.精神现象学（上）.贺麟，王玖兴译.北京：商务印书馆.

雅斯贝尔斯.1963.存在主义哲学（由《生存哲学》部分章节及《估计与展望》中的三篇文章译出）.王玖兴译.北京：商务印书馆.

考茨基.1964.唯物主义历史观（4-6分册）.王玖兴译.上海：上海人民出版社.

卢卡奇.1965.青年黑格尔（节译本）.王玖兴译.北京：商务印书馆.

黑格尔.1979.精神现象学（下）.贺麟，王玖兴译.北京：商务印书馆.

王玖兴.1980.约瑟夫·鲍亨斯基.现代西方著名哲学家述评.北京：生活·读书·新知三联书店.

王玖兴.1984.费希特.西方著名哲学家评传（第6卷）.济南：山东人民出版社.

王玖兴.1986.雅斯贝尔斯//存在主义哲学.北京：中国社会科学出版社.

王玖兴.1992.费希特的教育思想.世界教育家评传.上海：上海人民教育出版社.

费希特.1986.全部知识学基础.王玖兴译.北京：商务印书馆.

卢卡奇.1988.理性的毁灭.王玖兴等译.济南：山东人民出版社.

主要参考文献

王玖兴.2005.王玖兴文集.保定：河北大学出版社.

撰写者

王齐（1968～），出生于陕西西安。1996年获得中国社会科学院研究生院哲学系博士学位，现为中国社会科学院哲学研究所研究员。

任 继 愈

任继愈（1916～2009），山东平原人。哲学家，宗教学家，历史学家，中国马克思主义宗教学的开创者和奠基人。历任北京大学教授，中国社会科学院研究员，国际欧亚科学院院士。中国社会科学院世界宗教研究所所长，国家图书馆馆长。国务院学位委员会哲学组召集人，社会科学基金宗教学组召集人。中国宗教学会会长，中国无神论学会理事长，中国哲学史学会会长。在哲学、宗教学和古籍整理领域都有独特建树和卓越贡献。主编的《中国哲学史》教材（四卷本）曾经培养了一代又一代新中国的哲学工作者，数篇关于中国佛教的学术论文被毛泽东誉为"凤毛麟角"，后结集为《汉唐佛教思想论集》，成为中国马克思主义宗教学奠基之作。领导了《中华大典》、《中华大藏经》及其续编等大型古籍整理工程，是为清理传统文献用力最勤、贡献最大的学者。接受马克思主义以后，始终如一地坚持用马克思主义指导学术研究，坚持在宗教学研究中"用历史说明宗教"、"批判神学"的科学无神论的立场，提出了对塑造健康民族精神影响深远的"不仅要脱贫，而且要脱愚"主张。

一、成 长 经 历

任继愈于 1916 年 4 月 15 日出生于山东省平原县。远祖任士凭在明代曾是礼部右侍郎，此后世代书香传家，是当地的大族，父亲任箫亭，母亲宋国芳。任继愈把自己接受的家教总结为"忠恕"之道，认为忠就是做人实在，"信得过"。恕，就是对人宽容。这样的做人原则也贯彻于任继愈的一生。

任继愈在家乡读完了小学和初中。在家里，他活泼好动，经常带着弟弟们玩耍，并且花样众多，使母亲也非常开心。在外边，却不喜欢看热闹，而勤于动脑，喜欢读书。他曾想过砖头翻转时，上面爬着的蚂蚁会不会头晕？喜欢读鲁迅的书，认为鲁迅思想深刻，文辞坚美。他也读了郭沫若、郁达夫等许多五四时期著名作家的文章，读了《史记》、《汉书》以及《四部丛刊》中的许多古代典籍。传统观念和现代思想，都影响着少年时期的任继愈。

学校教育使他获得了知识，也培养着人格。小学老师曹景寅讲解《论语》中

"巧言令色，鲜矣仁"，讲解《孟子》中"胁肩谄笑，病于夏畦"，抨击社会上逢迎拍马的可耻现象，使任继愈终生印象深刻。

1931年夏天，任继愈到北京，就读于北平大学附属高中。第一任校长宗真甫曾留学法国，不仅法语发音优美，而且国学底子深厚，所写关于《墨子》的论文，很有见地。教师多是北京大学毕业，学校有民主作风，不提倡死读书。在这里，任继愈受到了良好的教育，并阅读了梁启超、胡适、唐兰、冯友兰等人的哲学著作，特别是他们研究老子哲学的文章。高中期间，日本侵略者占领我国东三省又向北京步步进逼，北京学潮频繁，附属高中的学生总是参加，引起当局不满。所以该校只招了两届学生，就关门停办。

1934年，高中毕业的任继愈在国难日深的时刻，考入了北京大学哲学系。在他看来，哲学是追求真理的学问。他一心想追求救国救民的真理，崇敬斯宾诺莎"为真理而活着"的坚强精神。当时的北京，形势日益紧张。日本侵略者的飞机常常掠过学校上空。1937年夏天，日本侵略军终于占领了北京。北京大学先是迁到长沙，不到一年，又迁到昆明，和清华、南开一起，组成联合大学，称"西南联大"。

同学们到达长沙以后，分几路去昆明。其中愿意步行的，组成"湘黔滇旅行团"，简称"步行团"，历时68天，全程3360里。任继愈参加了步行团。抗日战争爆发半年多来，耳闻目睹，是这些生活于社会最底层的人们在支撑者战场上的局面，他要亲眼看一看，底层民众的情况是怎么样的，是什么精神在支撑着这个民族。几千里行程中，他看到的是中国农村的破败，农民的贫穷，心情非常沉重。那时候，他相信儒家，相信中国哲学和中国文化仍然活着，有生命力，不仅是被考古的对象和可资利用的资料。但是那些高深的真理和贫穷愚昧的现实状况是一种什么样的关系？应该弄个明白。从此以后，他带着一种沉重的心情投入到对中国传统文化和传统哲学的研究之中。

西南联大初期，政治上比较自由，学术活动也比较活跃。以长沙到昆明"步行团"的一部分同学为骨干，在中共地下党领导下，形成了进步学生组织，开展了许多学术文化活动和抗日宣传活动。皖南事变以后，学生组织"群社"被解散，西南联大陷入"沉默"。随后国民党正面战场上节节败退，统治集团严重腐败，政治压迫愈加严重，甚至连五四青年节也被取消，使学生们对国家前途和命运的担忧，常常因为一些偶发事件爆发。1941年12月，西南联大学生带头，发动了"讨孔"大游行。1944年，先是为反对国民党当局取消五四青年节的禁令，西南联大学生举行了数天的纪念五四活动，年底，又举行了纪念"护国起义"的大游行，并公开喊出了"打倒专制独裁"的口号。1945年，西南联大学生运动更加高涨，国民党为镇压反对内战的学生运动，制造了血腥的"一二一"惨案。西南联大师生死伤数十名。在追悼烈士的大会上，任继愈写了一副挽联，挂在山墙的高处。挽联写道：

挟书者族，偶语者诛，驱四万万人民尽效鹦鹉舌、牛马走，转瞬咸阳成灰，千古共笑秦王计；

杀身成仁，舍生以义，将一重重悲愤化作狮子吼、杜鹃魂，行看中国再建，日月长昭烈士心。

这副挽联写成以后不到4年，也就是转瞬之间，果然"咸阳成灰"，中国迎来了"再建"，中华人民共和国成立了。

过去只是不满于国民党的腐败，现在看到的是中国的新生。过去寄希望于儒学的真理，然而使濒临最危险时候的中华民族终于站立起来以平等一员自立于世界民族之林的，是中国共产党。这一切是怎么发生的，真理到底在哪里？任继愈和许多从旧社会过来的知识分子一起，如饥似渴地投入了新的学习运动：学习马克思主义。

当时北京大学和清华大学的教授们学习马克思主义采取讨论会的方式，两周一次。学习马克思主义多年的艾思奇、胡绳、侯外庐也常来参加，给大家介绍马克思主义的知识，解答学习中提出的问题。参加者无所顾忌，气氛活跃而自由。任继愈当时作为北京大学教授，积极参加了学习活动。那时马克思主义的中文译本不多，他就读外文版本。理论学习之外，他还积极参加了土地改革运动。过去只是看到中国共产党解决了中国的救亡问题，现在又从理论上认识了马克思主义。和农民共同生活的经历，使他在感情上也发生了变化。数年以后，他终于抛弃了对于儒家的信仰，成为一个马克思主义者。他写信给自己最为敬重的熊十力说，您讲的儒家、佛教哲学，我不再相信了，我要重新学习。他为人的坦诚，得到了老师的赞扬，熊十力在回信中赞扬他"诚实无欺，有古人风"。

1956年，任继愈完成了从一个儒家信仰者到马克思主义者的转变，他加入了中国共产党。从此以后，他的学术研究也开了一个新生面：以马克思主义为指导、清理中国传统文化。

二、主要研究领域和学术成就

任继愈的专业是中国哲学。为了弄清中国哲学中的问题，他深入研究了佛教哲学。1942年完成的学位论文《理学探源》，认为佛学是理学的重要源泉，并且对佛学进行了深入的探讨。此后又在报刊上发表过研究佛学的论文。而当他接受了马克思主义以后，有关佛学的研究也有了根本突破。1957年开始，他连续发表的研究佛学的论文受到毛泽东的关注，称他的佛学论文如"凤毛麟角"，并且指示要建立宗教研究机构，任继愈成为新中国以马克思主义为指导的世界宗教研究所第一任所长。

和毛泽东的批示差不多同时，受教育部委托，任继愈出任《中国哲学史》教材的主编。这部教材共有四卷，一版再版，培养了一代又一代哲学人才。

从此以后，任继愈就主要活动在中国哲学和宗教学的学术研究领域，对于清理中国传统文化，做出了重要的贡献。

1. 主编《中国哲学史》和《中国哲学发展史》，是用马克思主义清理中国哲学遗产的优秀代表

用马克思主义如何指导中国哲学史研究，现成的蓝本就是苏联的研究成果。依据苏共中央政治局委员日丹诺夫的定义，哲学史就是唯物主义和唯心主义斗争的历史。起初，中国学术界都接受了这个原则。但是在研究和教学实践中，也逐渐发现了问题。

1957年年初，在"中国哲学史座谈会"上，不少学者对这个原则提出了质疑，其中以任继愈的质疑最为明确。他指出，这个定义揭示了哲学发展的真理，但不够全面。第一，它忽略了哲学在社会历史观方面的建树；第二，忽略了辩证法和形而上学的斗争；第三，没有给唯心主义以应有的历史地位。哲学史研究，应该根据列宁在《哲学笔记》中的判断，把哲学史看成人类认识的"发展史"，去探讨这个发展过程。当时有人提出，是不是大家对日丹诺夫的定义理解有误？任继愈明确指出，如果很多人都做同样的理解，就未必不是定义本身的问题。由于任继愈对定义的质疑最为明确，论说也最为透彻，实际上成为质疑日丹诺夫定义的代表者，他也因此受到领导的"告诫"，说他忘记了阶级斗争为纲，是修正主义观点。

然而任继愈在学习马克思主义过程中的实事求是态度还是得到了有关部门的承认，数年以后，教育部把编纂《中国哲学史》教材的任务交给了他。在这部教材中，他尽量纳入历史观、辩证法问题，并且给唯心主义学说以一定的历史地位，遂形成了中国哲学史教材内容大体分为自然观（世界观）、辩证法、认识论和历史观四大块的框架结构。而在实际写作过程中，又实事求是。比如魏晋南北朝部分，就没有完全按照四大块，而是根据实际情况，描述当时哲学的发展。因而《中国哲学史》四卷本是中国学者从苏联接受马克思主义研究方法之后又有自己创新成果的一个范例。

1973年，在"文化大革命"中，教育部又委托任继愈主编《中国哲学史简编》。由于该书没有理会"四人帮"授意的以"儒法斗争"为主线的指导思想，刚刚出版，就受到当时《红旗》杂志几乎是点名的批判。

由于《中国哲学史》（四卷本）是教材，必须照顾当时大多数的认识水平和理论观点，所以在许多问题上无法完全体现自己对于中国哲学的理解。"文化大革命"一结束，任继愈就组织班子，撰写《中国哲学发展史》。特意加上的"发展"二字，表明了任继愈对于中国哲学史的基本看法：中国哲学，是一个由低到高、由浅入深的不断发展的过程。该书给予汉代、唐代哲学以应有的地位和应有的篇幅，加重了自然科学对于中国哲学发展影响的研究，淡化了唯物主义和唯心主义的斗争，反映了任继愈对于中国哲学的一家之言。

2. 用历史说明宗教，开创中国马克思主义宗教学

佛教传入中国以后，佛教哲学逐渐融入中国人民的思维，成为中国传统文化的组成部分。在任继愈以前，不少研究者认为佛教是外来文化，在中国哲学著作中少提甚至不提佛教哲学。任继愈明确把佛教作为传统文化的重要组成部分，把佛教哲学作为中国哲学的重要方面，进行了深入的研究。他的研究论文结集为《汉唐佛教思想论集》（以下简称《论集》），1963年出版。该书出版以后，日本资深佛教研究学者冢本善隆带着密密麻麻圈点的《论集》来到中国，专程拜访任继愈。因为用历史唯物主义的观点研究佛教，对于中国和国际佛教研究领域，都是一项开创性的工作。《论集》不久就译成日文，并且以此为契机，建立了"中日佛教学术会议"，分别在两国轮流召开，成为国际学术交流的一个成功范例。

"文化大革命"以后，任继愈又主编《中国佛教史》（八卷本）。受教育部委托，由任继愈任总主编，编纂《佛教史》、《基督教史》、《道教史》、《伊斯兰教史》以及《宗教学原理》，作为大学的选修教材。为了给刚刚开始的中国马克思主义宗教学提供理论武器，任继愈组织世界宗教研究所研究人员集体编写了《马恩列斯论宗教》。为了给初涉宗教学的学者们提供有关宗教学的基本知识，任继愈组织当时所能找到的全国范围内的力量，主编《宗教辞典》，后来又扩大为《宗教大辞典》、《佛教大辞典》。这些辞典，有的被盗版，有的被抄袭，它的内容，也得到了非马克思主义甚至反马克思主义研究者的承认。因为其持论之严谨，学术立场之公正，是中外学术界的一致评价。

为了发展中国的马克思主义宗教学，在任继愈领导下，制订了我国宗教学研究的第一份规划，成立了"中国宗教学学会"并担任第一任会长，培养了数十名硕士生、博士生。如今活跃在中国宗教学研究领域的学术带头人，多数出于世界宗教研究所系统。

任继愈，是中国马克思主义宗教学的开创者和奠基人。

3. 坚持科学无神论，把"批判神学"作为马克思主义宗教学的基本任务之一

毛泽东明确指出，共产党人可以和宗教信徒建立政治上的统一战线，但是不能赞同他们的有神论。在1963年年底《关于加强宗教研究问题的批语》中又明确提出了"批判神学"的任务。1978年年底，鉴于"文化大革命"后期有神论泛滥的现实，成立了"中国无神论学会"，任继愈担任理事长。1979年，发表《为发展马克思主义的宗教学而奋斗》一文，指出"马克思主义宗教学本质上是一种科学无神论"。从而把坚持科学无神论立场作为马克思主义宗教学的基本原则。

1980年，宗教界领袖在全国人大提案，要求取消1978年宪法中公民有"不信仰宗教、宣传无神论自由"的条款；第二年，任继愈联合一批学者提案，认为不应该取消这个条款。为捍卫科学无神论事业，尽到了自己的努力。

由于种种原因，从20世纪80年代初开始，逐渐形成了"有神论有人讲，无神论无人讲"，"有神论有钱，无神论无钱"的局面。特异功能、伪气功等新兴有神论到处泛滥，传统有神论也迅速发展。中国无神论学会也处于非常困难的境地，终于停止了活动。但是任继愈仍然坚持着他的无神论立场，并于1988年发表《关于宗教和无神论问题》，呼吁加强无神论宣传，并且指出，宣传无神论不仅是必要的，而且是有效的。无神论宣传不能完全消除有神论，就像医疗不能消灭疾病一样。但医疗可以使许多人恢复健康，无神论宣传也可以扩大无神论的思想阵地，使更多的人树立起科学的世界观。

面对日益猖獗的有神论思潮，在任继愈领导下，重建了中国无神论学会，实行社会科学家和自然科学家的联合，把反对特异功能作为当时的首要任务。在法轮功邪教围攻中南海的紧急时刻，中国无神论学会向党中央送上了关于法轮功问题的报告，为党中央决策提供了资料依据。

粉碎法轮功以后，任继愈又领导中国无神论学会创办了《科学与无神论》杂志，抵制了形形色色的有神论观念。为中国无神论教育、宣传事业做出了应有的贡献。

4. 正确认识中国传统文化性质，提出"儒教是教"说

儒教是不是宗教？是正确认识中国传统文化性质的基本问题。从汉代董仲舒独尊儒术到清朝灭亡，中国的儒者都认为，儒教，是和佛教、道教，还有基督教、伊斯兰教一样性质的社会现象。不同的仅仅是，在儒者看来，儒教是正教、大教，而其他宗教不是。外国学者，包括传教士，除了利玛窦及其追随者之外，也无人认为儒教不是宗教。利玛窦的意见，在天主教内部延续200余年的所谓"礼仪之争"中

也被否定。这就是说,从罗马教皇到中国的天主教多数传教士,都不否认儒教的宗教性质。

正式否认儒教是宗教的,开始于梁启超于1902年发表的《保教非所以尊孔论》。此后是蔡元培,否认儒教是教。再后就是陈独秀,明确指出,儒教之教只是教化之教,不是宗教之教。由于这三位无论在政治上还是在学术上都非常强而有力的人物的推动。"儒教不是宗教"的判断几乎是未加讨论,就被中国学术界广泛接受,成为撰写中国各种历史问题的立足点和出发点。中国历史问题的研究者,几乎都以中国古代是"无宗教国"而感到自豪。

在这样的情况下,提出儒教是教说,其遭遇也就可想而知。在近10年的时间里,全是反对的声音;在近30年的时间里,支持儒教是教说的,全国也只有屈指可数的三五人。然而任继愈坚持着。他指出,宗教、迷信和神权,是人类历史上不可避免的现象。迄今为止,还没有发现哪一个民族、国家对宗教有过免疫力,只不过在不同国家和不同地区宗教具有不同的表现形式罢了。

因此,儒教是宗教的结论,不仅是对于一个具体研究对象性质的认定问题,而且还是关系着历史唯物主义一般原理的问题,即一个历史悠久、幅员辽阔的大国,其思想发展能否脱离人类思想发展的普遍规律?同时,儒教是宗教的论断还提出了宗教学上一个重要问题,即是否只有像基督教那样的宗教才是宗教?在一般宗教学原理上,也具有重要的理论意义。

时至今日,承认儒教是宗教的学者成倍地增多起来。这个判断得到中国学术界的全面承认,只是个时间问题。这也是任继愈对于中国马克思主义宗教学的重要贡献之一。

5. 整理古代文献,为文化高潮准备资料

任继愈从进入学术研究领域开始,就注重资料工作。他要求说话必有根据,根据必须是全面理解,而不能断章取义。为了准确全面理解古代文献,他认为应该进行逐字逐句的古文今译。因为这样的今译,不能偷懒。他亲自实践自己的主张,很早就今译了魏晋时代重要的佛教文献《肇论》三篇和范缜的《神灭论》,数次今译了《老子》。

"文化大革命"中,有人曾经提出和传统文化彻底决裂的口号。任继愈认为,文化是不能割裂的,但是需要清理。清理可以通过研究,也可以通过文献的整理。相对于故意歪曲或因种种偏见所造成的对传统文化的曲解或误解,让文献把历史真相告诉后人,不失为一种可行的办法。而任继愈对于文献工作的重视,也就愈益强烈。

1982年，经国务院古籍整理领导小组批准，任继愈主持"中华大藏经编辑局"，历经12年，编成《中华大藏经》。当《中华大藏经》编辑接近尾声的时候，任继愈又担任了《中华大典》的总主编。这是一部超过《古今图书集成》的最大的类书。共分24个典，预计7亿~8亿字。任继愈亲自担任其中的《哲学典》、《宗教典》的主编。

《中华大典》涉及中国古代文化各个方面。从哲学、宗教，政治、军事，到文学、法律，自然科学，体育、民俗，赖有任继愈对中国传统文化的全面了解，为大典的总体质量提供了保证。大典事务复杂。从各典主编的选任，到最后稿件的审查，任继愈都要亲力亲为。许多情况下，一般审稿者只需看10万、20万字左右，任继愈往往要翻阅全部稿件。《中华大典》的编纂，耗费了任继愈晚年的大部分精力。

2006年，《中华大藏经（汉文部分）·续编》又逐渐提上日程，该项目得到了时任国务院总理温家宝和出版、财政等有关部门的大力支持，不幸的是，项目尚未完成，任继愈就辞世而去。但是任继愈确定的编纂原则和已经完成的部分，都已成为后继者继续前进的基础。

此外由任继愈主编的古籍整理项目，还有《中国科学技术典籍通汇》、《国家图书馆藏敦煌遗书》等，也都规模宏大，具有极高的学术价值。

任继愈一贯认为，随着国家的富强，中国一定会有一个新的文化高潮。为中国新的文化高潮准备资料，他感到是一种幸福和责任。

6. 提出"不仅要脱贫，而且要脱愚"的主张，为中华民族精神健康毕生奋斗

20世纪末，任继愈在《人民日报》发表《不仅要脱贫，而且要脱愚》一文，其内容，是论述科学无神论宣传的必要性和意义。该文指出，一个国家，不仅落后要挨打，愚昧也要挨打。在愚昧的基础上，也难以真正摆脱贫困和落后。要摆脱愚昧，重要举措之一，就是进行科学无神论世界观的宣传和教育。

该文所说的愚昧，主要是指20世纪末流行多年的所谓"特异功能"现象。而所谓的"特异功能"，按照其支持者的解释，就是超出人体正常功能的功能，实际上就是超自然力、神迹。这就可以明白为什么到了后来那些特异功能大师们都纷纷自称为神，直到李洪志，说自己是比耶稣、释迦牟尼都伟大的神。由于其支持者不具有相应的知识，反而把这种新的有神论形态，认为是最新的科学发现。其流毒之广，危害之深，更是超越了新中国成立以后所有的封建迷信活动。

特异功能现象，是有神论形态之一种。这种现象提醒人们，愚昧，不仅是受教

育水平不高的人群中存在的现象，那些受教育程度很高、甚至具有科学家头衔的人群之中，也存在着愚昧现象。随着知识量的增加，知识的分化日益细密。人们在一个领域里是智慧的，在另一个领域里则可能是愚昧的。而人类迄今为止最大的愚昧事件，莫过于自己造出一个神，然后拜倒在它的脚下，听从神的、实际上不过是神职人员的指示。如果这些神职人员当时是代表先进思想的，他的指示也可能是智慧的，尽管这种智慧也是有缺陷的。越到近代，所谓神的指示对人头脑的束缚，也就越加难以忍受，科学冲破神学的束缚，也就成了近代社会诞生的第一缕阳光；摆脱神祇观念，也就成为人类脱出愚昧的最为重要的事业。

马克思在《哥达纲领批判》中指出："资产阶级的'信仰自由'不过是容忍各种各样的宗教信仰自由而已，工人党则力求把信仰从宗教的妖术中解放出来。"之所以要把信仰从"宗教的妖术"中解放出来，基本原因，就是因为有神论信仰是一种愚昧。而从古以来，追求知识，摆脱愚昧，就是志士哲人的奋斗目标。任继愈"不仅要脱贫，而且要脱愚"的主张，既是从古以来人类追求智慧的延续和发展，也是对中华民族精神健康的殷切期盼。

从《汉唐佛教思想论集》的出版到"不仅要脱贫，而且要脱愚"主张的提出，任继愈在哲学和宗教研究方面所做的工作，如果要归结为一句话，那就是：为中华民族脱出愚昧、走向智慧，也就是走向真理，而奋斗终生。

三、任继愈主要论著

任继愈.1956.老子今译.上海：上海古籍出版社.

任继愈.1963.汉唐佛教思想论集.北京：生活·读书·新知三联书店.

任继愈.1963.中国哲学史（四卷本）.北京：人民出版社.

任继愈.1973.中国哲学史简编.北京：人民出版社.

任继愈.1981.中国哲学史论.上海：上海人民出版社.

任继愈.1981.宗教辞典（主编）.上海：上海辞书出版社.

任继愈.1981~1988.中国佛教史（一、二、三卷）.北京：中国社会科学出版社.

任继愈.1983~1994.中国哲学发展史（先秦、秦汉、魏晋南北朝、隋唐卷）.北京：人民出版社.

任继愈.1990.中国道教史.上海：上海人民出版社.

任继愈.1991.任继愈学术论著自选集.北京：北京师范学院出版社.

任继愈.1996.学术文化随笔.北京：中国青年出版社.

任继愈.1997.念旧企新.太原：山西人民出版社.

任继愈.1998.天人之际.上海：上海文艺出版社.

任继愈.2002.竹影集.北京：新世界出版社.

任继愈.2003.佛教大辞典.南京：江苏古籍出版社.

任继愈.2006.皓首学术随笔·任继愈卷.北京：中华书局.
任继愈.2007.中华大典·哲学典.昆明：云南教育出版社.
任继愈.2010.任继愈宗教论集.北京：中国社会科学出版社.
任继愈.2013.宗教学讲义.北京：国家图书馆出版社.
任继愈.2013.魏晋南北朝佛教经学.北京：国家图书馆出版社.

主要参考文献

"我们心中的任继愈"编委会.2010.我们心中的任继愈.北京：中华书局.
政协平原县委员会.2011.国贤任继愈.山东省内部资料性出版物准印证2011年德州第07号.
陈卫平.2013.突破日丹诺夫教条主义的先声//任继愈的为人与为学.北京：国家图书馆出版社.
杜继文.2013.关于我国宗教学的马克思主义研究//任继愈的为人与为学.北京：国家图书馆出版社.

撰写者

李申（1946～），研究员、教授，1978～1986年在任继愈指导下研究中国哲学，获哲学硕士、博士学位。

石　峻

　　石峻（1916～1999），出生于湖南零陵（今永州市）。中国哲学史专家、佛学家、教育家。1934年考入北京大学哲学系，1938年毕业后在北京大学哲学系、西南联合大学哲学系任教。1948年由北京大学调武汉大学哲学系任副教授，兼任图书馆主任。1952年回北京大学哲学系任副教授、研究生导师。1955年调中国人民大学，参加筹建哲学系工作，1963年升为教授。1981年被国务院学位委员会批准为中国首批中国哲学史专业博士生导师。生前曾任中国人民大学校务委员会委员，中国哲学史学会第一、二、三届理事会常务理事和副会长，《中国哲学史研究》主编，中国哲学史学会顾问等职。自1938年以来的60余年间，石峻一直在高校从事中国哲学史的研究和教学工作，先后开设过哲学概论、印度哲学、中国佛学、伦理学、逻辑学、史料学、中国近现代哲学、中国哲学史原著选读等十余门课程。在中国哲学的各个领域均颇有建树，有些领域的研究还具有开拓性。但由于石峻慎言行，重实践，述而不作。所以，他的许多观点都未形诸文字，公诸世人。石峻出身北京大学，成名于西南联大，新中国成立后的大半生又是在中国人民大学渡过，这使他有机会综合各家之长，形成了自己的研究风格。

一、简　　历

　　1916年10月25日，石峻生于湖南零陵（今永州市），自小在其父的教育和熏陶下，接触了大量宣传新思想的进步书籍。中学时代，石峻的理科成绩很好，特别是数学和物理，深得当时中学校长的赏识。他因为对"国学概论"这门课程的兴趣，自学了梁启超的《清代学术概论》和胡适的《中国哲学史大纲》，第一次接触到中国哲学。后来，又在数学教员杨炎和的推荐下，细读了冯友兰的《中国哲学史》，于是立志到北京去读哲学。1934年，终以优异成绩被北京大学哲学系录取。在大学期间，他几乎选听遍了北京大学所有文科著名教授的课，同时还保持了自己对自然科学的浓厚兴趣。1938年，石峻留校任教，为其导师汤用彤做助手。1948年，受聘于武汉大学哲学系，任副教授，并兼任武汉大学图书馆主任。1952年，石峻到北京大学，与冯友兰、张岱年等一起在国内首开"中国近代哲学史"课程。1955年，调入中国人民大学，筹建中国人民大学哲学系，并任哲学教研室主任，1963年晋升为教授，兼校务委员。1981年，经国务院学位委员会批准，成为中国首批中国哲学史专业博士生导师。

石峻挚爱学术事业，善于抓住重点，形成独到的见解。在中国哲学研究领域，他卓然成家，颇有建树。他十分重视中国近代哲学史的研究，是这一研究领域的开拓者之一。他多次在学术会议或文章中强调研究中国近代哲学的重要性，主张抓住中学与西学或旧学与新学的冲突这条主线，揭示中国人民思想启蒙的历程，概括出中国近代哲学发展的基本规律。他很重视中国佛教哲学思想史的研究，是这一领域的知名学者。他认为研究佛学并非倡导宗教信仰，而是科学地揭示造成这一文化现象的奥秘，从佛教典籍中提炼出有价值的理论思维成果。他很重视中、西、印三种哲学的交流和会通，在这方面做了大量的工作。他学习过英、德、俄、梵四种文字，用外文介绍中国哲学。他很重视中国现代哲学史研究，是这一研究领域最早的倡导者之一。1987年他主持召开中国现代哲学史研究会成立大会暨第一届年会，有力地推动了中国现代哲学研究的开展。

二、主要研究领域和学术成就

1. 坚持马克思主义，突出中国人民大学特色

早在20世纪30年代，石峻就注意搜集中外文马克思列宁著作以及辩证唯物主义和历史唯物主义读本，多年浸润其间。新中国成立后，石峻又系统学习和研究马克思主义哲学，成为坚定的马克思主义者。1955年，石峻调中国人民大学，参加筹建哲学系，并长期主持哲学史、中国哲学史教研室工作，石峻又结合中国人民大学的风格，努力坚持用马克思主义的基本原理指导哲学史、特别是中国哲学史的教学与科研，并把它视为哲学史研究的重要内容之一。

50年代，石峻曾发表《论有关中国哲学史的对象和范围的讨论及其目前存在的一些问题》的长文。80年代，又先后发表《有关中国哲学史研究方法的几个问题》、《中国哲学史研究要进一步科学化》、《哲学史研究随想录》、《开展中国近代哲学思想史研究的重要意义》等文章，系统探讨了马克思主义与中国哲学史研究的关系。石峻常说，具体问题总是比一般原理要丰富多彩，把马克思主义基本原理运用到具体学科的研究中去，比学习一般的马克思主义原理需要更高的马克思主义水平。因此，石峻特别强调要正确对待马克思主义的指导作用，反对教条主义和"应时主义"。并

特别指出既要注意以马克思主义基本原理为依据，探讨哲学史研究中的方法论问题；更要注意通过哲学史的研究，丰富对马克思主义基本原理的认识，充分体现了其深厚的马克思主义哲学素养。

2. 注重实证精神，继承北京大学传统

石峻出身北京大学，师事汤用彤等哲学名家，并在北京大学哲学系（包括西南联大）工作多年，所以在他的学术研究中，自觉继承和发扬了近代以来北京大学重视实证的优良传统。石峻常说，从事哲学史研究，必须注意用史料说话，也必须重视史料学的建设，它是中国哲学史研究的基础学科之一。

石峻在中国人民大学多次讲授中国哲学史史料学，认为中国古代哲学史料散见于实物史料、文字史料和口传史料之中，加之中国古代典籍常常是经学、史学，乃至于文学与哲学融为一体的特点，所以需要研究者本着实事求是的精神，博览群书，加以发掘、辑佚、鉴别、校勘、训诂等。石峻指出："实事求是是从事中国哲学史史料学研究的基本指导思想。在博览群书和深入研究的过程中，坚持严谨的态度和历史主义的观点至关重要。一个证据可证的范围有一定限度，不随意扩大，也不随意缩小；信则传信，疑则传疑；证据不足时不轻下判断，这是从事史料学研究的基本方法和态度。中国古代典籍都具有自身的特点，坚持实事求是的思想方法，就需要尊重历史的本来面目，用历史发展的观点对待史料，不用其他时代的思想和观点去涂改史料，不把后人的思想观点灌注于前人留下的史料中。"相反，如果不坚持历史主义的观点，有十分之六七的根据，就忙下结论，妄称"十分之见"，就容易流于"华而不实"，导致用其他时代的思想观点涂改史料，或用后人的思想观点曲解史料，混淆历史本来面目的可悲后果。石峻的这些观点对于中国哲学史史料学的学科建设，是有重要意义的。

3. 重视中国佛教思想史的研究，打通中国哲学史

石峻是佛学专家，早在30年代就师事汤用彤等哲学大家，研究中印佛学，先后发表了《读慧达〈肇论疏〉述所见》、《玄奘思想的检讨》、《〈肇论〉思想研究》、《论玄奘留学印度与有关中国佛教史上的一些问题》、《佛教与中国文化》、《宋代正统儒家反佛理论的评析》，以及《论隋唐佛教宗派的形成》、《论魏晋时代佛学和玄学的异同》（与人合著）等一系列具有重要影响的研究论文，并参与编纂了《中国佛教思想资料选编》，对于推动中国佛学的研究起到了一定的积极作用。

石峻认为，佛教既不是某种孤立的社会现象，也不是某位圣人的凭空创造，而

是历史发展的产物。从哲学的立场说，它重视研究宇宙人生中的"常"与"变"的关系；一般和特殊的关系；各种对立的思想概念和范畴之间相互依存，不可分割的关系，包含了丰富的辩证法因素，也确实反映了剥削制度下存在的大量的各种社会人生问题。因此，它的内容不纯粹是用"迷信"二字就可以一概抹杀的。正确的态度应该是本着实事求是的原则，研究它的发展规律，思维教训，历史价值。

佛教原产于印度，传入中国后，与中国社会历史的特点相结合，不断得以发展和创新，形成了若干不同于印度佛教的、为中国佛教所独有的新的精神面貌和特点。因此，石峻强调研究中国佛教，除注意其中的一般问题外，还要注意中国佛教与印度佛教的异同；佛教对中国文化的影响；佛教在中国如何适应，如何发展，并最终变化成中国传统文化的一部分；中国人在佛教或佛学的发展方面有哪些特点和贡献；中国的思想文化如何影响改造了印度佛教等。石峻认为，佛教的传入和发展，对于中国哲学的发展有很大影响，对于帮助维护中国传统封建道德、维护封建宗法经济等产生了很大影响。对于保存我国古代历史文物，也形成了某些有利的条件。佛教的传入，外来用语、新概念、新范畴的运用，使我国思想史的内容和表达思想的方式也变得丰富。除以上几点外，佛教对中国的文学艺术等一些专门学科的影响，也是十分巨大的。如文学中的夸张艺术，文献学中的音韵学，以及佛教寺院的雕塑、壁画、佛教宝塔等。佛教影响了中国文化，中国文化也同样影响了佛教。中国佛教有着不同于印度佛教的特点，这种不同反映了中国思想对印度佛教思想的改造。这种改造一方面与人们对佛教的理解有关，另一方面也与中国人的反佛有关。石峻十分重视对反佛教学者的观点与信佛学者的观点进行比较研究。认为这种比较更能反映出两种文化之间斗争、融合、创新的内在规律。

除了对于中印佛教的一般讨论外，石峻对于中国历史上各个时期佛教的传播、发展和创新也都有颇为深入的探讨，如他对《肇论》的考证和研究，曾经得到汤用彤的高度称赞，并誉之为"素好肇公之学"。如他对以六祖慧能为真正创始人的禅宗南派的研究，对宋代正统派儒学家援佛又反佛的研究等，都很有独到之处，颇受学界同仁的关注。

4. 探索中国古代哲学的现代发展，重视中国近现代哲学研究

石峻十分重视中国近现代哲学的研究，是新中国学术界讲授中国近代哲学的第一人。20世纪50年代初执教北京大学期间，石峻曾负责组织编写了《中国近代思想史讲授提纲》、主编了《中国近代思想史参考资料简编》，为中国近代哲学史和思想史的研究奠定了基础。此后又陆续发表了《近代中国知识分子的道路》、《论李大

钊和陈独秀的思想》、《纪念爱国知识分子章太炎逝世二十周年》、《郑观应的〈盛世危言〉》、《洪秀全的最重要的著作》、《有关中国哲学史研究方法的几个问题》、《开展中国近现代哲学思想史研究的重要意义》、《胡适评传》等一系列论文，并在晚年发起成立中国现代哲学史研究会，主编大型丛书"现代中国思想论著选粹"，有力地推动了中国近现代哲学研究的开展。

石峻认为，过去讲中国哲学，只讲到近代以前，甚至有人只讲到王阳明，这是割断历史，应该重视对中国近现代哲学的研究。石峻说，研究中国近现代哲学，就是研究从鸦片战争到1949年新中国成立这段历史时期的哲学发展历程。具体地说，就是对于中国在近现代如何变成半封建半殖民地社会，如何不断失败，又如何最终走向胜利等进行理论的概括。中国的近现代是一个大动荡、大变革的时代，社会各阶级几乎都作了充分的表演，不同的阶级以至同一阶级的不同派别，其表现也前后相异。因而形成了各种哲学思潮兴起交替、急速变化的情况。最后，马克思主义传入中国，战胜了各种哲学思潮，把中国社会引向了社会主义。

石峻对于中国近现代哲学研究具有开拓之功。其之所以倡导并率先进行这方面的研究，乃是由于在他看来，中国的新社会是从旧社会发展而来的，从事社会主义建设的现实基础，是从近现代的历史中沿变过来的。脱离了这个基础，就容易割断历史，忽视中国国情，就容易走向历史虚无主义。现代是古代的继续，是历史与现实的交汇点，也是未来发展的起点。所以，只有深入地研究近现代中国哲学的发展历程，才能明确古代的哪些东西需要批判，哪些东西需要继承，才能全面理解中国哲学。石峻常说："最好有人注意研究我国古代哲学家的思想在近现代的反应，它们是如何被改造来加以应用的，这对于进一步阐明我国哲学思想史的发展规律，肯定是会大有帮助的。"

5. 探索中国哲学的世界化问题，重视中西印哲学的比较研究

石峻的导师汤用彤是学贯中西印的哲学大师，受其影响，石峻也十分注意研究中西印哲学的会通问题。石峻学习过英、德、俄、梵四种文字，西方哲学与印度哲学的造诣极深，直到晚年还能用英文大段背诵法国哲学家笛卡儿的《形而上学的沉思》中的主要篇章。

石峻认为，会通中西印哲学，不仅在于丰富和发展中国哲学，还在于向世界介绍中国哲学。早在20世纪40年代之初，他就撰有《读近译〈道德经〉三种》，关心用外国文字介绍中国哲学的事业。50～60年代，他应邀为《人民中国》、《中国建设》及《今日中国》等刊物用英文撰写多篇介绍中国哲学的论文。还为《苏联大百

科全书》用俄文撰写有关中国近代思想史的条目。晚年又主编出版了目前国内唯一的一部《汉英对照中国哲学名著选读》（上、下卷）。石峻孜孜不倦地向世界介绍中国哲学，出于两个目的，一是为了抵制哲学史研究中的"欧洲中心论"，一是为了把中国哲学史的成就放在世界哲学范围内来加以总结。应该说，石峻的这种努力，对于外国学者正确认识中国哲学的本来面目，对于中国哲学的世界化是具有重要意义的。

石峻一生执教于高校，弟子满天下，继承石峻的治学精神，总结其中国哲学史的研究成就，对于推动中国哲学史研究的进一步发展必将产生积极的影响。

三、石峻主要论著

石峻.1944.略论中国人性学说之演变.哲学评论，9（3）．

石峻.1955.中国近代思想史参考资料简编.北京：人民出版社．

石峻.1956.论玄奘留学印度与有关中国佛教史上的一些问题.历史研究，(10)：33-44.

石峻.1962.颜元.教学与研究，(2)：21.

石峻.1980.有关中国哲学史研究方法的几个问题//中国哲学史研究方法讨论集.北京：中国社会科学出版社．

石峻.1981.中国佛教思想资料选编.北京：中华书局．

石峻.1981.中国哲学史研究要进一步科学化.中国哲学史研究，(1)．

石峻.1982.哲学史研究随想录.中国哲学史研究，(4)．

石峻.1992.宋代正统儒家反佛理论的评析.世界宗教研究，(2)．

石峻.1993.《肇论》思想研究//汤一介.国故新知.北京：北京大学出版社．

石峻.1996.汉英对照中国哲学名著选读（上、下卷）.北京：中国人民大学出版社．

石峻.2006.石峻文存.北京：华夏出版社．

撰写者

杨庆中（1964～），出生于河北藁城，哲学博士。现任中国人民大学国学院教授、博士生导师，经学研究所所长。研究方向为中国哲学。1992～1995年师从石峻攻读博士。

王方名

王方名（1916～1985），四川渠县人。逻辑学家。王方名前半生为中华民族的解放而奋斗，后半生致力于逻辑研究和教学，是20世纪中叶中国逻辑界破除迷信、独立思考的先锋人物。他与周谷城相互声援，在新中国成立初期掀起了逻辑大论争，涉及形式逻辑的对象、性质、客观基础，以及与辩证逻辑的关系等一系列基本问题，触动了当时国内盛行的苏联的逻辑观点，受到毛泽东的关注和支持。王方名在50年代确立的形式逻辑的观点，30年后得到学术界的普遍承认。他组织编写了中国第一部《形式逻辑》教科书，以毕生精力从事逻辑教学，在祖国的大江南北撒下逻辑科学的种子。王方名对于早期人类原始形象思维的阐述，具有很大的学术原创性，在人类思维发展史研究中有着不容低估的意义。

一、简　　历

王方名生于1916年12月25日。他在兄弟八人中排行第三。父亲是渠县李渡乡的农民，兼做烟叶买卖。

王方名从6岁开始读书，11岁丧母后，便寄宿到舅父家，继续读私塾，几年间将古诗古文背得滚瓜烂熟。由于羡慕乡村小学校长读过西学，见多识广，少年王方名萌生了人生的第一个志向：要作个有学问的人。他以半年时间补习小学的算术和博物学，于1930年秋考入渠县中学。不料刚读到第三学期，其父要他中断学业改学做生意，他很不情愿。在大哥的建议和帮助下，他借用大哥的初中毕业证书，以优异成绩于1932年春考入南充嘉陵高中文科师范科。

在南充嘉陵高中期间，王方名学习了论理学（即逻辑学）、心理学，到图书馆大量阅读各种书籍，养成自学习惯，培养了自学能力。同时在中国共产党地下党的领导下开始参加进步学生运动。1934年7月，王方名以进步学生身份打入嘉陵高中"匪"区（实为红四方面军撤退后的苏区）视察团，在视察过程中收集红军遗留的宣传品和纪念品。视察回校后，四川杨森防区的军事教官（军统特务）命令王方名写视察报告，王方名不但坚决拒绝，并且铤而走险发动罢军事教官的军训课。由此杨森二十军军部命令抓捕王方名,"格杀勿论"。幸亏得到一位进步职员的通知,他才逃离了抓捕,从此中断了南充嘉陵高中的学业。

1935年秋重庆川东师范21班博物组招收一名插班生,王方名报考并从150多名考生中脱颖而出被录取。在川东师范王方名又学习了论理学(逻辑学)和教育心理学等课程,同时把主要精力花在图书馆,读了一些马克思主义哲学和其他社会科学书籍,例如《辩证法唯物论教程》、《新哲学大纲》、《大众哲学》、列昂杰夫的《政治经济学》等。在图书馆中他结识了同样关注进步书籍的同学李忠慎(后改名李新,逝世前为中共中央党史研究室副主任)。以李忠慎为核心,在川东师范先组织了一个"众志"学术会,研究宣传抗日救亡的道理,团结进步学生,接着组织了学生救国联合会,并发起组织了重庆学联。由于王方名曾经被嘉陵高中开除过,学联领导有意不让他出头露面,但在1935～1936年的重庆学运中,他是一位真正的无名英雄。他一直负责宣传工作,由于他博学多才,会写骈文,是写文章的里手,无论川东师范或重庆学联的宣言、通电以及重要的传单等宣传品,大部分都出自他的手笔。他常写大幅标语,刻钢板,刻图章,重庆学联的图章就是由他刻的。1937年夏天王方名从川东师范毕业。

1937年七七事变爆发,在国家危难关头,王方名毅然决定作为一名抗日救亡战士走上前线。他与李忠慎等人考虑先到陕北入中国人民抗日军政大学(简称"抗大")或陕北公学,然后到华北抗战。1937年年底,王方名、李忠慎等7人设法筹措路费后,从万县出发,经渠县出川,徒步数千里,跋涉一个多月到达西安八路军办事处。经审查后于1938年3月进入陕北公学学习,并于3月25日加入中国共产党。

王方名从陕北公学毕业后分配到陕北公学分校任二区队34队队长。1939年党中央决定从陕北公学抽调部分干部到敌后办抗大分校,王方名被派到抗大一分校任行军队支部书记,随校东进。在晋东南转战一年多后,冲破日寇重重封锁线,挺进山东。1941年年初到达胶东抗日根据地,历任抗大胶东分校政工教研组组长、二营教导员、总支书记等职。这时,王方名结识了抗大三分校学员、胶东农村姑娘宋华,并于同年结为夫妻。

在十分艰苦的环境中,山东抗日根据地军民粉碎了多次扫荡,打了一些硬仗,王方名负伤一次。1941年王方名荣获模范党员、模范干部的光荣称号。1942年由于过度劳累,他肺部大量出血,住进胶东医院,由于缺医少药,只能从河里取冰块放在胸前以减轻吐血。同年日本侵略者发动了残酷的"五一"大扫荡,王方名在担架上指挥海阳银行携带巨款的干部和战士突围,使人、款得以安全脱险。后在胶东抗大三分校编《洪炉》杂志和《战旗报》，带病工作。1944年春，王方名因病转业到地方胶东公学任政治课教师，历任代教导主任、副教育科长、一大队队长、副校长兼教导主任、总支书记等职。1948年烟台二次解放后，王方名随军队进驻烟台任教育局长，负责文教口的接受工作，后任烟台山东中学校长、总支书记。1949年调浙东行署任教育厅负责人，不幸于南下途中肺病复发大吐血，只得留济南疗养，后在山东教育厅任督学主任。

1950年王方名调到中央教育部任视导员、工业司专员。1952年在"三反"、"五反"运动中，他与某些部领导因发扬民主问题产生意见分歧，而后给毛泽东、周恩来写信反映情况，信后来返回教育部；同时由于王方名在抗日战争和解放战争中与蒋管区家庭中断联系，不了解其父在土改中被定为工商地主的情况，他给家中的通信被反映到教育部，两信共发，遂把王方名屈打成阶级异己分子，开除党籍。直到1979年才彻底平反，恢复党籍。

王方名1952年年底降级调到中国人民大学工农速成中学任教，1955年调入人民大学哲学系。先后担任过逻辑教研室主任、中国逻辑学会理事、北京市哲学会理事、中国逻辑与语言研究会及其函授大学顾问等。1985年9月3日去世。

二、主要研究领域和学术成就

1. 学海拾贝，衣带渐宽终不悔

1952年，王方名遭受到一生中最大的政治挫折。他从事革命工作多年，一朝被排除党外，痛苦像磐石一样无时无刻不压在心头，宛如落叶别树，飘零随风。然而，作为一个内心坚韧的四川汉子，王方名青年时代树立的马列主义坚定信仰丝毫没有动摇。他很快摆脱了痛苦沮丧的精神状态，决心在逆境中不断奋斗，为祖国和人民做更多事情。

王方名于1952年降职到中国人民大学附属工农速成中学担任语文教员和教研室主任。在语文教学中，他很快意识到逻辑对于用语言精确地表达意思、分析语句的含义，对于清晰地思索和在思索中避免谬误的产生、对于严格论证及理论推演的重要意义。

逻辑学是隶属于哲学范畴的一个学科。自青年求学时期始，王方名就对哲学有强烈的兴趣。如果依照他本人的意愿，他更乐于从事哲学意识形态领域的学术活动。但是他也清醒地意识到：当时的哲学界主流是马克思主义哲学，那是被苏联官方哲学机构解释和阐述的带有强烈政治色彩的领域。他丧失了党籍，也就丧失了相应的政治资格，所以最终选择了逻辑学作为自己的学术方向，因为在他看来，逻辑学，特别是形式逻辑，是一个政治色彩相对淡薄的学术领域；同时逻辑作为任何一个哲学流派的思想基石，对于厘清哲学概念的朦胧含义又有着无可替代的作用。沿着这个方向努力，应该可以做出许多有益的工作。

1955年在李新的汲引及吴玉章的过问下，王方名被调任中国人民大学逻辑教研究室工作，后担任教研室主任。虽然他年逾不惑，自谦地认为自己对于搞逻辑科学是半路出家，是个对逻辑理论缺乏系统训练的"土包子"。然而，凭着对逻辑事业的热烈追求，他很快就深入了逻辑科学的迷宫，表现出强大的哲学思辨能力和学术创新精神，他开始对当时流行的一些学术观点提出质疑。

从历史上来看，在中国的传统文化中，除先秦诸子中寥寥数人外，很少有人对于逻辑的探求给以足够的关注。

近代以来，西方逻辑思想以译著的方式进入中国，但文化界一般仍将形式逻辑或论理学视为小道末技，对逻辑精神及建立于逻辑之上的分析方法在现代文明中的显要地位认识不足。

20世纪50年代，马克思主义哲学成为中国哲学主流，并在整个社会科学界占据统治地位。但对马克思主义哲学的权威解释，基本来自苏联的官方学术机构。在今天看来，当时苏联哲学界阐释的哲学观念带有一种夸张而幼稚的泛政治倾向——整个世界被归结为无产阶级与资产阶级两军对垒的战场，其余的一切都环绕着这场斗争进行。按照这种想法，人类文化的一切成分，诸如行为、思想、道德规范，乃至知识的众多领域，无不带有阶级烙印，或者为无产阶级服务，或者为资产阶级服务。例如遗传学、相对论、数理逻辑都被划归资产阶级一方。

苏联哲学界对于形式逻辑的认识则有着变化的过程。他们一度认为形式逻辑代表着静止、孤立、机械的思想方法，与辩证法正相反。所以在30年代苏联哲学教科书中，形式逻辑被视为形而上学的基础，被划归资产阶级一方。20世纪50年代，苏联哲学界对这种偏执的认识作出了调整。苏联《逻辑问题讨论总结》一书指出形式逻辑不是上层建筑，没有阶级性。但由于对形式逻辑的对象、内容、客观基础、形式逻辑与辩证法的关系没有清楚的认识，所以为苏联哲学界乃至中国哲学界留下了一个混乱的尾巴。

周谷城在1956年2月号《新建设》上发表的《形式逻辑与辩证法》一文引发了新中国成立初期的逻辑问题论争。周谷城一方面突出了形式逻辑"只管形式，不管内容"的工具学科的特点，从而使之从哲学的束缚中解放出来；另一方面又反对形式逻辑和辩证法关系中的"高低说"，主张"主从说"，确立形式逻辑独立的学科地位。

它涉及形式逻辑的对象、性质、客观基础，以及与辩证逻辑的关系等一系列的基本问题，因而可以说触动了当时国内盛行的被奉为教条的苏联的逻辑观点。

王方名是周谷城的同盟者，但他们是在互无联系的情况下，各自独立探索得出自己的结论的。王方名是作为一个专业的逻辑学家（而周谷城则不是）对形式逻辑的基本问题提出系统的质疑，通过艰苦的科学探索，创造性地提出了一系列的新见解，他的探索较之周谷城更为深入逻辑领域。

王方名于1957年年初连续在《教学与研究》上发表了5篇质疑文章。对形式逻辑的对象、客观基础、科学性质、内容和体系、研究方法等5个流行的观点提出质疑。王方名力图从思维和思维史的角度来探讨形式逻辑的问题，他的逻辑思想概述如下。

（1）形式逻辑的对象是研究思维形式中包含的逻辑结构，而不是研究思维形式的思想形式

王方名对苏联《逻辑问题讨论总结》中关于逻辑的定义——"形式逻辑是研究正确思维的初步规律和形式的科学"提出质疑。他认为思维形式包括概念、判断和推理，形式逻辑并不研究一般的概念、判断、推理；而所谓"初步"、"正确"这些词都是不必要和模糊不清的，他一针见血地指出形式逻辑研究的是这些思维形式中包含的逻辑结构。

王方名的观点建立在思维和思维形式的两重性原理基础上。他认为，人类思维具有两重性质：思维的自然属性和思维的社会属性。前者指思维是客观现实在人类头脑中的反映，它是和客观事物的认识过程联系更加紧密的方面，是思维的基本方面，是思维的质的方面，称之为思想形式。思想形式是满足人们认识需要的一个现实事物或现象的映象。它的内容是被反映的客观现实，它的形式是客观现实的主观反映形式。后者指思维是社会的产物，表现了共同劳动的人与人的关系，是和语言联系更为紧密的方面，它是思维的必要方面，是思维的量的方面，称之为逻辑形式。由此进而认为：思维形式的概念和判断也具有两重性质。逻辑形式是以概念外延为基础的形式结构。就概念说，是概念的外延，概念思想的确定范围；就判断说，是以概念外延为基础的判断的结构，判断思想的范围。王方名明确指出：形式逻辑并不研究思维形式的质——思想形式，而是研究思维形式的量——逻辑形式。

王方名通过深入的分析，确立了形式逻辑的科学对象，这个问题的科学解决是解决其他形式逻辑问题的关键。这个观点直到30年后《中国大百科全书·哲学》出版时才得到学术界的权威承认。从今天的角度来看，形式逻辑中的演绎逻辑可以说是以一种类似集合演算的方法去处理普通语言，它代表着一种剥离语言外壳，显示

形式结构的思维方法,因此王方名的这一观点是十分精当的。

(2)形式逻辑的客观基础实际上是一种与客观事物无关的"思维的社会制约性"

当时流行的说法是:形式逻辑的客观基础是客观事物的相对稳定状态和客观事物的本质规定性。这种提法来源于对形式逻辑的同一律和矛盾律的理解。一般而言,同一律说的是一个东西是自身同一的,是什么样子就是什么样子,有什么性质就是什么性质,但这和辩证法一切都是发展变化的观点矛盾。这就是 30 年代苏联哲学界把形式逻辑等同于形而上学的原因。到了 50 年代,为了调和这一表面上的矛盾,新的变通提法是:变动的事物也是相对稳定的,即在一定范围内稳定地持有某性质。

对此,王方名指出,所谓客观事物的相对稳定状态并不是形式逻辑的客观基础,因为形式逻辑也可以应用于虚拟甚至错误观念,而虚拟及错误观念并不代表客观事物,也没有什么相对稳定性可言。他认为"分析推论过程中思维的形式结构从何而来"是"弄清形式逻辑客观基础及其他理论问题的关键"。

王方名从探讨语言的客观性质入手来探讨逻辑形式的客观来源,他认为,思维的抽象一般的形式结构是经过二度抽象得来的。首先是从语言的组织结构抽取思维的具体个别的形式结构。其次,从思维的具体个别的形式结构抽象出思维的抽象一般的形式结构。由此可见,思维的抽象一般的形式的结构源于语言的组织结构。语言是社会现象,语言的客观性质不是来自"自然"方面的客观事物的反映,而是来自社会方面的人与人的必然关系的社会制约性。语言的社会制约性与思维的社会制约性紧密联系。因此,思维的形式结构的客观基础是思维的社会制约性。

这种形式逻辑的客观基础实际上是一种与客观事物无关的"思维的社会制约性"的提法在当时是十足大胆的,大有被当作反动学术观念批判之可能。事实上,他的学术论战的对手很快就给他奉送了"违反马克思主义的反映论原理"、"现代资产阶级逻辑理论中约定论"等"桂冠",由此也可以看出他为追求真理不避斧钺的大无畏精神。

王方名认为形式逻辑研究的是思维的形式结构的规律(逻辑规律)而不是思维规律,而传统定义混淆了思维规律和思维的形式结构的规律——逻辑形式的规律。他说:"形式逻辑的同一律,矛盾律、排中律和充足理由律只是思维形式相联系或结构的规律。或者说,是逻辑形式的规律而不是思维形式本身的规律,更不能简单叫做思维规律。为了区别,就应称为形式逻辑的规律或者简称为逻辑规律。"思维规律是客观事物规律的反映,思维形式相联系或结构的规律(逻辑规律)是思维形式的联系结构方式的概括。

王方名在对形式逻辑的对象科学考察的基础上,科学地区分了思维规律和逻辑规律，解决了形式逻辑客观基础问题。在今天看来，所谓同一律、矛盾律所说的无非是在使用一个表意系统时，应该遵循的规则而已。遵循这些规则的目的是保障系统的内部和谐，与客观世界的构造实在没有任何必然的联系。换句话说，形式逻辑的基本规则是逻辑语法规则，而非语义规定，更非客观世界的构造、哲学法则一类。所以，王方名的学术探索，突破了时代樊篱，完成了与现代逻辑精神的吻合。这在当时是十分难能可贵的。

（3）思维的逻辑形式只有对错而没有真假问题

王方名说"形式逻辑研究的是逻辑形式，逻辑形式的确是作用于思维的'对错方面'，而不作用于'真假方面'"。

思维的真实性和思维的形式结构的正确性，只是在推理论证过程中发生的有条件的联系，纯属于推理论证中获得真实结论的必要条件，并非思维的真实性的不可或缺的统一体的一面。思维的真实性和思维形式结构的正确性不是绝对的统一，形式逻辑只管推理形式的正确与否，不管前提和结论的真假。思维的形式结构的正确性对于前提和结论的真实性的关系是：按照正确的思维的形式结构来进行推理论证，对于原来真实的思想，可以更容易揭露其真实性；对于原来虚假的思想，可以更容易揭露其虚假性。

王方名认为，思维的真实性和思维的形式结构的正确性的关系，不是内容和形式的关系问题，而是推理前提和结论与推理形式的正确性的关系问题。这就明确了形式逻辑这门学科的特点。

（4）古典形式逻辑是一门独立的具体科学，它不是哲学学科，不是上层建筑，没有阶级性。形式逻辑和辩证法不是初级和高级的关系，而是具体科学和哲学的关系

关于形式逻辑的学科性质这一问题，虽然在苏联《逻辑问题讨论总结》中已经得到初步解决。该书认为形式逻辑是为全人类服务的，不是上层建筑，没有阶级性。但是，由于对形式逻辑的对象、内容缺乏科学的认识，因而存在着理论上的混乱。它认为形式逻辑是关于正确思维的认识现实的方法，"是有阶级性的"这种结论就是很自然的。这种理论上的混乱最终以"形式逻辑是单纯表述认识或论证的工具，还是同时也是认识现实的方法"这个问题的争论而表现出来。

王方名敏锐地感到其中存在着问题。他说："这个结论是正确的，但是还缺乏从形式逻辑对象、内容的内部联系中提出更深刻的论证。"

王方名是从逻辑对象入手解决这一问题的。他认为"形式逻辑作为一门思维科学，它必然是以科学的思维观作为哲学基础。可是形式逻辑并不代替哲学来研究思

维和存在的关系，形式逻辑仅仅在这科学基础上研究思维的形式结构。形式逻辑研究的不是思维和存在的关系，而是思维的形式结构，这是问题的实质"。

他说："形式逻辑研究思维的形式结构，没有和人的社会地位发生关系，不是社会经济基础的反映，不是上层建筑。""形式逻辑有没有阶级性，就要看它只是为某一阶级服务还是为各阶级、全民族、全人类服务。形式逻辑的基本规律和逻辑形式前面已经提到显然是为全人类服务的，谁也不能论证出形式逻辑的基本规律和逻辑形式是为某一阶级服务的结论来。"

正是由于形式逻辑的科学对象是思维的形式结构和思维的形式结构的规律，即逻辑形式和逻辑规律，形式逻辑的客观基础是思维的社会制约性，因而可以得出"古典形式逻辑是一门工具性的独立的具体学科，是无阶级性的"这一科学结论。

形式逻辑与辩证法的关系问题，直接关系到形式逻辑这门学科的性质和地位。王方名不同意形式逻辑和辩证法的关系是初级和高级的关系，他从形式逻辑的内容、发展、应用等方面进行论述，力图确立形式逻辑作为具体科学的独立地位；他明确地指出，形式逻辑是独立的具体科学，而辩证法是哲学、认识论，这样就彻底地把形式逻辑从哲学中独立出来。他对恩格斯关于辩证法与形式逻辑的关系是高等数学和初等数学的关系的提法提出了非议。王方名指出，假如恩格斯对于形式逻辑的发展能像今人一样作出比较深入的了解的话，他有可能会认为现代数理逻辑和古典形式逻辑是高等数学和初等数学的关系，而辩证法和形式逻辑是哲学和数学的关系。因而得出"古典形式逻辑是一门工具性的独立的具体学科，是无阶级性的"这一科学结论。在今天看来，王方名提出上述观点，是在力所能及的范围内尽可能地提倡清明理性，遏止学术界泛政治化的庸俗倾向。

在对于形式逻辑的内容和体系问题的质疑中，王方名指出，逻辑学被用来泛指形式逻辑、归纳逻辑和辩证逻辑。这就是说，形式逻辑既和逻辑纠缠不清，又和归纳逻辑纠缠不清。另外，人们一方面说逻辑是关于思维的形式结构的科学，另一方面又说逻辑兼容并包，是关于世界的全部具体内容及对它的认识的发展规律的学说。针对这样的思想混乱，王方名主张首先要把逻辑从哲学中分割出来，其次要对演绎逻辑和归纳逻辑进行分割，把形式逻辑限定为演绎逻辑。

王方名对逻辑的质疑，表现了一位勇敢者的探索精神。他敢于向"正统"挑战的批判精神是留给后学者的宝贵财富。

必须提到的是，在这场关于逻辑问题的论战中，王方名得到了毛泽东的关注和支持。

20世纪50年代，毛泽东一直在关注着逻辑学的动向。当时，在苏联哲学界，

30年代教科书中把形式逻辑等同于形而上学的观点受到批评，继之而起的观点是承认形式逻辑的地位，但把它视为一种相对于辩证逻辑而言的初等逻辑。当时流行的教科书，斯特罗果维契的《逻辑》即为这一观点的代表。

毛泽东读了斯特罗果维契的《逻辑》一书，不同意它对形式逻辑的看法。毛泽东注意到王方名在《教学与研究》上发表的系列质疑文章，对这些文章相当欣赏。

在周谷城发表《形式逻辑与辩证法》一文后，感觉相当孤立，因为他的观点触及了政治敏感点，批了一些擅唱高调的政治狂热者的逆鳞。这时候，毛泽东告诉他，他并不孤立，中国人民大学《教学与研究》上王方名写的文章和他的观点相同。

1957年4月11日，毛泽东在中南海颐年堂邀集逻辑学界和哲学界人物研讨逻辑学讨论中提出的问题。这次聚会在周谷城和王方名间起了牵线搭桥的作用。毛泽东设宴招待周谷城、王方名等，并与他们进行了亲切的谈话。毛泽东关切地询问了王方名的学术经历，他写下那几篇质疑文章的始末以及他对未来学术工作的规划。王方名谈到他未来的科研题目是人类思维发展的历史。毛泽东对这个题目深感兴趣，并关切地询问研究这一题目的意义。王方名回答道：关于人类思维——特别是抽象思维——的产生和发展的解释对于揭示从猿到人的演化过程至关重要，是人类起源和发展史的一个重要环节。毛泽东指出，这一问题很有理论价值，应该坚持搞下去。

毛泽东指出，搞学术研究应该独立思考，并用他的革命实践为例阐发这一思想。千万不要把自己的脑袋长到别人脖子上。对老师不要迷信，要青出于蓝而胜于蓝。老师的成绩和优点，应该继承发扬，老师的缺点错误，要善意地批评指出。

2. 人类思维史研究

在毛泽东的鼓励下，王方名开始了他的带有独创性的对人类思维起源的探索。他搜集了大量的图片和文字资料，并写下《人类思维史研究》初稿。在此书未能定稿付梓之前，"文化大革命"就开始了。眼看极"左"狂潮席卷全国，这部书不但毫无出版希望，而且适足贾祸。深夜里，他在炉前将书稿一页页投入火中。看着自己的多年心血化为灰烬，他的心情之惨痛，实难与外人道。

在"文化大革命"过后，欣喜之余，他自嘲为"三种斗争幸存者，八方风雨过来人"，并扶老病之躯，收拾遗留的记忆残片，写下了《人类认识史纲》一文。在该文中王方名列举了许多史料（更多的资料已不幸付之一炬，这是个无法弥补的损失），证明了在人类发展史上，距今20万年至5万年之前的克罗马努人就产生了清晰的语言和思维。而所有的史料都证明：人类的抽象思维不可能在距今1万年以前发生。由此产生的一个合理的疑问就是：在这两者之间的十几万年间，人类是如何思维的？

我们知道现代人使用语言思维，把语言作为思维中意义的载体。但使用语言的思维与抽象思维的区别说明了在使用语言的思维中，除抽象思维外，还应该有其他的成分。王方名指出，这个其他成分，就是以形象为意义载体的形象思维。他指出，从克罗马努人到发生抽象思维这一二十万年的漫长时光里，人类的思维只能是原始的形象思维。原始形象思维是更原始的感性形象意识的发展，是现代人类的抽象思维和现代形象思维的前身。王方名指出，早期的野蛮人类的思维具有极大的形象具体性。当时的言语发展水平，只能说出具有极大的形象具体性的名动句、名形句。他们使用的名词只是用来指称生活中遇到的个别事物。一般来说，具有普遍意义的判断句或全称判断句在这一阶段根本不可能产生。王方名对于早期人类原始形象思维的阐述，具有很大的学术原创性，在人类思维发展史研究中有着不容低估的意义。

3. 教书育人，桃李满园

从1938年开始，王方名除了在抗大和解放区担任行政职务外，一直从事着教育工作。对士兵和工农干部的政治理论教育成为他日后逻辑科学工作的实践基础。

1952年到1955年，王方名到中国人民大学附设工农速成中学和预科从事语文教学工作。时任中国人民大学校长吴玉章亲自指定他教全国英模班，学员为郝建秀、高玉宝、郭俊卿、陆阿狗等十位英雄模范。作为班主任，他耐心地作学员们的思想工作，"只有打好文化基础，才能享用人类知识的宝库"的谈话给英模班的成员高玉宝留下深深的印象。作为语文教师，他研究了一个成人由读音、识字、写字、练字，把丰富的经验形成文字，进而由遣词造句到构段成章，到谋篇布局的一系列的语文教学原理，使学员在短时期内度过了文盲关。这也成为王方名日后逻辑科学研究的实践基础。1955年1月王方名因教学成绩优异获北京市教育局奖励。

1955年年底王方名正式调入中国人民大学逻辑教研室，先后在师范大学和中国人民大学教授逻辑课。他热爱教育事业，把教书育人作为第一要任，一贯以教学生动和富于启发性著称。他知识渊博，喻古通今，讲起课来，旁征博引，材料生动，娓娓动听。他善于将抽象的道理形象化，将深奥的哲理通俗化。王方名讲起课来像个演说家，慷慨陈词、激情满怀，在座的听众无不为之动容。听他的课，不但启迪良多，而且是美的享受。他注重基本理论知识的传播，教导学生对马列主义理论不要生吞活剥，而要掌握它的精神实质，他注意马克思列宁主义哲学与逻辑理论的应用，特别强调哲学实践与逻辑技巧技能的训练，提出学生"如果不能掌握运用逻辑的技巧技能，那就等于白学"。他既重言传，更重身教，不但对教学精益求精，而且不说空话，身体力行，为学生树立了学以致用的楷模。有些同志后来选择逻辑作为自己终生的事业，不能不说与王方名成功的传道授业有关。王方名组织编写了我国第一部《形式逻辑》教科书，并亲自撰写了重要章节，该书已多次再版达500万册。

"文化大革命"后，王方名感到时间的紧迫，他夜以继日，刻苦钻研，以睿智的头脑，涉猎科学的万花园，抱着带病之躯，走南闯北，考察讲学，足迹遍布四川、浙江、上海、江苏、湖北、广东等地，在祖国的大江南北撒下逻辑科学的种子。

作为一位形式逻辑的执教者和研究者，王方名在抽象思维的逻辑上有着精深的造诣。从人类思维史研究的角度出发，他对形象思维——这一与抽象思维截然不同的思维类别——也产生了巨大的兴趣。他搜集了古今中外的大量文学、绘画、戏剧典籍，孜孜不倦地加以研究，力图从中归纳出形象思维的内在规律甚至逻辑规范。他的艺术情怀，在艺术上的广博视野以及在文学上的精深造诣潜移默化地陶冶了后人。

三、王方名主要论著

爱求实（笔名）.1955.关于认识论的两个阶段和巴甫洛夫学说的两种信号系统关系问题.新建设，（1）.

爱求实（笔名）.1956.关于辩证逻辑的几个问题的商榷.新建设，（1）.

求实（笔名）.1956.关于概念的一般性.教学与研究，（7）：26-30.

王方名.1957.论形式逻辑问题.北京：中国人民大学出版社.

中国人民大学哲学系逻辑教研室.1959.形式逻辑.北京：中国人民大学出版社.

王方名.1959.当前我国逻辑争论的特征.教学与研究，（1）：41-46.

王方名.1959.反对宣传形而上学——驳马特先生关于逻辑的文章的基本论题.教学与研究，（2）：48-55.

王方名.1959.我国逻辑学领域中唯心主义的基本表现——与马特先生商榷.教学与研究，（3）：51-54.

王方名，张兆梅.1959.在中学语文课里教点逻辑的必要性和可能性.语文学习，（5）：8-9，30.

王方名.1959.论思维的真实性和思维的形式结构的正确性的关系.新建没，（6）.

王方名.1961.论思维的三组分类和形式逻辑内容的分析问题.教学与研究，（1）：15-28.

王方名.1961.论思维结构和推论的思维结构.新建设，（4）.

王方名.1961.从研究思维谈到亚里士多德逻辑的对象.新建设，（7）.

王方名.1961.论思维史研究.学术月刊，（8）：1-15.

王方名.1962.论思维分类和逻辑分类——答黄顺基、刘炯忠二同志的商榷.新建设，（9）.

王方名.1978.论文学艺术的形象思维过程.四川大学学报（哲学社会科学版），（2）：34-40.

王方名.1979-1-2.要实事求是，独立思考——回忆毛主席1957年的一次亲切谈话.人民日报.

王方名，张帆.1979.形象思维新探.南开大学学报，（1）.

王方名.1979.人类思维发展史和个人思维能力的培养.教育研究，（5）.

王方名，张帆.1980.从人类思维实践看形象思维.文艺研究，（1）.

王方名，张兆梅，张帆.1980.说活写文章的逻辑.北京：教育科学出版社.

王方名.1985.究竟什么是逻辑//中国逻辑学会形式逻辑研究会.形式逻辑研究.长沙：湖南人民出版社.

王方名.1981.人类认识史纲.北京：中国人民大学语言文字研究所.（内部资料）

主要参考文献

张燕京.1997.王方名逻辑思想散论——河北大学学报（哲社版），22（4）：21-25.

撰写者

王小芹（1946~），四川渠县人，清华大学分析中心副研究员，王方名长女。

王小平（1949~），四川渠县人，美国图兰（Tulane）大学哲学博士，王方名长子。

苗力田

苗力田（1917～2000），黑龙江同江人。西方哲学史家、古希腊哲学研究专家、教育家、翻译家。先后执教于中央大学、北京大学和中国人民大学哲学系，曾任中国人民大学哲学系教授、博士生导师，中华外国哲学史学会顾问、北京市政协委员、中央大学北京校友会名誉理事等。苗力田在大学校园辛勤耕耘50余载，培养了大量卓有成就的西方哲学研究人才。苗力田爱智慧尚思辨，毕生精研西方哲学，潜心研究亚里士多德哲学和德国古典哲学，取得了丰硕的成果。他主编的《古希腊哲学》、《亚里士多德全集》（10卷本）产生了重大影响。

一、生　平

苗力田，黑龙江省同江县人，原籍山东省日照县，1917年3月生于哈尔滨市郊马家沟村。少年读书时受到国文老师王春沐的影响，对哲学发生了兴趣，尤喜艾思奇译的《新哲学大纲》。然而这时，日本侵略者的铁蹄蹂躏了富饶的东三省。东北沦陷之后，他作为流亡青年中的一员南下，准备参加抗日救亡活动。1935年考入北平东北中山中学高中部。北平沦陷之后，他们再度流亡，从北平走到济南，又从济南沿黄河来到了聊城。在聊城，一位东北老乡，当地抗日武装的一位军官对他们说，抗日是我们的事，读书是你们的责任，等抗战胜利之后，更需要你们来建设我们的国家。于是，这些热血青年又踏上了读书求学的道路，就读于南京中山中学高中部。

南京大屠杀之前的一个星期，中山中学全体师生逃出南京，经武汉、长沙来到湘潭。苗力田在此高中毕业后，与同班同学八九人徒步穿过湘西，跋涉千里，历经千辛万苦终于到达重庆，于1939年考入中央大学哲学系学习。苗力田那时便参加了《新华日报》自然科学副刊的活动，并开始阅读马列著作。在并不平静的书桌前，苗力田勤奋读书，广采博收，与宗白华、熊伟等先生交谊甚厚。这时的苗力田文思泉涌，曾以陆夷、辛白为笔名在重庆《国民公报》文学副刊《文群》和《新蜀报》文学副刊《蜀道》上发表了许多散文和杂文。40年代，他在重庆《时事新报》学术副刊《学灯》及上海《大公报》学术副刊《现代思潮》上发表了若干篇学术论文。

1941年，中国远征军在大学招收学生担任随军机要翻译官，苗力田应征入伍，为飞虎队做翻译，在中缅边境工作了近两年，为抗日战争做出了自己的贡献。大学毕业后，苗力田考取中央大学研究院哲学研究所三年制研究生，师从哲学史家陈康攻读古希腊哲学，获文科硕士学位。抗战胜利后，中央大学于1946年迁回南京，苗力田研究生毕业后留校任哲学系助教，讲授哲学概论、伦理学等课程。1946年秋，苗力田与唐夕华女士结婚，自此相濡以沫、风雨同舟50余载。南京解放前夕，苗力田不顾严重的脊椎结核病，积极参加护校运动，为中央大学完整地回到人民手中贡献了自己的一份力量。

1949年南京解放之后，苗力田任南京大学哲学系讲师。1952年院系调整，他调任北京大学哲学系讲师。他与任华、陈修斋等一道，编写讲义并讲授了新中国成立后第一次以马克思主义哲学为指导思想的外国哲学史课程，并参加了编译、翻译《西方古典哲学原著选辑》的工作。

苗力田既是中国外国哲学史研究事业的开创者和建设者，又是中国人民大学外国哲学史研究事业的开创者和建设者。1956年，中国人民大学哲学系成立，苗力田来到中国人民大学执教。1961年中国人民大学哲学系外国哲学史教研室成立时，他是第一任教研室主任，并任副教授、校学务委员会委员。在这块园地上，苗力田奉献了他后半生的全部心血和精力，在本科教学、研究生培养、学科建设、教材建设、教研室建设等方面做出了巨大的贡献。政府和人民对苗力田所取得的成就予以极大的尊重和充分肯定。60年代初，苗力田作为先进工作者出席了北京市文教战线群英会，他是北京市第三、四、五届人大代表，北京市政协第五、六、七届委员。1962年任北京市哲学会理事兼外国哲学史组组长，1980年任全国现代西方哲学研究会理事，1981年任中华外国哲学史学会常务理事（后任顾问）。苗力田是1988年吴玉章优秀教学奖的首次获得者，1991年获得了首都劳动奖章。

1949年后，苗力田的主要论著有《19世纪俄国革命民主主义者的哲学》、《哲学名词解释》（合编，上下册）、《文德尔班》（《西方著名哲学家译传》条目）。主要论文有《赫拉克里特的哲学》、《弃其糟粕，取其精华是哲学史工作的根本方法》、《关于车尔尼雪夫斯基的人本学原理》、《批判康德哲学的现实意义》、《梅叶遗书的基本思想和历史意义》、《知识就是力量》。译著有《马克思主义认识论》、《实用主义批判》、《古代希腊》（《苏联大百科全书》条目，与任华合译，生活·读书·新知三联书店1960年出版）。

改革开放之后，苗力田虽已年逾花甲，但他的学术生命又焕发了青春。他出版了译著《康德书信选》（被收入商务印书馆1978年版康德《未来形而上学导论》）

和《黑格尔通信百封》。同时，不但培养了近 20 名研究西方哲学特别是古希腊哲学的硕士生、博士生，而且带领他们取得了辉煌的学术成就，这在他主持国家社科基金"七五"重点项目《亚里士多德全集》的汉译工作中达到了高潮。

1997 年，《亚里士多德全集》汉译 10 卷本历经十载终于全部出齐，这是自西学东渐百年来我国第一部西方哲学家的全集，不仅获得多项全国大奖（第四届国家图书奖、教育部人文社会科学优秀成果奖一等奖、国家哲学社会科学基金项目优秀成果奖一等奖），而且在国外哲学界引起了轰动，希腊政府亦对于苗力田的学术成就给予了高度的赞扬。《亚里士多德全集》的出版，开了我国编译西方哲学家全集的先河，同时亦培养了一批精通希腊语的专门人才。

苗力田老骥伏枥，志在千里，为我国西方哲学的学术事业恪尽职守，常常因学习西方哲学者少有值得信赖的优秀译本而寝食难安。在《亚里士多德全集》获得成功的鼓舞下，毅然决定再度挂帅，率弟子翻译《康德著作全集》，可惜出师未捷，斯人已逝，只能留待弟子们完成先生的遗愿。

2000 年 5 月 28 日，苗力田不幸因病去世。去世前两天，他还参加了自己两名博士生的博士论文答辩。2001 年 5 月 28 日，苗力田之墓在西山之侧的万安公墓奠基。

二、治　　学

海德格尔有一次讲授亚里士多德的时候，开场便说："他出生，他工作，他去世。"的确，对于思想家或学者来说，思想或学术工作就是他生命的标记。尽管有早年的颠沛流离，战乱频仍，中年的政治动乱，批斗"改造"，终生的病魔缠身，但苗力田与他所钟爱的亚里士多德一样，笃信好学，钟情哲思，砥砺学问，矢志不渝。在漫长的学术生涯中，苗力田形成了自己独特的哲学观和治学原则。

在苗力田看来，哲学史既是哲学理论的总汇，又是思维活动的历史展示。哲学史由两个部分组成，一是理论命题和公式，二是对这些命题进行思维和论证的过程。所以，考察哲学史必须既从理论观点又从历史观点出发，不可偏废。他把哲学史看成是千百年智慧积叠的山岭，每一哲学形态都是其中一座独秀的高峰，对于人来说，它是一座瞭望塔、观景台，人们可以凭借它高瞻远瞩，而不可以把它当成工具箱，指望从中直接找出现成可用的东西，更不可以把其中某一部分抓取出来支配自己的论点。另一方面，哲学又是对智慧的无尽追求。这种追求很可能最终没有结果，但在追求的过程中却锻炼了人们的思维能力。

在如何治思想史的问题上,苗力田主张:首先,做学问切忌为稻粱谋。在他看来,哲学不是实用的、具体的知识,而是对智慧的爱,是"究天人之际,通古今之变"的大智慧。人们可以在哲学研究中陶冶自己的情操,开拓自己的胸怀,但不要指望从中获得高官厚禄。因为,用亚里士多德的话说,思辨已经是人生最大的幸福了。

其次,研究思想史要"人我分清",不能借着被研究者的观点讲自己的观点。对于学界一些人没有弄懂材料就大讲特讲一通不着边际的套话的作法,苗力田是很反感的。他认为,哲学史的研究必须以材料为根本。所谓材料,也就是哲学论证的过程。一个哲学家所作出的结论并不是最重要的,最重要的是他的观点是如何被论证的。研究者一定要把别人的哲学观点及其论证过程理清楚。研究者甚至用不着说什么话,要让材料自己说话,材料组织好了就是好文章。到了晚年,苗力田对古人"我注六经"的方式发生了浓厚的兴趣,开始以札记的形式思考西方哲人的思想,完成了《〈尼各马可伦理学〉札记》和《〈形而上学〉笺注》。这些笺注从细微却紧要处入手,以小见大,见微知著,从西方哲学的源头出发,力图打通其文字、概念和思想的脉络,毫无头巾之气,门户之见。同时兼注经与注我于一体,融思辨与感悟于一炉,而以爱智之学、思辨之乐点化魏晋玄风,西窗日迟,悠然心会,别有一番境界和情趣。

再次,做学问必须严谨。苗力田有一个近乎苛刻的观念。在他看来,治思想史者,功力的积累是非常重要的。因此,50岁之前都只能是打基础。在这个阶段,要"多读、多想、少写"。所谓"多读、多想",是哲学史专业的特点所决定的。"少写"的原则,容易引起误解。其实,苗力田指的是不要急于为发表文章而发表文章,要耐得住寂寞。少写不是不写,而是要下笔慎重。凡论著必反复琢磨、三易其稿。

最后,治西方哲学必须置外文于首位。通过中译本可以大略地知道一个哲人的思想,但要进行研究则不可以以译本为依据,不懂哲学家的原文就不要写关于他的论文,这是苗力田对自己的严格要求。他通晓英语、俄语、德语、古希腊语,还粗通拉丁文。无论是在江西下放劳动的艰苦岁月,还是80岁高龄的耄耋之年,苗力田一直坚持几乎每天都要研习外语,特别是希腊语。自50年代始,他发表在《哲学研究》、《新建设》等杂志上的论文以及所出版的论著,无论是关于希腊哲学的,还是关于德国哲学、俄国哲学、现代西方哲学的,无一不是他研读原文原著的结果。他培养研究生,总是狠抓他们的外文,逼迫他们从原文去领悟哲学家的原意,避免学术研究中的隔靴搔痒倾向。

苗力田曾对学生们说,一个理想的西方哲学研究者,应当通晓5门外语:两门古典语言（希腊语和拉丁语）和三门现代语言（英、德、法），至少也应当通晓一门古典语言和两门现代语言。这绝不是苛求。语言的学习只能促进学问的增益，而学问也绝不会淹没思想，思想之花只能盛开在肥沃的学问大地之上。

"文化大革命"结束不久，有学者出版了一部研究康德的著作，这在当时是不容易的。作为该书的审稿者，苗力田热情鼓励了作者的研究成果，并希望他能够学习德语，以便进一步把握康德的思想。

说到康德，这位西方哲学史上的关键人物也是苗力田钟爱的哲学家。他常以中国人读康德而无从德语精译的《纯粹理性批判》而深感遗憾，乃至寝食难安。《亚里士多德全集》完成之后，苗力田继续率弟子开译《康德著作全集》，并亲自撰写了总序《哲学的开普勒改革》。

这篇序言虽然不长，但内容精深，可以说是苗力田对自己康德哲学研究的一次总结。康德哲学的"哥白尼式的革命"常常被人谈及，而苗力田认为，这场革命同时还是开普勒式的改革。开普勒把哥白尼的圆形轨道改革为椭圆形轨道，康德也把经验论或唯理论偏执一词的论点（经验或理性）改革为同时并重的两个焦点。苗力田说：要求不断扩大、不断加深、不断更新的普遍必然的科学必需有两个主干，认识的能力必定有两种特性，思辨理性的运行轨迹虽然以理性为中心，但应该有两个焦点——感性和知性，直观和思想。像我们所栖息的星球一样，要循着椭圆形。那些唯什么单一中心的主义，不过是上帝创世一神教的反刍而已。

只有同时遵循着开普勒改革的思路，才能够完整地把握康德的现象学。苗力田认为，思辨哲学存在两种思想方式（Denkart）：一种是实体论（ousiaology）的，一种是现象学（phenomenology）的。实体论的思想从对象的存在（Sein）入手，而思辨它们的存在方式。现象学的思想则就对象显现（scheinen）来探索它们显现的表象。康德把理性和经验同时作为认识的两个焦点，无疑扩大的思辨哲学的领域，现象学是思辨哲学的开普勒改革的必然结果。

苗力田著述不多，更谈不上著作等身，这当然有时代造成的局限。但苗力田实际上一刻也没有停止理论思维。在《世纪学人百年影像》中，苗力田写道："更广、更深、更远。一个民族想登上科学的最高峰，就一刻也不能没有理论思维。"前半句是他仿照奥林匹克口号而对理论思维提出的"哲学奥林匹克口号"，后半句则是恩格斯的名言。

在苗力田晚年的一个内容丰富的笔记本中，他抄录了哈佛大学的一句校训：

Amicus Plato, Amicus Aristotle, sed Magis Amicus Veritas. （与柏拉图为友，与亚里士多德为友，但真理是最亲密的朋友。）

三、翻　　译

苗力田的主要学术工作是翻译，特别是古希腊哲学的翻译；或者更确切地说，是建立在翻译基础上的研究和诠释。

翻译被视为外国哲学研究的一项基本功。苗力田不断地向自己的学生强调翻译对于西方哲学研究的重要性。研究者不仅要能够用原文读懂外国哲学家的著作，而且还要善于用自己的母语把它准确地表达出来。苗力田把翻译工作戏称为"教外国哲学家说中国话"。他常以唐高宗称赞玄奘的对句"引大海之法流洗尘劳而不竭，传智灯之长焰皎幽暗而恒明"来自勉。

作为一名翻译家，苗力田也提出了自己独特的翻译原则，这是他数十年翻译工作的总结：①"确切"，即要忠实地、完整地传达原作者当时的本意。②"简洁"，即在翻译时不随意对原文加字衍句，严禁任己意去铺陈。③"清通可读"，即要能为现代读者准确无误地把握。④"历史感"，即对一些关键性的术语，一定要考虑到它的词源学渊源和思想家使用时的特殊语境，不可仅仅从其现代词义出发简单翻译。此外，苗力田还提出了一个大可考虑的主张，即对于古希腊思想家的专门术语，英、德、法等国家都有自己本国的拼写方法，中国也应该有自己的拼写方式。在中国人民大学出版社出版的由他主编的《古希腊哲学》一书的后记中，苗力田详细阐述了用《汉语拼音方案》来拼写的方法。他深信，具体做法可以讨论，但如若想从希腊原文来研究希腊哲学，翻译希腊典籍，这却是一条必由之路。

正是本着上述原则，苗力田翻译或主持翻译了《黑格尔通信百封》、康德《道德形而上学原理》、《古希腊哲学》等著作。而《亚里士多德全集》汉译10卷本的工作，更是苗力田毕生心血的结晶。

1987年，苗力田开始主持编译《亚里士多德全集》。当时中国人民大学出版社的一位负责同志对他说："全集是一项旷日持久的工程，也许你看不到它的完成，你可要有思想准备。"苗力田回答说："我已经有这方面的思想准备。"七旬老翁披坚执锐，率领初出茅庐的弟子，以愚公移山的精神投入一项旷日持久的工程，多少带有一些义无反顾的悲壮色彩。

苗力田认为，一种翻译也可以理解为一种解释。当时的哲学处于幼年时期，不仅要艰难地探索令人困惑的各种问题，还要同样艰难地探索各种表述方式。作为载体的翻译工作，应该从历史上把握原著最朴素的意义。他将《亚里士多德全集》贝克尔标准本中的47种著作及后来发现的残篇分为10卷，根据著作本身的重要程度和出版界关于首先出版前三卷的规定，确定了各卷的编译出版顺序和编译人员的分工，以及对译文的严格要求。苗力田自己亲手翻译了《形而上学》、《尼各马科伦理学》等重要篇章，并撰写序言和分卷后记。对于别人的译稿，每篇他都要校一遍、审一遍。翻译前几篇著作时，每篇都逐字逐句地核对。后来大家翻译的熟练程度提高了，译文逐渐趋于统一，他仍然坚持认真审校。编译组成员分散在不同省市，苗力田亲自联络和协调，使整个翻译工作井然有序进展很快。既使生病住院和外地参加学术会议，他也要随身携带文稿。

1995年10月底，收入《亚里士多德全集》标准本编定后发现的《雅典政治》、其他残篇及《亚里士多德全集》索引的中文本第10卷脱稿付梓，标志着这项工程全面告竣。苗力田说："诗无达诂，无通训。本书的完成只是一个开端，希望它不是《亚里士多德全集》的汉语最终译作。也希望在中华民族开拓自己的文化前途中它能提供某种借鉴。"可以说，《亚里士多德全集》的翻译工作，就是亚里士多德爱智慧、尚思辨精神的具体体现。正如苗力田所言："古代外国典籍的翻译，是一个民族为开拓自己的文化前途，丰富精神营养所经常采取的有效手段。这同样是一个不懈追询、无穷探索、永远前进的过程，求知是人之本性。"

求知是所有人的本性，这是一个永远不会终结的过程；思辨是人生最大的幸福，这是亚里士多德和苗力田的共同体认。《亚里士多德全集》出版之后，得到了政府、学术界和普通读者的赞誉。但对于苗力田来说，这只是一个好的开端，接下来的工作仍然任重而道远。

《亚里士多德全集》出版后，80高龄的苗力田又按照形而上学、伦理学和政治学三个专题，将全集中的相关著作分别进行编辑、校订和注释，构成《亚里士多德选集》第一至三卷（第三卷政治学卷由苗力田的学生颜一选编）。

《亚里士多德选集》除了对《亚里士多德选集》译文进行了修订润色之外，还撰写了导读性的长篇序言，并对原文进行了详细的注释和梳解，特别是对希腊语词的溯源与考究尤其重要。苗力田的注疏融会古今，贯通中外，深入浅出，独具特色，尤见功力。

以《形而上学》为例，苗力田在笺注中用了大量篇幅分析了"是"（to esti），特别是它的不定式系词 to einai 和中性分词 to on，进而阐明了《形而上学》中核心的相关哲学概念，如"作为存在的存在"（to on heei on）和 ousia。

苗力田指出，"是"（to esti）这个词汇十分特殊地展现了理性实体的多方位、多层次的意义。首先，理性实体是个 esti，这个"是"乃是个定式系词，固然不是那中性分词 to on，也不是那个不定式系词 to einai。To on 中性分词按本来的用法表示的是"存在着的";而 to einai 是系词本身的单纯表示,按照它的主要用法既可以表实,也可以表真。由于现代汉语里的"是",似乎没有这样明细划分,所以只能加以区别对待。在表实时诠释为"存在",表真时诠释为"是",因为本质是语言方面的实体,"是"与"不是"都是说出来的。这个说出来的"是",就不再是一般的、单纯的、不定式的"是",而是限定式的系词,它在世界、人身和数目以及其他文法上的种种规定上都被牢牢捆住。Esti 是现在、三身(第三人称)、单数陈述式的"是"。它没有主语,但主语的数目和身位已表于其中,它没有时间和形态,但运动的时间和形态也都明明白白地显示在这个 esti 之中。所以作为本质的"是"乃完全限定了的个别(hekaston),而不是单纯的普遍。说苏格拉底是两足动物,显不出多大聪明,因为两足动物,绝不是苏格拉底其所以是苏格拉底。其次,正如在各种实体中质料的称谓就是实现活动自身,在其他定义中更是如此(kai hoos en tais ousiais ista)。本质是说出来的,判定下来的,是对质料的 kateegoroumenon。这个词是动词 kateegorein(判决)的中性现在分词,它的名词形式 kateegoria 现在哲学文献中通常以范畴与之相对应。

上面这段话体现了苗力田的笺注的基本特色:打通语言的使用方式与哲学的思想方式,通过对语言的使用的分梳,厘清哲学思考的脉络,又把哲学思考的特征融入对语言的实际使用当中。二者结合的十分紧密,能够让读者顺利地"身临其境"(亚里士多德的语境),而不至于因为某种整齐划一的译名,拘泥不化,死煞言下。

苗力田把 einai 的主要用法分为两种:或者表实,被称为 substantive 用法;或者表真,被称为 copulative 用法。这种看法与国内外学界的基本观点大体一致。但重要的是,苗力田坚持从用法入手理解 einai,而不是从意义入手,更不是一方面在意义上理解为"存在",另一方面在用法上理解为系词,因为二者是不对等的。按照苗力田的说法,任何一种存在者都可以被从两个方面说是。在本原或始点问题上也不两样。既可以就实的方面,我们问它是由什么构成的,它是某种元素构成的,土、水、气、火。也可以就真的方面,我们问它的本质是什么,它是怎样定义的。它是人,是马,以及其他的种。这是存在者互为表里的两个方面,是系词 einai 的两种用法。剥离掉任何一个方面认识就成为不可能,存在成为不可说。这样,在表实的时候,用 einai 的中性现在分词 on 转译为汉语词"存在",如果把这分词意思充分地表达出来,应作"在存在着的"或"存在着的什么",前加冠词 to 化为名词。而在表真的时候,则使用系词不定式 to einai,说它是表真的,to estin hoti aleethes,所以诠解为"是"。这样,由于区分了 einai 的两种用法,对应着不同的理解和译名,应该说是自成一家的。

当然，仅仅区分 einai 的两种不同用法是远远不够的，更重要的是把握这两种用法之间的联系，以及这些联系所派生的哲学概念。对其间联系的诠解，除了上面所引关于 esti 的分析之外，尤其重要的是对 ousia 的把握。

Ousia 不但是重要的哲学概念，也是频繁使用的日常用词，这决定了对《形而上学》的翻译必须十分小心。从亚里士多德哲学上说，ousia 来自系词 einai（是）的阴性现在分词 ousa，作为阴性，它是存在的本原和最初因。其用法大致有三种：①作为质料的载体，是实体；②作为形式的原理，是本质；③作为质料和形式的组合物，是主体。陈述（kateegrountai）万物当然为本质。（这里的"陈述"也就是后来的"范畴"一词的词源。）

苗力田进一步诠释道，作为对 ousia 的在探索，对实体的新思考，说到底无非是，不但把实体当作范畴表里的"主体"，还要当作"其所是的是"（to tie en einai）。形式不但是谓语（kateegoroumenon），而且是原理（logos）。Kateegoroumenon 这个 to einai 也就是作为真（hoos to aleethes）的"是"。作为主体的实体是就范畴而言的存在，这样存在只是作为质料和形式的组合物，"是这个"（tode ti），而非"是什么"（ti estin）。"其所是的是"乃就真与假而言的存在，这里的 ousia 表示着"是什么"，是或不是，为真还是为假。所以说这才是最主要的存在（kuriootataon）。这种存在并非组合物，所以，"是"的用法完全不同。"是"不表示部分的结合和分离，而表示意义的确定（phasis），这个词来自动词言说（phainai），本义是说清一件事情，传达某种信息。所说的非组合物，它是 logos，只要说清就是真，说不清就是假，是作为真，不是作为假。特别对于那些非组合又无变化的，它就不大不能一会儿结合，一会儿分开，更不能设想它一会儿是什么，一会儿不是什么，它永远是什么，例如存在和一。它永远是真，对它们就没什么表真和作假，它永远实现地存在。对它们只有思想和不思想（ee noein ee mee），只有知和无知，而永远不会弄错。就"其所是的是"而言的实体，非但是形式，而且是实现，是真的化身。

显然，苗力田在这里顺着亚里士多德的思路，不但揭示了语言之间的关联，更把握了语言形式与思想形式之间的联系。对 ousia 的把握，既要沿着"实体"—"形式"—"主体"的脉络去理解，也要把"是这个"与"是什么"区分开来，而这一区分，恰恰是要凸显出 ousia 作为"其所是的是"的深层用法。这个深层用法不能仅仅从词法和句法的角度去把握，因为它是存在论意义上的"没什么表真和作假"的"真"，是无潜能的"实现"，最终就是"神"。

苗力田的上述诠解是否"正确"或是否"充分"，当然是可以商榷的学术问题，但无疑是有价值的思想和有启发意义的思路，有助于我们去"读懂"亚里士多德哲学。如果说《亚里士多德全集》中的《形而上学》译文由于遵循旧历，未能充分体现苗力田的思想，而留下了些许遗憾的话，那么《亚里士多德》选集中的《形而上学》译文和笺注则弥补了这一缺憾。

套用柏拉图的说法，"是"是难的。它的难一方面在学理的理解上，另一方面在不同语系之间的翻译上。或许使用现代语文的西方人可以对"cogito ergo sum"（我思故我在）耳熟能详，却并没有充分把握这个"sum"；不过，虽然不理解"einai"及其派生词，但并不妨碍他们使用他们的"to be"等词去顺利地翻译。但汉语则不然。对于印欧语言的这一独特性质，是否有必要一定用汉语的"是"去翻译，这是一个仍需研究的问题；如何去理解其丰富的内涵及演变，这才是最需要做的工作。更何况"存在"（existence）仍然是当代形而上学的重要问题。在这些问题没有进一步澄清之前，译名之争似乎不是首要的问题。首要的工作，或许就是像苗力田那样，进一步从事细致扎实的梳理和探究。

四、授　　业

苗力田讲授西方哲学50余年，培养了硕士生和博士生共22名。

早在50年代初他就在北京大学开设了西方哲学史课。1956年调到中国人民大学之后，他除继续讲授西方哲学史外，还相继开设了西方哲学原著选读、亚里士多德《形而上学》、斯宾诺莎《伦理学》、黑格尔《小逻辑》、现代西方哲学、存在主义、康德伦理学、英语哲学文献、古希腊语、古希腊哲学导论等课程。他从来都是把讲课看作一件庄严神圣的事。在长期的教学生涯中，他形成了自己独特的风格。讲课时从来都是穿戴整齐，一身笔挺的中山装或西服，皮鞋一尘不染。在课堂上，他注重仪表和风范，虽有腰疾、却从不肯坐着讲，也从不肯在讲课时端茶杯。对于教学内容，他一丝不苟，严肃认真，在讲课的前一天什么事情都要放下，专心致志心无旁骛地准备第二天的课，有时为一节课不惜花费一周时间去准备。

在哲学课上他往往从哲学家的专门概念着手，运用自己的多门外语，依靠对几千年西方哲学的精深了解，剖析这些概念的词根、本来含义及其演化，继而阐明由概念到命题以及从命题到命题的论证过程，挖掘出哲学家本人的思维线索，往往使人感到耳目一新，茅塞顿开。虽然是艰深的西方哲学史，但苗力田的课非常生动，随手拈来的例子总是那样恰如其分，充满了举重若轻，化腐朽为神奇的魅力，也发散着一种"一览众山小"的气势，让学生听得"上瘾"。

苗力田是新中国第一批招收研究生的导师。他从50年代中期开始培养研究生，至今不断。他的门生，有不少已成为教授、博士生导师和知名学者。苗力田培养学术接班人，注重察质、注重需要。他的学生们的研究方向几乎涉及全部西方哲学。

80年代初，国内古希腊哲学研究后继乏人，苗力田虽已年逾花甲、仍决心将自己的研究方向从德国古典哲学转回到古希腊哲学，经过数年精心准备，在1983年招收了第一批古希腊哲学研究专业，苗力田亲自开设古希腊语、古希腊哲学导论、形而上学等课。古希腊语变位变格极其繁多，素以难学著称，苗力田为教这门课殚精竭虑，耗尽心思。

1987年，苗力田开始招收博士生，先后指导了13位学生。但此时苗力田已经年近古稀，身体更是每况愈下，每年差不多有几个月的时间是在医院里度过的。但即使是在这样的情况下，苗力田仍坚持以指导学生为头等大事。苗力田曾语重心长地对学生讲，一个学者，无论他有多大的能耐，无论写出多少不朽的著作，其事业都有一个尽头，而唯有培养出高质量的学生，才能把他的事业继续下去。当时，在商品经济大潮的冲击下，社会对学术研究的兴趣普遍下降，苗力田对此不免有些伤感，但对未来他又是充满信心的，他坚信随着社会的发展，人们会重新提高对学术的兴趣的，而他给自己规定的任务就是为未来的学术繁荣留下，几颗"种子"。为此，苗力田把大量的时间和精力投入到培养博士生的工作中去。几年来，他坚持根据学生具体情况，在家中定期为学生上专业课，如二年级学生每周一次，一年级学生每两周一次。至于进入论文写作阶段的学生，苗力田更是要求他们定期汇报进展情况。即使在生病住院期间，苗力田也坚持指导学生的工作。

1990年，是苗力田多病多灾的一年，先是痛风发作，继而因感冒遭误诊而误服药导致过敏，最后是白内障手术，前后住院大半年，当时博士生的毕业论文就是在苗力田的病床前逐章逐节讨论定稿的。进入90年代，由于医疗条件的改善，苗力田的身体大有好转，遂把更多的精力投入到指导学生的工作上。1996～1997学年，由于苗力田前几年培养的几位希腊哲学专业的学生都因各种原因未能留校，而中国人民大学哲学系西方哲学专业的建设又急需这方面的人才，在这种情况下苗力田毅然以80岁的高龄又担负起给博士主讲授希腊语的任务，由于苗力田年高体弱、行动不便，且上课人数不多，哲学系打算向研究生院申请由苗力田在自己家中上课。但苗力田认为在家中上课没有课堂气氛，教学效果难以保证，因而坚持要到教室上课。为了解决行动不便的困难，就由一位学生负责每次用轮椅送苗力田到课堂上，两个学期的课程，每星期一次，苗力田风雨无阻地坚持了下来，

冬季的一次，北风呼号，雪花纷飞，大家力劝苗力田不要到课堂去，但苗力田说自己做了50年教师，从未因天气停过课，硬是坐着轮椅上课去了。像这样的事

例，在苗力田那里真不知能举出多少，而苗力田对教学工作的重视，也给学生一种无形的压力，使学生在学习上不敢有丝毫的懈怠。

苗力田的敬业精神不仅仅表现在对教学工作的认真负责上，而且也表现在对学生高标准要求上。对于他来说，投入时间和精力只不过是手段，而目的则是为国家培养合格的人才。因此，在培养博士生的几个重要环节上，苗力田都坚持了"严"的原则。

这些年来，哲学，尤其是哲学史几成冷门。但由于苗力田在学术界的声望，希望拜在他的门下的学生仍是络绎不绝，向苗力田推荐学生的学术界前辈也大有人在。为确保学生质量，苗力田虽对前来拜访求教者热心接待，但在招生时，却提倡公平竞争，严格把关，宁缺毋滥，力求为后面的培养工作打下良好的基础。

学生入学后，首先就是要制订培养计划。在这一问题上，苗力田历来是极为慎重的。他认为，博士生培养一定要因人制宜、因材施教。只有在充分了解学生特点的基础上，才能制订出切实可行的培养计划。而一旦计划确定，就要严格执行。在这一问题上，苗力田提倡的仍然是"多读、多想、少写"。所谓"多读、多想"，是哲学史专业的特点所决定的。苗力田要求博士生在校期间，要泛读100本书，精读10本书，在掌握丰富资料的基础上写出一篇高质量的论文来。在这方面，苗力田的要求可谓是近乎苛刻。他强调，读书一定要读原著。这样，作为西方哲学史专业，熟练掌握外语是必不可少的手段。苗力田治学，一贯主张研究哪国的哲学，就必须掌握哪国的语言。在他指导的10余位博士生中，大多数都学习了古希腊或者拉丁语，弥补了我国西方哲学研究中古典语言方面的薄弱环节。

在精读原著的基础上，苗力田要求学生一定要多想。对一本好书，他要求不仅要爱不释手，而且要掩卷而思。哲学是思维的学问，只有多想，才能真正地理解原作者、并在此基础上超越原作者。至于"少写"，苗力田指的是不要急于发表文章，要甘于坐冷板凳，要耐得住寂寞。少写不是不写，而是要下笔慎重。苗先主要求学生要勤于写笔记，写读书报告，定期向导师汇报，在此基础上写出高水平的文章。苗力田在学术界享有很高的声望，与许多学术刊物的主编、编辑都非常熟悉，但他自己发表文章，从来都不寄给个人，而是按规定直接寄给编辑部。然而，一旦学生写出令他满意的好文章，他却非常乐于向学术刊物推荐。

在论文的写作过程中，苗力田提倡要三易其稿。对于学生的论文，苗力田都要逐字逐句地审定。学生论文的初稿上，往往密密麻麻地写满了苗力田的批语和修改建议。常常为了一个术语、一个译名、一个表述、一个命题，苗力田都要不厌其烦地与学生反复讨论。苗力田特别注意发现学生的一些精彩但又缺乏自我意识、因而未加阐发的思想火花。他常说，一个老师不可能在一切问题上都是专家，但他必须善于从学生论文中发现哪些东西是不值得花费力气的，哪些东西是应该补充展开的。苗力田不仅重视教给学生学问，而且更重视教给学生做学问的方法。一篇论文指导下来，学生可以说是终生受益。

论文答辩是培养博士生的最后一站。苗力田一方面要求答辩委员会一定要由该选题所属领域最高权威组成，另一方面，对于参加答辩的学生辈专家，苗力田也一再告诫他们不要顾及情面，要以一种科学的态度对论文进行审核。

苗力田学生的论文答辩会，往往就像是一场学术讨论会，有热烈的讨论，有时甚至会形成激烈的争议。而苗力田也非常尊重评审论文的专家们和答辩委员们的意见。即使答辩通过，苗力田也总是要求学生根据答辩前后专家们的意见，认真地再次修改论文。苗力田所指导的博士论文，大部分都已经出版，在社会上获得了良好的反响。

今天，苗力田培养的博士生都正在不同的教学科研岗位上发挥着骨干作用，大家不仅从苗力田那里学会了如何做学问，而且更重要的是学会了如何做人、如何做老师。也许，苗力田在后一方面并没有给予学生多少"言传"，然而，性格豁达、淡泊名利、把自己的一切献给教育和科学研究事业的苗力田却是最好的"身教"。苗力田为学术的繁荣留下几颗"种子"的愿望可以说已经成为现实。

苗力田50余年的教学生涯，桃李满天下，数十年对西方哲学的研究，成就斐然。他一生襟怀坦荡，淡泊名利，为我国西方哲学教育和学术事业鞠躬尽瘁，直到生命的最后一刻。苗力田一生清贫，两袖清风，唯与哲学相依为命，尤其钟情于古希腊哲学。在他看来，古希腊哲学的精蕴在于"爱智慧、尚思辨、学以致知"，而苗力田也正是以此为座右铭。因此，他为《〈尼各马可伦理学〉札记》起的题目就是亚里士多德的一句名言："思辨是最大的幸福"。苗力田一生所获得的幸福也许不是最多的，但应该是最大的。

五、苗力田主要论著

林哈尔特．1956．马克思主义认识论．任华，苗力田译．北京：生活・读书・新知三联书店．

苗力田．1956-5-30．赫拉克里特的哲学．光明日报．

苗力田．1957．弃其糟粕，取其精华是哲学史工作的根本方法．新建设，(7)．

威尔斯基．1958．实用主义批判．任华，苗力田译．北京：生活・读书・新知三联书店．

苗力田．1959．关于车尔尼雪夫斯基的人本学原理．哲学研究，(9)．

苗力田．1959．十九世纪俄国革命民主主义者的哲学和社会政治观点．北京：中国青年出版社．

苗力田.1960-4-9.批判康德哲学的现实意义.光明日报.

苗力田.1960-9-23.梅叶遗书的基本思想和历史意义.光明日报.

苗力田.1961-1-21.知识就是力量.人民日报.

(德)黑格尔.1981.黑格尔通信百封.苗力田译.上海：上海人民出版社.

(德)康德.1986.道德形而上学原理.苗力田译.上海：上海人民出版社.

苗力田.1989.古希腊哲学.北京：中国人民大学出版社.

苗力田.1990.亚里士多德全集（10卷本）.北京：中国人民大学出版社.

(古希腊)亚里士多德.1990.尼各马科伦理学.苗力田译.北京：中国社会科学出版社.

苗力田、李毓章.1990.西方哲学史新编.北京：人民出版社.

苗力田.1999.亚里士多德选集·形而上学卷.北京：中国人民大学出版社.

撰写者

李秋零（1957～），哲学博士，中国人民大学哲学院教授，主要研究方向为德国哲学、中世纪哲学、基督教哲学，系苗力田指导的博士生。

余纪元（1964～），哲学博士，美国纽约州立大学布法罗校区哲学系教授，主要研究方向为古希腊哲学、中西哲学比较，系苗力田指导的博士生。

韩东晖（1971～），哲学博士，中国人民大学哲学院教授，主要研究方向为近代哲学、分析哲学，系苗力田指导的博士生。

胡　绳

　　胡绳（1918～2000），江苏苏州人。马克思主义理论家、哲学家、历史学家。1949年之前主要在上海、武汉、襄樊、重庆、香港等地，主编和编辑多种报刊，从事文化宣传工作和统一战线工作，并参与中共在文化方面的领导机构的工作。1949年之后在中共中央宣传部、中央党校、中央政治研究室、红旗杂志社、中央文献研究室、中央党史研究室、中国社会科学院、中国人民政治协商会议任职。是中国科学院哲学社会科学学部首批学部委员、常委，曾任北京大学兼职教授，国务院学位委员会副主任，欧洲科学、艺术与文学科学院院士、中国史学会会长、中国中共党史学会会长、孙中山研究会会长。他致力于马克思主义理论的学习、研究、宣传和哲学、历史、文化思想等方面的研究及写作，发表了大量的文章和一些哲学和历史学专著。胡绳的哲学、历史、文化论文和著作具有材料丰富、分析细致、思想深刻和文笔生动流畅的特色。他的著述在知识青年和广大干部中，在学术界、文化界产生了广泛的影响。他的研究成果对文化普及、学术研究和思想教育做了有益的贡献，在国外学术界、文化界也受到重视。《胡绳全书》比较完整地反映了他一生研究和写作的成果。

一、生　活　经　历

　　胡绳原名项志逖，字着先。籍贯浙江钱塘（杭县），祖籍安徽歙县。1918年1月11日出生于江苏省苏州市，2000年11月5日病故于上海。父项蔚丞（1893～1965），母李幼源（1892～1968）。

　　他自幼家境贫寒，姐妹兄弟6人。姐姐项泰是中共烈士，1938年在湖北嘉鱼遭日军飞机轰炸之"新升隆"轮事件中罹难。妹妹和三个弟弟皆为中共党员。小弟项志遴是中国核物理和等离子体物理学家。

　　他7岁入苏州平江小学五年级，9岁就读于苏州中学初中部，13岁升入苏州中学高中师范部。1934年他毕业于上海复旦高中，考入北京大学哲学系，肄业1年。

　　1935年9月胡绳在上海参加革命工作。1935～1937年，他参加上海世界语者协会的工作，从事中共领导下的文化活动，并投身爱国救亡运动。他一面自学马克思主义理论和西方哲学，一面从事写作，传播马克思主义，为《读书生活》、《生活知识》、《新知识》、《自修大学》等刊物撰稿，参加《新学识》的编辑工作。1937年2月，他的处女作《新哲学的人生观》由生活书店出版。

抗日战争爆发后胡绳到武汉，1938年加入中国共产党。1937～1941年，他在武汉、襄樊、重庆等地参与中共在文化方面领导机构的工作和统一战线工作，先后任《全民周刊》编辑，《全民抗战》三日刊编委、编辑，《救中国》周刊主编，第五战区文化工作委员会委员、《鄂北日报》主编，中共重庆南方局文委委员，生活书店编委、编辑，《读书月报》主编等。

1941～1946年，皖南事变之后，胡绳受党的派遣和邹韬奋一起离开重庆，中途分手走不同的路线前往香港。在香港他协助邹韬奋编《大众生活》周刊，任编委、编辑。太平洋战争爆发后，日军占领香港。根据党的指示和安排，胡绳参加后来以东江纵队抢救香港文化人著称的"大营救"行动，与何香凝、廖承志、胡愈之、邹韬奋、茅盾、柳亚子等几百知名人士分批撤离香港，到达东江纵队的游击根据地。后他经韶关、桂林，返回重庆，在重庆任中共南方局文委委员、中共机关报《新华日报》社编委、副刊主编。

这一时期胡绳的主要著作有《辩证法唯物论入门》、《思想方法》。1942年编的文集《夜读散记》送审时被国民党当局出版物审查机构扣压，直到20世纪90年代一个偶然的机会，在南京历史档案馆才发现书稿并得以出版。

1946～1948年，胡绳任中共上海工委候补委员、文委委员，中共香港工委委员、文委委员，上海、香港生活书店总编辑。1948年，他奉命从香港走海路经仁川、大连、山东，辗转到达河北省平山县解放区，任中共中央宣传部教材编写组组长、华北人民政府教科书编审委员会副主任。

在香港期间，他写成《帝国主义与中国政治》一书，这一时期还著有《理性与自由》、《二千年间》、《中国问题讲话》、《怎样搞通思想方法》等书。

胡绳在30年代至40年代，在中共直接领导的报刊和其他进步报刊上，发表大量的时事政治评论、思想文化评论、历史评论等。抗日战争时期，他鼓动抗日和宣传党的抗日民族统一战线方针。解放战争时期，处于决定中国命运的重大时刻，随着复杂多变的政治和军事形势的迅猛发展，他连篇撰文揭露国民党蒋介石集团假和谈真内战的面目，宣传团结全国人民以革命战争把旧中国改造为新中国。他的文章和论著，以争取民族独立和人民解放为主旨，对帝国主义的侵略、对国民党的反动统治以及种种为它们辩护的错误言论，进行了深刻的揭露和批判；对中国人民革命必将取得胜利的现实和历史根据及其发展前景，作出很有说服力的论证；常常把锋利的战斗性和细致的说理融合在一起，打动读者。他青年时代的作品，在思想文化界和知识青年中传播马克思主义，产生了广泛的影响。他的《辩证法唯物论入门》、《怎样搞通思想方法》、《帝国主义与中国政治》，同艾思奇的《大众哲学》，华岗的《中国大革命史》和《中国民族解放运动史》等书，是在进步青年中很有影响的马克思主义启蒙读物。

1942年，在香港胡绳与吴全衡结婚，生三子胡伊朗、胡锦洲、胡小笛。

1949年胡绳作为社会科学界代表团成员列席中国人民政治协商第一届会议，为候补代表。

新中国成立后，1949～1955年，胡绳任政务院出版总署党组书记、办公厅主任，中共中央宣传部副秘书长、秘书长，中央高级党校一部主任，1955年起任中国科学院哲学社会科学学部的学部委员、常委。

1955～1966年，胡绳任中共中央政治研究室副主任，红旗杂志社副总编辑。

"文化大革命"中他遭受迫害，被撤销一切职务，停止工作，先被关押在红旗杂志社，后下放红旗杂志社石家庄干校劳动，直至1973年后渐渐恢复工作。

1975～1983年，胡绳先在国务院政治研究室和毛泽东选集工作小组工作，后任毛泽东著作编辑委员会办公室副主任、中共中央文献研究室副主任。

1983～2000年，他任中共中央党史研究室主任，1994年任中央党史领导小组副组长。

1985～1998年，胡绳任中国社会科学院院长、党组书记（至1989年），国务院学位委员会副主任委员（1988.10～1995.4）；曾任中国史学会会长、中国中共党史学会会长、孙中山研究会会长。1990年欧洲科学、艺术与文学科学院授予他院士称号。

他曾任香港特别行政区基本法起草委员会副主任委员（1985.6～1990.4）、澳门特别行政区基本法起草委员会副主任委员（1988.9～1993.2）。

1988～1998年，胡绳连任第七届、第八届中国人民政治协商会议副主席。

胡绳是中国共产党第八、十、十一、十二、十三、十四、十五届全国代表大会代表，第十二届中共中央委员。第一、二、三、四、五届全国人民代表大会代表，第四届、第五届全国人大常委会委员。

新中国成立后的几十年间，胡绳长期担任党和国家的宣传、思想理论和学术研究部门的领导职务，参与和领导过党和国家的许多重要文件的起草工作。他长期从事理论、政策和学术研究，发表了许多文章。他以满腔的热情研究、阐发和宣传马克思主义的理论，努力使之与中国革命和建设实际相结合。他始终坚持马克思主义、坚持理论联系实际、坚持实事求是，在此基础上撰写了一系列关于总结党的历史经验和教训，建设有中国特色社会主义的论文，多有创见，产生了积极广泛的社会影响。

这一时期的主要著作有《从鸦片战争到五四运动》、《历史和现实》（文集）、《胡绳文集（1935～1948）》、《胡绳文集（1979～1994）》、《马克思主义与改革开放》（文集），主编《中国共产党的七十年》等。

在60多年的学术活动中，胡绳追求真理，与时俱进，不断开拓，应用马克思主义广泛地研究、讨论中国政治、思想、文化等方面的历史和现实问题，探索中国独立、解放和现代化建设的道路，写下大量的评论文章和多部著作。将革命性和科学性结合在一起，将理论、历史和现实结合在一起，是他一生研究和写作的特色。他的作品以言之有据，注重分析，逻辑严密，深入浅出，说理透彻见长。在学术讨论中，他尊重对手，平等待人，从不以势压人。钱钟书引用禅家公案的话"有理不在高声"加以赞许。

胡绳还是一位诗人。他的诗作题材丰富，格律严整，情真意切，洋溢着浓郁的生活气息和文采。《胡绳诗存》收录了他毕生所作的大部分诗作计345首。他平生酷爱读书，手不释卷，晚年把自己的藏书捐赠给湖北省襄樊市图书馆。他关心青年，奖掖后学，1997年捐献出多年积蓄的稿酬发起创立青年学术奖励基金。胡绳心胸豁达，为人宽厚，生活简朴，谦虚谨慎，廉洁奉公，严以律己，宽以待人，严格要求子女和家人。他崇高的奉献精神和不懈追求真理的精神，他严谨朴实的学风，值得后人学习和发扬。

二、主要研究领域和学术成就

1. 在哲学领域的学术成就

胡绳在一生的学术耕耘中，对马克思主义哲学的中国化和大众化作出了突出贡献。胡绳开始从事马克思主义哲学著述是20世纪30年代中后期，是继艾思奇之后中国马克思主义哲学大众化的又一代表性人物。他的著作影响广泛，许多青年就是通过阅读他的文章和一些小册子而接受马克思主义并走上革命道路的。比他晚一辈或者更年轻一些的理论工作者，大都受到了他的影响和熏陶。

1937年2月，19岁的胡绳应生活书店总编辑张仲实之约，为《青年自学丛书》撰写的《新哲学的人生观》一书在上海出版。这是他的第一本哲学著作，以贴近时代的内容,通俗独特的语言和别出心裁的写作形式,赢得了众多青年读者,当年即一再重印。

关于写这本书的动机,胡绳说是直接针对1923年以来中国人生观问题的争论。他认为,在这场争论中,由于受机械自然观的影响,"科学的人生观"并没能彻底战胜"玄学的人生观"。"要能够真正战败'玄学的人生观',而且要能批判地接受'科学的人生观'中的积极成分,并克服它的错误的成分,这种人生观显然要把它的理论的基础建筑在新哲学上面——我们就在这样的意义上,提出我们的人生观。"他指出,唯心论和机械论的人生观都是错误的、有害的,只有现实主义的新哲学的人生观才是唯一正确的人生观,才能指导人们积极向上去为追求真理而进行斗争。这里提出的"新哲学"即马克思主义哲学。

《新哲学的人生观》向青年传播马克思主义有关人生观的观点,在青年中提倡一种积极向上的生活,用新哲学来改造自己和客观环境,具有十分积极的意义。这本宣传马克思主义哲学思想的通俗读物,在抗日战争期间遭到国民党当局的查禁,理由是立论偏激,不满现实,有违审查标准,指称"该书以通俗笔调鼓吹偏激思想,全书主旨在阐述确立人生观须以唯物论作根据,以唯物论辩证法作准则"。

1938年8月,胡绳的又一哲学著作《辩证法唯物论入门》问世。推动他写这本书的,是新知书店负责人薛暮桥、徐雪寒、华应申。这本书用理论联系实际的方法阐发马克思主义哲学的基本原理,并有所创见。出版后至新中国初期,在解放区和内地一些书店多次翻版重印,产生了更加持久而广泛影响。

《辩证法唯物论入门》的《前记》说明:书名叫作"入门",就是比较通俗,是为对于哲学还缺少基本的完整的认识的人而写的。他申言,为了做到辩证唯物论的"中国化",一面极想在理论的叙述中,随时述及中国哲学史的遗产以及近30年来中国的思想斗争,这点没有能做到;但另一面,是用现实的中国的具体事实来阐明理论的。联系目前在每个中国人面前的无限丰富的急剧变动的现实,特别注意从事实的分析中说明理论,不使读者感到所举的例子是用来凑理论的。他特别说明:"这书的内容,虽然是辩证法唯物论发展到最近的总成绩的一个'复述',但是因为是通过了我的头脑而经过一度整理,又通过了我的叙述方法,并且在有些部分中也不免加入了我自己的一些见解而写下来的。"他认为,"一本真正通俗的,能够给工人、农民阅读的辩证唯物论的读本,必须根本改变一般的叙述的系统,要从现实的具体生活的描写出发,加以分析,逐步达到客观现实的法则性的揭发,最后达到哲学上的最高理论的阐明。"

这本书遭到与《新哲学的人生观》同样的命运,也遭到国民党当局查禁。曾任轻工业部副部长的杨波说,他是读了这本书才要参加革命的。

在这两部著作前后至1948年,胡绳还陆续发表了《哲学漫谈》、《思想方法》、《中国问题讲话》、《怎样搞通思想方法》等系列文章和著作。

《哲学漫谈》写于1936年12月至1937年7月,是通讯体裁的系列文章,共14篇,比《新哲学的人生观》更通俗。胡绳写作动机和目的很鲜明:就是认定哲学与生活紧密相关,它们是一件事;青年们要勇于追求真理,推翻一切腐朽的社会制度。这组文章简明系统地介绍马克思主义哲学原理,通俗明快,笔调轻盈,于细微处见大道理。显然,他是想以简明的话语、漫谈的方式来讨论哲学,把哲学从教授的讲坛中解放出来。他曾考虑把《哲学漫谈》加以修改,出版一个单行本,但未能如愿。

《思想方法》是几本中篇幅最小的一本,汇集了胡绳1940年发表在《读书月报》专栏的有关文章。这是一本更为通俗的宣传哲学的小册子,"结论"中明确地说:"我们的正确的思想方法就是唯物辩证法的方法。"书中把斯大林所提出的辩证法四个要点作为思想方法,予以通俗的初步的说明。这本书在1949年后还多次重印,1951年1月出到第10版约10万册。

《怎样搞通思想方法》汇集胡绳1947年至1948年在香港为上海《中学生》杂志写的一组文章。这本书对马克思主义认识论作了很通俗的阐发。提出要搞通思想方法,"就是要掌握科学的思想方法,而科学的思想方法的基本特征就是实事求是,全面照顾"。"马克思主义的思想方法是唯物辩证法的方法。唯物论的观点要求从实际出发的思想方法,辩证法的观点要求正确地照顾全局的思想方法。两方面的要求结合为一体。能客观才能全面,能全面才真是客观。"这本书在1949年后短短的五六年时间中,印行约60万册。山口一郎将其翻译成日文,题为《对事物的认识方法和思考方法》,在日本多次出版,至1978年印数已20多万册。

《中国问题讲话》运用历史唯物主义从基本理论上分析说明中国现实问题,富有哲理,给人启发。《中国问题讲话》共36段,每段800字左右,从1945年10月到1946年4月在《新华日报》上连载,署名"友谷"。因受当时政治环境影响,不可能在重庆出书,后来由解放区的出版社结集出版。

胡绳在哲学领域的学术成就还有一项不大为人所知,就是他负责并组织和参与编写新中国第一本全国通用哲学教科书,即由艾思奇署名主编、人民出版社1961年出版的《辩证唯物主义 历史唯物主义》。这本书是由中共中央书记处决定编写、邓小平指定要胡绳负责的,供全国高等院校、各级党校使用的哲学教科书,它改变了我国哲学教学主要采用苏联教科书的状况,流行甚广,中国哲学界公认"是当时国内的最高水平"。

1961年夏，胡绳、艾思奇、关锋、韩树英、萧前、邢贲思一行 6 人前往北戴河，对全书修改定稿。根据胡绳的安排，集体讨论，逐章通过，即一章一章逐段地通读，边读边议，字斟句酌，一段读完，胡绳和艾思奇问大家有无意见，没有意见就通过，小的文字上的提法问题当场定，个别段落需要重写的拿出来修改，第二天再讨论。

韩树英说，教科书的书名是胡绳定的，叫《辩证唯物主义 历史唯物主义》。审稿结束后的一次会上专门讨论了署名问题。胡绳说主编就是艾思奇同志，上面决定就这样定。据邢贲思的回忆，在署名问题上，胡绳很谦虚，说自己不是搞哲学的，而且党校教师是主力，主编就不挂他的名。如果要提到他，就说明他参加了顾问性质的工作。

胡绳是《中国大百科全书·哲学》主编。

2. 在历史学领域的学术成就

（1）中国近代史研究

胡绳不仅是哲学家，也是历史学家，在中国近代史和中共党史研究领域卓有成就。他的史学著述一以贯之的是马克思主义唯物史观。

刘大年这样评价胡绳：由于他致力于历史研究，同样也致力于马克思主义哲学研究，准确地说他是用哲学统率对客观存在和演变的历史的认识。一切真正的历史学家总是思想家和哲学家。胡绳著作的思想力量最终来自哲学指导的力量，而他讲哲学的著作又是同历史研究相结合的。

胡绳自 20 世纪 30 年代末开始研究中国近代历史，1939 年发表第一篇论文《论鸦片战争——中国历史转变点的研究》。以后陆续写了一批论述中国近代历史事件和历史人物的文章。在中国人民争取民族解放的斗争进入最后决战的前夕，1947 年他在香港只用几个月时间写成一部题为《帝国主义与中国政治》的专著，于翌年在香港和重庆同时出版。这本书着重考察分析列强在侵略中国的过程中，怎样寻找和制造他们的政治工具；他们从中国统治者和中国人民中遇到了怎样不同的待遇，以及政治改良主义者乃至资产阶级革命派对帝国主义的种种幻想曾经怎样损害了中国人民革命事业等。通过这种研究，胡绳发现并剖析了自 1840 年鸦片战争开始的 80 多年间封建统治者、人民、外国侵略势力三者间的真实而复杂的关系，令人信服地揭明，"帝国主义和中国封建主义相结合，把中国变为半殖民和殖民地的过程，也就是中国人民反抗帝国主义及其走狗的过程"这一中国近代史的主题，在 1864 年即太平天国失败时已全部形成。这本书以其独到的史识和对历史规律性的深入揭示，以及脉络清晰、自然流畅的表述方法，赢得众多读者和中外史家的长久兴趣。1952 年至 1996 年在北京共出 7 版。有英文、俄文、德文、西班牙文及日文的译本。

胡绳的《帝国主义与中国政治》一书，与稍早出版的范文澜的《中国近代史》（上册），对新中国的中国近代史学科的建设产生了深远的影响，在一个相当长的时期里成为中国近代史的研究规范。

1953 年胡绳在中央高级党校讲课时，写了 4 万字的《中国近代史提纲》（1840—1919）（简称《提纲》），由党校印成小册子而传到史学界。在此期间，胡绳对中国鸦片战争至五四运动这一段历史形成了一些看法，并于翌年发表《中国近代历史的分期问题》一文对这些看法作了初步说明。文章提出"三次革命高潮"的概念，主张以此作为中国近代史的 1840 年至 1919 年这段历史分期的标准。这篇文章连同《提纲》，对当时中国近代史的教学与研究产生了很大的影响，并引起学术界对中国近代史分期的一场热烈的讨论。

70 年代，胡绳利用"文化大革命"中"靠边站"的机会，写成 70 多万字的《从鸦片战争到五四运动》一书，1981 年由人民出版社出版。这部著作以"三次革命高潮"为结构骨架，论述 1840～1919 年的历史。从这 80 年间中国社会历史发展的实际出发，通过系统的分析，使读者对这段历史有了一个完整的而不是零散的、本质的而不是浅表的认识。这部著作受到历史学界和广大读者的重视，不仅推动了中国近代史的研究，也是一部能够使读者从对历史的系统了解中受到深刻的爱国主义、社会主义教育的优秀读物。

《从鸦片战争到五四运动》1997 年修订再版时，胡绳在通读和修改全书的过程中，考虑了几个问题，在《再版序言》中他谈了自己的看法。其中关于阶级和阶级斗争的问题，他说："我写这本书是使用阶级分析的观点和方法。其所以使用这种观点和方法并不是因为必须遵守马克思主义，而是因为只有用马克思主义阶级分析的观点和方法，才能说清楚在这里我所处理的历史问题。""有人认为改良是比革命更好的方法，所以不应当推崇革命。但历史事实是，在社会政治发展中，改良的道路走不通的时候，才发生革命。对于革命和改良，不能脱离具体的历史条件而作抽象的价值评估。"关于可否以现代化问题为主题来叙述和说明中国近代的历史的问题，他认为这种意见是可行的。"从 1840 年鸦片战争以后，几代中国人为实现现代化作过些什么努力，经历过怎样的过程，遇到过什么艰难，有过什么分歧、什么争论，这些是中国近代史中的重要题目。以此为主题来叙述中国近代历史显然是很有意义的。""但是以现代化为中国近代史的主题并不妨碍使用阶级分析的观点和方法。相反的，如果不用阶级分析的观点和方法，在中国近代史中有关现代化的许多复杂的问题恐怕是很难以解释和解决的。"

《从鸦片战争到五四运动》出版后，胡绳即着手准备写续篇《从五四运动到人民共和国成立》，以写成一部完整的中国近代史。但因工作繁忙、接连的病患困扰和恶化最终没有实现。胡绳晚年请丁伟志和徐宗勉协助他写这本书。从 1995 年 3 月至 1998 年 10 月，他把自己多年形成的一些看法和构想，与丁伟志和徐宗勉等人进行了 10 次谈话，谈了 9 个问题，内容分别是关于"中间势力"，关于"半殖民地"，关于反对帝国主义，关于走资本主义道路，关于五四运动，关于中国共产党，关于国民党，关于"三个角色"，关于编写中应当着重研究的四个问题。胡绳逝世后，这 10 次谈话录音记录整理成稿，在《百年潮》、《中共党史研究》和《历史研究》分别刊出若干部分，并收入《胡绳论"从五四运动到人民共和国成立"》和《胡绳全书》第七卷。

龚育之认为：胡绳遗著内容丰富，最重要的要数谈"从五四运动到人民共和国成立"的一组 10 篇谈话。胡绳晚年重新思考这一段同我们的关系最密切的历史，提出了许多闪光的新思想，许多值得我们深思的问题。

(2) 中共党史研究

胡绳从 1982 年起担任中共中央党史研究室主任，至 2000 年逝世。他对中共党史研究作出了重要的贡献。

他在主持党史研究室的工作中，对中共党史的研究和写作，对民主革命时期和社会主义时期党史的总体把握，以及一些重要事件、重要人物等等方面的论断，都发表过许多讲话和文章，提出了自己的见解。1991 年由他主编的《中国共产党的七十年》，是一部具有权威性的中共党史简明读本，发行量达 600 多万册，有英文译本在国外发行。

在《关于〈中国共产党的七十年〉的编写情况》一文中，胡绳概括地说明这本书的主题思想："这本书想写出党在民主革命时期和社会主义革命和建设时期取得的伟大成就，而这些成就是经过艰难曲折的过程取得的。党在中国人民中的领导地位，是在历史发展中形成的。""中国革命的全部过程，一直到社会主义建设，只有在中国共产党领导下才能实现。社会主义是中华民族、中国人民的历史的选择，所以不论经过怎样的风风雨雨，它都能够在中国大地上开辟前进的道路。"这本书在记述"文化大革命"之前 10 年的一段历史时，提出在探索社会主义建设道路的过程中，党的指导思想有"两个发展趋向"的观点。即一个趋向是在探索中逐步形成的一些正确的和比较正确的理论观点、方针、政策和实践经验；另一个趋向是逐步形成一些错误的理论观点、方针政策和实践经验。这两种趋向许多时候是相互渗透和交织的。后一种趋向直接引导到"文化大革命"这场灾难,而前一种即正确的趋向也正是十一届三中全会以来正确的路线方针的先导。这里提出的"两个发展趋向"的观点,他认为"也许至少这是提供了足以贯穿社会主义时期历史的一种看法"。

胡绳在多篇讲话和文章中,对中共十一届三中全会的历史意义作了充分的论述和高度的评价。他认为这次全会"确实决定了中国的命运"。如果没有三中全会后一系列的政策,没有邓小平的建设有中国特色社会主义理论,没有党的基本路线,"那么就不是社会主义建设发展得好不好的问题,不是发展中有什么困难的问题,而是我们的社会主义是否还存在的问题,也就是说有亡党亡国的危险。""隔的时间越久,就越能看出十一届三中全会的历史意义,这就像遵义会议一样。"因此,他提出"把十一届三中全会作为划分时期的标志,把社会主义时期党的历史分为三中全会以前和以后两个大时期"。他提出这个意见,对于了解和编写社会主义时期党史有重要意义。

胡绳还在多篇讲话和文章中提出对加强和改进党史研究的许多意见。他一贯主张历史研究要与现实保持联系。强调不是为过去而研究过去,研究过去是为了现在和将来。他要求党史工作者要关心现实,关心现实生活中的思想问题、理论问题。他还希望党史工作者注意学习中国近代史,学习理论。提出讲党史和革命史,要多讲一点革命的背景,使人们了解革命不是主观制造出来的,而是在一定的历史的政治、经济和社会条件下形成的。还要多讲一点党外的群众、多讲一点爱国民主人士同中国共产党的关系,给予共产党的帮助,注意讲中间势力的作用和变化等。

3. 在国家法制建设方面的贡献

胡绳虽非专业的法学家,但他在新中国法制建设方面做了许多重要工作。

1954年,胡绳参加了新中国第一部宪法和宪法报告的起草工作。1978年修订宪法,他负责牵头起草关于修改宪法的报告、宪法草案及其说明。1982年修订宪法,他担任宪法修改委员会副秘书长,做了大量的组织和文字工作。4月,他举行记者招待会,介绍刚公布的《宪法修改草案》的修改过程,并回答记者提出的问题。11月,人大五届五次会议通过彭真所作宪法修改草案的报告,通过中华人民共和国第四部宪法。胡绳出席会议并担任主席团成员和大会主席团领导的宪法工作小组组长。会间根据代表在讨论中提出的意见,对宪法草案进行最后修改完善。

胡绳晚年接受中央文献研究室和中央电视台关于宪法问题的采访,主要讲1975年宪法的错误及1982年宪法的改进之处。他指出,1982年宪法在很大程度上回到了1954年宪法,并对其作了许多重要的修改和补充。把"公民的基本权利和义务"

改为第二章，摆在"国家机构"前面，应该说是很有意义的，就是说，国家机构当然很重要，但人民的权利义务更重要。人民在一个国家中所处的地位，它的权利义务怎么样？这是国体问题。政府机构怎么组织是政体问题。再有1982年宪法第五条规定："一切国家机关和武装力量、各政党和各社会团体、各企业事业组织都必须遵守宪法和法律。一切违反宪法和法律的行为，必须予以追究"，另外还有一条，"任何组织或者个人都不得有超越宪法和法律的特权"，这显然是十分重要的规定。中国共产党在1982年制定党章时也作出规定："党必须在宪法和法律范围内活动"。党章与国家宪法相呼应，这是很重要的。

1985～1990年、1988～1993年，胡绳先后担任香港特别行政区基本法、澳门特别行政区基本法起草委员会的副主任，负责起草文字的总体工作，并多次到香港和澳门考察、征求各界人士的意见。在起草香港基本法过程中，他与包玉刚主持总体工作小组，负责对基本法各章条文草稿进行总体上的调整和修改。胡绳为制定香港、澳门两个特别行政区的基本法，付出极大精力和心血，做出了特殊的贡献。

胡绳参与领导《中国人民政治协商会议章程》和《政协全国委员会关于政治协商、民主监督、参政议政的规定》的修订工作。1988～1998年，胡绳当选全国政协第七届、第八届副主席。1993年5月，政协八届二次常委会决定修改政协章程，成立李瑞环为组长的修改工作小组，胡绳任副组长。经过一系列的工作，政协章程修订稿定稿。1994年2月，中共中央政治局开会讨论政协章程的修改，胡绳汇报修改情况，无异议得到通过。3月，全国政协八届二次会议通过关于《中国人民政治协商会议章程》（修正案）的决议，政协章程修正案把参政议政列入政协的主要职能。

4. 晚年在思想理论领域的学术成就

1978年中共十一届三中全会开启了中国改革开放的新时代。

在20世纪80～90年代，胡绳以极大精力关注和研究中国社会主义发展的现实问题和理论问题，发表了一系列很有理论深度的论文。这些文章都是针对现实生活中一些重要的疑难问题而发的，总是以论述深刻和见解新颖而引起国内外知识界的广泛注意。

胡绳把这一时期较重要的文章结集为《马克思主义与改革开放》，选收11篇文章，题目是：马克思主义和中国国情、为什么中国不能走资本主义道路、关于近代中国与世界的几个问题、论中国的改革和开放、社会主义和资本主义的关系——读书笔记、毛泽东一生所做的两件大事——纪念毛泽东诞辰一百周年（附：对《毛泽东一生所做的两件大事》一文的几点说明）、什么是社会主义，如何建设社会主义?——学习《邓小平文选》第3卷、马克思主义是发展的理论、中国近代史研究中的几个问题、资本主义和社会主义的关系——世纪交接时的回顾和前瞻、毛泽东的新民主主义论再评价。

龚育之评介说：这是胡绳生前出版的最后的著作……写这些著作的时候，胡绳年纪渐入老境，思想却是年轻的，是与我们党、我们国家、我们时代的前进而俱进的。就像他的一首诗中说的："此心不与年俱老"。

胡绳通过分析总结我国新民主主义革命、尤其是社会主义革命和建设的历史经验，清算长期深重的"左"倾错误影响，充分论证必须深刻认识并从中国国情的实际出发，独立地开创性地运用马克思主义的普遍原理，才能找到革命和建设的成功道路。他指出，是否从国情的实际出发，是马克思主义的科学社会主义和一切空想社会主义的区别。

胡绳深入分析中国的特殊国情，有力地论证了中国坚持走社会主义道路的历史必然性。

胡绳紧紧抓住资本主义与社会主义的关系和如何认识正确处理这种关系，这一涉及中国发展和前途命运的重大问题。他指出，社会主义社会对于资本主义社会，不仅是对立的关系，而且是继承的关系。他认为，"20世纪最后20多年的实践，加上在此以前30年的正面和反面的经验，大体上可以使我们得到如下结论：（一）为克服任何形式的民粹主义倾向，必须坚持以经济建设为中心。（二）社会主义的大厦只能在人类过去世代（也就是阶级社会，其中主要是资本主义社会）积累的文化遗产基础上建筑起来。简单地抛弃资本主义社会的一切，绝对无助于社会主义。（三）公有制的社会主义社会只能建立在社会化的大生产之上。有关大生产的知识和本领可以从若干不同的途径获得，但最便捷的途径是向发达的资本主义学习。不善于学习（分析、扬弃、改造、发展），几乎不可能建设社会主义。（四）社会主义能够并且必须善于利用资本主义并克服其负面影响。"

胡绳在多篇文章中着力分析反复阐明"左"倾错误的表现、危害和根源，及防"左"的必要性和怎样防"左"。他指出，"左"倾错误给我们的教训是，不从中国的具体情况出发，而只凭一些"公式"（这种"公式"往往是片面地解释马克思主义而形成的）绝不能正确地指导社会主义建设。左倾错误供奉了一些"女神"，是"最革命"的、"最纯洁"的、"公平"的社会主义的女神，使社会主义丧失了它必须具有的唯物主义的基础。总结新中国成立以来的经验教训，他认为，长时期内犯"左"的错误，表现及原因可以概括为：一是由改变中国落后面貌的紧迫感而形成的急于求成的倾向；二是错误地搬用民主革命时期的经验，如"以阶级斗争为纲"，不断革命，大搞群众运动等；三是追求某种空想的社会主义的典型；四是脱离实际，不断地强求社会主义的"纯洁化"。他认为，防"左"第一条，就是要防止再"以阶级斗争为纲"。必须维护经济建设一个中心，两个中心或者类似两个中心的说法，都是错误的。第二条，防"左"就是要防止因为怕资本主义而不改革开放。不能脱离具体实际问姓"资"姓"社"，是姓"资"的就不要，是姓"社"的就要。这样问姓"资"姓"社"，改革开放的确迈不开步子，甚至会根本取消改革开放。对于改革所面临的问题，他认为，改革要过两个关，一个是商品经济关，"建立社会主义商品经济的新秩序"；另一个是民主政治关，"建立社会主义民主政治的新秩序"。他指出，党的十一届三中全会以后实行的一系列新的方针政策，是以过去的超越社会主义初级阶段的错误为鉴而提出来的。我们所实行的一切方针政策都必须符合于社会主义初级阶段的实际，而不能拘泥于社会主义的一般形式，或者说，不能按照抽象的社会主义纯洁性的标准作出判断。尽管不妨把"一穷二白"形容为一张纯洁的白纸，但只凭纯洁的底子，绝不可能任意画出最新最美的图画。

关于马克思主义的发展前途和命运问题，是胡绳晚年特别关注的又一问题，对此他提出一些独到的见解。他指出，马克思主义理论是在不断的发展中的。马克思主义之所以是科学，因为它的一切理论观点都以事实为最后依据，因为它坚持理论和实践相结合。马克思主义的这种特性，决定了它可能而且必然要求理论随着实际生活的发展而不断地发展。不能把马克思主义局限于马克思（加上恩格斯，或者再加上他们的伟大后继者列宁）说过的东西，不能仅仅以马克思主义创始者说过什么或者没有说过什么，来判断什么是、什么不是马克思主义。实践证明，建设有中国特色社会主义的理论和路线是马克思主义社会主义建设学说在中国条件下的巨大发展。中国的社会主义建设远不能说已经完成，建设有中国特色社会主义的理论也不能说已经完成。

胡绳是一位学识渊博、成就卓著的学者。除了马克思主义哲学、历史学是他的长项外，在社会学、政治学、文艺学、逻辑学、语言文学等方面，也都很有造诣。他治学的一大特点，是始终坚持与时代的需要、与人民的需要相结合，与国家与人民同呼吸共命运。他的著述在中国近现代思想文化史上占有重要地位，是给后代留下的一份宝贵的思想文化遗产。

三、胡绳主要论著

胡绳.1936.哲学漫谈.新知识，新学识，1936年12月～1937年7月.

胡绳.1937.新哲学的人生观.上海生活书店.

胡绳.1938.辩证法唯物论入门.重庆新知书店.

胡绳.1940.思想方法.生活书店.

胡绳.1946.理性与自由.上海华夏书店.

胡绳.1946.二千年间.上海开明书店.

胡绳.1946.中国问题讲话.大众文化社.

胡绳.1948.帝国主义与中国政治.香港生活书店,重庆生活书店.

胡绳.1948.怎样搞通思想方法.上海三联书店.

胡绳.1956.中国近代史提纲.北京:中共中央高级党校.

艾思奇.1961.辩证唯物主义 历史唯物主义.北京:人民出版社.

胡绳.1962.枣下论丛.北京:人民出版社.

胡绳.1981.从鸦片战争到五四运动(上、下册).北京:人民出版社.

胡绳.1991.中国共产党的七十年.北京:中共党史出版社.

胡绳.1994.先贤和故友.北京:中国社会科学出版社.

胡绳.1998.胡绳全书(七卷十册).北京:人民出版社.

胡绳.2000.马克思主义与改革开放.北京:中国社会科学出版社.

主要参考文献

丁伟志.2003.解放思想的表率——胡绳晚年思想述论//思慕集.北京:社会科学文献出版社.

胡为雄.2007.新中国第一本哲学教科书编写始末.毛泽东邓小平理论研究,(5).

李庆喜.2010-11-29.胡绳对马克思主义哲学大众化的贡献——胡绳哲学文章及著作简介.学习时报.

胡为雄.2012.胡绳对马克思主义哲学"大众化"的贡献.东岳论丛,(11).

郑惠,徐宗勉.2013.胡绳//中国社会科学院——学术大师治学录.北京:中国社会科学出版社.

撰写者

胡伊朗(1943~),胡绳长子,国家信息中心高级工程师。

巫白慧

巫白慧（1919～），广东惠州人。东方学家，印度哲学家、梵语学家及佛学家。1940年，被选派到印度留学，先后就读于印度国际大学、蒲那大学，获哲学硕士学位。1952年回国，任北京大学东方语言学系印地语讲师，1958年任商务印书馆外语编辑，1978年调入中国社会科学院哲学研究所，1983年创建东方哲学研究室，任首届室主任，指导东方哲学研究工作，主持印度哲学研究课题。1985年，被评为中国社会科学院哲学研究所研究员。自1983年起，已在印度哲学研究领域取得了丰硕成果，特别是在吠陀经研究方面，先后出版了《印度哲学》、《圣教论》及《〈梨俱吠陀〉神曲选》等几部具有重要学术价值的著作。1984年，印度国际大学授予他名誉文学博士学位和最高荣誉教授称号，以表彰他为中印文化交流事业和印度哲学研究方面所做的突出贡献。1991年起，享受国务院颁发的政府特殊津贴。2006年，被选为中国社会科学院荣誉学部委员。

一、成长经历

1919年9月9日，在香港九龙区一座僻静的平民院落里，随着一声清脆的婴儿啼哭声，巫家喜得贵子。然而好景不长，就在巫白慧9岁那年，父亲不幸离开了人世。从此，巫白慧与母亲和年幼的弟弟相依为命，一家三口的生活全靠母亲打工来维持。母亲笃信佛教，皈依三宝，经常领他到佛教庵堂、寺庙去礼佛诵经，聆听高僧大德讲经说法。所以，巫白慧从小受佛教熏陶，耳濡目染，萌生了对佛学的极大兴趣，立志献身，报效佛教事业。

香港向有许多佛教组织，著名的有：菩提讲经场、志莲净院、新界地区的青山寺、大屿山的宝莲禅寺等。这些佛教组织，规模一般没有内地的宏大，但它们麻雀虽小、五脏俱全，肩负着港区弘法利生事业的重任。巫白慧先后在这些佛教道场学习，接受系统的佛教教育。在这里，除了开设汉语、英语等语言文化课程外，佛学自然是主修的一门功课。巫白慧自不例外，不但修学了汉语和英语，而且还学习了许多大乘佛教经论，如《般若波罗蜜多心经》、《金刚经》、《楞严经》、《妙法莲华经》、《大乘起信论》、《唯识三十颂》、《唯识二十颂》等。通过对这些经论的学习，他积累了一定的佛学知识，从而为他日后的佛学研究和印度哲学研究，开启了一扇通往成功的方便法门。1935年，香港佛教界人士陈静涛，礼请太虚莅临香港弘法。其间，经陈静涛引介，巫白慧有幸拜见大师。太虚是中国近代史上一位宗教领袖、佛学家和宗教改革家。太虚深知，人能弘道，非道弘人，兴教在于人才，所以他高度重视教育和对人才的培养。佛教伯乐，慧眼识珠。自打见到巫白慧第一面时，太虚就对这位年轻人产生了浓烈的兴趣。因此，从那时候起，选派佛教青年学者出国留学的计划，便摆上了太虚的议事日程。巫白慧不但英语好，而且佛学功底扎实，选派他去印度留学，是最为合适的人选。于是，在第二次见面时，太虚语重心长，谆谆教诲巫白慧要勤奋学习，刻苦努力。然后话锋一转，问他是否愿意去印度留学、学习梵文和印度哲学。巫白慧不假思索，欣然表示愿意，当即下定去印度深造的决心。正是这殊胜因缘，改变了巫白慧的一生。1938年，巫白慧去了重庆汉藏教理院，专听法尊讲授《菩提道次第论》。1939年，太虚为巫白慧等人争取到了当时的国民政府教育部拨给的留学奖学金。1940年，太虚派汉藏教理院教授法舫法师，带领巫白慧一同启程前往印度。由于当时的交通极不便利，他们需要辗转缅甸，跋涉漂泊一年多，于1942年年初抵达印度国际大学（Visva-Bharati University）。

国际大学位于印度西孟加拉邦，颇尔堡镇附近的一个村庄，名叫"寂乡"（Santiniketan），由印度诗人泰戈尔亲手创办，成立于1918年。寂乡的环境十分幽雅宁静、风光迤逦怡然，自古就是文人骚客、行者贤圣隐居山林，修身养性，兴道办学的理想之地。那里林木葱茏、繁花斗妍，到处可见参天古树、如茵绿草，呈现出一派频伽鸟语、吠陀梵音、香神奏乐、水仙曼舞的世外桃源之象。这里没有现代意义上的高楼大厦，校舍全是清一色的芦苇茅草屋和砖瓦平房。课堂常常设在老榕树荫下，不论老师还是学生，大家全都席地而坐，于飘香花影之际，聆听师者的传道、授业、解惑也。这种以大自然为课堂的教学遗风，可以说是印度古代静修林的现代再现。

国际大学是传递中印文化交流和友谊的纽带与桥梁。中印文化交流，绵延一千余年，为了继承和发扬这一优良传统，重振两国文化交流之强劲遗风，泰戈尔倾注了其毕生精力，利用其所荣获的诺贝尔文学奖奖金创办了这所大学，并在大学的编制上，专门设立了中国学院，提供研究中国学的问题。学院邀请研究中印文化关系的权威学者谭云山担任首任院长，主持复兴中印文化交流事宜，法舫亦被聘为中国学院的教授。在院长谭云山和法舫的力荐下，巫白慧很快就作为免试学员，进入国际大学学习。巫白慧在这里一待就是6年，古老的大榕树下留下了他席地而坐，聆听教诲的足迹和身影。他先后师从善童子、波尔坦、师觉月、谭云山及法舫等老师，主修了古代印度哲学史、古典梵语、佛教梵语、印度逻辑和印度佛学等；选修了印度文明史、印地语和法语。古代印度哲学史课程包括：吠陀经（四吠陀）和奥义书（18 奥义）；古典梵语课程包括：伯你尼的《语法八章》和伐多尼的《成就原理之光》（即语法八章详解）；佛教梵语课程包括：《俱舍论颂》、《唯识三十颂》和《唯识二十颂》等。所以，在国际大学学习期间，他利用自己所积累的深厚佛学知识和外语知识，为学习和研究古代印度哲学，特别是婆罗门哲学，赢得了宝贵时间，并达到了事半功倍的预期效果，同时也为他日后在研究领域取得丰硕成果，提供了重要的物质和精神财富。

1946 年，巫白慧在国际大学毕业，同年考取研究生，1948 年，获硕士学位。1949 年，进入孟买蒲那大学攻读博士学位。在孟买读博期间，正值新中国成立和抗美援朝之际，巫白慧在老同学裴默农（新中国首任驻印度使馆三等秘书）的影响下，积极从事革命工作，帮助大使馆收集、翻译和整理宣传资料，协助总领馆开展侨务工作，交涉和接管前国民政府开办的华侨学校等。其出色的工作和学养，深得使馆领导的高度赏识，赢得了使馆上下一致好评。1952 年，巫白慧向大使馆提出了矢志报效祖国、请求回国工作的意愿。经使馆精心安排，巫白慧乘船经马六甲，辗转香港回国。

回国后，巫白慧任教于北京大学东方语言学系，教授印地语，在此任上，他一共工作了 5 年。1957 年，调任商务印书馆，担任外语编辑，负责主编印地语工具书。1978 年，调入中国社会科学院哲学研究所，为开展印度哲学研究做准备。1983 年，中国社会科学院批准哲学研究所建立包括印度哲学研究在内的东方哲学研究室，并聘请巫白慧担任首任室主任。印度哲学研究是我国哲学研究领域的一个空白，此前一直未曾作为学院式的研究课题，被列入国家哲学社会科学研究项目之内。所以东方哲学研究室的设立，无疑填补了我国哲学研究领域中的一个重要空白。1984 年，有鉴于他在印度哲学及中印文化交流方面的突出贡献，印度国际大学授予他名誉文学博士学位和最高荣誉教授称号。1991 年起，享受国务院颁发的政府特殊津贴。2006 年，被选为中国社会科学院荣誉学部委员。此外，他还兼任中国佛教文化研究所特约研究员、南亚学会理事、中国逻辑学会会员、中华全国外国哲学史学会理事、中国社会科学院东方文化研究中心特别顾问、国际印度哲学会执委会委员等重要职务。

二、主要研究领域和学术成就

回国后,如何开展印度哲学研究?是缭绕在巫白慧心头,但又必须面对和思考的问题。为了更好地抓住开启印度哲学大门的钥匙,巫白慧认真阅读了恩格斯关于宗教起源与吠陀经的论述,并试图从中找到问题的答案。恩格斯说:"一切宗教都不过是支配着人们日常生活的外部力量在人们头脑中的幻想的反应,在这种反应中,人间的力量采取了超人间的力量的形式。在历史的初期,首先是自然力量获得了这样的反应,而在进一步的发展中,在不同的民族那里又经历了极为不同和极为复杂的人格化。根据比较神话学,这一最初的过程,至少就各印欧民族来看,可以一直追溯到它的起源——印度的吠陀经……"(《马克思恩格斯选集》)。真是功夫不负苦心人!恩格斯的这一精辟论述,使巫白慧茅塞顿开,豁然开朗,同时也为他的印度哲学研究,指明了正确的前进方向。深受恩格斯"渊源于吠陀经"的启发,巫白慧制订了自己的研究计划,并把对吠陀经的研究,列在了研究计划的首位。

吠陀经是孕育印度哲学的摇篮。根据印度哲学史,吠陀经的成书年代,上限可以追溯到公元前 1500 年,下限在公元前 800 年左右。大概到了公元前 700 年～公元前 600 年间,即后奥义书时期,印度的思想界异常活跃起来,展现出一派"百花争艳"的新气象。一些持不同见解的宗教家和哲学家纷纷登台亮相。他们各抒己见,各立门庭,针锋相对,相互辩难,出现了类似我国春秋时期"百家争鸣"的局面,并形成了众多五花八门的宗教哲学派别。而这些各持己见的宗教家和哲学家大致可分为两类:一类是维护婆罗门教传统的,另一类是反对婆罗门教传统的。他们的思想体系也同样可以划分为两大类型:一个是属于婆罗门教传统的思想体系,另一个是背离婆罗门教传统的思想体系。前者主要有所谓六派哲学,即数论、瑜伽论、正理论、胜论、业弥曼差论和智弥曼差论(吠檀多)。这六派哲学承认吠陀经的神圣性和权威性,不反对婆罗门教传统,故又叫做"正统派哲学"。后者主要有耆那教哲学、持唯物论的顺世论哲学、佛教哲学,以及其他"六师外道"等。这些宗教哲学流派,既否定吠陀经的神圣权威,同时又反对婆罗门教传统,故又称之为"非正统派哲学"。巫白慧运用马克思主义科学的方法论,从人类文化思想史的发展角度,对印度哲学的发展脉络,进行了认真的梳理,对印度宗教哲学的教义学说,进行了深入的考察与分析,并对之做了科学的概括与总结,为中国的印度哲学研究在国际舞台上赢得了一席之地。

研究印度哲学,巫白慧始终围绕以下四个方面进行:吠陀经哲学;奥义书与吠檀多哲学；印度古代辩证思维；正理因明。这四个方面是他几十年来所涉及的主要研究领域。他在该研究领域所取得的成果十分突出。他所发表的学术专著及一系列有关的学术论文，在国内外学说界产生了空前的影响，并由此获得了国家级、院级以及所一级的表彰和奖励。这些研究成果，概括地说，集中体现在他的四部著作之中——《印度哲学与佛教》、《圣教论》、《印度哲学》、及《〈梨俱吠陀〉神曲选》。以下就他在这方面的研究做一简要概述。

1. 吠陀经哲学

在吠陀经哲学研究方面，巫白慧代表作主要有《〈梨俱吠陀〉梵文哲学诗选》、《吠陀神学系统和哲学》及《〈梨俱吠陀〉神曲选》等，而《〈梨俱吠陀〉神曲选》是他多年研究吠陀哲学的权威力作，此书充分阐释了《梨俱吠陀》的创世神话，认真总结了《梨俱吠陀》的哲理内涵，以及对后吠陀宗教哲学的影响，从而为我们研究吠陀经提供了可资参考的理论依据。

吠陀经是印度最古老的文献，也是印度哲学思想的总根源。吠陀经是"四吠陀"的总称，包括《梨俱吠陀》、《裟摩吠陀》、《夜柔吠陀》和《阿闼婆吠陀》。四吠陀中，《梨俱吠陀》最为古老，蕴含的哲学思想最为丰富，对后吠陀宗教哲学流派的形成与发展，有着直接的影响。《梨俱吠陀》总共有10卷，由1028支神曲组成，是吠陀本集的第一部，它不仅是印度宗教哲学的总起源，同时也是印度美学思想的源泉。巫白慧认为，研究印度哲学，不读《梨俱吠陀》，等于饮水不知水源，对于印度一些哲学流派及其基本理论的形成、演变和发展，只能是知其然，而不知其所以然。巫白慧强调，《梨俱吠陀》是研究印度哲学不可或缺的重要内容，它是开启印度哲学思想宝库的钥匙。所以，在读《梨俱吠陀》时，既要从神学、哲学和社会学的角度去探讨，同时也要从美学的角度来加以考察。

如果说吠陀经是研究印度哲学的法宝，那么，《梨俱吠陀》无疑是打开这座法宝的钥匙。巫白慧从宗教文化和哲学史的角度，对《梨俱吠陀》进行细密分析和认真研究，认为这一时期吠陀哲学家所谈论的，无外乎是关于本体论的问题，并由此归纳出十个根本性的哲学命题：①宇宙起源说；②世界本源说；③有无说；④非有非无说；⑤四种姓说；⑥生物意识说；⑦我无我说；⑧灵魂说；⑨轮回说；⑩如幻说。这些是吠陀经所阐述的基本哲学命题，同时也是后吠陀哲学流派的思想根源。巫白慧认为，后吠陀哲学流派的形成和发展，基本上是由于对这些吠陀哲学问题的接受、理解、消化和发展。可以说，一部印度哲学史所论述的主要哲学命题，正是吠陀哲学家在《梨俱吠陀》中所提出的基本问题。而吠陀经里所叙述的关于三十三个天神的神话，无疑是一切后吠陀印度神话的主要来源。巫白慧将这些神话归纳为"自然神论"和"超自然神论"两大部分。而后者又分为"有相超自然神论"和"无相超自然神论"，并由此构成一个吠陀神学系统。它基本上反映了吠陀神话与吠陀哲学之间的相互依存、相互发展的关系。

在吠陀美学研究方面，巫白慧撰写了《〈梨俱吠陀〉梵文美学诗选》一文。此文精辟阐释了吠陀哲学家关于"幻"的原理，揭示了吠陀哲学家创造性地表述幻的美学内涵。吠陀哲学家把幻划分为两个部分，即二幻：幻现、幻归。幻现，是说外在世界的艺术创造，即经验世界的一切现象都是由抽象的绝对实在（神）以自身的幻力变现出来的；幻归，是说幻现的复归。幻现的一切现象是暂时的、无常的，最终还要复归于设定的超验实在——本体。这意味着，幻现是游戏神通，变现"天、地、空"三界；幻归是美在精神上的升华，从美的幻现复归于美的终结、美的本源、美的绝对。巫白慧指出，吠陀哲学家正是根据这二幻原理，创造出他们的宇宙谱上和神谱上的二大类艺术角色，即一类是神鬼性质的角色，一类是非神鬼性质的角色。他们把这两类角色摆入心灵深处进行艺术加工，完美地赋予每个角色以生动的外在形象和闪烁的内在气质，达到了泛神主义的艺术高度——庄严美和崇高美。这种美，已不是自然美，而是所谓超自然美的艺术美和再生美。

巫白慧进一步指出，吠陀哲学家把幻作为观察世界从产生到消亡的基本方法，在哲学上既是一种世界观，又是一种认识论。自从幻论被提出以后，印度的主要哲学流派一直把它作为一个十分重要的哲学问题加以探讨。大乘佛教的中观学派和瑜伽行派，以及婆罗门教的吠檀多不二论者，基本上都把幻作为各自范畴系统中的重要概念。虽然这一理论被后吠陀的哲学流派反复阐述和不断丰富发展，但他们就幻的根本看法从未离开过《梨俱吠陀》的原始立场。

在吠陀轮回说研究方面，其代表作有《吠陀轮回说探源》，此文详细阐述了轮回说在吠陀经中的原始形态，认为轮回说在吠陀时期尚未赋予后吠陀宗教意义上的内涵，但它的原始形态在吠陀经中可以找到，那就是吠陀经中所出现的如"天堂、地下、善业、恶业、灵魂、意识"等这些可构成轮回的基本要素。可以说，吠陀的灵魂转生说是后吠陀轮回说的雏形，它基本具备了构成轮回的三个要件：一，轮回的境界（如天堂、地下）；二，轮回的业因（如善恶行为）；三，承受轮回的主体（如灵魂、意识）。在印度哲学史上，灵魂说在渊源上可能比轮回说更加古老。灵魂说，被雅利安人从他们的发祥地中亚西亚带到了印度，并在《梨俱吠陀》时期发展而为灵魂转生的"轮回说"。有关灵魂转生的问题，根据巫白慧的研究，当时就有两种截然相反的看法：一类是持肯定的态度，承认灵魂存在、灵魂不灭，认为灵魂在肉体死亡后离开人间，其去处或归宿取决于死者生前的善恶业。生前做了善业，死后他的灵魂会得到火神的引导，往生阎摩王国；生前所做的不善业，决定了他的灵魂将会受到天神的谴责和惩罚，并被打入地下深渊。另一类是持否定的态度，不承认所谓灵魂不灭，灵魂能够转生的说法。认为生物界肉体的产生是由"地、水、火、风、空"五种物质元素集合而成，肉体的死亡，是由于这五种元素的损坏、散离而造成的。灵魂（意识），既因五种元素的和合而产生，又因五种元素的散离而消亡。肉体消亡，灵魂不复存在，故不存在所谓灵魂，更没有所谓灵魂转生之说。巫白慧指出，这一观点含有浓厚的朴素唯物主义的因素，值得进一步研究和探讨。

2. 奥义书与吠檀多哲学

奥义书，既是吠陀文献的末尾，又是对吠陀哲学的总结，故又称之为"吠檀多"，意即"吠陀的终结"或"吠陀的总结"。奥义书结集成书是在吠陀经之后，它对吠陀经中的主要哲学思想和理论进行了总结和发展，故此得名"吠檀多"。

在奥义书哲学研究方面，巫白慧的代表作有：《印度吠檀多主义哲学》、《奥义书及唯物论哲学》、《论印度哲学中的"断常"二见》等。这三篇论文概述了奥义书三个方面的理论：

①奥义书突出地总结了吠陀经的原人哲学内涵，并且在此基础上发展了原人即梵，原人是我的"原人、梵、我"三位一体的本体论哲学。伴随着这一理论体系的发展，奥义书构建了一系列与梵我相对应的哲学范畴，以说明梵我幻现的情世间和器世间。巫白慧认为，梵是吠陀原人原理在奥义书的新发展。它具有和原人一样的超验特征，而其哲学内涵更加丰富，更为奥妙，并成为奥义书哲学理论系统中的核心部分。根据奥义书哲学，梵与原人一样，具有两方面的特征，即既有绝对的一面，又有相对的一面。绝对的一面是：无相、不死、灵活、彼岸；相对的一面是：有相、有死、呆板、此岸。前者称为"上梵"，后者称为"下梵"。梵是物质世界的本原，宇宙的基础。上梵是真实的存在，超验的存在；上梵幻现出下梵，故上梵是真。下梵是非真实的存在，是经验的存在，故下梵是假。所以，上下二梵，一真一假，由真而假，假本非真，终归一实；如是即真即假，即假即真，真假相涉，二梵同一。巫白慧指出，所谓"原人即梵、原人即我"，是在超验意义上阐述"原人、梵、我"三者同一不二的无差别的哲学内涵。在经验意义上，三者各有外在的经验性形式。原人全部经验性的内涵演变为两部分：一部分构成梵的经验性特征，一部分构成我的经验性特征。梵与我的区别主要在于二者在不同的范畴中有着不同的功能——梵被看作客观世界的基础，我被认为主观世界的根源。奥义书哲学家由此构想出二梵

和二我。二我谓大我和小我，前者是超验的，后者是经验的；大我是真，小我是假。经验之我是超验之我幻现的外在形式或化身。化身的超级形式便是创世之我。创世之梵和创世之我，同一性质，即同是超验实在的两个经验性的形式。故谓"梵即是我，我就是梵"。巫白慧认为，二梵论和二我论在奥义书中的发展，说明原人哲学在从客观唯心主义过渡到主观唯心主义的同时，把二者同一起来，构成一种客观唯心主义和主观唯心主义的混合一元论。

②印度哲学从吠陀的萌芽期起，就有唯心论和唯物论两种思想形态。不过，在许多情况下，唯心论占了上风，唯物论遭到歪曲和批判。古老的奥义书，记载了"不灭者是神还是物"的论争命题。唯心论者执"不灭者是神"的观点，而唯物论者持"不灭者是物"的观点。这是唯心论与唯物论的一场既深刻又重要的哲理论争。在奥义书中，虽然唯心论哲学占据着理论优势和主导地位，但它时刻受到唯物论的批判和挑战。巫白慧指出，在印度哲学史上，除了昙花一现的顺世论以外，唯物论虽然没有形成具体的哲学派别，但它作为一种与唯心论对立的哲学思潮，处于一种潜存或潜伏的状态，一直延续了两千余年。因此，在浩瀚的吠陀文献和奥义书中，我们拨开唯心论和神秘主义的纱罩，随处可以看到那些闪光的唯物论思想的颗粒。

③传统印度哲学的演变与发展，有两个基本观点，并始终贯穿和支配着这一过程。它们是"常在的观点"（常见）与"断灭的观点"（断见）。前者设定宇宙间存在着一个永恒的精神实在，反映了印度唯心主义者的基本观点；后者否认宇宙间有所谓永恒的精神实在，反映了印度朴素唯物主义者的基本思想。巫白慧认为，除佛教外，任何一个印度哲学派别，不论是正统派哲学，还是非正统派哲学，它们不是沿着常见的路线发展，建立自己的哲学体系，就是沿着断见的路线发展，建立自己的哲学框架。巫白慧指出，断、常二见是一条贯穿着印度哲学思想发展全过程的主线。抓住了这条主线，无异把握到印度哲学发展史的心跳和脉搏。印度哲学史的一个特点是：唯心主义哲学在形式上支配着印度哲学思想发展的全过程，唯物主义只是作为唯心主义的批判对象而存在；而事实上从印度哲学史的序页起，就有所谓唯心与唯物两种思想的明争暗斗。

3. 印度古代辩证思维

在印度古代辩证逻辑思想研究方面，巫白慧的代表著作有：《论四句义的哲学内涵》、《龙树的中观论及其几个主要发展阶段》等。一提到印度的逻辑学，自然就会联想到它的形式逻辑——正理因明，而对于它的辩证逻辑则很少涉及。其实，印度的辩证逻辑思想比它的形式逻辑还要古老。早在吠陀哲学家那里，就提出了一种朴素的辩证思维模式，即从"有、无"的矛盾，到"非有非无"的统一。从吠陀时期起到大乘佛教的龙树时代，其间经历了几个重要的发展阶段：吠陀阶段、怀疑论阶段、缘起说阶段、中观论总结阶段。所以，印度的辩证思维发展到了佛教时期，已具备了较为完整的理论和形式，特别是到了龙树时代，四句义的哲学内涵得到了进一步完善和发展。这正像恩格斯在《自然辩证法》中高度称誉的那样——佛教徒已处于古代辩证思维较高发展阶段上。而印度古代这种具有较高发展水平的辩证思维形式，是一种多重的逻辑模式，即印度逻辑学上通常所说的"四句义"形式。四句义，即"有、无、非有非无、亦有亦无"这类四句逻辑模式。巫白慧关于这一部分的研究，主要集中在对佛教辩证法大师龙树的中观论上。关于龙树辩证法思想的研究，巫白慧着重就其理论系统中的核心部分——四句逻辑、八不论式、三谛原理，提出了新的、比较准确的解释，并用现代辩证法与之相比较。巫白慧认为，印度的辩证思维，发展到龙树的中观论阶段，可以说画上了一个句号。龙树总结和发展了印度自吠陀以来的辩证思想，创立了以"空"为理论基础的新的独特的辩证思维体系——中观论。龙树的中观论是印度哲学史上具有划时代意义的哲学创见，对印度哲学乃至中国佛教哲学的发展，影响深远。

4．正理因明

根据巫白慧的研究，传统印度逻辑有两大系统：正理论和因明论。正理论有古正理和新正理之分，因明论亦有古因明和新因明之别。从哲学发展史的角度看，正理论衍化或派生出因明论。换句话说，因明论是改造正理论的革新理论。从宗教论的角度看，正理论是婆罗门教的逻辑学说，因明论是佛教的逻辑理论，后者以世亲、陈那和法称的因明学为代表。新因明是特指陈那所改造的因明"三支式"理论。传播到中国的印度逻辑也正是陈那的新因明。不过，除藏语译本外，迄今为止，中国汉地仅有玄奘译的两部新因明著作。一部是陈那的《因明正理门论》，另一部是天主的《因明入正理论》。前者尚未发现有梵文原文，后者已有梵文原本，是在耆那教逻辑学者的两部诠释中被发现的，并已于 1968 年由印度学者校刊发行。

就正理因明研究方面，巫白慧的代表作有：《印度逻辑史》、《梵本〈因明入正理论〉——因三相梵语原文和玄奘的汉译》等。"因三相"是新因明的理论核心。古今因明学者都曾对此做过精辟独到的梳理和论述。然而就玄奘的因三相汉译的准确性问题，学术界长期以来疑云重重。本着正本清源、去伪存真的精神，巫白慧从正理因明的沿革出发，认真探究了新因明的核心理论"因三相"。经过对《因明入正理论》梵本与汉译的对比研究，巫白慧发现并证明，玄奘所翻译的"因三相"，完全符合原著意旨，契合因明原理，既准确又具有科学的创造性，从而，澄清了学术界长期以来在因明理论上和文义上对玄奘译文的疑问、误读和误解。玄奘按梵文原著构筑的一套因明学汉语术语，展现了其非凡的智慧和因明学天才，为因明学研究作出了不可磨灭的贡献。

巫白慧在印度哲学研究上成就卓著，成果丰硕。纵观这些研究成果，究其特点，概括起来，无外乎有以下三个方面的内容：①以马克思主义科学的方法论为指导，以恩格斯关于吠陀经的论述为训导，对印度哲学思想史的发展，作宏观透视和把握。②以点带面，会面归一，充分体现了其穷本溯源的学术特点，开拓创新的科研精神和认真负责的工作态度。③具有扎实的梵文功底和系统而通透的哲学训练，使他往往能够抓住许多重大理论问题的核心，提出一些独到而具有创新意义的理论和见解来。

巫白慧是一位为人笃实敦厚的谦谦君子，是一位平易近人的博大长者。在学术上，他从不矜奇、从不炫博，脚踏实地，潜心学问。他和蔼可亲、博学精深，是垂范后学的一代大师和时代楷模。他博学多闻，学贯中外，在国内外学术界均享有崇高的威望。已届耄耋之年的他，仍然坚持在科研领域不断耕耘和创新。在不断钻研印度哲学的同时，巫白慧始终不忘对青年人才的培养。多年来，除了积极带研究生外，他还利用到国外参加学术会议的机会，与各国学者进行广泛交流与沟通，了解洞察国际学术研究前沿。他常怀对祖国的感恩之情，抱负对科学的执著与追求，饱含对青年人的殷切期望，数十年如一日，孜孜不倦，不辞辛劳，为莘莘学子上课、做指导，传授自己的研究经验，不断加强学生的哲学训练和学术素养，提高他们的科研能力和学术水平。他还时常教导并告诫学生：做好学问，必先学做人；只有把人做好了，学问上才会事半功倍。此外，做学问，一方面要耐得住寂寞，坐得住冷板凳；另一方面还要勤奋好学，刻苦钻研，树立开拓创新的精神风范。也就是，要力求使自己成为科研骨干和学科带头人，做具有独立研究能力的跨世纪创新型人才，从而为我国哲学社会科学研究事业、提高我国印度哲学的研究水平多出成果，多做贡献。

三、巫白慧主要论著

巫白慧.1985.印度唯物论思想探源　东方哲学，创刊号.

巫白慧.1986.奥义书及其唯物论哲学.哲学研究,（4）.

巫白慧.1987.梵本《金刚经论》.五台山研究.（4）.

巫白慧.1987.佛所行赞（五章，译著）.桂林：漓江出版社.

巫白慧.1988.论四句义的哲学内涵.发音（学术版）.

巫白慧.1992.印度自然哲学.外国哲学,第11辑.

巫白慧.1994.印度哲学与佛教(英文版).中国佛教文化研究所.

巫白慧.1995.印度哲学中的场有思想.场与有——中外哲学的比较与融通(二).

巫白慧.1995.梵本《因明入正理论》——因三相的梵语原文和玄奘的汉译.台湾中华佛学学报,(8).

巫白慧.1996.奥义书的禅理.世界宗教研究,(4).

巫白慧.1996.略论大乘佛教哲学空有二宗的理论实质.哲学研究,(6).

巫白慧.1999.梵文课本.北京:商务印书馆.

巫白慧.1999.圣教论.北京:商务印书馆.

巫白慧.2000.印度哲学.北京:东方出版社.

巫白慧.2000.原人哲学:印度原人说与中国《原人论》//觉群论文集 第3辑.北京:商务印书馆.

巫白慧,罗世方.2001.梵语诗文图解.北京:商务印书馆.

巫白慧.2005.原人奥义探释.新中国哲学研究50周年——中国社会科学院哲学研究所50周年学术文集.北京:人民出版社.

巫白慧.2006.《梨俱吠陀》哲理神曲解读.东方哲学文化国际学术研讨会编论文集.

巫白慧.2010.《梨俱吠陀》神曲选.北京:商务印书馆.

主要参考文献

巫白慧.1986.奥义书及其唯物论哲学.哲学研究,(4).

巫白慧.1988.论四句义的哲学内涵.发音(学术版).

巫白慧.2000.印度哲学.北京:东方出版社.

巫白慧.2010.巫白慧集.北京:中国社会科学出版社.

巫白慧.2010.《梨俱吠陀》神曲选.北京:商务印书馆.

撰写者

成建华(1964~),江苏南通人,中国社会科学院哲学研究所副研究员,1986年,被选派到斯里兰卡留学,学习巴利文和上座部佛教,先后获文学、哲学硕士学位,自1998以来,在学科带头人巫白慧的带领与指导下,研究印度哲学和佛教哲学,2003年获哲学博士学位,2005~2007年任哈佛大学访问学者。

赵璧如

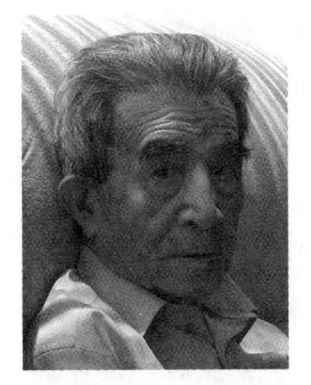

赵璧如（1919～），山西山阴人。心理学家、哲学家。中国理论心理学的开拓者和奠基人之一，中国辩证唯物主义心理学的倡导者。近70年来一直坚守在学术研究前沿，先后在中国科学院心理研究所、中国科学院哲学社会科学学部、中国社会科学院哲学研究所，长期从事心理学基本理论和心理学哲学问题研究。任研究员、心理学哲学研究生导师。历任中国心理学会理事、中国心理学会苏联心理学研究组副组长、人工智能学会理事、《中国大百科全书·哲学》编委、《自然辩证法百科全书》编委、《马克思主义文艺学大辞典》编委等。在哲学心理学、教育心理学、艺术心理学、方法论等领域都有深厚的造诣和独到的见解。发表论文90余篇，专著、译著近40部，其中多部在中国现代心理学史上占有重要地位。代表作有教科书《心理学讲义》，译著《心理学》（捷普洛夫著）、《存在与意识》（鲁宾斯坦著）、《巴甫洛夫全集》（巴甫洛夫著），论著《现代心理学家的方法论和历史发展中的一些问题》，以及《列宁的反映论和皮亚杰的发生认识论》、《再论列宁的反映论和皮亚杰的发生认识论》、《想像与艺术形象》、《马克思关于实践活动的学说和心理学》、《弗洛伊德主义和新弗洛伊德主义评介》、《关于用"认知"取代"认识"的问题》、《关于高级神经活动类型学说中的一些哲学问题》等，为中国心理学的发展提供了大量独创性的理论成果。

一、成长经历

赵璧如于1919年10月10日出生于山西省山阴县一个书香世家。父亲赵希贤是地方审判厅厅长，后在保定讲武堂研读，参加北伐后献身革命。母亲郭有德，是大家闺秀，知书识礼、济困扶贫，对赵璧如的成长以致后来走上革命的道路，起了至关重要的作用。赵璧如自幼私塾启蒙，少年时已熟读诗书。随着年龄的增长和时代的变迁，他受到周围思想进步青年的影响，开始接受新思想、新知识、新文化的洗涤，阅读了大量进步书刊，并开始参加进步青年的革命活动。为着追求真理，1935年赵璧如在太原呼延农村教育实验学校中阅读了艾思奇的《大众哲学》。正是这部著作引导赵璧如初步地学习到马克思主义哲学——本体论、认识论、方法论、思想和范畴等基本理论观点，并且由此对哲学的研究产生了浓厚的兴趣。抗日战争爆发后，赵璧如追随着大批爱国师生来到甘肃天水。1938～1941年，赵璧如在国立第五中学学习，该校进步力量集中，教师殚思极虑，学生奋发报国。当时，赵璧如与一些同学组织了哲学理论研究会，研讨艾思奇的《大众哲学》及辩证唯物主义和历史唯物主义基本理论。这段经历为赵璧如在理论思想上建立辩证唯物主义和历史唯物主义世界观、方法论奠定了最初的基石，也为他日后进一步研读哲学的经典著作，提高马克思主义哲学理论水平奠定了基础。1943年赵璧如考入北平师范大学（即七七事变后迁至西北大后方的西北师范学院）教育系，1946年他随学校师生迁回北平。他师从艾伟等心理学、教育学教授，在比较分析哲学、心理学各流派后，开始探索苏联心理学新体系，试图在辩证唯物论方向上摸索中国心理学。期间，他与进步学生组建了该校最大的综合性社团"新时代社"并任社长，还成立了教育研究会等组织，并积极投身于北平爱国民主学生运动，发表爱国演说。1948年大学毕业后，投奔解放区。同年，进入哈尔滨外国语专门学校学习俄语，并专注于苏联心理学的研究。1950年毕业后，赵璧如进入行知师范学校担任心理学教师，率先对中国心理学教材进行改革，编写的《心理学讲义》，作为东北地区师范学校教学参考用书。翌年，他翻译出版了中国第一本苏联普通心理学教科书——捷普洛夫的《心理学》，该书是对中国心理学界较有影响的一本辩证唯物主义心理学著作。

  1951年，赵璧如调到正在组建的中国科学院心理研究所，开始劳动心理学和理论心理学的研究工作。次年，在时任心理研究所所长曹日昌的主婚下，赵璧如与志同道合的王燕春女士结为伉俪。其后，王燕春协助赵璧如的研究工作，与赵璧如等合译了多部有影响的苏联心理学专著，如《儿童心理学概论》、《从巴甫洛夫学说的观点看心理学课程问题》、《趣味心理学》、《美术心理学》等。在心理研究所期间，赵璧如与李家治、赫葆源共同开展劳动心理学的研究工作，其研究成果写成《运动动力定型中的顺序反应》等学术论文，为中国劳动心理学的建立做了一些奠基性的工作。1951～1957年，正值中国心理学学习改造阶段，也是中国心理学基本理论研究的奠基时期。赵璧如根据心理学界客观需要，集中精力开展了大量开拓性的编译、组织推介工作，并撰写一些具有较高学术价值的学术论文，为中国心理学界全面系统地认识理解苏联心理学（包括巴甫洛夫学说）提供了重要的学习资料。鉴于赵璧如深厚的心理学和哲学理论功底，1957年他被调入中国科学院哲学社会科学学部专门从事心理学基本理论和哲学问题研究工作。但在此期间，一场全国性的批判心理学的运动，使中国心理学的研究工作受到重挫，赵璧如当时研究的中心课题"关于心理学活动与高级神经活动的辩证统一的相互关系"被当作一面"白旗"拔掉了，写出的论文也难有发表的机会。在此情况下，赵璧如从中国心理学基本理论和哲学问题研究工作长远发展需要考虑，翻译介绍大量苏联有关心理学哲学问题的学术论文，并编写了《心理学中的哲学问题》译文集；翻译了《关于思维和它的研究道路》、《巴甫洛夫关于两种信号系统的唯物主义学说》等多部心理学重要论著以及巴甫洛夫关于高级神经学说的经典著作。此后，赵璧如开展了一系列心理学中的哲学问题的研究工作，撰写了《怎样培养青年的意志》等理论联系实际的论著，为中国心理学哲学问题的研究，做了许多奠基的工作。1966～1976年"文化大革命"期间，心理学研究工作基本陷于停顿状态。赵璧如也成了"反动学术权威"被下放，家中大量珍贵书籍和手稿被查抄。在此困境下，赵璧如仍矢志不渝地把主要的精力集中在马克思列宁主义经典著作和心理学学术理论的钻研和资料的积累上，并独自坚持心理学理论的研究，《存在和意识》的译著等就是在这种特殊时期内完成的。

"文化大革命"结束后，1977年中国科学院哲学社会科学学部分离出来，成立了中国社会科学院，赵璧如回到了心理学哲学研究岗位，多年的积累得到了勃发的机会。先后发表了一系列具有现实意义的论文、论著，并翻译出版了一些对中国心理学理论的发展有影响的论著。自此，赵璧如长期担任中国心理学会理事、中国心理学会基本理论专业委员会理事、中国心理学会苏联心理学研究组副组长、中国心理学会文献编译出版工作委员会委员以及《心理学探新》、《外国心理学》、《中国哲学年鉴》等刊编委，在中国心理学中的基本理论和哲学问题研究的组织和推动上做了大量工作。2012年，已经93岁的赵璧如仍笔耕不辍，继续着《中国哲学年鉴》条目的编写，并在《社会心理科学》上发表论文《关于心理学哲学理论思想研究中的意识问题》。这位拼搏近一个世纪的学者，虽历经磨难，但始终对心理学、哲学充满着别无旁骛的研究激情，勇于探索、不断创新，孜孜不倦。可以说赵璧如是中国现代心理学领域一位德高望重的开拓者和一系列重大历史事件的重要见证人之一。他为中国心理学的建设和发展做出了重要贡献。

二、主要研究领域和学术成就

赵璧如治学严谨、立场鲜明、学识渊博、思想深邃、思维缜密。他以其深厚的理论功底和敏锐大胆的开拓精神，在理论心理学以及心理学的哲学问题等多个领域进行了一系列开创性的研究，尤其在心理学的方法论问题、实践与心理的关系问题、意识问题、国外心理学思想和流派分析等基本理论方面提出了一系列深刻而独特的理论见解。他精于俄文、英文，通德文，懂世界语，在传播和研究苏俄心理学、建立和发展中国辩证唯物主义心理学思想体系等领域贡献卓著。

1. 最早研究、引介苏联心理学，奠定了中国心理学的基本理论与教学体系的基础

赵璧如系统地把以辩证唯物论为指导思想的苏联心理学引介到中国，为中国心理学工作者了解、学习苏联的心理学研究成果做出了杰出贡献，也为奠定中国心理学的基本理论与教学体系起到了极大的推动作用。

（1）研究、评介苏联心理学的先驱，是中国辩证唯物论心理学的开拓者与奠基人之一

赵璧如是最早系统研究苏联心理学的学者之一，也是最早系统地将苏联心理学介绍给中国的学者，是中国苏联心理学研究的领军人和奠基者。自 20 世纪 50 年代初，赵璧如率先翻译出版了苏联大量有代表性的心理学著作，如捷普洛夫的《心理学》、苏联心理学体系重要奠基人鲁宾斯坦的《心理学的原则和发展道路》、《心理学原则和发展道路》，以及巴甫洛夫关于高级神经学说的经典著作《巴甫洛夫选集》、《谢切诺夫选集》、《巴甫洛夫全集》（合译）、《巴甫洛夫关于信号系统的唯物主义学说》等；主编了当时极具影响力、承担着向中国心理学学者学习和研究苏联心理学提供参考资料重任的心理学译丛。该译丛由中国科学院创办，自 1951～1957 年出版了《心理科学的几个问题》、《感觉、知觉和表象》、《巴甫洛夫学说与心理学的哲学问题论文集》等 18 部译文集和专著译本。赵璧如还发表论文《向巴甫洛夫学习——纪念巴甫洛夫诞生 103 周年》，刊登在《人民日报》1952 年 9 月 26 日头版。该文从辩证唯物主义立场出发，对巴甫洛夫学说做出了实事求是的评价，具有很高的学术理论水平和参考价值。这些译著、专著、论文对中国心理学学者全面系统地认识和理解苏联心理学在基础理论与哲学问题的研究成果具有重大参考价值。赵璧如竭力主张科学心理学必须以辩证唯物主义和历史唯物主义作为它的方法论基础。

1984 年，赵璧如在《中国心理学发展道路与加强向苏联心理学学习的问题》论文中对中苏心理学的交流进行了客观的反思与展望。苏俄心理学的研究与传播不仅对中国心理学的发展产生了重要影响，而且也从理论与实践双重层面给心理学界以有益的启示。

（2）为中国心理学教育体系的奠定做出了杰出贡献

1950 年，赵璧如在行知师范学校任心理学教师时，曾参考苏联普通心理学教材的理论体系，结合中国社会文化的特点和中国心理学发展的实际情况编写了一本《心理学讲义》。这是中国心理学者最先以辩证唯物主义和历史唯物主义为指导编写成的普通心理学教科书。哈尔滨市教育局曾把该书印出作为东北地区师范学校心理

学教学参考书。赵璧如译的捷普洛夫的《心理学》，是中国翻译出版的第一本苏联普通心理学教科书。该书经教育部批准，作为50年代高等院校和中等师范学校代用心理学教科书。该书的体系成为中国心理学教材的基础，它对中国辩证唯物主义心理学思想体系的形成和发展产生了很大的影响。此后，赵璧如与人合译的包若维奇等著的《儿童心理学概论》、查包洛塞兹著的《心理学》又作为中国高等院校和中等师范学校儿童心理学教学参考书。赵璧如时常应邀到大学进行讲学，改革开放后，他仍热心于全国统编心理学教材的修订工作。

2. 参与倡导并建立中国辩证唯物主义心理学理论思想体系

赵璧如毕生都在探索建立中国科学的心理学理论体系的道路。20世纪80年代初，中国心理学在理论思想上处于大变动、大转型、大发展的关键时期。赵璧如多次就中国心理学发展的历史进行认真的总结和反思，提出了一系列值得关注的，有现实意义且立场鲜明的理论观点。1982年他发表了《三十年中国心理学中的哲学问题研究概况》，大力倡导建设中国特色的心理学理论体系。赵璧如关于建立具有中国特色的心理学理论思想体系的主要观点，概括为辩证统一的三个方面。第一要坚持马列主义哲学——辩证唯物主义和历史唯物主义基本原理，将辩证唯物主义反映论基本理论作为世界观和方法论的指导原则。第二要脚踏实地地走自己的道路，在这里实质上包括三个方面的内容，其一，要弘扬民族文化；其二，在现阶段展开整个心理学工作，不论教学工作或是研究工作，不论理论工作或实践工作，在选题计划上一定要切切实实地从我国社会主义现代化建设的实际需要出发，要深入地批判和清理在我国心理学界存在着的崇洋媚外和民族虚无主义思想的不良倾向；其三，不是以抽象的人为出发点，而是以社会主义社会中的现实的、从事实际活动的中国人作为具体的研究对象。第三对外国各个心理学派的理论思想和具体内容都要采取科学分析和批判吸收的态度。

3. 开拓创新、引领中国心理学理论的研究

（1）批判性地吸收国外心理学的先进成果的倡导者

赵璧如认为中国心理学应当面向世界，站在世界心理科学发展的最前沿，有分析和批判地学习和吸收国外心理学中的优秀研究成果和先进的研究方法和理论观点。改革开放初期，中国心理学领域中出现了西方心理学热潮。赵璧如强调对国外的心理学既不盲目崇拜，又不一概排外。要有选择地大量引进科学有用的东西和有意识地拒绝有害的东西。20世纪80年代，赵璧如主编了《现代心理学的方法论和历史

发展中的一些问题》、《现代心理学发展中的几个基本理论问题》以及《心理学中的哲学问题》译文集等，随后，又组织出版了《心理学中的基本理论和哲学问题》、《心理学系统和反映论》等一系列专著译文对提高中国心理学的科学性产生了积极影响。

1983年赵璧如在其主编的文集《现代心理学的方法论和历史发展中的一些问题》中及时向中国心理学界，引介了苏联、美国、加拿大、法国、德国等国一些具有代表性、前沿性的关于心理学的方法论问题的论述，以及从历史发展的观点来分析心理学中的一些基本哲学理论和学派问题。针对中国实际情况，关于方法论，赵璧如强调如下观点：①心理学内容的复杂性决定着它研究方法的多样性。现代心理学的发展在很大程度上是同研究方法的发展相联系的；②心理学在科学知识的总的联系系统中是处于自然科学、社会科学和哲学这三个联系系统错综复杂地交织在一起的网络中。因此，它比任何其他一般科学都更需要正确的哲学思想来指导；③外国社会心理学理论系统的形成和发展都是既规定于它们的哲学思想指导原则，又规定于它们的社会制度的客观需要；④要注意克服"重具体方法轻方法论"的倾向，同时，要注意防止"脱离实际空谈"的现象；⑤中国正在形成着的心理科学的理论思想体系，只有在马克思列宁主义的辩证唯物主义的原则指导下才能循着正确的道路向前发展。

（2）率先向世界系统介绍中国心理学研究发展和现状

长期以来，赵璧如十分重视国际合作与交流，一直与苏俄心理学界保持着学术交往，多次参与组织中苏（俄）心理学界进行学术交流。1987年，赵璧如受中国社会科学院之托，应联合国教科文组织的约请，与中国科学院心理研究所的孙晔、北京大学心理系的汪青共同编写了学术报告《中国心理学》。该报告全面地介绍中国心理学研究的发展和现状，包括七个主要组成部分：中国古代心理学思想；西方心理学的影响；苏联心理学的影响；心理学现在的地位；心理学在科学系统中的状况；中国心理学的主要研究趋向；不同时期重要心理学著作。该报告被编入联合国教科文组织主办的论文集《亚洲太平洋地区心理学》（*Psychology in Asian and Pacific*）（1990）。这是中国心理学学者以马克思列宁主义哲学作为世界观和方法论指导原则为联合国教科文组织撰写的第一篇介绍中国心理学发展和现状的论文。

4. 国外心理学思想和学派分析、评论的领军人

赵璧如的许多论著都是针对中国当时心理学的现状及问题所撰写出的，堪称是建立中国科学心理学理论体系的宣言书。学术界对这些论著的思想内容和学术水平

都给予很高的评价。

(1) 西方心理学问题研究

20世纪80年代，中国心理学出现了一种全盘西化的倾向，其主要表现是瑞士哲学家、心理学家J. P. 皮亚杰发生认识论中的以建构论取代马克思列宁主义哲学中的认识论（能动的反映论）的言论。赵璧如对此非常警觉，1987年他在《关于列宁反映论和皮亚杰发生认识论》论文中客观地对这种反对马克思列宁主义认识论（能动的反映论）的言论给予了深刻的分析和评论。该文发表后，潘菽、朱智贤撰文高度称赞，认为该文以辩证唯物主义指导思想，全面地分析了皮亚杰的发生论认识论与列宁的反映论的关系；正确地批评了中国国内一些学者的观点。赵璧如此文在中国学术理论界，首先是心理学界的学者中产生了重大影响。1988年，赵璧如又撰写《再论列宁的反映论和皮亚杰的发生认识论》一文，再次深入剖析了用皮亚杰的发生认识论来否定列宁的反映论的思想倾向，"认识的本质不是反映，而是选择"的论点，他从心理学中的哲学问题角度提出：反映概念具有多层次的含义，在机械唯物主义和辩证唯物主义的理论中是通用的，其本质区别在于能否把唯物辩证法应用于反映论，列宁的反映论是能动的反映论。心理科学也证明了能动性是反映过程所固有的特征，反映是具有创造性功能的；反映具有多种多样的特性，选择性只是其中之一，不能用选择来取代反映。文章指出：皮亚杰的发生认识论和列宁的反映论既有接近之处，也有原则区别：在皮亚杰理论体系中，一方面强调客体由主体建构而成，另一方面又承认客体独立于主体之外，被主体逐步接近，包含着内在的无法解决的矛盾。赵璧如一系列相关论文，对扭转心理学界在认识论上的混乱起到了推动作用。

(2) 对西方心理学主要学派进行实事求是的分析和批判

20世纪80年代初期，中国学术界有些研究者把弗洛伊德－马克思主义当作国际上心理学辩证理论探索的大趋势之一来宣扬。赵璧如指出：所谓弗洛伊德－马克思主义的理论是从弗洛伊德学说的观点出发对马克思主义所作的严重曲解，而绝不是什么国际心理学辩证理论探索的大趋势之一。马克思主义和弗洛伊德主义在意识形态中是两个对立理论思想体系，因此任何想把这二者综合起来的企图都是有很大欺骗性的折中主义的具体表现。此外，赵璧如敏锐地发现弗洛伊德心理分析学说中关于生物学化和泛性论的错误思想在中国以"青年心理学"一类书籍的形态而在青年中得到了广泛的流传。其中在肯定"弗洛伊德关于性的心理分析学说是青年心理学不可缺少的部分"的前提下，宣扬"性冲动是人类行为最重要的基础"的错误理论。赵璧如针对泛性论的思想的宣扬，在《评弗洛伊德的心理分析学说》（1983）一文中，对心理分析学说进行了客观的分析。他强调指出：弗洛伊德在心理治疗和精神病学的研究上是有贡献的，但作为一种思想体系，弗洛伊德主义却是人类社会的一种极强的腐蚀剂。文章着重剖析了弗洛伊德的心理结构。他认为，弗洛伊德关于心理结构的理论大都出于主观的虚构，是缺乏科学根据的。他在分析心理结构时，根本没有提到心理对脑的依赖性，而这就很难得出科学的结论。他关注的是无意识过程，本我中的本能，无视心理对外部世界的依赖性，是与马克思主义关于存在决定意识的观点直接对立的。1984年，赵璧如又撰写了《弗洛伊德主义和新弗洛伊德主义评介》，在其中提出了这样的几个新的论点：①要认清弗洛伊德主义的思想本质，必须把它同它的基本理论基础——心理分析学说的根本概念结合起来进行分析。②可以把心理分析学说的基本概念从哲学思想上全面地归结为：心理结构论、本能论、压抑论、唯能论和泛性论这五个方面，只有通过这五个方面的剖析才能全面地揭示弗洛伊德主义的思想本质。③心理分析学说是从生物决定论和非理论主义的立场出发，从精神病和神经症患者的观察和研究提出的关于无意识心理过程的学说。弗洛伊德主义把心理学分析学说提高到哲学和人类学的高度广泛应用于人类社会生活和文化社会历史发展的领域中。并且认为个人和社会之间存在着一种必然冲突。它不是用社会历史的观点分析心理学的问题，而是用心理学分析的理论来解释社会历史现象。因此，最后便产生了违反科学的结果：把心理学的东西生物学化，把人类的东西自然化；把社会的东西心理学化。④新弗洛伊德主义虽然考虑到社会因素在人的心理现象和行为中的决定作用，提出了社会文化论的见解，但是他们关于社会制约性的论点，是以个人和社会的关系归结为对抗的模式为依据的，因此，他们的理论并没有脱离开弗洛伊德主义的传统轨道。⑤在评价弗洛伊德主义和新弗洛伊德主义时，应当坚持的科学态度是：一方面固然要指出它们的唯心主义和形而上学的错误，但另一方面也不能否定其中所包含着的科学合理的东西，否定它们在心理治疗和神经症的研究上的贡献和在无意识心理过程的研究上的贡献。

5. 对心理学中根本理论问题的见解

赵璧如运用辩证唯物主义的基本原理对心理学的研究对象、学科性质、研究方法、理论研究与应用研究的关系等诸多问题进行了精深的分析和科学的阐释，为人们正确地进行心理学研究，同时也为改革现有的心理学，以及建立中国科学的心理学理论体系提供了重要的理论启示。

（1）用辩证唯物主义解释人的心理、意识

赵璧如对心理学的研究对象——人的心理现象及其本质，这个直接关系到心理学研究方向和心理学发展前途的重大问题，进行了较为全面的、深刻的分析和科学的阐释。其许多经典论著、观点收录在心理学教学用书或教师用书中。在阐释心理本质时，赵璧如强调：所有的心理、意识就其本质来说是都属于具体的、活生生的人。它们的运动和发展既依赖于人的自然存在（生物体），又依赖于人的社会存在（社会关系的总和）。在人的心理、意识中，社会的东西和生物的东西都是在以辩证统一的形式存在着、运动着和发展着，既没有任何一种不受社会制约的纯生物的东西，也没有任何一种不是由脑（神经系统）的机能来实现的纯社会的东西。在有关意识的论述中，赵璧如提出，心理学在研究意识、心理的时候，一定要考虑到辩证统一的三个联系系统：意识、心理同脑的联系系统，即脑的机能系统；意识、心理同外部世界的联系系统，即外部世界的反映系统；意识、心理同外部活动的联系系统，即对外部活动的调节系统。这三个系统都包括在意识、心理同脑和外部世界的人的辩证统一的联系系统中。只有全面、综合地应用这个大的辩证统一的联系系统所包含着的多种多样的丰富材料，心理学才能建立起现代化的、完整的理论体系。

（2）对建立中国科学的心理学的理论体系有独到见解

赵璧如从心理学的侧面对马克思著作中有关心理学论述做了一系列创造性的分析和研究。他在论文《马克思关于实践活动的学说和心理学》（1983）中提出了这样的一些对建立真正科学的心理学的理论体系和世界观方法论有指导意义的新观点：①在心理学家自觉提出在马克思主义哲学基础上建立辩证唯物主义心理学以前，各种心理学派的理论体系一般地说都是在机械唯物主义和唯心主义的哲学影响下形成和发展起来的，因此总是把心理、意识跟实践活动割裂开来进行研究的。②辩证唯物主义心理学学者根据马克思关于实践活动的学说提出意识和活动的辩证统一的理论原则，这个原则的基本的积极性在于，肯定它们的相互联系和相互制约性。这个原则对辩证唯物主义心理学的形成和发展起着革命变革的推动作用。③根据马克思关于实践活动的学说，应当这样来理解心理、意识的辩证统一的相互关系：心理、意识是在活动过程中形成和发展起来的，是受活动制约的。心理、意识对外部世界的反映是否正确，要通过实践来检验。在活动中，心理作为活动的组成要素而调节着活动的进行，对活动起着制约作用，心理表现在活动中，只有通过活动及其产物才能被认识。心理的形成和发展是在一定的社会历史条件下进行的，因此具有社会历史性。

（3）关于"认知"取代"认识"问题

在中国心理学领域中，随着信息加工心理学的引进，进而出现了用"认知"取代"认识"的倾向。赵璧如及时敏锐地集中精力对这个具有重点原则性的学术理论问题进行了认真研究。1994~2004 年，赵璧如先后撰写了一系列关于"认知"取代"认识"的问题的论文。他在几篇论文中进行了多方面的论证，指出在过去的十几年来，中国心理学领域中在名词（概念和术语）的使用上普遍流行着一种用"认知"取代"认识"的倾向。这种倾向的发展所造成的概念和术语、理论和思想的混乱对我国学术理论领域产生了极其不良的影响。有关论述在中国心理学哲学界引起了较大的反响，一些学者发文对赵璧如这一观点表示支持。

6. 中国艺术心理学的开拓者和奠基人

（1）推动中国高校美学课程设置和人才培养

1981 年，为了适应中国高等院校开设美学课的急需，赵璧如撰写了《想像和艺术形象》，并与朱光潜等学者在教育部举办的新中国成立以来首次高校美学教师进修班上授课。该进修班培养了大批师资。进修班结业后，讲稿汇编成册，赵璧如出版了《美学讲演集》。为配合艺术心理学教育，赵璧如还陆续发表过多篇论著。其中，《艺术心理学中的几个基本理论问题》收录在《语文研究新成果系列讲座》。

（2）针对文艺反映论质疑的分析与批驳

70 年代末，中国学术界一些人怀疑反映论在文艺理论体系建设中的主导地位，加上西方现代派文学及其思潮的渗入，对反映论构成了强大冲击。为理顺在文艺反映论问题上存在着的思想混乱，赵璧如针对一些有代表性的对于文艺反映论的质疑，对其进行深入分析后提出了一系列独到的见解。

赵璧如针对"文艺是现实生活的反映"的质疑论调进行了深入的剖析与批驳。他指出，艺术形象就其反映形式来说，"它不是客观世界——社会生活、自然现象在人的意识中的反映，不是人的意识中对社会生活、自然现象的反映活动或反映过程的结果，而是借助于物质形式再现人脑中的客观世界的主观映象"。但是，"人脑中的客观世界的主观映象"，其来源和根据仍在客观世界，在于客观的社会生活。把文艺反映生活不是看作是多层次反映、多级反映的结果，而是简单地看作是一次完成，简单地等同于反映"客观物质"，从而否定反映生活说，问题不在反映生活说本身。

针对当时一些人认为列宁的反映论是直观反映论，以列宁的反映论为基础的文艺反映论，应予以否定的论调，赵璧如在《关于反映论的几个理论问题》等论文进行了剖析与反驳，在学术界引起较大反响。

（3）构建马克思主义艺术心理学

由于旧唯物主义的长期禁锢，审美反映心理的研究举步维艰。为突破中国当代文艺理论研究的这一重局限。多年来，赵璧如一直致力于建立一门科学的艺术学与心理学的交叉学科——马克思主义艺术心理学，其基本原则就是马克思主义哲学基础上的"意识与活动的统一原则"。1993年赵璧如在《关于马克思主义艺术心理学》一文中，阐述了一个完整的、严密的和彻底的辩证唯物主义的文艺心理学理论思想体系。赵璧如强调审美反映中主体心理的整体协作功能，他从五个方面把握艺术心理反映的协同功能：①在整个艺术心理反映联系系统中，认识过程、感情、意志等不同反映形式是辩证地交织在一起活动的；②艺术心理反映有高度的能动性和创造性；③艺术心理反映是主观性与客观性的辩证统一；④艺术心理反映是社会因素和自然因素的辩证统一；⑤艺术心理反映和艺术活动之间存在着不可分割的辩证统一关系。

赵璧如针对中国文艺心理学一些重大原则性争论问题，撰写了一些很有分量的论文与中国同行进行学术交流。针对关于高级神经活动类型的争论，他撰写了《关于高级神经活动类型中的一些哲学问题》，对高级神经活动类型做了分析，并对滥用巴甫洛夫学说解释一切的倾向予以警示。

7. 一代名师风范，甘作后辈"人梯"

赵璧如始终认为，做学问要有责无旁贷的信仰、别无旁鹜的韧性、科学创新的精神和海纳百川的胸襟。自1946年他投身中国心理学、哲学事业，在近70年的时间里，他矢志不渝地把中国现代心理学、哲学的研究、建设和发展作为其毕生的追求。几十年来，他的家犹如一个文化沙龙，洋溢着各界同仁学术交流探讨的热烈氛围，也不乏登门求教的学子。人们被他的坦荡、立场鲜明的个性，心无旁鹜、潜心研究、乐于施教的作风，求实务实、勇于探索、开拓创新的精神以及甘做后辈"人梯"的心胸所吸引、所激励。曾拜访过赵璧如的一位青年在《一代名师风范，甘作后辈"人梯"》一文写到，最令人感动的是赵璧如胸怀坦荡宽广，不以其曾经的过激言语为忤，反而热情洋溢手书说："你的3篇论文，我已经认真拜读过了，我认为你能够刻苦钻研，对于问题的分析有独到见解。根据百家争鸣的精神，最好能够送到一个刊物上发表，以供大家讨论"。并殷切指点说："在文字上要进一步加工，力求重点突出，结构简练，对一些关键性问题，最好找到最新的科学作论证。"

8. 重视学科建设

赵璧如认为，根据心理学是在哲学、自然科学和社会科学的交合点上形成的边缘科学的特性，在中国心理学研究中，一定要从全局出发，多方面地考虑问题。长期以来，赵璧如十分关注中国心理学领域中普遍存在着重视侧重于自然科学分支学科的研究而轻视侧重于人文社会科学的心理学分支学科的研究、重视试验而轻视理论研究的思想倾向。2003~2004年,赵璧如撰写了两篇论述在中国社会科学院设立心理研究所是客观现实的需要的论文。他认为,中国心理学体制上存在的侧重于自然科学的偏向性和片面性,对中国心理学大局所产生的具有重大方向性的影响。严重地限制和束缚着中国心理学,首先是心理学理论和心理学史的研究,特别是侧重于人文社会科学的心理学分支学科的研究的全面健康的发展。在中国社会科学院设立心理研究所是一个切合时宜的重要倡议。他的文章不仅引起了中国社会科学院领导的重视,许多学者也相继发文表示支持这一倡议。

9. 重视心理学、哲学工具书建设

自1980年起,赵璧如作为《中国大百科全书·哲学》编委及自然辩证法组撰稿人、《中国大百科全书·心理学》编委、《自然辩证法百科全书》编委及心理学哲学编写组主编、《马克思主义文艺学大辞典》心理学分支学科的主编,他在词条的撰写和组织工作上付出了大量的心血,卓有成效地完成多部国家级重点大型工具书的组织编辑工作。赵璧如十分重视工具书的参考价值,在为上述百科全书编写条目准备资料的过程中,还组织了《世界著名心理学家辞典》等心理学工具书的翻译工作,并主译了《心理学辞典》,为后人留下了丰富的精神财富。

赵璧如视野开阔,理论功底深厚,在学术研究的方法方面力求微观与宏观结合,他善于从全局的高度,紧跟时代步伐,思考和研究中国心理学发展的重大问题,他在中国心理学哲学理论思想问题研究中做过众多富有成效的建设性工作,提出了不少有创新性的重大理论观点,是新中国心理学事业的卓越开拓者之一。

三、赵璧如主要论著

(苏) 捷普洛夫. 1951. 心理学. 赵璧如译. 哈尔滨: 东北教育出版社.
(苏) 巴甫洛夫. 1953. 巴甫洛夫选集. 赵璧如译. 北京: 科学出版社.
(苏) 谢·列·鲁宾斯坦. 1980. 存在和意识. 赵璧如. 北京: 生活·读书·新知三联书店.
赵璧如. 1981. 想像和艺术形象//美学讲义集. 北京: 北京师范大学出版社.
赵璧如. 1982. 现代心理学发展中的几个基本理论问题. 北京: 中国社会科学出版社.
赵璧如. 1983. 现代心理学家的方法论和历史发展中的一些问题. 北京: 中国社会科学出版社.
赵璧如. 1983. 马克思关于实践活动的学说和心理学//马克思哲学思想研究. 上海: 上海人民出版社.
赵璧如. 1983. 关于高级神经活动类型学说中的一些哲学问题//中国社会科学院哲学研究所自然辩证法研究室. 现代自然科学哲学问题. 长春: 吉林人民出版社.
赵璧如. 1983. 评弗洛伊德的心理分析学说. 红旗, (16).

赵璧如.1985.弗洛伊德主义和新弗洛伊德主义评介.现代外国哲学思潮评论讲座.北京：军事出版社.

赵璧如.1986.艺术心理学中的几个基本理论问题.语文研究新成果系列讲座.长沙：湖南教育出版社.

赵璧如.1987.列宁的反映论和皮亚杰的发生认识论.红旗，(5)，(6).

赵璧如.1988.再论列宁的反映论和皮亚杰的发生认识论.中国社会科学，(5).

赵璧如.1993.关于马克思主义艺术心理学.文艺理论与批评，(1).

赵璧如.1995.关于心理的本质//心理学教学指导.北京：人民教育出版社

(苏) A.B.彼得罗夫斯基，M.T.雅罗舍夫斯基.1996.心理学辞典.赵璧如等译.北京：东方出版社.

赵璧如.2004.学术理论系统中不能用"认知"取代"认识"——对已发表的六篇论文的阶段性的总结.社会心理科学，(1).

赵璧如.2010.朱智贤的心理学哲学理论思想及其形成和发展.社会心理科学，(Z1).

主要参考文献

赵璧如.1993.关于建立具有中国特色的心理学理论思想体系的问题.全国第七届心理学学术会议文摘选集.

张凌聪.1995.近十年文艺反映论争论概观.杭州大学学报（哲学社会科学版），(2)：40-46.

赵璧如.2004.再论在我院设立心理研究所是客观现实的需要.社会心理科学，(1)：29-31.

赵璧如，冯瑞梅.2007.心理学哲学理论研究述评.中国哲学年鉴.

赵璧如.2011.关于心理学哲学理论思想研究中的意识问题.社会心理科学，(Z2).

撰写者

王燕春（1928～），翻译，教授，赵璧如夫人。

管士滨

管士滨（1920～1993），北京人。1938年入北京辅仁大学哲学心理系攻读哲学，1943年毕业后留校任助教，直到1948年年底。1949年3月管士滨公费赴加拿大拉瓦尔大学哲学院深造，1954年夏取得副博士学位回国。1955年12月他到中国科学院哲学社会科学学部哲学研究所西方哲学史组从事研究工作，历任助理研究员、副研究员、研究员。1982年、1984年管士滨两次赴法国参加国际学术讨论会，进行学术交流活动。1987年12月退休。

一、生　平

管士滨1920年2月23日生于北京。上中学时，开始对西方文学和哲学产生兴趣。1939年，管士滨考入北京辅仁大学哲学心理学系，专攻哲学。1943年大学毕业，以论文《论自然的齐一性》获得学士学位。因学习成绩优秀，毕业后任辅仁大学哲学心理学系助教，直至1948年年底。这5年间，管士滨一方面辅助教学，一方面与德籍教授柴熙合作撰写《认识论》一书。这是以新康德主义观点阐述托马斯·阿奎那的认识论的一本专著。柴熙制定提纲，口授大意，管士滨发挥、引申、补充、执笔写成。全书40多万字，耗时4年半，1948年由商务印书馆出版。几年的教学与研究工作，为管士滨以后的西方哲学史研究打下了良好基础。

1949年3月至1954年7月，管士滨获得辅仁大学公费资助，到加拿大魁北克拉瓦尔大学哲学院留学深造。1954年夏，管士滨通过论文答辩，获副博士学位。5年半留学期间，管士滨用法文写下5篇学术论文，包括《论对质变原理的认识论中的比喻法》、《论记忆》、《柏拉图哲学中的数学以及一些其他重要用语》、《"意识以外的事物"与"作为真实的事物"的区别》、《把社会事件当作"僵死的东西"去处理是对的吗》。这些论文表明，管士滨在西方哲学研究方面，已达到相当水平。

在加拿大完成学业后，管士滨决定立即回国。他放弃了去日本或菲律宾工作的机会，为回国奔忙。1954年年底，管士滨终于从美国旧金山乘船回到了阔别6年的祖国。

回国后，管士滨先在国务院归国留学生招待所学习。1955年12月，经国务院分配，到中国科学院哲学研究所西方哲学史组，从事研究工作。

1955年起，直至1993年逝世，管士滨一直在哲学研究所工作，是哲学研究所的早期研究人员之一。他一方面从事翻译，一方面抓紧对马列主义和毛泽东著作的学习，改造世界观，丢弃旧观念，掌握新观点、新理论。1958年起，为了填补西方哲学史组的空白，管士滨遵从领导的建议，开始18世纪法国唯物主义哲学的翻译和研究。主要译著有霍尔巴赫的《自然的体系》（上下卷）、科尔纽的《马克思恩格斯传》第3卷，并翻译论文数篇，译作近100万字。

1964年起，管士滨开始用马克思主义观点撰写专题论文，主要论文有《霍尔巴赫的"自然的体系"》、《读霍尔巴赫的"袖珍神学"和健全的思想》、《谈狄德罗的"拉摩的侄儿"》。

管士滨精通英文、法文，粗通德文。管士滨的译作忠实原文，文字流畅，受到学术界的好评。《马克思恩格斯传》第3卷的中译本，1993年获哲学研究所优秀学术著作奖二等奖。管士滨对18世纪法国唯物主义哲学思想的研究和评介，对读者理解马克思主义哲学很有帮助。

管士滨积极参加国际学术交流活动，1982年曾赴法国考察，1984年再赴法国参加狄德罗国际学术讨论会，并在大会上用法语作报告。

1979年，管士滨被评为研究员。1986年退休。1993年7月19日逝世，享年73岁。

二、主要研究领域和学术成就

唯物主义在哲学中的地位如何？18世纪法国唯物主义哲学在整个西方哲学发展史中的地位又如何？马克思主义与18世纪法国哲学是一种什么关系？

俄国十月革命前直至1949年中华人民共和国成立，中国当时的政府尊崇的哲学当然是孔子的儒家哲学学说，实际实行的则是法家理论，所谓"内法外儒"或"阴法阳儒"也；在中国，西方思想被拿来作为理论根据的，近代有"进化论"、"科学进步论"、"实业救国论"、"民主与科学"、"实用主义"、"人权思想"、"普遍人性论"、"普世价值观"、"西方中心论"等；然而真正把西方的意识形态用来作为指导革命的指南，或唬人的大旗，或行动的理论根据的，非太平天国的洪秀全莫属。洪秀全改造《圣经》，把自己说成是救世的救主，天降中华，以拯救万民于水火。儒家经典被洪秀全抛弃，外来的、被改造过的《圣经》成为唤起民众造反的大旗。于是一场席卷中国大地的农民起义就此开始，差一点将清王朝扫荡；十月革命一声炮响，给中国送来了马列主义。马列主义以物质为世界的本源，强调阶级的对立与斗争，认为世间一切财富均来自劳动人民的劳动，阶级斗争是推动历史发展的动力。代表剥削阶级的政府缺乏合理的根据，因此人民要起来造反，推翻政府，实现人人有饭吃，有工作，有尊严，无等级，无剥削的理想社会；马列主义给中国共产党人送来了理论武器，但在具体运用到中国的现实上时，却遇到了问题。因为列宁认为社会主义革命可以在资本主义的薄弱环节，如俄国，由工人阶级领导，首先在城市取得胜利；但中国是个农业大国，工人阶级的力量还很弱小，如何进行革命？为此，以王明为代表的、从苏联归来的、以正统马列主义理论家自居的一小部分领导人，就瞧不起未上过大学、未出过洋的毛泽东。然而事实是毛泽东的思想战胜了外来的、所谓正统的马列主义。毛泽东领导的中国共产党取得了中国革命的胜利。它是马克思主义与中国革命的具体实践相结合的胜利。中国共产党奉行马列主义，因而尊崇唯物主义哲学；而马克思主义的形成，与德国古典哲学，进而又与18世纪法国唯物主义哲学有着不可分割的关系。因此，深入研究作为马克思主义重要组成部分的唯物主义哲学，进而研究18世纪法国唯物主义哲学，就成为1949年后，中国共产党完善自己的理论建设的一项重要任务。

1949年中国革命胜利之前，中国哲学界研究的重点集中在中国传统哲学及西方唯心主义哲学上，对唯物主义哲学的研究很不够。其中的原因，当然是西方主流意识形态的影响。新中国成立后，为巩固政权，肃清封建主义及资产阶级哲学的影响，倡导唯物主义世界观，研究西方唯物主义的发展史，尤其是研究18世纪法国唯物主义哲学，就成为新中国理论工作者的首要任务。那么由谁来具体完成这一历史重任呢？中国哲学界的学者们当仁不让，管士滨即其中之一。

1789年的法国大革命，以攻占巴士底狱为象征，把路易十六送上了断头台，将统治法国一千多年的封建王朝扫进了历史的坟墓。大革命所宣扬的自由平等、天赋人权、社会契约观念，其所确立的三权分立原则，私有财产神圣不可侵犯等，最终成为日后西方资本主义国家的立国基石，构成西方普世价值观的基本内容。

拿破仑以《民法典》（或称《拿破仑法典》）的法律形式，把1789年法国大革命的成果具体化，翻开了世界历史发展进程的新篇章。从此以后，封建等级被废除，宗教权威受到质疑，贵族不再享有特权，人人平等，人人有权发财致富，追求幸福，共和国成为实现这些新观念的理想国家形式。

1789年的法国大革命，是人类历史上伟大事件，对欧洲乃至世界的历史发展均产生了重要影响。那么为大革命作思想准备或舆论准备的，正是18世纪杰出的启蒙思想家们。恩格斯说:"在法国为行将到来的革命而开导人们头脑的那些大人物,本身也是非常革命的。他们不承认任何种类的外界权威。宗教、自然观、社会、国家制度等一切都受到无情的批判;一切都要站到理性的审判台面前来,或者辨明自身存在的理由,或者放弃自己的存在。思维的理性成了衡量一切现成事务的唯一尺度。"(《反杜林论》)

管士滨通过对法国启蒙思想家的研究,认为伏尔泰堪称启蒙大师与语言大师,其著作与行动极大地动摇了法国的天主教权威及封建等级制;卢梭从被压迫的第三等级的立场出发,鼓吹"天赋人权","人人生而平等",宣扬社会契约思想,认为"主权在民",君主若不遵守契约,人民有权推翻君主统治;孟德斯鸠提出"三权分立"的政治制度设计,以限制专制君主的权利;以狄德罗为首的百科全书派,则力图以百科全书的形式,全面肃清封建主义、经院哲学、宗教蒙昧的影响,宣扬资产阶级的哲学观、道德观及宗教观,为资本主义的发展,为资产阶级共和国扫清思想意识形态上的障碍。然而管士滨着墨最多的依然是霍尔巴赫。管士滨认为,虽然众多思想家为启蒙运动的蓬勃发展做出了巨大贡献,但将唯物主义理论化、系统化的,当属霍尔巴赫。

管士滨以马克思主义为理论视角,全面分析了霍尔巴赫的唯物主义思想。在《霍尔巴赫的"自然体系"》一文中,管士滨认为,18世纪的法国现实,是促成霍尔巴赫唯物主义哲学的首要原因。当时的法国是一个农业社会,封建等级森严,占人口绝大多数的第三等级受压迫、受剥削,过着牛马不如的日子,而只占人口极少数的第一、第二等级却占有社会的绝大部分财富,生活糜烂,骄奢淫逸;随着资本主义的蓬勃发展,资产阶级的形成,后者开始要求更多的政治权利,以扫清资本主义发展的障碍;然而天主教会则宣扬宗教神学观,使人精神愚昧,窒息人的理性,从思想精神上维护封建统治。若要改变法国社会现状,首先要对人们的精神启蒙,要提倡理性主义,摧毁宗教神学、经院哲学对人的思想禁锢。针对上帝创世说,上帝是宇宙的原动者说,霍尔巴赫宣扬"人是自然的产物,存在于自然之中,服从自然的法则,不能超越自然,就是在思维中也不能走出自然;人的精神想冲到有形的世界范围之外乃是徒然的空想"。(《自然的体系》)霍尔巴赫以物质说明世界,否认上帝是世界的推动者,以唯物主义解释自然系统,从根本上动摇了封建统治的精神基础。霍尔巴赫还否认人的肉体从属于人的灵魂,否认灵魂不死及来世。在霍尔巴赫看来,宗教来源于无知,因为人们对自然不了解,所以想像有神——一切原因之外的原因,以此来解决困难,而实际上则离真理越来越远。神是虚构的,不是神创造了神,而是人创造了神。天主教通过来世说,使人否定现世,向往来世;宣扬君权神授说，僧侣是神在人间的代理人，君主国王支配人的肉体和财产，僧侣则统治人的心灵。因此，应该消灭宗教，发扬理性，研究自然。以此可看出霍尔巴赫是位彻底的无神论者。

霍尔巴赫认为世界是物质的世界，物质的特性是运动，一切由物质组成，一切因物质的运动而形成。人的认识亦来源于客观世界。人通过感觉认识外界事物，感官接受刺激产生感觉。凡感觉到的事物都是客观存在。人由感觉到知觉，然后组合感觉，形成观念。感觉是认识的唯一来源。

管士滨认为霍尔巴赫道德观的中心思想是社会契约论。霍尔巴赫从自然观的人性论出发，断言人的本性是趋乐避苦；保存自己并使自己的生存幸福是人的生活的目的。为达目的，人必须社会生活。经验和理性证明，只有照顾别人的幸福，把真正的好处给予人们，自己才会得到别人的援助和爱戴，得到真正的福利。人的本性中含有实践道德的必然性，社会生活于是需要契约，使人遵守契约就是法律。法律是社会意志的总和，法律面前人人平等。

管士滨认为，霍尔巴赫的《自然的体系》不同于其他启蒙思想家著作的地方在于在这部两册的著作中，作者充分利用了当时自然科学的一切成果，概括地总结了过去所有先进的唯物主义思想，以严谨有力的逻辑形式，通俗明确的文字，第一次科学地、系统而全面地阐述了唯物主义的世界观、认识论以及有关政治、社会、伦理、宗教等各方面的观点，从而构成了在内容和形式上严密统一的巨著。

除了论述霍尔巴赫唯物主义的进步之处外，管士滨还站在马克思主义的立场上，指出这一唯物主义源于笛卡儿的机械性，把物质运动只理解为位置的移动，以及仅仅用普遍的永恒的人性来解释道德等那一时代不可避免的理论缺陷。

三、管士滨主要论著

霍尔巴赫.1962.自然的体系（上卷）.管士滨译.北京：商务印书馆.
霍尔巴赫.1978.自然的体系（下卷）.管士滨译.北京：商务印书馆.
科尔纽.1978.马克思恩格斯传（第3卷）.管士滨译.北京：生活·读书·新知三联书店.
管士滨.1984.霍尔巴赫//西方著名哲学家评传（第5卷）.济南：山东人民出版社.

撰写者

郑文彬（1954～），先后毕业于上海外国语学院法语系、中国社会科学院研究生院哲学系、法国巴黎第四大学法语系、法国国立保险学校。现任对外经济贸易大学教授。

刘　嵘

刘嵘（1920～2003），浙江玉环人。中山大学教授、博士生导师；中山大学哲学系系主任，中山大学党委常委、副校长。先后担任中国马克思主义哲学史学会顾问、《中国大百科全书·哲学》编委、中国辩证唯物主义研究会常务理事、全国高等教育自学考试委员会哲学专业委员会委员、广东省第四、五届政协委员、广东省哲学学会常务副会长、广东省社会科学联合会顾问等职。生前先后获得一系列殊荣，是"全国优秀教师"、"全国教育系统劳动模范"、"南粤杰出教师"特等奖、"广东省高校优秀共产党员"获得者。刘嵘长期从事马克思主义哲学、毛泽东思想的研究。在粉碎"四人帮"及拨乱反正时期，就毛泽东思想科学理论体系的重大理论问题和现实问题提出了精辟的见解，是中国哲学界系统研究毛泽东哲学思想的专家学者。在中国改革开放的初期，刘嵘就对毛泽东思想与邓小平理论的关系、中国特色社会主义理论及其哲学基础等重大理论问题做出全面而深刻的阐述，他的研究为中国坚持从理论与实践相结合的基础上开展马克思主义哲学的研究，起到了重要的奠基作用。

一、简　历

刘嵘于1920年5月出生，字欲庭，浙江玉环县陈屿乡人。他年轻时丧父，家境清贫，全赖其母和兄长的资助和培养，才得以完成中学学业，进大学学习。1943年7月，刘嵘以优异成绩考入中山大学，1947年7月毕业于中山大学哲学系。大学毕业后，有幸得到当时中山大学哲学系系主任朱谦之的赏识和举荐，留在中山大学哲学系任助教。1950年9月，经中山大学推荐，保送到中国人民大学马列主义基础教研室学习。由苏联专家讲授和辅导，系统地学习了马列主义理论，成为中国人民大学招收的第一届马克思主义基础专业的研究生。后来每当谈起在中国人民大学的学习和生活时，刘嵘对母校的深厚情感都不禁露于言表。他回忆说，中国人民大学的教学要求很严格，非常强调基本功的训练，很注重对马克思主义经典著作的研读，这些都为其后长期从事马克思主义哲学的教学和研究工作打下了扎实的学术基础，使他更明确了以后开展对马克思主义哲学的教学和研究的方向。其中有两点他感受最深：一是中国人民大学强调读原著，要求原原本本地把握马克思主义著作阐述的基本原理、基本观点，边读边提问；二是强调读书要做到理论联系实际，不要做留声机。这两点深刻的感受影响了他后来的从教和科研活动。在研究中，他始终要求学生熟读马克思主义的经典著作，把哲学研究同现实问题的研究紧密地结合起来，高度关注敏感的现实问题，关注国家和民族的前途，跟随时代的脉搏，一步一步地走向事业的高峰。

1952年7月研究生毕业到中山大学之后，刘嵘一直在中山大学哲学系任教，长期从事马克思主义哲学的教学和科研工作，历任讲师、副教授、教授、硕士生导师、博士生导师。1953年后，曾先后兼任教学研究科科长、哲学组组长等职。1960年中山大学哲学系复办后，刘嵘先后兼任哲学系副系主任、系总支书记、系主任。1975年起任中山大学党委常委、副校长，分管文科工作。1984年，因年龄关系，免去系主任、副校长等职。1985年担任校务委员会副主任、马克思主义哲学史研究所所长。1985年至1992年，还先后兼任广东社会科学大学校长、广州市教育工会主席等职务。

在社会工作方面，刘嵘先后担任中国马克思主义哲学史学会顾问、《中国大百科全书·哲学》编委、广东省第四、五届政协委员。广东省哲学学会常务副会长、广东省社会科学联合会顾问、中国辩证唯物主义研究会常务理事以及全国高等教育自学考试委员会哲学专业委员会委员等职。

二、主要研究领域和学术成就

改革开放后，刘嵘立志从事对毛泽东哲学思想和邓小平理论的研究，把毛泽东哲学思想作为毕生研究的主要领域和内容。在研究中，他认真钻研努力探讨，积极开展科学研究，始终坚持理论与实践相结合的方法，根据中国的国情开展对毛泽东哲学思想的研究。可以说，始终坚持研究重大的实践理论课题，这是他的一贯作风和从事理论研究的一大特色。

刘嵘坚持实事求是、务实求真、敢于创新，积极开展理论的研究和探索，给后人留下了宝贵的思想遗产。粉碎"四人帮"后，国内外掀起一股否定毛泽东思想的错误思潮，刘嵘和全国一些老同志，坚持实事求是精神，坚定地反对否定毛泽东思想的错误思潮。

改革开放后20多年来，他先后在国内权威学术刊物上发表相关学术论文数十篇，其中主要代表作有《略论毛泽东哲学思想的特色》、《再论毛泽东哲学思想的特色》、《毛泽东思想是科学》、《毛泽东哲学思想是马克思主义哲学在中国的运用和发展》、《马克思主义哲学在中国新民主主义革命的胜利》、《论毛泽东哲学思想的科学体系》、《马克思主义哲学宝库中的灿烂明珠》、《学习〈矛盾论〉正确观察当代社会主义的发展》等。还先后出版了《毛泽东哲学思想概述》、《现实问题的思考》、《反思和开拓的十年——毛泽东哲学思想史的新篇章》、《人类历史的新航道》等著作。《毛泽东哲学思想新篇——从毛泽东到邓小平》于1993年10月出版，为我国马克思主义哲学尤其是毛泽东哲学思想研究做出了重大贡献。

在改革开放新时期，刘嵘不顾年事已高，与学界同仁深入研究邓小平理论。他认为，在新的历史条件下，邓小平进一步发展了毛泽东思想，在成功探索中国特色的社会主义道路上，形成了邓小平理论。邓小平的哲学思想是"毛泽东哲学思想的新篇"。它们是"上篇"（进行革命）与"下篇"（进行建设）之"一脉相承"的关系。刘嵘特别强调，无论是毛泽东思想，还是邓小平理论，都是以中国国情为基本根据，是把马克思主义基本原理成功地运用到中国革命与建设实践中去的科学理论，是对马克思主义创造性的发展，是中国化的马克思主义。

从20世纪80年代的中后期开始，刘嵘的学术生涯进入了一个新的创作高峰。

1983年，刘嵘撰写了《毛泽东哲学思想概述》，这是全国高校第一部系统概述毛泽东哲学思想的专著，受到了国内外理论界的关注。在书中，他把毛泽东哲学思想定义为："马克思主义哲学在中国的运用和发展"，言简意赅。这个实事求是的科学概念，得到普遍赞誉。他在全国率先提出并深刻论证"毛泽东思想是一个科学体系，是科学世界观"的观点。他提出应该区分毛泽东思想的科学体系和毛泽东个人思想的界限；作为一个完整的科学体系，毛泽东思想不包括为实践所检验了是错误的成分；毛泽东晚年的错误恰恰违背了毛泽东思想的科学真理。1992年澳大利亚里菲斯大学的毛泽东研究专家尼·耐特将该书的第一章《毛泽东哲学思想是马克思主义哲学在中国的运用和发展》译成英文发表，并给予高度评价，这是研究毛泽东思想的中国学者走向世界的一个重要成果。

1987年，刘嵘写作的《反思与开拓的十年——毛泽东哲学思想的新篇章》由中山大学出版社出版面世。本书详尽分析了我国社会主义发展的历史和建设的规律，尤其是针对"文化大革命"的错误，重点揭批了"四人帮"伪造、篡改、割裂毛泽东哲学思想和鼓吹唯心主义、形而上学的谬论，从批判和反思的视角，分析了中国"文化大革命"之后的"十年巨变"这一历史进程变化的规律性。他认为，"十年巨变，贯穿着一条红线，这就是：恢复和发展了毛泽东哲学思想，谱写了毛泽东哲学思想史的新篇章"。

在纪念毛泽东诞辰90周年之际，他就下一步对毛泽东思想研究的深化和拓展提出了新的思路，提出了"纪念毛泽东同志诞辰九十周年的最好的方法之一，是学习和运用毛泽东思想的方法，深入探索新的历史时期所提出的一个重大问题——建设有中国特色的社会主义道路问题"的观点。其后，刘嵘的《毛泽东哲学思想新编——从毛泽东到邓小平》一书由广东人民出版社出版，这是他在我国改革开放初期研究毛泽东哲学思想领域的一次拓展和深化。在该书中，刘嵘自称是因研究毛泽东思想选择了一条饶有兴趣但又颇为艰难的路，努力尝试把研究毛泽东哲学思想和研究中国社会主义现代化建设实际问题结合起来，期望能对中国社会主义建设实践中出现的新问题的过程中得出新的理论概括和结论。这是一本最早研究毛泽东思想与邓小平理论关系的专著。在书中，他对邓小平哲学思想的内容和特色的概括有自己独到见解，他从中国现代化建设的出发点、基本国情、基本任务、独特道路、战略目标、强大动力、基本方针、检验标准等方面，力图建构一个全新的"建设中国特色社会主义理论的逻辑体系"，这一观点是独特的，是极具匠心的。可以得出，在20世纪80年代后期，当邓小平理论——中国特色社会主义理论的基础刚刚形成之际，刘嵘就已经从哲学的高度，对它做了深刻的阐发，他的理解和概括无疑是极有创见和远见的。刘嵘指出，邓小平是在运用马克思主义哲学和运用毛泽东思想研究新情况，分析、解决新问题时，发展了马列主义和毛泽东思想，是毛泽东哲学思想在中国新的历史时期创立的新的理论成果。

1995年，由广东人民出版社出版的《中国现代化建设的哲学基础》一书，是刘嵘运用邓小平理论，联系当时广东改革开放和现代化实践，深化邓小平理论研究的力作。1992年邓小平南方谈话之后，广东走在践行邓小平理论的最前面，成为了全国关注和学习的榜样，因此，如何运用邓小平理论，总结广东改革开放和现代化建设的成就和经验，同时又根据广东改革开放和现代化建设的体会和经验来充实和丰富邓小平理论，就成为了刘嵘这段时期理论研究的重点。他主编了广东宣传部组织编著的"邓小平理论与广东实践研究丛书"的《中国现代化建设的哲学基础》一书，该书的主要内容包括以下几个部分：马克思主义哲学是中国现代化建设的哲学基础；运用马克思主义哲学的立场、观点和方法，分析、解决中国现代化建设的实际问题。运用马克思主义哲学分析、解决中国现代化建设中提出的实际问题，是综合研究的系统工程。《中国现代化建设的哲学基础》被列为国家"九五"期间重点出版图书，并获得"第十届中国图书奖"，出版后好评如潮。《光明日报》撰文称该书观点新颖，在理论上有突破，论证充分，自成体系。该书包含在"邓小平理论与广东实践研究丛书"之中，并名列"第十届中国图书奖"之榜首。

1998年9月写作的《两代伟人哲学思想研究》一书，是刘嵘最后撰写的一部专门研究毛泽东思想和邓小平理论关系的专辑，专辑收藏了他一生研究马克思主义哲学、毛泽东思想和邓小平理论的主要论文。在这本著作中，他分析了邓小平和毛泽东的思想的内在关系并做了概括性的研究，指出在新的历史条件下，邓小平进一步发展了毛泽东思想，在成功探索中国特色的社会主义道路上，形成了邓小平理论。邓小平的哲学思想是"毛泽东哲学思想的新篇"。它们是"上篇"（进行革命）与"下篇"（进行建设）之"一脉相承"的关系。刘嵘特别强调，无论是毛泽东思想还是邓小平理论，都是以中国国情为基本根据，是把马克思主义基本原理成功地运用在中国革命与建设实践中去的典范，是对马克思主义创造性的发展，是中国化的马克思主义。本书是刘嵘一生对毛泽东思想和邓小平理论研究的收官之作。

自1980年刘嵘在《学术研究》第2期发表论文《运用辩证唯物主义的光辉范例》开始，20多年来，他在全国权威学术刊物《高校社会科学》、《现代哲学》、《学术研究》、《中山大学学报》、《毛泽东思想研究》等，发表有关毛泽东思想和邓小平理论研究的学术论文数十篇。可以说，刘嵘是中国最早、最系统地研究毛泽东哲学思想体系、毛泽东思想与邓小平理论的关系，以及运用理论与实践相结合的方法，探讨毛泽东思想与中国社会主义现代化建设的联系，研究改革开放中的实践和理论问题的学者之一。他主要论文有《毛泽东思想是科学》、《再论毛泽东哲学思想的特色》、《运用和发展马克思主义哲学这一伟大的实践论》、《哲学的命运——哲学改革的设想》、《关于时代问题的反思》一文，对当时的时代精神由战争与革命向和平与发展转变的时代特征做了开拓性的研究。在文中提出的观点受到了学界同行的关注，被中国人民大学"复印报刊资料"等学术刊物转载，产生了重大学术影响。

综上可以看到，刘嵘在粉碎"四人帮"拨乱反正及改革开放初期，深入研究毛泽东思想和邓小平理论，在研究中撰写的著作和提出的观点，对于纠正来自国内对毛泽东思想的错误认识，以及开展深入研究中国特色社会主义理论起到了重要作用。

三、教 书 育 人

刘嵘是一位优秀的老师，数十年如一日为其教育事业奔忙。他长期"双肩挑"，在担任哲学系和中山大学校领导的同时，从未间断参与哲学系的教学和研究工作。先后给哲学系本科、研究生讲授马列主义基础、辩证唯物主义、历史唯物主义、马列哲学经典著作选读、毛泽东思想著作、毛泽东哲学思想史和毛泽东哲学思想研究等课程。他还是我国首批招收毛泽东思想硕士生的导师之一。1986年国务院学位委员会通过他的博士生导师资格后,他与北京大学哲学系合作招收了我国首个毛泽东哲学思想博士生。该博士生毕业后留在北京大学哲学系任教,现任北京大学马克思主义学院院长。1990年中山大学获得了马克思主义哲学的博士点,他先后招收了三届博士生。

中山大学哲学系是全国最老的哲学学府之一,培养了一大批哲学工作者和哲学家。刘嵘在这里工作数十年,培养了大批学生,是一位优秀的教育工作者。新中国成立后,由于国内形势变化,中山大学哲学系几经"下马"与"上马"。1960年复办哲学系以后,刘嵘一直坚持不懈站在讲台上,为一届又一届的本科生担任马克思主义哲学课程的主讲教师。从教近半个世纪以来,在学生眼里,刘嵘是一个严谨治学、诲人不倦、敢于创新、数十年如一日。在课堂上,他旁征博引,切入实际,深奥哲理被他讲得深入浅出、生动易懂。成千人的报告会,他往台上一站,雄辩滔滔,抑扬顿挫,场下鸦雀无声。对现实问题的敏锐思考,对理论难题的精辟入理的分析,对真理的直说,政治敢言,智慧的闪光,常常语惊四座。刘嵘成为中山大学当时少数几位讲课最受学生欢迎的教师之一。

1965年秋,刘嵘在为哲学系一年级学生哲学课辅导时,有学生提出:"既然一分为二是哲学的普遍现象,那么,毛泽东思想能不能一分为二以及如何一分为二?"当时正值"个人崇拜"登峰造极之际,这个问题是教师们避而不谈的政治难题。针对学生提出的这一问题,刘嵘做了两个小时的辅导报告。在报告中,他明确地提出:毛泽东思想也可以一分为二。毛泽东思想是科学的理论,革命的真理,是相对真理和绝对真理的对立统一,它随着时代和实践的发展而发展。领袖也有缺点和错误。正因为提出"毛泽东思想也可以一分为二"这一观点,他在"文化大革命"中,遭受多次批判斗争,被打成"攻击毛泽东思想的急先锋"、"反动学术权威",受尽凌辱和折磨,长达3年之久。就是在这最艰难的日子里,他仍然坚持理论研究,对马列主义毛泽东思想的科学体系有了更深刻的理解。

噩梦醒来是早晨。1969年,毛泽东在一次谈话中讲到了马克思主义也可以"一分为二"的话,这就等于给刘嵘平了反。之后,他很快就被"解放"了。恢复工作后,很快当上了哲学系副系主任,重操旧业,继续为学生讲授毛泽东思想。

1978年,作为中山大学副校长、哲学系主任,他出席了教育部召开的文科教材会议,接受了委托中山大学主编中国第一部马克思主义哲学史教材的协作项目。接受任务后,他组织全国20多所高校的哲学教师,出版了《马克思主义哲学史稿》,该著作成为全国高校哲学系本科学生使用率很高的教材。同年,恢复高校招生考试制度后,作为导师组组长,刘嵘在全国招收了首批8名毛泽东哲学思想方向的硕士生。

1979年9月，刘嵘作为广东省委选派的7位代表之一，参加中央理论务虚会议，在会上聆听了邓小平所做的关于坚持四项基本原则的报告，并就有关实践是检验真理标准以及如何正确评价毛泽东等一系列重大理论问题提出了自己的看法。回校后，他在全校文科研究生哲学课和毛泽东哲学思想研究专业课中，反复讲述了"毛泽东思想是一个科学体系，是科学世界观"的观点，在各种报刊和学术讨论会上坚持了这一观点。他提出要区别毛泽东思想的科学体系和毛泽东个人思想的两个范畴，提出毛泽东晚年思想包含着错误的看法。

正是刘嵘严谨治学、言传身教的师者风范，以及他的孜孜教诲对学生们留下了难忘的印象。他经常和同学们说，"要把做学问和做人结合起来，研究哲学和研究现实结合起来"。这句话成为了刘嵘严格要求学生的格言，也是他自己做人的信条。一直以来，他正是恪守这一信条，使他在教学上走出了一条堪为人师与楷模的成功之路。在教学方面，他成绩显著，获得了一系列的殊荣：1989年，以他牵头的集体项目——"不断开拓创新建设教材，努力培养马克思主义哲学硕士生"获广东省高校优秀教学成果奖二等奖；1989年，被国家教委、人事部、中国教育工会授予"全国优秀教师"奖章；被广东省委授予"广东省高校优秀共产党员"称号；1991年起享受国务院颁发的政府特殊津贴。1995年获得广东省教书育人优秀教师称号，同年被评为全国教育系统劳动模范并被授予人民教师奖章，1996年获得南粤杰出教师特等奖。

四、刘嵘主要论著

刘嵘.1981.毛泽东思想是科学.中山大学学报（哲学社会科学版），(3)：1-6.

刘嵘.1981.运用和发展马克思主义哲学这个伟大的认识工具——略论毛泽东哲学思想的特色.学术研究，(4)：78-84.

刘嵘.1983.毛泽东哲学思想概述.广州：广东人民出版社.

刘嵘.1983.再论毛泽东哲学思想的特色.中山大学学报（哲学社会科学版），(4)：7-14，22.

刘嵘.1985.现实问题的思考.广州：广东高等教育出版社

刘嵘.1986.哲学的命运——哲学改革的设想.中山大学学报（哲学社会科学版），(4)：43-48，42.

刘嵘.1987.反思与开拓的十年——毛泽东哲学思想的新篇章.广州：中山大学出版社.

刘嵘.1989.关于时代问题的反思.中山大学学报（哲学社会科学版），(4)：1-9.

张幼峰，刘嵘.1990.人类历史的新航道——坚持社会主义道路.广州：广东人民出版社.

刘嵘.1993.毛泽东哲学思想新篇——从毛泽东到邓小平.广州：广东人民出版社.

刘嵘.1995.中国现代化建设的哲学基础.广州：广东人民出版社.

刘嵘.1998.两代伟人哲学思想研究.广州:广东高等教育出版社.

撰写者

刘卓红(1956~),浙江人,传主刘嵘女儿。哲学博士,现为华南师范大学政治与行政学院教授、博士生导师,研究领域为哲学和马克思主义理论,专长为马克思主义哲学、西方马克思主义、社会发展理论。现兼任全国马克思主义哲学史常务理事、广东省哲学学会副会长等职。在国内权威学术刊物上发表论文70余篇,出版专著10余部。

陈 修 斋

陈修斋（1921～1993），出生于浙江省杭州市。哲学家，西方哲学史家，莱布尼茨哲学专家。1941年秋考入重庆中央政治学校外交系。1945年夏毕业获法学学士学位后，赴昆明到中国哲学会西洋哲学名著编译委员会工作，任研究编译员。1946年，随编译会到北平工作。1949年，应聘到武汉大学哲学系任讲师。1952年10月，因院系调整到北京大学哲学系任讲师。1957年夏，应时任武汉大学校长李达的邀请，重返武汉大学，在新建的哲学系筹组外国哲学史教研室。1978年5月，晋升副教授。1980年5月，晋升为教授。1983年9月，在呼和浩特召开的中华全国外国哲学史学会第一届年会上被推选为该学会常务理事。1988年10月，主持在武汉召开的中华全国外国哲学史学会第二届年会，被推选为该会第二届理事会理事长。主要从事欧洲近代经验主义和理性主义、古希腊罗马哲学研究和哲学史方法论研究。在欧洲近代经验主义和理性主义研究方面成就卓著，是中国欧洲理性主义和经验主义研究领域的学科带头人，对莱布尼茨哲学尤为见长，是汉语世界研究莱布尼茨哲学的权威学者。1988年，他与杨祖陶合编的《欧洲哲学史稿》获国家教委高等学校优秀教材奖一等奖。1995年，他主编的《欧洲哲学史上的经验主义和理性主义》获国家教委首届人文社会科学优秀成果奖二等奖。1998年，他与段德智合著的《莱布尼茨》获教育部普通高等学校第二届人文社会科学研究成果奖二等奖。

一、哲学生涯

陈修斋1921年3月7日生于浙江省杭州市，祖籍浙江省磐安县尚湖镇。祖上历代务农，其父陈蔚华曾就读浙江政法学校，并先后在浙江永嘉、绍兴、临海、宁海等地任法院"推事"（即审判员）和法院院长等职。其父为人清正廉洁，崇尚科学与法制。1922年，陈修斋随母亲回磐安尚湖镇老家（时属浙江省东阳县玉山区）居住。1926年，开始在当地私塾接受启蒙教育。1928年，入当地尚湖乡村小学、志成小学读书。其间曾参加全省会考，获第一名。他在志成小学读高级小学时，他的一位老师也是他的族叔陈茂勋曾给他取过一个"字"或别名叫"哲民"，这对他一生竟产生了重大影响。晚年，当他回忆起这件事情时，还非常动情地写道："我这位敬爱的小学教师在向我解释这'字'的意义时就说起过有门学问叫'哲学'。他虽然不可能向我这当时才11岁左右的小学生说清楚'哲学'是怎么回事，但已在我稚嫩的大脑皮层上印上了一个很深的痕迹，使我朦胧地觉得有这么一个高深莫测的境界叫作'哲学'，从而莫名其妙地对它有一种深深的向往。"

1933年秋季，陈修斋以第一名考入省立温州中学，第二年因父亲调绍兴地方法院工作而转省立绍兴中学读书。1936年秋，他于绍兴中学毕业，获全省初中毕业会考第一名，随后考入省立杭州高中。1937年，于杭州高中肄业一年后，陈修斋因病回老家磐安尚湖镇疗养，其间曾延请一前清秀才补习古文并习作旧诗词。1938年杭州失陷，复学一时无望，于春夏之交他曾短期应邀至本乡一山村小学教书，是年秋，入稽山中学高中部学习。

到了高中阶段，陈修斋开始比较认真地考虑自己将来要做什么样的人这样一个问题。当时，他心中比较强烈的愿望就是想做个"学问家"。但当时还不明确究竟要做哪一门"学问"的"专家"。因为在那个时候，他还不甚清楚"哲学"是怎么回事，只是感到它神秘而玄妙，高不可攀，从而也就不敢贸然"立志"要做个"哲学家"。当时，他心中最强烈的意识是觉得要做"学问"，就不能满足于国内大学毕业，必须千方百计出国留学；而要出国留学，就必须学好外文，于是就打定主意毕业后读大学外文系。

陈修斋中学毕业报考大学时，正值抗战中期，杭州沦陷，浙江省政府内迁，杭州高中迁至偏僻的丽水碧湖。当时，许多内迁大学都借杭州高中校址在碧湖招生。陈修斋到丽水碧湖后，报名参加西南联大、中央大学、武汉大学、浙江大学四校的联合招生以及厦门大学与浙江大学龙泉分校的联合招生考试。两次报的都是外文系，结果也都录取了。但在参加两次考试的同时，恰逢内迁陪都重庆的中央政治学校（简称"政治学校"）也在碧湖招生，陈修斋也顺便报考了。不过，这次他报考的是外交系，后来竟也被录取了。这就给他带来"幸福的烦恼"。重庆中央政治学校是全部公费，毕业后由政府安排工作，职业有保障。所以，他的父兄亲友都竭力主张他进该校学习。于是，他就在1941年10月，从浙江老家绕道江西、湖南、贵州，历尽艰险，到达地处重庆小温泉的中央政治学校，入外交系学习。

陈修斋之所以进政治学校外交系，并不想一辈子当一名外交官，也只是想借机学习一下外文（既然学外交也总是要学外文的），并希望借外交途径出国，到国外后再设法进大学学习。这样，将来还是可以做一个"学者"、"教授"。这可以说是他当初的"如意算盘"。因此，当他进政治学校，遇到"军训"乃至"军事管理"和"训导制度"之类时，非常反感，觉得和他自己所想像的大学气氛大相径庭。后来又获悉，即使当时内迁大学的其他学校的学生差不多也都可以领到"助学金"，无非比政治学校的学生少得几个零用钱和一年两套制服之类，顿时觉得为求公费以便减轻父兄负担而进了政治学校，却没有去进当时原已考取的其他名牌大学，是犯了错误而深感懊悔。但既已进了政治学校，想什么也于事无补，只好"既来之则安之"。加上不久之后，从浙江进入内地所经衡阳等地相继失守，他和老家的来往交通邮路也被阻断，再也无法得到家中救济，他在内地举目无亲，若转学连些许路费也无从筹措，也就动弹不得，只好罢休。

进政治学校经过一段"始业教育"后开始正式上课。第一学期也就有"哲学概论"这门课。当时是一位安徽籍的老师教的。据这位老师说，哲学是一门要"打破砂锅问到底"的学问；又说，据他自己的体会，哲学也就是"讲得通"的学问。可是听了他大半学期的课之后，听课的同学得出的结论却认为哲学原来不是"讲得通"的学问，而是"讲不通"的学问。晚年，陈修斋还非常遗憾地回忆说："我听了他一学期的'哲学概论'课，所留下的印象，除了'打破砂锅问到底'和'讲得通'这两句话，确实也就没有别的了。如果我的哲学启蒙课就止于此，则我这辈子也许就不会走上哲学这条路了。"

幸而出乎意料的是到了第二学期，他们的"哲学概论"课换了教师，来教他们的竟是当时已很著名的贺麟。当时，政治学校奉"校长蒋中正"之命，特别邀请西南联大哲学教授贺麟来校讲学。贺麟正式开出两门课程：一门是外交系一年级的"哲学概论"，另外一门是各系学生可自由选修的"伦理学"。陈修斋不仅上了贺麟的"哲学概论"，而且还一堂不落地认真听了贺麟的"伦理学"。晚年，陈修斋在回忆自己聆听贺麟讲课的感受和心得时，还十分动情地写道："听了贺先生的课，我不知怎么就着了迷，并从此迷上了哲学……从听贺先生讲哲学课中，我领悟到学哲学主要不只是为学到一些知识，而是要懂得关于宇宙人生的大道理，提高自己的精神境界，以求得精神上的'安身立命'之所。"

当时，陈修斋深深地对贺麟所讲的哲学着了迷，课外也就找哲学书来看，特别是贺麟译的鲁一士的《黑格尔学述》和代表他的主要哲学观点的论文《近代唯心论简释》等。贺麟教课，历来要求听课的学生每人写一篇文章或心得体会交给他，借此了解学生的反应和自己讲课的效果。陈修斋自然也写了一篇。文章的内容主要是当时他自己初接触哲学的一些体会，由于写得情真意切，给贺麟留下了较为深刻的印象。

陈修斋于1945年毕业前夕几个月，接到贺麟的信，问他是否愿意在毕业后去昆明到他所主持的哲学编译会工作。这让陈修斋喜出望外，立刻就回信表示同意。在谈到他自己的这个人生抉择时，陈修斋晚年曾不无感慨地写道："不能说在这人生道路的转折关头，我的决定是未经思考，随便作出，或一时的心血来潮。须知外交官在一般人心目中毕竟还是诱人的职业，而这'哲学编译会'不过是一个只有几个人的小单位，而且可以说是个十足的'清水衙门'，要'坐冷板凳'的。但我却毫不犹豫地作出了舍弃'外交官'去当'编译员'的选择，这在了解我上述经历之后来看，就也会觉得既非偶然，也不足怪。"

1945 年 7 月的一天，陈修斋从重庆坐飞机到了昆明，进哲学编译会工作。当时重庆正是酷暑天气，整天挥汗如雨。但仅飞行两个小时到了昆明，一下飞机正逢阵雨，顿时感到浑身凉飕飕的，仿佛深秋天气。这两地天气的骤变，似乎也象征着他生活环境的截然改观，和他人生道路的一个急转弯。

陈修斋到昆明不久，就听到了日军宣布无条件投降的喜讯。他原来满以为抗战胜利，从此可以过太平日子，他也可以潜心研究哲学了，谁知接着就是蒋介石"解决"龙云的一场小规模内战，再接着就是震动全国的"一二一"惨案，和"反饥饿、反内战"的轰轰烈烈的学生运动等。经过近一年在昆明西南联大不平凡的生活，既在政治上受到了一些民主运动的熏陶，在学术上也进一步打开了他的眼界。他所在的哲学编译会只是通过西南联大代发人员薪资的单位，他既不是西南联大的正式教员，也不是它的学生，但实际则生活在西南联大环境中。当时贺麟规定每个编译员每年只需完成十万字的译稿，就算完成了工作任务，其余全部时间都可以自己来安排研究或学习。在西南联大这一年，陈修斋不仅翻译了法国罗斑著《希腊思想和科学精神的起源》和莱布尼茨若干哲学短著，而且还先后听了金岳霖的逻辑课，陈康的希腊哲学和为研究生开的柏拉图国家篇，贺麟的黑格尔哲学，以及外语系美籍教授温特讲的英诗和其他外语课程等。当时西南联大集中了全国大多数最著名、最有成就的学者教授，单就哲学方面来说，就有汤用彤、金岳霖、冯友兰、陈康、贺麟、郑昕、沈有鼎、冯文潜、王宪钧等，而齐良骥、石峻、任继愈等，当时还都是青年讲师。尽管当时西南联大作为后方民主运动的中心，政治活动不断，"一二一"运动以后学校也有一段时间罢课，但学术活动依然活跃，并未间断。这种学术环境对他的潜移默化作用，是不可低估的。

经过大半年的准备，从 1946 年 5 月开始，组成西南联大的三校终于分别复员迁回平津，编译会也随北京大学迁北平。陈修斋等随北大一批学生于 5 月间的一天离开昆明，三十几人连行李乘坐一辆运货卡车，从昆明出发。经过 11 天才到湖南湘潭，受尽颠簸之苦。从湘潭改乘内河小轮船到长沙，从长沙改乘刚恢复运行的火车到汉口，又从汉口乘长江轮船到南京，再转火车到上海。从上海陈修斋单独回到浙江老家，在和分别四五年的家人团聚和处理一些私事，并到宁海探望父亲之后，于1946年10月间携妻女重返上海，再与北京大学师生会合，搭乘一艘"自由轮"从上海经7天的海上颠簸到达秦皇岛，再乘火车到了收复不久的古都北平。

到北平后，编译会仍如在昆明时依附西南联大那样依附北京大学，陈修斋也仍在北京大学旁听哲学系和西语系的各种课程。如汤用彤的魏晋玄学、大陆理性派哲学，郑昕的康德哲学、现代哲学，陈康的认识论，贺麟的西洋哲学史、现代哲学，胡世华的数理逻辑以及朱光潜的文艺理论和冯至的德文课等等，他都听过。只是这时编译会的编译员除陈修斋之外差不多都换了人。1946年以后编译会先后进来的新人是：汪子嵩、邓艾民、晏成书、王太庆、孙霄舫、梁学成。

北平解放后，编译会也像其他文化教育机构一样由"军管会"下的"文管会"接收，人员也都被"包下来"。陈修斋和编译会其他成员也和其他干部一样每月领几百斤小米。但到1949年约8月间，哲学编译会撤销，北京大学哲学系新任系主任郑昕通过当时的"华北高教会"介绍陈修斋到武汉大学哲学系工作。陈修斋于1949年10月到武汉大学，进了当时由洪谦任系主任的哲学系，先后开出哲学和新民主主义革命史等课程。1950年年初，他加入新民主主义教育协会，1952年，加入中国民主同盟。同年10月，全国院系调整，陈修斋重返北京大学哲学系任教。先后在该系西方哲学史组和外国哲学史教研室工作。1954年和1955年，他与人合译的美国康福斯《科学与唯心主义的对立》和美国哈利·威尔斯《实用主义》，并先后在生活·读书·新知三联书店出版。1957年3月，他与洪谦、任华、汪子嵩、张世英、朱伯崑合著的《哲学史简编》在人民出版社出版。该书是我国第一部用马克思主义观点撰写的哲学史著作和哲学史教材，实乃新中国中国西方哲学史学科的奠基之作。他也是北京大学哲学史教研室编译的我国第一套西方哲学史原著资料《西方古典哲学原著选辑》的主要译校者之一。

他在这一时期的教学和科研实践中认真学习和体会马克思主义哲学的基本原理，真心实意地接受了马克思的辩证唯物主义和历史唯物主义，同时深感苏联哲学界的教条主义、尤其是日丹诺夫的哲学史定义的弊端。在1956年由《哲学研究》组织的"笔谈"中，他与贺麟联名著文，拥护党的"百家争鸣"方针，批判"左"倾教条主义。1957年年初，他在北京大学举行的"中国哲学史问题讨论会"上，又以"对唯心主义哲学的估价问题"为题发言，针对哲学史研究中的教条主义倾向，提出"唯心主义本身，或者说唯心主义作为唯心主义"对人类认识的发展也有"积极的贡献"，是"人类认识发展的一个阶段，必要的环节"。他的这些意见正是当时哲学史界许多人"欲言而不敢言"的，充分体现了他在学术上的求实精神和理论勇气。但这竟使他后来长期蒙受不白之冤（被打成"内定右派"）。

1957年夏，他应武汉大学校长李达的邀请，重返武汉大学，在新建的哲学系筹组外国哲学史教研室。1963年，他被借调去北京，以《哲学研究》编辑部的名义，独立负责选编、组译和审校了一套《资产阶级哲学资料选辑》近300万字，由上海人民出版社出版，内部发行。这是新中国成立后第一套大型当代西方哲学代表著作译丛。

"文化大革命"期间，他再次受到不公正的对待。1972年他重返教学和研究岗位。他当时在武汉大学襄阳分校，政治上备受歧视，居住和工作条件极为恶劣，但他忍辱负重，奋力完成了德国哲学家莱布尼茨的巨著《人类理智新论》的翻译工作。

粉碎"四人帮"后，他将全副精力投入了教学和科研工作。1978年他晋升为副教授，1980年晋升为教授，1986年又被批准为西方哲学的博士生导师。1988年3月，他实现了早在1952年就萌生过的愿望，光荣地加入了中国共产党。

在新的历史时期，他心情空前舒畅。他坚决拥护党的十一届三中全会以来的方针和政策，拥护党的基本路线，积极投身于"拨乱反正"的思想解放运动和建设有中国特色的社会主义的事业。他青春焕发，老当益壮，每日伏案工作不止，带出了一批又一批硕士生和博士生，迎来了他丰收的晚年。在80年代，他编著出版了《欧洲哲学史稿》、《欧洲哲学史上的经验主义和理性主义》、《哲学史方法论研究》，并继续译出了《莱布尼茨与克拉克论战书信集》、《关于实体的本性和交通的新系统》等著作，还甘当人梯，为一些青年学者审校了多部译著。

他曾于1983年赴法国作为期半年的学术访问，拜访和会见了一些法国哲学界知名人士和莱布尼茨专家，如德里达、利科、贝拉瓦尔、董特、维特琳娜等，还应邀出席了在法国举行的国际现象学大会第13届年会及纪念达朗贝逝世200周年的学术研讨会；1984年和1990年先后邀请法国巴黎一大哲学教授维特琳娜和英国莱布尼茨专家罗斯来华讲学；他同联邦德国汉诺威国际莱布尼茨学会和英国莱布尼茨学会建立了联系，还向它们介绍了莱布尼茨研究在中国的情况。他为推进中国同法、德、英诸国的学术文化交流做出了卓越的贡献。

从1991年下半年开始，陈修斋的身体状况开始恶化。在病重住院期间，还念念不忘莱布尼茨哲学的研究和著述，不仅亲自委托他的学生段德智撰写《莱布尼茨》一书，而且还同段德智一起制定了该书的写作大纲。1993年8月23日上午5时30分，陈修斋终因医治无效，在武汉地质医院逝世，享年72岁。

二、主要研究领域和学术成就

陈修斋是一位颇多建树的哲学家和西方哲学史家。他不仅是新中国西方哲学史学科的奠基人之一，而且还是我国欧洲近代理性主义和经验主义领域的学科带头人、有一定国际影响的莱布尼茨哲学专家和对哲学原理有深层思考的哲学家。他对我国哲学和哲学史事业所做出的理论贡献和学术成就可以概述如下。

1. 哲学观、哲学史观和哲学史方法论

陈修斋的理论贡献和学术成就首先就表现在哲学观、哲学史观和哲学史方法论方面。他在这方面所作的哲学思考可以归纳如下：

继贺麟之后进一步明确提出了"哲学无定论"，界定了他所含蕴的三层意义：①涵指哲学的定义无定论；②涵指哲学是否应有或能有公认的定义论无定论；③涵指对于哲学所讨论的许多问题也都无定论。

强调指出"无定论"正是"哲学的本性"。他从哲学总有别于科学这一点出发，强调指出：无定论正是哲学的本性，只有无定论的问题才是真正的哲学问题，而真正的哲学问题总是无定论的。如果一旦有了定论，则它就是科学问题，而原本并不是或不再是哲学问题了。

指出"哲学无定论"的根据在于"哲学的对象"。他指出，他所要谈的"无定论"的哲学问题并非指那些出于时代或其他条件的限制而一时尚无法达到定论的问题，而是指那些"原则上无法达到定论的问题"，这类问题大体说来也就是恩格斯所指出的哲学基本问题及其与密切相关的若干问题，如康德在《纯粹理性批判》中所提出的"二律背反"的问题之类。而这样一些哲学问题之所以会原则上无法达到定论，其"关键"就在于这类真正的哲学问题是以宇宙全体为其认识对象。因为若要以宇宙全体作为认识对象，这本身就必然会导致"悖论"，或陷入"自相矛盾"即所谓"二律背反"。哲学的无定论最重要的还是表现在关于哲学基本问题的争论，即唯物主义与唯心主义的争论上。

关于哲学光说无限思维还不够，应该说，哲学以宇宙全体为对象，而无限、绝对都是由这个对象决定的。

哲学表现在哲学史中，哲学史就是哲学认识的发展史，它本身就是哲学。

不能把哲学史简单化、庸俗化，不能把它仅仅理解为一部唯物主义和唯心主义互相斗争的历史；事实上它还包括辩证法和形而上学、唯理论和经验论、可知论和

不可知论，甚至一元论和多元论等许多方面的矛盾和斗争。而且，即使就唯物主义与唯心主义的关系而言，它们之间除了互相排斥、互相否定、互相推翻的一面外，也还有互相渗透、互相继承、互相转化的一面。

讨论"对唯心主义的估价问题"不仅对于哲学史工作的开展有着"关键性"的意义，而且对整个思想学术工作的开展，对"百花齐放，百家争鸣"方针的贯彻，也都有"重大"的意义。而这一问题的主要之点并不在于唯心主义哲学家的著作中是否包含着一些正确的、有价值的东西。唯心主义作为人类认识发展的一个阶段、必要的环节，是有可以肯定的东西的，是有贡献的。它在哲学史上的作用并不是完全消极的，"没有德国古典的唯心论哲学，恐怕就没有辩证的唯物论"。

哲学作为一种社会意识形态，诚然是在一定的经济基础上产生的，受经济基础的决定，也受上层建筑其他部分的种种影响，但它一旦产生，也就有其相对的独立性，有其自身发展的内在逻辑。只有在尽可能充分地掌握和了解原始资料和具体历史情况的条件下，全面地运用辩证唯物主义和历史唯心主义的基本原理，揭示和阐明人类哲学思想在社会经济基础的决定作用和其他社会因素及文化部门、特别是科学发展的巨大影响下，其本身发展的内在的逻辑，才能构成"科学的哲学史"体系。

哲学史方法论是哲学史研究工作的活的灵魂。马克思主义的哲学史观及其方法论原则，不是一个封闭僵化的体系，它必然要随着自然科学、社会科学和哲学史本身的研究的发展而不断丰富、发展。

在哲学史研究中，阶级分析是必要的，但它"不能包括历史分析和逻辑分析的全部内容"，不能"完全代替历史分析和逻辑分析"，应当把阶级分析同历史分析和逻辑分析辩证结合起来。

对立统一规律是哲学运动发展的普遍规律，也是我们分析研究哲学史现象的一条普遍适用的方法，理解和把握这一根本的思维规律和思维方法，对建立科学的哲学史体系，对反对和批判"左"倾教条主义至关紧要。

2. 近代西欧唯理派与经验论研究

在这一领域，陈修斋的提出的主要观点有：

认识论取代本体论成为哲学的中心问题，是16世纪末～18世纪中叶欧洲各国哲学的一个突出现象，正确地理解和把握这一点不仅对于掌握这一段哲学史，而且对于建立全部欧洲哲学史的科学体系，都是有意义的和必要的。

那种认为讲近代哲学史突出认识论、突出经验论与唯理论的斗争，是以此掩盖、抹杀或代替唯物主义与唯心主义的斗争的观点是错误的。在哲学史上，唯物主义与唯心主义的斗争，从来就很少以那样赤裸裸的形式表现出来，而往往是通过各种具体问题的斗争来进行的。

经验论和唯理论的斗争主要是环绕着"正确认识的起源"、"知识的可靠性"、"认识对象"、"认识主体"及"真理观"这五个问题进行的。前两个问题直接同划分经验论与唯理论的标准相关，第三、第四个问题则直接同划分经验论与唯理论内部唯物主义与唯心主义的标准相关。

哲学家石黑英子视经验论与唯理论为两个"不幸的标杆"的观点是不恰当的。因为问题并不在于存在不存在这两个派别，而在于划分这两派的标准是否明确和确切。

在划分经验派和理性派的标准问题上，传统观点有欠明确和确切，比较确切的说法是：区别两派的标准不是"一般"认识的起源，而是"正确"认识的起源，不是感性认识与理性认识何者"可靠"，而是何者"更可靠"。但是，更为确切的说法应当是：区分两派的标准只有一个，这就是"具有普遍必然性"的认识的起源问题，亦即是否承认"凡是在理智中的，没有不是先在感觉中的"这一古老信条。

英国经验派和大陆理性派都内蕴着各自的逻辑矛盾，都经历了一个理论形态上的逻辑演进过程。英国经验派从培根、霍布斯到洛克再到巴克莱、休谟的逻辑发展进程，是一个从唯物主义演变到唯心主义、从可知论转化为不可知论的进程。大陆理性派，从笛卡儿到斯宾诺莎再到莱布尼茨、沃尔夫，也有一个相对独立的逻辑发展进程：一方面，从作为认识之前提和基础的本体论范围，从作为认识对象和主体的实体学说这个侧面看，它是一个从二元论经过唯物主义一元论到达唯心主义一元论（也可以说是某种意义上的唯心主义多元论）的发展过程；另一方面，从与认识主体和认识对象的关系以及认识发生过程密切相关的身心关系问题这个侧面看，它又是一个从"身心交感学说"经过"身心平行说"到达"身心前定和谐说"的发展过程。

经验派与理性派的论战是16～18世纪欧洲哲学史上重大的事件，在一定意义上，经验主义和理性主义正是通过连续不断的论战而逐渐发展起来的，16～18世纪的欧洲哲学史可以说就是一部经验主义和理性主义的论战史。

这一时期两派的论战大体经历了三个相互衔接而逐步深入的不同阶段。论战的第一阶段包含笛卡儿与培根的对立，霍布斯、伽桑狄与笛卡儿的辩难，斯宾诺莎的唯物理性主义对经验主义的否定这样三项内容；论战的第二阶段，两派斗争主要包括两个方面的内容：一是洛克对笛卡儿主义的批驳，二是莱布尼茨对洛克经验主义的论战；而论战的第三个阶段则主要涵指巴克莱和休谟对理性主义的也对先前形态的经验主义的否定这样一个内容。

哲学史界有一种观点认为西方哲学的发展过程可以看成"客体——主体——客体与主体的统一"这样三个大的阶段构成的一个"大圆圈",古代和中世纪着重在研究客体,到近代初期转化为着重研究主体,而到马克思主义产生的前夕则达到着重三研究客体与主体统一的阶段。如果按照这种观点,则认识主体问题应该是我们所要探讨的近代初期这个阶段的哲学的最重要的问题。这个问题主要包括认识主体的本质、身心关系、普遍的共同理性和人格同一性问题以及主观能动性和意志自由等四个分支问题。

欧洲近代的经验主义和理性主义哲学,虽然就认识论的角度看,是两种对立的思潮,形成了两个对立的学派,但就其作为社会上层建筑中的意识形态来看,则同是西欧文艺复兴时期以来新兴资产阶级的思想,是为资本主义的发展、壮大服务,为资本主义代替封建主义的革命变革作舆论准备或理论论证的。两者都是新兴资产阶级反封建的思想武器,在当时有巨大的反封建的进步意义。

3. 莱布尼茨哲学研究

在这方面,陈修斋不仅翻译了莱布尼茨的《人类理智新论》、《莱布尼茨与克拉克论战书信集》和《新系统及其说明》,而且还对莱布尼茨的哲学思想做了深入系统的研究,其提出和阐述的观点主要有:

莱布尼茨是一位具有世界意义和重大国际影响的哲学家。莱布尼茨虽是德国人,但他的活动和影响都绝不只限于德国,甚至也不只限于西欧。他是对世界许多国家和地区有广泛影响的一位学术界的巨子。他是16～18世纪大陆理性派的主要代表,是这一学派的集大成者。

无论是笛卡儿还是斯宾诺莎都是把矛盾律同一律看作是最高思想法则的,莱布尼茨则提出充足理由律以弥补矛盾律之不足,并且宣布这一规律本身"有本质上的重要性"。

莱布尼茨哲学所根据的基本原则有三个:充足理由原则、矛盾原则或同一原则以及最佳原则(圆满性原则),其中充足理由原则是制约或规定其他两条原则的最高原则。

莱布尼茨之所以从经验哲学的唯心主义转向机械唯物主义,后来又从机械唯物主义转回到唯心主义,诚然是由当时软弱的德国资产阶级向封建势力妥协投降的政治需要决定的,但就理论上来说,也确实是由于他看到了唯物主义机械论的局限,看到了机械论的自然观,特别是关于物质实体的观点陷入了矛盾困境和难以自圆其说。

单子没有部分是单子的根本特征，单子的其他一系列特征包括"单子变化的内在原则"都是由它演绎出来的。

莱布尼茨把前定和谐学说看作解决"不可分的点"与"连续性"的矛盾（"哲学迷宫"之一）的"关键"，这一学说是莱布尼茨哲学的中心，最能表现他的哲学的特征。

莱布尼茨在认识论上和洛克的斗争主要表现在四个方面：①认识的对象和起源——"天赋观念"还是"白板"？②认识的主体——"物质能不能思维？"③认识的过程——从"知觉"到"统觉"；④真理观。这一斗争是唯物主义经验论和唯心主义唯理论的斗争的集中表现，它集中地暴露了贯穿整个西欧早期资产阶级革命时期哲学认识论上的唯理论和经验论这两个派别或两种理论原则之间的深刻矛盾。从康德开始的德国古典唯心主义，在一定意义下就是企图解决这个矛盾。

"个体性原则"是莱布尼茨整个哲学体系的一条"基本"原则，在一定意义下甚至可以说是它的"最主要"的原则。人的个体性就是逻辑地包含在这一哲学原则之中的。

莱布尼茨关于个体性的思想是全部西方哲学史上关于一般与个别问题的长期争论和思想发展过程中的一个有自己的特色的重要环节，对这个问题的探讨和解决有其特殊贡献。

人的自由问题是莱布尼茨所关心的主要问题之一。他所提出的关于自由的定义（自由＝自发性＋理智），他对自由与必然和偶然的关系、自由与"受决定"和"无区别状态"的关系的探讨，既在理论上比其前人有所进步，在社会历史作用上也更好地反映了新兴资产阶级反封建的要求而有其更值得肯定的进步意义。

培根、笛卡儿这些哲学家，作为近代早期哲学的主要代表，虽然也对"主体性"原则的确立做出了不同程度的贡献，但都远未为这一原则的确立找到一条适当的途径，提供一个有力的本体论基础，莱布尼茨的哲学基本观点则为主体性原则提供了一个颇为适宜的本体论基础，他作为德国历史上第一个有重大影响的哲学家，同时也是"第一个"为主体性原则奠定初步的理论基础，"第一个"走上从实体转变为主体的道路的人。

在一定意义上，我们可以说，狄德罗及其同道"百科全书派"的哲学家们，正是因为批判地吸取了莱布尼茨哲学中一些有辩证法意义的思想，才使自己的唯物主义哲学超出了前一世纪唯物主义的水平而达到了一个新的高度，成为资产阶级上升时期唯物主义哲学中的比较彻底、发展的形态。

有人称莱布尼茨为"德国哲学之父",不是没有道理的。这不仅因为就时间上看莱布尼茨是德国历史上第一个有巨大影响的哲学家,而且因为他的思想的确是以后德国哲学发展的一个直接的、主要的思想来源。

莱布尼茨《致雷蒙的信:论中国哲学》有重大的理论价值和历史意义。因为它不仅明确地表述了莱布尼茨对中国及其文化的尊重和推崇的总态度,而且由此也可以看到,莱布尼茨不仅是在阐述他所理解的中国哲学,而毋宁说他更多地还是借此更进一步来阐述他自己的哲学思想。

4. 现当代西方哲学研究

陈修斋在现当代西方哲学研究方面的理论贡献和学术成就主要有:

揭示和强调了现当代西方哲学同近代西方哲学之间的联系。例如他指出,近代经验论和唯理论的争论所围绕的关键问题可以说是"能否以及如何获得关于世界的普遍必然知识或真理的问题"。而这一问题同时也就是现代(包括马克思主义哲学)所需处理的关键问题,至少是关键问题之一。再如他强调说,不了解哲学史,不了解认识史,就难以深入了解现代哲学及现代认识论问题。

指出当我们对现当代哲学作历史溯源时既应当注意"猴体"与"人体"的联系,又应当注意"猴体"与"人体"的区别,防止把近代和古代哲学现代化。

具体地昭示了现代存在主义同德国古典唯心主义的联系。指出:存在主义更多地继承了德国古典唯心主义思潮中的主观唯心主义、非理性主义和神秘主义成分,而反对和抛弃了其中的客观唯心主义的倾向和占主导地位的理性主义倾向。

努力划清马克思主义和实用主义关于"实践标准"的界限。

在我国第一个系统地评介了莫里斯的"指号学",不仅深层次地提示了指号学的内在逻辑结构及指号学与价值学的关系,而且对莫里斯构建指号学的目的做了批判性的分析。

明确区别了近现代西方思想史上的人道主义的两种含义,一种是作为伦理原则和道德规范的人道主义,另一种是作为世界观和历史观的人道主义,着重叙述了作为世界观和历史观的人道主义的历史发展,强调指出这种人道主义虽在历史上也曾起过进步作用,但由于它无视人的社会性和历史性,因而归根到底是唯心主义的和形而上学的。

提倡积极"引进"西方哲学,主张把"引进"和"吸收"适当地区别开。对于西方那些与马克思主义格格不入、甚至公开反对马克思主义的哲学,固然不能"吸收",但也同样可以而且需要"引进",即把它们的重要著作翻译过来加以研究,并在适当范围内加以介绍。

强调要不断地引进西方哲学观念进行再认识。即使对作为典型的资产阶级意识形态的个人主义也应该进行再认识。因为个人主义虽然也包含着个人至上、一切以个人利益为中心的意义，但在西方语言中，例如在英语中，要表示这种意义，毋宁更多用的是 egoism（利己主义），而不是 individualism（个人主义），后者诚然有时也被用作 egoism 的同义词，但它更常被来用表示个人的独立、自主、自由，尊重个人尊严和价值，把个人视为目的等意义。在这种意义上，它是个褒义词而不是贬义词。

三、学术人格、学术境界和学术精神

凡是与陈修斋有所接触的人都对他怀有一种"敬重"感情。这种敬重感情一方面来自他的哲学人格，另一方面也来自他的学术境界和学术精神。

康德在《实践理性批判》中在谈到"敬重"这种道德感情时，曾经将其归诸"摆脱了全部自然必然性机械作用"的"自由和独立"的"人格"。而在陈修斋身上所洋溢的正是这样一种"独立自由"的哲学人格。这种哲学人格不仅表现在他对哲学道路的选择上，而且也表现在他对哲学真理的捍卫上。20世纪50年代中叶，是"左"倾教条主义在我国哲学界猖狂施虐的年代，是一个"只许批判，不许辩护"和大多数学者发表意见常常有所保留的年代。但即使在那个年代，在那场要不要反对"左"倾教条主义以及正确评价唯心主义哲学的争论中，面对教条和谬误，他还是不避风险，挺身而出，捍卫哲学真理，成就了中国当代哲学史上的一段佳话。他不仅早在1956年春天，就与贺麟一起在《哲学研究》第3期上发表署名文章《为什么要有宣传唯心主义的自由》，随后又在1957年1月北京大学哲学系举办的中国哲学史问题座谈会上作了《对唯心主义哲学的估价问题》，而且还在会后应《哲学研究》编辑部之约写出了《关于唯心主义的估价问题的一些意见》。

陈修斋不仅有高尚的学术人格，而且还有崇高的学术境界。陈修斋给自己规定的学术目标是令人咋舌的。陈康和季羡林曾经讲过，即使在西方哲学研究领域，中国学者也应"直接与西方一流学者相抗衡"（季羡林语），也应拿得出高质量的学术成果"使欧美的专门学者以不通中文为恨"（陈康语）。陈修斋十分赞佩这两位学者的宽广胸襟和民族意识，每每用他们的话语激励后学，鞭策自己。正因为如此，陈修斋一经选定哲学道路，便全身心地投入了紧张、艰苦的哲学思索和哲学创作中去，并始终不懈地向着这一远大目标奋进、拼搏。为使自己的哲学理想化为现实，陈修斋付出的巨大辛劳、遭遇的精神痛苦是令人震惊的。20世纪50年代末60年代初，他不仅在物质生活上极端困难，而且在政治上身处逆境，但就是在这个时期，他潜心系统地研究了莱布尼茨的哲学学说；70年代初，武汉大学哲学系作为武汉大学襄阳分校的一部分迁至襄阳隆中，那时他刚刚获准重返教学岗位，被"监督使用"，住在一间向当地林场租借的不足10平方米的低矮潮湿的土坯房子里，但就是在这种情况下他顽强地译出了后来令德国莱布尼茨哲学专家惊叹不已的莱布尼茨的《人类理智新论》（两卷本，共52.5万字）。为了实现自我设定的远大的学术目标，几十年来他一直不间断地进行着艰苦的自我超越：1980年，他向全国唯理论和经验论哲学讨论会提交了论文《关于经验论与唯理论的对立的几个问题》，对西欧近代经验论和唯理论的一系列重大问题作了全面、系统的探讨；5年以后，即1985年，他又写出了长篇论文《关于经验论与唯理论对立问题的再思考》，对许多有关重大问题又作了新的阐释，对自己某些原有的观点做了重大的修正和补充。为了实现自我设定的目标，他几十年如一日，持续不断地消化和吸收国内外同仁乃至后学的研究成果，且持续不断地从事翻译介绍工作；然而，这位于莱布尼茨哲学翻译和研究方面在国内外学术界享有盛誉的学者，甚至到了晚年，面对着自我设定的学术目标，竟不止一次不无悲壮地说道："我越是研究莱布尼茨，就越是不敢动手写作研究莱布尼茨的著作！"其胸襟之广，目标之大，律己之严，志向之坚，既令人仰慕，又令人汗颜。

他治学严谨，品德高尚。他对待做学问特别认真扎实，从不肯"跟风赶浪"、"赶时髦"，对自己未深入研究过的问题也从不妄加议论。他一贯主张为真理而真理，为学术而学术。20世纪50年代中期，当完全否定唯心主义历史作用的"左"倾教条主义施虐时，他不避风险，挺身而出，为唯心主义哲学的地位和作用极力申辩。20世纪80年代初期，当完全抹杀唯物主义地位和历史作用一时成为风气时，他又旗帜鲜明地反对随风倒，要求全面正确地评价唯物主义，特别是全面正确地评价辩证唯物主义和历史唯物主义。无论著书还是写论文，都坚持从原始资料出发，具体翔实地占有资料。也正因为如此，他特别重视翻译工作，常说在哲学史研究中，与其在没有充分掌握材料之前就发表所谓有创见的大作，倒不如踏踏实实地先翻译和阅读一些哲学家的原著。他自己除审校过400多万字的译稿外，还亲自译出4种译著，与人合译5种译著。他的译笔严肃、认真、一丝不苟，同时极为流畅，他讲求"信、达、雅"，尤见重于信实。

他历来主张把做学问同做人结合起来，把道德同文章结合起来。他常说，"做人和做学问应是一致的"，不应当把从事哲学研究当作谋取"饭碗"的手段，而应把它看作自己根本的生活方式和精神追求。对此他直到去世都身体力行。他一生潜心学术，淡泊自持，不慕荣利，不尚浮名；他为人正直，表里如一，光明磊落，唯理是从；他性情宽厚，作风淳朴，严于律己，宽以待人；他睿智达观，胸怀宽广，锐意进取，自强不息。他是贺麟"以学术培养品格，以真理指导行动"哲学观的卓越践行者。

无论是陈修斋的学术成就还是他的学术人格、学术境界和学术精神都是他留给后世的宝贵财富。尽管后人在他从事过的研究领域都有可能做出更为辉煌的成就，但他的这样一种"完全摆脱自然机械作用"的"独立自由"的学术人格、在学术研究领域敢于向西方学者挑战的气魄、胸怀和勇气，他的"为真理而真理"、"为学术而学术"的学术精神，将永远是后辈追随和仿效的卓越典范。

四、陈修斋主要论著

洪谦，任华，汪子嵩等.1957.哲学史简编.北京：人民出版社.
（法）狄德罗.1957.狄德罗哲学选集.陈修斋，王太庆，江天骥译.北京：生活·读书·新知三联书店.
（法）茹罗蒂.1962.论自由.陈修斋，江天骥译.北京：生活·读书·新知三联书店.
（英）休谟.1962.自然宗教对话录.陈修斋，曹棉之译.北京：商务印书馆.
（法）罗斑.1965.希腊思想和科学精神的起源.陈修斋译.北京：商务印书馆（内部发行）.
（德）莱布尼茨.1982.人类理智新论（2卷本）.陈修斋译.北京：商务印书馆.
陈修斋，杨祖陶.1983.欧洲哲学史稿.武汉：湖北人民出版社.
陈修斋，萧萐父.1984.哲学史方法论研究.武汉：武汉大学出版社.
陈修斋.1986.欧洲哲学史上的经验主义和理性主义.北京：人民出版社.
陈修斋，段德智.1994.莱布尼茨.台北：东大图书公司.
（德）莱布尼茨.1988.莱布尼茨与克拉克论战书信集.陈修斋译.武汉：武汉大学出版社.
（德）莱布尼茨.1999.新系统及其说明.陈修斋译.北京：商务印书馆.
段德智.2009.陈修斋论哲学与哲学史.北京：人民出版社.

撰写者

段德智（1945～），武汉大学二级教授，主要从事西方哲学史和宗教学研究。

张江明

张江明（1921～2010），广东东莞人。哲学家，社会主义社会辩证法研究专家。1935年在广州读中学时参加学生运动，学习时事政治和马克思主义。新中国成立后，先后担任广东省总工会文教部副部长、省教育工会主席，华南文艺学院教授，中共华南分局宣传部理论处副处长、学习室副主任，中央第五中级党校马列主义教研室副主任，广东省委党校副教育长兼哲学教研室主任，广东省委党校副校长、校党委副书记，广东省委宣传部常务副部长、省委理论工作小组副组长，广东省社会科学界联合会主席、党组书记，广东社会科学大学校长，广东哲学学会会长等职务。1981～1982年，连续在《光明日报》发表《关于哲学研究问题的建议》和《深入研究社会主义社会的矛盾》，在《哲学研究》发表《社会主义时期质量互变问题》和《社会主义时期否定之否定问题》等文章，在全国首先提出了"社会主义社会辩证法"的概念。1984年出版了专著《社会主义社会辩证法问题研究》，这是中国学术界第一部研究社会主义社会辩证法的著作。他还参与创立了广东社会主义社会辩证法研究会和中国社会主义社会辩证法研究会，成为创会会长。他创办了中国第一个省级的哲学刊物《现代哲学》。2005年5月被广东省人民政府授予广东省哲学社会科学特别学术成就奖。

一、成长经历

1921年3月17日，张江明出生于广东省东莞县皇村。他在家乡农村读小学，后到广州教忠中学（现广州市第十三中学）学习，是一个爱好读书，死"睬"课本的小青年。1935年，具有进步思想的堂兄张高科介绍他读邹韬奋主编的《大众生活》杂志。张江明被杂志强烈爱国激情的内容和反法西斯侵略的照片深深感动，由此，他的思想来了个大转变，由死读课本转到如饥似渴地把精力放在学习时事政治上来，并转到投入爱国抗日的学生运动洪流当中，参加了广州响应北平"一二·九"的学生运动。爱国抗日的实践，还推动着他从学习时事政治转向学习马克思主义和马克思主义哲学，向更高层次攀登。1936年，时年15岁的他，在学习《共产党宣言》、《社会主义从空想到科学的发展》、《反杜林论》以及《大众哲学》等之后，进一步提高了革命的自觉性,参加了中国青年同盟和中国共产党。当时,《反杜林论》他基本上看不懂,尤其是唯物论部分,但他有恒心和决心读下去。而对其中辩证法的发展规律,通过水的分子结构变化说明质量互变,通过昆虫和农作物的生长过程说明否定之否定,他觉得比较好理解。特别是结合学习了通俗易懂的《大众哲学》,更引起了他对学习哲学的浓厚兴趣,从此与哲学结下了"不解之缘"。他确定以学习研究马克思主义和马克思主义哲学为目标和重点,特别是尽量搜集马克思主义书籍(包括当时的苏联哲学)来研读。这段时间,可以说是他走进哲学的启蒙期。当时他虽然担任《学生战线》杂志和《青年群》杂志的编辑,发表过一些阐述关于爱国抗日和抗日民族统一战线的文章,但因对哲学还是初学,还未涉及这方面的写作。

1939年夏,他被调任中共广东省委青年部干事,兼任广东省青年抗日先锋队总队部组织部干事。当时的广东省委青年部部长吴华从延安带回了一批马克思主义著作,使他有机会接触和学习马克思主义哲学。1940年4月以后,他先后担任了中共广东地下党北江特委青年部部长、中共连阳中心县县委书记、中共粤北省委青年部副部长。1942年5月,因党内出了叛徒,党组织被破坏,张江明被国民党逮捕,后设法逃出。因对其本人清白无法给出确实证明,而被组织认为有"政治嫌疑",长期被"限制使用"。但他一直抱着对革命事业、对学习研究马克思主义特别是马克思主义哲学矢志不移的坚定信念。1941年,在他任粤北省委青年部副部长期间,一方面直接领导中山大学、岭南大学、广东文理学院、法商学院和粤秀中学党组织同国民党顽固派压制学生运动和反共反人民的行径进行有理有利有节的斗争,另一方面又从革命斗争需要出发,运用马克思主义唯物史观撰写了《略论中国青年运动》一文,发表于《新建设》杂志,阐述如何继承和发扬"五四"青年运动的科学与民主精神,争取抗日战争彻底胜利。粤北省委被破坏后,他转到了阳山中学任图书馆管理员兼历史教员,攻读历史,再次运用马克思主义唯物史观撰写了2万多字的论文《中国封建社会长期停滞的原因和加快中国社会经济发展问题》。1943年冬,他被调到东江纵队,参加了罗浮山抗日根据地的建立和五岭山抗日根据地的开辟工作,继续在革命斗争实践中运用马克思主义哲学的观点来分析、处理和研究问题,撰写了《论东江纵队党组织的发展问题》,提出党的发展规律是在不断巩固与不断发展的辩证过程中壮大起来的,必须正确处理党的发展与党的巩固的辩证关系。可以说,以上就是张江明在艰苦曲折的革命斗争实践中密切结合实际斗争需要,开始起步研究马克思主义,特别是马克思主义哲学的阶段,也可以说是他走进马克思主义哲学殿堂的第一阶段。

1946~1978年("文化大革命"期间有中断),可以说是张江明在革命和建设的工作实践中走进马克思主义哲学殿堂的第二阶段。主要是学习、研究和宣传马克思主义中国化的成果——毛泽东思想和毛泽东哲学。

1946年年初，张江明任东江纵队粤北指挥部中共小北江（含6个县）特派员，同年7月，又随东江纵队北撤到山东解放区，参加了华东局党校整风审干。因为他有严重的政治嫌疑未能解决，还是处于限制使用阶段。他考虑到此事不易解决，难以在党内担任重要领导工作，便决心转向着重搞理论工作，尤其是研究马克思主义哲学，这也正符合他的兴趣和愿望。在华东局党校整风学习期间，他第一次深深感受到毛泽东思想的极端重要性。恰好当时在晋冀鲁豫中央局工作的中学时期老同学胡明（即李琼英，薄一波的夫人）寄送了他一套中央局出版的、当时最完整的《毛泽东选集》和《辩证唯物论提纲》，以及刘少奇的《人为什么犯错误》等著作，使他能比较早地学习到毛泽东原著，并萌发了继续系统地学习、研究和宣传毛泽东思想的计划。但由于革命和建设工作实践比较繁忙，所以他决定分专题逐步进行，随读随写笔记到整理成文章。在华东局党校结业后，他先后参加了济南战役和淮海战役进城工作队做接管三青团的工作。后调任中共徐州市委宣传部理论科长。在这期间，他编写了一本通俗读物《唯物史观讲话》由徐州市委宣传部印发，作为工农兵群众的学习教材。

1949年12月，张江明被调回广东，主要是在广东省的文教、宣传、理论部门工作，并担负着一定的领导职务。他更加专注于从事马克思主义和马克思主义哲学的教学和研究，在20世纪50年代和60年代，相继编著了一批学习研究马克思主义，特别是毛泽东思想的著作。主要有：《新民主主义讲话》、《谁养活谁》、《劳动人民创造历史》、《思想与思想方法》、《谈谈马克思列宁主义的学习》、《怎样认识〈关于正确处理人民内部矛盾的问题〉》、《介绍恩格斯著〈费尔巴哈与德国古典哲学的终结〉》、《学会阶级分析》等。其中特别需要提到的是《谁养活谁》一书，在新中国成立初期的广东影响很大，深受欢迎，再版了十多次，成为当时发行量最大的书籍之一。

1978年，中共十一届三中全会之后，张江明的研究工作进入了第三阶段。由于党和国家确定了"一个中心，两个基本点"的基本路线，我国社会主义进入了崭新的发展阶段，张江明敏锐地意识到全部理论的学习、研究，尤其是马克思主义哲学的学习、研究，应该转移到以为社会主义现代化建设服务这个中心任务上来，特别要在改革开放这个时代大潮中发挥作用，才能体现出"任何真正的哲学都是自己时代精神的精华"。正是基于这样的认识，他在全国率先发表了《关于哲学研究问题的建议》（《光明日报》1981年4月16日）一文，鲜明地指出："哲学必须同时代息息相关，同人民密切联系，随着社会实践的发展而发展，要充分反映和高度集中自己所处的时代精神"，"对哲学问题的研究不能仅仅停留在弄清基本原理，还要在此基础上一步步地向前迈进。最重要的是运用马克思列宁主义、毛泽东思想的哲学观点，总结人民群众的实践经验，研究社会主义时期哲学的新情况、新特点，回答现实生活中的问题，使马克思主义哲学在群众实践中发展，为四个现代化作出贡献。"接着，他又在《深入研究社会主义社会的矛盾》（《光明日报》1982年8月21日）一文中指出："实践证明，是否正确认识和掌握社会主义社会的矛盾，对社会主义事业的关系极大。因此，必须深入研究社会主义社会的矛盾，研究社会主义时期的辩证法问题，这是我们制定正确的方针、政策的基础，也是实现社会主义现代化的保证。"要"写出有中国特色和中国气派的辩证法著作，为社会主义现代化事业服务"。这确确实实是一位走在时代前列的中国哲学家的呼声。自此20多年来，张江明一直身体力行地实践着自己的理念，写出了一批研究社会主义社会辩证法的著作，为马克思主义哲学的开拓创新，为马克思主义哲学的中国化做出了重要的贡献。

在着力开拓马克思主义哲学新领域——社会主义社会辩证法研究的同时，他还运用马克思主义哲学的辩证唯物论与历史唯物论，展开了对中共党史、广东近现代史、青运史以及孙中山、叶剑英等的研究，成果颇丰。主要著作有《广东青年运动史》、《广东历史问题研究》、《历史拾贝》、《孙中山哲学研究》、《叶剑英在广东》等。这些成果反映了他在各个方面对马克思主义哲学的运用与发展，特别是他运用马克思主义唯物史观，以大无畏的精神，实事求是地分析研究广东地方党史，为长时期来错误地压抑着广东地方干部的所谓广东"地方主义"平反做出了重要贡献，受到了广大干部的称赞。

张江明既是一位老干部，也是一位老学者，一身二任。正如张江明自己所说的，他之所以"同哲学有不解之缘"、"同社会主义社会辩证法有不解之缘"，既有个人爱好的关系，更重要的是长期以来工作和实践的需要。无论在革命斗争实践时期，还是社会主义建设实践时期，他所处的工作环境和历史背景，都迫切地要求着他把学习、研究马克思主义哲学与实际紧密结合，为实际需要而学习与研究，并促进对哲学的应用发展。社会主义社会辩证法这门应用性很强的哲学学科，也就是在这样的背景下应运而生的。它首先由张江明提出来，是有其内在的必然性的，是合乎情理的。可以这样说，张江明的哲学道路，是现实生活哲学的道路，而不是书斋哲学的道路。在他身上充分体现了"革命"与"科学"的结合，革命者与学者的结合，这就是他成长经历的一大特点。正如中国辩证唯物主义研究会名誉会长杨春贵指出的："江明同志不仅是一位有60年学术生涯的老专家，而且是一位有74年党龄的老党员，一位经过长期战争洗礼的红军老战士，一位富有多方面领导经验的老干部。他的这种丰富多彩的人生经历造就了他身上那种鲜明的革命加科学的优秀品质。他德高望重而又谦虚谨慎，学识渊博而又勤奋好学，奋发有为而又淡泊名利，认真读书而又思想解放，尊重历史而又与时俱进。在他的学术理论活动中，总是力求与党和人民的事业同呼吸共命运，与实践和时代的变革同发展共进步。他的这种革命加科学的优秀品质，值得我们每一个理论工作者学习。"

二、主要研究领域和学术成就

张江明从事马克思主义，特别是马克思主义哲学的学习与研究经历很长，从 20 世纪 30 年代至 21 世纪初，历经新民主主义革命时期与社会主义建设及改革开放时期。他涉及的研究领域也比较广泛，除了马克思主义哲学，对中共党史、广东近现代史、青运史以及孙中山、叶剑英等都有较深的研究。但是，在他众多的研究领域当中，最具有创新性的、成果最多的、影响最大的是在社会主义社会辩证法研究上。这是他在全国率先开拓的马克思主义哲学研究的新领域、新学科。

他对社会主义社会辩证法的探索研究，经历了以下几个阶段。首先是萌芽酝酿阶段。新中国成立后，他一直在广东省的文教、宣传、理论部门负责一定的领导工作。20 世纪 50~60 年代的社会主义建设实践逐步展开，出现了不少新情况、新问题，有了新的经验和教训，很需要人们去研究总结。毛泽东《关于正确处理人民内部矛盾的问题》的讲话，对具有马克思主义哲学功底的张江明很有启发，在学习研究中，他深感毛泽东提出的社会主义社会矛盾、基本矛盾、两类不同性质的矛盾等，是对马克思主义哲学的新发展，深入研究这些问题，具有深远的重大意义。但对社会主义时期这些问题是否可以从马克思主义哲学的更高层次概括起来、综合起来，需要作进一步思考，这就引起了他对社会主义哲学问题的思索。就在这段时间，他撰写出版了三本研究毛泽东哲学的著作：《怎么学习毛泽东同志〈关于正确处理人民内部矛盾的问题〉》、《多谋善断与唯物论认识论》、《论主观能动性与客观规律性》。在这些著作中，他对当时三个重要问题敢于提出不同意见：第一，不同意把农民自留地当作资本主义尾巴割掉；第二，认为"人民公社办早了，当时不办就好"，指其违反生产关系要适应生产力发展规律；第三，认为"活学活用，立竿见影学习毛主席著作是简单化、庸俗化"。这可以说是他探索社会主义社会辩证法的起步阶段。

1964 年，张江明发现有的文章一方面讲辩证法，另一方面又宣扬社会主义"无矛盾论"，这引起他对辩证法和矛盾的关系的思考。按照马克思主义哲学观点，辩证法的核心是矛盾。用社会主义辩证法就可以把矛盾与辩证法统一起来。"社会主义成长为共产主义的辩证法",不是在无矛盾中前进,而是在矛盾的对立和统一中实现的。他经过这样的思考,开始确定认为研究社会主义辩证法十分重要,并准备搜集材料作进一步研究。但是,这种想法和准备,因史无前例的"文化大革命"的到来而完全中断了。

中共十一届三中全会以后,张江明对社会主义辩证法的探索和研究大体经历了三个阶段,也有一个发展过程。

第一阶段是着重于研究唯物辩证法三大规律在社会主义社会的新形态、新特点。他认为,因为我国社会主义还处于初级阶段,改革开放也刚刚开始,各个方面都不够成熟,作为对社会主义实践经验哲学概括的社会主义社会辩证法更是不够成熟,还需要采用原有的哲学概念、哲学范畴、哲学规律,根据新的实际,赋予其新的内涵、含义。这方面的研究成果,主要体现在由他自己撰写的《社会主义社会辩证法问题研究》和由他主编的《社会主义辩证法新探》、《社会主义质量互变问题研究》、《社会主义更新、完善、发展辩证法》等几本著作上。与此同时,他还对社会主义社会辩证法研究对象、内容体系等作了初步研究。

张江明对社会主义社会辩证法的探索研究的第二阶段是开始专注于对中国特色社会主义发展辩证法这个重大课题的研究,并首先着眼于邓小平现代化建设辩证法思想和社会主义市场经济发展辩证法以及精神文明、政治文明等研究。他认为,社会主义社会辩证法正在创立的过程中,而且将是一个很长的历史过程(百年以上)。随着社会主义实践的发展,社会主义事业的前进,社会主义社会辩证法就会不断地提高与完善,它是与时俱进不断发展的科学。因此,1982年10月,邓小平在党的十二大提出建设有中国特色社会主义伟大号召之后,张江明认为,这是我们党和国家从走俄国人之路到走中国人自己之路的历史性飞跃。哲学社会科学研究,特别是社会主义社会辩证法研究,都应以有中国特色社会主义为最大的课题。他说:"在中国,研究社会主义辩证法,当然是有中国特色社会主义辩证法,不应是空洞的脱离中国社会主义实践的辩证法,也不能把别的社会主义辩证法照搬过来。如果仅仅局限于社会主义辩证法概念,脱离中国的现实生活,这是没有生命力的。"至于什么是有中国特色社会主义辩证法,他认为,"就是马克思主义哲学(包括唯物辩证法)和中国社会主义具体实践相结合,是对中国社会主义实践新经验、新情况、新特点所作的哲学概括,是马克思主义辩证法在中国的丰富、发展和创新,也是马克思主义辩证法中国化的尝试。"1983年他组织了全国性的第一次社会主义社会辩证法研讨会,主题是"从矛盾的普遍性与特殊性来认识建设有中国特色社会主义"。接着,还继续组织了关于"社会主义市场经济的辩证发展"、关于"邓小平哲学思想与建设中国特色社会主义理论"等一系列全国性研讨。同时，还亲自主编出版了《邓小平哲学思想与中国特色社会主义》、《邓小平现代化建设辩证法》、《社会主义市场经济发展辩证法》等一系列著作。

进入21世纪，根据国内外形势的新变化，中国共产党提出了科学发展观的指导思想，张江明对社会主义社会辩证法的探索研究也进入了第三阶段。他首先敏锐地感到科学发展观是一个重大的战略指导思想、指导方针，科学发展是我国社会主义发展的新阶段。在贯彻落实科学发展的实践过程中必然为社会主义辩证法增添新的内容。社会主义社会辩证法研究也要以它为指导，以它来反思。他亲自组织开展了"科学发展观与社会发展辩证法"的系列研讨与"构建和谐社会与和谐广东"的系列研讨。他自己连续撰写了5篇论文：《科学发展观是马克思主义发展观的继承和发展》、《关于科学发展观的若干思考》、《和谐社会的哲学思考》、《构建和谐社会的哲学基础》、《论和谐文化的特色》，主编了2本论文集：《科学发展观与社会发展辩证法》、《创建和谐社会与和谐广东的哲学思考》。并在这个基础上，开始了对"当代中国科学发展辩证法"这一重大课题的探讨研究，以此继续推进社会主义社会辩证法研究的向前发展。

张江明的研究领域比较广泛，而在理论创新方面，最引人注目的是他亲自开拓的社会主义社会辩证法研究，这是马克思主义哲学研究的一个新领域。它对推动马克思主义哲学与社会主义实际，特别是与中国特色社会主义实际的紧密结合起着重要的作用，因而具有强大的生命力和影响力。北京大学黄枬森在20世纪90年代撰文《十年来马克思主义哲学在中国的发展》认为："应用哲学的发展在今天远远超出了这些传统的分支学科，研究时间最长、发表论著最多的学科10年来首推社会主义社会辩证法。它涉及我国社会主义社会的发展阶段、现代化建设、体制改革、两个文明建设等一系列重大理论和现实问题，10年来一直受到理论界重视。"上海哲学学会会长陈章亮认为，"社会主义社会辩证法研究是改革开放以来广东哲学界的一张名片，应发扬光大。"张奎良也认为："80年代中期，由广东的张江明同志牵头，在我国哲学界掀起了一场社会主义社会辩证法大讨论。这场讨论规模巨大，影响深远，是探讨哲学与社会主义关系的初步尝试，是对哲学与社会主义这个重大课题的一次深刻的探索和说明。"苏联哲学家布罗夫到中国访问了解后，在《共产党人》杂志发表文章指出："广东是探索社会主义辩证法的中心之一，专门讨论现阶段中国社会主义社会发展的最迫切的问题。"

恩格斯早就指出：现代唯物主义，它和过去相比，是以科学社会主义为其理论终结的。社会主义的理论与实践问题始终是马克思主义的核心问题，马克思主义哲学也始终是与社会主义学说紧紧结合在一起的。没有马克思主义哲学，就不可能有社会主义从空想到科学的发展；而如果不以社会主义为其理论终结，马克思主义哲学也就只能停留在纯粹思辨的范围内，不可能实现哲学史上的革命性变革。因此，不理解马克思的社会主义思想，就无法真正理解马克思哲学；而不研究现实的社会主义理论与实践，也就无法推进马克思主义哲学。

张江明多年来努力开拓的社会主义社会辩证法研究，正是为马克思主义哲学与社会主义（尤其是中国特色社会主义）架起了一条很好的桥梁和纽带，为马克思主义哲学的发展开辟了新的路子、新的空间，这对于实现马克思主义哲学的理论价值和实际价值，对于增强马克思主义哲学的生机与活力，推动马克思主义哲学中国化与时代化，都有着重要的作用。

更具体地来说，张江明的学术成就可以概括为以下几个方面：

第一，提出了一个具有重大现实意义和理论意义的马克思主义哲学的新领域、新课题——社会主义社会辩证法，并初步阐明它是一门新兴的应用性的哲学学科，以及它的研究对象、内容体系、研究方法等。

第二，对社会主义社会新型社会矛盾作了比较深入的研究，内容包括：社会主义社会矛盾是非对抗性人民内部矛盾为主体的新型社会矛盾；社会主义社会矛盾的统一性与对立性的关系的新情况、新特点；矛盾统一性在社会主义发展动力中的更大作用；社会主义新时期社会利益群体的矛盾等。有不少是超越了传统理论的创新性观点，也超越了苏联学者们在这方面的研究成果。比如，他在2006年发表于《学习时报》的《构建和谐社会的哲学基础》一文中认为，我国现在处于社会主义新时期，"'斗争的绝对性、同一的相对性'所依存的条件改变了，不存在了，不能原封不动地把'斗争的绝对性'搬到构建社会主义和谐社会中来。应该说，社会主义和谐社会的'和谐'是绝对性和相对性的统一。"

第三，对社会主义社会的质量互变、否定之否定的新形态、新特点作了探索研究。他提出，社会主义社会是渐进式质变，而不是爆发式质变；提出社会主义体制改革是在公有制基础上的质变渐进性和逐步过渡性的观点；提出社会主义社会的否定，是自己创造条件否定过时的、陈旧的阻碍生产力发展的因素、部分，是进行自我完善、自我扬弃、自我更新、自我发展的自我否定。1985年，日本学者石川贤撰写了《中国哲学界关于"否定之否定"的争论》一文，发表在日本的《中国研究》，专门介绍了张江明的观点。

第四，率先提出了社会主义政治文明问题。他于1986年撰写了《论政治文明》

一文，指出政治文明的内涵：高度民主、依法治国、加强和改善党的领导。他还支持广东学界在全国率先展开关于政治文明问题的讨论，并撰写和发表了这方面的文章。

第五，较早提出了在社会主义社会辩证发展中以人为中心和人的全面发展问题。他认为，要全面贯彻邓小平以人为中心的发展观。正确处理人的哲学与哲学的人，社会现代化与人的现代化辩证结合的问题。哲学上的物质与精神的关系，实质上是物与人的关系。只有人，才有精神意识。

第六，较系统地对邓小平改革开放与现代化建设辩证法思想的探讨研究。这方面，他亲自撰写和主编了《邓小平理论与现代化建设辩证法》、《邓小平哲学思想与中国特色社会主义》、《邓小平现代化建设辩证法》。

张江明的成就与贡献，还有一个重要方面，就是20多年来他组织推动广东省以至全国的哲学界，组成了社会主义社会辩证法研究团队，逐步形成了从广东发起，滚动全国，影响国际的良好局面。他通过组织社会主义社会辩证法研究会和举办研讨会两个平台，从1983年在广东省东莞市召开首次全国社会主义社会辩证法研讨会开始，先后在陕西、黑龙江、新疆、四川、江苏、湖南、广东、山西、安徽、山东、湖北、上海、云南、河南、广西等省、自治区、直辖市召开过全国性研讨会。先后研讨了以下课题：①从矛盾的普遍性与特殊性来认识建设中国特色社会主义；②社会主义社会的基本矛盾与改革；③社会主义社会矛盾规律与自我调节；④社会主义初级阶段与改革；⑤社会主义社会矛盾演变与动力、活力问题；⑥社会主义社会稳定、矛盾与改革的辩证关系；⑦社会主义社会的矛盾与党的基本路线；⑧社会主义市场经济的辩证发展；⑨改革开放与现代化建设的辩证关系；⑩社会主义现代化建设的辩证法；⑪社会主义社会的发展与创新；⑫马克思主义哲学与社会主义的历史命运；⑬毛泽东哲学思想与建设有中国特色社会主义理论；⑭邓小平哲学思想与中国特色社会主义理论；⑮"三个代表"重要思想与全面建设小康社会；⑯科学发展观与当代中国发展道路；⑰构建和谐社会的哲学思考；⑱党的十七大和中国特色社会主义理论与实践；⑲科学发展观与社会主义发展辩证法等。1991年6月，张江明等还到苏联莫斯科进行了第一次国际性的社会主义社会辩证法研究学术交流访问活动，并同苏共中央党校和莫斯科教师学院签订了定期学术交流协议（后因东欧剧变而中断）。2002年11月间，又组团赴越南胡志明与越南国家政治学院进行了学术交流研讨活动，并签订了互访协议。

在多年来研究活动的影响和推动下，中山大学、华南师范大学和中共广东省委党校都曾一度开设社会主义社会辩证法课程及讲座，并曾招收这方面研究方向的研究生。在广东研究活动的推动下,四川、陕西、黑龙江、安徽等省也成立了社会主义社会辩证法研究组织。

在 30 年的研究历程中,在广东省和全国各兄弟省哲学社会科学工作者的共同参与和努力下,社会主义社会辩证法研究取得了比较丰硕的研究成果,出版了著作近百部,发表了论文 1000 多篇。这些研究成果为马克思主义理论创新和丰富中国特色社会主义理论做出了成绩,主要推进了以下几方面的理论创新:一是对于社会主义新型社会矛盾作了比较广泛和深入的研究,超越了苏联学者们在这方面的研究成果和研究水平,丰富发展了马克思主义的社会主义社会矛盾理论;二是对于社会主义社会的动力、活力及其辩证发展规律也作了多方面、多角度的研究,得出了社会主义体制改革质变渐进性和逐步过渡性的观点,以及自我否定、自我扬弃、自我更新、自我完善、自我发展的观点;三是对于社会主义精神文明、政治文明问题,在全国率先作了研究探讨;四是对邓小平现代化建设辩证法思想率先作了比较系统的研究;五是对构建社会主义社会辩证法的学科体系作了初步的探索等。

三、张江明主要论著

张江明.1950.新民主主义讲话.广州:人间书屋.

张江明.1951.思想与思想方法.广州:人间书屋.

张江明.1957.怎样认识事物的发展规律.广州:广东人民出版社.

张江明.1959.怎样认识《关于正确处理人民内部矛盾问题》.广州:广东人民出版社.

张江明.1961.论主观能动性与客观规律性.北京:中国青年出版社.

张江明.1984.哲学简明教程.广州:广东人民出版社.

张江明.1984.社会主义社会辩证法问题研究.北京:人民出版社.

张江明.1986.孙中山哲学研究.广州:广东人民出版社.

张江明.1989.社会主义社会质量互变研究.广州:广东人民出版社.

张江明.1990.社会主义辩证法新探.广州:广东人民出版社.

张江明.1990.社会主义辩证法的理论与应用.北京:人民出版社.

张江明.1991.社会主义更新、完善、发展的辩证法.广州:广东人民出版社.

张江明.1993.社会主义社会主客体辩证法.北京:人民出版社.

张江明.1994.社会主义辩证法与马克思主义认识论.北京:中共中央党校出版社.

张江明.1994.广东青年运动史.广州:广东高等教育出版社.

张江明.1995.邓小平哲学思想与中国特色社会主义.广州:广东高等教育出版社.

张江明.1997.历史转折关头的叶剑英.北京:中共党史出版社.

张江明.1998.邓小平理论与现代化建设辩证法.北京:人民出版社.

张江明.2000.邓小平现代化建设辩证法.北京:中国社会科学出版社.

张江明.2005.科学发展观与社会发展辩证法.汕头：汕头大学出版社.

主要参考文献

张江明.2005.张江明自选集.广州：广东人民出版社.
张江明.2008.张江明文选.北京：社会科学文献出版社.
张江明.2010.中国马克思主义哲学60年.广州：广东人民出版社.
广东省社会科学界联合会等.2010.庆祝张江明同志从事学术研究60年暨当代中国科学发展辩证法研讨会文集.（内部资料）.

撰写者

梁渭雄（1938~），广东省社会科学界联合会研究员，主要从事马克思主义哲学与社会主义社会辩证法研究。与传主张江明共事多年。

张世英

张世英（1921～），湖北武汉人。哲学家，哲学史家。北京大学哲学系教授。1946年毕业于西南联合大学哲学系。曾任中华全国外国哲学史学会常务理事，全国高等院校西方哲学学科第一学术带头人，中西哲学与文化研究会会长，兼任湖北大学哲学研究所所长。现任北京大学美学与美育研究中心学术委员会主任，《黑格尔文集》中文版主编。20世纪50年代至80年代初期，他在西方哲学史特别是黑格尔哲学方面有较系统、较深刻的研究。他所主编的《德国哲学》丛刊引起了德国等西方哲学界的关注；主编并大量参与撰写的《黑格尔辞典》，曾获第一届中国图书奖、北京市第三届哲学社会科学优秀成果奖一等奖和国家社会科学基金项目优秀成果奖三等奖。20世纪80年代中期至今，他的主要研究范围转向西方现当代哲学特别是德国现当代哲学与中国古代哲学的研究。他结合中西哲学，在中国哲学界最早明确地、系统地以人对世界万物的两种基本态度或关系即"主客二分"和"人与世界交融"为纲，致力于哲学何为与中国哲学走向何方两个主要问题的探索；他主张在中国的万物一体、天人合一思想传统的基础上，吸纳西方主客二分、自我主体性思想，建立一种新的万物一体的哲学或称"万有相通"的哲学；他更由此而提出并详细论证了哲学乃提高人生精神境界之学、人生以审美为最高境界的新见解。在望九之年，还首创中华精神现象学，完成了力作《中华精神现象学大纲——"东方睡狮"自我觉醒的历程》。他的哲学思想已形成了有一定独创性的体系。

一、成 长 经 历

我1921年5月出生于武汉市东西湖区的柏泉乡。新中国成立前，柏泉乡是一个小岛，四面环水，难与外界相通。我从小就听我父亲说，这块地方是世外桃源。我祖父是乡间裁缝工，父亲张石渠靠借债读书，毕业于武昌高等师范，在武汉市中小学任教。他经常教育我，生长在柏泉这块土地上，就要像松柏一样有岁寒后凋的精神。我9岁前在乡间私塾念书，父亲寒暑假回家，教我背诵《论语》、《孟子》、《史记》和《古文观止》等。《桃花源记》是我背诵得最熟的名篇之一，父亲在我面前总爱称道陶渊明"不慕荣利","不为五斗米折腰"。柏泉乡的地理环境和父亲对我的教育，给我后来的清高思想和喜爱道家的思想带来了深刻的影响。

我9岁时随父亲到汉口念小学。在小学五年级时，曾参加汉口市小学语文和数学学科竞赛，两科均获年级第一名。在念初中一年级时，参加汉口市中学语文竞赛，获年级第一名。抗日战争时期，念到高中二年级时，文理分班，我选了理科班。原因是：一，我喜爱数学，数学成绩好；二，在旧社会里学理工科的比较容易找职业；三，学理工可少与人打交道，很显然，这与我一贯的清高思想密切相关。1941年春，我获湖北省高中毕业生会考第一名，但因曾骂过一个三青团负责人"只会胡闹，连最简单的几何题也不会做"，被列入黑名单。进步同学暗中通知了我，就在会考结束的次日，我们十几个人星夜逃离位于鄂西山区的母校，到了重庆。这时，我开始思索，为什么像我这样一个不关心政治的人也会被列入黑名单？我的同班同学有几位都是班上的佼佼者，为人正直，为什么被捕入狱？从那以后，我开始萌发了一点研究社会、改造社会的意愿。

1941年秋入昆明西南联合大学时，我选择了经济系，以为学经济是济世救民之道。从想学理科到学经济是我志愿上的第一次转变。但念经济一年级时，一些课程如货币银行之类，让我感到都不过是"生意经"，于是在二年级时转入社会系；又因社会系的社会调查要求学生去妓院调查，令我生厌。好在西南联大文科各系都把哲学概论列为公共必修课。我念社会系二年级时选修了贺麟讲授的哲学概论。他在课堂上曾讲到池塘里的荷花出污泥而不染，乃是真正的清高，也是辩证法。贺麟的课似乎给我的清高思想提供了一个哲学上的说明。学了哲学概论之后，我觉得哲学比起其他人文学科来，更能直接接触人的灵魂，而且哲学似乎也更适合我一向爱沉思默想的性格。就在这样一个主要思想支配下，我于1944年转入哲学系，走上了哲学之路。从学经济、社会到学哲学，是我志愿上的又一次转变。在哲学的海洋里，我如饥似渴地吸收能够学到的一切：经验论、唯理论、大陆哲学、分析哲学等。由于贺麟的影响，最吸引我的还是黑格尔哲学和新黑格尔主义，我的大学毕业论文是《新黑格尔主义者布拉德雷的哲学思想》。从西南联大毕业后，我被保送入清华大学研究院，后因家境贫寒，放弃了做研究生的愿望。

自1946年西南联大毕业至1951年，我在南开大学任助教、教员，讲授形式逻辑、哲学概论、社会发展史等课程；1951年至1952年在武汉大学任讲师，讲授政治课；1952年至今，历任北京大学哲学系、外国哲学研究所讲师、副教授、教授。1952~1953年我讲授了马列主义基础和列宁的哲学笔记课程。1953年我转入西方哲学专业，至80年代初期，主要从事西方哲学史、德国古典哲学、黑格尔哲学方面的研究；80年代中期以来，主要从事西方现当代哲学及其与中国古典哲学相结合问题的研究。开设的课程有西方哲学史、西方哲学史原著选读、现代资产阶级哲学批判、黑格尔哲学、黑格尔的逻辑学、康德黑格尔哲学、新黑格尔主义、康德的《纯粹理性批判》等。曾任北京大学校学术委员会委员、外国哲学研究所学术委员会主任、中华全国外国哲学史学会常务理事、全国高等院校西方哲学学科重点第一学术带头人、中西哲学与文化研究会会长、湖北大学哲学研究所所长。现任北京大学美学与美学研究中心学术委员会主任、《黑格尔文集》中文版主编。曾应邀到德国美因兹大学、奥地利维也纳大学、日本京都大学作学术演讲。

2001年我年届八旬，北大哲学系领导为发挥老教授之所长，恢复昔日老教授为低年级本科生开设基础课的优良传统，要我以近10余年来的研究成果为主要内容，为本科一年级新生讲授《哲学概论》课程一个学期。课程结束前，按照学校的规定，学生要给老师写评语，学校给我的通知上有这么几行："同学们认为张老师在教学中突出的优点是：敬业勤勉，学识渊博，风趣幽默，条理清楚，发人思考，和蔼可亲"。"本课程今后亟待改进的地方是：希望多些讨论，一本好的教材，及相关教参"。（见北大学生教育评估委员会2001年12月通知，编号：0212304）。我对同学的评语感到欣慰。我指导博士生的任务亦延长到81岁。81岁起不再担任校内教学任务。至88岁止，仍经常在校外讲学。现在家中继续从事中西哲学与文化之结合方面的研究和著述，更偏重于美学方面的研究。近年曾感赋五言一首以寄兴。

九十书怀

宇宙本无极，吾心岂有垠。

八旬未觉老，九秩意犹新。

二、主要研究领域和学术成就

我的哲学研究大体上可分为两个时期、四个方面。

第一个时期是20世纪50年代初至80年代中即改革开放之初；第二个时期是80年代中至今。

在第一个时期里，我的研究范围主要是西方哲学史和黑格尔哲学两个方面。但这两方面的研究在第二个时期里仍有所继续和发展。

1. 提出西方哲学史是人的个体性和自由本质萌生和发展的历史的新观点

在西方哲学史方面，主要是对西方哲学发展线索的研究，特别是对西方哲学史上某些主要问题的思想发展过程的论述（如《从西方哲学史谈思维与存在的同一性问题》、《从西方哲学史看马克思主义的主客统一观》等）。我在西方哲学史研究方面，着重从人的个体性和自由本质的角度考察西方哲学的发展历程。我认为西方哲学史是人的个体性和自由本质萌生和发展的历史。在古希腊时期，人的个体性和自由本质就已开始孕育，至中世纪虽受神权压制，仍在神的外衣下匍匐前进。从中世纪到现代，人的自由的发展大体上经历了三大阶段，在第一个阶段，人的个体性和自由本质受神权的压制，文艺复兴把人权从神权的束缚下解放出来；在第二个阶段，人的个体性和自由本质被放到了超感性的、抽象的本质世界之中，从而受到旧形而上学的压制；第三个阶段即黑格尔以后的现当代西方哲学，人的个体性和自由本质逐渐从彼岸世界和超验的抽象世界中解放出来而被放在现实具体的生活世界之中，人逐渐成了具有知、情、意的活生生的人。这是一个更能伸张人性、更能体现人的自由本质的阶段。

2. 系统研究了黑格尔哲学体系的绝大部分，强调黑格尔哲学中关于人的主体性和自由本质的思想，突出了黑格尔哲学对他死后西方现当代哲学的影响和先驱意义

第一个时期里我所着重研究的第二个方面是黑格尔哲学。我系统研究了黑格尔哲学体系的绝大部分。我的《论黑格尔的逻辑学》和《论黑格尔的精神哲学》被认为是中国"系统论述"黑格尔哲学体系中这两个部分的"第一部专著"（见《论黑格尔的逻辑学》日译本译者序言及1987年《中国哲学年鉴》等）。除此之外，我还著有《论黑格尔哲学》、《黑格尔精神现象学述评》、《黑格尔〈小逻辑〉译注》、《自我实现的历程——解读黑格尔的〈精神现象学〉》，还主编了《黑格尔辞典》。

《黑格尔〈小逻辑〉译注》一书的内容是逐节讲解和注译黑格尔《小逻辑》。本书每节都分"讲解"和"注释"两部分。我在"注释"部分主要采取了两种方法：一是用黑格尔注释黑格尔，即就同一问题，不仅把散见在《小逻辑》本书各节中的论述联系起来，而且把黑格尔其他许多著作中的相关论述和材料也搜集在一起，俾使读者对某一问题的理解能从我的注释中得到相互参照、相互发明的便利。二是借用一些西方研究黑格尔学者的讲解和注释以注释黑格尔，这实际上是一种"集注"。此书是中国第一部最详细讲解和注解《小逻辑》的专著。

在《论黑格尔的精神哲学》一书中，我认为黑格尔的精神哲学是其全部哲学体系的最高峰，黑格尔哲学是关于人的哲学，精神哲学部分应比他的逻辑学部分受到更大的重视。

在《自我实现的历程——解读黑格尔的〈精神现象学〉》一书中，我把黑格尔的《精神现象学》一书解读为一部描述人为了实现自我、达到"主客同一"所必须通过的战斗历程的伟大著作，其主要特点之一是强调自我实现之历程的漫长性、矛盾性和曲折性。这本书更多地强调黑格尔哲学对他死后的西方现当代哲学的积极作用和影响，强调学习黑格尔哲学中关于人的主体性和自由本质的意义。我更明确地断言："黑格尔哲学既是传统形而上学的顶峰，又蕴涵和预示了传统形而上学的倾覆和现当代哲学的某些重要思想（例如超越主客式的人与世界融合为一的思想）的萌生，现当代许多批评黑格尔哲学的大家们往往是踩着黑格尔的肩膀起飞的"。

在为纪念黑格尔《精神现象学》发表 200 周年所写的题为《现象学口号"回到事情本身"的源头——黑格尔的〈精神现象学〉》一文（《江海学刊》2007 年第 2 期）中，我更专门申述了黑格尔哲学与现当代现象学的渊源关系：我们过去经常说，黑格尔是西方传统形而上学之集大成者，其实，我们更应该着重说，黑格尔是他死后的西方现当代哲学的先驱。作为西方现当代哲学主要思潮之一的现象学，其标志性口号是："面向事情本身"，而这个口号实质上最早是黑格尔在《精神现象学》的序言中提出的。这个口号的内涵，即使在现当代现象学这里，其实质也只有从黑格尔《精神现象学》关于"实体本质上即是主体"的命题和思想中得到真切的理解和说明。黑格尔的精神现象学的全部内容，就是对实体如何完全成为主体的活动过程的描述。黑格尔《精神现象学》出版将近一百年以后，现代现象学创始人胡塞尔重新提到"走近事物本身"的口号，后来更明确提出了"回到事情本身"的口号。胡塞尔的这类口号，按照他自己的解释，就是排除关于一切外在于意识之存在的成见，而纯粹地专注于事物如何被给予我们、如何显现于我们的意识之前的描述。现象学所强调的普遍性本质是意识中的东西，不是超越于意识之外的外在之物。可以看到，胡塞尔的"回到事情本身"，就其基本观点和思路而言，其实就是黑格尔的"致力于事情"和"实体本质上即是主体"的命题所要表述的思想，尽管两人在具体途径和针对的目标等方面各不相同。

3. 建立"新的万物一体"的哲学观——"万有相通的哲学"

新中国成立到改革开放的 30 年里，各种政治运动接踵而至，我作为当时的一个"哲学工作者"，只能在政治运动的夹缝中做一点学术研究方面的工作，而且即使是所谓"学术成果"，也大多深深地打上了左的教条主义的政治烙印。"文化大革命"结束以后，随着改革开放浪潮的推进，我的思想亦逐渐从教条主义束缚下解放出来。从此，我的学术研究和写作开始进入了第二个时期——一个真正做学问的时期。然而"夕阳无限好,只是近黄昏"。"文化大革命"结束、改革开放的80年代初,我已是60岁的老人了。我为了找回和补偿已丢失的盛年,仍以"人一能之己十之,人十能之己百之"的精神,勤耕至今。

80年代中后期以来,我的研究领域逐渐转向现当代西方哲学,特别是德国现当代哲学与中国古代哲学的研究,意欲结合中西,探索一条哲学的新路子、新方向,具体地说,就是想回答哲学何为和中国哲学走向何方的问题。在这方面,我提出了"新的万物一体"的哲学观,或称"万有相通的哲学"。这是我学术研究的第三个方面,也是最重要、最核心的方面,其主要内容见于《天人之际——中西哲学的困惑与选择》、《进入澄明之境》、《哲学导论》、《中西文化与自我》等著作中。

我认为古希腊早期哲学不分主体与客体,按照海德格尔的说法,就是强调人与存在的"契合"(Entsprechen),有某种类似中国的"天人合一"思想之处。自柏拉图开始,哲学主要不再是讲人与存在的"契合",而是把存在当作人所渴望的一种外在之物来加以追求。柏拉图的学说实开西方"主体——客体"关系式之先河。"主体——客体"式的要旨就是认为,主体(人)与客体(外部世界)原来是彼此外在的,通过主体对客体的认识,以利用客体,征服客体,达到主客的对立统一。黑格尔是西方近代"主——客"式的"主体性哲学"之集大成者。西方现当代哲学家如尼采、狄尔泰、海德格尔、伽达默尔等人,都不满意这种"主体——客体"式,他们认为,人的现实的生活世界是作为知、情、意(包括下意识和本能在内)相结合的人与物交融合一的活生生的整体,此种整体不同于"主——客"式所追求的对立统一体。所以这些西方现当代哲学家,还有一些哲学神学家,都强调超越主客关系,对"主体"概念大加批判。

中国传统哲学有"天人合一"的思想,也有"天人相分"的思想,但"天人合一"长期占主导地位。"天人合一"不是主体与客体的统一,它缺乏主体与客体的划界,当然也缺乏在二者之间搭上认识之桥的思想。明清之际以后,主要是鸦片战争以后,"主体——客体"式的思想成分逐渐抬头,传统的"天人合一"遭到批评。"五四"运动所提出的"科学"与"民主"两口号,从哲学上讲,实可归结为对西方"主体——客体"式和"主体性哲学"的追求,因为"主体——客体"式和"主体性哲学"所主张的,正是作为主体的人对客体(包括自然和封建统治者)的支配权和独立自主性。一部中国近代思想史可以说就是向西方近代学习和召唤"主体性"的历史。中国传统的"天人合一"基本上是一种"前主体——客体"式、"前主体性"的思想,缺乏西方意义的主体性,不利于科学与民主的发展,而西方现当代的上述哲学思想则已超越了"主体——客体"式,超越了"主体性哲学",我称之为"后主体——客体"式或"后主体性的哲学"

我们应该结合中西,利用和发扬中国固有的天人合一思想的长处,例如它给我们提供某种高远的境界,但这种境界不能停留于"前主体——客体"式,而是既包含又超越"主体——客体"式的。我国急需发展科学与民主,那种排斥"主体——客体"式和"主体性哲学"的观点是不切实际的。当然,我们也应该正视"主体——客体"式和"主体性哲学"的弊端,不能停留在这个阶段。

我以为世界上的每一事物,包括每一个人,都是普遍的相互联系、相互作用、相互影响之网上的一个纽结、交叉点或聚集点,宇宙万物都与之处于或远或近、或直接或间接、或有形或无形、或重要或不重要的相互联系、相互作用、相互影响之中,但这些联系、影响、作用并非显现于当前,而是隐蔽于一事物的背后。因此,任何一事物都既有其出场(在场)的方面,又有其未出场(不在场)的方面,而显现于当前在场的方面总是以隐蔽于其背后的不在场的方面为根源或根底。这种根底不是抽象的同一性或普遍性概念,而是与在场方面同样具体的东西。这种根底又是无穷无尽的,也就是说,任何一件事物所植根于其中的因素是无穷无尽的,所以也可以说,这种根底是无底之底。我们讲哲学,总是要讲超越当前的东西,追究其根底。但我所强调的超越,不是像西方旧传统形而上学("在场形而上学")那样从具体的东西超越到抽象的同一性概念中去,以抽象的东西为根底,而是要从在场的具体的东西超越到其背后不在场的、然而同样具体的东西中去,以无穷无尽的现实具体物为根底。旧形而上学所讲的超越可以叫做"纵向超越",其特点是从具体到抽象;我所讲的超越可以叫做"横向超越",其特点是从具体(在场的具体物)到具体(不在场的具体物)。

我认为哲学的最高任务不是仅仅停留于达到同一性(我无意否认找到同一性的重要),而是要达到互不相同的万物(包括在场的与不在场的、显现的与隐蔽的)之间的相通相融。要达到这个目标,不能单靠思维,还要靠想像。思维以把握事物间的同一性为目标,重在界定在场的某类事物,而想像则是一种把未出场的东西与出场的东西综合、融合为一个"共时性"整体的能力,重在冲破界限,超越在场,不仅冲破某一个别事物的界限以想像到同类事物中其他个别事物,而且冲破整个类的界限以想像到不同类的事物。想像扩大和拓展了思维所把握的可能性的范围,达到思维所达不到的领域。

我把超越(不是抛弃)思维而通过想像所达到的在场与不在场的无穷尽整体(动态的整体),借用中国哲学的语言,称之为"万物一体"。此"一体"既包括自然,也包括人,故亦可借用"天人合一"来称谓。但我这里所讲的"万物一体"或

"天人合一"不同于中国传统的"万物一体"或"天人合一"。后者强调彼此不分，物我无间，人我不分，或者用西方哲学的术语来说，就是缺乏"主——客二分"的环节，是我所谓"前主——客关系的万物一体"，或称"前主体性的万物一体"。此种原始的万物一体——天人合一观，崇尚无我、忘我之境，诚然高远而令人陶醉！但一个人过于沉湎于此种混沌的整体之中，则不免①把自我湮没于群体之中，缺乏自我的个性和独立创造性，每个人只会按我所属群体之"我们"的意旨而言、而行、而思，不敢言个人之所言，行个人之所行，思个人之所思。而在过去的封建社会里，这个群体被封建帝王所掌控，便只能一唱亿和，谈何个人的自由自主！②把自我湮没于自然整体中，以致"天人相分"、"制天命而用之"、"我命在我不在天"等认识自然、征服自然的科学意识在中国思想文化史上不能占主导地位。

总之，中华传统文化史未经自我主体性精神的洗礼，就一下子跳到"无我"、"忘我"，长期的封建主义一直压制了自我：既缺乏民主自由的思想，又缺乏伟大的科学创造性（当然这并不是说中国就没有重大的科学成就）。所以我主张，要弘扬中国传统文化，必须吸纳西方传统的以"主客二分"为基础的"主体性哲学"的精神，以伸张自我的独立创造性。

19世纪中期，鸦片战争前后，从西方传来一种说法，称中国为"东方睡狮"。我觉得，中国传统文化的一大优点就是重群体意识：一事当前，大家都为自己所属的那个群体（家庭、家族、民族、国家），群策群力以共赴之，使这个群体显得有雄狮般的威力。但我们这个几千年来的东方巨人之所以被西方称为"东方睡狮"，就在于缺乏自我觉醒——个性解放这个环节。一个个都沉湎于、陶醉于"无我之境"的梦乡，则整个巨人，终成睡狮，所以鸦片战争一来，清王朝也就只能节节败退。但是人家也说得好："这个东方睡狮一旦觉醒，就会震撼世界。"睡狮的觉醒靠的是什么？是自我的觉醒，个性的解放。中国传统文化，只要加上了这一条，那对于当今之世界，真会是一个震撼。

中华文化思想史上，争取自我觉醒、个性解放的特立独行之士，倒也代不乏人：先秦的屈原，汉代的司马迁，魏晋的嵇康、陶渊明，以至明末的李贽，都是这样在封建专制统治的长夜中闪耀的明星，但他们为了自我的独立自由而付出的代价却非常凄惨：或自投江湖，或惨遭屠杀，或就囹圄而自刎，或归隐田园。如果说西方人实现自我的历史因个性解放较早而显得神采飞扬，那么，中国人实现自我的历史则显得十分坚凝悲壮。

当然，吸纳西方的主体性哲学和自我独创性的精神，绝非全盘照搬。西方传统文化的缺点，或者说流弊，是极端的自我中心主义。我想，我们应在中国传统的

"天人合一"、"万物一体"的思想基础上，吸纳西方"主客二分"，彼此分明、重自我独创的思想因素，建立一种"万物不同而相通"的"新的万物一体观"：在此不同而相通的整体之中，一方面因承认彼此"不同"而肯定每一自我的独立自由；一方面又因承认彼此"相通"（即万有之间的相互联系、相互影响、相互作用等）而肯定人与我之间的相互支持、相互隶属，从而对他人负有责任感，尊重他人。这样，所谓"尊重他人"，也就是尊重他人各自的"自我"，具体一点说，亦即尊重他人之自我的独立自由。

孔子讲的"仁者爱人"的"仁"德之说，是孔子学说的核心，也是孔子所创立的儒家学说对中华文化的最大贡献。我今天想把孔子"仁者爱人"的"爱人"进一步加以延伸、发展，解读为尊重他人之"自我"，突出孔子说的"为仁由己"、"为学为己"、"和而不同"的思想方面，我想只有这样，孔子"仁者爱人"的梦想才能梦想成真，得以实现。也许只有孔子这个伟大梦想实现之日，才是"东方睡狮"完全觉醒而震撼世界之时。这也是我近年来所倡导的"中华精神现象学"所申述的主旨。

我以为这样一种不同而相通的"万物一体"，既是真，又是善，也是美。就一事物之真实面貌只有在"万物一体"之中（在无穷的"相互联系、相互影响、相互作用"之中）才能认识（知）到而言，它是真；就"万物一体"使人有"民吾同胞"的同类感和责任感（意）而言，它是善；就"万物一体"使人能通过当前"在场的东西"（例如通过建筑、雕刻、绘画、音乐、诗的语言等）而显现出隐蔽的背后的东西（例如"情在词外"之"情"、"意在言外"之"意"），从而使鉴赏者在想像的空间中纵横驰骋、玩味无穷而言，它就是美。所以"万物一体"可谓集真善美于一体。人能有"万物一体"的体语，就是达到了既真又善又美的高远境界。我由此而提出了一套新的伦理道德哲学、历史哲学和美学方面的观点。不过在伦理道德哲学和历史哲学方面，我的研究还很粗略。

我以为此种不同而相通的"万物一体"之境是人生追求的最高精神境界，我据此而详细论证了哲学乃提高人生境界之学的见解。我主张哲学是对攸关人生问题所作的理性的、系统的反思，哲学不能脱离人生经验或社会文化现象。哲学不只是关于最普遍规律之学，而且要进而追寻普遍规律的本体论根据以及人对普遍规律的态度等问题。这就必然关系到人生的精神境界问题。哲学应以把人生提高到不同而相通的万物一体的境界为己任。

4. 初步奠定了"美在自由"的美学思想基础

近10余年来，我联系哲学是追求人生最高境界之学和审美乃人生最高境界的观点，比较集中地做了一些美学方面的探讨。美学是我学术研究的第四个方面。

西方传统文化长期以不同程度的"主客二分"式占主导地位，其美学思想亦长期（特别是文艺复兴以后）建立在"主客二分"的基础之上，重理性美——"典型"美，强调人的自我之主体性和自我表现，"美在自由"的思想亦长期占主导地位；西方传统美学的缺点在于其所追求的自由尚具有抽象性，以显现超感性的理性概念为美，审美意识脱离生活和现实；直至现当代或所谓"后现代"，才转而倡导"人——世界融合"式的"在世结构"，重视对人与世界、显现与隐蔽、在场与不在场融为一体之领悟、玩味，从而重视超理性之美，审美意识得以生活化、现实化。"美在自由"之自由，在后现代美学思想中由抽象走向具体。但西方人背负"主——客二分"——非此即彼的传统压力过重，欲达到对人与世界融为一体之真切的领悟、玩味，却非易事。他们不免有由一个极端走向另一个极端的倾向，竟至为了使美生活化而放弃美的艺术，甚至走上了审美庸俗化、生活庸俗化的道路。

和西方不同，中国传统文化长期建立在原始的"天人合一"的"在世结构"基础之上，重含蓄美——"隐秀"美，把人的自我湮没于混沌的天人合一之整体中。"美在意象"的美学思想长期占主导地位，其所崇奉的"无我"、"忘我"的境界诚高远而令人陶醉，然而中国传统美学思想的发展，是"美在自由"的思想长期受名教纲常的压抑而力求自拔的历史。

为中西审美意识各自的未来发展计，我以为，就中国而言，要更多地发掘"意象"说中的自由思想，给"无我"之美增添一点自我表现的神采。中国传统的"意象"之美，过于含蓄了，需要随着时代的步伐而展翅飞扬。就西方而言，传统的自我专制主义过于跋扈了，需要有点中国式的"无我"之美加以节制。当今的西方人，为了使自由之美更具体化，还应更深入地学习一点中国"意象"说中彼此融通、浑然天成的气象。

我受黑格尔精神现象学把美——艺术列入人生旅程中超越有限之后的无限领域的思想的启发，并在批评其概念哲学的基础上，提出了人生最高境界是审美境界，是最自由的境界的观点。我对"美在自由"的命题做了理论上的说明和新的诠释。我认为"美在自由"之"自由"需要经过三重超越。

美的最低层次是声色之美，它是对人生最低级的欲求之超越。这一最初层次的超越使人超越（不是抛弃）了低级欲求的限制而获得最初步的自由。

声色之美属于"感性美"。感性形式总是个别的，因而也是有限的。人性的自由本质总是趋向于超越有限而向往无限。人的精神意识由感性到理性的发展就是一个由有限朝向无限的发展过程。通过理性而获得的概念、理念是一切有限的感性东西的概括，因而具有无限性。审美意识于是进而认为美在于通过有限的感性的东西显现无限的理性概念。典型美——理性美由此而产生。此种美是对有限的感性形式的超越，人在这一重超越中获得了较高层次的自由。

"理性美"的无限性仍然具有一定的局限性。这是因为理性概念必然是对某类事物的界定，界定就是划界、限定，而世界上的事物是一个更为宽广无垠、相互联系、相互隶属的整体，划界、限定就是彼此限隔，只在理性概念中讨生活的人并非最自由的人，也非达到了美之极致。审美意识的进一步发展于是由"理性美"提升到了"超理性之美"。我所谓"超理性之美"就是通过感性的东西和理性的东西，进而达到一种对万有相通（相互联系、相互隶属）的整体或者说对万物一体的领悟。此种领悟不是单纯的理性——理解所能达到的，而是一种"超理性"的产物。"超理性"就是一种想像力，这里所谓想像，特指把本身不出场的东西置于直观中而与在场的东西综合为一体的能力，非指一般说的联想之类的能力。审美想像甚至可以把逻辑上不可能出场的东西纳入万物一体之中。此种美的境界通过对理性的超越即第三重超越而比"理性美"的境界更自由，它是人生最充分的自由的境界。

我由此而主张，真正的（最高层次的）审美意识应建立在"人——世界融合"的"在世结构"基础之上，而反对那种把美单纯地建立在"主——客二分"的"在世结构"之上，以致认为美学不过是认识论的旧观点。

我是一个好思考问题的人，从小就爱沉思默想，爱追问人生的价值和意义；又好读书，把读书当作我思考问题的帮手，老想从书本里找到人生问题的答案。但满足感和不满足感一辈子纠缠着我。我近些年来常常有一种莫名的紧迫感和使命感，我真正体会到了"朝闻道，夕死可矣"的感情和意义。

"道"是需要有人传承的。我一辈子教书。我指导博士生的任务延长到 81 岁才结束，指导博士生 20 多名，他们现在大多都已成为卓有成就的教授、学者。我对此感到无比欣慰，曾赋五言一首：

寄　　望

老来兴未减，竟日仍勤耕。

著述数编在，期能起后生。

我出生在农村，一辈子同情穷人和农民，爱打抱不平。我为人做事，严肃、真诚。治学方面，力求做到一个"真"字，强调独立思考，见由己出。我借此机会想寄语青年学者：要"和而不同"，做一个雍容大度又卓有创见的人。

三、张世英主要论著

张世英. 1959. 论黑格尔的逻辑学. 上海：上海人民出版社.

张世英. 1982. 黑格尔《小逻辑》译注. 长春：吉林人民出版社.

张世英. 1986. 论黑格尔的精神哲学. 上海：上海人民出版社.

张世英等. 1987. 康德的纯粹理性批判. 北京：北京大学出版社.

Zhang S Y. 1987. Hegels Lehre von der Reflexion und der Einheit der Entgegengesetzten//Einheitskonzepte in der idealistischen und in der gegenwaertigen Philosophie. Bern：Verlag Peter Lang AG.

Zhang S Y. 1993. Heidegger and Taoism //Reading Heidegger. Indiana University Press.

张世英. 1995. 天人之际——中西哲学的困惑与选择. 北京：人民出版社.

张世英. 1998. 北窗呓语——张世英随笔. 北京：东方出版社.

张世英. 1999. 进入澄明之境——哲学的新方向. 北京：商务印书馆.

张世英. 2001. 自我实现的历程——解读黑格尔《精神现象学》. 济南：山东人民出版社.

张世英. 2002. 张世英学术文化随笔. 北京：中国青年出版社.

张世英. 2002. 哲学导论. 北京：北京大学出版社.

张世英. 2004. 新哲学讲演录. 桂林：广西师范大学出版社.

张世英. 2007. 境界与文化. 北京：人民出版社.

张世英. 2008. 归途——我的哲学生涯. 北京：人民出版社.

张世英. 2008. 羁鸟恋旧林——张世英自选集. 北京：首都师范大学出版社.

张世英. 2009. 我的思想家园. 北京：中国三峡出版社.

张世英. 2011. 张世英讲演录. 长春：长春出版社.

张世英. 2011. 中西文化与自我. 北京：人民出版社.

张世英. 2013. 张世英回忆录. 北京：中华书局.

主要参考文献

林可济，黄雯. 2008. 张世英哲学思想研究. 北京：人民出版社.

薄洁萍. 2009-10-27. 张世英先生的境界之学——2009 年 10 月 27 日《光明日报》记者薄洁萍采访录. 光明日报.

薛德震. 2010. 征途：薛德震哲学书信集. 北京：人民出版社.

撰写者

张世英

汪子嵩

汪子嵩（1921～），浙江杭州人。1941年考入西南联大哲学系，师从冯文潜、陈康学习希腊哲学。1949～1964年在北京大学哲学系任教期间，担任过汤用彤和马寅初的学术秘书兼校党委委员，哲学系党总支书记兼副系主任，协助系主任金岳霖、郑昕组建和运作院系调整后的北京大学哲学系。1964年至1986年9月，任《人民日报》理论部高级编辑、副主任。在1978年真理标准问题大讨论期间，主持并发表《人民日报》"思想评论"：《标准只有一个》（3月26日），在同年7月的全国规模的"真理标准问题"讨论会上，作大会主题报告。之后回归希腊哲学研究，同汝信、朱德生一起共同主持中华全国外国哲学史学会和多卷本西方哲学史项目，参与领导《中国大百科全书·哲学》和《西方著名哲学家评传》的撰写工作，同时担任中国社会科学院哲学研究所首届学术委员会主任。晚年全身心投入希腊哲学研究，除了个人的专著《亚里士多德关于本体的学说》、《希腊的民主和科学精神》，论文集《亚里士多德·理性·自由》，与王太庆合编《陈康：论希腊哲学》外，主要的工作和成果是主持和合作撰写4卷本《希腊哲学史》。

一

汪子嵩1921年8月26日生于杭州江干区（原化仙桥河下48号）。父汪潮孙，系汪家长子，主持祖业木行生意。汪潮孙妻严氏生三女一子，严氏中年病故，续弦黄氏生一女和一子汪子嵩。汪子嵩回忆说："我从小在母亲教导下能看书识字，4岁能背《三字经》，开始看《说岳全传》，得父亲钟爱，说一定要培养我做读书种子。兄弟姐妹同在家中父亲创办的家塾中读书。6岁时父亲为我办隆重的启蒙典礼"。汪潮孙不幸在汪子嵩7岁时病逝，家塾停办，汪子嵩转至其父倡办的木业公会小学。1931年大家庭分家，大房迁至杭州城内候潮门河下，汪子嵩转至太庙巷小学上四年级。1933年他以同等学力考取浙江省立杭州初级中学（现杭州第四中学）。同年全家迁到杭州上城区四条巷。1937年，他正在浙江省立杭州高级中学（简称"杭高"，后改名为杭州一中，现又恢复"杭高"名称）就读，后随校迁往金华郊区琐园。战乱期间颠沛流离,汪子嵩随哥哥和姐姐匆匆回杭州取物,转至临浦戴村(当时的木业和造纸中心之一)避难。不久潜居上海。在沪半年,他阅读了邹韬奋《萍踪寄语》、瞿秋白的《乱弹》。1938年杭高、嘉兴中学、湖州中学于浙西丽水碧湖镇合办浙江省立联合高级中学(简称"联高")。汪子嵩辗转温州赶赴丽水报到,从此开始了他一生中,无论从哪一个侧面看都具有传奇色彩的人生新轨迹。爱神阿弗洛狄忒、月亮女神Luna、战神阿瑞斯同时聚焦一处一人,似乎希腊罗马神话中未有这个情节,却在东方饱受战乱的中国发生了,且看汪子嵩自己晚年的记述:"1938年'九一八'纪念日我到碧湖龙子庙联高校本部高二乙班教室,看到数学老师俞烛时的女儿俞九生如此秀丽,彼此立即相爱。全班同学到齐后排队时,我遇到共产党员徐容章,他早就是宣传抗日的文工队的领导,现在当全班班长,排在第一。吕云生比我稍高一点,排在我前面,我是第三个。从此我们三个人形影不离,总是活动在一起。"往后这位舞台主角上演了一幕幕交相辉映的历史剧和爱情剧。在当时的社会大背景下,开场当然是国事和人生之大节了。1939年4月,国民党省党部派到联高监视学生中共产党员活动的训导主任沈咸震到班上讲公民课,同桌吕云生说了句"瞎吹牛",沈要开除他。徐、吕、汪三人商议,于第三天中午在食堂发起抗议,引发学生运动浪潮,成为当时轰动当地的一次重大政治事件。汪子嵩也于1940年在联高参加了中国共产党,从此拉开了以共产党员学生身份参加中学、大学学生运动的序幕。

第二幕是国难中的爱情剧。2008年2月汪子嵩在给范明生等三人的"履历"中动情地写下如下一段话:"碧湖是浙江南部著名的风景胜地,我和九生在这里悠游了几个月。要放暑假了,我觉得这里太压抑了,想回上海去读书,九生也想到她父亲正当校长的绍兴中学去上学,只好暂时分离。这一别,从1939年到1946年,7年之久,一个在昆明西南联大读书,一个在迁移到四川李庄的同济大学医学院求学,只能靠通讯联系。"1948年8月1日汪子嵩回杭州故乡完婚,汪子嵩长兄、三个姐姐及堂兄大家族共33位合照。长兄汪子融亲笔提记:"日寇投降,亲人四弟回乡,嵩弟与俞九生在杭举行婚礼,大家欢叙一堂,摄影留念"。那时,汪子嵩在北京,夫人在上海。1948年年底淮海、平津战役期间,赶在津浦路中断前汪夫人从上海来到北京,从此形影相随开花结果。长女汪愉,在北京事业有成,还主持家政。次女在德国,幼女在美国,烘云托月,共同造就一家美满生活。在《希腊哲学史》第1、2卷撰稿期间,每年有机会相聚。饭后茶余,国事家事,无所不谈。范明生等三人深感,无论顺境还是逆境,汪子嵩背后都有妻子、女儿们的始终不渝的同情、理解和支持。尤其是1959~1963年,无论是严寒还是酷暑,在外备受煎熬,一跨进家门,妻子的体贴温柔、孩子们的亲切关爱就像一帖"De-Alienation(去异化,消解异化)

剂",几乎具有英文 Return 的种种词义和意境:回归"温情脉脉的家庭",犹如"回到"哲学的精神家园。在这里体味人性"复归","重塑"自己,"重现"己之"本真","回答"亲人的询问,"回击"外人的诬陷,在这语境中实现灵魂的升华,以更高的境界,应对明日出门的遭遇。总之,唯有亲身经历者才有的"出门"与"回家"的体验。

回到原来的社会的大背景,1941 年浙江联高毕业后汪子嵩考入西南联大哲学系。冯文潜引领他爱上西方哲学史。1944 年计划撰写柏拉图的本科毕业论文,为此钻研 Jowett 编译的五大卷《柏拉图全集》,思考一些困惑自己的问题,其中特别是 eidos(相,理型)与个别事物的关系问题,恰逢陈康译注的《柏拉图巴曼尼德斯篇》发表。陈康的注释与评论正好解答了求智者的困惑。汪子嵩在"履历"中说:"我实际上是写了一篇读陈先生书的读书报告。经冯先生推荐,汤用彤先生录取我为文科研究所的研究生。1945 年秋,陈先生到联大讲课,为我们开了一个如何读哲学家原著的班,手把手教我们读书,又专门开'希腊哲学史'等课程。1946 年秋,陈先生回南京中央大学讲课,我自己开始读亚里士多德的《形而上学》。1947~1948年陈先生再回北大讲课,这次是手把手教我们读亚里士多德的《形而上学》中有关本体论的思想。当年冬,北平解放前夕,陈先生匆匆南下,陪他父亲随中央大学一起去台湾。从此我和陈先生没有再见过,只能通讯请教。"可以说,正是陈康引领汪子嵩走上希腊哲学研究的学术道路。汪子嵩一生的学术追求之起点正是西南联大这几年。西南联大集中了北大、清华、南开三校之精英。北大的汤用彤、贺麟,清华的金岳霖、冯友兰,南开的冯文潜,南京中央大学来校讲授希腊哲学史的陈康等先辈的治学精神、严谨学风和三校凝聚的学术自由之风气,深深铭刻在汪子嵩的心中。在纪念西南联大 60 周年的文章《学术需要自由》中,他深有感触地说,"西南联大只存在八年,但是它在中国历史上,不论是政治史、社会史,以及教育史、学术史上却是有独特的位置"。他在《我认识的周礼全》中说"我虽然参加进步的学生活动,却没有做公开露面的工作。开始是参加读书小组,读《资本论》;后来印发学习毛泽东的《新民主主义论》和《论联合政府》,我刻过蜡纸,印过油印;在'一二一'运动前,我主编过一种小报《昆明新报》,'一二一'运动时,我做过《罢委会通讯》和后来的《学生报》编辑。这些活动都是在'暗处',是礼全看不到,不知道的。平日里我是个规规矩矩上课的学生,在课堂上认真记笔记,考试时往往得全班最好的成绩。我也常常和几位同乡、老同学在一起,泡茶馆、打桥牌"。在北京大学期间,汪子嵩负责统战工作,同老教授们过往甚密。北平解放前夕,他奉党组织委托劝说时任北京大学训导主任的贺麟留下,又通过汤用彤、贺麟、郑昕挽留张奚若、钱端升、罗常培、曾昭抡、郑天挺等北京大学名师。贺麟于 1978 年 10 月芜湖中华全国外国哲学史会上说，汪子嵩两次解救了他，第一次指的就是 1948 年，第二次是"文化大革命"中汪子嵩出面向中国科学院哲学社会科学学部哲学研究所专案组证明贺麟的清白。

北平解放后，汪子嵩留在北京大学任教。当时地下党留校的专业教师知识分子奇缺，汪子嵩一边从教，一边担任北京大学汤用彤和继任者马寅初的学术秘书兼校党委委员。1952 年院系调整时起担任哲学系党总支书记和副系主任，协助系主任金岳霖和继任人郑昕组建院系调整后哲学系的工作。其中值得提及的是组建新哲学系和筹备 1957 年 1 月全国性的"中国哲学史座谈会"。曾任哲学系系秘书的方昕在《短暂机遇期的一次全国性学术盛会——1957 年北大中国哲学史座谈会实况追记与反思》中说："汪子嵩为办好当时全国唯一幸存的哲学系竭心尽力。他一方面做好来自七八所兄弟院校教师的思想稳定和关系协调工作，与他们做知心朋友；一方面在一个接一个的运动中，尽可能保护被触及的教师，减轻政治压力。同时对被剥夺授课权利的教师，尽可能采取补救措施，如安排他们开设若干专题讲座和某些专门化课程，组织编辑或编译中外哲学思想史料，参与中央编译局委托的某些经典文献的翻译和咨询服务。在他的多方努力下，还有几位知名的北大哲学系学者应聘担任《人民日报》学术顾问等，使他们不致被边缘化而荒废业务，为日后中国哲学教育的恢复、发展储备重要的师资资源。因此，在酝酿组织此次学术讨论会过程中，他自然成为组织大家多方谋划的关键人物。"

1958 年 8 月 26 日至 1959 年 5 月 29 日，北京大学哲学系全系下放北京大兴县黄村公社。中途汪子嵩受命参加北京市委策划的北京大学和中国人民大学两校赴河北、河南人民公社的调查组，并且同中国人民大学两位教师一起负责其中一个大组。他们以事实为依据写的富有哲理的《问题汇编》，先是受到北京市委及两校领导的赞赏，不久庐山会议召开，随之风云突变，《问题汇编》又被同样的领导定为"恶毒攻击三面红旗"。之后调查组领队邹鲁风蒙难，汪子嵩在党内作为"严重右倾"遭到批判，被定为右倾机会主义分子，还补上一顶"漏网右派"帽子，下放北京门头沟斋堂劳动。在《冯定同志的实事求是精神》一文中他详细陈述了调查组命运的全过程。在"履历"中汪子嵩说："在下乡期间，我和王太庆（当时被错划为右派）结成特殊的友谊"，"1964 年我得到平反后，写信给中宣部周扬同志，要求调离北大工作。1964 年夏我调到人民日报工作。"直至 1986 年 9 月离休。

以上是按汪子嵩履历表和其他回忆文章以及闲聊所述而写成的。汪子嵩在晚年的这份材料中说："我总是生活在政治和学术的矛盾之中。"可以说这句肺腑之言是对他一生精辟的概括。作为汪氏家族的"读书种子",作为希腊哲学"求是"、"求真"的践行者,汪子嵩崇尚亚里士多德的"为求知而求知",一生以学术为第一生命。但是,身处抗日救亡和反内战、反独裁两个历史阶段的热血青年,民族的命运、国家的前途高于个人的学术追求,加上西南联大和北大的氛围和传统本来就是追求学术自由、思想解放与反帝反封建专制二者的混合,所以他的人生的开端就是所处矛盾的开端。2008年范明生在《祝汪子嵩师学术生涯六十周年》开首说,汪子嵩的一生"是积极投入国家独立、民族解放复兴和追求理性、科学、自由、民主、真理和智慧的一生"。汪子嵩在边上批道:"这二者很难很难统一"。他在这种"很难统一"的两个历史阶段度过学生时代。新中国成立后留校任教,按理从此可以在学术之途上驰骋狂奔了。然而他的留校本身就是两重原因的结果。首先是汪子嵩确是高材生,深受教授们的爱戴,而且同教授们有良好的人际关系;其次是统战工作的需要,中共地下党的影响。这就决定了新中国成立后他在北大的16年仍处于学术与政治矛盾的旋涡之中,只是矛盾双方的内容与关系变了。在当时,有此学术水准和地位的党员知识分子是屈指可数的,这就决定了他在新中国成立后仍然扮演学术与政治两个角色。作为全国最高学府的共产党员哲学系教师,教学与科研责无旁贷。而作为担当党的新使命的共产党员教师,他理应承担新时期赋予的新任务。他的务实和求真的本性使他在"三反"、"五反"运动中同另一位后来高升的校党委成员发生争执。如此等等,他无法适应这种行政工作,他主动承担院系调整时组建新哲学系的工作。然而不仅无法摆脱政治与学术的矛盾,而且似乎加剧了矛盾,他不仅要落实上层布置下来的不间断的批判运动,而且不得不中断希腊哲学的学术研究,按照政治需要去学习马列,承担原理、原著的教学。更为吊诡的是,1959年以后,角色错位,角色倒置,他自己成了被批判的对象,而且"武器的批判"代替了"批判的武器",他被遣送乡下劳动改造,用这种剥夺政治权利和学术自由的方式,"解构"了这对矛盾。矛盾的双方都不存在了,何来的矛盾?1964年"平反"后他调往《人民日报》理论部。这里有一批知己,心情舒畅了,然而仍然未能解决困扰他一生的政治与学术的矛盾。毕竟这里不是学术研究机关,作为党中央机关报的理论部,他有条件研究哲学理论,不过局限于政治需要的理论。1979年胡乔木提出编写中外文史哲多卷本,1980年确定他和汝信、朱德生共同主持多卷本西方哲学史项目,从此他专心致志于希腊哲学研究,至此可以说矛盾得到了圆满的解决。在编写《希腊哲学史》的几次相聚中,范明生等三人都能体察到汪子嵩那种从未有过的发自内心的喜悦,在这里践行了亚里士多德的名言"沉思活动是最高的幸福",享受了希腊哲人的"怡然自得"。无疑,这种精神状态下结的果子是最甜的。

二

古希腊设定的鼎盛年是40岁。中国老一代、第二代学者由于历史的原因往往是离退休后才进入创作的鼎盛期。汪子嵩一生论著多,《我与古希腊哲学研究》(1998)有所介绍。对那些批判文章和讲稿,汪子嵩并不满意。不过,应历史地、具体地分析那个时期的论著。例如汪子嵩与洪谦、任华、张世英等一起撰写的《哲学史简编》及修订版《欧洲哲学史简编》,成书于1956~1957年质疑日丹诺夫的哲学史定义之后,虽未能突破其框架,但有不少新意。几位作者当时都参加过历时近一年的哲学史方法论大讨论。

汪子嵩在哲学基本理论上的建树突出表现在1978年真理标准问题讨论上。作为理论部副主任,他主持了1978年3月26日《人民日报》发表的《标准只有一个》的思想评论。同年7月在北京朝阳区党校召开的全国规模的"真理标准"问题的讨论会上,他应邀在全体大会上做了《为什么要讨论"实践是检验真理的标准"问题》的报告,这个报告发表在《哲学动态》1978年第8期上。真理标准大讨论之后,汪子嵩决定回归希腊哲学研究。他和汝信、朱德生三人负责多卷本西方哲学史和中华全国外国哲学史学会的工作,同时还任中国社会科学院哲学研究所首届学术委员会主任。从此汪子嵩全身心投入希腊哲学的研究,除了主持和撰写多卷本《希腊哲学史》外,还有著作《亚里士多德关于本体的学说》、《希腊的民主和科学精神》,与王太庆合编《陈康:论希腊哲学》、论文集《亚里士多德·理性·自由》。论文集是受"清华哲学研究系列"学术编辑委员会之约,汪子嵩自己编写的,收录1980年以来32篇文章(以下简称《论集》)。

除了自己亲笔耕耘外,他向商务印书馆推荐,重新出版了陈康和严群的著作,鼓励西南联大同学顾寿观开设希腊文课程,参加《中国大百科全书·哲学》(第一版)和《西方著名哲学家评传》的编写工作。

汪子嵩毕生研究的重点是柏拉图、亚里士多德以及希腊的民主与科学精神。下面就归结为四大主题加以陈述。

1. 以 einai 和 ousia 为主的关于亚里士多德的研究

1961年汪子嵩结束了门头沟斋堂的劳改,回校后被安置在北京大学西方哲学史教研室,他一边承担哲学系"61"届二年级的西方哲学史课程的教学,一边研究《形而上学》和罗斯注释此书的著作,撰写《亚里士多德对柏拉图"理念论"的批判是对一般唯心主义的批判》，发表在《北京大学学报（人文科学）》1963年第5期。1979年回归希腊哲学研究之后，他说"应该有个长期的打算，准备为这项工作贡献我的余生"。这项计划的第一成果就是专著《亚里士多德关于本体的学说》及收录在论集《亚里士多德·理性·自由》中的写于80年代的6篇关于亚里士多德的论文。其中《中国社会科学》和《哲学研究》刊发3篇，收入《外国哲学》、《西方著名哲学家评传》各一篇，另一篇是为纪念汤用彤九十诞辰而发的。这些专著和论文写于1979～1980年所发表的《谈怎样研究哲学史》之后，开始"重新认识、重新讨论"哲学史的时期。作者以"本体"（ousia）为中心，解读《形而上学》全书14卷。这部近30万字的专著成书于1981年，出版于1982年。

沿着Ousia（本体）追问下去，就是Being, Being as Being的问题。在上述专著和论文中作者按传统译为"存在"，"存在之为存在"。在2000年写的《要原汁原味地介绍外来文化——悼王太庆》中，他说陈康主张译为"是"，他自己"虽然也早认为译为'是'比较正确，但一直徘徊不定，觉得不如约定俗成，译为'存在'"。王太庆批评他"约定错成"。汪子嵩最后接受王太庆的意见，并合写《关于"存在"和"是"》一文，从而在80年代初研究基础上推进了亚里士多德乃至整部西方哲学史的研究。文中指出："西方哲学从古代希腊哲学开始，直到近现代哲学，如果将它们作为一个整体来看，那就不得不承认，它的核心便是那个希腊文的on，拉丁文译为ens，英文译为being。哲学形而上学中一个最基本的内容ontology就是研究on的学问。"这篇文章和上面提到的《要原汁原味地介绍外来文化——悼王太庆》（2000）以及《王太庆译柏拉图对话集"前言"》、《魏晋玄学中的"有""无"之辩》（2000）、《亚里士多德——陈康——苗力田》（2001）等不仅深化了对Being的研究，而且还就《形而上学》一书的主题、亚里士多德论"是"与"真"、论求知是人的本性、论智慧与"第一哲学"以及亚里士多德的分析的、论证的方法等，发表了许多独到见解。汪子嵩关于亚里士多德的研究成果集中体现在《希腊哲学史》第3卷中。

2.《陈康：论希腊哲学》与柏拉图研究

汪子嵩多处提到他的师承关系：汤用彤——向达、陈康——苗力田、汪子嵩、王太庆，还有哲学系同年级的周礼全和顾寿观，不同年级的王玖兴、王浩等。汪子嵩在《中西哲学及其交会——漫记西南联大哲学系教授》（1994）、《贺麟先生的新儒家思想》（1999）、《魏晋玄学中的"有"与"无"之辩》（2000）、《海阔天空我自飞——读冯友兰〈中国现代哲学史〉》（1995）、《院系调整后中国第一位哲学系主任——金岳霖》（1998）、《陈修斋哲学与哲学史论文集序》（1993）、《学术需要自由——纪念西南联大 65 周年》（2002）等记述文中还多次谈到他在昆明和北京认识、结交或听课或共事的多位教授。

在这个背景下重点介绍汪子嵩与陈康。汪子嵩重视陈康除了师承关系和学术影响之外，还有一个鲜为人知的原因。1986 年《希腊哲学史》第 1 卷交稿后，进入第 2 卷撰稿工作，这卷包括智者运动、苏格拉底和柏拉图三大块，而柏拉图是重中之重。苏格拉底无独立著作，哪些对话是属苏格拉底的？柏拉图对话包罗万象，又有早、中、后期之分，该如何写？当时是一大难题。剑桥大学格思里的 6 卷本《希腊哲学史》，终卷亚里士多德仅一小卷。柏拉图两大卷，按篇目写，可惜柏拉图晚期重要著作《巴门尼德篇》，格思里仅用了 23 页，其中最重要的第二部分仅着墨 3 页。面临这一难题时，汪子嵩细阅西南联大的读书笔记和所能找到的陈康的著作，并且复印给范明生等三位合作者。撰写希腊哲学史第 2 卷时期，汪子嵩和王太庆合作编辑《陈康：论希腊哲学》。同时，他在《读书》发表《研究希腊哲学的楷模——从〈陈康哲学论文集〉说起》（1980 年第 10 期）。正是借助于汪子嵩和王太庆的合力，陈康的成就在 20 世纪末的中国学术界中得到弘扬光大。

陈康是江苏扬州人。1929 年南京中央大学毕业后赴英国伦敦大学学习，1930 年转赴德国。在德国 10 年师从 Julius Stenze 和尼古拉·哈特曼，学习希腊文、拉丁文和希腊哲学。在哈特曼指导下完成博士论文，1940 年年底回国，历任西南联大、北京大学、中央大学、同济大学教授，1948 年随父赴台，1958 年转美国，历任加利福尼亚大学、得克萨斯大学、南佛罗里达州大学教授。汪子嵩提到当年主持《西洋哲学名著编译会》的贺麟曾说，陈康是中国人中"钻进希腊文原著的宝藏里，直接打通了从柏拉图到亚里士多德的哲学的第一人"。支撑贺麟这个论断的是陈康的三部专著和后人编的论集。这就是博士论文《亚里士多德论分离问题》（原文德文），《柏拉图巴曼尼得斯》，《智慧——亚里士多德所寻求的学问》。论文集先有台湾江日新和关子尹编的《陈康哲学论文集》（1985），之后是汪子嵩和王太庆收集最为齐全的《陈康：论希腊哲学》。《陈康：论希腊哲学》一书"编者的话"介绍了他们两人托王浩、贺麟、熊伟、陈步、王玖兴、胡世华、苗力田、焦树安等之助，收集陈康一生著述，最后编定本书的经过。该书收录了陈康的 40 篇文章，其中柏拉图研究 12 篇，亚里士多德研究 12 篇，二者关系 2 篇，哲学之'是'与方法 4 篇，希腊科学与民主 2 篇，其他论述 8 篇。

上述四部书中陈康关于柏拉图和亚里士多德学说的见解在《希腊哲学史》第 2、3 卷中多次加以介绍和引申，特别是陈康关于《巴门尼德篇》的注释，关于柏拉图的"相"论和分离问题，关于前后期思想的划界和关系问题，以及亚里士多德论

Being、Ousia 与第一哲学问题，关于《形而上学》Z 卷的问题，关于亚里士多德思想的论证与分析问题等，汪子嵩、王太庆予以特别的关注。他们两人以自己的学习心得特地阐明："陈先生研究柏拉图哲学的主要贡献在于他独创性地解释了柏拉图最难懂的对话《巴曼尼得斯篇》"。除了涉及希腊哲学的这些具体论述之外，下列两项汪子嵩、王太庆曾多次提及，不仅对他们深有影响，而且对西方哲学史研究有普遍意义。

其一是陈康的研究方法。《编者的话》援引《陈康哲学论文集》陈康自叙自己一生持之以恒的研究方法："如若读者留意这本小册子里的方法过于其中的内容，那即是适合下怀了。"陈康说，他之所以同意编者们出版他的这本小册子，不是谋求什么学术地位，而是希望"读者在他们以后构思和写作学术性的文章时，这本小册子里的方法能有些微小的帮助"。这个愿望在中国大陆得到了回应："陈先生的这个希望也就是我们编辑这本书的目的。"

其二是在《巴曼尼得斯篇》序中提出的关于翻译是以深厚的中西文化学术功底为根基的再创造。他认为中国人应有远大抱负："现在或将来如若这个编译会（指贺麟主持的西洋哲学名著编译会——引者注）里的产品也能使欧美的专门学者以不通中文为恨（这绝非原则上不可能的事，成否只在人为），甚至因此欲学习中文，那时中国人在学术方面的能力始真正昭著于世界。"汪子嵩在《研究希腊哲学史的楷模》中说："这番话表达了我们中国研究西方哲学史的工作者应有的抱负。"

1990 年汪子嵩将《陈康：论希腊哲学》寄给在美国的老师。陈康回信并题词一首："旧稿多逸，收集艰辛；何期冀北，尚有知音；辑译编印，启发群英；备承青睐，深感情殷；既成我志，复慰我心；其愿亦偿，二者同欣。"（引自汪子嵩"履历"）。阔别 40 年后的陈康此时的心情可想而知。1992 年陈康在美国逝世。汪子嵩等将之后出版的《希腊哲学史》第 3 卷献给陈康以资纪念。如今海峡两岸一致推进文化交流，但愿有朝一日两岸学者共同发起举办"陈康学术思想研讨会"，借以悼念这位中国希腊哲学研究的先驱。

3. 论希腊的民主和科学精神

1986 年在《希腊哲学史》第 1 卷定稿、第 2 卷还未启动这个间隙时间，汪子嵩应沈昌文、董秀玉之约，撰写《希腊的民主和科学精神》。这本小册子同时收入自编的《论集》中。汪子嵩的这本小册子和有关论文的意义在于，它用充分的史料证明，民主和科学不是西方资本主义所特有的，而是和中国春秋战国同期的古希腊创造的，而古代希腊深受埃及、西亚的影响，那时尚无后来所谓的"西方文化"、"欧洲文明"。只是在后来欧洲的发展中，成了西方文化的渊源。如今，中国人吸收古代世界文化遗产为我所用，根本不是什么"西化"。小册子第一节"从苏格拉底说起"告诉人们要"认识你自己"，"自知其无知"。有这种谦卑精神，才会"不断追求知识，不断认识自己，哲学、科学和文化才能不断进步，也才懂得反思"。第二节"民主和个人"和《人是万物的尺度》一文，指出梭伦、克利斯梯尼和伯里克利三次改革的落脚点就是提升雅典公民作为"自由民"的政治生活和精神生活。普罗泰戈拉的命题"人是万物的尺度"颠覆了"神是万物的尺度"，"像是一篇古代的人道主义者的宣言"。"在古代希腊早已提出'在法律面前人人平等'这样的思想"，智者高尔吉亚的学生吕科费隆提出，法律是一种契约，是保证人们相互之间的权利的。第三节"科学和怀疑"中作者提出三个迄今仍不失其光芒的思想：其一是对比中国的"仁义礼智信"，指出希腊人将 Sophia（智慧）作为第一美德，中国人主张"学而优则仕"，"学成文武艺，货与帝王家"，古希腊则认为"求智为人的本性"，倡导"为求知而求知"，可以说这是希腊文化的核心。其二，追求知识的系统化、公式化，建立分门别类的学科，而且讲究论证与对话，这是希腊文化所特有的，影响尤其深远的。其三，希腊民主制有一个创立、完善、蜕变的过程，凡事要具体分析。柏拉图、亚里士多德之所以都批评当时雅典的民主制，不是因为什么代表贵族专制的利益，而是伯里克利之后民主制蜕变了，"民主政治实际上被少数野心家所操纵"，雅典公民厌倦政治，3万公民中仅6千人参政，追求当下的津贴，而且感情用事，随意处决前线作战的统帅和10位将军，甚至以微弱多数票处死苏格拉底。柏拉图先是主张"人治"，举哲学王为最高统治者，晚年写《法篇》主张"法治"，这个转变很值得回味。作者结合亚里士多德的《政治学》做了深入的探讨。

汪子嵩说："早在小学读书时我就听说古代希腊有个苏格拉底。"民主与科学是汪子嵩从西南联大以来多次涉及的主题。论文集《亚里士多德·理性·自由》的"自序"中他说，"近20年，我的学习和研究重点是亚里士多德哲学"，"我逐渐对其中的两个重点发生兴趣：第一是他的理性精神……第二是亚里士多德倡导的为学术而学术的研究精神。"仅以这段话作为《希腊的民主和科学精神》的总结。

4. 主持和撰写多卷本《希腊哲学史》

汪子嵩说"在参加了'实践标准'讨论以后，我终于下定决心，回头搞希腊哲学"（《亚里士多德·理性·自由》"自序"）。期间的重点就是4卷本《希腊哲学史》。

现就汪子嵩在全书撰写过程中的工作、贡献及本书的学术意义作下列概述：

汪子嵩是全书 4 卷本项目的负责人。第 1 卷由范明生等三人分别执笔，他撰写序言，负责统稿、定稿。第 2 卷除负责全书统稿外，他亲自撰写后期柏拉图这一难度最大的部分。第 3 卷除全书统稿外，他亲自撰写绪论和高难度的第三编"形而上学"。由于年龄的关系，汪子嵩已离休，范明生已退休，在第 3 卷"前言"中汪子嵩特地说明本书第 4 卷"将改由浙江大学的古希腊哲学研究室负责编写，请几位比较年青的学者参加，由陈村富负责。"但是汪子嵩还一直是整个项目的负责人，他就希腊哲学的几个关键问题，在几次来信中发表了重要意见，而且还为第 4 卷撰写前言和前 3 卷要义。这个"要义"概括了他对晚期希腊以前这段哲学史，特别是对柏拉图、亚里士多德哲学的看法。

2012 年 5 月人民出版社决定出版全 4 卷《希腊哲学史》的新版。新版仍由汪子嵩总负责，具体事务委托陈村富组织浙江大学博士生执行。

历史地、有分析地评价这部著作在我国西方哲学史研究上的地位。本书贯彻胡乔木当初提出的中外文史哲多卷本的三条要求：总体上要求符合马克思主义，但不搞传统上流行的引经据典；从原始资料出发，但要吸收近现代中外学者研究的成果；要有中国学者自己的见解。考虑到外文图书进口中断了 10 年，而在"文化大革命"之前 17 年哲学史研究又深受教条化、公式化的影响，因此，本书贯彻第 1 卷序言所申明的原则：着力收集和介绍古代原始文献的原貌、流传和后人的编纂、考证和诠释；概述现代西方学者的研究成果和不同见解，以及争论焦点、研究热点，而且一一注明，为后人提供方便。在这个基础上，联系中国文化和语言发表自己的见解。汪子嵩很实在，他说该书不算什么"传世佳作"，但是可以肯定几十年内不会过时。

就全球范围的希腊哲学研究而言，中国学者花了 30 年写成 4 大卷的希腊哲学全过程是受同行赞赏的。迄今为止只有 19 世纪末、20 世纪初的德国蔡勒（E. Zeller）写的《希腊哲学史》3 大卷 6 册（注：德文 6 册，英译 7 册），写完全过程，同一时代稍后些的德国学者冈泊茨（T. Gomperz）也用 4 卷写完全过程，但他是作为思想史来写的。英国剑桥大学的格思里（W. K. C. Guthrie）立志写完，但刚完成 4 卷就于 1982 年春逝世，女儿代为他整理遗稿，完成了第 5 卷（亚里士多德及其学派）。阿姆斯庄（Amstrong）本想续格思里写完晚期希腊哲学，但因撰稿人看法不一，无法统稿，最后独立成册，以《晚期希腊和中古早期哲学》发表。此外，如伯奈特（J. Burnet）等也都是写到亚里士多德为止。在希腊文献的掌握和研究方面，中国学者尚有相当大的差距，但是不管怎么说，毕竟三十年如一日，做完一件可以聊以自慰的事。可以说晚年、中年才有条件发力的中国学者无愧于自己的时代。

课题组能真诚合作完成这项工作的原因之一，是课题组成员都认可汪子嵩提倡的学术规范。这里客观地如实地叙述几件可供考证、核实的事：①在第1、2卷撰稿时期，尚无电脑写作条件，汪子嵩收到范明生等三人撰写的初稿后，同大家讨论修改意见，之后用复写纸将修订稿复写三份分别寄回，然后又将综合反馈意见而修正的第二稿复印三份寄给范明生等三人过目，第三稿才交出版社。至今，出版社和撰稿人还存有当年他亲笔誊写的原稿。②第1卷刚起步他就提出谁都不把自己执笔的部分用论文或著作形式先行发表，待该卷正式出版后各人可以就前一卷或学术界正在讨论的问题发表意见。尽管第4卷换了两位新人，但是30年来大家自觉遵守，无一例外。个人的论文数、著作量是少了，但是摆在读者面前的每一卷都是新颖的。③1986年第1卷在成都定稿后，在重庆至武汉的轮船上，汪子嵩召开三位撰稿人和人民出版社责任编辑兼时任哲学编辑室主任田士章，宣布他的三条决定：第一，他不当主编，按年龄排序；第二，考虑到当前评职称的条件规定，各人执笔部分在序中一一说明，必要时他可以向执笔人所在单位出具证明，说明是执笔人独立成果；第三，稿费按各人执笔字数分配，他仅拿其中的5%。范明生等三位都认定他是当然的合格的主编，而且5%还不够他往返几次的邮件费用和复写费用，所以仅同意其中的第二条。争执不下，最后田士章发话"你们就接受汪先生的一番美意吧"。这个约定一直坚持不变，第4卷也按这三条办。④1988年第1卷出版后，讨论第2卷的大纲时汪子嵩发话："我们刚写了一卷，以后还要写下去，需要听听读者的真实意见，我们四人谁都不要邀人写书评。"

汪子嵩曾说："从1941年我考入西南联大哲学系起，60多年来我的生活一直与哲学不可分。"他一生最推崇的就是希腊哲学的"求是"、"求真"精神："哲学应该以探求真理作为自己的唯一目标，不应该盲目屈从于任何权威，无论是学术权威还是政治权威；哲学应该用自己的头脑去进行探索，所以哲学必须是一门自由的学问。"1977～1978年他同《人民日报》理论部同事们，从"拨乱反正"多次事件的阻力中，概括出一个理论问题《标准只有一个》。80年代初国家转向以经济建设为中心，他就规范自己的晚年应以希腊哲学研究为中心。而当希腊哲学研究过程中碰到种种学术外问题时，他为"学术需要自由"又增添了新的内容。这种建立在对历史必然性的认识基础上的学术自由是社会发展的需要，也是正常的学术研究的必要条件，也是20世纪中国哲学家们留下的一份珍贵资产。但愿这篇传记能为保存珍贵学术资产尽微薄之力。

三、汪子嵩主要论著

汪子嵩，洪谦，任华等.1957.哲学史简编.北京：人民出版社.

汪子嵩，任华，张世英.1972.欧洲哲学史简编.北京：人民出版社.

汪子嵩.1982.亚里士多德关于本体的学说.北京：生活·读书·新知三联书店.

汪子嵩，范明生，陈村富，姚介厚.1988.希腊哲学史（第1卷）.北京：人民出版社.

汪子嵩.1988.希腊的民主和科学精神.北京：生活·读书·新知三联书店.

汪子嵩，王太庆.1990.陈康：论希腊哲学.北京：商务印书馆.

汪子嵩，范明生，陈村富，姚介厚.1993.希腊哲学史（第2卷）.北京：人民出版社.

汪子嵩，范明生，陈村富，姚介厚.2003.希腊哲学史（第3卷）.北京：人民出版社.

汪子嵩.2003.亚里士多德·理性·自由.保定：河北大学出版社.

汪子嵩，陈村富，包利民，章雪富.2010.希腊哲学史（第4卷）.北京：人民出版社.

撰写者

陈村富（1937～），出生于福建省龙岩县。1955年考取北京大学哲学系，1960年毕业后留校做研究生，师从任华学习希腊哲学史。曾任杭州大学哲学系系主任。曾承担汪子嵩主持的《希腊哲学史》前3卷的爱利亚学派、智者运动、亚里士多德自然哲学，并受委托主持第4卷的具体工作和全4卷再版工作。还开拓基督教研究领域，主编不定期论丛《宗教文化》。

范明生（1930～），1950年秋考入清华大学哲学系，后转到北京大学哲学系。1979年8月，调入上海社会科学院哲学研究所工作，后任副研究员、研究员、副所长。其主要研究方向是西方哲学史。

姚介厚（1940～），浙江杭州人。西方哲学与文明研究专家。曾任中国社会科学院哲学研究所副所长、学术委员会主任。他的主要学术贡献为两个方面：一是古、今西方哲学研究。二是从哲学高度，致力于研究国际社会和国际学术界非常关注的"文明"这一重大课题。

罗 克 汀

罗克汀（1921~1996），广东番禺人。马克思主义哲学家、现代西方哲学研究专家，中国自然辩证法研究的开拓者、马克思主义哲学的传播者。1943年毕业于广东文理学院。曾任重庆西南学院教授、南方大学教授、中山大学哲学系教授、中国社会科学院哲学研究所兼职研究员、广东省社会科学院特约研究员、湖南师范大学兼职教授。现代外国哲学研究会理事、顾问，中南、西南分会副理事长，现代外国哲学广东哲学学会副会长。他对中国现代哲学的贡献大致可以1949年为界划分为两个时间段。1949年之前，他致力于马克思主义辩证唯物主义哲学体系与自然辩证法的理论框架的建构工作。他与侯外庐合著的《新哲学教程》，对马克思主义辩证唯物主义哲学的基本概念、基本原理进行了深入细致的阐发，被公认为那个时代最富有体系性建构的一部马克思主义辩证唯物主义哲学思想专著；而他于该时期所著的《自然科学讲话》、《自然哲学概论》两书，则是中国早期自然辩证法研究的重要著作。1949年之后，罗克汀由于被打成右派而在相当长时间内被剥夺了教授马克思主义哲学的权利，他后来转向现代西方哲学的研究，并以现象学为中心，先后出版了《现象学理论体系剖析》、《从现象学到存在主义》等著作，这是大陆学术界最早的研究现象学的两部专著。

一、成 长 经 历

罗克汀，原名邓焯华，广东省番禺县雅瑶村人，1921年11月19日出生于广州一个中医世家。父亲邓鹤芝乃广东伤寒派名医，曾担任过光汉中医专科学校、广东中医学院教授，有《方剂学讲义》等数种医著传世，颇为中医界推重。在父亲的影响下，罗克汀从小就养成了喜欢读书的习惯，视读书为生活一大乐趣。1938年年底日军攻占广州之前，他随家迁至曲江，越级报考广东省立文理学院（原广东省立勤勤大学教育学院），以优异成绩进入该校社会教育系。在校期间，罗克汀在张栗原、郭大力指导下，研究哲学和政治经济学，并对自然辩证法产生了浓厚兴趣，为此他又苦读数学与理论物理学，在1941年他即从自然辩证法立场撰写了《数学史的考察》一文，并首次以"克汀"笔名刊发在《群众》（第 7 卷 22 期）上面，当时他还是大学二年级的学生。而在翌年他又撰写《论中国封建社会发展迟滞的原因》一文，由此亦见罗克汀问学兴趣之广。

1943 年大学毕业后，罗克汀辗转来到桂林，在中国农村经济研究会工作，并参加了桂林文化界抗战工作队的工作，同时他还在广州大学讲授经济学。在桂期间，他孜孜耕耘于自然辩证法研究领域，在一年内写成《科学新论》一书初稿，后来经过修改补充，分为两书即《自然科学讲话》、《自然哲学概论》出版。

1944 年，罗克汀从桂林经贵阳抵重庆，任教于陶行知主持的育才学校社会科学组，并在何其芳推荐下在社会大学讲授哲学。在渝期间，他在《新华日报》、《理论与现实》、《唯民周刊》、《萌芽》、《科学与生活》等报刊上发表了一系列文章，介绍马克思主义哲学，时有"南罗（克汀）北艾（艾奇）"之称。侯外庐主动邀约罗克汀，一起合作著成《新哲学教程》一书。1946 年，罗克汀被聘为重庆西南学院哲学系教授，年仅 25 岁。罗克汀还积极参与当时的争取民主的运动，李公朴受害后，罗克汀特撰《学习李公朴先生》一文谴责专制暴行，并与重庆界文化名人社会大学留渝教授邓初民、何其芳、张有渔等人发出公开唁电慰问李公朴夫人张曼筠女士。由于罗克汀积极参与民主运动、介绍马克思主义哲学思想，1947 年 6 月 1 日遂被重庆当局缉捕入狱，关在重庆"中美合作所"渣滓洞监狱达两年之久。1949 年，时任民盟主席的张澜向主持西南军政大计的张群提名释放包括罗克汀在内的被关押的 21 名文化界名流，在梁漱溟与范朴斋的奔走与斡旋下，罗克汀遂于 1949 年 3 月 31 日得以获释出狱。

1949 年 5 月 20 日，罗克汀脱险抵达香港，在香港南方学院担任教授，并在杜国庠担任主编的《大公报》副刊《思想与生活》及《文汇报》副刊《学术思潮》上撰写文章。后来杜国庠赴京参加新政协，罗克汀便担任了这两个副刊的主编工作。

1950 年 1 月，罗克汀携家眷从香港返回广州，担任南方大学教授兼研究室主任，研究室的任务是为华南地区培养马克思主义哲学的理论工作者，罗克汀采用自由讨论班的形式教学，深受学生的欢迎。1951 年，罗克汀担任南方大学第四部（政治研究院）副主任，实际主持政治研究院的日常工作。该院负责培训、"改造"国民党时代的广东军政要员、大学知识分子，原北京大学教授、《性史》作者张竞生即是其中的一名学员，在负责"改造"的青年班干部的眼中，张竞生是不愿意"配合"的典型，他们决心以"尖锐批评"的方式攻破这个"顽固堡垒"，罗克汀则坚持热情相待、循循善诱的原则，及时纠正了"教育"过程之中出现的粗暴现象。

1953年1月罗克汀被调到中山大学，担任哲学教授和哲学研究室主任，讲授辩证唯物主义，并从事这方面的研究工作。由于他在讲课与论著中大量运用自然科学的最新成果来论证和补充辩证唯物主义的基本原理，因而在反右斗争被认为是"忽视"阶级斗争，遂被打成右派，并被剥夺了参加辩证唯物主义教学工作的权利。

直到1960年，罗克汀才得以恢复教学工作，改教欧洲哲学史和现代西方哲学。也就在这个时期，罗克汀决定将自己的研究领域集中于现代西方哲学、尤其是现象学。现象学对他来说，完全是一个陌生的领域。为此，他搜集了大量的研究资料，在教学之余，全副精力都用在阅读现象学文献。经过近20年的积累，他的研究成果才陆续问世。其中，他在1980年《哲学研究》第3期上所刊发的《胡塞尔现象学是对现代自然科学的反动》一文是国内学术界自1964年以后首次发表的关于现象学的文字。而《现象学理论体系剖析》、《从现象学到存在主义》两书分别是国内学术界研究胡塞尔现象学与现象学运动最早的专著。

二、主要研究领域和学术成就

罗克汀的学术贡献大致可以分为两个时期，一是1949年前的自然辩证法研究与马克思主义哲学研究，二是1979年以后的现代西方哲学研究，尤其是现象学研究。研究领域主要包括以下三个方面。

1. 自然辩证法的开拓性研究

罗克汀早期《自然科学讲话》一书共十章，依次讨论了科学的定义、科学与社会生活之关系、科学与哲学之关系、科学的分类、自然科学与社会科学之关系、自然科学的对象、科学发生与发展进程、现代科学对形而上学之反驳、学习科学应有之态度、五四启蒙运动与科学思想之关系等十大问题，所论内容涉及科学哲学、科学社会学、科学史、自然哲学等领域。与后来的程式化的"自然辩证法"著作相比，所论内容要活泛、丰富得多。

《自然科学概论》，全书共分三编。第一编"当做科学底总方法论看的唯物辩证法"，该编分别论述了辩证唯物论与自然科学的关系、科学的宇宙论、唯物辩证法的核心法则与派生法则等诸问题；第二编"科学理论诸问题"，该编对科学研究的对象和内容、科学的历史性质和任务、空间和时间以及科学的危机进行了深入的讨论；

第三编"科学史论研究举例",该编结合自然科学史的具体案例,论证了辩证唯物论与自然科学的关系。

罗克汀的这两部关于自然科学的著作系统地论述了自然科学发生发展的历史,论述了科学方法论的本质,是国内较早的自然辩证法论著,在学术史上具有开拓性意义。罗克汀的自然辩证法研究成果在20世纪40年代末曾一度被山东的新华书店改编,成为当时"解放区被审定的师范课本"。

2. 新哲学体系的理论建构

《新哲学教程》一书为罗克汀与侯外庐合著,实际上全书除导论部分由侯外庐执笔外,全书实由罗克汀一人撰写,这一点在侯外庐的自传《韧的追求》中有专门的交代。

全书共分八章,依次是:"哲学的对象与内容"、"唯物论与唯心论"、"辩证法唯物论"、"唯物辩证法底诸法则"、"辩证唯物论在自然界上的应用与检证"、"唯物辩证法底重要的诸范畴"、"辩证唯物论的认识论"以及"人类思维及哲学思想的发生"。第一章"哲学的对象与内容",首先将哲学阐发为时代精神的反映,具有社会性与历史性特征,而科学的哲学作为人类历史实践和思维发展的最高成果,则体现了科学的世界观与方法论的统一。该书还从研究对象、历史演化,两个角度阐述了哲学与具体的自然科学、社会科学之间的关系,对当时流行的哲学消亡论进行了批评。第二章"唯物论与唯心论",在对唯物论与唯心论的历史考察基础上,详细展示了两者之间的根本对立之所在及其产生的根源。第三章"辩证法唯物论"先是追溯辩证唯物论的成立与发展的历史,接着讨论辩证唯物论的实践基础、主要任务,在此基础上,全面系统地论述了辩证唯物论的基本论点:第一,承认物质运动的客观实在性和自动性,第二,承认物质存在的"首次性"、"本原性"与"第一义性",精神、思维意识、想像等的存在是派生的、第二义的,是对物质的反映。第三,世界及其规律是完全可以认识的。该章还从辩证唯物主义这些基本观点出发进一步讨论了物质观、时空观、运动观等问题。第四章"唯物辩证法底诸法则"详尽探讨了辩证法的诸法则和诸范畴,认为对立统一法则是唯物辩证法的根本的和核心的法则,其他法则是从属的、派生的。从量到质既从质到量的转化法则、不断运动、变化、更新的法则、相互关联、作用和统一的法则,这些从属的法则最终都是对立统一法则的体现。第五章"辩证唯物论在自然界上的应用与检证"详细阐发自然界是哲学的试金石思想,结合20世纪自然科学的最新研究成果,一一论证唯物辩证法的核心法则及其从属法则的科学性以及形而上学世界观的错误。第六章"唯物辩证法底重要的诸范畴"，阐述了现象与本质、规律与根据、形式与内容、必然性与偶然性、法则与因果、可能性与现实性等范畴的内涵及其相互之间的辩证关系。第七章"辩证唯物论的认识论"在阐述认识论之中的两条路线之后，揭示了辩证认识论的内涵、认识上的实践意义、认识论中实践是真理的标准、相对主义之错误、相对真理与辩证真理的关系，然后论述认识是一个感觉—思维—实践检验的辩证发展的动态过程。突出辩证唯物论的认识论与以往哲学的重大区别即在于它能动地把握了认识上实践的契机，强调"实践生活是本源的"，是"理性认识之源泉"。第八章"人类思维及哲学思想的发生"，从历史唯物主义的立场，揭示了人类思维以及哲学思想发生的具体过程。

《新哲学教程》在论述的系统化方面远远超过了前此而出的同类著述，它既深入浅出，又与一般的哲学通俗读物不同，无论在理论深度方面，还是在理论表达发面，都胜过此前的同类著述。它的另一个特点是，书中几乎每一个论点的阐述都紧密结合哲学史的考察，在人类思想发展史中，给出新哲学的位置，同时又标出新哲学的独有主张，使"新哲学"原理的表达具有深厚的历史性，这也是其他同类著述所少见的。尤为可贵的，书中还设专章《辩证唯物论在自然界上的应用和检验》，援用大量自然科学的新成果来论证新哲学的正确性。爱因斯坦的相对论，普朗克的量子论，闵可夫斯基的四元空间理论，黎曼、罗伯切夫斯基的非欧几何等20世纪最新科学成果，均被作者信手拈来，以充实、应用、检证"新哲学"原理，从而纠正了此前同类著述对自然科学新成果的忽视倾向。

《新哲学教程》一书被当代学者誉为国内战争时期"唯一一本宣传辩证唯物主义哲学的基本教材，它在中国现代无产阶级哲学思想发展史上占有重要地位"。鉴于该书在中国现代学术思想史中的地位与作用，"民国丛书"编辑委员会将它收入该丛书的第一编中，由上海书店于1989年重新刊行于世。

3. 现象学的最初探索

20世纪60年代后，罗克汀转向西方哲学的研究，《现象学理论体系剖析》，《从现象学到存在主义》两书，即是这一时期研究成果的集中表现。这也是中国大陆学术界研究胡塞尔现象学与现象学运动最早的专著。他在坚持唯物史观分析立场的前提下，结合现象学研究的特殊性，总结出一套研究现代西方哲学具体细节的方法论：

①横向研究与纵向研究相结合，在剖析理论体系、结构的同时，暴露出其内部矛盾，并从纵向发展上指明由于这一矛盾的发展而导致理论体系产生演变。②社会

状况分析与认识发展史、自然科学史的分析相结合，从各种历史条件因素的总汇中把握理论体系产生发展的宏观文化背景。③正确处理根本观点与各基本观点之间的关系。④揭示各流派发生、发展及演变的相对独立性规律。

由于他在研究方法和表述方式上的这种创新性，因而使其现象学研究具有独特的见解和创发性特点，这主要表现在以下几个方面。

其一，对现象学根本观点的新表述。罗克汀从社会历史的宏观文化背景的分析入手，深入剖析了现象学理论的各个基本观点，进而提出现象学的根本观点即是严密科学与非严密科学的对立。这与西方学者如凯恩斯（D. Cairns）、法伯尔（M. Farber）主张还原方法就是现象学的根本观点及苏联学者如 B. 米谢耶夫主张理性直观是根本观点，彰然并立，自成一派。实质上还原法不过是达到严密科学的一种手段，而理性直观亦只是在严密科学领域中本质认识的一种方式，因而从属于严密科学和非严密科学对立这一观点。

其二，对现象学人道主义的开拓性研究。西方特别是英美的现象学研究者，囿于分析传统，沉迷于现象学的描述与分析的方法学中，而不注重胡塞尔在毕其一生苦苦追求自主自律的主体性中流露出的"救世心"、"责任感"，不见其中所蕴含的人性意味。有鉴于此，罗克汀特标出现象学理论的人性意味。他从严密科学与非严密科学的对立这一根本观点出发，深究出现现象学人道主义的基础即人与科学的对立，从人与科学对立的本体论意义、认识论意义、方法论意义及价值论意义诸方面，勾勒出现象学人道主义的大致轮廓，进而析露出现象学人性论的先验性、理念性及无限性特质。

其三，对现象学还原法的新见解。对胡塞尔现象学还原的研究，国外学者的分歧由来已久。有人主张把还原分成"悬搁"、"形相"、"先验"等三个阶段，而寇思腾鲍姆（R. Koestenbaum）甚至分出五六个阶段。罗克汀紧紧抓住现象学理论实质，认为把还原阶段化"不完全符合胡塞尔现象学方法的原意和精神"，还原法具有一元的统一形式，即是完全将存在判断悬置，而固守于意识生活的反思之中，而所谓的阶段性品格是从"方法论"的操作意义上而言的。

其四，对现象学史研究的新尝试。罗克汀在对现象学理论体系进行横向剖析之同时，有对现象学发生，发展与演变进行一番史的考察。他首先勾画出现象学产生的宏观文化背景，对现象学产生的历史条件及思想源泉一一指陈，然后就胡塞尔本人的现象学从形成、建立时期到系统化时期、成熟时期以及晚期的思想进路，做出明晰的分析，最后缕析出现象学向海德格尔和萨特的存在主义过渡的契机与内在关联，对海德格尔与萨特在本体论、认识论、人道主义及反科学诸方面对胡塞尔现象学的继承与更新,做出了令人信服的论证。这就初步改变了我国学术界长期以来就现象学论现象学,就存在主义论存在主义的单调局面,为我国进行现代西方哲学的研究提供了一条可供借鉴的新路子。

总之,罗克汀无论在现象学横的理论剖析方面,还是在纵的史的考察方面,都进行了创见性、开拓性的探究,填补了我国现代西方哲学研究在这方面的空白。国际现象学学会主办的《现象学探索》（Phenomenological Inquiry）杂志于1986年曾载专文评述罗克汀的研究成果,称赞他在"研究进程"上比同行们"先走了一步"。

罗克汀对现象学的研究完全是通过自学而独立摸索出来的,当时大陆学术界对现象学的研究几乎还是空白,一些现象学的基本概念尚未有固定的译名,其内涵亦未有清楚与准确的界定,研究的难度是可想而知的。他一直坚持中国学者研究现象学一定要有自己的特色,不能一味跟着西方学者走,而中国的特色就是马克思主义立场。

三、罗克汀主要论著

罗克汀.1942.数学的史的考察.群众,7（22）.

罗克汀.1943.论中国社会发展阻滞的原因.群众,8（1）,8（2）.

罗克汀.1945.我们向哥白尼学习什么?——斥在科学伪装下的"战国"派理论.群众,10（5）,10（6）.

罗克汀.1945.谈谈青年对形式逻辑应有的态度——与张申府先生论"研究形式逻辑"的问题.群众,10（14）.

罗克汀.1946.自然科学讲话.新知书店.

罗克汀.1946.新哲学教程.新知书店.

罗克汀.1946.哲学有什么用处.萌芽,1（4）.

罗克汀.1946.论自然科学中因果律问题.理论与现实,3（2）.

罗克汀.1946.列宁与自然辩证法.理论与现实,3（3）.

罗克汀.1947.论列宁的"唯物论与经验批判论".理论与现实,3（4）.

罗克汀.1948.自然科学概论.新生活书店.

罗克汀.1949.哲学浅释.香港初步书店.

罗克汀.1950.思想起源与思想方法.广州:正大书店.

罗克汀.1954.马克思主义哲学唯物主义的基本知识.广州:广东人民出版社.

罗克汀.1955.实践在认识中的地位与作用.上海:上海人民出版社.

罗克汀.1957.辩证唯物主义与自然科学.广州:广东人民出版社.

罗克汀.1986.现代外国哲学论集.广州:广东人民出版社.

罗克汀.1990.现象学理论体系剖析.广州:广州文化出版社.

罗克汀.1990.从现象学到存在主义.广州:广州文化出版社.

罗克汀. 1992. 现代西方哲学探究文集. 广州：中山大学出版社.

撰写者

陈立胜（1965～），山东莱阳人。哲学博士，中山大学哲学系教授，兼任北京大学人文高等研究院研究员。研究方向为儒家哲学、宗教现象学及中西比较哲学。1988～1991年师从于罗克汀攻读西方哲学硕士学位。

黄枬森

黄枬森（1921～2013），出生于四川省富顺县。马克思主义哲学家、哲学史家和哲学教育家。1948年北京大学哲学系毕业后继续攻读研究生。从1950年起开始在北京大学讲授马克思主义哲学。1981～1986年任北京大学哲学系系主任，2011年任北京大学马克思主义哲学研究中心主任，2012年获北京大学哲学系哲学教育终身成就奖。黄枬森1981～1996年连任第一～三届国务院学位委员会学科评议组成员、召集人，曾任国家社会科学基金学科评议组召集人、《北京大学学报》（哲学社会科学版）编委会主任、北京大学人学研究中心主任、北京市社会科学联合会副主席、中国马克思主义哲学史学会会长、中国人学学会名誉会长、中国马克思恩格斯研究会会长等。主要学术创新体现在以下几个方面，一是对列宁《哲学笔记》与辩证法的研究，二是参与开创了中国马克思主义哲学史学科，三是探索马克思主义哲学现代新形态、新体系的新哲学观，四是探索中国特色社会主义的理论来源和哲学基础，五是研究了中国特色社会主义新型文化观，六是在中国倡立了人学。

一、学 术 经 历

黄枬森1921年11月29日出生，1942年考入西南联大物理系，1943年转入哲学系学习。期间一度投笔从戎，参加抗日战争。抗战胜利复校后，他于1947年重回北京大学哲学系学习，1948年本科毕业后继续攻读研究生。从1950年起开始在北京大学讲授马克思主义哲学。

黄枬森治学90年，可分为两大阶段：

头30年，经历了"中——西——马"三部曲，最终在而立之年，选择了马克思主义哲学，作为终身学术追求，也作为安心立命之本；

后60年，则一以贯之地以马克思主义哲学为主要研究对象，60年如一日，献身于这一事业，不过也依形势发展，可以说走过"高——低——更高"的"之"字形道路。

人生路上头30年，1921～1950年，黄枬森经历了曲折复杂的求学之路，终于选择了马克思主义哲学，并形成了"融汇中西马"的综合创新治学之道。

这30年间，黄枬森求学之路，大体上先后迈出三大步：

第一步，从6岁到15岁前，中学打底——主要是中华民族传统文化打下根基，这使他在接受西方新学与马克思主义之前有民族文化作为铺垫。

黄枬森出生于人杰地灵的天府之国，家乡是四川西南、自贡市东南、绵阳地区的富顺县城。

黄枬森的国学底子有一点家学渊源，他的父亲黄文杰是一位清代秀才，邑人称之为文豪，因而很注意从小向他传授中国传统文化。从6岁直到14岁，除了上过2年小学之外，他大部分时间是在私塾里学习中国古代典籍。除了中国古代蒙学最基本的教材，如《三字经》、《百家姓》、《千字文》之外，他还从小熟读《论语》、《孟子》、《老子》、《庄子》等中国古代元典。他对中国古代典籍，特别是系统讲授中国通史的《资治通鉴》，产生了极大兴趣，小小年纪的他竟能成段成卷地诵读司马光《资治通鉴》，几乎读了这部150万字巨著的三分之一。

第二步，15岁到而立之年，西学扩容——这段时间，青年黄枬森逐步系统深入地接受西方近代新学，开阔眼界，也扩大了理论空间。

他16岁上初中，18岁上高中，在自贡市蜀光中学，开始接受西方近代科学文化。这个中学名为"蜀光"，确实比较开明，有民主、科学氛围，给大西南带来一片文明之光，也给青年黄枬森带来一片科学、民主思想曙光。

1942年，20岁出头的黄枬森以优异成绩考取了西南联大物理系。他在物理系学了一年，后来虽转入哲学系，但仍选学了一些自然科学基础课程，并且系统学习了高等数学的微积分。从初中、高中，到大学本科一年级，这6年时间里，青年黄枬森又初步打下西方近代科学文化基础，打开了眼界。在这阶段，他不仅学习了西方近代科学知识，而且接受了西方近代科学方法、科学精神、科学思维方式的初步训练，这对后来他的治学之道，也产生了不可磨灭的影响。他终生强调"哲学是科学"、"马克思主义哲学首先是科学"，或多或少可以看到这种科学精神的浸润。

40年代中期，在抗日战争期间，黄枬森一度投笔从戎，学会了军用汽车的驾驶技术，参加中国到缅甸、印度的远征军。

抗日战争胜利后各个大学纷纷复校，1947年他重新进入北京大学哲学系，1948年毕业后又考取北大哲学系研究生，师从郑昕，专攻康德哲学及德国古典哲学，由此开始攀登西方近代新学的宝塔尖。

郑昕是中国第一位远渡重洋、到康德祖国去专攻康德哲学而深入堂奥的学者，先后在柏林大学、耶拿大学专门研读康德哲学；从1933年起，他在北京大学专门讲授康德哲学，长达 30 多年，可谓当时中国头号康德专家；1946 年，他在商务印书馆出版的《康德学述》，是中国深入研究康德哲学的第一部学术专著。郑昕的治学之道，首先是原原本本、认认真真、扎扎实实地研读康德原著，而且是主要依据康德"三大批判"的德文原文，刻苦攻读，毫不走板。郑昕的治学精神，是以学术为第一生命，讲起康德哲学来，满腔热情，近乎虔诚，令人萦怀难忘。郑昕治学主旨，是深入研究康德、探寻新哲学途径，他的格言是，"超过康德，可能有新哲学，掠过康德，只能有坏哲学。"

看来，郑昕的这种治学精神、治学方法、治学格言，都对黄枬森产生了潜移默化的深刻影响。也正是借助于这种学习路径，黄枬森深入到西方哲学殿堂之中，走到西学研究的前沿，在中国国学基础上，又打上了西方哲学的底子。

第三步，从高中时代到而立之年，皈依马列——在研习国学、西学的基础上，最终归宗马克思列宁主义哲学，是青年黄枬森求学之路的思想归宿。

早在 30 年代末、40 年代初，正当 20 来岁，世界观形成关键期的青年黄枬森，在蜀光中学上高中时，由于学校氛围比较民主宽松，他便有机会如饥似渴地读到艾思奇《大众哲学》、潘梓年《逻辑学与逻辑术》等中国马克思主义哲学进步书籍，还有一些翻译过来的 20 世纪 20～30 年代苏联马克思主义哲学著作。在他心中燃起一种新时代、新哲学的智慧火光，也使他从青年时代立志献身哲学研究。后来他一度报考西南联大物理系，其实是想为哲学研究作准备。

1947 年北京大学复校后，立即成为中国共产党地下组织有重大影响的民主堡垒，民主运动如火如荼，轰轰烈烈。当时北京大学的地下党组织注意通过读书会等灵活形式，宣传马克思主义，组织进步学生。他热心地参加了"腊月读书会"等进步组织，在北京大学"民主、科学"的学术氛围下，开始重新学习马克思主义哲学。正是在这一时期，他学习了马克思主义创始人的《反杜林论》、列宁的《唯物主义和经验批判主义》等经典著作。正是在这一时期，他深深地体会到马克思哲学革命的伟大划时代意义，马克思主义哲学从此成为他终生不变的哲学信念。也正是在这一时期，1948 年他加入了中国共产党的北平地下党组织。

1950 年当时正做西方哲学研究生的黄枬森，接受组织安排，开始在北京大学任教，作为首开马克思主义政治理论课的骨干力量。1951 年至 1952 年，他还到中国人民大学系统进修马克思主义哲学，后来还曾做过北京大学的苏联哲学专家格奥尔基耶夫的学术助手，使他较早地接触了苏联哲学界研究马克思主义哲学史和列宁《哲学笔记》的最新成果。从此，马克思主义哲学研究与教学，不仅成了黄枬森的终生职业，而且成了他的终身事业。

经过国学、西学的浸润，最终走向马克思主义哲学——这是时代的选择，组织的选择，也是青年黄枬森自身思想发展的选择。也正是由于他走过了这样一条求学之路，因而他对马克思主义哲学的信念，格外坚定，格外执著，屡历磨难，终生不改。

新中国成立初期头 8 年，黄枬森也作为中国哲学界的后起之秀，他在北京大学首先开出了马列主义基础理论课。当时，中国还没有一家哲学专业刊物，他协助老一辈哲学家金岳霖、郑昕，创办了《光明日报》哲学副刊。这一时期，他发表了 10 来篇论文，锋芒初露。

1957～1978 年，他也走过了曲折磨难的 20 年。1957 年和 1958 年，他在党的会议上，开诚布公地提了几点意见，对于阶级斗争扩大化表示怀疑，对于"左"的倾向抬头表示异议。随后厄运从天而降，他被取消讲课资格，"文化大革命"期间，又遭抄家，大批判，住牛棚。难能可贵的是，政治上的打击，精神上的压抑，学术发展的中断，这种种磨难都丝毫未能动摇他对马克思主义哲学的坚定信念。

1978 年，党的十一届三中全会开启了改革开放、解放思想的时代大潮，黄枬森在治学之路上，虽已年近花甲，却是厚积薄发，一下子冲向高峰，迎来了学术研究的黄金时代。20 年间，硕果累累，90 岁时仍思想活跃，笔耕不辍。

他常常满怀深情地对人说："我的学术研究、学术生命，是从改革开放真正开始的！"

应当说，马克思主义哲学给了他学术灵魂，改革开放给了他学术新生，解放思想、实事求是给了他哲学创新的理论勇气。

二、主要研究领域和学术成就

黄枬森学术思想主旨是创新，在他上下 60 年的学术求索中，先后做出了 6 个在海内外有重大影响的学术创新。

第一个创新，是列宁《哲学笔记》与辩证法研究。

从 20 世纪 50 年代前期开始，他借助于苏联专家，率先接触到苏联对列宁《哲学笔记》的研究成果。同时，他也开始看到，由于教条主义的简单化学风，使苏联在《哲学笔记》问世几十年间，竟既没有一部完整翔实的注释性著作，更没有一部深入系统的研究性专著。

也就是从这时起，刚过而立之年的黄枬森立下志愿，应当由我们中国人写出这样两部著作。

而这里的思想主旨，则是通过深入发掘列宁哲学遗产，突破苏联模式哲学体系的历史局限，丰富和发展唯物辩证法现代科学体系。

从 1960 年到 1962 年，当时被取消了讲课资格、担任北京大学哲学系资料室主任的黄枬森，组织张翼星等五六个人，从列宁《哲学笔记》的核心篇章——《黑格尔〈逻辑学〉一书摘要》入手，开始了系统注释《哲学笔记》的繁难工作，并当年将这部分注释作为上册，内部铅印出版。

1974 年，他又和彭燕韩一道，作了《辩证法要素》16 条和《谈谈辩证法问题》的注释与研究。早在 60 年代初，他率先开始从《辩证法要素》16 条入手，探索辩证法体系问题，迈出试图突破苏联模式哲学教科书体系的第一步。

1978~1979 年，他们又对上述研究作了修订补充。1981 年，他经过长达 20 年坚持不懈的长期努力，终于推出了 50 万字的《〈哲学笔记〉注释》，为列宁《哲学笔记》的教学与研究奠定了重要基础，解决了苏联哲学界长期未能解决的"老大难"问题。该书获得北京市哲学社会科学优秀成果奖一等奖。

1984 年，他又从理论思维高度，总结概括自己系统研究《哲学笔记》20 多年的思想成果，发表了学术专著《〈哲学笔记〉与辩证法》，该书是这个重大研究领域中中国学者写出的第一部研究性专著。

黄枬森不仅自己带头进行理论创新，而且注重支持他人乃至带动整个学术集体进行理论创新，这是他的一个显著特点。

1982~1985 年，他指导王东完成研究《哲学笔记》的博士论文《辩证法科学体系的"列宁构想"》，1990 年出版，1992 年获第二届吴玉璋奖金；1988~1992 年，他又支持张翼星等完成国家"八五"重点课题"列宁哲学思想的历史命运"，1995 年获首届全国高等学校人文社会科学研究优秀成果奖，1999 年获首届国家社会科学基金项目优秀成果奖。

如果说凯德洛夫代表了苏联学者深入列宁思想实验室内部、发掘列宁辩证法思想内涵最高成就的话，那么黄枬森则基于自己独特的治学之道，另辟蹊径：借鉴中国古典文献解释学方法，借助于从康德到黑格尔的德国古典哲学内涵的发掘，来深入挖掘列宁《哲学笔记》的思想底蕴。

黄枬森的新成果、新路径，不仅在中国学术界产生重大影响，而且在国际上产生一定影响。20 世纪 80 年代与 90 年代之交，苏联《哲学问题》杂志发表的一篇长篇论文称：在中国出现了一个以黄枬森为代表的、以完整研究列宁《哲学笔记》与辩证法为主旨的独特学派。

深入挖掘《哲学笔记》，是黄枬森为突破苏联模式哲学教科书体系、走向马克思主义哲学创新，迈出的第一步。

第二个创新，是在中国参与开创了马克思主义哲学史新学科。

早在20世纪70年代初，"文化大革命"中，借助于周恩来反对极"左"思潮、恢复学科建设的倡导，黄枬森、张世英、朱德生、齐良骥等北京大学学者，在中国最先着手开始马克思主义哲学史学科的建设。1972年，他们写出了中国第一部《马克思主义哲学史》书稿，有50万字之多，可惜未能公开出版。

1978年十一届三中全会，黄枬森不仅积极参加了真理标准的大讨论，而且提出了一个在今天看来理所当然，当时却是振聋发聩的新思想：章学诚所说的"六经皆史"，不仅适用于中国古典文献，而且适用于马克思主义经典著作；马克思主义经典著作，也要作为历史文献，放到一定的历史条件下，科学评价其历史上的功过得失；既要充分估价历史贡献，也要实事求是地看到其历史局限；过去把马克思主义史，看成是"句句是真理"的真理汇总，今天我们需要创造出马克思主义哲学史的新学科。

正是在这种形势下，北京大学黄枬森、施德福等人，中国人民大学庄福龄等人，中国社会科学院林利等人，中山大学高齐云等人，共同为中国马克思主义哲学史这门新学科奠基。

中国人自己编的4部《马克思主义哲学史》，留下了黄枬森和这门学科的创新足迹：1981年，中国第一部30万字的《马克思主义哲学史稿》正式出版，黄枬森是主要统稿人之一；1987年，黄枬森、施德福、宋一秀主编，北京大学学者共同写作的《马克思主义哲学史》3卷本，共120万字，获得国家教委优秀教材奖；1983～1996年，由黄枬森、庄福龄、林利主编，全国10多个单位、50多位学者共同编写，历时13年，先后列为"六五"和"七五"国家重点课题的《马克思主义哲学史》8卷本，终于问世，这是一部长达400万字的学术巨著，先后获得"五个一工程"奖、吴玉璋奖、首届国家社会科学基金项目优秀成果奖一等奖等3项国家级大奖；1998年，黄枬森受国家教委的委托，又主持制定了马克思主义哲学史教学大纲，并主编了《马克思主义哲学史》新教材，被确定为国家级重点教材，2000年这本教材与这门课程，获国家级、北京市与北京大学优秀教学成果奖。

经过整整30年的持续努力，马克思主义哲学史终于在中国成为一门相对独立的新型分支学科。在这里，倾注了黄枬森的不少心血，是他从50岁到80岁的学术生命结晶。

第三个创新，探索马克思主义哲学现代新形态、新体系的新哲学观。

黄枬森从1964年在《北京大学学报》上发表《读列宁论辩证法十六要素》一文

开始，就开始着手探讨如何突破苏联模式，创造马克思主义哲学新形态、新体系问题，堪称是这方面最早的探索者、创新者之一。从1982年起，他指导博士生王东做博士论文《辩证法科学体系的"列宁构想"》，思想主旨正是这种哲学创新。

黄枬森的这项哲学创新，已经开展近50年，但问题还远未解决。他在这方面的最大贡献，不是解决了哪个具体问题，提出了哪个个别思想，或提出了哪个体系框架，而是提出了对于创造马克思主义哲学现代新形态、新体系，富有启迪意义、奠基意义、长远意义的新哲学观。

这种见解独到的新哲学观包含以下11个要点，可以简称"新哲学观论纲"11条：

①创造马克思主义哲学现代新形态，必须解决的一个带根本性的理论前提，是哲学观问题，首当其冲的问题，即什么是哲学，什么是马克思主义哲学，什么是马克思主义哲学研究对象，什么是马克思主义哲学精神实质。

②必须毫不动摇地坚持：哲学是科学，马克思主义哲学是现代哲学科学、现代科学世界观，科学存在的基础首先是研究客观世界、客观规律，对于新康德主义、实证主义主张的脱离客观世界的纯粹逻辑、纯粹认识论，我们决不能苟同，放弃这一条，势必导致动摇马克思主义哲学根基。

③马克思主义哲学最根本的部分，首先应当是从理论思维的整体高度提出的世界观、本体论、存在观，这是唯物史观、认识论、价值观最根本的理论前提，西方实证主义思潮否定马克思主义哲学是科学世界观，这是我们不能苟同的。

④马克思主义哲学的思想主线，首先是辩证唯物主义，还有历史唯物主义，构成双线一体式的发展。

⑤必须坚持辩证唯物主义——唯物辩证法，这是马克思主义活的灵魂，马克思主义哲学的主流形态，有些人企图把马克思哲学抽象人本主义化，而把辩证唯物主义说成是恩格斯、狄慈根、普列汉诺夫、列宁、毛泽东背离马克思哲学的思想歧途，把一部马克思主义哲学发展史说成是蜕化史，是根本站不住脚的。

⑥为了坚持与发展马克思主义哲学，创造马克思主义哲学现代新形态，必须对苏联模式哲学教科书体系做出实事求是的具体分析，不赞成用大批判的方式，采取简单否定态度，应当一分为二地历史主义地分析其是非曲直，注意保留其合理因素，这种理论体系今天已暴露出一系列带根本性的历史局限与理论局限，我们也不能固守，必须作出富于时代精神的理论创新，今天哲学创新最重要。

⑦实践观是马克思哲学革命的思想起点，也是唯物史观和认识论的基本范畴，但不能作为本体论、存在论的第一范畴，马克思实践观理论上包含着承认"外部自

然界的优先地位"这个唯物主义的本体论前提，内容上包含着辩证唯物主义物质观前提，"实践唯物主义"在一定范围内是成立的，但不赞成主观唯心主义地夸大实践，把马克思哲学简单归结为"实践哲学"、"实践本体论"、"实践一元论"，那就把"实践唯物主义"变成了"实践唯心主义"。

⑧主体性是西方近现代哲学的核心范畴，马克思哲学革命用辩证唯物主义实践观根本改造近代唯心主义辩证法的主体性灵魂，也扬弃了旧唯物主义只讲客观性、不讲主体性的历史局限，把主体性与客观性统一在实践观奠基的哲学革命中，我们今天应加强研究，有所创新，深入研究人的三种主体活动——实践活动、认识活动、评价活动中贯穿的主体性，区分正确的主体性与错误的主体性，不赞成搞过分夸大的主体性崇拜，不赞成把唯物主义反映论简单归结为否定主体性的白板说、机械反映论。

⑨存在观应是辩证唯物主义的思想起点，对存在的崭新理解是马克思哲学革命的题中应有之义，存在是最抽象、最一般的哲学范畴，从黑格尔《逻辑学》到马克思《资本论》逻辑、列宁《哲学笔记》，都把存在作为哲学体系起点，按照从抽象上升到具体的辩证逻辑体系建构原则，遵循对立统一的矛盾运动方式，构成流动、统一、完整的范畴群、范畴系列、范畴体系。

⑩体系与方法统一论，有些人把马克思主义哲学的方法与体系割裂开来，对立起来，以为马克思讲的是方法哲学，不是体系哲学，实际上，方法是内容灵魂，体系是叙述形式，二者岂能割裂？我们固然不赞成离开实质问题的解决去拼凑体系，同时也不赞成在科学认识走向高度分化又高度综合，整体化、系统化是其主流方向的现代科技革命时代，忽视马克思主义哲学系统化的时代课题。

⑪现代形态论，马克思主义哲学史"第一个五十年"有其原生形态，"第二个五十年"有其列宁主义哲学次生形态，"第三个五十年"又有马克思主义哲学民族化的再生形态，今天我们面对的是21世纪马克思主义哲学史上的"第四个五十年"，我们必须认真汲取现代科技革命新成果，注意研究经济全球化中的新问题，适应中国特色社会主义市场经济新体制，做出与时俱进的重大理论创新，创造出具有现代形态、回答时代课题的马克思主义哲学新体系。

马克思《关于费尔巴哈的提纲》11条，包含三大层次的理论内容：世界观（存在观）——历史观——哲学观。前人研究多半集中于头两方面，鲜见对马克思哲学观的专门阐发。

黄枬森倡导的上述新哲学观，许多具体内容、具体观点、具体提法是可以商榷、可以推敲的，但其基本思想、核心理念，应当说是马克思哲学观的继承发展，包含着重要的理论创新，为创造 21 世纪马克思主义哲学现代新形态，提供了重要的理论基础。

第四个创新，探索中国特色社会主义理论来源与哲学基础。

黄枬森不仅是学风严谨的大学教授、书斋学者，而且还以共产党员的高度社会责任感，注意理论联系实际，从理论思维的哲学高度，回答中华民族面对的时代课题。

当代社会主义改革与中国改革开放的理论来源、哲学基础是什么？在这个问题上，当时海内外主要有四种流行观点、流行表象：西方资本主义源头论；苏共二十大赫鲁晓夫改革源头论；南斯拉夫自治社会主义源头论；布哈林后期思想源头论。

这个看似抽象的理论问题，实际上却有命运攸关的全局意义、现实意义，实质上决定着一个重大的历史抉择：我们有没有可能把"坚持改革开放——坚持四项原则"这两个基本点统一起来？换句话说，中国是否可能在实践上经济上坚持改革开放、富国富民，在政治上思想上坚持马克思主义指导的国家意识形态？

从 1983 年起，黄枬森一直探索这个前沿问题。1983 年 4 月，黄枬森作为中国学术界代表，到法国巴黎参加了联合国教科文组织举办的纪念马克思逝世 100 周年学术研讨会。他发言的题目是《在马克思主义指导下建设有中国特色社会主义》。这是自 1982 年 9 月邓小平在十二大开幕词中提出"中国特色社会主义"这个新观念以来，中国学者第一次在重要的国际论坛上，从哲学与世界历史高度，科学地阐明邓小平倡导的中国特色社会主义与马克思主义的关系问题。

1984 年 2 月，在全国首届列宁哲学思想研讨会上，他和博士生王东合作发表了论文《列宁对社会主义革命和建设的道路的创造性探索》，首次明确提出并且初步回答了中国特色社会主义改革开放道路的理论渊源与历史渊源问题：这个思想源头不在马克思主义思想主流之外，而正在马克思主义思想史长河主流之中，特别是在列宁后期新经济政策道路探索之中；在列宁后期新经济政策道路探索中，我们可以找到中国特色社会主义改革开放道路的历史渊源与理论源头；而在中国改革开放新鲜实践中，我们可以看到列宁后期新经济政策思想与实践的创造性发展。

1992 年邓小平南方谈话和十四大，确定社会主义市场经济为中国改革目标模式后，黄枬森认为对中国特色社会主义来说，这是一个决定命运的重大历史抉择，兴衰成败，在此一举。因而，他主动放弃了一些纯学术问题研究，"自找苦吃"地探讨社会主义市场经济的哲学基础问题。在 1993 年第 7 期《哲学研究》上，他发表了论文《关于建立社会主义市场经济的几个哲学问题》。在 1994 年第 4 期《北京大学学报》上，他又发表了论文《再论建立社会主义市场经济的哲学问题》。他提出了几个新的学术观点：社会主义市场经济理论在邓小平中国特色社会主义理论体系中，占据十分突出的核心地位；社会主义市场经济的本质，在于生产的社会化，是在坚持社会主义基本制度条件下，通过发展社会分工与市场体系，提高生产社会化程度，实现中国社会生产的现代化；中国社会主义市场经济要健康发展，真正确立，必须正确处理一系列基本矛盾，如市场与计划、公有与私有、个人主义与集体主义价值观的关系问题等。

黄枬森主编的 3 部《马克思主义哲学史》，贯穿始终的一个思想主旨，都是到 150 年的马克思主义思想史长河中，去探寻中国特色社会主义与邓小平理论的源头活水和哲学基础。

《马克思主义哲学史》8 卷本的最后 2 卷，是专讲马克思主义哲学中国化的，其中一卷的主题就是中国特色社会主义的理论来源、实践基础、哲学探讨。

1998 年重编《马克思主义哲学史》，特别突出了马克思主义哲学中国化问题。最后两章，专讲马克思主义哲学中国化的两次飞跃。其中最后一章专讲中国特色社会主义形成过程、理论来源与哲学基础。

第五个创新，中国特色社会主义新型文化观。

中国特色社会主义市场经济，不仅需要中国特色社会主义民主法治作为政治保证，而且需要中国特色社会主义文化建设作为精神支柱。

正是这个中华民族的时代课题促使黄枬森从 1996 年开始，又开拓了一个新的研究领域，这就是文化问题，特别是中国特色社会主义新型文化问题。他发表了《文化的基本问题与中国文化现代化》等一组论文。

从 1996 年起，他主持"九五"国家规划重点项目"有中国特色社会主义文化建设研究"，组织北京大学、中国人民大学、北京师范大学等单位，老中青学者几十人的学术群体，开展比较系统深入的中国文化现代化研究。

1999 年 11 月，出版了由黄枬森、龚书铎、陈先达主编，上述学术群体集体完成的 44 万字的学术专著《有中国特色社会主义文化研究》。这是专门系统研究中国特色社会主义新文化的第一部专著，2000 年获北京市哲学社会科学优秀成果奖一等奖。

2001 年 11 月 2 日，黄枬森在"北京大学文科论坛"发表重要学术讲演，进一步阐明了中国特色社会主义新型文化观。

他所倡导的中国特色社会主义新型文化观，主旨是马克思主义中国化与中国文化现代化。这种新型文化观，是沿着两条基本线索展开的：一是在社会有机体中，"经济——政治——文化"的三者辩证关系；二是在中国文化现代化过程中，

"中——西——马"三种文化的辩证关系。

具体分析起来,以下七个关系问题,是这种新型文化观的生长点与闪光点:

一是如何对待中国特色社会主义精神文明与社会主义市场经济的关系问题:要反对脱离中国经济现代化实践,就文化谈文化的空谈倾向,反对文化决定论、文化自定论的文化史观、唯心史观,要倡导实践决定论、经济基础论的唯物史观的文化观;中国特色社会主义新型文化建设必须面向市场经济、适应市场经济,又要超越市场经济,引导市场经济。

二是如何正确对待中国特色社会主义文化建设与民主政治关系问题:社会主义精神文明建设需要民主法治作为政治制度保证,而新型民主法治建设则需要新型精神文明建设作为思想道德文化基础;中国特色社会主义民主政治的政治制度、上层建筑,要求中国新文化建设指导思想必须坚持社会主义现代化方向,既反对自由主义全盘西化论,又反对保守主义儒学复归论。

三是如何对待中国特色社会主义文化建设与党的建设关系问题:按照第三代领导集体提出的"三个代表"重要思想,加强与改善党对文化建设的领导,使党能更好地始终代表先进文化发展方向,这是中国共产党在新世纪加强建设的重要发展方向;也只有加强与改善党对文化建设的领导,才能在经济全球化、政治多极化、文化多元化的世界大潮中,保证中国特色社会主义文化发展的正确方向,促进科技第一生产力的发展,在全球文化融合与冲突中立于不败之地。

四是在中国特色社会主义文化建设中如何处理中、西、马三大文化流的关系问题:必须坚持以马克思主义为指导思想,以社会主义文化为主流文化,走融汇中西、综合创新的大道;动摇马克思主义指导地位、社会主义文化主化主流地位,必然会造成方向迷误、思想混乱;过分偏执、固守、照搬西方文化或传统文化一隅,都会使中国文化偏离现代化与民族化统一的大道。

五是如何对待中国特色社会主义文化建设与马克思主义指导思想、国家主流意识形态的关系问题:在指导思想问题上,不能搞"右"的自由化,不能搞指导思想、国家主流意识形态的多元化,不能搞非意识形态化,必须坚持马克思主义在意识形态中的指导地位,社会主义现代新型文化在整个文化建设中的主导地位;在文化基础建设层面上,也不能搞"左"的意识形态化,搞清一色的文化,单打一的文化,只要不是敌对意识形态,就要保持多元文化,兼容并包,"突出主旋律,保持多样化",是一个正确的文化方针。

六是如何对待中国特色社会主义新文化与西方文化关系问题:对外开放不仅包括经济交往,而且包括文化交往,不仅包括自然科学技术交往,而且包括人文社会科学交往；必须把对外交流的文化大门打得更大一些，特别注意吸收当代科技革命、西方近现代化的最新文明成果，这是中国文化现代化的历史必由之路；在扩大开放、文化交往过程中，应当善于运用马克思劳动二重性理论，分析西方近现代文化二重性，注意教育干部、青年，增强对西方流行思潮的分辨力与免疫力。

七是如何正确对待中国特色社会主义新型文化与中华民族传统文化关系问题：今天讲中国传统文化，不应离开中国文化现代化的大目标，建设中国特色社会主义新文化的大方向，近代以前的中国传统文化，多半是农业封建主义文化，当今时代不可能不加分析地全盘复原封建文化、儒家文化、传统文化；讲中国特色社会主义新型文化建设，不能离开中华民族传统文化的源头活水、民族根基，中国传统文化领域非常广泛，内容博大精深，源远流长，流派纷呈，失去了民族文化传统，中国特色新型文化也就成了无源之水，无本之木。

黄枬森的文化研究，特点是以马克思主义唯物史观的文化观为指导，重点研究中国文化现代化，中国特色社会主义新文化，当代全球化背景下的中国文化创新问题。

不过，也可以依稀看到一种新迹象，就是在国学、西学基础上走向马克思主义哲学的黄枬森，在古稀之年以后，有以马克思主义为指导，参照现代西方文明为全球背景，重新深入研究中华民族传统文化的意向。典型实例有两个：

一是 1991 年，黄枬森为《亚洲哲学百科全书》写了一篇专论中国哲学史的长篇论文《孔子与儒学》，16000 多字，概述了孔子儒家源流，也反思了孔子研究历程；

二是 1999 年，黄枬森主编《有中国特色社会主义文化研究》一书时，专门执笔写了《中国传统文化与中国现代文化建设》这一章，特地分析了"天人合一"、"知行合一"、"以和为贵"等传统文化中的重要命题，并表示有朝一日要对中华民族传统文化作出更加深入的研究。

第六个创新，为创建人学奠基。

黄枬森不仅专攻马克思主义哲学，而且以马克思主义哲学为指导，广泛进行跨学科综合研究。其中最为显著的创新成果，就是在当代中国首倡人学的创立。

人学——这是一门至今初步奠基的新兴学科，黄枬森是其在中国初创的主要奠基人与开拓者之一，近 20 年间先后迈出了四步：

第一步，20 世纪 80 年代初，在改革开放新时期起点上，在解放思想、实事求是、拨乱反正、正本清源过程中，他一方面反对把马克思主义哲学抽象人道主义化，另一方面更力主深入发掘马克思关于人的思想底蕴，驳斥把马克思主义说成是"人学空场"的错误观点；1983 年年初，在纪念马克思逝世 100 周年的全国学术研讨会上，黄枬森在大会最后一天，作了影响重大的学术讲演《关于人的理论的若干问题》。这是自 1980 年以来，他与北大学者对人的问题研究的初步总结之作，严肃认真的学术探讨之作。1983 年，在黄枬森倡导下，北京大学还以"马克思主义与人"为主题，举行了为期 3 天、颇有影响的全国学术研讨会，会后连续出版了两部论文集：《马克思主义与人》（1983）、《人道主义和异化问题研究》（1984）。

第二步，1990 年，黄枬森主编国内外第一部《人学辞典》。黄枬森在这个问题上，提出一个独特的学术观点：不赞成把马克思主义及其哲学简单化地归结为人学或抽象人道主义；而同时主张在马克思主义指导下，为适应新时代、新体制的需要，独立开创一门新的人学，其特点是对人做综合性、整体性的跨学科研究。在 1990 年，经过 3 年的持续努力，由黄枬森、夏甄陶、陈志尚主编的《人学辞典》终于问世，表明人学创立的最初尝试。在黄枬森带领下，参加编写工作的有北京大学、中国人民大学、中国社会科学院等重要学术单位的几十位人学研究者，汇聚了 20 世纪 80 年代最初 10 年的中国人学研究成果，也尽可能吸收了当代国际上人学研究的一些最新成果。辞典共分"人学总论——人的起源、发展、未来——人体结构与机能——人与自然——人学历史"等 11 个方面，近 1500 个词条，篇幅近 100 万字。作为初创之作，尽管在许多方面还有不成熟之处，毕竟这是古今中外第一部人学辞典。

第三步，1999 年黄枬森发表专题论文集《人学足迹》。该书以创立人学为思想主旨，共分七个专题：人学研究的对象和人学的科学体系；人性、人的本质和人的发展规律；人的活动的主体性；人权；人的价值观；社会主义人道主义；西方马克思主义与人道主义。

第四步，在 21 世纪起点上，人学创立有两个显著标志，一是人学体系的初步建构，二是人学学会正式成立，而这两件事的主要推动者、倡导者都是黄枬森。

人学理论体系初创的重要标志是，2005 年出版黄枬森主编的人学研究的系列性专著三部曲：第一部是由陈志尚为主完成的《人学原理概论》；第二部是由赵敦华为主完成的《西方人学思想史》；第三部是由李中华等人为主完成的《中国人学思想史》。该书从逻辑与历史的统一之中，为建立人学理论体系，勾画出一幅粗线条的草图。当然，距离创立真正富有内容与新意的人学体系，可能还要走相当长的路。

人学初创的另一个标志是，中国人学学会的筹建得到批准，正式成立。走到这一步，也经过黄枬森等诸多同志的共同努力。在 20 世纪 80 年代人学研究的基础上，1991 年率先成立了北京大学人学研究中心，年届古稀的黄枬森任主任。90 年代中期，已经初步草创中国人学学会，黄枬森又首任会长。

上述六个学术创新不是孤立并列的,自始至终贯穿了一个思想主旨,就是马克思主义哲学中国化与中国现代化。正是这样一条思想红线,使上述六点创新,构成一个内在联系的有机整体。

三、高尚师德

黄枬森的高尚师德,最为突出的特点是四条。

第一,严谨治学,宽厚待人。

黄枬森讲究做学问,很严谨。他以学术为第一生命,几十年如一日,扎扎实实做学问,一丝一毫不马虎。他不仅要求自己这样做,也要求学生有严谨学风。他支持基础扎实的理论创新,但反对哗众取宠、标新立异。他不仅关心学生的学术发展,也关心学生的生活,关心学生的政治思想,可谓教书育人,严格要求。

他以教师的一片爱心,一视同仁地对待每一个学生,常常表现出慈父般的宽厚仁慈:有的学生出现了过失,他能宽容;有的学生发表了不同于他的学术观点,他能宽容;有的学生甚至言辞激烈,有些失礼,他也能宽容。

因而,和黄枬森在一起的学生,从未感到压抑不快,总是如得春雨,如沐春风,师生和谐,其乐融融。

第二,学而不厌,诲人不倦。

他对自己,是"学而不厌"。他做起学问来,永不自满,可谓终身学习的楷模。50 岁的时候,他开拓马克思主义哲学史新学科;60 岁的时候,他开拓中国特色社会主义理论来源与哲学基础研究新领域;70 岁的时候,他开创人学研究;80 岁的时候,他又开始了中国特色社会主义文化研究的新探索。黄枬森 90 岁高龄时,不仅相貌看起来比实际年龄年轻得多,而且学术思想之树常青。

他对他人,是"诲人不倦"。无论博士生、硕士生、本科生,他都采取平等待人的态度,和大家一起共同探讨问题,作为一名教师,他也常常指出学生的缺点不足,但他采取的方式,却使人感到毫无居高临下的批评之意,仿佛是亲朋好友的规劝之言。

90 岁高龄的黄枬森,有时候就像一个返老还童的小学生:在他自己发言的时候,往往事先在笔记本上,一笔一画、一字一句地写好发言稿,一五一十,着重其事地读出自己的学术观点、真实想法;在听别人发言的时候,不管是老学者还是年轻人,他都认真倾听,还不时地在笔记本上做记录。

第三,治学做人,一以贯之。

黄枬森教人以成人之道，做一个完整的人，全面发展的人。他不仅教学生以治学之道，而且更重要的是，教学生以做人之道。做人——做事——做学问，在他这里，是三位一体，不可割裂的。

"朴实无华，文如其人"，用这两句话来形容黄枬森风格与精神，或许是再恰当不过了。无论做人、做事、做学问，黄枬森一以贯之的一个特点，就是一个"实"字。他以自己的言行，教给学生：要老老实实做人，扎扎实实做学问，实事求是做事情。

第四，学为人师，行为世范。

黄枬森自强不息，勤勉治学，不求出人头地，不求虚名。淡泊名利，虚心治学，这是他的显著风格。也正是由于这一条，使他不仅自己不断取得学术创新成果，而且带领别人，支持别人不断取得学术创新成果，他是名副其实的"学术带头人"，是一位真正杰出的好老师。黄枬森严以责己，宽以待人，甘为人梯，无私奉献的精神，不仅受到众多学生的衷心爱戴，而且产生了广泛的社会影响。

四、黄枬森主要论著

黄枬森.1958.群众路线——辩证唯物主义的认识论.石家庄：河北人民出版社.

黄枬森.1981.《哲学笔记》注释.北京：北京大学出版社.

黄枬森.1984.《哲学笔记》与辩证法.北京：北京大学出版社.

黄枬森.1987.哲学的足迹.北京：中国社会科学出版社.

黄枬森等.1987.马克思主义哲学史（3卷本）.北京：北京大学出版社.

黄枬森，庄福龄，林利.1989.马克思主义哲学史（8卷本）.北京：北京出版社.

黄枬森，曾盛林.1989.列宁传.郑州：河南人民出版社.

黄枬森，夏甄陶.1991.人学词典.北京：中国国际广播出版社.

黄枬森.1998.马克思主义哲学史.北京：高等教育出版社.

黄枬森.1999.人学的足迹.南宁：广西人民出版社.

黄枬森.1999.黄枬森自选集.重庆：重庆出版社.

黄枬森.1999.有中国特色社会主义文化建设研究.济南：山东人民出版社.

黄枬森等.2000.人学原理.南宁：广西人民出版社.

黄枬森，王东.2005.邓小平理论与当代中国哲学.北京：北京大学出版社；哈尔滨：黑龙江教育出版社.

黄枬森.2005.黄枬森自选集.北京：学习出版社.

黄枬森.2005.哲学的科学之路.北京：北京师范大学出版社.

黄枬森等.2005.人学理论与历史（3卷本）.北京：北京出版社.

黄枬森.2008.哲学的科学化.北京：首都师范大学出版社.

黄枬森.2011.马克思主义哲学创新研究（4卷本）.北京：人民出版社.

黄枬森. 2011. 黄枬森文集（8卷本）. 北京：中央编译出版社.

撰写者

王东（1948～），生于北京。1982年到北京大学哲学系师从黄枬森，成为黄枬森的第一位博士生。先后担任北京大学哲学系教授、博士生导师，全国重点学科、北大马克思主义哲学教研室主任，教育部人文社会科学重点研究基地、北京大学中国特色社会主义理论体系研究中心副主任等。

周礼全

周礼全（1921～2008），湖南吉首人。逻辑学家、哲学家，是自然语言逻辑在中国的开拓者。曾任中国社会科学院哲学研究所学术委员会主任、研究员，逻辑研究室主任；金岳霖学术基金会学术委员会主任；中国逻辑学会会长、名誉会长。他在逻辑学和哲学领域做出了较大的理论贡献，是中国传播现代逻辑的主要逻辑学家之一，研究领域涉及哲学、模态逻辑、逻辑史、自然语言逻辑等诸多方面。他的著作《模态逻辑引论》是中国第一部论述模态逻辑的专著，介绍了一些主要的模态系统，包括公理系统和自然演绎系统，运用可能世界语义学理论对模态算子进行了解释。他主编的《逻辑——正确思维和成功交际的理论》开创了将现代逻辑应用于自然语言分析这一领域，在中国逻辑界产生了广泛的影响。他的《亚里士多德论矛盾律与排中律》等文章是中国学界最早的全面系统且具有创造性地研究亚里士多德逻辑和哲学思想的成果。他的《论概念发展的两个主要阶段》、《黑格尔的辩证逻辑》等著作不仅是哲学研究的重要成果，而且是应用逻辑方法进行哲学研究的典范。他的研究成果和学术思想对中国的现代逻辑基础理论和具体应用研究都有重要的指导意义。

一、成 长 经 历

周礼全，1921年12月8日出生于湖南省吉首县。1933年，他进入长沙兑泽中学上初中，1937年春，考入湖南省立长沙高级中学（第一中学）。周礼全非常喜欢这所学校，因为这里学生思想活跃，求知欲旺盛，有很多自学课外知识的组织。在这种积极向上的学习氛围的感染下，周礼全阅读了大量的课外书籍，其中有两部书对他的影响很大。一部是刘琦翻译的《逻辑》，原作者是枯雷顿（据周礼全回忆，此书有可能是 Crighton 所著的 *Logic Inductive and Deductive*）。另一部是冯友兰著的《中国哲学史》（两卷本）。为了能够跟随冯友兰学习中国哲学，周礼全于1941年考入西南联合大学哲学系。在西南联大一年级时，周礼全偶然购得一本旧书：罗素著的 *Problems of Philosophy*（《哲学问题》）。这本书清晰的思想和严密的逻辑令周礼全赞叹不已。他在《周礼全集·自序》中写道："读过罗素的这本书以后，我才觉得我开始了解西方哲学为何物。这本书引起了我对分析哲学的兴趣，决定了我大学几年的学习方向。"1946 年，周礼全于西南联合大学毕业，并考入清华大学研究院哲学系读研究生，导师为金岳霖。

新中国成立后不久，北京成立了社会科学联合会办事处，办事处组织了三个讨论组，周礼全参加了其中的逻辑讨论组，这是他最早参加的正式学术活动。1951 年秋，清华大学哲学系招收了新中国成立后第一批新生，同时也第一次开设了"辩证唯物主义"课程。该课程经哲学系决定，由金岳霖担任课堂讲授，每周 4 小时；由周礼全负责主持课堂讨论，每周 2 小时。从参加讨论到主持讨论的过程中，周礼全继承并且发展了清华大学哲学系喜欢辩论和坚持真理的传统作风。1952 年秋，由于全国院系大调整，逻辑讨论组的活动在进行了两三年以后解散，周礼全也从清华大学调到北京大学哲学系的逻辑教研室工作。1954 年，与张瑞芝女士结婚。之后几年，周礼全将工作重心转移到了研究方面。1955 年秋，周礼全由北京大学调入中国科学院哲学研究所，任学术秘书。周礼全从 1954 年到 1957 年"反右"以前这几年的研究工作产生了三项成果：《论概念发展的两个主要阶段》（论文）、《亚里士多德论矛盾律和排中律》（论文草稿）和《黑格尔的辩证逻辑》（专著草稿）。这三项著述就其发表的日期来说先后相隔 30 多年，但彼此之间有着密切的联系。

1958 年秋，周礼全被下放到河南七里营劳动 3 个月。1960 年 2 月，被下放到山东曲阜劳动 1 年。1961 年春节期间，利用在上海探亲的机会，周礼全写成了《形式逻辑应尝试分析自然语言的具体意义》这篇论文，表明他关于自然语言逻辑的思想步入一个新阶段。同年夏，周礼全调入文科教材《形式逻辑》编写组。该书的初稿于 1963 年完成。此后直到"文化大革命"开始期间，周礼全的主要精力投入到模态逻辑和自然语言逻辑的研究当中。1966 年，"文化大革命"开始，周礼全和许多年长的知识分子受到审查，下放到河南"五七"干校劳动，研究工作也不得不中断。

1976 年，"文化大革命"结束，周礼全恢复了中断将近 10 年的专业学习和研究。1977 年，中国科学院哲学社会科学学部改名为中国社会科学院，哲学研究所为其下属单位，逻辑组改为逻辑研究室，由周礼全主持逻辑室的科研工作。1978 年 9 月，招收硕士生。这段时期，周礼全在学术上又有了新的兴趣，主要有两方面：自然语言逻辑的兴趣是主流，哲学的兴趣是支流。此后直到 1982 年这段期间，周礼全在努力开展研究工作的同时，也积极在哲学所、一些大学和研究机构介绍和宣传模态逻辑和自然语言逻辑。《论 A、E、I、O 的逻辑意义》、《几种预设》、《介绍 C. I. 路易斯的意义方式》就是根据这段时间的演讲中听讲人的部分笔记整理而成。1982 年冬，周礼全到美国密歇根大学安娜堡分校做学术访问一年。1983 年年底，周礼全回到北京，立即开始着手《中国大百科全书·哲学》逻辑部分的编写工作。1986年，他出版了专著《模态逻辑引论》；同年12月，从哲学研究所离休。1989年，周礼全主持国家社会科学基金"七五"项目"逻辑——正确思维与成功交际的理论"；同年10月，招收博士生。1992年10月，夫人病重，周礼全急赴美国看望。同年年底，《逻辑——正确思维与成功交际的理论》一书完成，1994年出版。1994年10月，夫人病逝，尽管心情悲痛，身体日益衰弱，周礼全仍然坚持做了很多学术研究工作，其坚强的品格与锲而不舍的研究精神为后人树立了光辉的榜样。

周礼全于美国时间2008年6月7日下午4时45分逝世，享年87岁。

二、主要研究领域和学术成就

周礼全在逻辑学和哲学领域做出了较大的理论贡献，是中国传播现代逻辑的主要逻辑学家之一，研究领域涉及自然语言逻辑、模态逻辑、逻辑史、哲学等诸多方面。

1. 自然语言逻辑

纵观周礼全在自然语言逻辑方面的学术成果，其贡献主要可归纳为以下几点：

（1）自然语言逻辑研究在中国的开创者和奠基人

周礼全是中国第一位正式提出自然语言逻辑概念与体系的逻辑学家，是当之无愧的自然语言逻辑研究在中国的开创者和奠基人。周礼全不仅从事现代逻辑的基础理论研究，而且一直关注和思考现代逻辑的应用问题，在20世纪80年代明确提出要在现代逻辑学、现代语言学和现代修辞学相结合的基础上进行自然语言逻辑的研究，把现代逻辑应用于自然语言分析，建立新的逻辑系统，从而扩大和丰富逻辑理论体系。周礼全这一思想在中国逻辑学界产生了广泛而深远的影响，不仅在我国是开拓性的，在国际上来讲也是富有创造性的。在其主编的《逻辑——正确思维和有效交际的理论》一书中，周礼全的这一思想得到了比较集中和系统的阐述。在该书序言中，周礼全阐述了他的基本逻辑理念：形式逻辑要想在提高人们的思维能力方面起作用，就必须与自然语言的语形、语义和语用等相结合，他的自然语言逻辑思想突出表现在四方面：意义的分层理论、语境问题、成功的交际、情感的推理性作用。他认为数理逻辑的技巧性很高，但主要针对数学，可说是数学理论，对于解决日常交际中的思维实际问题并没有太大帮助，而真正能够解决交际中的思维实际问题的有效工具当属自然语言逻辑。与形式语言相比较而言，自然语言的突出特点在于对语境的依赖性，同时自然语言也是人与人之间交际的不可或缺的工具，因此，从逻辑角度研究语言、语句和语境的关系，以及从逻辑角度来研究语言及语言的使用者之间的关系的语用逻辑也非常重要。由此延伸的重要一点是，周礼全一直强调要在语言逻辑中讨论修辞（隐喻）问题。以往有人错误地认为修辞是反逻辑的，因为从真值条件的角度来看，所有的隐喻（修辞手法）都是假的。例如"老李是个老狐狸"这句话，从真值条件的角度来看是假的，因为老李是人，不是狐狸。但这句话并不是说老李是狐狸，而是用一种隐喻来形容老李这个人具有类似狐狸的一些特征，比如狡猾、足智多谋。修辞具有说服力，能够帮助人实现有效交际。而且根据亚里士多德的原意，"有效说服方式"就是一种逻辑功能。因此，综合以上因素考虑，修辞应属于逻辑研究的内容，但要从语言逻辑角度来研究它。

（2）提出了意义的分层理论

周礼全在借鉴前人的基础上大胆创新，提出了意义的分层理论。以往现代逻辑对于语句意义的考察只停留在语句抽象意义的层面，由此忽略了语句的具体语义，由此就造成了一些困扰。针对这一问题，在前人的基础上，周礼全大胆提出了一个意义的分层理论。他认为，语言形式依复杂程度可划分为抽象语句、语句、话语和在交际语境中的话语四类，也就是他的四层次语义理论：第一层次表示抽象语句的意义，可称为"命题"；第二层次称为"命题态度"，表示语句的意义，即说话者在说这句话时所具有的命题态度，如断定、询问、怀疑、承诺、要求、愿望、赞扬、贬斥等；第三层次称为"意谓"，表示话语的意义，即说话者表现出来的副语言成分，如说话者突然改变音调、拖长音程、加大音量，甚至握起拳头、挥动手臂等手势所附加在话语上的意义；第四层次称为"意思"，表示处于交际语境中的话语的意义。四层次语义的最大特点在于语义四个层面之间互相联系，其中高层次的意义包含了低层次意义：没有"命题"意义，就不可能形成"命题态度"，没有"命题态度"就不可能形成话语的"意谓"，更不能形成一句话、一段话语，以至整个篇章的意思。

为了更严谨、更清晰地讨论意义的分层理论，周礼全对于上述思想加以符号化的描述。如果把一个抽象语句记为"A"，那么抽象语句"A"所表达的命题就记为 A；语句"FA"（F 指语句的节律）的意义就是这个语句所表达的命题态度，记为 FA；话语"U（FA）"（U 指副语言成分，表达说话者附加在命题态度这种思想感情之上的思想感情）的意义就是它所表达的思想感情，也就是意谓，记为 U（FA）；交际语境中的话语 C_R "U（FA）"（C_R 指交际语境）的意义，就是它所表达的意思，记为 C_R^*U（FA）。在 C_R^*U（FA）这个有机整体中，C_R^* 对 U（FA）的解读会产生重要的影响，主要表现在几方面：①交际语境 C_R 和 C_R^* 能确定话语"U（FA）"中的引词（indexicals）的意义；②交际语境 C_R 和 C_R^* 能消除话语"U（FA）"的歧义，歧义可以是语形的、语义的或语用的；③由于语境 C_R 和 C_R^* 和话语"U（FA）"相结合，就能产生一个不同于"U（FA）"的意义的意义，甚至产生一个和"U（FA）"的意义相反的意义。在命题、命题态度、意谓和意思这四层意义中，后者比前者具体，是由前者和一个新因素构成的有机整体；前者比后者抽象，是后者这个有机整体中的一个构成因素。只有意思才是语言交际中具体的、完全的和真实的意义。对于语境，周礼全认为，语境属于语用范畴，语用语境以语义语境为其一部分。为进一步说明语境概念的复杂性和细微区别，周礼全把语境分为话语的语境、说话者所认识的语境、听话者所认识的语境以及双方共同认识的语境四种，指出正确了解话语的语境及其变化是正确表达、传达和理解的必要条件和重要条件，也是成功交际的必要条件和重要条件。综上可知，形式逻辑只限于描述四层次意义中的第一层意义，但语言逻辑的研究重点是后面的三层意义。由此可见，周礼全的意义的分层理论不仅具有极高的理论价值，同时也具有深刻的实践意义。

（3）介绍了预设和隐涵这两种语用推理方式

周礼全介绍了预设和隐涵这两种语用推理方式，并且在其主编的《逻辑——正确思维和有效交际的理论》中亲自撰写了第一部分"语言、意义和逻辑"和第三部分的"语境"、"隐涵"、"预设"、"成功的交际"等章节，提出了一个以意义、语境、隐涵、预设等范畴为骨干的自然语言逻辑体系，描述了一种成功交际的理论。

在"隐涵"一章中，周礼全介绍了格莱斯（H. P. Grice）的隐涵理论和合作原则，并且指出了格赖斯隐涵理论的问题和不足，主要有以下四点：①格赖斯对话语的言说内容和约定隐涵的区别，没有作出严格的说明；②格赖斯提出的谈话隐涵和非谈话隐涵的区别，也是有争议的；③格赖斯没有严格区分主观解释和客观解释；④格赖斯所讲的合作原则，都是应用于直陈话语的合作准则，而没有把命令话语和疑问话语考虑在内。针对上述问题或缺点，周礼全提出了一组扩充的合作准则和一个新的隐涵定义。

五条合作准则：

（Ⅰ）真诚准则（相当于格赖斯的质准则）

（Ⅰ.1）在一个交际语境 C 中，说话者 S 对听话者 H 说出一句直陈话语"U（⊢A）"时，S 必须相信命题态度 ⊢A 所断定的事态是存在的，这就是说，S 必须相信命题 A 所表达的事态是存在的或命题 A 是真的。

（Ⅰ.2）在一个交际语境 C 中，说话者 S 对听话者 H 说出一句命令话语"U

(！A)"时，S必须相信命题态度！A所要求的行动是H能完成的或能实现的。

（Ⅰ.3）在一个交际语境C中，说话者S对听话者H说出一句疑问话语"U（？A)"时，S必须相信命题态度？A所提出的的问题是H能回答的。

（Ⅱ）充分准则（相当于格赖斯的量准则）

（Ⅱ.1）在一个交际语境C中，说话者S对听话者H说出一句直陈话语"U（⊢A)"时，S必须相信命题态度⊢A所断定的事态是S所能提供的最大量事态。

（Ⅱ.2）在一个交际语境C中，说话者S对听话者H说出一句命令话语"U（！A)"时，命题态度！A所要求的行动必须是S要求H作出的最大程度的行动。

（Ⅱ.3）在一个交际语境C中，说话者S对听话者H说出一句疑问话语"U（？A)"时，命题态度？A所要求的回答必须是S要求H作出的最大程度的回答。

（Ⅲ）相关准则（相当于格赖斯的关系准则）

在一个交际语境C中，说话者说出的话语必须是有助于实现谈话的目的的，这也就是说，说话者说出的话语必须是和谈话目的相关的。

（Ⅳ）表达准则（也就是格赖斯的方式准则）

（Ⅳ.1）在一个交际语境C中，说话者说出的话语必须是不含混的。

（Ⅳ.2）在一个交际语境C中，说话者说出的话语必须是无歧义的。

（Ⅳ.3）在一个交际语境C中，说话者说出的话语必须是不冗长的。

（Ⅳ.4）在一个交际语境C中，说话者说出的话语必须是有秩序的。

（Ⅴ）态度准则（格赖斯无此合作准则）

在一个交际语境C中，说话者说出的话语必须是有礼貌的。

五条合作准则中，真诚准则、充分准则和相关准则，都是关于话语的表达和传达的内容的准则。表达准则是关于话语本身的，或者说是关于话语的表达方式的。态度准则既涉及话语本身，又涉及话语的内容。有礼貌的话语不仅话语所使用的词句和声调必须是有礼貌的，而且话语所表达和传达的内容也必须是有礼貌的。

一个新的隐涵定义：

在一个交际语境C中，说话者S向听话者H说出一句话"U（FA）"并且"U（FA）"的意谓中有命题态度FA时，话语"U（FA）"隐涵命题态度F*B（F*可以同于或不同于F，B可以同于或不同于A，但F*B不同于FA），当且仅当

（Ⅰ）S遵守合作原则；

（Ⅱ）(a) S认为，由命题态度FA加上合作准则能推出命题态度F*B；

或者：

(b) S断定了语境C中的因素c_1，c_2，……，c_n并且S认为由命题态度FA加上

合作准则再加上 $\vdash c_1$，$\vdash c_2$，……，$\vdash c_n$ 能推出 F * B。

（Ⅲ）S 认为，H 知道（Ⅰ）和（Ⅱ）。

周礼全提出的新的隐涵定义与格赖斯的隐涵定义的不同之处主要体现在以下两点：①格赖斯所说的约定隐涵是一种仅仅根据语义规则或广义语义规则的意涵（entailment），而周礼全把隐涵限制在应用了合作准则或语境这些语用因素而得出的意涵内；②周礼全所提出的合作准则，除了包括格赖斯的合作准则外，还包括了关于命令话语和疑问话语的准则，同时也包括了美学的、道德的和社会的合作准则。

在"预设"一章中，周礼全发展了弗雷格（G. Frege）和斯特劳森（P. F. Strawson）的预设理论。弗雷格和斯特劳森的预设理论既包含语用成分，也包含语义成分，后来的语言逻辑家在此基础之上定义出了语用预设和语义预设这两种不同的预设。周礼全认为语义预设实际上是不成立的，原因在于：①如果接受语义预设的定义，设语句 A 预设语句 B（或语句 B 是语句 A 的预设），那么可以逻辑推出语句 B 是常真语句，但是事实上预设不是常真语句；②如果预设是语义的，则预设必是不可消除的，但预设事实上是可以消除的。因此，预设是一种语用现象。周礼全给出了两条预设规则，然后据此给出了一个预设定义，由此排除了斯塔纳克（R. C. Stalnaker）由于定义过宽而包括的一些非预设内容。

预设规则：

在交际语境 C 中，说话者 S 对听话者 H 说出一句话语 "U（FA）" 时，S 相信语词、短语或子句 "B" 所指的事物或事态存在并且相信 H 也相信 "B" 所指谓的事物或事态存在，如果

（Ⅰ）① "B" 是直陈话语 "U（$\vdash$A）" 中的专名、摹状词、量化名词（或名词短语）、或非重音部分（即非重音的语词、短语或子句），

或② "B" 是由直陈话语 "U（$\vdash$A）" 推出的话语中的专名、摹状词、量化名词（或名词短语）、或非重音部分，

或③ "B" 是疑问话语或命令话语加上真诚准则推出的语句中的抽象语句。

并且

（Ⅱ）S 相信 "B" 所指谓的事物或事态存在并且相信 H 也相信相信 "B" 所指谓的事物或事态存在，不同 S 说出话语 "U（FA）"、S 遵守合作准则或 S 相信的交际语境 C 中的因素 c_1，c_2，……，c_n 相矛盾。

预设定义：

在交际语境 C 中，说话者 S 对听话者 H 说出一句话语 "U（FA）" 时，S 预设语词、短语或子句 "B" 所指的事物或事态存在，当且仅当

（Ⅰ）根据预设规则，S 相信"B"所指谓的事物或事态存在，并且相信 H 也相信"B"所指谓的事物或事态存在；

（Ⅱ）S 相信 H 知道（Ⅰ）。

2. 现代逻辑和逻辑史

周礼全是在中国传播现代逻辑的代表人物之一。由金岳霖主编，周礼全协助编写，经过反复推敲、多次修改的逻辑学教科书《形式逻辑》于 1979 年出版，该著作是新中国第一本克服了许多错误观念并渗透现代逻辑分析精神的高校形式逻辑教材。该著作对中国逻辑教学产生了广泛而深远的影响，此后的形式逻辑教科书大多以此书为蓝本编写。

周礼全提倡逻辑为哲学服务，并大力推介哲学逻辑，特别是模态逻辑。于 1986 年出版的著作《模态逻辑引论》是我国第一部系统论述模态逻辑以及可能世界理论的学术专著。该著作介绍了包括公理系统和自然演绎系统在内的一些主要的模态系统，并运用可能世界语义学理论对模态算子进行了解释。周礼全对可能世界语义学及模态算子的研究有着自己深刻独到的见解。该著作为模态逻辑在中国的传播和发展奠定了扎实的基础，在中国逻辑学界产生了较大的影响。

周礼全对中国的逻辑史研究也做出了重要贡献。他于 1981 年发表的《亚里士多德论矛盾律和排中律》是中国逻辑学界最早的全面系统地、具有创造性地研究亚里士多德的逻辑和哲学思想的学术成果。于 1986 年出版的著作《模态逻辑引论》的最后一章《模态逻辑简史》精要介绍了亚里士多德模态逻辑、中世纪模态逻辑以及现代模态逻辑，堪称模态逻辑史的研究专著，具有较高的学术价值。周礼全对中国古代逻辑也进行了大量的研究和梳理工作。1987 年出版的《中国大百科全书·哲学》中，周礼全亲自撰写了其中的"逻辑"总条，具体论述了名家、墨家和儒家对中国古代逻辑的贡献。周礼全对中国古代逻辑史的深入研究为后人提供了宝贵的资料，为国内中国逻辑史的研究给予了充分的支持和帮助。

3. 哲学

周礼全在哲学研究领域做出了重要贡献，并且作为一名哲学家，大力宣传哲学家的使命。

周礼全在西南联大哲学系就读时已经开始思考形而上学的地位问题。从逻辑实证主义角度看来，形而上学的语句既不是分析命题，也不是综合命题，因此没有可证实性，也就是无意义的（sinnlos）。周礼全认可逻辑实证主义对形而上学的某些分析，但却反对其关于形而上学的结论。他认为既不能笼统地说形而上学命题是没有意义的，也不能取消形而上学。他把语句分为两大类：一类是 S-语句，就是科学语句，又可再分为分析语句和综合语句；另一类是 V-语句，也就是价值语句（或评价语句）。他认为哲学语句属于 V-语句，虽然的确不具有 S-语句所具有的那种意义，但却具有它特有的意义和与之相对应的特有的分析方法。

在 1957 年出版的著作《论概念发展的两个主要阶段》中，周礼全考察了从亚里士多德到黑格尔对概念的论述，在此基础上正面论述了马克思主义的本质论以及概念发展理论的基本特点，并指出：马克思主义的本质论，是在辩证唯物主义的原则下，批判地吸收了从亚里士多德到黑格尔对本质看法中的合理成分。同时周礼全批驳了"任何概念都反映事物的本质"这一简单化、庸俗化的说法，指出抽象概念和具体概念的不同：抽象概念是概念发展的低级阶段，只反映事物的现象；具体概念是概念发展的高级阶段，具体概念才反映事物的本质。该著作批判了当时苏联和中国哲学界中普遍存在的将马克思主义研究简单化、庸俗化和教条化的倾向，表现出了周礼全作为一名哲学家追求真理、严谨治学、不畏挑战的执著精神。

在 1989 年出版的著作《黑格尔的辩证逻辑》中，周礼全辩证地讨论了黑格尔逻辑体系的精华和糟粕。周礼全指出，不同于康德的先验逻辑，黑格尔的辩证逻辑是从辩证法的角度来阐明思想规定性和思想范畴的性质、发展和联系。黑格尔辩证逻辑的历史功绩在于提供了西方哲学史和逻辑史上第一个完整的逻辑和辩证法统一的理论体系，同时也是辩证法和认识论统一的理论体系，但其中仍夹杂着形式主义和唯心主义的糟粕，需引起广大研究者的注意。周礼全对黑格尔逻辑体系中的"主观性"部分，即概念、判断和推理的研究具有独到的理论价值，为后人进一步研究黑格尔辩证逻辑提供了宝贵的参考资料。

三、治学和为人

周礼全的学问和人品受到来自学界的广泛赞誉和肯定。

周礼全在所研究领域内学识渊博，洞察力极其敏锐，学术眼光深邃独到，提出的个人见解也充满创造性。他总是紧跟国际前沿研究动态，因此他的研究成果也总是居于国内领先地位，在中国逻辑学界具有引领方向的指导意义。周礼全从 20 世纪 40 年代就开始研究语言逻辑，特别关注语言的会话交际功能，几乎与奥斯汀同时。1952 年秋，周礼全在北京大学讲授形式逻辑时提出：要应用形式逻辑的知识和技能去解决实际思维中的逻辑问题。实际思维一般情况下总是在自然语言中进行的，因此必须结合自然语言授予学生更丰富的逻辑知识，培养学生解决逻辑问题的能力。周礼全还是中国第一个研究模态逻辑并出版学术专著的学者。在《模态逻辑引论》一书问世的前后，周礼全奉劝一些专门研究正统逻辑的学者去研究模态逻辑，原因是他在研究过程中认识到"模态逻辑是一块尚未充分开发的处女地，容易产生丰硕的成果"，并且"自然语言逻辑也是一种非标准的模态逻辑"。周礼全在蒙太格的内涵语义学、奥斯汀的言语行为理论和塞尔的语用逻辑这两个主要方向上指导语言逻辑专业博士生的研究工作，并且都取得了重要成果。

周礼全热爱知识和真理，治学严谨，由此也痛恨谬误。他是一位敢于直言、敢于求真的学者。在《论概念的几个主要发展阶段》这篇论文的最后一段，针对当时流行的许多对形式逻辑和辩证逻辑的错误看法，他含蓄地批评道："作者希望：在诸多谬误的灰烬中能杂存几粒真理的星火，由它们将燃起科学的深入的创造性的对马克思主义哲学的研究。"《周礼全集·自序》中对此又有了进一步的阐述："要纠正和清除这些关于形式逻辑和辩证逻辑的错误思想，就必须深入研究亚里士多德的矛盾律思想和黑格尔的《逻辑》。因为亚里士多德的矛盾律思想是形式逻辑的根本原理，黑格尔的《逻辑》则是辩证逻辑的主要经典，而且这两者又是互相牵涉的。"周礼全做学问坚持质量第一，反对粗制滥造和滥竽充数。他在培养研究生时也强调打好基础的重要性，不主张研究生在学习期间仓促发表文章。他对学术的高标准严要求以及对真理的一贯坚持使得他对谬误丝毫不留情，连恩师金岳霖的错误也不例外。金岳霖曾在《论"所以"》一文中提出推理的历史性和阶级性。周礼全发表文章《〈论"所以"〉中的几个主要问题》，指出这一观点的错误：具体推理（由于其所包含的具体内容的阶级性）是可以有阶级性的，但是推理形式却是没有阶级性的，研究推理形式的形式逻辑也没有阶级性。表面看来，周礼全是在公然批判自己的恩师，但实际上他的这一举动是出于对恩师的爱，也是出于对形式逻辑这门学科的保护，正如他在《周礼全集·自序》中所言："形式逻辑有没有阶级性，是形式逻辑生死存亡的问题。……为了形式逻辑这门学科的健康发展，也为了维护金先生的名誉，我不得不公开表明我的观点。'吾爱吾师，吾更爱真理'。金先生是理解我的。"

周礼全虽然对谬误毫不留情，但他对人是慈爱温和的。作为师长，他平易近人，经常约学生到家里，面对面地进行辅导和讨论。除了学习之外，周礼全也非常关心学生的思想和生活。周礼全人格宽厚，海纳百川，爱惜人才，为我国的哲学和逻辑界的人才培养做出了贡献。他提倡民主原则，也就是"真理面前人人平等"的原则。早在 1980 年，他就指出："各种各样的探索性研究工作，只要是采取一种严肃的科学态度，都应当受到尊重和支持。'罢黜百家，定于一尊'，'只此一家，别无分店'

的做法，对学术是极为有害的。"他还说过："我们，自然逻辑的研究者，可以根据各自不同的主观条件和客观条件，选择不同性质的研究课题，进行不同深度的研究工作。各种不同性质和各种不同深度的研究成果，都是我们社会所需要的，因而都是有价值的。"周礼全学术上从不以权威自居，有时学生对他的论著提出一些建议，他也欣然接受。周礼全认为老师不一定都正确，如果老师有错，就应当允许学生批评老师。这和他对真理的热爱和坚持是分不开的。周礼全还是一位具有人文情怀的思想者，他追求真理的背后有着对人类处境和命运的强烈关怀。1990年他在武汉大学哲学系的讲演中提出"哲学是时代的火炬，哲学家的使命是对人类负责，对历史负责，而且对宇宙负责。"同时他还提到康德的名言"在我上者有日月星辰，在我心中有道德规律"，以及《大学》里的三纲领（大学之道，在明明德，在亲民，在止于至善）和八条目（格物、致知、诚意、正心、修身、齐家、治国、平天下）。最后讲到张载的四句名言："为天地立心，为生民立命，为往圣继绝学，为万世开太平。"当他朗诵这四句话时，突然老泪纵横，感慨万千，不能自已。周礼全是一位拥有渊博学识和高尚品格的哲学家和逻辑学家。作为学者，他学识渊博，视角独到，治学严谨，不断追求知识和真理；作为亲人和朋友，他对周围的人亲切友好，以诚相待；作为师长，他关心爱护后辈；作为具有人文情怀的思想者，他忧国忧民，具有"天下兴亡，匹夫有责"的责任感和使命感。这些特征结合成一种强大的人格力量，为后人树立了值得学习和敬仰的楷模和典范。

四、周礼全主要论著

周礼全．1957．我的答复．哲学研究，(2)：136-142.

周礼全．1957．论概念发展的两个主要阶段．北京：科学出版社．

周礼全．1959．形式逻辑应在马克思主义指导下大力修正．哲学研究，(9)：52-57.

周礼全．1961．《论"所以"》中的几个主要问题．哲学研究，(5)：12-31.

周礼全．1962-3-22．亚里士多德关于推理的逻辑理论．光明日报．

周礼全．1962-5-26．形式逻辑应尝试分析自然语言的具体意义．光明日报．

周礼全．1980．边干边学加强自然语言逻辑的研究//逻辑与语言研究，第1辑．北京：中国社会科学出版社．

周礼全．1981．亚里士多德论矛盾律和排中律．哲学研究，(11)：54-58.

周礼全．1981．亚里士多德论矛盾律和排中律（续）．哲学研究，(12)：48-62.

周礼全．1981．论A、E、I、O的逻辑意义//逻辑与语言研究，第3辑．北京：中国社会科学出版社．

周礼全．1985．金岳霖同志的哲学体系．哲学研究，(1)：16-21.

周礼全．1986．模态逻辑引论．上海：上海人民出版社．

Zhou L Q. 1988. Great changes in Marxist philosophy in China since 1978. Philosophy, East and West, 38 (1).

周礼全. 1989. 黑格尔的辩证逻辑. 北京：中国社会科学出版社.

周礼全. 1989. 几种预设. 逻辑与语言研究，第5辑. 北京：中国社会科学出版社.

周礼全. 1989. 介绍C. I. 路易斯的《意义的方式》. 逻辑与语言新论. 北京：语文出版社.

周礼全. 1990. 逻辑//中国大百科全书·哲学. 北京：中国大百科全书出版社.

周礼全. 1993. 形式逻辑和自然语言. 哲学研究，(12)：29-35.

周礼全. 1994. 逻辑——正确思维和成功交际的理论. 北京：人民出版社.

周礼全. 1994. 逻辑百科辞典. 四川：四川教育出版社.

主要参考文献

周礼全. 2000. 周礼全集. 北京：中国社会科学出版社.

刘奋荣. 2002. 逻辑语言与思维——周礼全先生八十寿辰纪念文集. 北京：中国科学文化出版社.

李先焜，陈道德. 2012. 周礼全对语言逻辑的重大贡献. 湖北大学学报（哲学社会科学版），(3)：10-13.

撰写者

邹崇理（1953～），中国社会科学院哲学所研究员，博士生导师，逻辑研究室主任。其研究涉猎蒙太格语法、广义量词理论和范畴类型逻辑等形式语义学理论，师从于周礼全。

温雪（1987～），中国社会科学院哲学所逻辑学专业在读博士生。

王太庆

　　王太庆（1922～1999），安徽铜陵人。哲学史家，翻译家，中国翻译界在哲学领域众所公认的典范。1943年进入西南联大哲学系学习，1947年毕业于北京大学哲学系。曾任中国哲学会西洋哲学名著编译委员会研究编译员，北京大学哲学系教授。他长期致力于西方哲学史的研究和翻译工作，曾经负责《西方古典哲学原著选辑》系列的部分翻译，以及最后的统稿工作；实际主持编译了《西方资产阶级哲学论著选辑》、《现代西方哲学论著选辑》以及《西方哲学原著选读》；翻译了笛卡儿的名著《谈谈方法》，以及阿维森纳的《论灵魂》等。他还和贺麟合作翻译了黑格尔的《哲学史讲演录》（4卷本）。1999年去世，留下遗作《柏拉图对话集》。王太庆的译作跨度很大，从古希腊一直到近现代，涵括了多种西方哲学名著。在哲学史的研究方面，王太庆致力于厘清"being"概念的基本含义。他还深入地研究了亚里士多德哲学中本体思想的演进和变化，指出了《范畴篇》和《形而上学》Z卷中"第一本体"矛盾的原因。王太庆的翻译和研究工作对中国西方哲学史的教学和研究都起到了重要推动作用。

一、成 长 经 历

　　王太庆，1922年1月生于安徽铜陵。小时候家境贫寒，祖父是开铁器铺的。父亲学徒出生，未上过学，但是自学成才。王太庆出生时，他的父亲已经在当地第五中学任德务主任。他的母亲是佃农的女儿，20岁以前不识字，但是以后自学到小学程度。

　　王家人口颇多，但王太庆出生时，家中多年没有小孩，所以他自然地成了长辈们宠爱的对象。王家当时家境不好，但王太庆小时候并没有吃过什么苦。

　　1926年，王太庆到离家很近的一个小学读书。第二年进了表姑母办的一所小学上二年级。他成绩不错，但是并不太用功学习。1928年后，王太庆的父亲收入渐渐稳定，家境渐好。1931年，王太庆去南京找他父亲。到南京后，王太庆在船板巷小学继续学习。1932年王太庆小学毕业后去安庆省立第一中学。1935年，王太庆听父亲劝告考取了中法工学院。1936年他升入中法工学院的高中，1937年因为身体生病，回老家养病。1938年日军疯狂轰炸铜陵，王太庆亲眼目睹了日军的种种暴行，爱国之心愈加强烈。1939年他病情恶化，1940年病情才逐渐好转。他病情好转后，几经转折于1941年到达重庆，进入边疆学校读高二。高三的他就阅读了冯友兰的《新理学》和《新原人》。在听了冯友兰和钱穆的演讲后，王太庆对他们的学问表示钦佩，想入西南联大做大学者。这时的他，对人做了一个分类。认为第一等人是思想家、科学家，第二等人是政治家，第三等人是事业家。王太庆自此立志要做第一等人。

高考填报志愿时，王太庆仅填了西南联大哲学系，结果以优异的成绩被录取。1943年王太庆入西南联大学习。当时昆明的物质条件很差，教师和学生的生活都很苦，但是西南联大的科学精神却深深地感染了王太庆。王太庆在这里认识到，中国之所以落后挨打的根本原因不在于技术层面的落后，而是科学精神的缺乏。而西南联大教师们那种严格的科学精神正是中国最缺乏，也是最宝贵的东西。

王太庆大一的时候选了冯友兰的伦理学。在课堂上，王太庆积极发言，总是把不同的意见写出来，而冯友兰则照读，然后再加以分析。王太庆虽然不尽同意冯友兰的观点，但是对他的治学态度和科学分析的精神深表赞同。

大二的时候他选了贺麟的哲学概论。贺麟在课堂上并非照本宣科，而是按照自己的理解，贯串一些主要的哲学问题来讲授西方哲学史。这对王太庆启发很大，使他认识到，哲学并非什么脑子灵的人灵机一动，而是一门严格的理论科学，而且学习哲学需要首先要学习哲学史。贺麟还非常注重西方哲学名著的翻译，这几乎影响了王太庆一生的哲学道路。王太庆走上翻译之路，正是受贺麟的强烈影响。

大三上学期他选了陈康的希腊哲学史课程，下学期又选了他的"柏拉图"专题。王太庆坦诚，是陈康教会了他怎样念书。陈康在西南联大教授希腊哲学，是领着同学们一字一句地阅读并分析柏拉图和亚里士多德哲学的原著。陈康治学的态度是"人我不混，物我分清"。这种严格的科学精神一直影响着王太庆后来的翻译和研究工作。

1947年他大学毕业后，留在了贺麟创办的西洋哲学名著编译会工作。1948年，他开始致力于翻译笛卡儿的工作。1948年8月至1952年9月，任北京大学文科研究所编译室助教。1952年9月至1965年3月任北大哲学系助教、讲师。在此期间，他开始和贺麟合作翻译黑格尔4卷本的《哲学史讲演录》，而且负责了《古希腊罗马哲学》和《西方资产阶级哲学论著选辑》的诸多翻译、统稿等工作。

1965年3月至1978年3月王太庆任银川宁夏医学院讲师，1979年1月回北大任教。重新回到北大后，王太庆又重新开始了他的哲学研究和翻译工作。他实际负责了《西方哲学原著选读》等的各种工作，80年代后期则致力于《柏拉图全集》的翻译。

综观王太庆成才之路，除了个人的天分和努力外，还有两个最重要的因素。一是他有着强烈的爱国之心。正是因为强烈地热爱自己的祖国，所以他才千方百计地寻求救国良方。他才逐渐地认识到，中国的落后不仅仅是技术和制度层面上的落后，从根本上来说是科学精神的缺乏，而哲学则是科学的基础。这样，王太庆就自然地从一个爱国者，成为了一位爱智者。二是诸多名师的指点和影响。贺麟和陈康在西方哲学诸多领域都有着深厚的学养和精深的造诣，他们不但传授给了王太庆纯粹的哲学知识，还传授给了他一种严格的科学精神。正是受他两位恩师的影响，王太庆在日后的翻译和研究工作中，才努力做到"照着西方哲学的原样"来理解和翻译西方哲学，最终取得了丰硕的成果。

二、主要研究领域和学术成就

王太庆作为一位卓越的翻译家和哲学史家，在多个领域都取得了杰出的成就。王太庆一方面精通希腊文、英文、法文、德文、俄文，也懂得梵文和拉丁文等多种外国语文；另一方面他对于汉语，无论是古代汉语还是现代白话文，都有精深的造诣。王太庆的译作涵盖了从古希腊到近现代诸多西方哲学经典作品，为中国的翻译事业做出了重要的贡献，泽惠几代中国学人。王太庆曾主持编译了《西方资产阶级哲学论著选辑》、《现代西方哲学论著选辑》以及《西方哲学原著选读》等；他还担任了由洪谦主持编译的"西方古典哲学原著选辑"丛书，包括《古希腊罗马哲学》、《16~18世纪西欧各国哲学》、《18世纪法国哲学》的最后统稿、审定和编辑工作。王太庆和贺麟还合作翻译了黑格尔的《哲学史讲演录》。王太庆的重要译作还有笛卡儿的《谈谈方法》，阿维森纳的《论灵魂》等。20世纪80年代后期，王太庆开始着手翻译《柏拉图全集》，不幸的是1999年11月突然因病逝世。《柏拉图全集》就成了他未竟的事业，这也是中国哲学界深深惋惜和遗憾的一件事。王太庆的遗稿经汪子嵩和杨适等整理后以《柏拉图对话集》为题出版，全书共计有对话12篇，其中2篇未译完，1篇是节译，书末还附有王太庆的一些重要学术论文。

王太庆作为一位哲学史家，对于西方哲学传统中的"being问题"进行了深入的研究。在《我们怎样认识西方人的"是"》、《柏拉图关于"是"的学说》，以及他与汪子嵩合著的论文《关于"存在"与"是"》等论文中，他深入地探讨了西方哲学中"being"概念的多种含义，以及与之相应的汉语翻译问题，这些都加深了中国学者对这一西方哲学的基本问题的理解。

1. 翻译之为再创造

王太庆高度认可严复在翻译方面"信、达、雅"的标准，而且作为一位浸淫于翻译事业数十年的杰出翻译家，他对于这些标准有着自己独到而深入的理解。在王太庆看来，"信"和"达"的标准要求翻译必须"达旨"，也正是因为这样，翻译才不是简单的"描红"或者作机械的"传声筒"。

在《论翻译之为再创造》一文中，王太庆指出："有人把翻译看成幼儿学写字时的描红：原文好比红字范本，译文好比墨笔描在红字上的道道。这是一种最原始的看法，但是相信它的人不少，主要是不识外文的或者文化较差的。"那些把翻译当作描红的人，由于完全不了解思想，所以才幼稚地把思想简化成语言。"凡是读书的人都知道，自己读的是那本书的意思，并非是书上的文字。翻译就是把一种语言所表达的意思用另一种语言表达出来。表达的对象是意思，不是某种语言。因此，严复所说的'达旨'即'达原著之旨'，是对翻译所下的科学定义。"

基于对翻译事业的这种理解，王太庆深刻地阐释了严复"信、达、雅"三个标准之间的内在关系，他既批评了那种把翻译看作简单描红的错误意见，也批评了那种"不修篇幅"、毫无美感和道德感的翻译。

在王太庆看来，"严复把'信'放在第一位，但并非只要'信'，而是同时也要'达'而且'雅'。不达的信，不算翻译。有的人力求忠于原意，不惜把译文写的疙里疙瘩，以为这就是'信'。他们求'信'之心是无可非议的。问题是这样做的结果常常适得其反，表达的信息正好与原意相反，或者颇有距离。这主要是由于细处精致而大处模糊，译笔没有照顾到大的方面明晰，以至于大处不懂，细处懂也无用。不达的信，正好是不信。表达是技术，但又不只是技术，它要求高度的思想，是一种不可等闲视之的学问。视翻译为描红或传声筒的人中没有这种学问，以为没有什么了不起，是大大地错了"。

而优秀的译文不但要"信而且达"，还要做到"优美"。王太庆甚至认为"译文优美也是译者道德品质的表现。"把优美的原文译成磕磕巴巴的文章，简直是糟蹋了读者的眼睛。

正是因为好的翻译不但要求译者对原著思想有准确的把握，而且要求译者能够对多种语言文字进行娴熟的运用，所以在王太庆看来，翻译才不是机械的描红，而是复杂的创造。

他这样说道："翻译的过程分为两个段落：第一步是从原文追索原意，也就是说，从原文的词汇和语法入手，找出原著的逻辑结构。译者如果是这门学问的外行，就必须以原文为出发点，小心地进而追出作者立论的道理，即客观存在的逻辑（并非个人的主观遐想），从而化不懂为懂，成为内行。第二步，是这位已经弄懂道理的内行译者设法运用汉语的词汇和语法来表达这个道理，即原著的内在逻辑，让读者明白它……这两个段落都是科学的活动，科学的活动是人类的创造活动。作者想出了道理之后，把它精确地表达出来，是进行科学的创造活动；译者虽然没有亲自想出这个道理，却仔细地学会了它，再把它精确地表达出来，这种科学的活动可以说是再创造。因而'信'和'达'都必须创造。"

也就是说，翻译的第一步首先要求译者搞懂原著的意思或者逻辑结构，第二步则是用晓畅的文字把它表达出来。因此，优秀的翻译家既是优秀的思想家，也是优秀的语文学家。

一些糟糕的翻译，不但意思完全不对，就连表述也不符合文法。王太庆批评了当时翻译界颇为流行的"假文言"现象。在王太庆看来，我们处在"五四"以后，已经走上了历史的新阶段，本来不该向后转重走老路，可是近年来有些人觉得使用普通话不过瘾，或者不光彩，于是想法转几句文，可是真的文言功夫没有下过，于是生造一些异于口语的东西，即新文言或假文言。最突出的是造一些既非口语亦非文言的语词，用的办法是从文言的词汇中取出来某些成分，凑合上口语或者外语中的某些说法。例如，从文言词汇中取来"涉及"，再加上口语中的"到"，构成"涉及到"，而不肯说"牵涉到"。本来"及"就是"到"，只有完全不通文言才会在"及"字后面加"到"字，也只有不通口语才会把"及"字放在"到"字前面。这是语法的混乱。又如，从文言词汇中拿来"之"和"所以"这两个成分，就凑成"之所以"放在首句，而不知文言的说法本是"x 之所以 xx"，"之所以"离了前面的 x 就失去意义，一定要说"其所以"才行，"其"的意思就是"x 之"。

可是，在王太庆看来，比起这类"假文言"，更严重的是"洋泾浜"汉语。一些人从外语中取来某种构词法，用汉字照描，而这种外语构词法却是与汉语（包括文言和白话）的构词法矛盾的。这种"洋泾浜"包括"后工业的"，"前苏格拉底的"等。在《译名商榷》一文中，王太庆指出，当时一些人把 post-industrial 翻译成"后工业的"，把 pre-Socratic 翻译成"前苏格拉底的"，而 pre-capitalist 则成了"前资本主义的"。本来这一类词的意思非常平凡，pre 即英语的 before，post 即英语 after，中心意思就是前和后。可是一旦翻译成"前资本主义的"和"后工业的"则会出现问题。

因为按照汉语的通例，"前资本主义的"应该了解为"前面一段资本主义的时期",如"前汉"、"前妻"之所指。但是 pre-capitalist 却是指资本主义以前的时期。同样,"前苏格拉底哲学家"也必须了解为"苏格拉底以前的、不包括苏格拉底在内的哲学家"。也就是说,中国人在谈到这些词的时候,必须放弃汉语的构词法,采用印欧语的构词法去了解。它们虽然用的是中国字,却按照西方的规则来用,这实际上不是汉语,而是洋泾浜汉语。按照中国汉语的使用规则,没有人把"解放前"说成"前解放",把"战前"说成"前战"。

在王太庆看来,其所以出现这种洋泾浜现象,是由于忘记汉语的结构与印欧语的结构尽管有些地方相同或相似,却也有些地方很不同或相反,比如汉语说"门的前面"时用"门前"这个词,就决不能仿照英语 before the door 的次序说成"前门"。"门前"和"前门"完全是两码事。

因此,王太庆建议,像"前 xx","后 xx"这样的话,还是照汉语的老规矩说成"xx 前","xx 后"为好,如"苏格拉底前的"、"工业后的"。

2. 西方哲学中的"being":存在与是

英语中的"being"是对希腊文"to on"的翻译,它是西方哲学中的一个基本概念。毫不夸张地说,正确地理解了这个概念也就正确地理解了西方哲学本身,而准确的翻译则建立在正确的理解基础之上。在对"being"的理解和翻译问题上,王太庆做出了重要的贡献,既体现了一位哲学史家深厚的哲学素养,也体现了一位翻译家良好的语文学功底。

根据王太庆的分析,从中国人的观点看,西方人说的"being"或"to be"有三个意义:①广义的"起作用",相当于我们传统哲学中的范畴"有";②判断中的系词,相当于东汉以后的系词"是";③用于时间、空间的动词,相当于汉语的动词"在"。

因此,一些人把"being"翻译成"有",50 年代起则逐渐形成了一个统一的译词"存在"。可是,王太庆认为,无论是"有"还是"存在",都不能完整、准确地传达西方哲学中"being"这个概念的含义。王太庆认同他的老师陈康的观点,主张还是把它翻译为"是"最准确。因为这个概念不仅仅表示存在,还具有逻辑学上的意义。

为了确证对 being 概念的这种翻译,他对 being 概念在西方哲学史中的含义做了一个系统的考察。

他指出,在西方哲学史上,巴门尼德是第一个将 esti 和 on 当作最高的哲学范畴的。而巴门尼德把"on"看做哲学研究的核心概念,其原因在于,"on"不仅仅表示一种最普遍的"存在"概念，还在于"on"能够表示"真"，它与真理是相对应的。可是在理解和翻译巴门尼德这个重要概念的时候，王太庆在早期和后期是颇为不同的。早期他受 Diels 等译本影响，把 on 翻译成了"存在"，而后来他改正了自己的看法，认为应该翻译成"是"。

"being"范畴的经典出处是巴门尼德残篇 4-5，在那里他提出了两条研究途径。

（1）he men hopos estin te kai hos ouk esti me einai

（2）he d' hos ouk estin te kai hos chreon esti me einai

王太庆分析，第一句第四个字 estin 是动词 eimi（即 to be）的直陈式现在时第三人称单数，同句中倒数第三字 esti（字尾可以加 n 也可以不加）也是一样，所以 Burnet 都译为 it is；第二句中的第 3-4 字 ouk estin，Burnet 则翻译成 it is not；同句中的倒数第三字 esti 与前句相同，Burnet 翻译成 it is。但是这个 it，希腊文含在动词中不必另写出，它的含义到底指什么？

在王太庆青年时代，编译《古希腊罗马哲学》和《西方哲学原著选读》时，他受 Diels 和 Voilquin 的影响，把这两句话的主语理解为"存在物"或"存在者"。这样，他把这两句分别译为：一条是：存在物是存在的；另一条是：存在物是不存在的。巴门尼德这两句话就一句成了同义反复，一句成了自相矛盾。王太庆认为这是自己早期翻译所犯的错误。随着对西方哲学理解的深入，王太庆逐步认识到，巴门尼德注意的中心是 eimi（to be），不管哪一个在 estin（is）都行，只要它 estin。所以，后来王太庆认为这两句应该改译为：

（1）它是，它不能不是。

（2）它不是，它必定不是。

王太庆认为，这里的"是"指起作用，兼为系词"是"和"存在"的基础，而不单是系词"是"和"存在"。巴门尼德这里的"是"不能单纯从语言学角度来理解，把它看成一个单纯的"系词"，也不是指一种单纯的存在论，因为它还能够表示"真理"。所以这两条道路，一条被巴门尼德称作真理或知识之路，一条被称作意见之路。

正是巴门尼德开启了西方哲学史上"知识"与"意见"，"理性"与"感性"两条道路的对立，这极大地影响了柏拉图哲学。

在王太庆看来，柏拉图的 idea 或者 eidos 就是对巴门尼德"to on"思想的继承与发展。从《巴门尼德篇》128e-129a 等段落来看，柏拉图的"相"（idea/eidos）指的就是巴门尼德的"ho estin"（它是）。而且柏拉图继承了巴门尼德理性主义的思想路线，把"所是"理解为心灵（nous）所掌握的样子，而不是一个事物感性的外观。

Eidos 或者 idea 就是理性或纯粹的心灵所把握的对象，它就是巴门尼德所谓知识的对象。出于这个原因，王太庆认同陈康的观点，认为不能把柏拉图的 idea、eidos 翻译成"观念"或"理念"，而应该理解和翻译为"相"。

王太庆还系统地梳理了柏拉图"相论"的发展过程，以及其中包含的各种复杂问题。在王太庆看来，《裴洞篇》和《治国篇》体现了柏拉图早期的相论，"相"被看作与可感事物相对立的更高存在。《枚农篇》和《会饮篇》则进一步地探讨了人如何才能获得"相"的知识，都分为哪些阶段？而在《巴门尼德篇》中柏拉图则集中地反思和批判了自己早期那种与具体可感事物相分离的"相论"，提出了具体事物就是"相的集合"的观点。而在《智者篇》中，柏拉图则具体地论证了哪些"相"可以结合，哪些不能结合。

王太庆认为，柏拉图的"相论"或"是论"本身就经历了一个曲折的变化发展过程。而始终困扰柏拉图"相论"的一个困难就是所谓的"分离问题"。柏拉图在提出了"相"的同时，必须要解决可知的"相"和可感的具体事物之间的关系问题，还必须要回答各种不同的"相"之间的分离和结合问题。在这些问题上，王太庆基本认同他的老师陈康的观点。比如，他把《巴门尼德篇》第二部分分为 8 组推论，认为这篇对话录的主旨在于"拯救现象"，而拯救现象是通过把事物看作"相的集合"来实现的。而《智者篇》则进一步地讨论这种"相的结合"。王太庆也认同陈康对柏拉图"相论"的最终评价，认为柏拉图最终通过"相"的结合，尤其是各种"相"与"是"的结合，放弃了"相"与可感事物之间的"分离"。

王太庆高度评价了"通种论"对于解决"分离问题"的重要意义。在"柏拉图关于'是'的学说"中，王太庆有一段总结性的评论，他说："这样，原来是对立、分离的'是者'和'不是者'就到了一起，成为相通的了。一件东西是什么样的，就包含着它不是别样的。这与巴门尼德只要'是者'，不要'不是者'的想法很不一样，弥合了简单的割裂，消除了'相界'与'事物界'的对立。原来'相'的孤立性为'相'的联结、相通所代替，但并不是'相'的取消，而是'相'在'是者'的基础上提高了。'相'作为'是者'的'所是'仍然保留着，因为这是明确认识的基础，一切科学知识都离不开明确区别的范畴，不如此就只能混沌一团，或者张冠李戴、胡搅蛮缠了。分析是必要的，但不能武断地割裂。原有'相论'的割裂是它的致命伤，柏拉图清楚地意识到这一点，果断地否定了割裂，却并没有把作为分析基础的'相'一并否定掉。他对'相论'作了改造，取消了'相'的孤立性，原来'分沾'着'相'的'其他的'东西就不再是离开真理、只沾上一点真理气味的空虚现象，成了实实在在的'相的集合体'了。原来的'分沾'处于两个世界之间，实际上并不能沟通，流为诗意的空话，经过改造之后成了在'是者'基础上的联合，就有了实质意义了。"

可以说，王太庆既抓住了柏拉图哲学中的根本问题，也是从柏拉图哲学本身出发来解决这个问题。这既体现了王太庆作为一位思想家的敏锐，也体现了他的严谨。王太庆高度地评价了柏拉图的"相论"在西方思想史上的地位，认为它一方面使"逻辑学"和"存在论"内在地关联了起来，另一方面也使"唯理论"和"经验论"这两条不同的认识路线建立起了内在的关系。

在王太庆看来，亚里士多德的思想是对柏拉图思想的进一步继承和发展，正是亚里士多德在西方历史上第一次建立了一套完整的逻辑学和形而上学体系。

王太庆指出，亚里士多德的"形式"就是柏拉图的"相"，二者都是同一个希腊文"idea/eidos"。而在四因说中，只有"形式因"回答一个事物的"是其所是"或"本质"，因此和柏拉图一样，亚里士多德的"形式"就是对于何谓"to on"的回答。和柏拉图一样，在亚里士多德哲学中，"to on"既具有逻辑学意义，可以表"真"，也具有存在论意义，可以表示实在。而且，亚里士多德试图通过逻辑学来建立他的形而上学体系。

王太庆系统地分析了亚里士多德《范畴篇》、《论题篇》、《形而上学》和《物理学》等著作中的"to on"思想，指出了亚里士多德关于"本体"（ousia）理论前后的矛盾，并且分析了这种矛盾产生的原因。

王太庆首先指出亚里士多德《范畴篇》中对"范畴"的分类实际上就是一种对"是"的分类。因为亚里士多德在《形而上学》中，称这些范畴为"由它自身"（kat'auto）的"是"。尤其是"本体"（ousia）范畴，它是"to on"的核心意义，是首要意义的存在，也是逻辑上的最终"主词"（hypokeimenon）。

王太庆指出，在《范畴篇》中亚里士多德是通过两种不同的逻辑关系而得出"第一本体"的。"第一本体"是"既不谓述一个主体"，"也不在一个主体之中"的。它既是逻辑学意义上最终的主词，也是形而上学意义上的最根本主体。而能够符合"第一本体"要求的只能是个体事物，"属"（eidos）和"种"（genos）则属于"第二本体"，因为它们能够谓述一个主体，比如我们说苏格拉底是人，人就是对苏格拉底的一种谓述。

王太庆同陈康一样注意到亚里士多德关于"第一本体"的思想在《形而上学》Z卷中有不同的表述。王太庆认为，在亚里士多德许多著作以及《形而上学》的某些卷中一直把个别事物看作第一本体，但是在《形而上学》Z卷中却提出了一种新观点，认为"形式"（idea/eidos）才是第一本体，由形式和质料组成的个体事物则是在后的。

在亚里士多德哲学中，为什么会产生这种前后的矛盾呢？王太庆对此做了有益的探索。王太庆认为这个问题的关键在于《物理学》中的"四因说"。所谓的"四因"是指"形式因"、"动力因"、"目的因"和"质料因"。而亚里士多德认为，在通常的情况下，前面三种原因可以合并为"形式因"，这样"四因"就可以通常归为"质料因"和"形式因"这两种原因。

在西方哲学史上，是亚里士多德第一次将"质料"（hyle）变成了一个哲学概念，这被称为"质料的发现"。在发现了"质料"之后，亚里士多德哲学就发生了一种重要的变化。王太庆认为，在《范畴篇》中是由个别事物、属、种这三个东西来竞争第一本体的位置，到《形而上学》第七卷中却改由个别事物、形式、质料这三个东西来竞争第一本体的位置了。而个别事物又是由质料和形式所组成的，因此真正竞争第一本体的也就成了"质料"和"形式"。

可是，根据亚里士多德的"四因说"，只有"形式因"才回答一个事物的"本质"（to ti en einai）。而在亚里士多德看来，"每事物的 to ti en einai 即是那被说成该物自身的东西"，或者"只有那些其公式即其定义的事物，才有 to ti en einai"。也就是说，亚里士多德之所以使用这个"哲学的过去式"是有深意的，它表示一个事物永恒不变的东西，所以王太庆建议可以翻译为"向来是"。因此，在亚里士多德哲学中，"形式"表示的乃是一个事物的本质（to ti en einai），也就是一个事物的核心意义——实体（ousia）。

亚里士多德进一步地把"质料"和"形式"的关系规定为"潜能"和"现实"之间的关系，而"现实"无论在本体上还是定义上都优先于"潜能"。相比较于"形式"或"现实"，质料和潜能是被规定者。因此，王太庆认为，质料无法满足本体的"分离性"和"个体性"标准，能够满足这两条标准的只能是"形式"。所以，亚里士多德才得出结论，形式和由形式与质料组成的具体事物，比质料更是本体。

王太庆认为，正是由于亚里士多德的"四因说"，在《形而上学》第七卷中对本体的先后次序才与《范畴篇》中的次序发生了重要的改变，在《范畴篇》中第一本体是个体事物，种（genos）、属（eidos）是第二本体，而在《形而上学》第七卷（Z卷）中，"形式"（eidos）则成为了第一本体，个别事物则成了第二本体，次序刚好颠倒过来了。

在中国学者中，陈康首先注意到了《范畴篇》和《形而上学》第七卷中本体学说的矛盾，并且认为这个矛盾的出现与"质料的发现"有关。王太庆则进一步地对这个问题做出了富有成效的探索，这些探索对于国际亚里士多德研究做出了重要的贡献。

三、王太庆主要论著

（德）黑格尔.1959.哲学史讲演录（4卷本）.王太庆，贺麟译.北京：商务印书馆.

王太庆等.1961.古希腊罗马哲学.北京：商务印书馆.

王太庆.1964.西方资产阶级哲学论著选辑.北京：商务印书馆.

北京大学哲学系，外国哲学史教研室.1981.西方哲学原著选读（上下卷）.北京：商务印书馆.

王太庆.1990.译名商榷.西北大学学报，20（1）.

1993.现代西方哲学论著选辑.王太庆等译.北京：商务印书馆.

王太庆.1993.我们怎样认识西方人的"是".学人，第4辑.

王太庆.1993.西方自然哲学原著选辑（3卷本）.北京：北京大学出版社.

王太庆.1994.研究康德哲学的意义.哲学研究，（1）.

王太庆.1994.怀念我爱智的挚友陈修斋兄.武汉大学学报（哲学社会科学版），（1）.

王太庆.1997.柏拉图关于"是"的学说.哲学杂志，（21）.

王太庆、汪子嵩.2000.关于"存在"和"是".复旦学报（社会科学版），（5）：77-80.

（古希腊）柏拉图.2004.柏拉图对话集.王太庆译.北京：商务印书馆.

（法）笛卡儿.2009.谈谈方法.王太庆译.北京：商务印书馆.

（阿拉伯）伊本·西那（阿维森纳）.2009.论灵魂.王太庆译.北京：商务印书馆.

主要参考文献

王太庆、汪子嵩.2000.关于"存在"和"是".复旦学报（社会科学版），（5）：77-80.

（古希腊）柏拉图.2004.柏拉图对话集.王太庆译.北京：商务印书馆.

范明生.2005.王太庆师的"天鹅之歌".读书，（2）.

王太庆自传.北京大学档案馆藏.（内部资料）

撰写者

王玉峰（1980~），出生于山东省。北京大学哲学博士，现为北京市社科院哲学所副研究员，国际柏拉图学会会员，主要研究领域为柏拉图哲学，希腊哲学。是王太庆再传弟子。

韩 树 英

韩树英（1922～），辽宁大连人。哲学家、理论家、教育家。中共中央党校原副校长，教授、博士生导师。中国辩证唯物主义研究会名誉会长。早年留学日本，1942年考入第一高等学校（战后改制为东京大学教养学部）。在读书期间参加中共地下党外围组织秘密读书会，学习和研究马列主义，进行革命活动。奉命回国后，1944年进入山西太岳区抗日根据地参加革命工作。抗日战争时期和解放战争时期，在山西、大连做教育工作7年。1950年在大连市文教局长任上，被组织推荐考入中共中央马列学院学习4年，由哲学专业毕业后，留校任教。20世纪70年代中期，通过研究、宣传和教学，以马克思主义哲学及其中国化、时代化、通俗化，成为在社会主义新时期作改革开放的先声、中国特色社会主义事业发展之哲学战线主要代表者之一，为革命和建设事业做出了重要贡献。

一、成 长 过 程

韩树英1922年10月生于大连地区旅顺管内前牧城驿村农民家庭。当时旅大为日本殖民地，生来遭受被奴役的殖民地人民的不幸，反帝爱国主义在他以后思想的形成和发展中占有重要位置。

1928年他随父母移居大连市，从中华青年会小学，"九一八"后被迫转入殖民当局办的小学毕业，1938年考入日本人的"大连中学"。1941年秋考取留日学生资格，报考日本第一高等学校（简称"一高"）。次月日本即发动了太平洋战争。

1942年年初赴日，考入日本第一高等学校理科乙类（战后一高改制为"东京大学教养学部"）。

国破山河在。留学生虽来自伪满、汪伪、伪华北政府等各方各地，身居虎狼之邦，但心怀抗战中的祖国，抗日爱国却是一高留学青年政治思想传统的主流。

还在新生入学前的1941年年末，日本宪兵从一高留学生中以"反满抗日"罪名逮捕了5名东北籍学生。此即为"12.30"事件，国民党地下反满抗日性的青年外围组织，被日本宪兵侦破，12月30日遭到大逮捕，甚至被判死刑。其中不少人为一高毕业校友。

尽管身处虎狼之敌国的心脏,有敌特的监视和镇压,但一高留学生的抗日爱国传统并没有断绝,主要原因之一是有组织严密的中共地下组织活动的存在。

在没有校方人员参加的留学生"纪念五四运动"的迎新会上,高年级学友慷慨激昂的传承五四运动革命精神、抗战爱国、学而有成报效祖国的讲话,使新生精神为之一振。讲话强调,为提高思想觉悟和拓展精神境界,应该课余认真阅读留学生自办图书室的书刊。原来图书室中有很多中日文的进步书刊、文艺小说和关内出版的主要杂志,这些藏书不仅在东北、在关内的大学中也不见得有这样完备,不易看到。还有一些"禁书"是并不公开陈列的。

韩树英为扩充知识,探寻国家民族的出路,课余从中国近代苦难的历史到世界各种思潮的介绍读起,对哲学思潮感到了兴趣,由浅入深,偏重于读了马克思主义哲学书籍。主要有:日本教授河上肇的《第二贫乏物语》,艾思奇的《大众哲学》,艾思奇、吴亮平的《科学历史观教程》,(苏)米丁的《新哲学大纲》、《哲学选辑》,沈志远的《经济学大纲》,恩格斯的《家庭、私有制和国家的起源》等。其中作为入门书,河上肇(1978~1946)的《第二贫乏物语》具有特殊影响。该书从唯物辩证法起讲了马克思主义三个组成部分,直到最后的结论——资本主义社会必然崩溃,进到更高形态的社会。通过这些阅读,韩树英了解到科学世界观是完整的马克思主义理论体系的哲学基础;再进一步懂得了抗日救国、民族解放和解放全人类的共产主义事业的相互关系。当时韩树英即感到思想大开,大彻大悟。其实这只是马克思主义及其哲学的启蒙阶段,是向科学世界观的建立迈开的第一步。

韩树英同年10月加入地下党外围组织一高小组之一的秘密读书会,提高了理论水平,立志革命,参加革命活动。

读书会组长为一高校友姜绍昌,有组员三人。阅读并讨论了日本永田广志著《辩证法唯物论讲话》和《唯物史观讲话》,这两本书是日本最初的马克思主义哲学体系的著作,经过学习讨论,弄清了辩证唯物论与历史唯物论二者是一起建立的,而作为社会变革理论的马克思主义哲学,历史唯物论则是其核心。以后多年的研究和实践不断加深着这种认识。

其后结合(苏)拉比托斯、奥斯特洛维疆诺夫合著的《政治经济学》中、日文译本,学习了列宁的《帝国主义论》。

组长提示现今国内正处于结成抗日统一战线时期,读书会成员也应广为团结爱国抗日同学并从中培养先进的骨干分子。韩树英遂两次当选留学生同学会文艺委员,任务是保管好图书室,管理阅读事宜。同时,在各种集会上积极发言激励同学们的抗日爱国情怀，关心抗战的进展。

1943年3月间，组长在讲述毛泽东的《新民主主义论》时提出，现时美军轰炸日本渐趋炽烈，读书会成员应准备回国，上"抗大"参加抗战活动。韩等一致同意，派山西籍的成员吉、言二人先后回山西探路。姜、韩则等待信息。韩树英此时转为研读中国革命理论，做参加革命的准备。

①为完备马克思主义哲学知识，韩树英读了日本马克思主义哲学家秋泽修二的《西洋哲学史》和《东洋（中国、印度）哲学史》，浏览冯友兰的《中国哲学史》、日本大学通用的《哲学概论》。

②韩树英读了日本田中忠夫编译的关于现代中国社会性质和革命性质争论集，包括王学文等5篇主张中国社会性质为半殖民地半封建社会、革命性质是民主主义革命的文章，另外则是任曙、严灵峰等5篇主张社会性质为资本主义社会、革命性质应是社会主义革命的文章。在争论中国第一次大革命失败的原因中，前者属于共产国际和中共中央的意见，后者则属于苏联托洛茨基派和中国托派的意见。孰是孰非，到了40年代历史的发展，已经不成为问题，只是了解双方具体论据，对正确地深入地了解中共党史和党的纲领、路线斗争等则是很有意义的。至于争论中涉及中国封建社会长期性、稳定性、停滞性，则有关对马克思说的"亚细亚生产方式"的不同理解，引起苏联、中国、日本理论界的大论战，提到的许多问题，是需要作为学术问题深入研究的。

③他还读了斯诺及夫人的《西行漫记》及其"续集"，也读了斯沫特莱的《华北前线》。这是由不受检查的校友从上海带进的，读来获益之大自不待言。

12月末，姜、韩因还等不到吉的探路消息，只好分别经陆路回到东北各自的家中继续等待。

1944年3月终于收到了吉自北京发来的信息，韩当即假扮工人到北京见吉，因姜也复信告知他在东北"有事"，不能前来，吉、韩二人即结伴到太原再回到吉家，一路几次涉险，终于进入晋冀鲁豫的太岳区抗日根据地，参加了革命工作。韩作为"实践的唯物主义者即共产主义者"，终于从理论的学习和研究进到了抗日战争实践。

吉、韩二人因"抗大"已分散到前方的各根据地，便被分配到创办太岳四专署的培养县区级初级干部的晋豫中学，教书到抗战胜利。1945年10月韩作为东北籍干部，被派随大部队往东北创建革命根据地，最后被分配到家乡大连，继续从事教育工作。

这段近两年的抗日工作锻炼，从成长过程的角度来看，是极为难能可贵的。在从未经历过的极其艰苦的环境中经受革命工作和生活的锻炼，结合抗日战争阶段经历的实践学习从《新民主主义论》到《整风文献》《论联合政府》等，对理解毛泽东思想体系的方方面面特别是毛泽东哲学思想及其精髓，都是极为重要的基础。

韩树英在大连做了 5 年的教育工作，在大连难得的是阅读了苏军从莫斯科运来的中译本《列宁文选〈两卷集〉》、《马克思恩格斯和马克思主义》、《联共（布）党史》等，第一次读了一些马、恩、列的重要经典著作，眼界大开，进入了对马克思主义理解的新阶段。他还第一次阅读了旅大编辑出版的《毛泽东选集》，进一步比较完整地领会了毛泽东思想。

1950 年，由中共旅大区党委推选，在大连市文教局长任上，韩树英考入中共中央马克思列宁学院。4 年间，他先是比较系统地学习世界近代史和马克思主义三个组成部分，学了中共党史和毛泽东思想等课程，受业于杨献珍、艾思奇、王学文、郭大力、张如心等；最后的一年半，师从数位苏联专家学习，学习了苏联马克思主义哲学的体系和具体内容，而于 1954 年毕业于一部一班哲学专业，留校任教。

由此韩树英就结束了作为一名哲学工作者成长的学习阶段，而开始了从事哲学教学和理论研究的新阶段。

二、主要研究领域和学术成就

韩树英在进入哲学生涯的新阶段，留校先后任讲师、教授、博士生导师，任职哲学教研室主任、副教育长，1983 年到 1988 年任副校长；退出行政岗位后专任博士生导师，做教学和研究工作直到 2009 年离休。其后他继续进行研究活动，享受国务院颁发的政府特殊津贴。

其学术成就及理论创新，主要是在以下各阶段、各方面的活动中取得的。

1. 新中国成立后前 30 年的马列学院、中央高级党校时期

兼任院长的刘少奇在马列学院一期开学典礼上讲到，中国共产党是能够战斗的好党，只是建党比一些欧洲的党晚了六七十年，而且建党后立即投入了火热的革命斗争，因此，除一些中央的领导同志，干部和党员理论准备不足；办马列学院就是为了逐步改变这种状况。

于是新中国在成立后立即开展了在干部和工人群众中的历史唯物主义、社会发展史教育，县以上领导干部则学习政治经济学。马列学院的一二班学员还在学习的后期，就大批被派参加了校外的这种学习活动，做辅导和讲授工作。韩树英也陆续在公安干校、空军哲学学习班、矿业学院研究生班等讲哲学课。他在转入校内各种

班次直到两期省部班的讲授或辅导后，也不断应邀到北京市的大学教师哲学学习活动讲专题和在教育部办的哲学教师进修班等做系统讲授。这一时期新中国学马列成为社会风气，讲马列的教师也受到了人们的欢迎和尊重。

韩树英在这些哲学讲授中，是把以前几个时期学到的马克思主义哲学知识用马、列、毛的哲学著作的原理和理论框架加以整理，联系中国革命和建设的实际，重新写成的。

1955年党校校内刊印了韩树英的两种讲稿《经济基础与上层建筑》和《社会意识及其形式》。前者的第二节是《科学地分析社会的经济基础和上层建筑》，这篇文稿引起了特别的注意，因为涉及的是当时理论界争论的热点问题。争论的问题是，什么是我国从新民主主义到社会主义的过渡时期的社会经济基础和上层建筑的问题。分歧主要是对经济基础的看法。争论是在马列学院的领导层学习斯大林的新著《马克思主义与语言问题》时首先发生而后流传到社会上的。

两种对立的观点中，一种是被对方称为"总合基础论"，认为过渡时期中所存在的五种经济成分的总合，就是社会的经济基础，因为马克思说："这些生产关系的总和构成社会的经济结构"即上层建筑的"现实基础"。持这种观点的代表是杨献珍。另一种是被对方称为"单一基础论"的，认为过渡时期就是从旧经济基础向新基础的过渡，即新的社会主义社会的经济基础正在产生但产生的过程尚未完成。张如心和艾思奇就是持这种观点的代表。两种观点的对立向社会上逐步扩大，进行着不断的热烈争论。后来被人称为新中国成立后前30年中哲学三次大论战中的第一次。

韩树英在当时就认为解决争论的关键就在于正确理解马克思所说的经济基础是"生产关系的总和"，弄清经济基础是否在几种经济成分并存时是它们的总和。

他查阅了马克思有关论述，分析了东西方一些国家的例证，不仅从经济基础本身而且从和政治法律、社会意识形态等上层建筑的关系等，得出了对马克思上述论断的理解。马克思说的是在典型社会形态中，经济基础是生产关系本身的所有制关系、交换关系、分配关系等多方面关系的总和；恩格斯则进一步指出，在复杂的多种经济成分并存的情况下，经济基础则是"主要"的、占"统治"地位的经济成分的生产关系各方面关系的总和。它不包括其他的成分，例如小农经济在几个社会形态都存在，不在资本主义社会中决定上层建筑的经济基础之内。

这篇以马恩的经典为依据、旁征博引多方面事实为例证写出的论文，以其所具有的说服力引起了人们的特别关注。大家的争论并没由此结束，而是因宣告过渡时期的结束而淡化，并由另一场论战即关于思维和存在的同一性问题的论战所代替。

1956年，根据韩树英在这一段时间校内外大量教学活动和理论研究的表现，被高级党校选定为教研方面的"先进工作者",出席了全国第一次先进工作者代表大会。

韩树英 1957 年参加了北大哲学系举行的中国哲学史座谈会,做了《谈关于哲学史的对象问题》的书面发言,阐述了他的观点并与一些专家商榷。论文在 20 年后还受到过一些青年学者的注意。

当时,一些专家不熟悉马克思、恩格斯、列宁对哲学史特别是对黑格尔《哲学史讲演录》的分析、评价,在中国哲学史的研究中,因此在讨论苏联日丹诺夫的哲学史的定义时,就有了一些片面的做法和看法。

韩树英的论文引用了列宁的论点和黑格尔有科学意义的论点说明中国哲学史研究中的问题。收入科学出版社 1957 年出版的《中国哲学史问题讨论专辑》,"文化大革命"后又因文中引了哲学史"简单地说,就是整个认识的历史"(列宁语)而作的正面分析,而引起一些学者的注意。在 30 年后又收入《守道 1957——中国哲学史座谈会实录与反思》(上海人民出版社 2012 年 11 月出版)。

此后直到 1958 年的整风"反右"的所谓第二场哲学论战即对恩格斯在《路德维希·费尔巴哈和德国古典哲学的终结》(简称"《费尔巴哈论》")中提到的"思维与存在的同一性",应该做唯物主义抑或做唯心主义的理解的问题。问题的关键在于对"同一性"的理解。

对此哲学教研室中韩树英等多数教师与艾思奇认为恩格斯对此是做了唯物辩证的理解,即客观存在与其在思维中的反映可以是"一致"的。杨献珍与少数教师则认为,该命题是把思维与存在"等同"起来,是唯心主义命题。两方面争论不休,一直发展到报刊上公开的争论。

1959 年以后,党校工作人员大批下放锻炼。韩树英则在"大跃进"和"人民公社化"运动中到河南登封县任公社第二书记。先是在远近闻名的农民学哲学先进典型的三官庙乡蹲点,看到基层干部和群众响应党的"鼓足干劲,力争上游"号召,和积极投入运动的热情,深为感动,但不久就看到从"浮夸风"到"共产风"的"五风"也随之逐步发展,对这种理论性的和思想作风的"左"的错误风气异常不安,就在 1958 年 11 月纠风的中央八届六中全会以后,连续在报刊上发表了《认真学习马克思列宁主义理论》等三篇文章,希望能在阻止并改正这种错误倾向上起到一些哲学工作者应有的作用。

此外应县委要求,在所办的全县大队学习班和在嵩阳书院的大队干部哲学学习班,和艾思奇一起讲课,这也是农民学哲学的更高形式。

1959 年 6 月党校的总结会上,在艾思奇主持下,大家认真地实事求是地进行了总结。大家一方面感到受到了实际工作的锻炼，受到了教育；另一方面在纠正"五风"的工作上，大家也尽其所能试图加以制止，但"五风"在周围卷地而起的大势中，基层干部不随波逐流则只能受"拔白旗"之苦，大多数只好顺流而下，下放的外来人也只好望洋兴叹，一致感到："我们的唯物主义还是不彻底的。"

韩树英从1961年起，参加了艾思奇主编的第一本统编中国化的马克思主义哲学教科书《辩证唯物主义历史唯物主义》的编写工作。这本教科书的编写出版是思想理论界的一桩大事，韩树英作为骨干之一自始至终参加全书的编写和最后在胡绳、艾思奇主持下6个人的讨论定稿工作。

1963年毛泽东提出"一分为二"的命题，要求全党干部以此对待自己的工作，力求上进。杨献珍在讲课中，以他在陕西看到的蓝田县志有明朝人方以智提出的"合二而一"论点，说到这和"一分为二"都是中国自古以来对辩证法的表述。听课教师将其写成文章在报上发表。康生命人写批判文章发表，并请示毛泽东对两种提法的看法。毛泽东说："一分为二"是辩证法，"合二而一"是"修正主义"。由此在康生指挥下，从1964年起全国展开了所谓第三次哲学大论战，批判杨献珍的"合二而一"论。

韩树英在不知杨献珍讲过"合二而一"的情况下，闲谈中不经意地说到"二合为一"也可以研究，被列入大批判的对象。实际上早在1961年七千人大会的学习中他批判了"左倾"错误，就因反毛泽东思想、反中央的罪名，受到批判斗争，"文化大革命"中他更进一步受冲击，前后身处逆境12年。

2. 改革开放后的30年

"文化大革命"结束，时任中央党校副校长胡耀邦彻底全面地平反了韩树英的问题，恢复了其哲学教研室副主任职务，他由此进入了哲学生涯的巅峰期，哲学活动收到了丰硕的成果。

韩树英主持修订了艾思奇主编的《辩证唯物主义历史唯物主义》，修订后的第三版1978年4月由人民出版社出版。这部马克思主义哲学中国化的教科书，在"文化大革命"前后各用了5年跨度达20年，在教育干部、青年树立科学世界观中，起到了不可磨灭的历史作用。

1977年12月9日教师李公天找韩树英商谈决定，约教研室的卢俊忠、毛卫平、吴义生和吴秉元在胡耀邦讲到应总结党校过去的教训的要求下，贴出揭发康生罪行的小字报，后党中央对康生进行了严肃处理：决定公布其罪行，开除其党籍。贴小字报是这一系列过程的开端，后被一些人说成是"向康生开的第一枪"。

1978年7月在《实践是检验真理唯一标准》一文发表后，韩树英发表了署名文章《"一分为二"是普遍现象》。经胡耀邦略加修改先发表于内部《理论动态》，后又由《光明日报》公开发表。本文是应时任中组部部长胡耀邦要求，为讲过"毛泽东思想也是一分为二"而被打成反革命的大量错案的平反提供理论根据而作。文章的发表不仅推动了大批错案的平反，也和真理标准的讨论相互照应，成为实践检验真理的前提，具有理论意义。

韩树英在这个时期还做了一系列"开展真理标准讨论问题"报告，对这场讨论做了广泛的发动。1978年他先后在民委、成都、重庆、武汉，1979年他又在文化部、福州六千人的干部大会，做了内容大致相同的报告。

1980年韩树英先后发表了4篇文章，内容从真理的实践标准的续论到后期党提出的三条路线中的唯物主义思想路线的阐述。从军队后勤院校、党校系统到北京市、教育部的讲习班，韩树英做了广泛的理论宣传。

其中《真理的实践标准和科学的唯物主义路线》一文提到，坚持实践是检验真理的唯一标准，是检验真理的唯物论，反对唯心论；还要坚持实践检验真理的辩证法，反对形而上学。即还要正确处理一面性和全面性、一时性和历史性、个人性和群众性的实践对检验真理的关系，即全面的、历史的、广大群众的实践才能最终区分真理和谬误，防止走向实用主义、经验主义。只有如此才能理解实践标准的"确定性"和"不确定性"的关系。

这一时期最能代表韩树英学术成就和体现其学术思想的《马克思主义哲学纲要》和《通俗哲学》两部著作出版。

《通俗哲学》虽然1982年先出版，但由于艾思奇逝世多年，主编的教科书已不可能再改新版，中共中央宣传部下达要求韩树英编写新的教科书。因为"文化大革命"前后国内对国外哲学界的变化一片茫然，在韩树英1979年随中国社会科学院代表团到联邦德国参观访问三周大开眼界以后，接到新的编书任务，先阅读和搜集了大量外国的材料。特别是民主德国，还在"文化大革命"前就开展了时间长达4年的大讨论，涉及从斯大林以来苏联哲学界形成的僵化的马克思主义哲学的体系、观点，一直到当代世界自然科学的发展以及"控制论"等"三论"新科学方法的哲学问题等，震动了苏联、日本等国哲学界，最终写成了自称"出自德国人之手的第一本《马克思哲学教科书》"。国内对这些情况也一无所知，韩树英得到该书的原文本和日译本以及日本编辑讨论的文集，阅读之后才了解到该书的具体内容和4年间讨论的各种问题和各方面的论点。经过一段的阅读和研究，韩树英认为大讨论的情况可供借鉴，成果和材料可以加以取舍，这些内容对写成中国当代马克思主义哲学原理的书，是大有裨益的。

正在此时，1979年邓小平发表了"坚持四项基本原则"重要讲话，要求：作为思想理论战线工作的任务，在新形势下要根据新的丰富事实陆续出版一批有"新内容、新思想、新语言"的有分量的论文、书籍、教科书等。

中共中央宣传部为落实邓小平指示，商定由四个单位（北京大学、中国人民大学、辽宁大学、中央党校）各出一本通俗哲学读物。中央党校哲学教研室应青年出版社约稿，由韩树英主编，先搁下编写《马克思主义哲学纲要》的任务，全力以赴，1982年率先集体编写出版了《通俗哲学》。

这本书被认为继艾思奇《大众哲学》之后，又一本受到广大群众和读者欢迎、有广泛影响的通俗哲学读物，以至受到中央领导的注意。

本书还出了维、蒙、藏、朝少数民族语言的译本，获得了1979～1983年全国通俗政治理论读物评选一等奖。30年后，2012年新出的本书修订版，又在全国新一轮通俗政治理论读物评选中获奖，这在一定程度上说明了它的生命力。

1983年出版的《马克思主义哲学纲要》，也是响应邓小平写"三新"教科书号召，由韩树英任主编集体编写的正规的哲学原理教程。该书编写要求是充分利用和严格取舍搜集来的外间材料，要继承前人又超越前人，按时代发展及其要求，使马克思主义教科书在中国化、现代化、现实化上，上新台阶、进入新阶段。这部教科书的编写离这一目标虽然还远，但却是向它迈出的重要一步。

该书于1987年获得全国优秀畅销书奖，修订再版1991年又获得"光明杯优秀哲学社会科学学术著作荣誉奖"。1983年韩树英作为主编在全国党校哲学年会上做了《对〈马克思主义哲学纲要〉一书编写思想的说明》的长篇发言，说明本书对马列著作哲学基本原理的具体化、丰富和理论创新之点，受到了注意。

20世纪80年代初，韩树英响应邓小平、陈云要求全党干部学哲学，主要学习毛泽东的有关著作的号召，发表了若干论文，出版了几种著作。

韩树英1981年在全国的讨论会上发表了《关于毛泽东哲学思想研究中的两个问题》。认为《关于建国以来党的若干历史问题的决议》的发表，也为拨乱反正开启了实事求是研究毛泽东哲学思想新阶段。文章要求要从毛泽东哲学基本特点研究它对马克思主义哲学的新贡献。认为它将特殊的马克思主义基本原理和中国具体实践相结合的哲学观点和方法，上升并丰富了作为一般的马克思主义的理论与实践统一的理论和方法。而这种哲学理论和观点就主要体现为丰富和发展了认识论和辩证法的《实践论》和《矛盾论》，对其进一步的概括则是"'实事求是'是毛泽东哲学思想的精髓"。

作为韩树英毛泽东哲学思想研究的收尾之作，以韩树英为课题主持人的《毛泽东哲学》（1993）一书，将毛泽东哲学思想的"精髓"贯穿于从形成到发展的各时期和各方面的系统之中。

另一方面，韩树英在研究中也提出了某些值得斟酌或再思考的问题。如在前面提到的《关于毛泽东哲学思想研究中的两个问题》一文中提出的生产力和生产关系之间的"决定"关系被理解为"循环决定论"的问题。中文用的同一个"决定"，恩格斯用的原文则是两个不同的词："bestimmen"，"entschieden"，理解为"循环决定论"，则是混淆了历史唯物论和唯心论，表现在实践中，如"大跃进"中"一大二公三急"地改变生产关系；斯大林过早停止列宁的"新经济政策"而采取了中央用高度集权的行政力量推行的计划经济体制，遭到挫折或最终的失败。

韩树英从80年代初起把主要精力用于中国特色社会主义的理论加深研究上，着重研究的是通过社会主义市场经济走通社会主义大道。

韩树英先是对1984年通过的国有企业体制改革决定，提出"社会主义经济是公有制基础上的有计划的商品经济"，他不是就事论事，而是从唯物史观、辩证法的哲学高度论述党在经济理论上的突破。他发表了《矛盾、动力和经济体制改革》（1985）等文章，认为在社会主义阶段人们不能不联系自身的利益来考虑自己的劳动后果，不同成果的差异表现在分配上的差别成为人民内部矛盾，而这种矛盾的不断产生和不断克服便成为发展的动力源泉。这种动力贯穿于国家、企业、职工的三个层次上才发挥出社会主义内在蓬勃的动力作用。旧体制无视这种差异和矛盾，实行平均主义分配，便失去了经济发展应有的动力。这次改革的中心环节是规定企业要成为相对独立的经济实体，从生产型转变为经营型，把企业的经济提高与职工的工资、奖金相挂钩，在加强企业间协作同时，又提倡企业间的竞争。这是苏联东欧模式所不具备的。

随后，韩树英开展了关于市场经济体制模式差异的研究。

在十四大正式规定体制改革的目标建立社会主义市场经济之前，因列宁的"新经济政策"是从先前的敌视而转变为利用市场经济，而邓小平早在1979年就提出社会主义也可以搞市场经济，韩树英就用了数年时间研读了国外的有关著述。他研读了查默思·约翰逊的《通产省与日本的奇迹》后，组织力量从英文版译成中文于1992年出版，并在该书出版半年前就发表了《日本模式中的国家、市场和企业》的评介文章。

查默思·约翰逊提出了两个新概念：一是"发展导向型国家"，日本为典型代表；另一个是"调节型国家"，美国是典型代表。日本政府发展经济，而美国政府则调节经济。日本是后起的赶超型国家，提出了"计划导向下的市场经济"模式，日本经济在战后直到 90 年代的恢复和发展以及"四小龙"的发展认为都得益于这种经济模式。对于市场的作用，美国人讲它对资源配置的意义，这是日本人也知道的，但后者更强调的是通过市场经济培育和发扬国民中一种进取向上的企业家精神，通过市场竞争并由国家调节竞争来实现政府发展经济的计划目标和目的。

十四大后，他提议党校老教授协会举办有中外学者参加的研讨会并做了主题发言"要对市场经济进行比较研究"。他引用密·阿尔贝的《资本主义 VS 资本主义》和多尔等著作，对日德型模式和美英型模式做了进一步系统的比较，强调不仅同为资本主义市场经济还有模式的区别乃至对立，而事实说明前者优于后者。至于在基础上就根本不同的社会主义市场经济对资本主义市场经济模式，更不能照搬照抄，而应立足于社会主义原则，取其所长，在理论上正确处理国家规划的实现和正确发挥市场经济作用的关系，处理公有制为主体和多种所有制经济共同发展的关系等，充分发挥发展经济的动力作用，以走通社会主义大道，发展中国特色社会主义。

韩树英在 1992 年提出了立足中国国情特色的"三农"问题。

根据长期的观察和思考，韩树英在 1992 年 10 月南通召开的全国哲学讨论会上做了"农民问题和建设有中国特色社会主义理论"的发言，在理论界首次提出"三农"新概念，并对在革命时期的农民问题，在社会主义建设中应具体化为农民、农村、农业的"三农问题"的理由和解决此问题在中国具有的历史性的重大意义，做了具体的理论阐述。认为占人口百分之八十以上的农民，在国家工业化、城镇化和农业现代化的发展过程中，必将引起大量农民转化为工人，许多农村转化为城镇，现代化的农业要求农民或农业工人知识化，对这些历史性变化做好充分的理论准备乃是国情特色的需要。从此"三农"概念也被广泛使用。

1998 年温家宝来中央党校讲十五届三中全会决定时提到：中央同意了韩树英在"决定"稿征求意见时所提的关于农民、农村、农业问题的意见，并做了适当修改。这也表明了中央对"三农问题"的重视。

此后在从 90 年代中期开始，韩树英用了一些时间进行了两项活动：一是组织了"唐鸿胪井碑研究会"任名誉会长，目的是通过研究活动最终达到把日本海军当作日俄战争"战利品"从家乡旅顺掠夺到东京上献给皇室的"唐碑"，讨还回中国。另一项则是支持大连时期的老同事李元星的《甲骨文中的殷前古史——盘古王母三皇夏王朝新证》一书及相关研究工作并在 2010 年出版时给该书写了《序言》，目的是借该讨论来探究中华文明特别是中华传统哲学思想之源。

除此之外，韩树英把精力和时间都用于继续研究通过社会主义市场经济走通社会主义大道的理论和各国的实践。自"二重幻灭"（即对旧模式的社会主义和对在危机中的现代资本主义幻想的破灭）之后一些远见卓识之士把这条大道看成是世界历史发展的出路。为此，他重新研究马克思的有关论著，以加深人们对这一社会主义新的可能性论据的认识，同时在发言中批判企图要中国改旗易帜的新自由主义和老修正主义，并放眼世界，观察在世情的有规律变化中走上上述大道各国的经验和问题。在这一段时间，他一直宣传要从哲学上把握社会主义理论，认为以往社会主义的成败无不可以在对唯物史观的理解和运用上，找到根本的理论上的原因。而对唯物史观的正确理解和运用，不借助辩证法又是不行的。为了加强辩证法的逻辑力量，2012年他又把60年前起经过多种曲折而翻译的日本哲学家松村一人所著的《黑格尔逻辑学》译稿整理出版，希望它能有助于中国学者实现列宁遗嘱制定辩证逻辑。他也以这部译著的出版迎来了哲学生涯的70周年。

综上所述，韩树英作为哲学家、理论家、教育家、共产主义战士，在哲学生涯中的哲学教学和宣传工作方面，为高中级领导干部的哲学学习和思想水平的提高，为党的理论骨干的培养，为广大干部和群众的科学世界观的确立，做了大量卓有成效的工作；在哲学学术研究和教学内容革新方面，又在马克思主义哲学的中国化、时代化、现实化、通俗化上收获了丰富成果，特别是在改革开放的新时期在发展中国特色社会主义事业的哲学战线上取得了突出成就，为革命和建设事业做出了重要贡献。

三、韩树英主要论著

韩树英．1955．科学地分析社会的经济基础与上层建筑//基础与上层建筑．北京：中共中央高级党校．（内部资料）

韩树英．1957．谈关于哲学史的对象问题//哲学研究编辑部．中国哲学史问题讨论专辑．北京：科学出版社．

艾思奇．1978．辩证唯物主义历史唯物主义（第3版）．北京：人民出版社．

韩树英．1978-7-15．'一分为二'是普遍现象．理论动态，（73）．

韩树英．1981．自然辩证法与马克思主义哲学的对象、体系、结构．（内部资料）

韩树英．1982．通俗哲学．北京：中国青年出版社．

韩树英．1982．关于毛泽东哲学思想研究中的两个问题//全国毛泽东哲学思想讨论会论文选．南宁：广西人民出版社．

韩树英．1983．马克思主义哲学纲要．北京：人民出版社．

韩树英．1983-12-25．马克思主义与异化问题．理论月刊，创刊号．

韩树英．1986．对《马克思主义哲学纲要》一书编写思想//辩证唯物主义研究．北京：求是出版社．

韩树英．1991．坚持马克思主义基本原理和中国实际的结合．瞭望，（25）．

韩树英. 1992. 日本模式中的国家，市场和企业——（美）查默思·约翰逊著《通产省和日本奇迹》评介. 改革,（5）.

韩树英. 1992. 农民问题和建设有中国特色社会主义理论. 中国党政干部论坛,（4）：3-6, 35.

韩树英. 1993. 要对市场经济进行比较研究.（内部资料）

韩树英. 1994. 从哲学上把握社会主义理论.（内部资料）

韩树英. 1995. "三农"问题和建设有中国特色社会主义理论. 中国党政干部论坛,（4）.

韩树英, 罗哲文. 2010. 唐鸿胪井碑. 北京：人民出版社.

韩树英. 2010. 序言//李元星. 甲骨文中的殷商古史：盘古王母三皇夏王朝新证. 济南：济南出版社.

（日）松材一人. 2012. 黑格尔逻辑学. 韩树英译. 北京：九州出版社.

主要参考文献

韩树英. 1977. 哲学与社会主义. 北京：中央党校出版社.

韩树英. 2012. 韩树英教授90华诞·从事哲学研究与教学70周年年谱（1922-2012）.（内部资料）.

撰写者

韩树英

汪澍白

汪澍白（1922～2013），湖南长沙人。哲学家、毛泽东思想研究专家。毕业于湖南大学经济系。曾任湘潭大学教授、副校长，湖南省社会科学院院长。后为厦门大学哲学系教授。致力于毛泽东思想发展史及中国近代思想文化史的研究。曾率先开展毛泽东早期哲学思想研究，揭示出毛泽东早期哲学思想的唯心主义特质及其向唯物主义转变的复杂曲折过程；率先开展毛泽东思想与中国文化传统的关系的研究，指出毛泽东思想是在批判继承中国优秀文化传统的基础上形成的，主张把毛泽东思想摆到近代中西文化冲突的背景中进行历史考察，探究它的马克思主义和中国传统文化的双重渊源。出版专著10余部，发表论文50余篇。代表作有《毛泽东早期哲学思想探源》、《毛泽东思想与中国文化传统》、《毛泽东思想的中国基因》等。曾荣获中国图书荣誉奖、全国图书金钥匙纪念奖、第一届中国高校人文社会科学研究优秀成果奖二等奖、第二届中国高校人文社会科学研究优秀成果奖三等奖。

一、成 长 经 历

汪澍白于1922年12月20日出生在湖南省长沙县福临铺一破落地主家庭。在家排行老小，上有一个哥哥三个姐姐。父亲汪寿铭曾就学于岳麓书院，早年应试不第，后在长沙教中学。母亲姓聂。

汪澍白的大哥汪如初大革命时曾参加共产党，后从事地下活动，1932年被捕。消息传到家乡，一家人心急如焚，母亲拖着一双小脚带着年幼的汪澍白到处求神拜佛许愿。父亲抵押了田产，筹钱求人作保，大哥才得以保释出狱。父亲忧劳过度不久即去世。此事在汪澍白幼小的心灵里，埋下了对国民党专制统治仇恨的种子。

汪澍白1929～1934年在家乡上小学。1935～1938年在长沙大麓中学、岳云中学读初中。在上小学时，汪澍白思想情感上就深受到抗日救亡运动的影响，一些进步教师的授课也给汪澍白留下深刻印象。在初中阶段，汪澍白接触了更多的进步、革命思潮，阅读了包括《毛泽东自传》（斯诺笔录）、《鲁迅杂感选集》在内的一些书籍，思想上更趋左倾。1938年考入长郡中学高中部。因带头反对集体加入三青团，反对推行法西斯主义教育的军训教官，被开除学籍。后转入大麓中学读完高中。

1941年汪澍白考入湖南大学经济系学习，对学校安排的专业课程不感兴趣，主要精力放在对马克思主义书籍的自学上，研读了马恩著作《家族·私有财产和国家的起源》、《德国的农民战争》、《哲学的贫困》、《雇佣劳动与资本》、《资本论》、《反杜林论》、《路德维希·费尔巴哈和德国古典哲学的终结》，苏联哲学著作《辩证法唯物论教程》、《辩证唯物论与历史唯物论》，此外还读了左翼哲学社会科学家如李达、陈伯达、艾思奇等的近百本著作。

1944年5月，汪澍白因参与反对国民党党棍出任湖南大学校长的学潮而被捕，"保释出狱就医后，于1944年10月前往重庆，寻找中共组织。他通过多种途径，终于找到了八路军驻重庆办事处，受到中共南方局青委书记刘光的接见……刘光介绍了全国的斗争形势与全国学生运动的状况，交代了学生运动的斗争任务与斗争策略。并把刊有毛泽东《论联合政府》的《新华日报》交给汪澍白，带回湖南传播革命火种。汪澍白返回湖南大学后……经过一段时间酝酿，建立进步团体'人民世纪社'。"（《湖南人民革命史》）汪澍白任首任社长。人民世纪社策动发起了一系列反独裁反内战的集会游行等活动，"成为湖大学生运动的领导核心"，1946年2月世纪社创刊《天下文萃》，汪澍白任主编，"刊物每期发行3000份，一部分在校内散发，大部分通过地下党办的书店或邮政渠道，在省内外发行，远至延安、重庆。由于刊物旗帜鲜明，影响很大，国民党反动派视为眼中钉，于1946年5月查封"。

汪澍白1946年加入中国共产党，任湖南大学党支部书记。同年毕业于湖南大学经济系，转赴南京从事地下活动。1948年因被特务同学认出，被捕入狱。1949年年初，蒋介石下野，李宗仁出面主持和谈，释放政治犯，汪澍白被无条件释放。1949年4月解放军强渡长江，国民党军撤出南京，汪澍白受地下党委派前往接管国民党的中央通讯社，建立临时性的解放通讯社。后任新华社南京分社编辑科长。湖南和平解放后调回湖南，历任中共湖南省委宣传部理论处处长、省文委办公室主任，湖南日报社秘书长等职。

汪澍白当年怀着对国民党专制统治的不满、对民主自由的向往投身革命，新中国成立后渐渐对一些"左"的政策、路线感到跟不上，产生了距离感和怀疑。1957年因反对湖南日报社的反右派斗争中极"左"做法而受到批判和斗争，被定性为"中右"分子。1959年因抵制"三面红旗"受到批判和斗争，并被戴上右倾机会主义的帽子。1960~1964年下放国营千山红农场劳动，1964~1970年在湖南省哲学研究所工作，1970~1974年在湖南省福田"五七"干校劳动改造，1974~1978年下放湖南益阳橡胶机械厂劳动锻炼。

"文化大革命"结束后,汪澍白申请去高等学校从事教学、科研工作,获批准。1978年调入湘潭大学哲学系。用他自己的话说:"在农村和工厂读了20年'无字之书'以后,重新研读'有字之书'。"1981年评为教授,后任湘潭大学副校长。1983年任湖南省社科院院长,1984年起任厦门大学哲学系教授。

汪澍白早年曾是毛泽东的忠实信徒,经历了新中国成立后的风风雨雨,"文化大革命"结束后便下了决心,要以后半生的主要精力来研究毛泽东这个课题,并给自己定下了两条规矩:第一,坚持实践是检验真理的唯一标准,不唯上,不唯书,只唯实;第二,坚持独立思考,秉笔直书,不媚上,不媚俗。

他孜孜以求的中心问题是:毛泽东怎样使马克思主义理论与中国文化传统和革命实践相结合,从而开辟了中国民主革命的胜利道路?而在社会主义革命与建设时期,他的思想为什么又那么曲折演变,直至铸成"文化大革命"的历史悲剧?

为此他从毛泽东早期哲学思想入手进行研究,继而探寻毛泽东思想与中国文化传统的关系,是这两个领域的主要开拓者之一,对毛泽东中、晚期思想亦有深入研究。他出版专著10余部,发表论文50余篇,内容涵盖毛泽东思想发展史及中国近代思想文化史。他对毛泽东思想发展史的研究在海内外曾引起很大反响。

汪澍白所取得的学术成就也与他的人生经历密切相关。早在学生时代即很注重马克思主义理论及毛泽东思想的学习,50年代也一直从事理论宣传方面的工作,这使他不但打下了一定的马克思主义理论基础,更对毛泽东的思想理论的发展演变有深切的观察与体会;反右到"文化大革命"所经历的风风雨雨,促使他产生了对毛泽东的思想发展进行研究反思的强烈使命感;而敢于打破禁区,秉笔直书,则正是他早年追求真理、奋不顾身的革命精神的体现。

1990年汪澍白在厦门大学离休。离休以后,仍笔耕不辍。

二、主要研究领域和学术成就

汪澍白的研究领域包括毛泽东思想发展史及中国近代思想文化史,于毛泽东思想发展史用力最勤,收获最丰。

1. 研究毛泽东早期思想

他首先从毛泽东早期哲学思想入手进行研究。在湘潭大学哲学系期间,他多次访问韶山,找到一些新中国成立后尚未公开发表的毛泽东早期著作,反复研读,写了一大堆札记,最后采撷菁英,芟夷芜蔓,形成《毛泽东早期哲学思想探原》一书。

此书于1983年出版后，在当时思想文化界引起很大反响，被誉为毛泽东哲学思想的开山之作（《毛泽东哲学思想的开山之作——读〈毛泽东早期哲学思想探原〉》）。毛泽东研究专家李锐则称该书的可贵之处在于将毛泽东从天上接回人间。1993年，汪澍白的《毛泽东早年心路历程》一书出版，此书可看作汪澍白对毛泽东早期思想进一步研究的成果总结，曾荣获第二届中国高校人文社会科学研究优秀成果奖三等奖。

近代中国面临着"三千年未有之大变局"。毛泽东早期哲学思想的形成及发展，反映了这一特殊时代古今中西汇合的特征，其思想渊源极为复杂，其演变进程极为曲折。汪澍白运用其丰富的中外哲学史知识，根据毛泽东留下来的早期著述和思想资料，联系中国近代思想发展史，将之放在中国近代社会政治史的广阔背景下进行考察，经过细心钩稽整理，做平实清晰的分析，理出了一条毛泽东早期哲学思想发展的清晰脉络：孔孟经书的熏陶，康梁的思想启蒙，严复译著的影响，辛亥革命中的锻炼，陈独秀等反封建的呐喊，以及五四时期对各种思潮的兼收并蓄，最后接受了马克思主义。汪澍白指出：近代思想发展上前后相承的各个阶段，在毛泽东早期哲学思想的形成与发展中，都以高度压缩了的形式表现了出来。它们在一定时间内成为毛泽东早期哲学思想的"主导原则"，随着历史的发展，"主导原则"一个一个地被否定了，而其中许多有价值的观点和材料，却被改造和吸取到新的体系中来，这样，早期思想发展中鳞鳞相接的各个过渡阶段，就都为他后来转向马克思主义和形成毛泽东哲学思想的科学理论起着铺平道路的作用。

汪澍白在这个方面研究的主要贡献是从发展的观点来研究毛泽东，以哲学思想为突破口，对其早期著作缜密分析，揭示出毛泽东早期哲学思想的唯心主义特质及其向唯物主义转变的复杂曲折过程，打破了"天生马克思主义"的神话，将领袖人物从天上接回人间，还历史以本来面目。

2. 研究毛泽东思想与中国文化传统的关系

汪澍白在细心研读毛著时，发现中国的传统文化比之马克思主义理论对毛浸染更深，于是便致力于毛泽东思想的传统文化寻根。1987年出了《毛泽东思想与中国文化传统》一书。该书出版后引起很大反响，被誉为"国内研究毛泽东思想与传统文化关系的开拓之作"；曾荣获1987年度中国图书荣誉奖、1987年全国图书金钥匙纪念奖、第一届中国高校人文社会科学研究优秀成果奖二等奖；香港商务印书馆和台北日知堂又曾以《毛泽东思想的中国基因》为题加以重印。1996年，汪澍白出了《传统下的毛泽东》一书，此书可看作他对毛泽东思想与中国文化传统的关系的进一步研究的成果总结。

汪澍白主要从毛泽东的中西文化观、哲学思想的形成过程以及毛泽东早期的政治活动、历史观、美学思想、教育思想等方面，探讨了毛泽东思想与中国文化传统的内在联系。

80年代国内学界有一股文化研究热潮，然而，讨论中西文化冲突的许多文章，大都上溯鸦片战争至五四运动，近及当前改革开放中的各种思潮，而对于五四运动以后马克思主义的传入和毛泽东思想的形成、演变，则往往避而不谈。汪澍白认为，避开这一问题而"讨论当前许多问题的是非得失，殊难理清头绪"。为此，他首先就剖析了毛泽东在近代中西文化冲突中的文化抉择。在五四运动中，毛泽东在他的老师杨昌济的影响下，形成了颇具特色的中西文化观。这就是：对中国传统文化和西方文化都采取分析批判的态度，力求把二者结合起来，强调研究国情和改造现实，特别是通过改造哲学和伦理学来改造现实。毛泽东在"成为一个马克思主义者以后，进一步结合实践发扬了这一特色，那就是坚决抵制了20年代末和30年代初那种把马克思列宁主义教条化和把共产国际指示与苏联经验神圣化的倾向，努力把马克思主义的普遍原理同中国革命的具体实践结合起来"。也正是这种独特的文化态度，促使他对中国的传统文化认真加以扬弃，取其精华，去其糟粕，把从西方传入的马克思主义同中国的优秀文化传统结合起来，推进马克思主义的中国化。正是在上述意义上，汪澍白认为毛泽东思想是近代中西文化碰撞和交融的产物。

时人研究毛泽东思想的形成，或则只是溯源于马列主义，而忽视了它与中国传统文化的继承关系，或则只是注目于中国革命实践经验的总结、而不详及近代文化论争，这难免失之偏颇。纠正这种偏颇，把毛泽东思想摆到近代中西文化冲突的背景中进行历史考察，探究它的马克思主义和中国传统文化的双重渊源，这是汪澍白研究毛泽东思想的着力处和独到处。他对"实事求是"精神及《实践论》、《矛盾论》两篇哲学著作与中国文化传统的深刻联系的考察，即颇具代表性。

"实事求是"本是中国哲学的传统命题，时人论及这一问题，但大多尽于语源辞义的考索。汪澍白则抓住"实事求是"的精神实质，指出这一观念是儒家实用理性精神的典型表现，并深入探讨了儒家讲求实际的理性精神的流变以及清代"经世致用"的"实学"传统对毛泽东的影响，从而揭示了"实事求是"思想路线与中国文化传统的渊源关系，正确地阐明了毛泽东在钻研马克思主义哲学的基础上，怎样注意继承和发扬中国的优秀文化传统。他指出："实事求是"不仅是运用马克思主义原理对中国革命经验所作出的理论概括，而且也是对中国优秀文化传统的批判继承。

《实践论》、《矛盾论》是两篇具有中国特色的马克思主义哲学著作。从字面上看《实践论》并没有征引中国古代哲学家的著作。汪澍白从《实践论》对传统哲学范畴

"知行"的使用，对"亲知"的强调，1951年在公开发表时加上"认识和实践的关系——知和行的关系"的副标题，分析并揭示了《实践论》与中国古代知行学说的内在联系。汪澍白指出，中国古代的知行学说并没有真正解决理论和实践的关系问题。毛泽东总结中国革命的实践经验，尤其是自己同教条主义做斗争的切身经验，并运用辩证唯物论的理论武器，从而科学地解决了这个问题。

《矛盾论》从标题看即带有鲜明的民族特色。早在战国时期，韩非子就用"矛盾"来表述事物的对立统一关系。但是，传统哲学中的矛盾学说是一种朴素的古代辩证法，它的原有形式对我们并不适用。毛泽东在《矛盾论》中对古代矛盾学说进行了一番扬弃、改造。例如，中国古代辩证法在矛盾转化问题上普遍存在忽视转化条件的缺陷，《矛盾论》则运用马克思主义哲学原理，科学地阐发了条件对于矛盾转化的重要性。汪澍白还以大量的史料说明毛泽东在实际斗争中如何娴熟地运用矛盾转化原理，如何创造条件来促使矛盾向着有利于革命的方向转化。

毛泽东以及当时其他一些共产主义者，在运用马克思主义指导中国革命实践之初，还来不及研读很多马列原著，在很大程度上都是从意识的"先结构"即头脑中既有的思想因素出发，去把握、补充、阐释主要是通过第二手材料而传到中国的马克思主义。因此，得自中国传统文化的智识养分对作为科学体系的毛泽东思想的形成有着重要的影响。对此，汪澍白作了深刻的剖析，揭示了两条基本线索："一条是继承于顾炎武、王夫之以来的'经世致用'的'实学'传统，并与西方传入的近代唯物主义经验论相结合，开后来转向马克思主义和提倡'实事求是'思想路线的先河。另一条是继承以朱熹为代表的理学传统，同新康德主义、新黑格尔主义相融汇，究心于探求性理之大原，形成他终生极其重视哲学和政治世界观的基本思想。"（《毛泽东思想与中国文化传统》）汪澍白认为，在毛泽东的早期思想中虽然也渗进了一些西方资产阶级的学说和观点，但处主导地位的是中国的文化传统，诸如"经世致用"的实学传统，探求宇宙之"大本大原"的理学传统，"观往迹以制今宜"的重史传统，儒家的"道统论"和圣人观，"格物致知"、强调"亲知"的知行观，"相反相成"的矛盾观，"仁、智、勇三达德"的人才观，古代书院注重自学的教学传统等。毛泽东就是在这些传统文化历史性因素的基础上接受了马克思主义。此后，他一方面运用新学到的马克思主义理论，对这些既有因素进行清算和扬弃，另一方面又把传统文化的积极因素消融在对马克思主义的阐释之中，从而赋予了马克思主义以鲜明的中国特色。

汪澍白在揭示中国文化传统与作为科学体系的毛泽东思想的内在联系的同时，也指出了传统文化中的消极因素对毛泽东个人思想的消极影响。中国文化传统是在小农和封建经济基础上形成的，它的积极因素和消极因素都已成为深沉的历史积淀。就毛泽东个人来说，传统文化中的消极因素对他渗透和侵蚀表现为他早年受其影响，后来对消极因素作了扬弃，但在他晚年这些又得到"复活"。例如，中国传统思想中有治乱循环的历史发展观。毛泽东在接受马克思主义前曾受过这种循环论思想的影响。后来他"对我国古代的矛盾转化思想进行了一番革命的改造"，摒弃了封闭性的循环论，强调"推陈出新"。但他在晚年发动"文化大革命"时，又得出"由治到乱，由乱到治，七八年来一次"的可怕结论，倒退到循环论。

3. 对《实践论》、《矛盾论》与苏联30年代哲学著作的关系的研究

汪澍白的这一研究体现在《"两论"与苏联三十年代哲学著作的关系》一文中。这篇文章全文4万多字，传播不广，仅载于1993年出版的《毛泽东思想的双重渊源》一书，但该研究深入地揭示了毛泽东的重要哲学著作《实践论》、《矛盾论》与苏联30年代哲学著作间的密切联系，具有重要意义。

汪澍白在《毛泽东思想的双重渊源》一书《后记》中，交代了这一研究的原委："1941年我考入湖南大学经济系……我当时却已接受革命思想的熏陶，把课本丢在一边，以全副精力攻读马克思主义理论……从图书馆借阅了一批苏联30年代红色教授的哲学教本以及我国左翼哲学社会科学家的著作。西洛坷夫·爱森堡等著的《辩证法唯物论教程》，米丁著的《辩证唯物论与历史唯物论》以及《新哲学大纲》，都在这时仔细读过，为我学习和研究马克思主义理论打下了初步基础……新中国成立以后，《实践论》、《矛盾论》公开发表。我当时正在从事理论宣传工作，曾经带着兴奋的心情来学习这两篇中国化的马克思主义哲学著作。同时，也很自然地联想起学生时代读过的苏联哲学书，觉得它们之间有着相当密切的继承性联系……'文化大革命'风雨过后，中国马克思主义哲学史学会于1979年在厦门召开成立大会，我在大会发言涉及'两论'与苏联30年代哲学著作的关系问题，但没有充分展开。80年代中期，又就此给厦门大学哲学系研究生作过专题讲座。1988年，中央文献研究室编辑的《毛泽东哲学批注集》出版，我便将研读《毛泽东哲学批注集》与修订讲稿结合起来，写成了《'两论'与苏联三十年代哲学著作的关系》这篇考证文章。因全文篇幅较长，征引材料较多，不便在期刊发表，一直压在柜底。"

汪澍白指出，同我国许多早期的共产主义者一样，毛泽东并没有在书斋里或课堂上系统地学习和研究过马克思主义。他虽在投身革命后，在长期艰苦卓绝的斗争中从未放松马克思主义理论的学习。但他认真地研读理论著作并对中国革命经验进行总结概括，主要还是经过长征到达陕北以后的事。汪澍白认为，毛泽东批读30年

代苏联哲学著作,是他当时学习马列主义的主要渠道;毛泽东的重要哲学著作《实践论》和《矛盾论》,就是在深入研究这些哲学教本的基础上形成的。汪澍白曾撰有《〈实践论〉〈矛盾论〉与中国哲学传统》一文,仔细剖析了"两论"对中国传统哲学的知行观和矛盾学说的总结和批判继承。

三、汪澍白主要论著

汪澍白,张慎恒.1980.青年毛泽东世界观的转变.历史研究,(5).

汪澍白,张慎恒.1981.毛泽东哲学思想形成的一个准备阶段(一).求索,(4).

汪澍白,张慎恒.1982.毛泽东哲学思想形成的一个准备阶段(二).求索,(3).

汪澍白,张慎恒.1982.毛泽东哲学思想形成的一个准备阶段(三).求索,(4).

汪澍白,张慎恒.1983.毛泽东早期哲学思想探原.北京:中国社会科学出版社;长沙:湖南人民出版社.

汪澍白.1987.毛泽东思想与中国文化传统.厦门:厦门大学出版社.

汪澍白.1989.文化冲突中的抉择 中国近代人物的中西文化观.长沙:湖南人民出版社.

汪澍白.1990.毛泽东思想的中国基因.香港:商务印书馆(香港)有限公司.

汪澍白.1991.艰难的转型 中国文化从传统向现代转化的宏观考察.长沙:湖南出版社.

汪澍白.1993.毛泽东早年心路历程.北京:中央文献出版社.

汪澍白.1993.毛泽东思想的双重渊源.厦门:厦门大学出版社.

汪澍白.1993.毛泽东与中国文化.香港:中华书局(香港)有限公司.

汪澍白.1996.传统下的毛泽东.北京:中国青年出版社.

汪澍白.1999.二十世纪中国文化史论.北京:中国青年出版社.

汪澍白.2000.毛泽东对斯大林的评价.同舟共进,(4).

主要参考文献

汪澍白.1989.《中西文化与毛泽东早期思想》序//黎永泰.中西文化与毛泽东早期思想.成都:四川大学出版社.

中共湖南党史委编.1991.湖南人民革命史(新民主主义革命时期).长沙:湖南出版社.

汪澍白.1994.闯入龙潭虎穴.湖南党史,(6).

汪澍白.2008.我对1978年伟大历史转折的感受.炎黄春秋,(8).

撰写者

汪希(1961~),汪澍白的儿子,任教于厦门大学哲学系。

蒋孔阳

蒋孔阳（1923～1999），重庆万州人。美学家、文艺理论家。曾任中华美学学会副会长、全国高校美学研究会副会长、上海社联副主席、上海美学学会会长、上海文联委员、中国作家协会理事、上海作家协会副主席、全国文艺理论学会常务理事、《文学评论》通讯编委、复旦大学文艺理论教研室主任、美学研究室主任、艺术教研室主任、系学术委员会主任、校学术委员会委员、《复旦学报》（社会科学）编委会主任、文艺学国家重点学科学术带头人、国务院学位委员会学科评议组成员、哲学社会科学"七五"规划委员会委员。他在美学、文艺理论等多个领域都有突出的贡献，其以实践论为基础、以创造论为核心的审美关系论美学理论体系和学派在国内外已产生了较大影响。代表作有《美学新论》、《德国古典美学》、《先秦音乐美学思想论稿》等。1991年获上海首届"文学艺术杰出贡献奖"，1988年作为中国唯一代表出席第10届国际美学会议。美学上强调了美与美感的多样性、丰富性和具体性。曾提出"综合比较"等研究方法。

一、成 长 经 历

1923年1月23日，蒋孔阳出生于四川万县（今重庆万州市）三正乡的苦葛坝村。蒋孔阳的父亲蒋光社给他起了一个爱阳的乳名，一直到上了小学，蒋孔阳才正式取了当时的大名：蒋术明。蒋家当时共有9口人，蒋孔阳的父亲是独生子，全家大约有七八十亩地。在周围的七八十里地之内，蒋家算是比较富裕的一家了。蒋孔阳自认为，他是一个感情型或者说是内向型的人。他对外界缺乏敏感，而对人际关系的周旋更是缺乏才干。也许他自己的性格，是与理论家的推理力和综合的想像力结合起来的，正因为这样，蒋孔阳既没有走文学艺术的创作之路，也没有走科学哲学的理论之路，而是走了介于二者之间的边缘科学即美学和文艺理论的道路。

1936年春，蒋孔阳上升到万县私立致远初级中学。他从乡下来到城里，从童年走到了少年，他面前的天地更广阔了。在读高中的时候，蒋孔阳就喜欢上了文史哲，但因病误了考期，唯有校址在重庆南温泉的中央政治学校（前中央政治大学）还在招考，最后考取该校经济系，学校的待遇也解决了他求学的经济困难。入大学后，因读到《诗经·七月》中"我朱孔阳，为公子裳"，觉得"孔阳"二字念起来响亮，便以"孔阳"为号，"孔阳"合"明"的意思。中央政治大学讲哲学的有冯友兰的人生论课程和贺麟的逻辑学课程，尤其是贺麟的《小逻辑》，讲得很好，对蒋孔阳很有影响，也为他研究美学文艺理论打下了基础。在中央政治学校读书时，虽然读的经济系，蒋孔阳却善于把图书馆当成课堂，在课外任意阅读着他感兴趣的文史哲方面的书，尽情地在知识的海洋里翱翔。如冯友兰的《新理学》、张东荪的《新哲学论丛》，方东美的《科学哲学与人生》，还有朱光潜和宗白华的书籍，如宗白华的《流云小诗》、《中国艺术意境之诞生》和林同济等人的文章，都曾引起过蒋孔阳的极大兴趣。他还很爱读人物传记，如《哥伦布传》、《弥盖朗基罗传》和《斯宾诺莎传》等。

1944年冬，蒋孔阳40多岁的母亲过世，蒋孔阳悲痛万分，写了悼念母亲的文章《妈妈的影子》。1948年5月，蒋孔阳应林同济之邀，赴上海任海光图书馆的文学编译。在这里，蒋孔阳阅读了大量的文史哲书籍，对西方的文学作品也发生了浓厚的兴趣，接触到了雨果、巴尔扎克和果戈理等人的作品，撰写了关于《红字》等作品的书评，从此，蒋孔阳开始了他的专业学术生涯。他曾经撰写了《古代最博学的人——亚里士多德》、《巴尔扎克生活中的一天》、《巴尔扎克与钱》和《莎士比亚译诗三章》等，译著库尼兹《苏联文学史》（改名《从文艺看苏联》）由商务印书馆出版。1951年7月7日，他写完了《学习苏联小说描写英雄人物的经验》一文，发表在《人民文学》9月号，产生了较大的影响，这是第一次在大刊物上发表文章。蒋孔阳后来回忆说，这是自己"正式跨入文艺理论工作的第一步"。1951年，蒋孔阳到复旦大学任教，开始时做新闻系讲师，教新闻写作，后调入中文系，担任文艺理论的和西方美学的教学工作。

20世纪80年代，蒋孔阳与国际美学界有过许多交流。1980年去日本神户大学中国语言文学系担任为期一年的客籍教授，1988年到英国诺丁汉大学参加了国际美学会议，1993年到美国探亲的同时又在相关高校进行了学术交流活动，做过一些学术报告。进入80年代，蒋孔阳出版、发表了一系列重要的著作和论文，其文艺学美学思想，引起了学术界的高度重视，产生了很大的影响。1984年5月，蒋孔阳的《德国古典美学》获上海高教文科科研成果奖二等奖。1986年5月，《美和美的创造》获上海市社联（1979～1985年度）优秀学术成果奖特等奖。1986年9月，《德国古典美学》获上海哲学社会科学奖优秀著作奖。1980年，蒋孔阳参加了在昆明召开的中华全国美学学会第一次会议，被推选为理事。上海美学研究会成立，蒋孔阳又被推选为会长。蒋孔阳到广州参加全国高校文艺理论研究会，被选为常务理事。1983年被选为上海市第六届政协委员，同时当选中国农工民主党上海市委委员、复旦支部副主任委员，并担任复旦大学中文系文艺理论教研室主任。1985年3月14日，蒋孔阳又被聘为国务院学位委员会学科评议组"中国语言文学"评议分组第二届成员（1985～1991）。1986年10月28日，蒋孔阳又赴京参加全国哲学社会科学"七五"规划会议和中国作协理事会会议。1986年11月12日，蒋孔阳被聘为上海市委宣传部特邀研究员。这一时期，蒋孔阳在学术上最重要的事情是提出了创造论美学的主张。1983年，蒋孔阳开始正式开始撰写《美学新论》这一总结性著作，一直到1992年全部完成。这本书是蒋孔阳一生美学思想的总结之作，出版后获得了学界的高度评价。

20世纪80～90年代，蒋孔阳对新中国成立以后，尤其是新时期以来我国美学研究的现状进行了冷静的思考和总结，发表了一系列相关文章。蒋孔阳认为进入90年代，我国美学研究的热度逐渐减弱，而这正是我国美学研究进入常态的一种表现，标志着我国美学研究正向纵深方向发展，进入到了一个平稳发展的时期。这一时期，蒋孔阳还担任一些过学术机构的领导职务，如文艺学国家重点学科学术带头人、国务院学位委员会学科评议组成员、中华美学会副会长、上海社科联副主席、上海美学学会会长以及中共上海市委宣传部特邀研究员等学术职务。蒋孔阳晚年在学术上还做了两件大事，对中国当代美学的发展也同样具有重大的意义。其一，就是组织编撰《哲学大辞典·美学卷》。还有一件学术盛举，就是由蒋孔阳和朱立元等共同主持的《西方美学通史》的撰写工作。1992年，蒋孔阳领衔的"文艺学美学系列配套课程建设"先后获国家级优秀教学成果奖二等奖和上海市优秀教学成果奖一等奖。1994年7月，《美学新论》获上海市哲学社会科学优秀成果著作奖一等奖。1995年12月15日，著作《美学新论》获全国高等学校首届人文社会科学研究优秀成果著作奖一等奖。这些奖项连同1991年获得的"上海市首届文学艺术奖杰出贡献奖"一起，是对蒋孔阳一生学术成就的肯定和褒奖。

与此同时，学术界还开展了一系列关于蒋孔阳美学思想的研究活动。早在1987年3月，《蒋孔阳美学思想研究》一书，就已由辽宁人民出版社出版。1991年5月11～13日，复旦大学中文系、上海作家协会、上海社联和上海美学学会等单位，联合举办"蒋孔阳美学思想研讨会"。时值蒋孔阳从事文艺理论和美学研究40周年，《上海文论》第3期特发专辑以志祝贺和纪念。1992年6月，朱立元主编的《当代中国美学新学派——蒋孔阳美学思想研究》一书由复旦大学出版社出版，收入研究论文和评介文章22篇。1994年1月，由北京大学出版社出版的《中国二十世纪文学研究论著提要》收录蒋孔阳著《论文学艺术的特征》、《形象与典型》、《德国古典美学》、《美和美的创造》、《先秦音乐美学思想论稿》和《蒋孔阳美学艺术论集》等词条。1995年10月31日,"蒋孔阳《美学新论》研讨会"在上海音乐学院召开。1998年1月3日,"蒋孔阳、濮之珍教授从教50周年庆祝会"、"蒋孔阳美学思想研究暨21世纪中国美学走向学术研讨会"在复旦大学召开。此外还有大量关于蒋孔阳美学思想的研究论文在《文学评论》、《文艺研究》、《文艺理论研究》和《学术月刊》等刊物上发表。1999年1月,《上海大百科全书》收录"蒋孔阳"词条。2000年6月24日,复旦大学、上海社联、上海作协等单位在白玉兰宾馆联合举办了"蒋孔阳美学思想与新世纪美学研讨会",来自全国各地的150余位专家、学者参加了会议,会上宣布设立了"蒋孔阳美学奖学基金"。

二、主要研究领域和学术成就

蒋孔阳学识渊博,治学严谨,在中国美学、中国文论、西方美学、西方哲学等多个领域都有独到见解和卓越贡献。他的美学研究不仅在中国产生了重大影响,而且也受到外国学者的高度肯定。他出版学术专著、诗歌散文等众多作品,担任过众多重要学术职务,是一位德高望重的学者。代表作有《美学新论》、《先秦音乐美学思想论稿》、《德国古典美学》等。他的以实践论为基础,以创造论为核心的审美关系论美学理论,被美学界誉为当代中国原来四大派美学以外一个新的重要学派的代表人物。蒋孔阳的美学思想主要有三个方面:其一,关于美,他强调意识源于物质生产劳动,强调美的客观基础在社会实践。其二,他认为,美学研究的出发点和重点是人与现实(世界)的审美关系,人是审美关系中的主体,现实世界在审美关系中为客体,审美主客体及其审美关系是变动的、生成的。艺术是美学研究的中心。其三,他强调美在创造中。

1. 20世纪50年代文论思想

蒋孔阳高度重视和突出作家的创作个性,这在当时尤其难能可贵。当时苏联文论体现了国家意识形态,作家创作的个性特点不被重视。而蒋孔阳不拘于这种国家意识形态,充分重视文学作品的个性特征。蒋孔阳50年代受到批判的所谓资产阶级人性论思想,恰恰体现了艺术自身的规律。蒋孔阳对普遍人性给予充分的重视,尤其充分重视人的个性特征。因此,他在讨论典型问题时突出强调典型鲜明的个性特征。蒋孔阳强调个性与他对人性的看法结合在一起。他主张,作家的主观倾向性不等于他的阶级立场，人性具有共同性和复杂性。蒋孔阳对作家创作个性和人性的共同性和复杂性等问题的认识在当时是需要勇气的，对其后中国文论思想的发展有重大影响。蒋孔阳的这一观点，直到新时期才得以继续和发扬。

蒋孔阳高度重视文学中的感情和感性特点，重视文学作品对读者的感染力。他认为这是文学的特征和特殊规律。蒋孔阳认为文学作品要从感情上打动读者，使读者在感情上得到满足，受到陶冶。蒋孔阳50年代的文学理论建构，从一开始就强调文学作品的情感本位特征，注重情感的创造性功能。他虽然囿于苏联文论体例，未能在章节中突出感情，但在字里行间一直在强调情感的价值，强调伴随着情感的想像的感染力。在他看来，作家要以切身的情感体验、朴素自然的语言形式来创造文学形象，读者只有通过这些形象才能获得情感的陶冶从而提升自己的精神境界。蒋孔阳不仅在理论上强调这一点，而且在自己的著作中也以生动活泼的语言来表达自己对文学的认识，从而使理论与实践获得了良好的统一。

受季摩菲耶夫和毕达可夫等苏联文论思想的影响，加之年轻时代受到西方文论的熏陶，蒋孔阳一方面强化了文学理论的学科性和意识形态性，这使得他的《文学的基本知识》和《论文学艺术的特征》能将文学理论上升到美学的高度，具有一定的系统性和内在逻辑性。另一方面，蒋孔阳又从中国古代和现代的作品分析出发，重视对文学作品的分析，超越了苏联的理论框架，突出了文学理论的民族化和本土化。蒋孔阳在当时虽然借鉴了苏联等西方文学理论，但其最大的贡献在于他不拘泥于苏联文论体系，而是通过具体的中国文学史现象给予解释，形成了自己的文论体系，在当时影响很大。他反对空洞无物，强调融化理论体系、强调生动活泼、强调概念解释具体明确，使其理论得以消化和具体化，并在阐释中体现了自己独到的体会，使得蒋孔阳的理论比较具体和易于消化，从而对广大读者起到了重要的启蒙作用。许多青年读者后来都走上了文艺学研究的道路。蒋孔阳把马克思主义文论思想融入他已有的知识结构中，结合中国具体的文学实际将其中国化，而不是简单地抛弃过去来接受马克思主义思想，这在教条主义盛行的当时是难能可贵的。蒋孔阳50年代的文论虽然不可避免地打上了时代的烙印，存在着一定的局限性，如在论述社会主义现实主义等部分不可避免地还有一些教条主义色彩，但其中包含着蒋孔阳充沛的激情、对文学作品的真情实感和切身体验，在当时具有重要的现实意义。

2. 德国古典美学研究

1961年，蒋孔阳开设了《西方美学》和《修正主义文艺思想批判》课程，参与了伍蠡甫主持的《西方文论选》编译工作，而且还在7月4日的《文汇报》上发表了《康德的美学思想——简评〈判断力批判〉》一文。这个时候，康德作为资产阶级唯心主义美学思想的创始人，他的美学思想在国内是被贬得一文不值的。而蒋孔阳在这篇文章里却对康德的美学思想进行了客观公正的评价。随后，蒋孔阳又分析了康德美学的局限性和不足之处。在这个时候，蒋孔阳能够对康德进行客观公道的评价，是相当不容易的。1980年6月，《德国古典美学》由商务印书馆出版。这是我国第一部西方美学断代史研究专著。1983年7月，美国《现象学信息报》第7期载文评介《德国古典美学》。1984年5月，著作《德国古典美学》获上海高教文科科研成果奖二等奖。1986年9月，《德国古典美学》又获得了上海哲学社会科学奖优秀著作奖。1997年，《德国古典美学》由商务印书馆再版。

蒋孔阳运用马克思主义的唯物主义历史观点，分析了德国古典美学形成和发展的原因。蒋孔阳通过对当时的社会阶级状况的分析，简析了德国古典美学家们的阶级局限性，但他并没有仅仅停留在对其阶级局限性的分析和批判，而是进行综合考虑，分析了德国古典美学之所以取得如此巨大成就的原因。这种分析是在阶级分析的基础上，把当时各方面的条件看成是一个完整的统一体，其中每一个方面对德国古典美学的形成都起到了重要的作用。蒋孔阳对德国古典美学的研究，自始至终都有一种整体的研究视野。蒋孔阳首先从整体的社会历史背景中概括了德国古典美学的形成、发展和其内在规定性。蒋孔阳不仅在总体上从社会时代的经济基础、阶级基础和思想文化的角度论述了德国古典美学家们美学思想之间的有机性和整体性，而且还从整体上分析了德国古典美学的思想来源。蒋孔阳不仅从宏观论述和具体分析的角度论述了德国古典美学产生的社会经济的、文化的和阶级的基础，以及德国古典美学的思想来源，而且在对德国古典美学的贡献和它在西方美学史上的地位也是通过这种整体性的视野来进行评价的。

蒋孔阳《德国古典美学》的出版，对于当时中国学界来说是相当及时的，契合了当时文艺学、美学界的需求，有提纲挈领、针砭时弊之功。蒋孔阳是西方美学研究的大家，《德国古典美学》是他的代表作。这里凝聚着他的治学体验和他对中国现代美学和文艺思想的思考。他曾在与博士生张德兴的一次对话中强调，我们在研究和引进西方美学的时候，不能只重技巧不重心灵，这样会有很大的危害；要注意主体性的问题，如果失去了自己的主体性，那么就会把庸俗当作高尚。这一点在《德国古典美学》当中是有着鲜明的体现的。因此，面对西方美学漫长的发展历史和庞大的美学体系，如果不能保持冷静和客观的研究心态，失去了客观的标准，其后果也是很严重的。

3. 先秦音乐美学思想研究

蒋孔阳的先秦音乐美学思想研究，是他中国古典美学研究的组成部分。这其中既有历史的必然性，也有很多现实的偶然性。因为，蒋孔阳一直对中国古典美学情有独钟，早就打算系统地研究中国古代的美学思想；除了对先秦音乐美学的研究之外，蒋孔阳还对唐诗美学和中国绘画美学进行过研究，在国内外的讲学中，他还专门讲授过孔子的美学思想。蒋孔阳发现，先秦时期的各种文献中有许多讨论音乐的资料，这让蒋孔阳认识到音乐在中国古代社会生活中的重要地位。于是，蒋孔阳就产生了研究中国古代音乐美学思想的念头。

蒋孔阳选择了先秦时期有关音乐的美学思想进行研究。这主要包括两个方面，一是通过当时人们关于音乐的言论，来了解当时人们的美学思想；二是联系当时人们的审美观点，来探讨当时人们关于音乐的审美要求和审美评价。研究对象确定了以后，蒋孔阳主要是从三个方面进行研究的：首先是把音乐与中国上古时期的社会生活和哲学思想联系起来进行研究，勾勒了先秦音乐美学思想形成和发展的大致轮廓。其次是把当时诸多学派关于音乐的美学思想作为一个整体来研究，并在整体视野下发现它们之间的异同，做了普遍性与特殊性、共性与个性的统一。再次是倡导审美意识与美学思想相统一的研究方法。关于中国古代美学研究的这一方法，蒋孔阳多次提到过，可以看出他对这一研究方法的重视。蒋孔阳认为，从考古发掘来看，早在新石器时代，原始人对兽骨、贝壳、石珠等的加工，已表现了中国人类最早的审美要求。

蒋孔阳《先秦音乐美学思想论稿》出版以后，在学术界产生了广泛影响，引起了学界的广泛关注。但这部书稿的出版，与蒋孔阳在"文化大革命"时期的经历一样，也经历了许多波折。蒋孔阳对这部书稿之所以如此珍爱和重视，还有一个重要的原因，就是因为这部书与他在"文化大革命"间的不公平待遇是密切相关的。这部书稿里的一字一句都铭刻着蒋孔阳对这一时期生活的体验和思考。正是在这部书的写作过程中，蒋孔阳鼓励着自己，安慰着自己，自己与自己对话，独自与宇宙沟通和交流，同时也寄托着他的性灵和理想。因此，这部书稿的写作与蒋孔阳当时的生活经历是结合在一起的，寄托了他对人生的体验和思考。经过许多曲折的经历之后，1986年8月，《先秦音乐美学思想论稿》一书终于由人民文学出版社出版。这部书稿出版之后，立即在学术界产生了较大的学术反响，当时就引发了蔡仲德等学者的不同意见，此后不断有相关的讨论文章问世，一时间，中国古代音乐美学思想研究蔚为大观。直到现在，仍然有许多学者在他们的研究著作中经常引用蒋孔阳的这部写于 30 多年以前的著作。

4. 20 世纪 70~80 年代文论思想

蒋孔阳通过对形象和形象性的分析，论述了文学艺术作品独特的内在规定性。他又从社会生产实践的角度，考察了形象与社会生活之间的内在关系，论述了形象的丰富性、复杂性和生动性等特点。在关于形象思维的讨论中，有些同志否认形象思维是一种思维的形式，蒋孔阳认为形象思维是客观存在的。他对形象思维的观点，有着鲜明的独特性。他认为文学艺术的典型正是通过形象思维造就的。首先，蒋孔阳从思维形式的角度把形象思维的特征概括为两个方面，一是文学家艺术家用形象思维来进行艺术构思，是把感觉能力与理解能力结合在一道，通过感性的形式来对现实进行理性的分析和综合。二是用形象思维来进行艺术构思之所以能够从感性认识上升到理性认识，还因为用形象来思维的形象，不是反对形象思维的同志所说的那种具体事物的形象，而是艺术家在现实生活的基础上所重新创造出来的艺术形象。其次，蒋孔阳从现实生活的角度，概括了形象思维的具体性和生动性的特点。形象思维的具体性是指形象思维是与具体的社会生活联系在一起的，因而具有具体性。再次，蒋孔阳还从形象的角度概括了形象思维的个性化和性格化的特点。

典型问题是 20 世纪 70~80 年代，中国文艺理论界重点讨论的问题之一。蒋孔阳认为，不仅典型的特征中要通过个别反映一般，而且典型环境也是有着个性特征的。典型既是个别的形象，又要深刻地反映社会生活的本质规律，这就涉及典型化的问题。蒋孔阳认为典型化和个性化是可以统一的。蒋孔阳还讨论了典型与典型性之间的辩证关系，界定了两者不同的内涵和外延。他还把典型性与形象、形象性联系起来谈论，论述了典型与形象、典型性与形象性之间的辩证关系。总之，蒋孔阳从文学艺术作品本身出发讨论了典型的问题，对典型的内涵、典型化、典型环境以及典型与形象等问题进行了深入的研究，形成了独特的典型理论。他不仅把强调典型与现实生活之间的内在逻辑关系，强调个性化和概括性的统一，而且还把典型与形象、形象性等问题联系起来讨论，突出了认识价值和审美价值。这些问题之间相互联系，彼此构成，形成了严密的逻辑体系，是比较成熟的文艺典型观。

蒋孔阳不仅注重文学理论探讨，而且还重视批评实践。他的批评实践从青年时代就开始尝试，到 20 世纪 80 年代还在继续。理论研究推动了批评的深化，而批评又丰富、充实和修正了他的文学理论，两者之间形成了良性互动的关系。蒋孔阳高度重视文学评论的价值和意义。他认为评论家应该有扎实的理论基础，思想解放，注重研究实践，敢于与作家相互交流，总结作家创作的经验和教训，这样才能为作家的创作出谋划策，做出引导。

5. 中国诗画美学研究

蒋孔阳对唐诗的研究，主要集中在对唐诗的美学特征的归纳方面。首先是唐诗的音乐美。蒋孔阳把诗歌的音韵和音乐的韵律进行比较，论述了唐诗的音乐美。唐诗作为中国语言艺术的代表，十分讲究音韵和格律，读起来朗朗上口，因此唐诗首先具有音乐美。其次是唐诗的建筑美（或者视觉美）。蒋孔阳通过与建筑的比较讨论了唐诗的建筑美或视觉美。再次是唐诗的个性美。蒋孔阳十分推崇唐诗的个性之美。他认为一首诗成功不成功，除了押韵、平仄、对偶等这些形式的因素，以及题材、主题等内容的因素之外，个性特色是最为根本、最为重要的一个因素。最后是唐诗的意境美。唐诗作为中国古代诗歌艺术的代表，它有自己的成系统的技巧机制，从而形成独一无二的艺术世界，这个艺术世界就是唐诗的意境美。蒋孔阳对唐诗四方面审美特征的概括是建立在批评与欣赏相结合的基础上的。蒋孔阳不是从理论到理论，而是以切身的情感体验为核心，紧密结合对具体作品的欣赏和分析来进行的，因而这些概括就很具体，读起来也给人审美的享受。

中国古代绘画美学研究，是蒋孔阳中国古典美学研究的重要组成部分。在中国古代美学体系中，蒋孔阳把中国绘画美学及其理论体系放在了很重要的位置。蒋孔阳对中国古代绘画美学的研究有以下三个特点：首先是动态的历史观点。蒋孔阳注重从中国画论历史发展过程的角度来讨论中国的绘画美学。其次是主体思想。蒋孔阳十分重视中国古代画论美学中所蕴含的主体思想。这一点主要体现在蒋孔阳对中国古代画论所提出的"师造化"和"法心源"之间关系的问题的讨论上。再次是整体视野。蒋孔阳从整体的角度概括了中国古代绘画美学的三个独特性，即：在形似与神似统一的基础上，强调美在神似；在师造化与法心源二者的统一中，强调美在画家的人品和修养；在个体与整体的统一中，强调美在整体的境界。

唐诗美学、中国绘画美学和先秦音乐美学三方面内容，构成蒋孔阳中国古代美学研究的主要内容。这些研究与他对西方美学的研究和文艺理论研究结合起来，就构成了蒋孔阳美学思想的整体框架。蒋孔阳认为中西美学比较研究是建立有中国特色的美学理论和文学理论、促进我国当代美学研究工作现代化的一条重要途径。为什么研究中国古代美学要先学习一些西方美学呢？蒋孔阳认为，首先，美学作为一门学科，是从西方输入的，美学研究的对象、范围以及一系列的名词、概念、术语和范畴，差不多都是从西方输入的，如果对这一点一无所知，那是没有办法研究美学的。其次，有了西方美学思想的修养，可以更为深入地理解中国古代美学的名词、术语，并将之吸收到现代的美学思想中来。因此，研究中国美学思想要以西方美学为参照，发现其异同，才能更好地进行研究。从整体上看，蒋孔阳一生的美学思想研究就是一种中西美学的比较研究。蒋孔阳不是在宏观上对中西方美学思想进行简单的比附和辨异，而是对中西方美学的一个个具体的、重要的问题进行了扎实的研究。

6. 以实践论为基础、创造论为核心的审美关系论美学

早在20世纪50～60年代的美学大讨论中，蒋孔阳的美学思想里就有了实践观的萌芽。在对实践内涵的理解上，蒋孔阳与李泽厚所理解的狭义实践观不同，而与朱光潜等人的实践思想一致。蒋孔阳主张，物质和精神的劳动同样都可以创造美。他强调艺术创造的核心地位，把精神生产也作为一种实践，甚至审美活动本身也是一种实践。在蒋孔阳看来，实践活动不仅产生了人与世界的认识关系和道德伦理关系，而且还产生人与世界的审美关系，并在与其他关系的比较中发现审美活动和审美关系的本质属性。蒋孔阳认为，人类自由的物质生产劳动和精神生产劳动是美的根源；同时，与一般论者不同，蒋孔阳还认为，异化劳动也能创造美。这首先是因为异化劳动仍然是人类的劳动，也体现了人类劳动的特点，能按照预定的目的生产出一定的产品来，并且创造出美的产品。其次，异化劳动对于美的创造，也提供了一些积极的条件。再次是异化劳动与自由劳动有时很难绝对地分开，精湛的艺术品是异化劳动与自由劳动共同创造的。四是异化劳动从反面刺激和促进了文学艺术和美的发展。

审美关系论美学的突出特点，是蒋孔阳把人与现实的审美关系作为美学研究的出发点和主要对象。这不同于以往的美学学派或以美（美的本质）、或以美感（审美经验）作为研究的出发点和主要对象。而是尝试着突破主客二分和形而上学的思维方式，力求贯彻马克思主义的唯物史观和辩证法，从实践的角度深刻地揭示出审美关系和审美活动的基本规律。蒋孔阳审美关系论美学的建立，是从阐释人与现实的各种关系开始的。正是在对人与现实种种关系考察的基础上，蒋孔阳认为审美关系是在人类长期的实践过程中逐渐从实用关系、认知关系中分化、独立出来的一种人对现实的关系，进而界定了审美关系的四个本质属性：①审美关系的建立以人的感性为基础，通过人的感觉器官来与世界建立起来；②审美关系是人与世界的一种自由关系，虽然受到种种限制却常常能使主体从这些限制中解放出来，获得自由；③审美关系是人对现实的整体的全面的关系，可以使人的本质力量得到展开和凸现；④审美关系是人对现实的一种情感关系，人的理智和意志等因素都要转化为情感与现实发生关系，并获得全面展开。

据此，蒋孔阳认为，美和美感都必须通过这种审美关系得到解释。由于人与世界的各种关系都处在不断变动中，审美关系也在不断变动中。所以，从客体方面说，美也在不断地生成和变动中；从主体方面说，美感也在不断地变动和发展。蒋孔阳从马克思主义的实践论出发，把美感看成是社会历史实践的产物。他从"美感的诞生"、"美感的生理基础"、"美感的心理功能"、"美感欣赏活动表层的心理特征"、"美感欣赏活动深层的心理特征"和"美感教育与人的心理气质和精神面貌的转移"各方面详尽探讨了美感的形成过程和多层结构，由此得出结论，认为美感和美一样，也是永远处在发展变动中的，没有终止，并随着人类实践活动的发展不断向更高的阶段发展。对于自然美，蒋孔阳把它放在人与自然的审美关系中加以探讨，揭示了社会实践对自然美形成的基础性作用，认为自然美依然是人类劳动实践过程中的产物。蒋孔阳扩大了"人的本质力量"的范围，并把人的本质力量看作是不断发展变化的动态形式。在此基础之上，蒋孔阳提出"美是自由的形象"。

在实践的基础上，蒋孔阳还提出"美在创造中"，他从马克思主义的实践观点出发，以主客体之间的审美关系为基础，兼采众长，从历史和逻辑的角度加以论证，提出了独树一帜的"多层累的突创"说，不仅解释了美的形成和创造的缘由，而且揭示了审美意识历史变迁的基本规律。对于美的形成及其结构，他不仅从时空两个方面在逻辑上加以探讨，而且还从质量互变规律中加以阐述。蒋孔阳从主观和客观两个方面将"多层累"具体概括为客观的自然物质层，和主观的知觉表象层、社会历史层、心理意识层四个层面。蒋孔阳关于美感的"多种因素的因缘汇合"，与美的形成和创造的"多层累的突创"的思想是前后呼应的。我们可以说，在美感论里，蒋孔阳从另一个侧面印证了他的"多层累的突创"的思想。

总之，蒋孔阳的审美关系论美学是新中国成立50多年间我国美学发展的一个总结，也为21世纪我国的美学研究奠定了重要基础，具有优良的学术品格。第一，审美关系论美学既兼收并蓄、博采众长，又标新立异、自铸新制；第二，深厚的学术造诣与关注生活的真挚情感使审美关系论美学能够始终激荡着历史的深沉感、思索的睿智感和诗歌的优美感；第三，蒋孔阳一生坚持的"真理占有我，而不是我占有真理"的学术追求使审美关系论美学超越了当代中国所有学派的局限性和自身的有限性，具有综合的广度和力度。因此，蒋孔阳的美学思想始终有着深厚的人文气息和对人的美的本质追求的价值力度。蒋孔阳将主体与客体、感性与理性，人与自然高度统一，其美学体系体现出极强的开放品质。如果说所有的美学流派和美学理论都有自己的发展历史和未来空间，那么审美关系论美学不仅拥有自己的历史和未来发展空间，而且更将拥有超越自身的历史和现实的品质。因此，蒋孔阳的美学思想是融通中西、贯穿古今和指向未来的。审美关系论美学是蒋孔阳美学思想在当代的最新发展成果，也是蒋孔阳美学发展性质的现实体现之一。

三、蒋孔阳主要论著

（苏联）库尼兹.1950.从文艺看苏联.蒋孔阳译.北京：商务印书馆.

蒋孔阳.1950.巴尔扎克书讯.上海：上海海光图书馆出版社.

蒋孔阳.1957.文学的基本知识.北京：中国青年出版社.

蒋孔阳.1957.论文学艺术的特征.上海：新文艺出版社.

蒋孔阳等.1979.西方文论选.上海：上海译文出版社.

（英）李斯托威尔.1980.近代美学史评述.蒋孔阳译.上海：上海译文出版社.

蒋孔阳.1980.德国古典美学.北京：商务印书馆.

蒋孔阳.1980.形象与典型.上海：百花文艺出版社.

蒋孔阳.1981.中国古代美学艺术论文集.上海：上海古籍出版社.

蒋孔阳.1981.现代世界短篇小说选（1—4集）.合肥：安徽人民出版社.

蒋孔阳.1981.美和美的创造.南京：江苏人民出版社.

蒋孔阳.1984.美学与艺术评论（1—3辑）.上海：复旦大学出版社.

蒋孔阳.1986.美学与文艺评论集.上海：上海文艺出版社.

蒋孔阳.1988.先秦音乐美学思想论稿.合肥：安徽教育出版社.

蒋孔阳.1988.美学艺术论集.南昌：江西人民出版社.

蒋孔阳.1988.二十世纪西方美学名著选.上海：复旦大学出版社.

蒋孔阳.2006.美学新论.北京：人民文学出版社.

主要参考文献

蒋孔阳.1999.蒋孔阳全集.合肥：安徽教育出版社.

高楠.1987.蒋孔阳美学思想研究.沈阳：辽宁人民出版社.

朱立元.1992.中国当代美学新学派——蒋孔阳美学思想研究.上海：复旦大学出版社.

朱立元.2008.走向实践存在美学.苏州：苏州大学出版社.

朱志荣，王怀义.2008.从实践美学到实践存在论美学.苏州：苏州大学出版社.

撰写者

朱立元（1945~），复旦大学中文系教授、博士生导师，1978~1981年在蒋孔阳指导下研究文艺学，获文学硕士学位。

朱志荣（1961~），华东师范大学中文系教授、博士生导师，1992~1995年在蒋孔阳指导下研究西方美学，获文学博士学位。

朱伯崑

朱伯崑（1923～2007），河北宁河人。哲学史家，易学哲学研究的开创者和奠基人之一。曾兼任国际儒学联合会理事，国际易学联合会会长，冯友兰研究会会长。1951年毕业于清华大学哲学系，并留校任教。1952年，转入北京大学哲学系，历任助教、讲师、副教授、教授，长期致力于中国哲学史的教学与研究工作。所著150余万字的《易学哲学史》是20世纪后期中国哲学界不可多得经典。他的易学哲学研究，系统论述了从先秦到清代易学发展的历史，分析了从魏晋玄学到程朱理学，再到张王气学的逻辑进程，将哲学史研究同经学史研究紧密结合起来，阐明了中国传统哲学的特色。从而开创了哲学史研究同经学史研究相结合的道路，为弘扬中华优秀传统文化、推进中国哲学的发展，做出了重大贡献；明确提出并充分论证了儒家传统哲学中的形上学和本体论来源于其易学体系，而不是基于道德生活的要求的思想；将易学思维区分为四个层次，即直观思维、形象思维、逻辑思维和辩证思维，而以辩证思维最为丰富，乃中华辩证思维的代表，揭示了易学思维的特征及其民族特色。晚年，他致力于易学研究的普及与培养易学人才的事业，先后创办了美芝灵国际易学研究院和东方国际易学研究院，任院长；并主持成立了国际易学联合会，被选为首任会长，为发展用科学精神和人文理性研究易学，正本清源，而不遗余力、呕心沥血。多年来，他自觉地、有意识地培养历史主义与逻辑分析相结合的学风，造就了一大批学术骨干。

一、成 长 经 历

朱伯崑，1923年9月出生于河北省宁河县（今属天津市）。1947年他考入清华大学哲学系，受业于冯友兰，攻读中国哲学。1951年毕业后，朱伯崑留校作冯友兰编写《中国哲学史新编》的助手。1952年因全国高校院系调整，朱伯崑转入北京大学哲学系，从事中国哲学史的教学和研究工作，直至退休。他曾为本科生、硕士生、博士生开设"中国哲学史通史"（从先秦到近代）、"中国哲学史资料讲解"、"中国伦理学名著选读"、"中国哲学史料学"、"中国哲学史学史"、"张载和章太炎哲学研究"、"易学哲学史"等课程。他亲身经历了新中国成立后学术界的风风雨雨，逐渐成长为继冯友兰和张岱年之后，中国哲学史研究"北大学派"的领军人物，为新中国成立以来中国哲学学科的发展做出了不可磨灭的贡献。

1956年，朱伯崑撰写《中国哲学史教授提纲》（先秦——两汉部分），并于《新建设》杂志连载发表；与任继愈、石峻分别撰写中国近代思想史讲稿，后由人民出版社出版，定名为《中国近代思想史讲授提纲》。同年，他在《人民日报》发表《我们在中国哲学史研究中所遇到的一些问题》，以敏锐的学术洞见和巨大的理论勇气反思了当时中国哲学史的研究现状。此文一经发表，便引起了学术界的强烈反响，从而掀起了全国性的关于哲学史研究的大辩论。

1957年，他与洪谦、任华、汪子嵩、张世英共同撰写《哲学史简编》，由他负责中国部分，交人民出版社出版。

20世纪60年代，他先后主编了《中国历代哲学文选》（先秦——隋唐）、《中国哲学史教学资料汇编》（先秦——隋唐），《中国哲学史资料长编》。由于历史条件的限制，整理和编辑哲学史教学资料，几乎成了他当时的主要工作。连同1982年由他统稿的《中国哲学史教学资料选辑》，为全国范围的中国哲学史教学奠定了坚实的基础。

1965年，他发表了《王夫之论本体和现象》一文，可视为其易学哲学研究的开端。20世纪70年代末，他又撰写了《宋明时期两点论和一点论的争论》，为探讨易学思维提供了门径。80年代初，为哲学系研究生开设"周易哲学研究"课程，标志着他走上了专攻易学哲学的道路。

1977年，朱伯崑主编《中国哲学史》上下两册，作为内部讲义，铅印试用。其实，"文化大革命"结束以后，中国哲学史教学急需摆脱僵化的教科书模式，朱伯崑还曾经在教研室讨论会上，提出了一个详细的中国哲学史讲授大纲。此大纲摆脱了旧有教条主义的束缚，突出中国哲学的固有问题和特点，尤其注重对历代理论思维的分析与总结。这个大纲虽然没有转化为一个系统的教科书，但对于中国哲学史的讲授，却产生了重要而实质性的影响。

1979年，他发表《管子四篇考》一文，1995年又在《中国哲学史》杂志发表《再论〈管子〉四篇》，对有关四篇的争论及其学术思想提出新见，引起广泛关注。

1980年，他应中国人民大学哲学系之邀，为该系主办的全国高等院校伦理学教师进修班，讲解"中国古代伦理学原著"一课，对先秦儒家和道家以及18世纪戴震的伦理学说进行评述。后他对讲稿加以增补删改，由北京大学出版社出版，定名为《先秦伦理学概论》。

1984年3月，在原来讲稿的基础上，朱伯崑完成了《易学哲学史》上册的改写工作，交由北京大学出版社出版。1988年，出版了《易学哲学史》中册。1991年，在台湾由蓝灯文化事业股份有限公司出版四卷修订本。此后，华夏出版社、昆仑出版社又先后刊行了大陆版四卷本。其日文版已经由日本朋友书店于2009年出版，并在海外发行；韩文版的翻译工作业已结束，即将面世。此书为中国哲学史的研究开辟了一个新方向，一经面世，便在学术界产生了轰动。

1984年，朱伯崑撰写了《冯友兰著〈中国哲学小史〉（英文本）读后》一文。此文本是为冯友兰中文版《中国哲学简史》写的序言，只是由于某种原因，改为此名在《哲学研究》发表。1993年，他又发表了《照着讲和接着讲——芝生先生治学方法浅谈之一》，并开始筹划"冯友兰研究会"，1995年该研究会在冯友兰诞辰100周年纪念会上正式宣告成立，朱伯崑担任首届会长，为弘扬恩师的学术精神而不遗余力。

1989年，朱伯崑应新加坡东亚哲学研究所之邀，赴新加坡作合作研究和讲学，发表了《〈管子〉的国家管理学说》、《论易经中形式逻辑思维对中国传统哲学的影响》。

1990年，朱伯崑赴日本东京，在亚洲问题研究会上做"梁漱溟与中国社会主义"的讲演。他1992年再赴东京，在亚洲问题研究会上演讲"中国当代人学的开拓者——评梁漱溟著《人心与人生》"。1993年，他三赴日本东京，在东亚问题研究会上演讲"梁漱溟先生的儒学观——纪念梁先生诞辰一百周年"。至此，朱伯崑对两位大师的评述，开启了中国现代哲学研究的方向。

1992年，朱伯崑在《道家文化研究》发表《道家的思维方式与中国形上学传统》。1993年，朱伯崑撰写《重新评估老学——关于深入研究老子思想的几点意见》一文，1994年又在《道家文化研究》发表《庄学生死观的特征及其影响——兼论道家生死观的演变过程》，1996年出席在北京召开的道家文化国际学术研讨会，做了题为"老庄哲学中有无范畴的再检讨"主题报告，对深入开展道家文化的研究，颇有引领作用。

1992年，朱伯崑参与中国孔子基金会组织的大型工具书——《中国儒学百科全书》的编纂工作，审查并重新拟定框架结构和条目。中国社会科学院孔繁在1998年北京大学举行的"中国哲学与易学学术研讨会"上，曾代表孔子基金会感谢朱伯崑的大力支持，并宣称：此书的实际主持人和学术灵魂是朱伯崑。

1992年，朱伯崑发表《周易与儒家的安身立命观》。1993年他发表了《关于儒学的现代价值的几点意见》、《方氏易学中的逻辑思维与儒家的形上学传统》，在泉州东亚地区文化与经济互动学术研讨会上，做"儒家文化与和谐主义"的演讲，并在

《国学研究》第一期发表了长篇论文《戴震伦理学说述评》。1994年，他发表《谈先秦儒学的开放性》、《重新评估儒家功利主义》。1995年，他在美国檀香山东西方中心召开的"儒学和人权"学术会议上，演讲"儒家政治哲学中的民本主义"。1996年，他在《中国文化研究》秋之卷，发表《关于宋学研究》，2002年，又在《中国儒学年鉴》发表《谈传统文化中的精华与糟粕》一文。这些文章的发表，又对儒学研究的深化起了重要影响。

除致力于中国传统文化与哲学的复兴之外，朱伯崑晚年更加致力于海内外的学术交流，致力于易学研究的普及和易学人才培养的事业。

1991年，朱伯崑开始与北京社会科学院哲学研究所共同举办易学沙龙，着手组织北京高校和研究部门的学者，编撰《易学知识通览》，并由齐鲁书社于1993年出版，这为尔后成立易学研究院，准备了组织和思想条件。

1993年，朱伯崑应台湾"中研院"中国文哲研究所之邀，赴台北进行研究和讲学，发表《易学中的逻辑思维与辩证思维传统》、《易学研究中的若干问题》。1995年，他与台湾大学哲学系、台北中华易经学会共同举办，并率团出席"海峡两岸易学研讨会"，发表《从太极图看易学思维的特征》的主题演讲，在有关电视媒体作访谈。他在台湾联合报系文化基金会发表《中国传统哲学的未来走向》，在文哲研究所发表《从王韩玄学到程朱理学》。1996年，朱伯崑于香港浸会大学演讲《中国大陆五十年来中国哲学史研究》，于香港道教学院演讲《易学与中国传统文化》。1997年，他再赴香港道教学院，做"易学研究中的若干问题"的演讲。

1992年朱伯崑开始酝酿，1993年与广州美芝灵公司合作，正式成立美芝灵易学研究院，任院长，并尝试举办易学研修班，为学员编写教材，主编的《易学基础教程》由广州出版社出版。1995年，他又创办东方国际易学研究院，任院长。朱伯崑所主编的《国际易学研究》第一辑，由华夏出版社出版（至2007年已出九辑）。1997年，他所主编的《易学智慧丛书》第一辑共十册，由沈阳出版社出版发行，并获第十一届中国国家图书奖；第二辑共八册于2003年由中国书店出版。朱伯崑与中国科协等单位一起，多次举办"周易与占卜算命"研讨会。朱伯崑致力于周易文化的正本清源，坚决反对任何形式的占筮活动，倡导以科学精神和人文精神研究、普及现代易学。

1996年，他创建中国自然辩证法研究会易学与科学委员会，被选为理事长，主持创办了《科学与易学》内部刊物，并多次举办"易学与当代文明"、"周易与科学文化"研讨会。他发表《易学与中国传统科技思维》。2001年，他在中国自然辩证法研究会第五届全国会员代表大会上，做关于"易学与科技思维"的发言，探讨易学与现代科学技术相结合的途径，并由《光明日报》发表。

1998年7月，朱伯崑率团赴首尔，出席由韩国周易学会主办的"21世纪与周易"国际学术会议，做《周易的特质及其现代价值》的主题报告，阐发阴阳变易易学说的思维特征，并就"增强忧患意识，迎接市场经济发展的浪潮"、"发扬两元互补的思维方式，促进人类文明的进步和繁荣"等两个方面的问题，发表自己的见解。其间，他还同韩国、日本、美国、德国等国以及中国台湾和香港地区的学者，商谈了筹建"国际易学联合会"的事宜。

1998年，朱伯崑倡议并设立国际易学奖，奖励易学领域的优秀专著、普及性著述和青年易学作者，为推动现代易学研究，造就易学新人而努力。他在沈阳出版社出版《朱伯崑论著》，对自己在哲学、儒学、道学和易学领域的研究成果做了全面总结。

经过多年的努力，"国际易学联合会"终于在2004年宣告成立，朱伯崑被选为首任会长。国际易学联合会会聚了全国乃至世界范围的易学专家、学者，共同探讨易学和中国哲学的问题，为易学研究的进一步发展，为易学的健康传播，做出了卓越贡献。

二、主要研究领域与学术成就

朱伯崑是新中国成立后成长起来的哲学史家，其治学思路颇受冯友兰的影响。他特别强调探讨中国哲学的特色，总结其理论思维的成果及经验教训，以锻炼和提高理论思维的能力，为当代文明建设服务。他主要学术成就为易学哲学的研究。

朱伯崑的易学哲学研究，系统论述了从先秦到清代易学发展的历史，分析了从魏晋玄学到程朱理学，再到张王气学的发展进程，尤其注重剖析《周易》经传和历代易学中的概念、范畴和思想体系，揭示其理论思维的逻辑进程，将哲学史研究同经学史研究紧密结合起来，阐明了中国传统哲学的特色。从而开创了哲学史研究同经学史研究相结合的道路，在很大程度上弥补了20世纪哲学史研究轻视经学的缺憾，促进了哲学史研究对传统经学的关注，为弘扬中华优秀传统文化、推进中国哲学的发展，做出了重大贡献。

在长期的教学实践中，朱伯崑强烈地感到，不研究易学发展的历史，不研究易学中的哲学问题，就很难深入了解中国哲学。他认为，《周易》虽然是儒家经典，但其影响并不限于儒家领域，其他系统的哲学，也不同程度地从《周易》的研究中汲取营养，如魏晋玄学和道教哲学都同易学的发展有着密切的联系。不研究易学及其哲学，对玄学的形成和演变，对道教的炼丹理论，都难以做出正确的评论。宋明道学作为中国古代哲学的一种形态，从周敦颐到朱熹，再到王夫之，就其哲学体系的思想资料和理论思维形式来说，都是通过其易学而形成和发展起来的。宋明哲学中的五大流派，都同易学理论结合在一起。他们对有关形上学问题的回答，基本上得于易学哲学中的问题。因此，要深入了解中国哲学的内容，揭示其发展的逻辑进程和民族特色，就必须研究易学及其哲学发展的历史。据此，他将中国哲学研究的重点转向了易学哲学的研究，将易学史的研究纳入了哲学史的领域。

易学哲学作为一种特殊的哲学形态，有其自身发展的规律。其显著的特点，是通过对《周易》占筮体例、卦爻象的变化以及卦爻辞的解释，来表达其哲学观点的。这是其他流派的哲学所没有的。研究易学哲学史，如果看不到其自身的特点，脱离筮法，孤立地总结其理论思维的内容，抽象地探讨两条思维路线的斗争，不去揭示易学哲学发展过程中的特殊矛盾，其结果就是对易学哲学史的研究，不仅流于一般化，而且容易将古代的理论现代化。因此，朱伯崑紧紧抓住易学的这一特点，注意区分易学中解经的两套语言，即筮法语言和哲学语言，既不把哲学语言归之于谈筮法问题，抹煞其哲学意义，又不以哲学语言代替筮法语言，抹煞筮法的内容，从而揭示易学每个发展时期的历史特点，阐明其特有的理论思维发展的逻辑进程，真正达到了经学史与哲学史的高度统一。

朱伯崑易学哲学研究的另一重要贡献，是着重探讨了易学思维对中国传统哲学，特别是宇宙论、本体论形成和发展的影响，明确提出并充分论证了儒家传统哲学中的形上学和本体论是来源于其易学体系，不是基于道德生活的要求的思想。

长期以来，在中国哲学界存在一种认识，这就是把中国哲学视为伦理道德哲学，来源于古人的道德直觉或道德体验。更有人认为，中国哲学是在对人生问题的思考中阐发了深奥的哲理，在严格的封建伦理规范中表现出丰富的哲学思想，从而构成了中国古代的特殊表现形式的哲学。其实，这种认为中国传统哲学是基于道德生活的要求，出于道德直觉或道德体验的观念，是由于脱离经学史研究，孤立地分析一些哲学概念和命题而产生的一种误解。以宋明道学为例，其形上学和本体论，是通过对《周易》经传的解释和阐发建立起来的。其中的许多重要问题，如理事、道器、理气、天人之辨、阴阳变易学说等，都是从其易学命题中引申和推衍出来的。这是朱伯崑通过长期的中国哲学研究，尤其是易学哲学研究，所得出的一个重要结论。

程朱理学的根本宗旨和核心是"体用一源，显微无间"说。而这一命题的提出，是基于对《周易》卦爻象、卦爻辞与其义理的关系的解释。程氏不满意王弼的"得意忘象"说，也不赞成邵雍的"数生象"说，而以"有理而后有象"和"因象以明理"处理理和象的关系，即把《周易》中的象看成其义理的显现。认为理隐藏在背后，故为"至微"，象显露在外部，故为"至著"。理是体，象是用，有其体必有其用，体用不容分离，理与象融合在一起，此即"体用一源，显微无间"。从而对汉唐以来的言、象、意之辨做了一次总结。程颐正是从这一原则出发，考察了自然界和人类社会，建立起其形上学的体系。又如其论理气关系，也是基于对《易传》中"一阴一阳之谓道"和"形而上者谓之道，形而下者谓之器"的解释。程颐以道器范畴解释阴阳和道、理和气的关系，提出"所以阴阳者是道"的命题，又将道器有无之争引向了道器理气之争，从而揭开了宋明理气之辨的序幕。又如王夫之提出的"天下惟气"说以及依据此命题而展开的道器之辨，既是基于对《易传·系辞》文的理解，又是易学思维发展的必然结果。象义之辨始于王弼，道器之辨始于韩康伯，由此形成了玄学派的形上学及其本体论。这一思维路线由程朱继承下来，并发展为理本论的形上学体系。但其"体用一源"论，以道为本，以气为末，并以形而上的理世界为有形世界的本原。此后，宋明易学和哲学界展开了热烈的争论。功利学派的薛季宣提出"道常存乎形器之内"，打击了道本气末说。心学派易学从程颢开始，都不赞成区分形上和形下，主道器合一，但不以形器为本，而以心为本。后来，元明气学派和易学中的象学派皆主道器合一说或道不离器说，至方以智则阐发为"道寓于器"说。但是，从薛季宣到方以智，都没有明确指出，器作为个别存在物乃道存在的唯一条件，如王夫之所说："器而后有形，形而后有上"，"有形而后有形而上"，即以形下为形上的基石。王夫之的"天下惟器"和"无其器则无其道"的命题，就是讲道只能以器为其存在的实体，肯定没有个体便没有规律，没有个别便没有一般，没有现象便没有本质，从而正确地解决了道器或理事谁依赖于谁的问题。就此而言，王氏"天下惟器"这一命题，也可以说是易学哲学中道器之争的总结。朱伯崑明确指出，这充分说明，中国传统哲学有自己的逻辑思维传统，不能将其归之于内心体验式的直觉主义。

朱伯崑易学哲学研究的贡献还在于，将易学思维区分为四个层次，即直观思维、形象思维、逻辑思维和辩证思维，而以辩证思维最为丰富，乃中华辩证思维的代表，揭示了易学思维的特征及其民族特色。

在朱伯崑看来，《周易》和历代易学之所以对中华文化产生深远的影响，不在于占术，也不在于其思想的表现形式，如卦爻象和卦爻辞，而在于其理论思维的内容，尤其是其所倡导的思维方式。思维方式是具有普遍意义和永恒价值的东西。因此，他把探讨易学思维方式及其对传统哲学的影响，作为其易哲学研究的根本任务。

所谓思维方式，是指人们观察和处理自然与人生问题所运用的思考方式，中国古代哲人称之为"心术"。心术不同，其世界观和哲学体系也往往不同。《周易》系统的典籍，同其他经书相比，其思维方式也有自己的特色。他强调，"应着重研究其特色"。为此，朱伯崑专门写了《易学中的逻辑思维与辩证思维传统》一文，并就此在台湾"中央研究院"发表了演说。他还在韩国"21世纪与《周易》"国际学术会议上，做关于"《周易》的特质及其现代价值"的主题报告，专门阐述《周易》阴阳变易的思维特征。

《周易》系统的辩证思维，集中到一点，可以称为"阴阳变易"学说。此种思维萌芽于《易经》中卦爻象的变易及卦爻辞关于吉凶变易的论断。至《易传》提出"一阴一阳之谓道"这一命题，将阴阳变易思维升华为关于事物运动变化和发展的理论。认为任何事物都有阴阳相反的两重性能，其相互推移形成事物的运动变化。其所以相互推移又是由于阴阳中的一方趋于极端，向其相反的方面转化，所谓"亢龙有悔"，"盈不可久也"。所以任何个体或群体都处于盈虚、消长、盛衰、生死以及成毁的转化过程。这种变易的过程永无止境，而其中的个体或群体也不断更新，所谓"日新之谓盛德，生生之谓易"。历代易学家依此，将阴阳对立面在流转过程中的关系，阐发为"相依"、"相生"、"相胜"、"相感"、"相济"，以及"不测"等，并将阴阳关系归结为"对待"关系，也即"相反而相成"的关系。朱伯崑把阴阳辩证思维的特征，概括为阴阳对待、阴阳流转、阴阳互补和阴阳和谐，并且认为，此种辩证思维追求对立面的互动和互补，引导人们在两元对抗中寻找中道，以维系一体的存在与谐调发展，而避免走对抗和分裂的道路。此种辩证思维具有中国的民族特色，不同于西方哲学以对立面的斗争为核心的对立统一学说。从而使在其影响下形成和发展起来的中华文化，在世界上独树一帜，为人类文明做出了贡献。

朱伯崑的易学哲学研究，既充满了勇于突破前贤的创新意识，又表现了严格求实、精心论证的严谨学风。而有意识地培养学生和青年教师历史主义与逻辑分析相结合的学风，则是朱伯崑对中国哲学的又一贡献。

他长期生活在清华大学、北京大学的学术环境中，深受其学术风气的熏陶。他认为，20世纪50年代之前，北京大学重实证，清华大学重分析，50年代以来，大陆的哲学史工作者，依据唯物史观的方法，探讨了中国哲学形态演变的原因和过程，取得了重大成果。他强调，这三种学术传统各有优长，不可偏废，应将三者的治学方法结合起来，从事哲学史、易学史的教学和研究工作。提倡以科学的态度，科学的方法，研究古代的典籍。具体地说，即用历史主义和分析的方法研究中华元典发展的历史。

这里所讲的历史主义的方法，包括实证的方法和唯物史观的方法。所谓实证的方法，是将史料的研究置于首位，依据史料引出结论，所谓有一分史料说一分话，靠史料证实其结论是否正确。运用史料，不能夸大史料提供的内容，或对史料加以任意解释。比如河图、洛书同八卦的关系，从汉代刘歆和扬雄开始，方认为伏羲依河图而作八卦，但刘、扬二氏并未提出史料上的依据。可是，后人依据他们的说法，大谈伏羲依河图而画八卦，以此解释卦象的起源，甚至解释中华文化的起源。此种解说，只是脱离实证的臆说，不能成为史实。如果将传说变成为史实，必须有新的史料证实。如果出现了新的史料，则应修正前人所作的结论。朱伯崑认为，这是一种较为科学的治学方法，是史学研究的基本功。

所谓唯物史观的方法，无非是说，将历史上出现的学说、理论和思潮，置于其形成的历史条件下进行考察，并以生产力和生产方式以及由此而形成的社会制度的变迁，说明一个时代思潮兴衰的原因。中国哲学史上，早在先秦时期，就有"知人论世"的优良传统。就易学哲学来说，就是将《周易》系统的典籍区分为经、传、学三部分，将其置于各自的历史条件下加以研究。如关于《易经》的研究，应将其置于西周时期的历史条件下加以考察；而对《易传》则应置于战国时代的历史条件来考察。关于历代易学，更要注意其所处的时代特征。如汉易中的卦气说，颇受当时流行的天文气象学和占星术的影响。而晋唐时期王弼派的易学，以"无"解释"道"和"太极"，又受魏晋玄学的影响。宋代程朱派的易学又是同其理学结合在一起的。朱伯崑指出，那种认为哲学思维的发展，可以不受一个时代的社会经济发展以及阶级关系变化的影响，将逻辑的和历史的隔离开来，在研究中寻求哲学家的纯粹抽象的精神境界，也是一种片面的见解。值得注意的是，运用马克思主义的哲学史观研究中国传统哲学，切忌教条主义，避免简单化、公式化；借鉴欧洲哲学的概念、范畴研究中国哲学史，切忌中西比附，丧失中国哲学的特色。

所谓逻辑分析，是指对历史上哲学家提出的概念、范畴和命题，进行剖析，分别其异同，郭象称之为"辨名析理"，哲学史家黄宗羲称为"牛毛茧丝，无不辨析"。近代以来，伴随着西方形式逻辑的传入，增强了人们对这一方法的认识。朱伯崑特别强调：逻辑分析法，是研究哲学史或思想史必备的或特有的方法；研究中国哲学史，必须运用这种方法。因为任何哲学家的哲学体系，都是通过概念和命题来表述其哲学思维的。哲学史家不辨别其理论上的异同，确定其学说的宗旨，一部哲学史便成为一本糊涂账。比如"太极"这一范畴，在《易传》中是作为筮法范畴出现的，"易有太极"章是讲揲蓍成卦的过程。但这一过程表明，从太极到八卦乃一连续和演化的过程，从单一到复杂的过程。所以到了汉代，易学家们便将太极从筮法范畴提升为哲学范畴，视太极为宇宙的本原，即元气，从而提出了一个宇宙生成论的模式，到宋代周敦颐发展为《太极图说》，成为中国哲学中谈宇宙生成论的典型。到南宋朱熹，又以程颐"体用一源"说加以解释，视太极为阴阳五行之理的全体，并在哲学上导出"人人有一太极，物物有一太极"的结论，又赋予了太极以本体论的含义。明清之际，王夫之又接受程朱本体论的影响，在张载"一物两体"说的基础上，提出"太和氤氲之实体"，用来解释太极的内涵，从而完成了建立气学派本体论的任务。朱伯崑指出：哲学家们使用同一范畴或引用同一命题，其内涵往往存在着思维路线的分歧。如不从事逻辑的分析，不可能将各派理论思维的特征及其发展进程揭示清楚。

朱伯崑多年来，自觉地、有意识地培养重实证、重分析的学术传统，使之发扬光大，已经取得了丰硕的成果。在此种学风的影响下，造就了一大批学术骨干，活跃在中国哲学的教学和科学研究第一线。

三、朱伯崑主要论著

洪谦，任华，汪子嵩等.1957.哲学史简编.北京：人民出版社.
朱伯崑.1962.中国历代哲学文选（先秦——隋唐）.北京：中华书局.
朱伯崑.1981.中国哲学史教学资料选辑（上下册）.北京：中华书局.
朱伯崑.1984.先秦伦理学概论.北京：北京大学出版社.
朱伯崑.1986.易学哲学史（四卷）.北京：北京大学出版社.
朱伯崑.1998.朱伯崑论著.沈阳：沈阳出版社.
朱伯崑.1993.易学基础教程.广州：广州出版社.
朱伯崑.1993.易学知识通览.济南：齐鲁书社.
朱伯崑.1996.易学漫步.台北：台湾学生书局.

主要参考文献

朱伯崑.1998.朱伯崑论著.沈阳：沈阳出版社.
郑万耕.2001.朱伯崑与易学哲学研究//中国当代社科精华.哈尔滨：黑龙江教育出版社：124-135.
王博.2004.朱伯崑先生学术年谱//中国哲学与易学.北京：北京大学出版社：1-4.
朱伯崑.2005.易学哲学史.北京：昆仑出版社.

撰写者

郑万耕（1946～），北京师范大学教授，曾跟随朱伯崑学习易学哲学。

萧萐父

萧萐父（1924～2008），四川井研人。哲学家与哲学史家，中国哲学史学科的重要建设者之一。1947年毕业于武汉大学哲学系，1951～1955年任华西大学、四川医学院马列主义教研室主任，1956年到中央党校高级理论班深造。1957年到北京大学哲学系进修，同年秋调入武汉大学哲学系，此后一直在该系任教，曾任中国哲学史教研室主任。他是国家重点学科武汉大学中国哲学学科的创建者与学术带头人，教育部人文社会科学重点研究基地武汉大学中国传统文化研究中心学术委员会首任主任。社会兼职有中国哲学史学会副会长、中华孔子学会副会长、国际儒联顾问、国际道联学术委员、中国《周易》学会顾问、国际中国哲学会国际学术顾问团成员、中国文化书院导师。长期从事中国哲学和文化的教学与研究工作，是船山学和明清早期启蒙学专家，曾多次参加或主持国内外举行的学术会议，在国内外发表学术论文百余篇。主要著作有《吹沙集》、《吹沙二集》、《吹沙三集》、《船山哲学引论》、《中国哲学史史料源流举要》、《明清启蒙学术流变》、《王夫之评传》、《哲学史方法论研究》等。与李锦全共同主编的《中国哲学史》（上、下卷）产生了广泛的影响，曾获国家教委优秀教材奖一等奖。

一、成 长 经 历

萧萐父于1924年1月生于四川省成都市的一个知识分子家庭。他一生经历两个社会、多个特殊的历史时期。萧萐父有家学渊源，他的父亲萧参（字仲仑，又写为"中仑"）是近代蜀学的代表人物之一。萧参出生于四川省井研县，与廖季平同乡，曾私淑于廖季平。萧参乃蜀中狷洁独行之士，老同盟会员，辛亥之后学优不仕，教书为生，有道家风骨，又精于医道。萧萐父的母亲杨励昭也善诗词、工书画。他们家与蒙文通、唐迪风等川中硕学鸿儒过从甚密。

萧萐父幼年及青年时代正值近代蜀学空前发达的时代。他自幼涵咏诗词，从父亲友朋论学谈艺之中感受到中国文化的博大精深。同时，他又时时关注民族命运，在童年时便接触到了清末印作革命宣传品的小册子，其中有《明夷待访录》、《黄书》、《扬州十日记》等及邹容、章太炎的论著。萧萐父当时未必能完全理解这些书籍的内容，但是已经感受到中国士人敢为天下先、勇猛精进的精神。1937年，他考进了成都县中，校园后有个大污水塘，老师们郑重介绍，此乃扬雄的洗墨池，说扬雄当年如何勤苦好学，认许多奇字，写了不少奇书。萧参认为新式学堂的教育有极大的局限性，命萧萐父休学一年。在这一年中，萧萐父随父及其他蜀中贤士上峨嵋。其间观前辈学人论学和诗、摩挲古物、开拓胸臆。萧参还命他在这一年中，以朱笔点读《汉书》与《后汉书》，闲暇即吟诵《昭明文选》。这些严格的国学训练为日后萧萐父取得卓越的学术成就奠定了坚实的基础。对青年萧萐父影响最大的还有几位文史老师，特别是讲授中外史地的老师罗孟桢。他的充满爱国激情而又富有历史感的讲课，深深地吸引住了班上的许多同学。罗孟桢偶然讲到刘知几、章学诚论史家必须具备"史才"、"史学"、"史识"和"史德"等素质，激发萧萐父写了一篇《论史慧》的长文，这是他的第一篇论史习作。在民族忧患意识和时代思潮的冲击下，萧萐父泛读各类古今中西书籍。在高中二年级时，风闻冯友兰来成都讲学，萧萐父与几个同学逃学去旁听，听后还争论不休，并因此而读了冯友兰的《新理学》、《新事论》、《新世训》等，以及当时流行的一些哲史书刊。这些，都为他后来选择哲学系这个"冷门"作了铺垫。

1943年他考入武汉大学哲学系。当时的武大迁到四川乐山，哲学系仅十几位同学。几位教授自甘枯淡、严谨治学的精神使学生们深受教育。那时武大哲学系所开的课程几乎全是西方哲学。在乐山期间，他修过张颐、万卓恒、胡稼胎、朱光潜、缪朗山、彭迪先的课，胜利复员回珞珈山之后，他修过金克木开的印度哲学的课。以上诸先生对他影响很大。萧萐父在大学期间阅读过郭沫若的《十批判书》、《甲申三百年祭》、侯外庐的《中国近世思想学说史》等。1947年，在万卓恒的指导下，萧萐父完成了题为《康德之道德形上学》的学士学位论文。

他关切国事民瘼，思考世运国脉。在大学期间，他参加学生进步组织，发起、编辑《珞珈学报》。1947年在武汉大学发生震惊全国的"六一"惨案时，他任武大学生自治组织的宣传部长，积极投身爱国学生运动。他参加反美蒋的活动引人注目，被特务监视。他的大学毕业论文是委托同学们代为誊抄的，为逃避追捕，他潜离武汉，返回成都。

1947年毕业后，他到成都华阳中学任教，同时并受聘到尊经国学专科学校讲授"欧洲哲学史"，主编《西方日报》"稷下"副刊，积极参加成都地下党组织的活动。萧萐父于1949年5月加入中国共产党，后受党组织委派作为军管会成员参与接管华西大学，后留任该校马列主义教研室主任。

1956年他进中央党校高级理论班深造。同年，应李达的邀请回武汉大学重建哲学系，1957年正式调入武汉大学哲学系并从此长期担任哲学系哲学史党支部书记、中国哲学史教研室主任一职。在这个岗位上他兢兢业业地工作了40年，为武汉大学逐步建立和形成了具有武汉地区特色的中国哲学史学术梯队，在全国文科理论界，占有了举足轻重的地位。

"文化大革命"期间，萧萐父被定为李达"三家村黑帮"，横遭迫害。虽经历被抄家、挨批斗、住"牛棚"，但他矢志不改，在襄阳分校住牛棚放牛劳动改造的日子，他已开始《王夫之》一书的写作，已开始对中国从明清之际到现代思想启蒙之坎坷道路的思索。

1976年后，萧萐父与中国广大知识分子一样，迎来了学术的春天，先后发表了一系列重要的学术论文，并于1978年接受教育部组织9所高等院校联合编写哲学系本科生《中国哲学史》教材的任务，他与李锦全担任主编。该书以逻辑与历史统一的方法论原则建构中国哲学，揭示了中国哲学史的发展规律。该书得到广泛认同，累计印行了十余万册，获国家教委优秀教材奖一等奖，十多所学校采用，培养了两代学人，被译成韩文与英文，产生了广泛影响。80年代，他在《中国社会科学》先后发表了《中国哲学启蒙的坎坷道路》、《对外开放的历史反思》等重要文章。他通过对明清之际早期启蒙思潮、王夫之哲学的研究，探寻中国现代进程自身的源头活水，认定中国有自己的现代化内在的历史根芽。在中国新一轮的文化大讨论中，独树一帜地提出了自己的"明清启蒙史观"，深受海内外学者的关注。

萧萐父曾多次到欧洲、美国、新加坡等出席国际会议，又应邀赴美国哈佛大学、德国特里尔大学等校访问、讲学。他在国内外发表学术论文百余篇；与人共同主编了《中国哲学史》上下卷、《哲学史方法论研究》、《中国辩证法史稿》第一卷；主编了《王夫之辩证法思想引论》、《玄圃论学集》、《众妙之门》、《传统价值：鲲化鹏飞》等书；出版专著有《吹沙集》三卷、《吹沙纪程》、《船山哲学引论》、《中国哲学史史料源流举要》、《明清启蒙学术流变》（合著）、《王夫之评传》（合著）等。

萧萐父于1982年被评聘为教授，1986年被遴选为博士生导师。先后被评为武汉大学"优秀工作者"、"优秀共产党员"、"教书育人优秀教师"等，于1999年离休。

萧萐父是人师。他学风严谨、被褐玉身、浩然正气；教书育人，重在身教，杜绝曲学阿世之风。自1978年招收硕士生、1987年招收博士生以来，他先后开设了"哲学史方法论"、"中国哲学史料学"、"中国辩证法史"、"明清哲学"、"佛教哲学"、"道家哲学"、"马克思的古史研究"、"马克思晚年的人类学笔记"等课程或系列专题讲座，为中国哲学史界培养了一批优秀的研究与教学人才。在长期的教书育人过程中，他提炼出了二十字方针："德业双修，学思并重，史论结合，中西对比，古今贯通。"这二十字已经成为珞珈中国哲学学派的精神纲领，萧萐父以他的人格魅力深受珞珈学子的爱戴。

晚年萧萐父满怀对中国文化和武汉大学的深情，将自己的诗集、文集及与夫人卢文筠合作的书画集，交由武大出版社出版。这套精美的《萧氏文心》四卷，展示了一位人文知识分子的文化底蕴和优良传统。萧萐父将自己的诗集命名为《火凤凰吟》。如今萧萐父凤凰涅槃，魂升天国，然其留下的丰厚精神财富和不尽慧命，如珞珈香樟，四季常青，定将庇荫杏坛，嘉惠学林。

二、生命智慧与学术贡献

现代社会使很多人成为片面或单面的人，使很多知识人堕落成为人格分裂的人。形成鲜明对照的是，萧萐父是全面的人，是保存了古代遗风的刚正不阿的现代知识分子。他有强烈的现代意识而又有深厚的传统底蕴，是集公共知识分子、思想家、学者、教师、学科带头人、文人于一身的人物。研读萧萐父的著述，可以感受到他在用思想家的眼光来考察思想史、哲学史，他是有思想的学问家，也是有学问的思想家。

萧萐父治学，首贵博淹，同时重视独立思考，独得之见。他对中国哲学的学科建设，对从先秦到今世之完整的中国哲学史的重建，做出了可贵的探索与卓越的贡献。他会通中西印哲学，以批评的精神和创造性智慧，转化、发展儒释道思想资源。为总结历史教训，他从哲学史方法论的问题意识切入，尽力突破教条主义的束缚，引入螺旋结构代替对子结构，重视逻辑与历史的一致，强调普遍、特殊、个别的辩证联结，认真探究中国哲学范畴史的逻辑发展与哲学发展的历史圆圈。他以不断更化的精神，由哲学史方法论问题的咀嚼，提出了哲学史的纯化与泛化的有张力的统一观，努力改变五四以降中国哲学依傍、移植、临摹西方哲学或以西方哲学的某家某派的理论与方法对中国哲学的史料任意地简单比附、"削足适履"的状况。

萧萐父治学，宏观立论与微观考史相结合，通观全史与个案剖析相结合，提出了两个之际（周秦之际与明清之际）社会转型与文化转轨的概观，提出并论证了"明清早期启蒙思潮"的系统学说，形成系统的理论体系。他的原创性智慧表现在其学术专长——明清哲学，特别是王船山哲学的研究方面。他以对世界文明史与中华文明史的多重透视为背景，提出了以明清之际早期启蒙思潮作为中国现代化的内在历史根芽与源头活水的观点，受到海内外学术界广泛的关注，影响甚巨。他的"启蒙"论说实际上早已超越了欧洲启蒙时代的学者们的单面性、平面化与欧洲中心主义、人类中心主义的立场。

对待古今中外的文化传统与哲学思想资源，萧萐父以宽广的胸襟，悉心体证，海纳百川，兼容并蓄，坚持殊途百虑、并育并行的学术史观。他重视一偏之见，宽容相反之论，择善固执而尊敬异己。他肯定历史、文化的丰富性、复杂性、多样性、连续性、偶然性及内在的张力，异质文化传统的可通约性，古、今、中、外对立的相对性，跨文化交通与比较的可能性。萧萐父还是当代中国哲学史界少有的诗人哲学家。他晚年一再强调中国哲学的诗性特质，从容地探索 Logic（逻辑）与 Lyric（情感）的统一，并认定这一特质使得中国哲学既避免了宗教的迷狂，也避免了科学实证的狭隘，体现出理性与感性双峰并峙的精神风貌。

作为知识分子的萧萐父，从青年时代开始，追求民主、自由，积极参加过 40 年代末的民主运动；一生坎坷，始终关心国家与人类的命运；从"反右"到"文化大革命"，在历次政治运动中，既被批判又批判别人，用他自己的话说，"曾经目眩神移，迷失自我"；"文化大革命"之后，痛定思痛，反省自己；愈到晚年愈加坚定地以批判与指导现实的公共知识分子而自命。他既继承了儒家以德抗位的传统，又吸纳了西方现代价值；既正面积极地从文化与教育方面推动现代化，又时刻警醒现代化与时髦文化的负面，与权力结构保持距离，具有理性批判的自觉与能力。晚年，他一再呼唤知识分子独立不苟之人格操守的重建，倡导士人风骨，绝不媚俗，并且身体力行。他被褐怀玉，以浩然正气杜绝曲学阿世之风，绝不为了眼前名利地位而摧眉俯身事权贵。萧萐父具有人格感召力。

作为思想家的萧萐父，虽然主要从事中国哲学史的研究，但他做的是有思想的学术。他致力于发现与发掘中国文化思想内部的现代性的根芽，因而与持西方中心主义的启蒙论者、食洋不化者划清了界限；他发潜德之幽光，重在表彰那些不被历代官方或所谓正统文化重视的哲学家、思想家，重在诠释、弘扬在历史上提供了新因素、新思想、新价值的人物的思想，因而与泥古或食古不化者划清了界限，这就是"平等智观儒佛道，偏赏蕾芽新秀"。他重视中国传统文化的多样性，努力发挥儒、释、道及诸子百家中的丰富的现代意义与价值，特别是本土文化中蕴含的普世价值，并尽其可能地贡献给世界。

作为学者的萧萐父，堂庑很宽，学风严谨，所谓"坐集古今中外之智"。他希望自己与同道、学生都尽可能做到"多维互动，漫汗通观儒释道；积杂成纯，从容涵化印中西"。有人以为萧萐父属侯外庐学派，但他晚年否定了这一点，他强调他的确受到过侯外庐的影响，但同时也受到过汤用彤等的影响，甚至受后者的影响更大。他曾检讨亚细亚生产方式的提法，认为那仍是西方中心主义的。萧萐父晚年更重视经学，曾多次详谈三礼，详谈近代以来的经学家，如数家珍。他也重视儒学的草根性，多次讲中华人文价值、做人之道、仁义忠信等是通过三老五更，通过说书的、唱戏的等，浸润、植根于民间并代代相传的。

作为教师的萧萐父，一生教书育人，认真敬业，倾注心力；提携后进，不遗余力。他对学生的教育，把身教与言教结合了起来，重在身教。他强调把道德教育、健全人格的教育放在首位。他认为，年轻人要经得起磨砺、坎坷，对他们不要溺爱，而应适当批评、敲打。他认为，做人比做学问更重要，现代仍要讲义利之辨。无论是做人还是做学问，都要把根扎正。他下工夫培养各领域的学生，除了他的专长明清哲学之外，他还有意识地开拓了《周易》、儒学、道家与道教、佛教、现代中国哲学、出土文献中的哲学等领域，培养了这些领域里的学术专才。他还鼓励学生自愿选择，从事政治学、管理学、新闻传播学的研究。他一再主张要甘坐冷板凳。

作为学科带头人的萧萐父，有着开放、宏阔的学术视野、杰出的组织能力，敏锐地把握海内外学术界的动态，让本学科点的老师与同学拓宽并改善知识结构，通过走出去与请进来的方式，实现并扩大对外交流，虚怀若谷地向海内外专家请益。他有凝聚力，善于团结、整合学科点老、中、青学者，以德服人，尊重差异，照顾多样，和而不同。他有全局的观念与团队精神，事事考虑周围的人。如上所述，他很有学术眼光，深具前瞻性，开拓了若干特色领域。

作为文人的萧萐父，兼修四部，文采风流，善写古体诗词，精于书法篆刻，有全面的人文修养与文人气质。

萧萐父的学问是博大的而不是偏枯的。明清之际学术思潮只是萧萐父的一个领域，绝不是他的全部。他有博大的气象，这当然是指他的心胸、意境，也指他在理论建构上与学术上的多面相。他有马克思主义哲学、西方哲学与中国哲学的理论与历史的功底，能融会贯通。他的理论贡献在启蒙论说、传统反思、哲学史方法论与中国哲学史及辩证法史的架构等方面；他的学术贡献在于他深度地、极有智慧地探讨了中国哲学史的多个面相，在经学（主要是《周易》）研究，在儒、佛、道的研究，在汉唐、明清、现代等断代哲学史的研究上，他有创新见解，又开辟领域，培养人才，使之薪火相传。

关于《周易》，萧萐父考察了易学分派，提出了"科学易"与"人文易"的概念，倾心于"人文易"，指明"观乎人文以化成天下"乃"人文易"的核心，提示"人文易"内蕴的民族精神包括有时代忧患意识、社会改革意识、德业日新意识、文化包容意识等，重视反映人文意识新觉醒的近代易学。

关于儒家，萧萐父肯定了《礼运》大同之学，孟子的"尽性知天"之学以及分别来自齐、鲁、韩《诗》的辕固生的"革命改制"之学，申培公的"明堂议政"之学，韩婴的"人性可革"理论"皆属儒学传统中的精华；而子弓、子思善于摄取道家及阴阳家的慧解而分别涵化为《易》、《庸》统贯天人的博通思想，尤为可贵"。他肯定《易》、《庸》之学的天道观与人道观，指出："所谓'至德'，并非'索隐行怪'，而只是要求在日常的社会伦理实践中坚持'中和'、'中庸'的原则，无过不及，从容中道；这样，在实践中，'成己'，'成人'，'尽人之性'，'尽物之性'，就可以达到'赞天地之化育'的最高境界。重主体，尊德行，合内外，儒家的人道观体系也大体形成。"萧萐父阐释了儒家的儒经、儒行、儒学、儒治的传统及其多样发展，特重对儒学的批判与创造转化。

关于佛教，他透悟佛教哲学的一般思辨结构（缘起说、中道观、二义谛、证悟论），重视解析其哲学意义，对佛学中国化过程中极有影响的《大乘起信论》，对慧能，对《古尊宿语录》，对禅宗的证悟论都做过深入研究而又有独到的见解。

关于道家与道教，他对老子、庄子，对道家人格境界与风骨、隋唐道教、黄老帛书都有精到的研究。从80年代末到90年代初，学术界"涌动着一个当代新道家的思潮，萧萐父是其中的始做俑者之一。他是热烈的理想主义者，有强烈的使命感、责任感和积极的入世关怀。他在90年代倡导'新道家'，当然与他的际遇和生命体验不无关系。他是一个行动上的儒家和情趣上的道家。他的生命，儒的有为入世和道的无为隐逸常常构成内在的紧张，儒的刚健自强与道的洒脱飘逸交织、互补为人格心理结构。要之，他肯定的是道家的风骨和超越世俗的人格追求与理想意境……相形之下，他对儒、道的取向又确有差异。当然，这并不妨碍他对儒学的真精神采取宽容的态度，也不妨碍他自己的真精神中亦不乏浓烈的儒者情怀，他所批评的是儒学的负面与儒学的躯壳。"

关于汉至唐代的哲学，他对秦汉之际，对杨泉、鲁褒、何承天、刘禹锡、柳宗元等都下过工夫。

关于明清之际哲学思潮，是他的专长。他全面深入地研究了这一思潮的全盘，把这一段哲学史作为一个断代，作为哲学史教材的一编予以凸显并细化，又特别深入地研究了王夫之、黄宗羲、傅山等个案。他是当之无愧的王夫之专家和明清之际哲学的专家。

关于现代哲学思潮，他研究了马克思主义、自由主义与文化保守主义诸流派及其他学者。在马克思主义哲学思潮方面，他对李达、郭沫若、侯外庐、吕振羽、冯契等人作了深入研究,在文化保守主义思潮方面,他对熊十力、梁漱溟、冯友兰、唐君毅、徐复观等作了深入研究,他还研究了梁启超、刘鉴泉、蒙文通等学者的思想与学术。

他还开拓了中日思想的比较研究领域,支持了楚地简帛的研究等。萧萐父培养了很多学生,这些学生在中国哲学史、文化史的各领域继续跟进他的开拓,予以补充或深化。他也鼓励他的学生按个人的兴趣向科技哲学、政治学、社会学、管理学、传播学发展。

三、启蒙与启蒙反思

萧萐父的启蒙观或启蒙论说包涵了"启蒙反思"的意蕴。萧萐父并未照抄照搬西方启蒙时代的理论,也没有照抄照搬"启蒙反思"的理论,而是从中国思想文化的历史与现状出发,从健康的现代化(特别是人的现代化)出发,作出了深刻的反思。诚然,他坚持启蒙论说,反对取消、解构启蒙的看法。实际上,萧萐父强调的"启蒙",内涵十分丰富,不是近代西方的"启蒙"所能包括的。

萧萐父的启蒙观的要旨,是从中国文化传统中寻找自己的现代性的根芽,强调本土文化中孕育了现代性。他主张的是中国式的启蒙,是中华文化主体的彰显,而不是全盘西化与全盘式的反传统,他驳斥了中国自身不能产生现代性因素的西方偏见,这就疏离、超越了西方中心主义,也就蕴含了"启蒙反思"。

1987年,萧萐父说:"中国的现代化,绝不是,也绝不可能是什么全方位的西方化,而只能是对于多元的传统文化和外来文化,作一番符合时代要求的文化选择、文化组合和文化重构。因此,就必须正确认识到自己民族传统文化的发展中必要而且可能现代化的内在历史根据或'源头活水',也就是要找到传统与现代化之间的文化接合点。这是目前应当思考的一个重要问题。"萧萐父不希望继续陷入中西对立、体用两橛的思维模式之中。

他认为,所谓启蒙,是中国式的人文主义的启蒙,是走自己的路,而不是失去主体性的,走别人的路。他强调的是"中国有自己的文艺复兴或哲学启蒙,就是指中国封建社会在特定条件下展开过这种自我批判"。他的关键性的思路是"从我国17世纪以来曲折发展的启蒙思潮中去探寻传统文化与现代化的历史接合点"。与西方思想家视西方启蒙为绝对、普遍的立场,绝然不同。

萧萐父论证"中国式的人文主义思想启蒙",探索"中国式的思想启蒙道路的特点"。他特别重视"自我更新","即依靠涵化西学而强化自身固有的活力,推陈出新，继往开来"，消化西学，重建"中华文化主体"。在本土文化中，例如明末清初思想家那里，就孕育着中国文化现代化的胎儿。

晚年的萧萐父特别指出："早期启蒙说"的深刻的理论意义，首先在于"驳斥了国际上普遍存在的中国社会自身不可能产生出现代性因素的西方中心主义偏见，有力地证明了中国有自己内发原生的早期现代化萌动，有现代性的思想文化的历史性根芽"。"一部中国史，并非如西方学者所说'连一段表现自由精神的记录都不可能找到'。""在中国人当中，并不缺乏对于公开地自由地运用其理性的权利的追求，任何否认中国人同样应该享有人类的普遍价值、把中国人看作'天生的奴隶'的种族论的观点，都是完全错误的。"

萧萐父的启蒙观，特重非西方民族与文化，特别是中国文化之体认，批驳了西化派否定中国有自己的哲学、有自己的认识论的看法，批评工具理性、唯科学主义的意涵。这恰好是"启蒙反思"的题中应有之意。

萧萐父肯定"中国文化要走自己的路"与"寻根意识"，强调"'无形的根'，那就是'中国文化中的真道理'，即具有普遍价值的民族精神，乃是创造中华民族新文化的源头活水"；"西方文化的道路和模式却并不是绝对的和唯一的……西方现代文化是欧美各民族文化的现代化，仍然是民族性和个性很强的东西，尽管其中寓有世界性的要素。从这个意义上说，中国文化现代化要走自家的路（但不脱离人类文明的发展大道），并不是错的。文化的民族主体性的问题，确乎是一个极其重要的问题。"

他说："长期以来流行一种见解，即认为中国哲学注重伦理学，着重讲修身；而西方哲学才注重认识论，着重讲求知……应当突破欧洲近代实证论者的狭隘观点，看到哲学史上提出过的认识论问题。"这不仅是对冯契观点的肯定，也表明他自己的学术径路与工作重心。萧萐父十分重视中国哲学史上的认识论，曾下工夫研究了汉魏之际、明清之清的认识论问题。他很重视中国先哲"察类"、"明故"、"求理"的过程与特色，又重视辩证思维。他指出："需要重新审视中国古代辩证理性思维产生和发展的历史"；"我们民族智慧中的辩证思维，既区别于印度，又不同于希腊，而有其自身的历史特点和逻辑发展……作为认识成果的辩证法，也同样表现为一系列范畴和规律在历史上的依次出现并发展到一定阶段而得到理论总结……历史上的辩证法的认识成果，是多层次、多侧面的，并非完全表现为哲学理论形态，而是以不同程度的抽象、多种形式的范畴表现于各种思想文化的史料之中。"他重视各家各派及政论、文艺评论和学术史观中的辩证智慧。

萧萐父批评西化思潮，特别是实证主义、科学主义对本土哲学智慧的漠视与曲解："到了近代实证科学思潮兴起并传入中国以后，一种以解剖学为基础的崭新医学及其形而上学的世界观与方法论开始拒斥传统的中医学，中医学的基础理论被认为违反实证科学而陷入困境，《周易》也被看作充满神秘象数的一座迷宫而无人问津，中医与《周易》的会通关系渐趋疏远了。""在中国，历史地形成了医易之间互相会通的文化传统。三才统一的宇宙模式，动态平衡的系统思想，以阴阳五行为核心的范畴体系，乃是医易相通的逻辑基石。"他对古代医学与易学中蕴藏的有机整体、动态平衡、生命信息、生理节律等予以高度肯定。

对于气论与传统思维，对于中国哲学的诗性特质，萧萐父有很多发明，又特别发挥王船山诗化哲学与历史文化慧命，指出："船山多梦，并都予以诗化。诗中梦境，凝聚了他的理想追求和内蕴情结。""船山诗化了的'梦'，乃其人格美的艺术升华。""船山之学，以史为归……通过'史'发现自我的历史存在，感受民族文化慧命的绵延……"他对道教、禅宗等的思想方式与人的胸次、境界、性灵的关注，都与西方近代理性主义、实证主义、科学主义不可同日而语。

他对西方从16世纪以来的"科学—理性"主义思潮及其代表人物，从维柯到法国百科全书派，从黑格尔到摩尔根、孔德、斯宾塞等所持的普遍主义的、单线演化论的观点予以扬弃。以上表明，萧萐父的启蒙论说，恰好超越了西方从启蒙时代到康德的启蒙论说，包容了也超越了今天"启蒙反思"的内容。

由于萧萐父有非常深厚的人文底蕴，又处于今世，故他的启蒙观，尤其表现在对天与人的关系，人的终极信仰，人与自然，以及有关人的全面性、丰富性的阐扬上。人不是单面的人，人不只是个体权利、利益、智力的集合体；启蒙也不意味着个体权利、知性与个性自由的无限膨胀；这不仅与近代西方启蒙理性的"人的觉醒"不同，而且包涵了批评人类中心主义，批评工具理性与原子式的个人主义。在这个意义上，萧萐父的启蒙论说包涵了"启蒙反思"。

萧萐父多次谈到人的有限性，人的缺失、弱点，人对自然与超自然的敬畏等，他不仅重视人文，尤其尊重、重视天与天道，尊重、重视地或自然，重视天地与人的贯通，重视世界上与本民族之大的宗教传统，全面理解个体人与天、地、他人、万物的关系，自身身体与心灵的关系。因为在中国哲学文化中，儒释道资源中，人文不与宗教、自然、科学相对立。由上即知，萧萐父的现代"人论"是很丰富的，这才是"人"的真正的"再发现"。

萧萐父对于西方近代以来的个人主义、片面民主、工具理性、唯科学主义等给予了系统批判，对传统人文精神与西方人类中心主义的人文精神的差别有系统的论说。

萧萐父的思想、精神中有显隐之两层，显性的是"走出中国中世纪"，隐性的是"走出西方现代性"，这两层交织一体，适成互补。对萧萐父的思想，不能只突出其任何一面、一层。萧萐父主张"两化"，"即中国传统文化的现代化和西方先进文化的中国化……要把'全球意识'与'寻根意识'结合起来"。他批判了理性过度膨胀所带来的生态灾难与人之生命的迷惘，批判了历史的虚无主义与道德价值的相对主义。他强调民族文化的自我认同与当代中国伦理共识的重建，多次参与国际性的"文化中国"的讨论。

萧萐父多次参与国际性的"文明对话"，他一贯充满了文化包容意识与多元开放心态，摆脱东西方中心主义。他说："对世界文化的考察要摆脱东方中心或西方中心的封闭思考模式，走向多元化，承认异质文化的相互交融。""东方与西方有共有殊，东方各民族之间、西方各民族之间也各有同有异。"他主张尚杂、兼两、主和的文化观，在差异、矛盾、对立中互动。这些方法也包含着"走出中国中世纪"与"走出西方现代性"的兼有、差异与互动，一体两面之交叉互动。

综上所述，萧萐父通过对"文化大革命"的反省，针对国家、民族文化（特别是政治文化）建设的现实、紧迫问题，着力于西方启蒙理性与启蒙价值的引入，特别是发掘中国传统中与之相契合、相接植的因素（例如他下过工夫的明清之际思想家们的新思想萌芽等）。但我们不能忘记的是，萧萐父是一位东方、中国的有底蕴的知识人，其论说启蒙的时代又是20世纪80年代至21世纪的开端，在现代性的弊病暴露无遗之际。在这种背景下，由他这样一位诗人哲学家，一位生命体验特别敏锐的思想家来论说启蒙，其启蒙意涵已不是西方近代启蒙主义的内容，而恰恰超越了启蒙时代的启蒙精神，包涵了诸多反思启蒙或启蒙反思的内容。他实际上有着双向的扬弃，意在重建中华文化的主体性。看不到这一点，那就恰好低估了萧萐父的思维水平与他的启蒙论说的意义。

四、萧萐父主要论著

萧萐父，李锦全.1982.中国哲学史（上、下卷）.北京：人民出版社.
萧萐父.1984.王夫之辩证法思想引论.武汉：湖北人民出版社.
陈修斋，萧萐父.1984.哲学史方法论研究.武汉：武汉大学出版社.
萧萐父，李德永.1990.中国辩证法史稿（第一卷）.武汉：武汉大学出版社.
萧萐父.1990.玄圃论学集.熊十力生平与学术.北京：生活·读书·新知三联书店.
萧萐父.1991.吹沙集.成都：巴蜀书社.
萧萐父，罗炽.1991.众妙之门——道教文化之谜探微.长沙：湖南教育出版社.
萧萐父.1993.船山哲学引论.南昌：江西人民出版社.

萧萐父，许苏民.1995.明清启蒙学术流变.沈阳：辽宁教育出版社.

萧萐父，黄钊.1996."东山法门"与禅宗.武汉：武汉出版社.

萧萐父.1998.中国哲学史史料源流举要.武汉：武汉大学出版社.

萧萐父.1998.吹沙纪程.上海：上海文艺出版社.

萧萐父.1999.吹沙二集.成都：巴蜀书社.

萧萐父，李锦全.1999.中国哲学史纲要.北京：外文出版社.

萧萐父，吴根友.2001.传统价值：鲲化鹏飞.武汉：武汉出版社.

萧萐父，许苏民.2002.王夫之评传.南京：南京大学出版社.

萧萐父.2007.吹沙三集.成都：巴蜀书社.

萧萐父.2007.萧萐父文选（上、下）.武汉：武汉大学出版社.

萧萐父.2007.火凤凰吟：萧萐父诗词习作选.武汉：武汉大学出版社.

萧萐父.2007.苔枝缀玉：萧萐父书画习作选.武汉：武汉大学出版社.

主要参考文献

萧萐父.1983.我是怎样学习起中国哲学史来的.书林，(5).

萧汉明，郭齐勇.1994.不尽长江滚滚来——中国文化的昨天、今天、明天.北京：东方出版社.

萧萐父.1999.冷门杂忆//萧萐父.吹沙二集.成都：巴蜀书社：380-386.

郭齐勇，吴根友.2004.萧萐父教授八十寿辰纪念文集.武汉：湖北教育出版社.

撰写者

郭齐勇（1947～），武汉大学哲学学院暨国学院教授，主要从事中国哲学史的研究。

萧 前

萧前（1924～2007），湖北沙市人。马克思主义哲学家。国务院学位评议委员会第一、二届哲学学科评议组成员、召集人，第三届特邀成员，中国辩证唯物主义研究会会长、荣誉会长，中国人民大学第三、四届学术委员会委员，哲学系副系主任，资深教授、荣誉教授。他作为主要执笔人参与编写由艾思奇主编的《辩证唯物主义历史唯物主义》、他领衔主编的《辩证唯物主义》、《历史唯物主义》、《马克思主义哲学原理》等教科书长期作为统编教材为全国各个高校哲学专业所使用，影响了中国几代人；他是中国马克思主义哲学高等教育的奠基人之一。他针对中国社会主义建设实践中的重大现实问题，在《人民日报》、《光明日报》、《哲学研究》等报刊发表文章，产生了全国性的影响。他最早重视对马克思主义哲学实践范畴的研究，认为实践的观点不仅是马克思主义认识论的首要的基本的观点，更是整个马克思主义哲学的首要的基本的观点，引发了影响巨大的关于实践唯物主义的讨论，促进了马克思主义哲学体系的现代转型。他主持和领导了多项国家级重点课题的研究，为国家培养了大量哲学专业人才。

一、简　　历

萧前，原名萧前菜，1924年7月14日出生在湖北省江陵县（现属沙市）一个殷实家庭。其父萧承烈是当地颇有名望的实业家，母亲张承凤读过6年私塾，嫁到萧家后在家相夫教子。萧承烈夫妇共养育了5个子女：大儿子萧前椿、大女儿萧前瑛、二女儿萧前瑜、二儿子萧前菜、三女儿萧前玲。萧前幼年时，祖父去世、父亲多病，又逢时局动荡，家道开始衰落，为谋生计一家人颠沛流离，从江陵到武汉再到上海。萧前3岁时父亲因病在上海去世，不久全家迁居苏州。萧前自小就染上了肺结核，身体虚弱，不能坚持正常的课业作息时间，过一段学校生活，就必须回家休息调养，但他在家养病期间仍坚持刻苦自学。虽缺课较多，几乎一半课业时间在家自学，但毕业考试中他却交出了优秀答卷，名列前三。不仅如此，他还考取了著名的省立苏州中学。抗日战争爆发后，萧家举家内迁，辗转于长沙、重庆、江安等地，最后定居在北碚。在北碚萧前进入四川国立二中，因肺结核病情有所反复，又不得不辍学在家养病。全赖母亲的精心照料才得以康复，为此他常说："我的母亲生了我两次！"

1940年，萧前在初二春季班因病休学了一段后，插入秋季班。这时他受哥哥萧前椿的影响，关心时局，思想进步，阅读了许多哲学、社会科学和新文学方面的书籍，其中斯诺的《西行漫记》和范长江的《中国的西北角》对他影响最大，由此便逐步接受了马克思主义。据他当年的同学沈振宏回忆，萧前当年"常谈一些我们很少知道也未曾思考过的问题。他有一些书，经常阅读，也借给我们看。""最初他介绍给我看艾思奇的《大众哲学》和邹韬奋的《读书偶译》，"还有一些别的小册子，有茅盾、沈志远写的关于新文学运动和政治经济学等方面的书，"还记得他带来几本从苏联翻译过来的《辩证唯物论》、《唯物史观》、《政治经济学》等大部头著作。""萧前记忆力很强，又喜欢追问为什么，对不同观点勇于辩论，讲述问题时常常引证书上怎么说的，马克思原文怎么讲的，言必称马列，同学们开玩笑，给他起了个绰号'牛克思'。""萧前还给我一个很深的印象，就是对新文学的爱好。他熟悉一些苏联作家的作品，也喜欢鲁迅的著作，我开始阅读鲁迅就是经他介绍的，《野草》、《华盖集》等著作都是我们经常看的，至今我还记得，他当时朗诵《这样的战士》、《淡淡的血痕中》、《纪念刘和珍君》等文章时那么兴奋、那么激动"的样子。他还自己订了一份重庆的《新华日报》，并积极把这些进步书刊介绍给同学们，经常在一起讨论。为了把生病耽误的时间追回来，同时自认为有实力考上高中，初中没有毕业的萧前使用堂哥萧前柱的初中毕业证书，把证书上萧前柱的"柱"字改为"桂"字，考入重庆南开中学高中。

1944年高中毕业后，他考入了民主气氛浓厚的西南联合大学，就读于物理系。虽然学的是自然科学，但他对国家前途仍十分关心，在西南联大积极投入了"争民主、反内战"的学生运动，特别是认真学习毛泽东的《新民主主义论》等著作后，政治思想有了很大提高，参加了中国共产党的外围组织"民主青年同盟"，在王汉斌、彭珮云等同志领导下开展进步的学生运动，并担任校学生自治会理事。在昆明"一二一"惨案期间，他担任学生罢课委员会委员，积极组织罢课活动，因此被当局开除学籍。后经组织介绍去大理做群众工作。所以，萧前一直到去世，他的户口本上的学历栏上，记录的是大学二年肄业。

1946年年底，在国民党军队大举进攻解放区之际，在地下党组织的安排和吴晗的推荐下，萧前和他的妻子何兆斌一起绕道台湾到达晋冀鲁豫解放区，在太行山上的北方大学文学院学习。到达解放区后两人改名为萧前和柯炳生。由于萧前的进步思想和参加革命的实际行动,对家人也产生了极大的影响,母亲也积极支持其他子女都参加了革命事业。

1947年春节,萧前见到了仰慕已久的哲学家艾思奇,当时艾思奇受组织委托,正在组织人员编写中国近现代哲学史。由于艾思奇此时正需要一个行政和学术秘书,萧前就留在了艾思奇身边。萧前一边工作,一边学习,很快成为艾思奇的得力助手,进入了哲学领域。1948年北方大学合并到华北人民革命大学,萧前和柯炳生又一起在华北人民革命大学担任教师,1950年在华北人民革命大学基础上成立中国人民大学,萧前在马列教研室工作,柯炳生则在语言文学系。柯炳生1955年进入中国文字改革委员会工作,并担任吴玉章的秘书,为新中国的文字语言工作做出了重要贡献。在1962年开展的"社教"运动中,柯炳生因遭受不公正待遇而含冤自尽。

"文化大革命"期间,萧前被当作"反动学术权威"遭受了造反派的批斗,下颌骨被打裂,遭受各种非人的待遇,甚至差点丢了性命。在长达10多年的时间里,他被剥夺了哲学研究和教学的权利。一直到1978年中国人民大学复校,他才回到教师的队伍。改革开放以来,萧前一直活跃在哲学第一线。他在努力把林彪、四人帮颠倒了的一系列是非观念再颠倒过来,并领衔主编了《辩证唯物主义》、《历史唯物主义》等新时期权威教材的同时,更进一步以积极阐发邓小平建设有中国特色社会主义理论为重点,带头进行哲学基础理论的探索和创新,为推动我国马克思主义哲学在新时期的繁荣发展做出了卓越的贡献。他在1996年患病之后,生活已不能自理,仍然关心我国的现代化建设事业,将所思所想口述给学生,撰写成文章予以发表。

萧前一生经历坎坷。他幼年丧父,身体病弱,家境窘迫,漂泊流离;中年丧妻,屡受挫折;晚年病体,罹患顽疾。幸得贤妻潘瑰智悉心照料,生活安宁,精神上亦得到极大安慰。尽管人生坎坷,但他一直心怀天下,勤奋有为,精于思考,保持了一位哲人明智豁达、乐观向上的精神风貌,为同侪所景仰。

二、主要研究领域和学术成就

萧前虽然在中学时期就对哲学和文学等有浓厚的兴趣,但他大学学的却是物理学,且只学了两年,他的哲学学术生涯是从到了解放区北方大学后才开始的。他到北方大学时,北方大学人才奇缺,范文澜和艾思奇都想要他做助手,适逢他的大女儿出生,范文澜便高兴地说,你姓萧,我姓范,这孩子就叫萧范吧。他经过认真思考,觉得物理学跟哲学的关系更密切,自己的兴趣和长处也在于思辨,于是选择了哲学,艾思奇就成为了他的哲学老师。萧前生前常对人说,我一辈子有幸遇到两位好老师，一位是艾思奇，另一位是（苏联专家）凯列。他与这两位尊敬的老师都保持了终生的友谊。

1950年，中国人民大学成立，刘少奇代表党中央发表了重要讲话，新华社在报道中宣布"中国人民大学的教育方针是教学与实际相联系、苏联经验与中国情况相结合"。当时中国人民大学有35位苏联专家分头担任科学指导。1951年，扑·伊·尼基金、弗·让·凯列、巴尔道林、塔拉干诺夫、斯卡尔任斯卡等苏联专家先后来到人民大学讲授以辩证唯物主义和历史唯物主义，中国教师作翻译和理论辅导，萧前为理论辅导组负责人，兼凯列的助手。1952年7月，根据中共中央宣传部的指示，中国人民大学承担了为全国高等学校培养马列主义理论师资的任务。为此，从全国各学校抽调青年骨干教师组成马列主义研究班，由学校研究部研究生科直接管理。研究班设哲学、政治经济学、马列主义基础和中共党史四个班，哲学班学制二年（从1953年起改为三年），其余班学制一年。萧前任哲学研究班班主任。研究班连续招生多年，为中国马克思主义哲学的教学和研究培养了大量的人才，黄枬森、高清海、李秀林、陈先达、汪永祥、庄福龄、杨春贵、胡福明、杨宪邦、刘放桐等一大批哲学家，都曾先后是研究班的学生。萧前在马克思主义哲学界的地位，在一定程度上可以说是在研究班时期奠定的。

1955年《哲学研究》杂志创刊，萧前担任杂志编委，同时也担任《光明日报》哲学专刊、《前线》等杂志的编委，不仅发表文章，也参与对一些选题的策划和稿件的审阅。在50年代开展的众多哲学问题的争论中，在引导中国马克思主义哲学理论研究发展的过程中，萧前都付出了大量的心血。也许正是这种编辑实践，使萧前具有宽广的视野和平等平和的心态。他一贯认为，理论争论是学科发展的必要前提，在真理面前人人平等，但理论争论就是论理、讲理、以理服人，千万不要把理论争论变成无谓的意气之争，更不要在争论中恶意归纳无限上纲，总欲置对方于死地。他是这么说的，也是这么做的。纵观他那时写的文章，即使是批判性文章，也总是坚持平等讨论，尽量从道理上把问题说清楚，从不以势压人，更不深文周纳，入人以罪。讨论任何问题，都要力求"把事情看清楚，把问题想透彻，把道理讲明白"，是萧前一贯坚持的治学原则。在当时那种很不正常的学术环境下，能够保持这么清醒而明智的识见，并身体力行，实在是很不容易的。萧前后来在哲学界理论界有那么高的人望，与这一点分不开。

1959年12月，中共中央决定编写以毛泽东思想为纲，结合中国革命和建设的实际，反映时代精神的哲学教科书《辩证唯物主义历史唯物主义》，由艾思奇任主编，萧前等13名教师组成教科书编写组和资料组，参与编写。萧前为该书主要执笔人之一。这部由中国人自己编写的哲学教科书，人民出版社1961年初版，1962年修订再版，1968年修订后又第三次出版。该书不仅供高等学校使用，而且也供干部教育使用，这是我国第一部全国通用的马克思主义哲学原理教材，对中国的马克思主义哲学教学、研究和宣传产生了深远的影响。

1960年6月，为了进一步加强科学研究工作和培养研究生，中国人民大学决定成立哲学研究所等四个研究所。学校党委书记、副校长胡锡奎兼任哲学研究所所长，萧前任副所长，后又担任哲学系副系主任，主管教学和科研工作。在担任副所长和副系主任期间，萧前为中国人民大学哲学系的发展付出了大量心血。

1963年7月16日，为响应毛泽东"把哲学从哲学家的书斋里解放出来"的号召，萧前在《人民日报》上发表《把哲学变成群众手中的锐利武器》一文，此文发表后受到毛泽东和周恩来的赞赏，周恩来还特地将此文向应届毕业的大学生做了推荐。

"文化大革命"中，他受到批斗，被下放到江西进行劳动改造，一直到"文化大革命"结束、中国人民大学复校之后才获得解放。

1980年9月，经国务院批准，《中国大百科全书》编辑部成立，中国人民大学哲学系张腾霄、石峻、萧前、罗国杰担任哲学编辑委员会委员，萧前任哲学卷总论及辩证唯物主义部分主编。

1981年5月，萧前、李秀林、汪永祥主编的《辩证唯物主义原理》由人民出版社出版，两年后，《历史唯物主义原理》出版。该书是教育部委托编写的高等学校哲学专业教材，力求比较完整、正确地阐述马克思主义哲学的基本原理，实事求是地概括现代自然科学、社会科学和思维科学的新成就，正确地总结新中国成立32年来我国哲学教学、宣传工作中的经验教训、有力地批驳林彪、"四人帮"在一些重要理论问题上的谬论，拨乱反正，恢复马克思主义哲学的本来面目。1996年，《历史唯物主义原理》荣获国家教委优秀教材奖一等奖，同时荣获国家教委第三届高等学校优秀教材奖。1997年《历史唯物主义原理》又荣获普通高等学校国家级教学成果奖二等奖。

《辩证唯物主义》、《历史唯物主义》教材编写获得了极大的成功，代替艾思奇版的教材而成为全国各个高校哲学专业的通用教材，而作为主编的萧前，并没有满足于已有的成就。也正是在编写教材的过程中，他深感马克思主义哲学实践范畴的重要地位和作用在既有体系中未能得到充分的体现。1980年，他在《红旗》杂志发表《论马克思主义的实践观》，1983年，他发表《马克思主义哲学是实践的唯物主义》

和《理论和实际统一的基石——读〈实践论〉札记》，在这些文章中，对科学的实践观及其重要作用作了比较系统的论述，由此引发了全国性的关于实践唯物主义的讨论，极大地促进了我国学者对马克思实现哲学变革的关键和马克思主义哲学本质特征的认识，对于彻底认真反思苏联哲学教科书体系对我国哲学发展的负面影响，从哲学世界观层面深化以实践标准讨论为开端的思想解放运动起了非常重要的作用。1985年，在萧前的倡议下，以全国当时的8个马克思主义哲学博士点的教授为主，组成课题组，承担国家教委"七五"规划重点攻关课题"马克思主义哲学体系创新和哲学原理教材改革"，翌年，该课题被提升为国家社科基金重点课题，萧前为主持人。参与该课题并作为教材副主编的黄枬森曾将此称为"一次有重大意义的哲学体系创新活动"。据黄枬森回忆，"课题组成员在讨论哲学体系的过程中，是有争论的，有时候争得面红耳赤。但是在萧前的主持下，争论终以达到一定的共识而结束。""这一活动及其成果坚定地贯彻了马克思主义的实践观，把课题的进行和完成建立在整个人类社会实践发展的基础上，力图使最终成果符合时代发展的水平。"为实现这个目标，在萧前的率领下，课题组除了在北京、上海、武汉等城市进行考察外，还到改革开放的前沿珠江三角洲、长江三角洲、四川地区进行实地考察，还访问和考察了香港和澳门，以获得对资本主义的感性认识。此外，还同中国自然辩证法研究会联合召开会议，研究和讨论科学技术与哲学的关系，同现代西方哲学研究会联合召开会议，研究和讨论西方哲学与马克思主义哲学的关系。1994年，由萧前任主编，黄枬森、陈晏清任副主编的《马克思主义哲学原理》（上下册）由中国人民大学出版社正式出版。该教材凝聚了全国重点高校哲学博士点众多教师的共同心血，"充分吸收了改革开放以来马克思主义哲学研究的成果，扩大了研究范围，改变了简单化的面貌，特别是改变了辩证唯物主义和历史唯物主义两大块的体系结构"，对马克思主义哲学原理的创新和哲学教学体系的改革进行了积极的富有成就的探索。该教材出版后多次印发，至今仍作为一些高校哲学专业的教材。

在主持教材体系改革项目的同时，他还承担了"马克思主义认识论与社会主义现代化建设"、"关于中国社会主义现代化的哲学反思"等国家课题的研究，从哲学认识论的角度总结我国现代化建设的历史经验。此外，他还主编了《实践唯物主义研究》、《新大众哲学》。改革开放后他发表的一些文章被辑为《哲学论稿》，1988年由中国人民大学出版社出版。

2004年，为纪念萧前80寿辰，中国人民大学出版社出版了《萧前文集》。该书由李瑞环题写书名，韩树英作序，选录了萧前1956～2003年发表的65篇文章和讲话，展示了萧前近半个世纪以来在马克思主义哲学研究和教学中不懈追求的心路历程。

1981年，国务院成立学位委员会，萧前被聘为国务院学位委员会哲学学科评议组成员，第一、二届哲学组召集人，第三届哲学组特邀成员，同时他还担任国家高等教育自学考试委员会委员兼哲学专业委员会主任。1982年中国辩证唯物主义研究会成立大会暨学术讨论会在北京举行，萧前被选为执行会长之一。在这几个重要的学术领导岗位上，萧前为整个中国哲学的发展，包括各二级学科硕士点、博士点的布局规划、重大哲学研究项目的设立评审、学科带头人的选拔评定，费心谋划，起到了重要作用。

萧前是我国改革开放后由国务院批准的首批硕士生导师，首批博士生导师，首批享受国务院颁发的政府特殊津贴的专家。1999年被确定为中国人民大学资深教授，2006年被授予中国人民大学首批荣誉教授称号。

三、治学特点和主要论著

作为马克思主义哲学家，萧前一贯坚持理论联系实际的优良学风，关注中国社会主义革命和建设实践中的重大问题，关注理论研究和争论的重要问题，将之提升到哲学层面进行深入思考，这是他的一个突出治学特点。他大学期间受过物理学的训练，这使得他不仅非常重视哲学与自然科学的内在联系，注重吸取和概括科学发展的最新成果，而且非常讲究思维和论证的严谨性、结论的科学性和可靠性。他曾说过，他是从艾思奇的《大众哲学》引发了哲学兴趣的，《大众哲学》的那种生动活泼深入浅出的文风也是深深影响了他。他从不欣赏那种故弄玄虚、貌似高深、晦涩难懂的文章，也反复告诫学生们不要去"追风头"和追求所谓的"高产"，而应努力使自己的文章明白晓畅、自己所讲的道理经得起时间的考验。他关心国家政治生活，具有高度的政治敏锐性，同时又始终坚守党性原则和科学精神，力求使二者统一起来。以他的学术威望和社会地位，许多杂志和出版社都以得到他的文章和著作为荣，争相约稿，但他从不轻易为文，更不说过头话或故作惊人之语；与他同时代的许多哲学家相比，他是一位"低产"作家，可从他的文章中，读者总能够感受到时代的脉搏、问题以及他对这些问题的认真思索努力求证的逻辑。他的主业是教学，最主要的成就或许就是他主编的几部教科书和一代又一代的学生，他的爱才、举才、护才的故事从来都是学界的美谈。他的首届博士李德顺曾在一篇文章中深情地写道："在治学方法上，萧前教授是一位思想方法上的务实派。他一贯强调要重视和学习自然科学，强化基础理论功夫，研究要一个问题一个问题地深入探索，敢于发表独立见解。他喜欢与别人平等地讨论甚至争论，乐于在弄清道理的时候彼此吸收对方的观点，哪怕对方是自己的晚辈或学生。萧前教授爱才护才，能够不断地聚拢和推出人才。他虽然已'桃李满天下'，却从不放弃一个机会，把有才华有希望的青年录取为自己的学生。不论学生的观点与风格是否与自己相同，也不怕承担什么风险，他总是尽自己的力量创造条件，保护这些人才成长。他常说，这是自己能够为人民大学、为国家和社会做出的最重要的贡献。"在萧前的学生中，从1952年算起，到2005年为止，有比他岁数还大的，也有和他孙子年龄相仿的，大家都以作为萧前的学生为荣，也都尊敬地称潘瑰智为师母。萧前真正是学生们的良师益友，得到了学生们衷心的尊敬和爱戴，他去世后，他的弟子们相约，各自根据自己的力量自愿捐款成立了"萧前哲学基金"，奖励马克思主义哲学研究领域的优秀论文和著作，以作为对老师的永久性纪念，作为老师对中国马克思主义哲学发展的最后贡献。力虽绵薄，意义重大。

萧前的重要论著，还有如下一些文章：

他与李秀林合作，在《哲学研究》1959年第3期发表的《主观能动性与客观规律》，作为对大跃进的哲学反思，文章指出发挥主观能动性一定要以尊重客观规律为前提，一定要尊重群众实践，走群众路线。"千计万计，群众路线第一计"。

他在《哲学研究》1962年第4期发表的《论条件》一文，总结大跃进的教训，批评"有条件要上，没有条件也要上"的盲动性蛮干，提出必须尊重客观规律和根据实际可能，即使是创造条件也还是需要条件。

《人民日报》1963年7月16日刊登了他的《把哲学变成群众手中的锐利武器》一文，该文论证了马克思主义哲学的实践本质与人民群众实践活动的辩证关系，受到毛泽东和周恩来的表扬。

他在《文汇报》1963年12月17日和19日发表的《实践是社会的历史的实践》、《理性认识和实践》两篇文章，立足于马克思《关于费尔巴哈的提纲》第一条对旧唯物主义的批评和《德意志意识形态》关于实践的唯物主义者的思想，较好地解释了毛泽东引用列宁"实践的观点是辩证唯物论之第一的基本的观点"。

他在《红旗》1980年第4期发表的《论马克思主义的实践观》一文，系统地论述了马克思主义的科学的实践观点及其特点，深化了理论界对于实践标准的认识。

他发表在《河北师范学院学报》1982年第1期的《谈谈生产力》一文，是较早一篇把实践标准和生产力标准结合起来进行论述的文章。文章指出，生产力的问题和与实践的问题是紧密联系的，生产力问题的讨论是对实践问题讨论的继续和深入；认为实践观点是唯物史观的基本观点，历史唯物主义在一定程度上就是"唯生产力论",改革生产关系、进行阶级斗争,只有在促进生产力发展的时候才是合理的,进步的。1992年邓小平南方谈话后,他进一步就实践标准与三个有利于标准的关系发表了一系列文章。

与郭湛、李德顺合作,他在《哲学研究》1981年第11期发表了《论唯物辩证法的"斗争"范畴》,针对"文化大革命"期间流行的马克思主义哲学就是"斗争哲学"的那种把斗争性绝对化的错误,分析了作为哲学范畴的矛盾斗争性与具体斗争的关系,指出具体斗争都是有限制和限度的,而具体斗争是为了建立统一和和谐,澄清了人们在这个问题上的糊涂观点。

他在《东岳论丛》1983年第2期发表的《马克思主义哲学是实践的唯物主义》和《社会科学战线》1983年第3期发表的《理论和实践统一的基石》两篇文章,突破了把实践观点仅仅看作是认识论的首要的基本的观点的传统认识,指出实践的观点也是历史唯物主义的基本观点,是通贯马克思主义哲学的基本观点,首次提出马克思主义哲学是实践的唯物主义,由此引发了全国性的关于实践唯物主义的大讨论,促进了马克思主义哲学研究的大繁荣大发展。

他在《广州日报》1989年1月13日发表的《为恢复辩证唯物主义应有的权威而奋斗》一文,针对实践唯物主义讨论过程中出现的一些偏颇,指出要历史地看待辩证唯物主义,不能把实践唯物主义与辩证唯物主义绝对对立起来;强调实践范畴的重要性,是为了促进马克思主义哲学随实践和科学的发展而发展,为了恢复辩证唯物主义的科学权威性。

他在《光明日报》1983年9月12日发表的《关于认识的发展阶段和知性、理性问题》一文,是一篇与周扬在《关于马克思主义的几个理论问题》中提出的认识过程可分为感性、知性和理性三个阶段的观点进行商榷的文章,认为研究知性思维及其知性思维方式有很重要的意义,但知性属于理性认识,并不能构成一个独立的认识阶段。这篇文章对于促进我国认识论的研究有很重要的影响。

他与马俊峰合作在《湘潭师范学院学报》2003年第1期发表的《关于社会主义分配制度的哲学思考》一文,针对长期以来对按劳分配原则的简单化理解指出,分配制度不仅包括物质财富的分配,也包括对荣誉、机会、社会地位等的分配,所以不单是经济学和生产关系的范畴,更是历史观的基本范畴;按劳分配原则与其具体实现方式有差别,不能把某种具体分配形式等同于按劳分配原则本身,按生产要素分配也包含了按劳分配的因素。这些观点对于从哲学上合理理解平等和效率的辩证关系有重要的意义。

四、萧前主要论著

萧前，李秀林，汪永祥.1981.辩证唯物主义.北京：人民出版社.
萧前，李秀林，汪永祥.1983.历史唯物主义.北京：人民出版社.
萧前.1986.马克思主义认识论研究与我国社会主义现代化.北京：中国人民大学出版社.
萧前.1988.哲学论稿.北京：中国人民大学出版社.
萧前，黄枬森，陈晏清.1994.马克思主义哲学原理.北京：中国人民大学出版社.
萧前.1994.关于中国社会主义现代化的哲学反思.北京：中国人民大学出版社.
萧前，李淮春，杨耕.1996.实践唯物主义研究.北京：中国人民大学出版社.
萧前，杨彦均.1996.新大众哲学.沈阳：辽宁大学出版社.
萧前.2004.萧前文集.北京：中国人民大学出版社.

主要参考文献

李德顺.1989.哲学家萧前.中国人民大学学报，(3).
高鸿.2004.历经风雨 前行不已——记著名马克思主义哲学家萧前.中国人民大学学报，(2).
沈振宏.2006.青春结伴 白首同心——回忆中学同学萧前//马俊峰，张继清.学问 智慧 人生.北京：高等教育出版社.
钟宇人.2006.萧前教授与苏联专家凯列的友谊//马俊峰，张继清.学问 智慧 人生.北京：高等教育出版社.
黄枬森.2006.在萧前教授八十华诞纪念大会上的致辞//马俊峰，张继清.学问 智慧 人生.北京：高等教育出版社.

撰写者

马俊峰（1954～），山西稷山人。1982年毕业于南开大学，1985年在中国人民大学获硕士学位后，留校任教。1988年师从萧前，1992年获哲学博士学位。曾担任哲学系副系主任，现为哲学院二级教授、博士生导师，长江学者特聘教授。兼任中国辩证唯物主义研究会副秘书长，北京市哲学学会副会长，中国价值哲学研究会副会长。从事马克思主义哲学的教学和研究工作，研究方向为价值论和社会发展理论。

齐振海

齐振海（1924～），山东寿光人。马克思主义哲学家。北京师范大学哲学系教授、马克思主义哲学专业博士生导师，中国辩证唯物主义研究会常务理事，中国认识论研究会会长之一，全国哲学社会科学"八五"规划哲学学科评审组成员。享受国务院颁发的政府特殊津贴。20世纪60年代以来，在核心报刊上发表哲学论文70余篇，出版著作（包括合著）12部。在20世纪70年代末关于真理标准的讨论中，坚持实践是检验真理的唯一标准，为理论界的"拨乱反正"做出了一定贡献。此外，他撰写了《理想与精神生活》、《略论理想与实践》等论文，积极探索和界定共产主义人生观和价值观。主编了《认识论新论》一书，推进了马克思主义认识论的研究。

一、成 长 经 历

1924年11月4日，齐振海出生在山东省寿光县上口区齐家夏口村的一个贫苦农民家庭。本村初级小学毕业后，曾以第一名的成绩考上了离家十余华里的候镇高级小学，因为家庭贫困，难以承受住宿、吃饭的费用而放弃。当时他的父亲在济南郊区一家中药厂打工，家中两亩多盐碱低洼地无人耕种，齐振海是家中长子，虽然还是一个未成年的孩子，也只好承担起春种秋收的种田任务。那时的山东农村，贫苦农民耕种土地完全靠体力，十分劳累，但他还是利用冬闲时间学习一些文化科学知识，为后来的升学打下了一定的基础。这样的种田生活持续了4年。后来齐振海的父亲从外地回来不再去打工，他又考取了本区的一所初级中学。这所中学离他外婆家约四华里路程，吃、住都在外婆家，省去了不少费用，但也很辛苦。每天早早吃完早饭，就一路小跑地前往学校；上午上完课又跑步般回外婆家吃午饭，不管春夏秋冬一年四季都没有午睡过。这样的生活也有一大好处，就是锻炼了身体，特别是腿的力量。齐振海90岁时，还像中年人那样在学校操场上锻炼。初中读了2年多，未毕业，为了谋生（因为毕业了还是回家种地），他父亲又送齐振海去济南南关一家中药店当学徒。学徒生活相当清苦，主要是买菜做饭、打扫卫生等一些杂活，晚上睡在柜台上，早上还要给老板倒尿壶。他因不堪这种屈辱生活，又去考了一所不交学费还有饭吃的临时中学（抗日战争胜利后设立的）。高中毕业后，他又考上了管吃、管住的北京师范大学数学系。齐振海考入北京师范大学不久，就参加了中共地下党领导的学生运动，负责北京师范大学二院学生自治会的宣传工作，并于1948年11月加入中共地下党的外围组织民主青年同盟，后又加入中国共产党。他为了寻求革命真理，学习了大量马克思主义哲学经典著作，对马克思主义产生了浓厚的兴趣。1952年毕业后，留校做了专职的政工干部，担任过中共北京师范大学党委宣传部副部长和《师大教学》主编。在此期间，齐振海还利用业余时间参加了中国人民大学专门讲授马克思主义理论的夜大学习。后来又由学校党委保送到中共中央党校哲学班脱产学习，师从哲学家艾思奇。1956年8月毕业回到北京师范大学后，就作为一名教师一直从事马克思主义哲学理论的教学和研究工作。

二、主要研究领域和学术成就

齐振海学数学出身，后转向哲学。开始研究哲学时兴趣比较广泛，自然辩证法、伦理学、辩证唯物主义、历史唯物主义，凡是自认为需要的，什么都学、什么都写。1978年，国内哲学界出现了真理标准的大讨论，他又积极参加这次对后来中国社会产生重大影响的学术讨论，坚持实践是检验真理的唯一标准。从而把这一时期的学术研究重心落在了认识论上。通过对现实的反思和对理论的探索，出版了一部小册子，名为《人为什么犯错误——真理的探索》。虽然这部书字数不多，但是恰好把握住了当时人们探索真理的热望，发行了10多万册，在社会上产生了不小的影响。他在认识论领域的探索最后体现在《认识论新论》上，这部书总结了认识论研究的成果，提出了许多新的观点，被国家教委确定为高校文科教材。齐振海在学术研究上兴趣广泛、视野开阔，对各种新兴的学科都有所关注。随着改革开放的深入，社会对企业管理和社会管理提出了更高的要求，管理学成为热门学科。于是他组织撰写了《管理哲学》一书，从哲学的高度探讨管理中的一些根本问题。该书获国家教委首届人文社会科学优秀研究成果奖二等奖。科学技术正在飞速发展，对社会产生了多方面的影响，有许多问题需要深入研究。于是又组织撰写了《未竟的浪潮——现代科技革命与社会发展》一书，对现代科技革命与社会发展的关系做深层的探索。除此之外，齐振海的研究视野还涵盖人生观、价值观等问题。

从20世纪60年代以来，齐振海陆续在《人民日报》、《光明日报》、《红旗》、《哲学研究》等报刊上发表哲学论文70余篇，出版著作（包括合著）12部。他的学术思想和成就主要有五个方面。

第一，坚持马克思主义真理观，坚持实践是检验真理的唯一标准，为理论界的"拨乱反正"作出了贡献。早在60年代初，齐振海就撰写了题为《自然科学中真理和错误的相互关系》一文，以大量自然科学事实为依据，批驳了有些人主张的相对真理包含错误的观点。1978年以来，他积极参加有关真理标准问题的讨论，相继撰写了《坚持实践是检验真理的唯一标准》、《论实践标准的相对性和绝对性》、《阶级与客观真理》、《真理面前人人平等》等文章，对当时出现的一些错误理论作了比较系统的批判。特别是《论实践标准的相对性和绝对性》一文在《哲学研究》发表后，《新华日报》摘要刊登，并多次被收入有关文集中。《阶级与客观真理》一文把真理和思想体系区别开来，认为思想体系有阶级性，而客观真理没有阶级性。因为思想体系是反映特定阶级的利益和意志，是特定阶级创造的，为特定阶级服务的，人们的立场、观点、方法不同，观察同一对象（特别是以社会作为观察的对象），往往会得出不同的甚至相反的结论。但是，关于同一对象的真理却只有一个，即正确地反映了这个事物及其规律的认识才是真理。既然真理的内容是客观的，那么检验真理的标准也是客观的，不能拿阶级的意志作标准。

随着真理标准问题讨论的深入，出现了两种错误的观点。一种观点是不同意实践是检验真理的标准，主张检验真理的标准是摆在那里让认识同它对照借以确定是否同它相一致的客观事物及其规律；另一种观点认为目的是实践的重要因素和特性，目的是否达到，是衡量实践成败、也是检验真理的标准。齐振海写了《实践的含义和真理的标准》一文，对这两种观点作了断然的否定。实践怎么检验真理呢？通常是，人们运用已经获得的知识来指导一定的实践活动，当实践过程中出现了符合原来认识的结果时，一般说来就检验了这一认识的真理性。前一种观点，实际上把什么是真理和用什么方法、手段来检验认识是不是真理这两个问题混为一谈了。所谓实践是检验认识的真理性的标准，就是指通过联系主体和客体、主观和客观的实践活动（包括实践过程和实践结果）来进行检验。那种把人的有目的的实践活动同实践结果割裂开来，认为只有实践的客观物质结果即变革了的物质客体，才是检验真理的唯一标准的观点，是不正确的。那么，能不能把实践的目的看作衡量实践成败的标准呢？他认为，实践是客观的物质活动，不是精神活动。因为实践的主体、客体、手段以及实践活动本身和实践的结果，都是物质的。人作为实践的主体，在实践活动中当然是有意识的、有目的的，但这种意识、目的是体现在客观的物质活动即实践活动中的。判定实践的成败当然要联系到实践的目的，但是，目的本身决不是衡量实践成败的标准。他指出，如果认为实践还不能够检验认识的真理性，企图以主体目的、主体利益为真理标准，必然导致否认真理的客观性，无意中成为唯心主义的俘虏。

1983年，齐振海撰写了《人为什么犯错误——真理的探索》一书，通俗而系统地总结了在真理问题探索中所取得的成果。

第二，积极探索和界定共产主义人生观和价值观。他撰写了《理想与精神生活》、《略论理想与实践》等论文，合写了《共产主义人生观教育概论》、《共产主义道德教育概论》、《爱国主义教育概论》等著作，在我国推进改革开放的过程中，理论结合实际地宣传了共产主义的世界观、人生观、道德观和爱国情操。

齐振海主持并完成的国家哲学社会科学基金"七五"资助项目"人的价值问题研究"，是对人生观和价值观研究的总结、概括和提高。该书深入地探讨了价值的一般本质、人的价值的内涵、制约人的价值实现的因素、人的价值实现过程以及人的价值评价等问题。

第三，积极引进和吸收当代科学研究的新成果，推进了马克思主义认识论的研究。齐振海主编的《认识论新论》以主体和客体之间的关系为贯穿全书的主题，以当代科学成果为依据，对认识论作了新探索。该书一出版，就在哲学界引起强烈反响，《光明日报》（1988年10月17日）、《求是》（1988年第7期）、《哲学动态》（1988年第6期）等报刊上纷纷发表评论文章，认为该书是一部"突破了以往的理论框架"、"对认识论的基本内容作了新的探索"、"反映了认识论最新研究成果具有较高价值的专著"。该书还被国家教委选定为高校哲学教材。后来他承担和完成的国家教委博士点学科基金项目"主体和客体"，是他在认识论领域的创造性研究的继续。

第四，力图把哲学研究和社会主义现代化建设结合起来，使哲学更好地为社会主义服务。齐振海先后撰写了《科学地概括和阐发毛泽东思想的精髓》、《社会主义一般规律和特殊规律的统一——建设有中国特色的社会主义的哲学探讨》和《发展社会主义民主，加速四个现代化建设》等文章，他主编的《管理哲学》一书更是这种努力的集中表现。该书对管理哲学的对象、意义和方法提出了自己的见解，并分析了管理的职能、目的和作用，管理主体、客体及其关系，并结合现代科学知识，从认识论和方法论的角度，对管理决策的形式、方法、进程以及管理信息系统、管理预测、管理组织、管理控制、管理认识方法和实践方法进行了系统的阐发，对管理中的价值包括管理中的真、善、美和管理效益等问题作了分析。该书出版后，《中国社会科学》1989年第5期以"具有开创性的研究成果"为题发表书评，给予较高评价。

第五，自然科学一直是他所从事的哲学研究的重要思想背景和关注的重要课题。

1977年，齐振海曾撰文《论科学对生产的推动作用》，批判当时出现的"理论无用论"、"科学无用论"。随着改革开放的深入，科学技术成为推动经济发展的重要力量，他把目光投注到现代科学技术革命上，力图把哲学研究同现代科学技术的发展结合起来，着力探讨现代科学技术革命对社会变革和发展的作用。他为此撰写了《现代科学技术革命与社会主义的发展》一文，指出现代科学技术革命的第一个特点是，科学革命、技术革命和生产革命结合在一起，科学走在了生产的前边，科学通过技术直接变成了生产力。因此，必须重视新科学理论的研究，积极进行新技术的开发。现代科学技术的第二个特点是，自然科学和社会科学相互影响、相互渗透日益增强，人类全部知识综合为统一科学的趋势日益明显，其重要表现就是交叉科学的出现。从社会需要来说，现代化战略目标的实现，有待于系统科学、管理科学、思维科学等一系列交叉学科的全面发展，因此，应该加强学科之间的联系和合作，着眼于未来，共同探讨诸如我国经济体制改革这样的综合性课题。

基于对现代科学技术革命的特点及其社会作用的深刻认识，齐振海承担了国家"八五"重点科研项目"现代科学技术革命与社会发展"，出版了《未竟的浪潮——现代科技革命与社会发展》一书。该书从理论上概括了现代科学技术革命对社会生活各个方面的影响和作用。不仅探讨了现代科学技术革命发生的社会原因、现代科学技术革命对价值观念变革和生活方式变革的影响等当时国内学者较少论述的问题，而且对现代科学技术革命对经济发展、社会变革、管理工作、教育改革、自然环境、思维方式等方面的影响和作用，也从新的视角提出了自己的见解。

齐振海对马克思主义和共产主义有着坚定的信念，同时，他刻意求新，从不满足于"平平安安"地做些简单的注释工作。他还大力倡导科学研究中的民主精神和自由探索精神，强调："科学发展需要自由探索、自由争论的民主空气。发展民主是促进科学不断发展的前提条件。没有民主，就没有科学。科学无禁区，科学无顶峰，科学无偶像。有禁区，有顶峰，有偶像就不会有科学，更不会有科学的发展。"这是齐振海的科学探索精神和科学探索之路的真实写照。

三、齐振海主要论著

齐振海.1963.自然科学中真理与错误的相互关系.新建设，(6).

齐振海.1978.坚持实践是检验真理的唯一标准——驳"四人帮"的"理论代替论".北京师范大学学报，(4)：12-17.

齐振海.1978.论实践标准的相对性和绝对性.哲学研究，(7)：8-14.

齐振海.1979.谈真理面前人人平等.北京师范大学学报，(1)：1-6.

齐振海.1981.理想与精神生活.红旗,(10).

齐振海.1983.论主体、客体的形式和属性.人文杂志,(6):42-49,41.

齐振海.1985.人为什么犯错误——真理的探索.北京:中国青年出版社.

齐振海.1986.现代科学技术革命与认识论研究.文史哲,(5):80-86.

齐振海.1986.关于思维结构及其在认识中的作用.现代哲学,(4):7-10.

齐振海.1987.主体与客体//中国大百科全书·哲学.北京:中国大百科全书出版社.

齐振海.1987.略论认识论的研究对象、范围和方法.天津社会科学,(3):33-37.

齐振海.1987.改革的实践呼唤着哲学的改革.江淮论坛,(4):3-7.

齐振海.1988.认识论新论.上海:上海人民出版社.

齐振海.1988.管理哲学.北京:中国社会科学出版社.

齐振海.1988.问题与出路——哲学改革断想.天津社会科学,(4):28-29.

齐振海.1990.从现代科学技术革命中吸取营养丰富和发展马克思主义哲学.内蒙古社会科学,(3):10.

齐振海.1992.传统文化与现代化.哲学研究,(6):52-56.

齐振海.1995.中国当代哲学问题研究.北京:中共中央党校出版社.

齐振海.1996.未竟的浪潮——现代科技革命与社会发展.北京:北京师范大学出版社.

齐振海.2003.21世纪中国文化走向.北京:北京师范大学出版社.

撰写者

兰久富(1968~),哲学博士,北京师范大学哲学与社会学学院教授。

夏基松

夏基松（1925～），浙江杭州人。现代西方哲学专家。1948年毕业于中央大学政治学系，长期任南京大学哲学系教授、博士生导师和系主任。现任浙江大学哲学系教授、博士生导师，是国务院第二、三届学位委员会哲学学科评议组成员，国家社会科学基金委员会哲学学科组成员，中国现代外国哲学学会副会长、华东分会会长。夏基松自20世纪80年代开始摆脱"左"的束缚，对现代西方哲学进行了系统而全面的研究。他编写的《现代西方哲学教程》自20世纪80年代初以来一直是全国哲学专业学生的通用教材。他提出，人与自然以及两者的辩证关系问题是一切哲学的核心问题，中西方民族基于不同的社会历史条件而对这个核心问题做出了不同回答，它们的内容既具有重大差异性，又存在明显相通性。

一、成 长 经 历

夏基松1925年5月出生于杭州市的一个小商人家庭。自幼受父母严格管教，聪慧好学，成绩优异。1948年毕业于中央大学政治学系。在学期间，从关心政治哲学进而关心整个哲学理论，接受了当时在该校任教的汤用彤、宗白华、唐君毅等哲学家的思想熏陶，选读了存在主义哲学家熊伟等开设的哲学课程，并接受了一些马克思主义哲学思想，参加了"五二〇"、"四一"等"反蒋"学生运动。毕业后，因成绩优秀留校任教。新中国成立前夕加入中共外围组织，参加了反对迁校、保卫南京、迎接解放等革命活动。新中国成立后，中央大学改名为南京大学，他继续在该校工作并参加了接管学校、院系调整、教育改革等工作。1952年加入中国共产党。当时全国高校进行院系调整，南京大学哲学系停止招生，哲学教师集中去北京大学学习。夏基松则被选派去中国人民大学马列主义研究班，研究哲学两年。毕业后重返南京大学任教，并与化学家沈斐凤结婚，育有一子、一女，沈斐凤也是夏基松研究科学哲学的终生合作者，合著《西方科学哲学》等著作。此时，夏基松为全校讲授哲学课，反映甚佳，获得盛誉，并担任政治学系系主任职务，负责恢复哲学系工作。他曾邀请原中央大学教授宗白华、熊伟等返校复教，未成，乃决定由副校长孙叔平讲授中国哲学史，由夏基松讲授西方哲学，从此夏基松决定将西方哲学作为其研究的终生方向。当时西方哲学史的讲授内容只限于从古希腊、罗马哲学到德国古典哲学，现代哲学部分则被视为内容反动而禁授。然而，由于学校成立"英美文化研究中心"，购进了一批现代西方哲学书籍，他乃得到阅读和较全面了解。1966年，"文化大革命"爆发，夏基松因担任系主任而被诬为"黑帮"、"走资派"、"反动学术权威"，与全校知名专家、学者一起被批斗，并从事各种惩罚性劳动。"文化大革命"结束后，由全系教师民主选举，以全票通过当选，恢复了哲学系系主任工作。1978年十一届三中全会后，全国改革开放，但学术界仍万马齐喑，现代西方哲学更被视为"禁区"。为了改变这种局面，夏基松乃于1980年春鼓足勇气，写了论述现代西方哲学的文章10余篇，以连载形式发表于《光明日报》，得到了全社会的广泛关注与好评，被人誉为学术界改革开放中的"一次春雷"。1979年"全国现代外国哲学学会"成立，夏基松被选为唯一的中年副会长。为了准备在全国各哲学系普遍开设"现代西方哲学"课程，教育部委托夏基松在南京大学开办了第一期"全国现代西方哲学教师培训班"，为全国培养了第一批现代西方哲学教学骨干。随后他又受教育部委托，写作、出版了新中国成立后第一部现代西方哲学的高校教材《现代西方哲学教程》，对当时西方流行的几十个流派近百位哲学家的学术思想作了较全面、深入、系统而清晰的论述，体现了多年来现代西方哲学各流派及其哲学家理论之间的内在联系，以及发展的总体规律性，被全国各高校广泛采用，得到了普遍好评，对推动全国现代西方哲学的教学和科研工作起了重要作用，获教育部高校优秀教材奖一等奖。此后，为了继续反映现代西方哲学新情况、新成就、新趋向，夏基松又扩充内容，更新体系，加深分析，相继写作并出版了《现代西方哲学教程新编》、《现代西方哲学》等新教材，它们自1985年至今，每年出版5000册以上，连续畅销不衰。此外，夏基松还接受了国家"七五"规划项目"科学实在论研究"、"八五"规划项目"20世纪德国哲学研究"等任务，写作并发表了《波普哲学述评》、《西方科学哲学》等专著10余部，文章100余篇。除《现代西方哲学教程》获教育部优秀教材奖一等奖之外，还有两部专著获江苏省哲学社会科学优秀成果奖一等奖，一部专著获全国第二届图书"金钥匙奖"。

夏基松于1990年后转至杭州大学、浙江大学哲学系，任教授、博士生导师。他是国务院第二、三届学位委员会哲学学科评议组成员，是全国最早一批现代西方哲学硕士生导师与博士生导师之一。多年来，已培养硕士生近100人，博士生50余名。他们都已经成为全国现代西方哲学的教学骨干力量，多名已是省部级领导干部和国内外知名专家，有的还获得了"长江学者"、"国家突出贡献专家"等称号。他的许多学生已成为法学、政治学、文学、历史学、建筑学等领域的翘楚。夏基松已逾耄耋，仍笔耕不止。最近还发表了《刍谈中西传统哲学的差异性与融通性》、《人与自然：当代中西方哲学对话的逻辑起点》等文章，分别被《新华文摘》与俄罗斯科学院主办的《哲学杂志》等全文转载，被《光明日报》、《新华日报》等转载，得到了国内外学术界的广泛关注与好评。夏基松是现代西方哲学研究专家，他的学术成就不仅促进了中国现代西方哲学研究的复兴与发展，而且对"文化大革命"后学术思想的改革开放也起了推动作用。

二、主要研究领域和学术成就

夏基松著述甚丰，全面涉及现代西方哲学的各个流派与哲学家，现主要介绍其中两个方面的观点。

1. 现代西方哲学两大思潮的分化与合流

夏基松认为现代西方哲学流派纷呈，看来漫乱无序，其深处蕴含内在的历史逻辑与相应的思维逻辑。科学主义与人本主义两大哲学思潮的分化与合流是贯穿其中的精要。它可分为三个时期：19世纪30年代到20世纪初是两大对立思潮的形成时期；20世纪初至20世纪70年代是两大对立思潮的发展与逐渐趋近时期；20世纪70年代至今是两大思潮开始出现合流的时期。

（1）两大思潮的对立

夏基松认为科学主义思潮来源于近代西方英国经验主义思潮，是休谟不可知论的直接继承和发展。它最早表现为孔德等的实证主义哲学。实证主义的主要特征是坚持"拒斥形而上学"的实证主义原则，把一切知识局限于经验范围，拒绝讨论经验以外的问题；力图把自然科学，特别是物理学的方法推广应用于一切人文学科领域，推行科学主义。马赫主义是实证主义的下一代。它的主要特征是：把实证主义哲学进一步物理学化；吸取假设主义的把一切科学理论归结为假设的观点，从而使实证主义假设主义、约定主义和相对主义化。继马赫主义之后兴起的是新实在论与批判实在论。它们区别于前者的重要特征是：在继承实证主义的基本观点的同时，不同程度吸收了柏拉图主义承认"共相"存在的观点，以此企图证明数学、伦理等抽象观念的实在性。美国的实用主义可列入科学主义范围，它具有明显的经验主义性质，但因强调人的行为的实用性又具有人本主义性质，因而后来成了两大思潮合流的"催化剂"。

夏基松认为与英美科学主义理学思潮对立的欧洲大陆的人本主义思潮渊源于近代欧洲大陆的理性主义。康德强调人的主体性的先验论批判哲学是欧洲理性主义发展的一个重要转折。费希特等人则把这种强调主体性的客观理性主义转向主观的非理性主义。人本主义思潮则是这种非理性主义在新的历史条件下的继承和发展。叔本华、尼采的意志主义是这种人本主义的最早表现。狄尔泰等人的生命哲学是它的后继者，它们把哲学对象归结为（人的）"意志"或"生命"等，故称为"人本主义"，反对或贬低观察、实验、逻辑的自然科学方法，提倡内心体验的非理性方法，故称为"非理性主义"，它们与科学主义形成严重对立。科学主义斥责它们为"没有经验内容的形而上学"（空话），它们则斥责科学主义为不具有"解决人生价值或意义"的琐碎的"实用性言论"，从而彼此否定、拒绝对话，互不交流，隔阂如山。

（2）两大思潮的趋近

夏基松认为，20世纪初以后，这两大思潮的发展从严重对立转向逐渐接近。"语言学转向"，即哲学研究的重点从认识论转向语言哲学是两者彼此接近的重要原因。科学主义思潮的语言学转向开始于20世纪初哲学家、逻辑学家弗雷格和罗素的哲学学说。其目的在于进一步贯彻科学主义，把人类一切知识自然科学化或数理逻辑化。他们主张建立一种数理逻辑化的人工语言代替一切人文科学语言与哲学语言，以消除传统哲学与人文学科中的逻辑混乱与语义混乱，从而消除一切哲学争论。响应弗雷格和罗素上述号召的第一个哲学流派是逻辑实证主义。它的中心理论是"经验证实的意义理论"，基本原则是"经验证实原则"。这个原则规定：一切语句或命题必须能被经验证实或证伪的才是有意义的科学语句或命题；否则就是没有意义的伪语句或伪命题，应被拒斥于科学之外。在他们看来，只要坚持这种意义理论或原则，就不再会出现因无法判定其真伪而争论不休的问题了。这种主张似乎合理、可行，然而深入研究却发现了致命性问题。证伪主义者波普指出：一切科学命题是普遍有效的全称命题，它们是不能被经验证实的。如果坚持上述经验证实原则，那么一切具有普遍意义的科学命题都成了无意义的伪命题而必须拒斥于科学之外，从而也就否弃整个科学了。逻辑实用主义分析学派哲学家奎因指出：任何科学理论都不是单个命题的集合，而是由许多命题的结合而成的整体性系统。它们可以通过内部的不断调整而逃避任何经验的证伪。社会历史分析学派哲学家汉森则指出：经验观察要受理论污染。同一个经验观察在不同理论的解释下，既可以证实同时也可以证伪同一个科学语句或命题等。在这些责难下，理想语言分析学派的建立理想语言的"理想"终于成为幻想而彻底破灭了。

夏基松认为，理想语言分析学派的失败导致另外几类分析哲学的兴起：一是实用主义分析哲学，奎因是其代表。奎因认为，科学语句的意义并非固定不变，而是随着科学系统的整体性变化而改变的。至于应该如何调整科学的理论系统以决定某个科学语句的意义，则要看它们对人的行为的实用性或方便性如何，而由科学家集团任意选择决定。这就使传统的科学主义的分析哲学理论倾向于相对主义和人本主义。二是社会历史分析学派哲学，库恩是其代表人物。库恩认为科学理论是一个由许多命题、定律、原理有机构成的统一系统，其中一些最基本的理论、观点和方法构成了这个系统的核心部分，他称之为"范式"。范式是整个理论的基础。如地心说是托勒密天文学说的基础，日心说是哥白尼天文学的基础。范式是不能被经验证伪的。因为科学家可以修改或调整理论的其他部分以保护范式而使整个理论系统不受经验的反驳。而历史上出现理论兴衰和交替的原因不是理论被经验证伪或证实，而是由于社会历史条件变化所引起的科学共同体心理上的信念变化。他还认为，他的这种范式理论与欧陆人本主义者伽达默尔的语义可变论的解释学观点是一致的，并预言这种一致性必将导致英美语言哲学与欧陆解释学的合流。三是日常语言分析哲学。它的创始人是维特根斯坦。他认为根治"哲学病"的办法不是建立人工语言，而是研究并正确使用日常语言规则。他认为语言的意义与语言的外部无关，它全由语言内部的使用规则决定。这就像不同的游戏由不同的游戏规则决定一样。因此他提出了一个口号："不问意义，只问用途"。他的后继者奥斯汀等发展了他的这种观点，建立了"言语行为理论"，认为语言的意义是不确定的，是由人的语言行为决定的。这是一种明显具有实用主义倾向的行为主义意义理论。

总之，科学主义的分析哲学运动到了20世纪60年代，已明显表现出向人本主义靠拢了。

夏基松认为，欧陆人本主义哲学思潮的语言学转向主要表现于解释学的兴起与发展中。解释学是一种人本主义的语言哲学。如果说科学主义的语言哲学重视科学语言，强调科学语言的外在经验性，那么人本主义的语言哲学重视的是人文语言，强调文学艺术语言的内在体验性。解释学所说的"理解"与"解释"，就是通过文本（广义的语言）对人的内心思想与体验的理解与解释，或者说是对人的行为的内在意义的理解和解释。解释学又称为现象学，这是由于它是一种主张排除外部世界及其一切外部知识，从而对"现象"（自我意识、此在等）作直观呈现式的内在体验的解释学。夏基松认为解释学或现象学的发展有几个阶段：早期流行的是胡塞尔建立的先验自我意识现象学，它具有明显的"唯我论"倾向；后来海德格尔抛弃他的先验自我意识论，继承和发展了他后期的"生活世界"理论，建立了以"此在——在世"为现象的核心内容的生存主义（存在主义）本体论。伽达默尔则进而阐发了海德格尔的生存主义本体论的解释学思想，建立了"哲学解释学"，强调"理解"和"解释"的"此在性"与"历史性"，即强调对文本（广义上的语言）意义的理解不是对语言的外在物的理解，而是对"此在——在世"的现象的理解，因而文本意义的理解不是固定不变的，而是随着解释者的理解"视域"变化而变化的。

伴随伽达默尔的"哲学解释学"而兴起的还有利科的"现象学的解释学"，哈贝马斯的"批判的解释学"以及阿佩尔的"先验解释学"等。它们共同的特征是：自觉地把欧陆的解释学与英美的语言分析哲学在不同程度上结合起来。如利科认为"文本"具有表层意义与深层意义，英美日常语言哲学研究的是文本表层的日常生活方面的意义，而欧陆解释学研究的则是文本深层的关于人的内心世界方面的意义，因而两者不是彼此排斥，而是相互补充的。因此到 20 世纪 60 年代，两大思潮都出现了彼此靠近的倾向，以至导致了两者的合流。

（3）两大思潮的合流，后现代哲学的兴起

夏基松认为，两大思潮的合流出现于 20 世纪 60～70 年代的"后工业社会"时期。合流后的哲学被称为"后现代主义哲学"。直接从人本主义思潮中孕育出来的后现代主义哲学是"后结构主义"，从科学主义思潮中脱胎出来的是"新实用主义的后哲学"，前者是它的主流。夏基松认为，后结构主义继承了它的先驱者：结构主义的先验性语言结构对人的行为的无意识制约的观点，而否定了前者的结构永恒不变思想。它的主要特征是德里达所说的反逻各斯中心主义。所谓"反逻各斯中心主义"就是反"在场形而上学"。它实际上就是一种彻底否弃笛卡儿主义的主体——客体二元对立的认识论模式的语言理论。这种理论认为，语言不具有任何外在性，它的意义是内在的，它根本不涉及语言以外的任何事情。语言的"能指"没有固定的"所指"，它随语言的内在结构的不断流动而不停地浮变。一切看来对立的东西，无不在不断解构中；只有"异"，没有"同"；只有"不确定性"，没有"确定性"。语言就是这样一种毫无外在内容的任意性游戏。这是一种广义的解释学——对文本作相对主义、不确定主义、游戏主义解释的解释学，或者确切些说，是一种建立在这种游戏主义解释学基础上的相对主义、不确定主义、否定主义的社会、政治、道德、文化哲学。他们反对现代主义（传统资本主义）的"一元中心主义"，反对把千差万别、丰富多彩的政治、文化、道德等观念、理论僵硬地塞进一个"原则"、一种"真理"、一个"正义"、（因而实际上是）一个"权力"之中。他们认为：在"现代性"社会中，"权力创造真理"、"权力创造正义"、"权力创造知识"、"权力创造现实"。权力构成一个无形大网络，以"民主"、"自由"为掩饰，潜在地、无微不至并无所不在地支配着广大人民大众精神、物质生活的方方面面。他们提倡"区别"、"差异"、"开放"、"多元"的异质多元主义，认为"同一"就是"封闭"、"僵死"、"扼杀"，而"异质多元"才是"开放"、"丰富"、"繁荣"和"生气勃勃"。他们提倡"异质标准"与"容忍原则"，对不同民族、不同文化、不同传统的不同理论、不同观念应采取不同的评价标准和"宽容态度"，以宽广的气度容忍、尊重、支持、发扬一切不同的见解等。属于这类理论的有德里达的解构理论、福柯的"后尼采主义"权力理论、拉康的后心理分析理论、巴尔特的文本主义理论、德勒兹的"后尼采主义欲望理论"、利奥塔的"纷争理论"以及鲍德里亚的"超实在论"等。

夏基松认为，新实用主义后哲学的主要代表人物是美国哲学家罗蒂，他原是实用主义分析哲学家，后受解释学运动的影响，主张把英美分析哲学与欧陆解释学结合起来，建立一种"无认识论"或"反认识论"的新解释学。他认为传统的认识论都是建立在笛卡儿的主体——客体二元对立的虚拟模式基础上，把认识说成是外在反映的"镜喻性"哲学，这是一种表象主义、基础主义、本质主义哲学，现在它已走到尽头，先后受到了英美分析哲学家奎因、维特根斯坦与欧陆解释学家海德格尔、伽达默尔等的共同批判。因此，应该把他们的新思想在杜威的实用主义理论的基础上结合起来，建立一种反表象主义、基础主义、本质主义的新的解释学，他称此为"新实用主义的后哲学"，这种后哲学不是给人以"知识"或"真理"，而是帮助人们彼此交谈，互相沟通，消除隔阂，协同一致。他还认为与这种后哲学相一致的"后文化"是各种不同文化、民族、团体、个人彼此和谐协调、共同繁荣的多元文化。

（4）后现代主义文化运动的兴起与未来

夏基松认为，后现代主义哲学在西方哲学界影响并不是很大，但在群众性文化领域却掀起了轩然大波。后现代主义文学、后现代主义艺术、后现代主义历史理论、后殖民批判理论以及后现代女权主义理论等应运而生，形成了一股声势相当浩大的后现代主义文化运动。哈桑（Ihab Hassan）等的后现代主义文学理论、詹克斯（Charles Jenks）等的后现代主义建筑理论、格林布拉特（Stephen Greenblate）等的新历史主义理论等，都是把文学、艺术、建筑、历史等理论文本主义化。他们认为，不论文学文本、艺术文本、建筑文本、历史文本等，其意义都是相对的、不确定的，因人的不同兴趣、爱好、理解而变化的。它们只具有"休闲性"或"游戏性"意义，而不具有任何严肃的社会意义。赛义德等的后殖民批判理论则是把反殖民文化斗争"话语革命化"，主张以解构文本理解上的二元对立，以解构西方殖民主义者的文化霸权。而赖利（Denise Riley）等的后现代主义女权主义则反对早期资产阶级的传统的"男女平等"的"宏大叙事"，而认为妇女解放运动的目的不是仅争取男权利平等，而是从观念、职业、服饰等方面消解性别上的二元对立，以实现妇女的真正解放。特别是后现代主义音乐、舞蹈、时装、服饰等，它们的影响更是广泛，几乎已成为一种不可阻挡的社会时尚和时代潮流而风行全球。为什么？夏基松认为原因是多方面的。但有一点可以肯定，那就是文化哲学是密切关联广大人民大众生活的时代晴雨表。它不仅反映了当今西方广大中间阶级与人民大众的社会经济生活前途的不确定性，以及对资本主义旧文化传统的厌弃、拒斥，对未来自由放任新生活的憧憬、向往；而且还集中反映了当代西方"后工业社会"的社会交往关系的符号化、信息化、信息的虚拟化、经济生活的风险化、人民大众社会地位的不稳定化、道德传统的失序化、生态危机的全球化以及人类未来前途的不确定化等社会时代特征。

夏基松认为，从以上论述中可见，现代西方哲学的两大思潮的合流虽然是对两者扬弃，但实质上是科学主义融入人本主义而衰落。这是为什么？它有待深入分析。但有两点可以肯定：一是自然科学方面的。20 世纪初以后，科学研究从宏观世界深入微观领域；自然科学微观知识的相对性、可变性与不确定性愈来愈明显。二是社会方面的。20 世纪 60 年代以后，西方社会进入晚期资本主义时期，各种社会矛盾全面激化。全球性经济危机、核危机、资源危机、生态危机、人类生存危机全面加深，作为"双刃剑"的现代科学技术的发展有可能毁灭人类的负面作用愈来愈显现。"不仅要科学，更要关心人"的反科学主义的人本主义口号乃应运而兴起。

哲学是"时代的精粹"。"现代西方哲学向何处去"的问题的背后是西方社会向何处去？人类向何处去？和平乎？战争乎？共同繁荣乎？一同毁灭乎？这正等待人类自己抉择。人类正陷入迷茫中，现代西方哲学也陷入迷茫中，后现代主义哲学就是这种迷茫的不确定主义时代特征的表现。不过，夏基松深信：现代西方的不确定主义哲学必将会被未来相对确定主义的哲学所代替，因为灵慧理智的人类决不会甘心情愿与地球一起毁灭，其哲学必将随未来全球正义社会的实现而空前繁荣。

2. 中西传统哲学的差异性与融通性

夏基松认为，哲学是世界观与人生观的统一。人与自然是哲学的两个最基本的范畴。人与自然以及两者的辩证关系问题是一切哲学的核心问题。中西哲学是中西方民族在各自不同的社会历史发展条件下，对这个核心问题的不同回答。因此它们的内容既具有重大差异性，又存在明显相通性。

夏基松认为，首先，在研究人的方面：中西哲学都重视研究人，但研究的重点不同。西方哲学偏重研究个人或自我，偏重研究个人的权益与对自由的追求和维护，偏重研究自我的生命价值与对自我的本真状态的探索；而中国的传统哲学，特别是作为中国传统哲学主干的儒家哲学，偏重研究的则是个人与他人的关系。

应该肯定，西方哲学也是关心、重视研究"他人"的，不过在他们那里的"他人"，不是与自我具有同等独立地位的异质于自我的他人，而是依附于自我的或者说是从自我的内心体验中推演出来的"他人"。这种同质于自我的"他人"理论，早在古希腊时期巴门尼德的"同一哲学"中就已经初见端倪了。他的"存在是一"、"一外无他"的理论，就是这种理论的开端。后来笛卡儿的"自我"理论、德国古典哲学家康德的"先验统觉"理论、谢林的"同一"理论以及黑格尔的"绝对观念"理论，无不是这种理论的继承与发展。当今盛行于西方的人本主义思潮则是这种理论的延续。比如：尼采的意志主义、柏格森的生命哲学等都常谈论"他人"或"他人的意志"，"他人的生命"，然而它们都不是独立于"自我"之外的他人的意志、他人的生命，而只是"自我"、"自我意志"、"自我生命"的"扩大"或"膨胀"。胡塞尔的现象学更强调"现象"是"自我意识的现象"。在晚年他虽提出了"主体间性"的"生活世界"理论；然而，他的"生活世界"中的"他人"，仍然是"同化于自我"的"他人"而已。海德格尔存在主义哲学也不例外。他虽大谈"此在"与"他人"的"共同在世"，然而真正谈论的却是"此在"，而"他人"则是"此在"的"本真状态"的遮蔽。因而他认为只有彻底排除掉"他人"，"此在"才能成为"本真"的"此在"。

夏基松认为，中国传统哲学，尤其是作为中国传统哲学的主流或主干的儒家哲学是十分重视研究人的，但是它们研究的偏重点不是个人而是个人与他人的关系。儒家哲学的核心思想是"仁"。"仁学"是"人学"，是"人与人的关系"之学。"仁者爱人"、"己所不欲勿施于人"、"己欲立而立人，己欲达而达人"以及"老吾老以及人之老，幼吾幼以及人之幼"、"杀身成仁"等，这些都是说自我的存在必须以他人的存在为前提。他人的社会存在是个人的一切言行的出发点。只有承认，重视、关怀他人，处理好个人与他人关系，才能有个人的幸福和自我的生存价值。因此这不是一种从个人利益出发的个人主义或功利主义的伦理学，也不是一种从自我先验理性出发的自我的良心主义伦理学；而是一种强调个人与他人社会关系的社会责任主义伦理学。

其次，在研究自然方面：中西哲学都重视研究自然以及人与自然的关系，然而它们研究的偏重点也有区别。西方哲学强调研究人对自然的利用或征服，忽视研究自然对人的制约或反作用。尤其是西方的经验主义——科学主义哲学，偏重强调人与自然的对立，强调科学技术对自然的改造；把人看作自然的主宰，而把自然看作任人摆布的奴仆；强调"知识就是力量"；强调人对自然的彻底人工化。而中国传统哲学,特别是道家哲学则不同,它们强调的不是人与自然的对立,而是人与自然的统一;强调人与自然的依存性;强调两者的和谐相处、平衡发展。然而它相对地忽视人对自然的改造,以至主张"无为而治",这是它的消极面。

从上可见,中国传统哲学在研究人的方面强调处理个人与他人的关系,强调个人与他人的团结合作、和平友好、共同幸福。在对自然的研究方面则强调爱护自然、顺应自然;强调人与自然和谐相处。这是一种崇尚团结合作、和平共处、互利双赢的友谊精神。它是中国传统哲学及其文化的核心与精华。它为维护中华多民族国家的团结、巩固与繁荣,以及维护世界和平方面都起了积极的作用。西方哲学在研究人的方面强调个人的权益与自由的维护,强调自我生命价值的追求,强调发奋图强、自强不息;在研究人与自然的关系方面,它强调人对自然的征服,强调科学技术对自然的开发与索取。这是一种崇尚自我奋斗、坚强不屈、开拓上进的进取精神,它是西方传统哲学及其文化的核心和精华,它对西方乃至全世界的社会发展与物质文明进步都起了积极的作用。不言而喻,这两种伟大的传统精神不是彼此对立、彼此排斥,而是相互包容、相互辅补,即相互融通的。人类的发展需要每一个人的自我奋斗,没有每一个人的自我奋斗,就没有社会的发展;同样,社会的安定与进步需要人与人的团结合作,没有这种团结合作,社会也不会有安定与进步。反之,如果把这两种伟大精神片面化地对立起来,夸大一方而否定另一方,则它们就会蜕变成为错误思想,成为传统哲学文化中的糟粕,如中国旧礼教中的无原则主义、西方殖民主义者的侵略主义等。

夏基松认为当今人类已进入全球化时代。全球化已把全世界每一角落的人民的前途与命运紧紧地捆绑在一起。人类正处于或共同繁荣或彻底毁灭的十字路口。全面发扬全世界各民族的优秀哲学与文化传统,其中包括中西优秀哲学文化传统,在当今尤其是发扬团结友爱、互利双赢的优秀传统精神,对于争取人类未来的社会文化的全面发展与"和谐世界"的实现有很重要的意义。

三、夏基松主要论著

夏基松.1982.波普尔哲学述评.哈尔滨:黑龙江人民出版社.

夏基松.1983.唯物论史话.南京:江苏人民出版社.

夏基松.1983.当代西方哲学.哈尔滨:黑龙江人民出版社.

夏基松.1985.现代西方哲学教程.上海:上海人民出版社.

夏基松.1985.现代西方哲学流派述评.上海:上海人民出版社.

夏基松,郑毓信.1986.西方数学哲学.北京:人民出版社.

夏基松. 1986. 现代西方哲学纲要. 南京：江苏人民出版社.

夏基松. 1986. 现代西方社会思潮. 南京：南京大学出版社.

夏基松，段小光. 1987. 存在主义哲学评述. 南京：江苏人民出版社.

夏基松. 1987. 现代西方哲学词典. 合肥：安徽人民出版社.

夏基松，沈斐凤. 1987. 西方科学哲学. 南京：南京大学出版社.

夏基松，沈斐凤. 1995. 历史主义科学哲学. 北京：高等教育出版社.

夏基松. 2004. 人与自然：当代中西方哲学对话的逻辑起点. 社会科学战线，(3)：8-11.

夏基松. 2008. 现代西方哲学. 上海：上海人民出版社.

夏基松. 2008. 刍谈中西传统哲学的差异性与融通性. 社会科学战线，(4).

夏基松. 2009. 现代西方哲学（第二版）. 上海：上海人民出版社.

撰写者

夏宏（1969～），出生于江西省湖口县。现为广州大学政治与公民教育学院副院长。近年来一直致力于现代西方哲学研究。获2010～2011年度广州市优秀中青年社会科学工作者称号。2001～2004年曾在浙江大学师从夏基松攻读博士学位。

黄顺基

黄顺基（1925～），广西昭平人。哲学家。中国人民大学荣誉一级教授，博士生导师。北京生态文明工程研究院学术委员会主任，北京创新学会顾问。1957年受毛泽东接见，谈逻辑学问题。1995年在钱学森建议与指导下从事"第五次产业革命与中国发展"研究。2003年受教育部社政司委托，主持编写全国硕士生马克思主义理论课教材《自然辩证法概论》。其著作《大杠杆——震撼社会的新技术革命》与《新科技革命与中国现代化》获教育部高校人文社会科学优秀成果奖。

一、学术成长的道路

1. 踏进科学的门槛

我出生于1925年7月3日，1947年考入复旦大学数学系，大学的学习把我引进了科学的殿堂，特别是其中的两门学科，使我终身受益。

一门是数学。数学的分支学科不少，对我后来从事科学研究很有价值的：一是微积分，它是学习牛顿物理学必不可少的工具，而牛顿物理学正如爱因斯坦所说，"是理论物理学领域中每个工作者的纲领"。二是抽象代数，它以"结构"范畴，概括了群、环、体等代数系统，大大锻炼了我的抽象思维与逻辑思维的能力。

另一门是哲学。当时主要是旁听现代西方哲学，我对罗素哲学特别有兴趣。罗素是哲学家、数理逻辑学家、分析哲学的主要创始人，他和怀特海合著的《数学原理》奠定了数理逻辑的科学体系。罗素的哲学思想是：语言结构与世界结构一致；命题与事实相对应，并由此出发建立他的知识论。罗素的思想启动了我对哲学的追求。

2. 打下学术研究的基石

1951年我大学毕业，由国家统一分配到中国人民大学马列主义教研室为研究生，系统地学习马克思主义理论，这是我走上学术道路的一个重要的转折点。中国人民大学建校初期的教师，除中共党史外全是苏联专家，教材是苏联专家的讲义，课程有哲学、政治经济学、社会主义，大约每两个星期发给我们十几本马列主义经典著作的参考资料。我分配在逻辑组，除听上述课程外，还专门听苏联专家尼基金的逻辑课。研究生期间的学习任务十分繁重，每天几乎都学习到晚上一点钟，星期天也不休息。

马克思主义理论总结了人类创造的优秀成果，它给我们以完整的世界观、认识论、方法论与价值论。研究生的学习为我后来的教学与研究指明了方向和道路，打下了学术研究的基石。可以说，没有这个理论基础便没有后来的学术成就。

3. 中国人民大学学风的熏陶

1953年后我留校任教，在工业经济系数学教研室教解析几何、微积分和概率论。1956年哲学系成立，我一直在哲学系从事逻辑学、自然辩证法和科技哲学方面的教学与研究。

回顾50多年来，我的成长与取得的成就，是和中国人民大学学风的熏陶分不开的。中国人民大学给我最深刻的教育是，从事教学与研究必须具备以下基本条件：

第一，系统地学习马克思主义基本理论。它提供观察问题、分析问题的立场、观点与方法。

第二，坚持实事求是，理论联系实际的学风。它是教学研究、指导学生写作论文的规范和准则。

第三，反对本本主义，解放思想，开拓创新。它是科学研究的方向。

正是中国人民大学的理论教育与学风教育，指引我与时俱进，不断进行新的探索。

二、主要研究领域和学术成就

1. 百家争鸣初试锋芒——逻辑学研究与毛泽东的接见

20世纪50年代后期逻辑学大讨论。1956年哲学系成立，我调到逻辑教研室。当时，国内正展开一场逻辑问题大讨论，这场讨论受到苏联1951年逻辑问题讨论的影响。苏联《哲学问题》杂志的"逻辑问题讨论总结"中写道：执行列宁修正形式逻辑的指示，"要完全清除形式逻辑中的中世纪经院哲学。"它提出如下的两个观点：

观点一：形式逻辑的同一律是形而上学。苏联逻辑学界引用了恩格斯在《自然辩证法》中对形而上学的批判：$a=a$是抽象的、形式的同一性，它在无机界和有机界中都是不适用的。但是,"以这种同一性观点为基础的思维方式及其范畴还是继续存在。"

观点二:形式逻辑的推理,只管形式正确,不管内容真实。这是康德的形式主义的逻辑,它把形式与内容割裂。辩证唯物主义者认为,形式与内容是彼此不可分离地联系在一起的,二者是对立的统一。

1956年,中国共产党总结了苏联李森科事件给科学发展造成严重挫折的教训,提出了"双百方针",正是在这个方针指导下,开展了逻辑大讨论,以北京师范大学马特为代表的持苏联的观点;以复旦大学周谷城为代表的持不同的观点。当时,我和王方名都住在铁狮子胡同一号红二楼三层,彼此来往方便,对逻辑问题,几乎天天都在讨论。最后商量决定,各方面争论得如此激烈,对当时占统治地位的、苏联的观点,不宜正面表达我们的看法,用质疑的方式比较稳妥。于是由王方名执笔,共写了六篇,前两篇是合作的,后来各自发表文章。我们的基本观点是:

第一,形式逻辑与辩证法的关系。形式逻辑是科学,辩证法是哲学。形式逻辑的同一律、是正确的思维过程与科学的语言表述必须遵守的规律,它要求概念、论题保持同一,不能随意变换,否则就陷入偷换概念、偷换论题的错误。辩证法的对立统一律是宇宙发展的根本规律,是世界观、方法论。科学与哲学既互相区别,又互相联系。把形式逻辑的同一律批之为形而上学,这是混淆了科学与哲学的关系。

第二,形式逻辑研究的对象。形式逻辑是一门研究思维形式的学科,它抽去思维的内容,只从形式的侧面研究思维过程,因而在推理过程中,形式逻辑只管推理形式正确与否(validity),至于前提的内容是否真实(truth),这是其他学科回答的问题,形式逻辑不管,也不能做出回答。

毛泽东接见对逻辑学发展的影响和对我个人教学与研究的影响。1957年4月15日,校长办公室通知:上午10点钟派车送王方名和我到中南海。经田家英引见后,才发现毛泽东接见的除我们两人外都是学术界著名的前辈,其中有周谷城、冯友兰、金岳霖、贺麟、郑昕、费孝通、胡绳等。我那时刚30出头,万万没有想到竟然能够同学术界的名流坐在一起,特别是能够受到毛泽东的亲自接见,这是何等的荣幸!毛泽东在这次会见的谈话中,主要谈的是关于当时逻辑讨论的问题。

我记得,接见时毛泽东向周谷城介绍说,这两位是中国人民大学的,在《教学与研究》上发表关于逻辑的文章,今天约大家来谈谈。在座谈中他向我们说:学术上应该百家争鸣,各抒己见;京剧有梅派、谭派、马派,各式各样的派,为什么逻辑学界就不可以有周派、王派、李派呢?他转向周谷城说,你的观点和人民大学的两位有同音,不孤独嘛!在午餐桌前,毛泽东举着酒杯,站起来风趣地说道:"为消除紧张局势干杯！"（他的意思是说，在逻辑问题讨论中，各方都声称自己是站在辩证唯物主义的立场上，争得面红耳赤，彼此毫不相让，大有拼个你死我活的态势，这是何苦来哉！）

这次接见对中国逻辑学发展产生了很大的影响，主要有以下几个方面。

(1) 逻辑学迅速普及到全国

毛泽东接见我们后不久就提出"学点逻辑"，并在《工作方法六十条（草案）》中，建议全国干部，特别是领导干部要学点语法和逻辑。毛泽东指出，没有逻辑的文件、报告，读起来是一场灾难。之后很快全国兴起了一股学习逻辑的热潮。当时，许多重要的逻辑学术会议都在中国人民大学召开；由我们教研室集体编写的《形式逻辑》（中国人民大学出版社出版），成为全国高校的通用教材，并一直沿用到80年代，先后印刷了近600万册。

(2) 形式逻辑沿两个方向发展

一个是自然语言逻辑的方向。中国社会科学院周礼全吸收国外逻辑学家皮尔士、奥格登、理查兹、莫里斯、奥斯汀等人的成果，研究自然语言的逻辑问题，主要是自然语言的语形、语义与语用的全面研究。中国人民大学王方名和张兆梅对文章与写作中的自然语言的逻辑，作实证分析，主要是以汉语为研究对象。

另一个是数理逻辑的方向。北京大学、中国科学院、中国社会科学院的逻辑学专家们认为，数理逻辑是现代的形式逻辑，是修正形式逻辑必不可少的。中国科学院胡世华组织了一个逻辑学习班，以 S. C. Kleene 的《元数学导论》为读本，参加的有晏成书、陆钟万、唐稚松、杨东屏和我，每周一次，轮流讲一章并进行讨论。当时，北京大学逻辑教研室主任王宪钧提出形式逻辑现代化，就是用数理逻辑改造传统形式逻辑；中国人民大学逻辑专业班和研究生班第一次开设数理逻辑课，由我主讲，讲稿参考了布尔的《逻辑代数》和希尔伯特、阿克曼的《数理逻辑基础》。

(3) 这次接见对我的教学与研究的影响

回想起这次接见，亲身感受到毛泽东关于独立自主，走自己的路的创新精神，这影响了我一生的教学与研究，使我铭记在心，并知道要取得成就必须记住两条：

一是必须理论联系实际。当然，这里所说的理论是创新的理论，这里所说的实际是发展的实际。我最近刚出版的《新科技革命与中国现代化》一书，就是从创新的理论（邓小平理论）和发展的实际（既要完成工业革命，又要迎头赶上世界新技术革命）相结合出发来构思的。要用发展了的马克思主义，针对新科技革命带来的新情况，结合中国的具体实际，进行研究，不照抄、照搬外国的现代化理论。

二是必须自主创新。形势发展很快，问题层出不穷，没有现成的答案，理论工作者必须面对新形势、回答新问题。1987年国家教委7号文件规定，理工农医博士生设立一门政治理论课"现代科学技术革命与马克思主义"，它是博士生的学位必修课。20世纪现代科学技术革命，在科学技术发展史上出现了新的形势，主要是：①科学、技术与生产相结合的进程加快，三者构成一个系统的整体；②大科学、大技术、大工程的诞生，成为人类认识世界、改造世界空前强大的力量；③现代科学技术发展成为一个多层次、结构复杂的体系，成为人类认识世界的全部知识中一个极其重要的组成部分。

在新形势下教材必须改革。由我与山西大学郭贵春主编、全国40所高校教学第一线的教师参加的《现代科学技术革命与马克思主义》一书中明确提出：这一课程建设，必须考虑现代科学技术革命、经济全球化与文明的冲突三股浪潮所带来的新问题。

退休后继续在逻辑学领域探索。1997年，我从科技哲学的岗位上退下来，但并未停止学术研究，继续在逻辑科学领域进行新的探索。

20世纪90年代世界迎来知识经济时代，在新时代降临之际，对知识的学习、研究与交流，特别是知识创新，逻辑学起着绝对不可忽视的作用。流行的见解认为：形式逻辑不能产生新知识。我提出了不同的看法，我认为：自现代实验科学始祖培根的时代起，科学知识的生产与使用（R&D）和科学知识的传授与交流（教育），逻辑都是必不可少的一个前提条件。爱因斯坦曾经明确指出："西方科学的发展是以两个伟大成果为基础，那就是：希腊哲学家发明的形式逻辑体系（在欧几里得几何学中）；以及通过系统的实验发现有可能找出因果关系（在文艺复兴时期）。"

我的看法先后发表在《逻辑学在哲学中的地位和作用》、《HNC理论和科学哲学的关系》、《知识创新不能没有逻辑》、《新世纪逻辑研究方向探索》、《问题、逻辑与理论创新》等论文上，在逻辑学界引起了强烈反响。

2001年，由我牵头，与几位逻辑学家一道，主持了国家社会科学基金项目"逻辑与知识创新"，这项研究成果以著作的形式在中国人民大学出版社出版后，受到了逻辑学界专家学者的广泛关注与好评。

2. 科学技术革命——科学技术哲学研究与钱学森的指引

从逻辑学转向科学技术哲学。1978年中国人民大学复校，由于工作的需要我从逻辑教研室转到自然辩证法教研室，由于我的科学基础比较扎实，知识面比较宽，很快就成为全国最早的科学技术哲学博士点的学术带头人。

80年代初，世界新技术革命引发了一场关于人类发展未来的思考，"后工业社会"、"三次浪潮"、"大趋势"等学说如潮水般冲击我国思想界。1986 年,我组织了自然辩证法界的部分学者编写了《大杠杆——震撼社会的新技术革命》(以下简称《大杠杆》)一书。

该书根据马克思关于科学技术"是历史的有力杠杆,是最高意义上的革命的力量"的观点,认为:"历史上任何一次技术体系的变革,不仅从根本上改变了人类向自然界索取生存资料的技术生产方式,而且深刻地影响了人们的社会生活和经济交往,当前这场正在兴起的新技术革命尤其如此。它是一幅由科学革命、技术革命、经济革命和社会革命这根主线编织而成的极其宏伟的画卷。技术革命是这幅画卷的中心环节,其他革命都与它发生密切的联系。"该书在分析了当代世界发展的新形势后指出,共产主义运动和工业化运动是当代世界的两股洪流,是改变世界政治格局的决定性因素。

《大杠杆》一书出版后立即引起了强烈的反响,钱学森看过这本书后,提笔给出版该书的山东大学出版社写信说:"这本书比起现在流行的中外关于新技术革命的书,更完全,是一本好书。我要向各位执笔人以及编辑祝贺。"该书得到钱学森的赏识后,开始了我与钱学森的书信交往。

1996 年,《大杠杆》一书获得教育部全国高等学校首届人文社会科学研究优秀成果奖二等奖。

1994 年《关于社会科学是否是生产力的思考》在《人民日报》发表。1994 年 8 月 10 日,我在《人民日报》发表文章《关于社会科学是否是生产力的思考》。文中指出:马克思发现了人类历史发展的规律,这是社会科学思想的最大成果,社会发展史表明,重大的社会科学创新(如社会科学理论的突破)必将推动历史的车轮滚滚向前。邓小平提出的在农村推行家庭联产承包制,打响了我国经济体制改革的第一炮,使我国农村经济取得了举世瞩目的成就,就是明证。

原来文章的题目为"社会科学也是第一生产力",编辑部考虑到有党内权威理论家不赞同,对题目作了修改。发表后,我将文章寄给钱学森请他提意见。钱学森在回信中说:"您送来的大作我拜读后认为很重要,我也同意,我们要宣传社会科学也是第一生产力观点。因此,我已经把尊作送呈宋健国务委员,我知道他关心这个事情。"此后不久,钱学森又来信说:"江总书记在全国科学技术大会上的讲话是完全支持您的观点的,也是支持我的观点的,自然科学、工程技术要同社会科学、哲学联合,社会科学也是第一生产力,让我们庆贺吧!"

1996 年"第五次产业革命在中国"课题组成立。20 世纪 80 年代,中国国家领导人提出要研究新技术革命,钱学森对此很关心,他将新技术革命引起的产业革命称为"第五次产业革命"（即以信息技术为中心的产业变革）。

1995年9月11日，钱学森寄给我 Scientific American 上一组短论，告诉我说："我这样做的原因是想请您注意当今的信息技术革命的发展，必然带来一次新的产业革命——第五次产业革命；它不仅是科学技术问题，也是社会组织的改革问题。这组短论是他们的观点，可供我们参考。您何不组织力量探讨这个问题？即'第五次产业革命在社会主义中国'。"在回信中我表达了自己的担心："'第五次产业革命在社会主义中国'题目太大，我驾驭不了，想请钱老来挂帅，我自己做具体工作。"对此，钱学森答复"我不挂帅，我来做顾问"。事后，他果真让由戴汝为、于景元、汪成为等6人组成的研究小组同我商量，如何推进这项工作。该课题后来经国家批准，在中国人民大学开展研究。钱学森为此经常写信给我提出具有前瞻性的想法。

1996年5月12日，钱学森收到我在"第五次产业革命在社会主义中国"课题组成立大会上的发言后，回信说："我也提一点看法供参考：信息革命的一个与前几次产业革命不同之处似在于直接提高人的智能，将来社会主义中国人大概都要有硕士文化水平。"

1996年8月14日，看了我为《电脑世界奇遇记》写的序后，钱学森认为："您在序中说我们面临的新技术革命是如同200年前的工业革命，我国社会主义建设正面对一场大的变革，我很同意。接下来是要充分注意到我们的差距：人民跟不上呵！您看看，有多少社会丑恶现象！所以我想中国人民正在中国共产党领导下开始一次新的长征！"

1996年9月30日，钱学森再次写信告诉我：从您在课题组成立大会上的报告看，"'新产业革命在中国'是指信息革命所引起的产业革命，即第五次产业革命。我国现在推进的两个转变、'邯钢经验'等都还是发达国家早在本世纪初前后的第四次产业革命。以农业产业化为龙头的第六次产业革命，在我国将出现于21世纪初。"

90年代中期，我总结自己多年对博士生的教学以及相关研究的心得，撰写了《科技革命影响论》一书，该书以马克思主义基本观点为指导，全面而具体地考察了科技革命对哲学、哲学史、历史学、经济学、中国经济的发展、中国社会未来的影响。

我在该书后记中写到："当前我们正处在一场震撼世界的新技术革命时代，生产力发生了巨大的飞跃；另一方面资本主义已经发展到了垄断阶段，世界社会主义正在曲折的道路中前进，面对这种新形势，马克思主义，它的哲学、经济学与社会主义理论，当然要发展，特别是要把它具有普遍意义的基本原理，同当代世界的新情况、尤其是同中国社会主义现代化建设具体实践结合起来，从新的视角，用新的实践经验，对它作出补充与发展。这是摆在我们面前的一项空前伟大而艰巨的历史任务，它迫切要求理论工作者摆脱过去那种'唯上，唯书'的束缚，当前特别要摆脱形形色色的'唯洋'的束缚，携起手来共同进行创新的研究。没有创新，就没有科学；没有创新，科学将停滞不前！"

钱学森读了我寄去的书稿后，回信说："我感到我们的认识是一致的，即：①反对原苏联的那一套死抱住'官方'书本不放（包括某些从马克思、恩格斯德文著述翻译成俄文本中的误译）的教条主义的作风；②要发扬毛泽东同志、邓小平同志的结合实际、结合时代新实践、也吸取古今中外一切有用的东西来丰富、发展以至深化辩证唯物主义哲学。这两条也是实事求是，实事求是应作为我们的态度。"

黄枬森读了《科技革命影响论》一书后认为，"以如此广阔的视野，从哲学的高度，详尽论述科技革命影响的著作尚不多见。"评价该书"是十多年来我国科技哲学研究和讨论的总结，也是作者从马克思主义立场对时代挑战的回答，因而本书具有极强的理论性、时代感、现实性、创造性，具有高度的理论价值和现实意义。"

我退休后，正值科技革命浪潮汹涌澎湃地推动历史前进的新形势，如何从新的视角考虑中国科学技术现代化的战略，对此我深入地思考，提出了值得关注的问题。先后发表了《中国科技发展战略问题初探》、《开创有中国特色的科学学研究》、《钱学森论科学技术业》（本文已收入《钱学森科学贡献暨学术思想研讨会论文集》）、《新世纪科技对社会影响的新特点》等论文。

2003年，我受教育部社政司委托主持编写的《自然辩证法概论》（国家示范教材）正式出版，该书有北京大学、清华大学、复旦大学、浙江大学、南京大学、东北大学等校知名教授参加。根据20世纪90年代以来世界科学技术的新进展，该书提出：自然辩证法是马克思主义的重要组成部分，是一门自然科学、社会科学与思维科学相交叉的哲学性质的学科的新观点。为开拓马克思主义理论发展的新境界做出努力。社会上普遍反映，这本书"较全面地体现了自然辩证法这门科学在新时期的新进展与新特点"。

2011年《马克思主义哲学与现代科学技术体系》出版。书中提到，在恩格斯时代，自然科学本质上是整理材料的科学，关于过程、关于这些事物的发生和发展以及关于把这些自然过程结合为一个伟大整体的联系的科学。进入20世纪，科学结合为一个伟大整体的趋势更加显著，这是由于科学技术不断分化、不断综合，各门科学技术研究之间相互联系、相互渗透的特点日益突出。在新形势下，钱学森以马克思主义哲学为指导，运用实践论、系统论的观点，创造性地提出了现代科学技术体系，揭示了现代科学技术发展的整体状况，其内容几乎囊括了人类认识世界、改造世界的全部知识。钱学森创建的现代科学技术体系是一个开放的、复杂的巨系统，它为我们提供了一幅科学技术发展的总蓝图，为贯彻落实"科教兴国"战略思想提供了重要的理论依据。

关于创建现代科学技术体系的重要性，钱学森指出：只有研究现代科学技术体系，研究它的发展趋势，才能从总体上对现代科学技术进行全面的、系统的认识，才能提高我们组织管理科学技术研究工作的能力，提高我们的科学技术水平，从而进入创新型国家的行列。钱学森创建的学科科学技术体系是他建树的众多的科学丰碑之一。

2011年是钱学森诞辰一百周年，为了落实时任中共中央总书记胡锦涛"广泛深入学习钱学森科学技术思想"的指示，经中央新闻出版总署正式批准立项，由科学出版社出版"钱学森科学技术思想研究丛书"。我撰写的《马克思主义哲学与现代科学技术体系》是其中的一本，在该书中，我阐述了钱学森创建现代科学技术体系的历史背景、基本思想及其对中国现代化建设的重要意义，主要是：钱学森体系是科学技术发展新时期的认识论与方法论，是科学方法的重大创新；钱学森体系围绕如何提高人的智能，提出新的科学研究领域——系统科学、思维科学、人体科学与大成智慧学。我认为：钱学森体系在人类文明史上的贡献，可以和近代自然科学革命时期培根、笛卡儿与牛顿科学研究的方法与理论的贡献相比美；钱学森体系内容博大精深，文化积淀深厚，发展前景远大光明，它对中华民族的伟大复兴所产生的作用将是无法估量的。

3. 学术生涯回顾

半个多世纪以来，我先后写了约100多篇文章，这是我对急剧变动的世界中，对奋勇前进的中国遇到的、和我的研究有关问题的认识和领悟，这些认识和领悟无疑是深深地刻上时代背景，学科领域与学校奋斗目标的烙印的。从世界历史发展的趋势来看，现代科学技术革命被公认是我们这个时代的主旋律。20世纪80年代初，现代科学技术革命、经济全球化与文明的冲突这三股浪潮冲击着人类的历史进程。按照马克思主义的观点，科学技术是第一生产力，科学技术革命实质上就是生产力革命。因而当前在世界范围内发生的、由现代科学技术革命引发的经济全球化与文明的冲突，乃是生产力革命引起经济基础、上层建筑以及与之相适应的社会意识形式的变革，在现代世界范围内新的表现形式。作为一个人文社会科学工作者理应从自己研究的角度、研究的领域，对由此涉及的方面，提出问题，作出分析与回答。

回首走过的道路，在工作上努力做好本职工作；在业务上刻苦学习，在教学上对学生严格要求，对 50 多年来从事教学与研究的经验与感受，一共 6 个字概括给后来的学子参考：勤学·好思·敬业。

三、黄顺基主要论著

黄顺基.1983.论辩证思维的范畴体系.北京：中国社会科学出版社.

黄顺基.1986.大杠杆——震撼社会的新技术革命.济南：山东大学出版社.

黄顺基，李庆臻.1990.大动力——科学技术动力论.北京：中国人民大学出版社.

黄顺基，刘大椿.1991.科学技术哲学的前沿和进展.北京：人民出版社.

黄顺基，黄天授，刘大椿.1991.科学技术哲学引论.北京：中国人民大学出版社.

黄顺基.1997.科技革命影响论.北京：中国人民大学出版社.

黄顺基.1998.走向知识经济时代.北京：中国人民大学出版社.

黄顺基.1998.信息革命在中国.北京：中国人民大学出版社.

黄顺基.1999.逻辑学在科学与哲学中的地位和作用.北航学报，（4）.

黄顺基.2001.知识创新不能没有逻辑//逻辑 素质 创新.北京：海洋出版社.

黄顺基等.2002.逻辑与知识创新.北京：中国人民大学出版社.

黄顺基.2002.创新思维与基础科学研究//创新思维与地球科学前沿.北京：中国大地出版社.

黄顺基.2003.展望 21 世纪逻辑学.中山大学学报（社会科学版），（增刊）.

黄顺基.2003.新世纪逻辑研究方向探索.中山大学学报（社会科学版），（增刊）.

黄顺基.2004.自然辩证法概论.北京：高等教育出版社.

黄顺基.2004.问题、逻辑与理论创新.中国人民大学学报，（4）.

黄顺基.2006.新科技革命与中国现代化.广州：广东教育出版社.

黄顺基.2010-10-25.毛主席与我谈哲学.中国人民大学校刊.

黄顺基，郭贵春，钱俊生等.2011.马克思主义哲学与现代科学技术体系.北京：科学出版社.

撰写者

黄顺基

尹大贻

尹大贻（1925~2001），四川成都人。西方哲学专家，基督教哲学专家。复旦大学教授，曾担任《辞海》编委，《哲学大辞典》编委兼外国哲学史卷副主编，《外国哲学大词典》常务副主编，《宗教与世界丛书》副主编。参加全增嘏主编的《西方哲学史》、刘放桐等编著的《现代西方哲学》的编写工作，以及参加编译胡景钟、张庆熊主编的《西方宗教哲学文选》。尹大贻专长于西方哲学史、康德哲学、基督教哲学和比较哲学，有关于分析哲学、结构主义、中世纪哲学以及基督教思想史方面的多种译著，包括《语言、真理与逻辑》（艾耶尔著）、《贝特兰·罗素》（艾耶尔著）、《结构主义时代：从莱维—施特劳斯到福科》（库兹韦尔著）、《论有学识的无知》（库萨的尼古拉著）、《莱维—施特劳斯：结构主义和社会学理论》（巴德考克著）、《基督教思想史》（蒂利希著）、《乔姆斯基语言哲学文选》（合译）等。他从20世纪60年代开始研究基督教哲学，其主要著作是《基督教哲学》，这本书是国内及海外汉语学界基督教思想史研究的开山之作，在20世纪80年代奠定了汉语基督教哲学研究的基石。

一、简　历

尹大贻，1925年8月12日出生于四川成都。他1947年毕业于四川大学经济系，早年在民盟中央从事政治工作。1957年，尹大贻调入复旦大学哲学系任教，讲授外国哲学史，1981年晋升为副教授，1985年晋升为教授。

尹大贻在复旦大学哲学系任教期间，给本科生和研究生开设过西方哲学史、现代西方哲学、黑格尔《逻辑学》、康德哲学、基督教哲学、现代基督教哲学思想、西方社会哲学、西方历史哲学、西方宗教哲学、宗教社会学、世界三大哲学体系（中国哲学、印度哲学、西方哲学）比较研究等课程。

尹大贻好学不倦，手不释卷，博览群书，能阅读和运用英语、俄语、德语（包括花体）、法语等语种书籍。他知识广博，兴趣广泛，除了主要研究西方哲学外，还涉猎日本哲学、印度哲学、阿拉伯哲学等。在宗教哲学尤其是基督教哲学方面，他下过很多功夫。尹大贻从20世纪60年代开始研究基督教哲学，在60年代即开设了有关基督教的课程。1988年，他出版了在国内很有影响的论著《基督教哲学》，这是1949年以来大陆第一本基督教哲学研究的专著，此书是国内及海外汉语学界基督教思想史研究的开山之作，可谓开风气之先，在20世纪80年代奠定了汉语基督教哲学研究的基石，并带动了国内学术界的基督教哲学研究。他勤奋努力，心地善良，没有架子，有求必应。集体的项目或任务，他总是先交出成果，揽下许多别人不大愿意做的事。他参与编译《西方宗教哲学文选》，始终尽心尽力，做出无私的贡献，而当该书定稿之际，他却悄然离开人世，其学者风范长留在后学心间。

二、主要研究领域和学术成就

在哲学上，尹大贻从事逻辑实证主义、结构主义、现代西方语言哲学、基督教哲学和一般宗教问题的专项研究。

1. 对现代西方哲学的研究

逻辑实证论是尹大贻早年研究的课题，他偏重于维也纳学派与英国艾耶尔著作的研究，认为它是英国经验论唯心主义发展的产物，在20世纪哲学中有重大意义。他认为艾耶尔哲学是了解逻辑实证论的基本理论及其发展的重要门径。这些著作阐述清楚明白，可以从中了解逻辑实证论的实质与缺点，并了解其思想演变。

尹大贻的结构主义研究涉及语言学的结构主义、社会学与人类学的结构主义、西方马克思主义的结构主义。他认为这些思潮不能成为学派，因为在多种学科中，它们的表现形式有所不同，这是对于存在主义强调人的主观性在认识世界中的作用的观点的反动。它以寻求主观的潜意识中的结构来说明人追求认识世界中的作用的目的。这种思潮有其自然科学的来源，它是控制论、系统论等自然科学观点在哲学中引起的演变。他认为索绪尔的结构主义语言学是这种思想的先驱者，布拉格学派、哥本哈根学派和美国描写语言学派发展了索绪尔的思想，也促进了社会学结构主义思想的产生，是结构主义发展的一个中间环节。莱维－施特劳斯用结构主义方法研究原始社会的亲属关系、神话系统注意一些因素构成整体、从整体去了解各个因素的作用，从而阐明了结构的整体性、转换性、演变性，避免了以主观的个人观点决定认识的方法。他对阿尔都塞的结构主义的马克思主义持批判的否定态度，认为它歪曲了马克思主义的根本观点，用唯心主义的结构主义观点解释自然界的客观联系和历史发展，其对马克思主义的解释只在论断上对人们思考马克思主义在新的历史条件下的发展有所启发，但从根本上说是不可取的。他对发生学的结构主义则持基本上肯定的立场，认为皮亚杰的儿童心理学的研究以心理学的实验为基础，发现了许多儿童认识事物过程中的规律性现象，是研究认识活动的重要成就。他把结构主义看成是一个广泛的概念，实际上肯定了结构主义的更广泛意义和更广的运用范围。发生学结构主义的成就在于避免了前结构主义从停滞状态看结构的缺点，给结构提供了发展的基础。哥尔德曼把皮亚杰的发生学结构用于解释社会现象，提出了集体主体意识，有以意识形态说明社会发展的缺点，但注意到了人在社会发展中的作用，对进一步发展马克思主义有一定的启发。对后结构主义把结构看成发展的、不定型的、随着人的认识而发展的理论，他认为这是结构主义的一种发展，是人的认识理论上的进步，并不是对人的认识的破坏。这种观点对认识事物和阅读文学作品以至社会科学作品都有一定的意义，也含有一定的真理性。它说明对现象或文本的认识是流动的，随着人的解释而有所不同。

总的说来，尹大贻认为结构主义继承了以前思想家的成果，探讨了一些哲学上的问题，如整体与成分之间的关系，在认识过程中心理模式的作用，认识模式的可变性，模式与结构的不同与联系等，可作为进一步发展哲学的借鉴。但是，尹大贻指出，结构主义是一种主观唯心主义哲学。结构主义所说的结构不是事物的结构，而是人的心理模式整理现象材料而达到的认识结构。结构主义理论以主观模式说明客观事物，只停留在对现象作实证的说明，而忽视对事物本质的反映。尹大贻认为，结构主义哲学本质上是与马克思主义相对立的。

在现代语言哲学方面，尹大贻主要研究了乔姆斯基的语言哲学，并追踪研究他的思想的各个发展阶段。对乔姆斯基转化和生成语法理论，他认为它以唯理论为基础，忽视了语言来源于经验事实的反映，语言的各个成分之间的联系则来源于语境。但这种理论对语言成分的分析，以及各成分的构成句子，句子之间的转换和生成新的句子的方法，不仅是分析句子的一种有用方法，而且可以由此找到计算机翻译的门径。对其深层结构和表层结构的理论，虽然乔姆斯基本人已经申明不再采用，但尹大贻认为这种观念已为哲学界所采用，而且从深层与表层去分析结构是一种有用的方法，实际上是本质与现象的关系在认识结构上的表现。对乔姆斯基把语言看成大脑的机能，并把语言本质的理解寄希望于大脑生理学的发展，尹大贻认为这种观点是一种纯粹自然科学的设想，或为一些外国学者所认为的庸俗唯物主义观点，其不可能性在于语言本身不是一种生理现象，而是一种社会现象，离开了社会的交往性就不可能有语言，因而语言只能以大脑活动作为生理依据，而不能说有大脑活动的生理机能就有语言。

2. 对基督教哲学的研究

基督教哲学是尹大贻的非常重要的研究领域。在基督教哲学和一般宗教问题上，尹大贻认为宗教是一种意识形态，一种上层建筑，但也是文化现象；它与一定社会的社会活动、经济、政治、法律、风俗习惯、哲学、文学等有密切关系，因而对宗教的研究不能单从宗教的信条、教义出发，也不能单从对社会的影响出发，而更应注重于它作为一种文化形态与社会的联系。因此，宗教总是以不同的形式与社会相联系。社会的发展也会引起宗教的发展。

对于基督教与哲学的关系问题，尹大贻认为，宗教与哲学同样是世界观，基督教思想也是人类对外部世界的一种认识，因而它与西方哲学之间本身就有着十分密切的关系：西方哲学常常借助于基督教的思想材料，基督教又大量地利用了西方哲学的理性论证，包含着丰富的哲学内容。因此，尽管基督教与西方哲学常常相互矛盾、相互斗争，但二者之间的确又有着这种相互联系、相互结合、相互渗透的密不可分的关系。正是由于它们之间存在着这种关系，才使得在基督教思想中包含了许多世界观、认识论、伦理学以及人生观、价值观等哲学内容。对于如何研究宗教哲学，尹大贻是用马克思主义的立场、观点和方法来分析研究基督教哲学的发展及其规律，按照马克思主义关于经济基础与上层建筑的原理来分析宗教的矛盾与发展，把宗教哲学、宗教思想看成一种文化、一种人类认识世界的思想积累，关注它与其他上层建筑之间的关系，并从宗教哲学思想发展的规律性来考察宗教。尹大贻研究基督教哲学的实事求是的态度，使我们能够从一个侧面加深了解西方基督教与西方哲学的历史发展线索，使我们能够弄清楚西方基督教与西方哲学之间的密切关系及这种关系的发展，从而使我们对宗教与哲学的本质及其发展规律有更深入更透彻的理解。通过研究，尹大贻指出，基督教哲学思想的变化发展是在社会经济基础的决定下并在其他意识形态的影响下发生的，当然，它也要受到基督教原来的教义内容的限制，但是这些教义归根到底也要随着社会经济基础的改变而改变。宗教总是与社会相适应，基督教哲学的发展就是基督教思想适应社会发展的产物。基督教哲学的发展是与哲学的发展相结合的。尹大贻认为，洛克的宗教观实际上研究了在英国光荣革命之后，基督教如何与新的资本主义社会相适应，康德的上帝存在的道德论证明和理性宗教观实际上是适应宗教改革两百年以后的欧洲资本主义社会现状，这种观点表现出了上帝存在的本体论证明与宇宙论、目的论证明已不为人们所信服。

通过对基督教哲学在矛盾中发展的分析，尹大贻的这些精辟分析对于解决社会主义社会中宗教的地位与作用，以及应当对宗教采取什么态度这样一些问题，具有一定的启发意义。尹大贻认为，在这里重要之处在于要看到宗教与人民的联系。宗教问题是涉及全世界广大人民群众的问题。没有一个民族没有宗教，全世界宗教信仰者在世界总人口中占很大比例，宗教涉及所有宗教信仰者的感情。因此，处理是否得当直接关系到人心的向背；并且，宗教是长期存在的，只有到了共产主义社会，它才可能自然地消亡，任何人为地消灭宗教问题的思想都是不科学的，也是有害的。因而，不能不看到宗教问题是社会主义社会中的一个重要的、复杂的问题。尹大贻指出，在处理这个问题时，首先要注意的是宗教是人民创造的，人民群众还需要它时，它还会发展下去。从这个观点出发，就可以相信宗教会随着人类社会的进步而前进，从而就可以制定出正确的宗教政策。尹大贻认为，在社会主义社会条件下，宗教应该也可能与社会主义社会相适应。宗教一时不能理解社会主义体制，这只是时间问题，在社会主义发展之后，作为上层建筑的宗教是可以适应的。但社会主义体制应当采取有理论基础的、从长远看问题的宗教政策，限制宗教活动、消灭宗教的过左政策显然是对宗教与社会主义相适应没有理解的结果。在社会主义时期，重要任务是把宗教作为一种文化种子保存下来，并发展它的文化内容。宗教与哲学作为世界观的密切联系应受到特别的重视，并积极加以研究。中国少数民族的宗教几乎是全民信教，就更应从这方面加以引导，绝对不能把作为文化现象的宗教人为地作为政治问题来处理。

3. 对世界三大哲学体系的比较研究

在世界三大哲学体系的讲课中，尹大贻试图从中国哲学、印度哲学、西方哲学的比较中找出人类认识发展的规律性。宗教思想与哲学思想相互影响，哲学思想经常包含有宗教内容，两者都是从人类认识世界中总结出来的，其大体的发展阶段可以分为四个时期，即：①争鸣时期；②定于一尊时期；③启蒙时期；④交流时期。争鸣时期是各种思想的萌芽胚胎时期。定于一尊时期是从争鸣而归结为一种思想，这在社会基础上是经济集中、政治统一的需要，而认识上是集中于认识世界的方法问题，即灵魂与肉体、主体与客体、主观与客观关系的提出。启蒙时期是人的自我觉醒，人自身从自己所造成的蒙蔽中解脱出来，以认识能力中的直觉、经验、理性来说明人的认识的更根本原因，排除认识中的浮泛的迷信的成分。交流时期则是现代哲学、科学的交流的时期，这是三大哲学所依托的社会交往频繁的结果，这样交流起初是表面上的相互引用，相互影响，最终应当是导致一种世界哲学的诞生。

尹大贻兴趣广泛，视野开阔，著译丰富，翻译和研究成了他后半辈子的主要生活方式。

三、尹大贻主要论著

艾耶尔. 1981. 语言、真理与逻辑. 尹大贻译. 上海：上海译文出版社.

艾耶尔. 1982. 贝特兰·罗素. 尹大贻译. 上海：上海译文出版社.

尹大贻. 1983. 西方哲学"乔姆斯基的转换生成语法的结构主义方法论". 北京：商务印书馆.

尹大贻. 1984. 西方著名哲学家评传"库萨的尼古拉". 济南：山东人民出版社.

尹大贻. 1986. 康德黑格尔研究（第二辑）"试记康德以前哲学的继承与批判". 上海：上海人民出版社.

尹大贻. 1987. 哥尔德曼的发生学结构主义. 现代外国哲学,（11）.

尹大贻. 1988. 基督教哲学. 成都：四川人民出版社.

库兹韦尔. 1988. 结构主义时代：从莱维－施特劳斯到福科. 尹大贻译. 上海：上海译文出版社.

库萨的尼古拉. 1988. 论有学识的无知. 尹大贻，朱新民译. 北京：商务印书馆.

巴德考克. 1988. 莱维－施特劳斯：结构主义和社会学理论. 尹大贻，赵修义译. 上海：复旦大学出版社.

乔姆斯基. 1990. 乔姆斯基语言哲学选集. 尹大贻译. 上海：上海译文出版社.

尹大贻. 1998. 天人合一说和冯友兰的新理学. 时代与思潮.

蒂利希. 2000. 基督教思想史. 尹大贻译. 香港：汉语基督教文化研究所.

尹大贻. 2002. 西方宗教哲学文选. 上海：上海人民出版社.

主要参考文献

方克立，王其水. 1995. 二十世纪中国哲学（二）·人物志. 北京：华夏出版社.

黄颂杰. 2006. 百年复旦园中的哲学园丁——忆我的老师们. 复旦大学精品课程. http：//jpkc. fudan. edn. cn. 2014-10-10.

撰写者

叶晓璐（1977～），哲学博士，副研究馆员，任职于复旦大学哲学学院。主要研究方向为西方马克思主义、教育哲学等。

查汝强

查汝强（1925～1990），江苏宜兴人。哲学家，自然辩证法理论家，中国科学哲学、未来学、人工智能和科学技术与社会研究的倡导者。年轻时参加过革命的游击战争和中学、大学地下党工作，革命胜利后成为教授、学者。长期任职于中国社会科学院哲学研究所，任自然辩证法研究室主任，研究员、博士生导师。曾任中国自然辩证法研究会常务理事、秘书长，《自然辩证法百科全书》常务副主编，《自然辩证法通讯》副主编，中国未来研究会副理事长，中国人工智能学会常务理事，国际科学哲学联合会理事，世界未来研究联合会会员等。在自然辩证法学科的多个领域有独到见解，尤其在自然观方面做出了突出贡献。在"文化大革命"结束后对西方科学哲学理论的翻译、介绍、评述方面，是最早的领军人物。此外，在未来学、新产业革命、信息社会、技术与社会、科学社会主义等方面发表的大量学术论文，也都赢得了国内外学术界的广泛重视。出版专著、译著4部，论文80余篇。代表作有：《科学与哲学论丛》、《论马克思主义自然哲学——争鸣集》。坚持马克思主义哲学立场，主张总结当代科学技术的最新发现和吸收西方科学技术哲学的优秀成果，丰富和发展自然辩证法，为中国的改革开放和现代化建设服务。

一、成长经历

查汝强于1925年8月25日出生于江苏省宜兴市。父亲是江南的一位大地主兼商人。1931～1937年，他在宜兴瀛园初小和履善高小读书。抗战前夕读六年级时，在班主任任重（抗战时期新闻记者）引导下开始接触马克思主义。1937年9月至1938年12月，在安徽泾县查村临时初中学习。从1939年1月起到上海苏州中学和震旦大学附中求学。在抗日民族救亡运动的感召下，在抗战初期孤岛上海租界上，他一面参加当时的学生救亡活动，一面贪婪地阅读马克思主义书籍《新哲学大纲》、《帝国主义论》等，还参加了中共地下党领导的为期三个月的浙江于潜天目山少年营，直接接受革命思想的熏陶，从此树立了终生不变的马克思主义信仰，并在当时的黑暗环境中找到了一条光明道路和可依托的力量——中国共产党及其领导下的抗日游击队。1940年12月，15岁的他毅然从生活优越的地主家庭出走，奔向苏南地区的新四军。同年查汝强加入中国共产党，开始了革命生涯。在太湖地区和茅山地区打游击，先后任新四军六师十六旅旅部服务团党支部委员、太滆区抗战报社编辑、武进县南宅区区委书记。他结合革命实践学习毛泽东著作，马克思主义就成为了有血有肉的东西。此期间他曾三次被捕、坐牢，在被设法营救出来后始终坚持革命。从1943年3月起，他又继续在宜兴的棠下中学、亳县苏州中学、和乔彭城中学读书。1945年1月到上海圣约翰大学附中学习，任该校党支部书记，从事地下党的学生工作。

1946年10月中学毕业后，查汝强同时考取了清华大学外文系和北洋大学物理系，他选择了清华大学。在清华大学读书时，正值解放战争时期，他担任该校党总支书记、地下党南系区委书记。他参加领导学生运动，积极贯彻正确方针，保证了学生运动健康顺利的发展，人们称"清华大学是小解放区"。

1949年中华人民共和国成立后，由于对理论有浓厚兴趣，查汝强被分配到理论的宣传教育部门，负责过北京市的理论教育工作，积极从事马克思主义理论的宣传教育。曾任北京市委学校工委宣传部部长、大学部部长，北京市委宣传部理论教育处处长、讲师团副主任等。这时他的理论兴趣逐渐向哲学倾斜，曾撰写了15万字左右的《辩证唯物主义讲话》（油印本），由北京广播电台分十多次向中学教师广播，还写过两篇关于建筑学思想的文章等。

在1957年的"反右"运动中，因对"反右"运动扩大化的具体意见及他此前文章里的许多观点，诸如"阶级斗争基本消灭"、"社会发展的主要动力是人民内部矛盾"、"独立思考，自由讨论"、"官僚主义有社会主义制度环节中的根源"等，查汝强受到无限上纲式的批判。从此他的命运就随着政治运动的起伏而起伏。从1958年2月起，他先后到长辛店机车车辆厂、房山南韩继和丰台区王佐公社怪村当钳工、车工和农民，还担任过王佐公社的公社干部和朝阳区金盏公社长店大队四清工作组组长。直到1964年3月才调回北京市委宣传部，任《北京日报》理论部主任。同年7月，在于光远的帮助下他调到中国科学院哲学研究所自然辩证法组，任副组长，具体主持该组工作。从此告别了政治生涯，开始了他所喜爱的学术研究生活。尽管多年遭受冤屈，但他仍然坚信马克思主义，对他来说，政治活动和学术研究是统一在马克思主义的基础之上的。

自然辩证法是马克思主义哲学的重要组成部分，研究它同时需要哲学和自然科学的素养。查汝强从小就对探索自然奥秘的自然科学有浓厚兴趣，高中时得益于中等教育专家史绍熙的教诲，数理化成绩在班上名列前茅；他曾幻想当科学家，报名并考取了北洋大学物理学，但他的革命志向使他最终选择了清华大学外文系。在进入新兴的自然辩证法领域之后，查汝强深感自己的自然科学知识准备极为不足，并羡慕西方的许多科学哲学家大抵都有很高的科学素养。为了啃下这颗"坚果"，他发奋自学自然科学领域的各种大学教科书和科学家的著作，从数理化、天地生到工农医都广泛涉猎；同时向一批对自然辩证法感兴趣并参与哲学研究的科学家学习，如：天文学家戴文赛、地质学家张文佑、生物学家陈世骧等。他在写文章涉及自然科学知识时尤为谨慎。在后来的学术争论中，他的文章虽经人有意识地用"显微镜"详察一番，仍找不到大的失误；相反他关于生物分类辩证法的文章受到陈世骧等生物学家的赞扬，于光远则称赞他"掌握一门新学科的基本知识的能力很强"，"在自然辩证法的研究中果真成了一位出色的专家"。

1964年，查汝强调到哲学研究所自然辩证法组后，适逢于光远提出了一项宏大的研究项目，计划编写一部约500多万字的7卷本大部头著作《自然界的辩证发展》，旨在概括20世纪各门自然科学（包括技术科学）的新成就来系统阐述从天体到人、从天然自然到人工自然的辩证发展过程。他协助于光远，奔走于上海、杭州、沈阳、大连各地，召开座谈会，组织百多位科学家参加这一工作。到1966年上半年，已经起草了详细提纲，编印了一部分资料，并写出部分初稿。虽因文化大革命爆发，此项极有意义的学术工程不幸夭折，但也为"文化大革命"后自然辩证法的大发展，在学术、人才和组织等方面做了一些准备。

"文化大革命"期间查汝强遭批斗、隔离审查和下放劳动。1975年从河南息县"五七干校"回来后，查汝强带领全组同志与大连红旗造船厂合作编写了《〈自然辩证法·导言〉解说和注释》、《〈劳动在从猿到人的转变中的作用〉解说和注释》两书，并任主编。这两本书于1979年由人民出版社出版后，因其深入浅出，释疑解难，并补充了最新的自然科学材料，受到读者欢迎，对"文化大革命"后自然辩证法的学习和发展起了重要作用。

1976年"文化大革命"结束后，迎来了自然辩证法的春天。查汝强以极大的热情和精力协助于光远全面开展自然辩证法学科建设，推动中国自然辩证法事业的发展，做出了巨大贡献。他参加筹备和建立中国自然辩证法研究会和《自然辩证法通讯》杂志社，任该研究会常务理事、秘书长和该刊副主编。他还参与全国自然辩证法学科规划工作；担任《自然辩证法讲义》顾问；协助于光远出版《自然辩证法》新译本，在内容编排中努力突破苏联版本突出本体论的旧框架，把认识论、辩证逻辑和科技史放到重要地位，还组织全组同志在书后的注释中补充了大量最新的自然科学材料。他积极培养人才，团结和鼓励全组同志勇于开拓新方向，发表独立见解，展开自由争论，并走向世界，从而促使一批学者脱颖而出，成为自然辩证法领域的中坚力量。查汝强还担任华中理工大学兼职教授，并应邀到全国各地讲学，推动自然辩证法的传播和发展。他率先翻译、介绍、评述西方科学哲学，积极开展未来学、科学学、人工智能和科技与社会等新领域的研究，还不辞辛劳到美国、英国、日本、苏联以及非洲、南美等地进行学术交流，努力吸收国外新的学术成果，丰富和发展自然辩证法，并扩大和提高中国自然辩证法的国际影响和地位。

1982年，查汝强开始全身心地投入于光远任主编的《自然辩证法百科全书》的编写工作，任常务副主编，前后历时近10年。该书总结和概括了直到20世纪80年代为止的科学技术最新成果，是自然辩证法的重大学科建设和中国自然辩证法学派形成的重要标志。他在制订全书条目框架、组织编写队伍、条目撰写和审稿、最终的统稿和定稿方面，呕心沥血，鞠躬尽瘁。全书18个编写组的数十次编写、审稿会，他几乎每次都参加。他尊重专家、学者，虚心求教。对每个条目认真参加讨论，从哲学性、科学性和百科全书性上，严格把关，追求高质量。他还有意识地把组内一些年轻学者推到编写组和全书的重要岗位上，精心培养人才。可惜的是，1990年该书刚刚定稿，他就突然辞世，并未看到该书的出版。直到1995年该书才问世，翌年获全国首届优秀辞书奖。

查汝强共撰写了80余篇论文，专著、主译和主编著作各2部，内容涵盖自然观、科学观、科学方法论、生物哲学、人工智能、未来学、科学学、科技与社会等领域。他提出的一系列独立见解和做出的学术贡献，赢得了国内外学术界的重视。他是中国未来学研究会副理事长，中国人工智能学会常务理事，国际科学哲学联合会理事。

查汝强曾任哲学研究所自然辩证法组副组长、自然辩证法研究室主任，哲学研究所学术委员会委员，中国社会科学院研究生院教授。他1980年8月晋升为研究员，1981年开始招收博士生，成为改革开放后中国第一批博士生导师。他1986年12月离休，1990年9月20日因突发心脏病在北京逝世。

二、主要研究领域和学术成就

查汝强富有传奇色彩的人生，把革命者和学者融会一身。他以坚强毅力和惊人热情钻研自然辩证法的历史和理论，啃食自然科学知识的"坚果"。他适应时代需要，紧密结合我国现代化建设和改革开放的实践，不断探索和发展自然辩证法，成为在自然辩证法和哲学的诸多领域有深厚造诣并硕果累累的出色专家，为建立有中国特色的自然辩证法学派做出了杰出贡献,受到了国内学术界的重视和欢迎,在国际上也产生了积极影响。

1. 探索和发展辩证自然观,开创辩证自然观研究的新阶段

查汝强认为,辩证自然观与旧自然哲学根本区别在于,旧自然哲学是把哲学规律强加于自然界,而辩证自然观是要从自然科学所揭示的自然界中引出它固有的辩证规律来。恩格斯的辩证自然观就是主要从19世纪自然科学的三大发现中概括出来的。1964~1966年,他不辞辛劳,到处奔波,协助于光远编写7卷本《自然界的辩证发展》,试图概括到20世纪中期的科学技术新成就来详尽阐述从天体到人、从天然自然到人工自然的辩证发展过程,推动了我国的辩证自然观研究。20世纪80年代初,他又作为常务副主编,历时多年,呕心沥血,协助于光远编写《自然辩证法百科全书》,全面、系统地概括当时最新的科学技术成就,把我国的辩证自然观研究提升到一个新阶段。

在理论上,他沿着这个方向不断探索,于1980年3月撰写了《二十世纪自然科学四大发现与辩证自然观》一文,并应邀在中央党校做了4次演讲。该校把讲稿印成小册子,在高校内部发行。《中国社会科学》1982年第4期,把该小册子的主要部分以《二十世纪自然科学四大成就丰富了辩证自然观》为题发表。该文的英译文又收录于中国社会科学院马列研究所编辑的《马克思主义研究文选》中于1982年出版。1983年,他按照中美著名学者交流计划,在美国哈佛大学做访问学者时,应时任该校科学史系主任Erwin Hilbert之邀,给该系教授和研究生讲了该文的内容,受到欢迎。Hilbert后来专门写信给他说:他的报告对他们系的师生都很重要。

1985年他又写了一篇从另一角度研究辩证自然观的文章《自然辩证法范畴体系设想》。有两件事情促使他认真考虑范畴体系问题。一是自然辩证法教学的需要。当时在高等学校内普遍开设了自然辩证法课程,迫切需要逐步完善学科体系。他在1982年7月于烟台召开的全国第一次高等学校自然辩证法教学讨论会上,就自然辩证法课程体系和范畴体系作了一个发言。二是编写《自然辩证法百科全书》的需要。20世纪80年代初,他作为该书的常务副主编,具体负责全书的条目框架设计,急需一个科学的学科体系作为基础。他又是该书"自然界辩证法"分支学科的主编,更需要确立一个范畴体系。《中国社会科学》1985年第5期发表了他的《自然辩证法范畴体系设想》一文。该文的英译文载《中国的社会科学》1987年第2期。后又收入1988年出版的《哲学探索集——〈中国社会科学〉1985年哲学论文集》。

这两篇文章在哲学界引发了一场不小的争论,被《中国哲学年鉴》(1987)列为

"当前重要哲学争论"之一。这场争论的焦点是马克思主义哲学与自然科学的关系，广泛涉及马克思主义哲学的对象、自然辩证法学科的性质、辩证自然观中的宇宙无限和物质结构无限可分等问题。这场争论的背景是，马克思主义哲学面对20世纪科学技术的巨大进步亟需向前发展；过去极"左"年代在苏联和中国发生过的假借马克思主义哲学的名义粗暴批判自然科学理论的历史教训亟需反思；汹涌而来的西方科学哲学思潮亟需消化。但怎样进行正确的"发展"、正确的"反思"、正确的"消化"，在哲学界出现了意见分歧，甚至从一个极端跳到另一个极端。这场争论促使他思考了许多问题，撰写了15万多字的答辩和商榷文章，对马克思主义辩证自然观的发展做出了巨大贡献。

关于自然辩证法的辩证自然观，查汝强的主要观点可以概述如下：

①辩证的唯物的自然观在古希腊和中国古代的哲学家那里采取了朴素的形式，在19世纪的自然科学三大发现的基础上开始科学地确立起来，20世纪自然科学的四大成就，即相对论、量子力学、系统论信息论控制论和分子生物学，才使得它得到真正全面而充分的论证。它的物质观、运动观、时空观、生命观、意识观等都全面地得到了丰富和发展，特别是对世界的统一原则、矛盾原则、无限原则、系统原则的认识大大深化了。

②建立范畴体系是适应学科发展需要的一项重要的基本理论建设。自然辩证法范畴体系不是一个只有本层次独有范畴的纯的体系，而是在本层次独有范畴之外，还有与其他层次特别是和一般辩证法共有范畴的混合体系。自然辩证法范畴体系，包含40种范畴，分为5类：整体范畴、联系范畴、发展范畴、宇宙总规律和综合范畴。该范畴体系的逻辑起点是自然，逻辑终点是人工智能。有7种范畴是从自然科学范畴提升为一般辩证法范畴，同时又作为自然辩证法的共有范畴，即；信息；系统、层次、要素；结构和功能；状态和过程；无序和有序；控制和反馈；动力学规律和统计规律。还有9种范畴可以作为自然辩证法的新的特殊范畴：微观和宏观；对称和破缺；守恒和不守恒；可逆和不可逆；天然自然和人工自然；人化自然；生态；人造自然；人类智能和人工智能。

2. 积极推动科学认识论方法论研究，是改革开放后翻译、介绍、评述西方科学哲学理论的最早领军人物

对科学认识论方法论问题的研究是查汝强自然辩证法研究的另一个方面。他认为，恩格斯在这方面做了原则性的研究，但远未展开。在改革开放初期，他协助于光远出版《自然辩证法》一书的新译本时，对该书的手稿进行了重新编排，从传统

突出本体论转向重视认识论方法论问题，积极引导这方面的研究。他热情支持室内青年学者参加《自然辩证法讲义》"科学方法论"部分的撰写，还为"科学家论方法"丛书撰写序言《一件极有意义的工作》。他应用唯物辩证法分析生物分类学问题，撰写了《关于生物分类学的几个哲学问题》一文，受到生物学家的赞扬。在实践标准问题的讨论中，他在马克思主义认识论的基础上，尝试运用西方科学哲学中关于科学理论、科学命题检验问题的研究成果进行分析，撰写了《逻辑证明与实践检验》和《共产主义预见的真理性与实践标准的唯一性》等2篇文章。

查汝强认为，西方科学哲学在科学认识论方法论领域中做了极为细致的研究，提供了极有价值的成果。但在吸收时应该进行认真的分析和鉴别。1977年夏，他受于光远委托到上海调研当地自然辩证法教学和国外自然科学哲学问题研究的状况，开始了解现代西方科学哲学的一些情况。1978年，来华访问的新西兰威卡托大学的华裔学者孔宪中向他介绍了西方科学哲学的最新发展，并送给他一本当年出版的查尔默斯的著作《科学究竟是什么》。翌年他与人合作将该书译出，随后出版。该书率先向国内介绍了西方科学哲学家 k. 波普尔、T. 库恩、I. 拉卡托斯、P. 费耶阿本德等人的理论。1980年访英时，他专程去伦敦西北 k. 波普尔家中访问，并将 k. 波普尔亲手赠送他的《科学发现的逻辑》一书与人合作译成中文。此书是波普尔的代表作，也是现代科学哲学颇享盛名的主要代表作之一，成为我国学者了解他的证伪主义科学哲学的基本著作。《访问波普》一文（《自然辩证法通讯》1980年第4期）简要介绍了波普尔的近况、一些著作、对马克思主义的观点和彼此间的交流。1983年，他去美国做了3个月的学术访问，重点考察美国科学哲学研究状况。其间，与 T. 库恩、R. 柯恩、M. 华托夫斯基、D. 夏皮尔等科学哲学家作了较深入的交谈。他撰写的《美国科学哲学的一些情况》（《自然科学哲学问题丛刊》1984年第2期）一文，详细介绍了美国一些科学哲学家对马克思主义和自然辩证法的观点；美国科学哲学发展的历史和当前的特点；美国科学哲学家对一些科学哲学学派和著名科学哲学家的看法等。他认为，美国科学哲学研究，受强大的自然科学进展的影响，在迂回曲折中前进，但不可能彻底摆脱资产阶级的传统哲学偏见的影响。

查汝强在翻译、介绍上述科学哲学的基础上，撰写了一系列评论文章。包括《简评西方科学哲学中关于科学认识发展的几种学说》（《哲学研究》1979年第11期，英译文载美国的《中国哲学研究》1981年春季号）、《评卡尔·波普尔关于归纳问题的观点》（《社会科学战线》1981年第3期）、《评卡尔·波普尔关于划界问题的观点》（《外国哲学》1983年第4期）、《评卡尔·波普尔关于方法论问题的观点》（《社会科学》1983年第5期）等。查汝强指出，近几十年来，一些西方科学哲学家，着重结合科学史特别是近代科学史来研究科学哲学中关于科学理论发展的问题。他们对人类对自然界的认识过程的某些环节、某些侧面做了具体的研究，其中包含一些积极的、辩证的因素，当然，他们也有不少唯心主义、形而上学的错误，需要我们根据马克思主义的观点进行批判。我们的自然辩证法研究必须注意吸取西方当代的类似研究已取得的所有积极成果来丰富自己。

查汝强还对我国科学哲学的国际学术交流做出了贡献。经过他的长期努力，中国自然辩证法研究会，终于在1987年莫斯科第八届国际科学哲学分会上，加入了国际科学历史和哲学联合会科学逻辑、方法论和哲学分会。他在会上被选为该分会的理事。

3. 重视科学技术与社会关系研究，是中国科学、技术与社会研究的先驱

查汝强自然辩证法研究的第三个方面是对科学技术与社会关系的研究。他认为，由于科学技术在现代社会中的作用愈来愈大，这方面的研究无论在国外还是国内都愈来愈引起重视；而且这种交叉学科研究远远延伸到自然辩证法研究领域之外去了。当时国内尚没有科学、技术与社会（STS）这个学科，查汝强从自然辩证法和历史唯物论的视角，联系有关的新兴学科，广泛地研究各种科学技术与社会问题，如科学是生产力、技术在现代社会中的作用、关于新产业革命、信息社会、未来学研究等，成为中国科学技术与社会研究的先驱。

查汝强在《"技术与社会"研究在中国》一文中，认为在"技术与社会"这个方面我国当时的科学技术与社会研究主要有5类问题：多学科、跨学科问题；技术发展的社会机制的研究；技术的经济功能研究；技术对文化和社会整体影响的研究；中国技术发展战略研究。

在《关于技术与社会的两个理论问题》（在1987年11月在中央党校讲演的基础上写成）一文中，他认为，"技术与社会相互关系的理论问题是历史唯物论发展中的一个重要问题，也是建设马克思主义的技术社会学的理论基础问题"。他在该文中，论述了两个理论问题：技术在现代社会中的作用和一种新的技术社会形态——信息社会。关于第一个问题，他认为，技术进步在现代社会生产力的发展中起着决定作用，而且归根到底对现代社会的进步发展起着决定的作用。关于后一个问题，他论述了信息社会与工业社会的区别和信息社会的数量标志。他认为，信息社会是以基本产业结构为标准划分出的一个与工业社会不同的新的技术社会形态；它的数量标志主要应该有两个：信息产业的产值和劳动力在社会总产值和总劳动力中的比重超过一半或至少超过工业。

他还认为，对技术决定论应该加以具体分析。在技术发展通过生产力的发展归根到底决定着现代社会的发展这一意义上，技术决定论并没有错。但是西方有些学者把技术发展的社会作用的复杂机制简单化，忽视各种中介的作用，以致得出技术的发展可以直接自动地导致资本主义社会制度的永恒的不断完善这样的结论。这样一种意义上的技术决定论当然是错误的。

有关科学技术的社会作用和信息社会，查汝强还发表了一系列论文，如：《科学是愈来愈重要的生产力》、《试论产业革命》、《试论信息社会》、《信息社会的概念和数量标志》、《技术在现代社会中的作用》、《新的工业革命与信息社会》、《评波拉特的信息经济分析方法》、《"科学技术是第一生产力"是社会发展的一个客观规律》、《超导研究与社会进步》等。这些论文，从不同方面论述了科学技术与社会的关系，丰富和深化了查汝强关于科学技术与社会的思想和理论。

查汝强还从科学学和未来学角度，研究科学技术与社会的关系。在《关于科学学的研究内容和研究方法》一文中，他指出，科学学的研究对象就是科学的发展规律以及在社会实践中利用这些规律的政策和办法。这里可以看出从科学发展规律→政策和办法→社会实践的科学技术与社会脉络。科学学的分支学科科学体系学中基础研究、应用研究、发展研究的分类就是从自然科学转化成直接生产力的环节来进行的。科学学研究方法中，日本科学史家汤浅光朝对科学活动中心转移的"汤浅现象"的原因作了社会历史分析，得出结论说"科学革命和社会革命在这里有无可否认的关系"。

查汝强在《关于未来学的几个问题》一文中，指出了在未来学中需要研究的一些科学技术与社会关系问题，例如，为了制订企业的经营战略、规划就要对市场、新技术和与之有关的各种社会因素作出微观预测；由于制定国家发展计划和全球性问题的出现，需要对科技与社会的发展作出宏观预测；在一定社会条件下对新科学技术发展的预测；对科学技术发展的社会后果的预测；对新产业革命和信息社会的预测；对中国未来的科技、经济、社会发展的预测等。

三、查汝强主要论著

查汝强.1977.关于生物分类学的几个哲学问题.植物分类学报，(15).

查汝强.1978.科学是愈来愈重要的生产力.哲学研究，(10)：42-46，11.

查汝强.1978.开展科学学的研究.自然辩证法通讯.(6).

查汝强.1979.简评西方科学哲学中关于科学认识发展的几种学说.哲学研究，(11)：56-64.

查汝强.1980.科学与哲学论丛.南宁：广西人民出版社.

（英）A. F. 查尔默斯. 1982. 科学究竟是什么. 查汝强，邱仁宗，江枫译. 北京：商务印书馆.

查汝强. 1982. 二十世纪自然科学四大成就丰富了辩证自然观. 中国社会科学，(4)：9-30.

查汝强. 1984. 试论产业革命. 中国社会科学，(6)：3-16.

查汝强. 1985. 自然辩证法范畴体系设想. 中国社会科学，(5)：33-58.

查汝强. 1985. 关于未来学的几个问题. 未来与发展，(6)：1-10，22.

（英）Carl R. Popper. 1986. 科学发现的逻辑. 查汝强译. 北京：科学出版社.

查汝强. 1986. 试论信息社会. 哲学研究，(3)：32-37，46.

查汝强. 1986. 是发展还是取消自然辩证法？——答仲维光同志. 哲学研究，(8)：57-63.

查汝强. 1986. "技术与社会"研究在中国. 自然辩证法研究，(5)：37-41，10，(6)：50-56.

查汝强. 1987. 自然辩证法是一个科学体系. 自然辩证法研究，(1)：28-32.

查汝强. 1987. 评"宇宙始于无"——商榷兼答辩. 中国社会科学，(3)：55-67.

查汝强. 1987. 物质结构层次无限论的再证实——与金吾伦同志商榷. 自然辩证法研究，(5)：64-68.

查汝强. 1988. 新的工业革命与信息社会（英文）. 美国：夏威夷大学.

查汝强. 1989. 自然辩证法的研究内容和学科体系. 自然辩证法研究，(3)：62-67.

查汝强. 1991. 论马克思主义自然哲学——争鸣集. 北京：北京出版社.

主要参考文献

查汝强. 1991. 查汝强同志学术自传. 自然辩证法研究，(4)：68-71.

查汝强. 1980. 科学与哲学论丛. 南宁：广西人民出版社.

查汝强. 1991. 论马克思主义自然哲学——争鸣集. 北京：北京出版社.

撰写者

殷登祥（1939～），研究员，1964～1990年在中国社会科学院哲学研究所与查汝强同事。

李锦全

　　李锦全（1926～），广东东莞人。1951年毕业于中山大学历史系，曾供职于中南文化部文物处，1954年调回中山大学历史系任教，1960年转入中山大学哲学系，1978年晋升为副教授，1983年晋升为教授，1986年被国务院学位委员会批准为中国哲学专业博士生导师，1992年起享受国务院颁发的政府特殊津贴，2000年退休。历任中山大学哲学系中国哲学史教研室主任、副系主任、系主任。曾任中国哲学史学会常务理事、国际儒学联合会理事、中国孔子基金会理事兼学术委员会委员、广东省社会科学界联合会主席团成员、广东儒学研究会会长等。现任国际儒学联合会顾问、广东省社会科学界联合会顾问、广东无神论研究会会长。作为哲学史家，李锦全治学领域广阔，著述丰硕。计有专著13种，合著8种，主编若干种，论文两百多篇。1988年，《中国哲学史》教材获国家教育委员会高等学校优秀教材奖一等奖；1994年，《儒家思想哲理化的历史进程》获广东省优秀社会科学研究成果奖一等奖；1998年，《海瑞评传》获广东高校人文社会科学研究成果奖二等奖；1999年，《岭南思想史》获广东省哲学社会科学"七五"规划课题优秀成果奖二等奖，《人文精神的承传与重建》获广东省第六次优秀社会科学成果奖二等奖；2005年，获1992～2003年度广东省哲学社会科学优秀成果奖特别学术成就奖；2011年，获"广东省首届优秀社会科学家"称号。

一、成长经历

　　李锦全，出生于1926年2月9日。像许多老一辈学者一样，他的青少年时代在民族危亡、国家动乱中度过。1938年10月，日军的铁蹄践踏到了南方，东莞县城沦陷，东莞县立中学流亡外地。李锦全停学困居家中，长达4年。可在恶劣的情境下，他阅读了大量文史书籍，养成了关心社会民瘼的忧患意识，注意到了中国历史上农民起义的平均平等与皇权主义之间的矛盾两重性，并深深地影响了日后的中国哲学史研究。譬如，戴震的《孟子字义疏证》曾用"以理杀人"批评宋明理学，但这种负面效应的社会体现在学者们的高文典册中一般难以找到，倒是许多小说、野史有着淋漓尽致的描述。李锦全的《"命"与"分"——从清代小说的几个事例看宋明理学对后期封建社会的思想影响》一文就运用蒲松龄《聊斋志异》、纪晓岚《阅微草堂笔记》、夏敬渠《野叟曝言》等清代小说、野史中的具体事例，形象地透视了宋明理学对后期封建社会产生的巨大思想影响。李锦全"以文史证哲学"的学术论文娓娓道来，生动活泼，在中国哲学史研究领域中别具一格。

1945年，李锦全进入高二。那时，成绩好的去学理科，成绩差的才学文科，但酷爱文史的少年李锦全偏偏不服气。高中毕业时，他的各科平均成绩高居全校第三名，而且拿高分的都是数理化。不过，到1947年报考大学时，青年李锦全犯难了，因为行医出身的父亲希望他去学医，而他的兴趣系于文史。李锦全报考了广东省立文理学院中国文学系和中山大学历史系，并被两校同时录取，最后他选择了孙中山先生亲手缔造的中山大学。

就读中山大学历史系的4年里，李锦全修读过刘节的《殷周史》、阎宗临的《世界古代史》、陈锡祺的《中国近代史》以及丘陶常、杨成志开设的课程，四年级时破例获准拿研究生奖学金兼任系文物室主任梁钊韬的助手，近5万字的本科毕业论文《中大历史系文物室入藏唐代石刻目录（附跋文）》由岑仲勉指导。经过老师的教导和个人的努力，他初步掌握了历史文献学、考据学以及文字训诂等方面的基本功，为后来从事历史研究打下了基础。

系主任刘节在李锦全1951年7月大学毕业时要他留系。因新中国成立初期，国家需要干部，当年大学毕业生由国家统一分配，他到武汉的中南文化部文物处工作。1952年，他被派到北京参加文化部、中国科学院考古所和北京大学联合主办的第一期考古工作人员训练班。训练班的班主任是裴文中，任课及指导实习的老师有贾兰坡、安志敏、夏鼐、郭宝钧、王仲殊、梁思成、莫宗江、阎文儒、宿白、唐兰、张政烺、陈万里、赵万里、马得志、陈公柔等人。训练班多取用现场教学法，并到大同、云冈、洛阳、郑州等地作考古实习，时间虽短，收获颇丰。从北京回到武汉后，1953年又受命到长沙参加过8个月的古墓葬发掘，主持当年发现有文字竹简的仰天湖35号墓的清理工作。

1954年大行政区被撤，命运割断了李锦全与考古工作的职业关联。是年10月，他调回中山大学历史系中国史教研室，室主任是杨荣国。杨荣国1956年出任系主任，历史系成立了中国思想史教研组，李锦全开始以"中国古代思想史"作为自己的研究方向。杨荣国的《中国古代唯物论研究》、《中国十七世纪思想史》等论著，对他产生了重要影响。1960年中山大学哲学系复办，李锦全和中国思想史教研组其他成员跟随杨荣国转到哲学系，进入中国哲学史教研室工作。此后，李锦全在"工作证"的意义上隶属于哲学系,在"学科专业"的意义上归属于中国哲学。

二、主要研究领域和学术成就

李锦全的研究领域宽广,贯穿整个中国传统文化。其中国传统思想文化研究包括三个部分:一是以"问题"为中心的学术沉思,二是"矛盾融合、承传创新"的哲学史观,三是中国传统文化的现代转型。

1. 以"问题"为中心的学术沉思

《中山大学学报》1956年第4期发表李锦全的第一篇论文《古史辨派的疑古论述评》。从此,他一直带着鲜明的问题意识从事学术研究,针对学术界各个时期流行的"问题意识"做出了"自我回应"。

(1) 历史发展动力问题的史学辨析

20世纪70年代末期,历史发展动力问题为史学界热烈讨论。刘泽华、王连升的《关于历史发展的动力问题》认为马克思主义经典作家在肯定阶级斗争是历史发展动力的同时,还强调生产斗争是更为重要的推动力。李锦全指出:"从唯物史观来看,可以承认生产斗争在历史发展中的最终决定作用;但从唯物辩证法的观点来看,在阶级社会中阶级斗争应该是推动历史发展的根本动力。这两种论断因为是属于不同的范畴,本来是可以并行不悖的。"据此,他撰写了《关于阶级社会中历史发展的动力问题》。该文被1979年的《中国历史学年鉴》予以介绍,并作为首篇文章收入《中国农民战争史研究集刊》第2辑,在史学界产生了一定的影响。

农民革命政权问题也是改革开放之后史学界讨论的热门话题,李锦全对此发表过一系列论述。其《试论封建社会中"农民政权"的经济基础》指出:"我承认在中国封建社会中曾经存在过短暂性的农民政权,并且在局部范围内,不同程度地曾经有过它自己的经济基础,并不等于承认在社会发展史上,在封建社会之外还有个农民社会;也不等于说,劳动农民的个体所有制,可以作为独立的生产方式来取代封建生产方式。"即使以今天的眼光看,这一史学辨析也是深刻和理智的。

中国历史上规模最大、影响最深的太平天国运动一直是学界研究的重点,李锦全一直关注其学术动态,发表过9篇专论。其《试论洪秀全思想及太平天国政权的两重性》指出:农民和地主在封建社会中是对立的统一体,反映在思想和主张上就是革命性与封建性、平均平等与封建特权诸因素错综复杂地结合在一起,太平天国起义即是带有此种矛盾两重性的农民政权。因运用矛盾两重性诠释农民政权,具有拨乱反正的特殊意味，这一观点被1982年的《中国历史学年鉴》列为五种代表性意见之一。

(2) 有神论与无神论的思想通向

1980年，李锦全到武汉参加中国无神论学术讨论会，提交《陶渊明无神论思想试探》。通过深入分析陶渊明自然观上的无神论追求和社会观上的宿命论取向这一思想史个案，该文认为："在马克思主义创立历史唯物主义理论之前，唯物主义和无神论思想一般只能表现在自然观方面，如果超过这个界限，涉及社会人事问题，就会陷入唯心主义的宿命论，从实质来说也是通向了有神论。"无神论与有神论在旧唯物主义无神论者那里并不存在不可逾越的鸿沟，这一认知有力地冲击了1949年后"左"倾的中国哲学史研究范式，充满了实事求是、思想解放的治学新貌。文章在《中国哲学史研究》1980年创刊号发表后，1982年的《中国哲学年鉴》进行了特别介绍。

"无神论与有神论的思想通向"，不仅体现在王充、陶渊明等旧唯物主义无神论者身上，而且也体现在老子、庄子等旧唯心主义有神论者身上。在研究老庄哲学性质及其评价的多篇论文中，尤其是在与张松如、赵明的学术争鸣过程中，李锦全认为：由于反对上帝神创世界的人不一定是唯物主义者，承认创世说的人不一定都认为有个形象化的上帝来创造世界，所以，老庄哲学研究的深化势必涉及无神论与有神论的思想通向这一理论思维教训。正如《从老、庄论"道"的性质谈到无神论与有神论的思想通向问题》指出："老庄用所谓天道自然来代替神创世界，固然有其无神论并通向唯物主义思想的一面；但他们的世界观最终是归根复命、任天安命，自然的天道终于变成了司命之神，这就是老庄哲学的神学特色。"此论自成一家之言，东京大学教授池田知久在日本《东方学》杂志上以此作为中国庄子研究的一种代表性观点。

(3) "儒法互补"的理性评判

1949年后的很长一段时期，人们往往认为封建专制主义来源于孔孟之道，甚至将两者等同起来，把批判封建专制主义等同于批判孔孟之道。"文化大革命"结束后，罗世烈发表的《封建专制主义不是孔孟之道》认为：似乎儒家尽讲民主，唯有法家才讲专制；似乎在中国奴隶社会中，奴隶主阶级实行的是民主体制，到地主阶级登上历史舞台的封建社会后，才出现专制政体。李锦全的商榷文章《实事求是评价先秦儒法两家的思想》强调指出：一方面，以中国历史上奴隶主阶级的统治和地主阶级的统治，作为民主与专制的分水岭，不符合历史事实；另一方面，将民主与专制作为儒法两家的分水岭，并且处处说成根本对立，同样不符合历史事实。

实事求是地评价儒法两家的"思想异同",目的是为了高屋建瓴地把握儒法互补的"文化结构"。李锦全的《论我国传统思想文化中的儒法互补问题》认为:中国传统思想文化的形成,固然是以儒学为主体的纲常名教、伦理道德不断丰富、完善、发展的历史,但在这一过程中,儒家思想不可能完全实行自我封闭,它不得不接受各家思想的冲击,在矛盾中融合,在互补中前进;其中,法家在秦汉以后并不是"儒、道传而墨、法废",相反仍是封建统治思想的一手,而且根据不同的需要在不同人物的思想上表现出儒学互补的历史痕迹。"儒法互补"的实质是"儒表法里"、"儒主法辅",李锦全的这一整体把握有助于人们理性地认识传统中国的文化结构。

(4)儒学哲理化进程的历史建构

儒学的性质是什么?儒学是不是宗教?任继愈的名作《朱熹与宗教》断言:南宋的朱熹正式完成儒教的建立这一历史使命,朱熹的为学是宗教而非哲学。李锦全撰写了《是吸收宗教的哲理,还是儒学的宗教化?》的回应文章,指出:既然科学与生产力水平的提高是哲学从宗教中分离出来的主要条件,一个学派在其早期就应该宗教的味道浓些,越往后哲学的味道将越多,但儒家为何先秦时期还可以算是哲学流派,而从董仲舒到朱熹却越来越演变成了宗教呢?难道宋代的科学与生产力水平反不如先秦吗?难道中华民族的认识史是越来越朝着宗教化方向发展吗?

对"儒学宗教化进程"的逻辑性质疑,直接促成了李锦全对"儒学哲理化进程"的历史性建构。一方面,佛教传入中国后,为了自身的生存和发展不得不走向中国化与世俗化一途,但我们不能由此将宗教的世俗化与儒学的宗教化相提并论,更不能因为佛教与儒学在隋唐以后的合流趋势就以为儒学在向着儒教演变,并最终成为宗教而不是哲学。另一方面,在儒、道、佛合流的历史情形下,许多儒家学者譬如朱熹的思想跟佛、道密切相关,但我们更应注意到朱熹对宗教思想中成佛做祖、修仙入道部分的抛弃,对宗教思想中理论思辨部分的吸收,尤其是将宗教性思辨改造并提升到哲理化高度来为儒家伦理进行哲学论证。简言之,"儒学哲理化进程"本质上是以儒学为主干的中国传统思想文化博采众长、独出己意的艰辛历程。

(5)思想史与哲学史的联系和区别

哲学史研究的"纯化"与"泛化"是1983年首届全国中国思想史学术讨论会关注的重要话题。李锦全做了《试论思想史与哲学史的联系与区别》的专题报告,指出:如果说"哲学史"或"思想史"是两个不同的学科,那么,学术界历来对以"哲学史"或"思想史"做书名并无严格区分,其内容也彼此含糊不清,这种情形值得深思。他认为:"思想史主要是研究各个历史时期反映或提出解决当时社会矛盾的各种思想,特别是接触到当时社会矛盾焦点的思想,因而也可以说,思想史是各个历史时期社会矛盾的认识发展史。哲学史则主要是研究各个历史时期，人们用理性思维形式表达的关于自然、社会和思维运动的一般规律的认识，这是根源于社会矛盾却主要表现为围绕思维和存在关系问题而展开的认识辩证运动，因而也可以说，哲学史是各个历史时期哲学认识的矛盾发展史。"

2. "矛盾融合、承传创新"的哲学史观

"矛盾融合、承传创新"是李锦全长期从事中国哲学史的心得体会及其秉持的哲学史观，其《矛盾融合 承传创新——论中国哲学、传统思想文化发展的特点》系统介绍了这一包含矛盾两重性、矛盾融合论、承传创新观等三个层面的哲学史观。

（1）特定思想体系内的"矛盾两重性"

任何思想家建构自身的思想体系，莫不心怀"逻辑一致性"的良好愿望。但是，由于受到特定时代背景、个体认知水平等多种因素的影响和限制，几乎每一个思想家都在一定程度上表现出"矛盾两重性"。李锦全以先秦思想史为例，对特定思想体系内的"矛盾两重性"的客观事实与作为主观愿望的"逻辑一致性"相反动的历史现象进行了分疏。譬如，孔子提出了人格道德上的平等要求，却主张社会政治上的等级秩序，使得自身思想体系在人际关系中陷入矛盾两重性；儒家一般是尊君的，但孔子、孟子、荀子均具有君臣对等、从道不从君的革命性思想，使得儒家在君臣关系中陷入矛盾两重性。老子对现实统治者进行过激烈批判，但又构思了"道常无为而无不为，侯王若能守之，万物均自化"的治国之术，显示了对现实统治者既欲毁之、又要成之的矛盾两重性。墨子一方面提出"非命"，主张"尚力"，另一方面宣扬"天志"，倡导"明鬼"，在自然观上暴露了矛盾两重性。这些分析表明：与"逻辑一致性"的主观愿望相比，"矛盾两重性"的客观事实更能揭示思想史或哲学史的真实面貌。

（2）不同思想群落间的"矛盾融合论"

"矛盾两重性"主要针对个体或同质的思想家特定的思想体系，"矛盾融合论"侧重的是不同思想家或思想流派之间的思想关联。《矛盾融合 承传创新——论中国哲学、传统思想文化发展的特点》一文勾勒了不同思想群落间的"矛盾融合论"的一般表现。一种表现是主观自觉的批判立场。例如，对于儒家、墨家、法家的思想主题，老子都进行过"抽象"的批判；对于墨子的兼爱与杨朱的为我，孟子给予过"具体"的鞭答。另一种表现是客观必然的融合趋势。从孔子、老子都以"无为而治"作为最高层次的政治理想，儒家、墨家、法家都反对"损不足以奉有余"，到荀子的礼法相融、汉初黄老之治的道法结合、董仲舒的儒法互补，尤其是到魏晋玄学

统合儒道思想以建构自身理论体系、隋唐佛学借鉴儒家伦理以适应中华传统社会……有力地说明了"在矛盾中融合"是思想史发展过程中的普遍规律。

(3) 思想史进化历程中的"承传创新观"

思想家个体是"点",不同的思想流派是"线",整个思想史是"面"。在"点"的意义上,"矛盾两重性"昭示了个体思想家之思想体系的"悖谬特征",足以展现整个思想史叙事在思想家个体那里的本真面目;在"线"的意义上,"矛盾融合论"表征了不同思想群落之思想交锋的"对话风尚",足以映现整个思想史叙事在不同思想流派那里的吊诡意味。中国思想史又在波浪中进化,朗现出思想史进化历程中的"承传创新观"。其一是"禅宗中国化"。李锦全认为:慧能创立的南派禅宗,之所以能够完成佛教中国化的艰辛之旅,并成为中国传统哲学文化的重要组成部分,原因就在于它既未简单比附儒家伦理,也没有生搬硬套佛教教义,而是使本土的儒家伦理资源在矛盾性的解构中得以融合,尤其是使外来的佛教教义在承传性的建构中得以创新。其二是"宋明理学哲理化"。他认为:佛教在东汉传入中国后就对儒家思想提出了严峻的挑战,这一挑战体现于心灵的号召力和义理的深刻性两个方面;宋明时期,业已完成中国化之旅的佛教对于儒家学者的挑战更为强烈,激发儒家学者在矛盾性的解构中去吸纳比自身更为精致的佛教义理,进而在承传性的建构中成就了宋明理学的哲理化之维,使得宋明理学在儒学发展史上成为继先秦、两汉之后的又一座里程碑。以上两例表明,李锦全的"承传创新观"合理地诠释了整个中国思想史叙事的"进化品格",睿智地论证了中国古典哲学之为哲学的"合法性存在"。

3. 中国传统文化的现代转型

20世纪80年代以来,整个时代置身于社会转型与文化转型的时代格局之中。李锦全认为:我们研究中国传统文化,既非发思古之幽情,也非为学术而学术,而是试图探索传统文化在建设现代化过程中究竟能起怎样的作用。在他看来,明清启蒙思想、现代新儒学思潮可以视为中国传统文化向现代转型的两个范例。

(1) 明清启蒙思想的客观评析

欧洲启蒙思潮和中国明清之际处于同一个历史时段,但两者之间显然不太存在"影响研究"的可能,倒是"比较研究"有可能进行,如梁启超的《清代学术概论》和侯外庐的《中国思想通史》。从梁启超到侯外庐的"比较研究"实质是"比拟研究",因为它不仅将明清之际的思想运动比拟为欧洲启蒙思潮,而且将顾炎武、黄宗羲、王夫之、戴震等知识者比拟为启蒙思想家。李锦全的《论黄宗羲民主启蒙思想的历史地位》、《如何理解戴震启蒙思想的近代意义》、《试论王船山思想在中国传统文化中的历史地位与作用》，对此提出了学理性的挑战。

李锦全对"启蒙思想"定义为："凡对封建蒙昧主义思想有所突破和批判，能给后来代表新兴资产阶级要求的思想家有所启迪的，可以不同程度地称之为早期启蒙思想或是起到某些启蒙作用的思想。"他认为：顾炎武、黄宗羲、王夫之、戴震思想中的许多内核对中国近代资产阶级革命起到了启蒙作用，但是，不独《明夷待访录》"既非民主斗士的革命宣言，也非封建遗老的复古挽歌，它是一个抱有救世安民之志的知识分子，经过对历史回流的反思，能反映出时代变革精神的思想结晶"，而且"戴震并不是一个自觉的启蒙思想家，他并没有要改变封建制度的认识，也没有预见到资本主义社会的到来，只是在客观影响上他的某些观点对近代学者起到一些启蒙作用"。尽管梁启超、章太炎、刘师培、胡适、侯外庐等人曾经运用近代意识来理解戴学，然而，这却是戴震同时代的人难以办到的，即使戴震本人也未必意识到自己的思想具有近代思想解放以至平等革命等方面的精神内涵。李锦全经由"启蒙思想"与"启蒙思想家"的联系和区别，对梁启超、侯外庐出于时代变革需求而层累地形成的"比拟范式"予以了学术维度的重新改造。

(2) 现代新儒学思潮的理智反思

贯穿于整个20世纪的现代新儒学深刻关联着从传统到现代的时代主题，改革开放后成为学术重心。"现代新儒学思潮研究"1986年被立项为国家哲学社会科学研究基金"七五"规划重点课题（1992年又被列为"八五"规划重点课题），由方克立与李锦全共同主持，至今已经问世大量高水平的研究成果。李锦全的《现代新儒学思潮的历史评价》一文，体现了他对现代新儒学思潮的理智反思。港台现代新儒家的精神纲领是"返本开新"，树立道德主体是"本"，开创民主制度是"新"，力图经由以传统儒家心性之学为根本的"老内圣"开出民主、科学的"新外王"。李锦全指出：港台现代新儒家以道德文化决定论作为理论依据，"而这条路经过历史实践证明是行不通的"；"如果认为儒家思想可以开发出资本主义社会，这似乎是一种倒果为因的说法"，"我觉得在中国讲儒学复兴，那是难以做到的"。

李锦全对传统文化的价值评判，反对过度诠释，坚持实事求是。他以为明清之际"有"早期启蒙思想但"无"启蒙思想家，以为现代新儒家的"在场"值得肯认但其"方向"是错误的，很好地把诠释和实事统合在了一起。反对过度诠释是真正的阐释者最基本的要求，坚持实事求是是务实的建构者最必需的本色。也正是从此逻辑地出发，李锦全试图历史地去整体把握中国传统文化与现代化的相互关联，以促进中国传统文化的现代转型。

三、"君子儒"的学境与人品

在不同的问题意识导引下从事的一系列备受瞩目的学术研究，使得李锦全成为专业意义上的"学人"；将个别的、具体的、微观的学术研究上升为整体的、抽象的、宏大的哲学史观，使得李锦全成为学科意义上的"哲学史家"；把书斋里的学问与火热的时代担当感有机地结合起来，使得李锦全成为当代意义上的"建设者"。学人、哲学史家、建设者组合成了李锦全的"学术儒"形象，同样，"君子儒"李锦全的学境与人品也十分值得人们慧心地咀嚼、真切地感悟。

1. 治学方法上的"杂中求专"

马克思主义哲学史家杜国庠与青年们谈治学，特别主张"博而后约"。受此影响，李锦全补充了"杂中求专"：首先"杂而博"，以拥有拓展的巨大空间；然后"专而约"，以进入深化的专业境界。"杂而博"理所当然地"逻辑地在先"，"专而约"水到渠成地"历史地在后"。李锦全在其众所周知的"哲学史专家"身份之外，就有过许多出人意料的"杂家行为"。他不是历史学家，但自1960年转入哲学系工作后的20多年里，一直参加广东历史学会的活动，并一度出任副会长；他不是诗人，却于1999年出版了诗词专集《思空斋诗草》（存诗682首）；他还作为唯一的哲学系教授参加了中文系主办的龚自珍文学思想全国性学术研讨会，发表过《"命"与"分"——从清代小说的几个事例看宋明理学对后期封建社会的思想影响》、《读东坡词记苏轼的人生旨趣》、《试论龚自珍思想矛盾的两重性——读龚定庵诗词兼论其在中国近代文学史上的地位》等跟小说、诗词密切相关的著论。"贯通文史哲，铸成一家言"，可谓李锦全一生治学的显著特色。

2. 学术研究中的"合作品格"

尽管学术研究具有相当明显的个体操作性，但在现代大学体制中，课题攻关越来越离不开团体合作性。在半个多世纪的学术生涯中，李锦全与他人进行过多项学术合作。20世纪50年代末至70年代中，他与陈玉森、吴熙钊在杨荣国指导下合著了《简明中国思想史》、《简明中国哲学史》、《简明中国哲学史（修订本）》；70年代末至80年代初，他与萧萐父联合九所院校一起主编了影响广泛、颇受好评的两卷本《中国哲学史》教材；80年代中至90年代初，他与方克立共同主持了国家哲学社会科学研究基金重点规划课题"现代新儒学思潮研究"。不计个人得失，善于与人合作，这是凡跟李锦全合作过的学者们的一致评价。

3. 心灵深处的"道法自然"

"文化大革命"期间，如果以左、中、右排队，李锦全排中。他不是政治上的"风派"，其居室一直挂着一副对联："宠辱不惊，任庭前花开花落；去留随意，似天上云卷云舒。"他也不是事功上的"风派"，其诗集的《自序》有云："寄身世于流水行云，托遐思于美人香草。"与以"寄庐"名其寓所、以"东官寓形子"号其自身相比，"道法自然"更能恰如其分地写照这个阅历丰富、学识独特的老人心灵深处最本真的追求。心灵深处的"道法自然"，使李锦全赢得了同行们的尊重、学生们的敬爱以及社会的景仰。东京大学教授池田知久极其推重李锦全的道德文章，曾说："在中国到处都可遇到问我可否去日本讲学的名家，像李锦全这样毫无商业气名利心的文人实在太少了。"如果说淡泊名利诠释了"道法自然"的社会基础，日常生活中不汲汲于功名利禄的学者自然会将更多的时间花在阅读和研究上——"杂中求专"获得了其时间条件，即使跟人一起进行研究也会具备良好的合作精神——"合作品格"拥有了其人性保证。就李锦全而言，治学方法上的"杂中求专"，学术研究中的"合作品格"，都在心灵深处的"道法自然"这里得到了本体证明。

1996年，李锦全的《七十初度，俯仰前尘，戏成四律》之三曰："笑傲尘寰七十年，湖山又见散游仙。非关入世超流俗，且往寻根是宿缘。大地苍茫谁是主，人情幻变孰为先？休言造化知无限，乐道终归法自然。"2000年，其《参加江西铅山纪念朱子诞辰870周年国际学术会（新鹅湖之会），贺诗两首》之二云："鹅湖景物历沧桑，朱陆当年辩论场。至理只求能累洽，斯文何必畏参商。周程派衍源流远，洙泗遗风道脉长。今日群儒来雅集，中华学术费评章。"在此，"乐道终归法自然"开放了李锦全"君子儒"的一面，"中华学术费评章"敞开了李锦全"学术儒"的一面，这一开放与敞开对于所有中国哲学从业者而言都是生生不息的。

四、李锦全主要论著

杨荣国，陈玉森，李锦全等.1962.简明中国思想史.北京：中国青年出版社.

杨荣国，李锦全，吴熙钊.1973.简明中国哲学史.北京：人民出版社.

李锦全，黄佳耿.1974.春秋战国时期的儒法斗争.北京：人民出版社.

萧萐父，李锦全.1982.中国哲学史（上卷）.北京：人民出版社.（下卷于1983年出版）

李锦全，冯达文.1993.中国哲学初步.广州：广东人民出版社.

李锦全，吴熙钊，冯达文.1993.岭南思想史.广州：广东人民出版社.

李锦全.1994.海瑞评传.南京：南京大学出版社.

李锦全.1995.人文精神的承传与重建.广州：广东人民出版社.

李锦全.1996.《华严原人论》释译.台北：台湾佛光出版社.

李锦全.1998.陶潜评传.南京：南京大学出版社.

李锦全.1999.思空斋诗草——忧患意识、旷达人生的剪影.广州：花城出版社.

萧萐父，李锦全.2000.中国哲学史纲要.北京：外文出版社.

李锦全.2000.李锦全自选集.北京：中国文联出版社.（"二集"、"三集"分别于2000年、2001年出版）

李锦全.2001.李锦全自选四集.延边：延边大学出版社.

李锦全，曹智频.2001.庄子与中国文化.贵阳：贵州人民出版社.

李锦全.2005.岭海千年第一相——张九龄.广州：广东人民出版社.

李锦全.2007.李锦全自选集.广州：广东人民出版社.

Xiao J F, Li J Q. 2008. An Outline History of Chinese Philosophy. Foreign Languages Press.

李锦全.2009.现代思想史家杨荣国.广州：中山大学出版社.

李锦全.2013.李锦全集.广州：花城出版社.

主要参考文献

李锦全.1983.是吸收宗教的哲理，还是儒学的宗教化？.中国社会科学，(3).

李锦全.1984.试论思想史与哲学史的联系与区别.哲学研究，(1).

李锦全.1990.现代新儒学思潮的历史评价.现代哲学，(2).

李锦全.1992.如何理解戴震启蒙思想的近代意义.天津社会科学，(3).

李锦全.1996.矛盾融合 承传创新——论中国哲学、传统思想文化发展的特点//今日中国哲学.南宁：广西人民出版社.

撰写者

杨海文（1968～），中山大学学报编辑部编审，主要研究中国哲学。

魏航（1977～），广东交通职业技术学院思想政治理论课教学部讲师，主要研究中国哲学。

钟宇人

钟宇人（1926～），原名钟世珏，湖南临澧人。西方哲学研究专家、翻译家。长期任教于中国人民大学哲学院，任教授、博士生导师，1992年开始享受政府特殊津贴。曾任中华全国外国哲学史学会顾问、《黑格尔辞典》副主编、《西方著名哲学家评传》（第三、四卷）主编、《中国大百科全书·哲学》外国哲学史编写组成员。精通俄语、英语和德语，早期在翻译哲学教材、编写马克思主义哲学史及欧洲哲学史教材等方面贡献卓越，20世纪80年代至今，先后从事欧洲经验论与唯理论哲学、德国古典哲学及德国现代哲学研究，推动了中国学界在上述西方哲学研究领域的发展。出版专著、译著7部，发表学术论文5篇。代表作有《经验论与唯理论的历史考察》、《黑格尔认识论概述》、《黑格尔实践学说初探》、《从黑格尔到马克思的异化理论》等。在哲学和哲学史教研上坚持以马克思主义为指导，好学深思、知行统一。

一、成 长 经 历

钟宇人于1926年4月21日出生于湖南省临澧县新安镇，父亲早年与别人合伙经营商店，用盈余购置了土地和房产，但自6岁丧父后家境逐渐破落，随后一家人搬入偏僻的胡同居住，大姐出嫁后与母亲、二姐三人靠田产度日。由于家中直系亲属多居乡下，与之来往较少，因而少年时期的钟宇人一直都在孤单的求学，但他的母亲并没有因家境给他过多的压力，总是鼓励他多读书学习，这使得钟宇人从小就知道要发奋努力用知识改变命运。

依靠亲友的接济，钟宇人从镇上的小学毕业后，于1939年至1941年就读于湖南石门县初级中学。在此期间，为躲避日本飞机的轰炸，学校搬至乡下并重新建立校舍，因此学生都以劳动代替学习而参与到建校劳动中，几乎没有学到知识，这使得他对初中时期的印象并不深刻。1942年至1944年钟宇人就读于张家界（当时叫大庸县）的兑泽中学，这是湘西人所创办的一所私立中学，由于抗日战争爆发学校辗转从长沙搬至大庸县的郊区，而他真正在学习上有所斩获就是从高中开始的。刚入高中时钟宇人努力钻研各个学科，此后随着课程的深入他逐渐将兴趣和重点转向英文、国文、历史等文科方向，而之所以在后来专攻英文从事翻译工作，在很大程度上也得益于高中英文老师的影响。1944年高中毕业后，钟宇人随同一些同学来到重庆报考大学，受其就读于中央大学农艺系的表兄的影响，他逐渐意识到中国今后一定要走向民主，不能走封建的道路。于是后来他报考了两所大学，一所是中央大学、另一所是中央政治学校，并都通过了考试，最终选择了中央大学。进入大学后，一年级的功课十分繁重，钟宇人把主要精力放在了原本基础较好的英文课程上并有了很大的收获，他把当时由英国大使馆提供的新生教材都翻译成中文，其译作质量尚佳因此在当时被许多同学所借阅，其中一篇译文《外向型的人和内向型的人》还曾发表于《中央日报》的"文学副刊"。升入大学二年级，受当时国内形势的影响，学校的同学们也都分化成两个派别，钟宇人坚定地站在了进步方面并在班级中自发地发表过一些意见，这些事都被记录下来并使他在后来被判定为"匪谍罪"嫌疑学生，他在被学校"保释回校后"又经历了一系列事件，于是他与表兄以及同乡等一行出发前往上海，后又辗转来到天津并最终同表兄到达北平。到北平后，钟宇人受北京大学法律系的老乡谭泉指点，决定只身前往冀中解放区，后在路途上遇到南开大学的湖南老乡并一同抵达解放区，两人在通过了初步的审查后都被通知前往华北大学进修。最终钟宇人来到华北大学的驻地河北正定，结束了很长一段时间以来颠簸辗转的行程。

到达华北大学后，钟宇人被编入21班进行学习，不到一个月后，北平和平解放，于是他被调去参加华北大学的招生工作。1949年3月，钟宇人被派至华北大学天津分校工作，分校撤销后又于8月份调回北京工作。到京后他被抽调去了华北大学上千人俄文大队进行学习，由于俄文学习进步很快，几个月后被调到百十来人的俄文专修班，没过几月又被调至俄文教研室继续深造。俄文教研室的目标是培养高端俄文翻译人才，只有十几名研究生。当时并没有俄汉字典以供辅助，大多数研究生都只能翻阅俄日字典（因为日文中有大量的汉字），钟宇人因其英文基础好则使用俄英字典进行学习，这让当时教研室的领导对其外语能力留下了很深的印象，因此后来他又被抽调到马列主义基础教研室从事俄文翻译工作，是当时学校内几位"名译"之一。当时教研室聘请来苏联专家凯列，钟宇人作为俄文翻译与他建立了深厚的情谊，凯列成了他终生的良师益友，两人的关系一直持续至凯列回国后也未曾中断。87岁的钟宇人回忆过去时说，担任俄语翻译的时光是他一生中工作最充实且愉快的青春时光。凯列在当时苏联专家中水平很突出，授课深受中国人民大学、北京大学、中央党校等中国师生欢迎。从1952年年初起，在凯列的参与下，中国人民大学建立了"辩证唯物论历史唯物论教研室"，即后来的哲学教研室。凯列在中国的数年时间里，讲授辩证唯物论历史唯物论基本原理、马列主义哲学经典著作介绍等课程，后者包括马克思的《关于费尔巴哈的提纲》、恩格斯《反杜林论》、列宁《唯物主义和经验批判主义》等，而正是钟宇人担当了这些课程的翻译。凯列在《我的中国情愫》一文指出："因为我不懂汉语，所以我和听众之间的所有交流都是通过翻译来完成的。很多东西都取决于翻译的水平，特别是转达思想的准确性和听众对其内容的正确理解，要想有高质量的翻译，最重要的是译者了解说话人想要表达的基本思想。因此，我们定下了这样一条规矩：我要提前让翻译熟悉课堂上要讲的内容。我和钟宇人在一起工作的时间最多，他是我的主要助手，一个出色的翻译，我完全信任他。我对他非常感激，要是没有他，我在中国人民大学根本无法工作。在课堂上，翻译就坐在我的旁边并逐字逐句地翻译我所说的话。这样听课的人可以做非常详细的笔记，而我一旦发现学生们在听课时遇到难懂的地方，也可以再做些补充的说明。"当时凯列授课的课堂笔记经哲学系资料室整理出版，不仅在中国人民大学是教科书，也是全社会的哲学公共教材，尽管该系列教材未署译者名字，但钟宇人对此所做出的贡献则是不容忽视的。有专家称凯列"事实上是中国高等学校马克思主义哲学教育的重要奠基人，直到今天为止，从事马克思主义哲学教学与研究的中国哲学家，几乎都是凯列的学生或者学生的学生"，由此亦印证了钟宇人出口成章的翻译水准以及体现出他对传播推广马哲教育所做的贡献。后来被誉为中国马克思主义哲学教育的重要先行者和学科带头人的萧前当年是凯列的助手与学生，无论凯列在哪个课堂讲课，他都要去听并作详细笔记，而他与引路恩师凯列之间的交流自然都是借由钟宇人翻译完成的。后来成为马克思主义哲学家的黄枬森、高清海、李秀林、陈先达等当年也都很喜欢听凯列的授课，并一致对钟宇人精准翻译赞评不已。无偿帮助同行们翻译各种（英、俄、德）外文资料，更是钟宇人经常有求必应之事。

从开始学习俄语到担任俄语翻译共经过了7年之后，1957年，钟宇人从外文翻译研究转向哲学教学及研究工作，一开始主要研究马列哲学，后来由于外文基础扎实转入西方哲学史专业的教授和研究并取得了丰硕的成果。在学习和研究过程中，钟宇人起初对辩证唯物论、历史唯物论颇具兴趣，后来结合其外文特长他又专攻德国古典哲学特别是黑格尔哲学，他先后仔细研读了《精神现象学》、《逻辑学》、《小逻辑》等黑格尔的著作。后来在其指导博士生攻读德国哲学方向时，钟宇人还专门参加了学校为教师开办的德语班并很快掌握了阅读、解析德国哲学原著的能力，这为他学习理解德文经典以及现代德国哲学都有很大的帮助，也令他能够更为专业严谨地对学生进行指导。在指导研究生的过程中钟宇人主张教学相长的方针，他将培养高质量的研究生放在了工作的第一位，常常是学生选择哪一领域他就专攻哪一领域再来辅导学生,因此花去了大量的精力,也导致他少有时间从事自己的研究工作。不过在哲学史撰写和黑格尔研究方面,钟宇人仍旧取得了不俗的成就,他先后担任《西方著名哲学家评传》第三卷和第四卷的主编、《黑格尔辞典》副主编、《中国大百科全书·哲学》编委等,撰写或合著了《经验论与唯理论之历史考察》、《休谟的怀疑论——哲学上的中间派》等文章,并主译了《十四——十八世纪辩证法史》等。

钟宇人 1982 年 9 月被评为副教授,1988 年 6 月升任教授,1990 年被国务院学位委员会批准为博士生导师,曾开设"黑格尔《精神现象学》"、"黑格尔《小逻辑》"等研究生专题课程,先后指导、培养硕士生 7 名、博士生 5 名,作为学者的同时也是一位严谨出色的人民教师。在学术研究上,在专业分工上,钟宇人完全服从哲学教育事业的需要,完全服从国家和社会发展的需要,从不计较个人的得失。他从原本的喜好英语、精通英语,到组织要求学习俄语他就奋发学习成为最好的俄文翻译之一,再到分配研究德国古典哲学他又自学德语并同样达到熟练应用的程度,一路走来始终无私奉献、无怨无悔。治学至今,钟宇人一直秉承"好学深思、知行统一"的座右铭,不断为推进哲学事业的发展倾其心力。

二、主要研究领域和学术成就

钟宇人治学数十载,在西方哲学领域中特别是哲学史方面建树颇多,对很多哲学家的思想都有着很精深的研究和独到的见解,但由于篇幅所限,这里只能从他的哲学史述评中摘选四个方面作一介绍,以体现其深刻的哲学史洞察。

(一)对欧洲近代唯理论哲学创始者笛卡儿的研究

改革开放初期,为了恢复和推动西方哲学史研究工作,中国社会科学院哲学研究所的研究人员创办了《外国哲学史研究集刊》,作为不定期出版的外国哲学史刊物。该集刊每期围绕一个专题,选取知名学者和优秀青年学生的论文整理发表,这在当时为西方哲学研究学者们提供了学术争鸣的园地,影响广泛,而其中的许多文章至今都被传为佳作。钟宇人的《经验论与唯理论的历史考察》一文发表于该集刊的第五期即经验论与唯理论研究专刊,此文作为这一期的首篇,总结性地向读者概括了经验论和唯理论之争,具体围绕两派于 17 世纪在认识来源、感性和理性关系、实体、方法论等问题上的主要论点展开,而笛卡儿作为近代唯理论哲学的开创者,自然也在其讨论范围之内。除了在此文中对笛卡儿有所涉及,钟宇人对于笛卡儿的哲学思想更是有专门的梳理研究。

笛卡儿创立了以二元论和唯理论为特征的哲学学说，在说明其哲学体系时，他把它比作一棵大树：树根是"形而上学"（即关于灵魂、肉体和上帝的抽象哲学理论）；树干是"物理学"（即机械唯物主义的自然哲学）；树枝是各门具体科学（主要是医学、力学和伦理学）。钟宇人对笛卡儿哲学的研究就主要是从方法论、形而上学和物理学三个方面展开的。

1. 笛卡儿的方法论

众所周知，笛卡儿在其《谈谈方法》一书中提出了四条逻辑规则作为他的唯理论哲学的方法论基点，钟宇人认为依据这四条规则，笛卡儿构建出其认识论的基本原理：

（1）方法论的怀疑主义和理性主义的真理标准

在钟宇人看来，笛卡儿的方法是以怀疑开路，而理性主义的真理标准则是明白清晰，只要是符合这一标准的，就是理智所观照到的确定无疑的必然性的知识。这种真理标准的观点来自对数学和逻辑方法的概括，在一定意义上反映了某些客观必然性和规律性的内容，他认为这正说明了笛卡儿哲学同神学权威主义的对立。

笛卡儿把理性的机能分为两种，即理性的直观和演绎。他所说的直观是理性对真的原理和事实的直接认识。而所谓的演绎则是从直观的事实或基本原理出发必然得出结论的推理方法。就是说，先由直观提出第一原理，然后由演绎推出结论。此外笛卡儿还论述了分析和归纳。他的分析是通过理性思维的分析，寻找出简单的自明的直观的原理，以此作为演绎推理的前提，而在之后从简单到复杂的逐步上升的、必然联系的推论过程中则显然包含有综合的机制。

（2）感觉和天赋观念

笛卡儿按认识的来源把观念分为三类：天赋的、外来的和我自己制造出来的。按笛卡儿的看法，第一步只是从我自己的本性得来，第二类是从对外物的感觉得来，第三类出于我心灵的虚构和创造。

虽然笛卡儿一般地承认感性认识的作用，他作为一名科学家是重视科学实验的。但在钟宇人看来，笛卡儿在论述感觉与理性的关系时还是把二者机械地对立了起来，片面地夸大了感觉的相对性、变动性，从而贬低了感觉在真理认识中的作用。他在举出远近高低、不同距离观塔及塔顶雕像的例子时甚至断言感官是骗人的。

尽管如此，钟宇人还是认为笛卡儿意识到了意志在人的认识中的作用。笛卡儿认为，除理智之外，人还有意志，意志比理解的范围更大，这也就构成了人在认识中犯错的原因，由于意志比理智的范围广泛得多，所以意志也就超出了理智的界限，在笛卡儿看来，也正是由于人们没有遵循达到真理的正当秩序和层次，仓促同意了他们所不明白知晓的事情，因此也就产生了错误的认识。而从这里也说明了方法论的重要性。

通过以上的论述，钟宇人认为笛卡儿阐述了理性主义的原则，他的方法是理性的直观和演绎，他强调普遍必然性的知识原理，从而给科学知识找到了重要依据，为新哲学的发展开辟了道路。钟宇人充分肯定了笛卡儿在哲学史上的地位，认为他的方法和认识论奠定了近代唯理论哲学的开端。

2. 笛卡儿的形而上学

钟宇人指出笛卡儿"形而上学"的宗旨和任务在于奠立关于"最重要、最普遍的人类知识原理"，其中包括关于上帝，灵魂不朽，以及有关物质和心灵实体等的知识原理。

(1) "我思故我在"

"我思故我在"无疑是笛卡儿最著名的哲学命题。笛卡儿关于形而上学的第一个沉思就是"普遍的怀疑"，但笛卡儿并没有停留在纯粹的怀疑，因为他经过沉思发现，在怀疑一切的时候，有一件事却是不可怀疑的，即"我在怀疑"这一事实，而这也就是说"我在思想"。既然肯定我在思想，那么就必须也肯定"思想着的我"必然应当是某种东西，这就意味着肯定"我存在"。因为肯定一个思想的东西在思想着，可是却否定它的存在，这显然是矛盾的、荒谬的，笛卡儿由此断定"我思想，所以我存在"。接着，笛卡儿论述了自我的本质，他指出一方面，在否定了物体世界和肉体感官之后，自我依然存在；另一方面，如果我停止思想，我就不存在了。他由此得出结论：我不是物质性的东西，而是一个思想性的东西，即我是一个心灵、一个理性。

笛卡儿曾经声明，他关于"我思故我在"的原理不是一个逻辑推论，不是三段论式，而是一个直观的真理知识。笛卡儿认为，由个别的认识做成一般的命题，这就是我们精神的本性，因此他断言"我思故我在"是在单纯直观中被给予的，因而是绝对第一的，是最确实的、最明显的，连最极端的怀疑论者也不能不承认的。笛卡儿正是企图通过这样的论证来确定"我思故我在"原理作为不证自明的公理，从而取得全部哲学"第一原理"的地位。而笛卡儿在这一论述中把自我、理性的原则提到哲学高度并摆在他的哲学的首位，钟宇人认为这在反对封建神学、启示新兴资产阶级的理性主义、启蒙思想等方面都是具有重要意义的，就像黑格尔所说的那样，笛卡儿哲学是"转移近代哲学兴趣的枢纽"。

(2) 灵魂不朽与上帝存在

按笛卡儿的说法，在排除了物质世界、身体感官等之后心灵依然能存在，这即是说心灵与物质世界、与肉体是完全分离的，心灵离开肉体是能够存在的，是不与肉体同时死亡的。同时笛卡儿断言，他看不到有别的什么原因会毁灭心灵，他由此得出结论：灵魂是不朽的。

钟宇人指出正是从第一原理出发，笛卡儿推论出了上帝的存在。笛卡儿认为，虽然我在怀疑，但相比于"怀疑"，"认识"具有更大的完满性，这种完满性的获得，其来源就在于一个更完满的本性，这一本性把"更完满的东西"的观念放入我的心里，而这个本性在笛卡儿看来就是上帝。

(3) 实体、身心关系

笛卡儿认为，所谓实体我们只能看作是自己存在，而其存在并不需要别的事物。心灵和物体都是实体，两者独立存在、互不依赖，笛卡儿的观点是一种典型的二元论观点。钟宇人指出正是为了在二元论的框架下解决身心关系问题，于是笛卡儿便提出了"神助说"，认为上帝是身心一致的最高维持者和担保者，二者的一致归根结底是上帝安排的。上帝是无限实体，是绝对完满的造物主，而心灵和肉体则只是被创造的有限实体。

3. 物理学

在钟宇人看来，笛卡儿的物理学是他机械唯物主义自然观的集中体现。笛卡儿认为物质的唯一根本特性是广延，物质形式的多样性都依赖于运动，运动具有普遍性、规律性。笛卡儿运用这样的观点考察了天体的起源问题，提出了著名的"漩涡说"。

而在数学方面，笛卡儿把代数和几何学结合起来创立了解析几何，把变数引入了数学。这对于数学及其方法论的发展都具有重要意义。钟宇人曾引用恩格斯的话对笛卡儿的这一成就做出了高度评价："数学中的转折点是笛卡儿的变数。有了变数，运动进入了数学，有了变数，辩证法进入了数学，有了变数，微分和积分也就立刻成为必要的了。"

笛卡儿按机械论观点说明从动物机体到人的机能和行为。他认为动物机体内部的活动不过就是"动物精气"和各种器官的好一些机械运动。人体也是一样，不过比动物的机器更精致、更灵活，但是人有不朽的"理性灵魂"，从而根本区别于动物。钟宇人指出笛卡儿正是基于这一点而反对把人一般地称作机器。

4. 对笛卡儿的评价

钟宇人肯定了笛卡儿的哲学思想在历史上起到的巨大作用，认为其思想在近代西方哲学和科学发展中产生了深远的、多方面的影响。尽管天主教会把笛卡儿的全部著作列为"禁书"，然而笛卡儿学说在他生前即开始传播，在他死后则更为广泛地传播开来，吸引了大批追随者，形成了笛卡儿学派。之后他的追随者分为两派：一派是以格林克斯和马勒伯朗士为代表的"偶因论者"，他们继承了笛卡儿的形而上学的唯心主义；另一派的代表是荷兰医生昂利·勒卢阿，他把笛卡儿的物理学的机械唯物论贯彻到底，甚至宣称灵魂是肉体的样态。

笛卡儿所开创的唯理论和形而上学在17世纪西欧大陆国家得到广泛传播，形成西欧大陆哲学的主流，其主要代表是荷兰的斯宾诺莎和德国的莱布尼茨。笛卡儿的唯理论思想经过这两位伟大哲学家的发展，对后来德国古典哲学产生了巨大影响。钟宇人援引黑格尔的话概括总结了笛卡儿的创新精神和哲学贡献："笛卡儿是一个彻底从头做起、带头重建哲学的基础的英雄人物。"

（二）对欧洲近代经验论哲学创始者培根的研究

除唯理论的创始者笛卡儿之外，钟宇人对经验论先驱培根也进行了深入研究。他认为培根哲学的根本目的，就是要实现科学的伟大复兴，推进科学的发展，使人们能够按照自然的本来面目认识自然，支配自然，以达到人生的福利和效用。培根提出著名的口号"知识就是力量"，这一纲领性的口号精辟地概括了时代精神，体现了其推进科学知识的根本目的。正是为了实现此根本目的，培根提出了他的唯物主义经验论的重要思想和基本原理。

1. 培根的唯物主义经验论和方法论

钟宇人认为培根是在反对经院哲学的斗争中建立起了自己的唯物主义经验论的。培根提出科学知识来源于感觉经验，感觉表象是认识过程的起点。他指出"既然全部解释自然的工作是从感官开端，是从感官的认识经由一条径直的、有规则的和防护好的途径以达于理解力的认识，也即达到真确的概念和原理，那么势必是感官的表象愈丰富愈准确，一切事情愈容易、愈顺利地来进行。"这样，培根把感觉经验作为一种科学原则，一种考察方法，使之成为科学上、哲学上一种不可缺少的依据。培根在论述感觉经验在科学认识中的重要作用的同时，也没有忽略把感觉经验与理性认识相结合的必要性。培根提出了一个生动的比喻，不要做只收集材料的蚂蚁，也不要做只从自己吐丝结网的蜘蛛，而要做既采集又加工的蜜蜂。培根认为一切真正的知识都是在经验材料上经过归纳、分析、比较、实验等方法整理得来的。

钟宇人指出培根在论述经验主义认识论原理的同时，也开创了经验主义认识方法论的原理。培根认为缺乏正确方法的指导是以往人类知识没有重大进步的主要原因，因此他以创立新的方法作为自己认识论的重要任务。他倡导实验的方法，认为实验比感性直观更优越。培根论述道，一切比较真实的对于自然的解释乃是由适当的例证和实验得来的，感觉所决定的只接触实验，而实验所决定的则接触到自然和事物本身。在培根看来唯有通过实验，才能发现一切现象的规律和原因。钟宇人对此给予了高度评价，他认为培根把科学实验引入认识论，不仅给唯物主义的经验概念增加了新的内容，而且也包含有实践是检验真理标准的思想萌芽。

2. 唯物主义自然观

钟宇人认为培根坚持和发展了唯物主义原则。培根肯定地指出世界是物质的，他把万物的物质基础称为原始物质。他强调运动是物质自身所固有的，运动是绝对的，静止是相对的，并认为静止是由运动的均衡或运动的绝对优势引起的，在物体表面的静止中，物体内部的物质分子仍在不断地运动着。他还强调指出物质的无限和永恒存在，"无物生于无"、"无物化为无"。

在培根的哲学中，"形式"是一个中心范畴，在亚里士多德和中世纪哲学中就曾广泛地使用它。培根虽然沿用这个范畴，但却赋予这个范畴以新的含义。钟宇人认为，在培根那里，所谓的"形式"不是抽象形式和概念，而是决定物体的简单性质（如热、光、重等）的规律和规定性。培根的形式有很多重要的特征，这表现在形式和物质不可分离，形式是物质内在本质的规定性。培根说，由于形式的发现，我们就可以在思想上得到真理，而在行动中得到自由。

培根在关于自然观的论述中，肯定了物质的质的多样性，肯定物质和运动不可分即运动形式的多样性，并且认为发现了事物的形式就能在思想上得到真理从而在行动中获得自由。钟宇人指出培根的这些思想都体现出朴素的辩证法思想，从而使他的哲学跟以后的极端机械唯论者的观点也有一定区别。钟宇人援引马克思的名言印证了此观点："唯物主义在它的第一个创始人培根那里，还在朴素的形势下包含着全面发展的萌芽，物质带着诗意的感性光辉对人的全身心发出微笑。"

3. 对培根哲学思想的评价

通过以上论述，可见培根的经验论和方法论在哲学史上意义之重大，不过钟宇人也充分意识到了培根哲学的不足。培根的唯物主义哲学还包含着它由以发源的古代哲学的朴素性和自发性因素，表现出某些文艺复兴时期的过渡性特征，还充满着神学的不彻底性。但是基本上来说，它已经是一种以新兴实验科学（首先是力学）为依据的、新的、近代的唯物主义哲学了。钟宇人指出，在认识论和方法论中，培根鲜明地提出了科学知识起源于感性经验的基本原理，表述了一些具有全面发展萌芽的思想。培根着力于强调经验归纳法而忽略了理论演绎的作用，从而开创了近代英国经验派哲学的先河。

（三）对黑格尔《精神现象学》的研究

作为德国古典哲学的集大成者，黑格尔思想之博大精深几乎涵盖了人类精神历史的方方面面，钟宇人长期从事德国古典哲学研究，对于黑格尔的哲学思想有着深入的研究和独到的把握。他曾撰写《黑格尔认识论概述》、《黑格尔实践学说初探》等相关学术论文，此外还曾担任《黑格尔辞典》副主编，审阅及参与撰写了大量词条，该书的出版为国内学者查找相关资料提供了极大地便利，同时更是为学界德国古典哲学领域的研究做出了重要贡献。而对于黑格尔的代表性著作《精神现象学》，钟宇人更是颇为重视并深入研究，提出了大量富有创建的观点，他曾开设"黑格尔《精神现象学》"专题课程，向学生们阐述对于该著作的独到见解。钟宇人认为，黑格尔《精神现象学》的"序言"是在其写作完全书文稿之后创作的，因此黑格尔在此时对全书内容已经有了一个全面的把握，因此这篇序言颇值得进行一番深入研究。

《精神现象学》是黑格尔公开发表的第一部哲学著作，在"序言"中，通过对"意识"诸形态的考察，黑格尔论证了他的哲学体系的必然性。与此相联系，黑格尔在书中对他的哲学的基本原理和方法论原理做了最初的较为系统、明确的表述，此书包含着黑格尔后来所指定的庞大体系的基本纲要和雏形。因此，钟宇人对马克思的这一观点表示了赞同，即《精神现象学》是"黑格尔哲学的真正诞生地和秘密"。钟宇人对《精神现象学》的研究在很大程度上就是依照"序言"展开的。

1. 论哲学真理的基本理论和方法

钟宇人认为在《精神现象学》的"序言"中，黑格尔就表明了他的著作的目的。黑格尔认为哲学不仅应当是对真理的爱，而且它本身就应当成为真理的知识，其著作目的正在于此，因此他首先着重论述了哲学真理认识的基本理论和方法问题。

（1）真理在于实体就是主体

钟宇人指出，黑格尔紧紧把握了思维和存在的关系这一哲学基本问题，批判地总结了近代西方哲学诸主要流派的功过得失，从而提出了他自己对此问题的解决，这就是他所说的真理在于实体即主体这一基本原理。黑格尔写道："照我看来……一切问题的关键在于：不仅把真实的东西或真理理解和表述为实体，而且同样理解和表述为主体。"这就是说，为了解决哲学的基本问题，即为了解决思存对立，达到二者的真正同一，不仅要提出作为思存统一体的实体概念，而且必须把这个实体明确地规定为一种客观思想、精神性的东西，一种能够自我认识、自我实现的辩证运动的东西，这就是一个真正的主体。他说："实体在本质上即是主体，这乃是绝对精神这句话所要表达的观念。精神是最高贵的概念，是新时代及其宗教的概念。"钟宇人认为马克思最为深刻地揭示了黑格尔哲学的基本构成要素及其思想渊源："在黑格尔的体系中有三个因素：斯宾诺莎的实体、费希特的自我意识以及前两个因素在黑格尔那里的必然的矛盾的统一，即绝对精神。"

黑格尔结合对哲学基本问题的解决，进一步发挥了启蒙思想的理性原则。他把"理性"看作是和"精神"、"理念"同一序列的基本概念。他说"理性是宇宙的实体"。钟宇人提到，黑格尔在《哲学全书纲要》导言中论述哲学对象时曾指出，一般所谓思维和存在、理性与现实的区别，不过就是"自觉的理性"和"存在于事物中的理性"的区别，二者实质上是统一的，他也是由此提出"合理的都是现实的，现实的都是合理的"这一著名论断的。钟宇人认为黑格尔着重说明的是，他所谓显示的不是一切现存的东西，而是具有必然性的、前进发展的东西；同时，理性、理念、理想也不是软弱无力不能实现的幻影，而是"完全能起作用的，并且是完全现实的"。这样，黑格尔力图应用辩证法克服康德理性原则的缺陷，从而把启蒙思想和德国古典哲学推向前进。

（2）真理是矛盾发展；否定性的辩证法

黑格尔从真理在实体即主体这一原理出发，着重论述了概念辩证法的基本思想。他首先申明他所说的实体不同于斯宾诺莎的"僵硬"的实体，而是一种活的实体，它通过自身的运动而实现为主体。"实体作为主体是纯粹的简单地否定性，唯其如此，它是单一的东西的分裂为二的过程或对立面的双重化过程，而这种过程又是这种漠不相干的区别及其对立的否定；所以唯有这种正在重建其自身的同一性或在他物中的自身反映，才是真理，而原始的或直接的统一性，就其本身而言，则不是真理。"实体作为主体的这一对立统一运动是一个首尾相接的"圆圈式"的发展过程。

钟宇人指出黑格尔在揭示实体即主体的矛盾过程时提出了"否定性"的辩证法思想。他所谓否定性原则就是内部矛盾的展开，内在的不同一性、差别、对立及其发展，这就是意识自我及其对象自己运动的"推动者"。钟宇人特别强调黑格尔在这里讲的否定性不是抽象的、全盘的否定，而是"规定的否定"或"特定的否定"。正是这样的辩证否定原则决定了发展过程中的新陈代谢，构成了前进运动的巨大动力。黑格尔鲜明地揭示了否定性原则的巨大力量，他说"对于这否定原则而言，没有东西是永恒不变，没有东西是绝对神圣的，而且这否定原则能够冒一切事物的任何危险并承担一切事物的任何损失。"钟宇人认为黑格尔关于否定原则作为前进发展巨大动力的论述，最明确地显示了他的辩证法的合理内核所蕴含的革命批判精神，同时也显示了被合理理解的辩证法作为科学方法论基本原则所具有的破除迷信、不断创新、开拓进取的精神。

（3）真理是全体，是体系

钟宇人指出，黑格尔是从矛盾进展的基本原理出发，揭示真理和知识形成发展过程的。在黑格尔看来真理不是停留在一个作为开端的原理上，也不在于一个孤零零的结论里，真理知识是从科学原理出发经过自身的矛盾运动而达到完满结果的全过程。真理是全体，但全体只是通过自身发展而达于完满的那种本质。因此，真理的形成过程及其中的各个环节都是必要的，它们相辅相成，构成整体的生命，形成前进发展的科学知识。这样，"全体便犹如许多圆圈所构成的大圆圈。这里面每一个必然的环节，这些特殊因素的体系构成了整个理念，理念也同样表现在每一个别环节之中。"因此黑格尔认为，真理性的哲学知识是由概念范畴推演、必然联系所构成的体系。哲学若没有体系，便不能构成科学。哲学是在发展中的体系或系统。

（4）真理和谬误的辩证法

黑格尔按照真理在于绝对精神、理念这一基本原理给真理下定义说道："理念就是真理，因为真理即是客观性与概念相符合。"可见，黑格尔真理观的出发点是概念。钟宇人指出这是唯心主义的颠倒，不过也应看到黑格尔正是在此基础上着重阐述了真理的辩证观，特别是真理和谬误关系的辩证法。

黑格尔着重批判了形而上学的独断论。形而上学独断论者把真理和谬误都看作是固定不变的、现成的东西，把二者截然分割开来、彼此隔离起来。黑格尔在批判这种观点时指出"真理不是一种铸成了的硬币，可以现成地拿过来就用。"真理和虚妄二者不是机械地对立的，而是相互联系、相互转化的。谬误可以成为真理的先导，就是说从错误中可以发展出真理来。正因为真理和谬误是相互联系的，所以在追求真理的过程中犯这样那样的错误是难免的；所以，如果为了预先保证不犯任何错误而不去行动，就像康德派不可知论者为了预先避免陷入二律背反的幻象而不去试图超越经验的界限，而这实际上就等于不去追求真理。黑格尔明确指出："所谓害怕错误，实即是害怕真理。"因此，这种害怕犯错误的顾虑本身就已经是一种错误。

此外，钟宇人认为黑格尔在批判形而上学独断论的同时，实质上也批判了一种绝对的相对主义观点。这种观点抹杀了真理和谬误的界限，把二者混为一谈。针对这种情况，黑格尔说："不过，我们却不能因此而说虚假的东西是真实的东西的一个环节或甚至于一个组成部分。"钟宇人强调在黑格尔的这些思想中，闪耀着辩证法的光辉，也表现出一种追求真理的进取精神。

(5) 关于异化和劳动的思想

黑格尔在进一步阐发关于真理是矛盾发展的辩证法思想时引入了异化和劳动的范畴，用以说明精神、意识以及社会历史发展的辩证机制。钟宇人认为，"异化"一词的含义在黑格尔那里可以有广狭之分。首先，这一概念用于泛指精神实体作为主体自身的分而为二，即自身的对立化而产生自身的对立物。黑格尔把这种对立化以及扬弃对立化而返回自身的过程称作"异化以及这种异化的克服"的过程。其次，异化一词也用于特指某一范畴过渡到与它自身的处于异己关系的另一对立的范畴。例如，当逻辑理念过渡到自然时，由于自然物质对于理念来说是一种异己的形式，因此这种对立化被称作异化。最后，异化一词还可以用来专指社会历史中一种社会意识的产物，对于它自己说来却成了"异己的陌生的现实"。由此产生的社会矛盾具有一种对抗的性质。钟宇人特别强调，正是在这个意义上黑格尔并不认为异化是永远存在的，比如说在古希腊城邦社会就没有异化（但已有国法和家法的矛盾），只是到了罗马帝国法权社会才开始产生异化，这表现在罗马皇帝和臣民的对立上。黑格尔着重揭示了法国大革命以前欧洲封建社会中的突出的异化现象，指出在这里"一切都是自身异化了的"，这种异化现象的发展，必然会导致法国大革命的爆发。钟宇人指出黑格尔对于法国革命是热情欢迎的，但是他并不赞成雅各宾专政的恐怖政策，认为这反而使异化现象更加严重了。于是他就从现实社会返回到德国的伦理道德以及宗教、哲学领域中去寻求消除社会异化的途径了。

对于黑格尔关于劳动、行动和实践的概念，钟宇人认为是吸收英国古典经济学的劳动概念和费希特的行动思想，加以辩证的解释和发挥而形成的。黑格尔区分了行动的三个环节：目的、目的的实现即达到目的的手段和创造出来的现实。这三个环节形成一个统一的过程，这就是意识主体由主观到客观、由潜在到现实，从而发展自身、形成自身的过程。因此，"行动正式作为意识的精神的生成过程。"在谈到主奴意识时，他提出"劳动陶冶事物"，认为奴隶通过自己的劳动不仅"对于对象的否定关系成为对象的形式"，而且"开始意识到他本身是自在自为地存在着的"，从而实现主与奴、独立与依赖意识的对立转化。钟宇人指出在黑格尔这里，他已经开始把行动、实践引入到认识论中了，不过，黑格尔是按唯心主义观点理解劳动的，即把劳动归结为概念的劳动。后来，黑格尔在《逻辑学》概念论中对他关于理论与实践辩证关系的思想做了进一步的发挥。

2. 论意识的发展

钟宇人认为黑格尔《精神现象学》要回答的主要问题就是怎样才能达到哲学真理的知识。在黑格尔看来，只有通过"意识"发展过程的考察，及考察从最初的感性知识出发最后达到"绝对知识"的过程，才能解决这个问题。这样也就给他的哲学体系提供了论证。

黑格尔自觉地应用了他所创立的概念辩证法来表述意识，揭示了意识诸形态（即精神诸现象）的内部矛盾性，以此来阐明它们之间的内在联系及其由低级到高级阶段发展的必然性。特别值得注意的是，他把辩证法应用于意识形态的发展史，提出了关于个体意识与社会总体意识发展一致性的重要原理，指出各个个体意识在其发展过程中要重复群体发展历史过程中曾经过的基本阶段，当然，不是简单地重复而是大体一致的再现。钟宇人注意到，对于这一思想恩格斯也曾高度评价认为《精神现象学》"也可以叫做同精神胚胎学和精神古生物学类似的学问，是对个人意识各个发展阶段的阐述，这些阶段可以看作人的意识在历史上所经过的各个阶段的缩影"，概念关系在思想史中的发展和它在个别辩证论者头脑中的发展相一致——"这就是黑格尔首先发现的关于概念的见解"。

《精神现象学》中意识的发展共经历了八个阶段或八种形态，即感性确定性、知觉、知性、自我意识、理性、精神、宗教和绝对知识。钟宇人认为，关于《精神现象学》的结构，大体上可以参照黑格尔后来写的《精神哲学》来了解，前五种形态可归于主观精神或个体意识，第六种形态"精神"相当于客观精神或社会意识，最后两种可归于绝对精神或绝对意识。在钟宇人看来，前三种形态属于狭义的"意识"，它们分别把握对象的个别性、特殊性和普遍性；第四种形态则偏重于认识主体自我本身；第五种形态"理性"是意识和自我意识的统一，但是像从前各种形态一样仍然局限于个体意识范围之内；第六种形态"精神"属于社会意识；最后两种形态就达到主客统一的绝对意识了。《精神现象学》中的这些基本思想内容在黑格尔以后制定的哲学体系中得到了进一步的论述和发挥。

黑格尔在《精神现象学》中通过对意识发展诸阶段的考察最终达到了"绝对意识"。所谓的"绝对意识"是指以纯概念的形式对绝对精神的真理知识。钟宇人明晰地洞察到，正是在这里，黑格尔所谓的精神就从"意识"形态发展的领域过渡到了"理念"发展的领域，也就是说已经从《精神现象学》引导到了逻辑学，即引导到黑格尔的哲学体系本身了。

（四）对现代西方存在主义、现象学派代表人物海德格尔的研究

海德格尔作为存在主义的创始人和主要代表之一，开辟了现象学运动的一个新流派，是现代西方哲学最重要的哲学家之一。钟宇人在其学术研究后期对海德格尔的哲学思想也颇具见解，他的研究主要分基础存在论和现象学两部分展开。

1. 基础存在论

钟宇人注意到，海德格尔在《存在与时间》中指出，"存在"的问题自古希腊的柏拉图以来就无人真懂，甚至无人真正想过，全部西方哲学史都把"存在"的问题作为"在者"的问题处理，从而导致"在的遗忘"，迄今的本体论都是盲目的舍本逐末的"无根的本体论"。海德格尔回溯到苏格拉底以前对"在的澄明"的领会，要求在原始的时间性的地平线上重新把"在"从"在者"中烘托出来，对人的"此在"进行"存在状态"的分析。钟宇人认为海德格尔的"此在"本质上就是"去在"，而且这种"去在"总是"我的在"，因而"此在之在"就是存在，海德格尔指出"若无此存在，亦无世界在此"，他将这种关于此在存在的本体论分析成为基本存在论。这也就是海德格尔的"存在哲学"，并成为后来一般的"存在主义"的基础。

钟宇人指出，海德格尔的存在哲学一反近代笛卡儿、洛克以来从认识论出发研究哲学的传统，而是从人的存在入手研究哲学，海德格尔基础存在论的任务不是要拥有一个静止的范畴体系，而是要充分澄清"在"的意义，即人的"此在"的在"此"，就是"在世"。海德格尔不是从笛卡儿、洛克的传统，而是从"情绪"等心理因素（如"烦"、"麻烦"）来解释人们的认识和行为。海德格尔认为最接近"在世"的方式并不是那种只管认知的认识，而是有操作的、有利用的"烦心"，在他看来在如此操作利用的行动中，烦心完全贯注于对手中用具的目的性中。而在烦心中，此在必不可免地要和他人打交道，他称之为"麻烦"，但不论是烦心还是麻烦，归根结底总是为此在在本身而烦。接着以上理论，海德格尔提出了存在主义关于"真理"的解释，并给"真理"下了相应的定义，"真理不是那种以命题形式出现的判断与对象的'符合'，而是在于在世的烦心中，此在不断地被'抛入'筹划活动，从而展露自己本身并随之揭示其他世内在者的澄明过程，就其根本意义而言，真理就是去蔽。"

2. 现象学

钟宇人认为海德格尔从存在主义的"存在的意义"这一主导问题出发,来提出并阐发现象学的问题,包括现象学作为方法论的问题、现象学的"原理"、现象学的师承关系、现象学的多重含义等。

(1) 现象学是存在主义的方法论

钟宇人注意到,海德格尔从存在的意义这一主导问题出发,就牵涉到一切哲学的基本问题,而处理此问题的方式就是现象学的方式。海德格尔写到:"现象学这个词本来意味着一个方法概念。它不描述哲学研究对象所包纳事情的'什么',而描述对象'如何',而一种方法概念愈真切地发生作用,愈广泛地规定着一门科学的基调,它也就愈原始地植根于对事情本身的分析之中。"

(2) 现象学的"原理"

钟宇人指出,海德格尔从上述现象学作为一个方法概念的探索出发,考察了它如何发生作用、如何规定一门科学的基调,最后断定现象学原始植根于"事情本身"的分析之中,由此就终于形成并提出了现象学的一条"原理",这条原理可以表述为"走向事情本身"。海德格尔认为这条原理是不证自明的,他把这条原理作为他经常的、长久遵守的"座右铭"。

(3) 与胡塞尔的师承关系

关于上述的现象学原理,是 20 世纪初由胡塞尔等现象学先辈学者们首先提出的,海德格尔则是他们的继承者和发挥者。钟宇人敏锐地注意到,虽然海德格尔在《存在与时间》中曾说:"现象学是以胡塞尔《逻辑研究》开山的。下面的探索只有在胡塞尔奠定的基地上才是可能的",不过海德格尔在之一段话下面加了一个"注",在"注"中他又说道:"如果下面的探索能在'事情本身'开展方面前进几步,那么作者应当感谢埃·胡塞尔。笔者就学于弗赖堡时期,胡塞尔曾经给予笔者以深入地亲自指导并允许笔者得以熟悉至为多样化的现象学研究领域。"钟宇人认为从这个"注",我们可以看到他们师生之间思想的传承性,虽然两人关系最终走向破裂,但他们都是西方现象学代表人物,都是主观唯心论者。此外,钟宇人认为海德格尔的另一观点我们也不能忽视,就是他的诗论和诗作,以及选择观赏的可能,对此他的名言是:"人诗意的栖居",也即是说诗作是本真地栖居。

(4) "此在存在"的现象学三重含义

参考海德格尔在《存在与时间》中的论述,钟宇人最后总结认为"此在存在"具有以下三重现象学含义:①现象学即存在论,基础存在论;②此在现象学即此在

"诠释学"；③"诠释学"作为历史学。

三、钟宇人主要论著

（苏）罗森塔尔，（苏）斯特拉克斯.1958.唯物辩证法的范畴.钟宇人译.北京：生活·读书·新知三联书店.
钟宇人等.1981.欧洲哲学史·（上、下卷）.北京：中国人民大学出版社.
钟宇人.1982.经验论与唯理论的历史考察//外国哲学史研究集刊五.上海：上海人民出版社.
钟宇人等.1982.《黑格尔〈逻辑学〉一书摘要》解析.北京：中国人民大学出版社.
（苏）奥伊泽尔曼.1984.十四——十八世纪辩证法史.钟宇人译.北京：人民出版社.
钟宇人.1986.西方著名哲学家评传·第三卷.山东：山东人民出版社.
钟宇人.1986.西方著名哲学家评传·第四卷.山东：山东人民出版社.
钟宇人等.1987.外国哲学史//中国大百科全书·哲学.北京：中国大百科全书出版社.
钟宇人等.1990.西方哲学史新编.北京：人民出版社.
张世英，陈启伟，钟宇人等.1991.黑格尔辞典.吉林：吉林人民出版社.

主要参考文献

《中国人民大学校史研究丛书》编委会编.2012.求是园名家自述·第2辑.北京：中国人民大学出版社.

撰写者

钟宇人（主要研究领域和学术成就部分由钟宇人撰写，成彬、杨德略作修改）
成彬（1990～），中国人民大学哲学院博士生，主要研究方向为心灵哲学。
杨德（1989～），中国人民大学哲学院硕士生，主要研究方向为现象学。

涂纪亮

涂纪亮（1926～），贵州遵义人。哲学翻译家，西方语言哲学和分析哲学专家。他毕生从事哲学翻译和研究工作，在翻译费尔巴哈、李凯尔特、维特根斯坦、蒯因等西方哲学家的著作方面做出了突出贡献，同时又是中国改革开放以来现代外国哲学研究领域的主要开创者之一。他已翻译出版的译著20余部，研究专著10余部，主编和合著10余部，共计字数上千万。2007年，武汉大学出版社出版了6卷本的《涂纪亮哲学论著选》。现任中国社会科学院哲学研究所研究员、博士生导师，中国社会科学院首批荣誉学部委员，中国现代外国哲学学会名誉理事长，中国翻译家协会命名的"资深翻译家"，中国翻译家协会名誉理事。2005年，他因其卓越成绩而在哲学研究所建所50周年大会上得到中国社会科学院领导的大力表彰。

一、成长经历

1926年4月25日，涂纪亮出生于贵州遵义的一个富足家庭。7岁时开始念私塾。9岁时，红军两次攻占遵义，召开了具有重大历史意义的遵义会议，会址就在他家的斜对面，相距不过百步之遥。他亲眼目睹了红军在城内行军、贴布告、写标语等情景，感受到了革命时代的气息。10岁时，转入遵义私立玉锡小学读四年级，第二年抗战爆发，他与同学们上街做抗日宣传。1939年春考入贵州省立遵义师范附属中学初中部，1941年提前半年进入浙江大学附属中学（简称"浙大附中"）高中部。当时浙大附中设在湄潭，浙江大学西迁黔北，对当地文化的发展和教育水平的提高起到很大作用，对他的学习生涯产生了决定性的影响。1944年由浙大附中报送进入浙江大学文学院外国语言学系，如饥似渴地学习欧洲文学史、英国诗歌、小说、戏剧等，特别是对小说产生了浓厚兴趣，甚至梦想成为文学名著的翻译家。1946～1948年，他还积极投身于当时的反饥饿、反迫害、反内战的学生运动。

1948年年底，涂纪亮参加革命，1950年加入中国新民主主义青年团，1951年在军委民航总局政治部主要从事宣教工作，利用业余时间从事俄语学习和翻译练习。1952年秋，北京市俄语广播讲座和中苏友协举办国庆俄语征文比赛，他写了一篇俄语短文应征，获第二名，应邀到北京广播电台介绍学习俄语的经验。1956年，周恩来关于知识分子的报告提出，专业不对口的知识分子可以申请归队。当时中国科学院招聘翻译人员，他经过应聘，进入哲学研究所担任《哲学译丛》的翻译。1956～1958年，在《哲学译丛》上发表译文数十篇。1959年，被调入《哲学研究》编辑部负责西方哲学编辑工作。1961年重回《哲学译丛》杂志工作，并翻译蒙让的《爱尔维修的哲学》一书。1963年，进入哲学所现代外国哲学研究室工作，并主编《哲学译丛》杂志，编辑《苏联哲学问题论文集》、《伦理学问题译丛》、《美学问题译丛》等，翻译波波夫的《康德和康德主义》、沙代凯维奇的《康德的认识论》以及巴克拉捷的《近代德国资产阶级哲学史纲要》等著作。

"文化大革命"期间，涂纪亮坚持自学法语和德语，翻译3卷本《费尔巴哈哲学史著作选》和李凯尔特《文化科学和自然科学》。1975年他编辑4卷本《当代美国资产阶级哲学资料》，1978～1980年出版，1991年出版修订本，改名为《当代美国哲学论著选译》。从此，哲学翻译一直伴随着他的研究工作：1996年起主编12卷本《维特根斯坦全集》，其后，与陈波合作主编9卷本《美国实用主义文库》，翻译了《皮尔士文集》和《杜威文集》，并主编6卷本《蒯因著作集》。由于涂纪亮在近现代和当代西方哲学论著的翻译方面所做的大量工作，在俄译汉、德译汉、英译汉等方面有一定造诣，1983年被选为中国翻译工作者协会第一届理事，1986年、1992年、1999年相继被选为第二、三、四届理事，兼任社会科学翻译委员会委员、顾问，2002年被中国译协授予"资深翻译家"荣誉称号，2004年被选为名誉理事。

1978年，涂纪亮正式调入哲学研究所现代外国哲学研究室，主要从事现代英美哲学的研究工作。1979年被任命为现代外国哲学研究室副主任、副研究员、硕士生导师，开始招收硕士生。同年，参与筹建中国现代外国哲学学会，并被选为第一届秘书长。1980年，赴美国纽约州立大学从事美国哲学研究。1982年被任命为哲学研究所现代外国哲学研究室主任，聘为研究员、博士生导师，主编了《当代美国哲学》、《当代英美哲学》和《分析哲学》等书。同时兼任《中国大百科全书·哲学》现代西方哲学编写组常务副主编，为该卷撰写数十个词条。1983年，作为中国哲学家代表团成员，赴加拿大蒙特利尔市出席第17届世界哲学大会。20世纪80年代上半叶，他主要精力用于撰写《分析哲学及其在美国的发展》（共2卷），此书列入国家"六五"科研规划"现代西方主要哲学流派研究"项目。此书1988年出版后，受到国内哲学界的重视和好评，被哲学研究所评为优秀科研成果，被国家教委确定为"分析哲学"课程教材，《二十世纪中国哲学名著述评》给予了该书很高评价。80年代下半叶，他主要撰写《英美语言哲学概论》专著，并与其他学者合作写出《现代欧洲大陆语言哲学》专著。在此基础上，1991 年着手撰写《现代西方语言哲学比较研究》。该书于 1996 年出版，1999 年获国家社会科学基金项目优秀成果奖三等奖。此外，他还主编了 10 卷本的《当代西方著名哲学家评传》和《现代世界哲学》等书。

20 世纪 90 年代，涂纪亮花费大量精力从事美国哲学史研究。经过近 10 年的努力，通过对美国哲学史的史料考察和对当代美国社会的深入了解，他完成了 3 卷本的《美国哲学史》。这是中国学者对美国哲学史的全面梳理，填补了国内哲学研究的重大空白。此书出版后，受到国内哲学界的好评，2002 年获得中国社会科学院优秀科研成果奖一等奖。90 年代后期，涂纪亮在翻译和理解维特根斯坦著作的基础上，形成了自己对维特根斯坦后期哲学的全新理解，最终完成了学术专著《维特根斯坦后期哲学研究》，再次填补了国内哲学的一项空白。进入 21 世纪后，涂纪亮转向对美国实用主义研究，在翻译了大量实用主义哲学家著作的基础上，撰写了专著《从古典实用主义到新实用主义——实用主义基本观念的演变》，为国内哲学界重新认识美国实用主义提供了极其重要的思路和方向。

由于涂纪亮在现代外国哲学研究领域取得的辉煌成绩，他于 2004 年被推选为中国现代外国哲学学会名誉理事长，2006 年被选为中国社会科学院文史哲学部首批荣誉学部委员。

二、主要研究领域和学术成就

1. 哲学翻译奠定了外国哲学研究的重要基础

自 1956 年调入哲学研究所工作，涂纪亮在哲学战线工作了 50 多年。这 50 年的工作大致可分为两个阶段：20 世纪 50~70 年代主要从事哲学翻译，80 年代以后主要从事哲学研究。涂纪亮始终认为，哲学翻译与哲学研究虽然是两种性质不同的工作，但又紧密相连，因为从事任何学术翻译都必须具备一定的专业知识，从事哲学翻译尤其如此，否则就无法理解那些晦涩难解的哲学概念，就无法正确表达原著的哲学思想，从而也就无法做出忠实于原著的翻译。另一方面，翻译工作又能为从事外国哲学研究创造一些十分重要的、甚至必要的条件，翻译工作有利于迅速提高外语水平，有助于培养研究者获得准确理解和表达外国哲学原著思想的能力，同时也能为研究工作广泛收集资料，扩大知识面，丰富哲学知识，为研究工作打下扎实的基础。事实上，涂纪亮正是用其毕生精力很好地诠释了这两者之间的相辅相成的关系。

涂纪亮始终把翻译工作与哲学思想的准确表达结合起来，十分强调哲学翻译必须建立在对哲学思想的准确理解的基础之上。他早年采取了一种自以为颇有成效的自学俄语的方法，这就是选出几本有优秀中译本的俄文原著，逐段精读，译出初稿，然后与中译本对照，检查自己对原著的理解有哪些错误，译文表达有哪些不如中译本，从而提高自己的俄语理解能力与翻译水平。后来在《哲学译丛》编辑部工作时，除了发表译文数十篇外，还利用业余时间从事西欧哲学史论著的翻译，如参与翻译奥则尔曼的《马克思主义以前哲学发展的主要阶段》等，特别着重参与费尔巴哈哲学有关的论著，如加巴拉耶夫的《费尔巴哈的唯物主义》、巴斯金的《费尔巴哈的哲学》以及敦尼克等人主编的哲学史中的《费尔巴哈》一章等，并在此基础上写出《费尔巴哈的认识论》一文，这是涂纪亮的第一篇哲学论文。

20世纪50年代末60年代初，为推动国内西方哲学史的研究，涂纪亮从当时的苏联书刊中选出数十篇论文，编成《论黑格尔哲学》、《论16世纪末至18世纪初的西欧哲学》、《论18-19世纪德国古典哲学》等译文集，以《哲学研究》编辑部名义出版。他还翻译了蒙让的《爱尔维修的哲学》一书以及编辑《苏联哲学问题论文集》、《伦理学问题译丛》、《美学问题译丛》，还翻译了波波夫的《康德和康德主义》、沙代凯维奇的《康德的认识论》以及巴克拉捷的《近代德国资产阶级哲学史纲要》等著作，并撰写了《新康德主义与第二国际修正主义》一文。这些译著至今对国内哲学界理解德国古典哲学仍然具有非常重要的史料价值。

从1974年开始，涂纪亮以德语原著为依据，参考俄语译本，翻译了3卷本的《费尔巴哈哲学史著作选》，还为其中《对莱布尼茨哲学的叙述，分析和批判》写了较长的译者引言。其后又翻译了李凯尔特的《文化科学和自然科学》一书，也写了较长的译者前言。他的翻译体会是，对于翻译哲学名著，参照不同语种的文本，这不仅有助于更准确地理解原著，而且也可借鉴不同的表达方式，对提高译文质量大有好处。

20世纪90年代后，涂纪亮特别注重对当代西方哲学家著作的翻译工作，主持翻译了12卷《维特根斯坦全集》，并翻译了其中的《蓝皮书》、《一种哲学考察（褐皮书）》、《哲学研究》、《心理学哲学评论》、《关于心理学哲学的最后著作》、《杂评》以及《论数学的基础》等后期著作。这是目前国内外首次编辑出版如此系统全面的全集，几乎收入维特根斯坦的全部著作，与1989年出版的8卷本德文版《维特根斯坦著作集》相比，补充了许多材料，并重新作了编排。其后，他与陈波合作主编了9卷本的《美国实用主义文库》（并在其中翻译了《皮尔士文集》和《杜威文集》2卷）和6卷本的《蒯因著作集》（并在其中翻译了《自传》、《理论和事物》和《一些离奇的想法》3册)。近年来,应出版社之约,他重新校订李凯尔特的《文化科学和自然科学》一书,并补充以《自然科学概念形成的界限》一书最后一章"自然哲学和历史哲学",较完整地表达李凯尔特的历史哲学思想。

涂纪亮在哲学翻译方面的工作得到了学术界的充分肯定和赞赏。王树人指出,"涂先生所贡献的质量上乘的大量翻译著作,说明他在翻译过程中对外国哲学学习与研究都非常认真。就是说,他不是为翻译而翻译,而是通过翻译工作提高自己的外国哲学修养,从而这种翻译工作,就同时为他后来转入研究为主的工作打下了坚实的基础。""涂先生由此而被中国翻译家协会授予'资深翻译家'的荣誉称号,是当之无愧的。"

2. 对分析哲学与语言哲学的研究开拓了外国哲学研究的广阔领域

20世纪80年代上半叶,涂纪亮的主要精力用于撰写2卷本的《分析哲学及其在美国的发展》。半个多世纪以来,分析哲学一直在英美哲学中占据主导地位,在西方其他国家中也有程度不同的影响。我国哲学界过去对这个流派研究较少,该书是我国出版的第一部系统阐述分析哲学的形成和发展的专著。此书首先阐述分析哲学产生的时代背景和思想渊源,阐述它的创始人弗雷格、罗素、摩尔、维特根斯坦的一些对分析哲学的形成和发展发生过重大影响的观点;其次介绍分析哲学的头一个大支派逻辑实证主义的兴起及其在美国的发展,以及与实用主义结合后形成的各个支派,再次介绍它的另一个大支派日常语言学派的形成及其在美国的传播,接着介绍60年代后分析哲学在科学哲学和语言哲学这两大领域内形成的一些学派或学说;最后从马克思主义观点对分析哲学的基本思想进行分析和评论。涂纪亮认为,分析哲学家在逻辑哲学,语言哲学、科学哲学等领域内,采用了一些新方法,提出了一些新问题,开拓了一些新领域,并且摸索出一些解决问题的新途径。对于这些成就,我们应当重视,进行具体分析,吸取其合理成分。另一方面,对于他们的许多片面的或错误的观点,也需要严肃地给予科学的剖析和批驳。此书出版后,受到国内哲学界的重视和好评,被哲学研究所评为优秀科研成果,被国家教委确定为"分析哲学"课程教材,在《二十世纪中国哲学名著述评》一书中也对它做了高度评价。

20世纪80年代下半叶,涂纪亮从分析哲学研究转入语言哲学研究。语言哲学与分析哲学紧密相连,在国内外一些论著中有的把这两个概念交替使用,仿佛分析哲学就是语言哲学。他则主张把这两个概念严格区别开,认为它们虽然紧密相连,但所指的是两种不同的事物。分析哲学指一个哲学流派或一种哲学思潮,与现象学运动、存在主义、结构主义等属于同一范畴。语言哲学则指一个研究领域，与科学哲学、逻辑哲学等属于同一范畴。尽管语言哲学是分析哲学家的一个普遍重视的领域，但不是他们的唯一研究领域，他们在科学哲学、逻辑哲学、心智哲学等领域内也做了大量研究。尽管有些语言哲学家也是分析哲学家，但有些语言哲学家却是现象学家、存在主义者或结构主义者。这个观点目前已经为国内哲学界普遍接受。

我国哲学界过去对英美语言哲学做过一些研究，对欧洲大陆语言哲学则较少涉及。涂纪亮在国家"七五"科研规划中承担了"现代西方语言哲学比较研究"这个课题，力求在分别考察英美语言哲学和欧洲大陆语言哲学的基础上，对这两大哲学传统的语言哲学观点进行综合性的比较研究。为此，他首先写出专著《英美语言哲学概论》，全面系统地阐述英美各派哲学家（主要是分析哲学家）的语言哲学观点。由于现代西方语言哲学家对这门学科的研究对象和研究范围缺乏一致认识，因此对这门学科的研究课题也缺乏一致认识。涂纪亮从自己的观点出发，在书中探讨以下九个问题：一，词、语句以及语言分析，这涉及语言哲学的研究对象和研究方法；二，指称理论，这涉及名称、摹状词以及语句的指称对象；三，意义理论，这涉及语词和语句的意义，着重研究"什么是意义"这个问题；四，意义检验理论，这涉及语词和语句在什么条件下才具有意义，或者说，什么是意义和标准；五，真理问题，这涉及什么是真理和什么是真理的标准；六，必然性问题，包括自然必然性和逻辑必然性，事实真理和逻辑真理的区分，必然命题、先验命题和分析命题的区分和联系，以及必然性与可能世界等问题；七，言语行为与意义的关系等问题；八，意向性问题，这涉及意识、意向性与意义等问题；九，语言与事实，这涉及对"存在"一词的理解，抽象实体的本体论地位、语言构架或理论体系的本体论意义等问题。这是国内出版的第一本以语言哲学的基本问题为纲、按历史顺序阐述和评论英美哲学家的语言哲学观点的专著，出版后引起国内哲学界和语言学界的注意。

随后，涂纪亮转向欧洲大陆语言哲学的研究，与一些学者合作撰写了《现代欧洲大陆语言哲学》。应当说，对欧洲大陆语言哲学的研究，目前在国内外都是一个新课题。有些英美哲学家否认欧洲大陆语言哲学的存在，仿佛研究语言哲学的人只限于英美分析哲学家。涂纪亮明确反对这种观点，他认为，语言哲学作为一个研究领域，欧洲大陆哲学家当然可以从他们各自的哲学观点出发，从事这个领域的研究，只是他们在这个领域内的研究成果有待于发掘和整理。此前在国外只出版了为数很少的著作探讨个别欧洲大陆哲学家的语言哲学思想，还很少有著作概括阐述和评论任何一个欧洲大陆哲学流派的语言哲学思想。在国内，该书是第一本探讨这个问题的专著，它按历史顺序分别阐述现象学、存在主义、释义学、结构语言学、结构主义和后结构主义等流派 20 多个代表人物的语言哲学思想，为开拓这方面的研究首先迈出重要的一步。涂纪亮认为，欧洲大陆语言哲学的发展基本上沿着三条线索：一条是从布伦塔诺、现象学到存在主义；另一条是从古典释义学、释义学理论到哲学释义学和批判释义学；还有一条是从普通语言学、结构语言学到结构主义和后结构主义。这三条线索并不是彼此隔绝，而是同时并存，相互影响。因此既要看到这三条线索之间的区别，同时也不要忽视它们之间的联系。

在完成《英美语言哲学概论》和《现代欧洲大陆语言哲学》的基础上，涂纪亮于 1991 年着手撰写《现代西方语言哲学比较研究》一书，试图以语言哲学的基本问题为纲，对英美哲学家和欧洲大陆哲学家的语言哲学观点，进行多方面、多层次的分析和比较。为此，此书在概述语言哲学在现代西方哲学中的地位及其历史发展线索之后，首先比较现代西方哲学家所采用的语言研究方法，然后依次分析和比较他们在语言的要素、结构、类型、功能等关于语言的性质方面的不同观点，再次探讨语言哲学的一些基本理论，如意义理论、指称理论、意向性理论、真理理论以及理解和解释理论，最后考察语言和社会的关系问题。对于以上每个问题，此书既从纵向的角度考察有关观点的历史演变，也从横向的角度考察不同流派对于这些问题的不同看法，还从马克思主义观点出发提出自己的简短评论。

涂纪亮指出，从对英美语言哲学和欧洲大陆语言哲学的分别考察中可以看出，这两大传统的语言哲学家都普遍重视对哲学中的语言问题或者语言学中的哲学问题的研究，各派都在不同程度上并以不同的方式表现出所谓"语言转向"。不过，各派哲学家考察这种转向的出发点、侧重点以及得出的结论各不相同。粗略说来，基本上有两种不同的"语言转向"。一种是英美哲学家、特别是罗素、维特根斯坦以及逻辑实证主义者等分析哲学家心目中的"语言转向"，这就是把语言看作哲学的首要的、甚至唯一的研究对象，认为哲学不是理论，而是一种澄清语词和语句的意义的活动，全部哲学问题就是语言批判，哲学的首要任务就是通过语言分析澄清科学语言、哲学语言以及日常语言的意义，哲学是一种显示或者确定命题的意义，排除语言混乱的活动。另一种是欧洲大陆哲学家，特别是海德格尔、伽达默尔等存在主义者或哲学释义学家心目中的"语言转向"，这就是把研究语言看作研究哲学问题本身，语言并非仅仅是一种用以表达情感和交流思想的手段，而且是存在的住所。他们强调逻各斯、语言和存在之间的密切联系，逻各斯是语言的基础，语言是一种植根于作为真理的存在之上的逻各斯。因此，在一定意义上可以说，英美哲学家、特别是分析哲学家侧重于从方法论角度探讨语言哲学，把语言哲学看作哲学中的一个分支学科或研究领域，而在欧洲大陆哲学家中间，存在主义者、哲学释义学家以及某些现象学家,则主张从本体论角度探讨语言哲学,把语言问题看作哲学问题本身,把语言问题与存在问题联系起来考察。结构主义者和后结构主义者由于受到结构语言学的影响,比较重视语言的结构、类型之类的问题,这些问题是英美语言哲学家通常不大关心的。英美语言哲学和欧洲大陆语言哲学在其出发点和侧重点等方面的这些显著分歧,是与它们分别从属于现代西方哲学中的两大传统这一事实密切相关,而这又来源于它们在历史背景、文化传统以及民族、语言、习俗等方面的巨大差异。此书出版后受到国内哲学界的关注,1999年获国家社会科学基金项目优秀成果奖三等奖。

3. 对美国哲学史和实用主义的研究

美国哲学是西方哲学的重要组成部分,也是美国文化的集中体现。但长期以来,国内哲学界对美国哲学并没有系统的研究,无论是在哲学史方面还是在现代方面,都没有较为系统的阐述。早在20世纪70年代,涂纪亮就已萌发撰写《美国哲学史》的念头。为此,他在1975～1979年主编了4卷本的《当代美国资产阶级哲学资料》,1980～1982年在美进修期间,着重研究当代美国哲学,同时考察17～19世纪美国哲学的历史发展,收集了这方面的大量资料。由于分析哲学在当代美国哲学中长期居于主导地位,而语言哲学又是分析哲学家普遍关注的领域,因此他在1982～1991年间一直致力于分析哲学和语言哲学的研究,1992年开始全力投入《美国哲学史》的撰写工作。全书共3卷,于2000年由河北教育出版社出版,2007年,社会科学文献出版社收入"中国社会科学院文库",武汉大学出版社收入《涂纪亮哲学论著选》第4卷。

该书把美国哲学近400年的发展历程分为六个时期:一,从17世纪初至18世纪上半叶的殖民时期;二,从18世纪中叶至18世纪末的独立战争和建国时期;三,从19世纪初到南北战争爆发前夕的"保守时期";四,从南北战争到19世纪末自由资本主义蓬勃发展时期;五,从19世纪末至第二次世界大战从自由资本主义过渡到垄断资本主义时期;这也是美国开始形成自己独立的哲学流派或哲学体系的"黄金时代";六,从第二次世界大战到20世纪末美国哲学在西方哲学舞台上跻身前列的时期。在涂纪亮看来,美国哲学的历史发展基本上沿着三条线索:一是美国哲学的发展与每个时期政治经济的发展密切相连,这种联系在社会动荡或社会变革时期表现得尤其明显;二是由于宗教在美国的社会生活中始终处于重要地位,因此美国哲学的发展从殖民时期开始一直到20世纪都与宗教的演变保持密切联系;三是美国哲学的发展与自然科学的发展始终紧密相连,相互促进。就与西欧哲学的关系而言,美国哲学经历了从不同程度上依附于西欧哲学、特别是英国哲学,到形成自己独立的哲学体系,再进入现代西方哲学的前列,并在某些领域内成为现代西方哲学的中心这样三个阶段。

该书采取一种从面到点、以点为主的撰写方式。对于所述及的每一个哲学家,本书首先对其生平和著作做一简单介绍,然后着重阐述其基本哲学观点,最后简略分析其思想渊源、与同时代的其他哲学家思想上的异同以及对后世的影响,而不着重评论其观点的是非优劣。涂纪亮认为,哲学史著作的主要任务在于探索哲学思想的发展脉络,对哲学家的思想的分析和评论适宜于由专著或论文来承担。他还指出,哲学史是史料和评论的结合,写任何一部哲学史,既包括对史料的搜集、整理、筛选、转述和引证,也包括对史料的研究、分析和评论,叙和论这两者是缺一不可的。至于在撰写中究竟以叙为主还是以论为主,究竟采取边叙边论的方式还是采取叙论分开的方式,不同的作者可以做不同的处理。该书采取的是以客观叙述为主、个人评论为辅、叙论分开的方式。他力求把向读者如实地呈现美国哲学发展的本来面目看作自己的主要任务,而不以发表自己的哲学见解为主要目标。此书出版后受到国内哲学界的好评,2002年获得中国社会科学院优秀科研成果奖一等奖。

21世纪初,涂纪亮与陈波合作主编了9卷本的《美国实用主义文库》,这促使他萌发研究美国实用主义的念头。过去国内外对实用主义的研究,大多以哲学家为纲,按历史顺序依次评述各个实用主义者的哲学观点,从而评介整个实用主义思潮的历史发展。他则采取一个新的视角,改为以基本哲学观念为纲,按历史顺序依次考察从古典实用主义者到新实用主义者对有关哲学观念的各种看法,分析这些看法之间的异同,梳理它们的发展线索,弄清楚实用主义的基本观念在其一百多年的历史发展历程中是怎样演变的,并分析它们演变的原因。这个新的研究视角可能比过去以哲学家为纲分别阐述其哲学观点的策略,更能表现整个实用主义哲学思想的历史发展。2006年,他由此视角撰写的《从古典实用主义到新实用主义——实用主义基本观念的演变》由人民出版社出版。

该书先后以十章的篇幅,分别详细考察"实在"、"经验"、"认识"、"真理"、"意义"、"道德"、"科学"、"宗教"、"社会"和"政治"这十个基本观念。涂纪亮把这十个基本观念的演变分为三种类型:一是实用主义者在对"实在"、"认识"和"科学"这三个基本观念的看法上发生了巨大变化,这就是从实在论转向反实在论,从认识主体和认识对象的二元论转向认识主体和认识对象的一元论,从再现论转向反再现论,从基础论转向反基础论,从科学主义转向反科学主义。二是在对"经验"、"真理"、"意义"和"道德"这四个基本观念的看法上，他们的基本观点没有发生重大变化，但后来做了不少修正和补充。三是他们在对"宗教"，"社会"和"政治"这三个基本观念的看法上，可以说没有发生重大变化，其基本观点是前后一贯的。

至于实用主义者为何在对这些基本观念的看法上发生以上这些或大或小的变化，他认为，主要有两个原因。其一是实用主义在其一百多年的发展历程中，曾经三次与其他哲学流派相结合。第一次是20世纪30~40年代，刘易斯等实用主义者吸取了分析哲学、特别是逻辑实证主义的部分观点，第二次是50~60年代，蒯因等分析哲学家吸取了古典实用主义的部分观点。这两次结合都有其思想基础，这就是双方都在不同程度上持经验主义和科学主义立场。这种结合对双方都带来好处，使它们彼此取长补短，扩大了双方的研究领域，既促使分析哲学实用主义化，又促使新实用主义的诞生。其二是实用主义在20世纪下半叶受到欧洲大陆的人本主义思潮、特别是后现代主义的猛烈冲击。19世纪下半叶，以叔本华、尼采、基尔凯郭尔为代表的一批非理性主义者，纷纷谴责科学技术的发展给人类社会带来的负面影响。20世纪上半叶，现象学、存在主义等人本主义流派继承和发展了他们的观点。特别是后现代主义在60~70年代的崛起和在美国的传播，罗蒂、伯恩斯坦等人把后现代主义与实用主义结合到一起，实现实用主义与其他哲学流派的第三次结合。后现代主义以反传统哲学著称，这一次的结合促使实用主义者在对实在、认识和科学等基本观念的看法上发生了急剧转变。

在迄今国内外出版的关于实用主义的论著中，该书是唯一的一本以基本观念为纲去考察实用主义的历史演变的著作，在这点上具有较大的开拓性和创新性。该书作为国家社会科学基金项目的最终成果于2005年被评为优秀科研成果。

4. 维特根斯坦思想研究深化了国内学术界对维特根斯坦的理解

20世纪90年代末，应出版社之约，涂纪亮主编12卷的《维特根斯坦全集》，并翻译了其中大部分后期著作。之前，他曾在《分析哲学及其在美国的发展》和《现代西方语言哲学比较研究》中分别从分析哲学和语言哲学的角度对维特根斯坦的语言哲学思想作过一些研究。通过主编《维特根斯坦全集》和翻译大部分后期著作，涂纪亮发现以往对维特根斯坦的研究含有许多不足之处。为了弥补这些缺点，他撰写了《维特根斯坦后期思想研究》一书，从评述他后期的哲学观，即对哲学的性质和任务的看法着手，依次考察了他的语言哲学思想、心理学哲学思想、数学哲学思想和文化哲学思想，最后考察他在现代西方哲学中的地位以及关于他的成就和品格的评价。在评述他的哲学思想时，不仅把他的哲学思想与英美哲学家的思想相比较，还把他的哲学思想与欧洲大陆哲学家的思想相比较，以便说明在何种意义上可以说维特根斯坦是现代西方两大哲学传统的融合者。

由于维特根斯坦在分析哲学的创建过程中发挥了巨大作用，他的前期著作对逻辑实证主义发生了深刻影响，他的后期著作对日常语言学派发生了巨大影响，因此过去国内外许多学者都把他看作分析哲学的创建者之一，或者看作分析哲学的重要代表。涂纪亮承认，他自己以前也持有这个看法。通过深入的研究，他指出，这种观点忽视了他的思想中也有许多观点不属于科学主义思潮而属于人本主义思潮这个事实。因此，他就着重从维特根斯坦的哲学观点和个人经历、思想渊源这两个方面，论证维特根斯坦是现代西方两大哲学传统的融合者。他认为，就哲学观点而言，维特根斯坦在语言哲学方面的观点，特别是早期著作中的观点，基本上属于以弗雷格、罗素等人为代表的分析主义传统，后期著作中的观点虽然背离了罗素等人的传统观点，但仍然属于分析主义传统。与此相反，维特根斯坦在文化哲学方面的观点基本上属人本主义传统。在心理学哲学中，他的某些观点与詹姆斯的观点相接近，另一些观点又与释义学家的看法相类似。在数学哲学中，例如在对逻辑主义、直觉主义和形式主义的看法上，他既没有对这三个流派全盘肯定，也没有全盘否定，而是分别有所取舍。总之，在这四个方面，他的部分观点属于或者倾向于科学主义传统，另一部分观点属于或者倾向于人本主义传统。就他个人的经历和思想渊源而言，他在其一生60余年中，有40年左右生活在欧洲大陆，有20年左右生活在英国，这种经历为他接受这两种文化传统的影响创造了良好的客观条件。他在一生中接受的思想影响，也是来自英美哲学传统和欧洲大陆哲学传统这两个方面。在语言哲学和数学哲学这两个领域内，主要接受弗雷格、罗素等人的影响。在文化哲学领域内，主要接受叔本华、尼采、斯宾格勒、陀思妥耶夫斯基、托尔斯泰等的影响。这些来自不同传统的影响也有力地促使他成为现代西方两大哲学传统的融合者。此书出版后受到国内哲学界的好评，作为国家社会科学基金项目的最终成果获得优秀科研成果奖。

经过50多年在哲学翻译和研究领域的不断追求和探索，涂纪亮为我国的哲学研究，特别是为外国哲学的翻译和研究工作做出了杰出的贡献，得到国内外哲学界的普遍尊重和高度评价。2006年4月25日，为了表彰涂纪亮毕生取得的成就，中国社会科学院哲学研究所为涂纪亮的八十华诞举行了纪念活动。中国社会科学院学部委员、时任哲学研究所所长李景源以及时任哲学研究所党委书记吴尚民对涂纪亮为我国现代外国哲学研究事业所作的重要贡献给予了高度评价，对他一生淡泊名利、虚怀若谷的高尚人格也倍加推崇。来自北京大学、清华大学、中央党校以及哲学研究所的学者们纷纷表示，要向涂纪亮学习，勤奋做事，踏实做人。涂纪亮母校浙江大学专门发来贺信，感谢涂纪亮为我国的外国哲学研究事业做出的重要贡献。会后编辑出版了《追求与探索——涂纪亮先生八十华诞纪念文集》，刘放桐、王树人、姚介厚、王炳文、罗嘉昌、杜小真等学者纷纷撰文，高度评价涂纪亮的成就。涂纪亮在他的《学术思想自述》中谦虚地表示，"作为一个平凡的哲学工作者，我只想踏踏实实地在翻译和科研方面做出平凡的工作。"这是一种高尚人格和高远境界的充分体现。

三、涂纪亮主要论著

(德) 费尔巴哈.1979.费尔巴哈哲学史著作选 (3卷).涂纪亮译.北京：商务印书馆.

(苏) 巴克拉捷.1980.近代德国资产阶级哲学史纲要.涂纪亮译.北京：中国社会科学出版社.

(德) 费尔巴哈.1983.对莱布尼茨哲学的叙述、分析和批判著.涂纪亮译.北京：商务印书馆.

(德) 李凯尔特.1986.文化科学和自然科学.涂纪亮译.北京：商务印书馆.

涂纪亮.1987.分析哲学及其在美国的发展（2卷）.北京：中国社会科学出版社.

涂纪亮等.1987.当代美国哲学.上海：上海人民出版社.

涂纪亮.1988.英美语言哲学概论.北京：人民出版社.

涂纪亮，杜任之.1988.当代英美哲学.北京：中国社会科学出版社.

涂纪亮.1989.分析哲学.上海：上海人民出版社.

涂纪亮.1990.现代世界哲学.重庆：重庆出版社.

涂纪亮.1991.当代美国哲学论著选译（4卷）.北京：商务印书馆.

涂纪亮.1993.英美语言哲学.北京：中国社会科学出版社.

涂纪亮等.1994.现代欧洲大陆语言哲学.北京：中国社会科学出版社.

涂纪亮.1996.现代西方语言哲学比较研究.北京：中国社会科学出版社.

涂纪亮.1996.当代西方著名哲学家评传.济南：山东人民出版社.

涂纪亮.2001.美国哲学史（3卷）.石家庄：河北教育出版社.

涂纪亮.2003.维特根斯坦全集（12卷）.石家庄：河北教育出版社.

涂纪亮.2005.维特根斯坦后期哲学思想研究.南京：江苏人民出版社.

涂纪亮.2006.从古典实用主义到新实用主义——实用主义基本观念的演变.北京：人民出版社.

涂纪亮，陈波.2006.美国实用主义文库（9卷）.北京：社会科学文献出版社.

涂纪亮，陈波.2006.蒯因著作集（6卷）.北京：中国人民大学出版社.

主要参考文献

涂纪亮.2007.学术思想自述//江怡.追求与探索——涂纪亮先生八十华诞纪念文集.北京：中国大百科全书出版社.

撰写者

江怡（1961～），四川宜宾人。教育部长江学者，北京师范大学特聘教授、博士生导师，1988～1991年师从涂纪亮攻读博士学位，主要研究领域为英美语言哲学、分析哲学、形而上学等。

杨祖陶

　　杨祖陶（1927～），四川大竹人。西方哲学史家。1945年成都石室中学肄业，进入西南联合大学哲学系，1950年北京大学哲学系毕业，留校任哲学系助教、讲师。1959年10月调武汉大学执教至今。曾任武汉大学西方哲学史教研室主任，武汉大学学位委员会委员，《德国哲学》副主编，金岳霖学术委员会顾问，国家教委社会科学基金评审组成员；现为武汉大学哲学学院教授、博士生导师，中华全国外国哲学史学会顾问，湖北省哲学史学会名誉会长。长期从事西方哲学史的教学与研究，多次被评为武汉大学优秀教师、优秀研究生导师，曾获湖北省高校先进工作者称号。培养了一批有影响的专家和学者。在系统研究欧洲哲学史的基础上着力从事德国古典哲学、康德黑格尔哲学研究和翻译并取得成就。在开创德国古典哲学逻辑进程的研究，探索康德范畴先验演绎的构成和黑格尔逻辑学的建构及逻辑学中的主体性等方面获重要成果。代表论著为《德国古典哲学逻辑进程》、《康德黑格尔哲学研究》、《欧洲哲学史稿》（合著）、《康德〈纯粹理性批判〉指要》（合著）。代表译著为黑格尔《精神哲学》，康德著《纯粹理性批判》、《实践理性批判》、《判断力批判》（合作翻译）。1998年11月退而不休，学术工作至今仍在有成效地延续。

一、哲 学 人 生

　　我祖籍为四川省大竹县，1927年1月15日出生在达县（今达州市）一个历代都重视子女教育、被乡里称为"读书人家"的家庭中。父亲杨叔咸为前清秀才，早年在唐山铁道学堂肄业，新中国成立前曾在达县与兄长共同创办"商务印书馆经销部"，对提供中小学教材、传播新文化起到很大作用。父亲在我少年时去世。我的3个同胞兄弟都先后受到大伯父教育之恩。大伯父杨伯钦早年留学日本，毕业于东京师范大学，是毕生从事教育事业的知名教育家。1937年我10岁时，父母决定把我也送到成都大伯家求学，大伯对我视如己出，高小、初中的学业都是在当地最好的学校完成的。

　　1942年我不负大伯栽培考入了最负盛名的省立石室中学就读高中（1942～

1945），在石室中学我陆续接触和读了倾向各异的书籍，尤其是叔本华、尼采的意志主义哲学更是令我陶醉和激动，受其影响立志学哲学，而没有步兄长们后尘学习经济学的热门。由于一心想学哲学，1945年终于以同等学力考上了我朝思暮想的、名教授云集的西南联合大学哲学系，有幸成为在我国教育史上有着不可磨灭的重要地位的西南联大的末届大学生。我当时怕考不上西南联大，还同时报考了华西大学哲学系，后者张榜在先，我已先期报到入学。华西大学风景如画，条件很优越，何况我的大伯父时任校中文秘书长。但当我得到西南联大的录取通知时，我欣喜若狂，执意要去，开明的大伯父虽十分不舍，还是成全了我的志愿。我踏上征途，直指南疆，奔向春城。当我历尽千辛万苦来到昆明，来到国难当头临时搭建起来的干打垒的简朴校舍和没有多少树木的近乎荒凉的联大校园时，眼前的一切与华西大学似乎不可同日而语，但我情绪很高，因为我心中在意的是自己对哲学的追求。我终于在这个大后方"学术自由"的"民主堡垒"里，迈出了漫漫哲学人生路的关键一步。

1945年到1950年是我在西南联大-北京大学求学阶段。1945年一进入西南联大就感受到全校弥漫着浓郁的学术空气，我忙着拜见我仰慕的名师，找寻他们的著作。我在西南联大的第一学年里上的是一般性的大一课程，唯一与哲学有关的就是金岳霖给文科学生开设的、可以说是哲学启蒙课程的逻辑课。金岳霖是把现代逻辑介绍到中国来的先驱，他精彩而严谨的讲课使我受到理性思维的逻辑训练，使我懂得了正确思维所必须遵守的规律和形式，这对我日后求学为学受用不尽。但我却没有因此改变自己在中学时代就树立的对尼采、叔本华意志哲学的信仰。

1946年4月，组成西南联大的北大、清华、南开三校准备复员迁回平津原址。在读学生可以自由选择复员的学校，我坚定不移地选择了进入北京大学哲学系学习。但在等待复员的过程中，我们川籍同学相约一起先回四川，无奈我们坐的敞篷货车到贵州的七十二拐时突然翻了，我因伤休学，直到1947年7月才到北京大学哲学系复学。

1947～1950年，在北大学习的这三年对我的哲学生涯具有至关重要的意义。我三度进入西方哲学、特别是黑格尔哲学大师贺麟的课堂，聆听先生讲授的"西洋哲学史"、"形而上学研究"、"黑格尔哲学研究"三门课程。其中"黑格尔哲学研究"实际上是贺麟主持的一个研讨班，上学期学习黑格尔的《小逻辑》；下学期学习列宁的《黑格尔〈逻辑学〉一书摘要》。受到贺麟的启蒙、教诲、鼓励，使我暗下决心要一辈子跟随他研究黑格尔哲学。与此同时，我又以空前的政治热情，如饥似渴地博览马列著作，自然而然地使得黑格尔和马克思在我心中不可分割地紧密联系在一起了，在我青年时代就形成了没有黑格尔就没有马克思，没有马克思就不能洞见黑格尔真谛的朴素信念。这一信念在我风风雨雨的一生中从来没有动摇过，只有加深和坚定。

郑昕是我国第一个对康德作精深研究，能原原本本地、系统地、融会贯通地介绍康德哲学的大家。我高度自觉地选修了郑昕讲授的有关"康德知识论研究"课程，并认真钻研了郑昕的《康德学述》著作。是郑昕为我开启并带领我进入了康德《纯粹理性批判》的学术大门，有了一些粗浅的领悟，日后我对康德哲学的研究探索不得不说是得益于郑昕的指引才起步的。

在北京大学的最后一个学年，我还有幸完整地聆听了学贯中西印的哲学大师汤用彤开设的"大陆理性主义"和"英国经验主义"两门课程。汤用彤讲授的内容可视为对哲学家原著的导读，他通过严密的分析，引导学生通观原著的本质内容和逻辑线索，先生这一做法，对于我日后从原著入手、从第一手资料入手研究哲学树立了榜样。最后他总是归结到讨论如何由大陆理性主义和英国经验主义的对立而达到康德批判哲学的问题，从而进一步增进了我对康德《纯粹理性批判》一书的历史基础、理论来源和开创意义的理解。

1945～1950年，我完成了西南联大-北京大学的求学之旅。在金岳霖、贺麟、郑昕、汤用彤诸先生的课堂的影响下坚定不移地确立了终身研究西方理性哲学的方向。

1950～1959年是我在北京大学任教的9年。1950年我大学毕业后留校任教，兼作系秘书。当时系主任郑昕对我卖力的工作很为赞赏，说我还有一点做秘书的才能。在参加一年土改、从城内沙滩迁校燕园、全国院系大调整、下放劳动一年中，经历了从哲学系到马克思列宁主义基础教研室再回到哲学系的变动。开始从研究和翻译两方面着手进入黑格尔哲学：发表我的第一篇学术论文《黑格尔的哲学史观》，翻译黑格尔著《哲学史讲演录》第一卷中赫拉克利特和恩培多克勒两部分，以及黑格尔的《精神现象学》序言。我毕业留系工作后不久，在学长赵宝煦、黄枬森领导、指导下从事马列主义基础的教学工作和协助苏联专家主持研究生班。这样，我就有机会更广泛深入地学习和研究马克思哲学方面的著作。可是，对马克思哲学了解得越多，我就越发觉得不了解黑格尔哲学就不能真正理解马克思哲学，我对黑格尔哲学的依恋就越深。经我多次争取，1956年年底我终于回到了外国哲学史教研室，这还得益于院系调整后从清华大学到北京大学任哲学系系主任的金岳霖希望我回到他身边工作。回到哲学系，我满以为从此可以把探索、研究黑格尔哲学和马克思主义哲学的内在联系提上日程、深入下去，但是客观环境并没有给我这样的机会。

1959年10月至今是我在武汉大学任教的漫长岁月。

1957年反右斗争后，这年冬季我随北京大学师生下放到贫瘠的上清水进行劳动锻炼，1959年我从上清水回校不久，没有任何思想准备突然就得到调我到武汉大学任教的调令，国庆节后我就匆匆来到珞珈山，从此再没有动过窝。我在武汉大学经历了三年困难时期、"文化大革命"、改革开放时代。不论风云变幻，不管艰难险阻，我始终没有放弃对西方理性哲学的探索与耕耘，始终坚持教学、研究与翻译三者结合的为学道路。

我来武汉大学是与1957年反右斗争后高校形势变化有关的。陈修斋因受牵连不让上课，武汉大学哲学系匆忙来北京大学要求派人"支援"。我在北大没有上过一堂外国哲学史的课程，家中还有一大堆难以想像的困难，来到武汉大学正值三年困难时期，物资匮乏，正常生活都难以为继。好在当时正贯彻"高教六十条"，阶级斗争的弦稍稍放松一点。我披荆斩棘，奋发图强，在德国古典哲学研究领域中开辟出了一条自己的道路，收获了第一批研究成果：适应教学需要的40万字的《18世纪末至19世纪40年代的德国古典哲学》铅印教材（《德国古典哲学逻辑进程》一书的前身）；为湖北省哲学学会（李达任会长）首届年会撰写了5万字的长篇主题论文《从法国唯物主义到德国唯心主义》。

在"文化大革命"年代，我的学术事业被中断。1968年武汉大学率先将哲学系一锅端到湖北襄阳隆中，在下放劳动和复课闹革命中挤出时间着手编写了铅印本《欧洲哲学史（试用讲义）》（全国哲学通用教材《欧洲哲学史稿》的前身）中的古希腊哲学、欧洲封建社会哲学和德国古典哲学部分，陈修斋在完成他的名著翻译后参加编写了另外4章，共同完成了全书；继续翻译黑格尔的《精神哲学》。

1978年，武汉大学哲学系结束了在湖北襄阳隆中长达10年的"斗批改"、开门办学，我又重返珞珈山，开始了我哲学生涯的新阶段。当时正值粉碎"四人帮"，百废待兴，我选择的是把一线教学视为天职，以学生为中心，主动负担恢复高考招生的1977、1978、1979三届哲学系本科生的西方哲学史课程的通讲，一两百人的大教室座无虚席，我力求以问题为主线，努力挖掘哲学家的深层意蕴和揭示哲学思想发展的内在逻辑规律，被同学们誉为"带领我们在哲学史的迷宫里漫游"、"听杨老师的课是一种真正的享受"。此外，还首次开出难度较大的研究型选修课"康德《纯粹理性批判》研究"和"黑格尔《小逻辑》研究"，这些课程产生了很好的效果，也促进了我的科研工作的进展。从20世纪70年代末到21世纪初，发表了从《黑格尔关于逻辑学对象的观点及其在发展辩证法中的历史作用》到《德国古典哲学研究的现代价值》的系列学术论文；出版了专著《德国古典哲学逻辑进程》、《康德黑格尔哲学研究》、合著《康德〈纯粹理性批判〉指要》。

在古稀到耄耋，我克服自身年老病痛的不利条件，卸下教学任务后，在没有任何补助的情况下，集中精力、历时7年，实实在在地推进自己的学术事业，在主导合作编译出版《康德三大批判精粹》、合作翻译出版康德著《纯粹理性批判》、《实践理性批判》、《判断力批判》的巨大工程中竭尽自己的全力，产生了可观的学术效果和社会效益，经住了学界的反复考量。腰疾缠身的我仍在马不停蹄地进行各项学术工作。80岁首译出版了恩师贺麟交给的格洛克纳版黑格尔《精神哲学》；完成了从网络走向正式出版的《回眸——从西南联大走来的六十年》学术回顾集。85岁奋力首译出版了贺麟托付的黑格尔《耶拿体系1804—1805：逻辑学和形而上学》。我以87岁高龄又根据德文"理论著作版"《黑格尔著作集》第10卷完成了即将出版的中文版《黑格尔著作集》中《精神哲学》卷的重译。

二、学 术 成 就

1. 开创了对德国古典哲学逻辑进程的研究

运用辩证逻辑，以主观能动性和客观制约性的矛盾为纲，揭示和陈述了德国古典哲学从康德到费尔巴哈及其向马克思的实践唯物论发展的辩证逻辑进程，这在国内外德国古典哲学研究领域中尚属首见。

在过去，德国学术界虽有关于从康德到黑格尔的论著，但从没有过从康德到费尔巴哈、马克思的。普列汉诺夫的有关论著《从唯心主义到唯物主义》也只论述了从黑格尔到费尔巴哈的哲学进程。尤为重要的是，他们都不是以运用辩证逻辑揭示德国古典哲学的辩证逻辑进程为目标和内容。我探索和研究的意义在于开以辩证逻辑研究德国古典哲学发展进程的先河，特别是从德国古典哲学纷繁复杂的矛盾中抓住主观能动性和客观制约性这个主要矛盾来揭示德国古典哲学发展的辩证逻辑全进程。这样就在德国古典哲学研究领域中开辟了一条前所未有的崭新道路。

1959年秋，我受命从北京大学调至武汉大学哲学系，很快就开始了主讲德国古典哲学的工作。当时生活条件非常困苦，校领导号召大家多晒太阳，保持健康。我完全可以按照当时既有的西方哲学教材走上讲台，但我执意要给自己压担子自己编写教材，在编写教学提纲的过程中，恩格斯关于"德国哲学从康德到黑格尔的发展是连贯的、合乎逻辑的、必然的"论断深深地吸引着我，在我心里产生了解开这种发展的连贯性、逻辑性和必然性之谜的强烈冲动；而列宁关于近代哲学认识的圆圈运动（"霍尔巴赫——黑格尔〈经过贝克莱、休谟、康德〉。黑格尔——费尔巴哈——马克思"）的设想，像一道划破黑暗的闪电，在我眼里显示出了解谜的前景。

这就促使我把揭示和描述德国古典哲学的逻辑进程作为自己长期研究的中心课题。我坦白地承认，正是解决这个课题的兴趣和需要，成了我对马克思主义哲学史方法论原理以及马克思主义经典作家关于德国古典哲学的论述进行一番广泛深入的研究的真正动力，也成了我思考和探究有关德国古典哲学，乃至整个西方哲学史的各种问题的特殊视角。20世纪60年代初期，我自信已经依照自己理解的马克思主义哲学史观及其方法论原理，大致弄清楚了德国古典哲学的阶级即经济—政治基础、实践即自然科学和社会科学基础、思想基础即近代哲学及其向德国古典哲学提出的问题和任务之后，就向自己提出了着手编写一部以探索和揭示德国古典哲学的内在逻辑为目标和特色的教材的任务。我的想法得到了哲学系和所在教研室的支持。那是一个物质条件特别困难的时代，连一张普通的稿纸也难见到，这就逼使我不得不以一种现在也难以想像的竞技状态来完成这项自选动作。由于时间紧迫，这项工作只好马不停蹄地以边讲授、边编写、边由印刷厂印发给学生的方式进行。就是这样，到课程结束时，将所发散页集中起来装订成册，同学们居然有了一部40万字的铅印本《18世纪末至19世纪40年代的德国古典哲学》。当时对于出版著作也没有强烈的愿望，这部讲义在抽屉里一放就是30年，直到1993年才删繁就简、整理修订后以《德国古典哲学逻辑进程》的书名正式出版。

《德国古典哲学逻辑进程》一书问世后，引起学术界普遍关注，有人称之为"哲学史方法论典范"。关于我所运用的哲学史方法论原则在该书中作出了这样几点结论：

（1）人类哲学思想的发展不是一个随意的、偶然的过程，不是个别天才人物头脑中的一闪念的产物，而是基于人类思想文化和哲学的已有成果之上的一个有规律的逻辑过程。

（2）不过，哲学思想发展的规律是内在的、隐藏的，必须去其偶然材料，得其带有本质意义的材料，去突出其内在的逻辑线索；之后反过来用这一逻辑线索去统摄那些偶然的材料使其纳入一个被理解了的系统中。

（3）要做到这一点，人们必须有一个高出于他所考察的对象之上的视角和立足点。"人体解剖是猴体解剖的一把钥匙"（马克思语），每一个后来的哲学思想体系都是理解前一个思想体系的钥匙，每一种哲学的内在意义和思想价值，都只有在后来的哲学中才能得到更好的阐释。

（4）除了哲学思想本身的逻辑进程之外，一个时代的哲学与该时代的整个社会状况有着直接或间接的联系；且哲学思想是通过一系列的中间环节受到一个时代的经济发展的制约的。

这一关于方法论的原则被学界认为对哲学与哲学史研究具有普遍的指导意义。2002年，在《德国古典哲学的逻辑进程》一书的"再版前言"中，我又将所运用的"方法的核心"做了一个我认为至为精当的概括："这就是要把作为唯物主义认识论、辩证法和逻辑学之统一的唯物辩证逻辑应用于德国古典哲学的现实历史进程的研究"，而"所谓应用唯物辩证逻辑，就是以它作为研究的指南，去发现德国古典哲学发展的固有的内在规律和逻辑进程，实质上也就是要在这个'单独的历史事例'上发展出与之相应的唯物辩证逻辑的观点。"这就是说，要揭示和阐明德国古典哲学的历史发展，是一个受其固有的辩证法则支配的、由自身的内在矛盾推动的、螺旋式上升的、必然的辩证逻辑进程。

2. 创造性地研究康德哲学

康德哲学是我在阐明德国古典哲学逻辑进程基础上第一个深入研究的对象。而从"范畴先验演绎"出发深入探索康德哲学则是我确立和遵循的研究康德哲学的整体思路。哪怕有天大的困难，我都必须不屈不挠地拿下"范畴先验演绎"这个进入康德哲学的桥头堡。

（1）首次揭示和论证了康德哲学最重要最困难的"范畴先验演绎"是一个由主观演绎和客观演绎构成的"有机统一整体的圆圈"。范畴先验演绎是康德的《纯粹理性批判》中最核心、最重要、也是最难的部分，但它又是通向康德哲学的"哥白尼式革命"的钥匙，只有把这部分搞通了才能真正进入康德的《纯粹理性批判》，从而进入批判哲学的大厦。而"范畴先验演绎"首先遇到的就是它的构成问题：它究竟是如《纯粹理性批判》第一版说的由主观演绎和客观演绎两部分构成，还是如上书第二版实际上做的那样只有客观演绎？这两种演绎的关系又是怎样的？这是康德研究中至今仍然众说纷纭、争论不休的问题，我知难而上，进行了艰苦细致深入的攻坚研究，作出了上述令人瞩目的回答。学术论文《康德范畴先验演绎初探》被《中国哲学年鉴》认为是康德哲学研究中的一个新进展。

（2）突破以为康德只有一个批判哲学体系和对其性质简单化的成见，揭示和阐明了康德批判时期里先后出现了三个不同的体系：①以解决我能知什么、我应做什么和我可以希望什么为内容的"科学（未来）"形而上学体系，它由于预定的自然形而上学只有开端而是一个未完成的体系。②以解决上述三个问题和人是什么这个总问题为内容的哲学人类学体系，这是一个各组成部分尚未协调一贯起来的体系。③真正完成了的批判哲学体系具有三重性质：解决形而上学可能性问题的形而上学"导论"，真（自然）善（道德）美（艺术）统一的形而上学体系和以揭示知情意三种能力的先天原理为内容的先验人类学。康德哲学的三个体系和批判哲学的三重性质有力地表明了康德在解决哲学何去何从问题上的永不停息的探索性和创始性。这是康德哲学永恒魅力之所在。

（3）突破对康德思想发展的单纯描述的局限，以矛盾为纲，揭示和论述了康德思想发展从早期理论自然科学阶段直到后批判哲学阶段的自始至终的矛盾运动。由此展现出了康德思想发展进程的这样一幅千真万确、栩栩如生的画卷："在他的内心世界里，近代各种对立思潮互相激荡，思想风暴此起彼伏、连绵不绝，思想革命的潮流汹涌澎湃、曲折反复，一旦形成了容纳百川的海洋，新的思潮又在海底涌动兴起。"（《康德三大批判精粹》编译者导言）

3. 创造性地研究黑格尔哲学

黑格尔哲学是我心目中"主题的主题"，从逻辑学出发深入探索黑格尔哲学是我确立和遵循的研究黑格尔哲学的整体思路。这不仅需要我进行高度纯粹的艰苦的思辨，还考验我是否具备足够的、不顾一切地研究哲学的耐心。我体会到没有耐心是绝对不行的。

（1）首次从黑格尔逻辑学对象的特性出发详尽地阐明了黑格尔的逻辑学与辩证法的辩证统一关系：建立逻辑学必须也只能用辩证法，而辩证法也必须和只能由逻辑学来制定，黑格尔的逻辑学因此只能是逻辑学、本体论、认识论和辩证法四者统一的逻辑学体系。在此基础上系统地揭示和阐明了黑格尔建立逻辑学体系的五大方法论原则：逻辑学、本体论、认识论和辩证法统一的原则；意识的经验发展和主客同一的纯概念发展的一致的原则；纯概念自己运动的原则；纯概念的逻辑发展与历史发展一致的原则；逻辑学与经验科学一致的原则。由于我在为中国哲学界纪念黑格尔逝世 150 周年提供的论文《黑格尔关于逻辑学对象的观点及其在发展辩证法中的历史作用》中，重申并有力地论证了黑格尔逻辑学是逻辑学、本体论、认识论和辩证法四者统一的新见解，贺麟称它是一篇在黑格尔哲学中走出了新路的佳作。

（2）首次提出主体性这个黑格尔哲学的基本概念只是在其逻辑学中才得到了透彻处理的观点；进而系统地考察了逻辑学中主体性的发生史，主体性从作为形式概念的形式主体性到作为目的性的实在主体性再到作为理念的真实主体性的辩证发展；最后将此种发展提高和归结为"从潜在的主体性到绝对的主体性"的无止境的、一次又一次地向更真实的状态前进的辩证发展历程。这篇《黑格尔逻辑学中的主体性》论文在 1988 年的一次国际学术讨论会上令与会的德、法等国著名专家们感到惊讶并得到了他们的高度评价和赞赏。当时参加会议的青年学者、现任复旦大学教授的邓安庆后来撰文指出：这篇论文"展示了一个中国学者以德国式的思辨本真地理解和批判地重建黑格尔哲学的精深思想，让国外同行惊讶不已。他们惊讶的是，在刚刚结束'文化大革命'的这样一个完全陌生的国度却有学者可以跟他们站在同一个水准上讨论德国主体哲学问题！"

（3）运用逻辑与历史一致的原则和方法，在大量第一手资料的基础上系统地论证了贺麟关于黑格尔体系构成（以《精神现象学》为全体系的导言，以逻辑学为全体系的中坚，以自然哲学和精神哲学——统称应用逻辑学——为逻辑学的应用和发挥）的创见及其意义（拨开黑格尔《哲学全书》体系的唯心主义迷雾，直接展示了黑格尔哲学体系各组成部分之间的真实关系：一方面逻辑学及其范畴不是凭空产生而是来自精神现象学，一方面逻辑学与精神哲学、自然哲学之间不是什么唯心主义的外化和回到自身的关系，而是逻辑学和应用逻辑学的关系），从而有利于正确地理解和研究黑格尔哲学。

三、"必得其真，务求其新"的治学原则

在我的学术研究中，"求真"是第一位的，在求真的基础上"务新"，即力求在前人止步的地方有所前进、有所发现和创新。我认为"求真"与"务新"两者不可偏废，而应当统一起来，并无止境地从一个层次进到一个更高的层次。这是一个艰苦的、但也是一个愉悦的上下求索过程。在这个过程中我注重把综合研究与专题研究结合起来，立足前沿，选题上避易就难，程序上埋头从基础做起，力求从第一手资料熔铸提炼出真知灼见。我的一篇篇学术论文都是一个重要的专项研究，短则万余字，长则三五万字，从来不是唾手可得的应景之作，而是呕心沥血、反复探索、日积月累逐渐完成的。我认定，凡我拿出手的东西，哪怕是一点点心得也要经得起时间和历史的检验。

我在德国古典哲学研究领域中求真务新的第一步是开创了对从康德到黑格尔哲学的逻辑进程的研究，把它看作是理性哲学的矛盾进展过程（见《德国古典哲学逻辑进程》）。30余年后，在此基础上进一步求真务新，认识到从康德到黑格尔的德国古典哲学自身就包含有非理性主义（意志主义）的因素，把其发展看作是理性主义和非理性主义既对立又重合、交叉的矛盾进展过程（见《德国近代理性哲学和意志哲学的关系问题》）。

关于引进西方哲学究竟有什么用的问题，我对这一问题的回答经历了一个艰苦的求真务新过程。1998年10月芜湖西方哲学讨论会上我力排众议，主张引进西方

哲学不是为了"古为今用"、"洋为中用",而是要人看到原原本本的西方哲学。经过将近一年的反复思考,我认识到在此问题上必须把"实用"之"用"和西方哲学的本性所决定的它固有的"作用"之"用"区分开。于是我在1999年的"新中国哲学50年学术研讨会"上大声疾呼:适应我国社会发展的需要,必须引进我国传统文化中所没有的、源自古希腊哲学而在德国古典哲学中达到典型高度的"为真理而真理的理论精神"和贯穿在西方近代启蒙思潮中以个体独立和自由意志为核心的"为自由而自由的实践精神"。在以后的半年内,经过艰苦的反复探究,我修正了自己原先对于"为自由而自由的实践精神"的看法,认识到这种精神同上述理论精神一样,也是源自古希腊哲学而在德国古典哲学中达到了典型的高度,它不同于"理论精神"之处仅在于它是人和人类历史行动的客观原则;并进一步认识到这两种精神都为马克思主义哲学所批判地改造、继承而成为了马克思主义哲学自身固有的两种根本的精神。这些观点所导致的最终结果就是2001年写成和在《哲学研究》上发表的《德国古典哲学研究的现代价值》一文。

1957年我在《光明日报》哲学专刊上发表了《黑格尔的哲学史观》一文,1993年我深感有必要再回到这个论题上来,写成和发表了《黑格尔哲学史观再认识》一文,在对这个重要问题的求真务新上大大地前进了一步。此文不仅更加精当地把黑格尔哲学史观的核心归结为他所发现的、以"哲学只有一个,哲学史是这唯一哲学发展的历史"等4点内容所构成的"哲学发展的内在规律",而且更加广泛、深刻、集中地揭示了黑格尔这一发现的合理性和当代价值。这就是,它不仅有助于科学地说明马克思主义哲学与过去哲学的本质联系,而且更在于它有助于正确地说明当代马克思主义哲学与非马克思主义哲学之间应有的关系,提出了马克思主义哲学要发展就必须同时关注、承认、肯定和批判地吸收非马克思主义哲学的合理内容和总结其经验教训,这是马克思主义哲学家和马克思主义哲学及其发展史的研究者所应有的职责和任务。

四、坚持真理,敢说真话

在几十年的哲学生涯中,我的学术研究始终围绕着我心中的目标进行着,我自认为我最大的特点在于为人与为学的一致性,始终坚持自己的追求与信仰,从不趋炎附势、朝三暮四,完全不计较个人得失、不干违心的事。从学术上我准确地把握了马克思哲学与黑格尔哲学的关系,不因政治形势的变化而改变,不趋时髦,不赶浪潮。我深深感到,坚持真理不易,讲出真理尤难,因为这需要更大的勇气,准备承担可能的风险。一个真正的爱智者，应当努力把这两方面统一起来。

古希腊没有所谓奴隶哲学，这对于学习过、更不用说研究过西方哲学的人来说是一个不言而喻的真理。但在1971年，一些"上、管、改"的工农兵学员出于对"奴隶们创造历史"的误解，在我刚从养猪场匆匆走上讲台讲第一堂课后就立即贴出大字报对我没有讲"奴隶哲学"进行气势汹汹的非议，并提出"有奴隶哲学"的主张。他们的这一举动立即得到哲学系领导、分校领导、珞珈山总校领导以及工、军宣队领导的支持并号召师生就此问题展开"大辩论"。这时只有我一个人站出来坚持"无奴隶哲学"。大辩论从襄阳分校一直进行到武汉大学总校。我不得不单枪匹马奔赴珞珈山总校小操场大会讲台，面对黑压压的人群和出面的学员、教师对手们，轮番展开激烈的辩论。我拒受校领导"宁可信其有，不可信其无"的指示，顶住《光明日报》站在"有"的立场对这场所谓的大辩论所做整版报道的压力，始终坚持"无"。有意思的是，当时哲学系的教师几乎一边倒地赞同"有"，为"有"找论据，并为在辩论中如何取胜出谋划策。极个别教师虽然向我表示支持，但却绝口不言"无"。后来发展到居然有的外系教师提出不仅"奴隶有哲学"，奴隶还有政治经济学，甚至图书馆学，不一而足。鉴于此，校领导也就只好见好就收，不再就奴隶有无哲学继续辩论下去了。

也许在哲学、哲学史研究这样一些抽象的理论领域内坚持真理、说真话比较容易一些吧！其实不然，因为在这里往往会、甚至必然会和奉为圭臬的某些观点、提法、规定、信念等发生冲突因而也就需要更大的勇气。例如，在芜湖会议上我提出引进西方哲学的唯一目的是要让国人看到原原本本的西方哲学，这就显然跟"洋为中用"、"古为今用"的最高指示相违背。在全国性的学术研讨会上倡导必须引进西方哲学中的"为真理而真理的理论精神"和"为自由而自由的实践精神"就要冒"反对……"和"鼓吹……"的风险。在《21世纪中国哲学前景》一文中，我提出马克思主义的"指导作用"、"主体地位"及其本身的发展，只有一方面在马克思主义内部的不同观点、另一方面在马克思主义观点和非马克思主义观点之间的"百家争鸣"中才能实现，这样提出问题就要不怕别人说这是在为"修正主义"和"资产阶级自由化"造舆论或鸣锣开道。

五、淡泊名利，乐于默默无闻干实事

人们对我最深的印象是与世无争，淡泊名利。我是能够与同辈、晚辈合作共事的，因为我真正地不惜一切埋头干实事，超负荷承担艰辛，笨鸟先飞，笨鸟晚归，从不计较个人得失。在目前学术界普遍存在的浮夸浮躁、追名逐利的情况下我还是能够保持自己的学术阵地和学术节操，我求的是自己的心安。我深深体会到，只有淡泊名利，才能"坚持真理，敢说真话"，也只有淡泊名利，才会乐于默默无闻地干实事。在我的思想里，没有名利的空间，从而也从来没有过摆脱名缰利锁的挣扎，而只有干实事的愿望和冲动，干实事在我不仅是职责和任务，而且更是心灵获得愉悦和满足的源泉。没有人干实事，再好的设想、规划、蓝图和理想也只好是一纸空文，因此而受损失的就只能是学术和教育事业。干起实事来，我从无丝毫"吃亏"的感觉，甚至在别人看来实在是近于"迂腐"，相反地，在我的脑海里倒是不时会浮现出一种"舍我其谁"的自信和坚定。

"文化大革命"后期，工农兵被推荐上大学。我响应系领导的做好教材建设的号召，着手进行《欧洲哲学史》（试用讲义）编写工作，我先从古希腊罗马哲学写起，由于陈修斋在完成《人类理智新论》的翻译后，也投入这项工作，我们共同完成了这一教材建设。系领导对此非常满意，当即决定铅印，由湖北省山区小县保康的小小印刷厂承担。我放下《精神哲学》的译事，从襄阳分校到保康印刷厂整整做了3个月的"小工"，帮助工人师傅辨认底稿上的字迹以便正确地拣铅字排版，排好一页又帮忙校对一页。这样的实干在今天看来是不可想像的。这是我难忘的一段经历。谁料到这部从山沟里飞出的讲义竟成了后来影响广泛深远的国家教委规划中的"高等学校哲学专业教材"《欧洲哲学史稿》（荣获国家教委优秀教材奖一等奖）的前身和前奏。由于"文化大革命"中对"文责自负"观念的淡薄，"史稿"后记没有写下编写章节的分工，更没有这段实干的鲜为人知的点滴了。

在主导合作从德文原版新译康德"三大批判"（《纯粹理性批判》、《实践理性批判》、《判断力批判》）的7个寒暑里，我作为第一著作权人，全力地、默默地、夜以继日地埋头对在电脑上以日译3000字的速度接踵而来的100万字的初译稿进行精心的审视、重译、校改。本着对学术、对历史、对读者，更重要的是对自己负责的精神做了大量的艰苦工作。正如初译者在《判断力批判》中译者序中这样明明白白地叙述的："翻译工作的程序是，首先由我在电脑中译出一个初稿，打出样稿，然后由杨祖陶先生用铅笔仔细校订，我再根据校订过的样稿加以订正。由于电脑操作，省去了许多重复抄写的麻烦。但使我和所有见到过杨先生的校订稿的同事们感到吃惊的是，尽管我在初译时尽了最大的努力小心谨慎，力求少出或不出错误，但仍然被杨先生用极细小的字体改得密密麻麻，几乎要把原文都淹没不见了。算起来，杨先生校改所花的时间，比我译出初稿的时间还多得多。这种认真的态度，在目前国内的翻译界还是很少见的，所以我的第二次订正绝不是一件轻松的事情，甚至比我自己直接翻译还更加令人望而生畏。"我认为采取流水作业式的三段式（电脑初译-手工校改-电脑订正）的合作翻译过程，既保证了翻译的质量也保证了翻译的进度，是一件优势互补、合作双赢的创举，曾被学术界视为两代学人合作的典范。但为了扶持后学，我在署名上安排自己为校者，而安排合作者为单独的译者。我觉得，经过我这样的工作，有了质量保证的康德"三大批判"新译本得以问世，学习者和研究者有了可信的新译本使用，这就足够令我的心灵愉悦和满足了。当时我没有如黄枬森先生在《回眸——从西南联大走来的六十年》序中所说的那样考虑到，在这样的放弃署名的权利的同时也就放弃了我作为译者之一对这些译著、对学术界和教育界所应负的责任。不仅如此，由于我执著于学术本身，完全没有注意到今日的学术环境已大为改变，反而为某些人提供了便利，在学术界制造了极大的紊乱，但我坚信，读书的人自然会明白，不读书的人管他干什么？

1959 年我调来武汉大学，根据系领导的指示与安排，我负责的西方哲学史教学小组、教研室一贯以德国古典哲学为方向和特色。1978 年改革开放后，我主持教研室工作时一反这个传统的安排，建议和支持教研室以在国内占有一定优势的西欧近代唯理论和经验论哲学为中心和方向，招收这个方向的硕士生，并举办这方面的全国性大型学术讨论会以扩大影响、壮大声势、提高知名度。而我自己则宁愿坐冷板凳，一如既往地潜心研究我钟爱的德国古典哲学，重在探索的过程，一个一个问题地，长期沉下去、深入下去，直到自己认可，不急于出书，不忙于开会，自己给自己过不去是我最大的乐趣。

六、杨祖陶主要论著

黑格尔. 1956. 赫拉克利特，恩培多克勒. 杨祖陶译//黑格尔. 哲学史讲演录（第一卷）. 贺麟，王太庆译. 北京：生活·读书·新知三联书店.

杨祖陶. 1981. 黑格尔关于逻辑学对象的观点及其在发展辩证法中的历史作用//中国社会科学院哲学研究所编. 论康德黑格尔哲学（纪念文集）. 上海：上海人民出版社.

陈修斋，杨祖陶. 1983. 欧洲哲学史稿. 武汉：湖北人民出版社.

杨祖陶. 1983. 康德范畴先验演绎构成初探. 武汉大学学报（社会科学版），(6)：118-126.

杨祖陶，陈世夫. 1988. 黑格尔哲学体系问题. 北京大学学报（哲学社会科学版），(4)：62-71.

杨祖陶. 1988. 黑格尔逻辑学中的主体性. 哲学研究，(7)：24-33.

杨祖陶. 1993. 德国古典哲学逻辑进程（武汉大学学术丛书）. 武汉：武汉大学出版社.

杨祖陶，邓晓芒. 1996. 康德《纯粹理性批判》指要. 长沙：湖南教育出版社.

杨祖陶. 1998. 德国近代理性哲学和意志哲学的关系问题. 哲学研究，(3)：7-17.

杨祖陶. 2001. 康德黑格尔哲学研究（武汉大学学术丛书）. 武汉：武汉大学出版社.

杨祖陶.2001.编译者导言//康德三大批判精粹.北京：人民出版社.
杨祖陶.2001.德国古典哲学研究的现代价值.哲学研究，(4) 27-32，80.
康德.2002.判断力批判.邓晓芒译，杨祖陶校.北京：人民出版社.
康德.2003.实践理性批判.邓晓芒译，杨祖陶校.北京：人民出版社.
康德.2004.纯粹理性批判.邓晓芒译，杨祖陶校.北京：人民出版社.
黑格尔.2006.精神哲学.杨祖陶译.北京：人民出版社.
杨祖陶.2010.回眸——从西南联大走来的六十年.北京：人民出版社.
杨祖陶.2011.黑格尔《耶拿逻辑》初探.哲学研究，(2)：66-70，128-129.
黑格尔.2012.耶拿体系1804—1805：逻辑学和形而上学.杨祖陶译.北京：人民出版社.
杨祖陶.2013.从《耶拿逻辑》到《逻辑科学》的飞跃.哲学动态，(8)：72-76.

主要参考文献

萧萐父.1996.让逻辑之光照亮历史——德国古典哲学逻辑进程.中国社会科学，(1)：201-202.
杨祖陶.1997.杨祖陶.//国务院学位办公室.中国社会科学家自述.上海：上海教育出版社.
杨祖陶.2010.回眸——从西南联大走来的六十年.北京：人民出版社.
何卫平.2010.艰苦的学术创新——重读《康德黑格尔哲学研究》.武汉大学学报（人文科学版），(4)：507-510.
郭齐勇，周浩翔.2011-3-18.一个老联大人的风范——读杨祖陶教授新著.武汉大学报.

撰写者

杨祖陶

汤一介

汤一介（1927～2014），生于天津，祖籍湖北黄梅。1947～1951年就读北京大学哲学系。现任北京大学哲学系资深教授，北京大学唐传基纪念讲座教授，北京大学儒藏编纂与研究中心主任，北京大学儒学研究院院长。兼任中国文化书院院长、创院院长、中国孔子学会会长，北京外国语大学文学院名誉院长，上海社会科学院兼职研究员以及多所高校的兼任教授。1983年出版第一本专著《郭象与魏晋玄学》，这是1949年后第一部系统研究"魏晋玄学"的专著。1987年写完《魏晋南北朝时期的道教》（后改名《早期道教史》）获2008年"中国出版工作者协会提名奖"。1999年出版了《佛教与中国文化》，对印度佛教传入中国作了简明的历史考察，并对中国化的天台、华严、禅宗所吸收的中国文化作了分析。主编的书有《20世纪西方哲学东渐史》（获第十四届中国图书奖）、《汤用彤全集》（获2001年国家图书奖）、《中国儒学史》（获2013年获国家政府奖）。

一、成长经历

我1927年2月16日出生，自幼与父亲汤用彤生活在一起，直至用彤先生1964年去世。1931年就读于北平孔德幼儿园和小学，后转至育英小学，同时在中国古典文献方面受教于父亲汤用彤。1940年到云南，先就读于宜良县立中学，后转至西南联大附中。1943年又到重庆南开中学读高中。1945年回昆明，从父亲较系统地阅读儒、道、释三家典籍文献，又师从西南联大外语系教授钱学熙学习英语及英国文学批评。1946年入北京大学先修班，1947年入北京大学哲学系。在此期间，我除选修哲学系的课程外，我还先后修了西语系俞大缜的"英国文学史"、中文系杨振声的"西方文学名著选读"和梁思成的"中国建筑史"等课程。特别要提到的是我修习了胡世华开设的"形式逻辑"、"数理逻辑"、"演绎科学方法论"三门课程，使我受到西方逻辑学的系统训练。1951年调至中共北京市委党校任教，1955年在中共中央党校哲学班学习。自1949年至1956年，我较系统地研习了马克思列宁主义的著作。但当时在思想上主要受到从苏联引进的斯大林和日丹诺夫的极"左"教条主义甚深。

1956年调回北大作为我父亲的学术助手,帮助他整理他的著作。同时,在1957年至1966年"文化大革命"之前,我在北京大学教过"中国哲学史"和"中国近代思想史"两门课,又在报刊上发表过30余篇论文。这些文章可分两类:一类是依据教条式的马列主义批判古代哲学家,如孔子、老子、孟子、庄子、朱熹、王弼、郭象等;另一类是批判当时的所谓"资产阶级"学术权威,如冯友兰、吴晗等。这些论文大都是在当时极"左"教条主义思潮下写成,无学术价值,或许对了解当时中国知识分子接受的"思想改造"有些意义。

1976年秋"四人帮"被打倒后。自1978年,我又回到北大哲学系,当时我的思想有一根本性的转变:"今后一切学术研究和教学我都按照自己的思想来进行,努力摆脱一切教条的束缚。"1981年我由讲师升为副教授,1985年升为教授,1986年任博士生导师,开设过"魏晋玄学与佛教、道教"、"早期道教史"、"中国哲学名著选读(佛教部分)"、"中国哲学问题"等,受到学生欢迎。

自1983年起,我多次到外国和港台地区做学术访问、讲学和参加学术会议。1983年4月,我作为罗氏基金学者(Luce Fellow)到哈佛大学"费正清中心"做访问学者,同年8月参加拿大蒙特利尔大学举办的"第十七届世界哲学大会",并在"中国哲学分组会"上做了题为"儒学第三期发展可能性的探讨"的讲演,香港大学教授刘述先对这次会议有一段评述:"会议的高潮由汤一介教授用中文发言,探讨当前第三期儒学发展的可能性,由杜维明教授担任翻译。汤一介认为儒家思想的中心理念如'天人合一'、'知行合一'、'情景合一'在现代都没有失去意义,理应有进一步发展的可能性。这一番发言虽然因为通过翻译的缘故而占的时间特长,但出乎意料的清新立论通过实感的方式表达出来紧紧扣住了观众的心弦,讲完后全场掌声雷动,历久不息。"(《文化与哲学的探索》)此后,我在国内外的学术会议上多次做主题讲演,如1990年在美国夏威夷举办的"第六届东西哲学家会议",我在会上做了"中国哲学的内在超越性问题"的讲演;2004年我在北京大学主办的"北京论坛"上做了"文明的冲突与文明的共存"的主题讲演等。

我在1990年获加拿大麦克玛斯特大学文学荣誉博士学位,2006年获日本关西大学科学与人文荣誉博士学位。自1986年起,我曾在多所国外及香港地区的大学中任客座教授,并任国际价值哲学与比较哲学会理事,第32届亚洲与北非研究会顾问(1986),国际中国哲学会主席(1992~1994)。

二、主要研究领域和学术成就

进入20世纪80年代初,我考虑如何突破50年代以来关于"唯心唯物两军对垄","唯心主义"是"反动的","唯物主义"是"进步的"等受苏联日丹诺夫以及官方意识形态教条的影响,开始对教条主义的反思,于是写了《论中国传统哲学范畴体系诸问题》,论证应该把哲学史作为认识史来考察。1983 年,针对海外现代新儒学,我提出可以用"天人合一"、"知行合一"、"情景合一"作为"真"、"善"、"美"的表述来研究"儒学第三期发展可能性"的问题,并比较了在"真"、"善"、"美"问题上中西哲学发展方面的不同。我认为,西方哲学主要是为创构一种知识系统,而中国哲学主要是在追求一种精神境界。自 20 世纪 80 年代中期,因受到余英时和美国现象学会主席田缅尼卡的论文之启发,查看了一些书,特别是莱布尼茨的著作,我提出可以从三个方面来考察中国传统哲学,即"普遍和谐论"、"内在超越论"、"内圣外王论"可能是中国传统哲学讨论的主要问题。这三个问题是可以从"天人合一论"思想引发出来的。因此,我认为中国传统哲学讨论的基本问题应是"天人关系问题"。20 世纪 90 年代中期,由于亨廷顿提出"文明冲突论",我的关注点转为文化问题的讨论,写出多篇文章,其中比较重要的是《"和而不同"原则的价值资源》和《"文明的冲突"与"文明的共存"》。自北京大学百周年以来,我提出中国文化应由"中西古今之争"走出,而向会通"中西古今之学"方向发展,其中有代表性的论文为《五四运动与"中西古今"之争》和《走出"中西古今"之争,融会"中西古今"之学》(后题目改为《融"中西古今"之学,创"反本开新"之路》)。在此同期,我考虑到西方解释学对中国各哲学社会科学影响巨大,但中国有更长的解释经典的历史,历代又有十分丰厚的解释经典的历史传统,因而提出《能否创建中国解释学》等 5 篇讨论此问题的论文,受到学术界的重视。2001 年,海外学者提出"新轴心时代"的问题,引起我的兴趣。中国是"轴心时代"四大古文明之一,在 21 世纪如果"新轴心时代"能够到来,中国文化必将会迎来新的"复兴",而"重新燃起火焰"。为此,我写了 3 篇文章,其中《新轴心时代的中国儒家思想定位》比较重要。在此同时,由我主编《20 世纪西方哲学东渐史》出版,为此书我写了 3 万多字的"总序"。在此期间还写了《在中欧文化交流中创建中国哲学》、《在西方文化的冲击下的中国现代哲学》和《中国现代哲学的研修"接着讲"》等,说明中国哲学必须在与西方文化的对话与交流才能有所发展。在 2002 年,我提出编纂《儒藏》的设想,2003 年得到教育部的支持。自此以后,我就全心全意地主持编纂这一巨大的学术文化工程。同时,仍然关注一些热点的哲学问题如"普遍价值"问题,为此我撰写了《寻求文化中的"普遍价值"》等论文。

1983 年出版了我的第一本专著《郭象与魏晋玄学》,这是 1949 年后第一部系统研究"魏晋玄学"的专著。1987 年写完了《魏晋南北朝时期的道教》(后再版改名为《中国早期道教史》），并于 1988 年正式出版，获 2008 年"中国出版工作者协会提名奖"。这本书是我于 1985 年在北京大学讲"早期道教"一课的讲义基础上写成，它可以说是一本较为客观地评论"道教"的著作。1999 年又出版了《佛教与中国文化》，对印度佛教传入中国作了简明的历史考察，并对中国化的天台、华严、禅宗所吸收的中国文化作了分析。2009 年出版了《儒学十论及外五篇》，主要分析了儒家思想中的一些重要哲学问题。这 4 本书涉及中国传统文化的儒、释、道三家，我不认为它们是什么传世之作，但其中讨论了一些哲学问题，或有领先的意义。我主编的 5 套书，主要的有《20 世纪西方哲学东渐史》获第十四届中国图书奖，《汤用彤全集》获 2001 年国家图书奖，《中国儒学史》获 2013 年中国出版政府奖·国书奖，以及十卷本《汤一介集》等。

1. 对中国传统哲学的研究

1983 年，《郭象与魏晋玄学》在湖北人民出版社出版，此后又由北京大学出版社出版了第二版（2000 年）和第三版（2009 年）。在这本书中我主要试图①找出魏晋发展的内在理路；②通过魏晋玄学范畴的研究建构中国哲学的范畴体系；③探讨哲学方法对认识哲学理论变迁的重要意义；④尝试把哲学的比较方法运用于中国哲学研究的领域。美国学者傅伟勋曾评论说："到目前为止，对郭象的研究较有诠释学创见的，是钱穆教授的《庄老通论》（该书下卷），牟宗三教授的《才性与玄理》（第六章）与汤一介教授的《郭象与魏晋玄学》等三书。"（《从西方哲学到禅哲学》）

1988 年，《魏晋南北朝时期的道教》出版，同年也在台湾出版；2006 年改名为《早期道教史》再版，增加了《为道教创立哲学理论的思想家成玄英》一章。在这本书中，我提出必须把"宗教"与"迷信"区分开来，要肯定"宗教"对人类社会的重要意义；在承认"理性"对人类社会重要意义的同时，必须也承认"非理性"对人类社会生活的意义。本书除讨论道教养生思想、道教规仪、道教经典编目、道教组织形式、道教的神仙谱系、道教哲学体系的建构等，还特别从四个问题讨论了当时的佛道之争："关于老子化胡问题"、"关于生死、神形问题"、"关于'承负'与'轮回'问题"以及"'入世'与'出世'"问题，这些问题有的是在此前研究较少。本书注意到道教提出的"我命在我不在天"这一命题，这说明道教也是一种以"内在超越"为特征的学说，据此而有道教的"内丹学"与"外丹学"。

1999 年，《佛教与中国文化》由宗教文化出版社出版。此书虽是在若干篇论文编辑成的，但仍可看出它主要讨论的是三个问题：一是说明印度佛教传入大体上经过了三个阶段，首先是依附于中国本土文化而得流传；其次是传入日久而发现这两种文化之不同，而发生矛盾与冲突；第三阶段是一方面佛教吸收了中国本土儒道文化，而使佛教中国化，另一方面中国本土文化也吸收了佛教思想而有了宋明理学。这种"依附"、"冲突"、"融合"是否可以作为两种不同文化相遇后而有的模式？它似应有其一定的普遍意义？二是魏晋南北朝时期的儒道与佛教的斗争。三是隋唐时期中国化的佛教天台、华严、禅宗都注重"心性"问题，如天台有所谓"心生万法"；华严提出融"佛性"于"真心"；禅宗更是认为"佛性"即人之"本心"。我还特别讨论了华严"十玄门"中所包含的哲学问题以及中国化的禅宗也是一种以内在超越为特征的哲学。因而可以说中国的儒、释、道三家都是以"内在超越"为特征的哲学。

2009年，《儒学十论及外五篇》由北京大学出版社出版。我早年曾想经过自己的努力成为一有创见的、成体系的、有重大影响的哲学家，但由于主客观条件的限制而未能实现。但20世纪80年代后，我心有未甘，而经常考虑一些哲学问题，于是我就对儒学中包含的若干重要问题分别地作了一些研究，例如"天人合一"、"内在超越"、"普遍和谐"、"和而不同"、"道始于情"等，我把它们作为"哲学问题"来作研究，特别我把出自《周易·系辞》中所包含的中国哲学的两大系——中国的本体论和中国的宇宙生成论作了较深入研究，并认为，它一直影响着此后中国哲学的发展。

2. 对"哲学问题"的研究

在20世纪80年代，我在思想上逐渐摆脱了"教条主义"的束缚，同时由于邓小平提出"解放思想"的号召，我虽已不妄想再作一对中国哲学发展有重大影响的哲学家，但由于受自己的学术良心所驱使，我仍然希望对中国哲学的发展尽一点力。下面我将大体上按照时间来介绍我所关注的"哲学问题"。

（1）关于中国传统哲学概念体系的问题

1980年，学术界出现了一定程度解冻的情况，有的学者提出要为唯心主义翻案，来说明唯心主义对哲学的发展也是有贡献的。此时我正在考虑如何突破50年代以来关于"唯心与唯物两军对垒"、"唯心主义"是"反动的"，"唯物主义"是"进步的"等教条，打算从人类认识的历史来考虑哲学的发展。我选择了从"哲学范畴"问题作突破口，于是写了一篇《论中国传统哲学范畴体系诸问题》发表在1981年《中国社会科学》第5期上，后在《郭象与魏晋玄学》中有所补充，又在《在非有非无之间》（台湾正中书局1995年出版）有所修正。我认为，一个成体系的哲学总有一套固定含义的概念，并由概念与概念之间的联系构成若干基本命题，经过推理的作用而有一套理论。于是，我试图提出中国传统哲学的范畴体系，今天看来当然是并不成熟的，但作为一个哲学问题的提出仍然是有意义的。我认为，对"概念"可以从四个方面进行分析：①分析概念的含义；②分析概念的含义的发展；③分析哲学家（或哲学派别）概念含义的体系；④分析概念含义的种类。在《郭象与魏晋玄学》中，我对王弼和郭象哲学中的概念体系作了比较细致的分析，应该说有一定意义。

（2）关于中国传统哲学的命题——中国传统哲学中真、善、美问题

1983年，我去美国哈佛大学作"罗氏基金"访问学者，接触到海外现代新儒学的一些学者，特别是读了牟宗三的一些书。牟宗三对中国儒家学说的"内圣外王"有个新的现代解释。他认为："内圣之学"可以开出适应现代民主政治的"外王之道"来；"性心之学"经过"良知"的坎陷可以开出科学的知识体系。我认为，如果真能如此，当然很好。但我对此有所怀疑。于是，我考虑是否可以由别的路子来考虑儒家思想的现代意义，为此写了那篇《关于儒家第三期发展可能性的探讨》，提出"天人合一"、"知行合一"、"情景合一"是否可作为儒家关于真、善、美的三组命题。我认为，"天人合一"，它的意义在于解决"人"和整个宇宙关系的问题，即探求世界的统一性问题。"知行合一"是讨论"人"在一定的社会关系中应如何要求自己"人"与社会的关系问题，这是关乎人类社会道德标准和行事原则的问题。"情景合一"是要解决在文学艺术创作中"人"（主体）和"物"（客体或对象）的关系问题，它涉及文学艺术的创作和欣赏。"知行合一"和"情景合一"应该说都是由"天人合一"可以派生出来的命题，因此"天人关系"可以说是儒家哲学讨论的最根本的问题。由于我提出关于"天人合一"这一命题较早，或者可以说影响着以后对中国传统哲学关于这个问题的重视。在20世纪80年代末期，我受沈有鼎一封刊登在1948年《哲学评论》第10卷第6期与友人的通信的启发，我写了一篇《再论中国传统哲学的真善美问题》，把孔子与康德、老子与黑格尔、庄子与谢林的思想进行比较。比较的结果，我认为："中国传统哲学所注重的是追求一种真、善、美的境界，而西方哲学则注重在建立一种论证真、善、美的价值知识体系。前者可以说是追求一种'觉悟'，而后者则是对'知识'作系统的探讨。"我的这个看法，是否正确、是否有意义，我不好作自我评价，但是可以反映出我是在一直考虑"中国哲学问题"，这种精神或有可取之处。

（3）关于中国传统哲学的理论体系问题

如果说，在20世纪80年代早期，我考虑的是中国传统哲学的"概念"问题，在80年代中晚期，我考虑的是中国传统哲学的基本命题问题，那么我在20世纪80

年代晚期和 90 年代早期，则开始了中国传统哲学理论体系的考虑。

关于"中国传统哲学的理论体系"问题，会有种种不同看法，这可能是好事。正因为有不同看法，才会因而推动对中国传统哲学作不同的整体研究。针对此问题，我从三个方面来考察了中国传统哲学，即："普遍和谐论"，它是讨论宇宙人生和谐的问题；"内在超越论"，它是讨论"人"的境界修养的问题；"内圣外王论"，它是讨论社会政治教化的问题。这三套理论又都可以从"天人合一"这个命题推演出来。

第一，关于"普遍和谐"问题。我早在 20 世纪 80 年代就有所考虑，并在一些论文中有片断论述。1993 年，在苏州召开的"现代化与中国文化的发展"讨论会上，我以"中国哲学中'普遍和谐观念'的现代意义"为题，对此问题作了较为系统的讲演，其后又写了多篇论文阐述此问题，如 1994 年 11 月发表在《北京大学学报》的《略论传统儒学的现代意义——儒学"普遍和谐"观念新诠释》、1996 年 2 月发表于台湾地区《哲学与文化》上的《中国哲学中"和谐观念"的意义》、1998 年发表在《中国哲学史》第 1 期上的《"太和"观念对当今人类社会可有之贡献》等。

我认为，由"天人合一"这个基本命题和这个命题所表现的"体用一源"的思维模式，从根本上说它要求有一套表现此命题和此思维模式的宇宙人生理论，这就是"普遍和谐"的理论。此"普遍和谐"的理论应包含着以下四个层次：自然的和谐，人与自然的和谐，人与人的和谐，人自我身心内外的和谐。就中国哲学的儒道两家看，他们的路向是不同的：儒家是以"人自我身心内外的和谐"为基点，认为有"人自我身心内外之和谐"才有"人与人之和谐"；有"人与人之和谐"才有"人与天（自然）之和谐"；有"人与天（自然）之和谐"，"人"才会领悟"自然之和谐"。对此也可以有另一种表述：由"人"自身的"安身立命"（或"修身"），而到"推己及人"，再至"民胞物与"，达到"保合太和"而"与天地参"。道家则是由"道"（道法自然）之和谐推演到"人与自然之和谐"、"人与人之和谐"、"人自我身心内外之和谐"。对道家的"普遍和谐"观念，我曾写过一篇《〈道德经〉中"顺自然"的和谐观》并在 2008 年北京大学的"北京论坛"上讲演过，较系统地论述了老子的"普遍和谐"观念。

"普遍和谐论"作为一种世界观有其独特的视角，它强调的是宇宙（"天"或"道"）的和谐与"人"（人和人类社会）的和谐的统一性。在中国传统哲学中，无论儒、道都把"天"或"道"看成是神圣的、圆满无缺的，而"人"（或"人类社会"）是效法"天"或"道"的。故儒家提出"圣人法天"，道家提出"人法道"，并通过一系列描述和论证，把自"天"或"道"至"人"（或"人类社会"）的和谐系统化，形成一套理论。这套理论为中国自古以来的哲人所接受。就这点看，中国传统哲学或与西方和印度哲学不同。

第二，关于"内在超越"问题。这是1985年看到余英时《从价值系统看中国文化的现代意义》一文后，受到启发，而后写了一系列讨论"内在超越"问题的文章。1984年，在我的《论中国传统哲学中的真善美问题》中讨论过中国传统哲学作为一种"做人"的道理、作为一种追求理想人生境界的学说，它对今日矛盾重重的人类社会来说仍然有着重要的意义。1987年夏，在香港中文大学举办的一次"儒家与基督教对话国际讨论会"上，我以"论儒家哲学中的内在性与超越性"为题作了发言，引起与会者的广泛兴趣。接着我又写了《论魏晋玄学中的内在性与超越性》，并把此文提供给在台湾成功大学召开的"魏晋南北朝文学与思想学术讨论会"。在我对中国化的佛教禅宗作了一些研究之后，我写了《论禅宗的内在性与超越性》发表在1990年第4期于《北京社会科学》中。最后写了《论老庄哲学中的内在性与超越性》，此文先发表在台湾东海大学的《文化月刊》，后经过修改补充发表于《中国哲学史》杂志复刊的创刊号中。上列4篇文章组成一组收入我的《儒道释与内在超越问题》一书中。

我在上述文章中，根据史料论证了中国传统哲学的儒、道、释（禅宗）三家学说均以"内在超越"为特征。如果说以"内在超越"为特征的儒家哲学所追求的是道德上的理想人格，超越自我而成"圣"；以"内在超越"为特征的道家哲学所追求的是个人的身心自由，超越自我而成"真"（"仙"）（"真"即《庄子》书中的"真人"，"仙"此处借道教的"神仙"意，所谓"仙"即《庄子》书中的"真人"、"神人"等；又道教的《仙经》中说："我命在我不在天"，也可以说是一种"内在超越"的表述）；那么，以"内在超越"为特征的中国禅宗则以追求瞬昔永恒的空灵境，超越自我而成"佛"。这种以"内在超越"为特征的哲学价值何在？照我看，这种哲学的价值正在于把"人"看成是具有超越自我和世俗限制的主体，它认为人们有向内反求诸己以实现"超凡入圣"的内在本质，故"人"应该是自己的主宰，"人"的一切思想行为全靠自己的觉悟，以此达到理想的人生境界。因此，中国哲学要肯定的是"人"的内在价值和其实现"超凡入圣"的能力。在儒家看来，"人"的这种品德和能力来自"良知"、"良能"，以提高道德修养，而达到"同天"的境界。在道家看，"人"的这种品德和能力来自"顺应自然"、"无为无我"，实现精神上的升华，而达到"逍遥游"的境界。在禅宗看，"人"通过"明心见性"、"见性成佛"，而达到"涅槃"境界。据此，我们可以看出，以"内在超越"为特征的中国哲学与以"外在超越"为特征的西方哲学与宗教的不同。我在上述四文中，设想能否在一更高的层次把这两种哲学和宗教结合起来，而贡献于人类社会。当然，这大概是一种妄想。以后，关于"内在超越"问题因亨廷顿"文明的冲突"问题的提出，我就开始把注意力转向"文化问题"的讨论了。

第三，关于"内圣外王"问题。"内圣外王之道"是中国哲学特有的问题，它可以说是一种政治哲学，一种政治教化论。这种学说和"天人合一"、"知行合一"、"情景合一"的思想有着密切地关系。在《论中国传统哲学中的真善美问题》、《再论中国传统哲学中的真善美问题》以及《儒学能否现代化》中都谈到儒家思想中极有意义的部分是"教人如何做人"。"做人"的最高极至就是"成圣"，要有一个理想的人生境界，这个境界就是"天人合一"的境界；而圣人的境界必须实践于日用伦常之中，这就要求做到"知行合一"；圣人的境还要以情化景，因景生情，体现人生之"大美"。据此，我本应根据文献材料肯定"内圣外王之道"的意义，如近代学者梁启超、熊十力、冯友兰等把它看成是"中国哲学之精神"。但在我1987年写的那篇《论儒家的境界观》，重点却是讨论"内圣外王之道"这种理论可能产生的弊病。在我的文章中有如下一段："如果把'内圣外王之道'了解为，一个道德高尚、学识渊博的人（圣人），在适当的条件下更可以实现其历史使命和社会责任，身体力行地实践着其社会理想，这也许是有意义的……但'内圣'不必'外王'，'内圣外王之道'只有非常有限的意义，它不应也不可能作为今日中国哲学之精神。"该文是从分析《大学》中的修、齐、治、平而对"内圣外王之道"产生怀疑。该文认为"修、齐、治、平"，"自天子以至庶人，壹皆以修身为本"，这在理论上是有问题的，"因为'身'之修是由个人的努力来提高其道德学问的境界，而国之治、天下之太平，那就不仅仅靠个人的道德学问修养了……人类社会是一个复杂的统一体，它至少要由三个方面共同运作才可以维持，即经济、政治和道德（当然还有其他方面，暂且不论）。在一个社会中，这三方面虽有联系，但它们绝不是一回事，没有从属关系，要求用道德解决一切问题，包揽一切，那将会走上泛道德主义的歧途。由于中国传统哲学把'内圣外王之道'作为追求的目标，因而造成道德政治化和政治道德化。前者使道德屈从于政治，后者使道德美化了现实政治……在中国历史上，从未出现过儒家所塑造的那样的'圣王'，所出现的大都是有了帝王之位而自居为'圣王'的'王圣'，或是为其臣下所吹捧起来的假'圣王'……所以，道德教化和政治法律制度虽有联系，但它们毕竟是维系社会不同的两套，不能用一套代替另一套。"我的上述看法当然是不周全的，这是由于我没有充分考虑到道德教化和政治法律制度虽是两套，但两套是可以互相影响的。不过，就中国哲学（特别是儒家哲学）方面看，夸大道德教化的作用容易走向泛道德主义。正如我们常说，中国哲学往往为"人治"

提供理论依据，而忽视"法治"的重要作用。（此后，我在新世纪修正了我的看法，提出"礼法合理论"阐述儒家的政治哲学等。）

对上述"内圣外王之道"的如此看法，也是事出有因的。这是因为我囿于中国历史和现实，特别是有见于"文化大革命"中所表现出来的"圣王"（按：实际上是"王圣"）思想所产生的极大负面影响所致。如果我跳出现实，从一种可能的理想方面考察，也许"内圣外王之道"确有其不可忽视的价值。因此，我在《我的哲学之路》一书中提出"内圣外王之道"可能包含着以下三层的意思：①照儒家看"圣"和"王"应是统一的，不是"圣"不宜做"王"，不是"王"也难行"圣人"之道。这是由于在中国历史上已经塑造尧舜这样的"圣王"，有了"圣"、"王"统一的"榜样"，这样的理想社会的蓝图就深深地根植在中国人的心中，形成了一种牢不可破的信念。②只有在实践中才可以实现"圣人"的理想社会，而实现"圣人"的理想必须依赖于"王"（"圣王"）。这就是说，"内圣外王之道"体现着一种中国式的"实践理性"。这种"理性"是建立在身体力行之上。盖因中国哲学（特别是儒家哲学）不仅是一种"认识世界"的理论，而且是一种必须见之于"实践"的理论。儒家自孔子以至孟荀，而后历代大儒无不以天下为己任，所以中国传统哲学往往以"实践"高于"理论"，孔子说："吾岂匏瓜也哉，焉能系而不食。"他的志向是使"天下无道"，变成"天下有道"。荀子说："不闻不若闻之，闻之不若见之，见之不若知之，知之不若行之。学至于行而止矣。行之明也，明之圣人也。"中国这一传统或者与西方哲学不同（除马克思主义外），它强调的更在于"行"，所追求的要见于事功，不能治国平天下的不能算作"圣王"。③冯友兰说："所以圣人，专凭其为圣人，最宜于做王。"（《新原道·新统》）这样的看法，早在先秦已有，荀子的弟子尝颂扬他的老师"德若尧舜，世少知之"，"其知至明，循道正行，是为纲纪，呜呼，贤哉！宜为帝王"。看来，"内圣外王之道"所重在"圣"，把道德修养放在首位。这无疑是儒家哲学的特点。其于此，中国常常被称为"礼乐之邦"。"内圣外王之道"从今日看不能说是一种十全十美的政治哲学理论，但在我的那本《我的哲学之路》中认为，在今日世风日下，道德沦丧的时候，仍有其不可代替之价值。

当然，中国哲学还有其许多重要的理论问题，不过我上面讨论到的三组问题——普遍和谐观念、内在超越问题、内圣外王之道，应该说有其一定意义。

（4）关于"文化问题"的思考

从20世纪90年代中期起，我的兴趣由中国传统哲学的讨论，逐渐转向"文化问题"和"中国当代哲学的走向问题"。

关于"文化问题"是由两个方面的问题引起了我的关注：一是1993年亨廷顿

"文明冲突"论的提出；二是百多年来在中国文化上的"中西古今"之争。亨廷顿《文明的冲突?》引起了中外各界广泛的批评和讨论，我可以说是中国大陆最早参加讨论者之一。1993年年底，我写了一篇《评亨廷顿〈文明的冲突?〉》，该文发表在《哲学研究》1994年第3期里。在这篇文章中，我主要用中国历史和文化的资源对亨廷顿的理论进行了批评。我提出"从人类文明发展的总趋势看，不是以相互敌对为主导，而是以相互吸收而融合为主导"，并用儒家"普遍和谐"观念驳斥了亨廷顿对儒家学说的无知论断，指出"文明冲突论"是为西方霸权服务的"西方中心论"的翻版。为了说明不同文明之间，在文化（宗教、哲学、语文、价值观）不同时可以和平共处，我写了《"和而不同"原则的价值资源》讨论了中国文化中的"和同之辨"，我认为中国传统文化对不同思想文化态度是"万物并育而不相害，道并行而不相悖"。"万物并育"和"道并行"是"不同"；"不相害"和"不相悖"是"和"，这种思维方式为多元文化共处提供了极其宝贵的理论原则。与此同时，在与意大利学者讨论"在不同文化之间是否应该有墙"时，我提出有生命力的文化一方面要坚持自身文化的主体性，另一方面又要善于吸收其他民族的优秀文化，因此民族文化往往是在"有墙无墙之间"发展的，为此我写了《在有墙无墙之间——文化之间需要有墙吗?》。此外，我还写过《"太和"观念对当今人类社会可有之贡献》、《"文明冲突"与"文明共存"》、《关于文化问题的几点思考》等，都是要说明从中国传统文化的理念看，在不同文明之间并不一定会由于文化的不同而引起冲突，而可以在交流与对话中取长补短而形成共存共荣的局面。

20世纪，中国学者对中国近现代哲学史、思想史、文化史的研究多是以"中西古今之争"作为百多年来中国近现代思想发展做基本线索来论说的，并认为革命的激进主义是推动社会进步的动力，维护传统的保守主义是阻碍社会前进的力量。在20世纪80年代后期，我对这个看法有所怀疑。1989年，在夏威夷召开的"第六届国际中国哲学会"上，我提出中国思想史发展的路向大体上是在激进主义、自由主义、保守主义三种力量的矛盾、斗争中前进，也可以说是在这三种力量合力的情况下使文化得到发展。在这个问题中，我特别关注的是"保守主义"对文化的意义。德国知识社会学家卡尔·曼海姆（Karl Mannheim）认为，"保守主义"对"社会的历史理论"作出过重大贡献。保守主义构成历史文化的一部分，要完整地了解历史文化，不能不对它作一番认真研究。事实上，保守主义、自由主义、激进主义三者往往在同一历史文化的框架中运作，试图从不同的途径解决同一问题，它们在同一层面上构成的张力和冲突正是推动历史文化前进的重要契机。为此我写了《论转型期的中国文化发展》，其后又从中国历史上两个重大历史转型期（先秦与魏晋）说明,转型期的文化发展往往都是由上述三种力量的合力实现的,这就是我那篇《论文化转型期的文化合力》。为纪念五四运动80周年我写了一篇《五四运动与中西古今之争》,其后又写了《略论百年来中国文化中的东西文化之争》以及《走出"中西古今"之争,会通"中西古今"之学》、《"拿来主义"与"送去主义"》等文章。这些文章主要说明五四运动以来不同历史情况下,激进主义、自由主义、保守主义对文化有着不同的意义,并对有些学者对我提出"三种文化合力推动文化发展"的批评作了回答。我在论文中说:"把五四运动以来学术文化界划分为激进主义、自由主义和保守主义只是就他对'传统文化'上的态度说的。学术研究对所研究的对象进行分类研究是必要的,这样我们才可以去探讨不同类型学说所具有的本质特征,以便我们通过事物的现象达到对事物本质的把握。因此,分析每个事物的'个性'(特殊性)固然重要,但揭示某类事物的'共性'同样重要。当然,在所研究对象的分类中其各个分子仍会有差别,但在我们所设定的要求上(如我们设定以对'传统文化'的不同态度来分类)则是有着明显的'共性'。就这个意义上说,我们对20世纪中国学术文化界的分类研究应是有必要的。"

(5)关于当代中国哲学走向问题的探讨

我在庆祝北京大学100周年校庆时写了一篇《能否创建中国"解释学"?》。这是我有见于中国学术界对哲学、宗教学、文学艺术、社会学等学科多用西方解释学来进行研究,但是中国有更长、更丰富解释经典的资源。因此,我们理应利用中国解释经典的资源总结出中国的解释经典的理论与方法。为了使这个问题得到中国学术界的重视,我又连续写了4篇有关创建中国解释学问题的文章,后收入2001年由辽宁人民出版社出版的《和而不同》一书中。同时,我还注意到西方"符号学"、"现象学"对当前中国哲学研究的影响,在这两方面,我虽未写文章,但为龚鹏程《文化符号学导论》和康中乾《有无之辨——魏晋玄学本体思想再解读》两书写了"序",谈到我对创建中国"符号学"和"现象学"的看法。

在进入21世纪之初,西方学者提出"新轴心时代"问题。我考虑到,中国是"轴心时代"四大文明之一,而又是处在民族复兴的过程之中,于是我写了一篇《新轴心时代的中国文化定位》发表在2001年《跨文化对话》的第6期中。后又从哲学的角度改写成《新轴心时代哲学走向的特点》发表在《南昌大学学报》第4期中。2001年10月在新加坡召开"儒学与新世纪的人类社会国际学术讨论会",我向会议提供了一篇论文《新轴心时代的中国儒家思想定位》,后收入该会编辑的《儒学与新世纪的人类社会》一书中。为什么在进入21世纪之后将可能出现一个"新轴心时代"?我主要从以下三个方面进行了论述:①第二次世界大战后,由于殖民体系的瓦解，原来的殖民地民族和受压迫民族得到了解放，他们有一个迫切的任务，就是要从各个方面确认自己的独立身份，而民族的独特文化（语言、宗教、哲学、价值观等），正是其独立身份重要支柱。②经济可以全球化，科技可以一体化，但文化不可能单一化，因此文化多元化的势头将会长期存在。③当前人类社会可以说主要有四个大的文化传统：西方文化、东亚文化、南亚文化和北非中东－伊斯兰文化，这四种文化传统所影响的人口都在10亿以上，必定会主导当前世界文化的发展。（当然其他地区的文化，也会对人类社会文化的发展有影响）因此，在这四种文化的激荡之中，将会相互吸收各有发展，而形成一新的格局。为了进一步讨论可能出现的"新轴心时代"，我同时讨论了中国现代哲学应如何走向的问题，我写了《中国现代哲学的三个"接着讲"》、《在中欧文化交流中创建中国现代哲学》、《在西方哲学冲击下的中国现代哲学》等论文。中国现代哲学必须创新，一方面要"接着"此前的中国哲学讲，特别应重视20世纪30~40年代以来中国哲学家为创造中国现代型的中国哲学的努力接着讲，另一方面又得走出西方哲学框架的束缚，来讨论中国哲学特有的问题和人类社会当前遇到的重大问题，这样才能使之具有世界的普遍意义；同时还应更加系统地研究和吸收其他各民族哲学思想，以建构出新的中国现代哲学，这应是中国哲学家的责任。

2008年，我开始关注文化中的"普遍价值"问题，这是由于有的学者否定文化中有"普遍价值"引起的。2009年4月，我在复旦大学以"寻求文化中的'普遍价值'"为题作了一次演讲，后以《寻求文化中的"共通价值"》为题发表于上海《文汇报》上。接着我又以同样的题目在北京师范大学、北京外国语大学、北京大学和清华大学作了演讲。在这几次演讲中，我主要讲了四个问题：一是必须把"普遍价值"与西方某些学者和政治家鼓吹的普遍主义分开。二是任何民族文化中都有"普遍价值"意义的因素，特别举出中国儒家思想中所具有的"普遍价值"意义的因素。三是讨论了多元现代性的问题，我用了严复所说的西方文化是"自由为体，民主为用"认为"自由"、"民主"、"人权"等应是现代社会的核心价值，但如何进入"现代社会"，所走的道路、所采取的方法、所具有的形式可能是很不相同的。现代社会不可能是排除"自由"和"民主"的社会。四是如果我们用中国哲学"体用一源"的思想来看世界历史，也许会有一个新视角。我们可以把"现代社会"作一个中间点，向上和向下延伸，我们可以把人类社会划分为"前现代社会"、"现代社会"和"后现代社会"。我们是不是可以说"前现代社会"是"专制为体，教化为用"，现代社会是"自由为体，民主为用"，"后现代社会"是"和谐为体，中庸为用"？这当然只是我的一个很不成熟的想法。

为了论证儒家思想具有"普遍价值"意义的因素，我对海外中国学作了点考察，写了一篇《海外中国学的三个新视角》，在该文中说道有些海外汉学家（中国学家）已注意到中国儒家思想中具有的"普遍价值"意义的因素。这对我们也许很有参考价值。

（6）"《儒藏》编纂与研究"大项目的启动

2002 年 11 月，我向北京大学校方提出编纂《儒藏》的设想。2003 年向教育部申请立项，是年 12 月 31 日教育部以"《儒藏》编纂与研究"项目立项，由我任该项目的"首席专家"。

在中国历史上，儒、道、释三家并称，但三家在中华文化中的地位是不相同的，儒家思想文化是中华文化的主体。从经典的系统来看，儒家所传承的"六经"，都是在孔子以前形成的，这些经典是夏、商、周三代文明的精华，孔子所开创的儒家与先秦各家不同，就是儒家始终以自觉传承"六经"为己任。以"六经"为代表的中国古代文化正是通过和依赖于儒家世代的努力而传承至今。然而中国历史上已经多次编纂过《佛藏》和《道藏》，20 世纪 80 年代以来中国又编辑出版了《中华大藏经》和《中华道藏》，但没有编辑过《儒藏》，这和儒家思想文化在中华文化中的地位很不相称。明、清两代曾有学者提出编纂《儒藏》的建议，但因工程浩大，没有能够实行。今天，中华民族正处在民族伟大复兴的前夜，重新回顾我们这个民族文化的源头及其不断发展历史，必将对中华民族伟大复兴发挥重大作用。为了能系统地、全面地、深入地研究儒家思想的方方面面，把儒家经典以其各时代的注疏和历代儒学者的著述以及体现儒家思想的各种文献编纂成一部儒家思想文化的大文库《儒藏》，并进行若干专题研究，无疑对当今和后世都十分必要，特别是对使中华文化成为世界文明新建构的重要组成部分，具有非常重大的意义。

三、汤一介主要论著

汤一介 . 1983. 郭象与魏晋玄学 . 武汉：湖北人民出版社 .

汤一介 . 1984. 论中国传统哲学中的真善美问题 . 中国社会科学，（4）.

汤一介 . 1988. 魏晋南北朝时期的道教 . 西安：陕西师范大学出版社 .

汤一介 . 1990. 再论中国传统哲学中的真善美问题 . 中国社会科学，（3）.

汤一介 . 1991. 儒道释与内在超越问题 . 南昌：江西人民出版社 .

Tang Y J. 1991. Confucianism, Buddhism, Daoism, Christianity and Chinese Culture. The University of Peking, The Council For Research in Values and Philosophy.

汤一介 . 1999. 佛教与中国文化 . 北京：宗教文化出版社 .

汤一介 . 2001. 和而不同 . 沈阳：辽宁人民出版社 .

汤一介. 2004. 新轴心时代的中国儒家思想的定位//儒学与新世纪的人类社会. 新加坡儒学会.

汤一介. 2006. 我的哲学之路. 北京：新华出版社.

汤一介. 2007. 新轴心时代与中国文化的建构. 南昌：江西人民出版社.

汤一介. 2008. 反本开新. 北京：首都师范大学出版社.

汤一介. 2009. 儒学十论及外五篇. 北京：北京大学出版社.

汤一介. 2009. 寻求文化中的"普遍价值". 中国儒学，第四辑.

汤一介. 2014. 展望新轴心时代：在新世纪的哲学思考. 北京：中央编译局出版社.

汤一介. 2014. 汤一介集（十卷本）. 北京：中国人民大学出版社.

撰写者

汤一介

罗国杰

罗国杰（1928~），河南内乡人。哲学家，伦理学家，新中国伦理学的奠基人之一，中国马克思主义伦理学的开拓者之一。他组建中国高校第一个伦理学教研室，主编新中国第一部伦理学教材，是中国首位伦理学专业博士生导师。1949年毕业于同济大学法律系，1959年毕业于中国人民大学哲学系。1986年被评为国家有突出贡献中青年专家。曾任中国人民大学哲学系主任、副校长，中国伦理学会第一届副会长、第二、三、四届会长，北京市伦理学会第一、二届会长。他长期致力于伦理学原理、马克思主义伦理学、中西伦理思想史和思想政治教育等方面的教学与研究工作。他主编的《伦理学》，被全国各大高校作为教材广泛使用。《马克思主义伦理学》作为新中国第一部伦理学教科书，曾获北京市哲学社会科学优秀成果奖，全国高校优秀教材奖；《罗国杰文集》获第三届中国高校人文社会科学研究优秀成果奖哲学一等奖。《道德建设论》和《中外历史问题八人谈》均获1999年国家"五个一工程"奖，《思想道德修养》获国家级教学成果奖二等奖（1997）。对"集体主义"原则的阐述和关于"以德治国"理论的思考是其最突出的理论贡献。他的研究成果和学术思想对中国现当代伦理学的发展有重要指导意义。

一、成长经历

1928年1月3日，罗国杰出生在河南省内乡县罗岗村。他的父亲叫罗凤鸣，母亲叫彭德修。他的母亲深受中国古代传统道德的影响较深，总是宽容待人、体恤别人，体谅别人的困难，并尽量地设法帮助别人。母亲的这些"为人之道"，对罗国杰的性格和品德，有着一定程度的影响。

罗国杰的童年和少年时期（1928~1940），正是军阀混战的动乱时代。当时的内乡县由一些由豪强和地主所组成的大大小小的势力集团所控制，社会动荡不安。从小学四年级开始，虽然认识的字还不多，但罗国杰已经开始大量地阅读经典小说。当时所能看到的就是《彭公案》、《施公案》、《包公案》、《三侠五义》、《七侠五义》、《三国演义》、《水浒传》、《西游记》和《红楼梦》等。这些小说中的"路见不平、拔刀相助"和"扶困济危"等思想，对他的心灵产生了一定的影响。

1939年夏天，当时河南省省会开封的大学和主要中学，因抗战形势被迫向河南省西南部的山区迁移。因此，当时的开封初中、开封高中等就迁入了内乡县的夏馆镇。1940年春，罗国杰12岁的时候以优异的成绩，考入省立开封初中，开始3年的初中生活。当时学校同学都参加所谓的"童子军"，从三年级开始，他就被选为全校童子军团的值星团长，成为全校同学中的佼佼者。初中毕业后，他又考入开封高中，开始了高中生活。从初高中开始起，每次从家里去学校，都要翻过70多里路长的许多大山，穿过许多无人居住的荒芜的山沟，才能到达目的地。因此，只能是平时住校，而上学时就步行两天。在6年的中学时代，罗国杰就是这样步行去读书的。

1945年3月，新的学期刚刚开学不久，由于日军大举进攻河南的南阳等地，战火日益迫近内乡县的夏馆镇，开封高中不得不再次西迁。这是一次极为仓促的大逃难。一夜之间，全校几百名师生，背上极为简单的行李，沿着崎岖难行的山路，前后走了大约15天，从夏馆，沿着伏牛山的一条峡谷中的崎岖山路，经军马河、米坪镇、朱阳关、五里川、大河面等进入陕西的洛南县，由洛南县向北，过石龙、黄龙庙等地，翻过大小秦岭，终于爬上秦岭之巅。从秦岭而下，最后到达了陕西省的华阴县。罗国杰当时作为一个17岁的中学生，也要背着大约20斤左右的行李（被褥、衣物和书籍等），跟随学校逃难。一行几百人的流亡学生，沿着同一条山路乞讨，讨到了，就吃一顿，讨不到，就只好饿着肚子。从1945年2月到9月这半年多的时间，罗国杰真正尝到了人生的艰难困苦，经受了一般人所难以忍受的磨难。这段经历，给他以后所面临的种种困难，打下了一个较好的基础。1946年的6月，罗国杰动身去上海投考大学，并报考了同济大学法律系。进入同济大学，他接受了马克思主义的教育，参加了如火如荼的学生运动。在"反饥饿、反内战"的游行示威，国民党枪杀大学生的"五二"事件中，特别是在同济大学所发起的救饥救寒和劝募寒衣运动中，罗国杰从一个具有爱国热情的青年学生成长为一名共产党员。1949年罗国杰从同济大学毕业并进入上海市纪委工作。

1956年8月，喜欢读书的罗国杰又重新考入中国人民大学哲学系学习。1959年9月，他从本科转入当时的研究生班学习。1959年12月，他成为中国人民大学哲学系的一名教员。进入哲学系的第一件工作，就是参加当时哲学系正在进行的编写《辩证唯物主义与历史唯物主义》教材的工作。当时，分给他的任务是历史唯物主义部分中的两章。1960年2月，中国人民大学的伦理学教研室成立。根据学校的任命，由罗国杰担任伦理学教研室的副主任，负责筹建教研室。教研室成立后的第一个重要的任务，就是要汇编成一本《马克思主义经典作家论道德》。北京大学哲学系后来派张文儒等到中国人民大学的教研室一起共同学习和研究。用了半年多的时间，通过查阅有关著作，编辑出近百万字的文字资料，后在"文化大革命"中不幸遗失。1961年以后，罗国杰进一步研究了马克思主义关于伦理道德的基本观点，广泛涉猎伦理学名著，和其他同志一起编写出了《马克思主义伦理学讲义》、《马克思主义伦理学》、《马克思主义伦理学教学大纲》和《伦理学》等学术著作，为新中国伦理学科的发展做出了奠基性的贡献。开拓者的道路从来都是不平坦的。1964年，罗国杰因被指责犯了"剥削阶级的道德可以批判继承"的"错误"，而被取消了哲学系副系主任的职务，到农村参加了两年"四清"运动。伦理学教研室亦被取消。在"文化大革命"中，他独立撰写的30万字的《马克思主义伦理学》讲稿被"革命造反派"强行拿走，另有一部分重要的研究成果和资料遗失。即使在那样的社会环境下，他仍然坚持理论学习和研究。"文化大革命"结束后，罗国杰请求回到了刚恢复的伦理学教研室。面对十多年中断带来的巨大困难，他和同事们刻苦学习，摸索着奋力前行，向伦理学高峰攀登。后来在担任中国人民大学副校长期间，罗国杰着手创办了《中国人民大学学报》，积极筹备出版"中国人民大学博士文库"，20世纪80年代中国人民大学博士毕业生的论文，有许多得以进入"博士文库"出版。此外，积极筹建中国人民大学马克思主义发展史研究所（第一任所长由许征帆担任。后来，这个研究所逐渐发展成现在的中国人民大学马克思主义学院）。

除作为哲学家、伦理学家生涯外，罗国杰还积极地参加社会政治活动。1949年2月罗国杰加入中国共产党。1983年至1985年，他担任中国人民大学哲学系伦理学教研室主任、哲学系系主任。1985年至1994年，他担任中国人民大学副校长和中国人民大学出版社社长。1980年中国伦理学会成立，他担任第一届副会长。1984年，北京市伦理学会成立，他被推选为会长。1984年至2004年，任中国伦理学会二、三、四届会长。此外，他还担任过国务院学科评议委员会哲学学科评议组第二届成员、第三、四届召集人等多种社会职务。现在还担任着中国人民大学伦理学与道德建设研究中心学术委员会主任、教育部社会科学委员会副主任委员、教育部"马克思主义理论研究与建设工程"《思想道德修养与法律基础》教材首席专家召集人教育部高校马克思主义理论课和思想品德课教学指导委员会主任、中国伦理学会名誉会长、《思想理论教育导刊》、《高教理论战线》、《道德与文明》、《伦理学研究》编委会主任等职。

二、主要研究领域和学术成就

（一）主要研究领域

从1960年从事教学与研究开始，直到50年后的今天，罗国杰所关注的问题始终没有离开过哲学和伦理学，为伦理学理论研究付出了辛勤的劳动。大体而言，他关注的主要问题有五个方面：关于伦理学的基本理论；关于集体主义原则；关于正确对待传统道德；关于建立与社会主义市场经济相适应的思想道德体系；关于国内外伦理学的发展趋势。

1. 关于伦理学的基本理论

罗国杰认为，针对伦理学的基本理论问题，应在坚持马克思主义基本观点的基础上，再结合中国道德实践和理论的具体情况进行研究。这也是他所坚持的进行学科研究的方法论前提。在马克思主义伦理学理论体系的探索上，罗国杰以道德现象为划分起点，从道德现象中细分出道德活动现象、道德意识现象和道德规范现象。并以此为出发点，概括出作为科学的马克思主义伦理学的三方面特点：即马克思主义伦理学是一门理论科学、规范的科学、理论知识和行动准则相统一的实践科学。从20世纪60年代初，罗国杰带领同事们编写《马克思主义伦理学讲义》和《马克思主义伦理学教学大纲》，到80年代《马克思主义伦理学》、《伦理学教程》和《伦理学》，大体上反映了罗国杰对马克思主义伦理学理论体系探索的思想轨迹。

2. 关于集体主义原则

罗国杰一直把关于集体主义的理论，视为是马克思主义伦理学中最基本的理论之一。根据这一道德原则在我国社会主义建设中的重要性，他把研究和写作的相当一部分精力，都用在了集体主义以及与此必然相关的个人主义的问题上。针对近年来一些人对社会主义的集体主义，产生了种种困惑和疑虑，甚至有人提出用个人主义、合理利己主义或人道主义原则来代替集体主义原则的主张，罗国杰认为，作为一名伦理学工作者，其义不容辞的责任就是要对社会生活中出现的种种道德现象给以理论上的回应，对人们的思想困惑进行正确的价值引导。

罗国杰认为，坚持集体主义的核心要求就是需要个人利益服从集体利益，这本身就是社会主义发展的本质要求。社会主义的集体主义，是同社会主义制度紧密联系在一起的。在当前市场经济深入发展的同时，社会主义的集体主义原则是应当而且必须坚持的。集体主义的"集体"是一个现实的集体，这个集体指的是一个公正的、有道德的、又是一个需要不断加以完善的集体。这个集体既不是一个"虚假的"或"不真实"的集体，也远未达到马克思所说的"真实的集体"。集体主义作为一个道德原则，它本身也是随着时代的变化而与时俱进的。

罗国杰对集体主义的界定，主要强调三个方面：集体利益高于个人利益；在集体利益高于个人利益的原则下，切实保障个人的正当利益，促进个人价值的实现；集体主义强调个人利益与集体利益的辩证统一。同时，他所强调的集体主义又包括无私奉献、先公后私和顾全大局、公私兼顾这样三个层次。当前，在新自由主义、利己主义、拜金主义、享乐主义、价值澄清等思潮日益腐蚀我国人民尤其是青年人思想的情况下，罗国杰认为：一方面要承认我国社会所出现的价值取向多样化的现象，另一方面又必须有分析和批判种种非马克思主义价值观的理论勇气，旗帜鲜明地坚持社会主义价值导向的一元化。另外，对于社会上各种非社会主义事业与非马克思主义的价值学说和思想观念，需要采取引导、教育、分析和提高的方法。用正确的、科学的、有说服力的理论，坚持"百花齐放、百家争鸣"的方针，充分贯彻以理服人的态度，以达到提高全体人民的鉴别力，使我国的哲学社会科学在讨论中得到持续地繁荣发展。

3. 关于正确对待传统道德

如何传承中华民族的传统美德，弘扬中华民族精神，是思想道德建设中一个既有理论价值又有实践意义的重大问题。因此，几十年来，罗国杰潜心研读卷帙浩繁的中国伦理经典，撰写中国伦理思想史方面的学术论文。20世纪末由他主持编写的7卷本《中国传统道德》和6卷本的《中国革命道德》，以及2008年出版的《中国伦理思想史》，就是一次学习和研究中国传统道德的尝试。通过学习和研究，罗国杰把中国传统道德的基本内容概括为十个方面：即道德原则同物质利益的关系问题；道德的最高理想问题；人性问题；道德修养的问题；道德品质的形成问题；道德评价的问题；人生的意义或人生的价值问题；道德的必然和自由的关系问题；道德规范问题；德治和法治问题。同时，把中国古代传统道德的特点概括为六个方面：即重视人伦关系；重视精神境界；重视人本主义精神；重整体精神；重视道德修养；重推己及人的道德思维方式。

罗国杰认为，在大力弘扬我国古代优良道德传统的同时，还应该大力弘扬中国共产党人、人民军队、一切先进分子和人民群众在中国新民主主义革命和社会主义革命与建设中所形成的优良革命道德传统。他把中国革命传统道德的主要内容，进行了如下概括:"中国革命道德,以实现社会主义和共产主义的崇高理想为最终目的,以全心全意为人民服务为宗旨和核心,以集体主义为基本原则,高举爱国主义与国际主义相结合的旗帜,形成了无私奉献、顽强拼搏、艰苦奋斗、勤俭节约等革命精神。"他坚持认为,中国特有的革命道德传统,在加强社会主义精神文明建设和构建社会主义和谐社会的伟大进程中,仍然可以发挥重要的精神支撑作用。

在对待中国古代传统道德上,罗国杰认为正确态度应该是:既不应全盘否定,也不能一律肯定,历史虚无主义和历史复古主义都是不正确的态度。"正确的态度是以历史唯物主义为指导,坚持批判继承、弃糟取精、综合创新和古为今用的方针。""批判继承"是总原则,"弃糟取精"是一个重要要求,"综合创新"是总的趋向,"古为今用"是总目的。而对中国古代传统道德的研究,也是为了更好地适应建设中国特色社会主义的需要,是为解决现实中的有关伦理道德问题服务的。

4. 关于建立与社会主义市场经济相适应的思想道德体系

罗国杰认为,通过近年来的社会实践,与社会主义市场经济相适应的法律体系已初步建成,而与社会主义市场经济相适应、与社会主义法律规范相协调的道德体系的建设,是当前所面临的一个亟待解决的重要问题。而建立与发展社会主义市场经济相适应的道德体系,框架上要有最高理想、规范上要有层次性、实践上要有可操作性。要研究市场经济的建立与发展给道德提出的新问题、指导思想、价值导向、核心和原则等。此外,罗国杰还对"以德治国"的理论问题和公民道德建设的问题进行了更为集中细致的思考,对于以德治国的重要意义、法治与德治的相互关系、公民道德建设的主要内容、公平与效率的关系问题等,都提出了一些自己的认识和看法。

5. 关于国内外伦理学的发展趋势

罗国杰认为,价值观的问题,是伦理学研究领域中的主要问题之一。在当今的时代,世界各国的文化交流日益扩展。由于社会制度的迥异,各种价值观念的交流、碰撞、融合和冲突也表现得形式多样和手段各异。西方国家的强势姿态,一贯认为他们的价值观是最优越的,总是尽量设法要把他们的价值观强加给别的国家。尽管伦理学的学说、体系、原则和理论众说纷纭,但从根本上来说,只有社会主义的价值观和资本主义的价值观两大类。西方的伦理学著作,除了少部分的著作带有社会主义的倾向外,大量的伦理学著作,都是在宣传西方价值观的优越,甚至把这种价值观抬高到"至高无上"的地位。一些西方的政治家更是公开、明确地提出,要通过各种手段，把价值观作为一种"软实力"和"文化力"加以推行，作为他们进行所谓的"颜色革命"的武器，这是应当特别警惕的。在国内的突出表现，主要是在市场经济条件下，到底要不要坚持"为人民服务"和"集体主义"的价值观，还是主张"个人主义"和"利己主义"的价值观，而这是一个关乎社会主义建设的重要问题。根据对国内外伦理学的发展趋势的研究，他一再谆谆告诫：当前，应当清醒地认识到，伦理学中的价值观是同社会主义和资本主义的两种根本不同的社会制度联系在一起的。

（二）学术成就

1960年，根据学校的需要和安排，由罗国杰负责中国人民大学伦理学教研室的筹建工作。建立了新中国高校第一个伦理学教研室。一年以后，罗国杰和教研室的同志们一起编写出了《马克思主义伦理学教学大纲》和《马克思主义伦理学讲义》，从而为新中国的伦理学学科建设奠定了基础。罗国杰1986年11月，应邀赴民主德国莱比锡大学访问；1989年的9月他到苏联进行学术访问，并到访莫斯科大学的伦理学教研室，同伦理学家季塔连科进行学术交流；1989年的10月出访德国并参加"路德维希·费尔巴哈与哲学未来"的国际讨论会；1990年，应韩国社会科学院邀请，到韩国参加"孝和未来社会"的国际学术讨论会；1993年，到中国台湾出席"中国哲学在中国历史的回顾与发展"两岸学术会议；1999年9月，到英国参加中英学术讨论会。

罗国杰在学术研究上坚持社会主义道德建设为有中国特色的社会主义事业服务，坚持社会主义道德的集体主义原则，强调用马克思主义的立场、观点、方法正确对待中华民族和外国的道德传统，强调在新时期反对个人主义、享乐主义、拜金主义的重要现实意义，把培养人的道德素质，提高人的道德自我完善能力、改善社会风气作为伦理学研究的主要目的。在新中国伦理学领域，罗国杰是最早提出道德境界说并对道德境界进行深入研究阐释的。他1981年发表的《论道德境界》一文，可以看作是他这方面的代表作。他指出："从道德教育和修养来看，人们在锻炼和修养的过程中，总是要不断地从一个阶段到另一个阶段，从一个高度到另一个高度，即从低级到高级不断发展，以至达到最后的理想。人们处在每一个阶段中，都以一定的道德观念作指导，并用以处理对人、对事的各种关系，就形成了我们所说的不同的觉悟水平。这个高低不同的觉悟水平，就构成了所谓道德境界。"他的结论是："所谓道德境界，就是社会生活中的人，从一定的道德观念出发，在个人与他人、社会的利益关系中所形成的一定的觉悟水平以及思想感情和精神情操。简单来说，一定的道德觉悟水平以及思想感情和精神情操，就构成一定的道德境界。"罗国杰从我国社会的实际情况出发，将人们的道德境界分为三个类型：自私自利的境界、先公后私的境界、大公无私的境界。属于自私自利境界的人在道德上的特征是，一切都以是否有利于自己的私利为转移。他们的行为的出发点、目的和归宿，唯一的要求就是为了满足自己的私利。属于先公后私境界的人在道德上的特征是，他们不论做什么事，都能注意考虑自己的一言一行，正确处理个人、集体和国家的关系。他们有自己正当的利益，但又总是以集体利益为重，为社会而诚实地、积极地、忘我地劳动，同时也要从社会领取应得的报酬。属于大公无私境界上的人在道德上的特征是，他们的一切言行，都能以是否有利于集体为唯一准则，一事当前，总是先为集体着想，对同志极端热忱，对人民极端负责，概而言之，他们的整个言行，都是革命第一、工作第一、他人第一、集体第一。罗国杰对他的三种境界说，后来又从不同的角度作了进一步的发挥和论证。他在1988年发表的《关于社会主义初级阶段道德建设的几个理论问题》和《论社会主义初级阶段的道德的四个层次》等文中，他把人们道德境界的层次或者道德觉悟的水平，划分为这样四个层次：第一，共产主义道德觉悟的层次，即"大公无私"道德境界。第二，社会主义道德觉悟的层次，即"先公后私"的道德境界。第三，类似于合理利己主义的层次，这是他新划分出来的一个道德境界层次。第四，极端自私自利的层次。

从事伦理学的教学和科研工作50多年来，罗国杰先后撰写了《道德教育与价值导向》、《以德治国与公民道德建设》、《罗国杰文集》、《罗国杰自选集》等约200万字的著作；主编了《马克思主义伦理学》、《伦理学》、《中国传统道德》、《中国革命道德》、《思想道德修养》、《道德建设论》、《人生的理论与实践》、《树立正确的世界观、人生观、价值观》、《中国伦理学百科全书》等20余部著作；合编了《伦理学教程》、《西方伦理思想史》、《中外历史问题八人谈》、《以德治国论》、《德治新论》等著作。在《人民日报》、《光明日报》、《中国社会科学》、《哲学研究》等报刊上发表论文近300篇。他主编的《伦理学》，清楚明确地阐述了伦理学科的对象、方法、任务以及基本理论问题和范畴概念，是内容科学而系统的专著，被全国各大高校作为教材广泛使用。《马克思主义伦理学》作为新中国第一部伦理学教科书，曾获北京市哲学社会科学优秀成果奖，全国高校优秀教材奖；《罗国杰文集》获第三届中国高校人文社会科学研究优秀成果奖哲学一等奖。《道德建设论》和《中外历史问题八人谈》均获1999年国家"五个一工程"奖。《思想道德修养》获国家级教学成果奖二等奖（1997）。

(三) 人才培养和为人

早在1952年，中国人民大学就曾邀请苏联专家斯卡尔任斯卡娅（又译为瓦连金娜）讲授马克思主义伦理学。后来在罗国杰的组织和带领下，从1978年9月到1984年短短5年之内，中国人民大学伦理学教研室就建立了博士生、硕士生和本科生三级伦理学专门人才培养体系，培养出了一大批德才兼备的、以伦理学为学习和研究方向的学生。1984年，中国人民获得了全国第一个伦理学专业博士学位授予权，而罗国杰也因而成为新中国第一个伦理学专业博士生导师。在罗国杰的悉心培养下，焦国成、夏伟东、姚新中、韩望喜、李萍、何怀宏、廖申白、刘光明、吴潜涛、葛晨虹、龚群、肖群忠等人，成为伦理学界有影响的专家学者。此外，还在1991年年底招收了伦理学专业第一个外籍博士生翁诚光。中国人民大学的伦理学被教育部评为国家重点学科，中国人民大学伦理学与道德建设研究中心被批准为全国人文社会科学重点研究基地，成为全国高校伦理学的研究中心。罗国杰还从全国伦理学事业出发，以中国人民大学伦理学教研室为依托，举办全国性的伦理学教师进修班和伦理学硕士研究生班，培养出一大批德才兼备的伦理学专业的学生，为其他院校和科研机构培养了大量的伦理学教学与科研人才，缓解了70年代末全国高校和科研机构伦理学人才奇缺的状况。这些进修班和研究生班被称为伦理学界的"黄埔班"，很多伦理学界的专家学者以参加过进修班或研究生班为荣，都自称自己是"黄埔某期"的学生。

由于罗国杰在伦理学理论研究和探索方面所取得的成就之重要，他曾被邀请为我国的精神文明建设谏言献策。1996年在中国共产党十四届六中全会召开之际，为起草《关于加强社会主义精神文明建设若干重要问题的决议》（以下简称《决议》），中央领导同志主持召开座谈会，罗国杰应邀对《决议》提到的若干重要问题提出修改建议。罗国杰在座谈会作了《以为人民服务为核心，以集体主义为原则》的发言。他提议在"人民服务为核心"的后面，加上"以集体主义为原则"这样一个意见，以便使这一文件能够更完整、更全面地体现我们在社会主义道德建设方面的思想要求。中央采纳了罗国杰的建议，在《决议》中写入社会主义道德应以集体主义为原则。

罗国杰的品德、学问和成就，赢得了普遍的尊敬，被人们称赞为"悉心研究伦理学的学者、热心教书育人的园丁、实践共产主义道德的忠诚战士"。在罗国杰家中正对着书桌最醒目的位置，有着教育家陶行知的名言："每天四问：第一问，我的身体有没有进步；第二问，我的学问有没有进步；第三问，我的工作有没有进步；第四问，我的道德有没有进步。"他认为，伦理学是一门以道德为研究对象的学问，其特点不仅在于它的理论性，更在于它的实践性。研究和学习道德的人，必须首先要讲道德，否则就是伪君子，讲的道德就没有力量、没有说服力。在20世纪90年代北京市的小学语文课本中，曾有一篇小学六年级的课文"宽厚的罗国杰"，课文中通过一件小事对罗国杰的为人品德做了很好的展现。他认为，在一个人的一生中，总要和他人打交道。如果能有一个良好的人际关系，不但对社会有好处，而且对个人的事业和生活都非常有好处。因此，在实际生活中，一事当前，要多想想别人，体贴他人，理解他人，发生矛盾后不要太争强好胜，要宽厚待人，不要有忌妒和报复心。他认为，为人就要经常回顾和检讨自己的行为和思想，并从中反省和体认自己的人生目的和对人生意义的理解。他还把自己的人生理想归结为八个字，这就是"尽力而为"和"听其自然"。他认为，道德的根本特性就是"知"与"行"的"合一"，作为一个理论研究工作者，必须重视理论与实践的结合。人的道德人格，正是由他的一连串道德行为凝聚而成的，"心中想的，口中说的"，应当而且必须同"行"中做的相一致。人生应该坚守的原则就是"虽不能至、心向往之"，要不断地努力，使自己不断地接近理想的目标。

三、罗国杰主要论著

罗国杰.1982.马克思主义伦理学.北京：人民出版社.

罗国杰.1985.西方伦理思想史（上下册）.北京：中国人民大学出版社.

罗国杰.1989.伦理学.北京：人民出版社.

罗国杰.1992.学者谈艺录.北京：中国人民大学出版社.

罗国杰.1993.人道主义思想论库.北京：华夏出版社.

罗国杰.1993.中国伦理学百科全书.长春：吉林人民出版社.

罗国杰.1995.中国传统道德.北京：中国人民大学出版社.

罗国杰.1997.道德建设论.长沙：湖南人民出版社.

罗国杰.1999.中国革命道德.北京：中共中央党校出版社.

罗国杰.2000.道德教育与价值导向.北京：教育科学出版社.

罗国杰.2000.罗国杰文集.保定：河北大学出版社.

罗国杰.2003.思想道德修养.北京：高等教育出版社.

罗国杰.2004.以德治国论.北京：中国人民大学出版社.

罗国杰.2008.中国伦理思想史.北京：中国人民大学出版社.

罗国杰.2011.建设与社会主义市场经济相适应的思想道德体系.北京：人民出版社.

罗国杰.2011.伦理学探索之路：罗国杰自选集.北京：首都师范大学出版社.

主要参考文献

罗国杰. 2011. 伦理学探索之路. 北京：首都师范大学出版社.
罗国杰. 罗国杰生平自述（内部资料）.

撰写者

张溢木（1981~），河南遂平人。中国人民大学哲学院博士生。在罗国杰指导下，研究伦理学原理。2009年始担任罗国杰学术秘书，2012年获博士学位。

卿希泰

卿希泰（1928~），四川三台人。哲学家，宗教学家，中国道教学研究的主要开拓者与建设者之一。1951年四川大学法律系本科毕业，1954年中国人民大学哲学系研究生毕业。1959年负责创建四川大学哲学系，担任该系党总支书记、副系主任、副教授。1980年负责创建四川大学宗教学研究所，担任所长、教授、博士生导师。曾任国家社会科学基金宗教学学科规划评审组副组长、首届全国高校哲学学科教学指导委员会委员、中国宗教学会副会长、四川省首批哲学学科学术带头人。现任四川大学文科杰出（资深）教授、四川大学学术委员会委员、国家"985工程"三期四川大学宗教、哲学与社会研究创新基地首席专家、CSSCI来源期刊《宗教学研究》主编、"儒道释博士论文丛书"主编、"宗教、哲学与社会研究丛书"主编。自20世纪70年代以来，一直致力于宗教学特别是中国道教的研究与教学。编著出版有《中国道教思想史纲》、《中国道教史》、《道教与中国传统文化》、《道教文化新探》、《刍荛集》、《道教文化与现代社会生活研究》、《中国道教思想史》等学术著作20余种，发表学术论文百余篇。他的学术成果先后荣获国家级和省部级的优秀科研成果奖16次，其中一等奖7次。在道教研究领域，为中国培养了数十名硕士生和博士生（包括港、台学生），还为其他国家培养了数十名留学生和高级进修生。这些学生很多都已成长为道教研究的骨干力量。

一、成长经历

卿希泰，名德至，1928年1月16日出生在四川省三台与射洪两县交界处的万全山麓，家有兄弟姐妹10人，他在兄弟中排行第三。其家世代耕读，父亲就是一位私塾先生，因此他发蒙甚早，4岁就开始接受父亲的教导。他从三字一句的《三字经》和《天生物》读起，然后读四字一句的《史鉴节要》、《文昌孝经》，继而读《声律启蒙》、《孝经》和四书五经等。早晨、上午和晚上读"生书"，下午先背"温书"，然后是听讲、习字、联句、作对联等。如此的传统训练，为他打下了良好的国学根基。但到了1939年冬天，父亲却因病辞世。于是，在兄长的安排下，12岁的卿希泰于 1940 年春到射洪县太乙乡上小学，从五年级读起。1941 年秋天，以同等学力考入射洪县太和镇初级中学。

初中 3 年，卿希泰对文学产生了浓厚兴趣，除课堂学习外，还自己阅读了很多新旧文学著作，尤其喜读鲁迅的杂文，并试着写过一些诗歌、小说和其他各类作品，这使得他的文字表达能力得到了初步的锻炼。在初中阶段，卿希泰逐步建立了"国家"、"民族"的观念，这对他的一生意义重大。因为当时正是抗日烽火燃遍祖国大地的时候，学校的老师有很多都是从东北和华北流亡入川的知识分子，他们在课堂内外都经常流露出国破家亡的深仇大恨，说到伤心处，甚至当着学生的面痛哭流涕。这种切身的感受对这些幼小的心灵产生了强烈的影响，正是在这个时期，卿希泰便立下了他秉持一生的宏大志愿：一定要振兴民族、读书报国。

1944 年秋，卿希泰以优异成绩考入当时非常有名的成都树德中学高中部。树德中学对学生的培养素以严格著称，并延揽很多大学教授来校授课。在高中三年里，卿希泰的"国文"、"中国文学史"和"作文"等课程一直都是由四川大学教授庞石帚主讲，"国文"课本采用《经史百家杂钞》。庞石帚的学识和人品深深地感染了卿希泰。由于庞石帚不太喜欢评阅白话文，所以他出的作文题目往往比较适合于用文言写作，因而在这三年里，卿希泰的文言写作能力得到很好的锤炼，一些习作如《儒以诗礼发冢论》，曾得到庞石帚的好评。当时讲授中国史课程的老师是罗孟祯，他具有渊博的学识和雄辩的口才，讲课生动，非常引人入胜。在这些名家的潜移默化下，卿希泰的读书兴趣便逐步集中到文史特别是中国哲学方面。

1947 年秋，卿希泰考入四川大学法律系司法组，进校不久，即投入到当时如火如荼的学生民主运动潮流中去，并与一些志趣相投的同学创办了"南北社"（取鲁迅"南腔北调"为名），随后又加入了中共地下党领导的革命青年组织"中国火星社"，并担任四川大学分社社长。1949 年成都解放后，他曾参加接管四川大学的工作，1951 年 6 月在川大毕业后，即留校任法律系秘书兼助教。

1952 年，由于国家对马克思主义理论教育的需要，卿希泰被保送到中国人民大学哲学系学习，成为第一届马列主义研究班哲学分班的学员。1954 年研究生毕业后，便回到四川大学任马列教研室秘书和讲师，承担全校马克思主义哲学公共课的教学任务。当时的"辩证唯物主义与历史唯物主义"课程，使用的教材是从苏联翻译过来的，在体系上把唯物主义、辩证法和历史唯物主义机械地分为三块，这本身就有形而上学之嫌。卿希泰在教学和研究的过程中，便试图以唯物辩证法特别是对立统一规律为核心把这三个部分有机地联系起来，并计划编写一套系列丛书。不久，就写出了第一本《物质与意识》，从四个方面论述了物质与意识之间的对立统一及其相互转化的辩证关系，并与主客观唯心论、不可知论、庸俗唯物论和机械唯物论划清界限。

1959年，由于国家的需要，卿希泰负责创建四川大学哲学系，任总支书记兼副系主任、副教授。该系的建立，填补了当时西南地区哲学教育的空白，培养了大批哲学教学和科研人才及党政干部。卿希泰在系里讲授马克思主义哲学和中国哲学史课程，其研究兴趣逐渐转向思想方法论和明清之际启蒙思想的探讨，前者以阐发"两点论"为中心，后者以研究唐甄思想为重点，均撰写了一些文章，比如现在保存下来并收入《刍荛集》的《谈谈两点论——学习〈矛盾论〉的体会》、《算数和哲学——从"1+1+1=3"说起》、《"从大处着眼，小处着手"》、《"从最坏处着想，向最好处努力"》、《怎样正确对待人民内部的矛盾》、《唐甄论学——读〈潜书〉笔记之一》等。对启蒙思想的探讨，表明卿希泰的研究已经涉入中国哲学的领域。对"两点论"的探讨，实际上是之前研究唯物辩证法的继续，仍属马克思主义哲学的范围，但卿希泰在论述的时候非常注意联系实际生活和工作中的问题来进行说明，并注意与中国哲学相结合，如在讨论一与多的辩证关系的时候，就举了司马迁《史记》和唐甄《潜书》的例子；在讨论大与小的辩证关系的时候，又引述了《慎子》、《荀子》、《老子》和王夫之的言论。正当他准备沿此道路走下去的时候，却受到了极"左"思潮的严重干扰，在"四清"和"文化大革命"中吃尽了苦头，所有的文稿和资料不是被查抄，就是付之一炬，研究工作被迫中断。到了"文化大革命"中后期，卿希泰在"牛棚"中一边劳动，一边偷闲阅读马列主义和中国哲学史方面的书籍，对过去的研究工作进行了反省，对今后的学术道路也作了思考，逐步把注意力集中到如何正确地探讨中国传统文化的发展规律上来。他认为，"就中国传统文化来说，儒道释是三大支柱，但我们过去对中国哲学史的研究，基本上只局限于儒家，对道释两家，特别是对道教思想的研究非常不够，以致对中国传统哲学的认识往往带有片面性。过去的许多中国哲学史，基本上还只是儒家哲学史，缺乏道释两家的哲学思想，尤其是缺乏道教的哲学思想，更不要说其他少数民族的哲学思想了"，这"不仅对于正确地总结历史经验和建设社会主义新文化不利，而且对于培养我们的辩证思维方法、全面地看待人和事也是非常不利的。因为哲学史是训练人们思维方式的重要学科，如果我们用这种带有主观片面性或宗派性的哲学史去教人，怎么能避免人们看问题不带主观片面性或宗派性呢？甚至于还会造成形而上学的猖獗，害己也害人。我们过去在学术研究的道路上曾遇到过一些麻烦和挫折，这不能不是一个重要的原因"。有鉴于此，卿希泰决定选取儒释道三教中研究最为薄弱的道教作为自己的研究对象，立志为丰富和完善中国传统文化、中国哲学史的研究贡献一份力量。

开始接触道教后，卿希泰发现，道教虽是中华民族的传统宗教，但最先重视对它进行学术研究的却是外国人，国外的道教研究传承有绪，研究者多，成果也不少。反观国内，道教长期以来被视为封建迷信，在"凡是唯心主义都是绝对错误的、反动的"这一思想的影响下，人们把道教研究当作"禁区"，敢于研究的人不多，成果也很少。所以，在20世纪60～70年代召开的第一次、第二次国际道教学术会议，均没有中国学者参加。当时在国际上甚至流传着"道教发源在中国，研究中心在西方"的言论。这种情况极不正常，激发了卿希泰的爱国热忱，他下定决心要拿出高质量的研究成果，为国家和民族争光，洗刷耻辱。恰好这时，中国社会科学院世界宗教研究所的一位负责同志来信，建议他承担道教研究的任务。友人的建议与自己的思考不谋而合，再加上强烈的爱国心与责任感，推动着卿希泰义无反顾地踏上了道教研究的征途。当时他还没有被落实政策，只能在劳动之余，抽空进行《中国道教思想史纲》的研究。但这个研究却受到了任继愈的关注，在1979年2月昆明召开的"全国宗教学研究规划会议"上被列入国家十二年研究规划之中。在这次会议快结束时成立了中国宗教学学会，卿希泰作为道教研究学者的代表被推选为学会理事。也是在这一年的5月，卿希泰相继被任继愈和罗竹风委以重任，分别作为二位主编的《宗教词典》和《中国大百科全书·宗教》的编委兼道教分支学科的负责人，主持道教词条的编写工作，后来均按时保质保量地完成了任务。

1979年，中央决定积极开展道教研究，要在世界宗教研究所设立道教研究室。为此，任继愈向四川大学要求调卿希泰去北京负责筹建工作，但四川大学领导却坚决不放人，经过几番周折，双方同意合办研究所。囿于当时的体制，一些具体问题无法解决，最后决定世界宗教研究所在成都建立一个科研站，四川大学单独建立一个研究所，组织上互不隶属，工作上互相配合。到1980年9月，经教育部批准，四川大学宗教学研究所正式成立，这是中国高校第一个宗教学的专门研究机构，卿希泰成为第一任所长。同月，卿希泰从事道教研究的处女作《中国道教思想史纲》第一卷也由四川人民出版社正式出版，在国内外学术界引起了极大的反响。

从那时起直到现在，在整个国家蒸蒸日上的大环境下，卿希泰陆续推出了一部又一部的道教研究力作，培养了一批接一批的道教研究人才，引领和指导着宗教学研究所取得了全面的发展。日本学者中村璋八曾先后于1987年12月和1988年4月撰文说："四川大学宗教研究所，不仅是中国而且也是世界最高水准的道教研究机构，其所长卿希泰教授的《中国道教思想史纲》等众多著作，也一样是中国道教研究的最高权威，就在日本也享有崇高的威望。"面对国际学界的赞誉，卿希泰一再谦虚地表示："从我个人来说，实在是愧不敢当的，但对于我们国家和民族来说，则是令人欣慰的。"这表明，中国不仅是道教的故乡，而且也已经成为道教研究的一个中心，所谓"道教研究中心不在中国"的论调已经成为了历史。多年来，德、美、日等国的留学生和高级进修生不断地来宗教学研究所学习深造，也从侧面说明了这一点。

目前，卿希泰已步入耄耋之年，但仍然雄心万丈，不知疲倦地奋斗在教学和科研的第一线。作为四川大学文科杰出（资深）教授，根据教育部的要求招收硕博连读生，并从硕士阶段起就坚持亲自授课；作为国家"985工程"四川大学宗教、哲学与社会研究创新基地的首席专家，认真执行"985工程"的建设宗旨，从海内外延聘了一批国际知名的道教学者，力求把该基地打造成国际化的道教研究平台。

二、主要研究领域和学术成就

1. 主要学术成就

第一，《中国道教思想史纲》二卷。1980年出版第一卷，1985年出版第二卷。两卷共33万字，分为七章。首章为"引论"，阐述了以马克思主义宗教学的理论、方法和原理研究中国道教思想发展史的重要意义，高屋建瓴，乃贯穿全书的指导原则。以下六章，从介绍道教的起源和民间道教的兴起开始，探讨道教产生的历史条件和思想渊源、早期道派的形成与发展、早期道经的思想内容及重要人物的历史活动；从分析封建统治阶级的两面政策入手，钩稽反统治阶级的民间道教逐步演变分化出维护统治阶级利益的士族贵族道教的线索，揭示道教内部改造与反改造的斗争；探讨汉魏两晋南北朝时期的道派活动及其与儒、释的关系；从道教与封建政治的关系着手，剖析隋唐五代北宋时期道教兴盛与发展的原因；并选择隋唐到北宋涌现出的重要道教学者一一进行思想深描，展现他们对道教理论各个方面的发展所做出的贡献；又探究了隋唐五代北宋时期道教与儒、释的思想关系。全书在内容结构上，既有宏观纵览，厘清道教思想发展的基本脉络；又有微观考索，细致分析道教著名的经典和人物；还有横向参照，揭示道教与儒、释之间的斗争与融合。由于作者掌握了马克思主义的科学方法，详细占有了历史文献材料，所以有理有据、创见迭出。该书出版之后，受到学术界的瞩目，国内外同行专家学者纷纷给予高度评价。史学家缪钺称之为"开拓性的著作"。《中国社会科学》1986年第5期《拓荒者的脚印》说："卿希泰先生的《中国道教思想史纲》的可贵之处在于它开创了新的研究领域，对几个时代的道教思想作了系统的考察和分析。"《哲学研究》1986年第12期《道教研究的可喜收获》一文说："从道教思想发展的角度来撰写的中国道教思想通史，卿希泰的《中国道教思想史纲》还是第一部。这部著作资料丰富，观点明确，探前人所未究，发别人所未发，科学地揭示了中国道教思想史的发展规律，是启迪人们研究道教的好书，也是初学道教者的必读书籍。"《光明日报》1989年12月15日的评论指出，道教思想研究在中国一直未充分展开的情况下，"由卿希泰撰著的《中国道教思想史纲》见解新颖，颇多启迪，为道教研究提供了丰富的史料和可资借鉴的观点……本书作为对道教思想渊源的历史考察，不仅具有启发性的学术观点，而且对我们了解宗教的实质和根源，以及它自身发生、发展和消亡的客观规律，正确解释和贯彻党的宗教政策将有较大的帮助。"日本东京大学的蜂屋邦夫评价说："道教史著作在国外已经有之，但是关于道教思想史的系统研究著作，这还是第一部。"该书第一卷获得四川省首届哲学社会科学优秀科研成果奖二等奖，第二卷获得四川省第二次哲学社会科学优秀科研成果奖一等奖，全书两卷获得国家教委首届全国高校人文社会科学优秀科研成果奖一等奖。顺便提一下，这两卷完成以后，卿希泰即致力于主持"中国道教史"项目的编撰，所以第三卷的手稿直到1999年才整理出版，讨论了南宋金元到明中叶道教与封建政治的关系、道派的传承和思想状况、明代"三教融合"思想的深入发展等内容，由于独立成书，故名为《续·中国道教思想史纲》。

第二，《中国道教史》四卷。这是国家社会科学基金"六五"至"八五"规划重点项目，由卿希泰主编，王明担任学术顾问。从1983年到1995年，经过12载的艰苦努力，始告完成。其间，四卷分别于1988年、1992年、1993年、1995年单独出版，经过统一修订后，于1996年出版了修订本，共约200万字，分为十四章。全书以马克思主义唯物辩证法为根本指导原则，坚持实事求是、具体问题具体分析，客观总结了道教发生、发展和演变的历史规律，对道教同政治、经济、文化、思想等方面的关系进行了广泛的研究和探索，坚持史论结合，努力挖掘和正确评价道教在中国文化史上的意义；全面地总结、分析了道教思想的基本特征和它的教理教义、仪范规戒、修炼方术等；创造性地构建了中国道教史研究的框架体系，对道教历史作了不同于以往的科学分期；通史与专史相结合，以道教产生、改革、宗派衍化为纲，以著名道教人物、主要道教经籍为目，剖析了各宗派发生、发展的历史必然性，论述了道教著名人物的事迹和思想；探讨了道教同儒、释的相互关系，阐发了它对中国古代化学、天文学、医药学、养生学以及中国古代学术思想发展的意义。全书为人们提供了一幅道教历史的全景图像，具有重大的理论、学术价值和现实意义，填补了道教学术研究的一大空白。以任继愈为组长的项目结题鉴定组评价说："《中国道教史》论著，不仅填补了国内学术研究的空白，且在国际道教学术研究界亦产生重大影响,它代表了当今我国道教学研究所达到的水平"。任继愈认为,此书"对学术界具有开创性的贡献","与海内外已出版的同类著作相比,优点显著,足以反映我国道教研究的水平"。黄心川认为,这是一部"具有我国民族特色的《道教史》","对道教的史前信仰、起源、发展、高峰、周折、传播等整个过程作了系统的、全方位的阐述,填补了道教史上很多方面的空白,富有创造性"。方立天说:"无论从道教研究的广度来说,还是从道教研究的深度来说,本书都可说是开拓性的著作,在中国道教史的研究与撰写方面,确实是一部里程碑式的著作。"唐明邦认为,这"是一部划时代的传世之作","代表了在改革开放时期中国道教学术研究的辉煌成果和最高学术思想水平"。该书先后获得全国光明杯优秀学术著作奖二等奖、中共四川省委和省政府优秀图书奖一等奖、四川省第七次哲学社会科学优秀科研成果奖一等奖、第三届国家图书奖、教育部第二届全国高校人文社会科学优秀科研成果奖一等奖、国家社会科学优秀科研成果奖二等奖。

第三,《中国道教思想史》四卷。这是国家社会科学基金"九五"至"十一五"规划重点项目、教育部人文社科重点研究基地重大项目,由卿希泰主编。全书分为六编三十八章,共230余万字,从1996年起,经过12年的研究,于2009年由人民出版社出版。作为《中国道教史》四卷本的姊妹篇,本书是从"思想"的特定角度对道教发生与发展过程进行历史的梳理与论述,认为"道教思想史"是以"道"为最高信仰、以延年益寿和羽化登仙为理想目标而形成的关于自然、社会、人生的观念体系及其发展变迁、社会作用的历史,是中国思想史研究的重要分支。全书通过论述各个历史时期道教派别及其代表人物的主要思想,揭示了修道成仙这一核心思想的发展和演变。本书开拓了道教思想研究的新领域,深入追溯了道教的思想渊源,系统梳理了道教思想的形成过程和发展脉络,阐明了道教思想的历史影响,并从当代社会的视角审视道教思想的内涵和价值。鉴定专家认为,本书"填补了道教思想通史研究的学术空白,是我国道教学术研究的又一个重要里程碑"。吕锡琛谓其是"系统而全面论述道教思想发展的通史性著作","具有填补学术空白的重大价值"。郑志明认为,本书"作为一部具有开拓性意义的学术论著","作者以高屋建瓴的手法,对绵延1800多年的道教思想进行系统阐述,独具匠心地考察了道教在不同时期的思想主张,展示了波澜壮阔、多彩多姿的漫长历史画卷"。该书入选了"国家社科基金成果文库",获得四川省第十四次哲学社会科学优秀科研成果奖一等奖、教育部第六届全国高校人文社会科学优秀科研成果奖二等奖。

2. 主要学术贡献

30多年来,卿希泰对道教学术研究贡献良多,不仅体现于他本人的学术思想,还包括对学术人才的悉心培养。这里只能撮述其重要者如下。

第一，研究道教文化的科学方法。卿希泰一再强调，要对极其复杂的道教文化进行科学研究，方法尤为重要。没有一个正确的方法作指导，就有可能沉没于浩瀚的文献故纸的海洋里，迷失方向。这个最正确最根本的方法，就是马克思主义的唯物辩证法，也就是"两点论"。他本人在进行道教文化研究时，始终坚持以此为指导，贯彻实事求是的原则，采取具体问题具体分析的态度。他认为，应该辩证地、全面地分析第一手原始材料，按其本来面貌去认识研究对象，仔细辨别其精华与糟粕，历史地评价其作用，避免空泛的议论和主观片面性。

第二，客观看待道教在中国传统文化中的地位和作用。在从事道教研究之初，卿希泰就指出，在国内外长期流行着一种模糊观念，即以儒家文化代表整个中国传统文化，这是一种非常有害的学术偏见，并不符合中国的历史实际，阻碍了对中国学术文化的发展规律的全面了解。卿希泰认同鲁迅"中国根柢全在道教"的提法，认为可从两个方面来加以说明：一方面是道教对所有的传统文化几乎都采取了兼收并蓄的态度，具有极大的包容性，许多古代的文化思想都汇集在道教文化之中，并借道教的经典保存下来，流传至今；另一方面，道教在长期的发展过程中，又对中国古代社会的政治、经济、哲学、文学、艺术、化学、医学以及伦理道德和民俗、民族关系、民族心理、民族性格与民族凝聚力的形成和发展等各个方面都产生过巨大而复杂的辐射作用。因此，不研究道教，就很难全面地了解中国的历史和文化。

第三，关于道教发展史的科学分期。这是一个涉及对道教发生、发展和演变的客观规律怎样认识的重大问题。许多道教史著作，都是按封建王朝的变更来划分道教发展的历史。卿希泰提出，尽管道教的发展是与封建社会的历史进程交织在一起的，并且受到封建社会的政治和经济的很大制约，但道教作为一种宗教，它一旦产生之后，也有其本身相对独立的发展和演变的客观规律。因此，对道教史的分期，应当综合考虑这两个方面的因素。于是，卿希泰将道教从产生到中华人民共和国建立前的历史分为四个时期，即：汉魏两晋南北朝为创建和改造时期；隋唐五代北宋为兴盛和发展时期；南宋金元至明中叶为宗派纷起与融合和继续发展兴盛时期；明中叶以后至民国为逐步衰落时期。中华人民共和国成立后，道教获得新生并在改革开放以来进入全面发展的新时期。

第四，对道教文化的现实价值的抉发。卿希泰认为，道教不是陈列在博物馆中的展品，它并不曾脱离现实生活、与世隔绝，而是与时偕行、日日常新的。道教文化当中蕴涵着许多宝贵的思想，可以在当今的社会生活中发挥积极作用。比如，道教推尊黄帝为祖宗，影响深远，对于凝聚台湾同胞和海外侨胞的民族感情具有不可替代的作用；在人与自然的关系上，道教主张"天人合一"、"道法自然"、"少私寡欲"，对于当前面临全球性生态危机的人类具有启示作用；在对待不同的价值观念和生活方式上，道教主张宽广能容、虚怀若谷，不搞唯我独尊的文化一元论，对于当前各种原教旨主义的宗教思潮、狭隘民族主义以及西方的强权政治等弊端具有解毒之效。因此，道教信仰者和道教研究者都应该与时俱进，深入阐发道教文化中的思想精华，为道教的发展和社会的进步做出贡献。

第五，对道教学术人才的扶植与栽培。一个学科的健康发展，不能只依靠个人的力量，而必须形成合理的人才梯队。在 20 世纪 80 年代，卿希泰接受《四川大学报》采访时指出：虽然改革开放以来中国的道教研究进步较快，"但人才缺乏，特别是缺少 40 岁左右的专门人才，而且设备也落后，至今也没有统一的组织。但最关键的问题还是人才问题，我们急需人才呀。"现在，在卿希泰和全国道教研究同仁的努力下，道教研究的专门人才不断涌现。卿希泰自己就为祖国培养了几十名硕士生和博士生，很多都已成长为教授和博士生导师。卿希泰还在各界的赞助下，设立"卿希泰学术基金会"，奖励优秀的道教研究著作和品学兼优的硕士生、博士生。当年，为了解决"学术著作的出版甚难，尤其是中青年学者的学术著作出版更难"的问题，卿希泰与香港圆玄学院商议，由该院捐资赞助出版"儒道释博士论文丛书"，现已出版 100 余部，很多当今学界崭露头角的中青年学者正是在这里发表了他们的博士学位论文。

3. 优秀品质与高尚人格

卿希泰之所以能够收获骄人的学术成就，取得崇高的学术威望，是与他身上一些闪光的精神品质和人格魅力分不开的，举其荦荦大者如下。

第一，不惮艰难，勤勉严谨。在卿希泰刚刚进入道教研究领域时，这还是一片处女地，需要付出大量的辛劳来拓荒。那时，卿希泰每天工作到深夜，学生们都说他的书房亮的是"长明灯"。当时的四川大学图书馆没有完整的《道藏》，于是他每天徒步到省图书馆，带上一点干粮，经常待到晚上闭馆才出来。精诚所至，馆内负责线装书的沙铭璞被他感动了，主动提出帮助他查找资料，并给予他特殊的优待。为了得出正确的结论，卿希泰一贯坚持"用材料说话"的治学准则，有多少材料说多少话，在找到确凿的证据之前，绝不主观地下论断。对材料的使用，主张"大量采用原始材料，第二手材料只作线索而不作依据"。

第二，关爱学生，因材施教。卿希泰从事教育工作已逾 60 年，他的许多中外学生在回忆中都曾提到在生活上得到了他的悉心关怀，嘘寒问暖，无微不至。如果说生活中的关心是慈爱的，那么在学术上的关心则恰恰是严格的。卿希泰曾说："培养人才既要讲究方式方法，因材施教，更要注重对学生的思想品质、学风素质的严格要求，培养他们为国争光、奋发勤勉、开拓创新的学习作风。科学研究是一项十分艰苦的劳动，来不得半点虚假、浮躁，必须提倡实事求是、扎扎实实、严谨细致、一步一个脚印的学风。"卿希泰已逾80岁高龄，仍然亲自指导学生，坚持授课，并详细批阅学生每堂课的读书笔记，小到标点符号的错误也不放过。此种精神，令人感佩。从编撰《中国道教史》开始，卿希泰就采取在实战中培养人才的方式，吸收学生进入项目研究工作，经过严格的锤炼，最后达到既出成果又出人才的双丰收。对于学生的研究方向，卿希泰以他对道教研究的总体认识，总是能根据学生的学术根底进行适当的建议。卿希泰所指导的博士论文，很多都是当时的学术前沿问题。

第三，关心同志，善于领导。宗教学研究所的老同志回忆，卿希泰是一个敢于承担责任的好领导，就是在"四清"和"文化大革命"中受到严重冲击时，他也勇于承担全部所谓"罪状"，从不牵连和危及其他任何人。宗教所成立后，他非常关心每个教职工的切身利益和发展成长，曾为大家的奖金直接与校长据理力争而终获解决，曾为落实一些引进人才的住房问题而亲自出马四处奔波；所里教职工凡有申请在职学习、外出进修或出国深造者，他都积极支持，甚至还主动用自己的薪资为个别同志支付了部分学费；他还带头贡献自己的稿费、奖金和科研经费，以支持所里的图书资料建设；若遇教职工晋升职称、申报课题或成果评奖等，他无不鼎力相助，如获成功，他往往比他们本人还要高兴。正是在这些点滴中闪耀的人格魅力，使得在他周围形成了一个团结奋斗的学术集体。

总之，卿希泰的学术成就和精神品质交相辉映，学为人师，行为世范。在他80华诞的庆典上，四川大学校长谢和平亲笔题赠尺幅"道教学泰斗，学术界楷模"！

三、卿希泰主要论著

卿希泰.1980.中国道教思想史纲（第一卷）.成都：四川人民出版社.
卿希泰.1985.中国道教思想史纲（第二卷）.成都：四川人民出版社.
卿希泰.1988.中国道教史.成都：四川人民出版社.
卿希泰.1988.道教文化新探.成都：四川人民出版社.
卿希泰.1988.无神论史话.成都：四川人民出版社.
卿希泰.1990.道教与中国传统文化.福州：福建人民出版社.
卿希泰，郭武.1993.《道教三字经》译注.成都：四川大学出版社.
卿希泰.1994.中国道教.上海：知识出版社.
卿希泰，唐大潮.1994.道教史.北京：中国社会科学出版社.

卿希泰，唐大潮.1996.中华道教简史.台北：台湾中华道统出版社.

卿希泰，王志忠，唐大潮.1996.道教常识答问.南京：江苏古籍出版社.

卿希泰.1997.刍荛集.成都：巴蜀书社.

卿希泰.1999.道教文化新典.上海：上海文艺出版社.

卿希泰.1999.续·中国道教思想史纲.成都：四川人民出版社.

卿希泰.2000.道教史略.香港：香港道教学院.

卿希泰.2001.简明中国道教通史.成都：四川人民出版社.

卿希泰.2002.中外宗教概论.北京：高等教育出版社.

卿希泰.2007.道教文化与现代社会生活研究.成都：巴蜀书社.

卿希泰.2008.卿希泰论道教.上海：上海科学技术文献出版社.

卿希泰.2009.中国道教思想史.北京：人民出版社.

主要参考文献

卿希泰.1997.刍荛集.成都：巴蜀书社.

卿希泰.2000.四川大学宗教学研究所创建的前前后后.宗教学研究，(3).

卿希泰.2010.我是怎样从研究马克思主义哲学走上道教文化研究之路的.宗教学研究，增刊.

盖建民.2010.开拓者的足迹：卿希泰先生八十寿辰纪念文集.成都：巴蜀书社.

撰写者

周冶（1977～），四川大学道教与宗教文化研究所副研究员。

黄心川

黄心川（1928～），曾用名黄顺康，江苏常熟人。印度学家、东方学家、哲学家、宗教学家。中国社会科学院荣誉学部委员。1946年就读于之江大学，后前往苏北参加新四军，朝鲜战争爆发后入朝作战，负伤。1956年报考副博士研究生，被北京大学哲学系录取。1964年参与组建中国科学院哲学社会科学学部世界宗教研究所，1980年筹建中国社会科学院与北京大学南亚研究所，1989年组建中国社会科学院亚洲太平洋研究所并任所长。现任中国社会科学院东方文化研究中心名誉主任、陕西省社会科学院长安佛教研究中心名誉主任、玄奘研究中心主任等职，并兼国际印度哲学研究协会执行委员、国际梵文研究协会顾问、印度罗摩克里希那—辨喜国际研究运动顾问委员会副主席、中国太平洋协会中国委员会委员等。几十年来致力于东方哲学特别是印度哲学、宗教的研究，在这一领域做出了许多开创性的工作，取得了令国内外学术界瞩目的成就。他主编的《世界十大宗教》获得1988年全国优秀图书奖和中国社会科学院优秀成果奖。《隋唐时期中国与朝鲜佛教的交流——新罗来华僧侣考》一文获第四届国际佛教学术奖和中国社会科学院优秀科研成果奖，不少著述被译成英、日、韩、孟加拉文出版。

一、成　长　经　历

1928年，黄心川出生在江苏常熟的一个商人家庭，兄弟姐妹6人，排行第二。祖籍扬州，那里曾经是江南地区最繁华的商业和文化中心。扬州黄家是当地大户，曾以经营"积善堂"而留名于世。他的家族经营、出版的中国古典书籍，在北京图书馆还有保存。黄心川的爷爷在分家以后，渡江来到江南水乡常熟。

黄心川的爷爷在一次过江收债时被强盗撕票，命丧长江。这时他父亲还没有出生，成了遗腹子。奶奶在痛失丈夫之后，独自撑起家里大业，将黄心川的父亲抚养成人，娶亲成家。其父是一个非常有才的人，受过中国文化的熏陶，书法很好，又有思想，愿意接受新潮流；喜欢读书著文，爱与文人墨客、高僧交往。但是为了生计，只能继承家业，开设一座现代化的碾米厂和经营粮行生意。常熟城边有一个新式公园，是文人雅士聚会、喝茶、聊天的地方，其父没有生意时就到公园与文友相聚，吟诗酬唱，议论时政。有时也带着儿子一起去，使黄心川从小就感受到江南文人士大夫气质，立下"先天下之忧而忧，后天下之乐而乐"的志向。其父喜爱收藏，用做生意赚来的钱收藏名家书法、绘画，有时也会带着儿子到城外兴福寺去拜谒寺院的住持，谈佛论道，住持持松法师还特意为其父书写诗轴。母亲是一位善良的家庭妇女，操持家务，相夫教子，她信佛虔诚，能将5000字的《金刚经》整部背出，初一、十五必到寺里烧香，平常在家吃长素。这些都对正在成长的黄心川产生了深远的影响。

其父将一生的希望寄托在儿子身上，指望他能够从事文化事业，以此光耀门庭。黄心川5岁就被父亲送到私塾接受启蒙教育，从背《三字经》开始，继而学习《论语》、《左传》等古籍。及长，他又被送到国立小学念书。1937年抗日战争爆发，上海沦陷，常熟被日本军队占领。这时刚进常熟一中初中部的黄心川目睹日本军队的烧杀掠抢，又因为不想学日语而遭到日本老师暴打，饱尝做亡国奴的痛苦。在中学读书时，他曾协助中共地下党创办过一份反日、反蒋的刊物——《啸》，使他受到革命的教育，以后一直和几个地下党员有联系。1946年，黄心川考进了美国教会创办的大学——之江大学文学院，比较系统地接受了西方文学、哲学知识，受到西方文化熏陶，还接触了马克思主义。这所大学在中国创办已有100余年历史，学校的教育完全按美国大学的模式设置，甚至连中国历史文化课也要用英语来讲授。在这样的情形之下，黄心川一方面感到中国传统文化的抱残守缺，要走西方现代化的道路，另一方面也激起了他对殖民主义的反感。

此时国民党在美国的支持下发动内战，国民党政府腐败至极，社会动荡，物价飞涨，民不聊生，生活在杭州"天堂"里的老百姓也感到活不下去，发生了抢米运动；而官僚、地主、资产阶级却过着骄奢淫逸的生活。学生们掀起了声势浩大的反内战、反饥饿、反迫害等学潮。此时黄心川逐渐认识到国民党统治的残酷及其反动本质，为国家的前途担心，也为自己的学业和前途忧虑。当时黄心川有两条道路可以选择：一是逃避中国的现实，出国深造。此时适逢牛津大学在杭州招生，黄心川曾报名并被录取；一是投入革命的洪流，把自己的前途与祖国的命运紧密地联系在一起。在大学地下党的教育帮助下，经过反复的思想斗争，黄心川终于走上革命的道路。1948年黄心川越过国民党的军事封锁线，历尽千难万险，到达苏北游击区革命根据地，成为一名游击队员。以后又参加了淮海战役和渡江战役。他带兵打仗，培训干部，为革命胜利后接管城市做准备工作。1949年4月23日，黄心川跟随部队在江阴顺利渡过长江，回到阔别多年的家乡。

革命胜利以后，黄心川先后担任过苏南行署司法处、江苏高级法院审判员、机要秘书等职，曾经受命前往国民党苏州监狱接收人事档案。朝鲜战争爆发后，中央急需懂英语的干部，黄心川被抽调到中央组织部，被派往志愿军第三兵团司令部任情报参谋，主要从事英文翻译工作。不幸在朝鲜第五次铁源定洞里战役中负伤，成为一名荣誉残废军人。伤愈转业后，受中央监察部派遣，担任鞍山钢铁公司特派国家监察员。1956年，中国仿照苏联教育模式，招收副博士研究生，激发黄心川昔日愿望，通过考试，他被北京大学哲学系录取，走上一条学术之路。

新中国成立初期中央政府进行院系调整，将全国知名哲学教授都集中到北京大学哲学系。在中国哲学方面，有冯友兰、熊十力等名家，在西方哲学方面有任华、贺麟等名教授，在东方哲学方面有朱谦之、汤用彤等著名学者，名家荟萃，使黄心川受益匪浅。他师从任华学习希腊哲学。任华是从美国哈佛大学留学归来的高材生，在他的指导下，黄心川系统地学习了西方哲学史知识。以后，黄心川又跟随汤用彤学习佛教与印度哲学，师从朱谦之学习东方哲学。几年的研究生学习，不仅使他学到了不少的知识，更学到了如何做人。1958年他提前毕业留在系里工作，担任过系秘书，被评为讲师。1961年北京大学哲学系成立东方哲学教研室，朱谦之为教研室主任，黄心川被分配到东方哲学教研室从事东方哲学的教学与研究工作。

1964年，根据毛泽东指示，在中国科学院筹建宗教研究机构，于是北京大学哲学系东方哲学教研室被整体迁移到中国科学院哲学社会科学学部，组建世界宗教研究所。黄心川作为组建者之一，参与了宗教研究所的创设。他风尘仆仆地到全国各地招收毕业生，筹建图书馆、研究室。宗教研究所调入的第一个人、第一个分配来的大学生、第一本辞典、第一本书、第一个培养的研究生，无不浸润着黄心川的心血。1980年后，黄心川担任世界宗教研究所的副所长，主抓科研工作，在他的努力下，宗教研究所出版了不少重要成果，在学术界获得了良好的声誉。

1980年，中国社会科学院与北京大学共建南亚研究所。黄心川因在南亚研究方面影响卓著，担任南亚研究所副所长，负责筹建工作。当时南亚研究所设在北京大学校内，黄心川家在市内，每天来往不方便，他就住在北京大学，全心全意地投入工作。在他的带领下，南亚研究所集中了全国在这方面的学术精英，并且培养了一批研究生，使我国的南亚研究在短期内突飞猛进，并在国际学术界产生了影响。

1989年，中国社会科学院根据形势需要，成立亚洲太平洋研究所，黄心川再次受命组建亚太所并且担任所长。新成立的亚太所在他的领导下，很快走上正轨，声名鹊起，先后与世界各地研究机构与同行建立密切联系，成为亚洲太平洋研究的权威机构。

从 1964 年入中国社会科学院工作到 2005 年离休，黄心川在中国社会科学院工作 41 年，其中参与了三个研究所的组建工作，很好地完成了上级交付的任务，把我国的宗教研究、亚洲太平洋研究推向了新的水平，为我国的社会科学研究做出了应有的贡献。中国社会科学院是人才荟萃之地，但是既能做研究又有丰富的行政管理经验的人并不多，黄心川是其中之一。他组建了三个有影响的研究所，这种经历在整个中国社会科学院里实属罕见，也给他带来了荣誉。现在黄心川是中国社会科学院荣誉学部委员。

二、主要研究领域与学术成就

黄心川学问广博，在学术界里众人皆知，其中最有影响的是印度哲学研究。他出版了《印度哲学史》和《印度近现代哲学》，这两本书实为印度哲学通史，当时出版者出于经济效益的考虑而分别单独出版。

黄心川的英语非常好。当年英文考试卷子，不仅句子通顺、修辞规范，而且书法流利漂亮，以至于阅卷老师发出"这名考生是不是外国人"的疑问。这都得益于他当时在教会大学的学习经历。黄心川曾经说过，教会大学里所有的课程讲授乃至食堂贴出的通告都是英文，你不懂英文就无法在学校呆下去。刚进校时，他做作业也吃过不少苦头，曾经因为英文作业语法有错误，被外国老师在作业上划了 38 个红圈。

由于教学需要，黄心川被分配去讲授印度哲学课程。印度是历史悠久的国家，曾经与中国有 2000 余年的宗教文化交流史。中国人一直把印度看作西天佛国，从印度取来了数千卷佛教经典，佛教也随之传入中国，成为中国传统文化的组成部分。作为宗教文化大国，印度的哲学、宗教思想非常丰富。传入中国的印度梵文佛经里保存不少印度哲学、宗教的史料。由于佛教在中国影响很大，古代中国人主要关注点在佛教，对印度其他哲学、宗教的关注明显不够。近代以来，受西方影响，中国学者也在研究印度哲学方面做了一些工作。但是这些研究成果要么是翻译欧美或日本人著作，要么是写得非常简略，特别是对中国古籍中保存的大量史料，还没有系统的整理与研究，这是非常遗憾的事情。汤用彤是我国研究佛教史大家。他在印度哲学研究方面做了一些基础性工作，编撰了《印度哲学史略》与《汉语佛经中的印度哲学史料》等书。黄心川拜汤用彤为师，跟从他学习佛教与印度哲学，由此进入印度哲学研究领域。

黄心川所撰写的《印度哲学史》，是当前世界印度哲学研究方面的一本有特色的著作。从这本书里可以感受黄心川学术研究的特点。他认为，搞外国哲学研究，要注意突出中国特色，要以中国人的独特研究为视角。以印度哲学为例，百年来外国人已经写出不少有名的印度哲学研究著作，其中不乏世界哲学大家的扛鼎之作。但是在这些著作中，独独没有利用中国资料。印度与中国有长达2000年的宗教文化交流史，中国的史籍中又记载了大量印度历史、哲学与宗教的资料，所以，利用中国的资料来研究印度哲学，不仅能突显中国学术研究特色，也能在国际学术界争得一席之地，取得话语权。特别是可以挖掘一些印度失传的或者被印度正统派歧视的唯物论或异端派的思想。例如印度唯物主义的顺世派在印度已被印度教的正统派彻底毁灭，但在中国保存的印度资料中大量被提及。在他撰写的印度哲学研究文章中，就充分利用了中国的资料，并且按照严格的学术规范，既介绍中国资料，又把这些资料与印度资料做了比较研究。通过分析中国所保存的资料，可以帮助鉴别印度资料的年代与可靠性，这些特色都在《印度哲学史》里反映出来。

黄心川的印度哲学研究成果很多都被译成英文，发表以后受到各国学术界的重视，成为当前世界印度哲学研究的代表性成果。印度学者纷纷发表书评，称赞这些成果打开了学者眼界，使印度思想文化遗产得到发扬。在印度学术文化圈里，黄心川的名字是众人皆知的。正因他对世界印度哲学研究有过重要贡献，因此在印度获得荣誉，被世界各国学者推选为国际印度哲学研究协会执行会员、国际梵文研究协会顾问，被聘为印度罗摩克里希那—辨喜国际研究运动顾问委员会副主席、印度龙树大学荣誉教授等。

在东方哲学的教学与研究中，黄心川发表了19部著作、140余篇论文，其中影响较大的有《印度哲学史》、《印度近现代哲学》、《印度佛教哲学》、《现代东方哲学》、《东方哲学家评传》，这些著作对东方各国哲学的历史与现状作了比较系统的阐述，搜集了极其丰富的史料，特别是黄心川主编的《现代东方哲学》、《东方哲学家评传》集中了我国研究东方哲学的力量而编纂的，这些著作的出版可以说为我国现代东方哲学的教学与研究打下了初步的基础，填补了空白。

在中外哲学与文化交流方面，黄心川发表过不少著作和论文。其中值得一提的是1979年发表的《印度近代哲学家辨喜研究》一书。该书出版后，其中的主要章节和全书摘要被译成英文和孟加拉文，在印度、孟加拉的很多报刊上转载或加以评论，其中"辨喜论中国"一章曾被编入印度罗摩克里希那文化学院出版的《世界思想家论罗摩克里希那和辨喜》一书。1962年黄心川在《北京大学学报》发表的《安藤昌益与"自然真营道"》是我国最早对日本这位"被遗忘了的哲学家"进行研究的论文，因此引起国际学术界的重视。另外，在日本东京大学讲演的《朱舜水的学术思想及其在日本的交流》，在印度德里大学所做的《中国密教的印度渊源》的报告，在韩国"中韩论坛"第三次会议上讲演的《中韩文化的共同性及其相异性》的讲演，在中越"传统文化与现代化"会议上所作的《"三教合一"在中越发展的过程及其特点》的报告等，都在国内外学术界和舆论界产生了反响。

1964年，黄心川调入世界宗教研究所之后，随之进入宗教研究领域，宗教研究成为黄心川后半生最重要的事情之一。那时宗教研究在我国刚刚开展，又囿于特殊的政治环境，研究工作主要是搜集资料，出版剪报，此外就是配合形势写一些报告。根据国家需要，黄心川接受研究藏传佛教与沙俄的关系的任务，撰写了《沙俄利用宗教侵华简史》，着重阐述了1860年以前俄国东正教与早期中俄的外交关系，揭露了沙俄利用东正教、喇嘛教和伊斯兰教侵略中国的种种事实。此书现在仍然是这方面内容最详细的一本书。

1978年，党中央十一届三中全会召开，拨乱反正，学术界迎来了春天。党和政府落实宗教信仰自由政策，一批宗教界人士的冤假错案被平反。为了让更多的人了解宗教知识，黄心川组织学者编写了《世界三大宗教》一书。此书是我国近几十年最早出版的一本介绍宗教知识的著作，一时洛阳纸贵，到处抢着购买。该书在宣传、普及宗教知识方面功不可没，在当时确实起过号角的作用，标志着中国宗教研究已经恢复。不久，黄心川又主编了《世界十大宗教》，此书对世界最重要的十种宗教作了详细的介绍，像印度教、摩尼教等都是在我国第一次被介绍，对读者了解国外的宗教起到重要的作用。编著此书的背景是：新中国成立以后在很长的一个时期内，我国对宗教的研究局限于传统的世界三大宗教的历史、教义的研究，黄心川力图改变这种状况，在《世界十大宗教》中组织了当时国内很少重视的神道教、锡克教、耆那教、印度教、婆罗门教、琐罗亚斯德教等宗教情况的编写工作。

2003年黄心川又主编了《当代亚太地区的宗教》，此书填补了新中国成立后宗教研究一直空白的尼泊尔、朝鲜、蒙古、中亚及大洋洲等国家和地区的宗教。这些著作不但以历史唯物主义的方法揭示各种宗教的形成与发展，同时也注意运用现代人文科学所取得的成就和新方法。例如根据比较神话学与比较语言学的研究，探索了琐罗亚斯德教的起源以及澳大利亚原始宗教的现状，运用比较民俗学、比较历史学等方法研究古代埃及宗教的演变及其与其他宗教的关系。从文化史的角度，不仅探讨了古代西亚与地中海东部各民族间的文化交流，深化了对犹太经典的研究，而且也审视了亚太地区东西方宗教和文化的融合与冲突情况，这样的研究可以使我们从更广阔的视野和多元文化的角度去观察和研究宗教问题。

宗教研究的目的归根到底要为现实政治和社会文化服务，《世界十大宗教》、《当代亚太地区的宗教》等之所以被人重视，就是因为在这些书中涉及的各种宗教问题都是针对当前各个地区的社会经济发展、国际关系、民族问题、东西方文明融合与冲突等提出的，具有时代性和前瞻性。此外，在这些著作中都特别注意世界各大宗教和地区宗教与中国的关系，探索外国宗教在中国的传播过程，与中国民族文化的结合及其变化，对中国社会文化所产生的深刻影响等。

当时国家准备编纂百科全书，黄心川受中国大百科出版社的委托，主编《中国大百科全书·宗教》。在该书前言中，黄心川提出了"宗教是文化"的观点，这个提法后来被中国佛教协会会长赵朴初接受，至今仍然对中国的宗教研究与宗教文化的宣传有重要影响。因受到极"左"思潮的影响，长期以来人们不再谈论宗教，对宗教的知识非常陌生。在我国改革开放以后，黄心川率先组织撰写了第一本介绍宗教知识的著作，看似小事，影响却很大，它对我国恢复宗教信仰、全面落实自由政策做出了贡献。

在中外文化交流史上，以宗教为特色的文化交流一直没有间断。多年来，黄心川十分关注这个领域，认为研究宗教要了解这方面的史实。中国宗教不仅受惠于像印度、波斯和罗马以及阿拉伯诸国的宗教文化，同时中国宗教也对周边的国家，如日本、韩国、朝鲜和越南等国产生过重要影响。因此他在研究中国宗教的同时，不断地收集资料，最终撰成《隋唐时期中国与朝鲜佛教的交流——新罗来华佛教僧侣考》一文。该文依据各种中国史籍，详细考证出隋唐时期来华的新罗僧侣有117人。这个数字比韩国学者李能和统计的64人、日本学者统计的66人多了近一倍，得到中、韩、日三国学者的好评。我国学者也认为："（此文）表明国内佛学研究者在反省中正逐渐摆脱空泛的学风，转向具体、深刻、更富有特色的道路。"此文现已被译为韩文与英文。1994年12月18日，"第四届国际佛教学术奖颁奖仪式"在北京举行，黄心川获得了这项国际佛教学大奖。"国际佛教学术奖"是大韩传统佛教研究院在韩国获得独立后设立的，专门奖励研究韩国传统佛教的历史和现状、整理出版有关亚洲佛教的经典和著作有过贡献的学者。在黄心川获奖之前，此项奖只颁发过三次，得奖学者有日本东京大学名誉教授镰田茂雄，日本大学名誉教授、松冈文库馆长古田绍钦，韩国延世大学名誉教授闵泳圭，黄心川是第四人。参与评奖的评委都是国际佛学界著名学者。到目前为止，这也是我国学者在世界佛教研究中获得的唯一奖项。

黄心川认为，作为人类历史文化的长期积淀——宗教的研究，是一种很复杂的学问，要成为有成就的研究者，必须要有全面的眼光。以印度佛教为例，从整个印度的哲学、宗教历史来看，佛教在印度只是一个宗教派别，其在产生与发展的过程中，曾经与其他哲学、宗教派别有着千丝万缕的联系，如果不了解印度哲学、宗教的背景，就不可能知道印度佛教的思想之源，也不能正确介绍它的思想特点，这就像研究伊斯兰教必须了解基督教和犹太教以及波斯宗教一样。同样，研究中国佛教也要了解儒道二家的知识，特别是到了宋代以后，"三教合一"已经成为中国思想发展的主流，佛道二家的思想离不开儒家正统思想的影响。黄心川晚年致力于东方哲学与思想的研究，将目光投向了日本、韩国和越南的三教融合现象研究，撰写了《"三教合一"在我国发展的过程、特点及其对周边国家的影响》，此文比较系统地对"三教合一"的思想在周边国家的流传与影响做了介绍，产生了一定的影响。他还主编了五卷本的《东方哲学家评传》、《现代东方哲学》。这些著作的出版弥补了我国学术界在这方面研究的空白，也将中国的东方哲学研究推向了一个新的高度。现在我国东方学的研究出现方兴未艾的趋势，但是始作俑者却是以黄心川为首的一批甘于寂寞的中国学者，他们用自己的学识，为我国的东方学研究奠定了坚实的基础。

1994年，韩国学术界为了奖励黄心川对中韩佛学交流作出的贡献，特别向黄心川赠送了一套高丽版的《祖堂集》。此书是唐代中国僧人写的佛教灯史著作，在中国和日本已经没有了。20世纪日本学者在韩国海印寺发现经板，由于经板年代过久，已经不能再刷。这次送给黄心川的《祖堂集》就是最后刷版的十部之一。送书的韩国学者特别强调此书以后不会再有了，言下之意请他一定要妥善保存。但是黄心川并没有将这套珍贵的古籍放在家里，而是将它捐给了国家图书馆，认为放在那里会得到更好的保护，同时也会让更多的人受益。

唐代高僧玄奘是举世闻名的佛学家、哲学家、旅行家、翻译家、中外文化交流的杰出使者和文化名人。他的事迹在中国、东亚乃至世界各地都在传诵。我国伟大的文学家鲁迅曾称他为民族的"脊梁"，梁启超称誉他为"千古一人"。1995年，中国玄奘研究中心成立，鉴于黄心川在研究印度思想文化方面的贡献，有关方面推选黄心川做主任。此后十余年间，黄心川一直宣传玄奘，推动玄奘研究事业，为此耗费无数的心血。他撰写文章，组织召开三次国际学术讨论会，玄奘研究事业在他的推动下取得了成果，扩大了影响。

黄心川认为做学问要扎扎实实，但更重要的是做好人。做人是第一位的，即使做不了第一流的学问家，但能做好一个人也是成功的。他给自己撰了一个座右铭：

学为时用，德以养人。行藏适止，吐味幽深。不倨不谄，戒急戒躁。精厉晨昏，兀兀穷年。博而见约，深而出浅。去留无意，荣辱不惊。有教无类，甘为人梯。

三、黄心川主要论著

黄心川.1979.印度近代哲学家辨喜思想研究.北京：中国社会科学出版社.

黄心川.1979.印度佛教哲学//任继愈.中国佛教史（第一卷）.北京：中国社会科学出版社.

黄心川.1979.世界三大宗教.北京：生活·读书·新知三联书店.

黄心川，张伟达.1979.沙俄利用东正教侵华史话.北京：中华书局.

黄心川.1980.沙俄利用宗教侵华简史.沈阳：辽宁人民出版社.

（美）培里等.1981.新实在论.黄心川，胡稼贻译.北京：商务印书馆.

任继愈.1981.宗教词典.上海：上海辞书出版社.

黄心川.1988.世界十大宗教.北京：东方出版社.

黄心川.1988.佛教篇//中国大百科全书·宗教.北京：中国大百科全书出版社.

黄心川.1988.外国哲学编//中国大百科全书·哲学.北京：中国大百科全书出版社.

黄心川.1989.印度哲学史.北京：商务印书馆.

黄心川.1989.印度近现代哲学.北京：商务印书馆.

黄心川.1995.玄奘研究文集.郑州：中州古籍出版社.

黄心川.1997.南亚大辞典.成都：四川人民出版社.

任继愈.1998.宗教大辞典.上海：上海辞书出版社.

黄心川.1998.现代东方哲学.杭州：浙江人民出版社.

黄心川.1999.东方哲学的现代意义（日文论文集）.日本：农文协出版社.

黄心川.1999.世界十大宗教（越南文）.越南：国家政治出版社.

黄心川.1999.东方哲学家评传.济南：山东人民出版社.

黄心川.2002.东方佛教论：黄心川佛教文集.北京：中国社会科学出版社.

黄心川.2003.当代亚太地区宗教.北京：宗教文化出版社.

撰写者

李建欣（1966～），中国社会科学院世界宗教研究所编审，主要从事印度哲学、宗教研究。

庞 朴

庞朴（1928～），江苏淮阴人。中国哲学史、思想史和文化史学家。1954年中国人民大学哲学系研究生班毕业，同年赴山东大学任教。1974年调中国科学院哲学社会科学学部《历史研究》杂志从事编辑工作，曾任中国社会科学院《中国社会科学》杂志副总编和《历史研究》主编等职。1981年接受联合国教科文组织之聘，担任《人类文化与科学发展史》国际编辑委员会中国代表。现为中国社会科学院研究员、荣誉学部委员、全国古籍规划小组成员、北京大学《儒藏》总编纂、中国人民大学国学院特聘教授、山东大学儒学研究中心主任、终身教授，并任复旦大学、南开大学、杭州大学、武汉大学等校兼职教授，美国加利福尼亚大学伯克利分校、哈佛大学、日本东京大学、挪威奥斯陆大学、挪威国家科学院等校访问学者、客座教授、客座研究员。庞朴在学术研究上成就卓然，著作等身。他的学术研究领域十分广泛，在中国哲学特别是中国传统辩证法思想、文化学、古代天文历法以及出土文献等方面尤有精到的研究。2010年，庞朴获儒学研究的最高学术奖项"孔子文化奖"个人奖。

一、简 历

1928年10月25日，庞朴出生于江苏省淮阴县。五六岁时，庞朴进入一所清真寺办的穆英小学读书，在此读了4年初小，之后又到孔庙小学上高小。全面抗战爆发后，庞朴上过2年私塾，读了《三字经》、《百家姓》、《千字文》、《幼学琼林》、《千家诗》和四书等，打下了一些古典文化的基础。

抗战胜利后，庞朴经考试成为国民政府江苏省财政厅的财务人员，被派到江宁、苏州等地的税务局去抄公文。在苏州时，经朋友介绍，他偷偷去一个中共地下党办的文心图书馆看书，接触到一些共产党的地下读物，思想上慢慢发生转变。1949年年初，庞朴和两个朋友渡江进入解放区，原定目标是河北省的华北大学，但走到济南，就被留在华东大学学习。

20世纪50年代初，苏联派专家来中国教学，各个大学派人到北京学习。1952年9月，庞朴由山东大学选派到中国人民大学，入马克思列宁主义研究班哲学分班，攻读研究生课程，从此走上学术道路。1954年6月，研究生学业结束，庞朴回到青岛山东大学，受聘为山东大学马列主义教研室助教。

在中国人民大学的2年，名义上是学习马克思主义哲学，但真正学到的则是斯大林的辩证法四大原则和唯物论三大特征，以及把辩证唯物主义推广运用于社会历史领域的历史唯物主义等内容。庞朴对此很不满足。通过自己对马克思主义哲学原著的深入钻研，他对当时流行的一些教条主义的条条框框产生了怀疑。这个时期的思考结果主要反映在《否定的否定是辩证法的一个规律》（《哲学研究》1956年第3期）一文中。

1956年10月，庞朴受聘为山东大学辩证唯物主义与历史唯物主义教研组讲师，转向主攻中国哲学史，研究中国辩证思想的发展。然而，随后的一系列政治运动彻底打乱了他的研究计划。

1958年年初，庞朴下放青岛郊区李村乡曲哥庄劳动锻炼。1960年夏，劳动锻炼结束，回山东大学，挂在教务科。1961年秋，去山东胶县永安屯、裴家村参加整顿人民公社。1962年8月，庞朴由山东大学青岛分校调至济南山东大学历史系，在中国古代史教研室任讲师。1963年春，他率山东大学历史系应届毕业生赴曲阜孔府实习。实习期间，庞朴带领学生选录了孔府历代档案近百万言，并至周边县乡调查孔府土地经营方式。

1966年，庞朴完成《公孙龙子研究》。书稿交给上海人民出版社后不久，"文化大革命"爆发，该书停止出版。直到1974年，由于在儒法斗争中，作为名家的公孙龙被归入法家队伍，《公孙龙子研究》中的一章《〈公孙龙子〉译注》竟得以问世，由上海人民出版社出版，印数达40万册。

1971年，山东大学文科系并入曲阜师范学院，庞朴举家随迁曲阜，发派至孔府劳动。在"文化大革命"那段特殊岁月，庞朴的书被查封，无书可读。但在曲阜，他有一个意外的收获。曲阜的夜空视野非常好，天上的星象异常清晰，是个观察星象的好场所。于是，庞朴每天晚上都要跑到操场上观察星空，识别星座，看了两年，把主要星座的运行情况基本都搞清楚了。那时《人民日报》有一个栏目叫"每月星空"，介绍很多星座的知识，庞朴成为这个栏目的忠实读者。他还阅读了大量有关中国天文学史的著作，对这个陌生的领域用起功来。这段特殊的经历，使庞朴成为当代研究文史的学者中少有的对天文历法有研究的学者。后来，他在读史的过程中发现了一种早已遗佚的上古历法，他称之为"火历"，在天文学研究中成一家之言。

1974年8月，庞朴从山东大学借调到《历史研究》编辑部，任务是恢复1966年停刊的《历史研究》的出版。1976年春，庞朴举家从济南迁至北京。

1978 年，随着思想学术界拨乱反正工作的展开，中国哲学与文化研究开始进入一个新的发展时期。这年 8 月，庞朴撰写的《孔子思想的再评价》一文在《历史研究》第 8 期与《光明日报》8 月 12 日同时发表，开启了中国大陆重新评价孔子之门，这也成为中国哲学领域思想解放的一个突破口。

1980 年，齐鲁书社出版庞朴著《帛书五行篇研究》。此书对长沙马王堆三号汉墓出土帛书《五行》篇详加校释和考辨，解开了思孟学派"五行"说的千古之谜。此书出版后，在学界产生了广泛的影响。

1981 年，庞朴接受联合国教科文组织（UNESCO）之聘，担任《人类文化与科学发展史》国际编辑委员会中国代表。1982 年，他率先发出"应该注意文化史"研究的时代性呼声。20 世纪 80 年代，随着改革开放的逐渐深入，中国文化的研究也掀开了崭新的一页，并在 80 年代中后期形成了一场声势浩大的"文化热"。作为这场文化运动的参与者和推动者之一，庞朴曾就文化学、文化史、文化传统与现代化诸问题，数十次发表演说，撰写了大量文章，他提出的一系列观点在当时产生了广泛的影响。

1988 年，庞朴从中国社会科学院退休。退休后的庞朴全身心投入学术研究，他的大部分学术著作是 90 年代之后完成的。这一时期，他的研究对象主要集中于"一分为三"理论体系的探索，围绕这一中心，他撰写了数本专著，如《一分为三——中国传统思想考释》、《一分为三论》等，运用文化史的研究方法，对历史上出现过的"一分为三"诸理论进行分析梳理，并突出说明其理论价值。

1998 年，《郭店楚墓竹简》出版，重新点燃了庞朴 20 多年前爬梳马王堆汉墓帛书时的好古之情，于是对荆门郭店竹简进行逐篇研究，提出了"儒家三重道德论"、"从心旁字看思孟学派心性说"等精辟见解，并据竹简材料对当年发挥过重大影响的《帛书五行篇研究》进行增改，重写成《竹帛〈五行〉篇校注及研究》。为推进简帛研究的深入发展，庞朴倡议成立了国际简帛研究中心，并在互联网上开辟了"简帛研究"网站。

2005 年 9 月，山东大学儒学研究中心成立，庞朴受聘为中心主任。2006 年 8 月，庞朴被推选为中国社会科学院首批荣誉学部委员。2008 年 12 月，庞朴所著的《中国文化十一讲》一书获第四届"国家图书馆文津图书奖"。为表彰他对儒学研究和孔子文化传播做出的突出贡献，2010 年 9 月 27 日，在第三届世界儒学大会上，庞朴荣获"孔子文化奖"个人奖。

二、主要研究领域和学术成就

庞朴治学，既严肃严谨，有朴学之学风，又能独辟蹊径，大胆创新，其学术观点在国内外均有重大影响。他的学术成就主要集中在以下四个方面。

1. 提出"一分为三"论，揭示并发展了中国古代辩证法思想

在庞朴近60年的治学生涯中，辩证法研究一直是他关注的核心问题。从早年学习马克思主义唯物辩证法，到转向研究中国传统辩证法思想，最终提出"一分为三"论，庞朴对辩证法问题的思考与探索一直不曾停止。

庞朴是从学习马克思主义哲学开始其学术生涯的。在中国人民大学学习期间，他便潜心于否定之否定规律的探索。1956年，庞朴在《哲学研究》发表《否定的否定是辩证法的一个规律》一文，针对当时理论界讳谈否定之否定规律的现象，指出辩证法三大规律是完整的统一体，承认矛盾的存在必然导致承认否定之否定规律的存在；当时理论界拒斥否定之否定规律，是教条主义流行的结果。否定之否定规律即肯定发展过程的三段性，实际上也就是"三分法"。这篇文章可以视为庞朴深入研究辩证法思想的起点。

在马克思主义哲学研究领域崭露头角后，庞朴转向中国哲学思想研究。此后的20年间，由于各种政治运动的冲击，正常的学术研究屡屡被打断。1978年以后，庞朴迎来了他学术研究的黄金时期。1978年秋天，在安徽省太平县召开的一次中国哲学会议上，庞朴首次提出了"一分为三"说，试图以此来针砭"一分为二"的流弊，从思维模式层面反思长期以来的左倾顽症。但一分为二或二分法在当时仍是一个十分敏感的理论问题，因此，庞朴真正从理论上系统论证"一分为三"说，则是80年代以后的事情了。

1980年，庞朴在《中国社会科学》创刊号发表《"中庸"平议》一文，指出"中庸不仅是儒家学派的伦理学说，更是他们对待整个世界的一种看法，是他们处理事物的基本原则或方法论"。中庸表现为四种常见的思维形式。其最基本的形式，是把对立两端直接结合起来，以此之过，济彼不及，以此之长，补彼所短，以追求最佳的"中"的状态，可以概括为A而B的公式。如《尚书·皋陶谟》所说的"宽而栗，柔而立，愿而恭"等"九德"。与此相辅，还有一个A而不A'的形式，它强调的是泄A之过，勿使A走向极端。如《尚书·尧典》："刚而无虐，简而无傲。"中庸的第三种形式是不A不B，它要求不立足于对立双方任何一边，强调的是毋过毋

不及。如《尚书·洪范》"无偏无颇"、"无好无恶"、"无党无偏"、"无反无侧"等说法。中庸还有一种形式是亦A亦B，它是不A不B的否命题，重在指明对立双方的互相补充，最足以表示中庸"和"的特色。以AB两端的不同组合来表述中庸的四种形式，凭借两端认识中间，而不为中间另立名目，此中包含着深刻的辩证思想。这是认识到中间与两端互不可分、三者共成一体的积极表现。

《"中庸"平议》形式上是在讨论中国哲学史问题，而实际上是试图借中庸之道来抗争在理论界长期盛行的非此即彼的僵化的二分法。该文也揭开了"一分为三"研究的序幕。庞朴后来回忆说："我在《'中庸'平议》之后则深深相信，中国文化体系有个密码，就是三。于是便用这个密码去开中国文化宝藏之锁，也用开了锁的宝藏文化来反证密码之存在。"

运用这个密码开启的第一扇大门就是"儒家辩证法"。1984年，《儒家辩证法研究》由中华书局出版。庞朴认为，先秦时期存在三种有代表性的辩证法学说，即道家用弱的辩证法、法家用强的辩证法和儒家用中的辩证法。从认识发展的逻辑来说，儒家用中的辩证法，应该是道家用弱、法家用强的辩证法的折中或综合，是它们的逻辑的必然。儒家辩证法贯穿于儒学的一系列政治伦理学范畴之中，通过分析仁义、礼乐、忠恕、圣智这些儒学基本范畴的对立同一关系，庞朴指出，在运用这些范畴以确定自己对待事事物物的态度时，儒家还有一个更一般的方法或原则，叫做中庸。承认对立而又尚中，这就构成了儒学的基本方法——三分法。三分法不是一个数学分割方法，而是辩证的逻辑。见对立而尚中，因对立、尚中而有三分法，这便是儒家辩证法体系的核心。

儒家辩证法是"一分为三"理论体系的重要组成部分，然而，"一分为三"思想并非仅限于儒家，而是弥漫于整个中国文化。在庞朴看来，"儒者的中庸之道，道家的返璞归真，佛学的不二法门，其实都是三分法的不同表述；只因他们人生态度不一，遂呈尔我之势罢了"。"一分为三"也不止是一种方法论，还是一种世界观和本体论。对这些问题做理论上的说明，是庞朴在90年代以后的主要工作。

在庞朴看来，西方哲学习惯以二分法说世界，世界被二分为理念和现实、灵魂和肉体、原因和结果、必然和偶然等。西方的辩证法便建筑在这样两极的基础上，在两极之间寻求某些通道，本意为求适应世界的一体，无奈却更加强调了世界的两分。所以，西方文化所见的无不是一分为二和两极对立。而中国哲学则相信宇宙本系一体，两分只是认识的一种方便法门，一个剖析手段和中间过程。中国文化真正关注的是含二之一，这个一包含二端而不落二端，那么它就不是二，也已不是未经理解的一，而成了超乎二端也容有二端的第三者，或者叫已经理解了的一。简单地说，西方辩证法是一分为二的，中国辩证法是一分为三的。二分法见异忘同（只见对立不见同一），志在两边（两极、两端），而三分法则兼及规定着两个相对者的那个绝对者。二分法也能认识世界、改造世界，由于它的偏执，有时甚至更深刻更果断，但也由于它偏执，总难持久平稳，不免常从一个极端跳向另一个极端。而三分法由于捉牢主宰相对的那个绝对者，所以能驾驭两极，游刃有余。

庞朴在辩证法研究中提出的"一分为三"论，一定程度上受到过黑格尔辩证法的影响。他回忆自己的为学经历时说："带着以西方思想为普世思想的大认识，以欧陆理论为至上理论的重武器，闯进中国文化里，按图索骥，量体裁衣，上求下索，右突左奔，虽不免漫汗其形，支离其体，倒也不负苦心，时有所获。不料，在喘息之后，庆功之余，虽有可奉告了，却又滋生出别样的对不起之感——对不起自己祖宗伟大体系和深邃智慧的歉疚。"基于对中国哲学研究方法的反省和自觉，庞朴的"一分为三"论正是借鉴而不依傍西方的辩证法理论，揭示、发展中国辩证法思想的重要尝试。以往人们从西方的视角看问题，把中国的辩证法说成是朴素或幼稚、粗糙的，而经过庞朴的诠释，中国的辩证法思想就不能简单以朴素来概括，而是具有自己独特的风貌，可以与西方辩证法并驾齐驱而毫不逊色，是中国古代哲人贡献给世界的一份哲学智慧。

2. 提出"火历"说，发现遗佚已久的上古历法

"文化大革命"后期，庞朴读史时，《左传》上的一段记载引起了他的注意。《春秋》鲁昭公十七年记载，管天文的官员预测六月初一将发生日食，向国君建议准备隆重的"救日"仪式。执政季平子反对，认为不必这样隆重，把它当作普通日食处理就行了，只有正月初一发生日食才需要慎重对待。管天文的官员解释说，这个六月初一就是正月初一，因此"救日"仪式要特别隆重。为什么周六月（或夏四月）也是正月？庞朴在曲阜积累的天文学知识这时派上了用场，经过研究，他认为这是由于两种历法的坐标、参照物不同而得出的不同结论。

1978年4月，庞朴的《"火历"初探》一文在《社会科学战线》第4期发表。文章认为，在以太阳和太阴为授时星象以前，古代中国人曾有很长一段时间以大火（心宿二，天蝎α）作为生产和生活的纪时根据。庞朴称这种以大火为授时星象的自然历为"火历"。火历的最大特色是以大火昏见之时为"岁首"。《左传·昭公十八年》"火始昏见"的记录，正是这种历法的孑遗。火出以后的一项重要农事活动就是"出火"，即放火烧荒，着手播种。《周礼·夏官》就有"季春出火，民咸从之"之说。此外如大火、晨昏、中天、流火、火伏、晨见，也都被作为从事相应活动的指

示。古籍中屡见的"火正"一职，就是同火历有关的官员。

在《"火历"初探》之后，庞朴相继完成了《"火历"续探》（《中国文化》1984年第1辑）和《"火历"三探》（《文史哲》1984年第1期）。《"火历"初探》主要分析传世文献中有关火历的记载。《"火历"续探》主要研究天文学史上的几个难题，如甲骨文十二地支中为何有两个"子"字，二十八宿的顺序何以逆反，太岁纪年法的旋转方向为何与日月五星运行以及岁星纪年法相反等。庞朴认为，这三个难题都是火历在天文学说中的残迹，抓住"火纪时焉"这把钥匙，这些难题都可迎刃而解。《"火历"三探》讨论火历在历代的演变及民俗遗存，如火神、灶神、二龙戏珠、寒食、改火乃至西方的复活节等，都是与火历有关的遗存。此外，山东莒县陵阳河遗址出土的陶文，德国内布拉的米特尔贝格山出土的星象盘，都是火历的有力见证。

3. 主张文化的民族性与时代性，推动20世纪80年代的文化研究热潮

庞朴对文化问题的关注由来已久。早在1964年，他就提出过对文化遗产的批判、继承、创新三原则（《试论文化遗产的批判继承原则》，发表于《文史哲》1964年第3期）。20世纪80年代初，他又在《人民日报》发表文章，重申文化遗产的评价标准，并大力倡导开展文化史研究。在此后兴起的"文化热"中，庞朴更多次发表有关文化学和中国文化史的文章，并在各种有关会议上和国内外许多城市发表演讲，推动文化研究热潮的前进。相关文章收入1988年相继出版的《稂莠集——中国文化与哲学论集》和《文化的民族性与时代性》两书。

庞朴关于文化问题的主要观点，可以用一二三来概括，即一个定义，两种属性，三分结构。文化的定义是人的本质的展现和成因，即文化是人的本质展开的表现和人的本质形成的原因；文化的两种属性是民族性和时代性；文化的三层结构分别是物质层、制度层和精神层。

针对80年代文化讨论中批判谩骂传统、宣传西化的风气，庞朴逆潮流而动，力倡文化的民族性和时代性，为传统正名，为文化正名。他认为，文化之为物，不仅具有时代性，而且具有民族性。就时代性而论，不同文化之间可以因发展阶段不同而有先进落后之分。若就民族性而论，不同文化类型之间的差别，正是不同民族文化得以存在的根据，无可区分轩轾。也就是说，中国虽然需要现代化，但中国又必须是在自己的文化传统上来实现现代化，现代化并不能取代或否定文化的民族性，相反它应该使文化的民族特点得到充分的释放和表现。对于当时人们津津乐道的自私、圆滑、精神胜利法等国民性问题，庞朴认为它们恰恰不属于文化的民族性，而是文化的时代性产物，是可以与时俱"烬"的，中华文化真正的核心精神应是人文主义精神。

1986年，庞朴在《中国社会科学》第5期发表《文化结构与近代中国》一文。该文认为，"文化，从最广泛的意义上说，可以包括人的一切生活方式和为满足这些方式所创造的事事物物，以及基于这些方式所形成的心理和行为。它包含着物的部分、心物结合的部分和心的部分。"文化的外层即物质的部分，它不是任何未经人力作用的自然物，而是"第二自然"，或对象化了的劳动。文化的中层则包括隐藏在外层物质里的人的思想、感情和意志（如机器的原理、雕像的意蕴之类），和不曾或不需体现为外层物质的人的精神产品（如科学猜想、社会理论之类），以及人类精神产品之非物质形式的对象化（如教育制度、政治组织之类）。文化的里层或深层主要是指文化心理状态，包括价值观念、思维方式等。而正是对西方现代文化这三个层面的依次接纳，构成了近代中国的历史进程：从鸦片战争，经洋务运动，至1895年甲午战争失败，是在器物上承认不如西洋文明，需要"师夷长技"的时期；从甲午战争失败，经戊戌变法，至1911年共和革命成功，是从制度上承认不如西洋文明，而改变制度的时期；从辛亥革命，经粉碎帝制复辟，至1919年五四新文化运动，是东西文明全面比较，从文化根本上进行反思的时期。中国近代史的这三个时期正好是文化结构三个层面的逻辑展开。庞朴对文化结构三个层面的划分以及以此来描述中国近代史的逻辑演进，已经成为文化研究的一个基本范式。

对于80年代的文化讨论，庞朴认为它实际上是一种"文化批判"，即对传统和现实文化的不满。在"文化批判"之后，还应有一个"学术反思"，既反思现实、传统，又反思所借鉴的西学。"文化批判"的任务是求解放，从传统中解脱出来，是"破"；"学术反思"则带有某种程度的研究与探索，有"立"的成分。在"文化批判"之后，"学术反思"任重道远。进入21世纪，西方文化（主要是通俗、商业文化）携全球化的浪潮滚滚而来，面对这种情况，庞朴公开宣称"我是中国文化的保守主义者"，"在文化上绝对不能搞全球主义，一个民族如果没有自己的文化，你这个民族就蒸发掉了，或者就淹没在人群当中了"。这一看法一直贯穿于他对文化民族性问题的思考之中。

4. 提出帛书《五行》篇为思孟学派的作品，推动出土文献的研究

《荀子·非十二子》中曾提到子思、孟子倡导一种"五行"说（"子思唱之，孟轲和之"），并批评其"甚僻违而无类，幽隐而无说，闭约而无解"，但对于"五行"的内容却没有具体说明，引起后世学者不断猜测，成为学术史上的一桩公案。1973年12月，长沙马王堆三号汉墓出土帛书，在《老子》甲本之后抄有两篇儒家佚书，其中一篇提到"仁、义、礼、智、圣"五种德行。经研究，庞朴写出《马王堆帛书

解开了思孟五行说古谜——帛书〈老子〉甲本卷后古佚书之一的初步研究》(《文物》1977年第10期)一文,率先提出"仁、义、礼、智、圣"即荀子所批评的子思、孟子倡导的"五行"说。庞朴据此将整篇佚书命名为《五行》,并加以整理校释和考辨,结集于1980年出版的《帛书五行篇研究》。

对思孟"五行"公案的这一见解,因郭店楚墓竹简的出土而最终得以完善与加固。1993年10月,湖北省荆门市郭店村的一座战国墓葬中出土了一批楚文字竹简,其中一篇与《缁衣》等相传为子思的著作相伴再次出土,并自名曰《五行》,证实了庞朴当年的判断,其观点由此得到学界的普遍认同。

在1998年《郭店楚墓竹简》出版之后,《上海博物馆藏战国楚竹书》也相继出版。这些先秦典籍的新发现,燃起了庞朴学术研究的热情。他先后发表了《古墓新知——漫读郭店楚简》(《读书》1998年第9期)、《孔孟之间——郭店楚简中的儒家心性论》(《中国社会科学》1998年第5期)、《"太一生水"说》(《东方文化》1999年第5期)、《三重道德论》(《历史研究》2000年第5期)等一系列重头文章,对早期儒学以及儒道关系进行了详细的梳理和研究。庞朴还根据竹简提供的新材料对当年发挥过重大影响的《帛书五行篇研究》进行增改,重写成《竹帛〈五行〉篇校注及研究》一书。

庞朴认为,郭店楚墓竹简的发现,填补了孔孟之间儒家思想的一段空白,解决了学术界多年未能搞清的思孟的心性论是怎样发展出来,孔子的"性相近"说如何发展成孟子的"性善"说的谜团。他指出,孔子以后,弟子中致力于夫子之业而润色之者,在解释为什么人的性情会是仁的这样一个根本性问题上,大体上分为向内求索与向外探寻两种致思路数。向内求索的,抓住"人之所以异于禽兽者几希"处,明心见性;向外探寻的,则从宇宙本体到社会功利,推天及人。向内求索的,由子思而孟子而《中庸》;向外探寻的,由《易传》而《大学》而荀子;后来则兼容并包于《礼记》,并消失在儒术独尊的光环中而不知所终。郭店竹简中的14篇儒家简,正是由孔子向孟子过渡时期的学术史料,它的发现,填补了儒家学说史上的一段重大空白,还透露了一些儒道两家在早期和平共处的信息,实在是一份天赐的珍宝。基于这种认识,庞朴提出要重写思想史,并鼓励更多的青年学者投入到这项关系到中华学术薪火相传、繁荣昌盛的事业中来。为推进简帛研究的深入发展,庞朴以70岁高龄倡议成立了国际简帛研究中心,并创办和主持了"简帛研究"网站,专门发表与出土文献有关的各种文章,此举得到海内外简帛学人的大力支持和一致好评。

庞朴虽已年逾古稀,但依然学问不辍。其为学善于小中见大,爱用"汉学"方法钩稽"宋学"课题,探仁索义,说无谈玄,解牛相马,别具一格。在从事学术研究之外,庞朴还在北京大学、中国人民大学、山东大学等国内多所高校指导博士生。他乐于提携后进,喜欢和青年人交朋友,不少青年学者登门向他求教,他总是耐心加以解答,有不同意见,亦可无拘无束,自由辩论,绝不会盛气凌人。中国人讲做人与为学的统一,庞朴给学界留下深刻影响的不仅是他渊博的学识、睿智的见解,还有他宽厚的长者风范。他是智者,更是仁者。

三、庞朴主要论著

庞朴.1979.公孙龙子研究.北京:中华书局.
庞朴.1980.帛书五行篇研究.济南:齐鲁书社.
庞朴.1982.沉思集.上海:上海人民出版社.
庞朴.1984.儒家辩证法研究.北京:中华书局.
庞朴.1988.文化的民族性与时代性.北京:中国和平出版社.
庞朴.1988.稂莠集——中国文化与哲学论集.上海:上海人民出版社.
庞朴.1991.中国名辩思潮.北京:新华出版社.
庞朴.1995.一分为三——中国传统思想考释.深圳:海天出版社.
庞朴.1996.庞朴学术文化随笔.北京:中国青年出版社.
庞朴.1996.蓟门散思.上海:上海文艺出版社.
庞朴.1999.当代学者自选文库——庞朴卷.合肥:安徽教育出版社.
庞朴.2000.竹帛五行篇校注及研究.台北:台湾万卷楼图书公司.
庞朴.2001.东西均注释.北京:中华书局.
庞朴.2003.一分为三论.上海:上海古籍出版社.
庞朴.2004.浅说一分为三.北京:新华出版社.
庞朴.2005.文化一隅.郑州:中州古籍出版社.
庞朴.2005.庞朴文集.济南:山东大学出版社.
庞朴.2008.中国文化十一讲.北京:中华书局.

主要参考文献

梁涛.2006.庞朴先生的学术贡献.邯郸学院学报,16(1).
周锋利.2007.传中华之慧命 探古历之幽光——荣誉学部委员庞朴先生访谈录//学问有道——学部委员访谈录.北京:方志出版社.

撰写者

周锋利(1979~),湖北黄冈人。2004年进入北京大学哲学系,在庞朴指导下,从事中国哲学研究。2008年获哲学博士学位。

王锐生

王锐生（1928～），祖籍广东台山。马克思主义哲学工作者。1944年春，上海粤东中学初中毕业，考入上海麦伦中学高中部不久，即因家庭变故而辍学。为生计所迫，先后当过茶叶店学徒、银行工友、粤菜馆勤杂工、国际饭店练习生和江海关外勤关员。上海解放前夕参加中共地下党，是负责江海关迎接解放具体工作的地下党团成员之一。1950年年初，经组织推荐入读中国人民大学贸易系本科。后又被抽调为该校第一届（1950～1952）对外贸易专业研究生。论文题目是《苏联与中国对外贸易原理》。毕业后，在中国人民大学贸易系讲授《对外贸易原理》课。1954年中国人民大学贸易系对外贸易专业并入新成立的对外贸易学院（即现在的对外经贸大学），他被任命为该校马列主义基础教研组负责人。1955年，获得讲师职称。1956年他报考中国科学院哲学社会科学学部的"副博士研究生"并被录取为历史唯物主义专业研究生（导师先为艾思奇，后为吴传启）。学业结束后，留在中国科学院哲学研究所历史唯物主义研究组任助理研究员。"文化大革命"结束后，先后任中国社科院历史唯物主义研究室副主任、主任。1978年被评为副研究员。1986年被评为正研究员，1987年经国家学位委员会评为第三届博士生导师。1989年调首都师范大学政法系任教，1998年离休。

一、成长经历

王锐生1928年11月生于澳门，他的祖辈从广东台山移居澳门经商。后因经营不善，破产了。他的父亲王文山只好到内地海关当验货员。他母亲生了6个子女，头2个夭折了。他是最小的。在他出生后不久，父亲讨了一个小老婆，后者又生了4个孩子。父亲有了小老婆，就打算遗弃他们母子。1941年12月，太平洋事变爆发，日本人进驻上海租界，接管上海海关。他父亲的验货员工作也被日本人辞退了，只获得一笔退休金。家庭人口这么多，这笔钱很快会坐吃山空。在小老婆的撺掇下，他母亲和几个孩子被赶出家门。这时，他三哥早已得肺病病死，四姐为生活所迫嫁了人。五哥和他不得不辍学。五哥到国际饭店14层餐厅当练习生（比侍应生要低一等），一年后因肺结核病死于一家天主教的慈善医院。刚刚初中毕业，正要跨入高中的他，只好到一家茶叶店当学徒。3个月后，他跳槽到一家广东菜馆当勤杂工——因为他年龄太小，没有资格直接接待宾客，只能做打扫卫生和上菜的工作。没有多久，他又到国际饭店顶替他得了肺病的哥哥的工作。在这里，有一些侍应生和职员是半工半读的大学生，这些大哥哥对他的思想启蒙起了很大作用：鼓励、帮助他在业余时间上新闻专科学校，领他参加"乌托邦读书会"——读书会主持人就是新中国成立后当了北京大学数学系系主任、校长的丁石孙。那时，丁石孙还是一个高中生。抗战胜利后，国民党的"劫收"和物价飞涨使上海百姓怨声载道，到处罢工。国际饭店侍应生为抗议资方不合理的工资"改革"而罢工，抗议书就是由王锐生起草的。罢工过后，有人告诉他，经理处要拿他开刀了。于是他主动离职，考取了上海税务专门学校的外勤班。那时，他没有收入，靠借债度日。苦熬两年后，1948年春天，终于分配到江海关当上外勤关员。并且在这里参加了中共地下党。

这些年，他在旧上海这个"冒险家乐园"中尝尽了世道的艰辛，新中国成立前的上海是黑暗的，但也有光明面，正是这光明面促使他走向革命，奔向党。他回想起自己为什么做出这样的选择时说，是存在决定意识。当他刚步入社会时，原是打定主意，奋斗若干年，争取混上一个商行小职员，养家糊口，也就满足了。后来，他慢慢改变了。从小就在他心灵里蕴藏着的那种民族屈辱感不允许他不改变——当他在澳门读小学时，葡萄牙当局下令，小学生统统要学葡萄牙语，因为中国迟早要亡国了。日本人进了英租界，也强迫他所在的中学开必修的日语课，当然也是为了从小培养"顺民"。日本人刚进租界时，苏州河上的外白渡桥站立两个日本兵，中国老百姓经过，都得向他们鞠躬，否则就被毒打。他家旁边是日本宪兵队，没有一天晚上听不到囚犯被拷打的可怕叫声。抗战胜利了，从重庆回到上海的国民党没有给百姓带来任何希望。他所在的国际饭店是国民党"劫"收官员天天寻欢作乐，花天酒地的场所。好在他的朋友告诉他：现在是"黎明前的黑暗"，而黎明就在共产党的延安。所以他就在20世纪40年代中期的国共之争中，毫不迟疑地选择了共产党，把马克思主义当作自己的政治信仰。他对今天思想政治专业的教师说：你们这么辛苦地去劝说青年学生接受马列，想尽办法让马列进课堂、进教科书、进学生脑子，可在我们那一代，青年人却是自觉冒着风险去追求马列的。

二、主要研究领域和学术成就

他当初接受马克思主义，并不是作为一种谋生的职业，而是当作自己人生的追求。金兴祖——他的入党介绍人，也是他的税务专门学校同学，看到他常常买当时的"禁书"和进步书刊看，就批评他说，你不该只躺在沙发上讲马克思主义！就这样，1949年1月，他参加了中共江海关地下党。海关地下党为策划、筹备迎接解放而在群众中设立一个公开的"应变委员会"，而背后直接指挥应变委员会的，就是地下党的"党团"。王锐生是五人党团的一个成员。1949年5月25日，上海解放了。他想参加南下工作团，未被批准。因为那时组织需要他在海关参与筹组工会、青年团的工作。到年底，他听说，北京新成立的中国人民大学到上海来招生。分配给海关四个名额。他找海关军代表，要求去上学。经过考试，被录取了。海关保送的四名学员中，两个是老区来的军代表，两个是海关地下党员，他是其中之一。因为海关属对外贸易部管，所以这四个人就直接分配到中国人民大学的贸易系。1950年2月到校，9月开学，没有多久，他又被抽调到系的对外贸易教研室成为苏联对外贸易专家乌菲莫夫的研究生。同为外贸研究生的还有五个人，都是从贸易系本科学生中抽调上来的。那时，在"一边倒"的方针下，领导认为：共和国必须在苏联帮助下培养自己的"社会主义的教师"。而在1952年高等院校调整完成之前，当局认为只有新成立的中国人民大学才是社会主义性质的大学（因为它一切都是模仿苏联的教育体制）。20世纪50年代初，旧社会留下来的老教授还在接受思想改造。所以王锐生和他的师兄弟在两年学业结束后，便马上上讲台。从此，他的教学生涯就开始了。

"苏联与中国对外贸易原理"是王锐生的研究生论文题目，也是1952年他毕业后开讲的课程。这门课的核心内容，今天从严格学术角度考察，未必没有可以商榷之处，然而在当时政治立场看来，却是绝对不能动摇的。比如说，坚持国家对外贸易"专营"制是最核心的。后来认识到，公有制为主体、多种经济成分并存是中国国情后，外贸的国家"专营"制就不能坚持了。又如，两个"世界市场"是国家全部贸易活动的不可动摇的前提。从世界经济发展的客观规律和趋势看，"两个市场"显然是违反市场经济的本性的。再如，教材里出于政治上需要，对苏联与中国贸易关系的描述并不实事求是：只片面强调"老大哥"单方面"大公无私"帮助，这常招致实际工作部门同志的反感。执教"对外贸易原理"两年之后，一次偶然机会让他从部门经济学转向政治课了。1954年中国人民大学对外贸易教研室并入新成立的对外贸易学院，组织上要求他改教政治课，并任该院马列主义基础教研组负责人时，他同意了。当时马列主义基础课的教材是《联共（布）党史》，作者是当时苏共最高领导人斯大林。中国读者对于此书是坚信不疑，视为"马列主义的百科全书"的。然而这门课在他讲了两年后，却晴天霹雳爆出了一个"赫鲁晓夫秘密报告"，让这门课不得不停顿下来。因为《联共（布）党史》里的内容，过去认为是完全真实的，现在许多东西变成了不真实。他陷入了困惑与苦恼。他只好利用停课的空闲，去浏览一些哲学书。苏共党内政治斗争一时弄不清，但哲学道理总还是对人有启发的。更令他兴奋的是，党号召"向科学进军"，社会上兴起一股"哲学热"，中国科学院哲学研究所公开招考哲学副博士研究生。他报考"历史唯物主义"专业（招生简章注明：导师是中央党校的艾思奇）。1957年春，他被录取，并到所报到。遗憾的是，艾思奇因故不能来当导师，代替他的是吴传启。这是他第二次当研究生。可惜，从1957年到1959年，研究生的生涯几乎全被政治运动所占去了：1957年春到哲学所报到，马上赶上整风鸣放（导师吴传启曾批评他"鸣放"不积极，然而或许因为这不积极，使他免于成为右派），然后是1957年夏的反右。之后，又是一整年（1957年冬到1958年年底）的下放劳动锻炼（地处太行山的河北赞皇县）。1959年从太行山回到北京，他的学业就草草结束。哲学研究所领导宣布，把他作为助理研究员（1955年他在对外贸易学院已经获得讲师职称）留在哲学研究所的历史唯物主义研究室。由于当局对国家科研机构实行"革命化"，取消职称评定，所以也就没有授予什么学位。

  在"文化大革命"开始之前的六七年时间，研究工作实际上就是实践着那个时代哲学工作者的信条：哲学为无产阶级专政服务、哲学为政治服务。党的高层宣传部门通知哲学研究所：你们要充当我们"在思想战线上的哨兵"。在这种气氛下，个人的成名、成家绝对是犯忌的。何况这一代人是在党的传统意识形态长期熏陶下成长起来的。所以在此期间，他自觉地充当党在理论战线上的驯服工具。1960～1961年，周扬主持文科教材的编写，他被派到文科教材办公室服务（充当齐一的助手）；1963年中苏两党争论高潮中，他被派到党中央理论刊物《红旗》杂志主持的"哲学反修组"（邓力群、关锋负责）参加编写哲学反修资料（集中许多人编成一本《赫鲁晓夫核拜物教世界观》）；1964年一度被借调到中共中央宣传部科学处参加为"文化大革命"准备资料的部分工作——他被告知，毛泽东要搞"文化大革命"，而对这个所谓"文化大革命"，他连一点概念也没有。他只是把被分派给他的某位学术权威的著作，按照当时流行的"左"的观念加以摘录、挑刺。资料工作告一段落后，听取他们汇报的是陆定一。一年后，令他感到吃惊的是：听取汇报的陆定一居然是"文化大革命"首先被打倒的对象！之后，他就随同中共中央宣传部、《红旗》杂志的四清工作队一起到北京郊区（通县宋庄翟里大队）搞农村四清运动去了。第一期的通县四清结束后，他本该继续参加哲学所组织的第二期农村四清的，因发现头部患皮肤癌，没有去。手术后，"文化大革命"的暴风雨就到来了。

"文化大革命"对他的学术生涯带来什么影响呢？①以前他是党在理论上的驯服工具，但"文化大革命"的经历使他不知不觉变了——朝着具有自己理论个性的方向走了。"文化大革命"暴露出那些他以前闻所未闻的东西，无数次地撞击他的理论良心，触动他的灵魂。如果没有这些，也许他还是以前那样的思想绝对驯服；②"文化大革命"刚开始时，他本是领袖的崇拜者和传统理论的坚定捍卫者，但对他新中国成立前历史问题（上海海关地下党被诬陷为"美帝的工具"）长达7~8年的审查和学部"五一六"问题的牵累，迫使他逐渐头脑清醒起来，多少冷静地看待那些最"革命"的理论。这样"文化大革命"结束后，他在学术生涯上的路向转变就不是偶然的了。

以20世纪70年代末为分界，前30年的他在教学与研究上是传统马克思主义哲学的信仰者、维护者和坚持者。经过70年代末的"务虚会议"和实践检验真理标准的争论，在解放思想成为普遍社会思潮的大环境下，他逐渐形成与前30年不同的学术观。

第一，在马克思主义哲学理论框架问题上，他主张摒弃传统的"辩证唯物主义和历史唯物主义"，认为把马克思的哲学人为地割裂成两大块，视后者为前者的派生和在特定领域的运用，只是苏联学界对马克思的扭曲。他赞成马克思的哲学就是作为世界观（历史观）的历史唯物主义，或者说，是实践唯物主义。在社会领域，事物的历史性使得物质本体论无法完满地解释社会历史现象。正如马克思在《资本论》中所说的：资本、地租这一类现象的本质和根源不在它的可变的物质载体（例如资本可以作为机器而存在，但是资本的本质不是机器）而在于它是人的实践活动，在于它是人的实践活动的（静态）存在——劳动与资本家所结成的社会关系。

第二，拓宽研究领域。在革命与战争年代，传统历史唯物主义研究长期把自己局限在一个比较狭隘的领域——一切围绕着夺取政权。在党成为执政党和改革开放之后，研究领域有不断拓宽的需要。开放使人们面对外部世界，改革带来社会关系变化，进而人们观念的大更新。于是，许许多多问题摆在马克思主义——历史唯物主义者面前。从20世纪80年代开始，拓宽领域已经是许多学者注意到的问题。而拓宽的最简便方式，便是从跨学科研究入手（例如社会认识论的研究——以前"认识论"被划到"辩证唯物主义"那里，不属历史唯物主义这部分）。他在80年代初便致力于拓宽本学科的研究课题，而这本身也正是当时的改革开放的需要。他在20世纪80年代初报刊上便对"社会思潮"、"社会习惯"、"社会心理"、"社会时间与社会空间"、"个性解放"、"企业文化"、"精神文明与商品生产"、"经济全球化"以及"生活方式"等问题上做过一些探索。上面这些问题中，有许多本来属于社会学的范围，但是后者在 1957 年后，便被作为一个学科"废除"了。所以从历史哲学的角度去考察这些问题，当时就显得很有新意。

第三，力求彰显历史唯物主义中的人学。他在最近 30 年中，越来越认识到：20 世纪的中国人从俄国十月革命那里学来的马克思主义，其实是列宁-斯大林主义。而在后者那里，马克思和恩格斯著作中的有关人学问题的论述，是十分罕见的。再加上 19 世纪末～20 世纪上半叶是高扬革命与战争的年代，人的问题被忽视并不是奇怪的事情。但是人的问题终究是不能忽视的。当中国人从"文化大革命"噩梦中惊醒过来时，人性、人道和异化的问题便迫不及待地冒出来了。

传统哲学教科书告诉人们，注重人的问题只是马克思早期的不成熟观念。后来（1845 年后）马克思便抛弃人性、人道主义与异化，主要转向阶级的分析和阶级斗争了。王锐生自己承认，由于已往 30 多年的传统理论的熏陶，他要摆脱旧观念的束缚需要一个艰难的反思过程。在 1983 年发生在中国学术界的那场人学问题的争论中，起初他依旧用传统观念去对待人的问题。只是经过反复的思考，才逐渐醒悟过来。他当然拒绝完全抽象谈论人的观念，但是为了与抽象人划清界限而仅仅只讲阶级和阶级斗争，拒绝在理论和实践上承认有人性、人道和异化问题，并不是马克思和恩格斯的立场。恩格斯在评论费尔巴哈的抽象人时说："对抽象人的崇拜……必须由关于现实的人及其历史发展的科学（也就是历史唯物主义）来代替。这个……工作，是由马克思于 1845 年在《神圣家族》中开始的。"（《马克思恩格斯选集》）他认为，恩格斯在这里很明白地告诉人们：马克思的历史唯物主义是应当研究人（当然是现实的人）及其历史发展的。现实的人这个概念，难道除了"阶级"，便没有任何别的内容了吗？1984 年他和景天魁合著的《论马克思关于人的学说》就是贯穿了这个思想。从这个时候开始，他在历史唯物主义研究中越发感觉到：人的问题的研究越是深入，他的历史唯物主义学术就越是能够和时代"合拍"。不但如此，关注人更成为他观察其他社会历史问题的立足点和方法论。20 世纪 90 年代初，这门学科领域中发生的许多争论问题，例如历史过程的主体和客体的问题、历史过程中的主体性问题等，一旦离开人的问题的观察点，就什么也说不清楚了。近 30 年，他在人的问题的研究上花费过不少心血，2006 年，他在《从"人道就是力量"说起》一文中，讲出了自己的观点——因为他觉得，这些年的学术环境宽松多了。他坦率地承认，这篇文章写得晚了些。但是，他认为：真话，讲得晚总比不讲好。其实，Humanism（人文主义）与马克思主义的关系，在党的十六届三中全会的文献（2003）提出"以人为本"的命题后，他在《"以人为本"：马克思社会发展观的一个根本原则》（2004）一文中肯定了这个关系。

第四，在历史唯物主义研究中引入价值论，始终坚持历史观中的合规律与合目的两者统一的原则。传统历史唯物主义教科书的主要内容可以归结为：阐述、揭示社会发展的客观规律性。他在前30年的教学研究中也是这样认为的。在确立了人学观念后，他对这样的"归结"有了新认识。历史，无非是人的活动的历史。人的活动怎么可以只有必然，而没有应然？只有规律，而无目的？应然、目的……就是属于价值的范畴。再说，历史唯物主义是马克思的历史观。而作为人对历史的"观"，不能够完全排除"观"者的评价，不能仅仅是对历史的纯客观叙述。如果这样对待历史唯物主义，就可能会陷入纯粹历史客观主义，或者说，使马克思哲学实证化。在他看来，马克思哲学（历史唯物主义）本来应当有两个维度：合规律性的维度和合目的性的维度。为什么人们会把后一个维度丢掉了呢？他认为，这是苏联哲学模式的过错——把马克思哲学实证化了。他认为，马克思从青少年时代开始就立志终身为人类服务。马克思哲学，从一开始就明确其根本目标是为人类争取解放，这个根本目标作为马克思思想体系的终极关怀，贯穿于马克思本人的一生，从未有过中断。后来，马克思在把握人类社会发展的客观规律（即关于生产方式的科学理论）方面有了突破，从而开创了历史唯物主义。但是这一发现的独特贡献在极大地吸引人们注意的同时，却带来了意想不到的后果：人们竟把马克思的历史唯物主义完全归结为这个科学的规律，而有意或无意地忽略了马克思的历史观应当有的另一维度——人文关怀、合目的性——的存在。此外，在革命与战争的年代，人们也很容易为了强调阶级斗争，为了把它提到"为纲"的高度，而相对地忽视马克思思想中所体现的人文关怀（合目的性要求）——即马克思反复强调的共产主义的最高原则：每个人的自由和全面发展。这就是半个世纪以来，马克思哲学被实证化的根源。从20世纪80年代开始，当王锐生把他的研究视野逐步转向人学时，马克思哲学的这个人文关怀维度、合目的性取向就日益成为他的关注点。人的个性、个性发展与个性解放以及以人为本、人的自由和全面发展等课题就成为他的研究热点。他在文章中曾说：近30年来历史唯物主义研究得以大发展的原因，可以用三个关键词来表达：实践、人、价值。这也是他30年来历史唯物主义研究的思维逻辑的进路。

第五，对历史唯物主义，他拒绝"超越论"，主张"发展论"。一段时间以来，由于学术环境较为宽松、人们思想日益解放，加上来自西方各种学术思潮的影响，传统历史唯物主义理论体系受到各种挑战。其中，有人认为，历史唯物主义已经是过时的理论，理应被超越。对于这种挑战，王锐生觉得是很正常的。毕竟，历史唯物主义是马克思在100多年前提出的，它当然需要"与时俱进"。这就是说，它肯定有与现实不适应的地方，需要加以发展。但是他认为，历史唯物主义需要发展，不等于说，就可以整个否定它。这种"超越论"是不对的。另一方面他也十分理解：为什么人们会有超越论的要求。传统历史唯物主义确有很大片面性，但在"革命与战争时代"它还是管用的。以史学界为例，当时近现代历史研究的主线是反帝、反封建，这与传统历史唯物主义自然是一致的。但是他认为。"管用"未必就是真理的全面性。尤其是到了近30年，人们面对新时期的新问题、新信息，自然觉得有许多问题是传统历史观解释不了的。于是，就有学者呼吁：探求历史规律"应当改换思路亦即改变认识和研究历史的方式"。而他们要求改换的"思路"，就是指传统的历史唯物主义。王锐生在他的论文中指出，这个要求有一定合理性。因为超越论者反对传统历史唯物主义"离开人的实践活动来谈论历史规律"。这当然是对的。但是他们不应把历来教科书所宣扬的传统历史唯物主义与真正马克思历史观等同起来；不应当笼统提出超越历史唯物主义，而是要提出发展历史唯物主义——即一方面恢复那些被传统历史唯物主义阉割了的理论精髓（例如，不可以离开人的实践活动来谈论历史规律）；另一方面顺应时代的变化去推进历史唯物主义的内容。他指出，从20世纪80年代开始，人们已经重新审视"超越论"者所说的"传统唯物史观"的内容，展开了一场清理与马克思的历史唯物主义本质相背离的消极成分的论争。从实践是检验真理的唯一标准的争论开始，经历20世纪80～90年代的无数次有关各种唯物史观问题的激烈辩论，在一定意义上都可以看作是清理附加在马克思的唯物史观的种种缺陷的努力。他举例说：历史唯物论是先于它出现的所谓辩证唯物论在社会历史领域推广和运用的直接产物吗？实践在历史唯物主义理论体系中处于什么地位？一般唯物主义的基本问题——物质与意识关系问题，是如何在社会历史领域转变成历史唯物主义的基本问题——社会存在与社会意识问题的？对唯物史观来说，实践是它的本体吗？实践本体论、实践唯物主义的提法是不是马克思主义哲学可以接受的提法？当马克思说"……对实践的唯物主义者即共产主义者来说，全部问题都在于使现存世界革命化"时，他（马克思）是否肯定了"实践唯物主义"的命题，并把它看作是马克思哲学的核心？承认实践，就不能不承认历史主体与客体、人的主体性发挥等主客体关系问题。而主体性问题是马克思主义哲学界在20世纪80～90年代争论最激烈的问题。人的问题在唯物史观中日益成为新时期的热门问题：人性、人道主义、异化、人权等，还有（80年代末出现在外来的企业文化思潮中的）"以人为本"或"以人为中心"的问题。与五种社会经济形态模式争论相关联的历史决定论与选择论问题也是新时期的热点。新时期不但重新提起人生哲学、思考人的价值，而且把价值论移植到马克思主义哲学研究领域，提出历史观与价值观的统一、一致的问题。此外，人们在改革开放的启示下，重新发掘出马克思的历史观中长期被埋没的许多珍贵的、却被人们长久遗忘了的思想,如共产主义和无产阶级都不能是地域性的,而必须是"世界历史性的存在"——这可以看作是今天人们不断谈论的全球化、全球意识的先声。而且,人们在新时期思想解放的鼓舞下,还大力拓宽唯物史观的研究视阈,把对生活方式、社会哲学、文化哲学、生存哲学等新问题的研究都纳入唯物史观研究课题之内。王锐生认为,长达20余年的这些讨论不但使来自苏联的传统唯物史观的种种弊病得到清理,同时也使马克思唯物史观得到新发展。因此他认为,某些超越论者对马克思的历史唯物主义的指责,很可能是因为他们对新时期的历史唯物主义已发生的新变化、新发展没有足够的认识和估计。

三、学 术 晚 年

王锐生从新中国成立后进京开始,就一直在高等院校和研究机关学习与工作。他先后在中国人民大学贸易系(1950～1954)、对外贸易学院(现在的对外经贸大学)(1954～1957)、中国科学院哲学社会科学学部(即现在的中国社会科学院)哲学研究所(1957～1989)和首都师范大学政法学院(1989～1998)从事教学和研究工作。1998年,他以70周岁高龄从工作岗位上退下来,但仍笔耕不辍。他把下岗看作是促使他反思这几十年个人学术生涯的得与失、是与非的一个契机,并发现:在前30年的大部分时间,他作为马克思主义哲学工作者,主要为当时的思想"主旋律"服务,很少能够发现多少学术个性,更谈不到弘扬个人的学术创造性。许多是是非非,现在看来也没有太多值得深究的必要。

他认为,在后30年,他的学术活动总算有了一些成果。简略来说:第一,在国内学术界,较早弘扬马克思哲学中的人学内容,长期致力于马克思关于人的个性发展学说的阐述,动摇了实证化的传统历史唯物主义模式。第二,在拓宽唯物史观研究领域的思路下,通过生产力标准问题、社会历史进步的评价尺度问题、效率与公平关系问题、以人为本与现代性关系问题、生活方式问题等的阐述,为改革开放提供社会哲学理论的支撑。第三,在改革新时期的社会转型过程中,他曾经是马克思哲学学术方面体现转型的早期"过渡人物"之一。

通过前后两个30年的对比,他以为,作为一个理论工作者,他的价值实现很大程度上取决于所处的社会学术环境。在前30年的社会体制下,尤其在"文化大革命"那样的环境里,理论工作者的个人才华与能力往往难以给社会带来积极效应;而在完全变化了的学术环境下,他就有可能为社会进步贡献自己的一点微薄力量。他盼望,我们的社会再有另一个像刚刚过去的那个30年那样比较宽松,甚至是更加宽松的学术环境，那么真正的社会主义学术繁荣的时代或许就会到来。

四、王锐生主要论著

王锐生.1981.社会思潮初探.东岳论丛，(3)：31-37.

王锐生等.1984.论马克思关于人的学说.沈阳：辽宁人民出版社.

王锐生.1988.马克思历史哲学中的类范畴.山东社会科学，(3)：66-71，15.

王锐生.1988.历史唯物论的实践一元论.哲学动态，(4)：10-12.

王锐生.1988.论人的世界历史性存在.社会科学辑刊，(5)：5-11.

王锐生.1991.哲学与企业文化.社会科学辑刊，(1)：23-30.

王锐生.1993-3-8.效率优先，兼顾公平.光明日报.

王锐生.1995."拜金主义"论析.求是，(10)：14-19.

王锐生.1996.人类的绿色家园.北京：中国大百科出版社.

王锐生.1996.社会主义本质论.中国社会科学，(4)：4-10.

王锐生.1998.当代人类发展与21世纪的价值选择.中国社会科学，(1).

王锐生.1999.关于经济全球化与民族国家意识的矛盾.哲学研究，(7)：5-11.

王锐生.2000.人的个性（人学原理的第12章）.南宁：广西人民出版社.

王锐生等.2001.读懂马克思.成都：四川人民出版社.

王锐生.2001.经济伦理视野下的全球化.中国社会科学院研究生院学报，(1)：38-42，107.

王锐生.2001.论人的全面发展：历史与现实.马克思主义研究，(6)：2-10.

王锐生.2002.唯物史观：发展还是超越？.哲学研究，(1)：3-9，79.

王锐生.2003.王锐生文集.广州：广东人民出版社.

王锐生.2004."以人为本"：马克思社会发展观的一个根本原则.哲学研究，(2)：3-8.

王锐生.2006.以人为本：马克思主义与非马克思主义的界限.高校理论战线，(2)：4-7.

王锐生.2006-4-17.从"人道就是力量"说起.北京日报.

王锐生.2010.作为现代性的以人为本.党政干部学刊，(11)：8-11.

撰写者

王锐生

庄福龄

庄福龄（1929～），江苏镇江人。马克思主义哲学史和马克思主义史研究专家。中国人民大学荣誉教授、博士生导师，中央马克思主义理论研究和建设工程课题组首席专家，十一届三中全会以后连续六届当选中国马克思主义哲学史学会会长。现任中国马克思主义哲学史学会名誉会长，中国中共文献研究会名誉理事，全国毛泽东思想生平研究分会顾问，中国社会科学院马列研究院、北京大学马克思主义中国化、复旦大学国外马克思主义研究基地等的特聘研究员、学术委员、顾问等。从事专业主要有马克思主义哲学原理和历史，其中以马克思主义哲学史和马克思主义史的成果尤为突出。主编和参加撰写的主要科研成果有：《马克思主义哲学史》8卷本、《马克思主义史》4卷本、国家"十五"规划教材《简明马克思主义史》、《中国马克思主义哲学传播史》、《毛泽东哲学思想史》3卷本、《毛泽东思想概论》以及个人专题文选《马克思主义中国化伟大理论成果》。公开发表学术论文百余篇，获国务院颁发的政府特殊津贴，以及北京市优秀教师称号。

一、人生之路和治学经验

庄福龄作为一位从教和入党已60年的老专家、老党员，他的为人处世、治学育人和人生经历给人以沉稳、执著、充满朝气、一往无前、无怨无悔的印象。在当今的马克思主义理论教学研究领域，在他众多的同志和学生当中，庄福龄的道德文章可谓有口皆碑。庄福龄的学术生涯绝大部分时间是在高等院校和书斋中度过的，他经历了内忧外患的坎坷，伴随着贫困家境、追求真理却屡遭迫害的煎熬，却一贯地尽职敬业，年逾80仍不以老自居，也从不言老，以自己的朝气和活力，感染后进、团结后进，把集体成果看得重于个人成果，为奉献集体成果而努力拼搏，深为学界所瞩目和称道。

庄福龄1929年2月生于江苏省镇江市一个穷苦的城市贫民家庭，高中时父亲病逝，是母亲含辛茹苦地支撑他坚持到高中毕业。他身为长子，上有无依无靠的母亲和祖母，下有比他年幼的四个小弟。高中毕业后，他面临着即使找个工作也难以养家糊口的绝境，于是他选择了一条个人奋斗、追求知识、继续升学的道路。1947年他不顾亲友的纷纷反对，毅然考入了上海商学院，靠奖学金和夜校兼职来维持自己的学业和部分家庭生活。他学的专业是会计学，而感兴趣的却是经济学、社会学等学科。大学求知的课堂和十里洋场的现实给他以刻骨铭心的教育和启示，凭借着他自幼养成的正义感、对社会不平的愤恨，在形势的教育与推动下，他投入了日益高涨的上海反饥饿、反迫害、反内战的学生运动，并被推到这一运动的前列，走上了争取光明的革命道路。他如饥似渴地学习着革命著作，也经历了反动派迫害、列入上海解放前夕大逮捕黑名单的生死考验，他在漫长的黑夜中找到了人生归宿，于1949年加入了党组织，把自己和党的事业紧紧地联系在一起。斗争使他得到了锻炼和提高，从独善其身到学会做人的工作，从沉默寡言到宣传鼓动，从悲观厌世到投入火热的生活，他毅然在1951年毕业后放弃了原来的财经专业，接受组织分配，担负了政治思想工作和理论教育工作，立即登上了大学讲台。1953年到中国人民大学研究生班进修的经历更加激发了他对哲学的兴趣和追求。

1955年庄福龄在中国人民大学任教，他从一开始就跨越式地登上了为研究生班和教师干部班主讲专业课的讲台。当时他27岁，面对的是许多比他年长、比他经历丰富的学员，然而却受到了好评和欢迎。"文化大革命"前他甚至与中国人民大学的知名教授一起为全校研究生讲授毛泽东思想的专题课。在校外，他被中央社会主义学院聘为《矛盾论》的主讲教员，受到听课的民主人士的欢迎与好评。60年来他从一个风华正茂的青年教师，凭借着他对马克思主义的刻苦钻研，和在学生运动中练就的那种理论联系实际的分析力和感染力，成长为建树颇丰的马克思主义理论研究的带头人和哲学家。他在理论上以专攻基本原理和原著为基础，在实践上以关注现实问题为导向。伴随着共和国的风风雨雨，他的生活也经历了三个阶段：一是"文化大革命"前10年，是以教学为主、同时进行科学研究的10年；二是"文化大革命"中10年，是反思、总结、研究中国哲学和传统文化的10年；三是"文化大革命"后30多年，是建设马克思主义哲学史和马克思主义史，深入研究马克思主义中国化的30年，也是他的研究成果最丰硕的黄金时期。

1. 第一阶段

庄福龄教学内容以讲授哲学原理、原著、历史唯物论专题和毛泽东哲学思想为主，教学对象却是有教学经验或工作经验的教师和干部，不少人都比他年长。他们的要求，他们提出的问题，他们的思路和考虑的重点、难点，都给他以启迪和引导。为了对数百名坐在课堂下的"老师"负责，他"如履薄冰"地认真备课、讲课，积累了自己的经验。第一，要弄清教学对象的特点和要求，切忌无的放矢，不看对象。第二，要每课必备，把旧课当新课备，常备常新。第三，对自己尚未弄懂的问题坚决不讲，绝不把那些使人模糊、不得要领的内容带上课堂。第四，要注意逻辑严密，顺理成章，不把那些东拼西凑、自己尚未理顺的材料介绍给学员。第五，要善于从课堂的反映，从听者的表情和声色中自我反思，不断改进和提高。总之，既要在认真研究的基础上教学，又要把教学作为一门艺术对待，精益求精。教学之余他为了阐述唯物史观的基本原理、批判资产阶级社会学，还积极进行科研活动，撰写了数十篇论文在《红旗》、《前线》、《哲学研究》上发表。50年代末、60年代初他作为哲学教研室的负责人投入了哲学教材的编写工作，作为主编之一出版了哲学教研室集体编写的《马克思主义哲学教科书》。

2. 第二阶段

"文化大革命"10年，对于正在走向"不惑"之年，企盼进一步报效祖国的庄福龄，是一个沉重的打击。他一贯积极努力地工作，变成了一贯为"修正主义"效劳卖力；追求光明进步的经历，变成了"特务"、"叛徒"的历史。但他经受了人格的考验，老老实实地对待别人，老老实实地对待自己，在人生道路上又多了一次难得的锻炼。他从自己的教学科研经历中感到，走过的路没有错，从事理论工作的指导思想没有错，今后还要继续走这样的路而不应心灰意懒。反思给了他信心和力量，使他在"文化大革命"后期焕发了重新研究理论的热情。他研究中国哲学史上的唯物主义传统，评析和注释《荀子》全书是在复杂曲折的形势下开始的，而最终成果《荀子新注》则是在同其他两位同志的合作中，于"文化大革命"结束、拨乱反正时完成的。

3. 第三阶段

十一届三中全会以后，庄福龄的学术研究进入了新中国成立以来的最好时期。他深入研究马克思主义哲学史、马克思主义史和马克思主义中国化问题，为马克思主义理论建设做出了积极贡献。以马克思主义哲学史为例，他为这一新兴学科的建设花费了20年时间，付出了很大精力。从编写教材到汇集整理资料，从编写百科词条到编写专业辞典，从编写普及读物到编写多卷本专著，从研究正本清源的历史到研究中国继承创新的发展，从组织队伍、建立全国性学会到组织各种学术活动、繁荣学术讨论，从培养硕士、博士专门人才到策划学科研究的深化和扩展等。不仅如此，他又进一步将研究视野拓宽、拓深，在马克思主义史和马克思主义中国化研究方面耕耘不止,迎难而上。在学科建设上重集体而不计较个人得失,重攻坚而不顾出成果的早晚,重学科门类的系统化而不追求热门话题,他的丰硕而全面的成果得到国内理论界的普遍认可和高度评价。他在教学、科研和学科建设中取得的成就,也受到社会的广泛关注,认为他不愧是社会主义新时期的学科带头人和奠基人。他获得国务院颁发的政府特殊津贴,被授予北京市优秀教师称号,受聘担任北京市委决策研究顾问;有关事迹也为英国剑桥世界名人传记中心和美国名人传记研究所所关注,多次征集有关资料。庄福龄真诚地表示,尽管"学海无涯",他也想多开辟一些领域,但始终不敢忘记恩格斯的教诲:"即使只是在一个单独的历史事例上发展唯物主义的观点,也是一项要求多年冷静钻研的科学工作"。他说,自己"宁可利用自己所拥有的几分宁静而埋头于学科建设,却不敢另有奢望。"从中可以深切地领会到,他之所以能够在马克思主义理论领域取得重要贡献,是他多年潜心致力于学术研究的结果,特别是改革开放以来30年扎实工作的结果,是他数十年如一日地致力于学科建设的结果,是他不求名利、谢绝一切"高就"、沉醉于笔墨生涯的结果。通过多年反复思考与辛勤著述,庄福龄形成了他对马克思主义哲学史自觉、全面而独到的理解,在马克思主义史、马克思主义中国化等方面都取得了令人瞩目的理论成果。

二、主要研究领域和学术成就

1. 关于马克思主义哲学史

庄福龄集20年的力量深入研究马克思主义哲学史,在这个领域里奋力开拓,发挥了重要的奠基作用。庄福龄的马克思主义哲学史观主要包括四方面内容:对马克思主义哲学史学科特质的理解;关于马克思主义哲学史研究的方法论原则;马克思主义哲学史的个案、断代与贯通评论;马克思主义哲学史学科建设的设想等。

(1) 对马克思主义哲学史学科特质的理解

庄福龄认为,马克思主义哲学史是一门研究马克思主义哲学产生、发展的历史及其规律的科学,它的特质在于:首先,它是一门历史科学,是建立在大量的第一手的历史资料基础上的。马克思主义哲学作为无产阶级的世界观,一贯坚持按照历史的本来面貌去解释历史,既如实地反映历史的进步,把这种进步作为继续前进的起点;也不讳言历史的挫折和倒退,把这种曲折看作前进中的插曲,作为总结历史经验,吸取历史教训的课堂。因此尊重历史,忠实于历史,努力澄清对历史的歪曲,杜绝脱离历史的空谈是马克思主义哲学史的基本要求。其次,它还是一门理论性极强的科学,是寓马克思主义哲学理论于历史之中的科学。历史是变化发展的、充满辩证法的,尊重历史也就是要尊重历史的辩证法,把历史当作一个多方面联系的、错综复杂的、充满矛盾的却又是有规律可循的发展过程来研究。如果仅仅依靠罗列历史事件和任意抓住个别事例,就不可能反映历史的本质和全部联系,就会把马克思主义哲学发展的历史弄得面目全非。因此坚持全面地、发展地研究历史,辩证地分析历史,同样是马克思主义哲学史的内在要求。

不仅如此,庄福龄还对马克思主义哲学史与马克思主义哲学原理的关系进行了区别。认为它们是既有区别又有联系的两门科学。区别在于前者以马克思主义哲学这种特定的思想体系的历史为研究对象,后者以客观世界本身及其内在的必然联系为研究对象;前者表现为马克思主义哲学的历史形态,后者表现为马克思主义哲学的理论形态。两门科学的联系是:马克思主义哲学原理是在一定的历史中产生和发展的,论从史出,理论离不开历史;马克思主义哲学的历史需要理论去观察、分析和思考,研究历史也不能离开理论的指导;正如史和论需要结合一起,只有加强马克思主义哲学的历史和马克思主义原理之间的结合和协作,只有在研究中瞻前顾后、与时俱进,才能更加完整、准确地把握马克思主义哲学。

(2) 关于研究马克思主义哲学史的方法论原则

根据马克思主义哲学史本身的特点,庄福龄认为,必须坚持理论与实践、逻辑与历史、革命性与科学性相统一的方法论原则。他认为,坚持理论和实践的统一,重要的问题在于正确认识和处理理论和实践的关系,就哲学来说,它首先是由社会经济条件、社会实践所决定的,它的发展也是由实践所推动的,哲学的生命力由实践赋予,哲学的正确性要由实践验证。因此哲学要经常倾听实践的呼声,回答实践提出的问题,永远面对实践中的新情况和新问题。但是哲学思想又具有相对的独立性和巨大的能动性,作为时代精神的精华,它一经产生又会发挥启迪、组织、动员、鼓舞的积极作用,成为人们认识世界和改造世界的锐利武器。哲学还能通过对人们理论思维和实践经验教训的概括和总结,在世界观和方法论上做出具有普遍意义的结论,把人们的认识提高到新的水平。可以说,马克思主义哲学发展的历史,是一部理论和实践相互作用、密切结合、高度统一的历史。离开理论和实践的统一,就不可能理解这段历史,把握这段历史。

坚持逻辑和历史的统一,庄福龄认为,就是在研究中既要把马克思主义哲学的原理、原则、范畴、规律放到一定的历史条件和历史范围中去理解,又要从历史和认识发展中去考察马克思主义哲学的发展过程,或者说,既要注意逻辑分析的历史背景,又要研究怎样从历史中做出逻辑分析,对于马克思主义哲学史上重要的思想观点，都应具体分析它是在什么样的历史条件下提出的，它回答和解决了什么样的问题，它同以前的思想相比是否有所前进，它前进和发展表现在哪里，它在理论上作过什么样的贡献，在现实生活中有哪些影响和作用等。既不要把今人所能了解的思想，硬挂到前人的名下，也不要用今天的理解，对前人求全责备，对任何具体思想的分析和估价，都必须注意其历史性，坚持科学的实事求是态度。然而对于马克思主义哲学史这门学科来说，重要的还不仅仅要研究马克思主义哲学今天已达到的成果和结论，而是要研究取得这些成果和结论的认识过程，探讨过去是怎样认识世界的，从过去到现在，认识又是怎样发展，怎样逐步深入的，总结在认识和改造世界过程中理论思维的经验教训，从而具体研究马克思主义哲学在不同的历史阶段和不同情况下是怎样分析和总结社会发展过程的，是怎样吸取和改造科学和哲学的成就的，是怎样反映无产阶级利益的，又是怎样确定改造社会的方向的等。这样马克思主义哲学史提供给人们的，不仅有各种具体的认识成果和结论，而且还有在认识过程中产生的科学的方法。

坚持革命性和科学性的统一，庄福龄认为，作为无产阶级世界观产生和发展的历史，必须始终贯串鲜明的无产阶级立场和观点，坚持无产阶级的原则，开展反对资产阶级意识形态的斗争。但是无产阶级的利益同全人类的彻底解放是完全一致的。这个阶级的革命性恰好在于它能用彻底科学的态度来对待一切，也包括自己。庄福龄经常引用恩格斯一句话：科学愈是毫无顾忌和大公无私，它就愈加符合工人的利益和愿望。无私才能无畏。他指出，研究马克思主义哲学史就要注意它的科学性和革命性的统一，而不要把二者对立起来，既不要因为坚持无产阶级的原则而放松了严格的科学要求，也不要因为强调科学态度而不敢坚持无产阶级原则。

（3）马克思主义哲学史个案、断代与贯通评说

庄福龄认为，马克思主义哲学史就人物而言，首先是马克思主义创始人及后继者思想发展的历史，因此马克思、恩格斯、列宁、毛泽东、邓小平的思想与实践占有十分突出的地位。在对上述经典作家的研究中，庄福龄既认真梳理与区别了一些历史事实，比如人物思想转变的过程、文献的写作与影响情况等，更主要的是做了重要的专题性研究。他在大量第一手材料的基础上就马克思恩格斯的辩证法思想的形成和发展、马克思的人类解放理论、马克思恩格斯军事思想、马克思对巴黎公社经验的总结、十月革命前列宁哲学思想的发展、列宁关于巩固和发展社会主义胜利的战略思想、毛泽东哲学思想史的特点、中国马克思主义哲学传播的历史、老一辈革命家在社会主义时期有关中国特色和思想方法的论述、20世纪社会主义理论的发展、毛泽东思想与建设有中国特色社会主义理论的关系等都做了精深的分析，写下

了一系列重要论文与专著。在对马克思恩格斯的思想评价中，庄福龄反对以某一时期作为其思想顶峰的论点，特别是对西方某些学者抬高早期、抬高《1844年经济学哲学手稿》的论调不以为然，认为只有将其置于马克思一生思想发展的长河中才能确立其地位与价值；对恩格斯的军事理论庄福龄下了大的功夫进行梳理与挖掘，使他处于国内研究的前列；庄福龄还十分注意整理列宁晚年关于社会主义建设的战略思想，分析他与毛泽东、邓小平社会主义建设思想的一脉相承而又与时俱进的关系。

（4）关于马克思主义哲学史的学科建设

人类经历的20世纪是在曲折起伏、动荡多变的情况下度过的。作为科学世界观和方法论的马克思主义哲学理应对20世纪错综复杂的历史作出科学的概括和总结，对资本主义和社会主义制度的发展演变作出透彻的令人信服的分析；应能总结无产阶级在运用马克思主义哲学上的经验教训，从哲学上概括社会主义的建立、发展及其在某些国家兴衰变化的历史，并对人类发展所出现的重大问题，如科技革命、生态危机、人口压力、贫富悬殊等做出科学的说明和分析。推进马克思主义哲学史的学科建设，需要有学习马克思、超越马克思的精神，需要在解放思想、实事求是的道路上做好三方面工作：其一，马哲史的学科建设者应当以研究社会主义、特别是中国特色社会主义理论为重点。其二，马哲史的学科研究要注意吸收其他形式的哲学传统的优秀成果。这包括中国几千年优秀的哲学精华、马克思主义哲学传入中国和改变国家面貌的历史经验、世界各国先进的哲学思维方式等。其三，努力抓好学科队伍建设。学科建设能否继续和加强，很大程度上取决于新一代的基础和素质，专业人才贵在精而不在多，他们要有在市场经济的新形势下甘于寂寞、刻苦钻研、矢志不渝的精神状态，有稳定的专业思想，通晓原著和经典文献，同时懂得其他交叉学科的知识与研究现状，善于从理论和实践的结合上对重大问题作哲学的沉思、概括和总结。

鉴于马克思主义哲学史作为一门新兴学科起步晚而又具有博大精深的特点，需要把力量和重点放在集体攻关和难点与薄弱环节上，学科建设不能赶时髦、攻冷门追求个人著书立说上，庄福龄为此宁可牺牲个人成果，把精力集中到欧洲风暴的哲学总结、恩格斯的军事辩证法和马克思的经济哲学这样一些少有人问津的领域等。

2. 关于马克思主义史

在庄福龄看来，马克思主义哲学史学科建设的进一步发展，必然提出从它的各个组成部分研究其相互关系的要求，提出拓宽研究思路、树立学科融合的要求，提出从整体上研究马克思主义的要求。研究马克思主义史是研究马克思主义哲学史的必然结果,同时也是更全面更深入地研究马克思主义哲学史的内在要求。

(1) 关于马克思主义发展史的分期问题

庄福龄认为,马克思主义发展史是一部解放思想、实事求是、理论创新的历史。他认为,马克思主义发展史 160 年可以分为四个时期。

第一时期——奠基时期,从 19 世纪 50 年代开始到 19 世纪末。马克思、恩格斯的一生主要是围绕对资本主义的认识,对资本主义的分析,对资本主义的批判和对资本主义进行的斗争而展开的。这一时期又可划分为三个阶段。第一阶段,围绕《共产党宣言》和欧洲 1848 年的革命而展开的,这个时间大体上是从 19 世纪 40 年代末到 50 年代初。这个阶段马克思以解放思想、大无畏的精神来对待资本主义,在肯定资本主义历史贡献的同时,大胆地揭露了资本主义致命的弱点,提出了资本主义由于自身的内在矛盾必然走向灭亡的结论。第二阶段,1848 年欧洲革命失败后马克思、恩格斯在革命处于低潮的情况下,着手研究和分析资本主义,总结与资本主义斗争的经验教训。时间是从 19 世纪 50 年代到 60 年代。这个时期马克思开始着手写《资本论》。1859 年《〈政治经济学批判〉序言》是其代表作,它提出了"两个必然"和"两个绝不会"的论断,提出了"社会形态更替论",是马克思、恩格斯进入沉思和总结的年代,是他们对资本主义产生了新认识的年代,是为迎接下一次革命高潮的到来做理论准备的年代。第三阶段,从 19 世纪 70 年代到 90 年代。马克思、恩格斯从理论上对巴黎公社的经验进行了冷静的分析,指出不要把巴黎公社神圣化,要正确把握必然性和偶然性的关系,同时提出要用巴黎公社这种国家机器的形式代替被打碎的国家机器。解决了马克思主义如何对待资本主义、如何对待资本主义条件下的工人革命,也包括如何对待我们自己的胜利,我们自己的胜利成果的问题。到了 90 年代,恩格斯在马克思去世后独立地对资本主义的新变化作出新分析,他要求后一代继续研究资本主义的新变化。

第二时期,20 世纪的前 20 年,大体上围绕如何对待社会主义、如何建设社会主义而展开,列宁根据新情况对马克思主义作出发展和创新。这一阶段主要代表是列宁。列宁对马克思主义的贡献,主要是围绕怎样建立社会主义,怎样建设社会主义这一中心展开的。革命前列宁的贡献是提出了社会主义革命有可能在薄弱环节首先取得突破的结论,改变了马克思、恩格斯先前的论断。革命后列宁的贡献就是从实际出发,实事求是,提出从战时共产主义政策走向新经济政策,为后来苏联社会主义的建设开辟了一条新的思路,开辟了一条广阔的途径。

第三时期,马克思主义和社会主义大发展时期,大体上从 20 世纪 20 年代到 50 年代中叶的 30 多年时间。这个时期社会主义从一到多,形成社会主义阵营,马克思主义也得到了重大发展。这一时期的中心问题是马克思主义和具体国情能不能相结合的问题，也就是说在结合上下工夫没有，功夫下得深不深，功夫下得有没有成果。这一点苏联和中国是两个鲜明的对比。中国由于正确地把马克思主义和中国实际相结合，取得了民主革命的胜利，也取得了社会主义改造的胜利。而苏联从斯大林接替列宁开始，一直到赫鲁晓夫反斯大林，否定历史，使社会主义在脱离苏联国情的道路上越走越远，为苏联解体、东欧剧变埋下了伏笔。

第四时期，是20世纪50年代中期到20世纪末。这个时期是社会主义曲折发展，马克思主义又有伟大创新的时期。中心问题是两次曲折、一次拨乱反正，出现社会主义复兴和马克思主义的发展。曲折发展表现在一个是苏联解体、东欧剧变，另一个是中国的"文化大革命"。马克思主义的伟大创新，表现在邓小平领导中国人民开创了建设中国特色社会主义的道路，形成了邓小平理论和涵盖其中的"三个代表"重要思想与科学发展观等。

（2）关于马克思主义160年发展历史的基本结论

纵观马克思主义的发展史，可以得出以下四个基本论断。

第一，与时俱进、不断创新是马克思列宁主义的品质、灵魂，是它的生命力所在。马克思主义发展史是学习"解放思想，理论创新"最好、最生动的教材，一部马克思主义发展史给我们提供了无数创新的典范。

第二，马克思主义发展史是一部始终围绕着资本主义和社会主义，始终围绕着如何正确认识资本主义，如何正确认识社会主义的历史进程而展开的历史。正确认识这一点，对于我们正确认识当前的形势和任务，进一步增强贯彻执行党的基本理论、基本路线、基本纲领、基本政策的自觉性，推进新世纪的历史进程有极其重要的意义。学习马克思主义发展史并不是简单地面向过去、回顾历史，更重要的是认识当前的形势和任务，而认识当前的形势和任务也离不开社会主义和资本主义，也离不开社会主义的历史进程和资本主义的历史进程。

第三，马克思主义发展史也是坚持实践标准、不断追求真理修正错误的历史。马克思主义的杰出代表从来不隐讳自己的错误，比如恩格斯不止一次的说过，他和马克思对1848年革命的估计是错误的。列宁在实行新经济政策时也公开地表明我们党在这个问题上曾经犯过错误。邓小平在拨乱反正的过程中不止一次说过党犯了错误，他本人也犯了错误。所以一部马克思主义发展史可以说是一部理论上不断创新的历史。

第四，马克思主义发展史上涌现了一些杰出的历史人物，产生了震撼世界的历史事件，积累了发人深省的历史经验，由这些历史人物、历史经验、历史事件凝成了马克思主义的优良传统和优良作风。学习这样一段历史，我们可以从历史的榜样和启示中得到净化，使我们真正做到立党为公，执政为民，摆正党和群众的关系。

（3）关于科学的马克思主义观

马克思主义的理论创新关键是树立科学的马克思主义观。邓小平指出："多年来，存在一个对马克思主义、社会主义的理解问题"。"真正的马克思列宁主义者必须根据现在的情况，认识、继承和发展马克思列宁主义。"树立科学的马克思主义观就是要用马克思主义的态度对待马克思主义。怎么样用马克思主义的态度对待马克思主义呢？其一，要以理论和实践相统一的态度，而不是教条主义的态度对待马克思主义。其二，要以不断学习、永不满足的态度去对待马克思主义。马克思主义是一个永远取之不尽的精神财富。因为它是在实践当中不断发展的。其三，用尊重实践、尊重群众的态度对待马克思主义。马克思主义最尊重实践，因为理论所以能够创新、能够发展，关键在实践。马克思主义最尊重群众，因为群众是历史的主人、历史的创造者、历史的主体。其四，要以解放思想、实事求是的态度对待马克思主义。要自觉地把思想认识从那些不合时宜的观念、做法和体制中解放出来，从对马克思主义的错误的教条式的理解中解放出来，从主观主义和形而上学的桎梏中解放出来。既要脚踏实地、实事求是，又要解放思想、面向未来。基点在现实，在于脚踏实地，理想在于面向未来。

（4）关于马克思主义的历史命运和特点

马克思主义在未来的历史命运，离不开当代的几个重大关系，一是马克思主义同经济全球化的关系；二是马克思主义同资本主义的关系；三是马克思主义与社会主义的关系。纵观马克思主义形成和发展的历史，面对资本主义和社会主义，面对新世纪的新变化，马克思主义没有失效，更没有消失。根据中国的经验，关键是坚持什么样的学风，坚持什么样的马克思主义观。研究马克思主义史，要对19世纪和20世纪的发展进行回顾和沉思，要以此作为走向新世纪的基础和出发点，研究新情况、新问题，在前进中坚持和发展马克思主义。

深入思考马克思主义的历史发展，马克思主义的特点可以归纳为：第一，马克思主义从一开始就是作为国际性思潮和普遍适用的学说问世的，当然，其国际性和普遍意义又是必须和具体实际相结合的，必须通过一定的具体条件而表现出来。第二，马克思主义的传播和影响是多方面的、多种形式的，不同国家、不同地区不可能千篇一律，发展和运用马克思主义是一项创造性的事业，一个统一的、适合所有国家的方式是不存在的。第三，马克思主义的发展有高潮，也有低潮，有直线，也有曲折，有前进，也有后退，它的历史呈现出曲折发展的状态，但真理终究是不可战胜的，马克思主义所揭示的人类社会发展规律终究是不可逆转的。

(5) 关于新世纪中国的马克思主义理论研究和建设

既要巩固和推进已经取得的良好的发展势头，又要正视和解决面临的和前进中的问题。其一，马克思主义理论研究和理论建设要坚持老祖宗，又要坚持创新。其二，马克思主义的旗帜必须鲜明，理论阵地必须由马克思主义占领。决不要因为经济全球化的趋势而放弃马克思主义阵地，陷入"趋同化"；也决不要因为改革开放、对外交往和某项政策宣传的需要而收起马克思主义的旗帜，搞"中性化"或"淡化"。其三，马克思主义基本原理的研究必须加强，决不可当作老生常谈而予以忽视。要总结某些在基本原理上的失误而导致理论上的错误的情况，对于有关哲学基本问题、唯物论和唯心论的区别、主体哲学、本体论、人学、文化问题等讨论中的得失利弊要做具体分析，要总结经验教训。其四，马克思主义中国化的伟大事业还要继续推进和深化。要把重点放在科学地对待马克思主义和吃透国情、同中国实际的结合上。其五，马克思主义理论建设必须进一步深化和提高。马克思主义作为一门科学，尤其在中国作为党和国家的指导思想，理应占有独立的突出的学科地位。目前它的三个基本部分即马克思主义哲学、政治经济学和科学社会主义还分属不同的学科，科学社会主义则代替了马克思主义的综合研究。这种状况既削弱了马克思主义的整体性，也难以覆盖马克思主义的综合性。马克思主义理论研究和学科建设都有很多问题需要研究，需要更高地突出其整体性、综合性和指导性。

3. 关于马克思主义中国化

马克思主义中国化是研究马克思主义哲学史和马克思主义史的落脚点和归宿。在庄福龄看来，进行马克思主义哲学史和马克思主义发展史的研究，绝不是为学术而学术，而是为了回顾和总结马克思主义的发展历程及其经验教训，总结它在160年历程中所面临的多次挑战和兴衰起伏的特点，从而深刻认识马克思主义发展的内在规律，为我国现代化建设事业和继续推进历史进步提供科学的理论指导。庄福龄强调，研究马克思主义理论，要面向当代，从历史的发展上把当代中国马克思主义作为研究的重点。他认为，在当代中国，研究马克思主义哲学，应当同研究社会主义理论结合起来。当代中国哲学如果脱离了中国人民和世界人民所关注的中国特色社会主义事业，那就会失去时代的光彩和中国的特点。正是基于这种认识，庄福龄在进行马克思主义史和马克思主义哲学史的研究中十分强调研究中国马克思主义哲学的发展历程，强调研究当代中国的马克思主义。80年代末90年代初，他主编了《中国马克思主义哲学传播史》和3卷本《毛泽东哲学思想史》，突出了马克思主义哲学在中国传播和发展的历史；同时又在密切关注当时国内外政治风波和苏联剧变的严峻形势下，从总结历史经验着手，以当代中国的马克思主义为武器，主持撰写了《中国体制改革的哲学探索》，力图从历史和现实、理论和实践的统一上，把马克思主义哲学史的当代发展同社会主义的命运和前途结合起来进行研究，以增强这门学科的现实感。近年来，他把研究重点转向了马克思主义中国化方面，并取得了引人注目的成果，2004年3月，人民出版社出版了他的专著《马克思主义中国化伟大理论成果》。专著以厚重的历史感和理论与实践结合的视角阐述了马克思主义中国化的三大理论成果，即毛泽东思想、邓小平理论和"三个代表"重要思想，为理论界和许多专家所重视。

关于马克思主义在中国传播的特点。《中国马克思主义哲学传播史》作为教材首次把中国马克思主义哲学传播史作为一门新兴学科来建构。庄福龄认为，这门学科是马克思主义哲学史在一个特定时间和具体空间的延伸和展开。它从纵的方面即历史上和横的方面即社会生活各领域均应作全面深入的研究，对中国马克思主义哲学家做出的贡献和对理论的发展要有充分的反映，对有代表性的中国论著和有关思想应做历史的评价，对马克思主义哲学在中国传播发展的历史特点和历史作用应做科学的分析。在书中他对马克思主义哲学在中国传播的历史特点做出的理论概括是：其一，经过"十月革命"而认识和接受马克思主义哲学；其二，同反帝反封建的群众运动相结合；其三，学习马克思恩格斯哲学思想同学习列宁的新贡献相结合；其四，探索改造社会的途径和研究唯物史观相结合。庄福龄强调，研究这门学科的方法论要着眼于马克思主义的精神实质，要突出马克思主义哲学对实践的概括和回答，要突出毛泽东哲学思想的历史地位和历史作用。

关于毛泽东（哲学）思想。庄福龄在国内不仅以研究马克思主义哲学史和马克思主义史而著称，而且也以研究毛泽东（哲学）思想而闻名。他主持编写的3卷本《毛泽东哲学思想史》以突出的地位和系统的史料分析了毛泽东哲学思想孕育、形成、发展的历史。他认为，毛泽东哲学思想史的特点有四，一是坚持和发展马克思主义哲学的历史，二是实事求是思想路线发展的历史，三是集体智慧结晶的历史，四是实践中运用辩证唯物论的历史。因此，研究毛泽东哲学思想史的方法论，一要完整准确地把握思想体系，不拘泥于个别词句；二要紧密结合革命实践和党的活动，不面面俱到地作学理推究；三是重点研究其特色和贡献的形成过程，不简单复述马克思主义哲学的一般原理；四要重点研究集体智慧及其发展规律，不纠缠于历史细节和个人活动。在2004年出版的《马克思主义中国化伟大理论成果》一书中，庄福龄对毛泽东思想的理论贡献作出了系统概括和多方面贡献，他认为，毛泽东思想作为马克思主义中国化的第一个伟大理论成果，是马克思主义发展史上前所未有的崭新篇章。既论证了马克思主义要中国化，又论证了中国实际要马克思主义化，紧密结合中国实际，他善于透过历史的陈述与分析，对马克思主义作出了系统的发展创新。

关于邓小平理论。庄福龄认为，马克思主义中国化是一项需要继往开来、与时俱进、永远坚持下去的事业，是一项在实践基础上永无止境的事业。邓小平理论是马克思主义中国化的第二大理论成果，它为中国描绘了未来半个世纪切实可行的宏伟蓝图，从总揽全局的高度正确处理发展、改革和稳定的关系；它根据时代特点，从世界观和方法论上提出了一条解放思想、实事求是的思想路线，使其成为贯穿一切工作的灵魂，成为认识新情况、解决新问题的根本观点、根本方法。因此，中国在21世纪的发展，离不开邓小平理论。在新的历史时期，它将和"三个代表"重要思想、科学发展观一起，成为指引中国人民进行社会主义现代化事业的科学的理论武器，并在实践中不断得到发展和创新。

4. 关于马克思主义理论研究和建设工程

庄福龄作为马克思主义理论工程的首席专家和主要成员，积极参加了马哲史教材编写和经典著作的有关研究工作。他曾经深有感触地说，"身逢盛世，年迈而不服老，我多么希望青春重返，再作一番拼搏啊！"他把中央实施的理论研究和建设工程视为新时期以来理论工作面临的又一次重大机遇，是理论工作者拼搏和报效的最好时机。他在总结自己半个多世纪从事理论工作的经验时指出：我在研究马克思主义进程中由论入史，由史立论，经历了一条史论结合的道路，今后在"马克思主义理论工程"中仍然要沿着这条道路走下去，从最基础的重要原著入手，从理论上分清哪些是必须长期坚持的马克思主义基本原理，哪些是需要结合新的实际丰富发展的理论判断，哪些是必须破除的教条式的理解，哪些是必须澄清的附加在马克思主义名下的错误观点，从而进一步用科学的态度对待马克思主义，用发展着的马克思主义指导新的实践，使社会主义的中国对马克思主义真正做出无愧于人类的伟大贡献。

三、学术活动与人才培养

庄福龄为马克思主义哲学史专业培养了高层次人才。马克思主义哲学史是人民大学首批能授予硕士博士学位的学科点。庄福龄先后为这一学科培养了近百名专业人才和博士生。他们大都成为这一领域的学术骨干。

庄福龄承担国家重点科研项目，为学科建设奠定基础。作为《中国大百科全书·哲学》马克思主义哲学史学科的副主编，承担了拟定框架、确定条目和编写纲要、选聘作者、审稿定稿等一系列工作，同时自己也撰写了重点词条，历时数载，于1987年完成了学科建设中的这项重要工程。同时还作为国家哲学和社会科学"六五"和"七五"规划重点项目《马克思主义哲学史》8卷本的主编之一，承担了这一历时十余载，组织全国50多位专家参加的巨大工程，承担了近500万字的统稿定稿工作和大量的组织编写工作。上述国家重点项目的完成，为学科建设奠定了比较坚实、全面的基础。

他创建中国马克思主义哲学史学会，为学科的发展、繁荣而努力。1979年全国性的马克思主义哲学史研究会正式建立，他被选为研究会的负责人。学会建立以来，不断发展壮大，有计划地组织全国性学术活动一百多次，先后建立了7个全国性专业研究会，分别展开了多项学术活动，产生了广泛的影响。

四、庄福龄主要论著

庄福龄.1983.马克思主义哲学史纲要.北京：中国青年出版社.
庄福龄.1988.中国马克思主义哲学传播史.北京：中国人民大学出版社.
庄福龄.1991.马克思主义哲学史辞典.北京：北京出版社.
庄福龄.1992.中国体制改革的哲学探索.北京：中国人民大学出版社.
庄福龄等.1996.马克思主义哲学史（8卷本）.北京：北京出版社.
庄福龄.1996.马克思主义史（4卷本）.北京：人民出版社.
庄福龄.1999.简明马克思主义史.北京：人民出版社.
庄福龄.1999.毛泽东思想概论.北京：中国人民大学出版社.
庄福龄.2004.马克思主义中国化的伟大理论成果.北京：人民出版社.
庄福龄，杨瑞森，余品华.2011.毛泽东哲学思想史（3卷本）.北京：中国人民大学出版社.

主要参考文献

侯衍社.2004.由论入史 由史立论——庄福龄教授的主要学术贡献和学术观点.高校理论战线，(10).
庄福龄.2007.庄福龄自选集.北京：中国人民大学出版社.
庄福龄.2011.六十年学术生涯回顾.毛泽东邓小平理论研究，(6).

撰写者

侯衍社（1967～），中国人民大学教授、博士后、党委宣传部副部长，庄福龄指导的博士生。

崔自铎

崔自铎（1929~），河北钜鹿人。哲学家。1954年于中国人民大学哲学专业研究生毕业。1956~1960年在苏联莫斯科大学哲学系学习，师从政治家、哲学家季·依·契斯诺柯夫，1960年获哲学副博士学位。回国后曾任吉林大学讲师、副教授，哲学系副系主任、系负责人等职。因工作需要，1978年调至中央党校，历任马克思主义哲学教研室主任、理论部副主任、校学术委员会委员等职。1986年晋升教授、哲学专业博士生导师。1990年受聘为中央党校哲学学科学术带头人。主要从事哲学、认识论、实践论、人学及现实哲学问题研究。发表论文180余篇，主编、合作著作40余本。代表性著作有《认识论研究》、《认识论探索》、《人之论说》、《我创造，故我在》、《生活哲学》等。指导研究生22届，其中博士生12届。先后承担"六五"、"七五"、"九五"国家社会科学基金重点项目3项，其中主持2项。1989年冬至1990年春，以访问学者身份赴苏联进修和学术交流。1978年后，先后当选中国马克思主义哲学史学会副会长、中国人学学会（筹）副会长、中国辩证唯物主义研究会认识论专业委员会主席（之一）等。论著曾获得省部级及以上级别奖励10余项。1991年获国务院颁发的政府特殊津贴，1995年获中共中央党校优秀教师、全国党校系统优秀教师称号。

一、学 术 经 历

——学术之路，既是一条艰辛的攀登路，又是一条创新的幸福路。

学术经历，是指学人在学习的基础上对新知识新理论的求索与践行过程。学习经历所指，只是指学人学习前人知识或践行前人知识的过程。所以，学术经历和学习经历是不同的。比如说，我的学习经历是，我曾经读过小学、中学、大学、研究生等。但以上学习经历，还不是我的学术经历。

我出生于1929年4月，我的学术经历，则是从1956年开始的，这一年，我进入了苏联莫斯科大学哲学系，开始攻读哲学副博士学位。从1956年起，我的学术经历，大体经历了三个阶段。第一阶段，从1956年至1960年。这是一个以学为主，学习与研究相结合的阶段。第二阶段，从 1960 年至 2000 年。这是一个以工作为主，工作（教学）与研究相结合的阶段。在这一阶段，我国发生了"文化大革命"，正常的工作秩序遭到了破坏，正常的科学研究工作难以进行，损失惨重。第三阶段，从 2000 年至今。这是我离休后的一个特殊的学术研究阶段。

在上述三个学术研究阶段中，虽然每个阶段研究的环境、条件和内容各不相同，但其共同点却都是在研究、探讨哲学方面的问题。例如，在莫斯科大学哲学系时，我研究的重点是社会生产力问题。在吉林大学哲学系和在中央党校哲学教研室、理论部和研究所工作时，我则分别着重研究了认识论、真理论、实践论、哲学新形态、人学、现实哲学问题等。离休之后，我关注的焦点，是人生哲学问题。而贯穿于我所研究的一切问题的中心和基本线索，乃是人的问题。因为，生产力的核心是人；认识论所探讨的主要内容，乃是关于人的认识及其规律；实践论研究的实践活动，既是认识的基础、源泉，又是人类生存和发展的基础及原动力；人学，则是从哲学的层面，对人的存在和发展、人的本质和素质、人的实践和客体、人的需求和利益、人的价值和权利、人的现状和未来、人的发展规律和生存环境等。人生哲学属于微观人学范畴，它从微观的角度，对具体的、现实的、活生生的个体人的生活及其规律，进行研究。在科学研究的过程中，能否善于抓住中心和主线，对于成功地开展工作，取得创新成果，十分重要。

在我的学术经历中，曾经遇到过许多难题，但主要的有以下三个：一是我在苏联莫斯科大学哲学系学习时，能否完成学业，顺利进行学位论文答辩，取得哲学副博士学位；二是在中共中央党校工作时，能否保质保量地完成我所承担和主持的国家社会科学基金重点项目这一任务；三是在我离休后，还能否继续进行有价值的研究工作。以上三个难题的焦点，是能否在学术研究中有所作为，有所创新。至今，我仍然清楚地记得，在 1956 年冬天，当我刚刚来到苏联莫斯科大学哲学系时，在当时留苏的哲学研究生中，普遍地流传着一种看法，认为在苏联攻读哲学专业的研究生，是不可能完成学业，取得学位的。原因有二：一是哲学专业本身难度较大；二是掌握哲学专业的俄文比较困难。基于以上原因，自新中国成立后，我国选派的历届哲学专业的研究生，直到 1956 年，尚无一人能够顺利完成学业，进行论文答辩，并取得相应学位的先例。但是，前人没有做到的事，并不等于后人也一定做不到。大家都在继续接受检验。我怀着一种不服输的心情，经过 3 年多不分昼夜的奋力拼搏，几乎牺牲了所有的周日、假日和节日，终于在 1960 年提前完成了学业，通过了论文答辩，成为了新中国第一个在苏联得到哲学副博士学位的人。改革开放后，我有幸承担和主持了"六五"和"七五"国家社会科学基金重点项目"认识论"（部分）和"辩证唯物主义在当代"等项目。这对我无疑是一种巨大的责任和压力，当然也是一个动力。因为，这些任务非常有力地推动着我的科研工作，促使我在认识论、真理论和实践论领域中进行积极地求索与创新。比如说，关于认识主体的"唯人论"、关于认识源泉上的"双源论"、关于认识过程的基本矛盾论、关于真理发展的新规律论、关于实践正负效应统一规律、关于实践的能动性与受动性统一规律、关于实践的智体统一规律等，都是这一阶段的研究成果。

尤为幸运的是，在我离休后，仍能继续进行科学研究，探讨人生哲学的有关新问题，并发表了系列著作，即继《人之论说——岁月沉思录》之后，我又连续出版了《我创造，故我在——哲学新形态散论》、《生活哲学——思想语论》等。如今，我的又一本新作《哲学思想录——感悟世界和人生》，业已定稿。最近10年，我之所以比较集中地思考和研究有关人学和人生哲学的有关问题，是因为我考虑到，在当前的中国搞社会主义现代化，是离不开人的现代化、离不开人的素质提高和人的全面发展的；我们搞社会主义精神文明建设，是绝对离不开人生观建设的；科学发展观理论的深化和在实践中的落实，也是离不开对于马克思主义世界观理论的研究和深化的。总之，时代的前进，要求理论的发展。理论工作者的任务和使命，就在于能够顺应时代的要求，做出自己应有的贡献，用科研成果为社会发展和人民的需要服务。那种单从书本出发的教条主义，那种只从个人经验出发的狭隘经验主义，那种单从个人私利出发的实用主义，都会把学术研究引进死胡同，都会断送科学研究的生命。我的学术经历，使我深切地体会到，科学的学术研究，必定是顶天立地的，顶天，就是服从真理，服务理想；立地，就是立足实际（现实和实践），服务人民。

最后，我还需要说明，就是在我的整个学术生涯中，始终得到了我的妻子常韵琴和家人多方面的、无所不在的关心、支持和帮助。她（他）们的付出和爱心使我永远感动。

二、学　术　成　果

——我创造，故我在。

在半个多世纪的哲学研究和探索中，涉及多个领域。但在"文化大革命"前，创新工作极为艰难。在"文化大革命"后，基于时代对创新的要求，特别是20世纪80年代后，由于繁重的指导博士生工作的需要，使我在认识论、真理论、实践论、人学、人生哲学、哲学新形态和现实哲学等领域，做出了一些探索或创新工作，现略述于下。

1. 在认识论领域中的求索与创新

（1）认识源泉新论

认识源泉问题，是一个古老的哲学问题。许多不同立场的哲学家，对它有着不同的回答。即便是唯物主义的哲学家，对于这个问题也有不相同的答案，但大体有两种基本观点：一种观点认为，认识源泉为客观事物、客观世界；另一种观点认为，认识的源泉是实践，甚至只能是实践。

我的回答是：认识的源泉既是客观事物，同时也是实践。这是认识的双源泉理论，它既不同于旧唯物主义哲学家的单元理论，即认识仅来源于客观事物；又不同于主张认识源泉只是实践的唯实践论。

（2）认识过程的基本矛盾新论

社会基本矛盾，对于认识社会和社会现象有着重要意义；那么认识过程的基本矛盾这个概念，对于研究认识论，无疑具有十分重要的作用。

什么是认识过程的基本矛盾呢？在现有的哲学教材中，有两种基本观点，一种观点认为，主观与客观为认识过程的基本矛盾；另一种看法则认为，知行关系为认识过程的基本矛盾。我的观点是，认识过程的基本矛盾，并非单一的主观与客观的矛盾，或单一的知和行的矛盾，而是主观与客观、知和行这两对矛盾的组合。以上两对矛盾之所以成为认识过程的基本矛盾，乃是因为它们贯穿于任何一种认识过程的始终，并且是构成这一认识过程的决定性因素。

（3）认识主体新论

认识主体，也是个重要的认识论问题。这个问题，在当代也引发了新的争议，即有人认为机器、计算机，可以取代人而成为比人还强的认识新主体。对此，有的哲学家赞成，也有人不同意。如何看待、如何回答这个新的认识论问题？我的研究结论是，认识主体只能是人。因为，认识是人的认识，实践是人的实践。无论是多么高明的计算机，无论多么好的人机系统，都不可能成为认识和实践的主人（主体）。

2. 在真理理论领域中的求索与创新

（1）真理新论

当人们一打开哲学词典或哲学教科书，就能看到"客观真理"、"主观真理"、"相对真理"、"绝对真理"、"局部真理"、"全面真理"等概念。什么是真理？真理有多少呢？

我的认识是，真理就是如实地反映了实际（包括实情和实践）的正确认识。所以，真理就有一个，它只有一个名称——真理。没有什么"客观真理"，只有客观事物；没有什么"主观真理"，只有一个作为正确认识的真理；没有什么"绝对真理"，它只是真理的一种属性；也没有什么"相对真理"，它只是与真理的绝对性相对应的另一个真理的属性；"局部真理"是真理的要素性；所谓"全面真理"，乃是真理的较为完整的系统性，如此等等。

(2) 真理的基本属性新论

真理的基本属性是什么？这在哲学词典中，并没有全面、系统的回答。一般只是说及真理的客观性，意即真理性认识的来源是客观的。

真理的基本属性该如何认识？我认为，真理的属性乃是一个系统，即真理具有客观性和主观性，具有绝对性和相对性，具有要素性和系统性等。这组真理的特性是由真理性认识的主体和其所反映的对象的基本属性决定的。

认识真理的基本属性，对于全面地把握科学的真理观，对于人们为实现真理而斗争的实践活动，极为重要。

(3) 真理规律新论

关于真理规律问题，权威人士认为，只有一条，即真理同错误的斗争才是真理发展的规律。果真如此吗？否。

我的研究表明，真理发展的规律，不能只归结为一条——真理同错误的斗争。还有一条就是真理同真理之间的分歧、摩擦和斗争，同样是真理的一条发展规律。许多不同科学学派的斗争，对真理发展的意义，证实了这一点。

3. 在实践论领域中的求索与创新

实践规律这是时代和现实实际提出的一个新的问题，对它的科学回答，对我们正确认识和改造世界意义十分重大。

我的长期研究工作，使我得出了实践的三大规律理论。

(1) 实践的能动性和受动性统一规律

当人们谈到实践的特性时，哲学家总是讲它的能动性这一方面。这是一个误区。因为，实践不仅具有能动性，而且同时还具有受动性的一面。

如果我们将实践的基本属性上升到哲学的高度去认识，就会发现一条关于实践的能动性与受动性统一的规律。这条规律表明，任何实践活动，都离不开一定的主、客观条件，并受到相应环境的制约。这就是实践的受动性方面。另外，任何人类的实践，又都是人类改造世界的主动活动，所以它具有能动性。

实践的能动性与受动性相统一的规律，对于人们正确的实践意义重大，离开了它，就要犯错误。例如，我国50年代的"大跃进"，便是一个鲜明例证。

(2) 实践的正负效应统一规律

讲到实践，人们往往只想到它的正效应，而很少或几乎忘掉了它还有负效应，这是一种片面性。在这一片面认识支配下，人们犯了无数的大大小小的错误。如我们的"文化大革命"便是如此。对实践功能效应的全面和客观认识，使我们得出实践具有正负两重效应的结论，如果进一步地把这种认识上升到哲学高度，那就会得出实践的正负效应统一规律的结论。违背了实践的正负效应统一规律，人们就会受到惩罚。

(3) 实践的智体统一规律

论到实践的结构属性时，人们往往只讲它的物质性一面，这又是一个错误。由此，人们便把实践视为一种纯物质性活动。

其实，实践这种人类的活动，它怎么会只是纯物质性活动呢？没有灵性、没有精神因素的活动，只能是物质机器的运转。而人的实践，从其结构属性看，它只能是智体统一的活动，而且这是一条铁的规律。承认和把握实践的智体统一规律，对于当代人类实践，具有极为突出的意义。而且还必须看到这一规律，随着时代的发展，它的意义会越来越突出，越来越重要。人类的历史和科学技术发展史，都充分地证明了这一点。

4. 在人学领域中的求索与创新

人学研究是20世纪70年代后期，才在我国开展起来的一个新兴学科。

在人学领域，我所做的新的探索工作主要有如下几点：

(1) 关于人的现代化

人的现代化并非新概念，但对人的现代化在中国如何推进，却富有新的含义。

在我国，过去关于现代化，只提出过"四个现代化"，即工业现代化、农业现代化、科技现代化和国防现代化。我认为这并不错，但还显得不够，当今，在中国提现代化，必须把人的现代化与前面说到的四个现代化密切地、有机地结合起来。只有这样，才能叫作完整的现代化。另外关于人的现代化内涵，则应明确为以人的素质现代化为基本内容。而人的素质，则是一个多要素系统，它包括如下十个方面的内容，即德、智、体、美、劳；和与之相对应的才、知、心（理）、科、文（化）。

(2) 关于人的意商

100多年前，德国人斯特恩提出了智商；过了100年，美国人L.特尔曼又提出了情商。我在 20 世纪末，提出了意商这个新概念。

意商是意志的量化概念，它表达着人的意志也是可以量化的、分等级的、可以以量化形式来表达的人的心理意志状态概念。意商大体可分为三个等级。

人的意商如何，对于人的事业成功与否，对于人的心理健康，都具有十分重要的意义。

（3）关于两面人

两面人，是我结合中国社会现实提出的一个新概念。它反映了在社会主义初级阶段特殊条件下，新出现的一个特殊人群这一事实。

两面人的实质是，其表面是社会主义的、马克思主义的人，而实质则是资本主义的、反马克思主义的人。两面人是与德国哲学家哈贝马斯所提出的在资本主义制度条件下必然产生的"单面人"相对应的概念。

（4）关于以人为本

在对以人为本的研究中，我提出了自己独特的见解。

一是明确地提出了以人为本是一种科学的社会价值观。这是指在天、地、人中，在人、财、钱、事、物中，人的价值乃是最重要的、第一的价值。

二是明确地提出了以人为本的针对性为以物为本和以官为本。其中，以官为本的特殊性在于，它只是以人为本的歪曲形式。

三是明确地提出，要真正地落实以人为本，必须正确地认识和处理好如下六个重要关系，即处理好以人为本和以物（包括钱、财）为本、以人为本和以事为本、以人为本和以官为本、以人为本和以帝（皇帝）为本、以人为本和以精英为本、以人为本和以神为本等关系。

四是把以人为本归结为科学发展观的灵魂。因为，以人为本，不只是科学发展观的前提、中心和落脚点，而且还渗透在科学发展观的一切方面，并且是它的生命。

5. 在人生哲学领域中的求索与创新

人学，可称之为宏观人学，人生哲学则可称之为微观人学。我在人生哲学中所做的新工作，主要有如下几项。

（1）人生主体论

人生主体就是人生主人的问题。人生主体回答：有没有人生主人和人生主人是什么的问题。人生主人是什么？抽象地说就是人；具体地说就是一个个现实的、具体的、鲜活的个人。为什么要谈人生主人问题，因为这既是一个历史性大问题，也是一个现实的人生重大问题。

人生主体的理论是人生哲学的前提性问题。

在历史上，人生主人曾经有过几个基本类型，即人生主人为上帝、人生主人为奴隶主、人生主人为农奴主、人生主人为钱、财、物等。这些现象都是人生主人发生异化的表现。

（2）关于人生中的三条线

人生中的三条线是指：一个人在其一生中应当认清和坚持的人生路线，即人生导航线、人生基本路线和人生主线。

人生中应当坚持的第一条线，是人生导航线，这条线就是人生的价值观。这条线的基本内容，就是一个人追求真、善、美、公、新、福的正确价值选择。这条人生导航线决定一个人的人生走向、人生道路、人生理想和人生观类型。

人生中应当坚持的第二条线，就是人生基本路线。这条线的基本内容是人生的基本工程，即德育工程、智育工程、体育工程、能力工程和事业工程。这五大工程，是每个人终生都要抓好的工程。它贯穿于一个人的一生，决定着一个人人生的完美程度。

人生中应当坚持的第三条线为人生主线。它回答的问题是一个人在其一生中主要作为如何的问题。人生主线的基本内容为立言、立功、立德等，其核心是奉献。

要坚持好人生主线，必须有正确的人生导航线指引和正确的人生基本路线作保证。

（3）关于人生工程

人们在日常生活中，都在谈论和进行着这工程、那工程，如科学工程、技术工程、文化工程、理论工程等。但唯独还没有听到人们说及人生工程，这是个大遗憾、大缺陷。我们应当弥补这一缺陷，提出人生工程建设这个应当加以研究的问题。

人生工程的对象是人生、特别是其中的重大问题。人生工程是个大的系统工程，它包括人生主体工程、人生素质工程、人生价值工程、人生业绩工程、人生学习工程、人生工作工程、人生婚姻工程、人生夕阳工程等。人生工程具有自己的特点：一是人生工程的个体性，二是人生工程的自主性，三是人生工程的自觉性，四是人生工程的自控性。把握人生工程的上述诸特点，对于打造美好、幸福而成功的人生非常重要。

6. 在哲学新形态领域中的求索与创新

我在这一领域所做的新的探索主要有如下几点。

(1) "六个世界"的理论

哲学是世界观。世界是什么？怎样看待它？我经过研究，认为世界有"六个"，它是世界的具体存在形态，即自然、社会、人类、实践、文化和思想世界。这"六个世界"，自然，是客观世界；社会、文化、思想，是人造世界；人是主体世界；实践则是人联系客观世界和人造世界的中介世界。哲学，作为一种世界观，就是对这些世界及其关系进行研究和认识的学问。

(2) 哲学就是大关系学

从'六个世界'的理论出发，我认为哲学作为世界观，就是关于这六个世界的总体和分体的学问、特别是关于这六个世界相互关系的学问。由此，我得出结论：哲学即大关系学。

哲学这一大关系学说，既从总体上，又从分体上，更从其间的联系上来把握世界，所以，它才称为大关系学。

哲学作为大关系学，其本质，就是要正确认识和处理好人和世界的关系，这是人类智慧的集中表现，从这一角度说，哲学亦可叫做大智慧学。

(3) 事物即矛盾群

如何看待矛盾，是世界观的根本性问题。在现行我国的哲学辞书中，一般认为，事物即矛盾。

我的观点是：事物即矛盾群。这个看法的根据有三：一是现代科学系统论的理论根据；二是事物本身的实际根据；三是理论上的根据。

事物是矛盾群的结论，其主要价值在于它将改变人的思维模式和世界图景观。

7. 在当代中国现实哲学领域中的求索与创新

哲学的创新，必须与时代提出的突出问题相联系，并对它们做出理论的总结和概括。以下，我只是谈谈其中的几个相关问题。

(1) 关于毛泽东晚年的哲学失误

在中国民主革命时期，中国共产党有过一个历史决议，总结了民主革命时期的经验与教训；在社会主义建设的新时期，我们党又作出了另外一个重要决议，它总结了我国在此时期党的工作经验和教训，但其中并没有明确地从哲学理论上，总结毛泽东晚年在哲学思想上的失误。

我在《文革灾难和毛泽东的哲学失误》一文中，从十个方面指出了毛泽东在其晚年时的哲学思想上的失误：

其一，在规律客观性与人的主观能动性关系问题上的失误；

其二，在处理生产力和生产关系之间相互关系问题上的失误；

其三，在处理经济和政治相互关系上的失误；

其四，在处理社会主要矛盾问题上的失误；

其五，在处理生产斗争和阶级斗争关系问题上的失误；

其六，在对待矛盾斗争性和统一性关系问题上的失误；

其七，在对待和处理脑力劳动和体力劳动相互关系问题上的失误；

其八，在处理人口和人手关系问题上的失误；

其九、十、在处理群众和个人、民主和集中关系问题上的失误。

最后，文章对毛泽东哲学思想失误产生的主观和客观原因进行了简要分析。

（2）呼吁在新时期开展一次新的思想解放

真理标准的大讨论，开启了中国新时期的思想解放运动，推动了改革开放的大发展，抵制和削弱了个人迷信在中国的长期消极影响，对开辟中国社会发展新局面产生了巨大作用。

在改革开放的新阶段，能否再开展一次新的思想解放，以推动我国社会主义现代化的发展呢？我认为很有必要。这次思想解放运动的中心议题，是围绕知行统一这一党的思想路线的核心内容，解决党员干部在当前存在的言行不一的不良思想作风，从而为推动党的建设，建造一个真正能够担负起建设社会主义大业重担的党。为此目的，我在纪念改革开放 20 周年，在纪念真理标准讨论 20 周年，在纪念五四运动 80 周年等重要节日时，都曾发表文章，倡导新的思想解放运动。

（3）关于社会主义民主政治建设的极端重要性

抓住、抓紧、抓好社会主义民主政治建设，直接关系到社会主义的命运，它的极端重要性，可以用以下两句话加以概括：

没有民主，就没有社会主义；没有民主，就不是社会主义；没有民主，就会毁掉社会主义。

社会主义救中国，民主救社会主义。

正如胡锦涛在党的十七大报告中所说："人民民主是社会主义的生命"。

三、学 术 思 想

——在奉献中创新；在创新中奉献

学术思想是支撑一个人取得学术成就的重要精神力量。它包含丰富的内容，以下我仅从三个方面来说明我的学术思想。

1. 学术理想

学术理想是学者们的一种高远的精神追求。每一位严肃的学者，无不拥有自己的学术理想。理想的重要性是不言而喻的，这正像对于一个旅行家来说，拥有一个明确的旅行目的地是同样的重要。我的学术理想，如果用一句话来表达，这就是：

学术光点在奉献，学术亮点在创新。

这句话的前半句，说明我的学术追求在于，能为人民和祖国的哲学文化事业做些有益的事；这句话的后半句，则说明我希望奉献给祖国和人民的，应当是具有创新价值的东西。在这方面，有两个人对我的影响最深，其中一位是伟大的思想家马克思，另一位，就是我的父亲崔麟阁。马克思对无产阶级和人类解放事业的献身精神，他的科学创新精神和创新成就——唯物史观和剩余价值理论，名存千古，令世人尊崇。我父亲是1909年生人。他1936年加入中国共产党，曾在冀南行政专员公署任职。抗日战争爆发后，他在敌后奋勇抗日，1942年不幸被捕，在敌人的威逼利诱下，坚贞不屈，当众被日本鬼子残杀，英勇就义，是一位刘胡兰式的英雄人物，日后被人民政府追认为革命烈士。父亲为国捐躯的献身精神，对我走好人生路，做好本职工作，战胜困难，价值无量。

2. 学术精神

毛泽东曾说：人活着是要有点精神的。我套用毛主席的话说：一个学者也是应当有一点学术精神的。这个学术精神的内涵就是学者的精、气、神。

精，简要地说，是指一个人的智慧。具体些说，是指一个人应当具备的知识、见识、新识和远识。气，简要地说，是指一个人的勇气。具体些说，是指一个人应当具备的勇气、大气、朝气和志气。神，简要地说，是指一个人的品德。具体些说，是指一个人应当具备的公心、善心和爱心。

我体会，对于每位从事学术研究的学者来说，这一精、气、神的学术精神，也就是他（她）们的灵魂。所以，只要精、气、神的学术精神在，学者的灵魂就会存在。可见，学术精神对于每位学人的极端重要性。基于此，我非常注重并经常提醒自己，不要忘记或忽视学术精神的修炼。同时，我也在指导博士生的工作中，时常向学生们谈及学术精神的重要性，要求他（她）们坚持：为文与做人的统一、继承与创新的统一、理论和实践的统一，并在其学术研究中，努力培育精、气、神的学术精神。

3. 学术创新

创新，不只是学术研究的追求，也是学术研究的生命。完全可以这样说，没有创新的学术研究，其价值几乎等于零。这也就是为什么任何一个有追求的学者，都非常重视学术创新的原因。关于学术创新，我有如下几点体会：

(1) 实际是创新之源，知识是创新之流

所谓实际是创新之源，是指一切创新认识都来自客观事物、社会实践和实际生活。这个结论和科学认识论关于人的正确认识来自客观世界和社会实践的观点，是完全一致的。所谓知识是创新之"流"，是指已有的人类知识、间接经验，只要它们已经上了书，便开始成为后人取得创新认识的"流"。可见，当我们说，实际是创新之源时，其本意乃是指原始创新认识的源泉，只能归结为客观事物、社会实践和现实生活，而那些已经存在的人类知识，只能是原始创新认识可供借鉴或批判继承的第二位的"流"。自然，我们并不能因为已有知识是创新认识之"流"而否定或忽视其重要性。根据我的亲身体会，在新的求索和创新研究中，例如关于哲学新形态论、关于矛盾群论、关于"两面人"论、关于人的意商理论等，这些思想、概念、理论的源都在客观实际，而其"流"，则是前人的知识、理论。比如我于1999年提出的人的意商概念，其源就是人们的实际心理生活，而其"流"就是已有的心理学理论，特别是德国心理学家在19世纪末提出的人的"智商"理论，和美国心理学家在20世纪末提出的人的"情商"理论。以上两位心理学家的"智商"和"情商"概念，都对我的研究工作，起了重要的启示和借鉴作用。

(2) 勤奋是创新的根据，环境是创新的条件

勤奋是人们的一种特殊的劳动状态，如勤奋地学习、勤奋地思考、勤奋地调查和研究等。所谓勤奋是创新的根据，是指勤奋是实现创新的根本原因和内在动力。环境，包括许多因素，如社会条件、经济条件、政治条件、思想、文化条件等。这些条件也起着非常重要的作用，但它们毕竟是外部原因和动力，所以它们属于创新的条件范畴。

基于勤奋为创新之源，环境为创新之条件的思想，我得出了如下两点结论：第一，必须勤奋学习和调查。缺了这一条，就失去了创新资格。第二，必须勤奋思考和研究。努力做到善于把握住新问题，善于由表及里、由此及彼、由现象到本质地把握事物的本质和规律。从我的学术研究经历看，我所研究的每一个新的课题，都是由现实实际生活引起的，这是科学创新的前提条件，而我的任务，就是竭力对上述问题进行理论总结和概括，这是创新的根据。我在20世纪80至90年代提出的实

践三大规律理论，即实践的能动性与受动性统一规律、关于实践的正负效应统一规律、关于实践的智体统一规律等理论，都是基于总结我国革命和建设实践中的经验教训、乃至人类实践的经验和教训的基础上产生的。在这里，社会的需要，时代提出的新问题，乃是实现创新的前提条件，而兑现这一客观需求的人们的辛勤劳动，才是进行科学创新的根据。可以这样说，任何一项科学创新成果的取得，没有人们特殊的辛勤劳动付出，没有特殊的代价，甚至是"牺牲"（如牺牲节日、假日、周日甚至是牺牲健康），不进行旷日持久地、日以继夜地拼搏，要想取得某些创新，那只能是梦想。

（3）真理是创新的旗帜，劳动者是创新的主人

科学创新必须坚持的一条重要原则，就是坚持真理、追求真理，所以我们才说，真理是创新的旗帜。我们又说，劳动者是创新的主人，这是因为，没有劳动者，不但不会有任何创新，而且任何创新还都会失去其存在的意义。由此我们便说，只有劳动者才是创新的主人。

承认真理是创新的旗帜，就会使我们得出一个结论，在实际工作中，必须让一切创新的思想、理论成果，接受社会实践检验，以决定其取舍，而不能自以为是地判定某一创新成果的是非、对错和真伪，更不可利用权势武断地判定或扼杀它们。承认劳动者是创新的主人，就会使我们得出另一个重要结论，即谁如果要想获得更多、更大的创新成果，就要不断地努力提高创新的主人——劳动者的素质和其创造力。这对要想创新的人来说，乃是一项不可或缺的、极端重要的战略任务。科学创新无止境，提高创新主人的素质和能力无尽头。

总之，以上我极为简略地谈到了我对学术创新的基本看法，它们大体可以归结为三个关系和六个问题。"三个关系"，就是创新之源和创新之流的关系、创新根据和创新条件的关系、创新旗帜和创新主体的关系等。"六个问题"，就是关于以上"三个关系"的此方和彼方。对于上述三个关系和六个问题的妥善处理，都直接涉及创新活动能否顺利地进行或取得成功。

四、崔自铎主要论著

崔自铎.1983.认识过程的基本矛盾.中州学刊，17（5）：12-16.

崔自铎.1984.关于认识主体的思考.社会科学战线，28（4）：170-175.

崔自铎.1986.认识论研究.北京：求实出版社.

崔自铎等.1986.辩证唯物主义研究.北京：求实出版社.

崔自铎.1993.论实践的能动性与受动性统一规律.哲学研究，（8）：3-10.

崔自铎.1994.真理规律论.天津社会科学,75(7):48-52.
崔自铎.1994.论实践的正负效应统一律.社会科学战线,68(2):51-56.
崔自铎.1995.论实践智体统一规律.天津社会科学,85(5):13-18.
崔自铎.1996.坚持实践唯物主义 推进新的思想解放.理论前沿,260(9):19-20.
崔自铎.1997.认识论探索.北京:中共中央党校出版社.
崔自铎.1998.人之论说——岁月沉思录.北京:中国青年出版社.
崔自铎.1998.现实呼唤人的现代化.理论前沿,315(22):9-10.
崔自铎.1999.人的意商——一个全新的概念.理论前沿,312(15):5-6.
崔自铎.2001.文革灾难和毛泽东的哲学失误.理论前沿,347(2):21-22.
崔自铎.2001.简论两面人.理论前沿,368(23):10-11.
崔自铎.2003.我创造,故我在——哲学新形态散论.沈阳:辽宁人民出版社.
崔自铎.2003.生活哲学——思想语论.北京:中共中央党校出版社.
崔自铎.2006.再论以人为本.理论前沿,489(24):13-14.
崔自铎.2007.人生哲学论纲.江汉论坛,340(4):49-50.
崔自铎等.2009.新中国人学理论.北京:中国商业出版社.

主要参考文献

方克立,王其水,1997.二十世纪中国哲学.北京:华夏出版社.
张言.1998.深化认识论研究的结晶——读《认识论探索》.理论前沿,304(11):99.
中国辩证唯物主义研究会.2010.马克思主义哲学的新探索(1978—2009).北京:北京师范大学出版社.

撰写者

崔自铎

周来祥

周来祥（1929～2011），山东高青人。美学家，文艺理论家，教育家，"和谐美学学派"创始人。山东大学首届终身教授、博士生导师，美学研究所所长，教育部人文社会科学重点研究基地山东大学文艺美学研究中心名誉主任，国际美学学会第12和13届执行委员会委员、国际比较美学学会执委。他在学科建设、人才培养、科学研究等方面都作出了突出的成就和贡献。周来祥是美学界为数不多的一个贯穿中国美学60多年发展史的美学家。他一生主要从事美学、文艺美学等专业的研究。他在美学、文艺学、文艺美学、中国古典美学、中西美学史、中西比较美学、中国审美文化等学科领域都作出了开创性的研究和贡献。他先后在《中国社会科学》和《国际美学大会论文选》及其他重要学术刊物发表论文290多篇，在海内外出版美学论著19种。这些论著构筑了一座宏伟而严谨的理论大厦，构建了"和谐论"的美学体系。他先后获省部级奖19次，省部级一等奖2项，二等奖8项。对他在学术研究和教育实践中的突出贡献，山东省和山东大学曾多次给予表彰：2007年获首届山东人文社会科学突出贡献奖，2009年获首届山东大学"育才功勋"荣誉称号，2010年获首届山东大学终身教授。2011年获首届山东省文艺评论贡献奖。

一、简　　历

周来祥1929年9月14日出生在山东济南小清河畔的青城县（今高青县）一个普通的农民家庭。父母都是为人正直，勤劳朴实的农民。兄妹8人中，他排行第六，弟兄5人，排行老四。其中影响他最大的就是他的大姐和二哥。大姐的善良性格、淳朴的爱心深埋他的心底，二哥作为以身殉国的革命烈士成为他一生尊崇的精神榜样。一年四季，仅靠父母的劳动维持着全家十几口人的生活。生活的困苦，日子的艰辛，培养了周来祥自幼就具有吃大苦耐大劳、坚忍不拔的毅力和奋斗的拼搏精神。

1935年，周来祥入青城第一小学读书，1941年以优异成绩考入青城师范学校。日寇的侵略，山河的破碎，生活的水深火热使得风华正茂的周来祥曾梦想过教育救国，做一名有作为的教师；他也曾怀着热血青年的激情，决心走出教室投入抗日的烽火，但始终未能如愿。解放战争时期，周来祥断断续续读完了高中。1949年6月，华东大学在济南招生，他怀着极大的革命激情，走进了这所培养革命干部的学校，开始接受马克思主义的系统教育。经过一年多较系统的马列主义理论的学习后，他的人生观与世界观发生了由量到质的转变。1951年，华东大学与山东大学合并，周来祥转入山东大学中文系继续学习。

在大学读书期间，他是一个极勤奋又好学的年轻人。对知识的渴望和革命的激情，使他每天学习18个小时，不知疲倦。星期天，他把新华书店作为自己的第二课堂，去"偷看"那些想读而又买不起的新版书籍；漫长的寒暑假，则是他阅读和学习的大好时机。他过年一般都是年三十晚上才回到家，可只在家里待两三天，初三便匆匆登上空荡荡的列车，返回自己那知识的乐园。他沉入书海，废寝忘食地阅读。从《诗经》、《楚辞》一直到《红楼梦》、《鲁迅全集》，从荷马的史诗、莎士比亚的戏剧一直到托尔斯泰的小说、高尔基的文学论集。这种博览群书、韦编三绝的知识积累为其以后的构建美学思想大厦打下了第一层基石。

大学期间，他曾作过诗人的梦。他爱读马雅可夫斯基的诗，诗人在诗篇中迸发出的思想火花诱发了他的灵感，常常搞得他彻夜不眠。他写了许多充满激情的诗歌，发表在《文汇报》、《大众日报》、《青岛日报》等报刊上，抒发自己的情感，编织美好的理想。他的诗，文笔清秀，想像丰富。他还参加了一些诗歌会，和同学们一起走出校门，去进行街头诗的创作。

然而，人生与事业的选择，往往是在偶然中表现出必然。经济学家吴大琨所开设的政治经济学课，特别是他所讲授的《资本论》所展示出来的巨大的、令人惊叹的辩证逻辑力量深深地征服了他，使他又有了一个新的梦想，一个当理论家、美学家的梦想，并为之奋斗了终生的梦想。

1953年，大学毕业的周来祥被分配在沈阳26中当了一名语文老师。由于工作出色，1955年他被调至沈阳中学教师进修学院工作。同年，他才25岁，在当时全国最高级别的学术刊物《新建设》上发表了《彻底摧毁反动的实验主义美学体系》一文，这是他的第一篇美学论文，引起了国内美学界的极大关注。当即受湖北人民出版社特约撰写了《马克思列宁主义的美学原则》一书，该书（1957年出版）是新中国成立后较早出版的一本美学理论专著，在当时产生了积极的影响。1956年他被调回母校山东大学中文系，在冯沅君指导下，专门研究过元杂剧和明清传奇；在萧涤非和黄公渚指导下，专攻过魏晋南北朝隋唐文学，并作为萧涤非的助手，专门讲授隋唐文学史。这为他以后史论互补，逻辑与历史相统一地研究东西方美学、建立自己的美学理论打下了坚实的基础。

1959年，第二期《文艺报》加长篇按语发表了周来祥的《马克思关于艺术生产与物质生产发展的不平衡规律是否适应于社会主义文学》一文，在国内外产生了极大的影响，引起了全国的大讨论，号召全国学者结合实际，创造性地运用马克思主义。国际比较美学学会主席福克玛在《二十世纪世界文学理论》等两部专著中对此作出极高的评价，甚至将周来祥与国际美学大家卢卡契相提并论，认为它标志着中国文艺理论界开始摆脱苏联模式，创造性地研究社会主义文学规律的新开端。中国当代美学首次赢得了世界性的荣誉。这些国内国际的称誉，使周来祥不到"而立"之年就被誉为"青年专家"并成为"重点培养对象"。

1961年至1963年，周来祥被借调到北京去参加高教部和中共中央宣传部组织的全国高校文科统编教材《美学概论》的编写工作。在王朝闻的主持下，他与李泽厚、叶秀山、刘纲纪等许多中青年学者朝夕相处，共同切磋学问，并经常求教于朱光潜、宗白华二位美学界老前辈。在这个时期，他开始潜心研究康德、席勒、黑格尔、谢林，探索如何在辩证逻辑的指引下实现从德国古典美学向马克思主义美学的转化，以及二者的批判继承关系。1961年，有一次，由王朝闻主持召开的"美的本质问题讨论会"上，周来祥首次大胆地提出了"美是和谐"的命题，并与次年在给人民大学文艺理论研究班所作的专题报告中提出了自己对艺术审美本质及艺术创作美学规律的独到见解。

1963年回山东大学后，他给中文系高年级学生开设"美学原理"课，把自己的思想成果融入到教学之中。作为教学依据，周来祥编写了《美学三讲》和《美学论纲》，这成为后来和谐理论的构建雏形。同时，在这个理论大纲的基础上，不断搜集资料，打算撰写更为系统和全面的理论著作。

正当周来祥准备要大干一场的时候，"文化大革命"开始了。"文化大革命"期间，周来祥从没有放弃他的科研计划，往往是白天参加完各种"学习"和劳动后，晚上"开夜车"从八九点"偷"着一直干到凌晨四五点。虽说漫长的十年里，他也被迫烧毁了数百万字的笔记和手稿，但他从来也没有停止过对美学理论的思考和研究。

"文化大革命"一结束，周来祥以厚积薄发的激情在1984年连续出版了《美学问题论稿》、《论美是和谐》、《文学艺术的审美特征和美学规律》等三部论著，这三部学术著作，基本上构建了原创性的和谐美学理论体系和文艺美学体系。

"文化大革命"结束时，周来祥已近50岁了，一般认为到这个年纪，学术已定型，很难再有什么大发展了，但他却在这30多年中，不断与时俱进，创造了一个更为辉煌的黄金时代，不但实现了90年代的自我超越，在20世纪的头10年中（由古稀到耄耋之年），连续出版和编撰了大部头的学术著作和一系列独创性的学术论文。他在《八十抒怀》中写道："人未满百莫言老，灵府耄耋犹年少，缊蕴浩渺大人文，老鹰亮翅问天高。"学校授予他"育才功勋"和"终身教授"时，他又发出"白发挽起从头越，谁言耄耋志不豪"的豪言壮语。

1. 培养人才

周来祥热爱教育工作，热爱学生。作为教师，他首先立足教学。他的讲课是在他科研成果研究的基础上进行的。周来祥说："我努力把教学与科研相结合，我的一系列专著，同时也是培育博士生、硕士生的系列教材。"周来祥在近60年的教学生涯中，特别是近30年来，培养了70多名博士生和硕士生，以及20多名高级进修生和海内外访问学者等大批美学、文艺学领域的优秀人才和学术骨干，为我国美学学科的建设和发展做出了重要贡献。

周来祥培养学生有自己独特的方法：就是首先注重马克思主义辩证思维方法论的学习和培养，以提高学生的思维能力和创新能力。他认为研究方法是治学的"生命线"。对于文科的学生来说，哲学方面的书一定要读，因为没有哲学基础就很难搞好学问。周来祥严谨的治学方法和精深的学术思想深刻地影响了青年后学。

2. 学科建设

在学科建设中居全国一流地位。1978年被审批了首批硕士点，1986年周来祥作为专业导师建立了博士点。2000年作为名誉主任被审批了教育部人文社会科学重点研究基地文艺美学研究中心，2003年又作为第一学科带头人被审批了全国重点学科和博士后流动站。当时成为山东省高校文科第一个也是唯一的一个重点学科。

3. 学术活动

周来祥先后5次应邀出席世界美学大会，特别是1984年和1995年，他2次作为中国的唯一代表，应国际美学大会主席的邀请，参加了第10届在加拿大蒙特利尔、第13届在芬兰赫尔辛基举行的国际美学会议，这也是中国美学家第一次出席世界最高水平的美学会议，并当选为国际美学学会第12和13届执行委员会委员、国际比较美学学会执委。他向大会分别提交和宣读的《东西方古典美学理论的比较》和《东西方古代和谐美理想的比较研究》论文，向世界阐释了中国美学独特的概念、范畴和观念体系，以及中国美学的历史风貌和世界贡献，引起了世界同行的极大兴趣，受到广泛的好评和高度重视，论文被收入大会文集，在国外出版。他是最早走向世界，把中国的美学介绍给西方并具有国际影响的中国美学家。

1998年和2001年，周来祥又参加了第14届在斯洛文尼亚首都卢布尔雅那、第15届在日本东京、第18届在中国北京举行的国际美学会议。都提交了论文并做了大会发言，向世界积极宣传中国美学和东方美学，并提出只有东西方这两种文化、两种美学的共同发展，才能有完整意义上的世界美学，才能有真正的全人类的美学。

他先后在日本东京大学、东京艺术大学、大阪大学、广岛大学，韩国首尔大学，中国艺术研究院、南京大学、南开大学、首都师范大学、海南师范大学、中国传媒大学、贵州大学、云南大学等国内外50多所大学讲过学。

二、主要研究领域和学术成就

1. 创立了"和谐美学"学派

"和谐美学"是周来祥从20世纪50年代初研究美学以来，经10年的探索，在60年代初提出来的。自此和谐美学经历了漫长的发展过程，经过60~70年代的初步展开，80年代的体系建构，90年代的自我超越，构建和谐社会以来又走上了一个新的发展时期。他先后在《中国社会科学》、《国际美学大会论文选》上发表论文290多篇，在海内外出版论著《论美是和谐》、《再论美是和谐》、《三论美是和谐》、《古代的美、近代的美、现代的美》、《美学问题论稿》、《文艺美学》、《论中国古典美学》、《中西比较美学大纲》、《马列主义的美学原则》、《美学概论》、《中国的现代美学》（意大利出版）、《中国古代美学》（韩国出版）、《周来祥美学文选》（上、下）、《中国美学主潮》（主编和参编）、《中华审美文化通史》（6卷本，主编和参撰）、《西方美学主潮》（主编）等19种论著，约800多万言，提出了一个原创性的美学理论体系，学界称之为"和谐美学"，形成了一个颇有影响的美学学派，人们称之为"和谐美学学派"。长期以来，和谐美学作为美坛上的一个学派在艰难生长着，在构建社会主义和谐社会、建设和谐文化中，才更显出它在当今的学术贡献和意义，才更显出它潜在的生命力。和谐美学体系是一座宏大而谨严的理论大厦，内容十分丰富，在这里只能把和谐美学在中国美坛独创性的学术贡献，简要地勾勒出来。

2. "和谐美学"的学术贡献及现实意义

这些贡献可以总括为八个方面：

（1）和谐美学在理论上的贡献，首先是提出了美是和谐的命题

和谐美学以和谐为美，以和谐理念为美的理想，以和谐作为核心价值取向，以

"主体与对象、人与自然、人与社会、人与自身的和谐",作为美学追求的最高目标和人生最高的审美境界。当然,和谐美学在 20 世纪 60 年代初提出时,主要是从哲学、美学角度思考问题的,1986 年又进一步扩大到文化领域,提出《中国传统文化是中和主义的》,到 2001 年新千年开始,他又期待着"和谐美的理想将成为 21 世纪的时代主潮",可以说近 60 年来,周来祥一直在向往着和谐,期盼着和谐,也将以和谐作为毕生的价值追求。但对于如何达到这一目标,是不清楚的。21 世纪初党中央提出构建社会主义和谐社会后,才逐渐明确了这一点,这又给和谐美学的发展提供了大好的时机。

和谐美学以和谐为核心,展开美学范畴的辩证运动和逻辑构架,是它的根本特点。从范畴的纵向发展看,是从古典素朴的和谐美,经近代的崇高(以及现代、后现代的丑和荒诞),发展到社会主义新型的辩证的和谐美,这经常被称之为"三大美学",或古代的美、近代的美、现代的美三大美的形态。从更加严格的逻辑结构看,美的对立面,不是崇高,而是丑。"美是和谐,丑是不和谐,反和谐。"崇高与荒诞都是过渡性范畴,崇高由和谐走到反和谐,荒诞则由反和谐的丑趋向于新的和谐。在这里,无论是美的动态发展,还是静态的逻辑结构,都是以和谐为轴心而展开的,都以和谐为灵魂。这是和谐美学的基本内容,也是和谐美学的独特创造,也是它与实践美学、生存美学、生命美学的不同之处。季羡林称赞"周来祥教授独树和谐美的大旗","独辟蹊径,不落窠臼,巍然挺立于美学之林,为中国美学界增光添彩"。张岱年给予高度评价:"周来祥同志提出'美是和谐',这是中西两千年美学思想的深刻总结,非常精湛,非常正确"。"是对当代美学的一项重要贡献","具有很高的理论价值"。北京大学教授闫国忠认为和谐美学是 20 世纪中国创造的六种"美学模式"之一。

(2) 和谐美学从开始就把艺术问题作为自己研究的基本问题之一

把和谐美学理论运用于艺术问题的研究,便形成了文艺美学的理论体系,所以在和谐美学形成时,文艺美学的体系也就同时诞生了。文艺美学以和谐美学作为自己的理论基础,和谐美学以和谐为美的本质和理想,文艺美学也以和谐作为艺术的审美本质和艺术美的理想。所以他的文艺美学又被称之为"和谐论文艺美学"。

在文艺美学研究中周来祥所做的独创性工作有以下四个方面:

一是学科定位,他认为文艺美学是一般美学(哲学美学)与部门美学之间的中介学科,又与文艺社会学、文艺心理学并列为文艺学的三个分支学科之一。

二是确定了文艺美学研究的对象、范围与十四章的基本内容。

三是探讨了文艺美学的主范畴、子范畴及其逻辑结构,在这方面它也与和谐美学理论的范畴及体系结构相对应,如古典主义艺术与古典和谐美相对应,近代浪漫主义、现实主义与近代崇高美相对应,现代和后现代艺术与丑和荒诞相对应,社会主义艺术与新型辩证和谐美相对应。

四是运用发展着的辩证思维研究文艺美学,提出了双向逆反纵横交错网络式圆圈型的研究方法,形成了一个原创性的文艺美学体系。被誉为是"我国第一部系统的文艺美学学术论著","对文艺美学的发展有奠基作用",是"该领域具有奠基性意义的优秀成果"。

(3) 和谐美学在中西比较美学研究中作了开拓性的研究工作

1981年在全国古代文论学术讨论会上,周来祥以《中西古典美学理论比较研究》为题做了发言,该发言《光明日报》作了报道,又刊登在《江汉论坛》上,是我国第一篇宏观系统研究中西比较美学的文章,1984年他在第10届国际美学大会上又就此做了专题论述。接着对此发表了一系列论文,后又与陈炎合著了《中西比较美学大纲》,形成了一个宏观的中西比较美学体系。

中西比较美学研究大体上有三大特点:一是在马克思主义辩证思维的统摄下,在比较美学中特别强调了微观与宏观、静态与动态、同中求异与异中求同相结合的方法。二是抓住美学形态、审美本质、审美理想、艺术特征等四个基本问题,进行总体性的比较,以彰显中西两大美学系统整体的独特面貌。三是坚持历史的原则,将中国的古代美学与西方的古代美学,中国的近代美学与西方的近代美学比较研究,即作同时代的比较研究,不赞成非历史、反历史的研究。

比较是为了找出中西美学的共同的规律及各自的特点,以便相互学习、相互交流、相互补充、相互交融,而不是扬此抑彼。如中西古典美学都以古典和谐美为理想,在艺术中都追求再现与表现、摹仿与抒情、感性与理性的结合,都遵循真善美统一的要求,它们都有着共同的美学规律。但两者又有各自不同的规律,相对来说,在美的理想上,西方偏重感性形式的和谐,中国更重心理与伦理的和谐;西方偏重对立的阳刚,中国更重和谐的阴柔;西方偏重人与神的和谐,中国更偏重人与人的和谐。在艺术上,西方偏重摹仿、再现,中国更重抒情、表现;西方偏重创造艺术典型,中国更重追求艺术意境;西方偏重美真结合,强调艺术的认知作用,中国更重美善统一,更重艺术陶冶性情、伦理教化的道德政治作用,所谓"寓教于乐"。东西方各有优长,正可以相互借鉴、取长补短、共同发展。

以抓住总体,进行历史比较、找出共同规律与特殊规律为目的,形成了中西比较美学独特的理论系统。美国学者拉札林说:这是"开创性的比较美学研究",德国现象学学会会长享克曼说:"西方有平行研究和影响研究,像你们这样总体的中西比较美学研究，西方没有，是你们独特的创造"。国际美学学会副主席、意大利美学学会主席马其诺说："这是中西比较美学研究第一部系统性的理论著作。"

（4）周来祥在美学史研究上也有自己的独到之处

由他主编的《中国美学主潮》从先秦一直写到20世纪80年代，被誉为我国第一部宏观的美学通史。《西方美学主潮》从古希腊写到后现代，这也是较早的一本从古至今的西方美学通史。

这两部著作都抓住每个时代占主导地位的审美范畴，作为美学思想发展的主潮。在展示主潮的同时，揭示主要范畴和次要范畴、主潮与支流之间的互动互补的历史过程，这是它不同于其他各家美学史的独创之处，被学界称之为"主潮范式"。他在《中国美学主潮》前言中曾明确地说到这一点："我们力图突出中国美学主潮，以各时代美学的总范畴和主导理想的展开，牵动从属范畴的变异，同时揭示两者相互影响、相互推动的历史运动"，从而"显示出自己特有的风貌"。

这两部著作，既不同于美学理论思想史，又不同于审美意识史，而是把各个时代的理性思想和审美艺术创造结合起来，相互对应、相互阐发。也就是把"凡表现这一总范畴和主导审美理想的理论资料和审美创造，都要加以总结和概括，并尽量使两者相互补充，相互对照，相映生辉"。这种形式得到国际美学学会主席伯林特的高度评价，他说："这种结合形态很好，是你们的一个创造，在国际上还未见到"。

这两部著作与和谐美学的理论体系相表里，从根本上说，和谐美学是对中西方美学史概括的结果，它以中西方美学史为依托，是从人类美学史中总结出来的。美学理论中的范畴史，正是以范畴运动的形式，反映了中西美学思想的历史轨迹。同时中西方美学思想史的发展过程，也正是和谐美学体系在历史的自然进程中，具体现实的展开过程，两者在根本精神上是一致的。它们相互参证、相互检验、融为一体，这更是《中国美学主潮》与《西方美学主潮》这两部美学史更为独特之处，因此它们是和谐美学体系的一个有机部分，大不同于其他各家的美学史，与任何一家美学史都不会重复。

（5）对中华审美文化史的研究

该研究萌发于20世纪90年代初，后经与数位博士生的共同努力，历时16年才算告一段落，现在《中华审美文化通史》（6卷本）已于2007年出版。

与同一类型的著作相比，它的特点有以下三个方面：

一是对审美文化的概念和范围作了新界定，从客观方面他指出：审美文化是一种"应包括一切体现了人类审美理想、审美观念、审美趣味，从而具有审美性质"的文化，从主体方面说又是"可供人们审美观照和情感体验，并可使人们从中得到一种审美愉快的文化"。其核心是文化中体现的和谐理想、和谐理念与和谐情趣,特别是和谐的价值趋向。

二是对中华审美文化史的内容和范围作了划分,指出它包括五个方面的内容:① "首先是历史上重要的美学家、美学著作的美学思想,这是理性形态的审美文化";② 是 "各种类型的文学艺术和亚艺术",这是典型的审美文化;③ 是 "人类生产、生活等物质性文化中富有审美因素的文化,如石文化、陶文化、玉文化、青铜文化、食文化、茶文化、酒文化"等;④ 是 "人类社会生活的节庆文化、风尚习俗文化中的审美情趣",如春节、元宵节、中秋节、清明节等;⑤ 是 "富有审美性的制度文化等其他人类文化"。这五方面可能较全面的概括了中华审美文化史的内容。总之,审美文化并不是一种独立的文化形态,不是有一种特殊文化叫审美文化;另一方面审美文化也不是一般文化,也不包括全人类文化,而只是其中体现了审美理想、审美情趣,具有审美性质的文化。

三是充分弘扬和阐述了中华审美文化的和谐精神与和谐传统,鲜明地指出中华文化是一种和谐文化,是一种广义上的、根本精神上的审美文化,这一点在《中华审美文化通史》中得以全面系统的体现。

这部著作被认为是我国"第一部中华审美文化通史"。

(6) 和谐美学体系

周来祥的和谐美学,以"美是和谐"为基本命题,为美学的元范畴,把和谐为美的观念,把和谐的审美理想,作为核心价值趋向,贯串于哲学美学、文艺美学、中西比较美学、中国美学史、西方美学史、中华审美学文化史等美学的各个分支学科,形成吾道一以贯之的美学学科大系统,形成了和谐美学的大体系。这是他近60年夜以继日辛勤耕耘的结果,这是他倾毕生的精力呕心沥血的结果,这是他生命的火花和结晶。和谐美学是以和谐为核心价值的美学,是主客体关系和谐统一的美学,是人与社会和谐的美学,是人与自然和谐的美学,是人自身和谐发展的美学,因而它对弘扬和谐价值观念,建设社会主义和谐文化;对推动人与人、人与社会的和谐合作,推动人与自然的友好相处和谐发展,培育全面和谐发展的社会主义现代人,都有其独特的价值、作用和意义。

(7) 周来祥治学的方法论

周来祥认为研究方法是治学的"生命线",他把方法看得比研究成果更重要,特别是他一贯坚持用马克思主义世界观与方法论研究美学,尤以运用发展着的辩证思维而著称于世。20世纪50～60年代,他就开始以抽象上升到具体、逻辑与历史相结合的辩证思维研究美学,特别强调范畴的辩证性、动态性,突出美学的历史感,从 A 是 A，不是非 A，转化到 A 是 A，又是非 A，在否定之否定的螺旋中不断地上升到具体的认识。20 世纪 80～90 年代，周来祥又吸收现代自然科学在方法论的成就，从八个方面丰富了马克思主义的辩证思维：一，由对象思维进到关系思维、系统整体思维；二，由分析综合，到综合、分析的思维；三，由定性分析进到定量分析；四，由精确到模糊；五，从有序到无序和从无序到有序的结合；六，从必然规律到随机现象的认识；七，由线型圆圈构架，进到双向逆反纵横交错的网络式圆圈型构架；八，把自然科学方法升华为哲学的方法论，推动辩证思维达到一个新水平。

更为重要的是构建社会主义和谐社会，建设和谐文化以来，他又发表了《二元对立与辩证思维》、《超越二元对立，创建辩证和谐》、《辩证和谐论与和谐的普通性》、《和、中和、中》、《辩证思维、矛盾思维、和谐思维》、《哲学、美学中二元对立思维模式的产生、发展及其辩证解决》等一系列研究和谐哲学、和谐思维的论文。在这些论文中，他提出和谐思维与矛盾思维是马克思主义辩证思维的两种形态（在历史发展的视角上，也是两大历史形态），两者都具有辩证思维的根本特征，一是都肯定矛盾的普遍性、绝对性，认为矛盾无所不在，无时不在，在这一点上它与形而上学的抽象同一论根本不同；二是都承认矛盾的统一性，矛盾存在于统一体中，矛盾的发展总是指向统一性，归于统一性，在这一点上它根本不同于笛卡儿二元对立的思维模式。但和谐思维又不同于矛盾思维，又有自己的特点：①矛盾思维认为对立斗争是绝对的，而和谐是相对的。和谐思维则特别强调和谐不仅是相对的，也是普遍的、绝对的；而对立斗争是绝对的，同时也是相对的。②在对待矛盾的态度上，在价值趋向上，二者也不同。矛盾思维强调的是斗争，而和谐思维强调的是用和解的态度对待矛盾。③处理矛盾、解决矛盾的方法更不同，矛盾思维通过发展矛盾，把斗争推向白热化，推向高潮以解决矛盾；而和谐思维则主张通过平等对话、协调沟通，以缩小矛盾和化解矛盾。④因而矛盾解决的结果也不同，矛盾思维认为矛盾的解决是粉碎旧的矛盾统一体，建立新的矛盾统一体，在这个新的统一体中，矛盾的双方走向各自的反面，主导的统治的一方走向被统治的一方，被统治的一方转化为统治的主导的一方；而和谐思维则认为矛盾的和解，是矛盾各方的共生共荣，互利共赢，是事物的可持续发展。和谐思维的发展也推动着和谐美学跃上一个新的发展阶段。

（8）周来祥治学一贯与时俱进，不断丰富自己、完善自己、超越自己

他从学习研究美学、文艺学以来，从未停步过，他于 20 世纪 60 年代提出了"美是和谐"的命题，到 70～80 年代将这一命题进一步体系化，一是初步勾勒了古典和谐美、近代对立的崇高美和现代辩证和谐美三大美的逻辑构架，二是着力研究

了古典和谐美的本质特征及近代崇高与古典和谐的根本差别。90年代随着西方现代向后现代的发展，周来祥集中研究了现代、后现代的丑与荒诞，提出了"崇高、丑、荒诞是近现代美学与艺术发展的三部曲"的观念，被学界认为是实现了"和谐美学的自我超越"。而构建社会主义和谐社会、建设和谐文化以来，他又在《人民日报》、《中国社会科学院院报》、《文艺研究》、《学术月刊》、《文史哲》、《新华文摘》、《东岳论丛》等报刊发表了《从和谐美学看和谐社会》、《和谐美学与和谐社会建设》、《马克思主义美学与和谐社会、和谐文化建设》等十多篇学术论文。2007年又出版了《三论美是和谐》，在这些论著中，他着重探讨了和谐美学与和谐社会、和谐文化建设的关系，研究了新形势下和谐美学的新突破，进一步论证了和谐美学的哲学基础和系统梳理了中华和谐文化的丰富资源，指出"和谐不但是相对的，也是绝对的、普遍的"，使和谐美学又得到一次新的突破，新的发展。现在和谐美学正在科学发展观的指导下，在构建和谐社会的实践中，全力发展和提升自己，努力把自己建设成为社会主义和谐文化的有机部分。当它达到这一高度时，它可能实现中华和谐文化与和谐美学传统真正的现代转换，也将可能实现西方文化和西方美学传统科学的借鉴和真正的民族化与本土化。长期以来困扰文化界和美学界的失语病和崇西症，由此也可能得到一点新的启示，找到一条医救这一顽疾的途径，从而找到一条使美学既马克思主义化，又中国化、民族化；既充分弘扬历史传统，又真正实现现代化；既国际化，又本土化的道路。

为了新时期的文化建设，他和他的梯队承担了"弘扬中华文化的和谐精神与构建社会主义和谐社会"的国家社会科学基金的大型项目。正当他豪情满怀地为建设和谐文化作着忘我的拼搏之际，不料病魔却过早地夺走了他的生命。他于2011年6月30日病逝于北京，享年83岁。

周来祥曾说："我是党和人民培养的新中国第一代大学生，为了报答党和人民比泰山还重的培育之情，近60年来，我争分夺秒地拼命苦干，我没有节假日，没有星期天，春节除初一在家接待亲友，初二就照常开始研究。我时时感到时间紧迫，未敢有半点懈怠。"

"和谐美学是我近60年心血与汗水的结晶。我的一生就是贡献给党的学术事业；为人民的学术事业奋斗，也就是我的一生"。他是这样说的，也是这样做的。

周来祥一生拼搏、奋进，"不用扬鞭自奋蹄"，他精于治学，综合史论，学贯中西，道通古今，在美学领域不断发展创新，成果卓著，著作等身，桃李满天下。说他一生都奉献给了美学事业和教育事业，是一点也不过誉的。

三、周来祥主要论著

周来祥.1957.马克思列宁主义美学的原则.武汉：湖北人民出版社.

周来祥.1958.乘风集.上海：上海新文艺出版社.

周来祥.1984.美学问题论稿.西安：陕西人民出版社.

周来祥.1984.论美是和谐.贵阳：贵州人民出版社.

周来祥.1984.文学艺术的审美特征和美学规律.贵阳：贵州人民出版社.

周来祥.1987.论中国古典美学.济南：齐鲁书社出版.

周来祥,陈炎.1992.中西比较美学大纲.合肥：安徽文艺出版社.

周来祥.1992.中国美学主潮.济南：山东大学出版社.

周来祥.1992.世界百科名著大辞典（美学卷）.济南：山东教育出版社.

周来祥.1993.中国的现代美学（意大利文）.意大利：Rubbetino.

周来祥.1996.古代的美、近代的美、现代的美.长春：东北师范大学出版社.

周来祥.1996.再论美是和谐.桂林：广西师范大学出版社.

周来祥.1997.西方美学主潮.桂林：广西师范大学出版社.

周来祥.1998.周来祥美学文选（上、下）.桂林：广西师范大学出版社.

周来祥,周纪文.2002.美学概论.台北：台湾文津出版社.

周来祥.2003.中国古代美学.韩国：美真社出版社.

周来祥.2003.文艺美学.北京：人民文学出版社.

周来祥.2007.三论美是和谐.济南：山东大学出版社.

周来祥.2007.中华审美文化通史（6卷本）.合肥：安徽教育出版社.

撰写者

戴磊（1932～），山东大学文学院教授，现代汉语研究生。曾兼任中国修辞学会理事。主要从事现代汉语语法与修辞学研究。戴磊是周来祥爱人，又是周来祥很多文章的第一读者。她与周来祥一生同甘苦，共命运，相濡以沫。周来祥的一生所作出的努力和贡献，与戴磊对他在学术上给予的大力支持和帮助是分不开的。

周纪文（1969～），山东大学儒学高等研究院教授，文学博士。兼任中华美学学会会员。主要从事美学原理，文艺美学研究。周纪文是周来祥学生，与周来祥合著《美学概论》、《中华审美文化通史（明清卷）》。

龚育之

龚育之（1929～2007），湖南湘潭人。哲学家，主要从事自然辩证法和科学技术论研究。1952年清华大学化学系毕业。1952～1966年在中共中央宣传部科学处工作。1956年参与制定自然辩证法十二年研究规划；参与组建中国科学院哲学研究所自然辩证法组，先后兼任学术秘书、副组长；参与创办和编辑《自然辩证法研究通讯》。1961年出版中国第一部自然辩证法研究著作《关于自然科学发展规律的几个问题》，在序言中提出应开展科学技术论的研究。1962年起，在哲学研究所和北京大学哲学系招收自然辩证法研究生。1977年转到研究党的理论和历史的工作岗位以后，主要研究自然辩证法在中国和苏联的历史、中国共产党的科技政策的历史、毛泽东和邓小平的科技思想，并竭力提倡科学与人文的交融。1981年起历任中国自然辩证法研究会秘书长、理事长、名誉理事长。1984年起在北京大学科学与社会研究中心任兼职教授，指导科学技术哲学专业的研究生。1986年起历任中国科学技术协会全国委员会常务委员、荣誉委员。1988年起历任中国科学学和科技政策研究会理事长、荣誉理事长。1991年任中国科协促进自然科学和社会科学联盟委员会主任，2001～2006年任该委员会顾问。

一

1948年，作为一个追求科学的青年，我考进了清华大学化学系；作为一个追求革命的青年，我接受马克思主义，参加了中国共产党。从此开始了我的革命和科学交叉的人生道路。

引导我走向科学的，是小学的数学和自然科学老师。到现在我还记得这样一件事情：我的小学老师杨伦杞在课堂上讲算术，正如此这般地解一道时钟问题，我们几个同学觉察到他的解法错了，当堂提出异议。老师不同意我们的看法，我们不同意老师的意见，相互辩驳，争执不下。多数同学认为我们的解法和我们对老师的态度不对。我们这位老师，真是一位难得的有民主和科学精神的好老师，他不以我们的看法为然，却不以我们的态度为忤。说不服我们，他立即回到卧室拿来一只闹钟，当场旋转长短针。结果证明他错了，我们对。他沉吟了一会儿，又滔滔地给大家讲，他是怎么错的，我们是怎么对的。我提起这件事，并不是自鸣得意，在我的一生中，我解错的题难道还少吗？我记着这件事，因为从这件事中，我看到科学真理的权威，独立思考的力量。在真理面前人人平等，不管你是老师，还是学生，是多数，还是少数。虚心学习又独立思考，以实践做检验标准，你就能获得真理。我很感谢我的老师，我多么希望我自己和我们大家在解人生道路上的各道算题的时候，都能按照老师教给我的那种科学态度行事！

引导我走向革命的，是时势。灾难深重的中华民族，她的绝大多数儿女都分担了她的痛苦。从童年、少年到青年，我目击和身受外国侵略者的凶残，本国统治者的暴戾。我和我的中学和大学的许多同学一道，投身到学生的爱国民主运动的时代潮流之中。国民党、共产党、资本主义、社会主义，孰是孰非，孰优孰劣，谁个是为了人民的利益，哪里是人民的希望所在，我们是经过观察，比较，思考，才作出自己的判断和选择的。我们的选择，不是马克思主义书本教给我们的。相反，是生活和历史的基本事实帮助我们做出选择，才引导我们去接触马克思主义书本，去理解我们所选择的、在黑暗中给我们展现出光明的中国共产党，以及他所主张的新民主主义和社会主义。

严冬未尽的1949年2月，迎来了北平解放。我们热情高涨，纷纷响应号召，报名参军，南下，投入解放全中国的最后进军。同时，由于建设任务即将提上日程，党组织决定：学自然科学的大学生都留校继续学习。革命不单是破坏旧世界，更重要、更艰难的是建设新世界。为了建设，需要科学。这样，我们这些学自然科学的共产党员，在新的条件下实现了追求科学和追求革命的统一。

把由追求革命而引起的对马克思主义理论的浓厚兴趣，同对自然科学的浓厚兴趣结合起来，求得两种科学的统一，使我很自然地走进了马克思主义和自然科学之间的交叉科学的研究领域——自然辩证法。

二

1951年我因患肾病而休学，卧床治疗和休养达一年多之久。我在病榻上学习和工作。我看了苏联《化学的进展》、《哲学问题》、《布尔什维克》杂志上发表的批评共振论的文章，拿到了刚出版的化学结构理论问题全苏讨论会记录。我初学俄文，吃力地、认真地翻译了这批文章，发表在《科学通报》。我译出的讨论会上的主题报告，由中国科学院出版了单行本。《人民日报》3月29日发表了我写的《反对化学中的唯心论和机械论——苏联科学界讨论有机化学中化学构造理论问题的情况和意义》。这是我在自然辩证法方面的第一篇文章，带有那时社会思潮的烙印，反映自己看问题的幼稚和学习苏联的偏差。

当时，我和我这样的一些人，是把苏联这些做法当作马克思主义的东西来介绍和学习的。以后逐渐认识到这些做法是粗暴的，错误的，妨碍科学发展的。通过阅读和翻译，也让我了解到一些人们不大知道的情况：尽管总的说来苏联对共振论的批判是错误的，但是在讨论中苏联许多科学家包括会议报告的作者们，还是努力坚持了一些科学的观点，如强调根据有机合成的化学实践来研究结构理论，强调运用现代物理学及其实验的和理论的方法来研究化学结构，肯定量子化学在理论化学中的作用等。在当时的政治气氛下，这样做是难能可贵的，应该说，在这一点上苏联的一些科学家保持了科学的精神。

对我个人来说，通过翻译和介绍这些材料，引起我去学习列宁的《唯物主义和经验批判主义》和《论战斗唯物主义的意义》，去重读恩格斯的《反杜林论》和《自然辩证法》（于光远、曹葆华、谢宁的《自然辩证法》新译本，让我帮助做了一部分译文校订工作，给我提供了一个仔细学习的机会），去学习西方哲学史，还引起我去读原子物理学、量子力学、量子化学的教科书，包括共振论创始人鲍林的《化学键的本质》这部著作。我选择量子化学作为自己在自然科学专业方面的进修方向，还跟量子化学家郭挺章学习了一段时间。

三

1952年10月，我的病还未痊愈，却趋稳定，作为清华大学化学系毕业生被分到中共中央宣传部科学卫生处（后为科学处）工作。新中国成立初期，中共中央宣传部的科学处，是个调查研究性质的机构，调查科学工作和科学界的情况，研究党的科学政策的制定及其执行中的问题。这样，以马克思主义为指导，研究科学的哲学和历史，研究自然科学在社会发展中的作用和自然科学在社会中发展的规律，就成为我们这些聚集在科学处的人们关注和从事的中心课题。

我到科学处的第一项工作，就是编译《列宁、斯大林论科学技术工作》。编书的目的很明确：让大家了解和学习列宁、斯大林在建设苏维埃国家的过程中，怎样重视科学技术和科学技术专家，以便把他们的这些思想和经验运用到我们国家的建设中。因此，集中收集十月革命以后列宁斯大林著作中的有关论述。那时列宁、斯大林全集的中译本还没有出版，材料的搜集，约有一半是从已有的各种选集和单行本的译本中查到和选用的,另一半是从列宁全集、斯大林全集原文本十月革命后各卷中查到和译出的。共编选和译出了 20 几万字,于 1954 年由中国科学院出版。在学习这些材料的基础上,我写了《列宁论团结和教育科学、技术专家》一文,在《学习》杂志上发表。这是我学习和研究马克思主义的科学技术论的开始。

说到列宁、斯大林的论述,不能不特别提到列宁对"无产阶级文化派"的批评和斯大林对语言学中的马尔学派的批评。斯大林在《马克思主义和语言学问题》中重提了列宁对"无产阶级文化派"的批评,锋芒指向对马克思主义的庸俗化和简单化倾向,我以为,当时在某些方面是起了一点思想解放的作用的。他这部著作发表后,苏联科学界讨论形式逻辑问题,讨论自然科学的性质问题,从斯大林对语言这种社会现象"不属于上层建筑"、"没有阶级性"的分析中得到引导,作出了形式逻辑、自然科学没有阶级性的结论。要知道,长时期以来,在接受马克思主义的人们中,把形式逻辑等同于形而上学,把自然科学列入有阶级性的上层建筑,这样的观点是相当流行的。从苏联流传到我国,我国 20 世纪 20~30 年代的一些宣传马克思主义的文章中,甚至延安时期党报社论中和新中国成立初期一些文章中,都有这种观点的反映。必须考虑到这样的背景,才能理解自然科学没有阶级性这个论点提出的意义。苏联讨论这个问题的文章,我们选译过来编成了一本《科学问题论文集》,由学习杂志社于 1955 年出版。

20 世纪 50 年代初,我们党在贯彻执行团结中西医这项重要的科学政策的过程中,曾经对一种错误的理论观点,即所谓中医是封建医、西医是资本主义医的观点,进行了批评。这种观点是自然科学有阶级性的流行观点的一个突出表现。由于这种观点是由卫生工作部门的一位负责干部提出的,并曾被当作卫生工作中的指导思想加以宣传,而这种宣传同党的医学政策相抵触,在实际工作中造成危害,所以,它的谬误引起了党的领导机关的注意,进行了许多工作加以纠正。从政策上到理论上对这种观点进行清理,影响所及,也就不限于医学领域。在这个清理过程中,1954 年我在中共中央宣传部的刊物《宣教动态》上发表过一篇文章,后来我和李佩珊合写了《评所谓"中医是封建医,西医是资本主义医"》,发表在《人民日报》上。

1956 年年初,党中央召开了知识分子问题会议,提出向科学进军的号召。会后开始制定十二年科学发展规划。接着毛泽东作《论十大关系》的报告,确定百花齐放、百家争鸣为党在科学文化领域的一项基本方针。

百家争鸣方针的提出,同总结苏联和我们自己在自然科学领域的领导工作的经验教训,纠正种种粗暴批判的"左"倾错误,是有密切关系的。1956 年 5 月 26 日时任代中共中央宣传部部长陆定一代表党中央向科学界文艺界作了题为《百花齐放,百家争鸣》的报告。这是阐明中国共产党的这项基本政策的极重要的报告。报告里回顾了几年以来在科学界中,在党内进行过的两次反宗派主义的斗争。一次是在卫生工作部门中,一次是在生物科学研究部门中。他说,在斗争过程中,我们摸索出了这样一条经验:"自然科学包括医学在内是没有阶级性的。""这些本来是在理论上早已解决了的问题。""因此,在某一种医学学说上,生物学或其他自然科学的学说上,贴上什么'封建'、'资本主义'、'社会主义'、'无产阶级'、'资产阶级'之类的阶级标签,例如说什么'中医是封建医','西医是资本主义医','巴甫洛夫的学说是社会主义的','米丘林的学说是社会主义的','孟德尔—摩尔根的遗传学是资本主义的'之类,就是错误的。我们切勿相信。"

四

1956年制定了《自然辩证法(数学和自然科学中的哲学问题)十二年研究规划草案》。这项工作由于光远主持,我协助他工作。规划列了九类题目,请几十位自然科学家分别写了数学、物理学、天文学、化学、生物学、心理学等各学科的哲学问题的几十份说明书。我和许良英分别就"自然界各种运动形态和科学分类问题"、"自然科学的方法论问题"这两个综合性题目写了说明书。

规划提出了几项措施:

一是在中国科学院哲学研究所建立自然辩证法组。这个组于6月建立了,于光远兼组长,我为兼职研究人员,兼任学术秘书。从这里发展起了一个现在已有几十年历史的自然辩证法研究集体。

二是创办《自然辩证法研究通讯》。由哲学研究所自然辩证法组主办,当年出了创刊号,集中发表了研究规划及其61篇说明书,1957年起为季刊。

我在《人民日报》上发表的《开展自然辩证法的研究工作》一文,除介绍规划项目即大家对自然辩证法研究内容的设想以外,还介绍了大家对自然辩证法研究工作的学风问题和吸取苏联教训问题的看法。文章中提到苏联有一些哲学家曾经一度由于批判唯心主义而对相对论、控制论、数理逻辑、量子化学抱有否定态度,后来逐渐得到了纠正。

应该说,苏联那些否定有价值的自然科学成果的粗暴批判,我国大都立即介绍过来了。但是苏联对Cybernetics(控制论)的批判,却没有介绍过来。现在人们常说我们跟着苏联批判过遗传学、控制论、共振论等。在控制论问题上,这样说是不正确的。原因很简单:当时我国科学界没有注意到苏联有这样一场批判。介绍是从苏联纠正批判控制论的错误开始的。那时也在中共中央宣传部工作的胡平，注意到苏联重新评价这一问题的文章，译了出来，请我校订，在《学习译丛》1955年第11期和第12期做了介绍。Cybernetics这个字，该怎么译，斟酌了一番。这时，我们才注意到过去苏联《简明哲学词典》中译本曾译过这个字，那是一个几百字的小条目，完全否定Cybernetics；译者把它译为"大脑机械论"，认为它把大脑等同于机器，是现代机械论。现在重新评价，正是纠正这个观点，当然不应沿用这个译法。何况这个译法从字源上是全无根据的。根据字源的含义，我们确定把它译为"控制论"。这个专门名词的汉译，就这么用开了。后来钱学森建议改为"控制学"，这个建议很好，但是"控制论"既已用开，又非错误，也就难改了。

从介绍苏联对控制论的重新评价，引起我们（罗劲柏、陈步、侯德彭和我）去读控制论创始人维纳的书，并准备把它逐章译出，聚合一些人逐章讨论，搞个讨论班。由于反右运动的冲击，这个讨论班没有搞成。我先译出维纳《控制论》导言，发表在《学习译丛》1957年6月号上。可是陈、侯两位均被错误地划为右派。我和罗，因为在鸣放中有一个联合发言，批评等级和特权，被指责为"龚罗联盟"，也作了多次检讨。我们坚持合译完了这部著作，但到科学出版社出版这本书时，他们两位仍然不能署真名。我们商定，合署了"郝季仁"（好几人）这个假名。

五

1954～1955年，于光远（时任中共中央宣传部科学处处长）曾经要我拟出过一个《论科学》（提纲），他提到政治与科学的关系，科学与生产、理论与实际的关系，科学工作中的群众路线和专家同群众的关系，科学与哲学的关系等，准备就科学的性质、特点、规律、作用等问题组织一系列讨论。这一设想没有实现。以后我逐题进行了比较展开的研究，1959～1961年写了近10篇论文，陆续在报刊发表，并结集为《关于自然科学发展规律的几个问题》这本文集，1961年12月由上海人民出版社出版。

我在这本文集序言中提出要"学习和研究马克思主义的科学技术论"，认为"这门学问应当成为党的科学技术工作方针政策的理论基础"。我觉得这是一个应该受到重视的意见。书中的文章以《自然科学的发展和生产的关系》、《自然科学和世界观》两篇最有代表性。1959年年初开始对1958年整风和"大跃进"中的"左"的偏向，有所纠正。前一篇是在这种背景下写的。1961年继续1959年年初开始而后来被打断了的纠"左"进程，在自然科学工作领域，在聂荣臻主持下，制定了著名的《科学工作 14 条》。聂荣臻还就 14 条中的 7 个政策问题专门给中央写了长篇报告。14 条和聂荣臻报告中讲的一个重要政策，就是百家争鸣，是针对 1957 年以后重新出现的违背这个方针的粗暴批判而写的，并从总结经验教训中对执行这个方针作了一系列具体的政策规定。我参与了制定 14 条和撰写聂荣臻报告的工作，为了从理论上详细论证和阐发这些政策规定，我写了《自然科学和世界观》一文。

为了正确理解马克思主义哲学和自然科学的关系，我觉得需要对无产阶级掌握政权以来处理这个关系上的经验教训，作一番系统的历史的清理。1961 年下半年，我查阅了许多书刊，编辑了 9 辑（约 10 万字）的资料，勾出了苏联从 20 年代末期到 50 年代中期这方面历史的轮廓，涉及各门自然科学。在这些资料的基础上，我写了一篇综合的评述。

六

1962 年，我们为推进自然辩证法研究工作，抓了以下几件事情：

一是于光远继续兼任哲学研究所自然辩证法组组长，我兼任副组长。

二是恢复出版《自然辩证法研究通讯》。它在 1961 年年中停刊，因为那时整顿刊物，认为哲学所的领导力量应集中办好《哲学研究》。事实上，《哲学研究》不可能担负起《自然辩证法研究通讯》应做的全部工作。复刊第 1 期于 1963 年出版。

三是筹划自然辩证法方面基本学术资料的建设。请商务印书馆高崧支持自然辩证法组，或者说请自然辩证法组支持商务印书馆，来进行这项工作。我在《人民日报》上发表《对自然辩证法研究的一点意见》，就是说明基本学术资料的建设工作的意义和要求。

四是招收研究生。1962 年在北京大学哲学系和中国科学院哲学研究所各招四年制研究生 4 人，预定全部先在北京大学学 2 年，再到哲学研究所工作 2 年。于光远和我任导师，以后几年每届还招收了几名。

现在来看，这几项部署，虽然未能完全按原定计划实施，还是收到了实效，出了一些成果，聚集和培养了一批人才。

《自然辩证法研究通讯》复刊号上从苏联《哲学问题》转译了日本学者坂田昌一的《基本粒子的新概念》一文。这个杂志的复刊和复刊号上的这篇文章，引起了毛泽东的注意和兴趣。1964 年 8 月 18 日在北戴河，毛泽东找吴江等几位哲学工作者谈话，我也参加了，除了讲哲学和阶级斗争以外，还讲到自然发展史，讲到物质的无限可分性，讲到《自然辩证法研究通讯》，讲到《自然辩证法研究通讯》上发表的坂田昌一讲"基本"粒子也是可分的文章,讲到自然科学家接受辩证唯物主义等。8月24日毛泽东在北京,把于光远和周培源找到自己的住所,谈坂田昌一的文章,讲宇宙的无限:宇宙从大的方面是无限的,从小的方面也是无限的,是无限可分的;还讲到细胞的起源,讲到地球和人类的未来等。那时,正在召开北京科学讨论会,坂田昌一也来了,毛泽东接见与会科学家时特别向坂田昌一讲到自己读过他的文章,使坂田昌一十分惊讶。

因为毛泽东多次谈到坂田昌一的文章,并认为应该写一些注释来解释文中的专门术语和知识,所以,我们和《红旗》杂志组织人从日文原文重新译出了这篇文章,题目恢复为《关于新基本粒子观的对话》,加了许多条注释,并根据毛泽东几次谈话内容起草了编者按语,在《红旗》杂志1965年第6期上发表,当时还组织了许多讨论。这件事在我国有较大影响,我国物理学家们关于层子模型的研究,与这个影响是有关的。在国际也有影响,不但坂田昌一多次讲到此事,后来得了诺贝尔物理奖的格拉肖在一次国际科学会议上还曾说到他想建议把比"基本"粒子更深一个层次的粒子命名为"毛"粒子。

从1962年到1965年,我继续写了一些文章。《认识发展中的肯定否定问题》、《认识曲折发展的一种形式》两文是针对粗暴批判中的绝对否定的观点,从历史和理论上来做论述的,我提出了科学发展中新旧认识之间的肯定否定关系划分为两种基本类型的思想。

七

"文化大革命"结束以后,我的工作有了变动,转到了专门研究毛泽东、邓小平以及党的理论和历史的岗位上,在这方面有许多著作。不过,由于历史的缘故,我还保持着同自然辩证法和科学学的联系,担任了两届中国自然辩证法研究会理事长和名誉理事长,担任了两届中国科学学与科技政策研究会理事长和名誉理事长。只要有可能,我总尽量挤出时间来,继续在自然辩证法和科学学领域做些研究,写些文章。文章的主题,大都是讲自然辩证法在中国的历史,或者离不开这方面的历史。

研究毛泽东、邓小平对科学和技术的论述,成为我特别关注的课题。在这方面有一些比较有系统的研究成果,例如《毛泽东与自然科学》、《解放思想,解放生产力——从邓小平南方谈话谈自然辩证法工作》、《邓小平科学技术是第一生产力论的由来和意义》等。

关于社会主义精神文明建设指导方针的决议通过之后,关于社会主义初级阶段的理论系统地提出之后，关于社会主义市场经济的重大决策确立以后，我都撰文联系科学技术工作分析了这些方针、理论和决策的意义。这些研究，当然都与我后来的工作岗位的性质和任务有关，也与自然辩证法和科学学有关。

为了更深入地研究和总结苏联在处理哲学和自然科学的关系方面的经验教训，我在1961年编译《苏联自然科学领域思想斗争的历史情况》9辑资料的基础上，进一步扩展和增补，编成《历史的足迹——苏联自然科学领域哲学争论的历史资料》一书。

八

在自然辩证法和科学学研究方面，我编自己的文集，共有3次。

第一次是编《关于自然科学发展规律的几个问题》。这本文集，1961年年底由上海人民出版社出版，"文化大革命"以前多次印刷，1978年出过增订本，累计印数超过10万册。全书分为科学与社会、科学与生产、科学家与群众、科学与哲学4辑。收在那集子里面的文章，如果还有一点意义的话，那就是现在的人们可以从中了解那时在曲折中前进的历史的一个侧面。

第二次是编《科学·哲学·社会》。这本文集，1987年由光明日报出版社出版。全书分为3辑："自然辩证法和自然科学论"为一辑，"科学前进中的肯定和否定"为一辑，"中国共产党的科学政策史"为一辑。文章主题大都是回顾历史，总结经验教训，其中《自然辩证法工作的历史情况和经验》这篇长文是花费很大气力写成的，由于许多事是亲历过或调查过，提供材料较为充分和准确。收入集子的《自然辩证法：历史来源，建立过程，传播发展，主要内容》是我作为哲学卷自然辩证法分科的主编，为《中国大百科全书·哲学》所写的自然辩证法总条目。

第三次就是编《自然辩证法在中国》。1996年这本书的初版出版时，我在"作者前言"中说："这是一本关于自然辩证法和科学学研究在中国的历史发展情况和历史经验教训的书。"

第一篇长文《自然辩证法在中国》，可以说是本书的主体，它原来是为《自然辩证法百科全书》而写的一个条目，在《自然辩证法研究》上分4期连载过。这个长稿，搜集材料，梳理线索，花了不少工夫，这次又根据在刊物上发表后听到的意见，作了一些修改。

第二篇长文《自然辩证法在苏联》，讲的是苏联过去在这方面的历史，由于苏联这方面历史在一段时间中对我们有过相当大的影响，又由于这篇文章反映了我们过去对这个问题的研究状况,把它同我们自己这方面的历史联系起来读一读,我想是有益处的。

第三篇《自然辩证法在北京大学(大事记)》,则是从这所大学来看自然辩证法在中国。它是北京大学科学与社会研究中心的同志编写的一份史料。承蒙他们的好意,同意把它收到这本书中。

这3篇,作为2004年《自然辩证法在中国》(新编增订本)的第一部分,是为历史篇。遗憾的是,自然辩证法在中国和在北京大学的历史只写到20世纪80年代末90年代初,没有继续写到现在,在苏联的历史更是只写到50年代末。好在讲历史也可以只讲一段。新近这些年的历史,就留给别的研究者了。

这次新编增订,关于毛泽东论科学技术和邓小平论科学技术的8篇文章单独列为一辑,成为毛邓篇。

至于时论篇,则收集了我围绕这些年来党的历次纲领性文件、围绕捍卫科学尊严和发扬科学精神、围绕科学与人文的结合和交融这些主题所写的文章。

九

在中国自然辩证法研究会两届理事长和中国科协促进自然科学和社会科学联盟委员会两届主任的任期内,我所参与和推动的一项较有影响的工作,就是组织和坚持了持续多年的"捍卫科学尊严、反对愚昧迷信和伪科学"系列座谈会。从酝酿开始,到多次会议上,到围绕这个系列座谈会而进行的许多活动中,我都发表了或短或长的演说和文章。

近些年来,我还特别关注的另一个主题就是呼吁科学与人文的结合和交融。对自然科学的哲学研究,对科学技术和社会的研究,本来就是科学与人文结合和交融的研究领域。五四以来,欢迎德先生和赛先生,中国共产党成立以来,欢迎德同志和赛同志,两先生、两同志携手合作,本来就是科学与人文的结合和交融的生动体现。但是,在提倡科学精神、强调科学技术是第一生产力、重视科教兴国战略的现在,不时听到的"反科学主义"的声音,我以为是同促进科学与人文的结合和交融不相协和的一种声音。把提倡科学、崇尚科学,一般地贬斥为"科学主义",是没有根据和没有益处的。反-科学主义(即把科学主义作为一种错误思潮来反对),同反科学-主义(即把反科学作为一种主义来提倡),很容易混同。如果不愿意引起这种混同,那就应该慎用"反科学主义";如果意在混同,意在通过"反-科学主义"来宣扬"反科学-主义",我认为那就不能不予以质疑。我注意到这个问题,提出质疑,最初是在 1987 年两科联盟的一次会议上和 1989 年纪念五四运动七十周年的时候。以后我又多次讲过，特别是 2000 年在上海科技论坛的长篇演说"新世纪科技发展的人文思考"中和 2004 年发表在《自然辩证法研究》上的长篇文章《科学与人文：从分隔走向交融》（这篇文章曾经在纪念中国自然辩证法研究会二十五周年的大会上和在清华大学的一次报告会上讲过）中，比较充分地论述过我的观点。我期望这个问题能引起我国科学哲学界、科学社会学界和科学文化学界的注意，引起我国思想理论界的注意。

十、龚育之主要论著

龚育之.1954.列宁、斯大林论科学技术工作.北京：中国科学院.

龚育之.1961.关于自然科学发展规律的几个问题.上海：上海人民出版社.

（美）N.维纳.1961.控制论，或关于在动物和机器中控制和通信的科学.龚育之等译.北京：科学出版社.

龚育之.1987.科学·哲学·社会.北京：光明日报出版社.

龚育之.1987.中国科技政策的历史、理论和实践（编写提纲）//龚育之.2008.党史札记末编.北京：中共党史出版社.

龚育之主编.1990.历史的足迹——苏联自然科学领域哲学争论的历史资料.哈尔滨：黑龙江人民出版社.

龚育之.1996.自然辩证法在中国.北京：北京大学出版社.

龚育之，王志强.2001.科学的力量.石家庄：河北人民出版社.

龚育之.2004.科学与人文：从分割走向交融.自然辩证法研究，（1）.

龚育之.2005.自然辩证法在中国.（新编增订本）.北京：北京大学出版社.

主要参考文献

龚育之.1987.跋——走过来的路//龚育之.科学·哲学·社会.北京：光明日报出版社.

汝信.2001.中国当代社科精华·哲学卷.哈尔滨：黑龙江教育出版社.

龚育之.2005.作者的话//龚育之.自然辩证法在中国.北京：北京大学出版社.

撰写者

孙小礼（1932～），浙江杭州人。科学哲学家。1953 年毕业于北京大学数学力学系毕业留校。曾任北京大学科学与社会研究中心主任，曾被选为中国自然辩证法研究会常务理事、副理事长。龚育之的夫人。（本文根据龚育之生前自述整理）

刘纲纪

刘纲纪（1933～），贵州普定人。哲学家、美学家与美术史论家，武汉大学人文社会科学资深教授。1956年毕业于北京大学哲学系，毕业后到武汉大学工作至今。曾担任中华美学学会副会长、湖北省美学学会会长、武汉大学美学研究所所长，先后被吸收为中国美术家协会、书法家协会、作家协会会员。现任中华美学学会顾问、国际易学联合会顾问、湖北省美学学会名誉会长。以马克思主义哲学为指导，从事中国实践美学、中国美学史、中国书画史论，以及中国传统思想文化等研究，并做出了许多颇具独创性的学术贡献。出版学术专著20余部，主编著作、丛刊10余部，发表论文100余篇。其代表著作与论文主要有《艺术哲学》、《中国美学史》（第一卷、第二卷）、《美学与哲学》、《实践本体论》与《中国书画、美术与美学》等。1988年被国家人事部授予有突出贡献中青年专家称号，2008年被中国美术家协会授予卓有成就的美术史论家称号，2010年被中共湖北省委命名表彰为首批"荆楚社科名家"。

一、成长经历

1933年1月17日，刘纲纪出生于贵州省普定县马堡乡号营村。从号营到安顺再到贵阳，刘纲纪读完了中小学，在家乡先后生活了19年，直到1952年考入北京大学哲学系才离开故乡。在刘纲纪的青少年时代，正值国共合作抗日这一特殊的历史时期。由于内地各省相继沦陷，巴金、曹禺、闻一多等许多进步文人纷纷流落到了贵阳。

这些文化名人不仅带来了五四新文化运动的进步思想，还极力宣传中华民族抗日救亡的主张。刘纲纪与自己的同学们对日本帝国主义的侵略行径，都表现出了无比憎恨并将这种恨转化为爱国的热情。在这个时期，刘纲纪幼小的心灵受到了"五四"启蒙思想的洗礼与启迪，最终走向了主张维护民族尊严的马克思主义思想体系。

在宣传抗日救亡的运动中，刘纲纪接触到了音乐、墙报与绘画等多种艺术形式。在有幸参观了贵州遵义画家胡楚渔的画展后，他就对绘画产生了强烈而浓郁的兴趣，并有了学习绘画艺术的迫切愿望。在13岁那年，刘纲纪说服父亲拿出20元大洋交学费，正式拜胡楚渔为师学习中国书画艺术。1946年至1947年，刘纲纪接受了胡楚渔严格而系统的艺术训练，学习与掌握了中国绘画与书法的基本技法，为日后的艺术创作与研究打下了厚实的功底。

在中学读书期间，刘纲纪的老师们都非常支持他的这种艺术爱好，有的老师甚至还买些美术专业书籍送给他看。1949年至1952年，刘纲纪在贵州省立高中学习。在整个中学学习阶段，刘纲纪读了余绍宋编的《画法要录》、俞剑华的《中国绘画史》、傅抱石的《中国绘画变迁史》、石涛的《画语录》、方薰的《山静居画论》、丰子恺的《西洋画派十二讲》与朱光潜的《谈美》，以及鲁迅翻译的《苦闷的象征》、《艺术论》等，为他后来的中国美学史的研究奠定了坚实的基础。

但随着高考的日益临近，刘纲纪的父亲认为绘画学费昂贵，家里实在难以承受与负担这种开支，加上那时绘画并不一定能保障以后的生活。于是，刘纲纪转向研读与绘画相关的文艺史、文艺理论与美学等书籍，最后他又将学习由美学拓展到了哲学领域。贵州解放后，刘纲纪读了车尔尼雪夫斯基的《生活与美学》（周扬译）、王朝闻的《新艺术创作论》。这两本书给刘纲纪留下了深刻的印象，也在他的思想上产生了较为深远的影响。

1952年，刘纲纪高中毕业。当时，全国高校正在进行院系调整，各个高校哲学系的著名学者都集中到了北京大学。刘纲纪原想当画家，最后却决定研究美学，而美学研究又离不开哲学基础，因此必须学习哲学，就这样他报考了北京大学哲学系。

考入北京大学哲学系后，刘纲纪努力系统地学习与钻研马克思主义哲学，以及哲学专业所开设的各门课程。而且，他还投到前辈学者邓以蛰、宗白华、马采三位教授门下，孜孜不倦地向他们学习美学与中国书画史论方面的知识。与此同时，刘纲纪还与这些老师们建立了终生难忘的深厚友谊。

在北京大学学习期间，刘纲纪经常到故宫观览与揣摩历代名作，还参观了邓以蛰、宗白华、黄子通、高名凯诸位教授丰富的私人收藏。显然，这些经历与感受都非常有助于他以后的美术与美学研究。此外，刘纲纪还参与了"北大诗社"的发起与创办工作，并邀请丁玲、艾青、田间、臧克家等到诗社作演讲。

1956年，从北京大学哲学系毕业之后，刘纲纪被时任武汉大学校长的李达选为培养对象，因此就来到了武汉大学从事教学工作。李达当时的研究方向是马克思主义哲学，刘纲纪考虑到自己的主要兴趣在美学方面，就向李达表达了自己想从事美学研究的想法。李达不仅没有责怪刘纲纪，反而支持与鼓励他去北京大学进修美学。就这样，在武汉大学只呆了很短时间的刘纲纪，又回到了北京大学继续学习与深造。

1958年北京大学进修结束后，刘纲纪重新回到武汉大学任教。1962年，刘纲纪再次来到北京，参与王朝闻主编的全国高校文科教材《美学概论》的编写。该教材在中国美学教育中曾经发挥过重要作用。"文化大革命"期间，刘纲纪被下放到襄阳"劳动改造"，被分配的主要任务是放鸭子。即使在这样一个非常的时期，刘纲纪在劳动之际也没有放弃自己的艺术创作与读书思考。

在50~60年代及以后的几次美学大讨论中，刘纲纪均以自己的观点与方式参与介入。1980年，刘纲纪参加中华全国美学学会成立大会。1985年，随湖北省中朝友好代表团访问朝鲜。1994年，刘纲纪前往德国特里尔大学访问、讲学。2012年，武汉大学举办"中国当代美学的回顾与展望暨刘纲纪先生八十华诞学术研讨会"。同年，在湖北美术学院美术馆举办了《当代学术名家：刘纲纪书画展》，并由湖北美术学院出版社出版了《刘纲纪书画集》。

经过大半个世纪的潜心治学与艰苦努力，刘纲纪在美学、哲学与美术史论等诸多领域，均取得了令人瞩目的学术成就，得到了学术界与社会各界的广泛认同，并获得了各种嘉奖与荣誉。在漫长的教书育人的工作中，刘纲纪始终诲人不倦、提携后学，培养了不少优秀的学生与中青年学者。

二、主要研究领域和学术成就

刘纲纪是当代中国主张与坚持马克思主义实践观美学的代表人物，同时也在中国美学史研究以及中国书画史论研究方面取得显著成就。刘纲纪一直深切关注的是哲学的基本问题，而且，他也始终从哲学的角度来研究美学和艺术理论，并形成了他自己的理论表述与思想特色。在社会实践本体论的基础上，刘纲纪展开了自己的美学理论研究，将其研究成果主要表达为"实践-创造-自由"相统一的实践美学思想体系。经过深入而系统的学术研究，刘纲纪还揭示了中国美学所具有的六大特征：美善合一、情理交融、认知与直觉并重、人与自然统一、原始人道精神与人生的审美境界。刘纲纪高度重视对马克思主义原典著作，加以如实的、深入的解读与阐发，坚持他提出的"打通中西马"的理论思路，并将马克思主义哲学与实践观，应用于他所研究的各个领域与当代问题之中。同时，在中国书画创作与美术史论研究方面，刘纲纪也取得了显著的艺术成就与学术成果。

1. 主张并坚持马克思主义实践观，是中国实践美学的主要开创者之一

刘纲纪主张并坚持马克思主义实践观，以之指导自己的美学与艺术思想研究。作为我国自成一派的美学家，刘纲纪的美学思想在20世纪60年代初已具雏形，后

来又有了新的突破与系统的发展。在马克思主义美学的中国化过程中，刘纲纪成为了中国实践派美学思想的重要代表人物。

在美学思想研究方面，刘纲纪一直深切关注哲学及其基本问题的研究，而且，他也始终从哲学的角度与层面，研究与探讨美学和艺术理论及其相关的重要问题。从思考人的本质、美的本质问题出发的，刘纲纪所依据的蓝本主要是马克思的《1844年经济学哲学手稿》这一经典著作。

在刘纲纪看来，马克思的美学与哲学思想的主要贡献是，在由他之前的唯物主义的自然物质本体论进展到社会实践本体论，确认人类的社会生活是以自然界为前提的，但人类社会生活发展、变化的本体显然是社会实践活动。因此，马克思的本体论是以自然及其感性为出发点的，它同时是自然物质本体论同实践本体论的统一，而且还是从自然物质本体论向社会实践本体论的飞跃。

在马克思主义的语境里，刘纲纪的美学研究形成了自己的理论表述与思想特色，并将其哲学基础表达为社会实践本体论。在刘纲纪那里，社会实践本体论当然是以自然物质本体论为前提的，但与此同时，它又关切于人类社会实践的诸多样式。

实际上，刘纲纪的美学研究正是基于这种社会实践本体论的。同时，刘纲纪将自己的美学理解与把握为美的哲学。而且，这种作为美的哲学的美学旨在探讨美的本质，也就是寻找使一切事物成为美的共同的原因与根据。当然，这也涉及艺术与美感等重要概念。

正因为如此，刘纲纪把自己的美学思想研究成果，建构为一种实践美学的思想。在中国实践美学思想的研究中，刘纲纪的《艺术哲学》已成为一部重要的经典著作。刘纲纪主张，马克思主义的本体论在本质上是实践本体论，并坚持认为物质生产实践是艺术、美感与美的本源。当然，劳动对美的创造还必须与人类生活的实践创造相结合。

根据刘纲纪的思考与理解，人类的劳动既是解决物质需要的功利活动，同时又是在对自然有意识与有目的的改造中显现主体创造性的自由活动。前者创造了劳动产品的使用价值，以满足人的生存需要；而后者创造了劳动产品的审美价值，进而满足人的精神与文化生活的需要。

在刘纲纪看来，人的本质就是自由，自由是人对必然的认识与改造。在这里，美就是从必然到自由的飞跃，是人的自由在人所生活的感性现实中的表现，以及人的个性才能的发展与表现。与此相关，美感是人从其所创造的世界上，直观到人的自由获得实现时，人所引起与发生的一种精神愉快。

刘纲纪坚持认为，艺术不仅是精神的表现，更是社会现实的反映。而且，艺术的本质是美，是对于生活情感的或审美的创造。因此，艺术是基于实践的审美反映论而得以揭示与表征的。在这里，审美反映论有别于一般意义上所说的认识反映论。因此，对美的哲学分析也就是对艺术的哲学分析。当然，除了美的哲学分析外，马克思主义实践观的美学还应当内在地包含对美的心理学分析与社会学分析。

在此，刘纲纪力图建构一个完整而系统的实践美学理论框架，即该理论以实践本体论为哲学基础，进而以创造为主体性活动，最后以自由为人的根本诉求，也就是"实践-创造-自由"相统一的实践美学体系，从而为中国实践美学的思想与理论建构，做出了自己的、具有独创性的学术贡献。

当然，这里的实践首先是物质生产劳动，但又不局限于此。在根本意义上，实践是人的感性现实的本质得以实现的创造性活动，当然也是人的感性的本质的自我创造和实现的活动。同时，自由的感性表现又是与艺术、广义的美和审美密切相关的。

刘纲纪不仅重视对马克思主义原典著作的解读与研究，而且还坚持他提出的"打通中西马"的理论思路，并将马克思主义哲学与实践观，应用于他所研究的各个领域，以及他也非常关注的当代问题的研究之中。

在这里，基于马克思主义实践观的中国实践美学，既不同于苏联许多哲学家把马克思主义的本体论仅仅理解为物质本体论，也有别于苏联马克思主义美学由于只强调认识、反映而忽视了实践。同时，它也与西方马克思主义美学思想，以及西方各种各样的近现代美学区分开来。因此，这也为中国当代实践美学立于世界美学思想之林，并力图与西方各种美学学说寻求与展开对话，提供了一种思想的可能性。

后来，刘纲纪又将他自己所主张的实践美学，拓展并重新命名为"实践批判的存在论美学"。当然，刘纲纪后期思想对实践美学所进行的反思，也深刻地显露了它自身难以避免的内在矛盾与理论困境，这无疑为实践美学的未来发展提供了重要契机。

2. 致力于中国美学史的梳理与研究，成为该领域早期的重要开拓者之一

刘纲纪根据自己的美学思想具体深入地解释美学史，特别是对中国美学史展开了系统而深入的梳理与研究。20世纪80年代，刘纲纪与李泽厚共同主编的《中国美学史》，产生了广泛而持久的思想与学术影响。尤其是刘纲纪独立执笔撰写的第一卷、第二卷，引起了学术界的普遍关注，并获得了很高的评价，被认为是中国美学史研究的"开山之作"。

该著作提出了关于中国美学史的对象、任务、特征与分期等问题，以及以儒、

道、骚、禅为中国古代美学的四大主干等重要观点，同时还指出了这些思潮之间的关联、区别与彼此影响。在该著作中，刘纲纪还全面地分析与论述了魏晋南北朝的玄学、佛学、文论、书论、画论、乐论，以及人物品评中所包含或关联的美学思想和美学理论。

经过研究，刘纲纪揭示了中国美学所具有的美善合一、情理交融、认知与直觉并重、人与自然统一、原始人道精神与人生的审美境界等六大特征，从而为中国美学思想内在本性的进一步探究，奠定了重要的学术与思想的基础。

更为重要的是，在对中国美学进行缜密的考察与思考之后，刘纲纪认为中国美学是一种以天地阴阳变化为本的生命美学。在对艺术创造与现实及其关系的看法上，中国美学思想所主张的是主体与客体的"交感说"。由此，刘纲纪不仅提出了这些颇有创造性与开拓性的见解，而且还对之进行了深入的学术研究与思想拓展。

在中国美学史的研究中，刘纲纪以马克思主义的实践观美学思想为指导，尽可能作一种较为深入的哲学分析与探讨，而且，他还在自己的学术研究中，坚持与贯彻社会存在决定社会意识，以及逻辑的与历史的相统一的原则与方法。

对中国美学思想的发展历程，刘纲纪不仅作出了具有内在必然性的深刻阐明，而且所提出的许多观点与思想都极富创见与建设性。如他的《〈周易〉美学》被认为是《周易》美学研究的重要成果，并由此获教育部人文社会科学研究优秀成果奖二等奖。

而且，刘纲纪在中国美学思想史中，还发掘了不少过去不为人所注意的珍贵资料。在训诂考证上，刘纲纪也取得了一系列严谨缜密、令人信服的成果。为中国古代美学的分析与研究，提供了一个重要的思想启示与学术参照。

在刘纲纪看来，中国美学史有其独立的学术价值，这显然不是西方美学史所能代替的。当然，由于中国美学还没有从哲学中充分分化出来，因此，它并不像西方美学那样与哲学保持着较为明显的区分。所以，研究中国美学一定要先了解与研究中国哲学，因为只有在深入探究中国哲学思想的基础上，对中国美学思想的分析与阐释才是可能的，这样也才更有思想的厚度与学术的深度。

而且，刘纲纪还深刻地认识到，如果不熟悉中国哲学思想与问题，只是抓住一些直接与美学相关的论断去解释，这显然是片面的与失之偏颇的。同时，刘纲纪始终认为，美学原理与中国美学史的研究，也都离不开对西方现代美学思想的分析与探讨。

为了更好地推动进一步的深入研究，刘纲纪对中国美学的基本思想构架与学理脉络作了梳理。他认为，中国美学史既是一部美学史，同时它又与中国哲学思想密切相关并发生相互影响。当然，这不仅涉及中国美学的哲学基础问题，同时也关联到中西美学思想的比较研究。刘纲纪因此特别强调，还应该将中国美学放到世界思想与文化语境里去探究。

3. 在中国书画创作实践与史论研究领域颇有造诣

在长期的学术生涯里，刘纲纪一直没有中断自己的艺术创作与实践，并坚持与强调美术史论之间的密切结合与相互关联。之所以如此，乃是因为他一直割舍不下自少年时代以来对中国书画的挚爱，总是尽可能挤出时间练习书画和尝试创作，其目的当然主要是抒发家国情、故园情，并享受创作自身所带来的审美快乐与精神愉悦。

这些年来，刘纲纪的书画创作所积累的成果，在《刘纲纪书画集》里得到了集中的反映。对于刘纲纪在书画创作上所取得的显著成就，湖北省文联原主席周韶华是这样评价的："刘先生的作品寓意深远、意境浓厚，书法达到了自由状态，是纸上的乐章和舞蹈。"同时，现任湖北省美学学会会长彭富春认为："刘先生是思想家中的艺术家，艺术家中的思想家。他的书画的最大特点是思想性，书法简约，绘画空灵，深得宋元艺术家的精髓。"

而且，刘纲纪还是一位具有相当理论水准的艺术理论家。基于马克思主义的基本原理，刘纲纪提出了关于"六法"的独特的艺术理论，对中国绘画史论与中国美学思想的研究产生了较为重要的影响。

刘纲纪对中国古代艺术哲学的丰富内容，作出了系统的分析与独到的思考、研究，提出了一个马克思主义的艺术哲学体系。对书法美的本质和艺术特征，刘纲纪给予了马克思主义的理论阐释，曾在当时学术界引发了一场关于书法美问题的大讨论。

刘纲纪还深入探讨了美术理论的一般原理，并对中国画论和绘画历史的精义进行了富有创造性的阐发。同时，一些重要的艺术家成为了他倾心关注的研究对象，比如说，明清之际山水画家龚贤、"扬州八怪"之一的画家黄慎的生平、艺术与思想等，过去很少被关注甚至无人涉足，刘纲纪都进行了详尽的、系统的分析与研究。而且，刘纲纪对古代文人画也作出了自己的研究与阐释。

同时，刘纲纪还对明代书画家董其昌、清初"四王"（王时敏、王鉴、王翚、王原祁）的艺术成就的特点、得失，也给予了有创见的分析和论述。此外，刘纲纪还把绘画理论，纳入到一般艺术理论与美学理论来加以探究。而且，他还撰写了许多关于当代美术的的评论文章。

在刘纲纪看来，对中国书画史论、美术理论与美学的研究，显然是与对哲学、哲学史、思想史的研究分不开的。而且，刘纲纪还致力于美术、美学、哲学与中国传统文化的关系的研究。

三、刘纲纪主要论著

刘纲纪. 1960. "六法"初步研究. 上海：上海人民出版社.

刘纲纪. 1962. 龚贤（中国画家丛书）. 上海：上海人民美术出版社.

刘纲纪. 1979. 黄慎（中国画家丛书）. 上海：上海人民美术出版社.

刘纲纪. 1979. 书法美学简论. 武汉：湖北人民出版社.

王朝闻. 1981. 美学概论. 北京：人民出版社.

刘纲纪. 1983. 美学对话. 武汉：湖北人民出版社.

刘纲纪. 1984. 中国美学史（第一卷）. 北京：中国社会科学出版社.

刘纲纪. 1986. 美学与哲学. 武汉：湖北人民出版社.

刘纲纪. 1986. 艺术哲学. 武汉：湖北人民出版社.

刘纲纪. 1987. 中国美学史（第二卷）. 北京：中国社会科学出版社.

刘纲纪. 1988. 实践本体论. 武汉大学学报，(1).

刘纲纪. 1989. 刘勰. 台北：台湾东大图书公司.

刘纲纪. 1992.《周易》美学. 长沙：湖南教育出版社.

刘纲纪. 1995. 书法美. 武汉：湖北教育出版社.

刘纲纪. 1996. 德国美学在中国的传播和影响（德译本）. 德国特里尔大学.

刘纲纪. 1996. 文征明（明清中国画大师研究丛书）. 长春：吉林美术出版社.

刘纲纪. 1997. 传统文化、哲学与美学（中国当代美学流派名家论丛）. 桂林：广西师范大学出版社.

刘纲纪. 2006. 中国书画、美术与美学. 武汉：武汉大学出版社.

刘纲纪. 2009. 刘纲纪文集. 武汉：武汉大学出版社.

刘纲纪. 2012. 刘纲纪书画集. 武汉：湖北美术学院出版社.

主要参考文献

彭富春. 2000. 刘纲纪与实践本体论的建构. 华中师范大学学报（人文社会科学版），(3).

聂运伟. 2004. "路漫漫其修远兮，吾将上下而求索"——刘纲纪先生访谈录. 文艺研究，(6).

阎国忠. 2005. 实践美学的经典文本——评刘纲纪的美学思想. 文艺研究，(11). 石长平. 2011. 实践本体论美学的学术品格与理论贡献. 湖北大学学报（哲学社会科学版），(2).

邹元江等. 2012. 从美术到美学与哲学——记著名哲学家、美学家刘纲纪//黄勇. 星汉灿烂. 北京：中国文史出版社.

撰写者

张贤根（1962～），教授，曾在刘纲纪的学生彭富春的指导下研究美学并获哲学博士学位。现为武汉纺织大学时尚与美学研究中心主任，湖北省美学学会副秘书长。

唐凯麟

唐凯麟（1938～），湖南长沙人。伦理学家。湖南师范大学教授、博士生导师，中国伦理学会会刊《伦理学研究》主编、中央马克思主义理论研究和建设工程《思想道德修养与法律基础》重点教材首席专家、国家基础教育专家工作委员会委员。曾任教育部人文社会科学重点研究基地湖南师范大学道德文化研究中心主任（湖南师范大学伦理学研究所所长）、中国伦理学会副会长、国务院学位委员会哲学学科评议组成员、国家社会科学基金项目评委等学术职务。主要从事伦理学原理、中国伦理思想史和应用伦理学的教学与研究，在伦理学的多个领域都有深厚的造诣和独到的见解。出版著作30多部，发表学术论文近300篇。先后获国家级教学优秀成果奖2项，教育部人文社科优秀著作奖3项、中宣部"五个一工程"优秀论文奖2项、湖南省社科成果优秀著作或论文奖20余项（其中一等奖8项），是全国师范院校优秀教师"曾宪梓奖"一等奖获得者，并被评为全国优秀教师和全国高等学校国家级教学名师。领衔创办的湖南师范大学伦理学学科系国家重点学科，湖南师范大学道德文化研究中心被评定为教育部百所人文社会科学重点研究基地，培养了一批伦理学研究的后起之秀。

一、成 长 经 历

唐凯麟于1938年8月7日出生于湖南省长沙市。从童年时代起，唐凯麟就目睹了当时中国社会的种种怪现状，让他记忆尤其深刻的是，当时的长沙水陆洲（现为"橘子洲"）上外国领馆林立，外国人的汽车在长沙的大街小巷呼啸而过，他曾亲眼目睹了外国人开着汽车轧死了中国人却若无其事，而当时国民党的警察和宪兵对此则无可奈何。1949年10月中华人民共和国成立，年少的唐凯麟感到了红旗飘扬的含意，作为新中国的少年，唐凯麟意气风发，如饥似渴地学习科学文化知识。

1957年9月，19岁的唐凯麟高中毕业，考入了中国人民大学哲学系，系统地学习马克思主义哲学。当时的中国人民大学，常有一些中央首长来演讲。这些演讲给他留下了难忘的印象。其中陈毅和何长工的讲话对唐凯麟后来的人生发展与治学产生了重要影响。陈毅在演讲中谈到自己的革命经历。1927年大革命失败后，陈毅率部来到山林，他脚上长了疮，由于当时医疗条件极差，病情愈发严重。他叫警卫员把自己的脚绑在树上，用刀子划开疮，待脓挤出后，惟一能用的药就只有万金油，最后总算保住了一条命，陈毅说，当时就在那样的深山之中，那样艰苦的条件之下，如果不是毛泽东把马克思主义的普遍真理与中国革命的具体实际相结合，中国革命怎么可能胜利呢？何长工在演讲中则说到，在大革命失败后，谁也没想到要到井冈山发展，毛泽东用马克思主义结合分析中国社会的现实和矛盾，认为在一省和数省之间，在偏僻的地方，红色政权可以存在。毛泽东思想是马克思主义与中国革命实际相结合的产物，因为有了毛泽东思想，红色政权的星星之火，可以燎原。两位老一辈无产阶级革命家的话，使风华正茂的唐凯麟坚定了这样的信念：马克思主义不断地与中国革命和建设的实践相结合，中国就会走向一个又一个新的里程碑。正是在马克思列宁主义和科学社会主义信仰的鼓舞下，大学5年的时间里，唐凯麟努力刻苦地学习，打下了较深厚的马克思主义理论功底，他反复阅读《资本论》、《反杜林论》、《国家与革命》等马列著作，重要的段落和章节他都能背诵。

1962年6月大学毕业后，唐凯麟被分配到湖南师范学院（现为湖南师范大学）政治教育系工作，先后从事哲学原理、中国哲学史、伦理学和中国伦理思想史等课程的教学与研究。1964年唐凯麟参加了当时的"四清"运动，下到湘潭、浏阳农村。两年的农村生活经历，使唐凯麟对于农村、农民、农业有了很切身的体会，同时也促使他一直思考农民的甘甜困苦与党的政策的关系。这两年在农村与农民共同生活的体会与长时间的思考，使他明白了，搞学问，如果只从书本到书本，是没有什么价值的，搞学问必须与现实相结合，为现实服务，否则就会有愧于人民。

1966年"文化大革命"开始后，唐凯麟受到错误批判。在这个时期里，尽管遭遇到不公正的对待和冲击，但他仍然苦心思考，一个国家和民族的命运与党的指导思想的关系。"九、一三"事件给唐凯麟带来巨大的震撼，也使他想到，理论工作者承担着必须认清历史的使命，要对人民负责，对历史负责。

改革开放开始后，正值人生壮年的唐凯麟，开始了艰难的伦理学学术研究和学科建设之旅。唐凯麟是中国改革开放后第一批从事伦理学研究和教学的伦理学家。他1979年被评为讲师，1982年晋升为副教授，1986年晋升为教授，1993年被国务院学位委员会审批为博士生导师。由他作为带头人，湖南师范大学1986年被批准设立伦理学硕士学位点，1994年被批准设立伦理学博士点，成为当时中国伦理学学科仅有的两个博士点之一。1996年湖南师范大学伦理学学科被确定为学校211工程重点学科，2001年入选国家级重点学科。2002年9月，由湖南师范大学道德文化研究中心承办的中国伦理学会会刊《伦理学研究》创刊，唐凯麟任主编，该刊现为CSSCI来源期刊、全国中文核心期刊和中国人文社会科学核心期刊，国家社会科学基金资助期刊，被中国知网、万方数据库、维普数据库等收录，在学界具有重要影响。2004年湖南师范大学道德文化研究中心成为教育部人文社会科学百所重点研究基地。2005年以伦理学学科为主体的湖南师范大学哲学学科获博士后流动站。自此之后，湖南师范大学伦理学学科进入了快速发展的时期，与中国人民大学伦理学学科成为中国南北的两个科学研究和人才培养的学术重镇。湖南师范大学道德文化研究中心培养了一批伦理学界的后起之秀，深化和扩展了伦理学研究的领域，尤其在中国传统道德文化、马克思主义伦理思想中国化、生态伦理学与生态文明等方面的研究处于全国领先地位。

唐凯麟在《中国社会科学》、《哲学研究》、《政治学研究》、《中国哲学》、《新华文摘》等各类学术刊物上发表论文近300篇，内容涵盖伦理学基础理论、中外伦理思想史、应用伦理学等诸多领域。出版学术著作近30部。代表性的学术专著有《从旧道德到新道德》、《走向近代的先声——中国早期启蒙伦理思想研究》、《伦理大思路——当代中国道德和伦理学发展的理论审视》等，合著有《六经责我开生面——王船山伦理思想研究》、《儒家伦理道德精粹》、《20世纪中国伦理思潮问题》、《重释传统——儒家思想的现代价值评估》、《契合与升华：传统儒商精神和现代中国市场理性的建构》等，主编了《中国传统道德：德行卷》（此丛书由李岚清、张岱年任顾问、罗国杰任总主编）、3卷本的"中国传统伦理道德精粹丛书"、4卷本的"中华民族爱国主义发展史"、4卷本的"西方伦理学流派研究丛书"、6卷本的"中国传统美德故事丛书"，以及"中国伦理学名著提要""西方伦理学名著提要"，9卷本的"中华民族道德生活史"与"西方伦理学经典命题"等丛书。主持"中华民族道德生活史"、"人口道德研究"、"个体道德研究"、"中国传统伦理的当代价值"、"伦理大思路——有中国特色社会主义伦理文化研究"等国家社会科学基金重点项目和一般项目4项和省部级课题10余项。作为中央马克思主义理论研究和建设工程重点教材首席专家之一，唐凯麟曾承担有中共中央宣传部、教育部教学改革项目"马克思主义理论研究和建设工程高校政治理论课《思想道德修养与法律基础》教学大纲和教材编写"任务，主持湖南省教育厅、省委宣传部、长沙市委宣传部教学改革项目各1项。领衔的"伦理学研究生课程改革与教材建设"获第五届国家级教学成果奖二等奖。

唐凯麟先后赴美国、英国、德国、法国、俄国、印度、日本和新西兰等国的大学或科研机构进行学术交流和访问，与国外伦理学研究机构和学者有较广泛的联系和交往，交换思想互相学习。唐凯麟多次在国际学术研讨会上作主题发言，并在湖南主持召开了两次国际性的伦理学学术讨论会。

唐凯麟献身于党和人民的教育事业 50 多年，以"俯首甘为孺子牛"的精神自律，关心爱护教导学生。在长期的教学生涯中他坚持以科学的理论武装学生，学而不厌，诲人不倦，主讲"思想道德修养"、"伦理学原理"等课程。他备课认真，突出学科前沿，把最先进的知识智慧传授给学生；他坚持教学改革的方向，大胆革新教学内容和教学方法；他讲课以启发式为主，充分调动学生的学习积极性，深入浅出，情理并茂，教学效果显著。唐凯麟是一位深受学生爱戴的优秀教师，是集经师与人师于一身的国家级教学名师。

二、主要研究领域和学术成就

唐凯麟治学严谨、学识渊博，在伦理学的多个领域都有深厚的造诣和独到的见解，尤其在伦理学基础理论、中国伦理思想史和应用伦理学等领域进行了大胆的探索和创新，成就突出，贡献卓著。在伦理学基础理论上，唐凯麟阐发了"人的二重性决定了人有一种道德的需要"，"道德是人类实践精神地把握世界的独特方式"，"商品经济的伦理二重性"，"当代中国伦理学和道德发展的大思路是建构新的融道义论与功利论于一体的义利统一论"等，形成了系统的伦理学观点。他主张解放思想、实事求是、与时俱进地开展伦理学的教学与研究，把坚持马克思主义伦理思想的基本原理和创造性地发展马克思主义伦理思想有机地结合起来，建设具有中国特色的社会主义新型伦理学。

1. 积极创新伦理学基础理论

在伦理学基础理论的研究中，唐凯麟注重运用比较法、历史与逻辑相统一的方法和多学科综合研究的方法，确立了以马克思关于人的存在的二重性为逻辑起点的研究思路，着眼于构建现代中国伦理学。在其诸多著作中，如《伦理学纲要》、《伦理学教程》、《伦理学》和《伦理大思路——当代中国道德和伦理学发展的理论审视》构建了一个"社会道德—个体道德—社会和个体在道德上和谐统一"的新框架。

（1）将"实践着的人"作为伦理学体系的逻辑起点

唐凯麟通过深入的研究和长期的思考，认为伦理学本质上是一门关于人和做人的学问，伦理学应该立足于对真实的人的研究。在其著作中，唐凯麟提出人和社会的关系，或者如马克思主义经典作家说的："从事实际活动的人"就是伦理学的逻辑起点。这一逻辑起点的确定既体现了伦理学作为研究人的行为及其相互关系的价值科学的特性,又内含了伦理学所有理论规定的胚芽,由此可以逻辑地推演出整个伦理学的理论体系。

(2) 从人的存在的二重性出发,对道德的起源、本质和演变作出新的诠释

唐凯麟运用马克思在《资本论》中对"商品一般"的分析方法,揭示了"实践着的人"的存在具有个体性和社会性,"实践着的人"的二重性决定了人的需要或利益的二重性,即个人的需要或利益和社会的需要或利益。这决定了任何人都有一个如何处理他的需要或利益的个体性与整体性的关系问题,而这正是伦理道德的核心问题。唐凯麟还以人的存在的二重性理论为基础,对集体主义、为人民服务等社会主义道德原则和核心问题做出了深刻的创新性的理论阐析,还提出了爱情的三要素、劳动动机的三重性和旧式爱国主义内在的三重矛盾等新观点,从历史、逻辑与现实的多维结合上,论述了社会主义道德的崭新性质。

(3) 阐发社会主义伦理道德体系建设环境或基本条件,从中国特色社会主义实践来把握当代伦理学发展的方向

唐凯麟提出当代中国伦理学的发展应该是同当今社会发展的趋势和人的全面发展要求相适应的,这样才能构建中国特色社会主义的当代伦理学,才能构建一种具有广泛现实可行性和实际操作性的、能够充分体现当今的时代精神和社会发展大趋势的关于道德的科学的价值观念、思维方式和行为评价标准的规范体系。

在《伦理大思路——当代中国道德和伦理学发展的理论审视》一书中,唐凯麟提出当代中国伦理学必须首先科学地确定自己应有的价值视域,即"应有视域"。认为当代中国伦理学应当立足于当代社会发展的大趋势,应当深入到当代中国社会变革的深层次之中,应当直面当代中国人所面临的诸多生活矛盾,特别是精神生活的矛盾,并对此做出积极的回应。唐凯麟还将"应用视域"分为宏观、中观、微观三个层面,对"当代世界新技术革命"、"中国社会主义市场经济发展""我国人民精神生活"三个层面所引发和存在的伦理道德问题进行了全面的论述,全方位考察了当代中国伦理道德建构的现实社会基础。同时,唐凯麟还着力说明了当代中国伦理道德建构的精神文化背景和条件的问题,反对伦理文化观上的民族虚无主义和全盘西化论。

(4) 揭示有中国特色社会主义伦理道德体系的价值内涵和理论特质

唐凯麟认为当代中国伦理道德的建构,必须通过深刻的理性反思来确立正确的价值取向和价值原则。他对当代中国伦理道德价值取向进行了理性思考和严密的理论论证,试图通过理论的创新,为建构一个逻辑严密的伦理道德价值的理论体系奠

定基础。这也是唐凯麟主编或独自编著的几本伦理学教材的核心部分。在唐凯麟看来，有中国特色社会主义伦理道德体系从理论特质上讲是理论伦理学、规范伦理学和应用伦理学的统一和升华，是义务论伦理学和功利论伦理学的统一和升华，同时也是道德目的论和道德工具论的统一和升华。这一理论特质的揭示对社会主义市场经济条件下道德的建设和伦理学的发展无疑具有十分重要的意义，反映了伦理学研究从二元对立到辩证统一的超越性升华。

（5）阐说当代中国伦理道德的运行机制

唐凯麟指出，当代中国伦理道德的建构，需要建立起一套有效的运行和调控机制。道德处于社会大系统中的一个子系统，其运行要受到社会经济、政治、法律、文化的影响和制约；道德自身包含着诸多要素的一个有机系统。因此，道德建设必须强化社会主义道德运行的外部保障系统。为此，他提出通过发展经济和教育、加强民主和法制来为道德提供外部物质基础和外部保障。同时，他还强调必须完善社会主义道德运行的内部调适机制。此外，还提出应该通过把握道德思维的特点来激发人的道德需求，促进道德实现的观点。

2. 不断深化中国伦理学思想史研究

唐凯麟在长期的教学和科研过程中，积累了有关中国伦理思想史的丰富资料，对中国伦理思想做了深刻的研究，并且通过对中国伦理思想史的研究，拓展了对当代中国伦理学的研究，为中国伦理学的发展提供了坚实的基础。

（1）关于明清之际伦理思想的研究

唐凯麟经过独立深入的研究认为，中国也有过自己的早期启蒙伦理思想。在明清之际，从地主阶级内部分化出来的在野的开明知识分子为了改革封建弊政，挽救社会和民族危机而对封建伦理道德所进行的自我检讨和自我批判的思潮，是一种争取平等权利、自由发展商品经济愿望和利益的走向近代的思潮。王夫之便是其中代表。这种思潮的产生是基于对宋明理学的否定。中国早期启蒙伦理思想的内容主要体现在这样一些方面：从群体价值取向到个体和群体双重价值取向的蜕变；从家族本位向社会本位的演化；从超验的理性原则到现实的感性生活的转换；从民本主义到具有初步民主主义的转换。这种启蒙思想虽然在清以后逐渐湮没，但是，它的产生与沉寂有着较为深刻的历史启示。一种伦理文化的产生和转型，需要新的经济因素的持续良好发展为基础，需要有一个相对稳定、宽松的社会环境作为外部条件；而对于传统文化，需处理好批判继承与超越创新的关系。

(2) 关于中国传统伦理文化现代价值的研究

唐凯麟提出要正确对待传统伦理道德文化，同时也是一个正确对待整个传统文化的问题。他认为正确对待民族传统文化和传统伦理道德文化，继承和弘扬中华民族的优良传统，是保证改革开放顺利发展的必要条件。在如何继承和发扬优秀的传统文化和传统伦理道德文化上，唐凯麟还提出需要培育社会主义的新生文化主体，也就是对人的培育，新生文化主体的培养和造就，是实现对中国古代文化遗产批判继承和超越创新辩证统一的重要前提。

特别值得一提的是，1996年，唐凯麟承担了国家社会科学基金课题"中国传统伦理文化的现代价值研究"，推出了一系列成果，系统阐述了中国传统伦理文化的现代价值。在《成人与成圣——儒家伦理道德精粹》一书中，唐凯麟对儒家伦理思想的基本特质、主要道德观念，以及儒家个体道德、家庭道德、政治道德、社会公德等内容作了全面的阐释论证，并对在中国市场经济条件下弘扬儒家伦理道德精华问题给予了科学的分析。唐凯麟还对中国传统文化中的"和谐"思想进行了探讨，认为"和"、"和谐"是中国传统文化的核心概念和基本精神，它是宇宙万事万物产生、运行、存在的条件和方式，是协调各种社会关系的基本法则，也是处理人际关系的道德准则，体现了世界观和方法论、认识论和价值观的朴素统一。古代"和"思想中的精华部分，是当代中国建构社会主义和谐社会的文化资源和历史依托。这也说明，中国现代伦理学发展的过程是一个继承优良的文化遗产、超越旧文化、创造社会主义新文化的历史过程。

(3) 对中华民族爱国主义发展史进行系统研究

2001年唐凯麟主编了《中华民族爱国主义发展史》丛书。该丛书立足于现代中国的伦理文化建设实际，对中华民族五千多年悠久而颇有特色的爱国主义传统进行全面系统的清理总结，旨在弘扬民族精神，光大爱国主义传统，为建设社会主义先进文化和道德文明服务。该丛书首次比较系统而全面地对中国古代、近代和现当代的爱国主义的基本特征和主要内容做出了深入的探讨和论述，对各个历史时期爱国主义的理论、行为和实践做出了客观的介绍与阐释，被学术界认为是"弘扬时代主旋律"的一部力作。

此外，唐凯麟还对传统美德、儒家伦理思想传统的重构与创造性转化以及中华民族道德生活史等做出了颇富特色和创新意义的研究，大大拓展了中国伦理思想史和中华民族道德生活史研究的空间和领域，对接续中华民族优秀伦理思想传统，构建安身立命的精神家园做出了自己的学术贡献。

3. 系统探索和构建应用伦理学研究体系

20世纪80年代以来，伦理学发展有了新的趋势，那就是应用伦理学的迅猛发展。理论伦理学的任务在于发现社会道德生活的原理或者规律；应用伦理学的任务则在于应用这些原理或者规律，以此来达到人类自身的目的。唐凯麟很早就意识到了研究应用伦理学的重要价值和广阔的学术前景，他认为应用伦理学所要研究的是如何应用道德规律和道德价值，研究的是使道德价值现实化的操作性体系，这一领域是当代伦理学的新领域和显学，也是当代中国伦理学的一个重要的组成部分，是当代中国伦理学发展最快、取得的成果最多的领域，是其今后发展的重要方向。因此，加强对应用伦理学的研究有利于当代中国伦理学的发展。唐凯麟鼓励他人着手这方面的研究，自己也以人口伦理学、经济伦理学和管理伦理学为重点展开研究，取得了较为丰硕的成果，在食品安全伦理学等新领域，也进行了探索。

唐凯麟于20世纪90年代初承担了国家社会科学基金课题"人口伦理学研究"，并出版了著作《超越危机的选择——人口道德》，后来又出版了《试论人口伦理学的建构》等一批专题论文，提出了人口伦理学是一门关于人口生产和人口流动、人口迁徙、人口生育控制等的道德思考的学问，它以人口道德为研究对象，全面探讨和揭示人口生产和再生产的规律和伦理道德问题等观点。就经济伦理学和管理伦理学的研究而言，唐凯麟先后与他人合著了《契合与升华：传统儒商精神和中国现代市场理性的建构》、《管理伦理学纲要》、《中国古代经济伦理思想史》等著作，比较深入地探讨了儒商精神与现代市场经济的关系问题，认为社会主义市场经济伦理精神的建构应当批判继承传统儒商精神的精华，并把义利统一作为市场经济的灵魂；较为系统地阐释现代管理伦理的本质和特征，认为现代管理伦理是管理学和伦理学相互融合的产物，管理伦理本质上是管理的伦理化和伦理的制度化的结晶；较为全面地探讨并总结了中国历史上的经济伦理思想，初步建构了中国传统经济伦理思想史的研究体系。在食品安全伦理学方面，唐凯麟认为食品安全伦理直接涉及人类的生存与发展、生命的权利与价值、社会的秩序与和谐，以及人类的现在与未来、代际关系的公正与正义等一系列重大的伦理问题，是一个重要的现代性问题。他提出加强食品安全伦理研究有利于保障公共健康，改善民生，维护社会经济秩序；有利于推动我国服务型政府的建设，增强执政的合法性和道义性，建设社会主义和谐社会。

对应用伦理学研究的方法论问题，唐凯麟提出了许多领学界一时研究风气的观点，其中特别重要的观点有如下几点。

（1）应用伦理学并不能简单地理解为就是经济伦理学、管理伦理学、政治伦理学、生态伦理学等部门伦理学或者认为其仅仅是解决现实生活中的伦理道德难题的学问等。这样的简单理解对于开始阶段的应用伦理学研究是有一定的学术价值的,但是,长期对应用伦理学没有合理而确定的理解,会影响应用伦理学的研究,不利于当代中国伦理学的发展。

(2)要准确理解应用伦理学,前提是对"伦理学的应用"和"应用伦理学"予以区分。"伦理学的应用"是一种从"理论到应用"的思路,是一种把外在的道德理论和道德原则规范加之于人们的不同的实际生活领域,并把政治、经济、生态等领域当作道德理论和道德原则规范的应用对象的思路。它侧重于道德理论体系的建立和道德规范的确定,将现实生活作为道德实践的对象,它只关注道德理论和道德原则规范的唯一性、绝对性及其在现实生活中的划一化、普及化,至于道德理论和道德原则规范是否正确可靠、是否合理恰当,则无需去作认真而深入的考虑。它的应用模式是从理论直接到指导实践的模式。其结果是它可能对现实生活提出无法满足的要求,以致使现实生活伦理化,造成对现实生活的疏远、隔离乃至有害的影响。

"应用伦理学"则是一种从理论到中介再到应用的思路,它不是理论演绎的结果和人们主观臆想的东西,而是有其客观的现实依据的,并要不断地受到现实生活的检验和矫正,这是其一。其二,应用伦理学侧重于理论和应用、"应然"(道德)与"实然"(道德落实于实际的社会生活和人们的实有行为)之间的中介的揭示和探讨,并将"适然"(连接"应然"和"实然"的中介)作为应用伦理学研究的使命。在此,"应用伦理学"是一门理论性学科。

(3)应用伦理学主要探讨的是"适然"、"应然"与"实然"沟通的规律,道德理论和道德原则规范应用的制约因素及其相互关系,道德理论和道德原则规范应用的结构及其运行模式,道德理论和道德原则规范被人们普遍接受并达成共识的规律,道德理论和道德原则规范应用的操作原则、操作方法、操作方式,道德理论和道德原则规范应用的评估标准、评估方法、矫正机制及其优化方式等。应用伦理学的重要使命,是探寻从行为"实然"到道德"应然"的中介,也就是"适然"。"适然"是从"应然"到道德"实然"的可操作性体系。它包括转化系统、接收系统、决策系统、评估系统等四个相互联系又相互区别的方面。

三、结　　语

唐凯麟1962年大学毕业后,一直在湖南师范大学从事哲学、伦理学的教学与研究工作，至今从教已达52年。50多年来，他一直工作在教学、科研的第一线，以马克思主义理论指导自己的教学和学术研究，坚持既作经师，亦作人师，忠诚于党和人民的教育事业，把能为学生服务视作自己神圣的使命和天职，以做学生的知心朋友为自己最大的乐趣。他笃信教育家陶行知"千教万教教人求真，千学万学学做真人"的训条，解放思想、实事求是、与时俱进，不断更新自己的知识结构，总想对学生在精神上、智力上有所助益，以认真讲好每一堂课的精神严格要求自己，以对学生人生负责的态度站好三尺讲台，教书育人，在岳麓山下谱写了一曲无愧于教师这一职业的颂歌。每每有人问及他，如果能有第二次选择，你还会选择当老师吗？他总是毫不犹豫地答道："一定会！"他的一生可谓是以哲学、伦理学为志业，尊道贵德、无怨无悔的一生。

四、唐凯麟主要论著

唐凯麟主编. 1984. 简明马克思主义伦理学. 武汉：湖北人民出版社.

唐凯麟. 1987. 从旧道德到新道德. 武汉：湖北人民出版社.

唐凯麟，张怀承. 1992. 六经责我开生面——王船山伦理思想研究. 长沙：湖南出版社.

唐凯麟. 1993. 走向近代的先声——中国早期启蒙伦理思想研究. 长沙：湖南教育出版社.

唐凯麟. 2000. 伦理大思路：当代中国道德和伦理学发展的理论审视. 长沙：湖南人民出版社.

唐凯麟. 2001. 伦理学. 北京：高等教育出版社.

唐凯麟，王泽应. 2003. 20世纪中国伦理思潮. 北京：高等教育出版社.

唐凯麟，曹刚. 2008. 重释传统——儒家思想的现代价值评估. 上海：华东师范大学出版社.

唐凯麟. 1982. 关于剥削阶级道德能否批判继承的几个理论问题. 湖南师范学院学报（社会科学版），(2)：99-105.

唐凯麟. 1992. 论个体道德. 哲学研究，(4)：67-72.

唐凯麟. 1994. 道德人格论. 哲学动态，(11)：35.

唐凯麟. 1995. 世纪之交的伦理沉思——论建设跨世纪的中国现代伦理学的应有视角. 湖南师范大学社会科学学报，(6)：52-59.

唐凯麟. 1996. 论商品生产的伦理二重性. 中州学刊，(1)：58-63.

唐凯麟，曹刚. 2000. 论道德的法律支持及其限度. 哲学研究，(4)：61-67.

唐凯麟. 2007. 现代视域中的儒家思想. 文史哲，(5)：52-59.

唐凯麟. 2009. 试论人口伦理学的建构. 哲学动态，(3)：42-46.

唐凯麟，陈世民. 2009. 经济和人文脱节的不良后果——全球金融危机的伦理审视. 哲学研究，(5)：111-116.

唐凯麟. 2010. 财富伦理引论. 中国社会科学，(6)：32-36，220-221.

唐凯麟. 2012. 食品安全伦理引论：现状、范围、任务与意义. 伦理学研究，(2)：115-119.

唐凯麟. 2013. 培育践行社会主义文明观. 新华文摘，(13).

主要参考文献

龚鹏飞,黄耀红,李统兴.2002.无愧于时代的"经师"和"人师"——记全省优秀共产党员、优秀理论工作者唐凯麟教授.湖南教育,(13):8-12.

王泽应.2005.旧学商量加邃密 新知培养转深沉——唐凯麟教授学术思想述要.高校理论战线,(10):18-21.

撰写者

张曦(1982~),哲学博士,现为湖南师范大学道德文化研究中心讲师。

王泽应(1956~),哲学博士,1995~1998年在唐凯麟教授指导下攻读博士学位,现为湖南师范大学道德文化研究中心主任,教授、博士生导师,中央马克思主义理论研究与建设工程《伦理学》首席专家。

20 世纪中国哲学大事记

1900 年
- 章炳麟作《客帝匡缪》，并割发辫，公开宣布反清革命。

1901 年
- 康有为发表《中庸注》、《孟子微》，宣传渐进，反对革命。
- 蔡元培在《哲学总论》中首次引入"美育"概念。

1902 年
- 严复译亚当·斯密《原富》（即《论国家的财富的性质和原因》）出版。
- 康有为发表《论语注》、《大学注》。
- 梁启超在日本创刊《新民丛报》，始著《论中国学术思想变迁之大势》，并在《新民丛报》上发表《进化论革命者颉德之学说》，提到马克思和社会主义。
- 田吴炤译日本十时弥《论理学纲要》出版，第一次把"逻辑学"汉译为"论理学"。杨荫杭根据日文西方逻辑学著作编译《名学》，汪荣宝译日本高山林次郎《论理学》、林祖同译日本清野勉《论理学达旨》（原名《归纳法论理学》）出版。
- 王国维译桑木严翼《哲学概论》，论述了作为哲学学科的"美学"。

1903 年
- 马君武在《译书汇编》第 11 期发表《社会主义与进化论比较——附社会党巨子所著书论》，介绍唯物史观。该文附有《英国工人阶级状况》、《哲学的贫困》、《共产党宣言》、《政治经济学批判》、《资本论》等书目。
- 中国达识译社译日本幸德秋水《社会主义神髓》出版，较系统地介绍马克思学说及其著作。
- 赵必振译日本福井准造《近世社会主义》出版，较系统地介绍马克思、恩格斯生平及其社会主义学说。
- 章炳麟发表《驳康有为论革命书》，并为邹容《革命军》作序。
- 邹容发表《革命军》。
- 陈天华发表《猛回头》、《警世钟》。
- 蔡元培译德国科培尔《哲学要领》，最早介绍"美学"的词源及其原初意义。
- 王国维著《汉德像赞》，介绍康德哲学。

1904年
- 梁启超发表《子墨子学说》与《墨子之论理学》。
- 张之洞等组织制定了《奏定大学堂章程》，首次针对建筑专业的学生设置了"美学"课程，"美学"正式进入中国大学课堂。

1905年
- 孙中山发表《民报发刊词》。《民报》与《新民丛报》开始为期三年的关于革命与保皇问题的大论战。
- 蛰伸（即朱执信）在《民报》发表《德意志社会革命家小传》，介绍马克思、恩格斯生平和《共产党宣言》的基本内容，全译"十大纲领"，概述《资本论》主要观点。
- 《国粹学报》创刊。
- 严复译《穆勒名学》出版。

1906年
- 孙中山发表《三民主义与中国前途》。
- 章炳麟发表《无神论》、《俱分进化论》、《建立宗教论》、《论诸子学》。
- 严复发表《述黑格尔唯心论》。
- 梁启超发表《开明专制论》。
- 刘师培编著《伦理教科书》出版。
- 胡茂如译日本大西祝《论理学》、汤祖武编译《论理论学解剖图说》出版。

1907年
- 世界社出版《近世六十名人》，首次刊登了马克思1875年在英国伦敦拍摄的肖像，这是中国最早见到的马克思的肖像。
- 中国无政府主义者的刊物《新世纪》、《天义报》于法国、日本创刊。
- 陈焕章在美国成立"孔教会"，宣扬孔教，反对革命。
- 刘师培在《天义报》发表《无政府主义之平等观》和《论种族革命与无政府革命之得失》（与何震合著）。
- 张君劢译《耶方斯氏论理学》出版。

1908年
- 民鸣译《共产党宣言·序言》（即恩格斯《共产党宣言》1888年英文版"序"，）、《共产党宣言》第1章在《天义报》第15卷刊载。
- 王国维译耶方斯《辨学》出版，原名《逻辑学基础教程》；《人间词话》载于《国粹学报》。

1909年
- 严复译耶方斯《名学浅说》出版，原名《逻辑初级读本》。
- 容闳《西学东渐记》在纽约出版。
- 林克培《论理学通义》出版，为中国学者最早编著的逻辑教科书。
- 过耀根《最新论理学纲要》出版。

- 蔡元培译德国泡尔生（F. Paulsen）《伦理学原理》出版。

1910年
- 章炳麟发表《秦政记》、《秦献记》、《齐物论释》。
- 蔡元培《中国伦理学史》出版，为中国学者运用西方学术研究方法研究中国伦理学史的第一部著作。
- 陈文《名学释例》出版。

1912年
- 北京大学设立"哲学门"，哲学从此成为中国现代大学的独立学科。
- 上海成立"孔教会"，攻击辛亥革命。
- 袁世凯发布《崇孔伦常文》，宣称中国以孝、悌、忠、信、礼、义、廉、耻为人道之"大经"。
- 施仁荣译《理想社会主义和实行社会主义》（即恩格斯《社会主义从空想到科学的发展》第1~2节和第3节的一部分），在中国社会党绍兴支部刊物《新世界》上连载。
- 蔡元培编著《中学修身教科书》出版。
- 王延直编著《普通应用论理学》出版。
- 蒋维乔编《论理学教科书》出版。

1913年
- 康有为办《不忍》杂志，提倡尊孔读经，发表《以孔教为国教配天地之义》，主张以孔子配天配上帝，将定孔教为国教的宣传推向极端。
- 袁世凯发布《通令尊崇孔圣文》，称孔子为"万世师表"。
- 陈焕章发表《孔教会序》，提倡尊孔读经，以孔教为国教。
- 严复、梁启超等上书参政两院，提出"请定孔教为国教"的请愿书。

1914年
- 毛泽东开始参加杨昌济组织的哲学研究小组活动，记录、整理听课笔记《讲堂录》近万余言。
- 北京大学"哲学门"正式招生。
- 张子和《新论理学》出版。
- 邢伯南《论理学》出版。
- 樊炳清《论理学要领》出版。

1915年
- 陈独秀创办《青年杂志》（后改名《新青年》），并发表《抵抗力》，标志新文化运动开始。
- 刘师培发表《君政复古论》，拥护袁世凯称帝。
- 孙中山发表《讨袁檄文》。
- 易白沙在《新青年》连续发文，宣传反封建思想，批判"利用孔子为傀儡，垄断天下之思想"（《孔子平议》）。

- 徐大纯在《东方杂志》发表《述美学》，有意识地进行美学学科建构。
- 武昌私立中华大学设立中国哲学门，是中国南方最早出现的现代大学哲学系。
- 中国科学社成立，并主办《科学》杂志。任鸿隽为首任社长，是近代中国第一个民间学术团体，提倡科学，鼓吹实业，审定名词，传播知识。

1916年
- 谢无量《中国哲学史》出版。
- 姚建《论理学》出版。

1917年
- 蔡元培发表《以美育代宗教说》。
- 胡适回国，任北京大学教授，参加"新文化运动"，提倡文字改革，并发表《文学改良刍议》。
- 梁漱溟在北京大学首开印度哲学课程。
- 欧阳渐刻成《瑜伽师地论》。

1918年
- 《劳动》杂志刊文介绍列宁生平。
- 毛泽东与蔡和森等成立新民学会。
- 李大钊在《言治》季刊发表《法俄革命之比较观》，在中国首次论述十月革命。
- 李大钊（署名守常）在《新青年》发表《庶民的胜利》和《布尔什维主义的胜利》，指出中国应走十月革命的道路。
- 李大钊和陈独秀等人创办的《每周评论》在北京出版，提倡新文化和宣传马克思主义。
- 李大钊在北京大学组织"马尔格斯学说研究会"，秘密研究马克思主义。
- 梁漱溟《印度哲学概论》出版。
- 北京大学开设"科学概论"，是近代中国最早的科学哲学课程。

1919年
- 五四运动爆发。
- 无政府主义刊物《进化》月刊创刊，由无政府主义小团体进化社出版。
- 北京大学哲学研究会成立，毛泽东加入该会。
- 北京大学"哲学门"改称"哲学系"。
- 南开大学建校，在文科部设立"哲学学门"。
- 胡适主编《每周评论》，发表《多研究些问题，少谈些"主义"！》，以改良主义对抗马克思主义。
- 李大钊在《每周评论》发表《再论问题与主义》批驳胡适。"问题与主义论战"开始。

- 《新青年》出版"马克思主义研究专号",刊有李大钊的《我的马克思主义观》、顾兆熊的《马克思学说》等。
- 李大钊发表《物质和精神》、《物质变动与道德变动》、《由经济上解释中国近代思想变动的原因》等文章,宣传马克思主义。
- 李大钊主持下的北京《晨报》副刊开辟"马克思研究"专栏,发表食力据日文转译《劳动与资本》(即马克思《雇佣劳动和资本》的部分内容)、陈博贤译日本河上肇《马克思的唯物史观》等。
- 上海《民国日报》副刊"觉悟"刊载《马氏唯物史观概要》、《马克思逸语》等。
- 毛泽东主编《湘江评论》创刊号出版,发表《民众的大联合》,并发起组织"问题研究会"。
- 李泽彰译《马克思恩格斯共产党宣言》(即《共产党宣言》第1章)出版。
- 胡适发表"实验主义"演讲,《中国哲学史大纲》(上卷)出版。
- 刘师培组织"国故月刊社",任《国故月刊》总编辑,对抗"五四"新文化运动。
- 章炳麟《国故论衡·原名》出版,以印度因明为标准,开展中国名学、西方逻辑和印度因明的比较研究。
- 李石岑发表《挽近哲学之新倾向》,介绍詹姆斯的实用主义和柏格森的直觉主义。
- 美国实用主义者杜威来华讲学,历时2年2个月。
- 张东荪译柏格森《创化论》出版。
- "中华美育会"在上海成立,由上海专科师范学校校长吴梦飞及教师刘质平、丰子恺等发起,会员有刘海粟、吕澂、姜丹书、萧蜕、胡怀琛等,是中国第一个美学学术团体。

1920年
- 《觉悟》杂志创刊,周恩来任主编,由天津觉悟社出版。
- 江春(李达)在《共产党》月刊发表《社会革命底商榷》。
- 李大钊在《新青年》发表《唯物史观在现代史学上的价值》,相继在北京大学经济系、历史系、法律系与北京女子高师开设了"唯物史观"、"史学思想史"等课程。
- 陈独秀在《新青年》发表《谈政治》、《关于社会主义的讨论》。
- 陈望道译《共产党宣言》出版,是该书第一个中文全译本。

- 郑次川译《科学的社会主义》（即恩格斯《社会主义从空想到科学的发展》第3节）出版。
- 费觉天译《马克思资本论自叙》（即马克思《〈资本论〉初版序言》）发表。
- 恽代英译《英哲尔士论家庭的起源》（即恩格斯《家庭、私有制和国家的起源》第2章部分内容）在上海《东方杂志》连载。
- 戴季陶译威廉·李卜克内西《马克斯传》在《星期评论》刊载。
- 苏中译《科学的社会主义与唯物史观》（即恩格斯《反杜林论》第3编部分内容）在上海《建设》杂志刊载。
- 在李大钊倡导下，邓中夏、罗章龙等人发起成立北京大学马克思学说研究会。
- 陈独秀、沈雁冰、李汉俊、陈望道等人在上海成立"马克思主义研究会"。
- 恽代英、林育南等在武汉组织成立马克思主义研究会。
- 王尽美、邓恩铭等在济南成立马克思主义研究会。
- 毛泽东在长沙组织马克思主义学习小组。
- 蔡和森在给毛泽东的信中介绍国际共运情况和他对马克思主义的理解。
- 邓中夏在保定直隶高等师范开设"介绍唯物史观的大意"课程。
- 梁启超发表《欧游心影录》。
- 恽代英发表《怀疑论》，批评古代皮浪的怀疑论和近代康德的不可知论。
- 《少年中国》出版"新唯实主义"专号，介绍美国思想界的实验主义和新实在主义两大学派。
- "杜威五大演讲"中译本出版，包括《社会哲学与政治哲学》、《教育哲学》、《思想之派别》、《现代的三个哲学家》、《伦理讲演纪略》。
- 《新潮》刊载唐俟译尼采《察拉图斯忒拉的序言》及汪敬熙《心理学之最近的趋势》。
- 罗素应邀访华讲学，历时8个多月。
- 《新青年》刊载张崧年（张申府）《罗素》，以及罗素著作的译文：《梦与事实》、《民主与革命》、《哲学里的科学法》等。
- 黄凌霜译罗素《哲学问题》出版。
- 中央大学哲学系（南京大学哲学系前身）成立。
- 朱谦之主编的《奋斗》创刊，为新虚无主义"奋斗社"之刊物。

- 中国第一本美育学术刊物《美育》杂志创刊。
- 王星拱《科学概论》上卷《科学方法论》出版，是近代中国第一部科学哲学著作。

1921年
- 毛泽东给正在法国勤工俭学的蔡和森复信，指出："唯物史观是吾党哲学的根据"。
- 李达在《新青年》发表《讨论社会主义并质梁任公》、《马克思还原》，批判梁启超和张东荪的唯心史观，阐述唯物史观基本原理；其在《共产党》月刊刊载的《无政府主义之解剖》（江春），是马克思主义同无政府主义论战的重要代表作。
- 李大钊在《少年中国》发表《自由与秩序》，继续批判无政府主义。
- 范寿康译《马克思的唯物史观》（即马克思《〈政治经济学批判〉序言》的部分内容）在《东方杂志》刊载。
- 袁让译《工钱劳动与资本》作为"马克思全书"第2种出版，是马克思《雇佣劳动与资本》的第一个中文译本。
- 《新青年》刊载蔡和森与陈独秀讨论唯物史观的通信：《马克思学说与中国无产阶级》。
- 中国共产党在上海成立，以马克思主义为指导思想，从此中国革命进入了新的历史阶段。
- 中国共产党在上海创办人民出版社，由李达主持。计划出版"马克思全书"、"列宁全书"等，年内出丛刊有：《俄国共产党党纲》、《资本论入门》、《俄国革命纪实》等。
- 不定期《哲学》杂志创刊，由北京哲学社编辑出版。创刊号刊载吴康《柏格森哲学》、傅铜《罗素的创而不有主义》等。
- 罗素在北京大学作"物之分析"讲演，姚文林根据讲演记录整理出版《物之分析》一书。
- 《罗素月刊》创刊，主要刊载罗素的著作、演讲及对罗素和罗素思想的介绍文章。共出4期，1921年10月休刊。
- 《新潮》刊载王星拱的《物和我》及冯友兰的《柏格森的哲学方法》等。
- 《民铎》第3卷第1号为"柏格森号"，刊载了李石岑的《柏格森哲学之解释与批判》、梁漱溟的《唯识家与柏格森》等文章。
- 杨正宇译柏格森《形而上学序论》出版。

- 梁漱溟《东西文化及其哲学》出版。
- 刘伯明《近代西洋哲学史大纲》由中华书局出版。
- 梁启超《墨子学案》出版，对墨辩、因明、西方逻辑进行比较研究。
- 蔡元培在北京大学哲学系亲自讲授美学。
- 《胡适文存》第1集出版。

1922年
- 毛泽东创办湖南自修大学《新时代》月刊，李达任主编。
- 陈独秀在《新青年》发表《马克思学说》。
- 李大钊、李达、沈雁冰、陈望道、陈独秀、周作人、夏丏尊等人组织创办新时代丛书社，出版包括马克思主义哲学在内的社会科学书籍。
- 中国劳动组合书记部在上海举行纪念马克思诞生104周年纪念会，出版《马克思纪念册》。
- 《今日》发表《马克思著作史》，列举马克思1842～1875年的著作18种。
- 熊得山译马克思《哥达纲领批判》全文刊载于《今日》月刊"马克斯特号"上。
- 《社会主义讨论集》出版，收录陈独秀、李达、周佛海、李季、李汉俊等7人的文章共25篇。
- 张东荪译柏格森《物质与记忆》出版。
- 《新潮》"一九二〇年名著介绍特号"刊登了杜威的《哲学改造》（罗家伦译）、柏格森的《心力》（冯友兰译）、罗素的《布尔塞维克主义》（何思源译）等译作。
- 胡适、丁文江合办的《努力》周报创刊，宣传"好人政府"的改良主义。
- 傅钟孙、张邦铭译《罗素算理哲学》（今译《数理哲学导论》）作为"罗素丛书之一"出版。
- 汤澈、叶芬可合译法国李洛蒙《柏格森》出版。
- 胡适《先秦名学史》英文本出版，是中国第一本系统研究先秦逻辑思想史的著作，也是用外国语言介绍古代中国名学派的第一本书。
- 梁启超发表《先秦政治思想史》和《墨经校释》。
- 欧阳渐创立支那内学院，讲《唯识抉择谈》。
- 德国哲学家杜里舒来华讲学。
- 武昌高等师范学校教育哲学系（今武汉大学哲学学院前身）成立。

1923年
- 李达发表《马克思学说与中国》，阐明生产力与生产关系的矛盾运动是社会革命发生的原因。
- 李大钊发表《桑西门的历史观》，说明空想社会主义与科学社会主义的区别。
- 熊得山译恩格斯《家庭、私有制和国家的起源》第4、5、9章分别以《历史以前的文化阶段》、《国家的起源》、《未开与文明》为题刊于《今日》月刊。
- 张君劢在清华大学作"人生观"演讲，讲稿发表于《清华周刊》第272期。
- 丁文江发表《玄学与科学》，标志"玄学与科学"论战开始。
- 瞿秋白发表《自由世界与必然世界》，对"玄学与科学"论战作出深刻分析，指明论战的实质。
- 陈独秀作《答适之》，批判胡适"心"、"物"二元论；又应邀为"科学与人生观"讨论集作序。
- 中国共产党成立上海书店，出版《向导》、《新青年》、《前锋》等理论刊物和《马克思主义浅说》、《唯物史观》、《社会科学讲义》等著作。
- 蔡元培《五十年来中国之哲学》、胡适著《五十年来之世界哲学》刊于申报馆编印出版的《最近之五十年》一书中。
- 邹蕴真发表《现代西洋哲学之概观》，介绍自19世纪中叶至当时的西方哲学思想。
- 东方杂志社编《马克思主义与唯物史观》出版。
- 刘益之《唯物史观浅释》出版。
- 吴稚晖《一个新信仰的宇宙观及人生观》出版。
- 胡国钰译柏格森《心力》出版。
- 《杜威三大演讲》出版，收入杜威的《教育哲学》、《试验论理学》和《哲学史》三个讲演稿。
- 陆懋德《东周哲学史》出版。
- 吕澂《美学概论》出版，是中国第一部美学概论。

1924年
- 瞿秋白《社会哲学概论》、《社会科学概论》出版，并发表《实验主义与革命哲学》。
- 蔡元培著《哲学纲要》出版。
- 陈独秀发表《答张君劢及梁任公》。

- 巴克译《德意志观念论体系》（即马克思、恩格斯合著《德意志意识形态》）出版。
- 中国青年党机关刊物《醒狮》周报在上海创刊。
- 朱谦之《一个唯情论者的宇宙观及人生观》出版。
- 《学艺》出版"康德诞辰二百年纪念号"，刊载近20篇论文。
- 张廷英译马赫《感觉之分析》出版。
- 玄默发表《新康德派学说概要》，介绍新康德主义。
- 孟宪承译詹姆斯《实用主义》出版。
- 张东荪《科学与哲学》出版。
- 杜儒《中国伦理学史》出版。
- 中山大学哲学系成立。

1925年
- 毛泽东发表《中国社会各阶级的分析》。
- 《新青年》出版"列宁号"，刊载瞿秋白译斯大林的《列宁主义概论》。
- 谷二译《列宁主义的理论及实际》（即斯大林《论列宁主义基础》的部分内容）发表。
- 丽英译《空想的及科学的社会主义》（即恩格斯《社会主义从空想到科学的发展》）发表。
- 任弼时（署名辟世）发表《马克思主义概略》。
- 戴季陶发表《三民主义之哲学的基础》（又名《孙文主义之哲学的基础》）。
- 瞿秋白发表《中国国民革命与戴季陶主义》，批判戴季陶的哲学。
- 恽代英发表《读〈孙文主义之哲学的基础〉》等文章，批判戴季陶主义。
- 梁启超《中国古代学术思想变迁史》出版。
- 赵兰坪译日本高濑武次郎的《中国哲学史》出版。
- 胡适编《胡适论学近著》出版。
- 张颐《黑格尔论理学》出版。

1926年
- 李达著《现代社会学》出版。
- 李春蕃即柯柏年译《唯物史观与马克思》（即列宁《卡尔·马克思》的部分内容）发表。
- 马云译《列宁主义的革命战术》（即《共产主义运动中的左派幼稚病》的部分内容）发表。

- 梁启超《中国近三百年学术史》出版。
- 潘梓年译柏格森《时间与自由意志》出版。
- 冯友兰《人生哲学》出版。
- 李石岑《人生哲学》出版。
- 吕澂《因明纲要》出版。
- 熊十力《因明大疏删注》出版。
- 梅光羲《因明入正理论疏节录集注》出版。
- 刘侃元译日本渡边秀方《中国哲学史概论》出版。
- 清华大学哲学系成立。
- 《哲学月刊》创刊，由北平中国大学教育系主编（从2卷2号起改为中国大学哲学读书会主编），中国大学出版部出版。创刊号刊有张崧年的《詹姆士的彻底经验论》等文。
- 张君劢与青年党人物李璜合办《新路》杂志。

1927年
- 毛泽东《湖南农民运动考察报告》发表。
- 述之发表《列宁主义是否不适合中国的所谓"国情"？》。
- 瞿秋白译苏联哥列夫的《无产阶级哲学——唯物论》（后改名为《新哲学——唯物论》）出版。书后附有瞿秋白的《唯物论的宇宙观概况》和《马克思主义之概念》二文。
- 李春蕃译列宁《国家与革命》发表。
- 吴凉译列宁《共产主义运动中的"左派"幼稚病》全译本出版。
- 董亦湘译考茨基《伦理与唯物史观》出版。
- 《哲学评论》（双月刊）创刊，由瞿世英（菊农）、张东荪、黄子通、林宰平（志钧）等人主办积极介绍西方现代哲学，1936年起成为中国哲学会机关刊物。
- 汪奠基《逻辑与数理逻辑论》出版，为中国最早介绍和研究数理逻辑的著作之一。
- 陈望道《美学概论》出版，被一些艺术学校选用为教材。
- 罗志希《科学与玄学》出版。
- 研究佛教唯识法相的学术团体"三时学会"在北京成立，韩德清任会长。

1928年
- 李一氓编译的《唯物史观原文》发表，辑录马克思《〈政治经济学批判〉序言》、《神圣家族》等著作中有关唯物主义的论述。

- 李铁声译《哲学的贫困拔粹》（即马克思《哲学的贫困》第1—2章）发表。
- 陆一远译《马克思主义的人种由来说》（即恩格斯《劳动在从猿到人转变过程中的作用》）出版。
- 林超真编译《宗教、哲学、社会主义》出版，包括恩格斯的《论早期基督教的历史》、《社会主义从空想到科学的发展》、《路德维希·费尔巴哈与德国古典哲学的终结》等著作。
- 李达与邓初民等人在上海创办昆仑书店，相继出版许多马克思主义哲学方面的著作。
- 上海泰东图书局开始陆续发行"马克斯丛书"。
- 《哲学评论》出版"休谟"专号，刊登的主要文章有：金岳霖的《休谟知识论的批评》、张东荪的《休谟哲学与近代思潮》、黄子通的《从洛克到休谟》等。
- 萧赣译孔德《实证主义概观》出版。
- 郑太朴《科学概论》出版。

1929年
- 李达《社会之基础知识》出版。
- 李扬译恩格斯《家庭、私有财产及国家之起源》（第一个中文全译本）出版。
- 冯雪峰译列宁《科学的社会主义之梗概》（即《卡尔·马克思》）出版。
- 杜竹君（即李一氓）译《哲学之贫困》出版，这是马克思《哲学的贫困》第一个中文全译本。
- 彭嘉生译恩格斯《费尔巴哈论》出版。书后附有补遗（即《自然辩证法》札记和论断）、《法兰西唯物论史》（《神圣家族》第6章）。
- 林自修译德波林《唯物辩证法与自然科学》出版。德波林在书中简述了恩格斯《自然辩证法》手稿的命运，并对其内容进行了论述。
- 陆章译摩陵（即梅林）《历史的唯物主义》出版。
- 杨东莼译狄慈根《新唯物论的认识论》、柯伯年译狄慈根《辩证法的逻辑》、杨东莼译狄慈根《辩证法的唯物论》出版。
- 张东荪《新哲学论丛》、《哲学 ABC》、《精神分析学 ABC》出版。
- 瞿世英《教育哲学 ABC》出版。
- 王平陵编《西洋哲学概论》出版。
- 谢扶雅《中国伦理思想述要》出版。

- 钟泰著《中国哲学史》出版。
- 蒋维乔《中国佛教史》出版。
- 李翌灼《西藏佛教史》出版。
- 《哲学评论》社与燕京大学哲学系在燕京大学联合举办"哲学年会"。美国哈佛大学哲学系系主任吴兹、博晨光，清华大学校长罗家伦均到会宣读论文。

1930年
- 陈启修（即陈豹隐）译《资本论》第1卷第1分册出版。
- 刘曼译《经济学批判》（包括马克思《政治经济学批判》）出版。
- 陈仲涛译《拿破仑第三政变记》（即马克思《路易·波拿巴的雾月十八日》）出版。
- 笛秋、朱铁笙译列宁《唯物论和经验批判论》（即《唯物主义和经验批判主义》）出版。
- 吴黎平译恩格斯《反杜林论》出版，为中国第一个全译本。
- 成嵩译恩格斯《从猿到人》（即《劳动在从猿到人转变过程中的作用》）出版。
- 章子健译普列汉诺夫《马克思主义的哲学问题》（又名《马克思主义的基本问题》）出版。书后附有马克思的《费尔巴哈论纲》和列宁的《关于辩证法问题》（即《哲学笔记》中的部分内容）。
- 王若水译普赖汉诺夫《近代唯物论史》（即《唯物主义史论丛》）出版。
- 郭沫若《中国古代社会研究》出版。
- 青锐译沙尔列·拉波播尔《历史哲学》出版。
- 陶伯译布哈林《唯物史观》（上、中、下）出版。
- 张如心《苏俄哲学潮流概论》、《辩证法学说概论》出版。
- 范寿康《哲学及其根本问题》出版。
- 马哲民《精神科学概论》出版。
- 王星拱《科学概论》出版。
- 王季同《因明入正理论摸象》出版。
- 中国社会科学家联盟（简称"社联"）在上海成立，《世界文化》创刊号发表《中国社会科学家联盟纲领》。

1931年
- 钱穆《国学概论》出版。
- 李石岑《现代哲学小引》出版。
- 张东荪《哲学》、《道德哲学》出版。

- 方东美《生命情调与美感》出版。
- 《读书杂志》出版"黑格尔百年祭"专号。
- 詹文浒译威尔·杜伦《哲学概论》出版。
- 张东荪等以《大公报》的"现代思潮"栏目和《再生》杂志为据点,叶青以《二十世纪》、《研究与批判》为阵地,开始"唯物辩证法论战"。艾思奇、邓天特(邓拓)等在此期间对双方都进行了批判。
- 梁漱溟发表《中国民族自救运动之最后觉悟》和《乡村建设理论》。
- 胡适创办《独立评论》,发表"全盘西化"主张。
- 陈望道《因明学》出版,为中国第一本用现代汉语写成的因明著作。
- 胡明复《科学方法》出版。

1932年
- 张申府译马克思《关于费尔巴哈的提纲》刊于《大公报》,译题为《佛耶巴赫论纲》。王慎明、侯外庐译《资本论》第1卷第3篇、潘冬舟译第2、4篇出版。
- 许德珩译《哲学之贫乏》(即马克思《哲学的贫困》)出版。
- 杜畏之译恩格斯《自然辩证法》出版。
- 青骊译恩格斯《费尔巴哈论》(英汉对照)出版。
- 李达、雷仲坚译苏联西洛可夫和爱森堡《辩证法唯物论教程》出版。
- 蒋介石发表"力行哲学"讲演,后于1939年出版。
- 张君劢和张东荪创办《再生》杂志宣传"国家社会主义",并筹建国家社会党。
- 《哲学与教育》(半年刊)创刊,由武汉大学哲学教育学会主办。
- 蒋维乔《中国近三百年哲学史》出版。
- 陈大齐《哲学概论》出版。
- 熊十力《新唯识论》(文言文本)出版。
- 郭湛波《先秦辩学史》出版。

1933年
- 张申府译《自白》(即《卡尔·马克思自白》)发表。
- 艾思奇发表《抽象作用和辩证法》和《二十二年来之中国哲学思潮》。
- 冯友兰《中国哲学史》(上、下)出版。
- 瞿世英《西洋哲学的发展》出版。
- 邓均吾译汤姆生《科学概论》出版。
- 《哲学评论》出版"黑格尔哲学"专号,刊登的主要文章有:张君劢的《黑格尔之哲学系统及其国家哲学历史哲学》、朱光潜的《黑格尔哲学的基本原理》、贺麟译罗伊斯（Josiah Royce）著《黑格尔的精神现象》等。
- 赵一萍《社会哲学概论》出版。
- 朱谦之《文化哲学》出版。
- 沈志远《新哲学辞典》出版。

1934 年
- 《读书生活》在上海创刊。艾思奇开始在《读书生活》杂志上连载《哲学讲话》。
- 张东荪发表《思想论坛上几个时髦问题》，对辩证法和唯物史观进行讨伐，并编辑出版《唯物辩证法论战》。
- 叶青《张东荪哲学批判》（上、下）、《哲学到何处去》出版。
- 冯友兰《中国哲学史》（两卷本）由商务印书馆出版。
- 温健公《现代哲学概论》出版。
- 全增嘏《西洋哲学小史》出版。
- 由张君劢、张东荪组织的中国国家社会党（后为民主社会党）成立。

1935 年
- 艾思奇发表《从新哲学所见的人生观》、《生产力与生产关系的交互作用》、《抽象名词和事实》、《论黑格尔哲学的颠倒》。
- 柳若水编译《黑格尔哲学批判》（即马克思恩格斯论述黑格尔哲学的几部重要著作的部分内容）出版。
- 北平法商学院首次铅印李达《社会学大纲》作为讲义。
- "中国哲学会"第 1 届哲学年会在北京大学召开，冯友兰担任会议主席。
- 范寿康《哲学通论》出版。
- 郭湛波《近五十年中国思想史》出版。
- 钱穆《先秦诸子系年考辨》出版。
- 蒋维乔和杨大膺编著的《中国哲学史纲要》出版。
- 李石岑《中国哲学十讲》出版。
- 邹谦《哲学概论》出版。
- 叶青编《哲学论战》出版。

1936 年
- 毛泽东发表《中国革命战争的战略问题》，论述战争中的辩证法和认识论，并开始研读《辩证法唯物论教程》。
- 毛泽东第一次提出"军事辩证法"概念，并以此为题，在陕北红军大学作讲演。

- 艾思奇《哲学讲话》（第 4 版改名为《大众哲学》）、《新哲学论集》出版。
- 侯外庐、罗克汀《新哲学教程》出版。
- 尼科莱（即刘及辰）译《黑格尔〈论理学〉大纲》（即列宁《黑格尔〈逻辑学〉一书摘要》第一部分）出版。
- 中国哲学会成立，选举汤用彤、金岳霖、冯友兰为学会常务理事，定《哲学评论》为学会刊物，冯友兰任主编。
- 艾思奇在上海发起成立秘密的新哲学研究会和自然科学研究会。
- 贾丰臻《中国理学史》出版。
- 沈志远《现代哲学的基本问题》出版。
- 陈唯实《通俗辩证法讲话》、《通俗唯物论讲话》出版。
- 范寿康《中国哲学史通论》出版。
- 叶青编辑《新哲学论战集》宣扬反马克思主义哲学观点。
- 沈志远译苏联米丁主编《辩证唯物论和历史唯物论》（上册）出版。
- 黄忏华《印度哲学史纲》出版。

1937 年
- 毛泽东在抗大讲授马克思主义哲学，著《辩证法唯物论提纲》，全面阐发对马克思主义哲学的理解和他自己的哲学思想。《实践论》和《矛盾论》分别为这一提纲的第 2 章第 11 节和第 3 章第 1 节。
- 毛泽东在杨家岭召集哲学座谈会，漫谈马列主义新哲学。
- 《解放》周刊创刊，是延安时期学习和研究马克思主义的重要读物。
- 延安解放出版社成立，重印翻译出版大量介绍马克思主义哲学的读物。
- 艾思奇《现代哲学读本》、《哲学与生活》出版。
- 李达《社会学大纲》出版。毛泽东称之为"中国人自己写的第一本马列主义的哲学教科书"。
- 陈唯实《新哲学世界观》、《新哲学体系讲话》出版。
- 温公颐编译《哲学概论》出版。
- 陈元德《中国古代哲学史》出版。
- 钱穆《中国近三百年学术史》作为"大学丛书"出版。
- 胡绳《新哲学的人生观》出版。
- 贺麟、金岳霖等人发起组织"逻辑学研究会"。
- 金岳霖《逻辑》出版。
- 张岱年《中国哲学大纲》出版。

- 方授楚《墨学源流》出版。
- 汪奠基《现代逻辑》出版。
- 潘梓年《逻辑与逻辑学》出版。
- 方东美《科学哲学与人生》出版。

1938年
- 毛泽东在中共六届六中全会上作"论新阶段"报告，提出马克思主义在中国具体化的主张。
- 毛泽东在延安抗日战争研究会上作"论持久战"报告。
- 艾思奇译《马克思恩格斯关于唯物史观的书信》发表。
- 郭沫若译《德意志意识形态》出版。
- 王亚南、郭大力译《资本论》第1~3卷全译本出版。
- 吴黎平译恩格斯《社会主义从空想到科学的发展》出版。
- 中译斯大林《论辩证唯物主义与历史唯物主义》（即《联共（布）党史简明教程》第4章第2节）出版。
- 艾思奇发表《哲学的现状与任务》，明确提出"现在需要来一个哲学研究的中国化、现实化的运动"，并作了详细论证。
- 马克思列宁学院（简称"马列学院"）在延安成立，院长由洛甫（张闻天）兼任，设有编译马列主义经典的编译部。
- 西南联合大学成立哲学心理学系。
- 翦伯赞《历史哲学教程》出版。
- 汤用彤《汉魏两晋南北朝佛教史》出版。

1939年
- 中共中央发起全党干部学习运动，马克思主义哲学作为高级干部学习的主要内容之一。
- 毛泽东致信陈伯达，讨论陈伯达所著《墨子哲学思想》，就事物的属性与质，因果性与必然性、偶然性，中庸问题等发表意见；还致信张闻天，讨论陈伯达《孔子哲学》一书。
- 毛泽东发表《〈共产党人〉发刊词》，第一次提出"马克思列宁主义的理论和中国革命实践相结合"的论断。
- 艾思奇、黎平（即吴黎平）合著《唯物史观》（又名《科学历史观教程》）出版。该书成为延安学习运动的重要教材之一。
- 艾思奇编《哲学选辑》出版。
- 刘少奇在延安马列学院作"论共产党员的修养"演讲，后发表于《解放》周刊。

- 郭和译马克思《法兰西内战》出版。
- 艾思奇《实践与理论》出版。
- 延安新哲学会成立，由艾思奇、何思敬主持。
- 范文澜在延安讲述"中国经学史的演变"，并将提纲发表于《中国文化》杂志。
- 虞愚《中国名学》出版。
- 冯友兰《新理学》、《新事论》出版。
- 马一浮在四川创办复性书院。

1940年
- 大型学术刊物《中国文化》在延安创刊，艾思奇任主编，创刊号上刊登毛泽东1月9日在陕甘宁边区文化协会第一次代表大会上发表的讲话"新民主主义政治与新民主主义文化"（即《新民主主义论》）。
- 新哲学会第一届年会在延安举行，毛泽东、朱德、茅盾、周扬、张闻天、艾思奇等人出席。
- 陕甘宁边区自然科学研究会在延安成立。
- 解放社出版柯伯年译《列宁选集》第2卷。
- 《哲学杂志》在上海创刊，由哲学研究社编辑，读书生活出版社出版，共出两期。
- 《哲学》月刊创刊，由上海哲学月刊社编辑出版。
- 陈铨创办《战国策》刊物。
- 冯友兰《新世训》出版。
- 金岳霖《论道》出版。
- 周辅成编著《哲学大纲》出版。
- 牟宗三《逻辑典范》出版。

1941年
- 毛泽东在延安组织高级干部学习马列主义，拉开延安整风的序幕。
- 毛泽东作"改造我们的学习"报告，论述"实事求是"的马克思主义认识路线。
- 马列学院改组为马列研究院，后改名为中共中央研究院，1943年并入中共中央党校，为该校的第三部。
- 刘少奇在华中党校作"人为什么犯错误"的讲演。
- 博古编译《辩证唯物论与历史唯物论基本问题》出版。
- 艾思奇发表《抗战以来几种重要哲学思想的评述》，介绍辩证唯物论研究和发展、马克思主义中国化等问题，分析批判"唯生论"、"力行哲学"、"'中'的哲学"等哲学派别。
- 中国哲学会成立西洋哲学名著编译委员会，贺麟任主任；同时还成立了中国哲学研究委员会，冯友兰任主任。
- 陕甘宁边区自然科学研究会召开第一届年会，张闻天、朱德分别作"自然科学与社会科学"、"科学与抗战结合"报告。
- 张如心发表《论布尔什维克的教育家》，提出"毛泽东同志的思想"概念。
- 解放社出版《论马恩列斯》一书。

1942年
- 毛泽东在延安中共中央党校开学典礼上作"整顿党的作风"报告，在延安干部会议上作"反对党八股"讲演，在延安文艺座谈会上发表讲话。
- 解放社出版"干部必读"书《马恩列斯思想方法论》，汇编马恩列斯有关论述。
- 贺麟《近代唯心论简释》出版。
- 侯外庐《中国古代思想学说史》出版。
- 胡绳发表《一个唯心论者的文化观——评贺麟先生著〈近代唯心论简释〉》。

1943年
- 刘少奇发表《清算党内的孟什维主义思想》，号召"用毛泽东同志的思想来武装自己，并以毛泽东同志的思想体系去清算党内的孟什维主义思想"。
- 王稼祥发表《中国共产党与中国民族解放的道路》，第一次使用"毛泽东思想"这一概念。
- 博古译马克思恩格斯《共产党宣言》（校正本）和列宁《卡尔·马克思》（校正本）出版。
- 周恩来作《论中国的法西斯主义——新专制主义》，该文第二部分全面剖析了蒋介石的"力行哲学"。
- 艾思奇发表《〈中国之命运〉——极端唯心论的愚民哲学》，批判蒋介石的"力行哲学"。
- 胡绳发表《论"诚"》，对蒋介石的"诚"的哲学进行批判。
- 赵纪彬发表《理学的本质》、《"依照说"与"道器论"》批判冯友兰哲学思想。
- 陈家康发表《真际与实际——冯友兰先生〈新理学〉商兑之一》、《物与理——冯友兰先生〈新理学〉商兑之二》、《物与气——冯友兰先生〈新理学〉商兑之三》。
- 冯友兰《新原人》出版。
- 章士钊《逻辑指要》出版。

1944年
- 黄建中《比较伦理学》出版，是中国第一本比较伦理学论著。
- 陈立夫《生之原理》（又名《唯生论》下）出版。
- 熊十力《新唯识论》语体文本全部成书出版。
- 陈安化《中国先哲之伦理思想》出版。

1945年
- 中共六届七中全会通过《关于若干历史问题的决议》，指出毛泽东关于中国革命的理论和实践是马克思列宁主义的普遍真理和中国革命的具体实践相结合的代表。
- "七大"通过新党章，"总纲"规定："中国共产党，以马克思列宁主义的理论与中国革命实践之统一的思想——毛泽东思想，作为自己一切工作的指针"。
- 毛泽东发表《论联合政府》。
- 邓小平在关于形势问题的一次报告中，首次将马列主义与毛泽东思想并提。
- 冯友兰《新原道——中国哲学之精神》出版。
- 洪谦《维也纳学派哲学》出版。
- 郭沫若《十批判书》出版。
- 侯外庐《中国近世界思想学说史》出版。
- 汤用彤《印度哲学史略》出版。
- 陈大齐《因明大疏蠡测》出版。
- 傅统先著《哲学与人生》出版。

1946年
- 毛泽东发表《和美国记者安娜·路易斯·斯特朗的谈话》，提出一切事物无不具有两重性的思想。
- 罗稷南译梅林《马克思传》出版。
- 《北方文化》辟专栏刊发介绍马克思生平、学说及其在中国的运用和发展的文章，纪念马克思诞辰。
- 胡绳《理性与自由——文化思想批评论文集》出版，批判当时国内流行的种种非马克思主义哲学思潮。
- 冯友兰《新知言》出版。
- 侯外庐、罗克汀《新哲学教程》出版。

- 沈志远《近代辩证法史》出版。
- 陈铨《从叔本华到尼采》出版。
- 郑昕《康德学述》出版。
- 张东荪《知识与文化》、《思想与社会》、《理性与民主》出版。
- 蔡仪《新美学》出版。

1947年
- 毛泽东作"目前形势和我们的任务"的报告,提出十大军事原则,反映了毛泽东军事辩证法思想。
- 郭大力译迈耶尔《恩格斯传》出版。
- 曹葆华译斯大林《无政府主义还是社会主义》、列宁《唯物论与经验批判论》(上、下)出版。
- 博古编译《辩证唯物论与历史唯物论基本问题》(共4册)出版。
- 西洋哲学名著编译委员会及中国哲学研究委员会在北京大学召开会议,研究两会工作及编辑出版学术著作、接待来华访问学者等事宜。
- 樊南星、顾寿观译费希特《人的天职》出版。
- 贺麟《当代中国哲学》、《文化与人生》出版。
- 李相显《哲学概论》出版。
- 侯外庐、杜守素、纪玄冰《中国思想通史·卷一·古代思想编》出版。
- 方乐天《中国伦理政治大纲》出版。

1948年
- 艾思奇《大众哲学》(重改本)出版。
- 晋冀鲁豫中央局编《毛泽东选集》(上、下)出版。
- 周建人译《新哲学手册》出版。该书是马恩有关哲学著作的摘录本,据英国E.朋司选辑的《马恩哲学》译出。
- 瞿菊农译美国哲学家霍金《哲学大纲》(原名《哲学之派别》)出版,张崧年(申府)作序。
- 金岳霖著成《知识论》,1983年11月由商务印书馆正式出版。
- 冯友兰《中国哲学简史》(英文本)由美国麦克米伦公司出版发行。
- 胡绳《辩证唯物论入门》出版。
- 吴恩裕《唯物史观精义》出版。
- 谢幼伟编著《现代哲学名著述评》出版。
- 罗克汀《自然哲学概论》出版。
- 竺可桢《科学概论新篇》出版。

1949年
- 4月,陈晓时译恩格斯《自然辩证法》出版。

- 7月，中国哲学会成立，李达任主席，艾思奇、郑昕任副主席。
- 9月，《学习》杂志创刊，创刊号上艾思奇发表《从头学起》；张仲实译恩格斯《费尔巴哈与德国古典哲学的终结》出版。
- 11月，何思敬译马克思《哲学底贫困》出版；梁漱溟《中国文化要义》出版。

1950年
- 4月，艾思奇《历史唯物论、社会发展史讲义》在中央人民广播电台播讲。
- 12月，《人民日报》重新发表毛泽东重要哲学著作《实践论》。

1951年
- 1月，《人民日报》发表社论《学习毛泽东同志的〈实践论〉》。
- 5月，《人民日报》发表社论《应当重视电影〈武训传〉的谈论》，引发哲学界对唯心史观的批判。
- 7月，李达《〈实践论〉解说》（单行本）出版。
- 10月，《毛泽东选集》第1卷出版。

1952年
- 4月，《人民日报》重新发表毛泽东重要哲学著作《矛盾论》。
- 6月，冯定《关于掌握中国资产阶级的性格并和中国资产阶级的错误思想进行斗争的问题》（单行本）出版。
- 秋季高校院系大调整，全国各大学哲学系皆并入北京大学哲学系。
- 马坚译《古兰经》（全译本）出版。

1953年
- 1月，中共中央马恩列斯著作编译局成立，任务是有计划地系统翻译《马克思恩格斯全集》、《列宁全集》和《斯大林全集》。
- 7月，李达《〈矛盾论〉解说》（单行本）出版。

1954年
- 3月，《光明日报》"哲学研究"专刊创刊，后改名为"哲学"专刊。
- 5月，杨荣国《中国古代思想史》出版。
- 7月，贺麟译黑格尔《小逻辑》出版。
- 12月，中国科学院院务会议和中国作家协会主席团召开联席会议批判胡适思想；中国科学院哲学研究所筹备委员会成立，同时筹备出版哲学专业刊物《哲学研究》。
- 全国哲学界围绕着如何正确理解和完整表达辩证法的核心即对立统一规律问题而展开"一分为二"与"合二而一"大讨论。

1955年
- 1月，中共中央发出《关于在干部和知识分子中组织宣传唯物主义思想批判资产阶级唯心主义思想演讲工作的通知》，对胡适思想的批判运动全面展开。

- 3月，《哲学研究》创刊。
- 7月，哲学界展开对梁漱溟唯心主义哲学观和历史观的批判。
- 10月，杜国庠《先秦诸子的若干研究》出版。
- 11月，中国科学院哲学研究所成立。
- 中共中央编译局开始编译出版《马克思恩格斯全集》。

1956年
- 3月，国务院科学规划委员会制定了哲学科学研究工作12年（1956～1967）远景规划和自然辩证法（数学和自然科学中的哲学问题）（1956～1967）12年研究规划草案。
- 4月，毛泽东在中共中央政治局扩大会议上作"论十大关系"重要报告。《斯大林全集》中文版（全13卷）出齐。
- 5月，毛泽东在最高国务会议上提出，在文学艺术和学术研究中应该实行"百花齐放，百家争鸣"的方针。
- 6月，在中国社会科学院哲学研究所成立自然辩证法研究组，于光远任组长。
- 8月，侯外庐《中国早期启蒙思想史》出版。
- 9月，何思敬、宗白华译马克思《经济学-哲学手稿》出版。
- 10月，中国科学院哲学研究所与《哲学研究》编辑部组织讨论关于中国过渡时期资产阶级与工人阶级矛盾性质的问题。
- 10月，《自然辩证法研究通讯》（1978年复刊时改名《自然辩证法通讯》）创刊。《哲学译丛》（2002年更名为《世界哲学》）创刊。
- 复旦大学哲学系成立。
- 中国人民大学哲学系成立。
- 武汉大学哲学系（前身为武昌高等师范学校教育哲学系）重建。

1957年
- 1月，北京大学哲学系举办中国哲学史问题座谈会，反对哲学研究中的教条主义，编辑出版《中国哲学史问题讨论专辑》。
- 2月，毛泽东作"关于正确处理人民内部矛盾的问题"报告。
- 3月，艾思奇《辩证唯物主义纲要》出版；张岱年《中国唯物主义思想简史》出版。
- 6月，汤用彤《魏晋玄学论稿》出版。
- 7月北京大学哲学系外国哲学史教研室编译《西方古典哲学原著选辑》，开始出版第1卷《古希腊罗马哲学》。
- 11月，蓝公武译康德《纯粹理性批判》出版。

1958年	• 1月，毛泽东在《工作方法六十条》中提出"为了从理论上批判经验主义，我们必须读哲学"。
	• 4月，张岱年《中国哲学大纲》（上、下）出版。
	• 8月，侯外庐《中国哲学史略》出版。
	• 10月，朱光潜《美学批判论文集》出版。
1959年	• 5月，为纪念"五四"运动40周年，中国哲学会在北京开展系列讨论会。
1960年	• 3月，关文运译康德《实践理性批判》出版。
	• 4月，历经20余年编著、修订的《中国思想通史》（全5卷）出齐。
	• 9月，《毛泽东选集》（全4卷）出齐。
	• 中山大学哲学系重建。
	• 《列宁选集》（全4卷）出版。
1961年	• 11月，艾思奇主编哲学教科书《辩证唯物主义 历史唯物主义》出版，这是新中国成立后第一本中国人自己编写的马克思主义哲学教科书。
	• 由中共中央宣传部和高等教育部联合组织、领导，艾思奇主持编写哲学教科书。
1962年	• 南开大学哲学系重建。
	• 9月，冯友兰《中国哲学史新编》（全2册）出版。
	• 年底刘潇然译马克思《政治经济学批判大纲》出版；中共中央编译局译马克思《黑格尔法哲学批判》出版。
1963年	• 商务印书馆陈翰伯主持拟订《翻译和出版外国哲学社会科学重要著作十年规划（1963—1972）》，翻译出版西方学术名著。
	• 7月，朱光潜主编《西方美学史》陆续出版。
	• 10月，中国科学院哲学社会科学部委员会讨论在目前国内外形势下哲学社会科学的任务。
1964年	• 1月，宗白华、韦卓民译康德《判断力批判》出版。
	• 11月，中国科学院哲学研究所中国哲学史研究组选辑、注释和有部分今译的《中国哲学史资料选辑》出齐。
1965年	• 毛泽东发表关于哲学问题的系列讲话。
	• 李达主编《马克思主义哲学大纲》（上卷）。
	• 3月，中共中央编译局译马克思《哥达纲领批判》出版。
1966年	• 《哲学研究》停刊。

- 人民出版社《马克思恩格斯选集》（全4卷）出版。
- 5月，中共中央政治局扩大会议在北京通过了指导"文化大革命"的纲领性文件《中国共产党中央委员会通知》（即"五一六"通知），重新设立"中央文化革命小组"，"文化大革命"正式开始。

1970年
- 中共中央编译局重新译校《共产党宣言》、《哥达纲领批判》、《法兰西内战》、《反杜林论》、《唯物主义和经验批判主义》、《国家与革命》出版。

1972年
- 中共中央编译局重新编译《马克思恩格斯选集》（第1版，全4卷）出版。

1973年
- 马王堆汉墓帛书《老子甲本及卷前古佚书》和《老子甲本及卷后古佚书》出版。

1975年
- "中国哲学学会"（1978年更名为"国际中国哲学会"）在美国夏威夷成立。

1976年
- 5月，马王堆汉墓帛书《经法》出版。
- 10月，"文化大革命"宣告结束。哲学界掀起批判"四人帮"的群众运动，揭发批判林彪、江青反革命集团歪曲、篡改马克思主义哲学的种种罪行。
- 杨一之译黑格尔《逻辑学》出版。

1977年
- 2月，中共中央"两报一刊"发表社论《学好文件抓好纲》，提出"两个凡是"观点，之后邓小平三次致信中共中央，表达要求准确理解马克思列宁主义毛泽东思想的意见。
- 4月，《毛泽东选集》（5卷本）出齐。
- 9月，陈云《坚持实事求是的革命作风》发表；中国社会科学院在北京举行纪念毛泽东《实践论》、《矛盾论》发表40周年座谈会。
- 南京大学哲学系复办。

1978年
- 1月，《哲学研究》复刊。
- 3月全国科技大会在北京召开，邓小平在讲话中指出"科学技术是生产力，这是马克思主义历来的观点"。
- 4月中国社会科学院成立。
- 5月，《光明日报》发表《实践是检验真理的唯一标准》，引起学界大讨论；中国社会科学院哲学研究所、《哲学研究》编辑部召开全国逻辑学讨论会。
- 6月，邓小平在全军政治工作会议上对"实事求是是毛泽东思想的出发点和根本点"的问题作精辟阐述；《哲学研究》编辑部在北京举办真理标准讨论会；李达主编《唯物辩证法大纲》出版。

- 7月，中国社会科学院哲学研究所、《哲学研究》编辑部在北京发起召开理论和实践问题讨论会。
- 10月，新中国成立以来第一次关于西方哲学的全国大会在芜湖召开。
- 12月，中共十一届三中全会在北京召开，邓小平作"解放思想，实事求是，团结一致向前看"重要讲话，确立改革开放时期党的思想路线与指导方针；中国无神论学术讨论会召开。

1979年
- 1月，《国内哲学动态》（1987年更名为《哲学动态》）创刊；全国理论工作务虚会在北京召开，胡耀邦在会上指出理论工作者当前的根本任务是把马列主义、毛泽东思想的普遍真理同实现四个现代化的伟大实践相结合。
- 2月，为纪念爱因斯坦诞辰100周年，《自然辩证法通讯》编辑部召开了爱因斯坦的科学成就和哲学思想讨论会。
- 3月，任继愈主编《中国哲学史》（全4册）出齐；李泽厚《批判哲学的批判》出版。
- 4月，全国哲学学科规划会议在济南召开；范文澜《唐代佛教》出版。
- 6月，贺麟、王玖兴译黑格尔《精神现象学》出版。
- 8月，中国逻辑学会成立；邓小平指出要在全国开展真理标准问题讨论的补课；吕澂《中国佛教源流略讲》出版。
- 9月，汪奠基《中国逻辑思想史》出版。
- 10月，中国哲学史学会成立；金岳霖《形式逻辑》出版；吕澂《印度佛学源流略讲》出版。
- 11月，全国现代外国哲学研究和批判的方法论问题讨论会在太原召开，中国现代外国哲学研究会成立；朱光潜译黑格尔《美学》（全3卷共4册）出版；《李达文集》陆续出版。
- 12月，纪念斯大林诞辰100周年的斯大林哲学思想讨论会在长春召开；周文英《中国逻辑思想史稿》出版。

1980年
- 4月，古希腊罗马哲学讨论会在杭州召开。
- 6月，中华全国美学学会成立；全国党校第1届哲学讨论会在庐山召开；蒋孔阳《德国古典美学》出版。
- 7月，李泽厚《美学论集》出版。

- 8月，首次日本哲学史学术讨论会在延吉召开。
- 11月，《中国哲学史研究》（季刊）创刊；全国第一次自然科学方法论学术讨论会在北京召开。
- 10月，中国科学技术史学会成立；全国人工智能学术讨论会在北京召开。

1981年
- 1月，中国历史唯物主义研究会（1991年改名"中国历史唯物主义学会"）成立。
- 4月，中国社会科学院哲学研究所代表应邀参加第5届国际康德大会。
- 5月，萧前、李秀林等主编《辩证唯物主义原理》出版。
- 6月，中国外国哲学史研究会成立（后于1991年更名为中华全国外国哲学史学会）成立；王朝闻主编《美学概论》出版；刘放桐主编《现代西方哲学》出版；这是新中国成立后中国学者编写的第一部本学科较系统的现代西方哲学教材。
- 7月，《艾思奇文集》出版。
- 9月，纪念康德《纯粹理性批判》出版200周年和黑格尔逝世150周年学术讨论会在北京召开。
- 10月中国自然辩证法研究会成立；全国首次毛泽东哲学思想讨论会在桂林召开；首次全国宋明理学讨论会在杭州召开。
- 11月，国务院学位委员会公布首批哲学博士学位授予单位及专业和指导教师名单。

1982年
- 1月，韩树英编《通俗哲学》出版。
- 2月，刘培育等编《因明论文集》出版；罗国杰主编《马克思主义伦理学》出版。
- 4月，纪念达尔文逝世100周年活动在北京举行。
- 5月，徐崇温《西方马克思主义》出版；洪谦主编《逻辑经验主义》出版
- 6月，中国辩证唯物主义研究会成立。
- 7月，冯友兰、任继愈等赴夏威夷参加朱熹思想国际讨论会。
- 8月，全国哲学问题学术讨论会在成都召开；汤用彤《隋唐佛教史稿》出版；任继愈主持的《中华大藏经》出版工程启动，于1994年年底编纂完成。
- 9月，胡乔木发表《关于共产主义思想的实践》，回答实践标准问题讨论

中的重大理论问题。
- 11月，《中国哲学年鉴》创刊；《伦理学与精神文明》（1985年更名为《道德与文明》）创刊。

1983年
- 1月，国内首次关学讨论会在西安召开。
- 3月，中共中央召开纪念马克思逝世100周年万人大会。
- 4月，陈修斋、杨祖陶《欧洲哲学史》出版。
- 6月，全国首届地学辩证法学术讨论会在福州召开。
- 7月，《邓小平文选（一九七五——一九八二年）》（第1卷）出版。
- 8月，中国社会科学院代表团参加第17届世界哲学大会，这是中国哲学界首次参加世界哲学大会活动；全国首届因明学术讨论会在酒泉召开；《马克思、恩格斯、列宁、斯大林论人性、异化、人道主义》出版。
- 10月，任继愈主编《中国哲学发展史》陆续出版；全增嘏主编《西方哲学史》出版。
- 11月，哲学家、佛教史专家汤用彤诞生90周年纪念会、学术座谈会在北京召开；首次国外研究毛泽东哲学思想学术情报交流会在北京召开；首届全国中国思想史学术讨论会在西安举行。
- 12月，纪念毛泽东诞辰90周年全国毛泽东哲学思想讨论会召开；毛泽东《自由是必然的认识和世界的改造》首次公开发表；《毛泽东思想研究》创刊；《朱光潜美学文集》（3卷本）出齐。

1984年
- 1月，胡乔木《关于人道主义与异化问题》发表；徐梵澄译《五十奥义书》出版，是中国首部汉译奥义书。
- 2月，全国列宁哲学思想学术讨论会在北京召开。
- 3月，全国关于人道主义和异化问题讨论会在肇庆召开。
- 4月，全国物理学中的哲学问题座谈会在洛阳召开。
- 5月，纪念狄德罗逝世200周年、费尔巴哈诞辰180周年学术讨论会在成都召开；中国《周易》学术讨论会在武汉召开。
- 6月，全国存在主义哲学讨论会在镇江召开。
- 7月，全国系统科学辩证法与中国科学技术发展战略讨论会在西安召开。
- 8月，首次傅山学术思想讨论会在太原召开；全国首届苏联自然科学与哲学学术讨论会在哈尔滨召开。
- 9月，中国孔子基金会在曲阜成立。
- 10月，任继愈、吴晓玲、巫白慧应邀赴印度参加第一届佛教和民族文化国际会议；汝信等编《西方著名哲学家评传》（1～8卷）陆续出版。

- 12月，全国管理哲学讨论会在苏州召开；全国婚姻家庭问题学术讨论会在北京召开；《中华大藏经》（全106册）首批第1～5册出版。

1985年
- 3月，《自然辩证法研究》创刊；李泽厚《中国古代思想史论》出版。
- 4月全国应用哲学讨论会在武汉召开；姜丕之、汝信主编《康德黑格尔研究》（第1辑）出版。
- 5月，中国近现代哲学史学术讨论会在广州召开。
- 6月，全国苏联哲学讨论会在南宁召开。
- 7月，中国哲学专家小组应邀赴美参加主题为"自然·人性与文化"的第4次中国哲学国际讨论会。
- 8月，中国学者代表团应邀赴日参加第8届国际新儒学退溪学派讨论会。
- 9月，冒从虎等主编《欧洲哲学通史》出版。
- 10月，中国社会科学院哲学研究所成为世界哲学协会联合会正式会员。
- 11月，叶朗《中国美学史大纲》出版；夏基松《现代西方哲学教程》出版。
- 12月，《马克思恩格斯全集》中文版50卷出齐；纪念熊十力先生诞辰100周年学术讨论会召开；冯契主编《哲学大辞典》陆续出版。

1986年
- 中共中央编译局计划编译出版《马克思恩格斯全集》第2版。
- 3月，《孔子研究》创刊。
- 5月，认识与价值讨论会在杭州召开。
- 6月，国际哲学团体联合会主席、加拿大蒙特利尔大学哲学系柯希应邀来华访问。
- 7月，钱学森主编《关于思维科学》出版。
- 8月，《毛泽东著作选读》（上、下）出版；钱穆《朱子新学案》（全3册）出版。
- 9月，全国首次董仲舒哲学思想讨论会在石家庄召开。
- 10月，全国首次唐甄学术思想讨论会在召开；贺麟学术思想讨论会在北京召开；首次全国社会科学方法论讨论会在上海召开。

1987年
- 1月，全国首次军事辩证法讨论会在北京召开。
- 4月，国际波普尔哲学讨论会在武汉召开。
- 6月，李泽厚《中国现代思想史论》出版。
- 8月，儒学国际学术讨论会在曲阜召开；周辅成主编《西方著名伦理学家评传》出版。

- 10月，中国共产党第十三次全国代表大会提出了社会主义初级阶段的理论；《中国大百科全书·哲学》出版；全国首届数学哲学讨论会在新乡召开。
- 11月，中央文献研究室编《建国以来毛泽东文稿》陆续出版。
- 12月，中国现代哲学史首届全国学术讨论会在北京召开。

1988年
- 《世界哲学年鉴》创刊。
- 3月，中央文献研究室编《毛泽东哲学批注集》出版。
- 4月，任继愈主编《中国哲学发展史·魏晋南北朝卷》出版。
- 5月，社会主义初级阶段与历史唯物主义理论讨论会在西安召开；第一次全国实用主义专题讨论会在成都召开。
- 6月，武夷山朱熹研究中心成立；全国首届中西科学思想研讨会在厦门召开。
- 7月，全国安乐死社会伦理和法律问题学术讨论会在上海召开。
- 8月，中英暑期哲学学院成立，第1期"分析的哲学与哲学的分析"在清华大学举办，哲学家、牛津学派的代表人物斯特劳森领衔授课。
- 9月，邓小平提出"科学技术是第一生产力"。
- 12月，西方哲学名著研究编译会成立。

1989年
- 2月，宋希仁等主编《伦理学大辞典》出版。
- 3月，中国社会科学院哲学研究所与民主德国科学院哲学研究所联合主办的中国和民主德国首次哲学讨论会在北京召开。
- 4月，全国首次社会认识论学术讨论会在乐山召开。
- 5月，由北京大学哲学系、中国社会科学院哲学研究所与台湾淡江大学中文系联合举办的"海峡两岸纪念五四运动七十周年"学术讨论会在北京召开，这是两岸学者共同举办的第一次学术研讨会，标志两岸学术交流的开始；《邓小平文选（一九三八——一九六五年）》（第2卷）出版。
- 7月，冯契主编《中国近代哲学史》（上、下）出版；中国大陆学者汤一介、陈来等应邀参加第6届国际中国哲学讨论会和第6次东西方哲学家会议，标志着中美两国在中国哲学方面的交流进入新阶段。
- 8月，马克思主义哲学与中国社会主义实践讲习班在中共中央党校举办。
- 9月，杨春贵主编《中国哲学四十年》出版。
- 10月，孔子诞辰2540周年学术讨论会在北京、曲阜两地召开；苏联科学院哲学研究所代表团访问中国社会科学院哲学研究所。
- 11月，李匡武主编《中国逻辑史》（全5卷）出版。
- 12月，陈瑛等主编《中国伦理大辞典》出版。

1990年
- 4月，纪念列宁诞辰120周年理论讨论会在北京召开。
- 5月，哲学与当代教育发展学术讨论会在北京召开。
- 6月，任继愈主编《中国道教史》出版。
- 7月，十年来伦理学研究和道德建设的回顾与展望研讨会暨中国伦理学会成立十周年纪念大会在长春召开；中央文献研究室编《毛泽东早期文稿》出版。
- 9月，陈康《论希腊哲学》出版。
- 10月，首届荀子学术思想讨论会在临沂召开；纪念朱熹诞辰860周年国际学术讨论会在武夷山召开；易经逻辑方法讨论会在上海召开；纪念李达诞辰100周年座谈会在北京召开。
- 11月，中苏双边哲学讨论会在北京召开。

1991年
- 3月，全国首届广义进化与自组织理论研讨会在广州召开；第一届全国科学技术哲学（自然辩证法）史学术讨论会在北京召开。
- 5月，当前中国美学研究前景展望研讨会在厦门召开；难题·挑战·哲学的任务理论讨论会在北京召开。
- 6月，首届墨子学术讨论会在滕州召开。
- 9月，首届全国社会科学院系统哲学年会在敦煌召开。
- 10月，海峡两岸首次儒学学术讨论会在曲阜召开。
- 11月，纪念王艮逝世450周年暨王艮和泰州学派学术讨论会召开。
- 《列宁文集》60卷出齐。

1992年
- 1月，邓小平《在武昌、深圳、珠海、上海等地的谈话要点》发表。
- 6月，国际科学哲学学术会议在北京召开；陈鼓应创办《道家文化研究》。
- 7月，全国恩格斯思想学术研讨会在张家界召开。
- 10月，首届墨学国际研讨会暨中国墨子学会成立大会在滕州召开；以郭正谊为团长的中国学术代表团赴美参加CSICOP组织第16届国际学术年会。
- 11月，全国首届胡适学术思想研讨会在黄山召开；纪念王船山逝世300周年国际学术讨论会在衡阳召开；建设有中国特色的社会主义道德研讨会在杭州召开。

- 12月，哲学与社会发展研讨会在澳门召开。

1993年
- 3月，纪念马克思逝世110周年理论座谈会在北京召开；张奎良《马克思的哲学历程》出版。
- 4月，宋代哲学与中华文化国际学术研讨会在开封召开；新形势下人民内部矛盾问题研讨会在北京召开。
- 5月，毛泽东思想与邓小平理论贡献学术研讨会在韶山召开；东方传统伦理道德与当代青少年教育国际研讨会在北京召开；全国首届科学技术哲学史研讨会在厦门召开。
- 8月，首届海峡两岸《周易》学术讨论会在济南召开。
- 10月，《福乐智慧》国际学术讨论会在北京召开；《邓小平文选（第三卷）》出版。
- 11月，"把握时代主题，推动哲学发展：《哲学动态》创刊15周年座谈会"在北京召开；纪念毛泽东诞辰100周年系列研讨会在各地召开。
- 郭店楚简在湖北荆门出土，包括《老子》甲、乙、丙三组及《太一生水》等道家著作，《缁衣》、《五行》、《成之闻之》等儒家著作。

1994年
- 2月，"生育、性、伦理学和妇女权益：女权主义观点讨论会"在北京召开；周礼全主编《逻辑百科辞典》出版。
- 5月，后现代主义与当代中国学术研讨会在西安召开；纪念列宁《唯物主义和经验批判主义》发表85周年学术讨论会在北京召开。
- 6~8月，全国邓小平思想系列研讨会召开。
- 8月，全国首届环境伦理学研讨会在北京召开，会上成立中国环境伦理学研究会。
- 10月，"纪念洪谦：维也纳学派与当代科学和哲学国际会议"在北京召开；国际儒学联合会在北京成立。
- 12月，马克思主义哲学史研究15年回顾与展望研讨会在北京召开。

1995年
- 2月，海峡两岸孙逸仙思想与伦理社会之重构学术研讨会在武汉召开。
- 5月，《自然辩证法百科全书》出版；纪念恩格斯逝世100周年学术研讨会在南昌召开。
- 7月，邓小平理论与走向21世纪的中国哲学研讨会在黄山召开。
- 8月，金岳霖百年诞辰纪念大会及学术讨论会在北京召开。
- 10月，中德合办"老子：影响与解释"国际学术研讨会在西安召开。

- 11月，中国主办的第一次国际美学美育会议在深圳召开，标志着美学研究的国际化与全球化。

1996年
- 5月，东方哲学与文化研讨会在北京召开。
- 7月，海峡两岸弘扬中华传统文化学术研讨会在曲阜召开；分析哲学与语言哲学研讨会在太原召开。
- 8月，全国外国哲学与中国文化建设学术研讨会在北京召开；道家文化国际学术研讨会在北京召开。
- 9月，新实用主义讨论会在桂林召开。
- 11月，当代马克思主义与中国跨世纪发展战略研讨会在珠海召开。
- 12月，道家与西方学术研讨会在澳门召开；刘蔚华等主编《中国儒家学术思想史》出版；黄枬森等主编《马克思主义哲学史》（全8卷）出齐。

1997年
- 2月，克隆技术对社会发展和伦理道德的影响学术讨论会在北京召开。
- 4月，全国高校哲学教学指导委员会成立；审美文化与美学史学术讨论会在扬州召开；人学与建设有中国特色社会主义研讨会在北京召开。
- 5月，21世纪中国哲学的走向学术研讨会在湘潭召开。
- 6月，纪念《哲学的贫困》发表150周年学术研讨会在南京召开。
- 7月，中国社会科学院东方文化研究中心成立。
- 8月，海峡两岸谭嗣同思想学术研讨会在北京召开。
- 10月，现象学与解释学国际研讨会在上海召开；晚期希腊哲学研讨会在宁波召开；冯友兰与中国传统文化国际学术研讨会在郑州召开。
- 纪念《实践论》《矛盾论》发表60周年、《关于正确处理人民内部矛盾》发表40周年系列学术研讨会召开。

1998年
- 2月，"北京哲学论坛"首次学术座谈会在北京举行。
- 4月，百年中国美学学术讨论会在贵阳召开。
- 6月，当代国外马克思主义理论研讨会在北京召开；全球化问题和中国文化的认同国际讨论会在上海召开；联合国教科文组织与中国社会科学院哲学研究所联合举办"从中国传统伦理看普遍伦理"学术讨论会在北京召开。
- 11月，邓小平改革开放与现代化建设辩证法研讨会在武汉召开。
- 纪念《共产党宣言》发表150周年学术研讨会在各地召开。
- 纪念十一届三中全会和真理标准讨论20周年系列理论研讨会在各地召开。

1999年	• 6月，马克思主义与儒学学术研讨会在北京召开。
• 8月，环境伦理与环境教育学术研讨会在广州召开；全国首届分析哲学与中国哲学研讨会在昆明召开；"人与自然——迈向二十一世纪"学术研讨会在昆明召开；面向新世纪马克思主义理论研讨会在昆明召开。
• 9月，"科技创新：思想与环境"理论研讨会在上海召开。
• 10月，郭店楚简国际学术研讨会在武汉召开；新世纪伦理学发展展望理论研讨会在济南与文登召开；新中国哲学50年学术研讨会在北京召开；东方文化国际学术研讨会在开封召开。
• 11月，蒋孔阳等主编《西方美学通史》（全7卷）出版。
• 12月，"百年论坛"哲学、逻辑学专场学术研讨会在北京召开。
2000年	• 2月，江泽民提出"三个代表"重要思想。
• 5月，《哲学门》创刊；清华大学哲学系复系；全国第一次经济伦理学讨论会在南京召开。
• 6月，第一次全国应用伦理学讨论会在无锡召开。
• 7月，中日韩科学、技术与社会比较研究国际学术研讨会在北京召开；首届东方美学国际学术会议在呼和浩特召开；高校哲学教育改革座谈会在北京召开；马克思主义哲学和现代西方哲学研讨会在上海举行；冯契主编《外国哲学大辞典》出版。
• 10月，纪念朱子诞辰870周年国际学术讨论会在武夷山召开；2000年世界易经大会在南京召开。
• 11月，纪念叶适诞辰850周年暨永嘉学派国际学术研讨会在温州召开；纪念《大众哲学》出版66周年研讨会在石家庄召开。

注：由于著作较多，本"大事记"未将所有代表作收录，更多学科代表作参见学科发展史与各位传主的主要论著目录。

《20世纪中国知名科学家学术成就概览·哲学卷》
学科发展史和大事记编写组*

---

* 《20世纪中国知名科学家学术成就概览·哲学卷》学科发展史和大事记，经哲学卷编委会研究决定，在中国社会科学院哲学研究所支持下成立了专门的编写组进行撰写，编写组组长为谢地坤。大事记部分为冯瑞梅、孙婧一撰写，由谢地坤统稿。在撰写过程中，编委召开了会议进行审议和讨论。在撰写和修改过程中得到了中国社会科学院哲学研究所各研究室和专家的支持和帮助。

(B-0295.01)
ISBN 978-7-03-042444-0